최신판

- 지적기사
- 지적직 공무원
- 한국국토정보공사 대비

동영상 강의 · · · · 더센에듀

CADASTRAL SURVEYING

지적특론

최한영 저

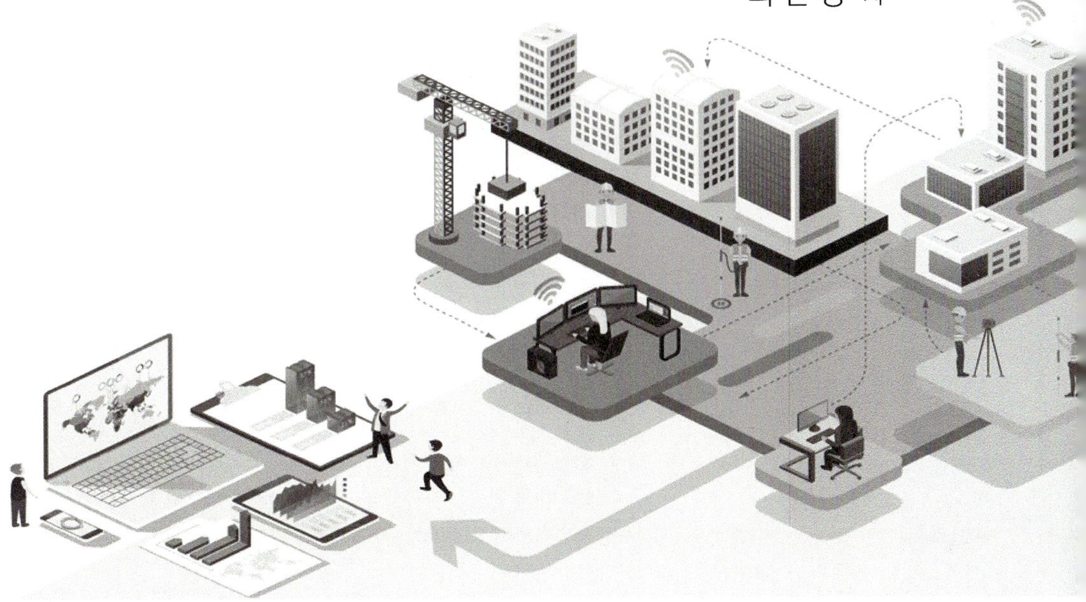

이 책의 구성

- 최근 개정된 지적 관련 법령 반영
- 핵심이론과 CBT 기출유형을 한 번에 마스터
- 단기합격을 위한 바이블 수험서
- 더센에듀 동영상 저자 직강

더센에듀 www.thesenedu.com

도서출판 구미서관

contents

PART 1 지적측량

PART 2 응용측량

contents

PART 3 토지정보체계

PART 4 지적학

PART 01 지적측량

CHAPTER

01 총론

1.1. 측량의 개요

1.1.1. 측량의 정의

측량(Survey)이란 지구표면 및 우주 공간에 존재하는 각 점 간의 위치 관계와 그 특성을 해석하는 학문으로써 절대적 위치와 상대적 위치를 결정하고 지구의 형상을 결정하여 결정된 위치를 지상에 표시하는 것을 말한다. 또한, 이를 도면으로 출력할 수 있도록 도면이나 파일로 등록하여 이를 기초로 자연환경, 토지 행정 및 공사 설계 자료로 활용하도록 하는 것이다. 따라서 측량은 실지를 측량하는 외업(Field Work)과 측정한 결과를 사용하여 계산 및 제도를 하는 내업(Office Work)으로 작업을 구분할 수 있고 각 점의 위치를 결정하기 위해서는 그들 점 사이의 거리(Distance)·방향(Direction)·높이(Height)가 필요하며 이를 측량의 3요소라 한다.

1.1.2. 측량목적에 따른 분류

① 지적측량 : 토지의 위치, 경계, 면적, 지목 등을 공적장부에 등록하기 위한 측량이다.
② 지형측량 : 지구표면의 지형, 지모, 지물 등을 측정하여 지형도를 작성하기 위한 측량이다.
③ 천문측량 : 지구상의 점의 위치(경도, 위도)와 진북방향을 측정하고 천체 간의 상호위치관계를 측정하는 측량이다.
④ 노선측량 : 폭이 비교적 좁고 거리가 먼 측량을 말하며 철도, 도로, 수로 등에 사용하는 측량이다.
⑤ 터널측량 : 터널공사에 필요한 자료를 얻기 위한 측량으로 최근에 많이 이용되고 있다.
⑥ 광산측량 : 광산의 구역 및 광석의 매장량을 알고 심굴 및 운반의 계획을 세우기 위한 측량이다.
⑦ 농지측량 : 토지의 경계를 측정하여 면적을 계산하고 관개, 배수공사에 필요한 측량이다.
⑧ 삼림측량 : 임야의 사방 및 기타 산림 토목공사의 설계 및 시공을 하기 위한 측량이다.
⑨ 건축측량 : 건축물의 계획 및 설계의 자료를 얻고 공사시공 및 기준을 정하기 위한 측량이다.

1.1.3. 측량지역의 규모에 따른 분류

(1) 곡면측량

① 곡면측량은 측량지역이 광대한 지역의 측량으로 지구의 곡률을 고려하여 지표면을 곡면으로 보고 시행하는 정밀측량으로 측지학적 측량 또는 대지측량이라고도 한다.
② 지구상의 지리적 위치를 결정하는 측량이다.
③ 광범위한 지역을 정밀하게 측량할 경우 지구의 곡률을 고려하는 정밀측량이다.
④ 국가의 측지망을 구성하기 위한 측지학적 측량에 이용한다.
⑤ 지구의 표면을 곡면으로 간주하여 시행하는 측량이다.
⑥ 측량의 정밀도가 100만분의 1일 경우 반경 11km 이상 또는 면적이 약 400km^2 이상인 지역에서 적용한다.
⑦ 정밀삼각측량, 고저측량, 삼변측량, 천문측량, 공간 삼각측량 등에 이용한다.

(2) 평면측량

① 평면측량은 지구의 곡률을 고려하지 않고 지구표면을 평면으로 간주하고 시행하는 측량을 말하며 소지측량 또는 지적측량이라고도 한다.

② 지구의 곡률과 형상을 고려하지 않고 실시한 측량이다.

③ 지구표면 상을 부분적인 평면으로 간주하여 실시하는 측량이다.

④ 지표면 상에서 점의 위치를 결정하는 평면 삼각측량에서는 대상 지역이 적고 정밀도가 필요로 하지 아니한 경우에 실시한다.

⑤ 측량의 정밀도가 100만분의 1일 경우 반경 11km 이내 면적은 약 $400km^2$ 이내인 지역에 적용한다.

⑥ 일반적으로 지적도, 임야도 각종 계획 등의 도면작성을 위한 측량에 사용한다.

(3) 곡면측량과 평면측량의 한계

① 평면측량과 곡면측량의 한계는 지표면 상 측정 거리와 평면상의 투영 거리와의 차가 1/100만을 기준으로 할 때 〈그림 1-1〉과 같이 평면측량과 곡면측량으로 구분하는 범위를 정리한다.

② 지표면 상 측정 거리와 평면상의 투영 거리와의 차가 1/100만 기준으로 지름이 22km 이내면 평면으로 보고 그 이상이면 곡면으로 구분한다.

③ 거리오차가 약 ±2cm이면 정확도가 $\frac{1}{10^6}$의 측량으로 반경이 11km 이내, 면적은 약 $400km^2$ 이내의 범위를 평면으로 볼 수 있다.

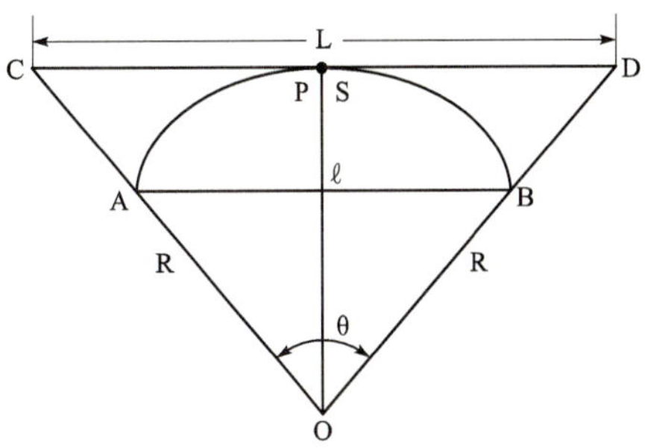

〈그림 1-1〉 평면측량의 한계

여기서, CPD(=L) : 지평선, APB(=S) : 수평선, AB = ℓ : 현장, R : 지구곡률반경(6,370km), θ : 라디안이다.

④ 거리측정의 정도를 $\frac{1}{10^6}$까지 허용하면 $\frac{L-S}{S}=\frac{S^2}{12R^2}$이므로 $\frac{S^2}{12R^2}=\frac{1}{1,000,000}$에서

$$S=\sqrt{\frac{12R^2}{1,000,000}}=\sqrt{\frac{12\times 6,370^2}{1,000,000}}=22.066\text{km}$$ 가 된다.

⑤ 지구반경(R)=6,370km이므로 거리 허용오차는 $\frac{L-S}{S}=\frac{1}{10^6}$이라 하면 S=22km이다.

1.2. 타원체와 지오이드

지구의 형상은 측량 및 측지학에서 다양한 의미로 생각할 수 있는데 주로 회전타원체와 지오이드의 형상을 결정하는 것을 말하며 구체적으로는 회전타원체의 크기와 형상 결정, 지오이드 기복 결정, 지오이드와 지형면의 관계 결정 등으로 구분한다.

1.2.1. 타원체

지구타원체(Ellipsoid)는 지구를 표현하는 수학적 방법으로서 타원체면의 장축 또는 단축을 중심축으로 회전시켜 얻을 수 있는 모형이다. 우리나라는 베셀(Bessel) 타원체 값을 기준으로 하며 최근에는 지구 전체를

질량중심점을 기준으로 하는 하나의 타원체로 정의한 3차원 지구타원체로 GRS 80 타원체 값을 기준으로 하고 있다.

(1) 타원체의 기원

① 지구의 크기를 최초로 측정한 사람은 고대 그리스의 지리학자이며 천문학자이고 수학자인 에라토스테네스(Eratosthenes, B.C. 275~194년)이다.

② 에라토스테네스(Eratosthenes)는 하짓날 정오에 이집트의 시에네(Syene; 이집트 아스완)의 한 우물의 바닥에 태양의 상이 생김을 알고 이 지점으로부터 자오선을 따라 북쪽으로 약 920km 떨어진 알렉산드리아(Alexandria)까지의 거리를 정밀 측정하였다.

③ 1672년 프랑스 천문학자 피가르(Picard)가 네덜란드에서 삼각측량법으로 지구 둘레를 계산하기 위해 자오선 길이를 측정하였다.

(2) 타원체의 특징

① 타원체는 기하학적이며 지도투영을 위해 수학적으로 정의할 수 있는 아주 규칙적인 표면과 제원을 가진 매끈한 면으로 되어있다.

② 지구의 반지름, 부피, 표면적, 반경, 표준중력, 삼각측량, 경위도 결정, 지도제작의 기준으로 한다.

③ 베셀(Bessel)과 클라크(Clark)는 실측에 의한 방법, 헬멧(Helmet)과 헤이포드(Hayford)는 중력 측정 방법으로 결정하였다.

④ 지구의 형태는 극을 연결하는 직경이 적도 방향의 직경보다 약 42.6km가 짧은 회전타원체로 되어있다.

⑤ 지도 제작에 필요한 투영계산, 기준점 측량, 경위도 결정 등은 이 지구타원체를 기준으로 한다.

(3) 타원체의 종류

① 타원체의 종류에는 회전타원체, 지구타원체, 국제타원체, 준거타원체로 구분할 수 있다.

② 회전타원체(Rotation Ellipsoid)는 한 타원의 주축을 중심으로 회전하여 생기는 입체 타원체를 말한다.

③ 지구타원체(Earth Ellipsoid)는 부피와 모양이 실제 지구와 가장 가까운 회전타원체로 측량의 결과를 이용하여 넓은 지역의 지도를 제작할 때 기준이 되는 타원체에 투영하여 지도를 작성한다.

④ 국제타원체(International Ellipsoid)는 국가마다 각각 다른 지구타원체를 사용함으로써 전 세계적으로 일관된 대지측량 값을 사용하기가 곤란하므로 국제측지학회 및 지구물리학 연합총회(IUGG)에서 결정한 통일된 지구타원체 값을 사용하기 위하여 제정된 타원체를 말한다.

⑤ 준거타원체(Reference Ellipsoid)는 측량의 결과를 이용하여 넓은 지역의 지도를 제작할 때 기준이 되는 타원체로 지구타원체를 말한다.

⑥ 지심타원체는 전 지구적 규모의 상세한 지오이드면이 결정되면서 타원체를 지구의 질량중심에 고정하고 있는 WGS 84 타원체, GRS 80 타원체가 있다.

⑦ GRS 80 타원체

- 회전타원체의 긴 반지름은 6,378,137m, 편평률은 298.257222101분의 1이다.
- 회전타원체의 중심이 지구의 질량중심과 일치할 것
- 회전타원체의 단축(短軸)이 지구의 자전축과 일치할 것

① 지구의 형태는 구(球)에 가까우며 지구의 단축을 위주로 회전하는 타원으로 수학적으로 편평타원체의 형상이라 할 수 있다.

② 평균반경(R) $= \frac{a+a+b}{3} = 6370291\text{m}$

③ 편평률은 타원체의 긴 반지름을 a, 짧은 반지름을 b라 할 때 편평률은 적도반경과 극 반경의 차이를 적도반경으로 나눈 값으로 정의된다.

④ 편평률 계산

- 베셀 타원체의 편평률(f) $= \frac{a-b}{a} = \frac{(6377397.15-6356078.96)}{6377397.15} = \frac{1}{299.1528}$이다.
- GRS 80 타원체의 편평률(f) $= \frac{(a-b)}{a} = \frac{(6378137-6356752)}{6378137} = \frac{1}{298.2572}$이다.

(5) 자오선과 측지선

① 자오선은 지구의 축을 포함하는 평면이 지구표면과 만나는 선으로 경선이라고도 한다.

② 묘유선은 임의 점의 수직선을 포함하고 자오선에 직교하는 평면이 타원체면과 만났을 때의 교선으로 묘유선 곡률반경은 경도 및 평면직각좌표 횡선(Y) 계산에 사용된다.

③ 측지선은 타원체의 표면상에 주어진 두 점 사이에서 최단거리를 갖도록 그려지는 선이다.

④ 항정선은 자오선과 항상 일정한 각도를 유지하는 지표의 선으로 항정선 내의 방위각은 항상 일정한 곡선이다.

1.2.2. 지오이드

지오이드는 정지된 평균해수면(Mean Sea Level)을 육지까지 연장하여 지구 전체를 둘러싸고 있다고 가상한 곡면을 말한다.

(1) 지오이드의 특징

① 지오이드면은 평균해수면과 일치하는 등포텐셜면으로 일종의 수면이다.

② 지오이드는 어느 점에서나 지표면을 통과하는 연직선은 중력의 방향에 수직인 면이다.

③ 지오이드는 지구의 물리적 특성을 따른 모형이어서 실제 지구의 모양과 거의 일치한다.

④ 지오이드면은 대륙에서는 지오이드면 위에 있는 지각의 인력 때문에 지구타원체보다 높으며, 해양에서는 지구타원체보다 낮다.

⑤ 지구 내부의 밀도가 국지적으로 변화함에 따라 그 지역의 중력도 변화하므로 지오이드면은 불규칙한 모양을 하고 있다.

⑥ 지오이드는 물리학적인 면이며 굴곡이 있고 수준측량의 기준이 된다.

⑦ 지오이드면은 높이가 0m이므로 위치에너지(E=mgh)가 0이다.

⑧ 고저측량은 지오이드면의 표고를 “0(Zero)”으로 하여 측량한다.

(2) 지오이드고

① 지오이드고(Geoid Height)는 타원체면을 기준으로 하여 지오이드까지의 높이를 말한다.
② 타원체고는 타원체면에서 물리적 지표면까지의 차이를 말하며 지오이드고와 정표고의 합계를 말한다.
③ 정표고는 지오이드면과 물리적 지표면의 차이를 나타내는 것이다.

(3) 연직선편차

① 연직선편차는 〈그림 1-2〉와 같이 경위도 좌표에서 사용하는 측지위도와 천문위도 값의 차이다.
② 연직선편차가 최소가 될 때 가장 이상적인 지구타원체가 된다.
③ 연직선과 수직선(법선)은 지구타원체와 지오이드의 차이로 인해 일치하지 않는다.

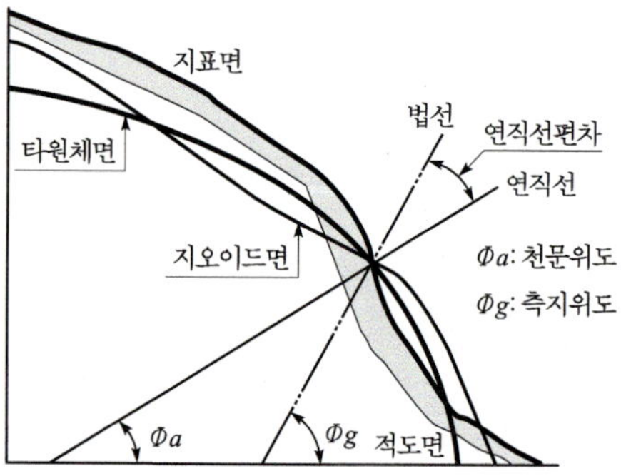

〈그림 1-2〉 연직선편차

1.3. 투영법

1.3.1. 투영

① 투영(Projection)은 일반적으로 지도투영이라고 하며, 어떠한 지점의 지상 위치와 도상 위치의 관계를 규정하는 방법이나 체계를 말한다.
② 1568년 네덜란드의 지리학자이며 수학자, 지도 제작자인 메르카토르(Gerardus Mercator)가 처음으로 원통투영의 일종인 메르카토르투영법을 고안함으로써 지도투영의 역사가 시작되었다.
③ 가우스상사 이중투영(Gauss Conformal Double Projection)
- 람베르트(Lambert J.H)의 횡원통투영법에서 지구를 구체로 취급하는 것을 가우스가 회전타원체에서 구체로 등각 투영하고 이 구체로부터 평면으로 등각 횡원통투영 방법으로 2회 투영하므로 이중투영이라 한다.
- 1910년 토지조사사업을 시행할 때 삼각점의 경위도를 평면직각좌표로 계산하는 데 이 투영법을 도입하여 오늘날까지 이용하고 있다.

④ 우리나라 평면직각좌표계 원점은 서부, 중부, 동부, 동해 원점이 있다.
⑤ 북위 38°와 동경 125°, 127°, 129°, 131°의 교차점을 가상원점으로 하여 각 원점에서 2°40′의 영역을 지정하여 원점의 동쪽과 서쪽으로 각각 20′씩 중복되게 투영하였다.
⑥ 투영원점의 가산 수치는 X(N) 600,000m, Y(E) 200,000m이며 각각의 원점 축척 계수는 1.0000이다.
⑦ 원점을 지나는 자오선을 평면직각좌표계의 X축으로 하고 원점을 지나 X축에 직각인 직선을 Y축으로 한다.
⑧ 세계측지계에 따르지 아니하는 지적측량의 경우에는 가우스상사 이중투영법으로 표시하되, 직각좌표계 투영원점의 가산 수치를 각각 X(N) 500,000m(제주도지역 550,000m), Y(E) 200,000m로 하여 사용할 수 있다.

1.3.2. 구과량

① 구면삼각형의 내각의 합은 180°보다 크므로 180°를 초과하는 양을 구과량(球過量)이라 한다.

② 구과량(Spherical excess)은 타원체 상의 삼각형의 계산에는 구를 반경으로 3개의 정점이 삼각형의 중심에 있다.

③ 변장 약 300km의 삼각형에서 타원체의 내각과 대응하는 구면상의 값과 차는 0.1″로 실질적으로는 오차가 없는 것으로 취급할 수 있다.

④ 구과량은 내각의 합($\angle B+\angle A+\angle C-180°=\varepsilon$)이 180°보다 크다. ε : 구과량

(1) 구과량의 특징

① 구과량은 구면삼각형의 면적에 비례하고 구의 반경의 제곱에 반비례한다.

② 일반측량에서 구과량은 미미하므로 평면삼각형의 면적을 사용해도 관계없다.

③ 삼각측량에서는 구과량(ε)은 미소하므로 구면삼각형의 면적(A) 대신에 평면삼각형의 면적을 적용해도 좋다.

④ 구과량은 대규모 지역의 측지측량을 실시할 때 지구의 곡률을 고려하기 위해 계산한다.

(2) 구과량 계산

① 구과량은 1개의 구면삼각형의 내각을 α, β, γ로 하면 구과량 $\varepsilon=\alpha+\beta+\gamma-180°>0$ 이다.

② 각 변에 대한 중심각을 α, β, γ, 구의 반경이 R일 경우 $\alpha=\frac{a}{R}$, $\beta=\frac{b}{R}$, $\gamma=\frac{c}{R}$ 이다.

③ R=1일 경우에는 $\alpha=a$, $\beta=b$, $\gamma=c$가 되어 각각 구면삼각형의 3변을 표현하며 또한 3변에 대한 중심각이 된다.

④ 구과량(ε)은 르장드르 정리를 이용하여 α', β', γ'를 구하면 삼각법의 정현법칙에 따라 변의 길이를 구할 수 있으며 구면삼각형 A, B, C의 변 길이를 그대로 적용한다.

⑤ 〈그림 1-3〉에서 각 변의 길이는 구면삼각형을 평면삼각형으로 간주하여 구면삼각형 A, B, C 변의 길이를 a, b, c라 하고 내각을 α, β, γ로 하여 르장드르 정리를 이용한다.

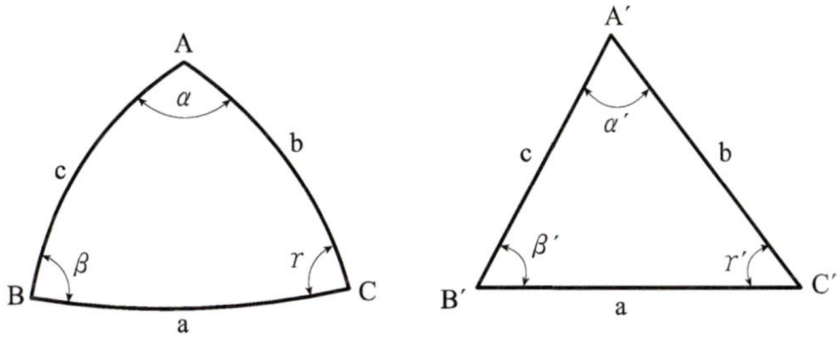

〈그림 1-3〉 구면삼각형과 평면삼각형

⑥ 구과량의 계산은 $\varepsilon=\frac{A\times180°}{\pi R^2}=\frac{A}{R^2}\rho''$와 같다.
여기서, A : 삼각형의 면적, R : 지구의 반지름, ε : 구과량이라고 할 경우 $\varepsilon : 360° = A : 2\pi R^2$ 이며, $\rho=206264.8062''$ 이다.

1.4. 측량좌표계

1.4.1. 경위도 좌표계

① 경위도 좌표계(Geodetic Coordinate System)는 지구의 위도와 경도를 이용하여 지구 표면상의 위치를 지구의 중심으로부터 측정된 각도로 표시한 것을 말하며 지리좌표계라고도 한다.

② 경위도 좌표계는 지구상의 절대적 위치를 표시하는 가장 일반적인 좌표계로 지표상의 자오선은 북극과 남극을 지나는 큰 원의 두 극에서 끝나는 반원을 가리킨다.

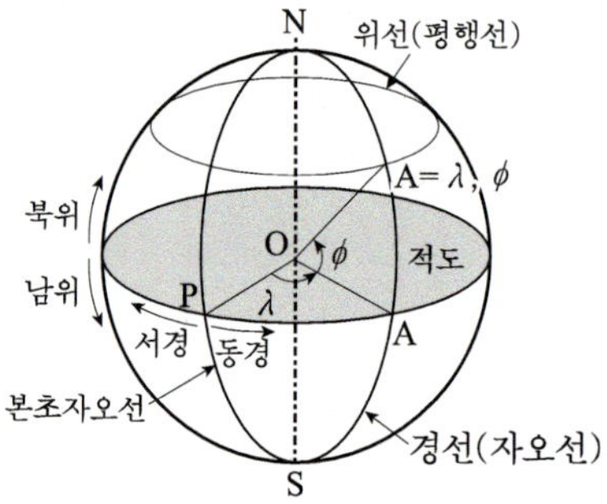

〈그림 1-4〉 경위도 좌표계

(1) 경도

① 경도(Longitude)는 본초자오선으로부터 동쪽으로 만드는 각을 동경(E), 서쪽으로 측정되는 각을 서경(W)이라 하며, 측지경도와 천문경도가 있다.

② 〈그림 1-4〉에서 경도를 적도 상에 표시하면 P점의 자오선과 적도의 교점을 A점으로 할 경우 ∠POA=λ가 된다.

③ 본초자오선(Prime medians)

- 영국 그리니치 천문대를 지나는 자오선이며 본초자오선과 적도의 교점이 원점이다.
- 모든 경도는 이 자오선으로부터 동쪽과 서쪽으로 180도씩 나뉜다.
- 그리니치 천문대를 지나는 선이 기준이 되어야 한다.
- 모든 국가들은 하나의 세계시로 통일한다.
- 그리니치에서 자정이 되는 순간부터 24시간으로 나누는 태양시로 한다.
- 선박과 항공기의 날짜는 세계 어디에서나 그리니치가 기준이 되며 10진 체계를 적용한다.

④ 자오선은 북극과 남극을 지나는 큰 원의 두 극에서 끝나는 반원을 말하며 본초자오선과 적도의 교점이 경위도원점이다.

⑤ 경도 결정방법은 자오선법, 등고도법, 단고도법이 있다.

⑥ 경도(자오선) 1°를 시각으로 환산하면 24^h =360° 이므로 15°=1^h, 1°= 4^m, 1′= 4^s가 된다.

⑦ 우리나라 시각의 기준인 표준자오선은 135°이다.

(2) 위도

① 위도(Latitude)는 어떤 지점에서 준거타원체의 법선이 적도 면과 만나는 각으로 자오선에 따라 적도에서 0°이며 북극의 위도는 북위 90°, 남극의 위도는 남위 90°로 표기한다.

② 위도는 적도 면과 이루는 각으로 적도 면에서 북쪽으로 측정할 때 북위, 남쪽으로 측정하는 각을 남위라 한다.

③ 위도의 종류는 각과 거리의 측정 방법에 따라 천문위도, 측지위도, 지심위도, 화성위도로 구분된다.

④ 위도 결정은 탈코트법과 주자오선법을 이용하고 있다.

1.4.2. 평면직각좌표

① 평면직각좌표(Plane Rectangular Coordinate)는 어느 한 점을 좌표의 원점으로 하고 그 원점을 지나는 자오선을 X축, 동서 방향을 Y축으로 하여 각 점의 직교좌표 값을 X, Y로 표시하며 점의 위치를 2차원으로 나타내는 가장 대표적인 좌표계이다.

② 측량에 사용하는 측량 원자는 베셀(Bessel)이 발표한 1841년 값을 사용하고 투영방식은 가우스상사 이중투영법을 사용하였다.

③ 원점을 중심으로 좌표를 구하려는 점을 양축과 평행인 두 직선이 원점에서 X축과 Y축의 방향으로 떨어진 거리만큼을 각각 X, Y의 좌표값으로 한다.

④ 원점의 축척 계수 m =1.0000을 사용 이중투영법에 따라 원점은 동해 원점, 동부원점, 중부원점, 서부원점의 4개의 좌표계로 가상원점을 정하고 있다.

⑤ 측량범위가 넓지 않은 지역에서 널리 사용되고 있으며 지적측량에서 많이 사용된다.

1.4.3. UTM 좌표계

(1) UTM 좌표

① UTM 좌표(Universal Transverse Mercator Coordinates)는 국제 횡메르카토르 투영법에 따라 표현되는 좌표계로서 적도를 횡축, 자오선을 종축으로 한다.

② 이 좌표는 각 종대의 중앙자오선과 적도의 교점을 원점으로 하여 원통도법인 가우스 크뤼거 투영법으로서 상사투영 등의 등각 투영이다.

③ 지구를 회전타원체로 보고 80°N~80°S의 투영범위를 경도 6°, 위도 8°씩 나누어 투영한 좌표계를 말한다.

(2) UTM 좌표계 특징

① 투영방식과 좌표 변환식은 가우스 크뤼거 투영법(TM)과 동일하다.

② 경도는 원점에서 동쪽으로 6° 간격으로 60개 구역(Zone)으로 나누어 1부터 60까지 구역명칭에 번호를 붙였다.

③ 원점의 경도는 각 구역의 중앙자오선이며 원점의 위도는 적도(0°)이다.

④ 중앙자오선에 있는 원점에서 축척계수는 0.9996이며, m(meter) 단위를 사용한다.

⑤ 위도는 80°S에서 80°N까지 8°간격으로 나누어 C~X까지 20개 문자를 사용(A, B, I, O는 제외)하였다.

⑥ 제2차 세계대전 말기에 연합군의 군용거리좌표로 고안된 좌표계이다.

⑦ 우리나라에서는 1/50,000 군용지도에 사용하고 있다.

⑧ 우리나라는 51~52 (120°E~132°E)와 ST(32°N~48°N)에 속한다. 즉 51S, 51T, 52S, 52T의 4구역 안에 전 국토가 표현된다.

(3) UTM 좌표계 원점

① UTM 좌표계는 각 존(Zone)의 중앙을 지나는 자오선, 즉 투영중심을 지나는 선과 적도가 만나는 점을 원점으로 한다.

② 북반구에서는 원점의 좌표를 횡선 500,000m, 종선 0m로 하고, 남반구에서는 횡선 500,000m, 종선 10,000,000m로 한다.

③ 종좌표 N은 원점인 적도로부터 계산되며 북반구에서 0m 남반구에서 10,000,000m를 원점으로 한다.
④ 동서 방향의 횡좌표 E는 중앙자오선에서 원점 값을 500,000m로 한다.
⑤ 구역마다 좌표 원점의 값은 동서 방향으로는 적도 선상에서 각 구역의 중심자오선을 500,000m E로 한다.
⑥ 남북방향의 좌표 원점은 북반구에 대해서는 적도에서 0m N, 80°N에서는 10,000,000m N, 남반구에서는 80°S에서 0m N, 적도에서는 10,000,000m N이다.

1.4.4. UPS 좌표

① 국제극심입체좌표(UPS : Universal Polar Stereo Graphic Coordinates)는 위도(남위, 북위) 80° 이상의 양극 지역의 좌표를 표시하는 데 사용한다.
② UPS 좌표는 극지방의 투영에 적합한 방위 평사도법을 사용하며 양극을 원점으로 하는 평면직각좌표계이다.
③ UPS 좌표는 UTM 좌표가 고위도지역에서 심한 왜곡으로 사용하기 어려우므로 위도 80° 이상의 지역을 표시하기 위하여 고안되었다.
④ 북극 지역의 90°N에서 80°N까지를 UPS 좌표로 표현할 수 있다.
⑤ 거리 단위는 m이며 종선 좌표를 N, 횡선좌표를 E로 표시한다.
⑥ 동서 방향으로는 90°E 방향으로 증가하는 값을 나타내고 남북방향으로는 본초자오선을 따라 북극 쪽으로 증가한 값을 갖는다.

1.5. 측량원점

지구상 여러 점의 수평위치는 경도와 위도로 표시함을 원칙으로 하며 전국에 통일된 축척 및 동일 정확도의 지형도를 제작하기 위해서는 우선 국내의 적당한 지점에 정밀 천문측량에 의한 경위도 및 방위각을 관측하여 경위도원점을 설치한다. 전국 각지에서 평균해수면의 높이를 기준으로 다년간 조석으로 관측한 결과를 평균하여 결정한 수준원점이 있다. 우리나라 좌표원점은 통일원점, 구소삼각원점, 특별소삼각원점이 있다.

1.5.1. 측량기준

① 위치는 세계측지계에 따라 측정한 지리학적 경위도와 높이(평균해수면으로부터의 높이)로 표시한다.
② 측량의 원점은 대한민국 경위도원점 및 수준원점으로 한다.
③ 섬 등 대통령령으로 정하는 지역에 대하여는 국토교통부장관이 따로 정하여 고시하는 원점을 사용할 수 있다.
④ 원점의 특례
- "섬 등 대통령령으로 정하는 지역"이란 제주도, 울릉도, 독도 지역을 말한다.
- 그 밖에 대한민국 경위도원점 및 수준원점으로부터 원거리에 위치하여 대한민국 경위도원점 및 수준원점을 적용하여 측량하기 곤란하다고 인정되어 국토교통부장관이 고시한 지역

1.5.2. 경위도원점

① 경위도원점은 지구의 위도와 경도를 이용하여 지구상 절대적 위치를 표시하는 기준원점을 말한다.

② 경도는 본초자오선과 타원체면의 임의의 점을 지나는 자오선과 이루는 적도면상의 각을 말하며, 본초자오선을 기준(0°)으로 동경(E)과 서경으로 구분한다.

③ 위도는 남북으로 90°로 분리되었고 지표면 위의 한 점에서 세운 법선이 적도면과 이루는 각을 말한다.

④ 우리나라는 동경원점을 사용하고 있으므로 1910년대에 설치한 기준점 성과의 경도에다 +10.405″ 만큼의 보정을 실시한 후에 계산을 시행하여야 한다.

⑤ 대한민국 경위도원점

- 경위도원점은 1981년부터 1985년까지 정밀천문관측을 실시하여 천문학적인 경도, 위도, 방위각의 값을 결정하였다.
- 원점의 위치 : 경기도 수원시 영통구 월드컵로 92(국토지리정보원에 있는 대한민국 경위도원점 금속표의 십자선 교점)
- 동경 127도 03분 14.8913초, 북위 37도 16분 33.3659초
- 원방위각 : 165도 03분 44.538초(원점으로부터 진북을 기준으로 오른쪽으로 측정한 우주측지 관측센터에 있는 위성기준점 안테나 참조점 중앙)

1.5.3. 수준원점

① 우리나라 국토의 높이의 기준이 되는 원점을 설치하기 위하여 험조장(驗潮場)을 설치하였다.

② 험조장

- 설치 기간은 1910년 3월에서 1915년 11월까지 연안해역의 평균해수면을 결정하여 수준측량의 기초로 하였다.
- 설치장소는 청진·원산·목포·진남포·인천 등 5개소에 설치하였다.
- 매일의 조위 곡선을 얻어 평균해수면을 계산하며 1년분을 총 평균하여 1년 평균해수면을 계산하고 이를 전국의 수준측량의 표고 기준으로 삼았다.

③ 수준원점의 제원

- 소재지 : 인천광역시 남구 인하로 100(인하공업전문대학에 있는 원점 표석 수정판의 영 눈금선 중앙점)
- 관측년도 : 1964년 2월 28일~3월 11일에 인천 수준 기점으로부터 정밀관측
- 수치 : 인천만 평균해수면 상의 높이로부터 26.6871m 높이

④ 토지의 높이 기준은 인천 앞바다의 평균해수면(표고 : 0m)을 기준으로 측량한다.

1.5.4. 좌표원점

① 원점을 중심으로 TM 투영한 평면상에서 원점을 지나는 자오선을 X축, 동서 방향의 위도선을 Y축으로 1910년 토지조사사업을 위하여 설치하였다.

② 토지조사사업 당시 평면 직각좌표계의 좌표원점은 서부원점, 중부원점, 동부원점의 3개 원점을 사용하였다.

③ 원점은 토지조사사업 당시에는 종선(X)에 50만m(제주 55만m), 횡선(Y) 20만m를 가산하여 사용하였다.

④ 현재 사용하고 있는 우리나라 평면 직각좌표 투영원점의 위치는 (표 1.1)과 같다.

〈표 1.1〉 직각좌표계 원점 제원

원점	원점의 경위도		투영원점의 가산 수치	원점 축척계수	적용 구역
	경도	위도			
서부	동경 125° 00′	북위 38° 00′	X(N) 600,000m Y(E) 200,000m	1.0000	124°~126°
중부	동경 127° 00′	북위 38° 00′			126°~128°
동부	동경 129° 00′	북위 38° 00′			128°~130°
동해	동경 131° 00′	북위 38° 00′			130°~132°

⑤ 국토교통부장관은 지리정보의 위치측정을 위하여 필요하다고 인정할 때에는 직각좌표의 기준을 따로 정할 수 있다. 이 경우 국토교통부장관은 그 내용을 고시하여야 한다.

1.5.5. 기타 좌표원점

(1) 구소삼각 원점

① 구소삼각점은 토지조사사업 이전에 한국정부에서 독립적으로 삼각측량을 실시한 지역으로 경인지역 및 대구·경북지역에서 부분적으로 시행하였다.

② 측량지역 원점은 대상지역의 중앙에 설치하고 각각의 원점의 수치는 X=0, Y=0으로 하며 거리 단위는 간(間)으로 하였다.

③ 경인지역에 6개(망산, 계양, 조본, 가리, 등경, 고초), 대구지역에는 5개(율곡, 현창, 구암, 금산, 소라)의 11개 원점이 있다.

④ 종횡선수치에 정(+), 부(−)의 부호가 있으며 1975년 지적법의 개정으로부터 전부 미터(m) 단위로 수정하였다.

⑤ 측량지역의 중앙에 원점을 두었으며, 27개 지역에 대하여 독립적으로 삼각측량을 실시하였다.

⑥ 조본·고초·율곡·현창 및 소라 원점 수치의 단위는 m로 하였다.

⑦ 망산·계양·가리·등경·구암 및 금산 원점 수치의 단위는 간(間)으로 등록되어 있다.

⑧ 중앙에 위치한 삼각점에서 북극성의 최대이각(Greatest Elongation)을 측정하여 진자오선과 방위각은 천문측량을 바탕으로 결정하였다.

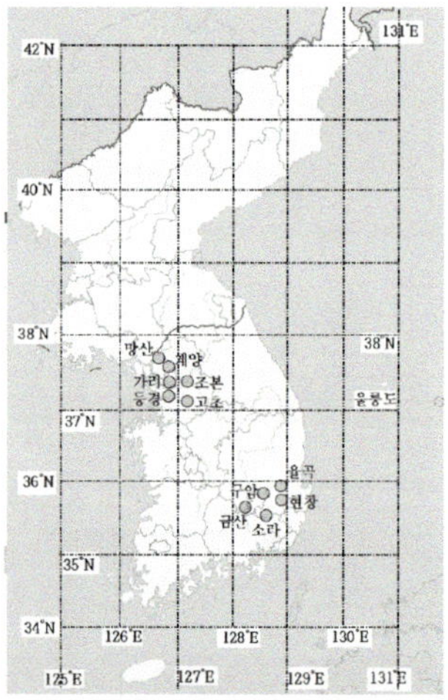

〈그림 1-5〉 구소삼각원점

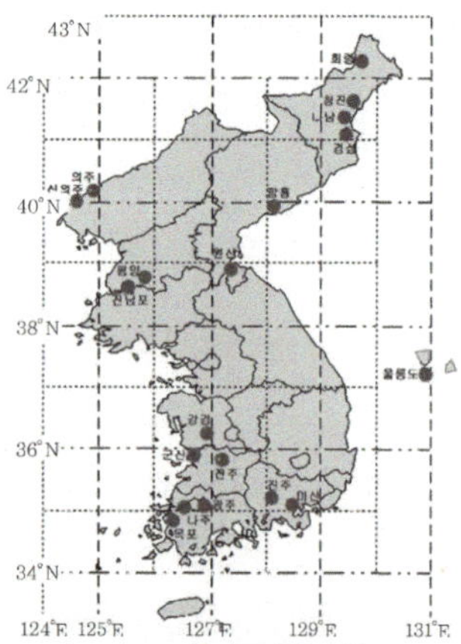

〈그림 1-6〉 특별삼각원점

(2) 특별 소삼각점

① 1912년 임시토지조사국에서 시가지세를 시급하게 징수하여 재정수요를 충당할 목적으로 실시하였다.

② 대삼각점측량을 생략하고 대삼각점측량 미완료 지역과 멀리 떨어져 있는 섬으로 대삼각점과 연결할 수 없는 소규모지역에서 독립된 소삼각점측량을 실시하였다.

③ 특별소삼각점은 측량지역의 서남단에 위치하는 삼각점으로 하고 종선(X)=10,000m, 횡선(Y)=30,000m로 가상의 수치를 이용하였다.

④ 측량원점은 19개로 측량 시행지역의 서남단에 한 점씩 설치하였다.

⑤ 측량지역은 대삼각점측량이 미완료된 평양, 의주, 신의주, 진남포, 전주, 강경, 원산, 함흥, 청진, 경성, 나남, 회령, 마산, 진주, 광주, 나주, 목포, 군산 등 18개 지역과 울릉도에 〈그림 1-6〉과 같이 독립적으로 기선을 설치하고 특별소삼각점측량을 실시하여 후에 대삼각망과 연계하였다.

⑥ 원점의 위치는 현재 성과에 나타나 있지 않다.

⑦ 측정 단위는 미터(m) 단위를 사용하였으며 구과량을 고려하여 실시하였다.

⑧ 대상 지역을 전체적으로 덮을 수 있도록 소삼각 1등점 망형을 설정하여 점간거리는 2~4km로 하고, 2등 점은 점간거리 1.5~2km로 선점하였다.

⑨ 축척 1/1,200을 사용하는 기선은 망 내의 적당한 위치에 선정하고 점간거리는 0.4~1km로 선점하였다.

⑩ 사용 기계는 20초독 데오돌라이트를 사용하였다.

⑪ 수평각의 관측 1, 2등 모두 정반 3측회 관측하였으며 수직각 관측(1등점)은 정·반 관측하여 평균치를 채택하고 공차를 40초로 하였다.

⑫ 계산은 기선계산과 특별소삼각점 계산으로 구분하였다.

⑬ 측량계산의 주요항목으로 기선전장계산, 귀심계산, 극성 또는 태양에 의한 방위계산, 변장계산, 평면직각 종횡선의 계산이 있다.

Chapter 01 총론

핵 / 심 / 문 / 제

1. 측량의 정의에 대한 설명으로 틀린 것은?

① 우주 공간에 존재하는 모든 점의 상호위치 관계를 결정하는 것이다.
② 지표의 형상을 결정하고 결정한 위치를 지표상에 표시하는 것이다.
③ 점들의 관계 위치를 결정하는 데는 거리, 방향, 높이의 3요소가 있다.
④ 측량의 대상으로는 지하측량과 지상측량으로만 한정하고 있다.

| 해설 |

측량이란 지구상에서 제 점들의 위치 관계를 측정하여 표시하고 지구의 형상을 결정하는 것으로 측량의 요소는 거리, 방향, 높이를 말하며 측량 대상으로는 지하측량과 지상측량, 항공사진측량, 수심측량 등이 있다.

정답 ④

2. 다음 중 고대 지적 및 측량사와 가장 거리가 먼 것은?

① 테베(Thebes)의 고분벽화
② 고대 수메르(Sumer) 지방의 점토판
③ 고대 인도 타지마할 유적
④ 고대 이집트의 나일강 변

| 해설 |

① 테베(Thebes)에 있는 메나의 무덤 벽화에서 줄자를 이용한 토지측량의 모습이 있다.
② 수메르 지방에서 발굴된 점토판에서는 토지 과세기록과 넓은 면적의 토지도면 및 마을 지도를 나타내고 있다.
③ 고대 이집트의 나일강 하류에서 매년 일어나는 홍수로 강의 범람에 따라 토지경계의 설정과 복원을 목적으로 측량술이 발달하였다는 기록이 있다.

정답 ③

3. 다음 중 측량의 목적에 의한 분류에 속하는 것은?

① 트랜싯 측량　② 컴퍼스측량
③ 육분의 측량　④ 지적측량

| 해설 |

측량목적에 따른 분류는 지적측량, 지형측량, 천문측량, 노선측량, 터널측량, 광산측량, 농지측량, 삼림측량, 건축측량이며 ①, ②, ③은 장비의 유형에 따른 분류이다.

정답 ④

4. 측량의 범위와 정밀도에 의하여 지구의 형을 취하는 데 있어서 틀린 것은?

① 제 점의 경위도를 정밀히 구하기 위해서는 준거타원체로 한다.
② 광범위한 지역을 측량할 때는 구과량을 계산하여야 한다.
③ 관측의 정밀도를 최대로 하면 측량지역은 평면으로 하여도 지장이 없다.
④ 20km 이내의 지역은 정도를 1/1,000,000로 할 때 평면으로 본다.

| 해설 |

관측의 정밀도를 최대로 하려면 곡면을 고려한 측량을 시행하여야 한다.

정답 ③

5. 평면측량의 한계로서 지표상의 측정 거리와 투영 거리와의 차가 1/100만 이내로 볼 때의 거리로 맞는 것은?(단, 지구반경 6,370km)

① 직경 20km　② 반경 11km
③ 직경 10km　④ 반경 10km

| 해설 |

① 평면측량은 평면직각좌표의 계산에 의한 평면거리를 이용하며 지적측량과 같이 소규모지역에서 활용된다.
② 측량의 정밀도가 1/100만일 경우 반경 11km 이내 또는 면적이 약 400km^2 이내인 지역에 적용한다.

정답 ②

6. 측량의 허용정밀도를 1/300,000으로 할 때 측지학적 측량으로 지구의 곡률을 무시할 수 있는 측량범위는 측량 지점으로부터 반경 몇 km 이내인가?(단, 지구의 곡선반지름은 6,370km이다.)

① 약 10km　② 약 20km
③ 약 30km　④ 약 40km

| 해설 |

정도 $= \dfrac{\ell^2}{12R^2} = \dfrac{\ell^2}{12\times 6,370^2} = \dfrac{1}{300,000}$에서

$\ell = \sqrt{\dfrac{12\times 6,370^2}{300,000}} = 40.287\text{km}$이다.

정답 ④

7. 지구를 평면으로 가정할 때 정도 $\dfrac{1}{10^6}$에서 거리오차는?(단, 지구의 곡률반경은 6,370km이다.)

① 1.21cm　② 2.21cm
③ 3.21cm　④ 4.21cm

| 해설 |

① 거리측정의 정도를 $\frac{1}{10^6}$까지 허용할 경우 $\frac{L-S}{S}=\frac{S^2}{12R^2}$이 되므로 $\frac{S^2}{12R^2}=\frac{1}{1,000,000}$에서

$S=\sqrt{\frac{12R^2}{1,000,000}}=\sqrt{\frac{12\times 6,370^2}{1,000,000}}=22.066$km의 허용오차가 계산된다.

② 지구반경(R)=6,370km이므로 거리 허용오차는 $\frac{1}{10^6}$에서 $\frac{L-S}{S}=\frac{1}{10^6}$이므로 S=22km이다.

③ 따라서 거리오차가 약 ±2.21cm이면 정확도가 $\frac{1}{10^6}$의 측량으로 반경이 11km 이내, 면적은 약 400km² 이내의 범위를 평면으로 볼 수 있다.

정답 ②

8. **반지름 11km 이내의 면적을 기준으로 평면측량을 시행한다면 이 측량의 정밀도는?**

① 1/5,000 ② 1/10,000
③ 1/500,000 ④ 1/1,000,000

| 해설 |

측량의 정밀도가 100만분의 1일 경우 반경 11km 이내 면적은 약 400km² 이내인 지역에 적용한다.

정답 ④

9. **고대 그리스의 지리학자이며 천문학자이고 수학자로 최초로 지구의 둘레를 측정한 사람으로 옳은 것은?**

① 시넬리우스 ② 에라토스테네스
③ 카시니 ④ 가우스

| 해설 |

고대 그리스의 지리학자이며 천문학자이고 수학자인 에라토스테네스는 최초로 지구의 둘레를 측정하였다.

정답 ②

10. **타원체에 대한 설명으로 옳지 않은 것은?**

① 지구의 형태는 적도 방향의 직경이 극을 연결하는 직경보다 약 42.6km가 짧은 회전타원체이다.
② 지구타원체는 기하학적이고 굴곡이 없는 매끈한 면으로 되어있다.
③ 지구타원체는 타원체면의 장축 또는 단축을 중심축으로 회전시켜 얻은 모형으로 좌표를 표현하는데 기준이 되는 타원체이다.
④ 우리나라의 준거타원체는 베셀이 1841년 발표한 값을 1910년대 토지조사사업 당시 채택하였다.

| 해설 |

지구의 형태는 극을 연결하는 지름이 적도 방향의 지름보다 약 42.6km 짧은 회전타원체이다.

정답 ①

11. **「공간정보의 구축 및 관리 등에 관한 법률」에서 규정하고 있는 타원체로 옳은 것은?**

① 국제타원체 ② WGS-84 타원체
③ GRS 80 타원체 ④ 클라크 타원체

| 해설 |

「공간정보의 구축 및 관리 등에 관한 법률」로 규정하고 있는 것은 GRS 80 타원체이다.

정답 ③

12. **우리나라가 토지조사사업 당시 원점좌표계의 계산을 위해 채용한 지구타원체 값은?**

① Gauss ② Bessel ③ Hayford ④ Clarke

| 해설 |

우리나라는 토지조사사업 당시인 1841년에 Bessel이 발표한 준거타원체의 제원으로 사용하였으며 현재도 사용하고 있다.

정답 ②

13. **지구의 장반경을 6,377km, 타원율(편평률)을 1/299로 하여 적도반경과 극 반경과의 차를 구한 값은?**

① 21.3km ② 30.8km ③ 41.6km ④ 42.2km

| 해설 |

편평률(f)$=\frac{a-b}{a}$, $\frac{1}{299}=\frac{a-b}{a}$에서

$a-b=\frac{a}{299}=\frac{6,377}{299}=21.3$km이다.

정답 ①

14. **우리나라에서 지적좌표계로 채택하고 있는 준거타원체의 편평률은?**

① 1/293.47 ② 1/297.00
③ 1/298.26 ④ 1/299.15

| 해설 |

Bessel이 1841년에 발표한 타원체의 값으로 한국·일본·칠레 등에서 사용하며 준거타원체의 편평률은 1/299.15이다.

정답 ④

15. **다음 중 「공간정보의 구축 및 관리 등에 관한 법률」에 따른 측량기준에서 회전타원체의 편평률로 옳은 것은? (단, 분모는 소수점 둘째 자리까지 표현한다.)**

① 299.26분의 1 ② 294.98분의 1
③ 299.15분의 1 ④ 298.26분의 1

| 해설 |

세계측지계는 지구를 편평한 회전타원체로 상정하여 실시하는 위치측정의 기준으로서 회전타원체의 장반경은 6,378,137m, 편평률은 298.257222101분의 1의 요건을 갖춘 것을 말한다.

정답 ④

16. **타원체상 한 점의 법선을 포함하여 그 점을 지나는 자오면과 직교하는 평면과 타원체면의 교선으로 옳은 것은?**

① 자오선 ② 측지선
③ 묘유선 ④ 항정선

| 해설 |

묘유선은 타원체상 한 점의 법선을 포함하여 그 점을 지나는 자오면과 직교하는 평면과 타원체면의 교선을 말한다.

정답 ③

17. **자오선과 항상 일정한 각도를 유지하는 지표의 선으로서 그 선 내의 각 점에서 방위각이 일정한 곡선으로 옳은 것은?**

① 측지선 ② 항정선
③ 묘유선 ④ 자오선

| 해설 |

항정선은 자오선과 항상 일정한 각도를 유지하는 지표의 선으로서 그 선 내의 각 점에서 방위각이 일정한 곡선을 말한다.

정답 ②

18. **다음 중 지오이드(Geoid)에 대한 설명으로 옳은 것은?**

① 지정된 점에서 중력 방향에 직각을 이룬다.
② 수준원점은 지오이드면에 일치한다.
③ 지구타원체의 면과 지오이드면은 일치한다.
④ 기하학적인 타원체를 이루고 있다.

| 해설 |

① 지오이드면은 지표면을 통과하는 연직선이 중력의 방향에 직각을 이룬다.
② 수준원점은 지오이드면에서부터 측정하여 나라마다 표고의 기준이 될 수 있도록 설치한다.
③ 지구타원체의 면과 지오이드면은 일치하지 않는다.
④ 지오이드는 물리학적인 면이며 굴곡이 있고 수준측량의 기준이 된다.

정답 ①

19. **지구타원체의 법선과 지오이드의 법선이 일치하지 않아 발생하는 차이로 옳은 것은?**

① 자침 편차 ② 수직선편차
③ 수평편차 ④ 연직선편차

| 해설 |

지구타원체의 법선과 지오이드의 법선이 일치하지 않아 발생하는 차이를 연직선편차라고 한다.

정답 ④

20. **지구를 평면으로 표시된 지도를 제작할 때 사용되는 투영법으로 투영축의 방향과 투영 중심에서 축척계수 등을 고려하여 결정하는 투영법으로 옳은 것은?**

① 실제 형태를 보존하는 상사 등각투영이다.
② 지구의 자전축과 투영축이 직교하는 횡축 투영이다.
③ 투영 중심에서 축척계수가 0.9996으로 가우스 크뤼거 투영방법이다.
④ 원통형의 평면으로 지구를 감싸는 원통도법이다.

| 해설 |

투영 중심(중심자오선)에서 축척계수가 0.9996으로 가우스 크뤼거 투영방법을 채택하고 있다.

정답 ③

21. **다음은 가우스상사 이중투영법에 대한 설명이다. 틀린 것은?**

① 지구타원체 상에서 가상의 구체로 투영한 다음 다시 구체에서 원통형 평면에 투영하기 때문에 이중투영이라 한다.
② 위의 가상구체의 반경은 북위 38도에서 자오선과 묘유선의 중등곡률반지름으로 한다.
③ 일명 가우스크뤼거 투영법이라고도 하며, 준거타원체에서 평면으로 투영하는 방법이다.
④ 지상에서 관측한 각과 지도상에서 읽은 각의 값을 일치시키는 등각 투영방법이다.

| 해설 |

가우스상사 이중투영법은 준거타원체에서 구체로 등각 투영을 하고 이를 다시 구체로부터 평면으로 등각 횡원통 투영하는 방법이다.

정답 ③

22. **세계측지계에 따르지 아니하는 지적측량은 어떤 투영법으로 표시함을 원칙으로 하는가?**

① 크뤼거 투영법 ② 가우스상사 이중투영법
③ UTM 투영법 ④ Lambert 투영법

| 해설 |

세계측지계에 따르지 아니하는 지적측량은 지구의 표면을 평면으로 정하는 가우스상사 이중투영법으로 하며 투영방법은 등각 투영방법으로 우리나라 지적도 제작에 사용한 투영방식이다.

정답 ②

23. **지적측량에서 원점을 기준으로 지구표면을 평면으로 정하는 투영식은?**

① 가우스상사 이중투영법 ② 가우스-크뤼거도법
③ 등각횡원통도법 ④ 등거리횡원통도법

| 해설 |

우리나라의 원점을 기준으로 지구의 표면을 평면으로 정하는 투영식은 가우스상사 이중투영법으로 한다.

정답 ①

24. 우리나라에서 지적도 제작에 사용한 투영방식은?

① 가우스상사 이중투영법 ② 가우스-크뤼거 투영
③ WGS-84 ④ UTM 투영

| 해설 |

우리나라 원점은 가우스상사 이중투영법을 투영방식으로 결정하여 지적도 제작에 사용하였다.

정답 ①

25. 우리나라의 토지조사사업 당시에 적용된 측지학적 요소가 모두 옳게 나열된 것은?

① 원점 축척 계수 1.0000, 가우스상사 이중투영, 등각 투영
② 원점 축척 계수 0.9996, 가우스 크뤼거 투영, 등각 투영
③ 원점 축척 계수 1.0000, 가우스상사 이중투영법, 등적 투영
④ 원점 축척 계수 0.9996, 가우스 크뤼거 투영, 등적 투영

| 해설 |

토지조사사업 당시 측량에 사용하는 투영방식은 가우스상사 이중투영법, 원점 축척 계수 1.0000, 등각 투영을 사용하였다.

정답 ①

26. 우리나라 투영법에 대한 설명으로 옳은 것은?

① 평면직각좌표는 투영원점을 기준으로 경위도좌표를 일정한 투영법을 적용해 계산한다.
② 투영원점은 투영계산 시 좌표계의 원점이 되는 점으로 우리나라는 가상의 점은 이용하지 않는다.
③ 측지원점은 수준측량에 의해 지구상 위치를 경위도로 결정한 관측점이다.
④ 측지원점은 지구타원체의 법선과 지오이드의 법선이 일치하여 연직선편차가 1이다.

| 해설 |

② 북위 38°와 동경 125°, 127°, 129°의 교차점을 가상원점으로 하였으며, 원점의 동쪽과 서쪽으로 각각 20′씩 중복되게 투영하였다.
③ 측지원점은 천문측량에 의해 지구상 위치를 경위도로 결정한 관측점이다.
④ 측지원점은 지구타원체의 법선과 지오이드의 법선이 일치하여 연직선편차가 없다.

정답 ①

27. 구과량에 대한 설명으로 옳지 않은 것은?

① 구면삼각형의 내각의 합이 180°를 초과하는 양을 말한다.
② 구면으로 길이가 길어진다는 의미이다.
③ 대규모 지역의 측지측량을 실시할 경우 구과량을 계산하여야 한다.
④ 구면삼각형의 한 정점을 지나는 변은 소규모지역에서 르장드르정리를 이용한다.

| 해설 |

구면으로 길이가 길어진다는 의미가 아니며 각도가 평면상의 각보다 초과한다는 의미이다.

정답 ②

28. 구면삼각형의 내각의 합에 대한 설명으로 맞는 것은?

① 항상 180°보다 작다.
② 항상 180°이다.
③ 항상 180°보다 크다.
④ 항상 180°보다 작거나 크다.

| 해설 |

구면삼각형의 구면각의 합은 180°보다 크며 이 큰 부분을 삼각형의 구과량이라 한다.

정답 ③

29. 평면삼각형 ABC의 측각 관측값 ∠A, ∠B, ∠C의 폐합오차는?(단, 폐합오차는 W로 표시함)

① W=180°−(∠B+∠C)
② W=∠A+∠B+∠C−180°
③ W=∠A+∠B+∠C−90°
④ W=∠A+∠B+∠C−360°

| 해설 |

구면삼각형의 구면각의 합은 180°보다 크므로 W=∠A+∠B+∠C−180°로 구과량의 값이다.

정답 ②

30. 타원체 상에서 구를 반경으로 3개의 정점이 삼각형의 중심에 있는 지구상에 투영되어 만들어지는 구면상의 삼각형을 구하는 방법으로 옳은 것은?

① 구과량 계산 ② cos법칙
③ sin법칙 ④ 구면삼각법

| 해설 |

타원체 상에서 구를 반경으로 3개의 정점이 삼각형의 중심에 있는 지구상에 투영되어 만들어지는 구면상의 삼각형을 구하는 방법은 구과량을 계산하는 것이다.

정답 ①

31. 다음 중 구면삼각법을 평면삼각법으로 간주하여 계산할 때 적용하는 이론은?

① 가우스(Gauss) 정리
② 르장드르(Legendre) 정리
③ 뫼스니에(Measnier) 정리
④ 가우스 쿠르거(Gauss-Kruger) 정리

| 해설 |

대규모 지역의 측량 시 지구의 곡률을 고려하여 계산하여야 하나 그 계산법이 복잡하여 평면삼각형으로 간주하고 구과량을 이용하여 계산한 방법을 르장드르정리라 한다.

정답 ②

32. 지상에서 10km의 거리에 있는 정삼각형의 내각을 관측하면 구과량(구면과잉량)은 대략 얼마나 되는가?

① 0.02″ ② 0.2″ ③ 2″ ④ 20″

| 해설 |

① $\frac{F}{R^2}\rho'' = \varepsilon$(F=면적, R=지구의 반지름, ρ=206264.8062″, ε=구과량)

② 면적(F) = $\frac{10km \times \sin 60° \times 10km}{2}$ = 43.30127km^2

③ 지구의 반지름(r)=6,370km, 구과량(ε)=$\frac{43.30127}{6370^2} \times 206264.8062$ = 0.2201″이다.

정답 ②

33. 경위도 좌표계에 대한 설명으로 틀린 것은?

① 경도선은 일명 자오선(Meridian)이라고도 한다.
② 원점을 지나는 자오선을 X축, 동서 방향을 Y축으로 한다.
③ 그리니치 천문대를 통과하는 자오선을 본초자오선(Prime Meridian)이라 한다.
④ 지표면 위의 한 점에서 세운 법선이 적도면과 이루는 각을 말한다.

| 해설 |

원점을 지나는 자오선을 X축, 동서 방향을 Y축으로 하는 좌표계는 평면직교좌표이다.

정답 ②

34. 각 점의 위치를 타원체의 중심으로부터 측정된 각도인 위도와 경도를 이용하여 표시하는 좌표계로 옳은 것은?

① 평면직각좌표계 ② UPS 좌표계
③ 삼차원 지심좌표계 ④ 경위도좌표계

| 해설 |

경위도좌표계는 각 점의 위치를 타원체의 중심으로부터 측정된 각도인 위도와 경도를 이용하여 표시하는 좌표계로 지리좌표계 또는 측지좌표계라고도 한다.

정답 ④

35. 북극과 남극을 연결하는 영국의 그리니치 천문대를 지나는 대 원호의 명칭으로 옳은 것은?

① 측지선 ② 본초자오선
③ 항정선 ④ 묘유선

| 해설 |

본초자오선은 북극과 남극을 연결하는 영국의 그리니치 천문대를 지나는 대원호를 말한다.

정답 ②

36. 북극성을 관측하여 경도를 측정할 경우 바르게 관측한 것은?

① 동이각과 서이각의 시각을 측정한다.
② 서이각과 시각을 측정한다.
③ 상통과의 시각을 측정한다.
④ 상통과 하통과의 시각을 측정한다.

| 해설 |

경도는 동이각과 서이각의 시각을 측정하여 2로 나누면 자오선을 알 수 있으며 북극성은 북극점을 중심으로 회전운동을 한다.

정답 ①

37. 경도(자오선) 1°를 시각으로 환산할 경우 옳은 것은?

① 40분 ② 4분 ③ 40초 ④ 4초

| 해설 |

경도 15°는 1시간으로, 24시간을 분으로 계산하면 1440분, 경도는 360도이므로 계산식은 $\frac{1440}{360}$ = 4분이다.

정답 ②

38. 영국의 그리니치 천문대와 동경 135° 와의 차이는 얼마인가

① 5시간 ② 7시간 ③ 9시간 ④ 12시간

| 해설 |

우리나라 표준시각의 자오선은 동경 135°이며, 1시간은 15°이므로 $\frac{360°}{24} \times 135°$ = 9시간이다.

정답 ③

39. 위도에 대한 설명으로 틀린 것은?

① 지구상의 한 점에서 회전타원체의 법선이 적도면과 이루는 각을 측지위도라 한다.
② 지구상의 한 점에서 지오이드의 법선이 적도면과 이루는 각을 천문위도라 한다.
③ 지구상 한 점과 지구 중심을 맺는 직선이 적도면과 이루는 각을 지심위도라 한다.
④ 위도는 어떤 지점에서 준거타원체의 접선이 적도면과 이루는 각으로 표시한다.

| 해설 |

위도는 어떤 지점에서 준거타원체의 법선이 적도면과 만나는 각으로 자오선에 따라 적도에서 최소각거리를 말한다.

정답 ④

40. 어떤 지점에서 지구의 중심을 연결하는 선이 타원체의 법선과 적도면을 이루는 각으로 지리위도라고도 하는 위도로 옳은 것은?

① 천문위도 ② 측지위도
③ 지심위도 ④ 화성위도

| 해설 |

측지위도는 어떤 지점에서 지구의 중심을 연결하는 선이 타원체의 법선과 적도면을 이루는 각으로 지리위도라고도 한다.

정답 ②

41. 북위 38° 와 동경 127° 선이 교차하는 점을 중부원점이라 한다. 이때의 위도는?

① 측지위도 ② 지상위도
③ 천문위도 ④ 극좌표

| 해설 |

측지위도는 지구상 한 점에서 타원체면에 직각으로 내린 법선이 적도면과 이루는 각으로 우리나라에서 사용하는 동부, 중부, 서부, 동해 원점은 측지위도이다.

정답 ①

42. 평면직각좌표에 대한 설명으로 옳은 것은?

① 점의 위치를 삼차원으로 나타내는 가장 대표적인 좌표계이다.
② 원점을 지나는 자오선을 Y축, 동서 방향을 X축으로 한다.
③ 투영방식은 가우스 크뤼거 투영법을 사용하였다.
④ 측량에 사용하는 측량 원자는 베셀이 발표한 1841년 값을 사용하였다.

| 해설 |

측량에 사용하는 측량 원자는 베셀이 발표한 1841년 값을 사용하고 투영방식은 가우스상사 이중투영법을 사용하였다.

정답 ④

43. UTM 좌표에 대한 설명으로 옳지 않은 것은?

① 지구타원체에 방위 평사 투영법을 적용한 좌표계이다.
② 경도 6°, 위도 8°씩 나누어 투영한 좌표계이다.
③ 단위는 미터(m)를 사용하고 있다.
④ 원점의 경도는 각 구역의 중앙자오선이 된다.

| 해설 |

① 투영방식과 좌표 변환식은 가우스 크뤼거 투영법(TM)과 동일하다.
② 종대(경도) 6°씩 구분하여 총 60개 지대와 횡대(위도) 8°씩 나누어 20개 지대로 구분하였다.
③ 원점에서 축척계수는 0.9996이며, m(meter) 단위를 사용한다.
④ 경도의 원점은 중앙자오선, 위도의 원점은 적도상에 있다.

정답 ①

44. 직각좌표계에서 중앙자오선과 적도의 교점을 원점으로 횡 메르카토르도법으로 등각 투영한 좌표계로 옳은 것은?

① UTM 좌표계 ② UPS 좌표계
③ 3차원 극좌표계 ④ Gauss－Kruger좌표계

| 해설 |

UTM 좌표계는 직각좌표계에서 중앙자오선과 적도의 교점을 원점으로 횡 메르카토르도법으로 등각투영한 좌표계이다.

정답 ①

45. UTM 좌표계에 대한 설명으로 옳은 것은?

① 종선좌표의 원점은 위도 38°선이다.
② 중앙자오선에서 멀수록 축척 계수는 작아진다.
③ 우리나라는 UTM 좌표를 53, 54종대에 속해있다.
④ UTM 투영은 적도선을 따라 6°간격으로 이루어진다.

| 해설 |

① 종선좌표의 원점은 각 존(Zone)의 중앙을 지나는 자오선으로 투영중심을 지나는 선과 적도가 만나는 점을 원점으로 한다.
② 중앙자오선에서 멀수록 축척 계수는 작아진다.
③ 우리나라는 51～52(120°E～132°E)와 ST(32°N～48°N)에 속한다. 즉 51S, 51T, 52S, 52T의 4구역 안에 전 국토가 표현된다.
④ 경도는 원점에서 자오선을 따라 동쪽으로 6°간격으로 나누어 1부터 60까지 구역명칭에 번호를 붙였다.

정답 ②

46. UTM 좌표계는 위도 방향으로 남·북위 몇 도까지 투영하는가?

① 75° ② 80° ③ 85° ④ 90°

| 해설 |

UTM좌표계에서 위도는 남위 80°에서 북위 80°까지를 말한다.

정답 ②

47. UTM 좌표로 우리나라의 위치는 어느 지대에 속하는가?

① 21, 22 지대 ② 30, 31 지대
③ 41, 42 지대 ④ 51, 52 지대

| 해설 |

우리나라는 51～52 (120°E～132°E)와 ST(32°N～48°N)에 속한다. 즉 51S, 51T, 52S, 52T의 4구역 안에 전 국토가 표현된다.

정답 ④

48. **극심 입체투영법에 따라 위도 80° 이상의 양극 지방에 대한 좌표를 표시하는 것은?**

① UPS좌표 ② 평면직교좌표
③ UTM좌표 ④ 3차원 직교좌표

| 해설 |

UPS 좌표계는 타원체면의 양극 지역을 표시하는 좌표계로 적도면에서 남위 80°이상과 북위 80°이상의 지역을 평면으로 표시하는 좌표계이다.

정답 ①

49. **경위도원점에 대한 설명으로 옳지 않은 것은?**

① 위도는 준거타원체의 법선이 적도면과 만나는 각이다.
② 경도는 영국의 그리니치 천문대를 통과하는 본초자오선을 기준으로 동경과 서경으로 구분한다.
③ 지구의 위도와 경도를 이용해 지구상의 상대적 위치를 표시하는 기준원점이다.
④ 위도는 남북으로 90°로 분리되었고, 지표면 위의 한 점에서 세운 법선이 적도면과 이루는 각이다.

| 해설 |

경위도원점은 지구의 위도와 경도를 이용해 지구상의 절대적 위치를 표시하는 기준원점을 말한다.

정답 ③

50. **동경원점은 1915년과 1916~1917년까지의 관측에 의하여 경도차에 대한 오차를 발견하고 원점의 경도를 수정하였는데 몇 초를 더하여 사용하고 있는가?**

① +10.305″ ② +10.405″
③ +10.505″ ④ +10.605″

| 해설 |

토지조사사업 당시에 적용했던 일본 동경원점 측지 원자의 경도값 차이를 발견하여 10.405″를 가산하여 사용하였다.

정답 ②

51. **수준원점 설치를 위해 우리나라에 험조장이 설치된 곳으로 옳지 않은 것은?**

① 목포 ② 진남포 ③ 인천 ④ 여수

| 해설 |

험조장의 설치장소는 청진·원산·목포·진남포·인천 등 5개소에 설치하였다.

정답 ④

52. **임시토지조사국에서 설치한 험조장으로 옳은 것은?**

① 5개 ② 11개 ③ 19개소 ④ 27개

| 해설 |

설치장소는 청진·원산·목포·진남포·인천 등 5개소에 설치하였다.

정답 ①

53. **좌표원점에 대한 설명으로 옳지 않은 것은?**

① 남북축을 Y축, 동서축을 X축으로 하고 있다.
② 지표면 상의 점을 도면상의 위치로 표시하는데 널리 사용된다.
③ 평면직각좌표 원점은 방위각과 거리를 계산해 결정하는 위치를 말한다.
④ 우리나라 삼각점의 위치표시에 사용되고 있는 평면직각좌표는 가우스 상사이중투영법에 의한 좌표이다.

| 해설 |

남북축을 X축, 동서축을 Y축으로 하고 있다.

정답 ①

54. **다음 중 지적측량의 원점에 해당하지 않는 것은?**

① 남부원점 ② 중부원점
③ 서부원점 ④ 동부원점

| 해설 |

동부원점, 중부원점, 서부원점이 있으며 2003년도에는 동해원점을 추가하였다.

정답 ①

55. **지적측량에 사용하는 직각좌표계의 원점은 북위 38° 선상의 4개 지점이다. 이들의 원점표시에 대한 설명으로 옳은 것은?**

① 가상원점 ② 위성기준점
③ 통합기준점 ④ 삼각점

| 해설 |

직각좌표계 원점은 4개 지점이며, 세계측지계에 따르지 아니하는 지적측량에 사용하는 좌표의 원점으로 가상원점이다.

정답 ①

56. **지적측량에 사용하는 좌표의 원점 중 서부원점의 위치는?**

① 북위 38도선과 동경 123도선의 교차점
② 북위 38도선과 동경 125도선의 교차점
③ 북위 38도선과 동경 127도선의 교차점
④ 북위 38도선과 동경 129도선의 교차점

| 해설 |

서부원점의 위치는 북위 38°선과 동경 125°선의 교차점이며 현재 사용하고 있다.

정답 ②

57. 제주도지역에 있는 삼각점을 지적측량에 사용하기 위하여 가산하는 평면직각종횡선 수치는?

① 종선 수치에는 20만 m를, 횡선수치에는 50만 m를 가산한다.
② 종선 수치에는 25만 m를, 횡선수치에는 50만 m를 가산한다.
③ 종선 수치에는 50만 m를, 횡선수치에는 20만 m를 가산한다.
④ 종선 수치에는 55만 m를, 횡선수치에는 20만 m를 가산한다.

| 해설 |

지적삼각점의 평면직각종횡선 수치를 지적측량에 사용하기 위한 종선 수치에 50만 m(제주도지역은 55만 m), 횡선수치에 20만 m를 각각 가산한다.

정답 ④

58. 구소삼각측량에 대한 설명이다. 틀린 것은?

① 구한국 정부가 독립적으로 일부 지역에 한해 소삼각측량을 실시한 측량이다.
② 구소삼각측량은 27개 지역으로 경인 지역 19개 지역과 대구지역 8개 지역에서 시행되었다.
③ 구소삼각점의 4등 점 점간거리는 1,400간(약 2.5km)으로 선점하였다.
④ 구소삼각점의 2등 점 점간거리는 2,750간(약 5km)으로 선점하였다.

| 해설 |

구소삼각점의 3등 점 점간거리는 1,400간(약 2.5km), 4등 점 점간거리는 700간(약 1.25km)으로 선점하였다.

정답 ③

59. 구소삼각점의 표지 설치기관은?

① 구한국 정부　② 임시토지조사국
③ 도지사　④ 조선총독부

| 해설 |

구한국 정부는 대삼각측량을 시행하지 아니하고 어떤 일정한 지역에 독립적인 소삼각측량이라하며 표지는 구한국 정부에서 설치하였다.

정답 ①

60. 지적측량에 사용되는 구소삼각점 지역의 직각좌표계 원점에 해당하지 않는 것은?

① 계양원점　② 칠곡원점
③ 현창원점　④ 소라원점

| 해설 |

구소삼각원점은 토지조사 이전에 구한국 정부에서 실시한 것으로 망산, 계양, 조본, 가리, 등경, 고초, 율곡, 현창, 구암, 금산, 소라 등 11개 원점이다.

정답 ②

61. 구한국 정부에서 실시한 구소삼각점측량에 의해 설치된 원점의 수는?

① 11개　② 13개　③ 19개　④ 27개

| 해설 |

구소삼각점은 구한국 정부에서 양전을 실시한 지역으로 대삼각점측량을 실시하지 아니하고 경인지역 및 대구 경북지역에서 부분적으로 시행하였으며 총 11개의 원점이 있다.

정답 ①

62. 다음 구소삼각점 지역의 직각좌표계 원점 중 평면직각종횡선 수치의 단위를 간(間)으로 한 원점은?

① 조본원점　② 고초원점
③ 율곡원점　④ 망산원점

| 해설 |

조본, 고초, 율곡, 현창, 소라원점의 평면직각종횡선 수치의 단위는 미터(m)로 하고, 망산, 계양, 가리, 등경, 구암 및 금산원점의 평면직각종횡선 수치의 단위는 간(間)으로 등록되어 있다.

정답 ④

63. 지적측량에서 사용하는 구소삼각 원점 중 가장 남쪽에 있는 원점은 어느 것인가?

① 소라원점　② 망산원점
③ 구암원점　④ 가리원점

| 해설 |

소라원점(북위 35°39′58″, 199선과 동경 128°43′36″, 841선의 교차점)은 가장 남쪽에 있는 원점이며, 망산원점(북위 37°43′07″, 06선과 동경 126°22′24″, 596선의 교차점)은 가장 북쪽에 있는 원점이다.

정답 ①

64. 구소삼각점측량에 의하여 설치한 고초원점의 평면직각종횡선 수치(X, Y)는 얼마로 하는가?

① X=0m, Y=0m
② X=10,000m, Y=30,000m
③ X=500,000m, Y=200,000m
④ X=550,000m, Y=200,000m

| 해설 |

고초원점은 구소삼각점으로 평면직각종횡선 수치는 X=0m, Y=0m로 한다.

정답 ①

65. 구한국 정부(舊韓國政府) 양지과(量地課)의 출장소 설치 장소는?

① 부산, 평양, 대전 ② 평양, 함흥, 부산
③ 대구, 평양, 전주 ④ 대구, 광주, 부산

해설

1905년 2월 대구, 평양, 전주에 구한국 정부 양지과의 출장소를 두었다.

정답 ③

66. 1912년 임시토지조사국에서 설치한 특별소삼각점에 관한 내용으로 옳은 것은?

① 원점의 위치는 종선(X)=0m, 횡선(Y)=0m이다.
② 원점은 11개이고 측량지역은 27개 지역이다.
③ 거리의 단위는 간(間)으로 하고 종횡선의 수치는 정(+), 부(−)의 부호가 있다.
④ 원점의 결정은 북극점 또는 태양의 고도관측에 의하여 방위각을 결정하였다.

해설

④를 제외한 내용은 구소삼각점에 관한 내용이다.

정답 ④

67. 특별 소삼각점측량에 대한 설명으로 옳지 않은 것은?

① 1912년 토지조사사업 당시 19개 지역에 독립된 소삼각측량을 실시한 측량이다.
② 특별소삼각점의 1등 점 점간거리는 2~4km이다.
③ 특별소삼각점의 2등 점 점간거리는 1~2km이다.
④ 사용 기계는 10초독 데오돌라이트를 사용하였다.

해설

사용 기계는 20초독 데오돌라이트를 사용하였다.

정답 ④

68. 특별 소삼각점측량을 하게 된 가장 큰 목적은?

① 시가지세의 급속한 징수 ② 일반지세의 급속한 징수
③ 측량기술의 훈련 ④ 측량정밀도의 점검

해설

시가지세를 급속하게 징수할 필요가 있어 대삼각측량을 끝내지 못한 평양 외 17개 지역과 울릉도에서 시행하였다.

정답 ①

69. 1912년 임시토지조사국에서 시가지세를 시급하게 징수하여 재정 수요를 충당할 목적으로 대삼각점 측량을 생략하고 소삼각점측량을 실시해 기선과 1, 2등 삼각점을 설치한 측량으로 옳은 것은?

① 보통 소삼각점측량 ② 구 소삼각점측량
③ 일반 소삼각점측량 ④ 특별 소삼각점측량

해설

1912년 임시토지조사국에서 시가지세를 시급하게 징수하여 재정 수요를 충당할 목적으로 대삼각점측량을 생략하고 소삼각점측량을 실시하여 기선과 1, 2등 삼각점을 설치한 것을 특별 소삼각점측량이라 한다.

정답 ④

70. 토지조사사업 당시 설치된 특별소삼각점의 위치로 옳은 것은?

① 측량지역의 중앙 ② 측량지역의 서남단
③ 측량지역의 동남단 ④ 측량지역의 상단

해설

특별소삼각점은 측량지역의 서남단에 위치하고 있다.

정답 ②

71. 특별소삼각점 원점의 좌표(종·횡선수치)는?

① (10000m, 30000m) ② (20000m, 60000m)
③ (200000m, 600000m) ④ (500000m, 200000m)

해설

특별소삼각점 원점의 종선좌표의 수치는 10,000m, 횡선좌표의 수치는 30,000m이다.

정답 ①

72. 1910년대에 시행한 특별 소삼각측량 지역에 해당하지 않은 것은?

① 신의주 ② 평양 ③ 함흥 ④ 개성

해설

측량지역은 대삼각점측량이 미완료된 평양, 의주, 신의주, 진남포, 전주, 강경, 원산, 함흥, 청진, 경성, 나남, 회령, 마산, 진주, 광주, 나주, 목포, 군산 등 18개 지역과 울릉도에 독립적으로 기선을 설치하고 특별소삼각점측량을 실시하여 후에 대삼각망과 연계하였다.

정답 ④

73. 특별 소삼각점측량 기선의 평균 길이는?

① 약 100~200m ② 약 200~400m
③ 약 400~1,000m ④ 약 1,000~2,000m

해설

기선은 망 내의 적당한 곳에 선정하고 그 길이는 400~1,000m로 한다.

정답 ③

74. 특별 소삼각측량의 측량계산에 대한 주요항목으로 옳지 않은 것은?

① 기선전장 계산 ② 귀심 계산
③ 평면직각종횡선의 계산 ④ 경위도 및 높이의 계산

해설

측량계산의 주요항목으로 기선전장계산, 귀심계산, 극성 또는 태양에 의한 방위계산, 변장계산, 평면직각종횡선의 계산이 있다.

정답 ④

CHAPTER

02 오차론

2.1. 개요

측량의 결과값인 데이터는 항상 오차를 포함하고 있으며 참값을 취득하기란 매우 어렵다. 측량에서 관측값에 포함된 오차의 크기는 알 수 없으며 오차는 참값과 관측값의 차이를 말한다. 이러한 오차의 발생은 자연적인 현상이나 사용하는 기계의 성능, 관측자의 숙련도 및 관측 방법에 따라서 그 정도가 다르게 나타난다.

2.1.1. 관측과 오차

① 측량에서 절대적 정확성을 확보하는 것은 거의 불가능하지만 이론적인 절대적 정확성을 갖는 값을 참값이라 하며 측량사가 얻을 수 있는 값은 참값에 대한 추정값이다.

② 측정값은 보통 참값과는 서로 다른 값이 되며, 측정값과 참값과의 차이를 참오차 또는 측정오차라 한다.

③ 보정량은 추정오차로 조정하지 않고 여기에 반대 부호를 붙여 사용하며 보정량=추정값−관측값이다.

④ 관측값(X), 참값(X_t)일 때 참오차(e)=관측값−참값($X - X_t$)이다.

⑤ 잔차(ν), 관측값(X), 추정값(X′)이라 하면 잔차(ν)=관측값−추정값(X−X′)으로 표시한다.

2.2. 오차의 종류

오차란 참값과 관측값의 차를 말하며 성질에 따라 분류하면 정오차, 우연오차, 착오로 분류하며 주로 발생하는 원인은 자연적, 기계적, 인위적인 원인에 의해 발생할 수 있다.

2.2.1. 정오차

정오차는 일정 조건에서 같은 방향과 같은 크기로 발생하는 오차가 누적되므로 누차, 계통적 오차라고도 한다. 정오차(systematic error) 또는 계통 오차는 측량기계의 조정 불량 그리고 자연환경 및 측량사 개인의 습관 또는 편견으로부터 비롯된다.

(1) 특징

① 정오차는 일정한 형식 또는 물리학적 자연법칙에 따라서 움직인다.

② 수학적 표현으로 나타낼 수 있고 측정값을 적절히 수정할 수 있다.

③ 정오차는 자연적인 원인, 기계적 요소, 관측자의 인위적 제한성 등으로 인하여 발생한다.

④ 정오차는 시준축 오차, 수평축 오차, 수직축 오차, 눈금 오차, 시준축의 편심 오차가 발생한다.

⑤ 정오차는 측정 횟수에 비례하여 증가하므로 1회의 측정에서 생기는 정오차를 a, 측정 횟수를 n회라 하면 정오차는 an이 된다.

(2) 발생 원인

① 주로 테이프의 길이가 표준 길이와 다를 경우
② 테이프가 바람에 흔들리거나 초목에 걸려서 직선이 되도록 당겨지지 못했을 경우
③ 경사지를 측정할 때는 테이프가 수평이 되지 않을 경우
④ 강철 테이프는 측점과 측점 사이의 간격이 너무 길어서 자동으로 늘어날 경우
⑤ 거리측정 시의 온도가 표준온도와 다를 경우
⑥ 거리측정 시의 측정 장력(張力)이 표준장력과 다를 경우

2.2.2. 우연오차

우연오차(Random Error)는 정오차와 같이 일정한 값이 아니고 오차의 부호와 크기가 불규칙적으로 발생하는 오차이다. 관측자가 아무리 주의하여도 소거할 수 없는 오차이지만, 서로 상쇄되기도 하므로 상차 또는 부정오차라고도 한다. 착오와 정오차를 제외한 오차를 우연오차라 한다.

(1) 특징

① 정밀한 기계를 사용하여도 미세한 오차가 발생하지만, 원인이 명확하지 않다.
② 온도나 습도가 관측 중에 수시로 변해 불규칙하게 발생하는 오차이다.
③ 매우 큰 오차가 발생할 확률은 거의 없다.
④ 우연오차는 측정 횟수의 제곱근에 비례하여 증가한다.
⑤ 1회의 측정에서 생기는 우연오차를 δ, 측정 횟수를 n이라 하면 우연오차는 $\delta\sqrt{n}$ 이다.

(2) 발생 원인

① 테이프의 눈금을 정확히 읽지 못할 경우
② 테이프의 눈금을 정확히 지상에 옮기지 못하였을 경우
③ 측정 당시의 온도가 일정하지 못할 경우
④ 테이프로 거리를 측정할 때 장력을 일정하게 유지하지 못하였을 경우

(3) 우연오차 소거

① 관측자의 정신적, 육체적 피로에 의한 오차로 최상의 조건을 유지한 상태에서 관측하면 소거할 수 있다.
② 관측과정에서 부분적으로는 상쇄되기도 한다.
③ 기상 상태에 따라 발생하는 관측 오차는 관측 시기의 선택으로 소거할 수 있다.
④ 빛의 굴절 오차는 공기 밀도가 불균일하여 발생하는 오차로 수평각은 아침과 저녁 무렵에 관측하고 수직각은 정오에 관측함으로써 오차를 소거할 수 있다.
⑤ 우연오차는 반복 관측에 의한 측량결과를 확보함으로써 최소화할 수 있다.
⑥ 최소제곱법에 따른 확률 법칙에 따라 처리할 수 있다.

(4) 우연오차의 가정

① 큰 오차가 생기는 확률은 작은 오차가 발생할 확률보다 매우 작다.
② 같은 크기의 정(+) 오차와 부(−) 오차가 발생할 확률은 거의 같다.
③ 매우 큰 오차는 거의 발생하지 않는다.
④ 오차의 발생을 그래프로 표시하면 종 모양의 형태이다.

2.2.3. 착오

착오(Mistake)는 대부분 판단 부족에서 발생하는 오차로 과대 오차라고도 한다. 착오는 실제로 다른 오차에 비하여 수배의 큰 값으로 나타나는 것으로 사실상 오차라고 보기 어렵다.

(1) 발생 원인

① 착오는 어떠한 부호와 크기 및 발생빈도를 예측할 수 없다.
② 관측자의 단순한 부주의, 피로, 경솔 등으로 발생한다.
③ 피로에 의해 관측값을 기록할 때 숫자를 잘못 기재하는 경우
④ 각 관측에서 시준점의 목표를 잘못 보았을 경우
⑤ 손쉽게 발견되므로 소거할 수 있으나 큰 과대 오차도 포함되어 쉽게 검출되지 못할 때도 있다.

(2) 소거 방법

① 시준점과 관측기록부 비교 및 장비 작동과정의 변화를 확인하고 서로 다른 기준이나 지표를 이용하여 검정한다.
② 대부분 식별이 가능할 수 있을 정도로 상당히 큰 수로 나타나므로 소거가 편리하다.
③ 체계적으로 검정하여 제거할 수 있거나 재관측 등으로 소거할 수 있다.
④ 최근에는 자동으로 기록되는 관측기록부가 사용되기 때문에 크게 줄어들고 있으나 완전히 없어지지는 않는다.

2.2.4. 표준편차와 확률오차

(1) 표준편차

① 표준편차는 평균 제곱근 오차(RMSE)라고도 하며, 1회 측정한 표준편차의 추정값 또는 몇 회 관측한 평균값의 표준편차 추정값과 측정한 측정길이와의 비로 나타낸다.
② 1회 측정한 표준편차의 추정값(평균제곱근 오차)과 정도

- 표준편차의 추정값$(m_0)=\pm\sqrt{\dfrac{\upsilon_1^2+\upsilon_2^2+\upsilon_3^2+\cdots+\upsilon_n^2}{n-1}}=\pm\sqrt{\dfrac{\Sigma\upsilon^2}{n-1}}$
- 정도는 $\dfrac{m_0}{\ell_1},\dfrac{m_0}{\ell_2},\dfrac{m_0}{\ell_3},\cdots\cdots\dfrac{m_0}{\ell_n}$이다.

여기서, ℓ_1, ℓ_2, ℓ_3, ……, ℓ_n: 관측값, n : 관측 횟수, ν : 잔차(측정값−최확값)

③ 몇 회 관측한 평균값의 표준편차 추정값과 정도

- 표준편차의 추정값(m_0)$=\pm\sqrt{\dfrac{\Sigma v^2}{n(n-1)}}$
- 정도$=\dfrac{m_0}{L_0}$이다.

여기서, L_0 : 최확값(평균값), $L_0=\ell_1+\ell_2+\ell_3+\cdots\cdots+\ell_n$

(2) 확률오차

① 확률오차는 1회 측정의 확률오차 또는 몇 회 측정한 평균값의 확률오차와 측정길이와의 비로 나타낸다.

② 1회 측정의 확률오차(r_0)$=\pm0.6745\sqrt{\dfrac{(\Sigma\nu)^2}{n-1}}$ 이며, 정도는 $\dfrac{r_0}{\ell_1}, \dfrac{r_0}{\ell_2}, \dfrac{r_0}{\ell_3}, \cdots\cdots \dfrac{r_0}{\ell_n}$이다.

③ 몇 회 측정한 평균값의 확률오차(r_0)$=\pm0.6745\sqrt{\dfrac{(\Sigma\nu)^2}{n(n-1)}}$ 이며, 정도는 $\dfrac{r_0}{L_0}$이다.

여기서, $\ell_1, \ell_2, \ell_3, \cdots\cdots, \ell_n$: 관측값, n : 관측 횟수, ν : 잔차(측정값−최확값), L_0 : 최확값(평균값)

2.2.5. 관측값의 처리

(1) n회 관측에 대한 정오차와 우연오차

① 정오차$=n\delta$

② 우연오차$=\pm\delta\sqrt{n}$

③ S_0=S±누적오차±우연오차

여기서, n : 측정 횟수, δ : 1회 관측에 대한 누적오차 및 우연오차, S_0 : 정확한 거리, S : 관측한 거리이다.

(2) 동일 경중률로 n회 측정했을 때

① 최확값(L_0)$=\dfrac{[\ell]}{n}$

② 평균제곱오차(M_0)$=\pm\dfrac{\sqrt{[\upsilon\upsilon]}}{n(n-1)}$

③ 확률오차(r_0)$=\pm0.6745\sqrt{\dfrac{[\upsilon\upsilon]}{n(n-1)}}$

④ 정도$=\dfrac{m_0}{L_0}$이다.

여기서, n : 측정 횟수, ν : 잔차(측정값−최확값), $[\ell]=\ell_1+\ell_2+\ell_3+\cdots\cdots+\ell_n$이다.

(3) 경중률을 다르게 n회 측정했을 때

① 최확값(L_0)$=\dfrac{P_1\ell_1+P_2\ell_2+\cdots P_n\ell_n}{P_1+P_2+\cdots P_n}=\dfrac{P_n\ell_n}{P_n}$

② 평균제곱오차(M_0)$=\pm\dfrac{P_1\ell_1+P_2\ell_2+P_3\ell_3+\cdots P_n\ell_n}{P_1+P_2+P_3+\cdots P_n}$

③ 확률오차(r_0)$=\pm0.6745\sqrt{\dfrac{[P\upsilon\upsilon]}{[P](n-1)}}$

여기서, P : 경중률, [P] : 경중률의 합이다.

(4) 경중률에 대한 최확값

① 경중률은 평균제곱오차의 제곱에 반비례($\frac{1}{m^2}$)하므로 $P_1 : P_2 : P_3 \cdots : P_n = \frac{1}{m_1^2} : \frac{1}{m_2^2} : \frac{1}{m_3^2} : \cdots : \frac{1}{m_n^2}$이다.

② 직접수준측량에서 오차는 노선 거리의 제곱근에 비례하므로

$m_1 : m_2 : m_3 : \cdots : m_n = \sqrt{S_1} : \sqrt{S_2} : \sqrt{S_2} : \cdots : \sqrt{S_n}$이다.

③ 직접수준측량에서 경중률은 노선 거리에 반비례($\frac{1}{S}$)하므로 $P_1 : P_2 : P_3 \cdots : P_n = \frac{1}{S_1} : \frac{1}{S_2} : \frac{1}{S_3} : \cdots : \frac{1}{S_n}$이다.

④ 같은 구간을 관측 횟수를 다르게 관측했을 경우의 경중률(P)은 관측 횟수(N)에 비례하므로

$P_1 : P_2 : P_3 = N_1 : N_2 : N_3$이다.

여기서, P : 경중률, N : 관측 횟수, m : 평균제곱오차, S : 노선 거리(km)이다.

2.3. 정밀도와 정확도

관측값의 오차 해석 시 가장 중요한 개념은 정확도(Accuracy)와 정밀도(Precision)의 차이를 이해하는 것이다. 측량에서는 정오차가 소거된 정밀도가 오차 표현 방법으로 사용되고 있으며 오차와 관측값과의 비율로 표시한다.

2.3.1. 정밀도

① 정밀도는 관측과정과 밀접한 관계가 있으며 장비와 관측 방법에 따라 영향을 받는다.

② 관측값의 편차가 적으면 정밀도가 높고 편차가 크면 정밀도가 낮다.

③ 정밀도는 확률오차 또는 중등오차의 최확값과의 비율로 표시한다.

④ 정밀도는 측정값 들이 얼마만큼 분포되어 있는가를 나타낸다.

⑤ 정밀도는 어느 관측값에 대한 균질성을 표시하며 우연 오차와 매우 밀접한 관계를 갖는다.

2.3.2. 정확도

① 정확도는 관측값과 참값의 차를 말하며 관측값이 참값에 얼마나 가까운지를 나타내는 것으로 참값에 가까우면 정확도가 높다고 말한다.

② 절대적인 오차의 크기로 나타내며 측정값이 참값에 가까우면 정확도가 높다고 말한다.

③ 정오차를 포함해서 정도를 나타내고 관측값과 차이를 표시하는 척도라 할 수 있다.

④ 정확도는 관측의 정교성이나 균질성과는 무관하다.

⑤ 정오차와 착오가 얼마나 소거되는가에 따라 관계가 있고 절대적인 오차의 크기로 나타난다.

⑥ 거리측량의 정확도는 반복하여 측정한 값의 평균값과 계산된 평균제곱오차 또는 확률오차의 비율로 표시한다.

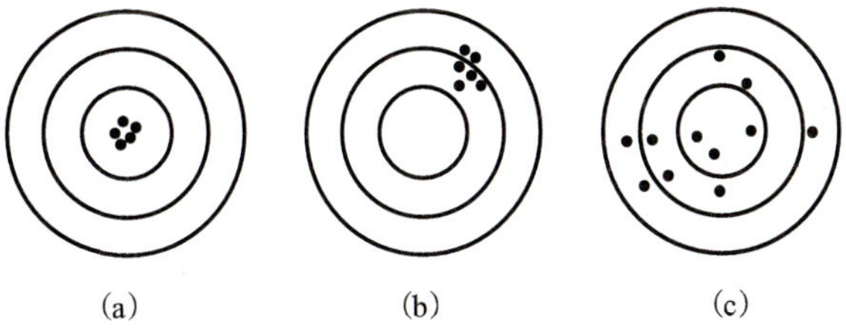

〈그림 1-7〉 정확도와 정밀도

⑦ 〈그림 1-7〉의 (a)는 정확도와 정밀도가 모두 높은 경우, (b)는 정밀도는 높으나 정확도는 낮은 경우, (c)는 정밀하지도 정확하지도 않은 경우이다.

핵 / 심 / 문 / 제

Chapter 02 오차

1. 다음 오차에 대한 설명으로 옳지 않은 것은?

① 측정에 수반한 오차의 분류로는 정오차, 우연오차, 착오 등이다.
② 정오차는 원인이 분명하며 항상 일정량의 오차가 발생한다.
③ 참값과 측정값과의 차를 참오차라고 한다.
④ 최확값과 측정값의 차를 확률오차라고 한다.

| 해설 |

오차란 참값과 관측값(측정값)의 차이를 말하며, 잔차란 최확값과 평균값의 차이를 말한다.

정답 ④

2. 오차의 성질에 관한 설명으로 옳지 않은 것은?

① 정오차는 측정 횟수를 거듭할수록 누적된다.
② 우연오차에서는 같은 크기의 정(+), 부(−) 오차가 발생할 확률은 거의 같다고 가정한다.
③ 정오차는 발생 원인과 특성을 파악하면 제거할 수 있다.
④ 부정오차는 착오라고도 하며, 관측자의 부주의 또는 관측 잘못으로 발생하는 것이 대부분이다.

| 해설 |

① 부정오차(우연오차)는 발생 원인이 불명확한 오차로 원인을 알아도 소거할 수 없으며 절댓값이 큰 오차는 절댓값이 작은 오차보다 적게 나타난다.
② 착오(Mistake)는 대부분 판단 부족에서 발생하는 오차로 관측자의 단순한 부주의, 피로에 의해 관측값을 기록할 때 숫자를 잘못 기재하는 경우 등에 의한 오차로 과대 오차라고도 한다.

정답 ④

3. 오차의 성질에 대한 설명 중 옳지 않은 것은?

① 숙련된 지적측량기술자도 착오는 일으킨다.
② 우연오차는 확률 법칙에 따라 전파된다.
③ 정오차는 측정 횟수를 거듭할수록 누적된다.
④ 값이 큰 오차일수록 발생할 확률도 높다.

| 해설 |

정오차는 발생 원인과 특성을 파악하면 제거할 수 있으며 큰 오차가 발생할 확률은 작은 오차가 발생할 확률보다 매우 작다.

정답 ④

4. 오차의 성질에 관한 설명으로 옳지 않은 것은?

① 정오차는 측정 횟수에 비례하여 증가한다.
② 부정오차는 일정한 크기와 방향으로 나타난다.
③ 우연오차는 상차라고도 하며, 측정 횟수의 제곱근에 비례한다.
④ 1회 측정 후 우연오차를 b라 하면, n회 측정의 우연오차는 $b\sqrt{n}$이다.

| 해설 |

부정오차는 오차 원인이 불분명하여 오차 원인의 방향이 일정하지 않으며 서로 상쇄되기로 하므로 상차라고도 한다.

정답 ②

5. 다음 중 오차의 성격이 다른 하나는?

① 수준척(staff) 눈금의 오독으로 인해 생기는 오차
② 기포의 둔감에서 생기는 오차
③ 각 관측에서 시준점의 목표를 잘못 시준하여 생기는 오차
④ 야장의 기재 착오로 생기는 오차

| 해설 |

①, ③, ④의 경우는 착오에 해당하나 ②의 경우는 우연오차에 해당한다.

정답 ②

6. 오차의 발생 원인에 따른 오차의 분류가 아닌 것은?

① 정오차 ② 우연오차
③ 착오 ④ 기계오차

| 해설 |

오차는 발생 원인에 따라 정오차, 우연오차, 착오로 구분한다.

정답 ④

7. 정오차에 관한 내용으로 옳지 않은 것은?

① 누차 또는 계통 오차라고도 한다.
② 줄자의 온도변화에 따른 신축이나 기계의 수평축의 조정의 불안전 등이 정오차에 해당한다.
③ 오차의 부호와 크기가 불규칙적으로 발생하는 오차이다.
④ 오차를 소거할 수 있다.

| 해설 |

오차의 부호와 크기가 불규칙적으로 발생하는 오차는 우연오차이다.

정답 ③

8. 거리를 측정할 때 정오차가 발생할 수 있는 원인으로 거리가 먼 것은?

① 온도보정을 하지 않은 때 ② 장력 보정을 하지 않은 때
③ 처짐보정을 하지 않은 때 ④ 표고 보정을 하지 않은 때

| 해설 |

직접 거리를 측정할 때 정오차에는 온도, 장력, 처짐에 의한 물리적(자연적) 정오차가 있으며 발생 원인과 특성을 파악하면 소거할 수 있다.

정답 ④

9. 다음 중 온도에 따른 줄자의 신축을 팽창계수에 따라 보정한 오차의 조정과 관련이 있는 것은?

① 계통오차 ② 착오
③ 우연오차 ④ 과대오차

| 해설 |

정오차는 일정 조건에서 같은 방향과 같은 크기로 발생하는 오차가 누적되므로 누차, 계통 오차라고도 하며 경위의 및 Tape의 눈금을 읽었을 때 항상 크게 또는 적게 읽는 습관에 의해 나타난 오차의 보정과 관련이 있다.

정답 ①

10. 우연오차에 대한 설명으로 틀린 것은?

① 우연오차의 발생 원인이 명확하지 않다.
② 확률에 근거하여 통계적으로 오차를 처리한다.
③ 우연오차는 부정오차(random error)라고도 한다.
④ 같은 크기의 (+)오차는 (−)오차보다 자주 발생한다.

| 해설 |

우연오차에서 정(+)과 부(−)는 거의 같은 확률로 나타난다.

정답 ④

11. 부정오차의 특성이 아닌 것은?

① 발생 원인이 확실하지 않다.
② 관측이 반복되는 동안 부분적으로 상쇄된다.
③ 정오차와 유사한 특성을 갖는다.
④ 최소제곱법의 원리를 사용하여 처리한다.

| 해설 |

부정오차(우연오차)는 발생 원인이 불명확한 오차로 서로 상쇄되기도 하므로 상차라고도 한다. 또한, 최소제곱법에 따른 확률 법칙에 따라 처리할 수 있으며, 원인을 알아도 소거할 수 없고 오차의 방향이 일정하지 않다.

정답 ③

12. 거리측량을 할 때 발생하는 오차 중 우연오차의 원인이 아닌 것은?

① 테이프의 길이가 표준길이와 다를 때
② 온도가 측정 중 시시각각으로 변할 때
③ 눈금의 끝수를 정확히 읽을 수 없을 때
④ 측정 중 장력을 확보하기 곤란할 때

| 해설 |

테이프의 길이가 표준길이와 달라서 발생하는 오차는 정오차로서 원인과 상태를 파악하면 제거가 가능한 오차이다.

정답 ①

13. 다음 중 관측자가 주의하여도 소거할 수 없으며 오차의 발생 원인이 명확하지 않은 특징을 갖는 것은?

① 착오 ② 부정오차
③ 정오차 ④ 추차

| 해설 |

부정오차(우연오차)는 발생 원인이 불명확하고 관측할 때 조건이 순간적으로 변화하기 때문에 원인을 찾기 힘들거나 알 수 없는 오차로 오차의 부호와 크기가 불규칙으로 발생하는 오차로 관측자가 아무리 주의하여도 소거할 수 없는 오차이다.

정답 ②

14. 오차의 종류 중 아래와 같은 특징을 갖는 것은?

- 오차의 부호와 크기가 불규칙하게 발생한다.
- 오차의 발생 원인이 명확하지 않다.
- 오차의 조정은 최소제곱법의 이론으로 접근하여 조정한다.

① 허용오차 ② 과대오차
③ 정오차 ④ 우연오차

| 해설 |

우연오차(부정오차)는 그 원인이 불분명하여 발생하는 오차로 발생 확률에 따른 이론으로 최소제곱법으로 소거한다.

정답 ④

15. 다음 중 최소제곱법에 따른 확률 법칙에 따라 처리할 수 있는 오차는?

① 정오차 ② 부정오차
③ 착각 ④ 과대오차

| 해설 |

우연오차는 부정오차라고도 하며 그 원인이 불분명하여 생기는 오차로 서로 상쇄되기도 하며 최소제곱법에 따른 확률 법칙에 따라 처리할 수 있다.

정답 ②

16. 1회 관측에서 ±3mm의 우연오차가 발생하였다. 10회 관측하였을 때의 우연오차는?

① ±3.3mm ② ±0.3mm
③ ±9.5mm ④ ±30.2mm

| 해설 |

우연오차 $=$ 오차 $\sqrt{\text{횟수}} = \pm 3\sqrt{10} = 9.49$mm 이다.

정답 ③

17. 30m의 줄자로 120m의 거리를 4구간으로 나누어 측정하였다. 구간마다 ±5mm의 우연오차가 발생하였다면, 전 구간에서 발생할 우연오차는?

① ±5mm ② ±10mm ③ ±15mm ④ ±20mm

| 해설 |
우연오차=± 오차$\sqrt{횟수} = \pm\delta\sqrt{n} = \pm 5 \times \sqrt{4} = \pm 10$mm δ : 1회 관측 오차, n : 4회이다.

정답 ②

18. 착오에 대한 설명으로 옳지 않은 것은?

① 관측자의 단순한 부주의
② 관측자가 눈금을 잘못 읽은 경우
③ 줄자의 온도변화에 따른 신축
④ 각 관측에서 시준점의 목표를 잘못 보았을 경우

| 해설 |
③은 정오차에 관한 설명이다.

정답 ③

19. 피로에 의해 관측값을 기록할 때 숫자를 잘못 기재하는 경우, 줄자로 거리를 측정할 때 측정 단수를 잘 못 읽는 경우의 오차로 옳은 것은?

① 우연오차 ② 기계오차
③ 정오차 ④ 착오

| 해설 |
착오는 관측값의 수치를 잘못 기재하거나, 잘못 읽거나, 각관측에서 시준점의 목표를 잘못 시준했을 경우이다.

정답 ④

20. 잔차 제곱의 합이 최소가 되도록 수학적·통계적으로 조정함으로써 지적측량의 정확도를 높이는 방법은?

① 확률 ② 경중률
③ 표준오차 ④ 최소제곱법

| 해설 |
잔차의 제곱 합이 최소가 되도록 수학적·통계적으로 조정함으로써 지적측량의 정확도를 높이는 방법으로 최소제곱법에 의한 확률 법칙에 따라 처리할 수 있다.

정답 ④

21. 독립된 관측값의 정밀도를 나타내는데 사용되는 것은?

① 정준오차 ② 허용공차
③ 표준편차 ④ 연결오차

| 해설 |
표준편차는 독립 관측값의 정밀도를 나타내는 척도로 사용되며 식은 $\sigma = \pm\sqrt{\frac{[\nu\nu]}{n-1}}$ 이다.

정답 ③

22. 두 점 A, D 사이의 거리를 AB, BC, CD의 3구간으로 나누어 측정한 결과 아래 표와 같은 값을 얻었다면, AD 사이 전체 길이와 표준편차는?

AB=79.263±0.015m, BC=74.537±0.012
CD=71.082±0.010m

① 224.882m ±0.020m ② 224.882m ±0.022m
③ 224.882m ±0.026m ④ 224.822m ±0.030m

| 해설 |
① 표준편차(M_0)=$\pm\sqrt{m_1^2 + m_2^2 + m_3^2} = \sqrt{0.015^2 + 0.012^2 + 0.010^2}$ =0.022m이다.
② AD 사이 전체 길이(L)=AB(79.263)+BC(74.537)+CD(71.082) =224.882±0.022m이다.

정답 ②

23. 거리측정에서 줄자로 한 번 측정할 때의 확률오차가 ±0.01m이고, 약 450m의 거리를 50m 줄자로 5회 나누어 측정했을 때 이때의 확률오차는 얼마인가?

① ±0.5m ② ±0.4m ③ ±0.3m ④ ±0.02m

| 해설 |
확률오차(M)= $\pm\delta\sqrt{n} = \pm 0.01\sqrt{5} = \pm 0.02$m이다.

정답 ④

24. 경중률(p), 측정 횟수(n), 정도(h), 거리(s), 오차(m)와의 관계에 있어서 잘못 설명한 것은?

① 경중률은 측정 횟수에 반비례한다.
② 경중률은 정도의 제곱에 비례한다.
③ 경중률은 노선 거리에 반비례한다.
④ 경중률은 오차의 제곱에 반비례한다.

| 해설 |
경중률은 측선 거리와 기계설치 수, 오차의 제곱에 반비례하고 각 관측에서의 경중률은 동일조건이라면 측정 횟수와 정도의 제곱에 비례한다.

정답 ①

25. 참값을 구하기 어려우므로 여러 번 관측하여 얻은 관측값으로부터 최확값을 얻기 위한 조정 방법이 아닌 것은?

① 간이법 ② 미정계수법
③ 최소조정법 ④ 라플라스 변수법

| 해설 |
①, ②, ③은 관측값으로부터 최확값을 얻기 위한 조정 방법에 해당되지만 ④는 삼각측량으로 계산된 측지방위각과 천문측량으로 관측된 값들을 Laplace 방정식에 적용한다.

정답 ④

26. 두 점 간의 고저차를 관측하기 위해 2개 조로 측량팀을 구성하여 실시하였다. A조 측량성과는 50.446m ±0.009m, B조는 50.633m ±0.006m이었다면 두 점 간의 고저차에 대한 최확값으로 옳은 것은?

① 50.463m　　② 50.514m
③ 50.575m　　④ 50.601m

| 해설 |

$P_A : P_B = \frac{1}{0.009^2} : \frac{1}{0.006^2} = \frac{1}{81} : \frac{1}{36} = 1 : 2.25$,

$H = \frac{\Sigma P \cdot \ell}{\Sigma P} = \frac{(50.446 \times 1) + (50.633 \times 2.25)}{1 + 2.25} = 50.575\text{m}$이다.

정답 ③

27. 동일조건으로 거리를 측량한 결과가 다음과 같을 때, 최확값으로 옳은 것은?

25.475 ±0.030, 25.470 ±0.020, 25.484 ±0.040

① 25.471　　② 25.473
③ 25.475　　④ 25.483

| 해설 |

① $P_A : P_B : P_C = \frac{1}{0.030^2} : \frac{1}{0.020^2} : \frac{1}{0.040^2} = \frac{1}{9} : \frac{1}{4} : \frac{1}{16} = 1.78 : 4 : 1$

② 최확값(H)$= \frac{\Sigma P \cdot \ell}{\Sigma P} = \frac{(25.475 \times 1.78) + (25.470 \times 4) + (25.484 \times 1)}{1.78 + 4 + 1}$
$= 25.473\text{m}$이다.

정답 ②

28. 동일한 각을 관측 횟수와 관측한 값은 1회 : 48°27′20″, 2회 : 48°27′25″, 5회 : 48°27′28″와 같이 각각 다를 경우 최확값으로 옳은 것은?

① 48°27′25″　　② 48°27′26″
③ 48°27′27″　　④ 48°27′28″

| 해설 |

$P_1 : P_2 : P_3 = 1 : 2 : 5$에서 최확값$(\alpha_0) = \frac{P_1\alpha_1 + P_2\alpha_2 + P_3\alpha_3}{P_1 + P_2 + P_3} = \frac{(20'' \times 1) + (25'' \times 2) + (28'' \times 5)}{1 + 2 + 5} = 26''$으로 48°27′26″이다.

정답 ②

29. 각측량에서 A는 1회 관측으로 60° 20′ 38″, B는 4회 관측으로 60° 20′ 21″, C는 9회 관측으로 60° 20′ 30″의 측정 결과를 얻었을 때 최확값으로 옳은 것은?(단, 경중률이 일정한 경우이다.)

① 60 20′20″　　② 60°20′24″
③ 60°20′28″　　④ 60°20′32″

| 해설 |

측정 횟수에 비례하기 때문에 $P_1 : P_2 : P_3 \rightarrow 1 : 4 : 9$에서 최확값$(L_0)$은 $L_0 = 60°20'00'' + \frac{(38'' \times 1) + (21'' \times 4) + (30'' \times 9)}{1 + 4 + 9} = 60°20'28''$이다.

정답 ③

30. 그림과 같이 세 각 a, b, c를 측정하였다. ∠AOB의 최확값은?(단, a=30°21′ 20″, b=35°15′28″, c=65°37′ 00″)

① 30°21′26″
② 30°20′40″
③ 30°21′24″
④ 30°20′44″

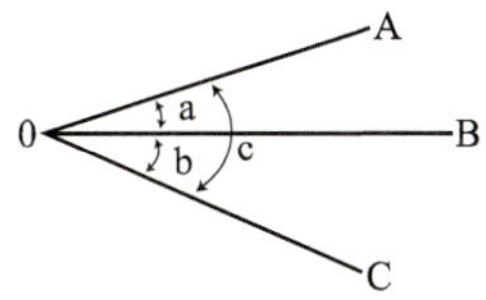

| 해설 |

① 전체 오차$(e) = (\alpha + \beta) - \gamma = 65°36'48'' - 65°37'00'' = -12''$
② 그림에서 (a+b)=c가 아니고 (a+b)<c=12″이므로 조정량 $(e) = \frac{12}{3} = 4''$이므로 a와 b에는 4″를 (+)해주고 c에는 4″를(−)해준다.
③ 그러므로 ∠AOB의 최확값은 30°21′20″+4″=30°21′24″가 된다.

정답 ③

31. 한 관측자가 동일한 기계로 수평각을 측정한 결과 보기와 같을 경우 가장 적당한 최확값은?

① 59°24′20″　　② 59°24′22″
③ 59°24′23″　　④ 59°24′30″

관측 횟수	관측값	관측 횟수	관측값
제1회	59°24′20″	제2회	59°24′15″
제3회	59°24′20″	제4회	59°24′30″
제5회	59°24′20″	제6회	59°24′30″

| 해설 |

최확값 $= \frac{\Sigma P\ell}{\Sigma P} = 59°24' + \left(\frac{20'' + 15'' + 20'' + 30'' + 20'' + 30''}{6}\right) = 22.5''$이다.

정답 ③

32. 정밀도에 대한 설명으로 옳지 않은 것은?

① 측정값들이 얼마만큼 분산되어 있는가를 나타낸다.
② 표준편차는 정밀도를 나타내는 척도이다.
③ 측정값이 참값에 가까우면 정밀도가 높다고 말한다.
④ 관측값의 편차가 적으면 정밀도가 높고 편차가 크면 정밀도가 낮다.

| 해설 |

정밀도는 측정값이 참값에 얼마나 가까운지를 나타내는 것으로 참값에 가까우면 정확도가 높다고 말한다.

정답 ③

33. **정확도에 대한 설명으로 옳지 않은 것은?**

① 정확도가 높으면 정밀도가 높다.

② 측정값이 참값에 가까우면 정확도가 높다.

③ 정확도란 관측값과 참값의 차이를 말한다.

④ 측정값에 계통 오차가 아주 적은 경우 정확도가 높다.

| 해설 |

정확도 해석에서 관측의 정교성이나 균질성과는 무관하므로 정확도가 높다고 정밀도가 높은 것은 아니다.

정답 ①

34. **스틸테이프로 거리측량 시 표준장력이 5kg인 테이프를 10kg으로 잡아당겨 40.30m를 얻었다. 테이프의 단면적이 0.07cm², 권척의 탄성계수가 2,000,000kg/cm²일 때 장력 보정량으로 맞는 것은?**

① 1.4mm ② 2.4mm

③ 2.8mm ④ 2.6mm

| 해설 |

장력 보정량(ΔP)$=\dfrac{P-P_0}{A \cdot E} \cdot L=\dfrac{10-5}{0.07 \times 2,000,000} \times 4,030=0.14cm$

=1.4mm이다. 여기서, ΔP : 장력보정량, L : 측정거리, P : 측정장력(kg), P_0 : 표준장력(kg), A : 테이프의 단면적(cm²), E : 테이프의 탄성계수(kg/cm²)

정답 ①

35. **고저차가 1.9m인 기선의 관측거리가 248.48m일 때 경사에 대한 보정량은?**

①−8mm ②−7mm

③+7mm ④+8mm

| 해설 |

경사에 대한 보정량(Δg) $=-\dfrac{h^2}{2L}=-\dfrac{1.9^2}{2 \times 248.48}=-0.0073m=-7.3mm$

이다.(Δg : 경사보정, h : 측점 사이의 고저차, L : 관측거리)

정답 ②

36. **스틸테이프로 거리측량 시 측점 사이의 고저차가 50cm인 지형에서 거리측정을 하여 50.30m를 얻었다. 보정거리로 옳은 것은?**

① 2.78mm ② 2.35mm

③ 2.48mm ④ 2.80mm

| 해설 |

경사보정거리($\Delta \ell$)$=-\dfrac{h^2}{2L}=-\dfrac{0.5^2}{2 \times 50.30}=2.48mm$이다.

($\Delta \ell$: 경사보정, h : 측점 사이의 고저차, L : 측정거리)

정답 ③

CHAPTER
03 거리측량

3.1. 개요

① 측량에서 거리는 수평거리(Horizontal Distance)를 말한다.
② 한 점의 평면 위치를 결정하려면 어떤 기준선부터 그 점까지의 수평각과 수평거리를 측정하여야 한다.
③ 평면거리는 지적측량에서 삼각점과 삼각점 사이의 경사거리를 관측한 후 연직각과 표고를 이용하여 평면거리로 계산할 경우에 주로 사용한다.

3.1.1. 거리의 종류

① 측량에서 거리는 경사거리, 수평거리, 연직거리, 평면거리, 기준(타원체)면상 거리 등으로 크게 구분할 수 있다.
② 전파거리측정기로 측정한 거리는 경사거리이므로 기준면상 거리로 변환하여야 한다.
③ 평면 거리는 지구의 표면을 평면에다 투영했을 때의 거리를 말한다

3.1.2. 1m의 정의

① 길이 또는 거리는 두 점 간의 위치의 차이를 나타내는 가장 기초적인 길이의 측정 단위인 미터를 기준으로 한다고 계량법에 명시되어 있다.
② 미터법은 1790년 프랑스의 샤를 모리스 드 탈레랑(Charles Maurice de Talleyrand)이 새로운 단위의 설정을 제안한 것이 효시다.
③ 1m는 지구 북극에서 적도 사이에 낀 자오선 호 길이의 1/10,000,000로 정의하였다.

3.2. 전자파측거기

① 전파와 광파를 총칭하여 전자파라고 하며 전자파에 의한 거리측정장치를 전자파측거기(Electronic Distance Measuring)라고 한다.
② 두 점 간의 전파 또는 광파가 측정점에 설치된 반사경에서 반사되어 되돌아올 때까지의 위상차를 측정하여 측거기에 내장된 마이크로프로세서에 의하여 계산 거리를 측정하는 것이 기본 원리이다.
③ 변조된 빛은 목표 지점에 설치된 반사경으로 향하여 발사되며 반사경에서 반사되어 측거기의 본체로 되돌아온다.
④ 광파 측거기는 빛에 정하여진 주파수를 가지는 강약이 큰 파동을 주어서 사용하는데 빛의 변조 또는 강도변조라고 말한다.

3.2.1. 거리관측 오차

① 전자기파 거리측거기를 사용하는 경우 발생하는 오차에는 거리에 비례하는 오차와 비례하지 않는 오차가 있다.

② 거리관측 오차는 모두 주파수 및 굴절률에 의해 많은 영향을 받는다.

③ 거리에 비례하는 오차에는 광속도 오차, 광변조 주파수 오차, 굴절률 오차가 있다.

④ 거리에 비례하지 않는 오차는 위상차 관측 오차, 기계 상수와 반사경 상수의 오차가 있다.

3.2.2. 오차 발생 원인

① 기계나 반사프리즘을 측점에 정확히 세우지 못하였을 때 발생하는 오차

② 기압, 온도, 습도 등을 정확히 측정하지 못하였을 때 발생하는 오차

③ 위상차 측정 시 기계의 부정확성에서 발생하는 오차

④ 위상측정에 사용되는 광선의 영점이 기계의 이론적 중심과 불일치에서 발생하는 오차

⑤ 변조된 실체적인 주파수와 이론적 주파수가 다른 경우 발생하는 오차

⑥ 굴절률 부정확성에서 발생하는 오차

3.2.3. 오차 보정

거리측량에서 발생하는 오차를 보정하기 위해서는 기상보정, 영점보정, 투영보정을 하여야 한다.

(1) 기상보정

① 공기 중을 통과하는 전자파는 기온·기압·온도 등의 영향을 받아서 전파속도가 변화하므로 기후를 측정하여 측정 거리에 보정하는 것을 기상보정이라고 한다.

② 기상 상태로 관측이 곤란한 변수는 지구대기의 급격한 변화, 강수, 아지랑이, 안개 등이 있다.

③ 기상에 의한 광속도의 변화는 매질인 공기굴절률의 변화로서 취급된다.

④ 기상보정은 측정한 기온(℃ 단위)과 기압(mmHg 단위)은 광파 측거기의 광파의 고유파장을 사용하여 구하고 측정 거리를 보정하여도 좋다.

(2) 영점보정

① 거리측정은 일반적으로 프리즘이 많이 사용되고 있으나 기계중심점이나 프리즘의 중심점이 지상의 측점과 일치하지 않아 발생하는 오차로 보정하여야 한다.

② 프리즘은 자체의 고유 정수가 있으므로 광파 측거기와 맞는 프리즘을 사용하는 것이 좋다.

③ 프리즘의 굴절률은 대기보다 높으므로 굴절률을 고려하여 결정한다.

(3) 투영보정

① 경사거리를 기준면상 거리로 변환하는 것을 투영보정이라 한다.

② 투영보정은 평균해면으로 타원체의 반경은 원점에서의 평균 곡률반경을 사용한다.

③ 투영보정에서 우리나라는 가우스상사 이중투영법을 사용하고 있다.

3.3. 거리계산

3.3.1. 경사거리와 수평거리

① 경사거리를 수평거리로 환산하는 방법

- 경사거리$=\dfrac{1}{\cos\theta}\times$수평거리이다.
- 수평거리=경사거리$\times\cos\theta$ 또는 $D=L-\dfrac{h^2}{2L}$

  여기서, h : 고저차, L : 경사거리, θ : 경사각, D : 수평거리이다.

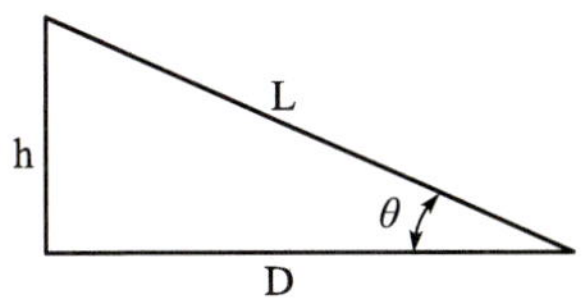

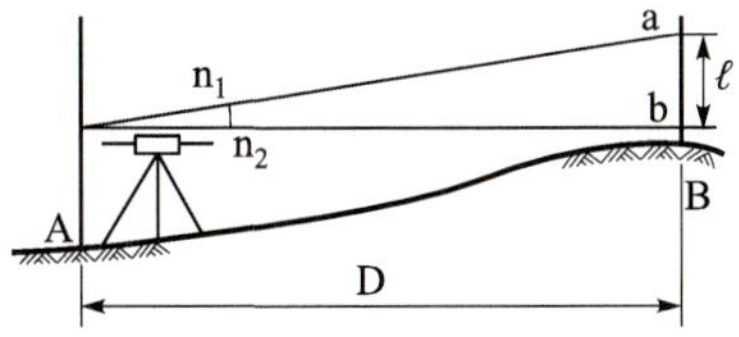

② 앨리데이드에 의한 수평거리 계산 $D=\dfrac{100}{n_1+n_2}\cdot\ell=\dfrac{100}{n}\cdot\ell$(n : 앨리데이드 양시준판의 눈금차, ℓ 표척의 길이)

3.3.2. 장애물이 있을 때 측정

(1) 두 측점에 접근할 수 있으나 거리측정이 불가능한 경우

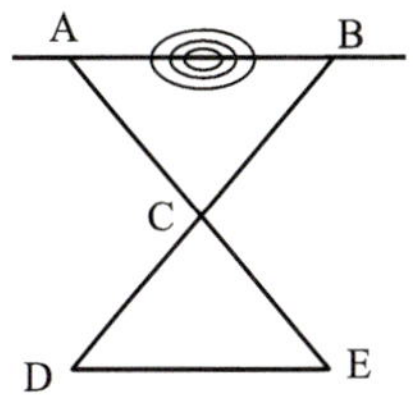

① 그림에서 △ABC∽△CDE이므로 AB : DE=BC : CD에서

$AB=\dfrac{BC}{CD}\times DE$이다.

② 또는 AB : DE=AC : CE에서 $AB=\dfrac{AC}{CE}\times DE$이다.

(2) 두 측점 중 한 측점에만 접근이 가능한 경우

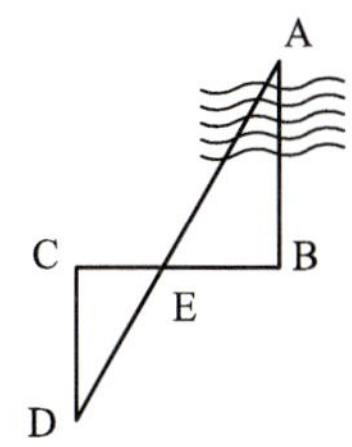

① 그림에서 △ABE∽△CDE이므로 AB : CD=BE : CE에서

$AB=\dfrac{BE}{CE}\times CD$이다.

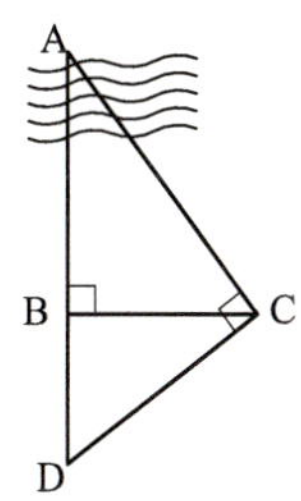

② 그림의 B에서 C점을 직각으로 AC와 직교되는 선을 그어 AB의 연장과의 교점을 D점이라하면

③ △ABC∽△BCD이므로 AB : BC=BC : BD에서 $BC^2=AB\times BD$이다.

④ 그러므로 $AB=\dfrac{BC^2}{BD}$이다.

(3) 두 측점에 접근이 불가능한 경우

① 그림에서 AB의 반대쪽에서 거리 AB를 구할 때는 C를 설정하여 PA와 PB를 구한다.

② AP : BP=CP : DP가 되도록 하여 C 및 D를 정하여 CD의 거리를 측정한 후 AB를 구한다.

③ AB : CD=AP : CP에서 $AB=\frac{AP}{CP}\times CD$이다.

또는 AB : CD=BP : DP에서 $AB=\frac{BP}{DP}\times CD$이다.

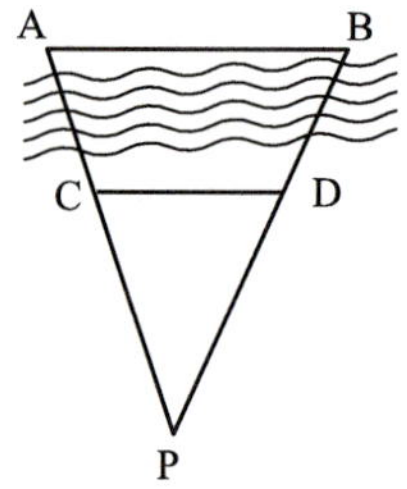

(4) 축척과 거리계산

① 축척 계산

- 축척 = $\frac{도상거리}{실제거리}$ 와 축척 = $\frac{도상면적}{실제면적}$

② 도면상 거리와 면적계산

- 도상거리= $\frac{실제거리}{축척}$ 이다.
- 도상 면적=실제면적×(축척)^2

③ 실제거리 계산

- 실제거리=축척×도상 거리 또는 실제거리$(D_0)=D\cdot\left(1-\frac{e}{L}\right)$이다.

  여기서, D_0 : 실제거리, D : 측정 거리, e : 측정오차, L : 줄자 길이이다.

- 측정한 거리가 표준줄자보다 줄었거나 늘었을 때 실제거리=관측거리 $\times\frac{부정거리}{표준거리}$ 이다.
- 실제면적=$\frac{도상면적}{(축척)^2}$ = $\frac{도상면적}{(\frac{1}{m})^2}$ =m^2×도상면적(m : 축척분모)

④ 거리의 측정 횟수= $\frac{측정거리}{줄자길이}$ 에 의거 보정량은 신가축감 원칙에 의거 배분한다.

⑤ 표준줄자보다 줄었거나 늘었을 때 테이프의 보정계수=$\frac{표준거리}{늘어난거리}$ 이다.

(5) sin 법칙

① 그림에서 △ABC의 외접원의 반지름을 R이라고 하면 이 원에서 B를 지나는 지름의 다른 점을 D라고 하고 CD를 연결하면 ∠BDC는 ∠A와 같거나 ∠A의 보각과 같다.

② sin∠BDC=sin∠A에서 거리 BC=BD·sin∠BDC이므로 a=2R·sin∠A로 이는 $2R=\frac{a}{\sin\angle A}$이다.

③ A가 직각이면 sin∠A=1, a=2R이므로 $\frac{b}{\sin\angle B}=2R$, $\frac{c}{\sin\angle C}=2R$을 이용하면 sin 법칙인 $\frac{a}{\sin\angle A}=\frac{b}{\sin\angle B}=\frac{c}{\sin\angle C}=2R$가 성립된다.

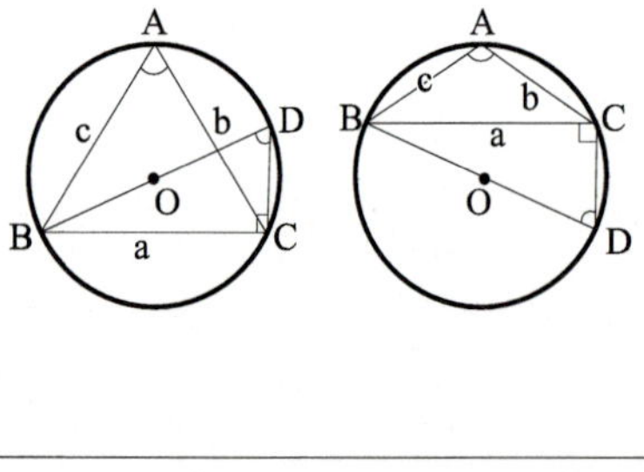

sin 법칙

- $a=\frac{b\cdot\sin\angle A}{\sin\angle B}=\frac{c\cdot\sin\angle A}{\sin\angle C}$
- $b=\frac{a\cdot\sin\angle B}{\sin\angle A}=\frac{c\cdot\sin\angle B}{\sin\angle C}$
- $c=\frac{a\cdot\sin\angle C}{\sin\angle A}=\frac{b\cdot\sin\angle C}{\sin\angle B}$

핵 / 심 / 문 / 제

Chapter 03 거리측량

1. 측량에서 거리에 대한 설명으로 옳지 않은 것은?

① 두 점 간의 위치의 차이를 나타내는 측정 단위를 거리라고 한다.
② 측량에서의 거리는 수직면상의 거리를 말하며 길이라고도 한다.
③ 지적측량에서 지구의 표면을 평면에다 투영했을 때의 거리를 사용한다.
④ 측정 단위로는 미터를 기준으로 하고 있다.

해설

측량에서 거리는 수평거리를 말한다.

정답 ②

2. 거리의 구분으로 옳지 않은 것은?

① 평면거리　② 곡면거리
③ 공간거리　④ 지표거리

해설

거리의 종류는 수평거리, 경사거리, 평면거리, 곡면거리, 공간거리로 구분할 수 있으며, 측량에서 거리는 수평거리를 말한다.

정답 ④

3. 다음 중 미터법의 1m 단위로 옳은 것은?

① 북극과 적도 사이에 낀 자오선 호 길이의 1/10,000,000
② 북극과 적도 사이에 낀 자오선 호 길이의 1/1,000,000
③ 북극과 적도 사이에 낀 자오선 호 길이의 1/100,000
④ 북극과 적도 사이에 낀 자오선 호 길이의 1/100,000,000

해설

1m는 북극과 적도 사이에 낀 자오선 호 길이의 1/10,000,000로 정의하였다.

정답 ①

4. 척관법의 길이 단위로 옳지 않은 것은?

① 척(尺)　② 무(畝)　③ 분(分)　④ 촌(寸)

해설

척관법 길이 단위는 척, 촌, 분, 간, 장, 정이며 무(畝)는 척관법에서 넓이 단위이다.

정답 ②

5. 직접 거리측량에서 사용하였던 자의 종류에 해당하지 않는 것은?

① 권척　② 강철테이프
③ 인바테이프　④ 금속테이프

해설

자의 종류는 측쇄, 간승, 헝겊 테이프, 유리섬유 테이프, 강철테이프, 권척, 인바테이프, 대줄자, 폴, 표척, 축척 자 등이 있다.

정답 ④

6. 강제권척이 기온의 상승으로 늘어났을 때 측정한 거리는 어떻게 보정해야 하는가?

① 측정치보다 적어지도록 보정한다.
② 보정을 필요로 하지 않는다.
③ 측정치보다 많아지도록 보정한다.
④ 가해도 좋고 감해도 좋다.

해설

거리 보정은 신가축감(伸加縮減) 원칙에 따라 강제권척이 늘어난 경우는 더해주고 줄어든 경우에는 빼준다.

정답 ③

7. 광파 거리측정기에 대한 설명으로 옳지 않은 것은?

① 대기 중의 광속도와 진공 중의 광속도는 동일하다.
② 변조 주파수의 변화는 측정값에 영향을 준다.
③ 측정오차는 거리에 비례하는 것과 비례하지 않는 것이 있다.
④ 기온 측정오차를 1℃, 기압 측정오차를 1mmHg라 하면 거리측정치에 주는 영향은 기온이 기압보다 크다.

해설

단거리 관측에서는 굴절에 영향을 주는 습도, 온도, 기압 등에 영향을 별로 받지 않으며, 대기 중의 광속도는 진공 중의 광속도와 다르다.

정답 ①

8. 전파 거리측정기를 사용하여 거리를 측정할 때 다음 중 틀린 것은?

① 수평거리를 구할 때는 경사보정이 필요하다.
② 전파속도는 항상 일정하므로 온도가 변화해도 측정값을 바로잡을 필요가 없다.
③ 측정거리는 전파의 왕복 시간을 측정하여 구한다.
④ 거리의 측정값은 습도가 변화하면 변한다.

해설

전자파는 기온·기압·온도 등의 영향을 받아서 전파속도가 변화하므로 기후를 측정하여 측정 거리에 보정하는 것을 기상보정을 하여야 한다.

정답 ②

9. **전자파측거기의 측정오차에 대한 설명 중 옳은 것은?**

① 측정 거리에 비례한다.
② 측정하는 거리와 관계없다.
③ 측정하는 거리에 비례하는 부분과 비례하지 않는 부분이 있다.
④ 측정하는 거리가 어느 길이 이상이 되면 길이와 관계없이 된다.

| 해설 |

① 전자기파 거리측량기를 사용하는 경우 생기는 오차에는 거리에 비례하는 것과 비례하지 않는 것이 있다.
② 전자기파 거리측량기의 오차는 모두 주파수 및 굴절률에 의해 많은 영향을 받는다.

정답 ③

10. **토털스테이션(Total Station)에 대한 설명으로 옳지 않은 것은?**

① 각도와 거리를 동시에 측정할 수 있는 기능을 함께 갖추어져 있다.
② 데이터를 짧은 시간에 처리하거나 표시하여 결과를 출력하는 전자식 측거·측각기이다.
③ 수평거리, 연직거리, 좌표값 등 필요한 사항을 실시간으로 계산할 수 있다.
④ 정밀도가 낮아 각종 데이터를 입력하여 결과를 산출해내야 한다.

| 해설 |

토털스테이션은 정밀도가 높은 성과를 현장에서 직접 얻을 수 있으며, 전자기록 장치를 사용할 수 있어 작업효율이 높다.

정답 ④

11. **관측된 데이터를 직접 저장하고 처리할 수 있으며, 3차원 지형정보 획득으로부터 데이터베이스의 구축 및 지적도 제작까지 일괄적으로 처리할 수 있는 측량 장비로 옳은 것은?**

① 토털스테이션　　② VLBI
③ 광파 거리측정기　　④ 전파 거리측정기

| 해설 |

토털스테이션은 관측된 데이터를 직접 저장하고 처리할 수 있으며, 3차원 지형정보 획득으로부터 데이터베이스의 구축 및 지적도 제작까지 일괄적으로 처리할 수 있는 측량 장비라 할 수 있다.

정답 ①

12. **EDM의 오차 중 거리에 비례하는 오차로 옳은 것은?**

① 위상차 관측 오차　　② 영점오차
③ 편심 오차　　④ 굴절률 오차

| 해설 |

거리에 비례하는 오차로는 광속도 오차, 광변조 주파수 오차, 굴절률 오차가 있다.

정답 ④

13. **기계중심점이나 반사경의 중심점이 지상의 측점과 일치하지 않아 발생하는 오차는?**

① 기상오차　　② 영점오차
③ 투영오차　　④ 연직오차

| 해설 |

영점오차는 기계중심점이나 반사경의 중심점이 지상의 측점과 일치하지 않아 발생하는 오차이다.

정답 ②

14. **전자파측거기로 측량을 시행하여 발생한 오차를 보정하는 방법에 해당하지 않는 것은?**

① 기상보정　　② 영점보정
③ 축척보정　　④ 투영보정

| 해설 |

전자파측거기의 오차 보정방법은 기상보정, 영점보정, 투영보정이다.

정답 ③

15. **광파거리측량기의 프리즘 정수와 관련하여 보정하는 사항은?**

① 경사보정　　② 기상보정
③ 영점보정　　④ 투영보정

| 해설 |

영점보정은 광파거리측량기의 프리즘 정수와 관련하여 보정하는 것으로 최신 장비의 장비사마다 보정값이 지정되어 대부분 자동으로 보정하도록 되어있다.

정답 ③

16. **다음 중 EDM(Electromagnetic Distance Measurements)에 있어서 영점보정이란 무엇을 말하는가?**

① 지구곡률 보정
② 대기굴절 보정
③ 관측값에 대한 온도보정
④ 기계 중심과 측점 간의 불일치 조정

| 해설 |

광파 측정기에 의한 거리측정은 기계중심점이나 반사경의 중심점은 지상의 측점과 통상 일치하지 않으므로 영점오차를 보정해 주어야 한다.

정답 ④

17. 전파 거리측정기로 측정하는 경사거리를 기준면 상의 거리로 변환하는 것은?

① 기상보정 ② 영점보정
③ 투영보정 ④ 연직보정

| 해설 |
전파 거리측정기로 측정하는 경사거리를 기준면 상의 거리로 변환하는 것을 투영보정이라 한다.

정답 ③

18. 관측 오차를 보정하는 기상보정과 영점보정에 관한 내용으로 옳지 않은 것은?

① 기상보정은 기후를 측정하여 측정 거리를 보정하는 것을 말한다.
② 기상보정은 외부의 영향을 받는 오차 원인이 대부분이다.
③ 영점보정은 최신 장비의 장비사마다 보정값이 지정되어 있지 않아 수동으로 보정해야 한다.
④ 프리즘 정수는 장비사에 따라 출고 당시 정수가 조정되어있으나 수정하여 사용할 수 있다.

| 해설 |
영점보정은 광파 거리측량기의 프리즘 정수와 관련하여 보정하는 것으로 최신 장비의 장비사마다 보정값이 지정되어 대부분 자동으로 보정하도록 되어있다.

정답 ③

19. 경사거리를 수평거리로 환산하는 공식은?(단, 경사각은 θ 이다.)

① 경사거리×tanθ ② 경사거리×sinθ
③ 경사거리×cosθ ④ 경사거리×cotθ

| 해설 |
수평거리=경사거리×cosθ 이다.

정답 ③

20. 토털스테이션으로 측정한 경사거리가 150.23m, 연직각이+3° 50′ 25″ 일 때 수평거리는?

① 138.56m ② 140.25m ③ 145.69m ④ 149.89m

| 해설 |
수평거리=경사거리×cosθ 이므로 수평거리(D)=cos3°50′25″×150.23m=149.893m이다.

정답 ④

21. 구배 25%의 도로면 상에서 경사거리가 20m일 때 수평거리는 얼마인가?

① 19.4m ② 20.4m ③ 21.4m ④ 22.4m

| 해설 |
$\theta=\tan^{-1}0.25=14°2'11''$에서 $\ell_0=\ell\cdot\cos\theta=20\times\cos14°2'11''=20\times0.97014\fallingdotseq19.4$m이다.

정답 ①

22. 평판측량 방법에 의하여 작성된 도면에서 수평거리 90m인 지점을 경사분획(n) 25인 경사각에 표시하고자 한다. 이때의 경사거리는?(단, 앨리데이드를 사용한 경우)

① 80.89m ② 83.78m ③ 85.64m ④ 87.31m

| 해설 |
수평거리=경사거리×cos=θ이므로 경사각 $\theta=\tan^{-1}\frac{25}{100}=14°02'10''$에서 경사거리=$\frac{1}{\cos\theta}$×수평거리=$\frac{1}{\cos14°02'10''}=87.313$m이다.

정답 ④

23. 두 점 간의 수평거리가 148m이고 연직각이−5° 10′ 00″ 일 때 두 점 간의 경사거리는?

① 145.18m ② 148.60m
③ 149.43m ④ 151.20m

| 해설 |
높이=148×sin−5°10′ =13.33m이므로
경사거리=$\sqrt{148^2+13.33^2}=148.60$m이다.

정답 ②

24. 다음 중 평면거리에 대하여 옳게 설명한 것은?

① 원점에서 멀리 떨어질수록 기준면 상의 길이보다 길어진다.
② 평면거리와 수평거리는 일치한다.
③ 지상의 수평거리가 1km 이하일 때에는 길이가 같다.
④ 전파기 또는 광파기에 의한 측정거리는 평면거리이다.

| 해설 |
공식 $K=1+\frac{(Y_1+Y_2)^2}{8R^2}$에서 Y_1, Y_2는 원점에서 떨어진 거리로 (Y_1+Y_2)가 클수록 K의 값은 커지게 된다.(K : 축척계수) 따라서 원점에서부터 멀리 떨어질수록 기준면 상 거리보다 평면거리는 길어진다.

정답 ①

25. 평면거리를 계산하는 데 축척 계수(K)를 산출하는 식으로 옳은 것은?

① $1-\frac{(Y_1+Y_2)^2}{8R^2}$ ② $1+\frac{(Y_1+Y_2)^2}{8R^2}$
③ $1-\frac{(Y_1+Y_2)^2}{6R^2}$ ④ $1+\frac{(Y_1+Y_2)^2}{6R^2}$

| 해설 |
공식 $1+\frac{(Y_1+Y_2)^2}{8R^2}$, 이때 Y_1, Y_2는 원점에서부터 km 단위의 횡선거리이다.

정답 ②

26. 평면거리계산에 관한 내용으로 옳지 않은 것은?

① 평면거리는 투영된 지도상에서 측정한 거리이다.
② 평면거리는 기준면 상 거리가 평면을 투영된 거리를 말한다.
③ 연직거리의 측정은 수준측량의 결과로 알 수 있다.
④ 연직각을 이용한 평면거리계산은 기상보정 식을 기본으로 한다.

| 해설 |

연직각을 이용한 평면거리계산은 $S = D \times \cos\frac{1}{2}(\alpha_1 - \alpha_2) - \frac{h'_1 + h'_2}{2R}$에서 $\cos\frac{1}{2}(\alpha_1 - \alpha_2)$ 값은 두 점의 삼각점에서 관측한 연직각을 평균하여 cos 값으로 구한다.

정답 ④

27. 지적측량을 위한 거리의 측정 시 동일거리를 2회 측정한 결과가 150.25m, 150.30m이었을 때 거리측정의 정도는 약 얼마인가?

① 1/1,500　② 1/2,000
③ 1/2,500　④ 1/3,000

| 해설 |

$\text{정도} = \frac{\text{오차}}{\text{거리총합}/2} = \frac{0.05}{(150.25+150.30)/2} = \frac{0.05}{150.275} = \frac{1}{3,005} = \frac{1}{3,000}$이다.

정답 ④

28. 1/50,000 지도상에서 8cm인 두 점 사이의 실제거리는 얼마인가?

① 2km　4km　③ 5km　④ 10km

| 해설 |

실제거리는 축척×지도상 거리=50,000×8cm=400,000cm=4km이다.

정답 ②

29. 표준길이보다 5cm가 짧은 150m 줄자로 측정한 거리가 600m였다면 실제거리는?

① 599.8m　② 598.8m　③ 558.0m　④ 559.8m

| 해설 |

$\text{실제거리}(D_0) = D(1 - \frac{e}{L}) = 600 \times (1 - \frac{0.05}{150}) = 599.8\text{m}$이므로 표준길이보다 짧은 줄자를 사용 시 신가축감의 원칙에 따라 적게 보정한다.

정답 ①

30. 30m 표준자보다 20mm가 짧은 스틸테이프를 사용하여 두 점의 거리를 측정한 결과 1.5km일 때, 두 점의 실제거리는?

① 1486m　② 1490m　③ 1494m　④ 1499m

| 해설 |

$\text{실제거리}(D_0) = D \cdot \left(1 - \frac{e}{L}\right) = 1500 \times \left(1 - \frac{0.02}{30}\right) = 1499\text{m}$이다.
(D_0 : 실제거리, D : 측정거리, e : 측정오차, L : 줄자 길이)

정답 ④

31. 2cm가 늘어난 50m 줄자를 사용하여 어떤 거리를 측정한 결과 175m를 얻었을 때 실제의 거리는?

① 173.95m　② 176.07m
③ 175.07m　④ 174.93m

| 해설 |

$\text{실제길이} = \frac{\text{부정길이} \times \text{관측길이}}{\text{표준길이}} = \frac{50.02 \times 175}{50} = 175.07\text{m}$이다.

정답 ③

32. 30m의 천줄자를 사용하여 A, B 두 점간의 거리를 측정하였더니 1.6km이다. 이 천줄자를 표준길이와 비교 검정한 결과 30m에 대하여 20mm가 짧았다. 올바른 거리는?

① 1601m　② 1599m
③ 1597m　④ 1596m

| 해설 |

$\text{측정 횟수} = \frac{\text{측정거리}}{\text{줄자길이}} = \frac{1600}{30} = 53.3$회이므로 53.3×20mm=1066mm이다. 여기서, 신가축감 원칙에 의해 1600−1.066=1598.934m로 1599m이다.

정답 ②

33. 50m 줄자를 사용하여 경계점 A, B의 거리를 측정한 결과 154.24m가 측정되었다. 50m 줄자를 점검하여 3.4mm가 늘어난 것이 확인된 경우 실제거리로 옳은 것은?

① 154.240m　② 154.245m
③ 154.250m　④ 154.255m

| 해설 |

$\text{측정 횟수} = \frac{\text{측정거리}}{\text{줄자길이}} = \frac{154.24}{50} = 3.0848$회이므로
3.0848×3.4mm=10.48mm=0.01m로 신가축감의 원칙에 의하여 154.24+0.01=154.250m가 된다.

정답 ③

34. 50m 줄자로 측정한 A, B점 간 거리가 250m이었다. 이 줄자가 표준줄자보다 5mm가 줄어 있었다면 정확한 거리는?

① 249.975m　② 249.750m
③ 250.025m　④ 250.250m

| 해설 |

$\text{실제거리} = \text{관측거리} \times \frac{\text{부정길이}}{\text{표준거리}} = 250 \times \frac{49.995}{50} = 249.975\text{m}$이다.

정답 ①

35. 20m 테이프를 표준과 비교하였더니 2cm가 늘어나 있었다. 이 테이프를 이용하여 어떠한 수평거리를 측정하니 240.50m이었다면 실제 정확한 거리는?

① 239.06m ② 239.85m
③ 240.74m ④ 241.45m

| 해설 |

측정 횟수(n) $= \frac{240.5}{20} = 12$회, 누적오차 $= n \cdot \delta = 12 \times 2 = 24cm$
이므로 정확한 거리=240.50+0.24=240.74m이다.

정답 ③

36. 100m+4.96mm의 정수를 표시한 권척을 사용하여 500m를 측정하였을 경우 바른 길이는?

① 500.000m ② 500.025m
③ 500.043m ④ 500.050m

| 해설 |

측정 횟수$= \frac{측정거리}{줄자길이} = \frac{500}{100} = 5$회이므로 5×4.96mm=24.8mm이다.
여기서, 신가축감(伸加縮減) 원칙에 의해 500+0.0248=500.025m이다.

정답 ②

37. 80m의 측선을 10m의 줄자로 측정하였다. 1회 측정에서 정오차는+5mm, 부정오차는 ±5mm가 발생할 경우 정확한 거리는?

① 80.01 ±0.04m ② 80.02 ±0.01m
③ 80.04 ±0.01m ④ 80.04 ±0.04m

| 해설 |

정확한 거리$(L_0) = 80 + (80 \times \frac{0.005}{10}) \pm 0.005\sqrt{8} = 80.04m \pm 0.014m$이다.

정답 ③

38. 점간거리 200m를 축척 1/500인 도상에 등록한 경우 점간거리의 도상길이는 얼마인가?

① 20cm ② 40cm ③ 50cm ④ 80cm

| 해설 |

도상거리$= \frac{실제거리}{축척} = \frac{200}{500} = 0.4m = 40cm$이다.

정답 ②

39. 표준장 100m에 대하여 테이프(Tape)의 길이가 100m인 강제권척을 검사한 바+0.052m이었을 때, 이 테이프(Tape)의 보정계수는 얼마인가?

① 0.00052 ② 0.99948
③ 1.00052 ④ 1.99948

| 해설 |

보정계수$= \frac{표준거리}{늘어난거리} = \frac{100}{100.052} = 0.99948$이다.

정답 ②

40. 다음 그림에서 BP의 계산식으로 옳은 것은?

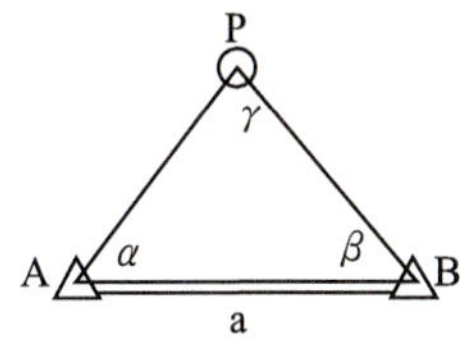

① $\overline{BP} = \frac{a \cdot \sin\alpha}{\sin\gamma}$

② $\overline{BP} = \frac{a \cdot \sin\beta}{\sin\gamma}$

③ $\overline{BP} = \frac{a \cdot \sin\alpha}{\sin\beta}$

④ $\overline{BP} = \frac{a \cdot \sin\gamma}{\sin\beta}$

| 해설 |

$\overline{BP} = \frac{a \cdot \sin\alpha}{\sin\gamma}$에서 $BP \cdot \sin\gamma = a \cdot \sin\alpha$이므로 $\overline{BP} = \frac{a \cdot \sin\alpha}{\sin\gamma}$가 된다.

정답 ①

41. 다음 그림에서 BC의 길이가 500m, ∠BAC는 51도 00분 25초일 때 AB의 길이는 얼마인가?

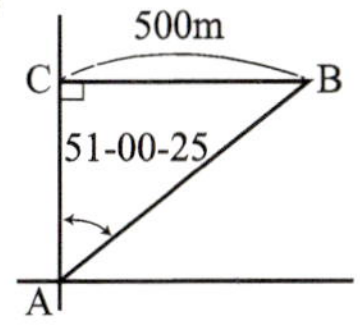

① 800.39m
② 643.32m
③ 800.00m
④ 640.00m

| 해설 |

sin 법칙을 적용 $\frac{CB}{\sin A} = \frac{AB}{\sin C}$에서 $\frac{500}{\sin 51°00'25''} = \frac{AB}{\sin 90°}$로,
$AB = \frac{500 \times \sin 90°}{\sin 51°00'25''} = 643.32m$이다.

정답 ②

42. 다음 삼각형에서 B → P 거리는?(단, A → B 거리는 100m이고 $\alpha = 50°30'$, $\beta = 60°30'$, $\gamma = 69°0'$이다.)

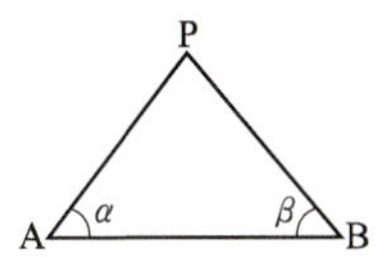

① 78.42m
② 82.65m
③ 87.04m
④ 93.23m

| 해설 |

sin법칙 $\frac{AB}{\sin\gamma} = \frac{BP}{\sin\alpha} = \frac{AP}{\sin\beta}$에서

$AP = \frac{AB \times \sin\beta}{\sin\gamma} = \frac{100 \times \sin 60°30'}{\sin 69°} = 100.33m$

$BP = \frac{AB \times \sin\alpha}{\sin\gamma} = \frac{100 \times \sin 50°30'}{\sin 69°} = 82.65m$이다.

정답 ②

43. 다음 그림에서 거리 D−C는 얼마인가?(AD=866m)

① 1,000m
② 750m
③ 866m
④ 1,732m

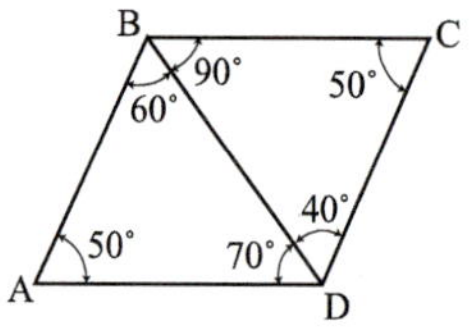

| 해설 |

먼저 각을 $\sin 50° = 0.76604$, $\sin 60° = 0.86603$, $\sin 90° = 1.0000$이므로 정현 비례식에 의하여 BD 거리를 K라 하면 $BD = \frac{866 \times \sin 50°}{\sin 60°} = 766.02m$이고, $CD = \frac{BD \times \sin 90°}{\sin 50°} = 999.968m$이다.

정답 ①

44. 아래 그림에서 ∠BAD=∠BCE=90° 이고, AD=35m, AC=25m, CE=44m일 때 AB의 거리는 얼마인가?

① 65.50m
② 75.50m
③ 87.20m
④ 97.20m

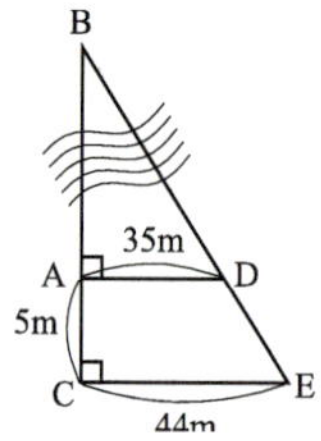

| 해설 |

$AB = \frac{AC \times AD}{CE - AD}$에서 $AB = \frac{25 \times 35}{44 - 35} = \frac{875}{9} = 97.222m$에서 $AB = 97.20m$이다.

정답 ④

45. A점에서 트랜싯으로 B점을 수평으로 시준하여 표척 눈금이 4.35m, 기계고가 1.65m이고 AB 경사거리가 20m이면 AB 두 지점의 수평거리는?

① 19.82m
② 19.92m
③ 18.82m
④ 18.92m

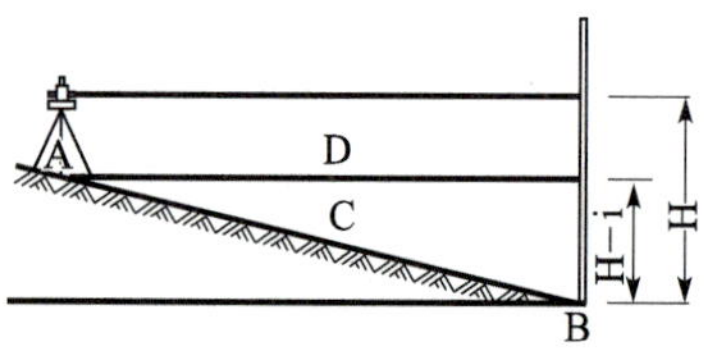

| 해설 |

수평거리(D) $= \sqrt{\ell^2 - (H-i)^2} = \sqrt{20^2 - (4.35 - 1.65)^2} = 19.82m$이다.

정답 ①

46. A점에서 트랜싯으로 B점을 시준한 결과, 표척 눈금이 5.20m, 기계고가 3.70m, AB의 경사거리가 45m이었다면, AB 두 지점의 수평거리는?

① 44.67m
② 44.70m
③ 44.85m
④ 44.97m

| 해설 |

수평거리(D)$= \sqrt{\ell^2 - (H-i)^2} = \sqrt{45^2 - (5.20 - 3.70)^2} = 44.97m$이다.

정답 ④

47. 그림과 같은 직각삼각형에서 AB의 거리가 100m이고 α 각이 60° 이면 BC의 거리로 옳은 것은?

① 50.00m
② 60.00m
③ 75.46m
④ 86.60m

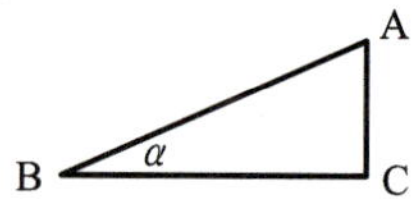

| 해설 |

BC의 거리(BC)=100×cos 60°=50.0m, AC=100×sin 60°=86.6m이다.

정답 ④

48. △ABC 토지에 대하여 지적삼각점측량을 시행하여 AB=2km, ∠ABC=30°, ∠BAC=60°를 측정하였다. AC의 거리는 얼마인가?

① 732m
② 1,000m
③ 1,500m
④ 1,900m

| 해설 |

sin 법칙을 이용하여 $\frac{2,000}{\sin 90°} = \frac{AC}{\sin 30°}$에서 AC=2,000×sin30°=1,000m이다.

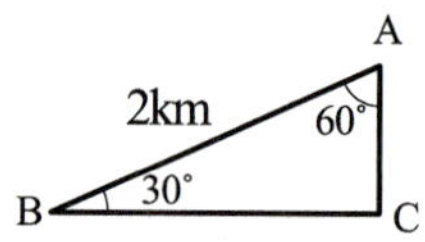

정답 ②

49. AB 두 점의 좌표가 $A_x = -3.23m$, $B_x = +4.15m$, $A_y = +2.18m$, $B_y = -1.01m$와 같을 때 A, B 사이의 거리로 옳은 것은?

① 7.48m
② 8.04m
③ 9.27m
④ 11.27m

| 해설 |

① 종선차 : $\Delta x = 4.15 - (-3.23) = 7.38m$
② 횡선차 : $\Delta y = -1.01 - 2.18 = -3.19m$
③ $AB = \sqrt{\Delta x^2 + \Delta y^2} = \sqrt{7.38^2 + (-3.19)^2} = 8.04m$이다.

정답 ②

50. 평면직각좌표 상의 두 점 A(354, 526)와 B(627, 835) 사이의 거리는?(단, 좌표의 단위는 m임)

① 412.32m
② 456.27m
③ 491.49m
④ 53.92m

| 해설 |

① 종선차 : $\Delta x = X_B - X_A = 354 - 627 = -273m$
② 횡선차 : $\Delta y = Y_B - Y_A = 526 - 835 = -309m$에서
③ AB의 거리 $L = \sqrt{\Delta x^2 + \Delta y^2} = \sqrt{(-273)^2 + (-309^2)} = 412.32m$이다.

정답 ①

51. 수평 및 수직거리를 동일한 정확도로 관측하여 육면체의 체적을 2,000m³로 구하였다. 체적계산의 오차를 0.5m³ 이내로 하기 위해서는 수평 및 수직 거리관측의 허용정확도로 옳은 것은?

① $\frac{1}{12,000}$ ② $\frac{1}{8,000}$ ③ $\frac{1}{35}$ ④ $\frac{1}{110}$

| 해설 |

$\frac{\Delta V}{V} = 3 \cdot \frac{\Delta \ell}{\ell}$에서 거리의 정도

$\frac{\Delta \ell}{\ell} = \frac{1}{3} \cdot \frac{\Delta V}{V} = \frac{1}{3} \times \frac{0.5}{2,000} = \frac{1}{12,000}$이다.

정답 ①

52. 거리와 방향을 측정하여 평면 위치를 구할 때 거리측정에는 오차가 없고 방향에 20″의 오차가 생겼다면 거리를 200m라 할 때 평면 위치에 생기는 오차는 얼마인가?

① 1cm ② 2cm ③ 3cm ④ 4cm

| 해설 |

평면위치오차(e) $= \frac{b \cdot \varepsilon''}{\rho''} = \frac{20000 \times 20''}{206265''} \fallingdotseq 2cm$이다.

정답 ②

53. 100m³의 정사각형의 면적을 0.1m³까지 정확히 구하기 위해서 각 변장을 측정할 때 테이프의 눈금을 어느 정도까지 정확히 읽어야 하는가?

① 5cm ② 1cm
③ 5mm ④ 1mm

| 해설 |

$\Delta \ell = \frac{\Delta A}{A} \times \frac{\ell}{2} = \frac{0.1}{100} \times \frac{10}{2} = 0.005m = 5mm$이다.

정답 ③

54. 삼변측량에 관한 설명으로 옳지 않은 것은?

① 최근 위성측량을 사용하고 있어 높은 정밀도의 측량을 할 수 있다.
② 삼각형의 변장을 측정하여 각을 계산 후 미지점 위치를 결정하는 방법이다.
③ 삼각측량보다 조건식의 수가 많고 고가의 장비를 필요로 한다.
④ 삼변망의 조정은 관측방정식에 의하는 방법과 조건방정식에 의하는 방법이 있다.

| 해설 |

삼각측량에 비해 신속하고 경제적인 방법이며 변장만으로 삼각망을 구성하며 조건식 수가 적다.

정답 ③

55. 천체에서 복사되는 잡음전파를 두 개의 안테나에 각각 동시에 수신하여 전파가 도달하는 시간차를 관측함으로써 두 점 사이의 거리를 구하는 방법으로 옳은 것은?

① VLBI ② 3차원 측량
③ 위성측량 ④ 레이저거리 측량

| 해설 |

천체에서 복사되는 잡음전파를 두 개의 안테나에 각각 동시에 수신하여 전파가 도달하는 시간차를 관측함으로서 두점 사이를 구하는 것은 초장기선간섭계(VLBI)이다.

정답 ①

CHAPTER 04 각 측량

4.1. 개요

각도란 동일 평면상에 두 개의 직선이 평행이 아닌 경우 교차점에서 이루는 사이를 측정한 각을 말한다. 각 관측 방법은 수평각 관측과 연직각 관측 방법으로 구분할 수 있다. 수평각에서 방향각은 임의의 방향을 기초로 한 우회 각도로서 360°까지 헤아리는 것이고 방위각은 진북을 기준으로 우회한 각도를 말한다.

4.1.1. 각도의 측정 단위

① 도(Degree)

- 원의 중심에서 원의 둘레를 각으로 표시할 경우 360°로 표시하는 것으로 호(弧)에 대한 중심각을 1도(度)라 한다.
- 원은 360°, 1°=60', 1'=60″이다.

② 그레이드(Grade)

- 원의 둘레를 그레이드로 표시할 경우는 400g(그레이드 : Grade)로 표시하며 중심각을 원호의 길이로 표시하는 것을 말한다.
- 원둘레를 400등분 하여 호(弧)에 대한 중심각을 1그레이드(Grade)라 한다.
- 원은 400g, 1g=100센티 그레이드(c), 1c=100센티센티 그레이드(cc)이다.

③ 라디안(Radian)은 원의 반지름과 같은 길이의 원둘레에 대한 중심각의 크기를 1라디안 또는 호도법에 따른 각도의 단위의 하나로서 호도(弧度)라고도 하며 기호는 rad로 나타낸다.

- 라디안은 호의 길이 s를 반지름의 길이 r의 비로 나타낸 것이다.
- 1라디안을 ° ′ ″로 나타낸 값을 $\rho°$ ρ' ρ''로 표시한다.

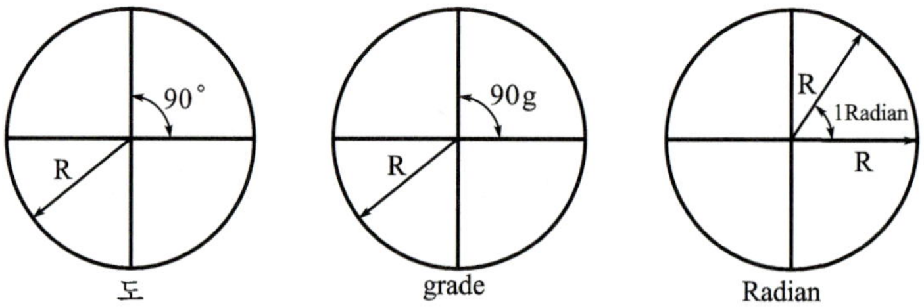

〈그림 1-8〉 각도 단위

grade를 도(度)로 계산	도(度)를 radian으로 계산
• 400grad=360° • 1grad=0.9°	• $180° = \pi$ rad • $1° = \frac{\pi}{180°}$ rad $= 0.017453$rad
도(度)를 grade로 계산	• $1' = (\frac{\pi}{180°}) \div 60 = 0.0002908$rad
• 360° =400 grad • 1° =1.1111 grad	• $1'' = \frac{\pi}{180°} \div 60 \div 60 = 0.000004848$rad

4.1.2. 호도와 각도

① 1개의 원에서 중심각과 그것에 관한 호의 길이는 서로 비례하므로 반경 R과 같은 길이의 호 AB를 잡아 이것에 대한 중심각을 ρ로 하면 $\frac{R}{2\pi R}=\frac{\rho^\circ}{360^\circ}$ 에서 $\rho^\circ=\frac{180^\circ}{\pi}$이다.

② ρ는 반경 R에 관계없이 정수에 의해서만 결정되므로 이것을 각의 단위로 하여 라디안 이라한다.

③ π =3.14159265가 되므로

- $\rho^\circ=\frac{180^\circ}{\pi}=57.29577951^\circ$
- $\rho'=60\times\rho^\circ=3437.7468'$
- $\rho''=60\times\rho'=206264.806''$

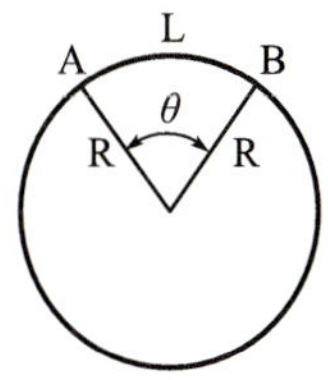

④ R인 원에서 호의 길이 L에 대한 중심각 θ는 $\theta=\frac{L}{R}$(Radian)이다. 이를 도, 분, 초로 환산하여 정리하면 $\theta^\circ=\frac{L}{R}\rho^\circ$, $\theta'=\frac{L}{R}\rho'$, $\theta''=\frac{L}{R}\rho''$이다.

⑤ θ가 미소한 각일 경우 L이 R보다 현저하게 작으므로 $\theta''=\frac{L}{R}\rho''$이다.

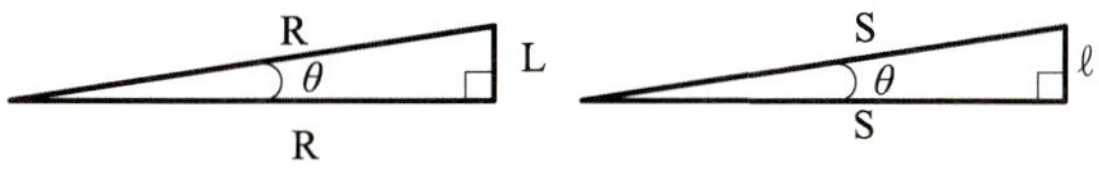

⑥ 이 경우 R 대신 S, L 대신 ℓ로 정리하면 $\theta''=\frac{\rho''}{S}\cdot\ell$이다.

⑦ 위치오차를 계산하면 $\ell=\frac{\theta''}{\rho''}\cdot S$가 된다.

여기서, S : 수평거리, ℓ: 위치오차, θ: 각이다.

[예제] 위치오차가 10cm일 경우 폭을 2km의 거리에서 보았을 때 그 사잇각을 계산하시오.

$$\theta''=\frac{\rho''}{S}\cdot\ell=\frac{206265}{2000}\times0.1=10''$$

[예제] 방향이 5″가 틀어졌을 때 4km의 거리에서 보았을 때 위치오차를 계산하시오.

$$\ell=\frac{\theta''}{\rho''}\cdot S=\frac{5}{206265}\times4000=0.1\text{m}$$

4.1.3. 데오돌라이트의 3축의 조건

① 데오돌라이트의 3축의 조건은 수직축⊥시준축, 시준축//수평축, 수평축⊥수직축이며, 수준기축//수평축//시준축이다.

② 각 관측 시 발생하는 기계오차와 소거법

오차의 종류	발생 원인	소거
시준축 오차	• 시준축과 수평축이 평행하지 않아 발생	• 망원경 정·반 관측으로 소거
수평축 오차	• 수평축과 수직축이 직교하지 않아 발생	• 망원경 정·반 관측으로 소거
수직축 오차	• 수직축이 정확히 수직선에 있지 않아 발생	• 수직축과 기포관축은 직각으로 조정 • 망원경 정·반 관측으로 소거 불가능
눈금 오차	• 눈금의 부정확으로 발생	• 눈금의 위치를 변화시켜 관측 횟수를 늘려 평균하여 소거
시준축 편심 오차	• 측점, 기계, 측표의 중심이 동일선상에 있지 않아 발생	• 편심거리와 편심각을 측정하여 보정

4.1.4. 코사인법칙을 이용한 내각계산

① A에서 BC에 수선을 내릴 때 B와 C가 예각이고 D는 B와 C 사이에 있을 경우 BC=BD+DC가 되므로 a=c·cos∠B+b·cos∠C가 된다.

② ∠C가 둔각이면 D는 BC의 연장선에 있고, BC=BD−CD=AB· cos∠B+AC·cos∠C가 된다.

③ a=b·cos∠C+c·cos∠B이며 C점이 직각일 경우에는 cos∠C=0이므로 a=c·cos∠B가 된다.

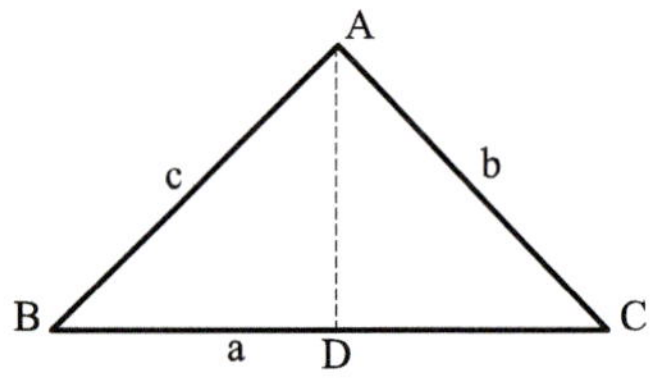

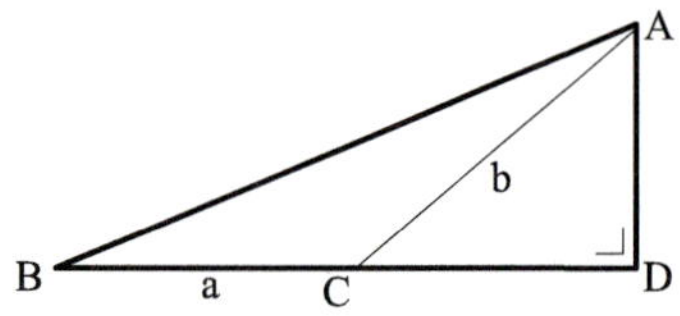

cos 제1법칙	cos 제2법칙	
• $a = b \cdot \cos\angle C + c \cdot \cos\angle B$ • $b = c \cdot \cos\angle A + a \cdot \cos\angle C$ • $c = a \cdot \cos\angle B + b \cdot \cos\angle A$	• $\cos\angle A = \frac{b^2 + c^2 - a^2}{2bc}$ • $\cos\angle B = \frac{c^2 + a^2 - b^2}{2ca}$ • $\cos\angle C = \frac{a^2 + b^2 - c^2}{2ab}$	• $a^2 = b^2 + c^2 - 2bc \cdot \cos\angle A$ • $b^2 = c^2 + a^2 - 2ca \cdot \cos\angle B$ • $c^2 = a^2 + b^2 - 2ab \cdot \cos\angle C$

4.2. 수평각 관측

① 각 관측은 어떤 점에서 시준한 두 점 사이에 낀 각을 구하는 것을 말한다.

② 공간을 기준으로 분류하면 평면각, 곡면각, 입체각으로 구분된다.

③ 수평각 관측 방법은 단각법·배각법·방향관측법·각관측법이 있으나 사용 장소와 정확도에 따라 다르다.

④ 배각법은 시가지 지역, 방향각관측법은 지적삼각점측량 등에 많이 이용되고 있다.

4.2.1. 단각법

① 단각법(Single Measurement of Angle)은 단측법 또는 방위각법이라고도 한다.

② 관측 기계를 사용하여 2점 사이의 각을 1회 관측하여 나중 읽은 값에서 처음 읽은 값의 차를 이용해서 구하는 방법이다.

③ 작업시간이 단축되는 반면에 정밀도는 낮다.

④ 수평각 관측 방법 중에서 가장 간단하며, 농촌지역의 도근측량에 이용된다.

⑤ 관측 오차는 $e = \pm\sqrt{2\alpha^2 + \beta^2}$ 와 같다.
여기서, e : 각 관측 오차, α : 시준오차, β : 읽기 오차이다.

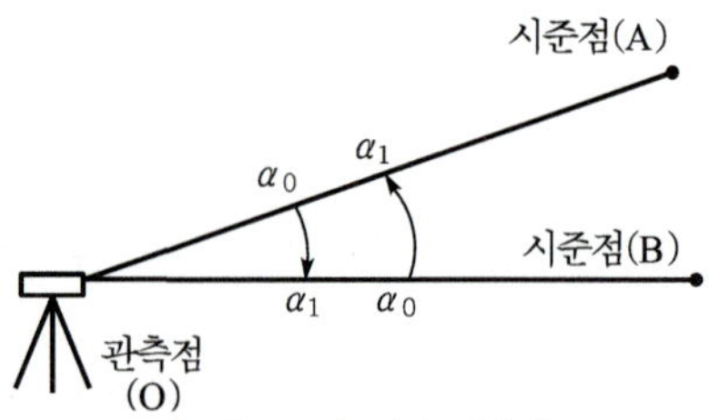

〈그림 1-9〉 단각 관측법

4.2.2. 배각법

① 배각법(Repetition Method)은 정밀한 측각이 필요할 때 사용하고 기계를 같은 방향으로 여러 번 반복하여 관측한 값의 평균값을 구하는 방법으로 반복법이라고도 한다.

② 배각법에 따른 도근점측량이나 축척변경 및 경계점좌표등록부 시행지역에서 실시한다.

③ 측정한 값의 처음과 마지막의 차이를 반복 횟수로 나누어 관측각을 구하므로 오차가 적게 된다.

④ 배각법은 방향각법과 비교하여 읽기 오차(β)의 영향을 적게 받는다.

⑤ 배각법은 방향 수가 적었을 때 편리하며, 수평각 관측 방법에서 가장 많이 사용되는 방법이다.

⑥ 관측값은 O점에 기계를 설치하고 A점을 시준하여 B점을 관측하고 반복하여 단측법과 같은 최종관측값을 읽어서 관측 횟수로 나눈 값은 평균값으로 측정값이 된다.

- $\angle AOB = \dfrac{\alpha_n - \alpha_0}{n}$이며,

  여기서, α_n : 나중 읽음값, α_0 : 처음 읽음값, n : 관측 횟수이다.

⑦ 배각법 관측 시 1각에 생기는 오차 : $M = \pm\sqrt{m_1^2 + m_2^2} = \pm\sqrt{\dfrac{2}{n}\left(\alpha^2 + \dfrac{\beta^2}{n}\right)}$

여기서, α : 시준오차, β : 읽기오차, n : 관측 횟수이다.

- n배각의 관측에서 1각에 포함되는 시준오차$(m_1) = \sqrt{\dfrac{2\alpha^2}{n}}$ (α : 시준오차)
- n배각의 관측에서 1각에 포함되는 읽음오차$(m_2) = \dfrac{\sqrt{2\beta^2}}{n}$ (β : 읽음오차)

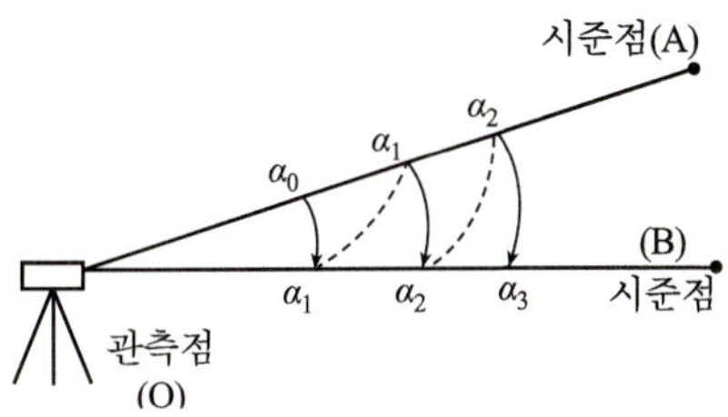

〈그림 1-10〉 배각 관측법

4.2.3. 방향각관측법

① 방향각 관측법(Method of Direction)은 어떤 시준 방향을 기준으로 하고 각 시준 방향의 협각을 관측하여 기준 방향선에 결합한 경우 기준이 되는 원방향으로부터 각을 측정하여 각각의 각을 구하는 방법이다.

② 한 측점에서 많은 각을 측정할 필요가 있을 때는 반복법에 비해 관측 시간을 절약할 수 있으므로 삼각측량에 많이 이용된다.

③ 방향각 관측법에서 관측 방향 기준이 되는 방향을 원방향 또는 제로(Zero) 방향이라고도 한다.

④ 원(기준) 방향은 방향각 관측법의 기준이 되므로 이에 오차가 있는 때에는 모두 방향의 관측성과에 영향을 주므로 선정에서는 다음의 사항을 주의하여야 한다.

- 원(기준) 방향의 시준점은 안전성이 있어야 하며 관측이 편리할 것
- 원(기준) 방향의 시준점은 다른 시준점들을 평균한 높이에 가까울 것
- 시준거리의 길이에 따라 시준오차를 균일하게 하기 위해서는 여러 점의 평균 거리가 되는 점을 선정할 것
- 원(기준) 방향은 진북에 가장 가까운 왼쪽 끝점을 선정한다.

⑤ 지적측량에서 가장 많이 사용하며 대회관측법이라고 한다.

⑥ 1대회란 망원경을 시계방향으로 회전하여 관측하는 정측회와 망원경을 180° 회전하여 반시계 방향으로 관측하는 반측회를 말한다.

⑦ 경계점좌표등록부 시행지역에서는 1대회, 지적삼각보조점 관측에서는 2대회(윤곽도 : 0°, 90°), 지적삼각점 관측에서는 3대회(윤곽도 : 0°, 60°, 120°)를 이용한다.

⑧ 방향각 관측법은 측각의 정확도가 균일하게 되어 일반적으로 지적삼각점 관측 시 널리 사용되는 방법이다.

⑨ 윤곽도의 결정은 1회를 0°로 하고 $\dfrac{180°}{n}$로 결정하며(n : 대회 수) 3대회의 경우 1대회는 0°로 하고, 2대회는 $\dfrac{180°}{3} \times 1 = 60°$, 3대회는 $\dfrac{180°}{3} \times 2 = 120°$가 된다.

⑩ 정·반으로 관측하는 이유는 경위의 검정 불량으로 인한 측각오차를 소거하기 위함이다.

⑪ 각 대회에서 정측회는 망원경을 우회하여 관측하고 반측회는 좌회하여 관측하는 이유는 경위의가 좌우의 축이 맞지 않았을 때 배분될 수 있도록 하려는 것이다.

⑫ 관측 정확도

- 1방향에 생기는 오차$(m_1)=\pm\sqrt{\alpha^2+\beta^2}$
- 각 관측(두방향의 차)의 오차$(m_2)=\pm\sqrt{2(\alpha^2+\beta^2)}$
- n회 관측한 평균값에 대한 오차
  $(M)=\pm\dfrac{m_2}{\sqrt{n}}=\pm\sqrt{\dfrac{2}{n}(\alpha^2+\beta^2)}$ (α : 시준오차, β : 읽음오차)

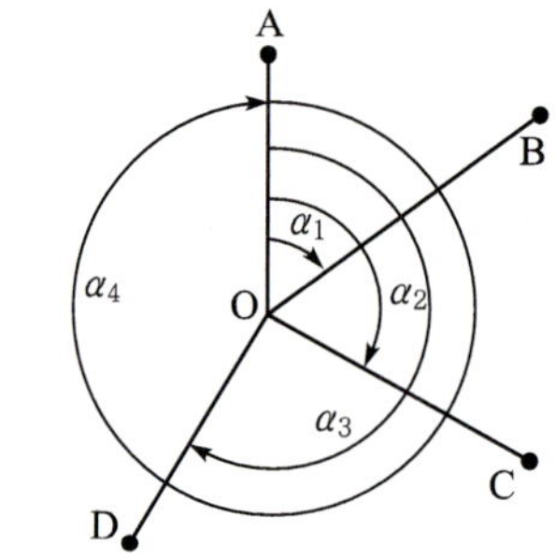

〈그림 1-11〉 방향각관측

4.2.4. 각 관측법

① 각 관측법(Method of Angle)은 수평각 관측 방법 중에서 가장 정확한 값을 얻는 방법으로 독립된 관측 방법이다.

② 기선망 측량 및 삼각측량 등에 사용되며 여러 개의 방향선 사이의 각을 차례로 방향각 관측법으로 관측하여 최확값을 구한다.

③ 여러 개의 시준점을 기준이 되는 원방향으로 관측하여 얻어진 각을 최소제곱법에 따라 계산한다.

④ 1측점에서 관측할 방향 수가 n방향인 때 총관측각의 수는 $\frac{1}{2}n(n-1)$로 구하고자 하는 각 수(n−1)의 차만큼 조건식이 생긴다.

⑤ 〈그림 1-12〉와 같이 관측 방향 n=4인 경우 총 관측각의 수는 a, b, c, d, e, f 등 6개, 구하는 각 수는 a, d, f의 3개이다.

- 조건식은 a+d=b, a+d+f=c, d+f=e이다.

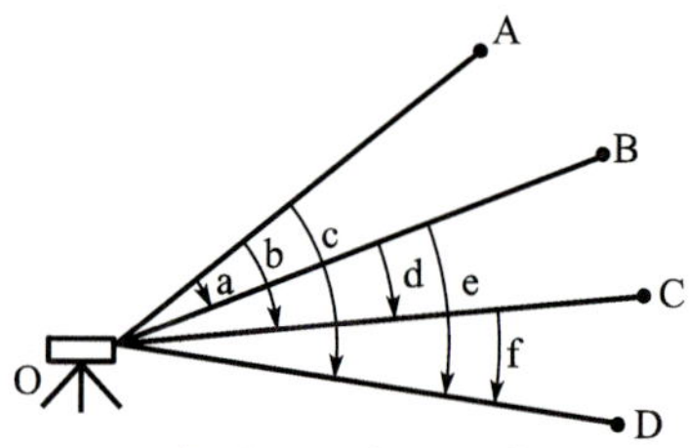

〈그림 1-12〉 각 관측법

4.2.5. 각 측정의 최확값

① 관측 횟수를 같게 하였을 경우의 최확값은 산술평균으로 구한다.

- 최확값$(L_0)=\dfrac{[\alpha]}{n}$
  여기서, n:관측 횟수, $[\alpha]:\alpha_1+\alpha_2+\cdots+\alpha_n$이다.

② 관측 횟수를 다르게 하였을 경우의 최확값은 우선 경중률을 구한다.

- 이때의 경중률은 관측 횟수에 비례하므로 관측 횟수(N)=경중률(P)이다.
- $P_1:P_2:P_3=N_1:N_2:N_3$에서 최확값$(L_0)=\dfrac{P_1\alpha_1+P_2\alpha_2+\cdots P_n\alpha_n}{P_1+P_2+\cdots P_n}=\dfrac{P_n\alpha_n}{P_n}$이다.

③ 관측 횟수를 같게 하였을 경우 최확값은 그림과 같이 $x_1+x_2=x_3$이 되어야 한다는 조건이 성립되므로 조건부에서 최확값이다.

- 아닌 경우에는 그 차이 $e=(x_1+x_2)-x_3$가 각 오차이다.
- x_1+x_2와 x_3를 비교하였을 경우 조정량(d)만큼 빼(−)주고 작은 쪽에는 더(+)하면 된다.

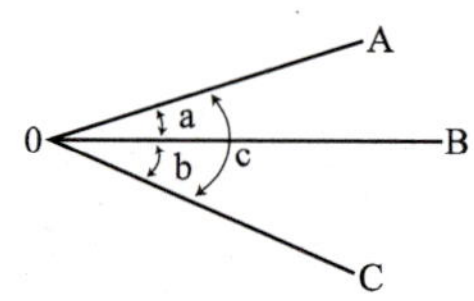

- 조정량$(d)=\dfrac{e}{n}=\dfrac{e}{3}$

④ 조건부의 최확값에서 관측 횟수를 다르게 하였을 경우의 경중률(P)은 관측 횟수(N)에 반비례($\frac{1}{N}$)하므로 $P_1 : P_2 : P_3 \cdots : P_n = \frac{1}{N_1} : \frac{1}{N_2} : \frac{1}{N_3} : \cdots : \frac{1}{N_n}$이다.

- 조정량(d)= $\frac{오차}{경중률의\ 합}$ ×조정할 각의 경중률 = $\frac{e}{[P]} \times P$이다.

4.3. 연직각 관측

4.3.1. 천정각과 천저각

① 천정(天頂)은 관측자의 중력 방향이 머리 위에서 천구면(天球面)에 닿는 점으로 천정을 기준으로 나타낸 각을 말한다.

② 천저(天底)는 수직선이 관측자의 발밑에서 지구를 뚫고 천정의 반대쪽의 천구에 닿는 점을 말하는데 천저를 기준으로 나타낸 각을 말한다.

4.3.2. 올려본각과 내려본각

① 연직각 측정은 망원경을 수평축 주위로 회전시켜 연직분도반에 의하여 측정하는 것이다.

② 연직각 관측은 수평각과 같이 망원경을 정·반으로 관측하여 기계오차를 소거한다.

③ 연직각 관측은 주로 삼각점의 표고를 계산하기 위하여 실시하고 연직각은 고저각이라고도 한다.

④ 〈그림 1-13〉과 같이 시준선과 수평선을 이루는 각으로 시준선이 수평선보다 위에 있으면 올려다본 각(+), 아래쪽에 있으면 내려다본 각(−)이라고 한다.

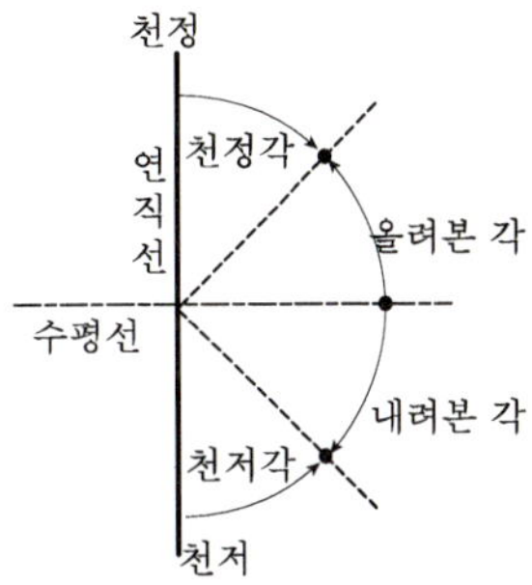

〈그림 1-13〉 연직각 관측

4.4. 방위각

① 어느 지점으로부터 다른 지점을 표시하는 방향은 자오선의 북을 기준으로 측정하는 것을 방위각이라 한다.

② 좌표축의 X축에 평행한 방향의 북을 기준으로 하는 것을 방향각이라고 한다.

③ 측량에서 사용하는 방위각(Azimuth Method)은 방향 기준에 따라서 〈그림 1-14〉와 같이 진북방위각, 도북방위각, 자북방위각으로 구분하며 지적측량에서 사용한 방위각은 도북방위각이다. 여기서, α : 도북방위각 , α_0 : 진북방위각다.

④ 방향각은 수평각에서 도면의 북쪽을 기준으로 우회한 각도로 360°까지 관측하는 것으로 도북방위각이라 한다.

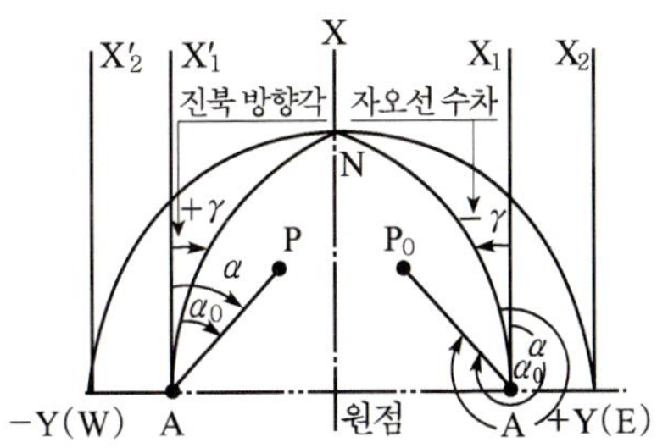

〈그림 1-14〉 방위각

4.4.1. 방위각의 구분

(1) 진북방위각

① 실제 지구의 북극이 가리키는 방향을 진북이라 하며, 진북방위각은 자오선의 북(N)방향을 기준으로 어느 측선까지 시계방향으로 측정한 각으로 측지측량에서 많이 이용된다.

② 진북방위각(α_0)은 자오선을 기준으로 하여 시계방향으로 잰 각을 말하며 일반적으로 방위각이라고 하며 측지측량에서 많이 이용된다.

③ 진북방위각은 중앙자오선 상에서만 측정할 수 있으며 방위각은 진북방향을 기준으로 하여 시계방향으로 360°로 회전하여 측정한 각을 말한다.

(2) 도북방위각

① 도북방위각은 X축의 북 방향을 기준으로 어느 측선까지 시계방향으로 측정한 각으로 방향각이라고도 한다.

② 평면직각좌표 원점의 종선을 기준으로 구획된 지적도 도곽의 종선과 일치하며 원점 상에서는 도북방위각과 진북방위각이 일치한다.

(3) 자북방위각

① 자북방위각은 자침이 가리키는 북 방향을 기준으로 어느 측선까지 시계방향으로 측정한 각을 말한다.

② 자북은 우리나라 위치에서 북극을 향한 때 약간 서편에 기울어져 있어 서편차라 한다.

③ 자북 방위는 진북의 서쪽으로 얼마간 기울어져 있으며 그 차이는 장소와 시기에 따라 다르다.

4.4.2. 자오선수차

① 좌표 원점에 있는 자오선 방향(X축)과 어떤 지점을 통과하는 자오선 방향의 양극을 연결하는 선상에서 교차하는 각으로 진북방위각과 도북방위각의 차를 자오선수차라 한다.

② 관측점이 원점의 동쪽에서는 자오선수차만큼 더해준 각이 진북방위각이 되며 원점의 서쪽에서는 그 값을 빼주어야 한다.

4.4.3. 방위각 계산 및 결정

(1) 방위각 결정

① 방위각 결정은 주로 주극성을 관측하여 간단하게 구할 때는 북극성의 고도 및 수평각을 관측하여 결정한다.

② 방위각 결정방법은 북극성과 주극성에 의한 방법, 방위표에 의한 방법이 있다.

(2) 방위계산

① 방위는 자오선의 남북을 기준으로 관측하고자 하는 측선까지 측정한 각의 동쪽과 서쪽의 방향에 따라 각각 부호(동쪽:E, 서쪽:W)를 붙여 상한을 표시한다.

② 도면의 남북을 0°, 동서로 90°까지 관측하게 되어있으므로 90°를 초과하지 않는다.

③ 어느 측선이 자오선과 이루는 0°~90°의 각으로 측선의 방향에 따라 붙여줌으로써 각 상한을 표시한다.

④ 아래 표의 그림에서 Ⅰ상한은 N 0°~90°E, Ⅱ상한은 S 0°~90°E, Ⅲ상한은 0°~90°W, Ⅳ상한은 N 0°~90°W로 표시한다.

상한	방위각 계산	X	Y	그림
Ⅰ	V=θ	+	+	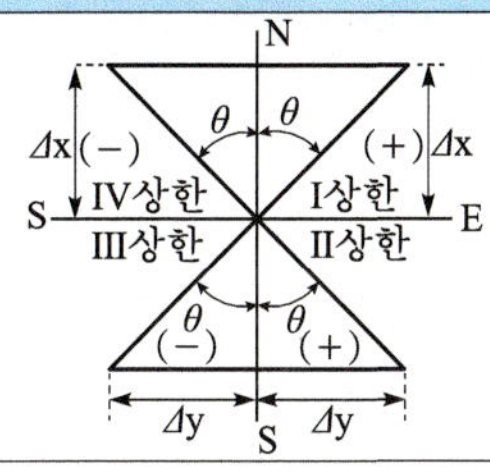
Ⅱ	V=180−θ	−	+	
Ⅲ	V=180+θ	−	−	
Ⅳ	V=360−θ	+	−	

※ 방위각의 계산은 Δx값과 Δy값의 부호에 의해서 결정한다.

(3) 역방위각

① 〈그림 1-15〉에서 두 점 O, P를 관측할 경우 도북방향과 진북방향이 일치한다고 가정하면 O점에서 P점을 관측한 값의 방위각이라 하며 즉 α_1의 관측값이라 할 수 있다

② 역방위각은 P점에서 O점을 관측한 방위각(α_1)의 값을 역으로 관측한 방위각을 말한다.

③ 〈그림 1-15〉에서 OP의 방위각은 $V_o^p=\alpha_1$이므로 OP의 역방위각은 PO의 방위각으로 $V_p^o=\alpha_2$가 된다.

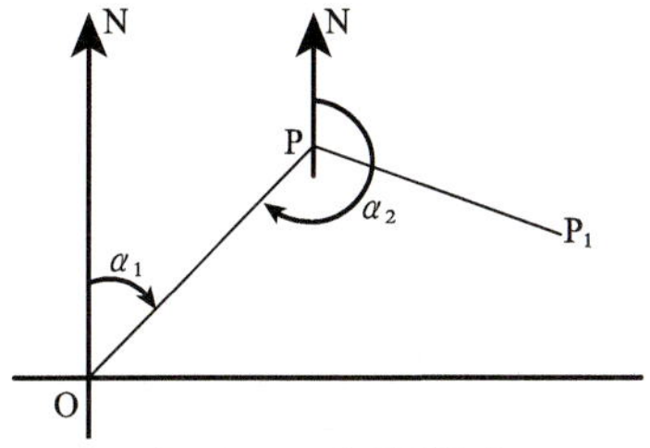

〈그림 1-15〉 역방위각

(4) 거리계산

① 각을 이용하여 거리를 계산하는 방법은 소구변(a) $= \dfrac{b \times \sin\alpha}{\sin\beta}$ 소구변(c) $= \dfrac{b \times \sin\gamma}{\sin\beta}$이다.

② 기지점의 좌표를 이용하여 기선을 계산하는 방법은 피타고라스 정리에 의한 공식을 적용한다.

- 종선차 계산(Δx) $= X_B - X_A$, 횡선차 계산(Δy) $= Y_B - Y_A$
- 거리 계산(a) $= \sqrt{\Delta x^2 + \Delta y^2}$, a $= \dfrac{\Delta y}{\sin V}$ 또는 $\dfrac{\Delta x}{\cos V}$(V : 방위각)

(5) 방위각계산

① 그림에서 AB의 방위각은 70°

② AB 역방위각=AB 방위각+180°=250°

③ BC 방위각=AB 역방위각+∠ABC=250°−120°=130°

④ BC 역방위각=BC 방위각+180°=130°+180°=310°

⑤ CD 방위각=BC 역방위각+∠BCD=310°+150°=460°−360°=100°이다.

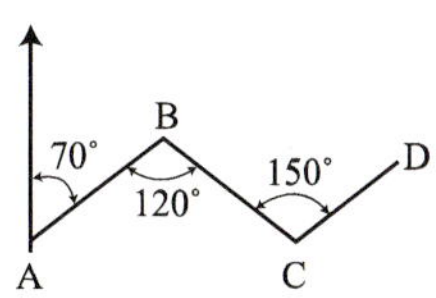

〈그림 1-16〉 방위각 계산

(6) 좌표계산

① P 점 X 좌표=하나 앞 측점의 X 좌표+거리×cos 방위각=Ax+(ℓ · cos V)

② P 점 Y 좌표=하나 앞 측점의 Y 좌표+거리×sin 방위각=Ay+(ℓ · sin V)

Chapter 04 각측량

핵 / 심 / 문 / 제

1. 각 측량에 관한 내용으로 옳지 않은 것은?

① 각도란 동일 평면상에 두 개의 직선이 평행이 아닌 경우 교차점에서 이루는 사이를 측정한 것을 말한다.
② 수평각 관측 방법과 연직각 관측 방법이 있다.
③ 연직각은 극축을 기준으로 내려본각을 말한다.
④ 수평각에서 방향각은 임의의 방향을 기초로 한 우회 각도이다.

| 해설 |

연직각은 수평선을 기준으로 어느 위치에 있느냐에 따라서 올려본각, 내려본 각으로 구분한다.

정답 ③

2. 각 관측을 할 때 주의사항으로 맞지 않는 것은?

① 흐린 날은 종일 수평각과 수직각을 관측하여도 좋다.
② 연직각의 관측은 정오 전후가 좋다.
③ 야간 관측은 기후적인 오차가 크므로 피하는 것이 좋다.
④ 수평각 관측은 아침, 저녁이 좋다.

| 해설 |

야간관측은 기상적인 오차와는 무관하다.

정답 ③

3. 각도의 측정 단위 설명으로 옳지 않은 것은?

① 도　② 라디안
③ 그레이드　④ 스테라디안

| 해설 |

각도의 측정 단위로는 도, 그레이드, 라디안(호도법)이 있다.

정답 ④

4. 각 관측에서 1° 를 라디안으로 표시하면 얼마인가?

① 0.63132　② 0.01745
③ 1.4719　④ 2.06265

| 해설 |

1°를 라디안으로 표시하면 $1° = \frac{\pi}{180°} = 0.017453\text{rad}$이다.

정답 ②

5. 1rad의 값으로 옳은 것은?

① 206260″　② 60.2958°
③ $\frac{180°}{\pi}$　④ $180° \times \pi$

| 해설 |

$1\text{rad} = 206265'' = 57.2958° = \frac{180°}{\pi}$이다.

정답 ③

6. 90g(그레이드)는 몇 도(°)인가?

① 81°　② 91°　③ 100°　④ 123°

| 해설 |

$1°:1^g = 90:100$ $1^g = 0.9°$이므로 $1^g:0.9° = 90^g: x°$에서 $x° = 81°$이다.

정답 ①

7. 90° 30′ 20″ 를 호도법(radian)의 값으로 환산하면?

① 0.6721　② 1.6721　③ 1.5802　④ 1.5796

| 해설 |

$360° = 2\pi$ rad에서 $1° = \frac{2\pi}{360}\text{rad} = \frac{\pi}{180} = 0.017453\text{rad}$이므로
$90°30'20'' \times 0.017453 = 1.5796$이다.

정답 ④

8. 다음 중 데오돌라이트의 3축의 조건으로 옳지 않은 것은?

① 시준축 ⊥ 수평축　② 수평축 ⊥ 수직축
③ 수직축 ⊥ 시준축　④ 시준축 // 수평축

| 해설 |

3축의 조건은 수직축⊥시준축, 시준축//수평축, 수평축⊥수직축이며, 수준기축//수평축//시준축이다.

정답 ①

9. 각 관측 시 발생하는 기계오차와 소거법에 대한 설명이 틀린 것은?

① 수평축 오차는 수평축이 수직축과 직교하지 않기 때문에 생기는 오차로 정위와 반위의 평균값으로 소거된다.
② 외심 오차는 시준선에 편심이 나타나 발생하는 오차로 정위와 반위의 평균으로 소거된다.
③ 연직축 오차란 수평축과 연직축이 직교하지 않아 생기는 오차로 정·반위의 평균으로 소거된다.
④ 시준축 오차는 시준선과 수평축이 직교하지 않아 생기는 오차로 망원경의 정위와 반위로 측정하여 평균값을 취하면 소거된다.

| 해설 |

연직축 오차에서 연직축이 연직이 안되어 발생하는 오차는 소거할 수 없으므로 관측 시 정밀한 조정과 설치로 소거하여야 한다.

정답 ③

10. ∠A를 계산하는 공식으로 옳은 것은?(단, ∠A의 대변은 a, ∠B의 대변은 b, ∠C의 대변은 c 이다.)

① $\angle A = \cos^{-1}\dfrac{b^2+c^2-a^2}{2ab}$

② $\angle A = \cos^{-1}\dfrac{a^2+b^2-c^2}{2ab}$

③ $\angle A = \cos^{-1}\dfrac{b^2+c^2-a^2}{2bc}$

④ $\angle A = \cos^{-1}\dfrac{a^2+c^2-b^2}{2ac}$

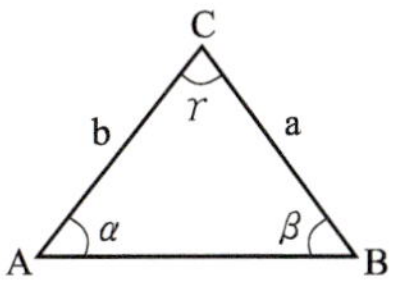

| 해설 |

변과 그 사잇각을 알 때 미지변의 길이를 구하려면 cosine 제2 법칙인 $\angle A = \cos^{-1}\dfrac{b^2+c^2-a^2}{2bc}$을 적용하여 계산한다.

정답 ③

11. 그림에서 세 변 a=978.34m, b=874.31, c=899.67일 때 각 A를 구하시오.

① 76°26′35″
② 66°55′17″
③ 55°18′00″
④ 57°46′42″

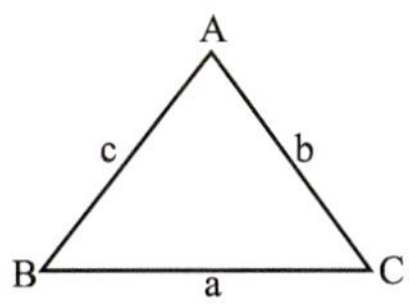

| 해설 |

cosin법칙에 의하여

$\angle A = \cos^{-1}\dfrac{c^2+b^2-a^2}{2cb} = \dfrac{899.67^2+874.31^2-978.34^2}{2\times874.31\times899.67} = 66°55'17''$

이다.

정답 ②

12. 망원경의 배율(倍率)에 관한 설명으로 맞는 것은?

① 대물경의 초점거리를 접안경의 초점거리로 나누는 값
② 망원경의 길이를 접안경의 직경으로 나누는 값
③ 망원경의 길이를 대물경의 직경으로 나누는 값
④ 접안경의 초점거리를 대물경의 초점거리로 나누는 값

| 해설 |

배율=$\dfrac{\text{대물렌즈}}{\text{접안렌즈}}$로 대물렌즈의 초점거리($f_1$), 접안렌즈의 초점거리($f_2$)일 경우 배율은 $\dfrac{f_1}{f_2}$로 산출한다.

정답 ①

13. 대물렌즈의 초점거리가 150mm, 렌즈의 초점거리가 5mm인 망원경의 배율로 옳은 것은?

① 25배 ② 30배 ③ 35배 ④ 40배

| 해설 |

망원경의 배율(m) $= \dfrac{F}{f} = \dfrac{150}{5} = 30$배

여기서, F : 대물렌즈의 초점거리, f : 접안렌즈의 초점거리이다.

정답 ②

14. 농촌 지역의 도근점측량에 많이 이용되는 각 관측 방법으로 옳은 것은?

① 배각법 ② 방향관측법 ③ 단각법 ④ 교각법

| 해설 |

단각법은 방위각법이라고도 하며 수평각 관측 방법 중에서 가장 간단한 방법으로 농촌 지역의 도근점측량에 많이 사용하였으나 현재는 거의 사용하지 않는다.

정답 ③

15. 수평각 관측 방법 중에서 가장 간단하며 작업시간이 신속하지만, 정밀도가 낮은 관측 방법으로 옳은 것은?

① 배각법 ② 방향관측법 ③ 단각법 ④ 편각법

| 해설 |

단각법은 방위각법이라고도 하며 수평각 관측 방법 중 가장 간단한 방법으로 작업시간이 단축되나 정밀도는 낮다.

정답 ③

16. 배각법에 대한 설명으로 옳지 않은 것은?

① 방향 수가 적은 경우에 편리하다.
② 방향각법과 비교하여 읽기 오차의 영향을 적게 받는다.
③ 수평각 관측 방법 중에서 정밀도가 가장 낮다.
④ 최소 독취보다 작은 값을 읽을 수 있다.

| 해설 |

배각법은 정밀한 측량을 할 때 사용하며 정밀도가 가장 낮은 방법은 방위각법(단각법)이다.

정답 ③

17. 교각을 3배의 배각법으로 관측하여 1배의 관측값이 169°20′18″이고 3배의 관측값이 148°01′00″이라면 이 교각의 평균 관측값으로 옳은 것은?

① 169°20′18.1″ ② 169°20′10″
③ 169°20′05″ ④ 169°20′20″

| 해설 |

3배의 관측값이 148°01′00″인 경우는 360°+148°01′00″=508°01′00″이므로 평균 관측값은 $\dfrac{508°01'00''}{3} = 169°20'20''$이다.

정답 ④

18. 배각법으로 수평각을 관측할 때 처음 읽은 값이 59°59′04″, 최종으로 읽은 값이 179°55′15″이면 몇 배각인가?

① 2배각 ② 3배각 ③ 4배각 ④ 5배각

| 해설 |

처음 읽은 값이 59°59′04″이므로 59°59′04″×3=179°55′15″이므로 3배각이다.

정답 ②

19. 배각법으로 각을 측정하여 1회 측정각이 210° 25′30″, 3회 측정각이 271°17′10″일 경우 측정각의 평균값은?

① 230°25′40″ ② 210°25′43″
③ 110°25′40″ ④ 110°25′43″

| 해설 |
측정각의 평균값은 271°17′10″+360°=631°17′10″÷3=210°25′43″이다.

정답 ②

20. 방향각관측법에 대한 설명으로 옳지 않은 것은?
① 지적측량의 기준점측량에 많이 이용된다.
② 지적삼각점측량은 3대회, 지적삼각보조점측량은 2대회에 의한다.
③ 기준이 되는 방향을 원방향 또는 제로 방향이라고도 한다.
④ 1대회란 망원경을 반시계방향으로 회전하여 관측하는 것을 말한다.

| 해설 |
1대회란 망원경을 시계방향으로 회전하여 관측하는 정측회와 망원경을 180°회전하여 반시계방향으로 관측하는 반측회를 말한다.

정답 ④

21. 측각의 정확도가 균일하게 되어 지적삼각점 관측 시 널리 사용되고 있고 관측시간을 절약할 수 있어 삼각측량 시 많이 이용되는 방법으로 옳은 것은?

① 방향법 ② 방향각관측법
③ 편각법 ④ 단각법

| 해설 |
방향각관측법은 측각의 정확도가 균일하게 되어 일반적으로 지적삼각점 관측 시 널리 이용되고 있는 방법이며 삼각측량에 많이 이용된다.

정답 ②

22. 여러 개의 방향선 사이의 각을 차례로 방향각관측법으로 관측하여 최소제곱법에 따라 최확값을 구하는 관측 방법으로 옳은 것은?

① 배각법 ② 방향각법
③ 각 관측법 ④ 교각법

| 해설 |
각 관측법은 수평각 관측 방법 중에서 가장 정확한 값을 얻는 방법으로 독립된 관측 방법이다.

정답 ③

23. 다음 수평각 관측 방법 중 가장 정도가 높은 것은?
① 방위각관측법 ② 배각관측법
③ 각 관측법 ④ 방향관측법

| 해설 |
수평각 관측 방법에서 가장 정도가 높은 것은 각관측법이다.

정답 ③

24. 수평각 관측에 관한 오차의 설명 중 옳지 않은 것은? (단, α : 시준오차, β : 읽기오차, n : 관측 횟수)

① 단각법에 따른 각관측 오차 : $m_s = \pm\sqrt{2(\alpha^2+\beta^2)}$
② 배각법에 따른 각관측 오차 : $m_r = \pm\sqrt{\frac{2}{n}(\alpha^2+\frac{\beta^2}{n})}$
③ n 배각의 관측에 있어서 한 각에 포함되는 시준오차 : $m_1 = \pm\sqrt{\frac{2\alpha^2}{n}}$
④ 방향각법에 따라 n회 관측한 평균값에 관한 오차 : $m = \pm\sqrt{\frac{2}{n}(\alpha+\beta)}$

| 해설 |
방향각법에 따라 n회 관측한 평균값에 관한 오차 : $m = \pm\sqrt{\frac{2}{n}(\alpha^2+\beta^2)}$이다.

정답 ④

25. 수평각측정 시 윤곽도를 달리하는 이유는?
① 우연오차를 소거하기 위함이다.
② 관측값의 계산을 편리하게 하기 위함이다.
③ 각 관측을 간단하게 하기 위함이다.
④ 기계 오차를 소거하기 위함이다.

| 해설 |
수평각 관측 시 윤곽도를 달리하는 이유는 기계 오차를 소거하기 위해 시행한다.

정답 ④

26. 대회관측 시 2대회로 관측할 경우 윤곽도로 옳은 것은?
① 0°, 60°, 120° ② 0°, 90°
③ 0°, 45°, 90°, 135° ④ 90°, 120°,270°

| 해설 |
대회로 관측할 경우 2대회 관측은 0°, 90°이다.

정답 ②

27. 수평각을 방향관측법으로 3대회 관측할 때 2번째 정측의 윤곽도로 맞는 것은?

① 0° ② 45° ③ 60° ④ 120°

| 해설 |
대회별 윤곽도 결정방법은 1대회 정측 0°, 2대회 정측 60°, 3대회 정측 120°이다.

정답 ③

28. 방향관측법으로 수평각을 3대회 관측할 때, 각 방향각은 몇 회를 측정하게 되는가?

① 2회 ② 3회 ③ 4회 ④ 6회

| 해설 |

1대회는 정측회와 반측회로 실시하여야 하므로 3대회×2측회=6측회가 된다.

정답 ④

29. 방향각관측법에서 정·반측회로 관측하는 이유는 무엇인가?

① 평균값을 구하기 위해
② 초점거리를 맞추기 위해
③ 경위의의 검정 불량에 의한 오차를 소거하기 위해
④ 관측값 계산의 편의를 위해

| 해설 |

방향각 관측법에서 정·반측회로 관측하는 이유는 경위의의 검정 불량에 의한 오차를 소거하기 위해서이다.

정답 ③

30. 수평각 관측에서 망원경의 정위와 반위로 관측을 하는 목적은?

① 눈금오차를 방지하기 위하여
② 연직축 오차를 방지하기 위하여
③ 시준축 오차를 제거하기 위하여
④ 굴절보정 오차를 제거하기 위하여

| 해설 |

수평각 관측에서 망원경을 정·반으로 하여 관측하는 가장 큰 목적은 기계적 결함과 기계조정의 불완전 등의 오차를 소거하기 위함으로 시준축과 수평축이 직교하지 않는 시준축 오차를 소거하기 위함이다.

정답 ③

31. 지적삼각망의 구성을 위한 수평각의 관측에서 정·반으로 관측하는 이유는?

① 구심 오차를 소거하기 위하여
② 연직축 오차를 소거하기 위하여
③ 기계 오차를 소거하기 위하여
④ 기상 영향력을 소거하기 위하여

| 해설 |

수평각의 관측에서 정·반으로 관측하는 가장 큰 이유는 기계 조정에 의한 오차를 소거하기 위해서이다.

정답 ③

32. 지적측량에서 망원경을 정·반으로 수평각을 관측하였을 때 산술평균하여도 소거되지 않는 오차는?

① 편심 오차 ② 시준축 오차
③ 수평축 오차 ④ 연직축 오차

| 해설 |

연직축 오차는 관측 방법으로 소거되지 않으며, 시준축 오차, 수평축 오차, 외심오차는 망원경의 정·반 관측값을 평균하면 소거된다.

정답 ④

33. 연직각 관측에 관한 내용으로 옳지 않은 것은?

① 관측자의 중력 방향이 머리 위에서 천구면에 닿는 점으로 천저각이라 한다.
② 수직선이 천정의 반대쪽의 천구에 닿는 점을 천저를 기준으로 나타낸 점을 말한다.
③ 연직각의 관측은 수평각과 같이 망원경을 정·반으로 관측하여 관측값을 평균한다.
④ 연직각은 시준선이 수평선보다 위에 있으면 올려다본 각(+), 아래 있으면 내려본 각(−)이라 한다.

| 해설 |

관측자의 중력 방향이 머리 위에서 천구면에 닿는 임의의 점까지 측정한 것을 천정각이라 한다.

정답 ①

34. 연직각을 측정할 때 다음 어느 부분을 시준하는가?

① 표석을 시준한다.
② 시준판의 하부를 시준한다.
③ 시준판의 상부를 시준한다.
④ 심주의 상단을 시준한다.

| 해설 |

수평각을 측정할 때는 심주를 시준하고, 연직각을 측정할 때는 시준판의 하부를 시준한다.

정답 ②

35. 천저를 0° 로 하는 연직분도반으로 측정한 연직각이 98° 이었다면 고저각은?

① −2° ② +98° ③ +8° ④ +82°

| 해설 |

연직각에서 천정을 기준으로 나타낸 각을 천정각, 천저를 기준으로 나타낸 각을 천저각이라 하므로 천저각이 98°일 경우 고저각은 $\alpha = 90° - Z = 98° - 90° = 8°$로 올려다본 각으로+8°이다.

정답 ③

36. 연직각을 관측하고 고저계산을 하려면 양차를 조정하여야 하는데 양차에 대한 설명으로 맞는 것은?

① 두 지점의 고저차를 말한다.
② 기차와 구차의 합을 말한다.
③ 수평각과 수직각의 합을 말한다.
④ 관측 차를 말한다.

| 해설 |

양차는 기차와 구차의 합을 말한다.

정답 ②

37. 방위각에 대한 설명으로 옳지 않은 것은?

① 지적측량에서는 자오선을 기준으로 우회한 각도를 방위각이라 한다.
② 직선에서 1점을 통과하는 자오선과 이루는 각도를 진북방위각이라 한다.
③ 방위각은 직선을 포함하는 대원이 어떤 기준 대원과 이루는 각도를 말한다.
④ 기준 대원은 일반적으로 측량지역의 중앙을 통과하는 자오선을 채택하고 있다.

| 해설 |

지적측량에서는 도북을 기준으로 우회한 각도를 방위각이라 한다.

정답 ①

38. 다음 중 지적측량에서 주로 사용하는 방위각은?

① 진북방위각(眞北方位角) ② 도북방위각(圖北方位角)
③ 자북방위각(磁北方位角) ④ 천문방위각(天文方位角)

| 해설 |

방위각은 크게 진북, 도북, 자북방위각이 있으며, 지적측량에서는 도북방위각을 사용하고 있다.

정답 ②

39. 진북방위각에 대한 설명으로 옳지 않은 것은?

① 자오선의 북 방향을 기준으로 시계방향으로 측정한 각을 말한다.
② 일반적으로 측지측량에 많이 사용한다.
③ Y축에 평행한 축을 기준으로 하여 표시할 때의 각도이다.
④ 동쪽에서는 (−), 서쪽에서는 (+)로 표시한다.

| 해설 |

X축에 평행한 축을 기준으로 하여 표시할 때의 각도이다.

정답 ③

40. 원점의 좌측에 있는 측점에서 진북 방향각의 부호는?

① + ② − ③ + 혹은 − ④ 절댓값이다.

| 해설 |

진북 방향각이란 도북 방향의 기준방향에서 자오선 방향과 이루는 각을 뜻하며 원점의 좌측에 있는 측점일 경우에는+가 되고, 우측에 있을 때는−가 된다.

정답 ①

41. 도북방위각에 대한 설명으로 옳지 않은 것은?

① 평면직각종횡선의 종축(X)을 기준으로 시계방향으로 측정한 각이다.
② 우리나라 평면직각좌표 원점의 종선을 기준으로 구획된 지적도 도곽의 종선과 일치한다.
③ 원점 상에서는 도북방위각과 진북방위각이 일치한다.
④ 평면측량인 지적측량 분야에서는 Y축을 기준으로 측정한 각을 도북방위각이라 한다.

| 해설 |

평면직각 X축을 기준으로 측정한 각을 도북방위각이라 한다.

정답 ④

42. 자북방위각에 대한 설명으로 옳지 않은 것은?

① 우리나라에서 북극을 향해 맞추면 약간 동편에 기울어져 동편차라 한다.
② 나침반의 자침이 가리키는 북방향을 기준으로 측정한 각이다.
③ 진북과 도북의 서쪽으로 얼마간 기울어져 있으며 장소와 시기에 따라 다르다.
④ 측정 방법은 경위의에 장치된 자침반을 사용한다.

| 해설 |

자북방위각은 우리나라에서 북극을 향해 맞추면 약간 서쪽으로 기울어져 서편차라 한다.

정답 ①

43. 자오선수차에 대한 설명으로 옳지 않은 것은?

① 경위도 좌표계의 경선이 평면직각좌표계에서는 평행선으로 표시되는 현상으로 그 차이를 자오선수차라 한다.
② 자오선수차는 도북과 진북의 차이를 말한다.
③ 자오선수차는 원점의 동쪽에서는 자오선수차만큼 빼준 각이 진북방위각이며 서쪽에서는 그 값을 더해주어야 한다.
④ 평면직각좌표계에서 진북방위각은 중앙자오선에서만 측정할 수 있다.

| 해설 |

자오선수차는 도북방위각과 진북방위각의 차이를 말하며, 원점의 동쪽에서는 자오선수차만큼 더해준 각이 진북방위각이며 서쪽에서는 그 값을 빼준 값이 자오선수차이다.

정답 ③

44. 방위각의 결정방법으로 옳지 않은 것은?

① 북극성에 의한 방위각 결정
② 주극성에 의한 방위각 결정
③ 좌표에 의한 방위각 결정
④ 방위표에 의한 방위각 결정

해설

방위각의 결정방법은 북극성에 의한 방법, 주극성에 의한 방법, 방위표에 의한 방법으로 결정한다.

정답 ③

45. 종선차의 부호가 (+), 횡선차의 부호가 (−)인 측선은 어느 상한에 위치하는가?

① 1상한 ② 2상한
③ 3상한 ④ 4상한

해설

상한별 부호
① 1상한 : $\Delta x=+$, $\Delta y=+$ ② 2상한 : $\Delta x=-$, $\Delta y=+$
③ 3상한 : $\Delta x=-$, $\Delta y=-$ ④ 4상한 : $\Delta x=+$, $\Delta y=-$

정답 ④

46. 다음 중 상한과 종·횡선차의 부호에 대한 설명이 옳지 않은 것은?(단, Δx : 종선차, Δy : 횡선차)

① 1상한에서 Δx는 (+), Δy는 (+)이다.
② 2상한에서 Δx는 (+), Δy는 (−)이다.
③ 3상한에서 Δx는 (−), Δy는 (−)이다.
④ 4상한에서 Δx는 (+), Δy는 (−)이다.

해설

2상한에서 Δx는 (−), Δy는 (+)이다.

정답 ②

47. 어떤 측점에서 시준점의 방위각이 226° 30′ 40″ 였다면 시준점은 몇 상한에 있는가?

① 1상한 ② 2상한
③ 3상한 ④ 4상한

해설

방위각과 θ 각의 관계
① 1상한 : $V=\theta$ (0°~90°)
② 2상한 : $V=180°-\theta$ =(90°~180°)
③ 3상한 : $V=180°+\theta$ (180°~270°)
④ 4상한 : $V=360°-\theta$ (270°~360°)
⑤ 따라서 방위각이 226°30′40″는 3상한에 해당한다.

정답 ③

48. A점, B점의 좌표가 $X_A=260.30$m, $Y_A=200.35$m, $X_B=160.60$m, $Y_B=220.10$m일 경우 θ 각은 몇 상한인가?

① 1상한 ② 2상한 ③ 3상한 ④ 4상한

해설

① 종선차 $\Delta x=160.60-260.30=-99.7$m
② 횡선차 $\Delta y=220.10-200.35=19.75$m
③ $\theta=\tan^{-1}\frac{19.75}{99.7}=11°12'18''$로 2상한이다.
④ $V_a^b=180°-\theta=180°-11°12'18''=168°47'42''$

정답 ②

49. 방위각이 230°인 측선의 종횡선 부호로 알맞은 것은?

① +, + ② +, − ③ −, + ④ −, −

해설

방위각은 3상한에 있으므로 종횡선의 부호는 종선 부호 '−', 횡선의 부호가 '−'이다.

정답 ④

50. 어떤 도선의 거리가 222m이고 2점 간의 방위각이 33° 33′ 33″ 일 때 종선차는?

① 122.721m ② 212.547m
③ 196.484m ④ 184.996m

해설

종선차(Δx) $=\ell\cdot\cos V=222\times\cos 33°33'33''=184.996$m이다.

정답 ④

51. 점 간의 거리가 222m이고, 두 점 간의 방위각이 33° 33′33″일 때 횡선차는?

① 122.72m ② 212.55m
③ 196.48m ④ 185.00m

해설

횡선차(Δy) $=\ell\cdot\sin V=222\times\sin 33°33'33''=122.72$m이다.

정답 ①

52. 어떤 측선의 방위가 N 20° W이고 측선의 길이가 120m일 때 횡선차로 옳은 것은?

① +41.04m ② −41.04m
③ +112.76m ④ −112.76m

해설

방위각(V) $=360°-20°=340°$이므로
횡선차(Δy) $=\sin 340°\times 120=-41.04$m이다.

정답 ②

53. 측선 AB의 측선 거리가 100m이고 방위각이 120° 일 때 A점에서 B점까지의 종선차와 횡선차로 옳은 것은?

① Δx=+86.6m, Δy=+50.0m
② Δx=+50.0m, Δy=+86.6m
③ Δx=−86.6m, Δy=+50.0m
④ Δx=−50.0m, Δy=+86.6m

| 해설 |

① 종선차 $\Delta x = L\cdot\cos V = 100\times\cos 120° = -50m$
② 횡선차 $\Delta y = L\cdot\sin V = 100\times\sin 120° = 86.60m$이다.

정답 ④

54. 측선의 방위각이 120° 일 때, 그 측선의 방위 표시가 옳은 것은?

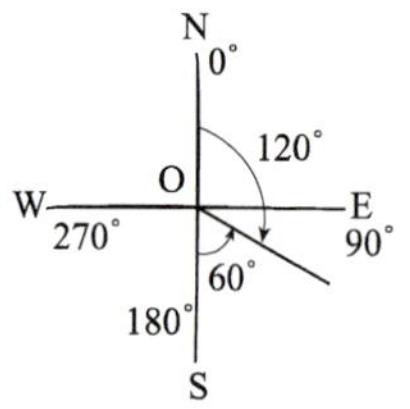

① S 60°E ② N 60°E
③ N 60°W ④ S 60°W

| 해설 |

측선의 방위각(V)=120°이므로 방위는 180°−120°=S 60°E로 2상한이다.

정답 ①

55. 어느 측선의 방위가 S 35° 42′ 30″ W이고 종선차(Δx)가−300m일 때 측선의 길이는?

① 295.82m ② 322.61m
③ 369.46m ④ 585.33m

| 해설 |

① 방위 S 35°42′30″ W에서 $\dfrac{\Delta y}{\sin 35°42'30''} = \dfrac{300}{\sin 54°17'30''}$
② 횡선차 $\Delta y = \dfrac{300\times\sin 35°42'30''}{\sin 54°17'30''} = 215.64m$이며
③ 측선의 길이는 $\sqrt{\Delta x^2+\Delta y^2} = \sqrt{300^2+215.64^2} = 369.46m$이다.

정답 ③

56. 방위각 271° 30′ 의 방위는?

① N 89°30′E ② N 91°30′W
③ N 88°30′W ④ N 90°00′W

| 해설 |

① 방위는 N과 S를 기준으로 나타내는 θ 각으로 종선과 횡선의 수치의 부호를 이용하여 상한별로 θ 각을 결정한다.
② 따라서 271°30′은 4상한으로 θ =360°−V=360°−271°30′=88°30′으로 N88°30′W이다.

정답 ③

57. 측선 AB의 방위가 N 50° E일 때 측선 BC의 방위는? (단, ∠ABC=120° 이다.)

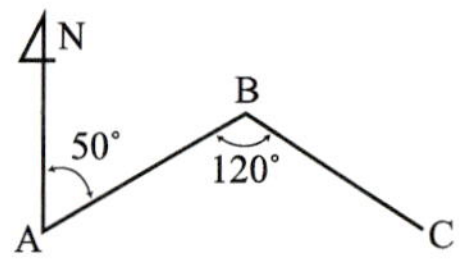

① N 70°E
② S 70°E
③ S 60°W
④ N 60°W

| 해설 |

BC 방위각은 50°+180°−120°=110°이므로 BC 방위는 2상한 180°−100°=S 70°E이다.

정답 ②

58. 두 점의 좌표가 각각 A(495674.32m, 192899.25m), B(497845.81m, 190256.39m)일 때 A → B의 방위는?

① N 50°35′31″ W ② S 50°35′31″ E
③ N 39°24′29″ W ④ S 39°24′29″ E

| 해설 |

① 종선차(Δx)=497845.81−495674.32=2171.49m, 횡선차(Δy)=190256.39−192899.25=−2642.86m
② 방위각(θ) $= \tan^{-1}\dfrac{-2642.86}{2171.49} = 50°35'31''$에서 방위는 4상한으로 N 50°35′31″ W이다.

정답 ①

59. 2상한에 해당하는 범위(S 30° E)의 방위각 산출식이 옳은 것은?

① 30° ② 180°−30°
③ 360°−30° ④ 180°+30°

| 해설 |

S와 E는 2상한으로 방위각은 180°−30°가 된다.

정답 ②

60. 4상한의 각(θ)이 38° 19′ 20″ 일 때에 방위각은 얼마인가?

① 141°40′40″ ② 321°40′40″
③ 308°19′20″ ④ 338°19′20″

| 해설 |

4상한의 θ 각이 38°19′20″ 이므로 360°−38°19′20″=321°40′40″이다.

정답 ②

61. 측선의 방위가 S 60° 20′ 30″ E일 때, 이 측선의 방위각은?

① 60°20′30″ ② 119°39′30″
③ 240°20′30″ ④ 299°39′30″

| 해설 |

① 측선의 방위각은 NS축을 기준으로 S 60°20′30″E는 2상한이다.
② 방위각 (V)=180° − 60°20′30″=119°39′30″이다.

정답 ②

62. 종선차의 값이−30.50m, 횡선차의 값이+70.50m일 때 측선의 길이와 방위각을 구한 것으로 옳은 것은?

① 거리=76.81m, 방위각=66°36′20″
② 거리=76.81m, 방위각=113°23′40″
③ 거리=76.18m, 방위각=246°36′20″
④ 거리=76.18m, 방위각=193°23′40″

| 해설 |

① 측선길이(ℓ) $=\sqrt{\Delta x^2+\Delta y^2}=\sqrt{30.50^2+70.50^2}=76.81\text{m}$
② 방위(θ) $=\tan^{-1}\dfrac{70.50}{30.50}=66°36'20''$에서
방위각=180° − 66°36′20″=113°23′40″이다.

정답 ②

63. AB 두 점의 좌표가 각각 A(100m, 200m), B(300m, 100m)인 두 기지 삼각점을 연결하는 AB의 방위각은?

① 333°26′06″ ② 153°26′06″
③ 206°33′54″ ④ 26°33′54″

| 해설 |

① 종선차 $\Delta X=X_B-X_A=300-100=200\text{m}$
② 횡선차 $\Delta Y=Y_B-Y_A=100-200=-100\text{m}$를 이용하여
③ 방위각을 계산하면 $\theta=\tan^{-1}\dfrac{200}{-100}=26°33'54''$이다.
④ 좌표는 4상한으로 $V_A^B=360°-26°33'54''=333°26'06''$이다.

정답 ①

64. 두 점의 좌표가 아래와 같을 때 방위각 V_A^B의 크기는 얼마인가?

① 50°36′08″
② 61°36′08″
③ 309°23′52″
④ 328°23′52″

점명	종선좌표(m)	횡선좌표(m)
A	395674.32	192899.25
B	397845.01	190256.39

| 해설 |

① 종선차(Δx) $=X_b-X_a=397845.01-395674.32=+2179.60\text{m}$
② 횡선차(Δy) $=Y_b-Y_a=190256.39-192899.25=-2642.86\text{m}$
③ 방위 $\theta=\tan^{-1}\dfrac{\Delta y}{\Delta x}=\tan^{-1}\dfrac{2642.86}{2179.60}=50°36'08.4''$ 4상한이다.
④ 방위각은 $V_a^b=360°-50°36'08.4''=309°23'52''$이다.

정답 ③

65. 다음 그림에서 측선 AB의 방위각이 75° 30′ 이고 내각이 35° 10′ 일 때 CA 측선의 방위각으로 옳은 것은?

① 110°40′
② 69°20′
③ 249°40′
④ 290°40′

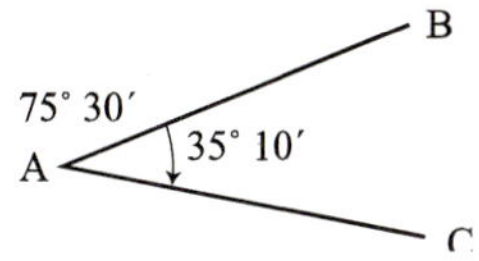

| 해설 |

① AC 방위각=75°30′+35°10′=110°40′에서
② CA 방위각은 AC의 역 방위각으로 CA 방위각=110°40′+180°=290°40′이다.

정답 ④

66. 다음 그림에서 D−C의 방위각을 계산한 값으로 옳은 것은?

① 70°
② 100°
③ 280°
④ 300°

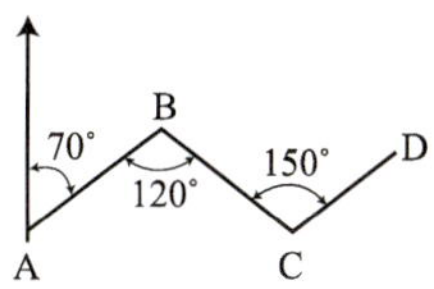

| 해설 |

① 방위각과 역방위각에 대한 이해도를 알아보는 문제로써 DC의 방위각은 CD의 역 방위각이다.
② CD 방위각을 계산하면 CD 방위각은 AB 방위각에 ±180° − ∠B ± 180° + ∠C가 된다.
③ CD 방위각=70°+180°−120°+180°+150°=100°
④ CD의 역 방위각인 DC의 방위각은 CD의 방위각에 ±180°로 100°+180°=280°이다.

정답 ③

67. 그림에서 P → B 방위각으로 옳은 것은?(단, A → B 방위각은 115° 25′ 20″, α =66° 17′ 12″, γ =56° 18′ 16″ 이다.)

① 238°00′48″
② 58°00′48″
③ 49°08′08″
④ 59°07′04″

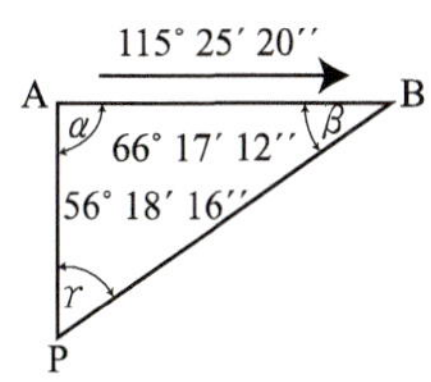

| 해설 |

① β =66°17′12″+56°18′16″−180°=−57°24′32″ 에서
② P → B 방위각=115°25′20″+180°−57°24′32″+180°=58°00′48″이다.
③ 다른 방법으로는 A → B 방위각은 115°25′20″에서
④ A → P 방위각은 115°25′20″+66°17′12″=181°42′32″
⑤ P → B 방위각은 181°42′32″−180°+56°18′16″=58°00′48″

정답 ②

68. 그림과 같이 N 43° 12′ E의 역방위는?

① N 46°48′E
② N 43°12′W
③ S 43°12′W
④ S 46°48′W

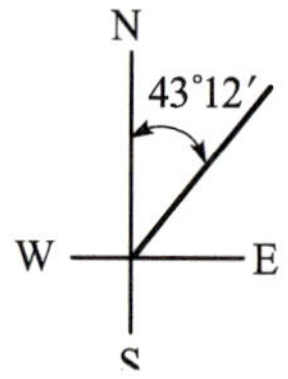

| 해설 |

① N 43°12′E의 역방위는 S 43°12′W로 43°12′+180°가 역방위각이다.
② N축을 기준으로 한 방위의 역방위는 S축을 기준으로 한 방위가 된다.

정답 ③

69. O점에서 A점까지의 거리를 S, OA의 방위각이 310° 일 경우 A점의 좌표값을 구하는 식으로 옳은 것은?

① $X_A=-S\cdot\sin 50°$, $Y_A=-S\cdot\cos 50°$
② $X_A=+S\cdot\sin 310°$, $Y_A=-S\cdot\cos 310°$
③ $X_A=+S\cdot\cos 310°$, $Y_A=-S\cdot\sin 310°$
④ $X_A=+S\cdot\sin 50°$, $Y_A=+S\cdot\cos 50°$

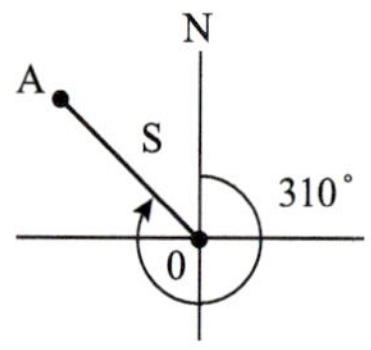

| 해설 |

A점의 좌표 $X_A=+S\cdot\cos 310°$, $Y_A=-S\cdot\sin 310°$이다.

정답 ③

70. A점의 좌표 X, Y가 (200m, 200m)이고, AB 측선의 길이가 100m일 때 B점의 좌표로 옳은 것은?(단, AB 측선의 방위각은 195° 이다.)

① (−96.6, −25.9) ② (174.1, 103.4)
③ (103.4, 174.1) ④ (−25.9, −96.6)

| 해설 |

① 종선차(Δx)$=\ell\cdot\cos V=100\times\cos195°=-96.59$m
② 횡선차(Δy)$=\ell\cdot\sin V=100\times\sin195°=-25.88$m
③ B점 좌표 X=200−96.59=103.41m, Y=200−25.88=174.12m이다.

정답 ③

71. A점의 좌표가 (1,000.00, 1,000.00)이고 AP의 방위각이 60° 00′ 00″, AP의 거리가 3,000m일 때 P점의 좌표는?(단, 좌표의 단위는 m이다.)

① (1500.00, 1000.00)
② (2476.89, 2611.29)
③ (2500.00, 3598.08)
④ (3611.28, 3776.09)

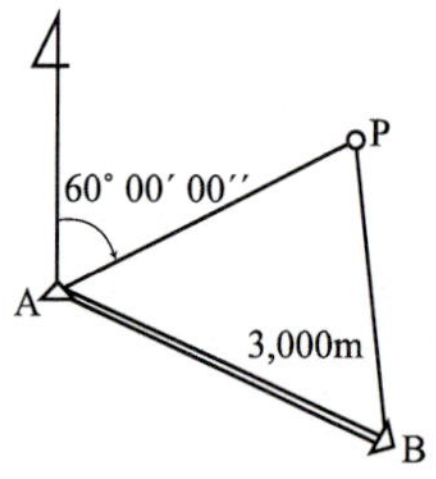

| 해설 |

① P점 X좌표
$Px=Ax+\ell\cdot\cos V=1000+3000\times\cos60°=2500.00$m
② P점 Y좌표
$Py=Ay+\ell\cdot\sin V=1000+3000\times\sin60°=3598.08$m이다.

정답 ③

72. 측점(A)에 기계를 설치하고 시준거리가 50m인 점을 시준하여 각도를 20″ 이내로 할 경우 기계 중심과 측점과의 허용 편심 범위로 옳은 것은?

① 3mm
② 5mm
③ 10mm
④ 15mm

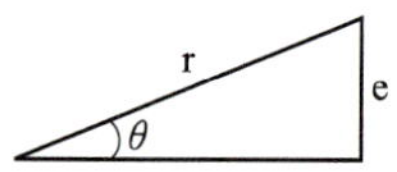

| 해설 |

편위량(e) $=r\cdot\theta=50,000\text{mm}\times\dfrac{20''}{206,265''}=4.8\text{mm}\fallingdotseq 5\text{mm}$이다.

정답 ②

CHAPTER
05 지적측량

5.1. 개요

5.1.1. 지적측량의 목적

① 토지의 효율적인 관리와 소유권의 보호에 이바지할 수 있는 토지 경계를 결정하는 측량으로 법률의 범위 내에서 국가가 시행하는 행정행위에 속하는 기속측량(羈束測量)
② 각 필지 경계의 위치와 면적을 결정하고 지적도와 실제 토지와의 동일성을 나타내주는 측량
③ 토지에 관한 전반적인 정보를 제공할 수 있는 포괄적인 다목적 지적측량
④ 토지를 지적공부에 등록하는 측량
⑤ 지적공부에 등록된 경계를 지표에 복원하는 측량
⑥ 자연적인 토지의 형상보다는 법률적인 토지 단위인 일필지의 경계와 토지소유권의 한계 등을 정확하게 표시하는 측량
⑦ 일필지 내의 건축물과 지하시설물의 상호관계를 나타낼 수 있는 측량

5.1.2. 지적측량의 성격

① 지적측량은 토지를 지적공부에 등록하기 위한 측량이므로 특수측량 분야라 할 수 있다.
② 토지표시사항 중 경계와 면적을 평면적으로 측정하고 측량방법도 법률로 정해진 규정에 따라야 하므로 기속측량이라고 한다.
③ 국민을 상대로 하는 대중성과 법률로써 규정된 절차와 방법으로 물권공시의 안전을 위하여 측량성과의 효력이 유지되어야 하기 때문이다.
④ 공공성과 일관성 있는 행정을 수행하기 위해 행정주체인 국가는 지적측량 성과를 등록하여 영구적이고 지속적인 효력을 발생할 수 있어야 한다.
⑤ 경계복원의 능력을 갖추며 공적 기록인 지적공부에 의해서만 가능하다.

5.1.3. 법률적 효력

지적측량은 행정주체인 국가가 법 규정을 구체적이고 사실적인 집행 때문에 시행하는 공법행위 중 단독적 행정행위이며 이 행위가 성립된 경우 법률적인 효력은 구속력·공정력·확정력·강제력 등이 발생한다.

(1) 구속력

① 구속력은 지적측량의 내용에 대해 국가 자신이나 소유자와 이해관계인을 기속하는 효력을 말한다.
② 구속력은 지적측량의 결과에 대해 법적인 효력이 발생하므로 지적공부에 등록된 내용을 존중하고 복종해야 하며 정당한 절차 없이 부정하거나 효력을 기피할 수 없다.
③ 지적측량에 명백한 착오가 있어 소관청이 이를 인정한 경우라도 정정하기 위해서는 법 규정에 의거 최소 절차에 따라야 한다.

(2) 공정력

① 지적측량을 시행한 결과에 착오가 발생하여 지적소관청과 측량자, 토지소유자와 이해관계인이 인정하는 경우가 공정력으로 볼 수 있다.

② 지적소관청, 감독청, 법원 등의 권한이 있는 기관에 의거 소송 또는 직권에 의하여 그 내용이 취소되기 전까지는 적법성을 추정받는 효력이다.

③ 당사자, 지적소관청, 국가기관과 제삼자에 대해서도 그 효력은 발생한다.

(3) 확정력

① 확정력은 일단 유효하게 성립된 지적측량에 대해서는 일정한 기간이 경과한 뒤 상대방이나 기타 이해관계인이 그 효력을 다툴 수 없을 뿐만 아니라 소관청도 특별한 사유가 없는 한 그 성과를 변경할 수 없는 효력이다.

② 확정력 중 그 행위의 효력을 다툴 수 없는 불가쟁력(不可爭力)은 행정소송 절차상의 심급제도와의 관련 아래 소송수단이 인정되는지에 따라 출처 기간을 초과하였거나 심급[1]이 완료된 때 그 처분의 성립지에 각각 발생하는 형식적 확정력이라 할 수 있다.

③ 불가변력(不可變力)은 측량의 성립과 동시에 발생하는 관습적 확정력이라 할 수 있다.

(4) 강제력

① 강제력은 소관청 자체의 자격으로 집행할 수 있는 강력한 효력이란 뜻으로 집행력이라고도 한다.

② 지적측량은 권한을 가진 지적소관청이 시행하는 것이기 때문에 강제력이 있다고 볼 수 있다.

③ 경계복원측량 등의 이의는 소송이 배제되며 지적위원회가 적부심사위원회를 소집하여 처리함으로써 행정소송에서의 처리와 같은 효력을 갖는다.

5.1.4. 지적측량의 책임

(1) 형사책임

① 사실행위에 대한 비난 또는 비난 가능성을 말하며 행위자가 법률규범의 기대에 반하여 위법행위를 행한 경우에 비난을 피할 수 없다.

② 고의에 대한 책임을 원칙으로 하며 고의성이 있는 경우에 범죄의 구성요건에 해당되고 지적측량은 공적 기록인 지적공부에 의하여 실시하는 업무의 특성으로 공문서 취급에 따른 위법행위는 형사책임의 대상이 된다.

③ 형사책임의 대상

- 지적공부 및 지적측량부의 위조 또는 변조
- 지적공부 및 지적측량부 허위작성
- 지적측량 이외의 타목적으로 사용
- 지적측량 수수료의 횡령
- 지적측량 업무의 수행에 따른 부당이득 취득
- 지적측량의 수행에 따른 청탁을 받고 부당이득 취득

1) 같은 소송 사건을 반복해서 심판하는 각각 다른 법원 사이의 심판 순서

- 경계표의 손괴 또는 이동
- 지적측량을 할 수 없는 지적기술 무자격자가 측량을 하는 경우
- 지적측량 업무의 집행 방해 또는 거부 등

(2) 민사책임

① 지적측량에 따른 민사책임은 피해자가 지적측량자의 고의 또는 과실을 입증해야 하고 그로 인한 손해는 행위자와 피해자 간에 인과관계가 발생하고 지적측량자는 그 행위에 대해 민사상 손해배상의 책임을 져야 한다.

② 실정법은 특수 불법행위가 인정되어 지적측량자를 고용한 지적측량수행자 및 국가는 손해보상책임을 져야하며 지적측량수행자 또는 국가에게도 고용자에 대한 구상권 행사도 인정된다.

③ 민사책임의 대상

- 부정한 방법으로 지적기술자격을 취득
- 무능력, 형 집행, 징계 등의 사유로 지적측량 종사가 금지된 지적기술자가 지적측량을 한 때
- 고의 또는 중과실로 지적측량에 잘못을 범한 때
- 지적기술자로서 명예를 훼손하거나 품위를 실추시킨 경우이다.

④ 기타 지적관계법령의 규정을 위반한 경우로 지적측량과정에서 고의 또는 과실로 토지 내의 수목제거, 시설물 파손, 지적측량 착오로 인한 타인의 재산피해 등이다.

5.2. 지적측량방법 및 기준

지적측량은 지적기준점을 정하기 위한 기초측량과 1필지의 경계와 면적을 정하는 세부측량으로 구분한다. 지적측량은 평판측량, 전자 평판측량, 경위의 측량, 전파기 또는 광파기측량, 사진측량 및 위성측량 등의 방법에 따른다.

5.2.1. 지적측량의 방법

① 지적기준점 측량 절차는 계획의 수립 → 준비 및 현지답사 → 선점 및 조표 → 관측 및 계산과 성과표의 작성이다.

② 위성측량의 방법 및 절차 등에 관하여 필요한 사항은 국토교통부장관이 따로 정한다.

③ 지적측량의 계산 및 결과 작성에 사용하는 소프트웨어는 국토교통부장관이 정한다.

(1) 지적삼각점측량

① 위성기준점, 통합기준점, 삼각점 및 지적삼각점을 기초로 하여 실시한다.

② 경위의 측량방법, 전파기 또는 광파기 측량방법, 위성측량방법 및 국토교통부장관이 승인한 측량방법에 따른다.

③ 계산은 평균계산법이나 망평균계산법에 따른다.

(2) 지적삼각보조점측량

① 위성기준점, 통합기준점, 삼각점, 지적삼각점 및 지적삼각보조점을 기초로 실시한다.
② 경위의 측량방법, 전파기 또는 광파기 측량방법, 위성측량방법 및 국토교통부장관이 승인한 측량방법에 따른다.
③ 계산은 교회법 또는 다각망도선법에 따른다.

(3) 지적도근점측량

① 위성기준점, 통합기준점, 삼각점, 지적삼각점 및 지적삼각보조점, 지적도근점을 기초로 실시한다.
② 경위의 측량방법, 전파기 또는 광파기 측량방법, 위성측량방법 및 국토교통부장관이 승인한 측량방법에 따른다.
③ 계산은 도선법, 교회법 및 다각망도선법에 따른다.

(4) 세부측량

① 위성기준점, 통합기준점, 지적기준점 및 경계점을 기초로 실시한다.
② 경위의 측량방법, 평판측량 방법, 위성측량방법 및 전자평판측량 방법에 따른다.

5.2.2. 지적측량의 실시기준

(1) 지적삼각(보조)점측량

① 측량지역의 지형상 지적삼각점이나 지적삼각보조점의 설치 또는 재설치가 필요한 경우
② 지적도근점의 설치 또는 재설치를 위하여 지적삼각점이나 지적삼각보조점의 설치가 필요한 경우
③ 세부측량을 하기 위하여 지적삼각점 또는 지적삼각보조점의 설치가 필요한 경우

(2) 지적도근점측량

① 축척변경을 위한 측량을 하는 경우
② 도시개발사업 등으로 인하여 지적확정측량을 하는 경우
③ 「국토의 계획 및 이용에 관한 법률」의 도시지역에서 세부측량을 하는 경우
④ 측량지역의 면적이 해당 지적도 1장에 해당하는 면적 이상인 경우
⑤ 세부측량을 하기 위하여 특히 필요한 경우

5.2.3. 지적측량의 대상

① 지적기준점을 정하는 경우
② 지적측량성과를 검사하는 경우
③ 다음에 해당하는 경우로서 측량을 할 필요가 있는 경우
- 지적공부 복구, 신규등록, 등록전환, 분할하는 경우
- 바다가 된 토지의 등록을 말소하는 경우
- 축척을 변경하는 경우
- 지적공부의 등록사항을 정정하는 경우

- 도시개발사업 등의 시행지역에서 토지의 이동이 있는 경우
- 「지적재조사에 관한 특별법」에 따른 지적재조사사업에 따라 토지의 이동이 있는 경우

④ 경계점을 지상에 복원하는 경우

⑤ 그 밖에 대통령령으로 정하는 경우는 지상건축물 등의 현황을 지적도 및 임야도에 등록된 경계와 대비하여 표시하는 데에 필요한 경우를 말한다.

⑥ 지적측량의 방법 및 절차 등에 필요한 사항은 국토교통부령으로 정한다.

5.2.4. 지적측량 의뢰

① 토지소유자 등 이해관계인은 지적측량을 할 필요가 있는 경우에는 지적측량수행자에게 지적측량을 의뢰하여야 한다.

- 지적측량업의 등록을 한 자
- 한국국토정보공사

② 지적측량수행자는 지적측량 의뢰를 받으면 지적측량을 하여 그 측량성과를 결정하여야 한다.

③ 지적측량을 의뢰하려는 자는 지적측량 의뢰서(전자문서로 된 의뢰서를 포함)에 의뢰 사유를 증명하는 서류(전자문서를 포함)를 첨부하여 지적측량수행자에게 제출하여야 한다.

④ 지적측량수행자는 지적측량 의뢰를 받은 때에는 측량 기간, 측량 일자 및 측량 수수료 등을 적은 지적측량 수행계획서를 그다음 날까지 지적소관청에 제출하여야 한다. 제출한 지적측량 수행계획서를 변경한 경우에도 같다.

⑤ 지적측량의 측량 기간은 5일로 하며, 측량검사 기간은 4일로 한다.

⑥ 지적기준점을 설치하여 측량 또는 측량검사를 하는 경우 지적기준점이 15점 이하인 경우에는 4일을, 15점을 초과하는 경우에는 4일에 15점을 초과하는 4점마다 1일을 가산한다.

⑦ 지적측량 의뢰인과 지적측량수행자가 서로 합의하여 따로 기간을 정하는 경우에는 그 기간에 따르되, 전체 기간의 4분의 3은 측량 기간으로, 전체 기간의 4분의 1은 측량검사 기간으로 본다.

5.2.5. 토지의 출입

① 측량을 하거나, 측량기준점을 설치하거나, 토지의 이동을 조사하는 자는 그 측량 또는 조사 등에 필요한 경우에는 타인의 토지·건물·공유수면 등("토지 등")에 출입하거나 일시 사용할 수 있다.

② 특히 필요한 경우에는 나무, 흙, 돌, 그 밖의 장애물을 변경하거나 제거할 수 있다.

③ 타인의 토지 등에 출입하려는 자는 관할 특별자치시장, 특별자치도지사, 시장·군수 또는 구청장의 허가를 받아야 한다.

④ 출입하려는 날의 3일 전까지 해당 토지 등의 소유자·점유자 또는 관리인에게 그 일시와 장소를 통지하여야 한다. 다만, 행정청인 자는 허가를 받지 아니하고 타인의 토지 등에 출입할 수 있다.

⑤ 타인의 토지 등을 일시 사용하거나 장애물을 변경 또는 제거하려는 자는 그 소유자·점유자 또는 관리인의 동의를 받아야 한다.

⑥ 소유자·점유자 또는 관리인의 동의를 받을 수 없는 경우 행정청인 자는 관할 특별자치시장, 특별자치도지사, 시장·군수 또는 구청장에게 그 사실을 통지하여야 하며, 행정청이 아닌 자는 미리 관할 특별자치시장, 특별자치도지사, 시장·군수 또는 구청장의 허가를 받아야 한다.

⑦ 특별자치시장, 특별자치도지사, 시장·군수 또는 구청장은 허가를 하려면 미리 그 소유자·점유자 또는 관리인의 의견을 들어야 한다.

⑧ 토지 등을 일시 사용하거나 장애물을 변경 또는 제거하려는 자는 토지 등을 사용하려는 날이나 장애물을 변경 또는 제거하려는 날의 3일 전까지 그 소유자·점유자 또는 관리인에게 통지하여야 한다.

⑨ 토지 등의 소유자·점유자 또는 관리인이 현장에 없거나 주소 또는 거소가 분명하지 아니할 때에는 관할 특별자치시장, 특별자치도지사, 시장·군수 또는 구청장에게 통지하여야 한다.

⑩ 해 뜨기 전이나 해가 진 후에는 그 토지 등의 점유자 승낙 없이 택지나 담장 또는 울타리로 둘러싸인 타인의 토지에 출입할 수 없다.

⑪ 토지 등의 점유자는 정당한 사유 없이 행위를 방해하거나 거부하지 못한다.

⑫ 토지 등에의 출입행위를 하려는 자는 그 권한을 표시하는 허가증을 지니고 관계인에게 이를 내보여야 한다.

5.3. 지적측량성과의 검사

① 지적측량수행자가 지적측량을 하였으면 시·도지사, 대도시 시장 또는 지적소관청으로부터 측량성과에 대한 검사를 받아야 한다.

② 지적공부를 정리하지 아니하는 측량으로서 경계복원측량 및 지적현황측량의 경우에는 그러하지 아니하다.

③ 지적측량성과의 검사방법 및 검사절차 등에 필요한 사항은 국토교통부령으로 정한다.

5.3.1. 지적측량성과 검사절차

① 지적측량수행자는 측량부·측량결과도·면적측정부, 측량성과 파일 등 측량성과에 관한 자료(전자파일 형태로 저장한 매체 또는 인터넷 등 정보통신망을 이용하여 제출하는 자료를 포함)를 지적소관청에 제출하여 그 성과의 정확성에 관한 검사를 받아야 한다.

② 지적삼각점측량성과 및 경위의 측량방법으로 실시한 지적확정측량성과인 경우에는 다음에 따라 검사를 받아야 한다.

- 국토교통부장관이 정하여 고시하는 면적 규모 이상의 지적확정측량성과 : 시·도지사 또는 대도시 시장
- 국토교통부장관이 정하여 고시하는 면적 규모 미만의 지적확정측량성과 : 지적소관청

③ 시·도지사 또는 대도시 시장이 검사를 하였을 때는 그 결과를 지적소관청에 통지하여야 한다.

④ 지적소관청은 「건축법」 등 관계 법령에 따른 분할제한 저촉 여부 등을 판단하여 측량성과가 정확하다고 인정하면 지적측량성과도를 지적측량수행자에게 발급하여야 하며, 지적측량수행자는 측량의뢰인에게 그 지적측량성과도를 포함한 지적측량 결과부를 지체 없이 발급하여야 한다. 이 경우 검사를 받지 아니한 지적측량성과도는 측량의뢰인에게 발급할 수 없다.

⑤ 측량성과에 관한 자료의 제출방법 및 절차, 지적측량성과도의 작성방법 등에 관하여 필요한 사항은 국토교통부장관이 정한다.

5.3.2. 지적측량성과의 검사항목

기초측량	세부측량
① 기지점사용의 적정 여부 ② 지적기준점설치망 구성의 적정 여부 ③ 관측각 및 거리측정의 정확 여부 ④ 계산의 정확 여부 ⑤ 지적기준점 선점 및 표지설치의 정확 여부 ⑥ 지적기준점성과와 기지경계선과의 부합 여부	① 기지점사용의 적정 여부 ② 측량준비도 및 측량결과도 작성의 적정 여부 ③ 기지점과 지상경계와의 부합 여부 ④ 경계점 간 계산거리(도상거리)와 실측거리의 부합 여부 ⑤ 면적측정의 정확 여부 ⑥ 관계법령의 분할제한 등의 저촉 여부

5.3.3. 지적측량성과 검사방법

① 지적측량수행자가 지적측량 성과검사를 요청하는 경우와 지적소관청이 지적측량 성과검사 결과를 통보하는 경우에는 정보시스템을 이용하여 처리할 수 있다.

② 세부측량(지적공부를 정리하지 아니하는 세부측량을 포함)을 하기 전에 기초측량을 한 경우에는 미리 지적기준점성과에 대한 검사를 받은 후에 세부측량을 하여야 한다.

③ 지적소관청과 사전 협의를 한 경우에는 지적기준점성과와 세부측량성과(지적공부를 정리하지 아니하는 세부측량은 제외)를 동시에 검사할 수 있다.

④ 전자평판측량에 따른 측량성과 파일은 도형자료와 속성자료 간의 일치성과 유효성을 검증하기 위하여 다음의 사항을 실시하고 최종적으로 종번(終番) 검사를 실시하여야 한다.

- 면적공차 초과 검증, 누락필지 및 원필지 중복객체 검증
- 지번중복 검증 및 도곽의 적정성 여부 검사
- 법정 리·동계 및 축척 간 접합 중복 검사
- 폐쇄도면 중첩검사, 성과레이어 중첩검사
- 이격거리 측정 및 필계점 좌표 확인
- 측정점위치설명도 작성의 적정 여부
- 주위필지와의 부합 여부
- 그 밖에 필요한 사항

⑤ 지적소관청은 지적측량검사가 완료된 때에는 해당 측량성과 파일을 부동산종합공부시스템에 등록하여야 한다.

⑥ 「지적측량 시행규칙」 제28조에 따른 측량성과의 검사방법

- 측량성과를 검사하는 때에는 측량자가 실시한 측량 방법과 다른 방법으로 한다.
- 지적삼각점측량 및 지적삼각보조점측량은 신설된 점을, 지적도근점측량은 주요 도선별로 지적도근점을 검사한다. 이 경우 후방교회법으로 검사할 수 있다.
- 구하고자 하는 지적기준점이 기지점과 같은 원주상에 있는 경우에는 그러하지 아니하다.
- 세부측량결과를 검사할 때에는 새로 결정된 경계를 검사한다.
- 이 경우 측량성과 검사 시에 확인된 지역으로서 측량결과도만으로 그 측량성과가 정확하다고 인정되는 경우에는 현지측량검사를 하지 아니할 수 있다.
- 면적측정검사는 필지별로 한다.

- 측량성과 파일의 검사는 부동산종합공부시스템으로 한다.
- 지적측량수행자와 동일한 전자측량시스템을 이용하여 세부측량시 측량성과의 정확성을 검사할 수 있다.

⑦ 시·도지사, 대도시 시장 또는 지적소관청은 측량성과를 검사하여 그 측량성과가 정확하다고 인정되는 경우에는 측량부·측량결과도·면적측정부 및 측량성과도에 측량성과검사 필인을 각각 날인하여야 한다.

⑧ 국토교통부장관은 지적측량수행자의 고의 또는 과실로 인한 지적측량 민원발생을 사전에 예방하고, 지적측량성과의 정확성을 확보하기 위하여 시·도지사에게는 표본검사를, 한국국토정보공사 사장에게는 기술검사를 실시하게 할 수 있다.

⑨ 시·도지사는 지적공부를 정리한 측량성과에 대하여 연 1회 이상 표본검사를 실시하여야 하며, 그 결과 지적소관청의 검사사항이 법령 등에 위배된다고 판단되는 경우에는 국토교통부장관에게 보고하여야 한다.

5.3.4. 지적측량성과의 결정

① 지적측량성과와 검사 성과의 연결교차가 다음의 허용범위 이내일 때에는 그 지적측량성과에 관하여 다른 입증을 할 수 있는 경우를 제외하고는 그 측량성과로 결정하여야 한다.

② 지적측량성과 결정

- 지적삼각점 : 0.20m
- 지적삼각보조점 : 0.25m
- 지적도근점 : 경계점좌표등록부 시행지역 : 0.15m, 그 밖의 지역 : 0.25m
- 경계점 : 경계점좌표등록부 시행지역 : 0.10m, 그 밖의 지역 : 10분의 3Mmm (M은 축척분모)

③ 지적측량성과를 전자계산기기로 계산하였을 때에는 그 계산성과자료를 측량부 및 면적측정부로 본다.

Chapter 05 지적측량

핵 / 심 / 문 / 제

1. 지적측량에 대한 설명으로 옳은 것은?

① 일반적으로 공사를 하기 위한 측량이다.
② 영속적인 법적 효력을 갖는 측량이다.
③ 측량의 완료와 함께 측량성과는 불필요한 측량이다.
④ 측지학의 일반원칙에 의하여 개인이 시행하는 측량이다.

| 해설 |

지적측량은 토지의 등록사항 중에서 일필지의 경계, 좌표, 면적은 국가공권력과 지적측량으로 결정되므로 그 결정된 내용에 대해서는 물권의 객체로서 영속적으로 보존되며 공법적·사법적 효력이 인정된다.

정답 ②

2. 지적측량에 대한 설명 중 옳지 않은 것은?

① 지적측량은 측량법에 따라 행하는 측량과는 다르다.
② 소유권이 미치는 범위를 확정하기 위한 측량이다.
③ 소관청의 의사에 따라 실시하는 측량이다.
④ 지적법에 따라 규정된 방법과 절차에 따라 행하는 측량이다.

| 해설 |

① 소관청의 의사에 따라 실시하지 않고 지적에 관한 법률에 따른 측량이다.
② 지적측량은 토지를 지적공부에 등록하거나 지적공부에 등록된 경계점을 지상에 복원할 목적으로 소관청 또는 지적측량 수행자가 각 필지의 경계 또는 좌표와 면적을 정하는 측량으로 한다.

정답 ③

3. 지적측량에 대한 설명으로 틀린 것은?

① 지적측량은 기속측량이다.
② 지적측량은 지형측량을 목적으로 한다.
③ 지적측량은 측량의 정확성과 명확성을 중시한다.
④ 지적측량의 성과는 영구적으로 보존·활용한다.

| 해설 |

지적측량은 국토의 기본 자료를 효율적으로 관리하기 위하여 토지의 표시사항을 등록·공시를 할 수 있는 측량으로 법률의 범위 내에서 국가가 시행하는 행정행위에 속하는 기속측량이다.

정답 ②

4. 다음 중 지적측량에 대한 설명으로 옳지 않은 것은?

① 경계점을 지상에 복원하는 경우 지적측량을 하여야 한다.
② 특별 소삼각점측량 지역에 분포된 소삼각측량 지역은 별도의 원점을 사용할 수 있다.
③ 조본원점과 고초원점의 평면직각종횡선 수치의 단위는 간(間)으로 한다.
④ 지적측량의 방법 및 절차 등에 필요한 사항은 국토교통부령으로 정한다.

| 해설 |

조본, 고초, 율곡, 현창, 소라원점의 평면직각종횡선 수치 단위는 미터(m)로 하고, 망산, 계양, 가리, 등경, 구암 및 금산원점의 평면직각종횡선 수치 단위는 간(間)으로 등록되어 있다.

정답 ③

5. 지적측량의 특성상 법령의 기준에 따라 측정하는 측량을 무엇이라 하는가?

① 직권측량 ② 일반측량
③ 기속측량 ④ 강제측량

| 해설 |

토지의 표시사항에 해당하는 토지의 소재, 지번, 지목, 면적, 경계와 소유자 등의 토지에 관한 정보를 수집하여 등록·공시를 할 수 있는 측량으로 법률의 범위 내에서 국가가 시행하는 행정행위에 속하는 기속측량이다.

정답 ③

6. 「공간정보의 구축 및 관리 등에 관한 법률」에 따라 실시하는 기속측량에 대한 설명으로 옳은 것은?

① 측량자의 자유의사 개입을 불허하는 측량을 말한다.
② 측량자의 창의성이 존중되는 측량을 말한다.
③ 토지의 경계에 상관없이 목적하는 용도에 따라 실시하는 측량이다.
④ 기술적인 측량과 관계가 없고 장부만을 정리하는 것을 말한다.

| 해설 |

지적측량은 국토의 기본 자료를 효율적으로 관리하기 위하여 토지의 표시사항에 해당하는 토지의 소재, 지번, 지목, 면적, 경계와 소유자 등의 토지에 관한 정보를 수집하여 등록·공시를 할 수 있는 측량으로 법률의 범위 내에서 국가가 시행하는 행정행위에 속하는 기속측량(羈束測量)이다.

정답 ①

7. **지적측량의 목적으로 옳은 것은?**

① 지적공부의 유지·관리에 필요한 공사측량과 경계복원측량을 시행한다.
② 토지경계복원측량과 분할측량만을 시행한다.
③ 토지를 지적공부에 등록하거나 경계를 지표상에 복원하는 측량을 시행한다.
④ 토지 고유번호의 확정과 지목변경 및 토지합병측량을 시행한다.

| 해설 |

지적측량은 토지를 지적공부에 등록하거나 지적공부에 등록된 경계를 지표상에 복원할 목적이다.

정답 ③

8. **지적측량의 성격에 대한 설명으로 옳지 않은 것은?**

① 지적측량은 사법적인 측량인 동시에 엄격히 통일된 규범 속에서 시행하는 기속측량에 해당한다.
② 지적측량은 경계 및 소유자 등의 인위적인 것 보다 토지의 지형, 지물과 같은 자연적인 내용을 작업하는 것이다.
③ 지적측량은 경계복원의 능력을 갖추며 공적 기록인 지적공부에 의해서만 가능하다.
④ 각 필지의 위치와 경계, 면적을 결정하고 지적도와 현지의 토지를 일치되게 표시하는 것이 가장 중요한 목적이다.

| 해설 |

지적측량은 토지에 관하여 지형, 지물과 같은 자연적인 것보다는 규제된 방법과 절차에 의하여 토지에 대한 물권이 미치는 범위인 일필지의 경계, 지목, 소유자 등과 같은 인위적인 내용을 확정한다.

정답 ②

9. **지적측량의 효력에 대한 설명 중 옳지 않은 것은?**

① 지적측량은 행정처분이다.
② 물권에 대한 공시기능의 보완이다.
③ 토지소유권에 직접적인 영향을 미친다.
④ 기속측량으로 강제력은 없다.

| 해설 |

지적측량은 법에 따른 기속측량으로 직권으로 등록할 수 있는 강제력이 있다.

정답 ④

10. **다음 중 지적측량의 법률적 효력이 아닌 것은?**

① 소유권 ② 구속력 ③ 공정력 ④ 강제력

| 해설 |

지적측량의 법률적인 효력은 구속력·공정력·확정력·강제력 등이 발생한다.

정답 ①

11. **소관청 자체의 자격으로 집행할 수 있는 강력한 효력의 의미로 집행력이라고도 하는 지적측량의 효력으로 옳은 것은?**

① 구속력 ② 공정력
③ 확정력 ④ 강제력

| 해설 |

① 강제력은 소관청 자체의 자격으로 집행할 수 있는 강력한 효력이란 뜻으로 집행력이라고도 한다.
② 지적측량은 권한을 가진 지적소관청이 시행하는 것이기 때문에 강제력이 있다고 볼 수 있다.

정답 ④

12. **유효하게 성립된 지적측량에 대해서 일정한 기간이 경과한 뒤 상대방이나 이해관계인이 그 효력을 다툴 수 없으며 소관청도 특별한 사유가 없는 한 성과를 변경할 수 없는 효력으로 옳은 것은?**

① 구속력 ② 공정력
③ 확정력 ④ 강제력

| 해설 |

지적측량의 확정력은 일단 유효하게 성립된 지적측량에 대해서 일정한 기간이 경과한 뒤 상대방이나 이해관계인이 그 효력을 다툴 수 없으며 소관청도 특별한 사유가 없이 변경할 수 없는 효력을 말한다.

정답 ③

13. **지적측량의 법률적 효력 중에서 공정력에 해당하는 것은?**

① 지적측량의 내용은 지적소관청이나 토지소유자와 이해관계인을 기속한다.
② 지적측량의 내용은 적법한 변경이 있을 때까지는 그 집행을 중단할 수 없다.
③ 지적측량은 하자가 있는 경우에도 정당한 절차에 의하여 취소될 때까지는 적법한 것으로 추정된다.
④ 지적측량은 일정 기간이 경과한 뒤에는 그 상대방이나 이해관계인이 그 효력을 다툴 수 없다.

| 해설 |

공정력
① 지적측량을 시행한 결과에 착오가 발생하여 지적소관청과 측량자, 토지소유자와 이해관계인이 인정하는 경우가 공정력으로 볼 수 있다.
② 지적소관청, 감독청, 법원 등의 권한이 있는 기관에 의거 소송 또는 직권에 의하여 그 내용이 취소되기 전까지는 적법성을 추정받는 효력이다.
③ 당사자, 지적소관청, 국가기관과 제삼자에 대해서도 그 효력은 발생한다.

정답 ③

14. 지적측량에 따른 책임에서 형법상 책임에 해당하지 않은 것은?

① 지적공부의 위조 또는 변조
② 측량업무 수행에 따른 부당이득 취득
③ 경계표의 손괴, 이동 또는 제거
④ 지적측량 오측으로 인한 타인의 재산피해

해설

① 지적공부 및 지적측량부의 위조 또는 변조 및 허위작성
②지적측량 이외의 타목적으로 사용
③지적측량 수수료의 횡령
④ 지적측량 업무의 수행에 따른 부당이득 취득
⑤ 지적측량의 수행에 따른 청탁을 받고 부당이득 취득
⑥ 경계표의 손괴 또는 이동
⑦ 지적측량을 할 수 없는 지적기술 무자격자가 측량을 하는 경우
⑧ 지적측량 업무의 집행 방해 또는 거부 등
⑨ 지적측량 오측으로 인한 타인의 재산피해는 민사상 책임에 해당한다.

정답 ④

15. 지적측량에 따른 책임으로서 민사책임으로 옳지 않은 것은?

① 지적측량 업무집행 방해 또는 거부
② 지적측량 과정에서 고의 또는 과실로 토지 내 수목 제거
③ 지적측량 과정에서 고의 또는 과실로 토지 내 시설물 파괴
④ 지적측량 오측으로 인한 타인의 재산피해

해설

민사책임의 대상
① 부정한 방법으로 지적기술자격을 취득
② 무능력, 형 집행, 징계 등의 사유로 지적측량 종사가 금지된 지적기술자가 지적측량을 한 때
③ 고의 또는 중과실로 지적측량에 잘못을 범한 때
④ 지적기술자로서 명예를 훼손하거나 품위를 실추시킨 경우이다.

정답 ①

16. 지적기술자가 측량 시 타인의 토지 내에서 시설물의 파손 등 재산상의 피해를 입힌 경우에 속하는 것은?

① 징계책임 ② 민사책임
③ 형사책임 ④ 도의적 책임

해설

민사책임은 피해자가 지적측량과정에서 고의 또는 과실로 토지 내의 수목제거, 시설물 파손, 지적측량 착오로 인한 타인의 재산피해 등이다.

정답 ②

17. 다음 중 지적 관련 법령에 따른 지적측량의 구분이 옳은 것은?

① 기초측량, 세부측량 ② 확정측량, 세부측량
③ 기초측량, 삼각점측량 ④ 세부측량, 삼각점측량

해설

지적측량은 지적기준점을 정하기 위한 기초측량과 1필지의 경계와 면적을 정하는 세부측량으로 구분한다.

정답 ①

18. 지적측량의 방법으로 틀린 것은?

① 경위의 측량방법 ② 수준측량방법
③ 사진측량방법 ④ 위성측량방법

해설

지적측량 방법으로는 평판측량, 전자 평판측량, 경위의 측량, 전파기 또는 광파기측량, 사진측량 및 위성측량 등의 방법에 따른다.

정답 ②

19. 지적측량의 일반적인 순서를 나열한 것으로 옳은 것은?

① 준비→세부측량→면적측정→기초측량→지적공부 작성
② 준비→세부측량→기초측량→면적측정→지적공부 작성
③ 준비→기초측량→세부측량→면적측정→지적공부 작성
④ 준비→기초측량→면적측량→세부측량→지적공부 작성

해설

지적측량의 일반적인 순서는 준비 → 기초측량 → 세부측량 → 면적측정 → 지적공부 작성이다.

정답 ③

20. 동일지역에서 시행하는 지적측량의 일반적인 순서는?

① 세부측량, 삼각측량, 도근측량
② 도근측량, 삼각측량, 세부측량
③ 삼각측량, 도근측량, 세부측량
④ 삼각측량, 세부측량, 도근측량

해설

동일지역에서 시행하는 지적측량은 삼각측량 → 도근측량 → 세부측량의 순서로 진행한다.

정답 ③

21. 다음 중 지적측량의 대상이 아닌 것은 어느 것인가?

① 토지의 경계를 좌표로 등록할 때
② 경계를 지표상에 복원하면서 측량이 필요할 때
③ 토지를 분할하고자 할 때
④ 토지를 합병하고자 할 때

해설

지목변경 및 합병의 경우에는 지적측량을 시행하지 않아도 되며 지목변경은 측량을 통하여야 하는 것이 아니고 현지 확인으로 가능하다.

정답 ④

22. 다음 중에서 지적측량을 시행하지 않는 경우는?

① 지적공부에 새로이 등록할 토지가 생긴 때
② 지적도 또는 임야도의 축척을 변경할 때
③ 지목을 변경하고자 할 때
④ 지적측량의 성과를 소관청이 검사할 때

해설

지목을 변경하는 경우에는 측량하지 아니하고 현지 확인으로 가능하다.

정답 ③

23. 오늘날 지적측량의 방법과 절차에 대하여 엄격한 법률적인 규제를 가하는 이유로 가장 옳은 것은?

① 측량기술의 발전
② 토지등록 정보 복원유지
③ 법률적인 효력 유지
④ 기술적 변화 대처

해설

① 지적측량은 공공성과 공익성을 추구하는 공공행정 일부이므로 일관성 있는 행정을 수행하기 위해 행정주체인 국가는 지적측량 성과를 등록하여 영구적으로 지속적인 효력을 발생할 수 있어야 한다.
② 토지등록의 안전성 확보를 위해 지적측량의 방법과 절차에 엄격한 법률적 규제가 수반되는 것이다.

정답 ③

24. 다음 중 지적측량으로 결정되는 사항이 아닌 것은?

① 필지의 좌표 ② 필지의 경계
③ 필지의 면적 ④ 필지의 등급

해설

필지의 등급은 토지의 수확량에 따라 일반적인 조사로 이루어졌다.

정답 ④

25. 지적측량의 의뢰에 대한 설명으로 옳지 않은 것은?

① 지적측량을 할 필요가 있는 경우 지적소관청에 의뢰한다.
② 지적측량을 의뢰할 경우 측량 기간은 5일로 한다.
③ 지적측량검사 요청이 있을 때 측량검사 기간은 4일로 한다.
④ 지적측량 의뢰에 필요한 신청서와 첨부서류는 지적측량수행자에게 제출한다.

해설

토지소유자 등 이해관계인은 지적측량을 할 필요가 있는 경우에는 지적측량수행자에게 지적측량을 의뢰하여야 한다.

- 지적측량업의 등록을 한 자
- 한국국토정보공사

정답 ①

26. 지적측량수행자는 지적측량의뢰를 받았을 때 소관청에 제출해야 할 지적측량수행계획서에 기재할 사항에 해당하지 않는 것은?

① 측량 기간 및 측량 일자
② 측량 일자 및 측량 수수료
③ 검사자와 검사 일자
④ 측량 수수료 및 측량 기간

해설

지적측량수행자는 지적측량 의뢰를 받은 때에는 측량 기간, 측량 일자 및 측량 수수료 등을 적은 지적측량 수행계획서를 그다음 날까지 지적소관청에 제출하여야 한다.

정답 ③

27. 지적측량수행자가 지적소관청에 지적측량 수행계획서를 제출하여야 하는 시기는 언제까지를 기준으로 하는가?

① 지적측량신청을 받은 날
② 지적측량신청을 받은 다음 날
③ 지적측량을 시행하기 전날
④ 지적측량을 시행한 다음 날

해설

지적측량수행자는 지적측량 의뢰를 받은 때에는 측량 기간, 측량 일자 및 측량 수수료 등을 적은 지적측량 수행계획서를 그다음 날까지 지적소관청에 제출하여야 한다.

정답 ②

28. 지적측량의 측량 기간 기준으로 옳은 것은?(단, 지적기준점을 설치하여 측량하는 경우는 고려하지 않는다.)

① 4일 ② 5일 ③ 6일 ④ 7일

해설

지적측량의 측량 기간은 5일로 하며, 측량검사 기간은 4일로 한다.

정답 ②

29. 지적기준점을 19점을 설치하여 측량하는 경우 측량 기간으로 옳은 것은?

① 4일 ② 5일 ③ 6일 ④ 7일

해설

지적기준점을 설치하여 측량 또는 측량검사를 하는 경우 지적기준점이 15점 이하인 경우에는 4일을, 15점을 초과하는 경우에는 4일에 15점을 초과하는 4점마다 1일을 가산하도록 하고 있으므로 5일이다.

정답 ②

30. 지적측량의뢰인과 지적측량수행자가 합의하여 따로 기간을 정할 때 측량 기간과 측량검사 기간으로 옳은 것은?

① 전체의 4분의 1, 전체의 4분의 3
② 전체의 4분의 3, 전체의 4분의 1
③ 전체의 3분의 2, 전체의 3분의 1
④ 전체의 4분의 2, 전체의 4분의 2

| 해설 |

지적측량 의뢰인과 지적측량수행자가 서로 합의하여 따로 기간을 정하는 경우에는 그 기간에 따르되, 전체 기간의 4분의 3은 측량 기간으로, 전체 기간의 4분의 1은 측량검사 기간으로 본다.

정답 ②

31. 지적측량수행 시 타인의 토지 출입에 관한 설명 중 옳지 않은 것은?

① 급할 때는 소유자에게 통지 없이 출입할 수 있다.
② 필요할 때 타인의 토지뿐만 아니라 건물에도 출입할 수 있다.
③ 측량보조자도 출입 권한을 인정하는 증표를 제시해야 한다.
④ 업무수행자가 일정한 절차를 거쳐 타인 토지에 출입할 때 토지소유자는 거절하지 못한다.

| 해설 |

타인의 토지 등을 일시 사용하거나 장애물을 변경 또는 제거하려는 자는 그 소유자·점유자 또는 관리인의 동의를 받아야 한다.

정답 ①

32. 지적측량을 할 때 지적측량에 종사하는 자와 관계 공무원이 타인의 토지를 출입할 경우 옳지 않은 것은?

① 필요할 때에는 타인의 토지나 건축물에 출입할 수 있다.
② 이해관계인에게 질문 또는 서류 등의 제출을 요구할 수 있다.
③ 타인의 토지나 건축물에 출입 시 그 권한을 표시하는 증표를 제시해야 한다.
④ 타인의 토지에 출입 시 소유자 또는 점유자가 없을 때는 이웃집이나 동·리장에 통지하여야 한다.

| 해설 |

소유자·점유자 또는 관리인의 동의를 받을 수 없는 경우 행정청인 자는 관할 특별자치시장, 특별자치도지사, 시장·군수 또는 구청장에게 그 사실을 통지하여야 하며, 행정청이 아닌 자는 미리 관할 특별자치시장, 특별자치도지사, 시장·군수 또는 구청장의 허가를 받아야 한다.

정답 ④

33. 지적측량 및 토지이동 조사를 위해 타인의 토지에 출입하거나 일시 사용하는 경우에 대한 설명으로 틀린 것은?

① 타인의 토지에 출입하려는 자는 관할 특별자치시장, 특별자치도지사, 시장·군수 또는 구청장의 허가를 받아야 한다.
② 타인의 토지를 출입하는 자는 소유자·점유자 또는 관리인의 동의 없이 장애물을 변경 또는 제거할 수 있다.
③ 토지의 점유자는 정당한 사유 없이 지적측량 및 토지이동 조사에 필요한 행위를 방해하거나 거부하지 못한다.
④ 지적측량 및 토지이동 조사에 필요한 행위를 하려는 자는 그 권한을 표시하는 증표와 허가증을 지니고 관계인에게 내보여야 한다.

| 해설 |

타인의 토지 등을 일시 사용하거나 장애물을 변경 또는 제거하려는 자는 그 소유자·점유자 또는 관리인의 동의를 받아야 한다.

정답 ②

34. 「공간정보의 구축 및 관리 등에 관한 법률」 상 토지수용을 할 수 있는 경우는?

① 장애물의 형상을 변경할 때
② 지적측량기준점 표지를 설치할 때
③ 타인의 토지를 출입할 때
④ 축척변경측량 시 경계표지를 설치할 때

| 해설 |

토지의 수용 또는 사용

① 국토교통부장관은 기본측량을 실시하기 위하여 필요하다고 인정하는 경우에는 토지, 건물, 나무, 그 밖의 공작물을 수용하거나 사용할 수 있다.
② 수용 또는 사용 및 이에 따른 손실보상에 관하여는 「공익사업을 위한 토지 등의 취득 및 보상에 관한 법률」을 적용한다.

정답 ②

35. 소관청이 사유지 내에 지적측량기준점 표지를 설치한 경우 그 손실보상에 대한 재결기관은?

① 시·도지사
② 행정자치부 장관
③ 중앙지적위원회
④ 관할 토지수용위원회

| 해설 |

손실을 보상할 자 또는 손실을 받은 자는 협의가 성립되지 아니하거나 협의를 할 수 없는 경우에는 관할 토지수용위원회에 재결(裁決)을 신청할 수 있다.

정답 ④

36. 측량기준점의 설치를 위해 토지 등의 출입 등에 따라 손실이 발생하였을 때, 손실을 보상할 자와 손실을 받은 자의 협의가 성립되지 아니한 경우 재결을 신청할 수 있는 곳은?

① 시·도지사
② 중앙지적위원회
③ 행정안전부장관
④ 관할 토지수용위원회

| 해설 |
손실을 보상할 자 또는 손실을 받은 자는 협의가 성립되지 아니하거나 협의를 할 수 없는 경우에는 관할 토지수용위원회에 재결을 신청할 수 있다.

정답 ④

37. 지적측량수행자가 측량을 완료한 후 소관청에 검사받아야 할 자료로 옳지 않은 것은?

① 측량부　② 측량결과도
③ 면적측정부　④ 측량준비도

| 해설 |
지적측량수행자는 측량부·측량결과도·면적측정부, 측량성과 파일 등 측량성과에 관한 자료(전자파일 형태로 저장한 매체 또는 인터넷 등 정보통신망을 이용하여 제출하는 자료를 포함)를 지적소관청에 제출하여 그 성과의 정확성에 관한 검사를 받아야 한다.

정답 ④

38. 지적소관청으로부터 측량성과에 대한 검사를 받지 않아도 되는 것만을 옳게 나열한 것은?

① 지적기준점측량, 분할측량
② 지적공부복구측량, 축척변경측량
③ 경계복원측량, 지적현황측량
④ 신규등록측량, 등록전환측량

| 해설 |
지적공부를 정리하지 아니하는 측량으로서 경계복원측량 및 지적현황측량의 경우에는 측량성과에 대한 검사를 받지 않아도 된다.

정답 ③

39. 지적측량성과 검사방법으로 옳지 않은 것은?

① 현지검사　② 도상검사
③ 축척검사　④ 전산파일 검사

| 해설 |
지적측량성과 검사방법에는 현지검사, 도상검사, 면적검사, 전산파일 검사 등이 있다.

정답 ③

40. 지적측량성과 검사방법을 설명한 것으로 틀린 것은?

① 지적삼각점측량은 신설된 점을 검사한다.
② 측량성과를 검사하는 때에는 측량자가 실시한 측량방법과 같은 방법으로 한다.
③ 지적도근점측량은 주요도선별로 지적도근점을 검사한다.
④ 면적측정검사는 필지별로 한다.

| 해설 |
지적측량성과를 검사하는 때에는 측량자가 실시한 측량방법과 다른 방법으로 한다.

정답 ②

41. 기초측량검사에 관한 내용으로 옳지 않은 것은?

① 기지점사용의 적정 여부
② 면적측정의 정확 여부
③ 관측각 및 거리측정의 정확 여부
④ 지적측량기준점 성과와 기지경계선과의 부합 여부

| 해설 |
기초측량검사 내용
① 기지점사용의 적정 여부
② 지적기준점설치망 구성의 적정 여부
③ 관측각 및 거리측정의 정확 여부
④ 계산의 정확 여부
⑤ 지적기준점 선점 및 표지설치의 정확 여부
⑥ 지적기준점성과와 기지경계선과의 부합 여부

정답 ②

42. 세부측량을 시행한 경우 지적소관청이 검사하는 항목이 아닌 것은?

① 면적측정의 정확 여부
② 지적기준점 설치 망 구성의 적정 여부
③ 측량준비도 및 측량결과도 작성의 적정 여부
④ 경계점 간 계산 거리(도상거리)와 실측 거리의 부합 여부

| 해설 |
세부측량 검사항목
① 기지점사용의 적정 여부
② 측량준비도 및 측량결과도 작성의 적정 여부
③ 기지점과 지상경계와의 부합여부
④ 경계점 간 계산거리(도상거리)와 실측거리의 부합여부
⑤ 면적측정의 정확 여부
⑥ 관계 법령의 분할제한 등의 저촉 여부

정답 ②

43. 시·도지사는 지적공부를 정리한 측량성과에 대하여 표본검사를 시행해야 하는데 횟수로 옳은 것은?

① 월 1회 이상 ② 주 1회 이상
③ 연 1회 이상 ④ 분기 1회 이상

| 해설 |

시·도지사는 지적공부를 정리한 측량성과에 대하여 연 1회 이상 표본검사를 실시하여야 하며, 그 결과 지적소관청의 검사사항이 법령 등에 위배된다고 판단되는 경우에는 국토교통부장관에게 보고하여야 한다.

정답 ③

44. 지적측량성과와 검사성과의 연결 교차 허용범위 기준이 틀린 것은?

① 지적삼각점 : 0.20m 이내
② 지적삼각보조점 : 0.50m 이내
③ 지적도근점(경계점좌표등록부 시행지역) : 0.15m 이내
④ 경계점(경계점좌표등록부 시행지역) : 0.10m 이내

| 해설 |

지적측량성과와 검사성과의 연결 교차
① 지적삼각점 : 0.20m
② 지적삼각보조점 : 0.25m
③ 지적도근점 : 경계점좌표등록부 시행지역 : 0.15m, 그 밖의 지역 : 0.25m
④ 경계점 : 경계점좌표등록부 시행지역 : 0.10m, 그 밖의 지역 : 10분의 3Mmm (M은 축척분모)

정답 ②

45. 평판측량법에 의한 세부측량에서 측량성과와 검사성과의 연결 교차의 허용범위로 옳은 것은?(단, M은 축척분모)

① 0.10m 이내 ② 0.25m 이내
③ $\frac{1M}{10}$mm 이내 ④ $\frac{3M}{10}$mm 이내

| 해설 |

평판측량법에 의한 세부측량의 연결 교차의 허용범위는 $\frac{3M}{10}$mm 이내(M : 축척 분모)이다.

정답 ④

46. 경계점좌표등록부 시행지역 외의 지역에서 경계점에 대한 지적측량성과와 검사성과의 연결 교차 허용범위는 얼마인가?(단, 축척이 1/3,000인 지역이다.)

① 0.30m 이내 ② 0.60m 이내
③ 0.90m 이내 ④ 1.20m 이내

| 해설 |

경계점좌표등록부 시행지역 외의 지역은 평판측량법에 의한 세부측량지역으로 측량성과와 검사성과의 연결 교차의 허용범위는 $\frac{3M}{10}$ 이내(M : 축척 분모)이므로 $\frac{3\times3,000}{10}=900\text{mm}=0.90\text{m}$이다.

정답 ③

47. 지적측량업무를 모두 국가직영 체제로 실시하고 있는 나라로 옳은 것은?

① 독일 ② 대만
③ 우리나라 ④ 일본

| 해설 |

대만은 지적측량업무를 지적직 공무원 신분의 측량기술자가 전담하는 국가직영 체제이다.

정답 ②

48. 일본의 지적측량에 대한 설명으로 옳지 않은 것은?

① 국가에서 별도로 측량성과검사를 할 필요가 없다.
② 등기와 지적을 이원화한다.
③ 측량오류에 대한 책임은 전적으로 토지가옥조사사가 지고 있다.
④ 토지가옥조사사는 법무성에서 담당하고 있다.

| 해설 |

일본은 등기와 지적을 일원화하고 있다.

정답 ②

49. 우리나라와 같이 일본의 식민지 지배하에서 지적제도가 창설되었으며 지적측량제도는 국가직영 체제인 나라는?

① 독일 ② 네덜란드
③ 대만 ④ 프랑스

| 해설 |

대만은 일본의 식민지를 거치면서 지적제도가 창설되었으며 측량 총대는 삼각점과 도근점 등 측량기준점의 유지관리와 1필지 측량, 도시계획에 의한 공공시설 예정지의 분할측량, 미 등록지의 신규등록 측량업무 등을 담당하고 지적측량 제도는 국가직영 체제이다.

정답 ③

CHAPTER

06 지적기준점측량

6.1. 측량기준점

측량기준점을 정한 자는 측량기준점 표지를 설치하고 관리하여야 하며 측량기준점은 국가기준점, 공공기준점, 지적기준점으로 구분한다.

6.1.1. 국가기준점

국가기준점은 측량의 정확도를 확보하고 효율성을 높이기 위하여 국토교통부 장관이 전 국토를 대상으로 주요 지점마다 정한 측량의 기본이 되는 국가기준점으로 우주측지기준점·위성기준점·수준점·중력점·통합기준점·삼각점·지자기점으로 구분하고 있다.

① 우주측지기준점은 국가측지기준계를 정립하기 위하여 전 세계 초장거리간섭계와 연결하여 정한 기준점이다.

② 위성기준점은 지리학적 경위도, 직각좌표 및 지구 중심직교좌표의 측정 기준으로 사용하기 위하여 대한민국 경위도원점을 기초로 정한 기준점을 말한다.

③ 통합기준점은 지리학적 경위도, 직각좌표, 지구중심 직교좌표, 높이 및 중력 측정의 기준으로 사용하기 위하여 위성기준점, 수준점 및 중력점을 기초로 정한 기준점을 말한다.

④ 지자기점은 지구자기 측정의 기준으로 사용하기 위하여 정한 기준점을 말한다.

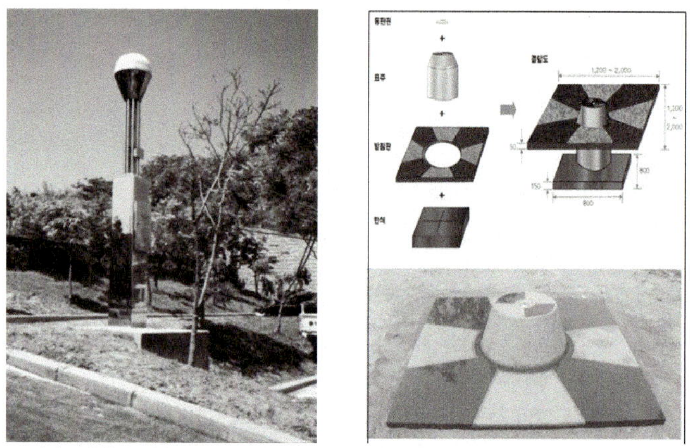

(a) 위성기준점 (b) 통합기준점

〈그림 1-17〉 위성기준점과 통합기준점

⑤ 삼각점은 지리학적 경위도, 직각좌표 및 지구 중심 직교좌표 측정의 기준으로 사용하기 위하여 위성기준점 및 통합기준점을 기초로 정한 기준점을 말한다.

⑥ 수준점은 높이 측정의 기준으로 사용하기 위하여 대한민국 수준원점을 기초로 정한 기준점을 말한다.

⑦ 중력점은 중력 측정의 기준으로 사용하기 위하여 정한 기준점을 말한다.

(a) 지자기점 (b) 삼각점 (c) 수준점 (d) 중력기준점

〈그림 1-18〉 국가기준점

6.1.2. 공공기준점

① 공공측량 시행자가 공공측량을 정확하고 효율적으로 시행하기 위하여 국가기준점을 기준으로 하여 따로 정하는 측량기준점으로 공공삼각점과 공공수준점으로 구분한다.

② 공공삼각점은 공공측량 시 수평위치의 기준으로 사용하기 위하여 국가기준점을 기초로 하여 정한 기준점을 말한다.

③ 공공수준점은 공공측량 시 높이의 기준으로 사용하기 위하여 국가기준점을 기초로 하여 정한 기준점을 말한다.

6.1.3. 지적기준점

① 지적기준점은 특별시장·광역시장·도지사 또는 특별자치 도지사(시·도지사)나 지적소관청이 지적측량을 정확하고 효율적으로 시행하기 위하여 국가기준점을 기준으로 〈그림 1-19〉와 같이 설치되어 있으며 지적삼각점, 지적삼각보조점, 지적도근점으로 구분하고 있다.

② 지적삼각점은 지적측량 시 수평 위치측량의 기준으로 사용하기 위하여 국가기준점을 기준으로 하여 정한 기준점을 말한다.

③ 지적삼각보조점은 지적측량 시 수평 위치측량의 기준으로 사용하기 위하여 국가기준점과 지적삼각점을 기준으로 정한 기준점을 말한다.

④ 지적도근점은 지적측량 시 수평 위치측량 기준으로 사용하기 위하여 국가기준점, 지적삼각점, 지적삼각보조점 및 다른 지적도근점을 기초로 하여 정한 기준점을 말한다.

(a) 대삼각점 (b) 지적삼각점 (c) 지적삼각보조점 (d) 지적도근점

〈그림 1-19〉 지적기준점

(1) 지적기준점표지의 설치·관리

① 시·도지사 또는 지적소관청은 지적기준점표지를 설치·이전·복구·철거하거나 폐기한 경우에는 그 사실을 고시하여야 한다.

② 지적기준점 표지의 설치 기준

- 지적삼각점 표지의 점간거리는 평균 2km 이상 5km 이하로 할 것
- 지적삼각보조점 표지의 점간거리는 평균 1km 이상 3km 이하로 할 것. 다만, 다각망도선법에 따르는 경우에는 평균 0.5km 이상 1km 이하로 한다.
- 지적도근점 표지의 점간거리는 평균 50m 이상 300m 이하로 할 것. 다만, 다각망도선법에 따르는 경우에는 평균 500m 이하로 한다.

③ 지적소관청은 연 1회 이상 지적기준점 표지의 이상 유무를 조사하여야 한다. 이 경우 멸실되거나 훼손된 지적기준점 표지를 계속 보존할 필요가 없을 때에는 폐기할 수 있다.

④ 지적소관청이 관리하는 지적기준점 표지가 멸실되거나 훼손되었을 때에는 지적소관청은 다시 설치하거나

보수하여야 한다.

⑤ 측량기준점표지의 형상, 규격, 관리 방법 등에 필요한 사항은 국토교통부령으로 정한다.

(2) 지적기준점성과의 관리

① 지적삼각점성과는 특별시장·광역시장·도지사 또는 특별자치도지사(시·도지사)가 관리하고, 지적삼각보조점성과 및 지적도근점성과는 지적소관청이 관리할 것

② 지적소관청이 지적삼각점을 설치하거나 변경하였을 때에는 그 측량성과를 시·도지사에게 통보할 것

③ 지적소관청은 지형·지물 등의 변동으로 인하여 지적삼각점성과가 다르게 된 때에는 지체 없이 그 측량성과를 수정하고 그 내용을 시·도지사에게 통보할 것

(3) 지적기준점성과표의 기록·관리

① 시·도지사가 지적삼각점성과를 관리하고 지적삼각보조점성과 및 지적도근점성과 관리는 지적소관청이 한다.

지적삼각점성과표에 기록·관리 사항	지적삼각보조점, 지적도근점성과표에 기록·관리 사항
• 지적삼각점의 명칭과 기준 원점명 • 좌표 및 표고 • 경도 및 위도(필요한 경우로 한정) • 자오선수차 • 시준점의 명칭, 방위각 및 거리 • 소재지와 측량연월일 • 그 밖의 참고사항	• 번호 및 위치의 약도 • 좌표와 직각좌표계 원점명 • 경도와 위도(필요한 경우로 한정) • 표고(필요한 경우로 한정) • 소재지와 측량연월일 • 도선등급 및 도선명 • 표지의 재질, 도면번호, 설치기관 • 조사연월일, 조사자의 직위·성명 및 조사 내용

② 조사 내용은 지적삼각보조점 및 지적도근점표지의 멸실 유무, 사고 원인, 경계의 부합 여부 등을 적는다. 이 경우 경계와 부합되지 아니할 때에는 그 사유를 적는다.

(4) 지적기준점성과의 보관 및 열람

① 시·도지사나 지적소관청은 지적기준점성과와 그 측량기록을 보관하고 일반인이 열람할 수 있도록 하여야 한다.

② 지적기준점성과의 등본이나 그 측량기록의 사본을 발급받으려는 자는 국토교통부령으로 정하는 바에 따라 시·도지사나 지적소관청에 그 발급을 신청하여야 한다.

③ 지적측량기준점성과 또는 그 측량부를 열람하거나 등본을 발급받으려는 자는 지적삼각점성과에 대해서는 특별시장·광역시장·특별자치시장·도지사·특별자치도지사 또는 지적소관청에 신청하고, 지적삼각보조점성과 및 지적도근점성과에 대해서는 지적소관청에 신청하여야 한다.

④ 지적측량기준점성과 또는 그 측량부의 열람이나 등본 발급 신청을 받은 해당 기관은 이를 열람하게 하거나 지적측량기준점성과 등본을 발급하여야 한다.

6.2. 삼각점측량

6.2.1. 삼각측량

삼각측량이란 지구의 표면상에 있는 여러 지점을 삼각형으로 연결하여 삼각형 각 변의 방향과 길이를 직접 또는 간접적으로 측정하여 상호관계 위치를 결정하기 위한 기초측량이다.

(1) 삼각점 선점

① 우리나라는 삼각측량의 정밀도를 높이기 위해 삼각점의 등급을 4단계로 구분하였다.
② 대삼각본점은 한 변의 길이가 평균 30km가 되도록 하여 400점을 설치하였다.
③ 대삼각보점은 한 변의 평균 길이가 10km가 되도록 하여 2,401점을 설치하여 대삼각망을 구성하였다.
④ 토지조사사업 당시 소삼각 1등 점의 평균 길이 5km, 소삼각 2등 점은 2.5km로 하였다.
⑤ 섬 지역 및 대도시에서는 시가지세를 급히 징수하기 위해 특별소삼각점 31,646점을 설치하였다.

(2) 삼각측량의 특징

① 삼각측량은 3개의 각과 거리를 기본으로 지상 점의 위치를 결정하는 방법이다.
② 수학적으로 계산하기 위해서는 한 개의 변을 알아야 다른 변을 구할 수 있다.
③ 거리측정보다 각 관측이 더 중요하며 정밀한 각 관측 장비를 필요로 한다.
④ 측지 삼각측량에서는 구면삼각형의 지식이 필요하며 관측 거리에 한계가 있다.
⑤ 내각의 크기는 최소한 30° 이상 120° 이하가 되어야 하며 삼각망은 최소한 한 점 이상의 기지점에 고정되고 출발변의 방위각을 알아야 한다.
⑥ 기선설치에 어려움이 많고 조정을 위한 조건식이 많으며 조정계산에 시간이 많이 소요된다.

6.2.2. 기선측량

① 삼각측량에서 최소한 삼각형의 기지변이 있어야 계산할 수 있으므로 한 변을 알기 위해 실시하는 측량을 기선측량이라 한다.
② 기선측량은 1910년 6월 대전기선의 위치선정을 시작으로 1913년 고건원기선을 끝으로 전국에 13개 기선측량을 완료하였다.
③ 기선의 설치는 측량기술적인 판단으로 적당한 장소에 설치한 것으로 가장 긴 것은 평양기선으로 4625.47770m이며, 가장 짧은 것은 안동기선으로 2000.41516m이다.
④ 기선의 위치는 평탄하고 견고한 지반을 선정하고 길이는 2~5km이며 대삼각본점의 한 변의 길이는 약 30km까지 확대하였으며 확대할 삼각망은 2등변 삼각형으로 하였다.
⑤ 사용된 측기는 만능 데오돌라이트·태양시·항성시 클리노미터·Y레벨(18inch)·신축이 거의 없는 금속자의 인바기선척 등을 사용하였다.
⑥ 정도는 1/100mm 이상이며 기선측량의 허용오차는 기선전장에 대해 1/500,000 이내로 규정하였다.
⑦ 계산은 구직선(求直線)계산, 경사보정수계산, 온도보정수계산, 기선척전장 계산, 중등해면상거리 계산, 천체측량, 기선장 평균계산 등 7가지로 계산하여 성과를 산출하였다.

⑧ 고건원기선이 가장 정밀하였는데 정도는 1/14,360,000, 가장 부정확한 기선은 강계기선으로 1/1,250,000, 기선척은 400회씩 비교 검정하였으며 토지조사국에서 시행한 기선측량의 성과는 매우 양호하였다.

6.2.3. 대삼각본점측량

① 대삼각본점 측량에서 망의 구성은 기선망과 대삼각본점망으로 구분하여 시행하였다.

② 대삼각본점 측량은 토지측량의 기초인 대삼각점의 위치를 정밀한 방법으로 측정하고 측지학상의 종횡선 및 방위각은 대마도(쓰시마)를 거쳐 1등 삼각본점에 연결하여 계산하였다.

③ 본점망은 전국 13개도에 대삼각본점을 배치하는 곳의 삼각망으로 이것을 선점, 조표, 관측계산 등으로 구분하였다.

④ 대삼각본점 측량의 작업순서는 선점, 조표, 점표, 계산, 성과표작성 순으로 진행하였다.

⑤ 기선망은 기선을 확대하여 대삼각의 한 변이 되도록 하기 위한 삼각망이다.

(1) 관측

① 기선망 및 본점은 모두 독일의 칼반베르히 회사에서 제작한 직경 21cm 경위의를 사용하여 초 이하 5자리까지를 측정하였다.

② 기선망 및 본점의 점표 관측은 낮에는 회조기를 사용하고 야간에는 회광등을 사용하였다.

③ 대삼각본점측량에서 기선망 및 대삼각본점망의 배치는 기선의 최종 확대변을 기초로 하였다.

④ 기선망 관측의 정도는 12대회의 방향 관측으로 측정한 평균값과 같도록 하고 본점의 관측은 6대회의 방향 관측으로부터 측정한 평균값을 선택하였다.

⑤ 대마도의 1등 삼각점 어악(御岳; 오따께)과 유명산(有明山; 아리아께야마)을 연결하여 약 80km 떨어진 부산의 절영도와 거제도를 〈그림 1-20〉과 같이 대삼각망으로 구성하여 서북지방으로 계산을 진행하였다.

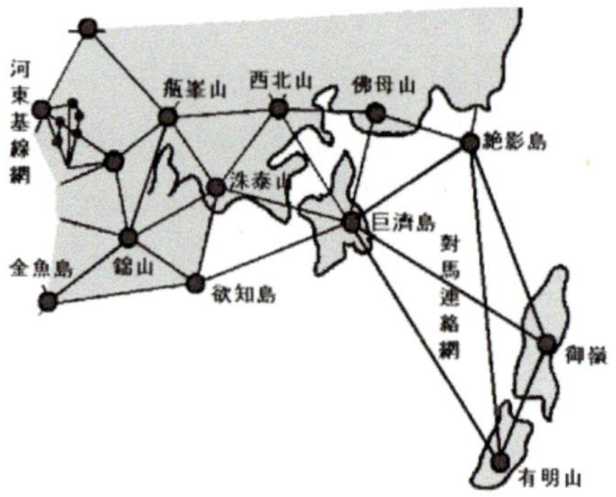

〈그림 1-20〉 대마도 연락망

(2) 계산

① 대마도 연락망은 육지측량부 1등 삼각점에 연결하였고 관측기계는 다르나 계산방법은 육지측량부에 의거 계산하였다.

② 삼각형의 계산은 르장드르(legendre)정리 방법에 따라 sin법칙으로 계산된 경위도를 사용하고 구과량을 계산하여 평면상의 각으로 환산하였다.

③ 계산이 종료되면 경도와 위도, 자오선 방향각, 평면직각종횡선, 평균방향각과 관측방향각, 거리의 대수를 기재하는 성과표를 작성하였다.

④ 대삼각본점의 평균법은 각 및 변방정식을 사용하고 최소방수법에 의하며, 대삼각보점의 평균법은 가우스 상사 이중투영식을 사용하여 평면직각종횡선으로 계산하였다.

6.2.4. 대삼각보점측량

① 대삼각보점은 선점, 조표 및 점표, 관측, 계산, 성과표작성의 순으로 작업을 진행하였다.

② 선점은 이등변삼각형으로 하여 경도 20분, 위도 15분의 방안 내에 대삼각본점을 포함하여 9점 정도의 비율로 설치하였다.

③ 점표는 통상 복판을 5단으로 하고 지주의 위치는 지상 사방 2.4m 지상으로부터 꼭대기까지의 높이는 5m로 하였다.

④ 관측에서 사용 기계는 데오돌라이트 10초독이며 관측 횟수는 9대회 또는 6대회의 방향관측을 하여 중수를 채택하였다.

⑤ 대삼각보점 및 소삼각점은 가우스상사 이중투영법에 의거 처음에 타원체로부터 구면상에 투영하고 다시 평면상에 투영해서 평면직각종횡선의 평균계산을 실시함으로 각 대삼각본점에 평면직각종횡선수치를 산출하기 위한 종횡선원점을 계산하였다.

⑥ 계산 순서는 관측부작성, 삼각형의 계산, 종횡선평균 계산, 경위도 계산, 성과표 작성 순으로 진행하였다.

6.2.5. 보통소삼각점측량

① 소삼각측량은 일반소삼각점측량과 구소삼각측량, 특별소삼각측량으로 구분할 수 있으며 대삼각점을 기준으로 실시하였다.

② 점간거리는 1등 삼각점의 점간거리는 사방 5km의 방안 내에 1점, 2등 삼각점의 점간거리는 사방 2.5km의 방안 내에 1점의 비율로 배치한다.

③ 관측은 20초독 데오돌라이트를 사용하였으며 좌측에서 우측으로 관측하고 다음 망원경을 반전하여 우측에서 좌측으로 관측하였다.

④ 윤곽도는 1등 점의 관측은 0°, 45°, 90°, 135°, 2등 점의 관측은 0°, 60°, 120°로 하였다.

⑤ 계산은 변장, 방위각, 종횡선을 계산하며 지형측량에 필요한 경위도 및 높이를 계산하여 구소삼각점의 값을 계산하였다.

6.2.6. 라플라스점

① 라플라스(Laplace)점은 기존에 설치된 1, 2등 삼각점에서 천문측량을 시행하여 삼각망 내 사방 50~100km마다 설치한다.

② 라플라스점에서 삼각측량으로 계산된 측지방위각과 천문측량으로 관측된 값들을 Laplace 방정식에 적용하여 계산한 측지방위각을 비교하여 그 차이를 조정함으로써 더욱 정확한 위치결정이 가능하며 삼각망의 비틀림을 바로 잡을 수 있는 점이다.

③ 천문측량으로 얻어진 천문방위각(Aa), 천문경도(λ a), 측지경도(λ g), 측지위도(φ)를 알면 타원체면상 계산에 필요한 측지방위각 Ag를 구할 수 있다.

④ Laplace점을 선정하여 기준점 관측값과 천문 관측값의 차이를 조정하여 위치결정 오차를 적게 할 수 있다.

⑤ 천문측량과 삼각측량이 함께 시행되는 기준점을 라플라스 조건이라 한다.

6.3. 지적삼각점측량

6.3.1. 지적삼각점측량 실시

① 지적삼각점측량을 할 때에는 미리 지적삼각점표지를 설치하여야 한다.

② 지적삼각점의 명칭은 측량지역이 소재하고 있는 특별시·광역시·도 또는 특별자치도(시·도)의 명칭 중 두 글자를 선택하고 시·도 단위로 일련번호를 붙여서 정한다.

③ 삼각형의 각 내각은 30도 이상 120도 이하로 한다.

④ 망평균계산법과 삼변측량에 따르는 경우에는 그러하지 아니하다.

⑤ 지적삼각점성과 결정을 위한 관측 및 계산의 과정은 지적삼각점측량부에 적어야 한다.

6.3.2. 망의 구성

① 지적삼각점은 유심다각망·삽입망·사각망·삼각쇄 또는 삼변(三邊) 이상의 망으로 구성하여야 한다.

② 유심다각망

- 측량지역이 거의 원형일 때 쓰이며 기선이 확고하고 성과의 정밀도를 보장할 수 있다.
- 넓은 지역의 측량에 적합한 방법으로, 측량지역이 거의 원형을 이룰 때 많이 쓰인다.
- 1개의 기선에서 확대하는 것이기 때문에 기선이 확고해야만 한다.
- 유심다각망은 삼각형의 기하학적 성질과 중심각 조건을 만족하는 각 조건과 변 조건에 대한 조정을 시행한다.

③ 사각망

- 이론상 가장 이상적인 조직이지만 그 계산방식이 복잡하다는 단점이 있으며, 기선이 확고해야 한다.
- 사각망은 높은 정밀도가 있어야 하는 측량이나 기선의 확대 등에 많이 이용되는 방법으로 사각형의 기하학적 성질을 이용하여 각 조건과 변 조건에 대한 조정을 시행한다.

④ 삽입망

- 양쪽에 기선을 두는 것 외에 그 협각도 기지점이 된다.
- 관측결과의 평균 계산이 가장 합리적이고 기지경계점과의 부합을 목표로 하는 지적삼각점측량에 가장 적합하다.

⑤ 삼각쇄

- 양쪽에 기선을 둔 망으로 동일 측점 수와 비교하면 도달거리가 길어서 도로, 하천과 같이 노선이 긴 형상의 지물측량에 편리하다.
- 삽입망과 같이 기지변에 폐색시켜 삼각점의 좌표를 구하는 방법으로써 안전성이 있다.
- 출발점에서 도착점을 직접 관측할 수 없으며 대부분이 원거리이므로 양단에 기선을 두어 하천, 도로 등 좁고 긴 형상의 지형도에 적합한 망형태이다.
- 삼각쇄는 방향각 조건을 만족하는 각 조건과 변 조건에 대한 조정을 시행한다.

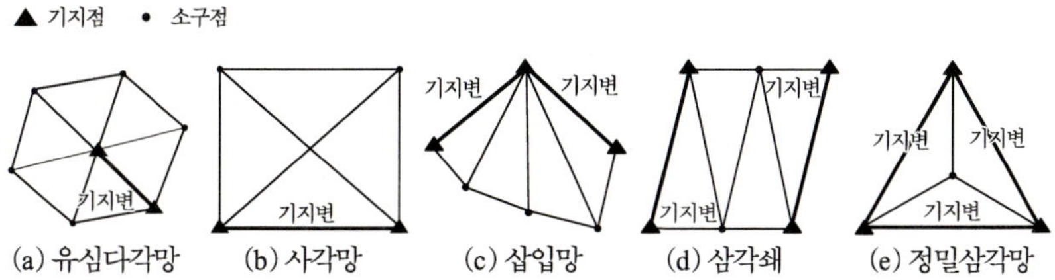

〈그림 1-21〉 삼각망의 형태

⑥ 정밀삼각망은 소구점을 중앙에 두고 주변에 기지점을 두는 망방식으로서 정밀조정을 필요로 할 때 적합한 망이다.

6.3.3. 지적삼각점측량의 관측 및 계산

(1) 선점 시의 유의사항

① 후속측량에 편리하며 영구적으로 보존할 수 있는 위치를 선정할 것

② 지반이 견고하고 측점의 이동 염려가 없으며 장비의 설치가 편리한 곳

③ 삼각형의 형상은 정삼각형에 가깝게 하며 30°~120°의 범위가 되도록 할 것

④ 신설 삼각점은 3개 이상의 기지 삼각점과 연결되도록 할 것

⑤ 삼각점 상호 간에 시통이 잘되는 곳

⑥ 교통의 장해를 받지 않는 곳이며 균일하게 배치하여야 한다.

⑦ 삼각형의 내각을 모두 관측할 수 있어야 한다.

(2) 경위의 측량방법에 따른 관측과 계산 기준

① 관측은 10초독(秒讀) 이상의 경위의를 사용할 것

② 수평각 관측은 3대회(大回, 윤곽도는 0도, 60도, 120도로 한다)의 방향관측법에 따를 것

③ 수평각의 측각공차는 다음 표에 따른다.

종별	1방향각	1측회의 폐색	삼각형 내각관측의 합과 180도와의 차	기지각과의 차
공차	30초 이내	±30초 이내	±30초 이내	±40초 이내

(3) 전파기 또는 광파기측량에 따른 관측과 계산 기준

① 전파 또는 광파 측거기는 표준편차가 ±(5mm+5ppm) 이상인 정밀측거기를 사용할 것

② 점간거리는 5회 측정하여 그 측정치의 최대치와 최소치의 교차가 평균치의 10만분의 1 이하일 때에는 그 평균치를 측정거리로 하고, 원점에 투영된 평면거리에 따라 계산할 것

③ 삼각형의 내각은 세 변의 평면거리에 따라 계산하며, 기지각과의 차에 관하여는 ±40초 이내로 할 것

(4) 연직각의 관측 및 계산 기준

① 각 측점에서 정반으로 각 2회 관측할 것

② 관측치의 최대치와 최소치의 교차가 30초 이내일 때에는 그 평균치를 연직각으로 할 것

③ 2점의 기지점에서 소구점의 표고를 계산한 결과 그 교차가 $0.05m+0.05(S_1 + S_2)m$ 이하일 때에는 그 평균치를 표고로 할 것. 이 경우 S_1과 S_2는 기지점에서 소구점까지의 평면거리로서 km 단위로 표시한 수를 말한다.

(5) 지적삼각점의 계산

① 진수(眞數)를 사용하여 각규약(角規約)과 변규약(邊規約)에 따른 평균계산법 또는 망평균계산법에 따른다.

② 계산단위는 다음 표에 따른다.

종별	각	변의 길이	진수	좌표 또는 표고	경위도	자오선수차
단위	초	cm	6자리 이상	cm	초 아래 3자리	초 아래 1자리

핵 / 심 / 문 / 제

Chapter 06 지적기준점측량

1. 「공간정보의 구축 및 관리 등에 관한 법률」에서 규정한 측량기준점에 해당하지 않는 것은?

① 국가기준점 ② 공공기준점
③ 위성기준점 ④ 지적기준점

| 해설 |

측량기준점은 국가기준점, 공공기준점, 지적기준점으로 구분한다.

정답 ③

2. 국가기준점에 해당하지 않는 것은?

① 위성기준점 ② 지적삼각점
③ 통합기준점 ④ 삼각점

| 해설 |

국가기준점은 우주측지기준점·위성기준점·수준점·중력점·통합기준점·삼각점·지자기점으로 구분하고 있다.

정답 ②

3. 지적기준점에 대한 설명으로 옳지 않은 것은?

① 지적삼각점은 지적측량에서 수평 위치측량에 사용하기 위해 국가기준점을 기준으로 설치한 기준점을 말한다.
② 지적삼각보조점은 국가기준점과 지적삼각점을 기준으로 정한 기준점이다.
③ 지적도근점은 국가기준점, 지적삼각점, 공공기준점을 기준으로 정한 기준점이다.
④ 지적기준점을 정하기 위한 기초측량은 경위의 측량, 전파·광파기측량, 사진측량 및 위성측량의 방법에 따른다.

| 해설 |

지적도근점은 국가기준점, 지적삼각점, 지적삼각보조점 및 다른 지적도근점을 기초로 하여 정한 기준점이다.

정답 ③

4. 지적기준점표지의 설치·관리 등에 관한 내용으로 옳지 않은 것은?

① 지적도근점 표지의 점간거리는 평균 50m 이상 300m 이하로 한다.
② 지적삼각보조점 표지의 점간거리는 평균 1km 이상 3km 이하로 한다.
③ 지적도근점 표지의 점간거리는 다각망도선법에 따르는 경우에는 평균 1km 이하로 한다.
④ 지적삼각보조점 표지의 점간거리는 다각망도선법에 따르는 경우에는 평균 0.5km 이상 1km 이하로 한다.

| 해설 |

지적도근점 표지의 점간거리는 평균 50m 이상 300m 이하로 할 것. 다만, 다각망도선법에 따르는 경우에는 평균 500m 이하로 한다.

정답 ③

5. 지적기준점 표지설치의 점간거리 기준으로 옳은 것은?

① 지적삼각점 : 평균 2km 이상 5km 이하
② 지적삼각보조점 : 평균 1km 이상 2km 이하
③ 지적삼각보조점 : 다각망도선법에 따르는 경우 평균 2km 이하
④ 지적도근점 : 평균 40m 이상 300m 이하

| 해설 |

지적삼각점 표지의 점간거리는 평균 2km에서 5km, 지적삼각보조점 표지의 점간거리는 평균 1~3km로 하되 다각망도선법에 따르는 때는 평균 0.5km 이상 1km 이하, 지적도근점표지의 점간거리는 평균 50m에서 300m 이하로 한다.

정답 ①

6. 지적기준점측량의 절차가 올바르게 나열된 것은?

① 계획의 수립 → 준비 및 현지답사 → 선점 및 조표 → 관측 및 계산과 성과표의 작성
② 준비 및 현지답사 → 선점 및 조표 → 계획의 수립 → 관측 및 계산과 성과표의 작성
③ 계획의 수립 → 선점 및 조표 → 준비 및 현지답사 → 관측 및 계산과 성과표의 작성
④ 준비 및 현지답사 → 계획의 수립 → 선점 및 조표 → 관측 및 계산과 성과표의 작성

| 해설 |

지적기준점측량의 작업순서는 계획의 수립 → 준비 및 현지답사 → 선점 및 조표 → 관측 및 계산 → 성과표의 작성 순서에 의한다.

정답 ①

7. 지적소관청이 관리하는 지적기준점 표지가 멸실되거나 훼손되었을 때에는 누가 이를 다시 설치하거나 보수하여야 하는가?

① 국토지리정보원장 ② 지적소관청
③ 시·도지사 ④ 국토교통부장관

| 해설 |

지적소관청이 관리하는 지적기준점 표지가 멸실되거나 훼손되었을 때에는 지적소관청은 다시 설치하거나 보수하여야 한다.

정답 ②

8. **지적측량기준점 표지의 설치 및 관리에 대한 설명으로 옳지 않은 것은?**

① 소관청은 타인의 토지에 지적측량기준점 표지를 설치·관리할 수 있다.
② 소관청은 타인의 건축물에 지적측량기준점 표지를 설치·관리할 수 있다.
③ 지적측량기준점 표지의 설치·관리에 관한 사항은 국토교통부령으로 정한다.
④ 소관청은 타인의 구조물에 지적측량기준점 표지를 설치·관리할 수 있다.

해설

측량기준점표지의 형상, 규격, 관리방법 등에 필요한 사항은 국토교통부령으로 정한다.

정답 ③

9. **「지적측량시행규칙」 상 지적기준점 표지의 설치·관리로서 옳지 않은 것은?**

① 지적소관청은 연 1회 이상 지적기준점 표지의 이상 유무를 조사하여야 한다.
② 지적삼각점 표지의 점간거리는 평균 3km 이상 6km 이하로 하여야 한다.
③ 지적삼각보조점 표지의 점간거리는 평균 1km 이상 3km 이하로 하여야 한다.
④ 다각망도선법에 따르는 경우 지적도근점 표지의 점간거리는 평균 500m 이하로 하여야 한다.

해설

지적삼각점 표지의 점간거리는 평균 2km 이상 5km 이하로 하여야 한다.

정답 ②

10. **지적삼각점성과를 관리할 때 지적삼각점 성과표에 기록·관리하여야 할 사항이 아닌 것은?**

① 지적삼각점의 명칭
② 좌표 및 표고
③ 직각좌표계 원점명
④ 자오선수차

해설

지적삼각점성과표에 기록·관리 사항
① 지적삼각점의 명칭과 기준 원점명, 좌표 및 표고
② 경도 및 위도(필요한 경우로 한정), 자오선수차
③ 시준점의 명칭, 방위각 및 거리
④ 소재지와 측량연월일

정답 ③

11. **다음 중 지적삼각점성과를 관리하는 자는?**

① 지적소관청 ② 시·도지사
③ 국토교통부장관 ④ 안전행정부장관

해설

지적삼각점성과는 특별시장·광역시장·도지사 또는 특별자치도지사가 관리하고, 지적삼각보조점성과 및 지적도근점성과는 지적소관청이 관리한다.

정답 ②

12. **지적기준점성과의 관리 등에 대한 설명으로 옳은 것은?**

① 지적도근점성과는 지적소관청이 관리한다.
② 지적삼각점성과는 지적소관청이 관리한다.
③ 지적삼각보조점성과는 시·도지사가 관리한다.
④ 지적소관청이 지적삼각점을 변경하였을 때에는 그 측량성과를 국토교통부장관에게 통보한다.

해설

지적삼각점성과는 특별시장·광역시장·도지사 또는 특별자치도지사("시·도지사")가 관리하고, 지적삼각보조점성과 및 지적도근점 성과는 지적소관청이 관리한다.

정답 ①

13. **지적삼각보조점 성과표 및 지적도근점 성과표에 기록·관리하여야 하는 사항에 해당하지 않는 것은?**

① 번호 및 위치의 약도 ② 소재지와 측량연월일
③ 도선등급 및 도선명 ④ 측량성과 보관장소

해설

지적삼각보조점성과표 및 지적도근점성과표에 기록·관리 사항
① 번호 및 위치의 약도
② 좌표와 직각좌표계 원점명
③ 경도와 위도(필요한 경우로 한정)
④ 표고(필요한 경우로 한정)
⑤ 소재지와 측량연월일
⑥ 도선등급 및 도선명
⑦ 표지의 재질
⑧ 도면번호, 설치기관
⑨ 조사연월일, 조사자의 직위·성명 및 조사 내용

정답 ④

14. **기초점 측량성과의 보존·관리에 대한 설명으로 옳지 않은 것은?**

① 지적삼각점성과 : 서울특별시장
② 지적삼각점성과 : 부산광역시장
③ 지적삼각보조점성과 : 도지사
④ 지적삼각보조점성과 : 소관청

해설

지적삼각점성과는 특별시장·광역시장·도지사 또는 특별자치도지사가 관리하고, 지적삼각보조점성과 및 지적도근점성과는 지적소관청이 관리한다.

정답 ③

15. 우리나라 기본삼각점 성과표의 설명 중 틀린 것은?

① 삼각점의 경도, 위도가 표시되어 있다.
② 삼각점의 좌표가 표시되어 있다.
③ 삼각점 사이의 거리가 대수로 표시되어 있다.
④ 삼각점의 지심위도가 표시되어 있다.

| 해설 |
우리나라는 준거타원체상의 측지학적 경·위도로 표시되어 있다.

정답 ④

16. 지적삼각점의 측량성과를 열람 또는 등본을 교부받고자 할 경우 신청하는 곳은?

① 읍·면사무소　② 시·도지사
③ 국토교통부　④ 국토지리정보원

| 해설 |
지적측량기준점성과 또는 그 측량부를 열람하거나 등본을 발급받으려는 자는 지적삼각점성과에 대해서는 특별시장·광역시장·특별자치시장·도지사·특별자치도지사 또는 지적소관청에 신청하고, 지적삼각보조점성과 및 지적도근점성과에 대해서는 지적소관청에 신청하여야 한다.

정답 ②

17. 삼각측량에 대한 설명으로 옳은 것은?

① 거리측정이 가장 중요하다.
② 내각의 크기는 최소 30°이상 120°이하가 되어야 한다.
③ 기선 설치가 편리하다.
④ 조정계산에 시간이 절약된다.

| 해설 |
삼각측량은 거리측정보다 각관측이 더 중요하며 기선 설치에 어려움이 많고 조정을 위한 조건식이 많아 조정계산에 시간이 많이 소요된다.

정답 ②

18. 삼각측량을 시행하는 주요 목적으로 옳은 것은?

① 거리를 구하기 위하여
② 높이를 구하기 위하여
③ 거리와 높이를 구하기 위하여
④ 점의 위치를 구하기 위하여

| 해설 |
삼각측량은 거리와 각을 이용하여 점의 위치를 구하는 것이 주목적이라 할 수 있다.

정답 ④

19. 우리나라 토지조사사업 당시 기선측량을 시행한 지역은?

① 7개소　② 10개소　③ 13개소　④ 19개소

| 해설 |
기선측량은 1910년 6월에 대전기선을 시작으로 1913년 10월 고건원 기선을 측량함으로써 13개소를 설치하였다.

정답 ③

20. 우리나라의 기선측량을 최초로 시행한 지역으로 맞는 것은?

① 고건원(古乾原) 기선　② 노량진(鷺梁津) 기선
③ 의주(義州) 기선　④ 대전(大田) 기선

| 해설 |
기선측량은 1910년 6월에 최초로 대전기선의 위치를 선정하면서부터 시작하여 1913년 10월 함경북도 고건원 기선까지 모두 완료되었다.

정답 ④

21. 대삼각점측량에 사용한 기선의 평균 길이는?

① 100~500m 전후　② 2,000~4,000m 전후
③ 1,000~2,000m 전후　④ 4,000~5,000m 전후

| 해설 |
기선의 길이가 가장 짧은 기선은 안동 기선으로 2,000.41516m, 가장 긴 기선은 평양 기선으로 4,625.47770m이다.

정답 ②

22. 우리나라 대삼각측량에서 사용한 기선측량의 시작 기선과 마지막 기선의 연결이 옳은 것은?

① 시작 기선 : 고건원 기선－마지막 기선 : 대전 기선
② 시작 기선 : 대전 기선－마지막 기선 : 고건원 기선
③ 시작 기선 : 안동 기선－마지막 기선 : 하동 기선
④ 시작 기선 : 평양 기선－마지막 기선 : 함흥 기선

| 해설 |
기선측량은 1910년 6월에 대전 기선을 시작으로 1913년 10월 고건원 기선을 측량함으로써 13개소를 설치하였다.

정답 ②

23. 우리나라 토지조사사업 당시 대삼각본점측량의 방법으로 틀린 것은?

① 전국 13개소에 기선을 설치하였다.
② 관측은 기선망에서 12대회의 방향관측을 실시하였다.
③ 대삼각점은 평균 점간거리 30km로 23개의 삼각망으로 구분하였다.
④ 대삼각점은 위도 20′, 경도 15′의 방안 내에 10점이 배치되도록 하였다.

| 해설 |
대삼각본점측량은 기선의 최종 확대 변을 기초로 경도 20′, 위도 15′의 방안 내에 1점이 배치되도록 하였다.

정답 ④

24. **대삼각본점측량에 관한 설명으로 옳지 않은 것은?**

① 전국에 13개소의 기선을 설치하였다.
② 대삼각점을 평균 점간거리 20km의 20개 삼각망으로 구성하였다.
③ 르장드르(Legendre) 정리에 의하여 구과량을 계산하였다.
④ 기선망의 수평각은 12대회 각 관측법으로 실시하였다.

| 해설 |

우리나라의 대삼각본점측량에서 평균 점간거리 30km로 23개의 삼각망으로 구분하였다.

정답 ②

25. **대삼각망을 구성하기 위해 최초로 대삼각점을 설치한 곳은?**

① 거제도와 대마도　② 절영도와 거제도
③ 제주도와 절영도　④ 가거도와 거제도

| 해설 |

우리나라 최초로 대삼각점을 설치한 곳은 거제도와 절영도이다.

정답 ②

26. **대삼각본점측량에 대한 설명으로 틀린 것은?**

① 각은 초 이하 1자리까지 산출
② 경위도는 초 이하 3자리까지 산출
③ 자오선 방향각은 초 이하 2자리까지 산출
④ 평면직각종횡선 좌표(X, Y)는 cm까지 산출

| 해설 |

각은 초 이하 2자리까지, 변은 대수 7자리까지, 경위도는 초 이하 3자리까지, 자오선 방향각은 초 이하 2자리까지, 평면직각종횡선 좌표는 cm 단위까지 산출하였다.

정답 ①

27. **대삼각본점측량을 실시할 때 방향관측법으로 관측할 경우 몇 대회로 실시하였는가?**

① 2대회　② 3대회
③ 6대회　④ 12대회

| 해설 |

기선망을 관측할 때에는 12대회, 대삼각본점측량은 6대회의 방향관측법으로 실시하여 평균값을 선택하였다.

정답 ③

28. **대삼각보점측량에 대한 설명으로 틀린 것은?**

① 삼각점 간의 거리가 약 10km가 되도록 2,401점을 선정하였다.
② 대삼각보점의 배치는 경도 10분, 위도 15분의 방안 내에 대삼각본점을 포함하여 9점 정도의 비율로 설치하였다.
③ 대삼각보점에 사용된 기계는 데오돌라이트 10초독이다.
④ 관측 횟수는 9대회 또는 6대회의 방향 관측을 하여 중수를 채택하였다.

| 해설 |

대삼각보점의 배치는 경도 20분, 위도 15분의 방안 내에 대삼각본점을 포함하여 9점 정도의 비율로 설치하였다.

정답 ②

29. **대삼각보점측량에서 점표의 시준이 불가능한 경우에 사용한 것으로 옳은 것은?**

① 회조기　② 옷드헨나루 경위의
③ 측미경　④ 중표기

| 해설 |

거리, 방향, 높이로부터 점표의 시준이 불가능한 경우에는 회조기를 사용하였다.

정답 ①

30. **삼각측량에 의해 계산된 측지방위각과 천문측량에 의해 측정된 값을 비교하여 그 차이를 조정함으로써 보다 정확한 위치를 결정하기 위해 이용하는 관계식은?**

① 리먼(Lehman) 정리　② 가우스(Gauss) 정리
③ 라플라스(Laplace) 정리　④ 르장드르(Legendre) 정리

| 해설 |

라플라스점에서 삼각측량으로 계산된 측지방위각과 천문측량으로 관측된 값들을 Laplace 방정식에 적용하여 계산한 측지방위각을 비교하여 그 차이를 조정하여 정확한 위치결정이 가능하고 삼각망의 비틀림을 바로 잡을 수 있다.

정답 ③

31. **지적기초측량을 시행하는 경우로 옳은 것은?**

① 지적공부를 복구하는 경우
② 지적공부의 등록사항을 정정하는 경우
③ 도시개발사업 등의 지역에서 토지이동이 있는 경우
④ 세부측량을 위해 지적삼각보조점의 설치가 필요한 경우

| 해설 |

기초측량은 세부측량을 하기 위하여 지적삼각점 또는 지적삼각보조점의 설치가 필요한 경우에 기초측량을 시행한다.

정답 ④

32. 지적삼각점측량의 기준이 되는 기준점 설명으로 옳지 않은 것은?

① 위성기준점 ② 통합기준점
③ 삼각점 ④ 측량기준점

| 해설 |

지적삼각점측량은 위성기준점, 통합기준점, 삼각점 및 지적삼각점을 기초로 한다.

정답 ④

33. 지적측량에서 기준점을 설치하기 위한 측량으로 기초측량에 해당하지 않는 것은?

① 일필지 측량 ② 지적삼각점측량
③ 지적삼각보조점측량 ④ 지적도근점측량

| 해설 |

지적측량에서 기초측량은 지적삼각점측량, 지적삼각보조점측량, 지적도근점측량으로 구분한다.

정답 ①

34. 지적삼각점측량을 시행해야 하는 경우가 아닌 것은?

① 도근점의 신설 또는 재설치를 위하여 지적삼각점 또는 지적삼각보조점의 설치가 필요할 때
② 세부측량의 시행상 지적삼각점 또는 지적삼각보조점의 설치가 필요할 때
③ 집단 이동지의 면적이 당해 지적도 1장에 해당하는 면적 이상일 때
④ 측량지역의 지형 관계상 지적삼각점 또는 지적삼각보조점의 신설 또는 재설치가 필요할 때

| 해설 |

측량지역의 면적이 당해 지적도 1장에 해당하는 면적 이상인 지역일 때이다.

정답 ③

35. 지적삼각점측량에 대한 설명으로 옳지 않은 것은?

① 지적삼각점 표지는 관측 후에 설치한다.
② 삼각형의 각 내각은 30도 이상 120도 이하로 한다.
③ 지적삼각점의 일련번호는 측량지역이 소재하고 있는 시·도 단위로 부여한다.
④ 지적삼각점의 명칭은 측량지역이 소재하고 있는 시·도의 명칭 중 두 글자를 선택한다.

| 해설 |

지적삼각점측량을 할 때에는 미리 지적삼각점표지를 설치하여야 한다.

정답 ①

36. 삼각망에 대한 설명으로 옳지 않은 것은?

① 삼각점측량에서 망의 구성은 유심다각망, 삽입망, 사각망, 삼각쇄, 정밀삼각망이 있다.
② 유심다각망은 측량지역이 원형의 형태에 사용되는 망으로 넓은 지역의 측량에 적합하다.
③ 사각망은 높은 정밀도 측량에 많이 이용되며 삼변측량에 가장 적합하다.
④ 삽입망은 양쪽에 기선을 두는 것 외에 그 협각도 기지점이 되므로 관측 결과의 평균 계산이 가장 합리적이다.

| 해설 |

사각망
① 이론상 가장 이상적인 망이지만 계산방식이 복잡하며, 기선이 확고해야 한다.
② 사각망은 높은 정밀도가 있어야 하는 측량이나 기선의 확대 등에 많이 이용되는 방법으로 사각형의 기하학적 성질을 이용하여 각 조건과 변 조건에 대한 조정을 시행한다.

정답 ③

37. 다음 중 지적삼각망의 종류에 속하지 않는 것은?

① 유심다각망 ② 교회망
③ 사각망 ④ 삽입망

| 해설 |

지적삼각점은 유심다각망·삽입망·사각망·삼각쇄 또는 삼변(三邊) 이상의 망으로 구성하여야 한다.

정답 ②

38. 양쪽에 기선을 두는 것 외에 그 협각도 기지점이 되므로 관측결과의 평균계산이 가장 합리적이어서 기지경계점과의 부합되는 것을 목표로 하는 지적삼각점측량에 가장 적합한 형태로 옳은 것은?

① 유심다각망 ② 사각망
③ 삽입망 ④ 삼각쇄

| 해설 |

삽입망은 양쪽에 기선을 두는 것 외에 그 협각도 기지점이 된다. 관측결과의 평균계산이 가장 합리적이고 기지경계점과의 부합을 목표로 하는 지적삼각점측량에 가장 적합하다.

정답 ③

39. 소구점을 중앙에 두고 기지점을 주위에 두는 망의 형태는?

① 삼각망 ② 사각망
③ 삽입망 ④ 유심다각망

| 해설 |

정밀삼각망은 소구점을 중앙에 두고 주변에 기지점을 두는 망방식으로서 정밀조정을 필요로 할 때 적합한 망이다.

정답 ①

40. 삼각망을 구성할 경우 오차의 영향을 적게하기 위해 가장 적합한 망 형태는?

① 정삼각형 ② 직각삼각형
③ 예각삼각형 ④ 이등변삼각형

| 해설 |

삼각망을 구성할 때 정삼각형인 경우 각 오차가 변장에 미치는 영향이 가장 적다.

정답 ①

41. 지적삼각점측량 시 삼각망 구성에 따른 내각의 제한으로 옳은 것은?

① 20°~50° ② 20°~80°
③ 30°~120° ④ 30°~150°

| 해설 |

지적삼각점측량 시 삼각망으로 구성하여야 하며 삼각형의 각 내각은 30° 이상 120° 이하로 한다.

정답 ③

42. 지적삼각점의 명칭을 부여하는 방법으로 맞는 것은?

① 시·도 ② 소관청 ③ 읍·면 ④ 측량지역

| 해설 |

지적삼각점의 명칭은 측량지역이 소재하고 있는 특별시·광역시·도 또는 특별자치도(시·도)의 명칭 중 두 글자를 선택하고 시·도 단위로 일련번호를 붙여서 정한다.

정답 ①

43. 시·도별 지적삼각점의 명칭이 잘못된 것은?

① 충청북도 : 충청 ② 서울특별시 : 서울
③ 부산광역시 : 부산 ④ 제주특별자치도 : 제주

| 해설 |

지적삼각점의 명칭은 측량지역이 소재하고 있는 시·도의 명칭 중 두 글자를 선택한다. 충청북도는 충북으로 표시한다.

정답 ①

44. 지적삼각점측량의 방법 기준으로 옳지 않은 것은?

① 지적삼각점 표지의 점간거리는 평균 2km 이상 5km 이하로 한다.
② 삼각형의 각 내각은 30°이상 120°이하로 한다. 다만, 망평균계산법과 삼변측량에 따를 때는 그러하지 아니하다.
③ 미리 지적삼각점 표지를 설치하여야 한다.
④ 지적삼각점의 명칭은 측량지역이 소재하고 있는 시·군의 명칭 중 한 글자를 선택하고 시·군 단위로 일련번호를 붙여서 정한다.

| 해설 |

지적삼각점의 명칭은 측량지역이 소재하고 있는 특별시·광역시·도 또는 특별자치도(시·도)의 명칭 중 두 글자를 선택하고 시·도 단위로 일련번호를 붙여서 정한다.

정답 ④

45. 지적삼각점 표지의 점간거리는 평균 얼마를 기준으로 하는가?

① 2km 이상 5km 이하 ② 3km 이상 10km 이하
③ 5km 이상 20km 이하 ④ 10km 이상 30km 이하

| 해설 |

지적삼각점 표지의 점간거리는 평균 2km에서 5km 이하로 한다.

정답 ①

46. 지적삼각점측량의 기초가 되는 것으로만 나열된 것은?

① 삼각점, 지적삼각보조점
② 지적삼각점, 지적삼각보조점
③ 삼각점, 지적삼각점
④ 지적삼각보조점, 통합기준점

| 해설 |

지적삼각점측량의 기초가 되는 것은 삼각점, 지적삼각점, 통합기준점을 이용하도록 규정하고 있다.

정답 ③

47. 지적삼각점의 선점 시 고려할 사항으로 틀린 것은?

① 측량지역에 대하여 등밀도로 배점한다.
② 후속측량에 편리하도록 땅이 무른 곳에 설치한다.
③ 삼각점의 상호 시통이 양호한 위치를 선정한다.
④ 삼각형의 내각은 60°에 가깝도록 한다.

| 해설 |

지적삼각점의 선점 시 고려 사항
① 후속측량에 편리하며 영구적으로 보존할 수 있는 위치를 선정할 것
② 지반이 견고하고 측점의 이동 염려가 없으며 장비의 설치가 편리한 곳
③ 삼각형의 형상은 정삼각형에 가깝게 하며 30°~120°의 범위가 되도록 하되 60°에 가깝도록 한다.
④ 신설 삼각점은 3개 이상의 기지 삼각점과 연결되도록 할 것
⑤ 삼각점 상호 간에 시통이 잘되는 곳
⑥ 교통의 장해를 받지 않는 곳이며 균일하게 배치하여야 한다.
⑦ 삼각형의 내각을 모두 관측할 수 있어야 한다.

정답 ②

48. 지적삼각점의 표석을 매설할 때 주석에 표시된 '지적'이란 부분이 어느 쪽을 향하도록 매설하여야 하는가?

① 동쪽 ② 남쪽 ③ 북쪽 ④ 서쪽

| 해설 |

삼각점의 정면은 남향이 되도록 매설하는 것이 원칙이다. '지적'이란 표시가 된 곳을 정면으로 본다.

정답 ②

49. 지적삼각점의 반석 중에서 상 단면의 규격으로 맞는 것은?

① 24cm×24cm ② 22cm×22cm
③ 20cm×20cm ④ 15cm×15cm

| 해설 |

반석 상 단면의 규격은 24cm×24cm이다.

정답 ①

50. 지적삼각점의 표석을 매설할 때 지하에 반석을 매설하는 목적은?

① 외부 영향으로부터 주석을 보호하기 위해
② 주석을 일정 방향으로 고정하기 위해
③ 주석을 망실할 경우 삼각점 위치를 판단하기 위해
④ 지각변동에 의한 주석의 침하를 방지하기 위해

| 해설 |

반석의 매설목적은 주석의 망실 또는 이동 시 삼각점 위치판단을 위해서이다.

정답 ③

51. 지적삼각망의 구성을 위한 수평각의 관측에서 정·반으로 관측하는 이유는?

① 구심 오차를 소거하기 위하여
② 연직축 오차를 소거하기 위하여
③ 기계 오차를 소거하기 위하여
④ 기상 영향력을 소거하기 위하여

| 해설 |

수평각의 관측에서 정·반으로 관측하는 가장 큰 이유는 기계조정에 의한 오차를 소거하기 위해서이다.

정답 ③

52. 지적삼각점측량에서 수평각의 관측 방법으로 가장 많이 사용하는 것은?

① 각관측법 ② 배각법
③ 방향관측법 ④ 방위각법

| 해설 |

방향관측법은 지적에서 수평각의 관측 방법으로 가장 많이 사용한다.

정답 ③

53. 지적삼각점의 수평각 관측을 3대회의 방향관측법에 의할 때 윤곽도가 옳은 것은?

① 0°, 90°, 180° ② 0°, 60°, 120°
③ 0°, 180°, 270° ④ 0°, 30°, 60°

| 해설 |

지적삼각점의 수평각 관측은 3대회(윤곽도는 0도, 60도, 120도)의 방향관측법에 따른다.

정답 ②

54. 지적삼각점측량에서 방향관측법의 시행에 따른 윤곽도 산출 식으로 옳은 것은?(단, n : 대회 수이다)

① $\frac{90^\circ}{n}$ ② $\frac{180^\circ}{n}$ ③ $\frac{270^\circ}{n}$ ④ $\frac{360^\circ}{n}$

| 해설 |

지적삼각점측량에서 방향관측법 대회 윤곽도의 결정은 일반적으로 1회를 0°로 하고 $\frac{180^\circ}{n}$로 하여 결정하며(n : 대회수) 3대회의 경우 1대회는 0°로 하고, 2대회는 $\frac{180^\circ}{3}\times 1 = 60^\circ$, 3대회는 $\frac{180^\circ}{3}\times 2 = 120^\circ$이다.

정답 ②

55. 지적삼각점측량에서 수평각을 4대회로 관측하고자 할 경우 윤곽도는?

① 0°, 40°, 80°, 120° ② 0°, 50°, 110°, 160°
③ 0°, 45°, 90°, 135° ④ 0°, 90°, 180°, 270°

| 해설 |

n 대회일 때 윤곽도는 $\frac{180^\circ}{n}$이므로 4대회는 $\frac{180^\circ}{4}$로 0°45°90°135°이다.

정답 ③

56. 지적삼각점측량에서 경위의로 수평각을 측정하는 중 2대회의 정측을 완료하고 반전하였을 경우 윤곽도는 어떻게 되는가?

① 360°혹은 이에 근사한 각도가 된다.
② 180°혹은 이에 근사한 각도가 된다.
③ 60°혹은 이에 근사한 각도가 된다.
④ 240°혹은 이에 근사한 각도가 된다.

| 해설 |

지적삼각점측량은 3대회의 방향관측법으로 시행하는데 윤곽도의 정측은 0°, 60°, 120°이며, 2대회는 60°에서 시작하여 반전하면 윤곽도+180°이므로 240° 또는 이에 근사한 각도가 된다.

정답 ④

57. 수평각의 관측 시 윤곽도를 달리하여 망원경을 정·반으로 관측하는 이유로 가장 적합한 것은?

① 각 관측의 편의를 위함이다.
② 과대오차를 제거하기 위함이다.
③ 기계 눈금 오차를 제거하기 위함이다.
④ 관측값의 계산을 용이하게 하기 위함이다.

| 해설 |
수평각 관측에서 망원경을 정·반으로 관측하는 가장 큰 이유는 기계조정 불완전 오차를 소거하기 위함이다.

정답 ③

58. 지적삼각점의 관측을 위한 광파 측거기의 정밀도는?

① 표준편차가 ±(5cm+5ppm) 이상
② 표준편차가 ±(5mm+5ppm) 이상
③ 표준편차가 ±(5cm+6ppm) 이상
④ 표준편차가 ±(5mm+6ppm) 이상

| 해설 |
전파 또는 광파측거기는 표준편차가 ±(5mm+5ppm) 이상인 정밀측거기를 사용한다.

정답 ②

59. 지적삼각점 사이의 거리를 광파기로 5회 측정한 결과 245.45m일 때 허용교차는?

① 0.2cm ② 0.1cm ③ 0.002cm ④ 0.001cm

| 해설 |
지적삼각점의 점간거리는 5회 측정하여 그 측정값의 최댓값과 최솟값의 교차가 평균값의 10만분의 1 이하일 때에는 그 평균값을 측정거리로 결정하기 때문에 측정거리의 허용오차는 $245.45 \times \frac{1}{100,000}$ $= 0.00245\text{m} = 0.2\text{cm}$이다.

정답 ①

60. 전파기 또는 광파기측량 방법에 따른 지적삼각점의 점간거리는 몇 회 측정하여야 하는가?

① 2회 ② 3회 ③ 4회 ④ 5회

| 해설 |
지적삼각점의 점간거리는 5회 측정하여 그 측정치의 최대와 최솟값의 교차가 평균값의 10만분의 1 이하인 때에는 그 평균값을 측정거리로 한다.

정답 ④

61. 전파기 또는 광파기측량 방법으로 지적삼각점을 관측할 경우 점간거리는 5회 측정하여 그 측정치의 최댓값과 최솟값의 교차가 평균값의 얼마 이하일 때에 그 평균값을 측정거리로 하는가?

① 5만분의 1 이하 ② 10만분의 1 이하
③ 15만분의 1 이하 ④ 20만분의 1 이하

| 해설 |
지적삼각점의 관측과 계산에서 점간거리는 5회 측정하여 그 측정치의 최댓값과 최솟값의 교차가 평균값의 10만분의 1 이하일 때에는 그 평균값을 측정 거리로 한다.

정답 ②

62. 광파기측량 방법에 따른 지적삼각점의 관측에서 점간거리를 측정한 결과의 평균값이 2435.44m일 때 그 측정치의 최댓값과 최솟값의 교차가 최대 얼마 이하이어야 평균값을 측정거리로 할 수 있는가?

① 0.06m ② 0.04m ③ 0.02m ④ 0.01m

| 해설 |
지적삼각점의 점간거리는 5회 측정하여 그 측정값의 최댓값과 최솟값의 교차가 평균값의 10만분의 1 이하일 때에는 그 평균값을 측정거리로 결정하기 때문에 측정거리의 허용오차는 $2435.44 \times \frac{1}{100,000}$ $= 0.024\text{m} = 0.02\text{m}$이다.

정답 ③

63. 표고를 계산하기 위해 2개의 기지점에서 소구점의 표고를 계산한 결과 그 교차가 얼마일 경우 그 평균값을 사용할 수 있는가?

① $0.05\text{m}+0.05(S_1+S_2)\text{m}$ ② $0.05\text{m}+0.5(S_1+S_2)\text{m}$
③ $0.5\text{m}+0.05(S_1+S_2)\text{m}$ ④ $0.5\text{m}+0.5(S_1+S_2)\text{m}$

| 해설 |
2개의 기지점에서 소구점의 표고를 계산한 결과 그 교차가 $0.05\text{m}+0.05(S_1+S_2)\text{m}$ 이하일 때에는 그 평균값을 사용한다.

정답 ①

64. 지적삼각점측량 시 두 지점의 기지점에서 소구점까지 평면거리가 각각 4,712m, 3,912m일 때 두 기지점에서 소구점의 표고를 계산한 교차는 얼마 이하이어야 하는가?

① 0.48m ② 0.50m ③ 0.52m ④ 0.54m

| 해설 |
2개의 기지점에서 소구점의 표고를 계산한 결과 그 교차가 $0.05\text{m}+0.05(S_1+S_2)\text{m}$ 이하인 때에는 그 평균값을 표고로 할 것. 이 경우 S_1과 S_2는 기지점에서 소구점까지의 평면거리로서 km 단위로 표시한 수를 말한다. $0.05\text{미터}+0.05(S_1+S_2)=0.05+0.05(4.712+3.912)$ $=0.4812\text{m}$ 이다.

정답 ①

65. A, B 기지점으로부터 소구점의 표고를 계산하고자 A, B 각 지점에서 소구점까지 평면거리를 관측한 결과 1km, 2km이었다. 이때 두 기지점으로부터 구한 소구점의 표고에 대한 교차한계는?

① 0.1m ② 0.2m ③ 0.3m ④ 0.4m

| 해설 |

2개의 기지점에서 소구점의 표고를 계산한 결과 그 교차가 0.05m+0.05(S_1+S_2)m 이하인 때에는 그 평균값을 표고로 할 것. 이 경우 S_1과 S_2는 기지점에서 소구점까지의 평면거리로서 km 단위로 표시한 수를 말한다. 0.05미터+0.05(S_1+S_2)=0.05+0.05(1+2)=0.2m 이다.

정답 ②

66. 전파기 또는 광파 측거기의 표준편차가 (5mm+5ppm)일 때 3,000m의 거리를 측정하였을 경우 오차의 발생량은?

① ±2m　② ±0.2m
③ ±0.02m　④ ±0.002m

| 해설 |

오차의 발생량은 0.005+3,000x $\frac{5}{1,000,000}$ =±0.02m 이다.

정답 ③

67. 전파기 또는 광파기측량 방법에 따른 지적삼각점의 관측과 계산 기준이 옳지 않은 것은?

① 표준편차가 ±(5mm+5ppm) 이상인 정밀측거기를 사용한다.
② 점간거리는 3회 측정하고, 원점에 투영된 수평거리로 계산하여야 한다.
③ 측정치의 최댓값과 최솟값의 교차가 평균값의 10만분의 1 이하일 때는 그 평균값을 측정거리로 한다.
④ 삼각형의 내각 계산은 기지각과의 차가 ±40초 이내이어야 한다.

| 해설 |

전파기 또는 광파기측량 방법에 따른 지적삼각점의 관측에서 점간거리는 5회 측정하여 그 측정치의 최대치와 최소치의 교차가 평균치의 10만분의 1 이하일 때에는 그 평균치를 측정거리로 한다.

정답 ②

68. 지적삼각점측량에서 관측과 계산에 대한 설명으로 옳은 것은?

① 각 관측은 20초독 이상의 정밀경위의를 사용한다.
② 수평각 관측은 2대회의 방향관측법에 의한다.
③ 수평각의 관측 시 1측회의 폐색오차는 ±40초 이내이어야 한다.
④ 수평각의 관측 시 기지각과 차는 ±40초 이내이어야 한다.

| 해설 |

각 관측은 10초독 이상의 정밀경위의 사용, 수평각 관측은 3대회의 방향관측법, 수평각의 관측 시 1측회의 폐색오차는 ±30초 이내이다.

정답 ④

69. 지적삼각점측량에서 수평각의 측각공차 기준이 옳은 것은?

① 1측회의 폐색 : ±30초 이내
② 1방향각 : ±40초 이내
③ 삼각형 내각 관측의 합과 180°와의 차 : ±40초 이내
④ 기지각과의 차 : ±30초 이내

| 해설 |

지적삼각점을 관측할 경우 수평각의 측각공차는 1방향각 30초 이내, 1측회의 폐색차 ±30초 이내, 삼각형 내각 관측값의 합과 180°와의 차 ±30초 이내, 기지각과 차는 ±40초 이내로 한다.

정답 ①

70. 지적삼각점의 관측과 계산에 대한 설명으로 맞는 것은?

① 수평각 관측은 3배각의 배각관측법에 의한다.
② 1방향각의 측각공차는 ±50초 이내이다.
③ 기지각과의 측각공차는 ±40초 이내이다.
④ 연직각을 관측할 때에는 정·반 1회 관측한다.

| 해설 |

① 수평각 관측은 방향각 관측법으로 실시한다.
② 1방향각의 측각공차는 ±30초 이내이다.
③ 기지각과의 측각 공차는 ±40초 이내이다.
④ 연직각 관측은 각 측점에서 정·반으로 2회 관측한다.

정답 ③

71. 지적삼각점측량을 할 때 사용하고자 하는 삼각점의 변동 유무를 확인하는 기준은?

① 기지각과의 오차가 ±30초 이내
② 기지각과의 오차가 ±40초 이내
③ 기지각과의 오차가 ±50초 이내
④ 기지각과의 오차가 ±60초 이내

| 해설 |

지적삼각점을 관측할 경우 수평각의 측각공차는 1방향각 30초 이내, 1측회의 폐색차 ±30초 이내, 삼각형 내각 관측값의 합과 180°와의 차 ±30초 이내, 기지각과의 차는 ±40초 이내로 한다.

정답 ②

72. 지적삼각점측량의 계산방법으로 옳은 것은?

① 삼각망 계산법을 사용한다.
② 교회법 또는 평균계산법에 의한다.
③ 평균계산법 또는 망평균계산법에 의한다.
④ 망평균계산법 또는 다각망도선법에 의한다.

| 해설 |

지적삼각점의 계산은 평균계산법 또는 망평균계산법에 의한다.

정답 ③

73 지적삼각점을 계산할 경우에 대한 설명으로 옳지 않은 것은?

① 자오선수차는 초 아래 2자리까지로 한다.
② 변의 길이 및 좌표 또는 표고의 단위는 cm까지 계산한다.
③ 경위도의 계산은 초 아래 3자리까지로 한다.
④ 각의 계산단위는 초 단위까지 한다.

| 해설 |

자오선수차는 초 아래 1자리까지로 한다.

정답 ①

74. 지적삼각점측량에서 수평각을 관측하여 삼각형 내각 관측값의 합과 180° 와의 차가 얼마 이내이면 관측값을 인정하는가?

① ±20초 ② ±30초 ③ ±40초 ④ ±50초

| 해설 |

관측성과의 정도를 삼각형의 기하학적인 조건을 이용하여 분석하는 것으로 ±30초 이내이면 정상적인 관측으로 본다.

정답 ②

75. 경위의 측량방법에 따른 지적삼각점측량에서 수평각의 측각공차 중 기지각과 차는 최대 얼마 이내여야 하는가?

① ±30초 이내 ② ±40초 이내
③ ±50초 이내 ④ ±60초 이내

| 해설 |

지적삼각점측량에서 수평각의 측각공차 중 기지각과 차는 ±40초 이내이다.

정답 ②

76. 지적삼각점을 관측하는 경우 연직각의 관측과 계산에 대한 설명으로 틀린 것은?

① 각 측점에서 정·반으로 각 2회 관측할 것
② 관측값의 최댓값과 최솟값의 교차가 30초 이내일 때에는 그 평균값을 연직각으로 할 것
③ 2개의 기지점에서 소구점의 표고를 계산한 결과 그 교차가 0.5m+0.5(S_1+S_2)m 이하일 때에는 그 평균값을 표고로 할 것
④ 지적삼각점의 계산은 진수를 사용하여 각규약과 변규약에 의한 평균계산법 또는 망평균 계산법에 의한다.

| 해설 |

2개의 기지점에서 소구점의 표고를 계산한 결과 그 교차가 0.05m+0.05(S_1+S_2)m 이하인 때에는 그 평균값을 표고로 할 것

정답 ③

77. 지적삼각점측량에서 연직각을 관측하는 경우 정·반 관측값의 최댓값과 최솟값의 교차는 얼마 이내로 제한하는가?

① 30초 ② 40초 ③ 50초 ④ 1분

| 해설 |

관측값의 최댓값과 최솟값의 교차가 30초 이내일 때에는 그 평균값을 연직각으로 한다.

정답 ①

78. 지적삼각점을 설치하기 위하여 연직각을 관측한 결과가 최댓값은+25° 42′ 37″ 이고, 최솟값은+25° 42′ 32″ 일 때 옳은 것은?

① 최댓값을 연직각으로 한다.
② 평균값을 연직각으로 한다.
③ 최솟값을 연직각으로 한다.
④ 연직각을 다시 관측하여야 한다.

| 해설 |

관측값의 최댓값과 최솟값의 교차가 30초 이내일 때에는 그 평균값을 연직각으로 하므로 최댓값은+25°42′37″이고, 최솟값은+25°42′32″에서 5″의 차이로 허용범위 이내이므로 평균값을 사용한다.

정답 ②

79. 지적삼각점측량에서 원점에서부터 두 점 A, B까지의 횡선거리가 각각 16km와 20km일 때 축척 계수(K)는 얼마인가?(단, R=6372.2km이다.)

① 1.00000399 ② 1.00000274
③ 1.00000177 ④ 1.00000072

| 해설 |

축척 계수(K) $= 1 + \frac{(Y_1+Y_2)^2}{8R^2} = 1 + \frac{(16+20)^2}{8 \times 6372.2^2} = 1.00000399$ 에서 Y_1, Y_2는 원점에서 떨어진 거리에 해당하는데 (Y_1, Y_2)가 클수록 K의 값은 커지게된다.

정답 ①

80. 지적삼각점측량의 계산에서 진수는 몇 자리 이상을 사용하는가?

① 6자리 이상 ② 7자리 이상
③ 8자리 이상 ④ 9자리 이상

| 해설 |

지적삼각점의 계산단위는 각은 초, 변의 길이와 좌표 또는 표고는 cm, 진수는 6자리 이상이다.

정답 ①

81. 지적삼각점측량에서 진북 방향각의 계산단위로 옳은 것은?

① 초 아래 1자리　② 초 아래 2자리
③ 초 아래 3자리　④ 초 아래 4자리

| 해설 |
지적삼각점측량에서 진북 방향각(자오선수차)의 계산단위는 초 아래 1자리이다.

정답 ①

82. 지적삼각점측량에서 경위도좌표의 계산은 초 아래 몇 자리까지로 결정하는가?

① 초 아래 1자리　② 초 아래 4자리
③ 초 아래 2자리　④ 초 아래 3자리

| 해설 |
경위도 좌표의 계산은 초 아래 3자리까지 계산한다.

정답 ④

83. 지적삼각점의 계산과 관련한 아래의 설명에서 (　)에 들어갈 수 있는 내용으로 옳은 것은?

지적삼각점의 계산은 진수를 사용하여 각규약과 변규약에 따른 (　) 또는 (　)에 따른다.

① 망평균계산법　② 다각망도선법
③ 3방향교회법　④ 결합도선법

| 해설 |
지적삼각점의 계산은 진수를 사용하여 각규약과 변규약에 따른(평균계산법) 또는 (망평균계산법)에 따른다.

정답 ①

84. 지적삼각점측량의 수평각 관측 시 망원경을 정·반으로 관측을 시행하여 그 평균을 얻음으로써 소거할 수 없는 오차는?

① 망원경의 편심 오차　② 수평축 오차
③ 시준축 오차　④ 수직축 오차

| 해설 |
수직축 오차는 망원경의 정·반 관측값의 평균으로는 소거되지 않는다.

정답 ④

85. 수평각을 관측할 때 수평축과 시준축이 직교하지 않아 발생하는 각 오차를 소거하는 방법으로 옳은 것은?

① 측점의 높이를 같이 하여 관측한 각을 평균하여 구한다.
② 망원경을 정·반의 위치에서 관측하여 그 평균을 구한다.
③ 수평분도반의 읽음값의 평균을 구한다.
④ 망원경으로 고도의 관측값을 평균하여 구한다.

| 해설 |
수평축 오차는 망원경의 정·반의 관측값을 평균하면 소거된다.

정답 ②

86. 진수에 의한 지적삼각점측량의 조정계산 시 해당 각의 sin10″ 차를 찾는 이유는?

① 관측 기계가 10초독이기 때문에
② 계산을 편리하게 하기 위하여
③ 대수에서 1″ 차를 찾았기 때문에
④ 관측각에는 10″ 정도의 오차가 있다고 보기 때문에

| 해설 |
지적삼각점측량에서 삼각형의 내각에는 10″ 이내의 오차가 발생했다고 보고 계산으로 조정하는 방법을 택하기 때문이다.

정답 ④

87. 진수에 의한 삼각망의 조정계산 시 변규약에 필요한 조정계산에서 각 θ 의 sin10″ 차를 구하는 산출식으로 맞는 것은?

① $10^6 \dfrac{M}{\rho} \times \cot\theta$　② $10^6 \dfrac{M}{\rho} \times \cot\theta$
③ $\sin 10'' \times 10^6 \times \cos\theta$　④ $\dfrac{\sin 10'' \times 10^6 \times \cos\theta}{\rho''}$

| 해설 |
θ 에 대한 sin10″차$=\sin 10'' \times 10^6 \times \cos\theta$이다.

정답 ③

88. 삽입망의 조정계산에서 50°10′10.2″의 10초 차를 계산한 것으로 옳은 것은?

① 31″　② 17″　③ 30″　④ 32″

| 해설 |
θ 에 대한 $\sin 10'' = \sin 10'' \times 10^6 \times \cos\theta = 48.4814 \times \cos 50°10'10.2'' = 31.05''$이다.

정답 ①

89. 수평각의 편심 관측에 따른 측점귀심 계산에서 편심거리(K), 편심점에서 측점의 방향각(θ) 및 측점과 시준점 간 거리(D)를 알 때 귀심화수(γ)를 구하는 식은?

① $\gamma'' = \dfrac{D \cdot \sin(360° - \theta)}{K \cdot \sin 1''}$

② $\gamma'' = \dfrac{K \cdot \sin 1''}{D \cdot \sin(360° - \theta)}$

③ $\gamma'' = \dfrac{K \cdot \sin(360° - \theta)}{D \cdot \sin 1''}$

④ $\gamma'' = \dfrac{D \cdot \sin 1''}{K \cdot \sin(360° - \theta)}$

| 해설 |

$\dfrac{D}{\sin(360° - \theta)} = \dfrac{K}{\sin\gamma}$에서 $\sin\gamma = \dfrac{K \cdot \sin(360° - \theta)}{D}$이므로

γ =0이면 $\sin\gamma = D \cdot \sin 1''$, $\gamma'' = \dfrac{K \cdot \sin(360° - \theta)}{D \cdot \sin 1''}$이다.

정답 ③

90. A점으로부터 B점에 대한 방향각이 10°00′00″, A점에서 C점에 대한 방향각이 40°00′00″이다. 그림과 같이 편심점 P를 설치하여 편심 거리(e)=2.0m, 편심각(ϕ)=60°00′00″를 관측하였다. C점에서 P의 방향각은 얼마인가?(단, AB=2km, S=2km, $\rho'' = 2 \times 10^5$이라고 한다.)

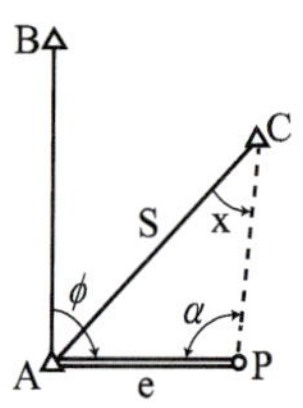

① 219°58′20″
② 219°58′50″
③ 220°00′10″
④ 219°57′07″

| 해설 |

C → A의 방향각 40°+180°=220°00′00″에서 x값을 빼면 된다.

$x'' = \rho'' \dfrac{e}{s} \sin\alpha = 2 \times 10^5 \times \dfrac{2 \times \sin 150°}{2 \times 10^3} = 100'' = 1'40''$

단, $\alpha = 180° - (\phi - 30°) - x'' \fallingdotseq 150°$

C점에서 P의 방향각은 220°−1′40″=219°58′20″이다.

정답 ①

91. 삼각점 측정 시 O점에 기계를 세워서 관측하려 하였으나 점 A가 장애물로 보이지 않아 부득이 점을 AA′ 만큼 편심하여 측정하였더니 ∠A′OB=13° 12′ 26.7″를 얻었다. 실제 삼각점 ∠AOB의 수평각은?(단, AA′ =2.34m, OA=1234.56m이다.)

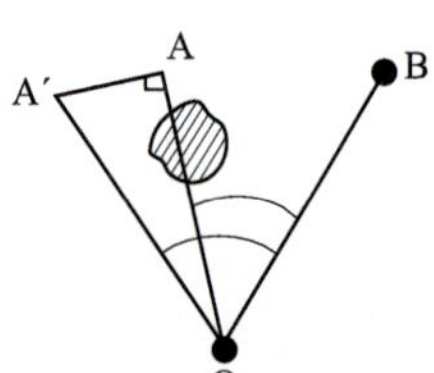

① 13°02′26.7″
② 13°08′57.7″
③ 13°05′55.7″
④ 13°02′57.7″

| 해설 |

$\dfrac{\sin A'OA}{AA'} = \dfrac{\sin 90°}{OA}$ 에서 $\angle A'OA = x$ 라 하면 sin 90°=1이므로 $\sin x = \dfrac{AA'}{OA}$ 이다.

여기서, $x = \sin^{-1}\dfrac{2.34}{1234.56} = 0°06'31''$,

$\angle AOB = \angle A'OB - \angle A'OA = 13°12'26.7'' - 0°06'31'' = 13°05'55.7''$ 이다.

정답 ③

92. ∠CAB를 직접 관측할 수 없어 B′ 점을 시준하고 수평각 귀심계산을 하고자 할 때, 편심관측 보정량(x)은?

(단, $\overline{BE}$ = 3.0m, D=2.5km)

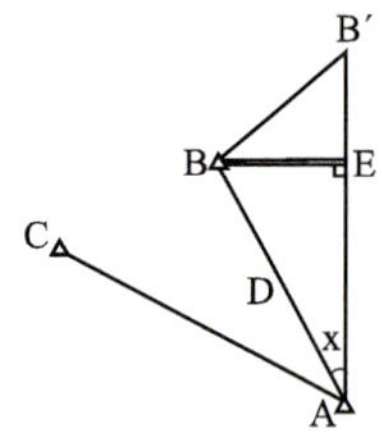

① 2′35″
② 3′10″
③ 4′08″
④ 5′25″

| 해설 |

$\dfrac{3}{\sin x} = \dfrac{2500}{\sin 90°}$에서 $\sin x = \dfrac{3 \times \sin 90°}{2500}$,

$x = \sin^{-1}\dfrac{3 \times \sin 90°}{2500} = 4'08''$가 된다.

정답 ③

93. 지적삼각점측량에서 점표가 기울어진 상단을 시준 관측하고 편심거리(e)를 측정한 결과 시준선에서 직각 방향으로 1.6m이었다. 이로 인한 각도 오차(θ)는?(단, 삼각점 간 거리(S)는 3km이다.)

① 0′34″ ② 1′34″ ③ 1′50″ ④ 2′50″

| 해설 |

각도 오차(θ) = $\dfrac{e}{S} \times 206265'' = \dfrac{1.6}{3,000} \times 206265'' = 1'50''$이다.

정답 ③

94. O점에서 수평각 5점에 대하여 측정하여 폐색하였는데 폐색차가 −10″가 되었다. 3번째 측정각에는 어떻게 보정하는가?

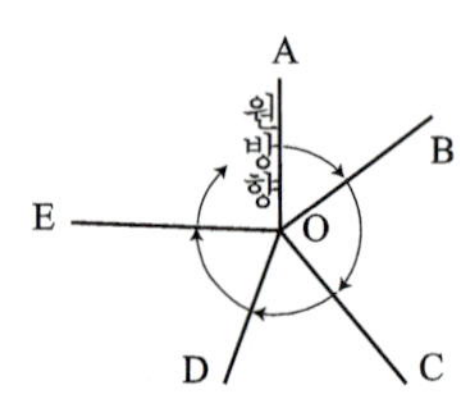

①+6.0″
②+7.5″
③+2.5″
④+5.0″

| 해설 |

폐색차의 배분은 제1각은 $\dfrac{e}{n} = \dfrac{10}{5} = 2''$, 제2각은 $\dfrac{2e}{n} = \dfrac{10}{5} \times 2 = 4''$, 제3각은 $\dfrac{3e}{n} = \dfrac{10}{5} \times 3 = 6''$이다.(여기서, e : 폐색차, n : 삼각형수)

정답 ①

95. 다음 그림의 삽입망 조정에서 삼각형 ABC로 이루어지는 산출 내각은?(단, $\gamma_1 = 96°04'44''$, $\gamma_2 = 68°39'10''$이다.)

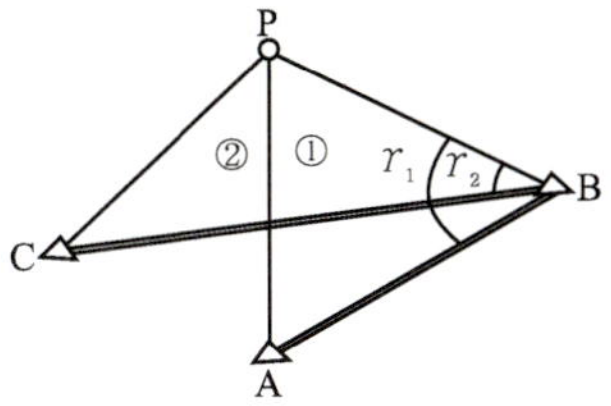

① 27°25′34″
② 68°39′10″
③ 96°04′44″
④ 164°43′54″

| 해설 |

$\gamma_1 = 96°04'44''$ 이므로
$\angle ABC(\gamma) = \gamma_1 - \gamma_2 = 96°04'44'' - 68°39'10'' = 27°25'34''$ 이다.

정답 ①

96. 망평균계산법에 의한 지적삼각점측량을 시행할 경우 각 조정 시 경중률은 무엇으로 정하는가?

① 모두 동일하다고 보고 1로 정한다.
② 거리에 비례하여 정한다.
③ 거리에 반비례하여 정한다.
④ 각의 크기에 반비례하여 정한다.

| 해설 |

일반적으로 한 측량지구 내에서는 동일한 기계, 동일한 관측 수, 동일한 여건에서 관측하기 때문에 비중을 같다고 본다.

정답 ①

97. 지적삼각점측량을 망평균계산법에 의하여 조정할 경우에 대한 설명으로 틀린 것은?

① 각의 관측값에 대한 경중률은 동일하게 본다.
② 각 관측에서 발생한 오차는 정오차라고 한다.
③ 일반규약에 대한 조정을 동시에 시행한다.
④ 최소제곱법에 의하여 평균 계산한다.

| 해설 |

조정계산의 대상인 오차는 부정오차에 해당한다. 정오차는 사전에 원인을 알아 소거하여야 한다.

정답 ②

98. 삼각망에 있어서 평면상 삼각형의 각 각의 만족을 필요로 하는 3개의 조건이 아닌 것은?

① 측점조건 ② 기선조건
③ 각조건 ④ 변조건

| 해설 |

삼각망의 조건은 측점조건, 각조건, 변조건의 3개 조건이 있다.

정답 ②

99. 지적삼각점측량 근사조정법에서 삼각규약에 대한 오차는 어떻게 처리하는가?

① 내각의 크기에 비례하여 배분한다.
② 내각의 크기에 반비례하여 배분한다.
③ 각 내각에 오차를 균등 배분한다.
④ 오차는 최소자승법으로 처리한다.

| 해설 |

삼각형 내각 관측값의 합과 180도와의 차는 각 내각에 균등 배분한다.

정답 ③

100. 삼각형의 순서에 따라 산출하는 임의 변의 길이는 계산경로와 관계없이 모두 일치하도록 오차를 조정하여 배분하는 것은?

① 변규약 ② 삼각규약
③ 망규약 ④ 측참규약

| 해설 |

변규약은 하나의 기지변과 평균각으로 다른 기지변까지의 계산된 거리와의 차의 조정으로 계산경로와 관계없이 모두 일치하도록 오차를 조정하여 배분한다.

정답 ①

101. 관측각과 기지 내각의 오차는 다음 어느 규약에 따라 산출되는가?

① 국소규약 ② 각규약
③ 망규약 ④ 변규약

| 해설 |

망규약은 관측값과 기지 내각과의 차이를 없애고, 각규약은 삼각형 내각의 관측값과 180°와의 차를 없앤다.

정답 ③

102. 다음 중 삼각망 조정계산에 있어서 삼각형의 내각은 180° 가 되어야 한다는 조건을 충족시키기 위하여 관측 내각의 합과 180° 와의 차를 조정하는 규약은?

① 변규약 ② 측점규약
③ 망규약 ④ 삼각규약

| 해설 |

삼각규약은 삼각형 내각의 관측값과 180°와의 차의 조정을 말한다.

정답 ④

103. 지적삼각망 조정 시 국소조정이라고도 하며 수평각 관측부의 출발차 또는 폐색차를 조정하는 것을 무엇이라고 하는가?

① 변규약 ② 도형조건
③ 삼각규약 ④ 측점조건

| 해설 |

측점조정은 출발차와 폐색차의 오차를 조정하는 것으로 국소조정이라고도 하며 이는 각 측점에서 관측한 각도의 관계에서 측점규약을 규약에 따라 조정하는 것을 말한다.

정답 ④

104. 근사법에 따른 삼각망 조정 중 측점에서 각 관측을 시행하면 1측점의 둘레각 합이 360° 가 되어야 한다는 조건은?

① 변조정 ② 도형조정
③ 각도조정 ④ 측점조정

| 해설 |

각 관측을 측점에서 실시하면 둘레각의 합이 360°가 되어야 한다는 조건으로 측점 규약이라고 하며 이 규약에 따라 조정하는 것을 측점 조정이라 한다.

정답 ④

105. 유심다각망 근사조정계산에서 사용되지 않는 규약은?

① 각 삼각형 내각의 합은 정확하게 180°이다.
② 중심점 둘레각의 합은 정확히 360°이다.
③ 다각형 내각의 합은 180°(n−2)로 계산된다.
④ 삼각형 각 변은 어떤 경로로 계산해도 일정하다.

| 해설 |

각 삼각형 내각의 합(180°)과 중심점 둘레 각의 합(360°)의 차를 조정함으로써 삼각형 내각의 합이 계산되므로 항상 일정하다.

정답 ③

106. 지적삼각점측량을 망평균계산법에 의할 경우 각도 방정식의 수를 구하는 식은?

① 기지변수+소구점수−1
② 기지점수+삼각형수−1
③ 기지변수+소구점수−3
④ 기지점수+삼각형수−3

| 해설 |

각도 방정식의 수=기지점수+삼각형수−1, 변방정식의 수=기지변수+소구점수−3이다.

정답 ②

107. 5개의 삼각형으로 구성된 유심다각망 조정계산에 필요한 규약은 몇 개인가?

① 5개 ② 6개 ③ 7개 ④ 8개

| 해설 |

삼각규약 : 5개, 망규약 : 1개, 변규약 : 1개로 총 7개이다.

정답 ③

108. 사각망 조정계산에서 각규약, 변규약, 점규약 조건식의 수로 올바르게 짝지어진 것은?

① 각규약 : 2개, 변규약 : 1개, 점규약 : 1개
② 각규약 : 1개, 변규약 : 3개, 점규약 : 0개
③ 각규약 : 3개, 변규약 : 1개, 점규약 : 0개
④ 각규약 : 3개, 변규약 : 1개, 점규약 : 1개

| 해설 |

사각망조정 계산에서 각규약, 변규약, 점규약 조건식의 수는 각 규약은 3개이며, 변규약은 1개, 점규약은 0개이다.

정답 ③

109. 사각망 조정계산에 필요한 규약은 몇 개인가?

① 4개 ② 5개 ③ 6개 ④ 7개

| 해설 |

각 규약 3개, 망규약 1개로 총 4개이다.

정답 ①

110. 사각망 조정계산에서 α_3각에 보정할 수를 산출하는 식으로 옳은 것은?

① $\frac{e_1}{8}$ ② $\frac{e_1}{4}$ ③ $\frac{e_2}{4}$ ④ $\frac{e_2}{8}$

| 해설 |

e에 대한 보정치의 산출식은 $(\alpha_1+\beta_4)-(\alpha_3+\beta_2)=e_1$, $(\alpha_2+\beta_1)-(\alpha_4+\beta_3)=e_2$ 이며 α_1, α_3, β_2, β_4 각에 보정하는 산출식은 $\frac{e_1}{4}$, α_2, α_4, β_1, β_3 각에 보정하는 산출식은 $\frac{e_2}{4}$이다.

정답 ②

111. 사각망 조정계산에서 관측각이 다음과 같을 때 α_1의 각규약에 의한 조정량은?(단, $\alpha_1 = 48°31'50.3''$, $\beta_2 = 53°03'57.2''$, $\alpha_3 = 22°44'29.2''$, $\beta_4 = 27°16'36.9''$)

①+0.2″
②−0.2″
③+0.4″
④−0.4″

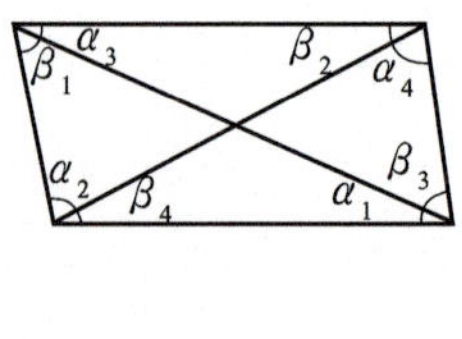

| 해설 |

$e_1 = (\alpha_1 + \beta_4) - (\alpha_3 + \beta_2) = (48°31'50.3'' + 27°16'36.9'') - (22°44'29.2'' + 53°03'57.2'') = 0.8''$ 이다.

여기서, 조정량은 $\frac{e_1}{4} = \frac{0.8''}{4} = 0.2''$이므로 α_1, β_4는 조정량의 부호와 반대로 하고 α_3, β_2는 조정량의 부호와 동일하게 배분하므로 α_1은 $-0.2''$를 배분한다.

정답 ②

112. 사각망 조정계산에서 $(\alpha_1 + \beta_4) > (\alpha_3 + \beta_2)$일 때 오차배분 방법으로 옳은 것은?

① α_1과 β_4에는+로 배분하고 α_3와 β_2에는−로 배분한다.
② α_1과 β_3에는−로 배분하고 β_4와 β_2에는+로 배분한다.
③ α_1과 β_4에는−로 배분하고 α_3와 β_2에는+로 배분한다.
④ α_1과 β_3에는+로 배분하고 β_4와 β_2에는−로 배분한다.

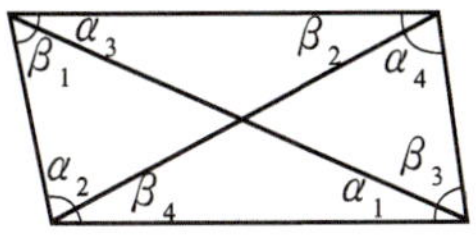

| 해설 |

사각망 조정계산에서 $e_1 = (\alpha_1 + \beta_4) - (\alpha_3 + \beta_2) = 0$ 이므로 조정량에서는 α_1과 β_4에는 −로 배분하고 α_3와 β_2 에는+로 배분한다.

정답 ③

113. 그림과 같은 사각망에서 $\Sigma\alpha = 360°00'32''$이고, $(\alpha_1 + \alpha_2) - (\alpha_5 + \alpha_6) = 4''$일 때 α_6 배분할 조정량은?

① −3″ ② −5″
③ +3″ ④ +5″

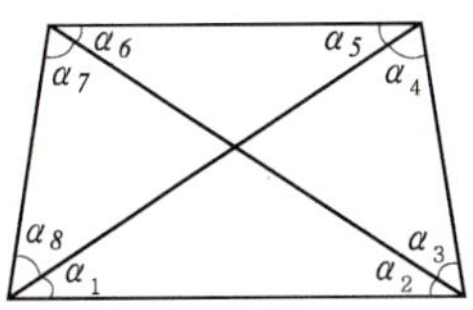

| 해설 |

각 규약 보정량은 $\Sigma\alpha$에서 발생한 오차가 +32″로 모든 각에 배부해야 할 오차는 $\frac{\varepsilon}{8} = \frac{32}{8} = -4''$이며 $(\alpha_1 + \alpha_2) - (\alpha_5 + \alpha_6) = 4''$는 $\frac{e_1}{4} = \frac{4}{4} = -1''$가 되므로 α_6에 배분할 조정량(e) $= -4'' - 1'' = -5''$가 된다.

정답 ②

114. 삼각쇄의 삼각규약으로 옳은 것은?

① $\alpha + \beta + \gamma = 360°$ ② $\alpha + \beta + \gamma = 90°$
③ $\alpha + \beta + \gamma = 180°$ ④ $\alpha + \beta + \gamma = 270°$

| 해설 |

각 삼각형의 내각은 180°의 규약조건에 따라야 하므로 $\alpha + \beta + \gamma - 180° = 0$에서 $\alpha + \beta + \gamma = 180°$가 된다.

정답 ③

115. 지적삼각점측량 후 삼각망을 최소제곱법(엄밀조정법)으로 조정하고자 할 때, 이와 관련이 없는 것은?

① 표준방정식 ② 순차방정식
③ 상관방정식 ④ 동시조정

| 해설 |

최소제곱법에 의한 삼각망 조정은 표준방정식에 의한 각규약, 상관방정식에 의한 점규약, 변규약 등에 대한 조정계산을 동시에 시행하는 방법이다.

정답 ②

116. 지적삼각점 간 거리가 2.5km에서 각도 오차가 1′20″가 발생 되었다면 위치오차는 얼마인가?

① 0.3m ② 0.5m ③ 1.0m ④ 1.4m

| 해설 |

$\theta'' = \frac{\rho'' \ell}{S}$ 에서 위치 오차는 $\ell = \frac{\theta'' S}{\rho''} = \frac{80'' \times 2500}{206265''} = 1.0\text{m}$ 이다.

정답 ③

117. 지적삼각점측량에서 A점 종선좌표가 1000m, 횡선좌표가 2000m, AB 간의 평면거리가 3210.987m, AB 간의 방위각이 333°33′33.3″일 때의 B점 횡선좌표는?

① 1322.123m ② 496.789m
③ 570.237m ④ 798.466m

| 해설 |

$\Delta y = \ell \cdot \sin V = 3210.987 \times \sin 333°33'33.3'' = -1429.763\text{m}$에서
$B_Y = 2000 - 1420.987 = 570.237\text{m}$ 이다.

정답 ③

118. 거리관측의 정밀도와 각관측의 정밀도가 같다고 할 때 거리관측의 허용오차를 1/5,000로 하면 각관측의 허용오차는 얼마인가?

① 41.05″ ② 41.25″ ③ 82.15″ ④ 82.50″

| 해설 |

정도$= \frac{\Delta\ell}{\ell} = \frac{\theta''}{\rho''} = \frac{1}{5,000}$에서 $\theta'' = \frac{\rho''}{5,000} = \frac{206,265}{5,000} = 41.25''$ 이다.

정답 ②

119. 지적삼각점이 지적측량성과와 검사성과의 연결 교차가 얼마 이내일 때에 측량성과를 결정하여야 하는가?

① 0.20m 이내 ② 0.25m 이내
③ 0.30m 이내 ④ 0.35m 이내

| 해설 |

지적측량성과와 검사성과의 연결 교차는 지적삼각점 : 0.20m, 지적삼각보조점 : 0.25m, 지적도근점의 경계점좌표등록부 시행지역 : 0.15m, 지적도근점의 기타 지역 : 0.25m, 경계점의 경계점좌표등록부 시행지역 : 0.10m, 그 밖의 지역 : 3M/10mm(M은 축척 분모)이다.

정답 ①

CHAPTER

07 지적삼각보조점 및 지적도근점측량

7.1. 지적삼각보조점측량

지적삼각보조점은 지적측량 시 수평위치 측량의 기준으로 사용하기 위하여 국가기준점과 지적삼각점을 기준으로 하여 정한 기준점을 말한다.

7.1.1. 측량 실시기준

① 지적삼각보조점측량을 할때에 필요한 경우에는 미리 지적삼각보조점표지를 설치하여야 한다.
② 지적삼각보조점은 측량지역별로 설치순서에 따라 일련번호를 부여하되, 영구표지를 설치하는 경우에는 시·군·구별로 일련번호를 부여한다.
③ 이 경우 지적삼각보조점의 일련번호 앞에 "보"자를 붙인다.
④ 지적삼각보조점은 교회망 또는 교점다각망으로 구성하여야 한다.
⑤ 지적삼각보조점성과 결정을 위한 관측 및 계산의 과정은 지적삼각보조점측량부에 적어야 한다.

7.1.2. 지적삼각보조점측량의 관측과 계산

(1) 교회법 측량기준

① 3방향의 교회에 따른다.
② 지형상 부득이하여 2방향의 교회에 의하여 결정하려는 경우에는 각 내각을 관측하여 각 내각의 관측치 합계와 180도와의 차가 ±40초 이내일 때에는 이를 각 내각에 고르게 배분하여 사용할 수 있다.
③ 삼각형의 각 내각은 30도 이상 120도 이하로 한다.

(2) 다각망도선법 측량기준

① 3점 이상의 기지점을 포함한 결합다각방식에 따른다.
② 1도선(기지점과 교점 간 또는 교점과 교점 간을 말한다)의 점의 수는 기지점과 교점을 포함하여 5점 이하로 한다.
③ 1도선의 거리(기지점과 교점 또는 교점과 교점 간의 점간거리 총합계를 말한다)는 4km 이하로 한다.

(3) 지적삼각보조점의 관측 및 계산

① 관측은 20초독 이상의 경위의를 사용한다.
② 수평각 관측은 2대회(윤곽도는 0도, 90도)의 방향관측법에 따른다.
③ 수평각의 측각공차는 다음 표에 따른다. 이 경우 삼각형 내각의 관측치를 합한 값과 180도와의 차는 내각을 전부 관측한 경우에 적용한다.

종별	1방향각	1측회의 폐색	삼각형 내각관측의 합과 180도와의 차	기지각과의 차
공차	40초 이내	±40초 이내	±50초이내	±50초이내

④ 계산단위는 다음 표에 따른다.

종별	각	변의 길이	진수	좌표
단위	초	cm	6자리 이상	cm

⑤ 2개의 삼각형으로부터 계산한 위치의 연결교차 ($\sqrt{종선교차^2+횡선교차^2}$)가 0.30m 이하일 때에는 그 평균치를 지적삼각보조점의 위치로 한다.

⑥ 이 경우 기지점과 소구점 사이의 방위각 및 거리는 평균치에 따라 새로 계산하여 정한다.

⑦ 교회법에 따른 경우 점간거리

- 전파 또는 광파측거기는 표준편차가 ±(5mm+5ppm) 이상인 정밀측거기를 사용한다.
- 점간거리는 5회 측정하여 그 측정치의 최대치와 최소치의 교차가 평균치의 10만분의 1 이하일 때에는 그 평균치를 측정거리로 하고, 원점에 투영된 평면거리에 따라 계산한다.
- 삼각형의 내각은 세 변의 평면거리에 따라 계산하며, 기지각과의 차(差)에 관하여는 ±40초 이내로 한다.

⑧ 교회법에 따른 경우 연직각 관측

- 각 측점에서 정반으로 각 2회 관측한다.
- 관측치의 최대치와 최소치의 교차가 30초 이내일 때에는 그 평균치를 연직각으로 한다.
- 2점의 기지점에서 소구점의 표고를 계산한 결과 그 교차가 $0.05m+0.05(S_1+S_2)m$ 이하일 때에는 그 평균치를 표고로 한다. 이 경우 S_1과 S_2는 기지점에서 소구점까지의 평면거리로서 km 단위로 표시한 수를 말한다.

7.1.3. 다각망도선법의 관측 및 계산

① 다각망도선법에 따른 지적삼각보조점의 수평각 관측은 배각법에 따를 수 있으며, 1회 측정각과 3회 측정각의 평균치에 대한 교차는 30초 이내로 한다.

② 도선별 평균방위각과 관측방위각의 폐색오차는 $\pm 10\sqrt{n}$이내로 한다.(n : 폐색변을 포함한 변의 수)

③ 도선별 연결오차는 0.05×S 미터 이하로 할 것.(S : 도선의 거리를 1천으로 나눈 수)

④ 다각망도선법으로 지적삼각보조점측량 및 지적도근점측량을 할 경우에 기지점간 직선상의 외부에 두는 지적삼각보조점 및 지적도근점과 기지점 직선과의 사이각은 30도 이내로 한다.

⑤ 배각법에 의거 각도의 측정 결과가 허용범위 이내인 경우 측각오차의 배분은 다음의 계산식에 따라 측선장(測線長)에 반비례하여 각 측선의 관측각에 배분한다.

- $K=-\frac{e}{R}\times r$ (K : 각 측선에 배분할 초 단위의 각도, e는 초 단위의 오차, R : 폐색변을 포함한 각 측선장 반수의 총합계, r : 각 측선장의 반수. 이 경우 반수는 측선장 1m에 대하여 1천을 기준으로 한 수를 말한다.)

⑥ 배각법에 따르는 경우 종선오차 및 횡선오차의 배분은 다음의 계산식에 따라 각 측선의 종선차 또는 횡선차 길이에 비례하여 배분한다.

- $T=-\frac{e}{L}\times \ell$ (T : 각 측선의 종선차 또는 횡선차에 배분할 cm 단위의 수치, e : 종선오차 또는 횡선오차, L : 종선차 또는 횡선차의 절대치의 합계, ℓ: 각 측선의 종선차 또는 횡선차를 말한다)

핵 / 심 / 문 / 제

Chapter 7.1 지적삼각보조점 측량

1. 지적삼각보조점측량에 관한 설명으로 옳지 않은 것은?

① 삼각점과 지적삼각점을 기초로 한다.
② 경위의 측량방법과 전파기 또는 광파기측량 방법에 의한다.
③ 지적삼각점측량의 정확도를 향상시키기 위하여 실시하는 측량이다.
④ 전파기 또는 광파기측량 방법에 따르되 교회법 또는 다각망도선법에 의한다.

| 해설 |

기존에 설치된 삼각점과 지적삼각점을 기초로 경위의 측량, 전파기 또는 광파기측량 방법에 따르되 계산방법은 교회법 또는 다각망도선법에 의한다.

정답 ③

2. 지적삼각보조점측량에 대한 설명으로 옳지 않은 것은?

① 교회법에 의할 경우 점간거리는 평균 1~3km 정도로 한다.
② 다각망도선법에 의할 경우 3점 이상의 기지점을 포함한 결합다각방식에 의한다.
③ 지적삼각보조점의 명칭은 '보'로 하고 영구표지는 시·도별로 아라비아숫자의 일련번호를 부여한다.
④ 다각망도선법에 의할 경우 1도선의 점의 수는 기지점과 교점을 포함하여 5점 이하로 한다.

| 해설 |

지적삼각보조점의 명칭은 일련번호 앞에 "보"자를 붙이고, 측량지역별로 설치순서에 따라 일련번호를 부여하되, 영구표지를 설치하는 경우에는 '시·군·구' 별로 일련번호를 부여한다.

정답 ③

3. 지적삼각보조점측량의 방법 기준이 틀린 것은?(단, 지형상 부득이한 경우는 고려하지 않는다)

① 지적삼각보조점은 교회망 또는 교점다각망으로 구성하여야 한다.
② 광파기측량 방법에 따라 교회법으로 지적삼각보조점측량을 하는 경우 3방향의 교회에 따른다.
③ 전파기측량 방법에 따라 다각망도선법으로 지적삼각보조점측량을 하는 경우 3개 이상의 기지점을 포함한 결합다각방식에 따른다.
④ 경위의 측량방법과 교회법에 따른 지적삼각보조점의 수평각 관측은 3대회의 방향관측법에 따른다.

| 해설 |

경위의 측량방법에 따라 교회법으로 지적삼각보조점측량을 하는 경우 관측은 수평각 관측은 2대회(윤곽도는 0도, 90도)의 방향관측법에 따른다.

정답 ④

4. 지적삼각보조점측량의 방법 및 기준으로 틀린 것은?

① 광파기측량 방법에 따라 교회법으로 지적삼각보조점측량을 할 때 삼각형의 각 내각은 30° 이상 120° 이하로 한다.
② 전파기 또는 광파가 측량방법에 따라 다각망도선법으로 지적삼각보조점측량을 할 때 1도선의 거리는 4km 이하로 한다.
③ 2방향의 교회법으로만 시행하여야 한다.
④ 지적삼각보조점은 교회망 또는 교점다각망으로 구성하여야 한다.

| 해설 |

지형상 부득이하여 2방향의 교회로 결정하려는 경우에는 각 내각을 관측하여 각 내각의 관측치의 합계와 180도와의 차가 ±40초 이내일 때에는 이를 각 내각에 고르게 배분하여 사용할 수 있다.

정답 ③

5. 지적삼각보조점측량의 시행 순서로 옳은 것은?

① 관측 → 선점 → 답사 → 조표 → 계산
② 선점 → 답사 → 관측 → 조표 → 계산
③ 답사 → 선점 → 조표 → 관측 → 계산
④ 답사 → 관측 → 조표 → 선점 → 계산

| 해설 |

지적기준점측량은 계획수립 → 답사 → 선점 → 조표 → 관측 → 계산 → 성과표의 작성 순서에 따른다.

정답 ③

6. 지적삼각보조점측량에서 지적삼각보조점을 구성할 수 있는 망 형태로 옳은 것은?

① 교회망 또는 교점다각망
② 사각망 또는 교점다각망
③ 삼각쇄망 또는 교점다각망
④ 유심다각망 또는 교점다각망

| 해설 |

지적삼각보조점은 교회망 또는 교점다각망으로 구성하여야 한다.

정답 ①

7. 지적삼각보조점을 설치하기 위한 측량방법이 아닌 것은?

① 경위의 측량방법 ② 전파기측량 방법
③ 광파기측량 방법 ④ 평판측량 방법

| 해설 |
경위의 측량방법과 전파기 또는 광파기측량 방법에 따른다.

정답 ④

8. 지적측량 시 지적삼각보조점을 정하는 기준으로 옳지 않은 것은?

① 삼각점과 지적삼각보조점
② 지적삼각점과 지적삼각보조점
③ 삼각점과 지적삼각점
④ 지적삼각보조점과 지적도근점

| 해설 |
지적삼각보조점측량은 위성기준점, 통합기준점, 삼각점, 지적삼각점 및 지적삼각보조점을 기초로 한다.

정답 ④

9. 지적삼각보조점측량 계산 방법에 대한 설명으로 옳지 않은 것은?

① 교회법 ② 망평균계산법
③ 전파기측량법 ④ 광파기측량법

| 해설 |
지적삼각보조점측량의 계산 방법은 교회법 또는 다각망도선법에 의하고 전파기, 광파기측량법은 측량방법에 해당한다.

정답 ②

10. 지각삼각보조점 표지의 점간거리 기준으로 옳은 것은?(단, 다각망도선법에 따르는 경우다.)

① 평균 2km 이상 5km 이하
② 평균 1km 이상 3km 이하
③ 평균 0.5km 이상 1km 이하
④ 평균 0.3km 이상 5km 이하

| 해설 |
지적삼각보조점표지의 점간거리는 평균 1km 이상 3km 이하로 할 것. 다만, 다각망도선법에 따르는 경우에는 평균 0.5km 이상 1km 이하로 한다.

정답 ③

11. 지적삼각보조점의 일시표지를 설치한 경우 명칭 및 일련번호 부여방법으로 옳은 것은?

① 시·도 ② 시·군·구
③ 지번지역 ④ 측량지역

| 해설 |
지적삼각보조점 표지를 설치하는 경우에는 측량지역별로 설치순서에 따라 일련번호를 부여하되, 영구표지를 설치하는 경우 시·군·구별로 일련번호를 부여한다.

정답 ④

12. 지적삼각보조점의 표지를 영구표지로 설치할 경우 명칭과 일련번호 부여방법으로 옳은 것은?

① 시·도별로 부여 ② 시·군·구별로 부여
③ 지번 지역별로 부여 ④ 측량지역별로 부여

| 해설 |
영구표지를 설치하는 경우에는 시·군·구별로 아라비아숫자의 일련번호를 부여하며, 영구표지를 설치하지 않을 때는 측량지역별로 설치순서에 따라 일련번호를 부여한다.

정답 ②

13. 지적삼각보조점의 수평각을 관측하는 방법에 대한 기준으로 옳은 것은?

① 도선법에 따른다.
② 2대회의 방향관측법에 따른다.
③ 3대회의 방향관측법에 따른다.
④ 관측 지역에 따라 방위각법과 배각법을 혼용한다.

| 해설 |
수평각 관측은 2대회(윤곽도는 0도, 90도)의 방향관측법에 따른다.

정답 ②

14. 전파기측량 방법에 따라 다각망도선법으로 지적삼각보조점측량을 할 때의 기준으로 옳은 것은?

① 1도선의 거리는 4km 이하로 한다.
② 3점 이상의 기지점을 포함한 폐합다각방식에 의한다.
③ 1도선의 점의 수는 기지점을 제외하고 5점 이하로 한다.
④ 1도선은 기지점과 기지점, 교점과 교점 간의 거리이다.

| 해설 |
다각망도선법으로 지적삼각보조점측량을 할 때 1도선의 점의 수는 기지점과 교점을 포함하여 5개 이하로 하며 거리(기지점과 교점 또는 교점과 교점 간 점간거리의 총합계를 말한다)는 4km 이하로 한다.

정답 ①

15. 광파기측량 방법에 따라 다각망도선법으로 지적삼각보조점측량을 할 때 1도선의 거리 기준으로 옳은 것은?

① 1km 이하 ② 2km 이하 ③ 3km 이하 ④ 4km 이하

| 해설 |
다각망도선법으로 지적삼각보조점측량을 할 때 3점 이상의 기지점을 포함한 결합다각방식에 의하며 1도선의 점의 수는 기지점과 교점을 포함하여 5개 이하로 하고 1도선의 거리는 4km 이하로 한다.

정답 ④

16. 전파기 또는 광파기측량 방법에 따라 다각망도선법으로 지적삼각보조점측량을 할 때 기지점과 교점을 포함하여 1도선의 점의 수는 몇 점 이하로 하여야 하는가?

① 5점 이하 ② 10점 이하
③ 15점 이하 ④ 20점 이하

| 해설 |

전파기 또는 광파기 측량방법에 따라 다각망도선법으로 지적삼각보조점측량을 할 때 1도선(기지점과 교점간 또는 교점과 교점간을 말한다)의 점의 수는 기지점과 교점을 포함하여 5점 이하로 한다.

정답 ①

17. 지적삼각보조점측량에서 교회법에 따른 측량에 대한 설명으로 옳지 않은 것은?

① 전방교회법 또는 측방교회법에 의한다.
② 수평각 관측은 2대회의 방향관측법에 의한다.
③ 관측은 10초독 이상의 정밀경위의를 사용한다.
④ 점간거리는 5회 측정한다.

| 해설 |

관측은 20초독 이상의 정밀경위의를 사용한다.

정답 ③

18. 지적삼각보조점의 방향관측법에 따른 수평각 관측 시 대회 수는?

① 1대회 ② 2대회
③ 3대회 ④ 4대회

| 해설 |

지적삼각보조점의 수평각 관측은 2대회(윤곽도는 0°, 90°)의 방향관측법에 의한다.

정답 ②

19. 경위의 측량방법과 교회법에 따른 지적삼각보조점측량에서 수평각의 관측 방법은?

① 방향관측법 ② 배각관측법
③ 방위각관측법 ④ 각 관측법

| 해설 |

지적삼각보조점측량에서 관측은 수평각 관측에서 2대회(윤곽도는 0°, 90°)의 방향관측법에 의한다.

정답 ①

20. 교회법에 의하여 지적삼각보조점측량을 시행할 경우 수평각 관측의 윤곽도는?

① 0°, 45°, 90° ② 0°, 60°, 120°
③ 0°, 90° ④ 0°, 120°

| 해설 |

지적삼각보조점의 수평각 관측은 2대회(윤곽도는 0°, 90°)의 방향관측법에 따른다.

정답 ③

21. 지적삼각보조점측량을 교회법으로 시행할 때 대한 설명으로 옳지 않은 것은?

① 다각망도선법에 의하는 때 지적삼각보조점 표지의 점간거리는 평균 0.5km 이상 1km 이하로 한다.
② 계산방법은 교회법 또는 다각망도선법에 의한다.
③ 교회법으로 시행하는 경우 3방향의 교회에 의한다.
④ 각 내각 관측값의 합계와 180°와의 차가 ±20초 이내로 한다.

| 해설 |

교회법으로 시행하는 경우 지형상 부득이하여 2방향의 교회에 의하여 결정하려는 경우에는 각 내각을 관측하여 각 내각의 관측치의 합계와 180도와의 차가 ±40초 이내일 때에는 이를 각 내각에 고르게 배분하여 사용할 수 있다.

정답 ④

22. 전파기 측량방법에 의하여 교회법으로 지적삼각보조점측량을 하는 기준에 관한 아래 설명 중 ( )에 알맞는 것은?

> 지형상 부득이하여 2방향의 교회에 의하여 결정하고자 하는 때에는 각 내각을 관측하여 각 내각 관측값의 합계와 180도와의 차가 ( )이내일 때에는 이를 각 내각에 고르게 배분하여 사용할 수 있다.

① ±20초 ② ±30초
③ ±40초 ④ ±50초

| 해설 |

지형상 부득이하여 2방향의 교회에 의하여+ 결정하고자 하는 때에는 각 내각을 관측하여 각 내각의 관측값 합계와 180도와의 차가 ±40초 이내일 때에는 이를 각 내각에 고르게 배분하여 사용할 수 있다.

정답 ③

23. 지적삼각보조점측량을 부득이 2방향의 교회법으로 시행할 경우 삼각형 내각 관측값의 합과 180° 와의 차는 얼마 이하로 제한하는가?

① ±20초 이내 ② ±30초 이내
③ ±40초 이내 ④ ±50초 이내

| 해설 |

삼각형 내각 관측값의 합과 180°와의 차는 ±50초 이내이다.

정답 ④

24. **후방교회법에 대한 설명으로 옳지 않은 것은?**

① 미지점에 기계를 설치하고 기지점을 관측하여 미지점의 위치를 결정하는 방법이다.
② 관측은 2대회 이상의 방향 관측 또는 3배각 이상의 배각 관측으로 관측의 정도를 높여야 한다.
③ 소구점이 기지 3점을 통과하는 원주상에 있을 때 원주에 접근할수록 위치가 확실하게 된다.
④ 소구점과 기지점이 이루는 각도가 작을 때 sin 값이 차이가 많아 부정확하므로 각도는 각각 30°이상이어야 한다.

| 해설 |

후방교회법은 소구점이 기지 3점을 통과하는 원주상에 있을 때는 그 위치가 부정임은 물론 원주에 접근할수록 위치가 불확실하게 된다.

정답 ③

25. **지적삼각보조점측량에서 관측과 계산에 대한 설명으로 옳지 않은 것은?**

① 2개의 삼각형으로부터 계산한 위치의 연결 교차가 0.30m 이하인 때에는 그 평균값을 지적삼각보조점의 위치로 한다.
② 연결 교차는 $\sqrt{종선교차^2 + 횡선교차^2}$을 말한다.
③ 계산단위는 변의 길이와 좌표의 단위는 mm로, 진수는 6자리 이상으로 한다.
④ 기지점과 소구점 사이의 방위각 및 거리는 평균값에 의하여 새로이 계산하여 정한다.

| 해설 |

계산단위는 변의 길이와 좌표의 단위는 cm로, 진수는 6자리 이상으로 한다.

정답 ③

26. **지적삼각보조점측량에서 관측과 계산에 대한 설명으로 옳지 않은 것은?**

① 관측은 20초독 이상의 경위의를 사용할 것
② 수평각 관측은 2대회의 방향관측법에 의할 것
③ 삼각형 내각 관측값의 합과 180°와의 차는 ±40초 이내일 것
④ 기지각과의 차가 ±50초 이내일 것

| 해설 |

삼각형 내각 관측값의 합과 180°와의 차는 ±50초 이내로 한다.

정답 ③

27. **경위의 측량방법과 교회법에 따른 지적삼각보조점의 관측 및 계산에서 적용하는 수평각의 측각공차 기준으로 틀린 것은?**

① 1방향각 : 50초 이내
② 1측회의 폐색 : ±40초 이내
③ 삼각형 내각관측값와 합과 180°와의 차 : ±50초 이내
④ 기지각과의 차 : ±50초 이내

| 해설 |

수평각의 측각공차

종별	1방향각	1측회의 폐색	삼각형 내각관측의 합과 180도와의 차	기지각과의 차
공차	40초 이내	±40초 이내	±50초이내	±50초이내

정답 ①

28. **경위의 측량방법과 교회법에 따른 지적삼각보조점의 관측과 계산에서 1방향각의 측량 공차는 최대 얼마 이내이어야 하는가?**

① 20초 이내　② 30초 이내
③ 40초 이내　④ 50초 이내

| 해설 |

지적삼각보조점측량에서 수평각 측각공차는 1방향각에 대하여 40초 이내여야 한다.

정답 ③

29. **경위의 측량방법에 따라 교회법으로 지적삼각보조점측량을 할 때, 지형상 부득이 2방향의 교회에 의하여 결정하려는 경우 내각을 관측하여 내각의 관측값 합계와 180도와의 차가 ±40초 이내일 때 이를 배분하는 방법은?**

① 각 내각의 크기에 비례하여 배분한다.
② 각 내각의 크기에 반비례하여 배분한다.
③ 각 내각에 고르게 배분한다.
④ 허용오차 이내이므로 관측 내각에 배분할 필요가 없다.

| 해설 |

교회법으로 지적삼각보조점측량을 시행하는 경우 지형상 부득이하여 2방향의 교회 때문에 결정할 때는 각 내각을 관측하여 각 내각의 관측값 합계와 180°와의 차가 ±40초 이내일 때는 각 내각에 고르게 배분하여 사용할 수 있다.

정답 ③

30. 지적삼각보조점의 계산단위 기준이 옳지 않은 것은?

① 각－초 ② 좌표－cm
③ 변의 길이－m ④ 진수－6자리 이상

| 해설 |

지적삼각보조점의 계산단위 기준

종별	각	변의 길이	진수	좌표
단위	초	cm	6자리 이상	cm

정답 ③

31. 교회법에 따른 지적삼각보조점의 관측에서 2개의 삼각형으로부터 계산한 위치의 평균값을 지적삼각보조점의 위치로 하기 위한 연결 교차의 기준은?

① 0.1m 이하 ② 0.2m 이하
③ 0.3m 이하 ④ 0.4m 이하

| 해설 |

지적삼각보조점 관측에서 2개의 삼각형으로부터 계산한 위치의 연결 교차($\sqrt{종선교차^2 + 횡선교차^2}$)가 0.30m 이하일 때에는 그 평균값을 지적삼각보조점의 위치로 한다.

정답 ③

32. 지적삼각보조점측량에서 2개의 삼각형으로부터 산출한 교차가 종선 0.40m, 횡선 0.30m일 때 연결 교차로 옳은 것은?

① 0.30m ② 0.40m
③ 0.50m ④ 0.60m

| 해설 |

① 지적삼각보조점측량을 할 때 2개의 삼각형으로부터 계산한 위치의 연결 교차가 0.30m 이하일 때에는 그 평균값을 지적삼각보조점의 위치로 한다.
② 연결 교차$=\sqrt{종선교차^2 + 횡선교차^2} = \sqrt{0.4^2 + 0.3^2} = 0.50$m이다.

정답 ③

33. 지적삼각보조점의 점간거리 및 연직각의 측정 시 전파 또는 광파 측거기는 표준편차가 얼마 이상인 정밀측거기를 사용하여야 하는가?

① ±(5mm+5ppm) ② ±(10mm+5ppm)
③ ±(15mm+5ppm) ④ ±(20mm+5ppm)

| 해설 |

지적삼각보조점의 점간거리는 전파 또는 광파측거기는 표준편차가 ±(5mm+5ppm) 이상인 정밀측거기를 사용한다.

정답 ①

34. 지적삼각보조점측량에서 평면거리계산부를 작성할 경우 관측된 거리는?

① 수평거리 ② 경사거리
③ 기준면 상의 거리 ④ 연직거리

| 해설 |

지적삼각보조점측량에서 평면거리계산부를 작성하기 위해서는 경사거리를 관측하여 계산한다.

정답 ②

35. 지적삼각보조점의 관측에서 두 점 간의 측정거리가 1,200.15m, 연직각+1° 10′ 20″ 일 때 옳지 않은 것은?

① 교회법으로 계산하면 된다.
② 다각망도선법으로는 부적당하다.
③ 너무 거리가 멀어서 사용할 수 없다.
④ 경위의 또는 전자파측거기를 사용하여 관측하거나 측정하면 된다.

| 해설 |

측정거리(L) $= 1,200.15 \times 1°10'20'' = 1199.90 \fallingdotseq 1.2$km이다. 지적삼각보조점에서 점간거리는 평균 1~3km이므로 사용할 수 있다.

정답 ③

36. 지적삼각보조점측량의 연직각 관측에 대한 설명으로 옳은 것은?

① 연직각 관측은 분 단위로 한다.
② 각 관측은 정·반으로 1회 관측한다.
③ 정·반 관측값의 최댓값과 최솟값의 교차는 30초 이내여야 한다.
④ 관측값과 교차 이내이면 그 최댓값을 쓴다.

| 해설 |

연직각관측은 초 단위, 각 관측은 정·반으로 2회 관측, 관측값의 최댓값과 최솟값의 교차가 30초 이내이면 평균값을 연직각으로 한다.

정답 ③

37. 지적삼각보조점측량에서 연직각을 관측할 때에는 정·반으로 1회 관측하게 되어있는데 이때 최댓값과 최솟값의 허용 교차는?

① 20초 이내 ② 30초 이내
③ 40초 이내 ④ 50초 이내

| 해설 |

지적삼각보조점측량에서 연직각을 관측할 때 관측값의 최댓값과 최솟값의 교차가 30초 이내일 때에는 그 평균값을 연직각으로 한다.

정답 ②

38. 지적삼각보조점을 다각망도선법으로 관측과 계산을 할 경우에 대한 설명으로 옳지 않은 것은?

① 다각망도선법에 의한 지적삼각보조점의 수평각 관측은 배각법에 의할 수 있다.
② 배각법에 의할 경우 1회 측정각과 3회 측정각의 평균값에 대한 교차는 30초 이내로 한다.
③ 도선별 평균방위각과 관측방위각의 폐색오차는 $\pm 10\sqrt{n}$초 이하로 한다.
④ 도선별 연결오차는 0.05×0.05S미터 이하로 한다.

| 해설 |
도선별 연결오차는 0.05×S미터 이하로 한다.

정답 ④

39. 다각망도선법에 따른 지적삼각보조점의 관측 및 계산 기준에 대한 설명으로 옳지 않은 것은?(단, n은 폐색변을 포함한 변의 수, S는 도선의 거리를 1천으로 나눈 수를 말한다.)

① 수평각 관측은 배각법에 따를 수 있다.
② 관측은 20초독 이상의 경위의를 사용하도록 한다.
③ 도선별 연결오차는 (0.05+0.05×S)미터 이하로 한다.
④ 종·횡선오처의 배부는 종·횡선차 길이에 비례하여 배부한다.

| 해설 |
다각망도선법에 따른 지적삼각보조점의 도선별 연결오차는 0.05×S미터 이하로 할 것. 이 경우 S는 도선의 거리를 1천으로 나눈 수를 말한다.

정답 ③

40. 다음 중 광파기측량 방법과 다각망도선법에 따른 지적삼각보조점의 관측 및 계산에서 도선별 연결오차의 기준으로 옳은 것은?(단, S는 도선의 거리를 1천으로 나눈 수)

① (0.05×S)미터 이하
② (0.10×S)미터 이하
③ (0.5×S)미터 이하
④ (1.0×S)미터 이하

| 해설 |
다각망도선법에 따른 지적삼각보조점의 도선별 연결오차는 0.05×S미터 이하로 할 것. 이 경우 S는 도선의 거리를 1천으로 나눈 수를 말한다.

정답 ①

41. 다각망도선법에 따른 지적삼각보조점의 관측에서 도선별 연결오차는 얼마 이하로 하여야 하는가?(단, 도선의 거리는 2893.25m이다)

① 0.09m 이하
② 1.95m 이하
③ 1.49m 이하
④ 0.15m 이하

| 해설 |
도선별 연결오차는 0.05×S미터 이하(S : 도선 거리를 1천으로 나눈 수)에서 $0.05 \times (2893.25 \div 1000) = 0.15$m이다.

정답 ④

42. 지적삼각보조점측량을 Y 망으로 실시하여 (1)도선의 거리합계가 1654.15m이었을 때 연결오차는 최대 얼마 이하로 하여야 하는가?

① 0.02m 이하
② 0.04m 이하
③ 0.06m 이하
④ 0.08m 이하

| 해설 |
다각망도선법의 연결오차는 0.05m×S미터 이하(단, S : 기지점과 교점 간, 교전과 교점 간의 거리합계를 1,000으로 나눈 수)
$S = \frac{1654.15}{1,000} = 1.65415$에서 연결오차는 0.05m×1.65415m=0.083m로 연결오차는 0.08m이다.

정답 ④

43. 다각망도선법에 의한 지적삼각보조점의 평균방위각과 관측방위각의 폐색 오차는?(단, n : 폐색변을 포함한 변의수)

① $\pm 10\sqrt{n}$초 이내
② $\pm 20\sqrt{n}$초 이내
③ $\pm 10\sqrt{n}$분 이내
④ $\pm 20\sqrt{n}$분 이내

| 해설 |
도선별 평균방위각과 관측방위각의 폐색오차는 $\pm 10\sqrt{n}$초 이내로 한다.(n은 폐색변을 포함한 변의 수)

정답 ①

44. 광파기측량 방법과 다각망도선법에 따른 지적삼각보조점의 관측 및 계산에서 폐색변을 포함한 변의 수가 5개일 때 도선별 평균방위각과 관측방위각의 폐색오차는 얼마 이내로 하여야 하는가?

① ±22초 이내
② ±44초 이내
③ ±67초 이내
④ ±89초 이내

| 해설 |
도선별 평균방위각과 관측방위각의 폐색오차는 $\pm 10\sqrt{n}$초 이하로 폐색오차는 $\pm 10\sqrt{5} = 22.36''$초이다.

정답 ①

45. 다각망도선법에 따른 지적삼각보조점측량 및 지적도근점측량을 시행하는 경우, 기지점 간 직선상의 외부에 두는 지적삼각보조점 및 지적도근점의 선점은 기지점 직선과의 사잇각을 얼마 이내로 하도록 규정하고 있는가?

① 10° 이내
② 20° 이내
③ 30° 이내
④ 40° 이내

| 해설 |

지적삼각보조점측량 및 지적도근점측량을 다각망도선법으로 실시하는 경우 기지점 간 직선상의 외부에 두는 지적도근점의 선점은 기지점 직선과의 사잇각을 30° 이내로 한다.

정답 ③

46. **다각망도선법에 의한 1도선이 폐색변을 포함하여 5변이다. 각 측점의 각을 측정하여 합한 결과 1,436°55′10″였다. 출발기지 방위각(T_1)이 26°31′18″였다면 관측방위각(T_2')으로 옳은 것은?**

① 23°26′28″ ② 330°23′52″
③ 203°26′28″ ④ 150°23′52″

| 해설 |

관측방위각(T_2') = 출발기지 방위각(T_1) + 측정각의 합 − 180(변수−1)
= 26°31′18″+1,436°55′10″−180×4=23°26′28″ 이다.

정답 ①

47. **배각법에 의한 지적도근점 측량 시 관측각에 대한 오차 계산으로 옳은 것은?**

① 출발기지 방위각−관측각의 합+180°(측점 수−1)
② 출발기지 방위각−관측각의 합+도착기지 방위각
③ 출발기지 방위각+관측각의 합−180°−도착기지 방위각
④ 출발기지 방위각+관측각의 합−도착기지 방위각

| 해설 |

관측각에 대한 오차 $e = T_1 + \Sigma\alpha - 180°(n-1) - T_2$ (T_1 : 출발기지 방위각, $\Sigma\alpha$: 관측각의 합, T_2 : 도착기지 방위각)

정답 ③

48. **다각망도선법의 망형태에 따른 최소조건식의 설명으로 옳지 않은 것은?**

① Y망의 최소조건식 수는 3개이지만 조건식 수는 2개만 충족시키면 된다.
② X망의 최소조건식 수는 4개이지만 조건식 수는 3개만 충족시키면 된다.
③ A망의 최소조건식 수는 5개이지만 조건식 수는 4개만 충족시키면 된다.
④ 복합망은 어느 조건식을 사용하던지 최소조건식 수만 충족시키면 된다.

정답 ③

| 해설 |

최소조건식 수=도선수−교점 수로 A망의 최소조건식 수는 도선의 수가 5개이고 교점의 수가 2개이므로 조건식 수는 3개만 충족시키면 된다.

7.2. 지적도근점측량

① 지적도근점측량은 측선의 거리와 각을 측정하여 좌표를 계산하는 편리하고 신속한 측량 방법이다.

② 소규모지역에서 시준거리가 짧은 경우 세부측량을 실시하기 위한 기초점으로 삼각점 보다 조밀한 기초점 배치가 필요한 경우에 사용된다.

③ 배각법은 시가지 지역에서 사용하고 방위각법은 농촌지역에서 많이 사용하였으나 최근에는 지역에 관계없이 배각법을 사용하고 있다.

④ 지적도근점측량의 작업순서에서 외업은 계획, 답사, 선점, 매설, 관측(거리, 내각, 방위각 순)으로 하고, 내업은 계산, 지적도근점 전개, 망도 및 표석대장 작성 등의 순으로 한다.

7.2.1. 측량 실시기준

① 지적도근점측량을 할 때에는 미리 지적도근점표지를 설치하여야 한다.

② 지적도근점의 번호

- 영구표지를 설치하는 경우 : 시·군·구별로 번호를 부여한다.
- 영구표지를 설치하지 아니하는 경우 : 시행지역별로 설치순서에 따라 일련번호를 부여한다.
- 이 경우 각 도선의 교점은 지적도근점의 번호 앞에 "교"자를 붙인다.

7.2.2. 지적도근점측량의 도선 구분

① 지적도근점측량의 도선은 1등도선과 2등도선으로 구분한다.

② 1등도선은 위성기준점, 통합기준점, 삼각점, 지적삼각점 및 지적삼각보조점의 상호 간을 연결하는 도선 또는 다각망도선으로 한다.

③ 2등도선은 위성기준점, 통합기준점, 삼각점, 지적삼각점 및 지적삼각보조점과 지적도근점을 연결하거나 지적도근점 상호 간을 연결하는 도선으로 한다.

④ 1등도선은 가·나·다 순으로 표기하고, 2등도선은 ㄱ·ㄴ·ㄷ 순으로 표기한다.

7.2.3. 망의 구성

① 지적도근점의 망구성은 결합도선·폐합도선·왕복도선·교회망 또는 교점다각망으로 구성하여야 한다.

② 결합도선은 출발 기지점에서 시작하여 다른 도착 기지점 사이를 연결한 도선으로 폐합도선의 일종이지만 출발점에 다시 돌아와 폐합시키지 않고 다른 기지점에 폐합하므로 보다 더 높은 신뢰성을 가질 수 있다.

③ 폐합도선은 한 기지점을 출발하여 차례로 관측한 마지막 점을 출발 기지점에 폐합하는 도선을 말한다.

④ 개방도선은 기지점에서 출발하여 임의의 측점까지 측량하는 것으로 현지측량에서 오차의 계산 및 조정을 할 수 없는 가장 간단한 도선으로 관측값에 큰 과실이 있어도 착오나 오차를 검사할 수 있는 방법이 없다.

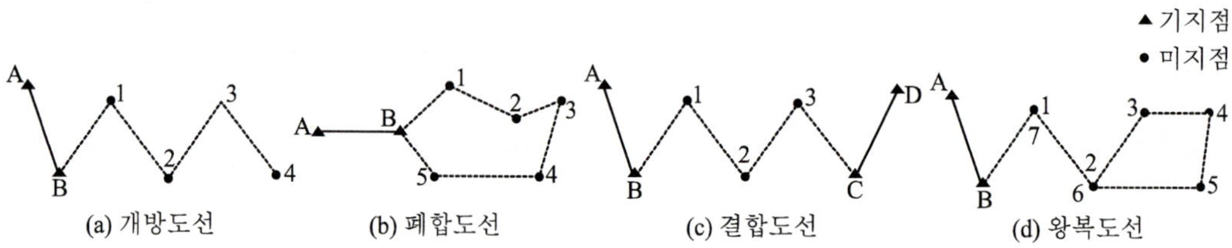

〈그림 1-22〉 도근망 구성

⑤ 왕복도선은 폐합 도선의 원리와 동일한 것으로 기지점에서 출발하여 도선의 중앙점에서 다시 같은 측점들을 거쳐 출발 기지점으로 되돌아오는 도선으로 지형상 부득이하여 폐색점을 찾지 못하여 출발점에 폐색시키는 경우를 말한다.

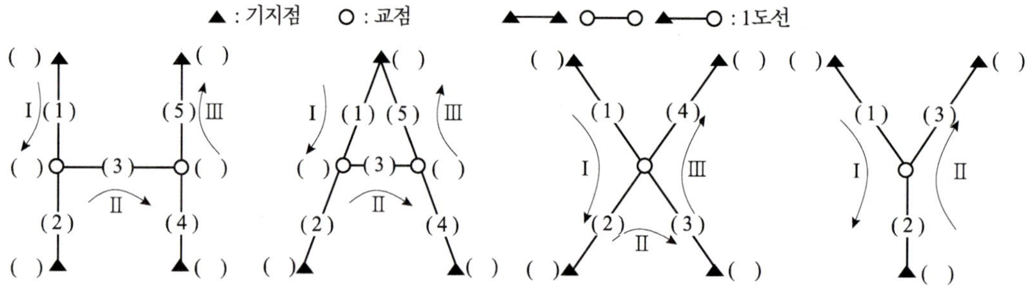

〈그림 1-23〉 교점다각망 (H형, A형, X형, Y형)

⑥ 다각망도선법은 넓은 지역에서 높은 정밀도의 도근점측량에 많이 이용되는 방법이며 3점 이상의 기지점을 사용한 도선으로 망의 형태는 X, Y, A, H, 복합형 등이 있다.

7.2.4. 도근점 측량기준

(1) 도선법에 따른 측량기준

① 도선은 위성기준점, 통합기준점, 삼각점, 지적삼각점, 지적삼각보조점 및 지적도근점의 상호 간을 연결하는 결합도선에 따른다.

② 지형상 부득이 한 경우에는 폐합도선 또는 왕복도선에 따를 수 있다.

③ 1도선의 점의 수는 40점 이하로 한다.

④ 지형상 부득이 한 경우에는 50점까지로 할 수 있다.

(2) 다각망도선법에 따른 측량기준

① 3점 이상의 기지점을 포함한 결합다각방식에 따른다.

② 1도선의 점의 수는 20점 이하로 한다.

③ 지적도근점 성과 결정을 위한 관측 및 계산의 과정은 그 내용을 지적도근점측량부에 적어야 한다.

7.2.5. 지적도근점의 관측 및 계산

(1) 도선법 또는 다각망도선법

① 수평각의 관측은 시가지 지역, 축척변경지역 및 경계점좌표등록부 시행 지역에 대하여는 배각법에 따르고, 그 밖의 지역에 대하여는 배각법과 방위각법을 혼용한다.

② 관측은 20초독 이상의 경위의를 사용한다.

③ 관측과 계산은 다음 표에 따른다.

종별	각	측정 횟수	거리	진수	좌표
배각법	초	3회	cm	5자리 이상	cm
방위각법	분	1회	cm	5자리 이상	cm

④ 점간거리를 측정하는 경우에는 2회 측정하여 그 측정치의 교차가 평균치의 3천분의 1 이하일 때에는 그 평균치를 점간거리로 한다. 이 경우 점간거리가 경사거리일 때에는 수평거리로 계산하여야 한다.

⑤ 연직각을 관측하는 경우에는 올려본 각과 내려본 각을 관측하여 그 교차가 90초 이내일 때에는 그 평균치를 연직각으로 한다.

(2) 폐색오차의 허용범위

① 배각법에 따르는 경우 : 1회 측정각과 3회 측정각의 평균값에 대한 교차는 30초 이내로 한다.

② 1도선의 기지방위각 또는 평균방위각과 관측방위각의 폐색오차는 1등도선은 $\pm20\sqrt{n}$이내, 2등도선은 $\pm30\sqrt{n}$이내로 한다.

③ 방위각법에 따르는 경우 : 1도선의 폐색오차는 1등도선은 $\pm30\sqrt{n}\pm\sqrt{n}$분 이내, 2등도선은 $\pm1.5\sqrt{n}$분 이내로 한다.(n : 폐색변을 포함한 변의 수를 말한다.)

(3) 허용범위 이내인 경우 측각오차의 배분

① 배각법에 따르는 경우 : $K=-\frac{e}{R}\times r$의 식에 따라 측선장(測線長)에 반비례하여 각 측선의 관측각에 배분한다.(K : 각 측선에 배분할 초단위의 각도, e : 초단위의 오차, R : 폐색변을 포함한 각 측선장의 반수의 총합계, r : 각 측선장의 반수, 이 경우 반수는 측선장 1m에 대하여 1천을 기준으로 한 수를 말한다)

② 방위각법에 따르는 경우 : $K_n=-\frac{e}{S}\times s$의 식에 따라 변의 수에 비례하여 각 측선의 방위각에 배분한다.(Kn : 각 측선의 순서대로 배분할 분단위의 각도, e : 분단위의 오차, S : 폐색변을 포함한 변의 수, s : 각 측선의 순서를 말한다)

(4) 연결오차의 허용범위

① 1등도선은 해당 지역 축척분모의 $\frac{1}{100}\sqrt{n}$cm 이하로 할 것

② 2등도선은 해당 지역 축척분모의 $\frac{1.5}{100}\sqrt{n}$cm 이하로 할 것

③ 경계점좌표등록부를 갖춰 두는 지역의 축척분모는 500으로 하고, 축척이 6천분의 1인 지역의 축척분모는 3천으로 할 것.

④ 이 경우 하나의 도선에 속하여 있는 지역의 축척이 2 이상일 때에는 대축척의 축척분모에 따른다.(n : 각 측선의 수평거리 총합계를 100으로 나눈 수)

(5) 연결오차가 허용범위 이내일 경우 오차 배분

① 배각법에 따르는 경우 : $T=-\frac{e}{L}\times\ell$의 식에 따라 각 측선의 종선차 또는 횡선차 길이에 비례하여 배분한다.(T : 각 측선의 종선차 또는 횡선차에 배분할 cm 단위의 수치, e : 종선오차 또는 횡선오차, L : 종선차 또는 횡선차의 절대치의 합계, ℓ : 각 측선의 종선차 또는 횡선차를 말한다)

② 방위각법에 따르는 경우 : $C=-\frac{e}{L}\times\ell$의 식에 따라 각 측선장에 비례하여 배분한다.(C : 각 측선의 종선차 또는 횡선차에 배분할 cm 단위의 수치, e : 종선오차 또는 횡선오차, L : 각 측선장의 총합계, ℓ : 각 측선의 측선장을 말한다)

③ 종선 또는 횡선의 오차가 매우 작아 이를 배분하기 곤란할 때에는 배각법에서는 종선차 및 횡선차가 긴 것부터, 방위각법에서는 측선장이 긴 것부터 차례로 배분하여 종선 및 횡선의 수치를 결정할 수 있다.

핵/심/문/제

Chapter 7.2 지적도근점측량

1. 「지적측량시행규칙」에 따른 지적측량의 실시기준 중 지적도근점측량을 실시하여야 하는 경우로 옳은 것은?

① 측량지역의 지형상 지적삼각점의 재설치가 필요한 경우
② 세부측량을 하기 위하여 지적삼각보조점의 설치가 필요한 경우
③ 측량지역의 면적이 해당 지적도 1장에 해당하는 면적 이상인 경우
④ 지적도근점의 설치 또는 재설치를 위하여 지적삼각점이나 지적삼각보조점의 설치가 필요한 경우

| 해설 |

지적도근점측량 대상
① 축척변경을 위한 측량을 하는 경우
② 도시개발사업 등으로 인하여 지적확정측량을 하는 경우
③ 「국토의 계획 및 이용에 관한 법률」의 도시지역에서 세부측량을 하는 경우
④ 측량지역의 면적이 해당 지적도 1장에 해당하는 면적 이상인 경우
⑤ 세부측량을 하기 위하여 특히 필요한 경우

정답 ③

2. 지적도근점측량의 순서로 옳은 것은?

① 계획 → 답사 → 조표 → 매설 → 관측 → 선점 → 계산
② 계획 → 선점 → 답사 → 조표 → 매설 → 관측 → 계산
③ 계획 → 답사 → 선점 → 조표 → 매설 → 관측 → 계산
④ 계획 → 조표 → 답사 → 선점 → 매설 → 관측 → 계산

| 해설 |

지적도근점측량 순서는 계획 → 답사 → 선점 → 조표 → 매설 → 관측 → 계산 등이다.

정답 ③

3. 지적도근점측량에 관한 내용으로 틀린 것은?

① 1등 도선은 가·나·다 순으로, 2등 도선은 ㄱ·ㄴ·ㄷ 순으로 표기한다.
② 경위의 측량방법에 따라 다각망도선법으로 할 때는 3점 이상의 기지점을 포함한 결합다각방식에 따른다.
③ 경위의 측량방법에 따라 도선법으로 할 때는 왕복도선에 따르며 지형상 부득이한 경우 개방도선에 따를 수 있다.
④ 경위의 측량방법에 따라 도선법으로 할 때 1도선의 점의 수는 부득이한 경우 50점까지로 할 수 있다.

| 해설 |

도선은 지적측량기준점을 연결하는 결합도선에 의하고 지형상 부득이 한때에는 폐합도선 또는 왕복도선에 의할 수 있다.

정답 ③

4. 지적도근점측량에서 일시표지를 설치하는 경우 지적도근점 번호를 부여하는 방법은?

① 영구표지 설치 시 시·도 단위로 일련번호를 부여한다.
② 영구표지 설치 시 측량지역별로 일련번호를 부여한다.
③ 영구표지 미설치 시 시·군·구별로 일련번호를 부여한다.
④ 영구표지 미설치 시 시행지역별로 일련번호를 부여한다.

| 정답 |

지적도근점의 번호
① 영구표지를 설치하는 경우 : 시·군·구별로 번호를 부여한다.
② 영구표지를 설치하지 아니하는 경우 : 시행지역별로 설치순서에 따라 일련번호를 부여한다.
③ 이 경우 각 도선의 교점은 지적도근점의 번호 앞에 "교"자를 붙인다.

정답 ④

5. 다각망도선법에 따른 지적도근점측량에 대한 설명으로 옳은 것은?

① 1도선의 점의 수는 최대 40점 이하로 한다.
② 각 도선의 교점은 지적도근점의 번호 앞에 '교점'자를 붙인다.
③ 3점 이상의 기지점을 포함한 결합다각방식에 따른다.
④ 영구표지를 설치하지 않는 경우, 지적도근점의 번호는 시·군·구별로 부여한다.

| 해설 |

① 1도선의 점의 수는 20점 이하로 한다.
② 지적도근점의 번호는 영구표지를 설치하는 경우에는 시·군·구별로, 영구표지를 설치하지 아니하는 경우에는 시행지역별로 설치순서에 따라 일련번호를 부여한다. 이 경우 각 도선의 교점은 지적도근점의 번호 앞에 "교"자를 붙인다.

정답 ③

6. 지적도근점측량의 도선 구분이 옳은 것은?

① 1등 도선은 가, 나, 다 순으로 표기하고, 2등 도선은 ㄱ, ㄴ, ㄷ 순으로 표기한다.
② 1등 도선은 가, 나, 다 순으로 표기하고, 2등 도선은 (1), (2), (3) 순으로 표기한다.
③ 1등 도선은 ㄱ, ㄴ, ㄷ 순으로 표기하고, 2등 도선은 가, 나, 다 순으로 표기한다.
④ 1등 도선은 (1), (2), (3) 순으로 표기하고, 2등 도선은 가, 나, 다 순으로 표기한다.

| 해설 |

지적도근점측량의 도선 표기 방법은 1등 도선은 가, 나, 다 순으로 표기하고, 2등 도선은 ㄱ, ㄴ, ㄷ 순으로 표기한다.

정답 ①

7. 지적도근점측량에서 1등 도선의 기초점으로 할 수 없는 것은?

① 지적삼각점 간
② 지적삼각점과 지적삼각보조점 간
③ 지적삼각보조점 간
④ 지적삼각점과 2등 도근점 간

| 해설 |

1등 도선은 위성기준점, 통합기준점, 삼각점, 지적삼각점 및 지적삼각보조점의 상호 간을 연결하는 도선 또는 다각망도선으로 연결한다.

정답 ④

8. 다음 중 지적도근점측량의 도선에 대한 설명으로 옳지 않은 것은?

① 1등 도선은 위성기준점, 통합기준점, 삼각점, 지적삼각점 및 지적삼각보조점의 상호 간을 연결하는 도선 또는 다각망도선으로 한다
② 2등 도선은 위성기준점, 통합기준점, 삼각점, 지적삼각점 및 지적삼각보조점과 지적도근점을 연결하거나 지적도근점 상호 간을 연결하는 도선으로 한다.
③ 1등 도선은 가, 나, 다 순으로 표기하고, 2등 도선은 ㄱ, ㄴ, ㄷ 순으로 표기한다.
④ 지적도근점은 개방도선, 왕복도선, 폐합도선 및 다각망도선으로 구성한다.

| 해설 |

지적도근점은 결합도선·폐합도선·왕복도선 및 다각망도선으로 구성하여야 한다.

정답 ④

9. 지적도근점측량의 방법 기준이 틀린 것은?

① 경위의 측량방법에 따라 도선법으로 지적도근점측량을 할 때 1도선의 점의 수는 30점 이하로 한다.
② 지적도근점측량의 도선은 1등 도선과 2등 도선으로 구분한다.
③ 경위의 측량방법에 따라 다각망도선법으로 지적도근점측량을 할 때 1도선의 점의 수는 20점 이하로 한다.
④ 경위의 측량방법과 도선법에 따르는 지적도근점의 관측은 20초독 이상의 경위의를 사용한다.

| 해설 |

경위의 측량방법에 따라 도선법으로 지적도근점측량을 할 때 1도선의 점수는 40점 이하로 하고 지형상 부득이 한 경우 50점까지로 할 수 있다.

정답 ①

10. 지적도근점을 선점하는 경우로 옳지 않은 것은?

① 지적도근점 간의 거리가 가급적 동일하게 배치되도록 한다.
② 후속측량에 편리하고 영구적으로 보존할 수 있는 위치이어야 한다.
③ 암석 등 고정물에 지적측량기준점 표지를 각인하여 사용할 수 있다.
④ 다각망도선법의 경우 기지점 외부에 선점 시 기지변과의 사잇각 크기에는 제한이 없다.

| 해설 |

다각망도선법의 경우 기지점 외부에 선점 시 기지변과의 사잇각 크기는 30° 이내로 한다.

정답 ④

11. 다음 중 일반적으로 지적도근점측량에서 가장 성과가 좋은 도선은?

① 개방도선　　② 왕복도선
③ 폐합도선　　④ 결합도선

| 해설 |

도근점측량에서 망구성은 결합도선, 폐합도선, 왕복도선, 개방도선이 있지만, 지적측량에서는 기지점에서 시작하여 다른 기지점에 결합하는 결합도선을 사용하도록 규정하고 있다.

정답 ④

12. 다음 중 지적도근점측량에서 지적도근점을 구성하는 도선의 형태에 해당하지 않는 것은?

① 개방도선　　② 결합도선
③ 폐합도선　　④ 다각망도선

| 해설 |

지적도근점은 결합도선·폐합도선·왕복도선 및 다각망도선으로 구성하여야 한다. 개방도선은 측량성과를 확인할 수 없으므로 지적측량에서는 사용하지 않는다.

정답 ①

13. 지적도근점측량의 계산방법에 해당하지 않는 것은?

① 도선법　　② 교회법
③ 방사법　　④ 다각망도선법

| 해설 |

지적도근점측량의 계산은 도선법·교회법 또는 다각망도선법에 의한다.

정답 ③

14. 경위의 측량방법에 따라 도선법으로 지적도근점측량을 할 때 1도선의 점의 수는 최대 얼마 이하로 하여야 하는가?(단, 지형상 부득이한 경우는 고려하지 않는다.)

① 10점 ② 20점
③ 30점 ④ 40점

| 해설 |

경위의 측량방법에 따라 도선법으로 지적도근점측량을 할 때 1도선의 점수는 40점 이하로 하고 지형상 부득이 한 경우 50점까지로 할 수 있다.

정답 ④

15. 광파기측량 방법에 따라 다각망도선법으로 지적도근점측량을 할 때에 최소 몇 점 이상의 기지점을 포함한 결합다각방식에 의하여야 하는가?

① 2점 이상 ② 3점 이상
③ 5점 이상 ④ 7점 이상

| 해설 |

다각망도선법으로 지적도근점측량을 할 때는 3점 이상의 기지점을 포함한 결합다각방식에 의한다.

정답 ②

16. 광파기측량 방법에 따라 다각망도선법으로 지적도근점측량을 할 때 1도선의 점의 수는 몇 개 이하로 하여야 하는가?

① 10개 ② 20 ③ 30개 ④ 40개

| 해설 |

다각망도선법으로 지적도근점측량을 할 때 1도선의 점의 수는 20개 이하로 하며 점간거리는 500m 이하로 한다.

정답 ②

17. 다각망도선법에 의한 지적도근점측량에 대한 설명으로 옳은 것은?

① 각 도선의 교점은 지적도근점의 번호 앞에 "교점"자를 붙인다.
② 3점 이상의 기지점을 포함한 결합다각방식에 따른다.
③ 영구표지를 설치하지 않은 경우 지적도근점 번호는 시·군·구별로 부여한다.
④ 1도선의 점의 수는 40개 이하로 한다.

| 해설 |

다각망도선법에 의한 지적도근점측량 시행 시 3점 이상의 기지점을 포함한 결합다각방식에 의한다.

정답 ②

18. 지적도근점측량에서 다각망도선법에 대한 설명으로 옳지 않은 것은?

① 3점 이상의 기지점을 사용한다.
② 5점 이상의 기지점을 사용하여야 하며, 기지점과 기지점을 연결하여야 한다.
③ 1도선의 점의 수는 20개 이하로 한다.
④ 1도선은 기지점과 교점 간, 교점과 교점 간을 말한다.

| 해설 |

3점 이상의 기지점을 사용하여 기지점과 교점, 교점과 교점 간을 연결한다.

정답 ②

19. 다각망도선법에 따르는 경우, 지적도근점 표지의 점간거리는 평균 몇 m 이하로 하여야 하는가?

① 500m ② 1000m ③ 2000m ④ 3000m

| 해설 |

다각망도선법에 따라 지적도근점측량을 실시하는 경우 지적도근점 표지의 점간거리는 평균 500m 이하로 한다.

정답 ①

20. 경위의 측량방법과 다각망도선법에 따른 지적도근점의 관측에서 시가지지역, 축척변경지역 및 경계점좌표등록부 시행지역의 수평각 관측법은?

① 방향각법 ② 교회법
③ 방위각법 ④ 배각법

| 해설 |

경위의 측량방법과 다각망도선법에 따른 지적도근점의 관측에서 시가지 지역, 축척변경지역 및 경계점좌표등록부 시행지역의 수평각 관측법으로 배각법이 많이 이용되고 있다.

정답 ④

21. 지적도근점의 관측 및 계산에 대한 설명으로 옳지 않은 것은?

① 시가지 지역과 축척변경지역의 수평각 관측은 배각법과 방위각법에 의한다.
② 관측은 20초독 이상의 경위의를 사용한다.
③ 점간거리는 2회 측정하여 그 측정치의 교차가 평균값의 3천분의 1 이하일 때에는 그 평균값으로 한다.
④ 배각법에 따른 수평각을 관측할 경우 3배각으로 한다.

| 해설 |

시가지 지역과 축척변경지역의 수평각 관측은 배각법에 의하며 기타 지역은 방위각법과 배각법을 혼용할 수 있다.

정답 ①

22. **지적도근점측량에서 배각법의 관측과 계산에 관한 규정으로 옳은 것은?**

① 각도는 분 단위까지 측정한다.
② 각도의 측정 횟수는 3회로 한다.
③ 좌표 및 거리는 mm 단위까지 구한다.
④ 진수계산은 6자리 이상을 사용한다.

| 해설 |
각도는 초 단위, 측정 횟수 3회, 좌표와 거리는 cm 단위, 진수계산은 5자리 이상을 사용한다.

정답 ②

23. **지적도근점측량에서 방위각법의 관측과 계산에 관한 규정으로 옳지 않은 것은?**

① 각도는 분 단위까지 측정한다.
② 각은 2회 측정한다.
③ 좌표 및 거리는 cm 단위까지 구한다.
④ 진수 5자리 이상을 사용한다.

| 해설 |
방위각법으로 각도를 관측할 경우 관측은 1회만 측정한다.

정답 ②

24. **지적도근점의 관측 및 계산을 할 때 거리 측정방법에 대한 설명으로 옳은 것은?**

① 점간거리는 2회 측정하며 교차가 3천분의 1m 이하일 때에는 그 평균값으로 한다.
② 점간거리는 1회 측정하며 교차가 3천분의 1m 이하일 때에는 그 평균값으로 한다.
③ 점간거리는 1회 측정하며 교차가 2천분의 1m 이하일 때에는 그 평균값으로 한다.
④ 점간거리는 2회 측정하며 교차가 2천분의 1m 이하일 때에는 그 평균값으로 한다.

| 해설 |
점간거리는 2회 측정하여 그 측정치의 교차가 평균값의 $\frac{1}{3,000}$이하일 때에는 그 평균값을 점간거리로 한다.

정답 ①

25. **축척 1/1,200 지역의 도근측량에서 거리를 2회 측정하여 수평거리 100.22m와 100.20m를 얻었다. 두 거리의 허용 교차한계는?**

① 2.0cm　　② 2.1cm
③ 3.3cm　　④ 4.0cm

| 해설 |
점간거리의 측정은 2회 측정하여 그 측정치의 교차가 평균값의 3,000분의 1 이하일 때에는 그 평균값을 점간거리로 한다. 두 거리의 허용 교차한계는 $\frac{(100.22+100.20)}{2} \times \frac{1}{3,000} = 0.033\text{m} \fallingdotseq 3.3\text{cm}$이다.

정답 ③

26. **지적도근점의 연직각을 관측할 때에는 올려본 각과 내려본 각을 관측한다. 이때의 최대 허용 교차는?**

① 30초 이내　　② 60초 이내
③ 90초 이내　　④ 120초 이내

| 해설 |
연직각을 관측하는 경우에는 올려본 각과 내려본 각을 관측하여 그 교차가 90초 이내인 때에는 그 평균값을 연직각으로 한다.

정답 ③

27. **지적도근점측량에서 연직각 관측에 대한 설명으로 옳은 것은?**

① 올려본 각과 내려본 각의 교차는 90초 이내가 되어야 한다.
② 10초 이상의 정밀경위의를 사용해야 한다.
③ 배각법으로 관측한 좌표는 mm 단위로 계산한다.
④ 방위각법으로 관측한 거리측정 단위는 mm 단위로 한다.

| 해설 |
올려본 각과 내려본 각의 교차는 90초 이내가 되어야 하고 20초 이상의 정밀경위의를 사용하며, 배각법으로 관측한 좌표와 방위각법의 거리측정 단위는 cm 단위로 한다.

정답 ①

28. **도선법에 따른 지적도근점측량을 시행할 때에, 배각법과 방위각법을 혼용하여 수평각을 관측할 수 있는 지역은?**

① 시가지 지역　　② 축척변경 시행지역
③ 농촌 지역　　④ 경계점좌표등록부 시행지역

| 해설 |
도선법에 의해 지적도근점측량을 시행할 때 그 밖의 지역(농촌지역 등)에서는 배각법과 방위각법을 혼용하여 수평각을 관측할 수 있다.

정답 ③

29. **지적도근점측량에 있어 배각법에 대한 설명으로 틀린 것은?**

① 거리측정에 비해 각 관측의 정밀도가 높다.
② 시가지 지역, 축척변경 시행지역, 경계점좌표등록부 시행지역에서 시행한다.
③ 1회 측정각과 3회 측정각의 교차가 40초 이내이어야 한다.
④ 연직각관측 시 올려본 각과 내려본 각을 관측하여 그 교차가 90초 이내일 때 그 평균값을 취한다.

| 해설 |

배각법에 따를 때는 1회 측정각과 3회 측정각의 평균값에 대한 교차는 30초 이내이어야 한다.

정답 ③

30. 지적도근점측량 중 배각법에 의한 도선의 계산 순서를 옳게 나열한 것은?

㉠ 관측성과 등의 이기	㉡ 측각오차 계산
㉢ 방위각 계산	㉣ 관측각의 합계계산
㉤ 각 관측선의 종·횡선오차 계산	
㉥ 각 측점의 좌표계산	

① ㉠－㉡－㉢－㉣－㉤－㉥ ② ㉠－㉡－㉣－㉢－㉥－㉤
③ ㉠－㉣－㉡－㉢－㉤－㉥ ④ ㉠－㉢－㉣－㉡－㉥－㉤

| 해설 |

관측성과 등의 이기－관측각의 합계계산－측각오차 계산－방위각 계산－각 관측선의 종·횡선오차 계산－각 측점의 좌표계산－각 측점의 좌표 결정 등이다.

정답 ③

31. 도선법과 다각망도선법에 따른 지적도근점의 각도 관측에서 도선별 폐색오차의 허용범위 기준이 틀린 것은?(단, n은 폐색변을 포함한 변의 수를 말한다.)

① 방위각법의 경우 : 2등 도선 $\pm 2\sqrt{n}$ 분 이내
② 배각법의 경우 : 2등 도선 $\pm 30\sqrt{n}$ 초 이내
③ 방위각법의 경우 : 1등 도선 $\pm\sqrt{n}$ 분 이내
④ 배각법의 경우 : 1등 도선 $\pm 20\sqrt{n}$ 초 이내

| 해설 |

도선법과 다각망도선법에 따른 지적도근점의 각도 관측에서 도선별 폐색오차의 허용범위 기준이 배각법의 1등 도선은 $\pm 20\sqrt{n}$초 이내, 2등 도선은 $\pm 30\sqrt{n}$초 이내로 한다. 방위각의 폐색오차는 1등 도선은 $\pm\sqrt{n}$분 이내, 2등 도선은 $\pm 1.5\sqrt{n}$분 이내로 한다.

정답 ①

32. 지적도근점의 각도 관측에 있어서 배각법에 따른 폐색오차의 배분 방법에 대한 설명으로 틀린 것은?

① 배각법은 측선장에 반비례하여 각 측선의 관측각에 배분할 것
② 배각법에 따른 오차 배분 공식은 $K = -\frac{e}{R} \times r$이다.
③ 방위각법은 변의 수에 반비례하여 각 측선의 방위각에 배분할 것
④ 방위각법에 따른 오차 배분 공식은 $K_n = -\frac{e}{S} \times s$이다.

| 해설 |

방위각법은 변의 수에 비례하여 각 측선의 방위각에 배분하며 1도선의 폐색오차는 다각망도선법에 따른 계산 시 1등 도선의 규정을 적용한다.

정답 ③

33. 지적도근점측량에서 방위각법에 대한 설명으로 옳지 않은 것은?

① 각 오차는 최종 관측방위각과 폐색 기지방위각의 차이다.
② 각 오차의 배분은 변수에 비례하여 배분한다.
③ 종횡선 오차 배분은 측선장에 비례하여 배분한다.
④ 1등 도선의 방위각 폐색오차의 한계는 $\pm 1.5\sqrt{n}$분이다.

| 해설 |

1등 도선의 방위각 폐색오차의 한계는 $\pm\sqrt{n}$분, 2등 도선은 $\pm 1.5\sqrt{n}$분이다.

정답 ④

34. 지적도근점측량을 방위각법으로 시행할 때 2등 도선의 방위각 폐색오차의 한계는?(단, n : 폐색변을 포함한 변수)

① $\pm\sqrt{n}$ 분 이내 ② $\pm 1.5\sqrt{n}$ 분 이내
③ $\pm 2\sqrt{n}$ 분 이내 ④ $3\sqrt{n}$ 분 이내

| 해설 |

방위각법에 따를 때 2등 도선의 방위각 폐색오차는 $\pm 1.5\sqrt{n}$분 이내로 한다.

정답 ②

35. 지적도근점의 각도 관측에 있어서 배각법에 의할 때 1등 도선의 기지방위각 또는 평균방위각과 관측방위각의 폐색오차 허용범위는?

① $\pm\sqrt{n}$ 이내 ② $\pm 10\sqrt{n}$ 이내
③ $\pm 20\sqrt{n}$ 이내 ④ $\pm 30\sqrt{n}$ 이내

| 해설 |

기지방위각 또는 평균방위각과 관측방위각의 폐색오차는 1등 도선은 $\pm 20\sqrt{n}$초 이내이다.

정답 ③

36. **배각법에 의한 지적도근점측량에서 변수가 18변인 2등 도선의 폐색오차의 한계로 옳은 것은?**

① ±126초 이내　② ±127초 이내
③ ±128초 이내　④ ±129초 이내

| 해설 |

2등 도선의 기지방위각과 관측방위각의 오차는 $\pm 30\sqrt{n}$초 이내로 $=\pm 30\sqrt{18}=127$초 이다.

정답 ②

37. **지적도근점측량을 배각법으로 할 경우 측각오차를 계산하는 공식은?(단, 출발기지 방위각= T_1, 관측각의 합= $\Sigma\alpha$, 도착기지 방위각= T_2, n=폐색변을 포함한 변수)**

① $T_1+\Sigma\alpha-180°(n-1)-T_2$
② $T_2+T_1-180°(n-1)-\Sigma\alpha$
③ $T_1-\Sigma\alpha+180°(n-1)+T_2$
④ $T_1-T_2+\Sigma\alpha-180°(n-1)$

| 해설 |

관측 오차= $T_1+\Sigma\alpha-180°(n-1)-T_2$이다.

정답 ①

38. **지적도근점측량을 배각법으로 11변인 도선을 측량하여 출발점의 기지방위각이 128°08′33″, 폐색점의 기지방위각이 57°47′02″, 각 측점의 측정 내각의 총합계가 1,729°38′48″일 때 도선의 각 오차는 얼마인가?**

① −19초　② +19초　③ −29초　④ +29초

| 해설 |

① 관측 오차= $T_1+\Sigma\alpha-180°(n-1)=128°08'33''+1{,}729°38'48''-180°(11-1)=57°47'21''$
② 각 오차(e)=산출방위각−기지방위각= $57°47'21''-57°47'02''=+19''$이다.

정답 ②

39. **방위각법에 따른 지적도근점측량 시 관측방위각이 83°15′ 이고 기지방위각이 83° 18′ 이었을 때 방위각 오차는?**

① +6분　② −6분　③ +3분　④ −3분

| 해설 |

방위각 오차=관측방위각−기지방위각= $83°15'-83°18'=-3'$이다.

정답 ④

40. **배각법에 의한 지적도근점의 각도 관측 시 측정오차의 배분 방법으로 옳은 것은?**

① 반수에 비례하여 각 측선의 관측각에 배분한다.
② 반수에 반비례하여 각 측선의 관측각에 배분한다.
③ 변의 수에 비례하여 각 측선의 관측각에 배분한다.
④ 변의 수에 반비례하여 각 측선의 관측각에 배분한다.

| 해설 |

배각법에 따르는 경우는 반수에 비례하여 각 측선의 관측각에 배분하도록 규정하고 있다.

정답 ①

41. **지적도근점측량을 배각법에 의할 경우 측각오차의 배분 방법으로 옳은 것은?**

① 폐색변을 포함한 변수에 비례하여 배분한다.
② 측선장에 비례하여 각 측선의 관측각에 배분한다.
③ 측선장에 반비례하여 각 측선의 관측각에 배분한다.
④ 폐색변을 포함한 변수에 반비례하여 배분한다.

| 해설 |

배각법에 의할 때는 측선장에 반비례하여 각 측선의 관측각에 배분한다.

정답 ③

42. **그림에서 AB의 방위각이 19° 48′ 26″, CD의 방위각이 310° 36′ 43″, 교각의 총합이 650° 48′ 05″일 때 각 관측 오차로 옳은 것은?**

①+10″　②−12″
③+18″　④−23″

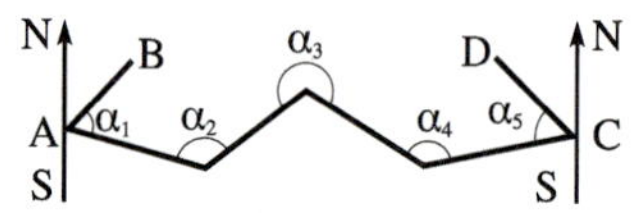

| 해설 |

$\Delta\alpha = A_1+[\alpha]-180°(n-3)-An$
$=19°48'26''+650°48'05''-180°(5-3)-310°36'43''=-12''$이다.

정답 ②

43. **시가지지역에서 지적도근점측량을 실시할 경우 도선이 9변을 관측한 값으로 1,259° 59′ 58″ 이다. 측각 오차는?**

①−5″　②−3″　③+2″　④−2″

| 해설 |

측각오차$(E_a)=[\alpha]-180°(n-2)=1{,}259°59'58''-180°(9-2)=-2''$이다.

정답 ④

44. **지적도근점측량에서 배각법에 의한 1등 도선의 변수가 16변이었다. 각 측점에서 허용오차로 옳은 것은?**

① ±30″ 이내　② ±40″ 이내
③ ±80″ 이내　④ ±120″ 이내

| 해설 |

기지방위각 또는 평균방위각과 관측방위각의 폐색오차는 1등 도선은 $\pm 20\sqrt{n}$초 이내, 따라서 $\pm 20\sqrt{16}=\pm 80$초이다.

정답 ③

45. **지적도근점측량을 배각법에 따라 측량 결과가 허용범위 이내일 때에 그 오차의 배분 방법으로 옳은 것은?(단, K : 각 측선에 배분할 초 단위의 각도, e : 초 단위의 오차, R : 폐색변을 포함한 각 측선장의 반수의 총합계, r : 각 측선장의 반수, n : 변의 수)**

① $K=-\frac{e}{R}\times r$ ② $K=-\frac{R}{e}\times r$

③ $K=-\frac{n}{e}\times R$ ④ $K=-\frac{R}{n}\times e$

| 해설 |

배각법에 따른 각도의 측량 결과가 허용범위 이내일 때에 그 오차의 배분은 $K=-\frac{e}{R}\times r$에 따라 측선장에 반비례하여 각 측선의 관측각에 배분한다.

정답 ①

46. **도선의 변수가 15변 인 도근점측량을 방위각법으로 시행한 결과 각 오차가−3분 발생하였을 경우 제10변에 배분할 오차의 배분량은?**

① +2분 ② +3분 ③ −2분 ④ −3분

| 해설 |

$K_n=-\frac{e}{S}\times s=-\frac{-3}{15}\times 10=+2'$이다. 여기서, K_n : 각 측선의 순서대로 배분할 분 단위의 각도, e : 분 단위 오차, S : 폐색변을 포함한 변수, s : 각 측선의 순서이다.

정답 ①

47. **배각법에 의한 지적도근점측량에서 측선장의 합계가 1858.67m이고, 종선오차가−0.30m, 종선차의 절대치의 합이 268.29m일 때, 종선차+50.35m에 배분할 보정량은?**

① +2cm ② −2cm ③ +6cm ④ −6cm

| 해설 |

배각법에 따르는 경우 $K=-\frac{e}{R}\times r$에 따라 각 측선의 종선차 또는 횡선차 길이에 비례하여 배분하는데 $T=-\frac{e}{L}\times \ell=-\frac{50.35}{268.29}\times(-0.3)=0.056m=6cm$이다.(T : 각 측선의 종선차 또는 횡선차에 배분할 cm 단위의 수치, e : 종선오차 또는 횡선오차, L : 종선차 또는 횡선차의 절대치의 합계, ℓ : 각 측선의 종선차 또는 횡선차)

정답 ③

48. **배각법에 의한 지적도근점측량을 한 결과 한 측선의 길이가 52.47m이고, 초 단위 오차는 18″, 변장 반수의 총합계는 183.1 일때 해당 측선에 배분할 초단위의 각도로 옳은 것은?**

① 2″ ② 5″ ③ −2″ ④ −5″

| 해설 |

① 거리반수$=\frac{1,000}{L}=\frac{1,000}{52.47}=19.05$(L : 각측선의 거리)

② 배분할 수치$K=-\frac{e}{R}\times r=-\frac{-18''}{183.1}\times 19.05=-1.87\fallingdotseq -2''$이다.

정답 ③

49. **배각법에 의한 지적도근점측량에서 측각오차가−43″ 이고, 측선장의 반수 합이 275.2일 때 65.32m인 변에 배분할 각은?**

① −2″ ② +2″ ③ −10″ ④ +10″

| 해설 |

① 거리반수$=\frac{1,000}{L}=\frac{1,000}{65.32}=15.31$(L : 각측선의 거리)

② $K=-\frac{e}{R}\times r=-\frac{-43''}{275.2}\times 15.31=+2.4=+2''$이다.

정답 ②

50. **지적도근점측량에서 연결오차의 허용범위에 대한 설명으로 잘못된 것은?(단, n은 각 측선의 수평거리의 총 합을 100으로 나눈 수)**

① 1등 도선은 당해 지역 축척 분모의 $\frac{1}{100}\sqrt{n}$cm 이하

② 2등 도선은 당해 지역 축척 분모의 $\frac{1.5}{100}\sqrt{n}$cm 이하

③ 경계점좌표등록부를 비치하는 지역의 축척 분모는 500으로 한다.

④ 하나의 도선에 속하여 있는 지역의 축척이 2 이상인 때에는 소축척의 축척 분모에 의한다.

| 해설 |

경계점좌표등록부를 비치하는 지역에서 연결오차 허용범위의 축척 분모는 500으로 하고 축척이 6천분의 1인 지역의 축척 분모는 3천으로 한다. 즉 대축척의 축척 분모에 의한다.

정답 ④

51. **지적도근점측량을 배각법에 따르는 경우 연결오차의 배분 방법으로 옳은 것은?**

① 각 측선의 측선장에 비례하여 배분한다.

② 각 측선의 측선장에 반비례하여 배분한다.

③ 각 측선의 종·횡선차 길이에 비례하여 배분한다.

④ 각 측선의 종·횡선차 길이에 반비례하여 배분한다.

| 해설 |

배각법에 따르는 경우는 $T=-\frac{e}{L}\times \ell$식에 따라 각 측선의 종선차 또는 횡선차 길이에 비례하여 배분할 것(T는 각 측선의 종선차 또는 횡선차에 배분할 센티미터 단위의 수치, e는 종선오차 또는 횡선오차, L은 종선차 또는 횡선차의 절대치의 합계, ℓ

정답 ③

52. 지적도근점측량에 의하여 계산된 연결오차가 허용범위 이내인 경우 연결오차의 배분 방법이 옳은 것은?(단, 방위각법에 의하는 경우를 기준으로 한다.)

① 각 측선장에 비례하여 배분한다.
② 각 방위각의 크기에 비례하여 배분한다.
③ 각 측선장의 반수에 비례하여 배분한다.
④ 각 측선의 종횡선차 길이에 비례하여 배분한다.

| 해설 |

각 측선의 종선차 또는 횡선차 길이에 비례하여 배분하며, 오차가 매우 작은 경우 종선차 및 횡선차가 긴 것부터 결정한다. 또한, 방위각법은 각 측선장에 비례하여 배분한다.

정답 ①

53. 지적도근점측량에서 연결오차의 허용범위 기준을 결정하는 경우, 경계점좌표등록부를 갖춰 두는 지역의 축척 분모는 얼마로 하여야 하는가?

① 3,000 ② 1,200 ③ 500 ④ 600

| 해설 |

경계점좌표등록부를 갖춰 두는 지역의 축척 분모는 500으로 한다.

정답 ③

54. 지적도근점측량에서 측정한 각 측선의 수평거리 총합계가 1550m일 때, 연결오차의 허용범위 기준은 얼마인가?(단, 경계점좌표등록부를 갖춰 두는 지역이며 2등 도선이다)

① 19cm 이하 ② 29cm 이하
③ 39cm 이하 ④ 59cm 이하

| 해설 |

2등 도선은 당해 지역 축척 분모의 $\frac{1.5}{100}\sqrt{n}$cm 이하로 한다.(n은 각 측선의 수평거리 총합계를 100으로 나눈 수) $500 \times \frac{1.5}{100}\sqrt{15.5} = 29.527$cm이다.

정답 ②

55. 축척 1/1200 지역의 지적도근점측량에서 각 측선의 수평거리 총합계가 2500m인 경우, 2등 도선의 연결오차는 최대 얼마 이하로 하여야 하는가?

① 0.6m ② 0.70m ③ 0.80m ④ 0.90m

| 해설 |

2등 도선은 해당 지역 축척 분모의 $\frac{1.5}{100}\sqrt{n}$cm 이하이므로 $1200 \times \frac{1.5}{100}\sqrt{25} = 0.9$m이다.

정답 ④

56. 축척이 1/1000인 지적도 시행지역에서 지적도근점측량을 1등 도선으로 측정한 각 측선의 수평거리의 총 합계가 700m이었을 때, 연결오차의 허용범위 기준은?

① 20cm 이하 ② 26cm 이하
③ 35cm 이하 ④ 40cm 이하

| 해설 |

1등 도선의 연결오차 허용범위는 축척 분모의 $\frac{1}{100}\sqrt{n}$cm 이하로 $1,000 \times \frac{1}{100}\sqrt{7} = 26.46$cm이다.(n은 각 측선의 수평거리 총합계를 100으로 나눈 수)

정답 ②

57. 축척이 600분의 1인 지역의 지적도근점측량에서 각 측선의 수평거리 총계가 1,800m일 때, 1등 도선의 연결오차 허용범위는?

① 25cm 이하 ② 38cm 이하
③ 42cm 이하 ④ 63cm 이하

| 해설 |

연결오차의 허용범위에서 1등 도선은 해당 지역 축척 분모의 $\frac{1}{100}\sqrt{n}$ cm 이하로 $n = \frac{1,800}{100} = 18$ 이며,
$\frac{1}{100}\sqrt{n} = \frac{1}{100} \times \sqrt{18} \times 600 = 25$cm 이다.
(n은 각 측선의 수평거리 총합계를 100으로 나눈 수)

정답 ①

58. 축척 1/500에서 지적도근측량 시 도선의 총길이가 3,318.55m일 때 2등 도선인 경우 연결오차의 허용범위는?

① 0.29m ② 0.34m ③ 0.43m ④ 0.92m

| 해설 |

2등 도선의 연결오차 허용범위는 당해 지역 축척 분모의 $\frac{1.5}{100}\sqrt{n}$cm 이하로 $n = \frac{3318.55}{110} = 33.19$ 연결오차는 $500 \times \frac{1.5}{100}\sqrt{33.19} = 43.2$cm 이다.

정답 ③

59. 배각법에 따라 도근측량을 실시하여 종선차의 합이 −140.10m, 종선차의 기지값이 −140.30m, 횡선차의 합이 320.20m, 횡선차의 기지값이 320.25m일 때 연결오차는?

① 0.21m ② 0.30m ③ 0.25m ④ 0.31m

| 해설 |

종선차=140.30−140.10=0.20m, 횡선차=320.20−320.25=0.05m이며, 연결오차=$\sqrt{종선교차^2 + 횡선교차^2} = \sqrt{0.20^2 + 0.05^2} = 0.2061$m이다.

정답 ①

60. 배각법에 의한 지적도근점측량 시 종·횡선차 합이 각각 200.25m, −150.44m, 종·횡선차 절대치의 합이 각각 200.25m, 150.44m, 출발점의 좌표값이 각각 1,000.00m, 1,000.00m, 도착점의 좌표값이 각각 1,200.15m, 849.58m일 때 연결오차로 옳은 것은?

① 0.10m ② 0.11m ③ 0.12m ④ 0.13m

| 해설 |

① 종선차=200.25−200.15=0.10m, 횡선차=−150.42−150.44=0.02m이며,

② 연결오차$=\sqrt{종선교차^2+횡선교차^2}=\sqrt{0.10^2+0.02^2}=0.10$m이다.

정답 ①

61. 축척 600분의 1 지역에서 지적도근점측량을 실시하여 측정한 수평거리의 총합계가 1,600m이었을 때 연결오차는?(단, 1등 도선인 경우다.)

① 2.4m 이하 ② 0.24m 이하
③ 2.7m 이하 ④ 0.27m 이하

| 해설 |

1등 도선은 당해 지역 축척 분모의 $\frac{1}{100}\sqrt{n}$cm 이하로 할 것(n은 각 측선의 수평거리 총합계를 100으로 나눈 수, $n=\frac{1}{100}\times1,600=16$), 연결오차는 $600\times\frac{1}{100}\sqrt{16}=24\text{cm}=0.24\text{m}$이다.

정답 ②

62. 지적도근점측량의 배각법에서 종횡선 오차는 다음 중 어느 방법으로 배분하여야 하는가?

① 콤퍼스 법칙 ② 트랜싯 법칙
③ 헤론의 법칙 ④ 오사오입 법칙

| 해설 |

배각법을 사용하는 도선의 계산에 있어 종·횡선오차의 배분은 각 측선의 종선차의 길이에 비례하여 배분하는 트랜싯법칙(Transit rule)에 의한다.

정답 ②

63. 컴파스(compass) 법칙에 대한 설명으로 옳은 것은?

① 측각 및 측정거리의 정도가 같다고 인정되는 때의 오차 조정법
② 측각 정도가 측정거리의 정도보다 높다고 인정되는 때의 오차 조정법
③ 측정거리의 정도가 측각 정도보다 높다고 인정되는 때의 오차 조정법
④ 측정거리의 정도와 측각 정도가 비교할 수 없다고 인정되는 때의 오차 조정법

| 해설 |

측각 및 측정거리의 정도가 같다고 인정되는 때의 오차 조정법으로 변장의 크기에 비례하여 배분한다.

정답 ①

64. 트랜싯 법칙에 대한 설명으로 가장 옳은 것은?

① 변의 수에 비례하여 오차를 배분하는 방식이다.
② 측선장에 반비례하여 오차를 배분하는 방식이다.
③ 거리측정의 정밀도가 각 관측의 정밀도에 비하여 높다.
④ 각 관측의 정밀도가 거리측정의 정밀도에 비하여 높다.

| 해설 |

트랜싯법칙은 각 관측의 정밀도가 거리측정의 정밀도에 비하여 높다.

정답 ④

65. 지적도근점측량의 배각법에서 종횡선 오차는 어느 방법으로 배분하여야 하는가?

① 반수에 비례하여 배분한다.
② 컴퍼스 법칙에 의해 배분한다.
③ 트랜싯 법칙에 의해 배분한다.
④ 측정변의 길이에 반비례하여 배분한다.

| 해설 |

배각법을 사용하는 도선의 종·횡선오차의 배분은 각 측선의 종선차의 길이에 비례하여 배분하는 트랜싯 법칙(Transit rule)에 의한다.

정답 ③

66. 지적도근점측량의 방위각법에 의한 계산에 있어서 종·횡선오차의 배분공식은?

① $C=+\frac{e}{L}\times\ell$ ② $C=-\frac{e}{L}\times\ell$
③ $C=+\frac{L}{e}\times\ell$ ④ $C=-\frac{L}{e}\times\ell$

| 해설 |

종·횡선오차의 배분 공식은 $C=-\frac{e}{L}\times\ell$이다.

정답 ②

67. 지적도근점측량에서 종선오차가 0.52m이고 종선차 절대치의 합계는 640m, 측선장의 총합은 700m이며, 오차를 배분할 측선의 측선장은 42m, 종선차는 26m일 때 배각법에 따라 오차를 배분할 측선의 종선차는?

① 2cm ② 3cm ③ 4cm ④ 5cm

| 해설 |

측선의 종선차$(T)=-\frac{e}{L}\times\ell=-\frac{0.52}{640}\times26=0.02$m이다.

정답 ①

68. 방위각법에 따른 지적도근점측량 계산에서 종횡선 오차는 어떻게 배분하는가?(단, 연결오차가 허용범위 이내인 경우)

① 측선장에 역비례 배분한다.
② 종횡선차에 역비례 배분한다.
③ 측선장에 비례 배분한다.
④ 종횡선차에 비례 배분한다.

| 해설 |

방위각법에 따른 지적도근점측량을 실시할 경우 종횡선차에 대한 배분 방법은 $C = -\frac{e}{L} \times \ell$식에 따라 각 측선장에 비례하여 배분한다.

정답 ③

69. 지적도근점측량을 방위각법으로 시행하여 종선오차가 −0.15m 발생하였다. 각 측선장의 총합계가 1725.49m일 경우, 76.25m인 측선장에 배분할 종선오차 배분량은?

① −0.02m　② −0.01m
③ +0.01m　④ +0.20m

| 해설 |

연결오차가 허용범위 이내인 경우 방위각법은 $C = -\frac{e}{L} \times \ell$에 따라 각 측선장에 비례하여 배분하며 $C = -\frac{-0.15}{1725.49} \times 76.25 = 0.006 = +0.01\text{m}$이다. 여기서, C : 종횡선차 배분량, e : 종횡선오차, L : 측선장의 총합계, ℓ : 각 측선의 측선장이다.

정답 ③

70. 트래버스측량에서 변장 거리가 300m인 측점에서 2cm의 측각오차가 있는 경우 측각오차로 옳은 것은?

① 10″　② 14″　③ 15″　④ 20″

| 해설 |

측각오차는 $\frac{300\text{m}}{\rho''} = \frac{0.02\text{m}}{x''}$에서 $\therefore x'' = \frac{0.02}{300} \times 206,265'' = 14''$이다.

정답 ②

71. 지적도근점측량에서 거리측정의 오차가 100m에 ±3mm라 하면 이것과 같은 정확도를 갖기 위한 측각오차의 최대 범위는?

① ±8초 이내　② ±6초 이내
③ ±4초 이내　④ ±3초 이내

| 해설 |

측각오차는 $\frac{\Delta \ell}{\ell} = \frac{\theta''}{\rho''}$, $\theta'' = \frac{\Delta \ell}{\ell} \times \rho'' = \frac{0.03}{100} \times 206,265'' = 6.2''$이다.

정답 ②

72. A점에 트랜싯을 설치하여 100.0m 떨어진 B점을 관측하여 20″의 오차가 있었다. 측선 AB에 대한 B점의 직각 방향 위치의 편위를 계산한 것으로 옳은 것은?

① 9.7mm　② 10.6mm　③ 8.5mm　④ 11.4mm

| 해설 |

측선 AB에 대한 B점의 직각 방향 위치의 편위

$BB' = AB \times \frac{e}{\rho''} = 100.0 \times \frac{20''}{206,265''} = 0.0097 = 9.7\text{mm}$이다.

정답 ①

73. A점에서 출발하여 다시 A점에 되돌아오는 다각측량을 시행하여 위거 오차 20cm, 경거 오차 30cm가 발생하였다. 전 측선의 길이가 800m일 때 다각측량의 정밀도는?

① $\frac{1}{1,000}$　② $\frac{1}{1,730}$
③ $\frac{1}{2,220}$　④ $\frac{1}{2,630}$

| 해설 |

정도 $= \frac{E}{\Sigma D} = \frac{\sqrt{(e_L)^2 + (e_D)^2}}{\Sigma D} = \frac{\sqrt{0.2^2 + 0.3^2}}{800} = \frac{1}{2,219}$ 이다.

정답 ③

74. 다각망도선법에 의한 1도선이 폐색변을 포함하여 6변이고, 각 측점의 각을 측정하여 합한 결과 936°55′10″이었다. 출발기지방위각(T_1)이 26°31′18″이면 관측방위각(T_2)은?

① 63°26′28″　② 150°23′52″
③ 23°26′28″　④ 330°23′52″

| 해설 |

관측방위각$(T_2) = T_1 + \Sigma\alpha - 180°(n-1) = 26°31'18'' + 936°55'10'' - 180°(6-1) = 63°26'28''$이다.

정답 ①

75. 다각망도선법에서 산출방위각이 42° 09′ 27″ 이고 기지방위각이 42° 10′ 02″ 일 때 각 오차는?

① −30″　② −35″　③ +30″　④ +35″

| 해설 |

각오차=기지방위각−산출방위각=42°10′02″−42°09′27″=+35″이다.

정답 ④

76. 지적도근점측량에서 100m 떨어진 지점을 관측할 때 각도에 2분의 오차가 발생하였다. 이때 발생되는 거리오차로 옳은 것은?

① 28mm　② 38mm　③ 48mm　④ 58mm

| 해설 |

거리오차 = tan0°02′ × 100 = 0.058m이다.

정답 ④

77. 다각망도선법 X형의 방위각조정이다. 결정 방위각으로 맞는 것은?

① 125°45′36″
② 125°45′40″
③ 125°45′39″
④ 125°45′38″

도선명	변수	산출방위각
(1)	3	125° 45′ 45″
(2)	4	125° 45′ 30″
(3)	2	125° 45′ 40″
(4)	5	125° 45′ 20″

| 해설 |

$$\text{결정방위각} = \frac{[\frac{\Sigma\alpha}{\Sigma N}]}{[\frac{1}{\Sigma S}]} = \frac{[\frac{45}{3}+\frac{30}{4}+\frac{40}{2}+\frac{20}{5}]}{[\frac{1}{3}+\frac{1}{4}+\frac{1}{2}+\frac{1}{5}]} = 125°45'36.3''\text{ 이다.}$$

정답 ①

78. Y망에서 각 도선별 방위각과 측점 수가 다음과 같을 때 평균방위각은?

① 10초
② 12초
③ 14초
④ 16초

(1)=250° 20′ 01″	측점 수=4
(2)=250° 20′ 08″	측점 수=5
(3)=250° 20′ 28″	측점 수=3

| 해설 |

$$\text{평균방위각} = \frac{[\frac{\Sigma\alpha}{\Sigma N}]}{[\frac{1}{\Sigma N}]} = \frac{(\frac{1}{4}+\frac{8}{5}+\frac{28}{3})}{(\frac{1}{4}+\frac{1}{5}+\frac{1}{3})} = 14.3''\text{ 이다.}$$

정답 ③

79. 그림과 같은 트래버스에서 V_A^B가 52° 40′ 일 때 BC의 방위각은 얼마인가?

① 67°40′
② 112°20′
③ 202°20′
④ 292°20′

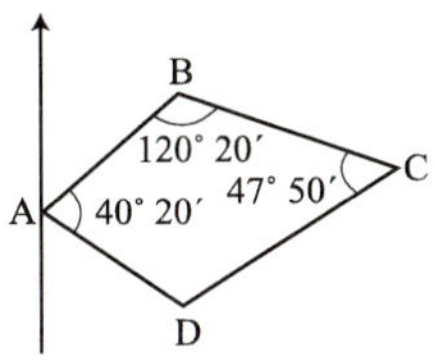

| 해설 |

BC방위각 $V_B^C = V_A^B + 180° - \theta = 52°40' + 180° - 120°20' = 112°20'$ 이다.

정답 ②

80. 그림과 같은 폐합트래버스의 측량 결과로부터 측선 3-4의 방위각으로 옳은 것은?(단, 측선 1-2의 방위각은 135° 30′00″)

① 18°27′40″
② 19°25′30″
③ 18°30′40″
④ 19°27′20″

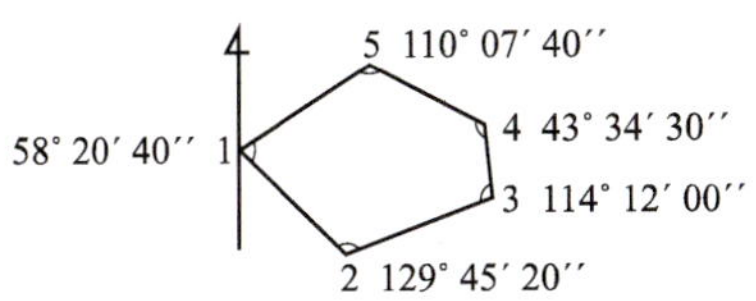

| 해설 |

측선 2-3 방위각=135°30′00″+180°+129°45′20″=85°15′20″,
3-4 방위각=85°15′20″+180°+114°12′00″=19°27′20″이다.

정답 ④

81. AB의 방위각과 각 점의 내각이 그림과 같을 때 CD의 방위각으로 옳은 것은?

① 153°08′
② 153°38′
③ 333°38′
④ 339°08′

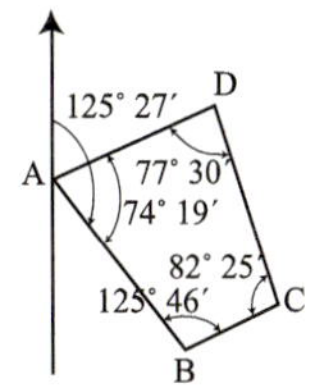

| 해설 |

CD 방위각=125°27′+180°+125°46′−180°+82°25=333°38′이다.

정답 ③

82. 지적도근점 두 점 A, B 간의 종선차 $\Delta X_a^b = 345.67\text{m}$이고, 횡선차 $\Delta Y_a^b = -456.78\text{m}$일 때 V_a^b는?

① 52°38′24″
② 37°07′00″
③ 52°53′00″
④ 307°07′00″

| 해설 |

$\theta = \frac{\Delta Y_a^b}{\Delta X_a^b} = \frac{-456.78}{345.67} = 52°53'00''$에서 4상한으로

$V_a^b = 360° - 52°53'00'' = 307°07'00''$ 이다.

정답 ④

83. 교점다각망의 구성에서 X형과 Y형의 기지점과 교점의 수로 옳은 것은?

① 기지점 2개 교점 1개 평균
② 기지점 3개 교점 1개 평균
③ 기지점 2개 교점 2개 평균
④ 기지점 3개 교점 2개 평균

| 해설 |

X및 Y형은 3개의 기지점에 근거하여 교점 1개를 평균한다.

정답 ②

84. 다각망도선법에 의하여 지적도근점의 계산을 실시할 경우 필요로 하는 최소 조건식의 수를 구하는 식으로 맞는 것은?

① 기지점 수−교점 수 ② 교점 수+도선 수
③ 도선 수−교점 수 ④ 교점 수+기지점 수

| 해설 |

망구성에 적합한 형태로 최대조건식 수는 4개이지만 조건식 수는 최소 3개면 성립되고 조건식 수의 계산은 일반적으로 다각망도선법에 따를 경우 최소조건식은 도선 수에서 교점 수를 뺀 값으로 "최소조건식 수(r)=도선수(n)−교점수(u)"와 같이 계산한다.

정답 ③

85. 다각망도선법에서 도선이 17개이고 교점이 9개일 때 필요한 최소조건식의 수는?

① 6개 ② 7개 ③ 8개 ④ 9개

| 해설 |

최소조건식 수=도선 수−교점 수=17−9=8개이다.

정답 ③

86. 좌표가 (2,907.36m, 3,321.24m)인 지적도근점에서 거리가 23.25m, 방위각이 179°20′33″인 필계점의 좌표는?

① X=2,879.15m, Y=3,317.20m
② X=2,879.15m, Y=3,321.51m
③ X=2,884.11m, Y=3,321.51m
④ X=2,884.11m, Y=3,315.47m

| 해설 |

① 필계점의 좌표(X)=2,907.36+(23.25×cos 179°20′33″)=2,884.11m
② 필계점의 좌표(Y)=3,321.24+(23.25×sin 179°20′33″)=3,321.51m이다.

정답 ③

87. 기지점 T에서 미지점 T_1을 신설하기 위해 다음과 같은 관측성과를 얻었다. T_1의 좌표로 옳은 것은?(단, T점의 좌표 X=150.00m, Y=140.00m, 방위각=130°25′30″, 거리=30m)

① X=130.55m, Y=162.84m
② X=169.45m, Y=117.16m
③ X=162.84m, Y=130.55m
④ X=117.16m, Y=169.45m

| 해설 |

① 종선차(Δx)=L×cos V=30×cos 130°25′30″=−19.45m
② 횡선차(Δy)=L×sin V=30×sin 130°25′30″=22.84m
③ T_1의 좌표(X)=150−19.45=130.55m, T_1의 좌표(Y)=140+22.84=162.84m

정답 ①

88. 지적도근점측량에서 측각오차를 배부할 때 소수점 아래의 단수처리 방법은?

① 모두 올린다. ② 모두 버린다.
③ 4사 5입법에 의한다. ④ 5사 5입법에 의한다.

| 해설 |

방위각의 각치(角値), 종횡선의 수치 또는 거리를 계산하는 경우 구하려는 끝자리의 다음 숫자가 5 미만일 때에는 버리고 5를 초과할 때에는 올리며, 5일 때에는 구하려는 끝자리의 숫자가 0 또는 짝수이면 버리고 홀수이면 올리는 방법으로 5사 5입법에 의한다.

정답 ④

89. 경계점좌표등록부 시행지역에서 지적도근점의 측량성과와 검사성과의 연결교차 기준은?

① 0.15m 이내 ② 0.20m 이내
③ 0.25m 이내 ④ 0.30m 이내

| 해설 |

지적측량성과와 검사성과의 연결 교차는 지적도근점의 경계점좌표등록부 시행지역 : 0.15m 이내, 지적도근점의 기타 지역 : 0.25m 이내이다.

정답 ①

CHAPTER

08 도해 세부측량

8.1. 평판측량

8.1.1. 평판측량의 장단점

(1) 장점

① 현장에서 직접 작성되므로 누락으로 인한 재측량을 실시할 필요가 없다.

② 측량 결과를 현지에서 직접 제도하므로 측량 착오를 발견하기가 쉽고, 즉시 수정이 가능하다.

③ 측량 방법이 간단하고 계산 및 제도 등의 내업이 적어 작업이 신속하다.

④ 현장에서 측량 방법(도선법, 방사법, 교회법)을 선택할 수 있다.

⑤ 측량 장비가 간편하고 사용이 편리하다.

(2) 단점

① 온도의 변화에 의해 측량원도의 신축이 많아 오차의 발생률이 높다.

② 도해적인 방법으로 축척변경이 곤란하여 다른 축척으로 변경할 경우 재측량을 실시하여야 한다.

③ 도면에 의한 작업이므로 측량의 정도가 낮다.

④ 현장에서 실시한 작업으로 외업이 많고 기후의 영향을 많이 받는다.

8.1.2. 평판 설치방법

① 정준(Leveling; 수평 맞추기)은 평판을 수평으로 맞추기 위한 것으로 삼각과 앨리데이드를 이용한다.

② 구심(Centering; 중심 맞추기)은 평판 위에 표시된 측정점과 지상의 측점이 같은 연직선 위에 있도록 하여야 한다.

③ 표정(Orientation; 방향 맞추기)은 평판을 일정 방향에 맞추는 것으로 기지방향선에 의한 표정과 나침에 의한 표정이 있으나 보통 기지방향선에 맞추는 측량으로 오차의 영향이 크다.

8.1.3. 평판측량의 오차

평판측량의 오차는 도면의 신축에 의한 오차, 측량침의 오차, 앨리데이드에 의한 오차, 방향을 정확히 관측하지 않아 발생하는 표정오차로 구분할 수 있다. 평판측량 방법에 의한 도해측량에서의 오차는 측량기기 오차, 평판 설치 오차 및 측량 오차 등으로 구분하고 있다.

(1) 앨리데이드에 의한 오차

앨리데이드에 의한 오차는 시준오차, 외심거리에 의한 오차, 경사분획에 의한 오차로 구분할 수 있다.

① 시준오차는 앨리데이드의 시준선에 의하여 평판의 방향을 결정하는 경우로 양 시준판의 간격은 220mm 정도이며 시준오차는 보통 0.2mm 이내까지 허용하고 있다. 이러한 오차를 도상위치오차라고

도 하며 $e_1 = \frac{\sqrt{d^2+f^2}}{2\ell} \cdot L$식으로 나타낸다.

여기서, e_1 : 앨리데이드의 시준오차, L : 방향선의 길이, ℓ : 양 시준판의 간격(약 220~270mm), d : 시준공의 지름(약 0.4mm), f : 시준사의 지름(약 0.4mm)이다.

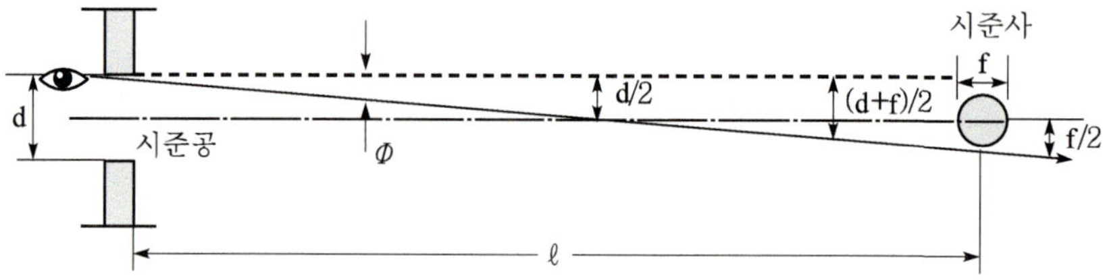

〈그림 1-24〉 시준오차

② 외심오차는 앨리데이드의 구조상 시준선이 만나는 면과 앨리데이드 축척의 가장자리의 면이 일치하지 아니하여 발생하는 오차이다.

③ 경사분획 오차는 〈그림 1-25〉 (a)와 같이 A, B 두 점 간의 높이차를 구하기 위하여 전후 시준판의 눈금을 읽어서 거리 S에 있는 B점의 시준판을 시준할 때 분획 눈금에 ±n의 오차가 있을 경우 높이차 $h = \pm\frac{n}{100} \cdot S$이다. 〈그림 1-25〉 (b)와 같이 기선장을 d, 읽은 눈금을 n이라고 하면 거리 $S = \pm\frac{100}{n} \cdot \ell \cdot n$의 오차가 발생한다.

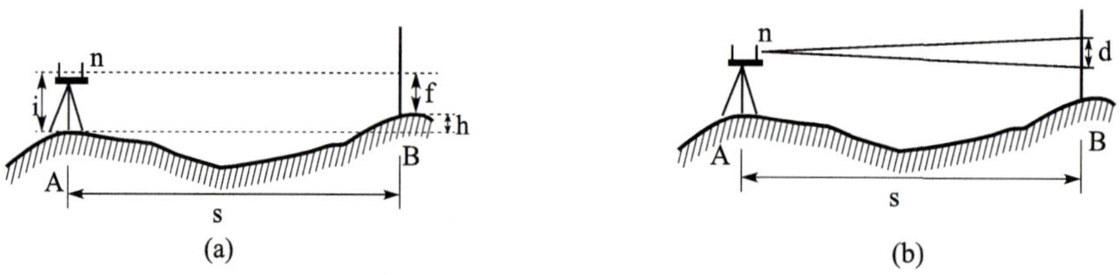

〈그림 1-25〉 분획 눈금 읽음 오차

(2) 구심오차

① 평판점과 지상점이 동일 연직선 상에 일치하지 않을 때 발생하는 오차이다.

② 도상의 위치오차를 0.1mm로 제한할 때는 축척 1/600에서 3cm 이상의 구심오차가 발생하면 안된다.

③ 계산은 $q = \frac{2e}{M}$에서 편심거리(e) $= \frac{q \cdot M}{2}$식과 같다.(e : 편심거리, M : 축척분모)

(3) 정준오차

① 평판이 시준선에 대하여 직각 방향으로 경사질 때 최대의 방향오차가 발생하며 위치오차라고도한다.

② 평판이 수평이 되지 않고 경사질 때 발생하는 오차로 $e = \frac{a}{r} \cdot \frac{n}{100} \cdot \ell$와 같다.

여기서, e : 측점의 위치오차, a : 평판의 경사에 의한 기포관의 이동량(mm), r : 기포관의 곡률반경(mm), n : 전방 시준판의 눈금의 읽음, $\frac{n}{100}$: 시준선의 기울기, ℓ : 방향선의 길이(mm)이다.

(4) 표정오차

① 평판을 이동한 후 이동 전의 측점에 방향선을 일치시키지 못하여 발생하며 가장 큰 영향을 미치는 오차이다.

② $e = \ell \cdot \theta = 0.2\frac{1}{R}$, $\theta = \frac{0.2}{R}$와 같다.(R : 자침 길이의 1/2, ℓ : 방향선의 길이)

8.2. 도해 세부측량

8.2.1. 평판측량에 따른 세부측량

① 거리측정 단위는 지적도를 갖춰 두는 지역에서는 5cm로 하고, 임야도를 갖춰 두는 지역에서는 50cm로 한다.

② 측량결과도는 그 토지가 등록된 도면과 동일한 축척으로 작성한다.

③ 세부측량의 기준이 되는 위성기준점, 통합기준점, 삼각점, 지적삼각점, 지적삼각보조점, 지적도근점 및 기지점이 부족한 경우에는 측량상 필요한 위치에 보조점을 설치하여 활용한다.

④ 경계점은 기지점을 기준으로 하여 지상 경계선과 도상 경계선의 부합 여부를 현형법(現形法)·도상원호교회법·지상원호교회법 또는 거리비교확인법 등으로 확인하여 정한다.

⑤ 평판측량 방법에 따른 세부측량은 교회법·도선법 및 방사법(放射法)에 따른다.

8.2.2. 교회법

(1) 교회법 실시기준

① 전방교회법 또는 측방교회법에 따른다.

② 3방향 이상의 교회에 따른다.

③ 방향각의 교각은 30도 이상 150도 이하로 한다.

④ 평판측량에서 방향선의 도상길이 이하로서 10cm 이하로 한다. 다만, 광파조준의 또는 광파측거기를 사용하는 경우에는 30cm 이하로 할 수 있다.

⑤ 측량결과 시오(示誤)삼각형이 생긴 경우 내접원의 지름이 1mm 이하일 때에는 그 중심을 점의 위치로 한다.

(2) 교회법 종류

① 교회법은 방향선이 교차하여 점의 위치를 결정하는 것으로 장거리에 있는 점의 관측 또는 장애물이 있어 거리를 직접 관측할 수 없는 경우에 적합한 방법으로 전방교회법, 후방교회법 및 측방교회법으로 분류할 수 있다.

② 전방교회법(Method of Forward Intersection)은 둘 이상의 기지점을 측점으로 하여 미지점의 위치를 결정하는 방법으로 방향선법과 원호법으로 대별하고 원호법은 다시 도상원호교회법과 지상원호교회법으로 구분한다.

③ 후방교회법(Method of Backward Intersection)은 미지점에 평판을 세우고 두 점 이상의 기지점 방향선에 의하여 위치를 측정하는 방법이며 시오삼각형의 조정 방법으로 베셀법, 투사지법, 레만법 등으로 나누어진다.

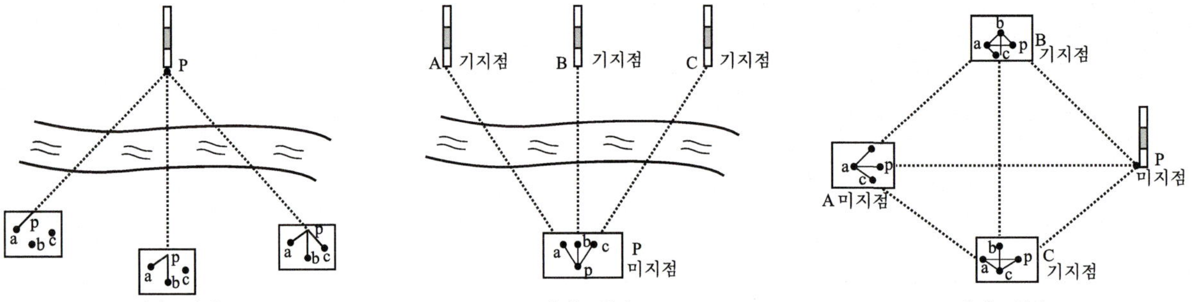

〈그림 1-26〉 교회법의 유형

④ 측방교회법(Method of Side Intersection)은 전방교회법과 후방교회법을 혼합하여 측량하는 방법으로 즉 미지점과 기지점을 이용하여 측량하는 방법이다.

⑤ 시오삼각형(Triangle of Error)은 교회법으로 점을 결정하려 할 때는 세 방향선이 1점에 꼭 교차하지 않고 삼각형이 생기는 것으로 그 발생 원인은 다음과 같다.

- 기지점의 위치를 잘못 판단하였을 경우
- 사용 기계의 점검이 안 된 경우
- 방향선을 잘못 표시하였을 경우
- 평판의 표정을 잘못하였을 경우
- 측량원도의 용지가 불규칙한 신축이 발생하였을 경우
- 시오삼각형은 내접원의 지름이 1mm 이하일 때는 그 중심을 점의 위치로 하고, 그 이상일 때는 재측량을 실시하여야 한다.

8.2.3. 도선법

① 도선법(Method of Progression)은 전진법이라고도 하며 기지점에서 출발하여 다른 기지점에 연결 또는 다시 돌아와 출발 기지점에 연결하는 각 변의 방향과 거리로 측점의 위치를 결정하는 방법이다.

② 도선법은 〈그림 1-27〉과 같이 한 점에서 작업을 마치고 다음 점으로 이동할 때는 반드시 거리측정의 정확 여부를 점검한다.

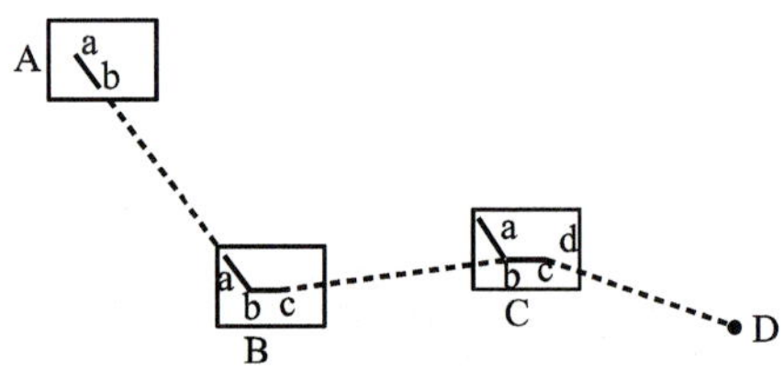

〈그림 1-27〉 도선법

(1) 도선법 실시기준

① 위성기준점, 통합기준점, 삼각점, 지적삼각점, 지적삼각보조점 및 지적도근점, 그 밖에 명확한 기지점 사이를 서로 연결한다.

② 도선의 측선장은 도상길이 8cm 이하로 한다. 다만, 광파조준의 또는 광파측거기를 사용할 때에는 30cm 이하로 할 수 있다.

③ 도선의 변은 20개 이하로 한다.

(2) 오차

① 도선의 폐색오차가 도상길이 $\frac{\sqrt{N}}{3}$mm 이하인 때에 그 오차는 $Mn = \frac{e}{N} \times n$식에 따라 이를 각 점에 배분한다.

② $M_1 = \frac{e}{N} \times n_1$, $M_2 = \frac{e}{N} \times n_2$, $M_3 = \frac{e}{N} \times n_3$, $M_n = \frac{e}{N} \times n_n$($M_n$은 각점에 순서대로 배분할 mm 단위의 도상길이, e는 mm 단위의 오차, N은 변의 수, n은 변의 순서)

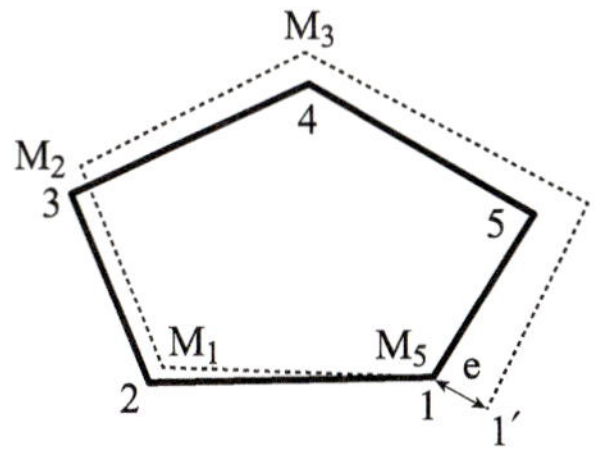

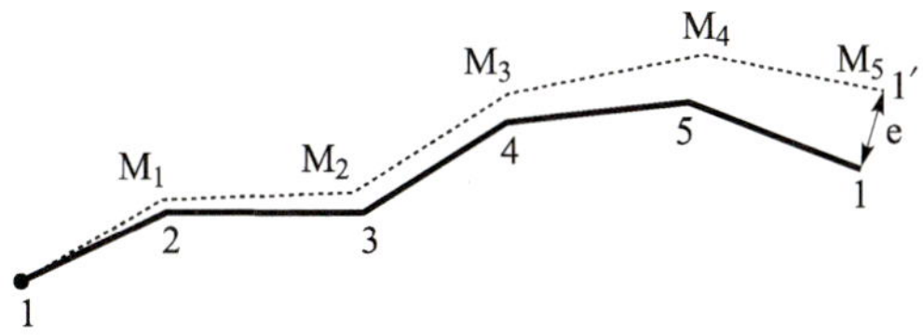

〈그림 1-28〉 도선법 폐합오차 및 배분

8.2.4. 방사법

① 평판측량 방법에 따른 세부측량을 방사법으로 하는 경우에는 1방향선의 도상길이는 10cm 이하로 한다. 다만, 광파조준의 또는 광파측거기를 사용할 때는 30cm 이하로 할 수 있다.

② 방사법은 광선법, 사출법이라고도 하며 기지점을 평판점으로 하여 주위에 있는 점의 위치를 결정하는 방법이다.

③ 방사법은 교회법 또는 도선법과 같이 작업을 검정할 수 없으므로 처음에 관측했던 점을 시준하여 검증하는 방법을 선택하는 것이 좋다.

④ 방사법은 측량할 구역 안에 장애물이 없고 비교적 좁은 구역에 적합하고 대축척의 높은 정도를 얻을 수 있는 방법이다.

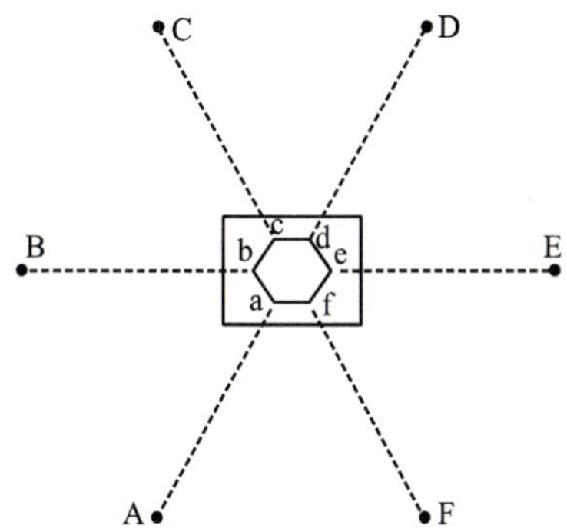

〈그림 1-29〉 방사법

8.2.5. 보정계수와 거리계산

① 평판측량 방법으로 거리를 측정하는 경우 도곽선의 신축량이 0.5mm 이상일 때에는 다음의 계산식에 따른 보정량을 산출하여 도곽선이 늘어난 경우에는 실측거리에 보정량을 더하고, 줄어든 경우에는 실측거리에서 보정량을 뺀다.

- 보정량 = $\frac{\text{신축량(지상)} \times 4}{\text{도곽선 길이합계(지상)}} \times$실측거리

② 평판측량 방법에 따라 경사거리를 측정하는 경우 수평거리의 계산은 다음 기준에 따른다.

- 조준의(앨리데이드)를 사용한 경우 : $D = \ell \frac{1}{\sqrt{1+\left(\frac{n}{100}\right)^2}}$(D : 수평거리, ℓ : 경사거리, n : 경사분획)
- 망원경조준의(망원경 앨리데이드)를 사용한 경우 : $D = \cos\theta$ 또는 $\ell \sin\alpha$(D : 수평거리, ℓ : 경사거리, θ : 연직각, α : 천정각 또는 천저각)

③ 평판측량 방법에서 도상에 영향을 미치지 아니하는 지상거리의 축척별 허용범위는 $\frac{M}{10}$mm로 한다.(M : 축척분모)

8.2.6. 평판측량 준비파일의 작성

① 측량대상 토지의 경계선·지번 및 지목
② 인근 토지의 경계선·지번 및 지목
③ 임야도를 갖춰 두는 지역에서 인근 지적도의 축척으로 측량을 할 때에는 임야도에 표시된 경계점의 좌표를 구하여 지적도에 전개한 경계선. 다만, 임야도에 표시된 경계점의 좌표를 구할 수 없거나 그 좌표에 따라 확대하여 그리는 것이 부적당한 경우에는 축척비율에 따라 확대한 경계선을 말한다.
④ 행정구역선과 그 명칭
⑤ 지적기준점 및 그 번호와 지적기준점 간의 거리, 지적기준점의 좌표, 그 밖에 측량의 기점이 될 수 있는 기지점
⑥ 도곽선(圖廓線)과 그 수치
⑦ 도곽선의 신축이 0.5mm 이상일 때에는 그 신축량 및 보정(補正) 계수
⑧ 그 밖에 국토교통부장관이 정하는 사항

8.3. 지상경계의 결정

8.3.1. 지상경계의 결정기준

① 연접되는 토지 간에 높낮이 차이가 없는 경우 : 그 구조물 등의 중앙
② 연접되는 토지 간에 높낮이 차이가 있는 경우 : 그 구조물 등의 하단부
③ 도로·구거 등의 토지에 절토(땅깎기)된 부분이 있는 경우 : 그 경사면의 상단부
④ 토지가 해면 또는 수면에 접하는 경우 : 최대만조위 또는 최대만수위가 되는 선
⑤ 공유수면매립지의 토지 중 제방 등을 토지에 편입하여 등록하는 경우 : 바깥쪽 어깨부
⑥ 지상경계의 구획을 형성하는 구조물 등의 소유자가 다른 경우에는 그 소유권에 따라 지상경계를 결정한다.

(1) 경계점표지를 설치하여 측량할 수 있는 경우

① 도시개발사업 등의 사업시행자가 사업지구의 경계를 결정하기 위하여 토지를 분할하려는 경우
② 사업시행자와 행정기관의 장 또는 지방자치단체의 장이 토지를 취득하기 위하여 분할하려는 경우
③ 도시·군관리계획 결정고시와 지형도면 고시가 된 지역의 도시·군관리계획선에 따라 토지를 분할하려는 경우
④ 소유권이전, 매매와 토지이용상 불합리한 지상경계를 시정하기 위한 경우의 토지를 분할하려는 경우
⑤ 관계 법령에 따라 인가·허가 등을 받아 토지를 분할하려는 경우
⑥ 분할에 따른 지상경계는 지상건축물을 걸리게 결정해서는 아니 된다.

(2) 지상건축물을 걸리게 분할 할 수 있는 경우.

① 법원의 확정판결이 있는 경우
② 공공사업 등에 따라 학교용지·도로·철도용지·제방·하천·구거·유지·수도용지 등의 토지를 분할하는 경우
③ 도시개발사업 등의 사업시행자가 사업지구의 경계를 결정하기 위하여 토지를 분할하려는 경우

④ 도시·군관리계획 결정고시와 지형도면 고시가 된 지역의 도시·군관리계획선에 따라 토지를 분할하려는 경우

⑤ 지적확정측량의 경계는 공사가 완료된 현황대로 결정하되, 공사가 완료된 현황이 사업계획도와 다를 때에는 미리 사업시행자에게 그 사실을 통지하여야 한다.

8.3.2. 측량 기하적

① 평판측량 방법 또는 전자평판측량 방법으로 세부측량을 하는 때에는 측량준비파일에 측량한 기하적(幾何跡)을 다음과 같이 작성하여야 한다.

② 평판점·측정점 및 방위표정에 사용한 기지점 등에는 방향선을 긋고 실측한 거리를 기재한다. 이 경우 측정점의 방향선 길이는 측정점을 중심으로 약 1cm로 표시한다.

③ 전자측량시스템에 따라 작성할 경우 필지선이 복잡한 때는 방향선과 측정거리를 생략할 수 있다.

④ 평판점은 측량자는 직경 1.5mm 이상 3mm 이하의 검은색 원으로 표시하고, 검사자는 1변의 길이가 2mm 이상 4mm 이하의 삼각형으로 표시한다. 이 경우 평판점 옆에 평판 이동순서에 따라 $不_1$, $不_2$, … 으로 표시한다.

⑤ 평판점의 결정 및 방위표정에 사용한 기지점은 측량자는 직경 1mm와 2mm의 2중 원으로 표시하고, 검사자는 1변의 길이가 2mm와 3mm의 2중 삼각형으로 표시한다.

⑥ 평판점과 기지점 사이의 도상거리와 실측거리를 방향선상에 다음과 같이 기재한다.

- (측량자) (검사자)

$$\frac{(\text{도상거리})}{\text{실측거리}} \qquad \frac{\triangle(\text{도상거리})}{\triangle\text{실측거리}}$$

⑦ 측량대상 토지에 지상 구조물 등이 있는 경우와 새로이 설정하는 경계에 지상건물 등이 걸리는 경우에는 그 위치 현황을 표시하여야 한다.

8.3.3. 임야도를 갖춰 두는 지역의 세부측량

① 임야도를 갖춰 두는 지역의 세부측량은 위성기준점, 통합기준점, 삼각점, 지적삼각점, 지적삼각보조점 및 지적도근점에 따른다.

② 다음의 경우에는 위성기준점, 통합기준점, 삼각점, 지적삼각점, 지적삼각보조점 및 지적도근점에 따라 측량하지 아니하고 지적도의 축척으로 측량한 후 그 성과에 따라 임야측량결과도를 작성할 수 있다.

- 측량대상토지가 지적도를 갖춰 두는 지역에 인접하여 있고 지적도의 기지점이 정확하다고 인정되는 경우
- 임야도에 도곽선이 없는 경우

③ 지적도의 축척에 따른 측량성과를 임야도의 축척으로 측량결과도에 표시할 때에는 지적도의 축척에 따른 측량결과도에 표시된 경계점의 좌표를 구하여 임야측량결과도에 전개하여야 한다.

④ 축척 비율에 따라 줄여서 임야측량결과도를 작성할 수 있는 경우

- 경계점의 좌표를 구할 수 없는 경우
- 경계점의 좌표에 따라 줄여서 그리는 것이 부적당한 경우

8.3.4. 평판측량으로 한 경우 측량결과도 기재사항

① 측량준비파일 작성 내용
② 측정점의 위치, 측량 기하적 및 지상에서 측정한 거리
③ 측량대상 토지의 토지이동 전의 지번과 지목(2개의 붉은 선으로 말소한다)
④ 측량결과도의 제명 및 번호(연도별로 붙인다)와 도면번호
⑤ 신규등록 또는 등록전환하려는 경계선 및 분할경계선
⑥ 측량대상 토지의 점유현황선
⑦ 측량 및 검사의 연월일, 측량자 및 검사자의 성명·소속 및 자격 등급 또는 기술 등급
⑧ 1년 이내에 작성된 경계복원측량 또는 지적현황 측량결과도와 지적도, 임야도의 도곽신축 차이가 0.5mm 이하인 경우 종전의 측량결과도에 함께 작성할 수 있다.

8.4. 토지이동 측량

① 토지이동측량은 지적공부에 등록된 토지표시 사항의 일부 또는 전부가 변동되는 것을 측량하는 것으로 지적공부 정리를 위한 측량이다.
② 토지이동측량으로는 신규등록측량, 등록전환측량, 축척변경측량, 토지분할측량 등이 해당한다.

8.4.1. 신규등록측량

① 신규등록은 새로이 조성된 토지 및 등록이 누락되어 있는 토지를 지적공부에 등록하는 것을 말한다.
② 지금까지 등록되지 않는 토지가 발견된 때에는 토지의 소재, 지번, 지목, 경계 또는 좌표와 면적, 소유자 등을 조사 결정하여 지적공부에 등록하기 위해 측량하는 것을 말한다.
③ 대상
- 간척사업에 의한 공유수면매립 등으로 새로운 토지가 생겼을 경우
- 외딴섬으로서 등록이 되지 않은 미등록도서(未登錄島嶼)
- 신규등록 대상토지로 등록이 누락된 토지인가를 확인하고 신규등록할 토지가 매립지로서 해면에 접하는 경우에는 해수면의 최대만조수위를 측정하여 경계로 정하는 절차를 따라야 한다.

④ 신규등록은 토지의 경계를 설정하고 소유권을 행정처분에 의하여 결정함으로써 법률적으로는 사정의 효력을 갖는다.
⑤ 민법상 토지에 관한 물권의 변동은 등기에 의하여 확정하도록 하고 있으나 원시취득의 경우에 최초의 소유자는 소관청의 처분에 의하여 결정되므로 가장 중요한 것은 지적측량 업무라고 할 수 있다.

8.4.2. 등록전환측량

① 등록전환은 임야대장 및 임야도에 등록된 토지를 토지대장 및 지적도에 옮겨 등록하는 행정처분으로 축척이 1/3,000 또는 1/6,000인 임야도에 등록된 토지를 축척 1/600 또는 1/1,200의 지적도에 옮겨 등록하는 것을 말한다.

② 전 필지 등록전환 토지
- 대부분의 토지가 등록전환 되고 나머지 일부의 토지가 임야도에 등록되어 있는 토지
- 임야도에 등록된 토지가 사실상 형질변경 되었으나 지목변경이 안된 상태의 토지
- 도시개발사업 시행지역 내에 포함된 임야로 된 토지를 지적도 및 토지대장으로 등록하기 위한 토지

③ 일필지의 일부를 등록전환 하는 경우 등록전환으로 인하여 말소하여야 할 필지의 면적은 반드시 임야분할 측량결과도에서 측정하여야 한다.

④ 등록전환으로 인하여 말소하여야 하는 필지의 임야측량결과도를 등록전환측량 결과도에 함께 작성할 수 있는 경우는 임야도에 도곽선 또는 도곽선 수치가 없거나, 일필지 전체를 등록전환하는 경우에 해당된다.

8.4.3. 분할측량

① 분할측량은 토지나 임야가 지적공부에 등록된 일필지의 토지에 토지분할 사유가 발생하였을 때 토지를 2필지 이상으로 나누어 지적공부에 등록하기 위한 측량이다.

② 지적공부에 등록한 필지에서 토지의 일부를 매매하거나, 일필지의 일부가 다른 지목으로 된 경우와 소유자가 다르게 된 때 또는 소유자가 필요로 한 때는 분할측량을 하여야 한다.

③ 토지분할은 측량 방법에 따라 새로이 측량하여 각 필지에 대하여 경계 또는 좌표를 결정하고 지번과 면적을 새로이 정한다.

④ 토지분할은 토지이동에서 가장 많이 발생하는 이동사항으로서 1지번의 토지가 2번지 이상의 지번으로 등록된다.

⑤ 측량대상 토지의 점유현황이 도면에 등록된 경계와 일치하지 않은 경우에는 분할측량 시에 그 분할 등록될 경계점을 지상에 복원하여야 하며 합병된 필지를 합병전의 경계대로 분할하는 경우에는 합병 전 각 필지의 면적을 분할 후 각 필지의 면적으로 한다.

8.4.4. 경계정정측량

① 경계정정측량은 등록사항정정측량이라고도 하며 이는 경계복원측량과 혼동하기 쉬우나 경계정정은 현지에 적합하게 도면을 수정하는 측량이다.

② 경계정정측량은 현지의 경계가 확고함에도 불구하고 지적공부에 잘못 등록된 것이 명확한 경우에 한하여 실시하는 것이 원칙이다.

8.5. 지적공부를 정리하지 않는 측량

8.5.1. 지적현황측량

① 지적현황측량은 지상구조물 또는 지형·지물이 점유하는 위치현황을 실측하여 지적도 또는 임야도, 경계점좌표등록부에 등록된 경계와 대비하여 현황도를 작성하고 점유면적을 측정하는 측량이다.

② 토지의 기본인 일필지의 토지경계 내에 존재하고 있는 지상의 각종 건축물과 위치관계 및 지상·지하에 미치는 물권의 한계를 표시하여 다목적 토지 관리를 위한 토지정보체계의 기본 자료로 이용되고 있다.

③ 지적현황측량은 목적과 점유형태에 따라 점유현황측량과 시설물현황측량으로 구분할 수 있다.

④ 지적현황측량 실시
- 지상건축물 등에 대한 측량은 지상, 지표 및 지하에 대한 현황을 지적도, 임야도에 등록된 경계와 대비하여 표시할 것
- 건축허가에 따라 처음으로 시공된 옹벽, 기둥 등 측량이 가능한 건축구조물에 대한 현황을 지적도, 임야도에 등록된 경계와 대비하여 표시할 것

8.5.2. 경계복원측량

① 경계점을 지표상에 복원하기 위한 경계복원측량을 하려는 경우 경계를 지적공부에 등록할 당시 측량성과의 착오 또는 경계 오인 등의 사유로 경계가 잘못 등록되었다고 판단될 때에는 등록사항을 정정한 후 측량하여야 한다.

② 경계복원측량에 따라 지표상에 복원할 토지의 경계점에는 경계점표지를 설치하여야 한다.

③ 경계복원측량은 경계점이 자연조건에 의해 멸실되거나 인위적 행위에 의해 인식이 불가능하게 된 토지 경계를 지상위치에 표시하기 위한 측량을 말한다.

핵 / 심 / 문 / 제

Chapter 08 도해세부측량

1. 평판측량의 장점으로 옳지 않은 것은?

① 내업이 적어 작업이 신속하다.
② 고저측량이 용이하게 이루어진다.
③ 측량 장비가 간편하고 사용이 편리하다.
④ 측량 결과를 현장에서 즉시 작도(作圖)할 수 있다.

| 해설 |

평판측량을 이용하여 고저측량을 시행하는 것은 정확도 측면에서 매우 낮고 시간이 많이 소요된다.

정답 ②

2. 평판을 세우는데 필요한 3가지 조건으로 맞는 것은?

① 중심, 구심, 표정 ② 정위, 표정, 치심
③ 표정, 정준, 이심 ④ 구심, 정준, 표정

| 해설 |

평판을 설치할 때는 반드시 구심, 정준, 표정의 조건을 만족시켜야 한다.

정답 ④

3. 평판측량을 위해 평판을 세울 때의 오차로 결과에 가장 큰 영향을 주는 것은?

① 평판이 수평으로 되지 않을 때
② 평판의 구심이 올바르지 않을 때
③ 앨리데이드의 조정이 불충분할 때
④ 평판의 표정이 올바르지 않을 때

| 해설 |

표정 오차는 평판을 이동한 후 이동전의 측점에 방향선을 일치시키지 못하여 발생하며 가장 큰 영향을 미치는 오차이다.

정답 ④

4. 조준의(앨리데이드)가 갖추어야 할 조건으로 틀린 것은?

① 기포관 축은 자의 밑면과 평행이어야 한다.
② 시준판의 눈금은 정확하여야 한다.
③ 시준판을 세웠을 때 밑면에 평행하여야 한다.
④ 시준면은 조준의의 밑면에 직교되어야 한다.

| 해설 |

조준의(앨리데이드) 시준판을 세웠을 때 조준의의 밑면에 직교되어야 한다.

정답 ③

5. 앨리데이드에 의한 오차의 종류로 옳지 않은 것은?

① 시준오차 ② 외심거리에 의한 오차
③ 시준판 경사에 의한 오차 ④ 구심오차

| 해설 |

앨리데이드에 의한 오차는 시준오차, 외심거리에 의한 오차, 시준판 경사에 의한 오차, 경사분획에 의한 오차로 구분할 수 있다.

정답 ④

6. 평판측량의 앨리데이드로 비탈진 거리를 관측하는 경우 전후 시준판 안쪽에 새겨진 한 눈금의 간격은 전후 시준판 간격의 얼마 정도인가?

① 1/100 ② 1/50
③ 1/200 ④ 1/150

| 해설 |

경사분획 1눈금의 길이는 양 시준판 간격의 100분의 1이다.

정답 ①

7. 앨리데이드의 구조상 시준선이 만나는 면과 앨리데이드의 축척이 가장자리의 면에 일치하지 아니하여 발생하는 오차로 옳은 것은?

① 앨리데이드의 시준오차 ② 앨리데이드의 외심오차
③ 시준판 경사오차 ④ 경사분획 오차

| 해설 |

외심오차는 앨리데이드의 구조상 시준선이 만나는 면과 앨리데이드 축척의 가장자리의 면이 일치하지 아니하여 발생하는 오차이다.

정답 ②

8. 평판측량에서 발생할 수 있는 오차가 아닌 것은?

① 시준오차 ② 연결오차
③ 외심오차 ④ 정준오차

| 해설 |

연결오차는 지적삼각보조점측량의 교회법과 지적도근점측량과 세부측량의 도선법에서 발생하는 오차이다.

정답 ②

9. 축척 1/500 지역에서 평판측량을 시행할 경우 구심으로 옳은 것은?(단, 도상 허용오차는 0.2mm임)

① 도근점 중심에 엄격하게 맞춰야 한다.
② 도근점 중심으로부터 5cm 이내의 범위가 좋다.
③ 도근점 중심으로부터 8cm 이내의 범위가 좋다.
④ 도근점 중심으로부터 12cm 이내의 범위가 좋다.

| 해설 |

구심오차(e) $= \frac{q \cdot M}{2} = \frac{0.2 \times 500}{2} = 500\text{mm} = 5\text{cm}$이다.
여기서, q : 허용오차, M : 축척분모이다.

정답 ②

10. 축척 1,000분의 1로 평판측량을 할 때 제도의 허용오차 q=0.2mm 이내로 하려면 지적도근점을 중심으로 반경 몇 cm 이내에 있도록 평판을 설치하여야 하는가?

① 6cm ② 10cm
③ 15cm ④ 20cm

| 해설 |

구심오차(e) $= \frac{q \cdot M}{2} = \frac{0.2 \times 1000}{2} = 1000\text{mm} = 10\text{cm}$이다.
여기서, q : 허용오차, M : 축척분모이다.

정답 ②

11. 평판의 외심오차를 50cm, 도상변위의 허용오차를 0.2cm라 하면 구심오차가 무시될 수 있는 도면축척의 한계는 얼마인가?

① 1/200 ② 1/500
③ 1/1,000 ④ 1/5,000

| 해설 |

구심오차(e) $= \frac{q \cdot M}{2}$에서 $\frac{1}{M} = \frac{q}{2e} = \frac{0.2}{2 \times 50} = \frac{1}{500}$이다.
여기서, q : 허용오차, e : 구심오차이다.

정답 ②

12. 축척 1/1,200 지역을 외심거리 30mm인 앨리데이드로 세부측량을 시행하였을 경우 도상의 오차는?

① 0.025mm ② 0.050mm
③ 0.150mm ④ 0.12mm

| 해설 |

도상오차(e) $= \frac{e}{M} = \frac{30}{1,200} = 0.025\text{mm}$이다.
여기서, e : 외심오차, M : 축척분모이다.

정답 ①

13. 시준거리가 100m이고 허용 측각오차를 20″ 까지 측정하고자 할 때 허용 편심 거리는?

① 0.97mm ② 9.70mm
③ 0.096mm ④ 97.0mm

| 해설 |

허용 편심 거리(ℓ) $= \frac{S \cdot \theta}{\rho''} = \frac{100 \times 20}{206,265''} = 9.7\text{mm}$이다.

정답 ②

14. 세부측량 방법에 대한 설명으로 옳지 않은 것은?

① 방사법, 도선법, 교회법으로 시행할 수 있도록 규정하고 있다.
② 거리측정 단위는 지적도를 비치하는 지역에서는 30cm, 임야도는 50cm로 한다.
③ 측량결과도는 그 토지가 등록된 도면과 동일한 축척으로 작성한다.
④ 세부측량 기준이 되는 기지점이 부족한 때에는 필요위치에 보조점을 설치하여 활용한다.

| 해설 |

세부측량 방법에서 거리측정 단위는 지적도를 갖춰 두는 지역에서는 5cm로 하고, 임야도를 갖춰 두는 지역에서는 50cm로 한다.

정답 ②

15. 평판측량 방법에 의한 세부측량의 기준 및 방법에 대한 설명이 옳지 않은 것은?

① 지적도를 갖춰 두는 지역에서의 거리측정 단위는 5cm로 한다.
② 임야도를 갖춰 두는 지역에서의 거리측정 단위는 50cm로 한다.
③ 측량결과도는 축척 500분의 1로 작성한다.
④ 기지점이 부족한 경우에는 측량상 필요한 위치에 보조점을 설치하여 활용한다.

| 해설 |

측량결과도는 그 토지가 등록된 도면과 동일한 축척으로 작성하도록 규정하고 있다.

정답 ③

16. 평판측량 방법에 따른 세부측량의 방법에 해당하지 않는 것은?

① 현형법 ② 도선법 ③ 교회법 ④ 방사법

| 해설 |

평판측량 방법에 따른 세부측량은 교회법, 도선법 및 방사법에 따른다.

정답 ①

17. 지적측량의 방법 중 세부측량의 방법으로 옳지 않은 것은?

① 평판측량 방법 ② 경위의 측량방법
③ 전파기 측량방법 ④ 전자평판측량 방법

| 해설 |

세부측량은 위성기준점, 통합기준점, 지적기준점 및 경계점을 기초로 하여 경위의 측량방법, 평판측량 방법, 위성측량방법 및 전자평판측량 방법에 따른다.

정답 ③

18. 「지적측량시행규칙」 상 세부측량의 기준 및 방법으로 옳지 않은 것은?

① 평판측량 방법에 따른 세부측량의 측량결과도는 그 토지가 등록된 도면과 동일한 축척으로 작성하여야 한다.
② 평판측량 방법에 따른 세부측량은 교회법, 도선법 및 방사법(放射法)에 따른다.
③ 평판측량 방법에 따른 세부측량을 교회법으로 하는 경우 방향각의 교각은 45도 이상 120도 이하로 하여야 한다.
④ 평판측량 방법에 따른 세부측량을 도선법으로 하는 경우 도선의 측선장은 8cm 이하로 하여야 한다.

| 해설 |

세부측량을 교회법으로 시행하는 경우에는 3방향 이상의 교회로 하고 방향각의 교각은 30° 이상, 150° 이하로 한다.

정답 ③

19. 평판측량 방법에 따른 세부측량을 시행하는 경우로서 지적도를 비치하는 지역의 거리측정 단위는?

① 1cm ② 5cm ③ 10cm ④ 50cm

| 해설 |

지적도를 비치하는 지역의 거리측정 단위는 5cm이고 임야도를 비치하는 지역의 거리측정 단위는 50cm이다.

정답 ②

20. 평판측량 방법에 따른 세부측량 시 임야도를 갖춰 두는 지역의 거리측정 단위로 옳은 것은?

① 5cm ② 20cm ③ 40cm ④ 50cm

| 해설 |

임야도를 갖춰 두는 지역에서의 거리측정 단위는 50cm로 한다.

정답 ④

21. 평판측량 방법 중에서 교회법에 대한 측량방법이 아닌 것은?

① 전방교회법 ② 측방교회법
③ 후방교회법 ④ 도선교회법

| 해설 |

측량방법 중에서 교회법은 전방교회법 또는 측방교회법, 후방교회법이 있다.

정답 ④

22. 다음 중 평판측량 방법에 따른 세부측량을 교회법으로 하는 경우의 기준 및 방법에 대한 설명으로 옳지 않은 것은?

① 전방교회법 또는 측방교회법에 따른다.
② 방향각의 교각은 30°이상 150°이하로 한다.
③ 3방향 이상의 교회에 따른다.
④ 측량결과 시오삼각형이 생긴 경우 내접원의 지름이 2mm 이하일 때에는 그 중심을 점의 위치로 한다.

| 해설 |

시오삼각형이 생긴 경우 내접원의 지름이 1mm 이하일 때에는 그 중심을 점의 위치로 한다.

정답 ④

23. 미지점에서 평판을 세우고 기지점을 시준한 방향선의 교차에 의하여 그 점의 도상 위치를 구할 때 사용하는 측량 방법은?

① 전방교회법 ② 원호교회법
③ 측방교회법 ④ 후방교회법

| 해설 |

후방교회법은 미지점에 평판을 세우고 두 점 이상의 기지점을 시준한 방향선의 교차에 의하여 그 점의 도상 위치를 구할 때 사용하는 측정 방법이다.

정답 ④

24. 평판측량 방법에 따른 세부측량에서 지상경계선과 도상 경계선의 부합 여부를 확인하는 방법으로 옳지 않은 것은?

① 현형법 ② 거리비교교회법
③ 도상원호교회법 ④ 지상원호교회법

| 해설 |

경계점은 기지점을 기준으로 하여 지상경계선과 도상 경계선의 부합 여부를 현형법, 도상 원호 교회법, 지상 원호 교회법 또는 거리 비교 확인법 등으로 확인하여 결정한다.

정답 ②

25. 전자평판에서 지적측량기준점이 없는 지역의 성과 결정을 할 때 지상경계선과 도상 경계선의 부합 여부를 확인하는 방법으로 옳지 않은 것은?

① 다각망도선법 ② 도상원호교회법
③ 현형법 ④ 거리비교확인법

| 해설 |

현형법, 도상원호교회법, 지상원호교회법, 거리비교확인법 등으로 확인하여 결정한다.

정답 ①

26. **평판측량 방법에 따른 세부측량을 교회법으로 하는 경우 방향각의 교각 범위는?**

① 45° 이상, 90° 이하　② 30° 이상, 120° 이하
③ 30° 이상, 150° 이하　④ 0° 이상, 180° 이하

❙해설❙
평판측량 방법에 의한 세부측량을 교회법으로 할 때는 3방향 이상의 교회로 방향각의 교각은 30°이상, 150°이하로 한다.

정답 ③

27. **세부측량에서 교회법에 따른 교각 중 가장 오차가 적은 것과 교회각으로 좋은 것은?**

① 30°　② 60°　③ 90°　④ 120°

❙해설❙
세부측량을 교회법으로 하는 경우 방향각의 교각은 30° 이상, 150° 이하로 하지만 90°에 가장 가까우면 오차가 가장 적다.

정답 ③

28.
축척 1/600 지역에서 평판측량을 교회법으로 시행할 때 방향선의 지상거리는 최대 얼마 이하로 하여야 하는가?

① 30m　② 60m　③ 90m　④ 120m

❙해설❙
교회법으로 시행할 때 방향선의 도상길이는 10cm 이하로 하게 되어 있으므로 지상 길이는 10cm×축척 분모(600)=6,000cm=60m이다.

정답 ②

29. **교회법으로 미지의 점을 결정하려 할 때 세 방향선이 1점에 꼭 교차하지 않고 삼각형이 생기는 것은?**

① 베셀법　② 구면삼각형
③ 원의 교차점　④ 시오삼각형

❙해설❙
시오삼각형은 교회법으로 미지의 점을 결정하려 할 경우 세 방향선이 1점에 꼭 교차되지 않고 삼각형이 생기는 것이다.

정답 ④

30. **시오삼각형의 발생 원인이 아닌 것은?**

① 도상에서 기지점 위치의 부정확
② 방사법에 의한 위치 결정 오류
③ 방향 시준의 부적정에 의한 시준오차
④ 평판의 설치 부정확

❙해설❙
시오삼각형의 발생 원인은 기지점의 위치를 잘못 판단하였을 경우, 사용 기계의 점검이 잘 안 되었을 경우, 방향선을 잘못 표시하였을 경우, 평판의 표정을 잘못하였을 경우, 측량원도의 용지가 불규칙한 신축이 발생하였을 경우 등이다.

정답 ②

31. **평판측량의 후방교회법에서 시오삼각형이 생기는 가장 중요한 원인은?**

① 교회각이 너무 작을 때　② 도지가 신축했을 때
③ 평판의 표정이 불완전할 때　④ 평판의 구심이 불완전할 때

❙해설❙
시오삼각형이 생기는 주된 원인은 평판의 표정불량 때문이다.

정답 ③

32.
세부측량 중 벳셀법에 의한 방식은 다음 중 어디에 해당하는가?

① 전방교회법　② 측방교회법
③ 후방교회법　④ 방사법

❙해설❙
후방교회법을 이점법과 삼점법으로 구분하고 삼점법은 나침사용법과 나침불사용법으로 나누며 이는 다시 벳셀법, 도해삼점법, 레만법 등으로 나누어진다.

정답 ③

33. **평판측량 방법에 따른 지적세부측량을 교회법으로 시행한 결과 시오삼각형이 발생한 경우 내접원의 지름이 최대 얼마 이하일 때에 그 중심을 점의 위치로 하는가?**

① 1mm　② 2mm　③ 3mm　④ 4mm

❙해설❙
시오삼각형은 내접원의 지름이 1mm 이하일 때는 그 중심을 점의 위치로 하고, 그 이상일 때는 재측량을 시행하여야 한다.

정답 ①

34. **시오삼각형의 조정 방법으로 옳지 않은 것은?**

① 레만의 법칙　② 베셀의 법칙
③ 투사지법　④ 크랜달법

❙해설❙
시오삼각형의 조정 방법으로 레만의 법칙, 베셀의 법칙, 투사지법 등 3가지가 있다.

정답 ④

35. **다음 그림과 같은 정삼각형 ABC의 내접원의 반지름(r)은?(단, $\overline{AB}$=10m)**

① 약 1.6m　② 약 2.9m
③ 약 3.5m　④ 약 4.1m

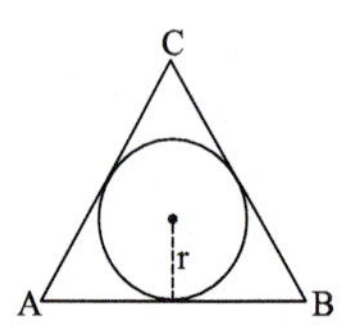

❙해설❙
정삼각형 내접원의 반지름(r)=$\overline{AB}\times\frac{1}{2\sqrt{3}}=10\times\frac{1}{2\sqrt{3}}=2.89$m이다.

정답 ②

36. 평판측량 방법에 의한 세부측량을 도선법으로 실시하는 경우에 대한 설명으로 옳지 않은 것은?

① 국가기준점과 측량기준점 간을 상호 연결한다.
② 도선의 측선장은 도상 8cm 이하로 한다.
③ 도선의 변수는 20개 이하로 한다.
④ 광파측거기를 사용할 때에는 도선 측선장의 도상길이는 30cm 이하로 할 수 있다.

| 해설 |

지적기준점 간과 평판설치 점 간을 연결하며 도선의 측선장은 도상길이 8cm 이하로 하고, 광파조준의 또는 광파측거기를 사용할 때에는 30cm 이하로 할 수 있다.

정답 ①

37. 다음 중 평판측량 방법에 따른 세부측량을 도선법으로 하는 경우의 기준으로 옳지 않은 것은?(단, N은 변의 수를 말한다.)

① 도선의 변은 20개 이하로 한다.
② 도선의 측선장은 도상길이 10cm 이하로 한다.
③ 도선의 폐색오차가 도상길이의 $\frac{\sqrt{N}}{3}$mm 이하인 경우 오차를 각 점에 배분한다.
④ 위성기준점, 통합기준점, 삼각점, 지적삼각점, 지적삼각보조점 및 지적도근점, 그밖에 명확한 기지점 사이를 서로 연결한다.

| 해설 |

평판측량 방법에 따른 세부측량을 도선법으로 하는 경우 도선의 측선장은 도상길이 8cm 이하로 한다.

정답 ②

38. 1/600 지적도 시행지역에서 평판측량 도선법으로 세부측량을 시행하는 경우에는 측선의 지상길이를 얼마 이하로 정해야 하는가?

① 72m 이하 ② 60m 이하
③ 54m 이하 ④ 48m 이하

| 해설 |

도선의 측선장은 도상길이 8cm 이하로 한다. 즉, 8cm×600=4,800cm=48m

정답 ④

39. 평판측량 방법에 따른 세부측량을 도선법으로 하는 경우, 도선의 변은 최대 몇 개 이하로 하여야 하는가?

① 10개 ② 20개 ③ 30개 ④ 40개

| 해설 |

평판측량 방법에 따른 세부측량을 도선법으로 하는 경우 도선의 변은 20개 이하로 한다.

정답 ②

40. 평판측량 방법에 따른 세부측량을 도선법으로 할 때 변수 제한에 대한 폐색오차의 최대허용범위는 다음 중 어느 것인가?

① 1.0mm ② 1.5mm ③ 2.0mm ④ 2.5mm

| 해설 |

도선의 폐색오차가 도상길이 $\frac{\sqrt{N}}{3}$mm 이하일 때에 각 점에 배분한다. 변수가 20변 이하이므로 $\frac{\sqrt{20}}{3} = 1.5$mm이다.

정답 ②

41. 평판측량 방법에 따른 도선법에서 폐색오차가 도상 1mm이고 총 변수가 10변일 때 제5변에 배분할 도상거리는?

① 0.4mm ② 0.5mm ③ 0.8mm ④ 1mm

| 해설 |

도선의 폐색오차가 도상길이 $\frac{\sqrt{N}}{3}$mm 이하인 때에 그 오차는 $Mn = \frac{e}{N} \times n$에 따라 이를 각 점에 배분하여 그 점의 위치로 한다.
$M_5 = \frac{1}{10} \times 5 = 0.5$mm이다.

정답 ②

42. 지적도 1/1,200 지역에서 세부측량을 도선법에 따라 실시한바 16변에 4mm의 도상 폐색오차가 있었다면 가장 타당한 오차 처리는?

① 각 변에 오차를 배분 처리한다.
② 성과가 좋으므로 도해 처리한다.
③ 성과가 좋지 않으므로 재측량한다.
④ 성과와는 관계없이 진행한다.

| 해설 |

도선의 폐색오차$=\frac{\sqrt{16}}{3} = 1.33$mm이고, 16변의 오차가 4mm이므로 재측량해야 한다.

정답 ③

43. 축척 1/1,200 지역에서 평판측량 방법에 따른 세부측량을 도선법으로 하여 0.9mm의 오차가 발생하였을 때 제1점에 배분할 오차의 도상길이는 얼마인가?(단, 변의 수는 9개이다)

① 0.1mm ② 1mm ③ 12mm ④ 120mm

| 해설 |

도선의 폐색오차가 도상길이 $\frac{\sqrt{N}}{3}$mm 이하인 경우 그 오차는 각 점에 배분하여 그 점의 위치로 할 것($Mn = \frac{e}{N} \times n$, Mn은 각 점에 순서대로 배분할 mm 단위의 도상길이, e는 mm 단위의 오차, N은 변의 수, n은 변의 순서). $Mn = \frac{e}{N} \times n = \frac{0.9}{9} \times 1 = 0.1$mm이다.

정답 ①

44. 도선법에 의한 평판측량을 시행하여 출발점에 폐색 시킨 바 20cm의 오차가 생겼다. 측선장의 총 거리가 500m라면 측량의 정도는?

① $\frac{1}{1,500}$ ② $\frac{1}{2,500}$ ③ $\frac{1}{3,000}$ ④ $\frac{1}{5,000}$

| 해설 |

정도 $= \frac{\text{오차}}{\text{거리 총합}} = \frac{20}{50,000} = \frac{1}{2,500}$이다.

정답 ②

45. 평판측량을 시행한 결과, 측선길이가 500m이고 폐합오차가 18cm이었다. 허용오차를 1/1,000으로 하면 폐합오차 처리방법으로 옳은 것은?

① 다시 측량한다. ② 비례 배분한다.
③ 반비례 배분한다. ④ 그대로 사용한다.

| 해설 |

$\frac{1}{P} = \frac{E}{\Sigma \ell} \times \frac{1}{P} = \frac{0.18}{500} = \frac{1}{2,778}$으로 허용오차보다 정확도가 높으므로 비례하여 배분한다.

정답 ②

46. 평판측량에서 도선법에 의한 폐합오차의 조정 방법으로 옳지 않은 것은?

① 간략법 ② 방향각관측법
③ 트랜싯법 ④ 최소제곱법

| 해설 |

각 변의 방위 또는 각과 변의 길이를 관측하였을 때 생기는 오차를 각 변에 알맞게 배분하여 도선을 결합 또는 폐합시키는 조정 방법으로 간략법, 트랜싯법, 크랜달법 및 최소제곱법이 있다.

정답 ②

47. 방사법으로 세부측량을 시행할 경우 특징으로 옳지 않은 것은?

① 한 측점에서 많은 점을 시준할 수 있어야 한다.
② 시준이 잘되는 기지점을 평판점으로 하여 주위에 있는 점의 위치를 결정하는 방법이다.
③ 방사법은 광선법(光線法), 사출법(射出法)이라고도 한다.
④ 비교적 넓은 구역에 적합하고 소축척의 낮은 정도를 얻을 수 있는 방법이다.

| 해설 |

방사법은 측량할 구역 안에 장애물이 없고 1방향선의 도상 길이는 10cm 이하로 하며, 비교적 좁은 구역에 적합하고 대축척의 높은 정도를 얻는 방법이다. 또한, 측량은 편리하나 교회법이나 도선법과 같이 작업을 검증할 수 없으므로 다른 기지점 등에 검증하여야 한다.

정답 ④

48. 평판측량으로 지적세부측량을 실시할 경우 한 점에서 많은 점을 관측하기에 적합한 측량방법은?

① 교회법 ② 방사법
③ 도선법 ④ 비례법

| 해설 |

방사법은 측량할 구역 안에 장애물이 없고 비교적 좁은 구역에 적합하고 대축척의 높은 정도를 얻는 방법으로 한 점에서 많은 점을 관측하기에 적합하다.

정답 ②

49. 평판측량 방법에 따른 세부측량을 방사법으로 하는 경우 1방향선의 도상길이는 최대 얼마 이하로 하여야 하는가? (단, 광파조준의 또는 광파측거기를 사용하는 경우는 고려하지 않는다)

① 5cm ② 10cm
③ 20cm ④ 30cm

| 해설 |

평판측량 방법에 따른 세부측량을 방사법으로 하는 경우 1방향선의 도상길이 이하로서 10cm 이하로 하되 광파조준의 또는 광파측거기를 사용하는 경우에는 30cm 이하로 할 수 있다.

정답 ②

50. 평판측량에 의한 세부측량을 방사법으로 시행하는 경우 축척 1/1,000 지역에서 1방향선의 지상길이는 몇 m까지 허용하는가?

① 100m ② 80m
③ 60m ④ 50m

| 해설 |

방향선의 도상길이는 평판의 방위표정에 사용한 방향선의 도상길이 이하로서 10cm 이하로 할 것. 지상길이는 10cm×1,000=10,000cm=100m이다.

정답 ①

51. 지거법은 기지직선에 가까이 있는 점들을 결정할 때에 적합한 방법으로 지거의 도상길이로 옳은 것은?

① 2cm ② 3cm
③ 5cm ④ 7cm

| 해설 |

지거의 길이는 되도록 짧게 하되, 그 지거는 도상 2cm 이하로 하며 본선과 지거가 직각을 이루는 최솟값을 취한다.

정답 ①

52. 평판측량 방법에 따라 세부측량을 시행할 경우 측정거리의 보정방법으로 옳지 않은 것은?

① 도곽선에 0.5mm 이상의 신축이 있는 경우는 보정하여야 한다.
② 도곽선이 늘어난 경우에는 실측거리에서 빼준다.
③ 보정계산은 $\frac{\text{도곽선의 신축량(지상)}\times4}{\text{도곽선 상의 총화(지상)}}\times$실측거리이다.
④ 도곽선이 줄어든 경우에는 실측거리에서 빼준다.

| 해설 |

신가축감 원칙에 따라 도곽선이 늘어난 경우는 실측 거리에 더해 주고 줄어든 경우에는 실측 거리에서 빼준다.

정답 ②

53. 경사지에서 측정한 경사거리가 740m이고 경사각이 60° 일 때 수평거리로 옳은 것은?

① 370m ② $370\sqrt{3}$m ③ $370\sqrt{2}$m ④ $740\sqrt{3}$m

| 해설 |

수평거리(L)=cos60°×740m=370m이다.

정답 ①

54. 평판측량에서 경사거리 ℓ 과 경사분획 n을 측정할 때 수평거리 L을 산출하는 공식은?

① $L=\ell\frac{100}{\sqrt{1+(\frac{n}{100})^2}}$ ② $L=\ell\frac{1}{\sqrt{1-(\frac{n}{100})^2}}$

③ $L=\ell\frac{1}{\sqrt{1+(\frac{n}{100})^2}}$ ④ $L=\ell\frac{1}{\sqrt{(100)^2+n^2}}$

| 해설 |

경사거리를 수평거리로 계산하는 식은 $L=\ell\frac{1}{\sqrt{1+(\frac{n}{100})^2}}$이다.

정답 ③

55. 평판을 세운 점에서 목표물까지의 경사거리가 72m일 때 앨리데이드(alidade)의 경사분획이 25이면 평판에서 목표물까지 수평거리는?

① 50m ② 60m ③ 65m ④ 70m

| 해설 |

$D=\ell\frac{1}{\sqrt{1+(\frac{n}{100})^2}}=72\times\frac{1}{\sqrt{1+(\frac{25}{100})^2}}=69.85$m 또는 조준의로 측정한 경사분획을 이용하여 각을 계산한 후 $\theta=\tan^{-1}\frac{25}{100}=14°02'10.48''$에서 수평거리=72×cos14°02'10.48''=69.85m 를 계산한다.

정답 ④

56. 조준의 시준판의 내측 간격의 길이가 270mm인 경우 경사분획 중 3분획에 해당하는 길이는?

① 8.1mm ② 10.1mm ③ 11.2mm ④ 12.4mm

| 해설 |

1분획은 양 시준판 간격의 100분의 1이므로
$\frac{270}{100}=2.7\text{mm}, 2.7\times3=8.1\text{mm}$이다.

정답 ①

57. 앨리데이드의 외심오차가 발생할 경우 외심거리를 고려할 필요가 없는 경우의 측량 축척의 한계로 옳은 것은?

① 1/300 이하 ② 1/500 이하
③ 1/1000 이하 ④ 1/10000 이하

| 해설 |

토지경계선의 위치오차를 0.1mm 이내로 제한하기 위한 측량 축척의 한계는 1/300 이하에서는 외심 거리를 고려할 필요가 없다.

정답 ①

58. 평판측량 방법에 의하여 작성된 도면에서 수평거리 90m인 지점을 경사분획(n) 25인 경사각에 표시하고자 한다. 이때의 경사거리는?(단, 앨리데이드를 사용한 경우)

① 80.89m ② 83.78m ③ 85.64m ④ 87.31m

| 해설 |

수평거리=경사거리×cos θ 이므로 경사각 $\theta=\tan^{-1}\frac{25}{100}=14°02'10''$ 에서 경사거리$=\frac{1}{\cos\theta}\times$수평거리$=\frac{1}{\cos14°02'10''}=87.313$m 이다.

정답 ④

59. 평판측량에서 앨리데이드를 통하여 그림과 같이 관측했을 때 AB간의 수평거리 D와 고저차 H의 값이 옳은 것은?(여기서, 기계고(I)=0.8m)

① D=20.0m, H=10.5m
② D=50.0m, H=12.5m
③ D=50.0m, H=12.0m
④ D=12.5m, H=50.0m

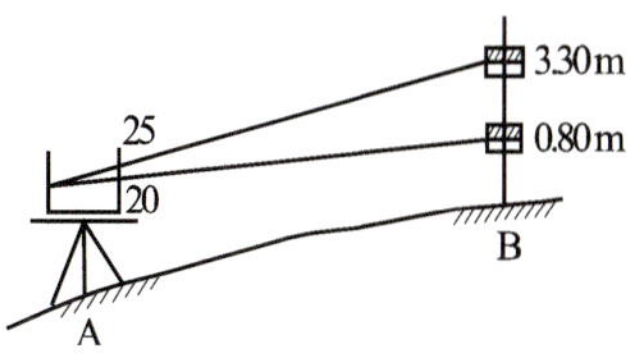

| 해설 |

수평거리(D)$=100\times\frac{\ell}{\Delta n}=100\times\frac{2.5}{5}=50$m,

고저차(H)$=\frac{nd}{100}=\frac{25\times50}{100}=12.5$m 이다.

(여기서, $\ell=3.30-0.80=2.5$m, $\Delta n=25-20=5$, n : 25 이다.)

정답 ②

60. **평판측량 방법에서 도상에 영향을 미치지 아니하는 지상거리의 축척별 허용범위로 옳은 것은?**

① $\frac{M}{10}$mm ② $3+\frac{M}{10}$mm ③ $\frac{3M}{10}$mm ④ $\frac{\sqrt{M}}{3}$mm

| 해설 |

평판측량 방법에서 도상에 영향을 미치지 아니하는 지상거리의 축척별 허용범위는 $\frac{M}{10}$mm로 한다.(M은 축척 분모)

정답 ①

61. **축척 1/1200인 지역에서 평판측량을 시행할 때 도상에 영향을 미치지 않는 지상 거리의 한계는?**

① 60mm ② 100mm ③ 120mm ④ 150mm

| 해설 |

평판측량에서 도상에 영향을 미치지 아니하는 지상 거리의 축척별 허용범위는 $\frac{M}{10}=\frac{1,200}{10}=120$mm이다.

정답 ③

62. **평판측량 방법으로 세부측량을 할 때에는 지적도 및 임야도의 측량준비 파일을 작성할 때 기재사항으로 옳지 않은 것은?**

① 인근 토지의 지번, 지목
② 도곽선과 그 수치
③ 행정구역 선과 그 명칭
④ 당해 지적도의 주요 지형, 지물

| 해설 |

측량준비 파일 작성 시 포함사항
① 측량대상 토지의 경계선·지번 및 지목
② 인근 토지의 경계선·지번 및 지목
③ 임야도를 갖춰 두는 지역에서 인근 지적도의 축척으로 측량을 할 때에는 임야도에 표시된 경계점의 좌표를 구하여 지적도에 전개(展開)한 경계선
④ 행정구역선과 그 명칭
⑤ 지적기준점 및 그 번호와 지적기준점 간의 거리, 지적기준점의 좌표, 그 밖에 측량의 기점이 될 수 있는 기지점
⑥ 도곽선(圖廓線)과 그 수치
⑦ 도곽선의 신축이 0.5밀리m 이상일 때에는 그 신축량 및 보정(補正) 계수
⑧ 그 밖에 국토교통부장관이 정하는 사항

정답 ④

63. **평판측량 방법으로 세부측량을 할 때에 지적도, 임야도에 따라 작성하는 측량준비 파일에 포함시켜야 할 사항이 아닌 것은?**

① 인근 토지의 경계선·지번 및 지목
② 측량대상 토지의 경계선·지번 및 지목
③ 지적기준점 간의 거리, 지적기준점의 좌표
④ 지적기준점 간의 방위각 및 경계점 간 계산거리

| 해설 |

지적기준점 간의 방위각 및 경계점 간 계산 거리는 경위의 측량방법으로 세부측량을 할 때 작성사항이다.

정답 ④

64. **지상경계를 새로 결정하려는 경우 그 기준이 틀린 것은?**

① 연접되는 토지 간에 높낮이 차이가 있는 경우 그 구조 등의 하단부
② 도로·구거 등의 토지에 절토 된 부분이 있는 경우 그 경사면의 상단부
③ 토지가 해면 또는 수면에 접하는 경우 최대만조위 또는 최대만수위가 되는 선
④ 공유수면매립지의 토지 중 제방 등을 토지에 편입 등록하는 경우 안쪽 어깨부분

| 해설 |

지상경계를 새로 결정하려는 경우 공유수면매립지의 토지 중 제방 등을 토지에 편입하여 등록하는 경우에는 바깥쪽 어깨 부분을 기준으로 한다.

정답 ④

65. **경계설정에서 지상 구조물이 있는 경우 공유수면매립지의 토지 중 제방 등을 토지에 편입하여 등록하는 경우 기준설정으로 옳은 것은?**

① 제방 바깥쪽 어깨 ② 제방 안쪽 어깨
③ 제방 안쪽 하단 부분 ④ 제방 바깥쪽 하단부

| 해설 |

공유수면매립지의 토지 중 제방 등을 토지에 편입하여 등록하는 경우에는 바깥쪽 어깨를 기준으로 설정한다.

정답 ①

66. **토지 사이에 고저가 있을 때 경사면의 소속은 어떻게 처리하는가?**

① 토지의 중앙을 경계로 한다.
② 높은 쪽에 위치한 토지의 소속으로 한다.
③ 낮은 쪽에 위치한 토지의 소속으로 한다.
④ 별개의 필지로 한다.

| 해설 |

토지 사이에 고저가 있을 때 경사면은 높은 쪽에 위치한 토지의 소속으로 한다.

정답 ②

67. 지상경계의 구획을 형성하는 구조물 등의 소유자가 다른 경우 지상경계를 새로이 결정하는 방법으로 옳은 것은?

① 그 소유권에 따라 지상경계를 결정한다.
② 면적이 넓은 쪽을 따라 지상경계를 결정한다.
③ 그 구조물 등의 중앙을 따라 지상경계를 결정한다.
④ 도상 경계에 따라 지상경계를 결정한다.

| 해설 |

지상경계의 구획을 형성하는 구조물의 소유자가 다른 경우에는 지상경계 결정의 규정에도 불구하고 그 소유권에 따라 지상경계를 결정한다.

정답 ①

68. 지상경계점에 경계점 표지를 설치한 후 토지를 분할측량을 할 수 있는 경우가 아닌 것은?

① 지방자치단체의 장이 토지를 취득하기 위하여 분할하려는 경우
② 도시개발사업지구의 경계를 결정하기 위하여 분할하는 경우
③ 도시·군 관리계획선에 따라 토지를 분할하려는 경우
④ 경계점의 설정 위치를 지상에 복원하기 위해 실시하는 측량

| 해설 |

지상경계점에 경계점 표지를 설치하여 측량할 수 있는 경우
① 도시개발사업 등의 사업시행자가 사업지구의 경계를 결정하기 위하여 토지를 분할하려는 경우
② 사업시행자와 행정기관의 장 또는 지방자치단체의 장이 토지를 취득하기 위하여 분할하려는 경우
③ 도시·군관리계획 결정고시와 지형도면 고시가 된 지역의 도시·군관리계획선에 따라 토지를 분할하려는 경우
④ 소유권이전, 매매와 토지이용상 불합리한 지상경계를 시정하기 위한 경우의 토지를 분할하려는 경우
⑤ 관계 법령에 따라 인가·허가 등을 받아 토지를 분할하려는 경우
⑥ 분할에 따른 지상경계는 지상건축물을 걸리게 결정해서는 아니된다.

정답 ④

69. 분할에 따른 지상경계를 지상건축물에 걸리게 결정할 수 있는 경우로 옳지 않은 것은?

① 도시개발사업 시행자가 사업지구의 경계를 결정하기 위한 경우
② 법원의 확정판결에 의하여 새로이 경계 결정을 한 경우
③ 도시계획 결정 고시지역의 도시관리 계획선을 분할하는 경우
④ 공공사업 등 구거, 유원지 등의 토지일 때 사업시행자가 토지취득을 하기 위한 경우

| 해설 |

하천, 수도용지, 유지, 학교용지, 철도용지, 도로, 구거 등의 토지일 때 사업시행자가 토지취득을 하기 위한 경우이다.

정답 ④

70. 축척이 서로 다른 도면에 동일 경계선이 등록된 경우 어느 경계선에 따라야 하는가?

① 토지소유자 의견에 따라야 한다.
② 축척이 큰 것에 따른다.
③ 축척이 작은 것에 따른다.
④ 평균하여 결정한다.

| 해설 |

동일한 경계가 축척이 다른 도면에 각각 등록된 때에는 축척이 큰 것에 따른다는 것을 축척 종대의 원칙이라 한다.

정답 ②

71. 축척변경 시행지역의 토지소유자가 경계점 표지를 설치하는 경계는 무엇을 기준으로 하는가?

① 토지소유자 간에 합의된 경계
② 경계복원측량 성과에 의한 경계
③ 담장, 철조망 등의 지상 구조물 경계
④ 시행공고일 현재 점유하고 있는 경계

| 해설 |

축척변경 시행지역의 토지소유자 또는 점유자는 시행공고가 된 날부터 30일 이내에 시행공고일 현재 점유하고 있는 경계에 경계점 표지를 설치하여야 한다.

정답 ④

72. 「지적업무처리규정」 상 현지측량방법에 대한 내용으로 틀린 것은?

① 지적측량을 완료한 때에는 반드시 측량결과도에 측정점위치설명도를 작성하여야 한다.
② 전자평판측량에 따른 세부측량은 지적기준점을 기준으로 실시하여야 하며 면적측량은 전산처리 방법에 따른다.
③ 지적측량수행자가 지적공부의 표지에 잘못이 있음을 발견한 때에는 지체없이 지적소관청에 문서로 통보하여야 한다.
④ 지적확정측량 지구 안에서 지적측량을 하고자 할 경우에는 종전에 실시한 지적확정측량성과를 참고하여 성과를 결정하여야 한다.

| 해설 |

주위 고정물이 없는 경우와 도로, 구거, 하천 등 연속·집단된 토지 등의 경우에는 작성을 생략할 수 있다.

정답 ①

73. **세부측량 시 현지측량에 대한 설명으로 옳지 않은 것은?**

① 평판측량 시 거리측정 단위는 지적도를 비치하는 지역에서는 5cm로 한다.
② 기준점 또는 기지점이 부족한 때에는 필요한 위치에 보조점을 설치할 수 있다.
③ 경위의로 세부측량을 시행할 때는 거리측정 단위는 0.1cm로 한다.
④ 농지의 구획정리 시행지역은 1/1,000으로 하되, 필요한 경우 1/6,000까지 작성할 수 있다.

| 해설 |

경위의로 세부측량을 시행할 때는 거리측정 단위는 1cm로 한다.

정답 ③

74. **평판측량 방법으로 세부측량을 하는 때에 측량 기하적 표시사항으로 잘못된 것은?**

① 측정점의 방향선 길이는 측정점을 중심으로 약 1cm로 표시한다.
② 평판점의 표시에 있어 측량자는 직경 1.5mm 이상 3mm 이하의 원으로 표시한다.
③ 방위표정에 사용한 기지점 등에는 방향선을 긋고 실측한 거리를 기재한다.
④ 방위표정에 사용한 기지점이 표시에 있어 검사자는 한 변의 길이가 2~4mm의 삼각형으로 표시한다.

| 해설 |

평판점의 결정 및 방위표정에 사용한 기지점은 측량자는 직경 1mm와 2mm의 2중 원으로 표시하고, 검사자는 1변의 길이가 2mm와 3mm의 2중 삼각형으로 표시한다.

정답 ④

75. **측량 기하적에 대한 내용으로 틀린 것은?**

① 측량대상 토지의 점유현황선은 검은색 점선으로 표시한다.
② 측량결과의 파일 형식은 표준화된 공통포맷을 지원할 수 있어야 한다.
③ 측정점의 표시에서 측량자는 붉은색 짧은 십자선(+)으로 표시한다.
④ 측량대상 토지에 지상 구조물 등이 있는 경우와 새로이 설정하는 경계에 지상건물 등이 걸리는 경우에는 그 위치현황을 표시하여야 한다.

| 해설 |

측량대상 토지의 점유현황선은 붉은색 점선으로 표시한다.

정답 ①

76. **평판측량 방법으로 세부측량 시 측량 기하적을 표시할 때, 측정점의 방향선 길이로 옳은 것은?**

① 측정점을 중심으로 약 1cm로 표시한다.
② 측정점을 중심으로 약 3cm로 표시한다.
③ 측정점을 중심으로 약 5cm로 표시한다.
④ 측정점을 중심으로 약 10cm로 표시한다.

| 해설 |

평판측량 방법으로 세부측량 시 측량 기하적을 표시할 때 측정점의 방향선 길이는 측정점을 중심으로 약 1cm로 표시한다.

정답 ①

77. **임야도를 비치하는 지역의 세부측량에 있어서 지적측량기준점에 의하여 측량하지 아니하고 지적도의 축척으로 측량 후 그 성과에 의하여 임야 측량결과도를 작성할 수 있는 경우는?**

① 임야도에 도곽선이 없는 경우
② 경계점의 좌표를 구할 수 없는 경우
③ 지적도근점이 설치되어 있지 않은 경우
④ 지적도에 기지점은 없지만, 지적도에 인접하여 있는 경우

| 해설 |

임야도를 갖춰 두는 지역의 세부측량에서 다음의 경우에는 위성기준점, 통합기준점, 삼각점, 지적삼각점, 지적삼각보조점 및 지적도근점에 따라 측량하지 아니하고 지적도의 축척으로 측량한 후 그 성과에 따라 임야 측량결과도를 작성할 수 있다.
① 측량대상 토지가 지적도를 갖춰 두는 지역에 인접하여 있고 지적도의 기지점이 정확하다고 인정되는 경우
② 임야도에 도곽선이 없는 경우

정답 ①

78. **전자평판에 관한 내용으로 옳지 않은 것은?**

① 전자평판 측량은 될 수 있으면 지적측량기준점이 설치된 지역에서 사용하여야 한다.
② 전자평판의 표정 방법은 다른 지적측량기준점을 시준하고 수평각을 0세팅하여 전자평판에 입력한다.
③ 지적측량기준점 간의 거리는 1회 이상 측정하여 확인하고 연직각은 천저를 0으로 설정한다.
④ 전자평판에 의한 방법은 평판측량 방법과 경위의 측량의 세부측량 방법과 동일하다.

| 해설 |

전자평판측량의 설치 및 표정 방법
① 토털스테이션을 지적기준점 또는 보조점 위에 거치한 후 다른 지적기준점이나 고정물을 시준하고 수평각을 전자평판에서 0°0′0″로 세팅하여 관측을 준비한다.
② 지적기준점 간의 거리는 2회 이상 측정하여 확인한다.
③ 연직각은 천정을 0으로 설정한다.

정답 ③

79. 전자평판측량 시 측량자의 측정점 표시방법으로 옳은 것은?

① 붉은색 짧은 십자선(+)
② 붉은색 작은 삼각형(△)
③ 붉은색 작은 원(○)
④ 붉은색 작은 이중원(◎)

| 해설 |

전자평판측량 시 측정점의 표시는 측량자의 경우 붉은색 짧은 십자선(+)으로 표시하고, 검사자는 삼각형(△)으로 표시하며, 각 측정점은 붉은색 점선으로 연결한다.

정답 ①

80. 평판측량으로 세부측량을 시행할 경우 측량결과도에 기재할 사항이 아닌 것은?

① 신규등록, 등록전환할 경계선 및 분할경계선
② 이동지의 경계선, 지번, 지목, 토지소유자의 등기 연월일
③ 측량 및 검사 연월일, 측량자 및 검사자의 자격등급과 성명
④ 측정점의 위치, 측량 기하적과 지상에서 측정한 거리

| 해설 |

이동지의 경계선, 지번, 지목, 토지소유자의 등기 연월일은 평판측량방법으로 세부측량을 하는 경우 측량결과도에 기재할 사항이 아니다.

정답 ②

81. 토지이동측량에 관한 설명으로 옳지 않은 것은?

① 토지이동은 지적측량을 수반하지 않는 것과 수반하는 이동사항으로 구분한다.
② 새로이 등록하거나 변경 말소하는데 이용하는 측량을 말한다.
③ 경계이동에 따른 경계와 면적의 결정은 제외한다.
④ 신규등록측량·등록전환측량·축척변경측량 등이 해당한다.

| 해설 |

경계이동에 따른 경계와 면적의 결정은 토지이동측량에 속한다.

정답 ③

82. 지적측량이 시행되어야 하는 토지이동 종목으로 연결된 것은?

① 등록전환, 신규등록, 분할
② 분할, 합병, 등록전환
③ 분할, 합병, 신규등록, 등록전환
④ 지목변경, 등록전환, 분할, 합병

| 해설 |

토지의 이동 중에서 2필지 이상의 토지를 1필지로 지적공부에 등록하는 "합병"과 지적공부에 등록된 지목을 다른 지목으로 바꾸어 등록하는 "지목변경"은 지적측량의 대상이 아니다.

정답 ①

83. 새로이 조성된 토지 및 등록이 누락 되어있는 토지를 지적공부에 등록하는 측량으로 옳은 것은?

① 신규등록측량 ② 등록전환측량
③ 분할측량 ④ 지목변경측량

| 해설 |

신규등록측량은 지적공부에 등록되지 않는 토지를 새로이 지적공부에 등록하기 위한 측량을 말한다.

정답 ①

84. 원시취득의 경우에 최초의 소유자는 소관청의 처분에 의하여 결정되므로 가장 중요한 지적측량업무라고 할 수 있는 것은?

① 신규등록 ② 등록전환
③ 경계정정 ④ 해면성말소

| 해설 |

신규등록은 원시취득의 경우에 최초의 소유자는 소관청의 처분에 의하여 결정되므로 가장 중요한 지적측량업무라고 할 수 있다.

정답 ①

85. 등록전환측량에 대한 설명으로 잘못된 것은?

① 토지대장에 등록하는 면적은 등록전환측량의 결과에 의하여야 하며, 임야대장의 면적을 그대로 정리할 수 없다.
② 등록전환할 일단의 토지가 2필지 이상으로 분할하여야 할 토지의 경우에는 먼저 지목별로 분할 후 등록전환하여야 한다.
③ 경계점좌표등록부를 비치하는 지역과 인접되어있는 토지를 등록전환하는 경우에는 경계점좌표등록부에 등록하여야 한다.
④ 1필지의 일부를 등록전환하는 경우 등록전환으로 인하여 말소하여야 할 필지의 면적은 반드시 임야분할 측량결과도에서 측정한다.

| 해설 |

등록전환 대상 토지가 2필지 이상으로 분할하여야 할 토지는 1필지로 등록전환 후 지목별로 분할하여야 한다. 이 경우 등록전환하는 토지의 지목은 임야대장에 등록된 지목으로 설정하되, 분할 및 지목변경은 등록전환과 동시에 정리한다.

정답 ②

86. 산 100 임을 산지 전용하여 대지로 조성하는 경우 지적공부에 등록하기 위한 측량으로 옳은 것은?

① 등록말소 ② 등록전환
③ 신규등록 ④ 축척변경

| 해설 |

등록전환은 임야대장 및 임야도에 등록된 토지를 토지대장 및 지적도에 옮겨 등록하는 행정처분으로 축척이 1/3,000 또는 1/6,000인 임야도에 등록된 토지를 축척 1/600 또는 1/1,200의 지적도에 옮겨 등록하는 것을 말한다.

정답 ②

87. 매매로 인하여 토지 일부가 소유권이 이전된 경우 토지 이동을 위하여 시행되어야 할 측량으로 적당한 것은?

① 등록전환측량 ② 토지분할측량
③ 신규등록측량 ④ 축척변경측량

| 해설 |

소유권 이전, 매매 등을 위하여 필요한 경우에는 토지분할측량을 시행하여야 한다.

정답 ②

88. 작은 축척을 큰 축척으로 변경하는 축척변경측량의 목적으로 옳은 것은?

① 도시개발사업을 위하여
② 지적도에 등록된 경계점의 정밀도를 높이기 위하여
③ 경계를 정정하기 위하여
④ 지목의 변경을 위하여

| 해설 |

축척변경이란 지적도에 등록된 경계점의 정밀도를 높이기 위하여 작은 축척을 큰 축척으로 변경하여 등록하는 것을 말한다.

정답 ②

89. 다음 중 지적소관청이 축척변경시행 기간에 축척변경 시행지역에서 축척변경 확정공고일까지 정지하여야 하는 것은?(단, 경계복원측량의 경우 경계점 표지의 설치를 위한 경계 복원측량은 제외한다.)

① 등록전환측량 ② 경계복원측량
③ 토지분할측량 ④ 지적현황측량

| 해설 |

지적소관청은 축척변경시행 기간에는 축척변경 시행지역의 지적공부 정리와 경계복원측량(경계점 표지의 설치를 위한 경계복원측량은 제외)을 축척변경 확정공고일까지 정지하여야 한다.

정답 ②

90. 도시개발사업, 토지구획정리사업, 농지개량사업 등에 의하여 토지를 구획으로 정리하는 측량으로 옳은 것은?

① 지적확정측량 ② 수치세부측량
③ 경계복원측량 ④ 지적현황측량

| 해설 |

지적확정측량은 도시개발사업, 토지구획정리사업, 농지개량사업 등에 의하여 토지를 구획으로 정리하는데 새로이 경계를 확정하는데 시행하는 측량이다.

정답 ①

91. 경계정정측량에 대한 설명으로 옳지 않은 것은?

① 등록사항 정정측량이라고도 한다.
② 도면대로 현지를 찾아내는 것이다.
③ 지적공부에 의하여 작성된 측량준비도를 사용하여 실시한다.
④ 측량방법은 분할측량에 준하여 실시한다.

| 해설 |

도면대로 현지를 찾아내는 것은 경계복원측량이다.

정답 ②

92. 지적공부에 등록된 토지의 분할이나 경계정정 등을 할 때 시행하는 측량으로 옳은 것은?

① 세부측량 ② 신규측량
③ 확정측량 ④ 이동측량

| 해설 |

이동측량은 기등록지의 분할이나 경계정정을 할 때 시행하는 측량을 말한다.

정답 ④

93. 현지의 경계가 확고한데도 지적공부에 잘못 등록된 것이 확실한 경우에 한하여 실시하는 것이 원칙인 측량으로 옳은 것은?

① 경계복원측량 ② 경계정정측량
③ 지적확정측량 ④ 분할측량

| 해설 |

경계정정측량은 현지의 경계가 확고한데도 지적공부에 잘못 등록된 것이 확실한 때에만 실시하는 것이다.

정답 ②

94. 지적현황측량에 대한 설명으로 옳지 않은 것은?

① 점유현황측량은 지형·지물의 점유 한계를 실측하여 점유 현황도의 작성 및 점유면적을 측정하는 것이다.
② 점유현황측량은 건물의 모양과 점유 위치를 표시하는 측량이다.
③ 시설물 현황측량은 각종 시설물과 필지의 경계 상호 간의 위치 관계를 결정하는 측량이다.
④ 지적현황측량은 점유현황측량과 시설물 현황측량으로 구분할 수 있다.

| 해설 |

건물의 모양과 점유 위치를 표시하는 측량은 시설물 현황측량이다.

정답 ②

95. 지상 구조물 또는 지형·지물이 점유하는 위치 현황을 실측하여 지적도 또는 임야도, 경계점좌표등록부에 등록된 경계와 대비하여 현황도를 작성하고 점유면적을 측정하는 측량으로 옳은 것은?

① 등록전환측량 ② 경계정정 측량
③ 분할측량 ④ 지적현황측량

| 해설 |

지적현황측량은 지상 구조물 또는 지형·지물이 점유하는 위치 현황을 실측하여 지적도 또는 임야도, 경계점좌표등록부에 등록된 경계와 대비하여 현황도를 작성하고 점유면적을 측정하는 측량이다.

정답 ④

96. 경계복원측량에 대한 설명으로 옳지 않은 것은?

① 지적공부에 등록이 되어있는 경계점의 설정 위치를 지상에 복원하기 위해 실시하는 측량
② 지적도나 임야도에 등록된 경계를 현지에 정확히 표시하는 행정처분이라 할 수 있다.
③ 경계점이 자연조건에 의해 멸실되어 인식할 수 없게 된 토지경계를 지상 위치에 표시하기 위한 측량이다.
④ 토지에 부속되어 있는 각종 시설물과 필지의 경계 상호 간의 위치 관계를 결정하는 측량이다.

| 해설 |

④는 시설물 현황측량이다.

정답 ④

97. 경계복원 측량방법을 최초로 법으로 규정한 것은?

① 1976년 개정 지적법시행령
② 1986년 개정 지적법시행령
③ 1995년 개정 지적법시행령
④ 1999년 개정 지적법시행령

| 해설 |

1976년 개정 지적법시행령에 경계복원 측량방법을 최초로 법으로 규정하였다.

정답 ①

98. 경계복원측량을 할 때 등록할 당시 경계가 잘못 등록되었다고 인정할 수 없는 것은?

① 거리측정의 착오 ② 경계등록 후 현황변경
③ 경계 위치의 착오 ④ 측량성과의 결정 착오

| 해설 |

경계를 등록한 후 현황의 변경은 등록의 오류로 인정할 수 없다.

정답 ②

99. 자연조건에 의해 멸실된 토지경계점을 지상 위치에 표시하기 위한 측량으로 옳은 것은?

① 경계복원측량 ② 신규등록측량
③ 지적현황측량 ④ 토지분할측량

| 해설 |

경계복원측량은 자연조건에 의해 멸실 되거나 인위적 행위 때문에 인식할 수 없게 된 토지경계점을 지상 위치에 표시하기 위한 측량을 말한다.

정답 ①

100. 경계복원측량 방법에 해당하지 않는 것은?

① 등록 당시 측량방법 ② 오류 등록지 측량방법
③ 중복등록지 측량방법 ④ 현황위치 측량방법

| 해설 |

경계복원측량 방법에는 등록당시 측량방법, 오류 등록지 측량방법, 중복등록지 측량방법, 복원위치 측설 방법이 있다.

정답 ④

101. 지적도나 임야도에 등록된 토지의 경계 또는 경계점좌표등록부에 등록된 좌표를 현지에 정확히 표시하여 일필지의 한계를 구분하여 표시하는 행정처분으로 옳은 것은?

① 지적현황측량 ② 경계복원측량
③ 신규등록측량 ④ 지적복구측량

| 해설 |

지적도나 임야도에 등록된 토지의 경계 또는 경계점좌표등록부에 등록된 좌표를 현지에 정확히 표시하여 일필지의 한계를 구분하여 표시하는 행정처분은 경계복원측량이다.

정답 ②

102. **세부측량을 실시한 경우 지적소관청이 지적측량성과 검사 시 검사항목이 아닌 것은?**

① 기지점 사용의 적정 여부
② 지적기준점 설치망 구성의 적정 여부
③ 측량준비도 및 측량결과도 작성의 적정 여부
④ 경계점 간 계산거리(도상거리)와 적정 여부

| 해설 |

세부측량 시 검사항목
① 기지점 사용의 적정 여부
② 측량준비도 및 측량결과도 작성의 적정 여부
③ 기지점과 지상경계와의 부합 여부
④ 경계점 간 계산 거리(도상거리)와 실측거리의 부합 여부
⑤ 면적측정의 정확 여부
⑥ 관계 법령의 분할제한 등의 저촉 여부

정답 ②

103. **경계점좌표등록부 시행지역 외의 지역에서 경계점에 대한 지적측량성과와 검사성과의 연결 교차 허용범위는 얼마인가?(단, 축척이 1/3,000인 지역이다.)**

① 0.30m 이내 ② 0.60m 이내
③ 0.90m 이내 ④ 1.20m 이내

| 해설 |

경계점좌표등록부 시행지역에서 기타지역 $\frac{3M}{10}$mm에서
$\frac{3 \times 3,000}{10} = 900\text{mm} = 0.90\text{m}$이다.(M은 축척 분모)

정답 ③

CHAPTER

09 수치 세부측량

9.1. 개요

9.1.1. 경계점좌표등록부를 갖춰 두는 지역의 측량

① 경계점좌표등록부를 갖춰 두는 지역에 있는 각 필지의 경계점을 측정할 때에는 도선법·방사법 또는 교회법에 따라 좌표를 산출하여야 한다.

② 필지의 경계점이 지형·지물에 가로막혀 경위의를 사용할 수 없는 경우에는 간접적인 방법으로 경계점의 좌표를 산출할 수 있다.

③ 각 필지의 경계점 측점 번호는 왼쪽 위에서부터 오른쪽으로 경계를 따라 일련번호를 부여한다.

④ 기존의 경계점좌표등록부를 갖춰 두는 지역의 경계점에 접속하여 경위의 측량 방법 등으로 지적확정측량을 하는 경우 동일한 경계점의 측량성과가 서로 다를 때에는 경계점좌표등록부에 등록된 좌표를 그 경계점의 좌표로 본다.

9.1.2. 경위의 측량방법에 따른 세부측량 기준

① 거리측정 단위는 1cm로 한다.

② 측량결과도는 그 토지의 지적도와 동일한 축척으로 작성한다.

③ 도시개발사업 등의 시행지역(농지의 구획정리지역은 제외)과 축척변경 시행지역은 500분의 1로 하고, 농지의 구획정리 시행지역은 1천분의 1로 하되, 필요한 경우에는 미리 시·도지사의 승인을 받아 6천분의 1까지 작성할 수 있다.

④ 토지의 경계가 곡선인 경우에는 가급적 현재 상태와 다르게 되지 아니하도록 경계점을 측정하여 연결한다.

⑤ 이 경우 직선으로 연결하는 곡선의 중앙종거 길이는 5cm 이상 10cm 이하로 한다.

9.1.3. 측량준비파일에 포함사항

① 측량대상 토지의 경계와 경계점의 좌표 및 부호도·지번·지목

② 인근 토지의 경계와 경계점의 좌표 및 부호도·지번·지목

③ 행정구역선과 그 명칭

④ 지적기준점 및 그 번호와 지적기준점 간의 방위각 및 그 거리

⑤ 경계점 간 계산거리

⑥ 도곽선과 그 수치

⑦ 그 밖에 국토교통부장관이 정하는 사항

⑧ 지적측량수행자는 측량준비파일로 지적측량성과를 결정할 수 없는 경우에는 지적소관청에 지적측량성과의 연혁 자료를 요청할 수 있다.

9.2. 수치 세부측량

9.2.1. 경위의 측량 방법의 관측 및 계산 기준

① 미리 각 경계점에 표지를 설치하여야 한다. 다만, 부득이한 경우에는 그러하지 아니하다.

② 도선법 또는 방사법에 따른다.

③ 관측은 20초독 이상의 경위의를 사용한다.

④ 수평각의 관측은 1대회의 방향관측법이나 2배각의 배각법에 따른다. 다만, 방향관측법인 경우에는 1측회의 폐색을 하지 아니할 수 있다.

⑤ 연직각의 관측은 정반으로 1회 관측하여 그 교차가 5분 이내일 때에는 그 평균치를 연직각으로 하되, 분단위로 독정(讀定)한다.

⑥ 수평각의 측각공차는 다음 표에 따른다.

종별	1방향각	1회 측정각과 2회 측정각의 평균값에 대한 교차
공차	60초 이내	40초 이내

⑦ 경계점의 점간거리를 측정하는 경우에는 2회 측정하여 그 측정치의 교차가 평균치의 3천분의 1 이하일 때에는 그 평균치를 점간거리로 한다. 이 경우 점간거리가 경사거리일 때에는 수평거리로 계산하여야 한다.

⑧ 계산 방법에 따른 단위는 다음 표와 같다.

종별	각	변의 길이	진수	좌표
단위	초	cm	5자리 이상	cm

9.2.2. 경위의 측량 방법의 측량결과도 기재사항

① 제17조 제2항 각호의 사항(측량준비도에 기재한 사항)

② 측정점의 위치(측량계산부의 좌표를 전개하여 적는다), 지상에서 측정한 거리 및 방위각

③ 측량대상 토지의 경계점 간 실측거리

④ 측량대상 토지의 토지이동 전의 지번과 지목(2개의 붉은 색으로 말소한다)

⑤ 측량결과도의 제명 및 번호(연도별로 붙인다)와 지적도의 도면번호

⑥ 신규등록 또는 등록전환하려는 경계선 및 분할경계선

⑦ 측량대상 토지의 점유현황선

⑧ 측량 및 검사의 연월일, 측량자 및 검사자의 성명·소속 및 자격 등급 또는 기술 등급

⑨ 측량대상 토지의 경계점 간 실측거리와 경계점의 좌표에 따라 계산한 거리의 교차는 $3+\frac{L}{10}$m 이내여야 한다. 이 경우 L은 실측거리로서 미터 단위로 표시한 수치를 말한다.

9.3. 지적확정측량

9.3.1. 지적확정측량 기준

① 지적확정측량이란 도시개발사업, 농지개량사업 등에 의하여 구획정리하고 환지를 하는 토지의 소재, 지번, 지목, 면적 및 경계 또는 좌표와 면적 등을 지적공부에 새로이 등록하기 위하여 시행하는 수치측

량을 말한다.

② 주로 토지구획정리·농지개량·공업 단지 조성사업 등의 공사 완료 이후에 새로이 지적공부를 작성하기 위하여 시행하는 측량을 말한다.

③ 지적확정측량을 하는 경우 필지별 경계점은 위성기준점, 통합기준점, 삼각점, 지적삼각점, 지적삼각보조점 및 지적도근점에 따라 측정하여야 한다.

④ 지적확정측량을 할 때는 미리 사업계획도와 도면을 대조하여 각 필지의 위치 등을 확인하여야 한다.

⑤ 도시개발사업 등으로 지적확정측량을 하려는 지역에 임야도를 갖춰 두는 지역의 토지가 있는 경우에는 등록전환을 하지 아니할 수 있다.

9.3.2. 지적확정측량 결과도 작성

① 측량결과도의 제명·축척 및 색인도

② 확정된 필지의 경계(경계점좌표를 전개하여 연결한 선)·지번 및 지목

③ 경계점 간 계산거리 및 실측거리. $\frac{(\text{계산거리})}{\text{실측거리}}$ (경지정리지역에서는 실측거리 기재를 생략 할 수 있다.)

④ 지적기준점 및 그 번호와 지적기준점 간 방위각 및 거리

⑤ 행정구역선과 그 명칭

⑥ 도곽선과 그 수치

⑦ 확정 경계선에 지상구조물 등이 걸리는 경우에는 그 위치 현황

⑧ 측량 및 검사 연월일, 측량자 및 검사자의 성명·소속·자격 등급

9.3.3. 수선장에 의한 교차계산

① 수선장 계산은 경계선과 현장 고정물 간의 떨어진 거리는 〈그림 1-30〉에서 AB의 직선상에 C점과의 수직(90°)을 이루는 거리(d)를 말한다.

② 교차계산은 2점과 2 방위각을 제원으로 하는 2점 교차계산과 4점의 좌표를 제원으로 하는 4점교차로 나눌 수 있으나 그 공식은 다음과 같다.

- $E_1 = \Delta y \cdot \cos\beta - \Delta x \cdot \sin\beta$
- $E_2 = \Delta y \cdot \cos\alpha - \Delta x \cdot \sin\alpha$
- $S_1 = \dfrac{E_1}{\sin(\alpha-\beta)}$
- $S_2 = \dfrac{E_2}{\sin(\alpha-\beta)}$
- P점 좌표 $X_p = X_a + \dfrac{\Delta y \cdot \cos\beta - \Delta x \cdot \sin\beta}{\sin(\alpha-\beta)}\cos\alpha$

  $Y_p = Y_a + \dfrac{\Delta y \cdot \cos\beta - \Delta x \cdot \sin\beta}{\sin(\alpha-\beta)}\sin\alpha$
- 또는 $X_p = X_b + \dfrac{\Delta y \cdot \cos\alpha - \Delta x \cdot \sin\alpha}{\sin(\alpha-\beta)}\cos\beta$

  $Y_p = Y_b + \dfrac{\Delta y \cdot \cos\alpha - \Delta x \cdot \sin\alpha}{\sin(\alpha-\beta)}\sin\beta$

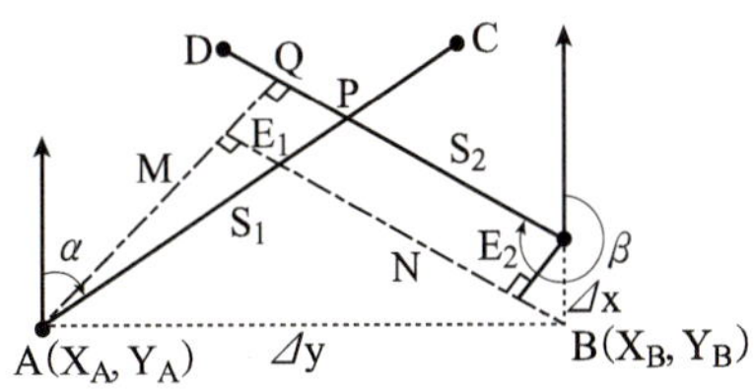

〈그림 1-30〉 수선장에 의한 교차계산

9.3.4. 원과 직선의 교점 계산

① 원의 방정식과 직선의 방정식을 연립방정식으로 계산할 수 있지만 복잡하므로 실용적이라고 말할 수 없다.

② 〈그림 1-31〉에서 원의 중심이 O(Xo, Yo)이고 반경이 R인 원과 직선상의 P점(Xp, Yp)와 방위각을 α, 원과 직선의 교점을 Q라하고 원의 중심점에서 교차점 Q까지의 방위각 V_O^Q를 계산하여

- $X_Q = X_O + R \cdot \cos V_O^Q$, $Y_Q = Y_O + R \cdot \sin V_O^Q$를 계산한다.

③ 원의 중심으로부터 직선까지의 수선장을 E라고 하면

- $E = (Y_P - Y_Q)\cos\alpha - (X_P - X_Q)\sin\alpha = \Delta y \cdot \cos\alpha - \Delta x \cdot \sin\alpha$로서 계산된다.

④ 직선 QP와 QO의 교각을 ø라고 하면 $\sin\phi = \frac{E}{R}$에서 $\phi = \sin^{-1}(\frac{E}{R})$로 구할 수 있다.

⑤ OQ의 방위각은 $V_O^Q = \alpha \pm \phi$가 되며, ±ø의 부호는 원과 직선이 두 점에서 만나므로 원의 중심이 직선의 어느 쪽에 있는가에 따라 결정한다.

⑥ 〈그림 1-31〉과 같이 ø의 부호는 중심점 O가 PQ 방향의 왼쪽에 있을 때 "+"이고 오른쪽에 있으면 "−"부호가 되므로 ø의 부호는 "−"이다.

⑦ 그러나 항상 그림을 그려 확인할 수 없으므로 계산상으로 ø각을 결정하는 방법은 수선장(E) 값의 부호와 동일하게 붙이면 된다.

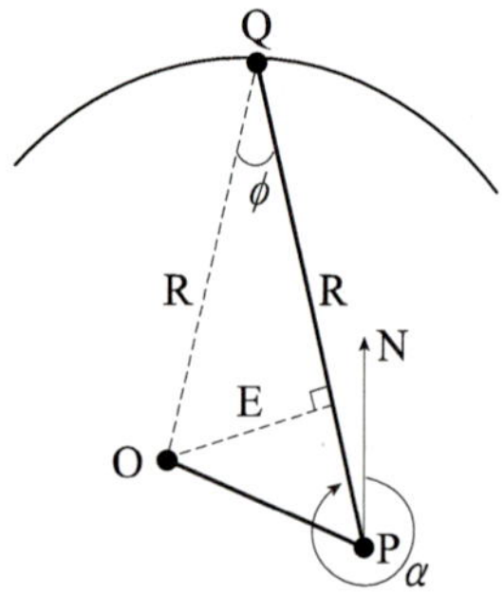

〈그림 1-31〉 원과 직선의 교차

9.3.5. 전제장과 전제면적

① 〈그림 1-32〉에서 가구의 전제(剪除)와 같이 가로가 교차하는 부분은 가각을 전제하여야 한다.

② 전제할 길이는 도시계획시설 규정에 있는 사항으로 내각(θ)을 알면 전제장과 전제 면적을 구할 수 있다.

③ 전제장(ℓ)계산

- △APB에서 $\sin\frac{\theta}{2} = \frac{\frac{L}{2}}{\ell}$ 이고, $\ell = \frac{L}{2} \cdot \frac{1}{\sin\frac{\theta}{2}} = \frac{L}{2} \cdot \text{cosec}\frac{\theta}{2}$ 이므로
- 전제장(ℓ) $= \frac{L}{2} \cdot \text{cosec}\frac{\theta}{2}$ 이다.

④ 전제 면적(A) 계산

- △APC에서 A=(밑변×높이) ÷2에서

  $A = \frac{1}{2}L \cdot \frac{L}{2}\cot\frac{\theta}{2} = (\frac{L}{2})^2 \cdot \cot\frac{\theta}{2}$ 이므로

- 전제면적 (A) $= (\frac{L}{2})^2 \cdot \cot\frac{\theta}{2}$ 이다.

  여기서, L : 우절장, ℓ: 전제장, A : 전제 면적, θ: 협각,

  H : L를 밑변으로 한 삼각형의 높이다.

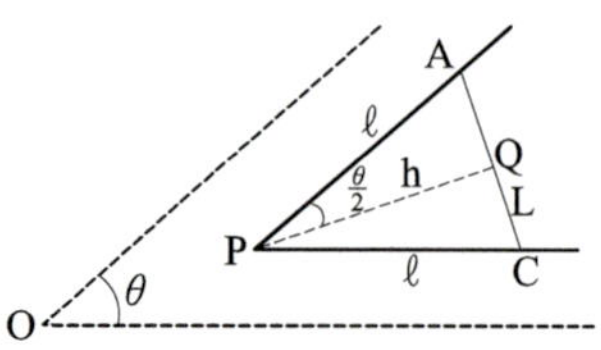

〈그림 1-32〉 전제장

9.3.6. 가구점 계산

① 〈그림 1-33〉을 보면 중심점 O의 좌표에서 가구정점인 P점을 이용하지 않고 직접 가구점인 A, B점의 좌표를 구하는 방법이다.

② $2\phi = 180° - \theta$에서 $\phi = 90 - \frac{\theta}{2}°$이고,

③ $h = L \cdot \sin(90° - \frac{\theta}{2}) = L \cdot \cos\frac{\theta}{2}$

④ $\alpha = \frac{W_2}{W_1}\text{cosec}\theta + \cot\theta$ 이며 $S = W_1 \cdot \text{cosec}\,\alpha$ 이다.

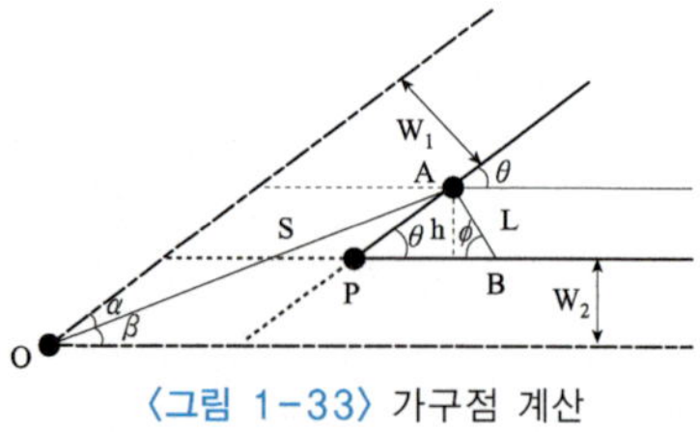

〈그림 1-33〉 가구점 계산

9.3.7. AD//BC일 경우 사각형 면적 지정분할

경계점좌표등록부 시행지역으로 되어있는 토지는 대부분 4각형으로 구성되어 있으며 〈그림 1-34〉와 같이 AD와 BC가 평행한 경우와 AD와 BC가 평행하지 않은 경우의 두 가지 형태로 구분할 수 있다.

면적 지정분할의 유형		
1. AD//BC	• ∠PQC=ø일 경우 • AB//PQ일 경우	• ∠PQC=ø=90° 일 경우 • M, N을 지정한 경우
2. AD≠BC	• ∠PQC=ø일 경우 • AB//PQ일 경우	• ∠PQC=ø=90° 일 경우 • M, N을 지정한 경우

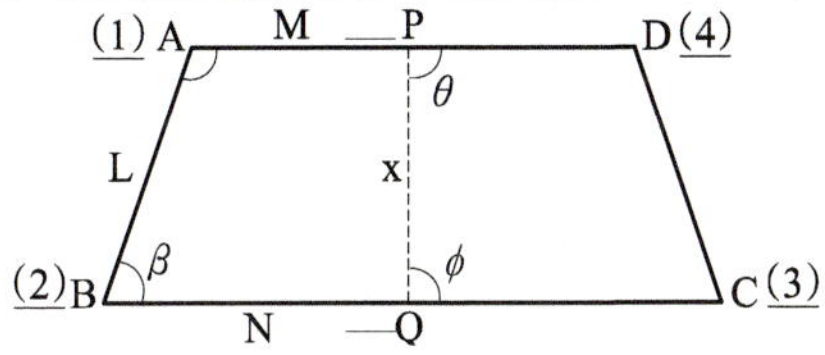

〈그림 1-34〉 AD//BC일 경우

① AD//BC, ∠PQC=ø일 경우

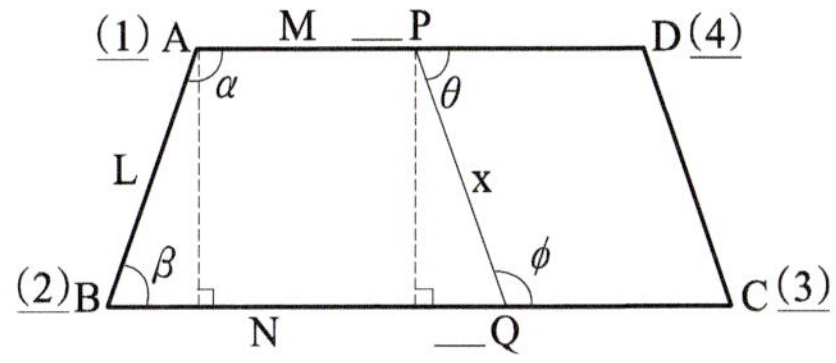

- $F = \frac{1}{2}(M+N)L \cdot \sin\beta$
- $M = \frac{F}{L \cdot \sin\beta} - \frac{L \cdot \cos\beta - x \cdot \cos\phi}{2}$
- $N = \frac{F}{L \cdot \sin\beta} + \frac{L \cdot \cos\beta - x \cdot \cos\phi}{2}$
- $x = \frac{L \cdot \sin\beta}{\sin\phi}$

② AD//BC, ∠PQC=ø=90°일 경우

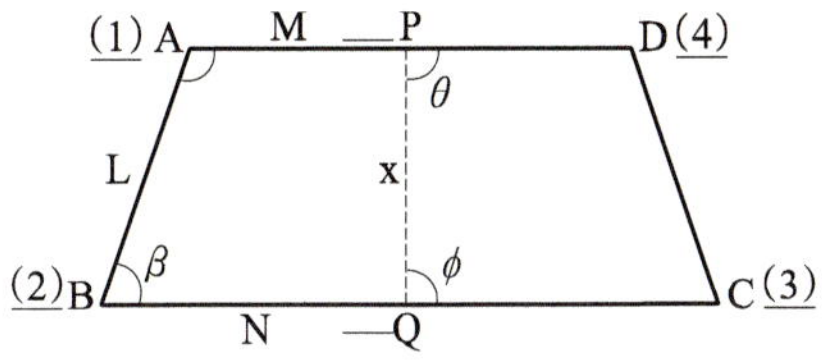

- $F = \frac{1}{2}L \cdot \cos\beta \cdot h + M \cdot h$
- $h = L \cdot \sin\beta$, $\cos 90° = 0$, $\sin 90° = 1$ 이다.
- $M = \frac{F}{L \cdot \sin\beta} - \frac{L \cdot \cos\beta}{2}$
- $N = \frac{F}{L \cdot \sin\beta} + \frac{L \cdot \cos\beta}{2}$

③ AD//BC, AB//PQ 일 경우

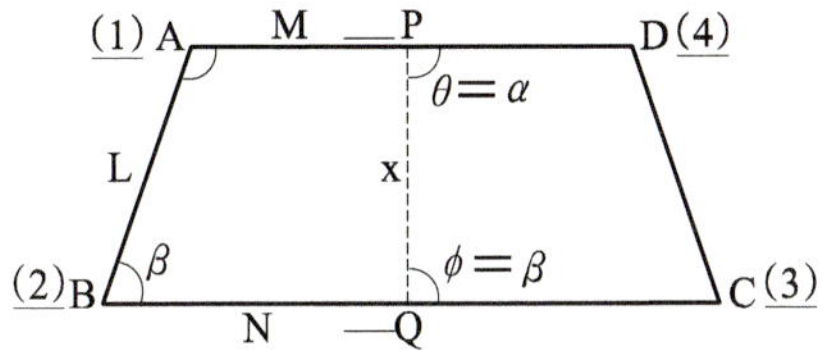

- M=N이 되므로 $\angle\beta = \angle ø$, L=x
- $M = N = \frac{F}{L \cdot \sin\beta}$
- $F = N \cdot L \sin\beta$

④ AD//BC, AP(M) 지정

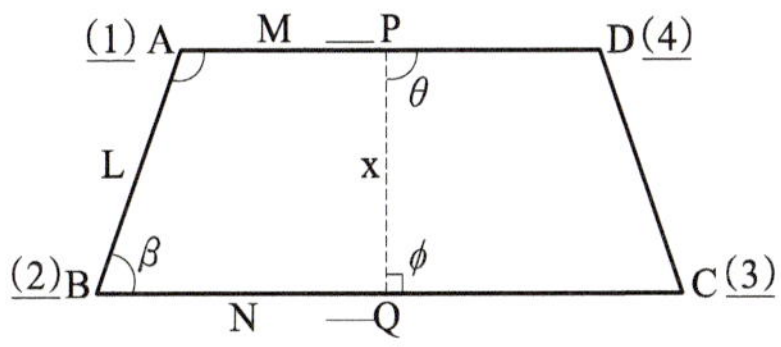

- $F = \frac{1}{2}(M+N)L \cdot \sin\beta$
- $M + N = \frac{2F}{L \cdot \sin\beta}$
- $N = \frac{2F}{L \cdot \sin\beta} - M$

⑤ AD//BC, AP(N) 지정

- $F = \frac{1}{2}(M+N)L \cdot \sin\beta$
- $M + N = \frac{2F}{L \cdot \sin\beta}$
- $M = \frac{2F}{L \cdot \sin\beta} - N$

Chapter 09 수치 세부측량

핵 / 심 / 문 / 제

1. 경계점좌표등록부를 갖춰 두는 지역의 측량방법 및 기준이 옳지 않은 것은?

① 각 필지의 경계점을 측정할 때에는 도선법·방사법 또는 교회법에 따라 좌표를 산출하여야 한다.
② 필지의 경계점이 지형·지물에 가로막혀 경위의를 사용할 수 없는 경우에는 간접적인 방법으로 경계점의 좌표를 산출할 수 있다.
③ 기존의 경계점좌표등록부를 갖춰 두는 지역의 경계점에 접속하여 경위의 측량방법 등으로 지적확정측량을 하는 경우 동일한 경계점의 측량성과가 서로 다를 때에는 경계점좌표등록부에 등록된 좌표를 그 경계점의 좌표로 본다.
④ 각 필지의 경계점 측점 번호는 오른쪽 위에서부터 왼쪽으로 경계를 따라 일련번호를 부여한다.

| 해설 |

경계점좌표등록부를 갖춰 두는 지역은 각 필지의 경계점 측점 번호는 왼쪽 위에서부터 오른쪽으로 경계를 따라 일련번호를 부여한다.

정답 ④

2. 경계점좌표등록부를 갖춰 두는 지역의 측량에 대한 설명으로 옳은 것은?

① 경계점좌표등록부를 갖춰 두는 지역에 있는 각 필지의 경계점을 측정할 때에는 도선법 또는 원호법에 따라 좌표를 산출하여야 한다.
② 경계점좌표등록부를 갖춰 두는 지역에 있는 각 필지의 경계점 측점 번호는 오른쪽 위에서부터 왼쪽으로 경계를 따라 일련번호를 부여한다.
③ 기존의 경계점좌표등록부를 갖춰 두는 지역의 경계점에 접속하여 지적확정측량을 하는 경우 동일한 경계점의 측량성과의 차이는 0.10m 이내여야 한다.
④ 기존의 경계점좌표등록부를 갖춰 두는 지역의 경계점에 접속하여 지적확정측량을 하는 경우 동일한 경계점의 측량성과가 서로 다를 때에는 새로이 측량한 성과를 좌표로 결정한다.

| 해설 |

기존의 경계점좌표등록부를 갖춰 두는 지역의 경계점에 접속하여 지적확정측량을 하는 경우 동일한 경계점의 측량성과의 차이는 0.10m 이내여야 한다.

정답 ③

3. 기존의 경계점과표등록부를 갖춰 두는 지역의 경계점에 접속하여 경위의 측량방법 등으로 지적확정측량을 하는 경우 동일한 경계점의 측량성과가 서로 다른 경우에는 어떻게 하여야 하는가?

① 경계점의 측량성과 차이가 0.15m 이내이면 확정측량성과에 따른다.
② 경계점의 측량성과 차이가 0.15m 초과이면 확정측량성과에 따른다.
③ 경계점의 측량성과 차이가 0.10m 이내이면 경계점좌표등록부에 따른다.
④ 경계점의 측량성과 차이가 0.10m 초과이면 경계점좌표등록부에 따른다.

| 해설 |

기존의 경계점좌표등록부를 갖춰 두는 지역의 경계점에 접속하여 지적확정측량을 하는 경우 동일한 경계점의 측량성과의 차이는 0.10m 이내여야 한다.

정답 ③

4. 우리나라 수치측량이 지적법에 처음으로 제정된 연도는?

① 1961년　② 1970년
③ 1975년　④ 1986년

| 해설 |

1975년 12월 31일 법률 제2801호로 수치측량에 관한 규정이 제정되었으며 1976년부터 시행되었다.

정답 ③

5. 경위의 측량 방법에 따른 세부측량을 시행하는 경우 설명으로 옳지 않은 것은?

① 농지의 구획정리 시행지역의 측량결과도는 1천분의 1로 작성한다.
② 축척변경 시행지역의 측량결과도는 600분의 1로 작성한다.
③ 거리측정 단위는 1cm로 한다.
④ 직선으로 연결하는 곡선 중앙종거(中央縱距)의 길이는 5cm 이상 10cm 이하로 한다.

| 해설 |

경위의 측량 방법에 따른 세부측량에서 도시개발사업 등의 시행지역(농지의 구획정리지역은 제외)과 축척변경 시행지역은 500분의 1로 하고, 농지의 구획정리 시행지역은 1천분의 1로 하되, 필요한 경우에는 미리 시·도지사의 승인을 받아 6천분의 1까지 작성할 수 있다.

정답 ②

6. **경위의 측량 방법에 따른 세부측량에서 거리측정 단위는 얼마로 하여야 하는가?**

① 0.1cm ② 1cm ③ 5cm ④ 10cm

| 해설 |

경위의로 세부측량을 실시할 경우에는 거리측정 단위는 1cm로 한다.

정답 ②

7. **경위의 측량 방법으로 세부측량을 할 때 측량준비파일에 포함하여 작성하여야 하는 사항에 해당하지 않는 것은?**

① 경계점 간 계산거리
② 인근 토지의 경계와 경계점의 좌표
③ 측량대상 토지의 경계와 경계점의 좌표
④ 지적기준점 및 그 번호와 지적기준점의 좌표

| 해설 |

경위의 측량 방법으로 세부측량을 할 때 측량준비파일에 포함하여 작성하여야 할 사항
① 측량대상 토지의 경계와 경계점의 좌표 및 부호도·지번·지목
② 인근 토지의 경계와 경계점의 좌표 및 부호도·지번·지목
③ 행정구역선과 그 명칭
④ 지적기준점 및 그 번호와 지적기준점 간의 방위각 및 그 거리
⑤ 경계점 간 계산거리
⑥ 도곽선과 그 수치
⑦ 그 밖에 국토교통부장관이 정하는 사항

정답 ④

8. **다음 중 경위의 측량 방법과 평판측량 방법으로 세부측량을 할 때 측량준비파일 작성에 공통적으로 포함되는 사항이 아닌 것은?**

① 도곽선과 그 수치
② 행정구역선과 그 명칭
③ 측량대상 토지의 지번 및 지목
④ 인근 토지의 경계점의 좌표 및 경계선

| 해설 |

경위의 측량 방법과 평판측량 방법으로 세부측량을 할 때 측량준비파일 작성에 공통적으로 포함되는 사항은 측량대상 토지의 경계선·지번 및 지목, 인근 토지의 경계선·지번 및 지목, 행정구역선과 그 명칭, 지적기준점 및 그 번호, 도곽선과 그 수치이다.

정답 ④

9. **경위의 측량 방법에 따른 세부측량을 하는 경우, 토지의 경계가 곡선일 때에 직선으로 연결하는 곡선의 중앙종거 길이는 얼마로 하여야 하는가?**

① 5cm에서 10cm ② 10cm에서 15cm
③ 15cm에서 20cm ④ 20cm에서 25cm

| 해설 |

토지의 경계점을 측정하여 연결하되 직선으로 연결하는 곡선의 중앙종거 길이는 5cm 이상 10cm 이하로 한다.

정답 ①

10. **경위의 측량 방법에 따른 세부측량의 관측 및 계산에 관한 기준으로 틀린 것은?**

① 미리 각 경계점에 표지를 설치한다.
② 관측은 20초독 이상의 경위의를 사용한다.
③ 도선법 또는 방사법에 의한다.
④ 연직각의 관측은 교차가 30초 이내인 때 그 평균값을 연직각으로 한다.

| 해설 |

경위의 측량 방법에 따른 세부측량에서 연직각의 관측은 정·반으로 1회 관측하여 그 교차가 5분 이내일 때 그 평균값을 연직각으로 한다.

정답 ④

11. **경위의 측량 방법에 따른 세부측량의 관측 및 계산 기준으로 틀린 것은?**

① 도선법 또는 방사법에 따른다.
② 1방향각의 수평각 측각공차는 40초 이내이어야 한다.
③ 관측은 20초독 이상 경위의를 사용한다.
④ 연직각의 관측은 정·반으로 1회 관측하여 그 교차가 5분 이내일 때 그 평균값을 연직각으로 한다.

| 해설 |

1방향각에 대한 수평각의 측각공차는 60초 이내로 한다.

정답 ②

12. **경위의 측량 방법에 따른 세부측량의 방법 기준으로만 나열된 것은?**

① 지거법, 도선법 ② 도선법, 방사법
③ 방사법, 교회법 ④ 교회법, 지거법

| 해설 |

경위의 측량 방법에 따른 세부측량의 방법은 도선법 또는 방사법에 따른다.

정답 ②

13. **지적세부측량을 경위의 측량 방법으로 시행할 경우에 대한 설명으로 맞는 것은?**

① 수평각 관측은 2대회의 방향관측법에 의한다.
② 수평각 관측은 2배각의 배각법으로 할 수 있다.
③ 연직각관측은 정측으로 2회 관측하여 그 교차가 5분 이내인 때에는 그 평균값을 연직각(분단위)으로 한다.
④ 관측은 10초독 이상의 정밀경위의를 사용한다.

| 해설 |

경위의 측량 방법에 의한 세부측량을 시행할 경우 관측은 20초독 이상의 경위의를 사용하며, 수평각의 관측은 1대회의 방향관측법이나 2배각의 배각법에 의한다.

정답 ②

14. 다음 중 경위의 측량 방법에 따른 세부측량에서 수평각의 관측 방법으로 옳은 것은?

① 2배각의 배각법 ② 3배각의 배각법
③ 1회 관측의 교각법 ④ 2대회의 방향관측법

| 해설 |

경위의 측량 방법에 따른 세부측량에서 수평각의 관측은 1대회의 방향관측법이나 2배각의 배각법에 따르되 방향관측법이면 1측회의 폐색을 하지 아니할 수 있다.

정답 ①

15. 경위의 측량 방법으로 세부측량을 할 경우 수평각의 1회 측정각과 2회 측정각의 평균값에 대한 교차는?

① 30초 이내 ② 40초 이내
③ 50초 이내 ④ 60초 이내

| 해설 |

경위의 측량 방법에 따른 세부측량에서 수평각의 측각공차 중 1회 측정각과 2회 측정각의 평균값에 대한 교차는 40초 이내로 한다.

정답 ②

16. 경위의 측량 방법으로 세부측량을 할 때 연직각에 대한 관측 방법으로 옳은 것은?

① 정·반으로 1회 관측하여 그 교차가 1분 이내이면 평균값으로 한다.
② 정·반으로 2회 관측하여 그 교차가 1분 이내이면 평균값으로 한다.
③ 정·반으로 1회 관측하여 그 교차가 5분 이내이면 평균값으로 한다.
④ 정·반으로 2회 관측하여 그 교차가 5분 이내이면 평균값으로 한다.

| 해설 |

연직각의 관측은 정·반으로 1회 관측하여 그 교차가 5분 이내일 때에는 그 평균값을 연직각으로 한다.

정답 ③

17. 경위의 측량 방법에 따른 세부측량에서 연직각의 관측은 정반으로 1회 관측하여 그 교차가 얼마 이내일 때에 그 평균치를 연직각으로 하는가?

① 2분 이내 ② 3분 이내
③ 4분 이내 ④ 5분 이내

| 해설 |

경위의 측량방법에 따른 세부측량에서 연직각의 관측은 정반으로 1회 관측하여 그 교차가 5분 이내일 때에는 그 평균치를 연직각으로 하되, 분단위로 독정한다.

정답 ④

18. 경위의 측량 방법으로 세부측량을 실시할 경우 점간거리의 측정 횟수는?

① 1회 측정 ② 2회 측정
③ 3회 측정 ④ 5회 측정

| 해설 |

점간거리는 2회 측정하여 그 측정치의 교차가 평균값의 3천분의 1 이하일 때에는 그 평균값을 점간거리로 한다.

정답 ②

19. 경위의 측량 방법에 따른 세부측량에서 경계점 간 거리를 2회 측정한 결과 123.19m, 124.21m이었을 때, 교차가 최대 얼마 이하일 때에 그 평균값을 경계점 간 거리로 할 수 있는가?

① 3cm ② 4cm ③ 5cm ④ 6cm

| 해설 |

점간거리는 2회 측정하여 측정치의 교차가 평균값의 1/3,000 이하일 때에는 그 평균값을 점간거리로 하며 계산은

$(\frac{123.19+124.21}{2}) \times \frac{1}{3000} = 0.0412\text{m} = 4\text{cm}$이다.

정답 ②

20. 세부측량을 경위의 측량 방법에 따를 경우 계산 방법으로 옳지 않은 것은?

① 각은 분 단위로 계산한다.
② 변의 길이는 cm 단위로 한다.
③ 진수는 5자리 이상을 사용한다.
④ 좌표는 cm 단위로 한다.

| 해설 |

각의 단위는 초, 변의 길이는 cm, 진수는 5자리 이상, 좌표는 cm 단위로 한다.

정답 ①

21. 경위의로 수평각을 측정하는데 50m 떨어진 곳에 지름 2cm인 폴(pole)의 외곽을 시준했을 때 수평각에 생기는 오차량은?

① 약 41초 ② 약 83초 ③ 약 98초 ④ 약 102초

| 해설 |

수평각 오차는

$\frac{\Delta \ell}{\ell} = \frac{\theta''}{\rho''}$, $\theta'' = \frac{\Delta \ell}{\ell} \times \rho'' = \frac{0.02}{50} \times 206,265'' = 82.51'' \fallingdotseq 83''$ 이다.

정답 ②

22. 경위의 측량 방법으로 도시개발사업 시행지역의 세부측량을 할 때 측량결과도의 축척은 얼마로 해야 하는가?

① 1/300 ② 1/500
③ 1/600 ④ 1/1,200

| 해설 |

경위의 측량 방법에 의한 세부측량을 도시개발사업 등의 시행지역과 축척변경시행지역은 500분의 1로, 농지의 구획정리 시행지역은 1천분의 1로 하되, 필요한 경우에는 미리 시·도지사의 승인을 얻어 6천분의 1까지 작성할 수 있다.

정답 ②

23. 경위의 측량 방법으로 세부측량을 한 경우 측량결과도에 작성하여야 할 사항이 아닌 것은?

① 측정점의 위치와 측량 기하적
② 측량결과도의 제명 및 번호
③ 측량대상 토지의 점유현황선
④ 측량대상 토지의 경계점 간 실측거리

| 해설 |

경위의 측량 방법으로 세부측량을 시행할 경우 측량결과도 기재 사항

① 측정점의 위치(측량계산부의 좌표를 전개하여 적는다), 지상에서 측정한 거리 및 방위각
② 측량대상 토지의 경계점 간 실측거리
③ 측량대상 토지의 토지이동 전의 지번과 지목(2개의 붉은 색으로 말소한다)
④ 측량결과도의 제명 및 번호(연도별로 붙인다)와 지적도의 도면번호
⑤ 신규등록 또는 등록전환하려는 경계선 및 분할경계선
⑥ 측량대상 토지의 점유현황선
⑦ 측량 및 검사의 연월일, 측량자 및 검사자의 성명·소속 및 자격등급 또는 기술 등급

정답 ①

24. 경위의 측량 방법으로 세부측량을 시행할 때 측량대상 토지의 경계점 간 실측 거리와 경계점의 좌표에 따라 계산한 거리의 교차는 얼마 이내이어야 하는가?(단, L은 실측 거리로서 m 단위로 표시한 수치이다.)

① $6+\frac{L}{10}$cm 이내 ② $5+\frac{L}{10}$cm 이내
③ $4+\frac{L}{10}$m 이내 ④ $3+\frac{L}{10}$cm 이내

| 해설 |

측량대상 토지의 경계점 간 실측거리와 경계점의 좌표에 따라 계산한 거리의 교차는 $3+\frac{L}{10}$cm 이내여야 한다.(L : 실측 거리로서 m 단위로 표시한 수치)

정답 ④

25. 경위의 측량 방법으로 세부측량을 시행한 경우 측량대상 토지의 경계점 간 실측 거리가 100.25m일 때, 이 거리와 경계점의 좌표에 의하여 계산한 거리의 교차는 최대 얼마 이내이어야 하는가?

① 11cm 이내 ② 12cm 이내
③ 13cm 이내 ④ 14cm 이내

| 해설 |

측량대상 토지의 경계점 간 실측 거리와 경계점의 좌표에 따라 계산한 거리의 교차는 $3+\frac{L}{10}$cm 이내여야 한다.(L : 실측 거리로서 m 단위로 표시한 수치) $3+\frac{L}{10}=3+\frac{100.25}{10}=13.025$cm이다.

정답 ③

26. 경계점좌표등록부 시행지역에서 경계점의 측량성과와 검사성과의 연결 교차 허용범위 기준이 옳은 것은?

① 0.10m 이내 ② 0.15m 이내
③ 0.20m 이내 ④ 0.25m 이내

| 해설 |

지적측량성과의 경계점은 경계점좌표등록부 시행지역에서 0.10m 이내인 때에는 그 측량성과에 잘못이 없는 것으로 인정한다.

정답 ①

27. 지적확정측량의 경우 필지별 경계점을 측정하는 기준에 해당하지 않은 것은?

① 위성기준점 ② 통합기준점
③ 지적기준점 ④ 도시기준점

| 해설 |

지적확정측량을 하는 경우 필지별 경계점은 위성기준점, 통합기준점, 삼각점, 지적삼각점, 지적삼각보조점 및 지적도근점에 따라 측정하여야 한다.

정답 ④

28. (   )안에 공통으로 들어갈 내용으로 옳은 것은?

- (   )을 하는 경우 필지별 경계점은 지적기준점에 따라 측정하여야 한다.
- 도시개발사업 등으로 (   )을 하려는 지역에 임야도를 갖춰 두는 지역의 토지가 있는 경우에는 등록전환을 하지 아니할 수 있다.

① 등록전환측량 ② 지적확정측량
③ 신규등록측량 ④ 축척변경측량

| 해설 |

① 지적확정측량을 하는 경우 필지별 경계점은 위성기준점, 통합기준점, 삼각점, 지적삼각점, 지적삼각보조점 및 지적도근점에 따라 측정하여야 한다.
② 도시개발사업 등으로 지적확정측량을 하려는 지역에 임야도를 갖춰 두는 지역의 토지가 있는 경우에는 등록전환을 하지 아니할 수 있다.

정답 ②

29. 단지조성 사업의 공사를 완료하고 새로이 지적공부를 하기 위하여 실시하는 측량은?

① 등록전환 측량 ② 신규등록측량
③ 축척변경측량 ④ 지적확정측량

| 해설 |

지적확정측량이란 도시개발사업, 농지개량사업 등에 의하여 구획정리하고 환지를 하는 토지의 소재, 지번, 지목, 면적 및 경계 또는 좌표와 면적 등을 지적공부에 새로이 등록하기 위하여 시행하는 수치측량을 말하며, 주로 토지구획정리·농지개량·공업 단지 조성사업 등의 공사 완료 이후에 새로이 지적공부를 작성하기 위하여 시행하는 측량을 말한다.

정답 ④

30. 도시개발사업 등에 따른 지적확정측량을 시행할 때의 측량 방법으로 맞는 것은?

① 평판측량, 경위의 측량
② 경위의 측량, 전파기 측량
③ 전파기 측량, 사진측량
④ 사진측량, 위성측량

| 해설 |

지적확정측량은 경위의 측량 방법, 전파기 또는 광파기측량 방법으로 실시한다.

정답 ②

31. 각종 공사에 의한 사업 시행에서 일필지의 경계를 설계할 당시의 성과와 일치하도록 환지예상도에 의하여 현장에 복원하는 측량으로 옳은 것은?

① 지적확정측량 ② 지구계측량
③ 환지지시측량 ④ 가구측량

| 해설 |

환지 지시측량은 각종 공사에 의한 사업 시행에서 일필지의 경계를 설계할 당시의 성과와 일치하도록 환지예상도에 의하여 현장에 복원하는 측량을 말하며 사업시행자와 지적측량수행자와 계약 때문에 시행되고 있다.

정답 ③

32. 곡선의 종류에는 단곡선, 복곡선, 완화곡선 등이 있다. 지적측량에서 가장 많이 사용되는 곡선으로 옳은 것은?

① 단곡선 ② 복곡선 ③ 완화곡선 ④ 원곡선

| 해설 |

지적측량에서 가장 많이 사용되는 것은 단곡선이다.

정답 ①

33. 지적확정측량 사업이 완료되면 신고를 하여야 하는데 사업시행자가 작성할 서류에 해당하지 않은 것은?

① 지적삼각점 측량부 및 망도
② 종전토지의 지번별 조서
③ 신구대조도
④ 확정도 사본

| 해설 |

사업시행자는 사업이 완료되면 완료 신고를 하여야 하는데 첨부서류는 다음과 같다.
① 지적측량수행자가 작성하는 서류는 지적삼각점측량부 및 망도, 지적도근측량부 및 망도, 지구, 가구, 필지측량계산부, 도면으로는 확정측량원도, 지구계 분할성과, 행정구역 변경도 및 조서, 면적측정부, 도근점 표석대장 등과 기타 필요한 서류이다
② 사업시행자가 작성할 서류는 완료 신고서, 종전토지의 지번별조서, 신구대조도, 확정도 사본, 확정종합도, 지구계점망도, 지구내 종전도, 국유지 무상양여(증여)도 및 조서 등이 있지만 대부분은 측량수행자가 작성하여 납품하고 있다.

정답 ①

34. 가구측량에 대한 설명으로 옳지 않은 것은?

① 가구의 일련번호는 시계방향으로 부여한다.
② 가구의 형태는 장방형을 표준으로 한다.
③ 하천, 구거는 가구측량이 편리하다.
④ 가구의 위치결정은 중심점을 기산점으로 한다.

| 해설 |

도로, 하천, 구거 등의 현황은 많은 문제가 되며 환지 지시측량 방법에 따라 현장에 항목을 표시하게 되어있으나 보존이 어렵고 보존이 된 경우에도 그대로 결정좌표로 할 수 없고 다시 조정하여야 할 경우가 많다.

정답 ③

35. 가구측량에서 가로의 결정 순서로 옳은 것은?

① 세로 → 간선도로 → 구획 가로
② 세로 → 구획 가로 → 간선도로
③ 간선도로 → 구획 가로 → 세로
④ 간선도로 → 세로 → 구획 가로

| 해설 |

가구측량에서 가로의 결정 순서는 간선도로, 세로, 구획 가로의 순서로 가로가 결정되고 교차중심점이 계산되며 이들 가로에 둘러 쌓인 가구가 결정된다.

정답 ④

36. 지적확정측량 결과도 작성 시 포함하여야 할 사항으로 틀린 것은?

① 경계점 간 계산거리 및 실측거리
② 확정 경계선에 지상구조물 등이 걸리는 경우에는 그 위치현황
③ 지적기준점 및 그 번호와 지적기준점 간 방위각 및 거리
④ 확정된 필지의 경계(경계점좌표를 전개하여 연결한 선) 및 면적

| 해설 |

지적확정측량결과도 작성 시 포함사항
① 측량결과도의 제명·축척 및 색인도
② 확정된 필지의 경계(경계점좌표를 전개하여 연결한 선)·지번 및 지목
③ 경계점 간 계산거리 및 실측거리
④ 지적기준점 및 그 번호와 지적기준점 간 방위각 및 거리
⑤ 행정구역선과 그 명칭, 도곽선과 그 수치
⑥ 확정 경계선에 지상구조물 등이 걸리는 경우에는 그 위치 현황
⑦ 측량 및 검사 연월일, 측량자 및 검사자의 성명·소속·자격 등급

정답 ④

37. 농지의 구획정리 시행지역에서 경위의 측량 방법으로 세부측량을 하여 6,000분의 1로 측량결과도를 작성할 경우 누구의 승인을 얻어야 하는가?

① 농림부장관 ② 국토교통부장관
③ 시·도지사 ④ 소관청

| 해설 |

도시개발사업 등의 시행지역(농지의 구획정리지역은 제외)과 축척변경 시행지역은 500분의 1로 하고, 농지의 구획정리 시행지역은 1천분의 1로 하되, 필요한 경우에는 미리 시·도지사의 승인을 받아 6천분의 1까지 작성할 수 있다.

정답 ③

38. 그림에서 $E_1 = 20\text{m}$, $\theta = 150°$일 때 S_1은?

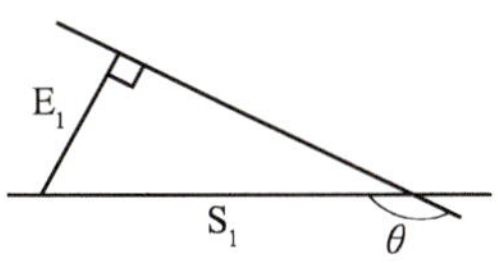

① 10.0m
② 23.1m
③ 34.6m
④ 40.0m

| 해설 |

싸인법칙에 따라 $\dfrac{E_1}{\sin(180° - 150°)} = \dfrac{S_1}{\sin 90°}$에서

$S_1 = \dfrac{E_1 \times \sin 90°}{\sin(30°)} = \dfrac{20 \times \sin 90°}{\sin 30°} = 40\text{m}$이다.

정답 ④

39. 점 P에서 점 A를 지나며 방위각이 β인 직선까지의 수선장(d)을 산출하는 식으로 옳은 것은?

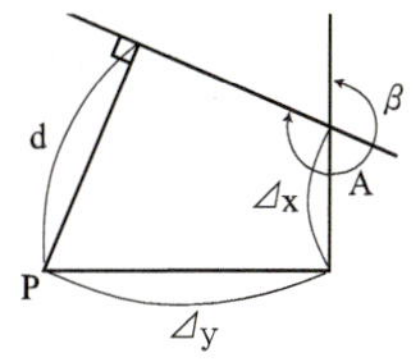

① $d = \Delta x \cdot \cos\beta - \Delta y \cdot \sin\beta$
② $d = \Delta y \cdot \cos\beta - \Delta x \cdot \sin\beta$
③ $d = \Delta x \cdot \sin\beta - \Delta y \cdot \cos\beta$
④ $d = \Delta y \cdot \sin\beta - \Delta y \cdot \cos\beta$

| 해설 |

수선장(d) = $\Delta y \cdot \cos\beta - \Delta x \cdot \sin\beta$이다.

정답 ②

40. 점 $A(X_1, Y_1)$를 지나고 방위각이 α인 직선과 점 $B(X_2, Y_2)$를 지나고 방위각이 β인 직선이 점 P에서 교차하는 경우 $\overline{AP}$의 거리(S)를 구하는 식으로 옳은 것은?

① $S = \dfrac{(Y_2 - Y_1)\cos\beta - (X_2 - X_1)\sin\beta}{\sin(\alpha - \beta)}$

② $S = \dfrac{(Y_2 - Y_1)\cos\beta + (X_2 - X_1)\sin\beta}{\sin(\alpha - \beta)}$

③ $S = \dfrac{(Y_2 - Y_1)\sin\beta - (X_2 - X_1)\cos\beta}{\sin(\alpha - \beta)}$

④ $S = \dfrac{(Y_2 - Y_1)\sin\beta + (X_2 - X_1)\cos\beta}{\sin(\alpha - \beta)}$

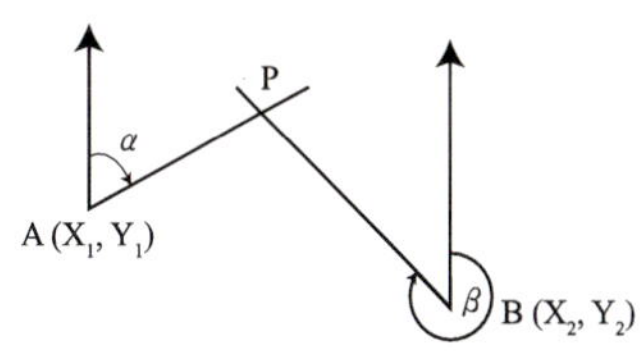

| 해설 |

$\overline{AP}$의 거리(S) = $\dfrac{(Y_2 - Y_1)\cos\beta - (X_2 - X_1)\sin\beta}{\sin(\alpha - \beta)}$이다.

정답 ①

41. 그림과 같은 두 직선의 교차점 계산에서 S_1의 거리는 얼마인가?(단, $\Delta X_A^B = -9.79\text{m}$, $\Delta Y_A^B = +25.25\text{m}$, $\angle\alpha = 79°26'18.9''$, $\angle\beta = 349°25'25.2''$)

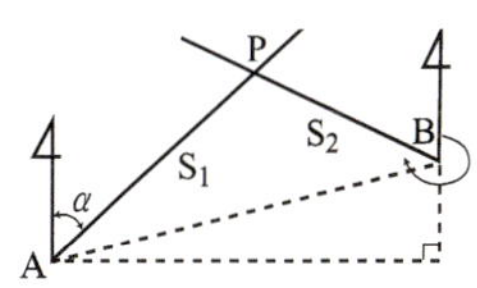

① 14.2522m
② 20.2512m
③ 23.0241m
④ 32.8751m

| 해설 |

$S_1 = \dfrac{\Delta y_a^b \cos\beta - \Delta x_a^b \sin\beta}{\sin(\alpha - \beta)} =$

$\dfrac{25.25 \times \cos 349°25'25.2'' - (-9.79 \times \sin 349°25'25.2'')}{\sin(79°26'18.9'' - 349°25'25.2'')} = 23.0241\text{m}$이다.

정답 ③

42. 다음 그림에서 수선장(E)은?(단, $\Delta x=+124.380m$, $\Delta y=+19.301m$, $\alpha_0=313°10'54''$, 그림은 개략도임)

① 101.3m
② 103.9m
③ 124.4m
④ 156.4m

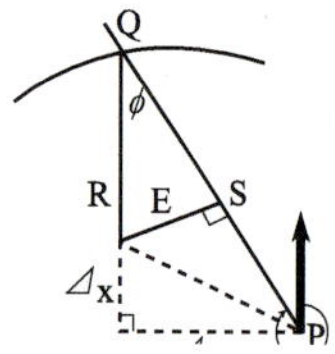

| 해설 |

수선장(E) = $\Delta y \cdot \cos\alpha - \Delta x \cdot \sin\alpha = 19.301 \times \cos313°10'54'' - 124.380 \times \sin313°10'54'' = 13.207 - (-90.696) = 103.903m$ 이다.

정답 ②

43. 다음 원과 직선의 교차 그림에서 수선장 E값은?(단, 원의 반경 R=100m이고 중심 O점 좌표는 X=400.50m, Y=500.50m, P점 좌표는 X=420.50m, Y=505.50m, α 각 =125° 53′ 13″ 이다.)

① −19.134m
② −17.234m
③ −19.664m
④ −18.234m

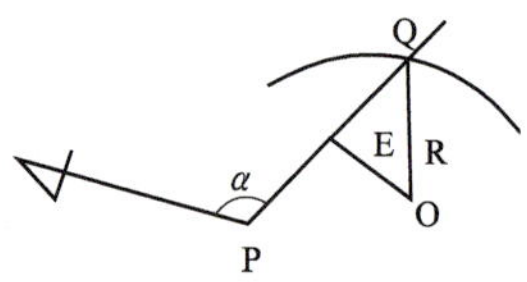

| 해설 |

수선장(E) = $(P_y - O_y)\cos\alpha - (P_x - O_x)\sin\alpha = 5 \times \cos125°53'13'' - 20 \times \sin125°53'13'' = -2.9309 - 16.2035 = -19.1344m$ 이다.

정답 ①

44. 다음과 같은 조건에서 수선장 $\overline{OB}$의 길이는 얼마인가?(단, O, P점 좌표의 $\Delta x=-49.828$, $\Delta y=97.112$, $\alpha_0=315°58'13''$이다.)

① 28.1895
② 42.2074
③ 32.1864
④ 35.1895

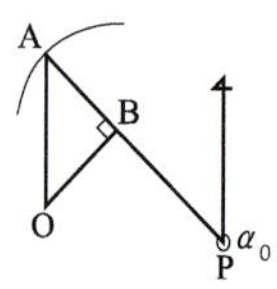

| 해설 |

수선장 $\overline{OB}$의 길이 $E = \Delta y \cdot \cos\alpha_0 - \Delta x \cdot \sin\alpha_0$ 에서
$= 97.112 \times \cos315°58'13'' - (-49.828 \times \sin315°58'13'') = 35.1895m$ 이다.

정답 ④

45. 다음 그림에서 E=33.9189m이고 R=200.00m이면 ø각은 얼마인가?

① 9°50′48″
② 9°45′51″
③ 8°53′48″
④ 5°35′42″

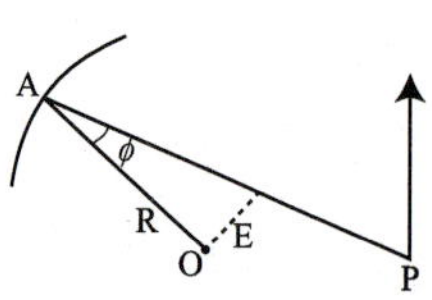

| 해설 |

$\phi = \sin^{-1}(\frac{E}{R}) = \sin^{-1}(\frac{33.9189}{200}) = 9°45'51''$ 이다.

정답 ②

46. 다음 원과 직선의 교차 그림에서 α 각=315°58′13″, 반경(R)=200m, 수선장(E)=34m일 때 Q점 좌표는?

① Q_x=1,106.27m, Q_y=865.28m
② Q_x=1,115.46m, Q_y=885.86m
③ Q_x=1,165.33m, Q_y=887.46m
④ Q_x=1,189.78m, Q_y=890.95m

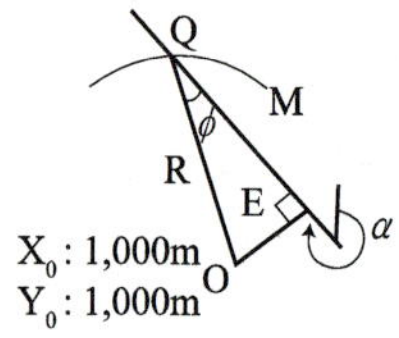

| 해설 |

$\phi = \sin^{-1}(\frac{E}{R}) = \sin^{-1}(\frac{34}{200}) = 9°47'16''$ O → Q 방위각= 315°58′13″+9°47′16″ =325°45′29″
$Q_x = O_x + 200 \times \cos325°45'29'' = 1,165.33m$,
$Qy = Oy + 200 \times \sin325°45'29'' = 887.46m$ 이다.

정답 ③

47. R=500m, 중심각(θ)이 60°인 경우 AB의 직선거리는?

① 400m
② 500m
③ 600m
④ 1000m

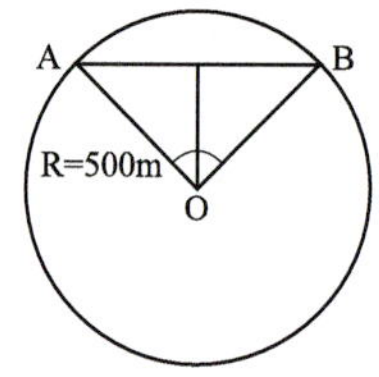

| 해설 |

sine 법칙을 이용하면 $\frac{AB}{\sin60°} = \frac{500}{\sin60°}$ 에서 $AB = \frac{500 \times \sin60°}{\sin60°}$ =500m이다.

정답 ②

48. 다음 공식 중 전제장을 구하는 공식으로 맞는 것은?

① $\ell = \frac{L}{2}\text{cosec}\frac{\theta}{2}$　② $\ell = \frac{L}{2}\text{cosec}\,\theta$
③ $\ell = L\,\text{cosec}\,\theta$　④ $\ell = L\,\text{cosec}\frac{\theta}{2}$

| 해설 |

전제장(ℓ) = $\frac{L}{2} \cdot \text{cosec}\frac{\theta}{2}$ 이다.

정답 ①

49. 가구 정점 P의 좌표를 구하기 위한 길이 ℓ 은 얼마인가?(단, $\overline{AP}=\overline{BP}$, L = 10m, θ = 68°)

① 8.94m　② 7.06m
③ 5.39m　④ 2.67m

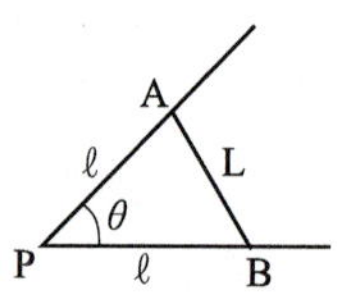

| 해설 |

$\ell = \frac{L}{2} \cdot \text{cosec}\frac{\theta}{2}$ 에서 $\ell = \frac{10}{2} \times \text{cosec}\frac{68°}{2}$ 이다.(여기서, $\text{cosec}\,\theta = \frac{1}{\sin\theta}$)
$\frac{L}{2} = 5.00m$ 이며 $\frac{\theta}{2} = 34°$ 이므로 $\ell = 5 \times \text{cosec}34° = 8.941m$ 이다.

정답 ①

50. 다음 그림에서 전제장($\overline{PA}=\overline{PB}$)의 길이(㉠)와 전제 면적(㉡)으로 옳은 것은?(단, θ =82° 21′ 50″, L=5m이다.)

① ㉠ : 3.364m, ㉡ : 9.74m²
② ㉠ : 3.797m, ㉡ : 7.14m²
③ ㉠ : 3.894m, ㉡ : 18.82m²
④ ㉠ : 3.988m, ㉡ : 14.29m²

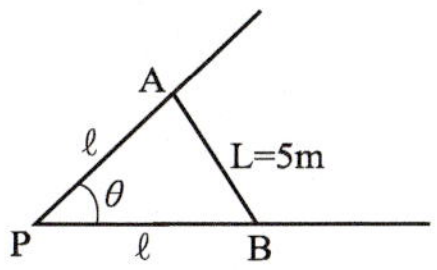

| 해설 |

① $\ell = \frac{L}{2} \times \text{cosec}\frac{\theta}{2} = 3.797\text{m}$이다.
② 전제 면적 $(A) = \left(\frac{L}{2}\right)^2 \cdot \cot\frac{\theta}{2} = \left(\frac{5}{2}\right)^2 \times \cot\frac{82°21'50''}{2} = 6.25 \times 1.1430 = 7.14\text{m}^2$ 이다.

정답 ②

51. 다음 그림에서 우절 면적(A)으로 옳은 것은?(단, L=5m, θ =60°)

① 12.62m²
② 10.83m²
③ 7.61m²
④ 13.75m²

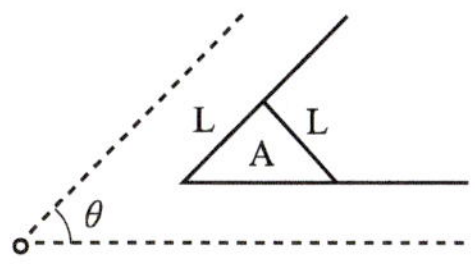

| 해설 |

우절면적 $(A) = \left(\frac{L}{2}\right)^2 \cdot \cot\frac{\theta}{2} = \left(\frac{5}{2}\right)^2 \times \cot\frac{60}{2} = 6.25 \times 1.7132 = 10.8253\text{m}^2 = 10.83\text{m}^2$ 이다.

정답 ②

52. 다음 가구에서 α 각은?(단, 협각 θ =82°21′50″이다.)

① 35°37′47″
② 40°17′03″
③ 46°44′03″
④ 53°55′22″

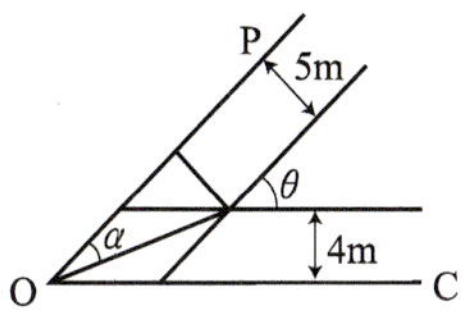

| 해설 |

$\tan\alpha = \frac{5}{4 \times \text{cosec}82°21'50'' + 5 \times \cot 82°21'50''} = 46°44'03''$ 또는
$\cot\alpha = \frac{4}{5}\text{cosec}\ \theta + \cot\ \theta = 46°44'03''$ 이다.

정답 ③

53. 그림에서 h의 거리는?(단, $\overline{OP}=\overline{OQ}$이다)

① 3.960m ② 3.628m
③ 2.649m ④ 2.176m

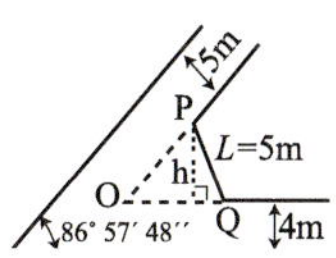

| 해설 |

$\ell = \overline{OP} = \overline{OQ}$ 의 거리는 $\ell = \frac{L}{2} \times \text{cosec}\frac{\theta}{2}$, $\ell = \frac{5}{2} \times \text{cosec}\frac{86°57'48''}{2} = 3.633074384$ $\frac{3.633074384}{\sin 90°} = \frac{h}{\sin 86°57'48''}$ 에서
$h = \frac{3.633074384 \times \sin 86°57'48''}{\sin 90°} = 3.628\text{m}$이다.

정답 ②

54. 아래의 토지에서 $\overline{AD}//\overline{BC}$, $\overline{AB}//\overline{PQ}$이고, $\overline{AP}=\overline{BQ}$가 되도록 □ABQP의 면적(F)을 지정하는 경우, $\overline{AP}$의 길이를 구하는 식으로 옳은 것은?(단, L : $\overline{AB}$의 길이)

① $\frac{F}{L \times \sin\beta}$ ② $\frac{F}{L - \sin\beta}$
③ $\frac{F}{L \div \sin\beta}$ ④ $\frac{F}{L \div \sin\beta}$

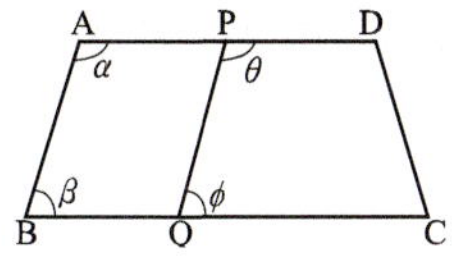

| 해설 |

사각형의 토지분할에서 토지에서 $\overline{AD}//\overline{BC}$, $\overline{AB}//\overline{PQ}$일 경우 $\overline{AP}=\overline{BQ}$인 경우는 M=N과 같아 $\overline{AP}$의 길이를 계산하는 식은 M에 해당하므로 $M = \frac{F}{L \cdot \sin\beta}$이다.

정답 ①

55. 사각형 토지에서 AD//BD, AB//PQ 및 면적(F)를 지정할 경우 M=N을 구하는 식은?

① $M = N = \frac{F}{L \cdot \sin\beta}$
② $M = N = \frac{F}{L - \sin\beta}$
③ $M = N = \frac{F}{L + \sin\beta}$
④ $M = N = \frac{L}{F \cdot \sin\beta}$

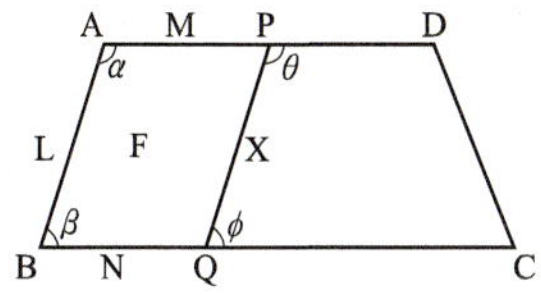

| 해설 |

$M = N = \frac{F}{L \cdot \sin\beta}$ 이다.

정답 ①

56. 두 변이 평행할 경우(AD//BC), 지정조건이 $\overline{AB}//\overline{PQ}$일 때 면적 F=600m²가 주어졌다면 M, N을 구한 값으로 맞는 것은?(단, L=24.57159, $\beta = 90°56'19.2''$이다.)

① M=N=24.42172m ② M=N=25.42172m
③ M=N=23.42172m ④ M=N=22.42172m

| 해설 |

$M = N = \frac{F}{L \cdot \sin\beta} = \frac{600}{24.57159 \times \sin 90°56'19.2''} = 24.42172\text{m}$ 이다.

정답 ①

57. 다음 그림에서 AD//BC일 때 PQ의 길이는?

① 60m
② 50m
③ 80m
④ 70m

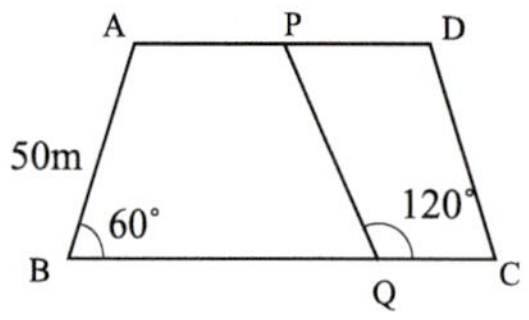

┃해설┃

∠PQB=180°−120°=60°, PQ : sin60° =AB : sin60°,

$PQ\times \sin60° = AB \times \sin60°$ $PQ=\dfrac{\sin 60°}{\sin 60°}\times 50m = 50m$ 이다.

정답 ②

58. AD와 BC가 평행하고 ∠PQC=90° 일 때, □ABQP의 면적이 800m²가 되도록 PQ로 분할하려면 AP의 길이는 얼마이어야 하는가?(단, AB=24.57m, $\theta = 90°56'19.2''$이며 소수점 이하 2자리까지 산출한다.)

① 29.77m ② 30.77m
③ 31.77m ④ 32.77m

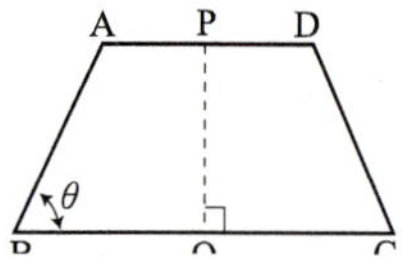

┃해설┃

① 조건 (AD//BC, PQC = ϕ)에서 $N=\dfrac{F}{L\cdot \sin\beta}-\dfrac{x\cos\phi}{2}+\dfrac{L}{2}\cos\beta$

② $M=\dfrac{F}{L\cdot \sin\beta}+\dfrac{x\cos\phi}{2}-\dfrac{L}{2}\cos\beta$,

$x=\dfrac{L\cdot\sin\beta}{\sin\phi}=\dfrac{24.57\times\sin 90°56'19''}{\sin 90°}=24.57m$

③ $\overline{AP}=\dfrac{800}{24.57\times\sin 90°56'19''}+\dfrac{24.57\times\cos 90°}{2}-\dfrac{24.57\times\cos 90°56'19''}{2}$

$=32.77m$ 이다.

정답 ④

59. 다음 그림에서 BQ의 길이는?
(단, AD//BC, F = 600m²임)

① 23.46m
② 25.78m
③ 27.47m
④ 29.38m

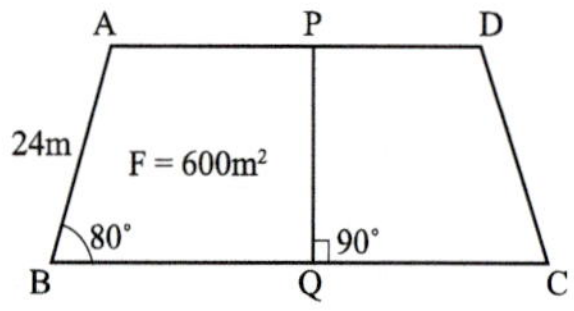

┃해설┃

① 조건은 AD//BC, PQC = ϕ)에서 $F = 600m^2$

② $BP=N=\dfrac{F}{L\cdot\sin\beta}+\dfrac{L\cdot\cos\beta}{2}=\dfrac{600}{24\times\sin 80°}+\dfrac{24\times\cos 80°}{2}=$

$25.38565+2.08378=27.47m$이다.

정답 ③

60. 다음 그림의 TP 105와 TP 106의 중간점 P의 좌표는?

① (460.86, 543.61)
② (460.88, 543.62)
③ (460.89, 543.61)
④ (460.90, 543.60)

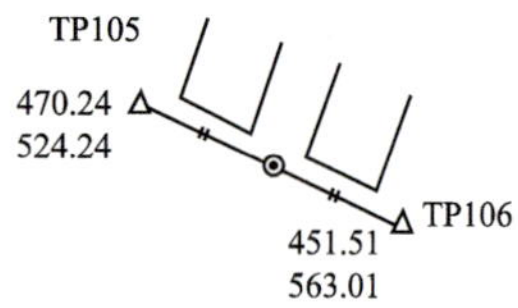

┃해설┃

$X_p=\dfrac{X_{105}+X_{106}}{2}=\dfrac{470.24+451.51}{2}=460.875m$,

$Y_p=\dfrac{Y_{105}+Y_{106}}{2}=\dfrac{524.24+563.01}{2}=543.625m$ 이다.

정답 ②

CHAPTER
10 면적측량 및 제도

10.1. 면적측량

지적에서 면적이란 지적측량으로 지적공부에 등록된 토지의 경계선을 기준면에 투영시켰을 때 그 경계선 내의 넓이를 말하며 평균해수면(Mean Sea Level)에 의한 수평면적을 말한다. 토지조사사업 이후부터 1975년까지의 구 지적법에서는 척관법에 따라 평(坪)과 보(步)를 단위로 하였다. 면적은 성질이나 이용에 따라 경사면적, 수평면적, 평균해수면상의 면적으로 구분할 수 있다. 토지조사사업 당시에는 지적(地積)이라 하였으나 지적(地籍)과 혼동되어 제2차 지적법 전면 개정 시 면적(面積)으로 개정하여 현재까지 사용하고 있다. 지적도 또는 경계점좌표로부터 측정 또는 계산하고 제곱미터(m^2)를 사용하고 있으나 나라마다 다르게 사용하는 경우도 있다. 「공간정보의 구축 및 관리 등에 관한 법률」에서 면적이란 지적공부에 등록한 필지의 수평면상 넓이를 말한다.

10.1.1. 면적측정대상

① 세부측량을 하는 경우 다음에 해당하면 필지마다 면적을 측정하여야 한다.
- 지적공부의 복구·신규등록·등록전환·분할 및 축척변경을 하는 경우
- 면적 또는 경계를 정정하는 경우
- 도시개발사업 등으로 인한 토지의 이동에 따라 토지의 표시를 새로 결정하는 경우
- 경계복원측량 및 지적현황측량에 면적측정이 수반되는 경우

② 경계복원측량과 지적현황측량을 하는 경우에는 필지마다 면적을 측정하지 아니한다.

10.1.2. 면적측정 방법

① 좌표면적계산법에 따른 면적측정 기준
- 경위의 측량 방법으로 세부측량을 한 지역의 필지별 면적측정은 경계점좌표에 따른다.
- 산출 면적은 1천분의 $1m^2$까지 계산하여 10분의 $1m^2$ 단위로 정한다.

② 전자면적측정기에 따른 면적측정 기준
- 도상에서 2회 측정하여 그 교차가 $A = 0.023^2 M\sqrt{F}$ 식에 따른 허용면적 이하일 때에는 그 평균치를 측정면적으로 한다.(A : 허용면적, M은 축척분모, F : 2회 측정한 면적의 합계를 2로 나눈 수)
- 측정면적은 1천분의 $1m^2$까지 계산하여 10분의 $1m^2$ 단위로 정한다.

③ 도해지역의 경우에는 도곽선의 신축량이 발생하므로 도곽선 신축량계산, 도곽선의 보정계수, 지적측량기준점을 전개하여 측량의 정확도를 높이고자 하였다.

④ 면적을 측정하는 경우 도곽선의 길이에 0.5mm 이상의 신축이 있을 때는 이를 보정하여야 한다. 이 경우 도곽선의 신축량 및 보정계수의 계산은 다음의 계산식에 따른다.
- 도곽선의 신축량계산 : $S = \dfrac{\Delta X_1 + \Delta X_2 + \Delta Y_1 + \Delta Y_2}{4}$

여기서, S : 신축량, ΔX_1 : 왼쪽 종선의 신축된 차, ΔX_2: 오른쪽 종선의 신축된 차, ΔY_1 : 위쪽 횡선의 신축된 차, ΔY_2 : 아래쪽 횡선의 신축된 차이다.

- 이 경우 신축된 차(mm)$=\dfrac{1{,}000(L-L_0)}{M}$

  여기서, L : 신축된 도곽선 지상길이, L_0 : 도곽선의 지상길이, M : 축척분모이다.

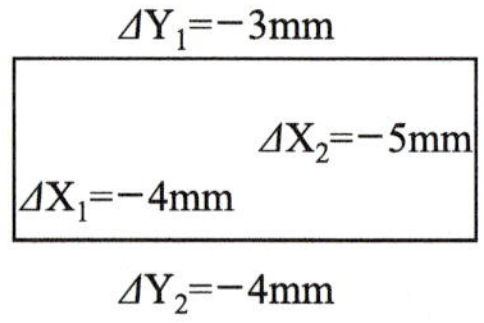

- 예제 : 도곽선 신축량(S) $=\dfrac{\Delta X_1+\Delta X_2+\Delta Y_1+\Delta Y_2}{4}=\dfrac{-4\ -5\ -3\ -4}{4}=-4$mm

⑤ 도곽선의 보정계수는 도곽의 신축량이 0.5mm 이상 발생할 경우에만 계산하여 보정하기 위한 계수이다.

- 도곽선의 보정계수계산 : $Z=\dfrac{X\cdot Y}{\Delta X\cdot\Delta Y}$

  여기서, Z : 보정계수, X : 도곽선 종선길이, Y : 도곽선 횡선길이, ΔX : 신·축된 도곽선 종선 길이의 합/2, ΔY : 신·축된 도곽선 횡선 길이의 합/2을 말한다.

⑥ 면적이 5천제곱미터 이상인 필지를 분할하는 경우 분할 후의 면적이 분할 전 면적의 80% 이상이 되는 필지의 면적을 측정할 때에는 분할 전 면적의 20% 미만이 되는 필지의 면적을 먼저 측정한 후, 분할 전 면적에서 그 측정된 면적을 빼는 방법으로 할 수 있다. 다만, 동일한 측량결과도에서 측정할 수 있는 경우와 좌표면적계산법에 따라 면적을 측정하는 경우에는 그러하지 아니하다.

10.1.3. 면적 오차의 허용범위 및 배분

(1) 등록전환을 하는 경우

① 임야대장의 면적과 등록전환될 면적의 오차 허용범위는 $A=0.026^2M\sqrt{F}$ 식에 따른다. 이 경우 오차의 허용범위를 계산할 때 축척이 3천분의 1인 지역의 축척분모는 6천으로 한다. (A : 오차 허용면적, M : 임야도 축척분모, F : 등록전환될 면적)

② 임야대장의 면적과 등록전환될 면적의 차이가 $A=0.026^2M\cdot\sqrt{F}$식에 따른 허용범위 이내인 경우에는 등록전환될 면적을 등록전환 면적으로 결정하고, 허용범위를 초과하는 경우에는 임야대장의 면적 또는 임야도의 경계를 지적소관청이 직권으로 정정하여야 한다.

(2) 토지를 분할하는 경우

① 분할 후의 각 필지의 면적의 합계와 분할 전 면적과의 오차의 허용범위는 $A=0.026^2M\cdot\sqrt{F}$ 식에 따른다. (A : 오차 허용면적, M : 축척분모, F는 원면적으로 하되, 축척이 3천분의 1인 지역의 축척분모는 6천으로 한다.)

② 분할 전후 면적의 차이가 $A=0.026^2M\cdot\sqrt{F}$ 식에 따른 허용범위 이내인 경우 그 오차를 분할 후의 각 필지의 면적에 따라 나누고, 허용범위를 초과하는 경우 지적공부상의 면적 또는 경계를 정정하여야 한다.

③ 분할 전후 면적의 차이를 배분한 산출 면적

- $r=\dfrac{F}{A}\times a$식에 따라 필요한 자리까지 계산한다.

  (r : 각 필지의 산출 면적, F : 원면적, A : 측정면적 합계 또는 보정면적 합계, a : 각 필지의 측정면적 또는 보정면적)

- 결정면적은 원면적과 일치하도록 산출 면적의 구하려는 끝자리의 다음 숫자가 큰 것부터 순차로 올려서 정한다.

- 구하려는 끝자리의 다음 숫자가 서로 같을 때에는 산출 면적이 큰 것을 올려서 정한다.

④ 경계점좌표등록부가 있는 지역의 토지분할을 위하여 면적을 정할 때에는 다음의 기준에 따른다.

- 분할 후 각 필지의 면적합계가 분할 전 면적보다 많은 경우에는 구하려는 끝자리의 다음 숫자가 작은 것부터 순차적으로 버려서 정하되, 분할 전 면적에 증감이 없도록 할 것
- 분할 후 각 필지의 면적합계가 분할 전 면적보다 적은 경우에는 구하려는 끝자리의 다음 숫자가 큰 것부터 순차적으로 올려서 정하되, 분할 전 면적에 증감이 없도록 할 것

10.1.4. 면적 결정

(1) 면적의 단위

① 면적의 단위는 제곱미터(m^2)로 한다.

② 면적의 결정방법 등에 필요한 사항은 대통령령으로 정한다.

(2) 면적 단위 결정방법

① 지적도의 축척이 1/1,000, 1/1,200, 1/3,000, 1/6,000에 등록하는 지역

- 토지의 면적에 1m^2 미만의 끝수가 있는 경우 0.5m^2 미만일 때에는 버리고 0.5m^2를 초과하는 때에는 올린다.
- 0.5m^2일 때에는 구하려는 끝자리의 숫자가 0 또는 짝수이면 버리고 홀수이면 올린다.
- 1필지의 면적이 1m^2 미만일 때에는 1m^2로 한다.

② 지적도의 축척이 600분의 1인 지역과 경계점좌표등록부에 등록하는 지역

- 토지 면적은 1m^2 이하 한자리 단위로 한다.
- 0.1m^2미만의 끝수가 있는 경우 0.05m^2 미만일 때에는 버리고 0.05m^2를 초과할 때에는 올린다.
- 0.05m^2일 때에는 구하려는 끝자리의 숫자가 0 또는 짝수이면 버리고 홀수이면 올린다.
- 1필지의 면적이 0.1m^2 미만일 때에는 0.1m^2로 한다.

③ 합병에 따른 경계·좌표 또는 면적은 따로 지적측량을 하지 아니하고 다음의 구분에 따라 결정한다.

- 합병 후 필지의 경계 또는 좌표 : 합병 전 각 필지의 경계 또는 좌표 중 합병으로 필요 없게 된 부분을 말소하여 결정
- 합병 후 필지의 면적 : 합병 전 각 필지의 면적을 합산하여 결정

④ 등록전환이나 분할에 따른 면적을 정할 때 오차가 발생하는 경우 그 오차의 허용 범위 및 처리방법 등에 필요한 사항은 대통령령으로 정한다.

(3) 측량계산의 끝수 처리

① 끝수 처리 대상은 방위각의 각치(角値), 종횡선의 수치 또는 거리를 계산하는 경우이다.

② 구하려는 끝자리의 다음 숫자가 5 미만일 때에는 버리고 5를 초과할 때에는 올린다.

③ 5일 때에는 구하려는 끝자리의 숫자가 0 또는 짝수이면 버리고 홀수이면 올린다.

④ 다만, 전자계산조직을 이용하여 연산할 때에는 최종수치에만 이를 적용한다.

핵 / 심 / 문 / 제

Chapter 10.1 면적측량

1. 면적에 대한 설명 중 옳지 않은 것은?

① 토지의 한정된 구역(경계) 안의 수평면상의 넓이를 말한다.
② 토지의 한정된 구역(경계) 안의 경사면상의 넓이를 말한다.
③ 토지의 면적은 지적측량에 의하여 결정하는 것이 원칙이다.
④ 토지의 면적을 과거에는 지적(地積)이라고 하였다.

| 해설 |

면적은 지적공부에 등록한 필지의 수평면적을 의미한다.

정답 ②

2. 면적측정에 대한 설명으로 옳지 않은 것은?

① 지적도 또는 경계점좌표로부터 측정 또는 계산하고 제곱미터를 사용하고 있다.
② 우리나라에서는 과거 토지대장 등록지의 면적은 "평"을, 임야대장 등록지의 면적은 "무" 단위로 하였다.
③ 면적이란 지적측량에 의하여 지적공부에 등록된 토지의 수직면상 넓이를 말한다.
④ 플래니미터법은 토지의 형태가 다각형이거나 불규칙한 곡선으로 된 경우 도면상에서 면적을 측정하는 기구이다.

| 해설 |

면적이란 지적공부에 등록한 필지의 수평면상 넓이를 말한다.

정답 ③

3. 면적을 측정할 대상이 아닌 것은?

① 축적변경을 하는 경우
② 경계정정을 하는 경우
③ 토지합병을 하는 경우
④ 지적공부를 복구하는 경우

| 해설 |

면적측정 대상
① 세부측량을 하는 경우 다음에 해당하면 필지마다 면적을 측정하여야 한다.
- 지적공부의 복구·신규등록·등록전환·분할 및 축척변경을 하는 경우
- 면적 또는 경계를 정정하는 경우
- 도시개발사업 등으로 인한 토지의 이동에 따라 토지의 표시를 새로 결정하는 경우
- 경계복원측량 및 지적현황측량에 면적측정이 수반되는 경우

② 경계복원측량과 지적현황측량을 하는 경우에는 필지마다 면적을 측정하지 아니한다.

정답 ③

4. 세부측량에서 필지마다 면적을 측정하여야 하는 경우가 아닌 것은?

① 지적공부를 복구하는 경우
② 지적공부의 등록사항에 잘못이 있음을 발견하여 면적 또는 경계를 정정하는 경우
③ 도시개발사업으로 인한 토지의 이동에 따라 토지의 표시를 새로 결정하는 경우
④ 경계점표지의 설치를 위해 필요한 경우

| 해설 |

세부측량을 하는 때에 필지마다 면적을 측정하여야 하는 경우
① 지적공부의 복구·신규등록·등록전환·분할 및 축척변경을 하는 경우
② 면적 또는 경계를 정정하는 경우
③ 도시개발사업 등으로 인한 토지의 이동에 따라 토지의 표시를 새로 결정하는 경우
④ 경계복원측량 및 지적현황측량에 면적측정이 수반되는 경우

정답 ④

5. 면적측정의 방법으로 틀린 것은?

① 경위의 측량 방법으로 세부측량을 한 지역의 필지별 면적측정은 경계점좌표에 의한다.
② 좌표면적계산법에 의한 산출 면적은 1000분의 $1m^2$까지 계산하여 100분의 $1m^2$ 단위로 정한다.
③ 전자면적측정기에 의한 면적측정은 도상에서 2회 측정하여 그 교차가 허용면적 이하일 때에는 그 평균값을 측정 면적으로 한다.
④ 전자면적측정기에 의한 측정면적은 1000분의 $1m^2$까지 계산하여 10분의 $1m^2$ 단위로 정한다.

| 해설 |

좌표면적계산법으로 면적측정을 하는 경우 산출 면적은 1천분의 $1m^2$까지 계산하여 10분의 $1m^2$ 단위로 정한다.

정답 ②

6. 토지조사측량 당시 가장 많이 사용하였던 면적측정 방법은?

① 좌표면적계산법 ② 삼사법
③ 전자면적계법 ④ 플래니미터법

| 해설 |

플래니미터에 의하여 면적측정은 토지조사사업 당시부터 1980년대 전자면적계가 등장하기 전까지 대부분을 이 기구를 사용하였다.

정답 ④

7. 「공간정보의 구축 및 관리 등에 관한 법률」에 따른 면적측정 방법에 해당하는 것은?

① 지상 삼사법 ② 도상 삼사법
③ 스타디아법 ④ 좌표면적계산법

| 해설 |
경위의 측량 방법으로 세부측량을 한 지역의 필지별 면적측정은 경계점좌표에 따르되 좌표면적계산법에 의거 면적측정을 하도록 규정하고 있다.

정답 ④

8. 다음의 면적측정 방법 중 정확도가 가장 높은 것은?

① 전자면적계로 측정 ② 좌표면적 계산으로 측정
③ 플래니미터로 측정 ④ 삼사법으로 측정

| 해설 |
좌표면적계산법은 면적을 측정하고자 하는 일필지 굴곡점의 X, Y 좌표를 이용하여 면적을 결정하는 방법으로 가장 정확도가 높은 방법이라 할 수 있다.

정답 ②

9. 경위의 측량 방법으로 세부측량을 시행한 지역의 면적측정 방법으로 옳은 것은?

① 좌표면적계산법 ② 전자면적계법
③ 삼사법 ④ 플래니미터법

| 해설 |
경위의 측량 방법으로 세부측량을 한 지역의 필지별 면적측정은 경계점좌표에 따른다.

정답 ①

10. 전자면적측정기에 의한 면적측정은 도상에서 몇 회 측정하여야 하는가?

① 1회 ② 2회 ③ 3회 ④ 5회

| 해설 |
도상에서 2회 측정하여 그 교차가 $A=0.023^2M\sqrt{F}$ 식에 의한 허용면적 이하인 때에는 그 평균값을 측정면적으로 한다. 여기서, A : 허용면적, M : 축척 분모, F : 2회 측정한 면적의 합계를 2로 나눈 수

정답 ②

11. 전자면적측정기에 의한 면적측정에 있어서 도상에서 2회 측정하여 그 교차가 허용면적 이하인 때에는 그 평균값을 측정면적으로 정하는데 허용면적의 계산식은?(단, A는 허용면적, M은 축척분모, F는 2회 측정한 면적의 합계를 2로 나눈 수)

① $A=0.026M\sqrt{F}$ ② $A=0.023^2M\sqrt{F}$
③ $A=0.023M\sqrt{F}$ ④ $A=0.026^2M\sqrt{F}$

| 해설 |
도상에서 2회 측정하여 그 교차가 $A=0.023^2M\sqrt{F}$에 의한 허용면적 이하일 때에는 평균하여 사용한다. 여기서, A : 허용면적, M : 축척분모, F : 측정면적이다.

정답 ②

12. 면적측정 방법에 관한 아래 내용 중 ㉠, ㉡에 알맞은 것은?

> 전자면적측정기에 따른 면적측정에 있어서 도상에서 (㉠)회 측정하여 그 교차가 다음 계산식에 따른 허용면적 이하일 때에는 그 평균치를 측정면적으로 정하는데 허용면적의 계산식은 (㉡) 이다.

① ㉠ : 2회, ㉡ : $A=0.023M\sqrt{F}$
② ㉠ : 2회, ㉡ : $A=0.023^2M\sqrt{F}$
③ ㉠ : 3회, ㉡ : $A=0.026M\sqrt{F}$
④ ㉠ : 3회, ㉡ : $A=0.026^2M\sqrt{F}$

| 해설 |
전자면적측정기에 따른 면적측정에 있어서 도상에서 (2)회 측정하여 그 교차가 다음 계산식에 따른 허용면적 이하일 때는 그 평균치를 측정면적으로 정하는데 허용면적의 계산식은 ($A=0.023^2M\sqrt{F}$)이다.

정답 ②

13. 축척 1/1,200 지역 토지의 면적을 전자면적계로 2회 측정한 결과가 각 138,232m², 138,347m² 이었을 때 처리 방법으로 옳은 것은?(단, 측정한 면적의 교차가 허용면적 이하인 경우)

① 재측량하여야 한다.
② 평균치를 측정면적으로 한다.
③ 작은 면적을 측정면적으로 한다.
④ 큰 면적으로 측정면적으로 한다.

| 해설 |
① 면적교차는 $A=0.023^2M\sqrt{F}$에서 전자면적계로 2회 측정하였으므로 측정면적(F)= $\frac{138232+138347}{2}=138289.5m^2$
② 허용범위는 $A=0.023^2\times1,200\sqrt{138289.5}=236.06m^2$이고 실질적인 교차는 115m²이므로 평균값을 측정면적으로 한다.

정답 ②

14. 축척 1,200분의 1 지역에서 전자면적계로 2회 측정한 필지의 면적이 497.2m², 502.8m² 일 때 허용면적은?

① 14.2m² ② 15.5m² ③ 16.8m² ④ 18.1m²

| 해설 |
전자면적계로 2회 측정하였으므로 측정면적(F)= $\frac{(497.2+502.8)}{2}=500m^2$에서 면적교차는 $A=0.023^2\cdot M\sqrt{F}=0.023^2\times1,200\sqrt{500}=14.2m^2$ 이다.

정답 ①

15. 전자면적측정기로 면적을 측정할 때의 기준으로 틀린 것은?

① 측정면적은 $0.1m^2$ 단위로 결정
② 도상에서 2회 측정
③ 측정면적은 $0.001m^2$ 단위까지 계산
④ 교차허용면적 $A = 0.026^2M\sqrt{F}$

| 해설 |
전자면적측정기에 의한 면적측정은 도상에서 2회 측정하여 그 교차가 $A = 0.023^2M\sqrt{F}$ 식에 의한 허용면적 이하인 때에는 그 평균값을 측정면적으로 한다. 여기서, A : 허용면적, M : 축척 분모, F : 2회 측정한 면적의 합계를 2로 나눈 수

정답 ④

16. 전자면적측정기에 의한 면적측정 기준에 대한 설명으로 옳은 것은?

① 측정면적은 1만분의 $1m^2$ 까지 계산하여 10분의 $1m^2$ 단위로 정한다.
② 측정면적은 1천분의 $1m^2$ 까지 계산하여 10분의 $1m^2$ 단위로 정한다.
③ 측정면적은 1천분의 $1m^2$ 까지 계산하여 100분의 $1m^2$ 단위로 정한다.
④ 측정면적은 1만분의 $1m^2$ 까지 계산하여 100분의 $1m^2$ 단위로 정한다.

| 해설 |
전자면적측정기에 의한 면적측정 기준에서 측정면적은 1천분의 $1m^2$ 까지 계산하여 10분의 $1m^2$ 단위로 정한다.

정답 ②

17. 토지의 면적측정을 좌표면적계산법에 따라 시행할 경우 맞는 것은?

① 도곽에 1.0mm 이상의 신축이 있으면 보정하여야 한다.
② 평판측량 방법으로 세부측량을 시행한 지역의 면적측정 방법이다.
③ 산출 면적은 100분의 $1m^2$ 까지 계산하여 10분의 $1m^2$ 단위로 정한다.
④ 경위의 측량 방법으로 세부측량을 한 지역의 필지별 면적측정은 경계점좌표에 의하여 산출하여야 한다.

| 해설 |
경위의 측량 방법으로 세부측량을 한 지역의 필지별 면적측정은 경계점좌표에 의거 좌표면적계산법으로 측정하며 산출 면적은 1천분의 $1m^2$ 까지 계산하여 10분의 $1m^2$ 단위로 결정한다.

정답 ④

18. 좌표면적계산법에 따른 면적측정을 하는 경우 면적을 정하는 단위 기준으로 옳은 것은?

① 10분의 $1m^2$ 단위로 정한다.
② 100분의 $1m^2$ 단위로 정한다.
③ 1,000분의 $1m^2$ 단위로 정한다.
④ 10,000분의 $1m^2$ 단위로 정한다.

| 해설 |
좌표면적계산법에 따른 면적측정을 하는 경우 산출 면적을 1천분의 $1m^2$ 까지 계산하여 10분의 $1m^2$ 단위로 결정한다.

정답 ①

19. 좌표면적계산법으로 면적측정을 하는 경우 산출 면적은 얼마까지 계산하는가?

① $1m^2$까지 계산 ② $\frac{1}{10}m^2$까지 계산
③ $\frac{1}{100}m^2$까지 계산 ④ $\frac{1}{1000}m^2$까지 계산

| 해설 |
좌표면적계산법에 따른 면적측정에서 산출 면적은 1천분의 $1m^2$까지 계산하여 10분의 $1m^2$단위로 결정한다.

정답 ④

20. 다음 중 도곽선의 신축량을 계산하는 공식으로 맞는 것은?(단, S : 신축량, $\varDelta X_1$: 왼쪽 종선의 신축된 차, $\varDelta X_2$: 오른쪽 종선의 신축된 차, $\varDelta Y_1$: 왼쪽 종선의 신축된 차, $\varDelta Y_2$: 오른쪽 횡선의 신축된 차)

① $S = \frac{(\varDelta X_1 + \varDelta X_2) + (\varDelta Y_1 + \varDelta Y_2)}{4}$

② $S = \frac{(\varDelta X_1 - \varDelta X_2) + (\varDelta Y_1 - \varDelta Y_2)}{4}$

③ $S = \frac{(\varDelta X_1 - \varDelta X_2) + (\varDelta Y_1 - \varDelta Y_2)}{4}$

④ $S = \frac{(\varDelta X_1 + \varDelta X_2) - (\varDelta Y_1 + \varDelta Y_2)}{4}$

| 해설 |
도곽선 신축량 계산공식은 $S = \frac{(\varDelta X_1 + \varDelta X_2) + (\varDelta Y_1 + \varDelta Y_2)}{4}$이다.

정답 ①

21. 도곽선의 신축량을 알기 위해 산출하는 신축된 차(mm)의 계산식으로 옳은 것은?(단, L : 신축된 도곽선 지상길이, L_0 : 도곽선 지상길이, M : 축척 분모)

① $\frac{(L - L_0)}{100M}$ ② $\frac{100(L - L_0)}{M}$
③ $\frac{(L - L_0)}{1000M}$ ④ $\frac{1000(L - L_0)}{M}$

| 해설 |

도곽선의 신축량을 알기 위해 산출하는 계산식으로 신축된 차= $\frac{1000(L-L_0)}{M}$mm이다.

정답 ④

22. 면적을 측정하는 경우 도곽선의 길이에 최소 얼마 이상의 신축이 있는 때에 이를 보정하여야 하는가?

① 0.2mm ② 0.3mm
③ 0.5mm ④ 0.7mm

| 해설 |

평판측량 방법으로 거리를 측정하는 경우 도곽선의 신축량이 0.5mm 이상일 때에는 보정량을 산출하여 도곽선의 늘어나면 실측거리에 보정량을 더하고, 줄어들면 실측 거리에서 보정량을 뺀다.

정답 ③

23. 축척 1/500 지적도에서 도곽선의 신축량이 $\Delta X=+1.5mm$, $\Delta Y=+1.5mm$일 때 보정계수는?

① 0.9913 ② 0.9825
③ 0.9923 ④ 0.8299

| 해설 |

도곽 신축량=+1.5mm×500=+0.75m,

보정계수(Z)= $\frac{X \cdot Y}{\Delta X \cdot \Delta Y} = \frac{150\times200}{(150+0.75)\times(200+0.75)} = 0.9913$이다.

정답 ①

24. 축척 500분의 1 도곽선에 신축량이 1.8mm 줄었을 경우 면적의 보정계수는?

① 0.9895 ② 1.0106
③ 1.0213 ④ 1.1140

| 해설 |

도곽 신축량은 −1.8mm×500=0.9m이며,

보정계수(Z)= $\frac{X \cdot Y}{\Delta X \cdot \Delta Y} = \frac{150\times200}{(150-0.9)\times(200-0.9)} = 1.0106$이다.

정답 ②

25. 축척 1200분의 1 지역에서 도곽선의 신축량이 +2.0mm일 때 도곽의 신축에 따른 면적보정계수는?

① 0.99328 ② 0.99224
③ 0.98929 ④ 0.98844

| 해설 |

① 축척 1200분의 1 지역에서 도곽 신축량은 +2.0mm×1200=+2.4m이고, 도곽선의 도상길이는 333.33×416.67, 지상길이는 400×500m이다.
② 면적보정계수= $\frac{원면적}{신축면적} = \frac{400\times500}{(400+2.4)\times(500+2.4)} = 0.98929$ 이다.

정답 ③

26. 축척 1/1,200 지역에서 도곽선의 지상 거리를 측정한 결과 각각 399.5m, 399.5m, 499.4m, 499.9m일 때 도곽선의 보정계수는?

① 1.0020 ② 1.0018
③ 1.030 ④ 1.0025

| 해설 |

$\Delta X = \frac{399.5+399.5}{2} = 399.5$, $\Delta Y = \frac{499.4+499.9}{2} = 499.65$

보정계수 $Z = \frac{X \cdot Y}{\Delta X \cdot \Delta Y} = \frac{400\times500}{399.5\times499.65} = 1.00195$이다.

정답 ①

27. 면적측정의 방법과 관련한 아래 내용의 ㉠과 ㉡에 들어갈 알맞은 말은?

> 면적이 (㉠) 이상인 필지를 분할하는 경우 분할 후의 면적이 분할 전 면적의 80% 이상이 되는 필지의 면적을 측정할 때에는 분할 전 면적의 20% 미만이 되는 필지의 면적을 먼저 측정한 후, 분할 전 면적에서 그 측정된 면적을 빼는 방법으로 할 수 있다. 다만, 동일한 측량결과도에서 측정할 수 있는 경우와 (㉡)에 따라 면적을 측정하는 경우에는 그러하지 아니하다.

① ㉠ : 3000m², ㉡ : 전자면적측정법
② ㉠ : 3000m², ㉡ : 좌표면적측정법
③ ㉠ : 500m², ㉡ : 전자면적측정법
④ ㉠ : 5000m², ㉡ : 좌표면적측정법

| 해설 |

면적이 5천m² 이상인 필지를 분할하는 경우 분할 후의 면적이 분할 전 면적의 80% 이상이 되는 필지의 면적을 측정할 때에는 분할 전 면적의 20% 미만이 되는 필지의 면적을 먼저 측정한 후, 분할 전 면적에서 그 측정된 면적을 빼는 방법으로 할 수 있다. 다만, 동일한 측량결과도에서 측정할 수 있는 경우와 좌표면적계산법에 따라 면적을 측정하는 경우에는 그러하지 아니하다.

정답 ④

28. 축척 1/500 지역에서 지적도의 도곽선의 실제거리로 옳은 것은?

① 가로 : 150m, 세로 : 200m
② 가로 : 200m, 세로 : 150m
③ 가로 : 100m, 세로 : 150m
④ 가로 : 150m, 세로 : 100m

| 해설 |

가로 : 지상거리×축척=40cm×500=20,000cm=200m,
세로 : 지상거리×축척=30cm×500=15,000cm=150m이다.

정답 ②

29. 축척별 도곽선의 지상거리(실제거리)에 대한 설명이다. 틀린 것은?

① $\frac{1}{500}$: 종선 150m, 횡선 200m
② $\frac{1}{600}$: 종선 200m, 횡선 250m
③ $\frac{1}{1,000}$: 종선 250m, 횡선 300m
④ $\frac{1}{1,200}$: 종선 400m, 횡선 500m

| 해설 |
$\frac{1}{1,000}$축척은 도상규격은 종선 30cm, 횡선 40cm이고, 지상거리는 종선 300m, 횡선 400m이다.

정답 ③

30. 일반원점 지역에서 축척별 1도곽의 포용면적으로 옳은 것은?

① 축척 1/500은 20,000m²
② 축척 1/600은 40,000m²
③ 축척 1/1,000은 120,000m²
④ 축척 1/1,200은 150,000m²

| 해설 |
축척 1/500은 150×200=30,000m², 축척 1/600은 200×250=50,000m², 축척 1/1,000은 300×400=120,000m², 축척 1/1,200은 400×500=200,000m² 이다.

정답 ③

31. 축척 1/1,200 지역의 일반원점 지역에서 지적도 한 장에 포용되는 면적을 계산한 것으로 옳은 것은?

① 200m²　② 2,000m²
③ 20,000m²　④ 200,000m²

| 해설 |
도곽선의 길이 : 가로 500m, 세로 400m이므로 따라서 500m×400m=200,000m² 이다.

정답 ④

32. 축척 3,000분의 1 임야도를 축척 1,200분의 1 지적도로 만들기 위하여 임야도를 확대할 때 비율은?

① 2.5배　② 5배　③ 6배　④ 10배

| 해설 |
임야도를 확대할 때 비율은 $\frac{3,000}{1,200}$ = 2.5배 이다.

정답 ①

33. 축척이 3,000분의 1인 지역에서 등록전환을 하는 경우 면적이 2,500m² 일 때 등록전환에 따른 오차의 허용범위로 옳은 것은?

① ±101m²　② ±102m²　③ ±202m²　④ ±203m²

| 해설 |
등록전환 시 오차의 허용범위는 $A = 0.026^2M \cdot \sqrt{F} = 0.026^2 \times 6,000 \times \sqrt{2500} = 202.80m^2$이다. 축척이 3천분의 1인 지역의 축척 분모는 6천으로 한다.

정답 ③

34. 등록전환을 하는 경우 임야대장의 면적과 등록전환될 면적의 허용범위를 계산함에 있어서 축척 1/3,000 지역은 그 축척을 얼마로 계산하는가?

① 1/2,400　② 1/3,000
③ 1/5,000　④ 1/6,000

| 해설 |
축척이 1/3,000인 지역의 축척 분모는 6,000으로 한다.

정답 ④

35. 분할 후의 각 필지의 면적의 합계와 분할 전 면적과의 오차의 허용범위를 구하는 식으로 옳은 것은?(단, A : 오차 허용면적, M : 축척 분모, F : 원면적)

① $A = 0.023^2M\sqrt{F}$　② $A = 0.026^2M \cdot \sqrt{F}$
③ $A = 0.023 \cdot M\sqrt{F}$　④ $A = 0.026M \cdot \sqrt{F}$

| 해설 |
분할 후의 각 필지의 면적의 합계와 분할 전 면적과의 오차의 허용범위는 $A = 0.026^2M\sqrt{F}$ 식에 따른다. (A : 오차 허용면적, M : 축척 분모, F : 원면적) 축척이 3천분의 1인 지역의 축척 분모는 6천으로 한다.

정답 ②

36. 축척 1/1,200 지역에서 원면적 1,600m² 인 토지를 분할하고자 할 때 분할 후 각 필지의 면적의 합계와 분할 전 면적과의 오차의 허용범위는?

① 32m²　② 47m²　③ 52m²　④ 63m²

| 해설 |
신구면적 허용오차의 범위는 $A = 0.026^2M\sqrt{F} = 0.026^2 \times 1,200 \times \sqrt{1,600} = 32.448 = 32m^2$이다.

정답 ①

37. 축척 1/600 지역에서 원면적 569m²의 토지를 분할하고자 할 경우 신구면적의 오차허용범위로 옳은 것은?

① 10.7m²　② 9.7m²　③ 16.0m²　④ 19.0m²

| 해설 |
토지를 분할하는 경우의 신구면적오차 $A = 0.026^2M\sqrt{F} = 0.026^2 \times 600\sqrt{569} = 9.675 = 9.7m^2$이다. 여기서, A : 허용면적, M : 축척 분모, F : 원면적

정답 ②

38. 축척 1,000분의 1 지역에서 면적을 계산할 경우 각 필지의 산출 면적을 구하는 식은?(단, R : 각 필지의 산출 면적, F : 원면적, A : 보정면적의 합계, a : 각 필지의 보정면적)

① $R=\frac{F}{A}\times a$　② $R=\frac{a}{F}\times A$

③ $R=\frac{F}{A}+a$　④ $R=\frac{F}{A}+a$

| 해설 |

분할에 따른 신구면적이 허용범위 이내일 경우 오차배분 계산식은 $R=\frac{F}{A}\times a$이다.(단, R : 각 필지의 산출 면적, F : 원면적, A : 측정면적 합계, a : 각 필지의 측정면적)

정답 ①

39. 지적도의 축척이 1/600인 지역에서 토지를 분할하는 경우 면적측정부의 원면적이 4,529m² 이고 보정면적합계가 4,550m² 일 때 어느 필지의 보정면적이 2,033m² 이었다면 이 필지의 산출 면적은 얼마인가?

① 2019.8m²　② 2023.6m²

③ 2024.4m²　④ 2028.2m²

| 해설 |

산출 면적$(A')=\frac{F}{A}\times a$에서 $A'=\frac{4,529}{4,550}\times 2,033=2,023.61m^2$이다.
(여기서, A′ : 각 필지의 산출 면적, F : 원면적, A : 보정면적 합계, a : 각 필지의 보정면적)

정답 ②

40. 축척 1/1,200 지역에서 원면적이 1,097m² 인 필지를 분할측량하여 산출한 보정면적이 아래와 같을 때 35-1의 결정면적은 얼마인가?

① 637m²　② 634m²

③ 631m²　④ 621m²

지번	보정면적
35	453.9m²
35-1	621.3m²

| 해설 |

결정면적은 원면적과 일치하도록 산출 면적의 구하려는 끝자리의 다음 숫자가 큰 것부터 순차로 올려서 정한다. $A'=\frac{F}{A}\times a=\frac{1,097}{1,075.2}\times 621.3=633.90m^2$이다.(여기서, A′ : 각 필지의 결정면적, F : 원면적, A : 보정면적 합계, a : 각 필지의 보정면적)

정답 ②

41. 다음 중 면적의 결정방법으로 옳은 것은?

① 지적도의 축척이 1/600인 지역의 면적 단위는 m²로 한다.

② 지적도의 축척이 1/600인 지역의 면적 단위는 m² 이하 한자리로 한다.

③ 지적도의 축척이 1/600인 지역의 1필지의 면적이 1m² 미만인 경우는 1m²로 면적을 결정한다.

④ 지적도의 축척이 1/600인 지역의 1필지의 면적이 1m² 미만의 끝수가 있는 경우 0.5m² 미만인 경우에는 버린다.

| 해설 |

축척이 600분의 1인 지역의 면적결정

① 토지면적은 1m² 이하 한자리 단위로 한다.

② 0.1m² 미만의 끝수가 있는 경우 0.05m² 미만일 때는 버리고 0.05m²를 초과할 때에는 올린다.

③ 0.05m²일 때는 구하려는 끝자리의 숫자가 0 또는 짝수이면 버리고 홀수이면 올린다.

정답 ②

42. 필지별 면적 결정에 대한 설명으로 옳은 것은?

① 면적 단위는 척관법으로 등록한다.

② 1필지의 면적이 1m² 미만인 경우 버린다.

③ 경계점좌표등록부 시행지역은 1m²까지 계산한다.

④ 축척 1/600 지역에서는 0.1m²까지 등록한다.

| 해설 |

면적 단위는 미터법으로 1필지의 면적이 1m² 미만인 경우 1m²로 등록하며 경계점좌표등록부 시행지역 및 지적도의 축척이 1/500, 1/600 지역은 0.1m²까지 등록한다.

정답 ④

43. 축척이 1/600 지적도인 지역의 면적에 대한 설명으로 옳은 것은?

① 10m²까지 등록　② 1m²까지 등록

③ 0.1m² 까지 등록　④ 0.01m²까지 등록

| 해설 |

지적도 축척이 1/600 지역과 경계점좌표등록부에 등록하는 지역의 토지의 면적은 m² 이하 한자리 단위로 하되, 1필지의 면적이 0.1m² 미만일 때에는 0.1m²로 한다.

정답 ③

44. 지적도의 축척이 1/600인 지역의 면적 결정방법이 옳은 것은?

① 산출 면적이 123.15m²일 때는 123.2m²로 한다.

② 산출 면적이 125.55m²일 때는 126m²로 한다.

③ 산출 면적이 135.25m²일 때는 135.3m²로 한다

④ 산출 면적이 146.55m²일 때는 145.5m²로 한다.

| 해설 |

축척이 600분의 1인 지역의 면적 결정방법은 오사오입 법칙에 의거 끝수 처리는 0.05m²일 때는 구하려는 끝자리의 숫자가 0 또는 짝수이면 버리고 홀수이므로 올려서 123.15 → 123.2m², 125.55 → 125.6m², 135.25 → 135.2m², 146.55 → 146.6m²이다.

정답 ①

45. 지적공부에 등록하고자 면적을 측정한 결과 235.43m² 이었다. 1천분의 1 지역의 토지대장에 등록할 수 있는 면적은?(단, 이 지역은 경계점좌표등록부 비치 지역임.)

① 235m² ② 236m²
③ 235.4m² ④ 235.43m²

해설

경계점좌표등록부에 등록하는 지역의 토지의 면적은 m² 이하 한자리 단위로 한다.

정답 ③

46. 지적도의 축척이 1/600 지역에서 산출 면적이 327.55m² 일 때 결정면적은?

① 327m² ② 327.5m²
③ 327.6m² ④ 328m²

해설

지적도 축척이 600분의 1인 지역의 토지의 면적은 m² 이하 한자리 단위로 규정되어 있으므로 327.55m²의 경우 오사오입의 원칙에 따라 327.6m²가 된다.

정답 ③

47. 축척 1,200분의 1 지역에서 분할측량 결과 1필지의 면적이 0.65m² 인 경우 지적공부에 등록할 수 있는 면적은?

① 0.6m² ② 0.7m² ③ 1m² ④ 분할 불가

해설

축척 1,200분의 1 지역에서 1필지의 면적이 1m² 미만인 경우 1m²로 등록한다.

정답 ③

48. 토지대장에 등록할 해당 축척 지역별 결정면적으로 옳은 것은?

① 500분의 1 → 0.99m²
② 600분의 1 → 0.9m²
③ 1,200분의 1 → 99.9m²
④ 3,000분의 1 → 999.9m²

해설

토지대장에 등록할 해당 축척 지역별 결정면적은 1m² 미만인 때에는 1m²로 하며 지적도의 축척이 600분의 1인 지역과 경계점좌표등록부에 등록하는 지역의 토지의 면적은 m² 이하 한자리 단위로 한다.

정답 ②

49. 측량계산에서 오사 오입에 의한 끝수 처리가 잘못된 것은?

① 24.335 → 24.33 ② 120°25′30″ → 120°26′
③ 24.345 → 24.34 ④ 120°24′30″ → 120°24′

해설

측량계산에서 오사 오입에 의한 끝수 처리에서 24.335 → 24.34이다.

정답 ①

50. 지목설정에 있어서 주지목 추종의 원칙을 따르지 않아도 되는 종된 토지의 면적으로 옳은 것은?

① 330m² 초과 ② 230m² 초과
③ 130m² 초과 ④ 30m² 초과

해설

종된 용도의 토지 지목이 "대"인 경우와 종된 용도의 토지면적이 주된 용도의 토지면적의 10%를 초과하거나 330m²를 초과하는 경우에는 주지목 추종의 원칙을 따르지 않을 수 있다.

정답 ①

51. 다음과 같은 삼각형 모양 토지의 면적(F)은?

① 200m² ② 250m²
③ 450m² ④ 500m²

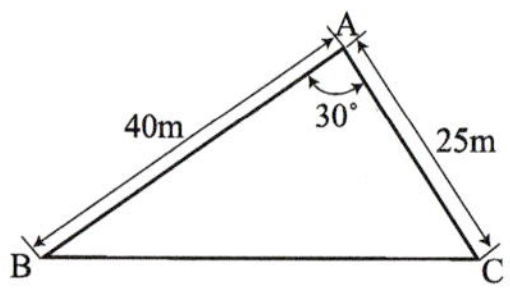

해설

토지의 면적(F)= $\frac{1}{2}ab \cdot \sin\alpha = \frac{1}{2} \times 40 \times 25 \times \sin 30° = 250m^2$이다.

정답 ②

52. 두 변의 길이가 각각 60.35m, 120.82m이고 그 사이의 각이 80° 45′ 이었다면 삼각형의 면적은?

① 3,598.34m² ② 4,826.42m²
③ 3,465.34m² ④ 5,027.22m²

해설

삼각형의 면적(A)= $\frac{1}{2}ab \cdot \sin\alpha = \frac{1}{2} \times 60.35 \times 120.82 \times \sin 80° 45'$
$= 3,598.34m^2$이다.

정답 ①

53. $\alpha = 58°40'50''$, AC = 64.85m, BD = 59.60m인 아래 도형의 면적은?

① 1650.9m² ② 1805.4m²
③ 1950.9m² ④ 2005.4m²

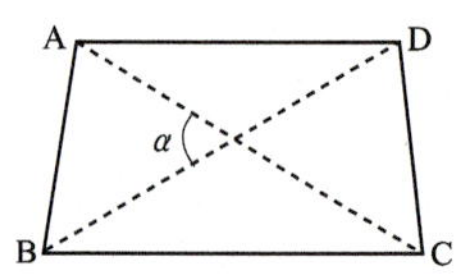

해설

면적(A)= $\frac{1}{2}AC \cdot BD \sin\alpha = \frac{1}{2} \times 64.85 \times 59.60 \times \sin 58° 40'50'' =$ $1650.93m^2$이다.

정답 ①

54. 삼각형의 각 변이 a, b, c일 경우 삼변법으로 면적을 측정할 때 면적(A) 계산식으로 옳은 것은?

① $A=\sqrt{s(s-a)(s-b)(s-c)}$
② $A=\sqrt{(s-a)(s-b)(s-c)}$
③ $A=\sqrt{s(s+a)(s+b)(s+c)}$
④ $A=\sqrt{(s+a)(s+b)(s+c)}$

| 해설 |

삼변법으로 면적을 측정하는 계산식은 $s=\frac{1}{2}(a+b+c)$이며 $A=\sqrt{s(s-a)(s-b)(s-c)}$이다.

정답 ①

55. 어느 토지의 경계점 간 거리가 다음과 같을 때 토지의 면적은?

① $31.65m^2$ ② $31.76m^2$
③ $32.45m^2$ ④ $32.73m^2$

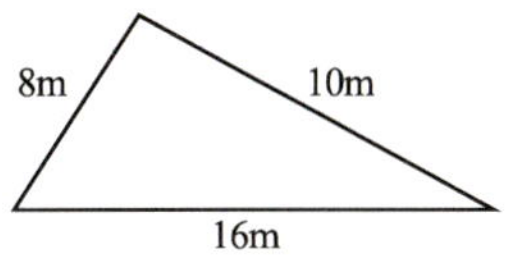

| 해설 |

$s=\frac{(a+b+c)}{2}=\frac{(8+10+16)}{2}=17m$

면적 $(A)=\sqrt{s(s-a)\times(s-b)\times(s-c)}=\sqrt{17(17-8)\times(17-10)\times(17-16)}$
$=32.73m^2$ 이다.

정답 ④

56. 삼각형의 각 변이 길이가 각각 30m, 40m, 50m일 때 이 삼각형의 면적은?

① $600m^2$ ② $756m^2$
③ $1,000m^2$ ④ $1,200m^2$

| 해설 |

삼변법에 따라 면적 계산 $s=\frac{1}{2}(30+40+50)=60m$에서
$A=\sqrt{s(s-a)(s-b)(s-c)}=\sqrt{60(60-30)(60-40)(60-50)}=600m^2$ 이다.

정답 ①

57. 축척 1,000분의 1 지역의 지적도에서 도상거리가 각각 3cm, 4cm, 5cm일 때 실제면적으로 맞는 것은?

① $500m^2$ ② $600m^2$
③ $300m^2$ ④ $400m^2$

| 해설 |

① 세 변의 길이는 3cm×1,000=30m, 4cm×1,000=40m, 5cm×1,000=50m에서 헤론 공식을 이용하면 $s=\frac{1}{2}(a+b+c)=\frac{1}{2}(30+40+50)=60m$ 이다.

② 실제면적(A)= $\sqrt{s(s-a)(s-b)(s-c)}=\sqrt{60(60-30)(60-40)(60-50)}=600m^2$이다.

정답 ②

58. 1/50,000 지형도상에서 $36cm^2$ 인 토지를 경지 정리하고자 할 때 지상에서의 실제면적은?

① 90ha ② 900ha
③ 1,200ha ④ 2,000ha

| 해설 |

지형도상 거리(a) $=\sqrt{0.36}=0.6m$,
실제거리는 $0.6m\times50,000=30,000m=30km$ 지상에서의 실제면적은 $30km\times30km=900km^2(900ha)$이다.

정답 ②

59. 축척 1/1,200 지도상의 면적을 잘못하여 축척 1/1,000로 측정하였더니 $10,000m^2$ 이다. 실제면적은?

① $15,400m^2$ ② $14,400m^2$
③ $13,400m^2$ ④ $12,400m^2$

| 해설 |

$A=\left(\frac{1200}{1000}\right)^2\times10,000=14,400m^2$ 또는 거리의 비는 1200 : 1000=1.2 : 1, 면적의 비는 거리의 비의 제곱에 해당하므로 $1.2^2\times10,000=14,400m^2$ 이다.

정답 ②

60. 축척 1/600을 축척 1/500로 잘못 알고 면적을 계산한 결과가 $2,500m^2$ 이었다. 축척 1/600에서의 실제 토지면적은?

① $2,500m^2$ ② $3,000m^2$
③ $3,600m^2$ ④ $4,000m^2$

| 해설 |

$500^2:600^2=2,500:x$ 에서 $x=\frac{600^2\times2,500}{500^2}=3,600m^2$ 이다.

정답 ③

61. 축척이 1/500의 지적도상의 가로 81.2mm, 세로 30.3mm인 사각형 토지의 실제면적으로 옳은 것은?

① $615.0m^2$ ② $615.1m^2$
③ $651.0m^2$ ④ $650.8m^2$

| 해설 |

도상거리를 지상거리로 환산하면 500×81.2mm=40.60m, 500×30.3mm=15.15m에서 실제면적은 40.60×15.15=$615.09m^2$ 이다.

정답 ②

62. 축척이 1/500인 도면 1매의 면적이 1,000m² 이라면, 도면의 축척을 1/1,000으로 하였을 때 도면 1매의 면적은 얼마인가?

① $2{,}000m^2$　② $3{,}000m^2$
③ $4{,}000m^2$　④ $5{,}000m^2$

| 해설 |

$500^2 : 1{,}000^2 = 1{,}000 : x$ 에서 $x = \frac{1{,}000^2 \times 1{,}000}{500^2} = 4{,}000m^2$ 이다.

정답 ③

63. 실제면적이 900m² 일 때 1/600 축척에서의 도상 면적은?

① $17cm^2$　② $25cm^2$
③ $54cm^2$　④ $90cm^2$

| 해설 |

정사각형의 토지이므로 한 변의 길이는 $\sqrt{900} = 30m$에서 $\frac{30}{600} = 5cm$ 이고 면적은 $5cm \times 5cm = 25cm^2$이다.

정답 ②

64. 표준자보다 5cm 긴 50m의 줄자를 이용하여 정방형 토지의 면적을 측정한 결과 40,000m² 이었다면, 이 토지의 정확한 면적은?

① $39{,}920m^2$　② $39{,}980m^2$
③ $40{,}080m^2$　④ $40{,}100m^2$

| 해설 |

정방형 토지의 측정면적이 4,000m² 이므로 한 변의 길이는

$a = \sqrt{40{,}000} = 200m$

실제길이 $= \frac{\text{부정길이} \times \text{관측길이}}{\text{표준길이}} = \frac{50.05 \times 200}{50} = 200.20m$에서

$A = 200.20 \times 200.20 = 40{,}080.0m^2$이다.

정답 ③

65. 측량원도 용지가 종·횡선 모두 100분의 3씩 줄어든 도면에서 삼사법으로 면적을 측정한 바 38m² 이다. 실제면적은?

① $35.8m^2$　② $37.6m^2$
③ $39.2m^2$　④ $42.8m^2$

| 해설 |

실제 길이 $a = \sqrt{40{,}000} = 200m$, 축소된 길이$(a') = 6.1644 - (\frac{3}{100})$
$= 6.1344m$ 면적 $A = 6.1344 \times 6.1344 = 37.6309m^2$ 이다.

정답 ②

66. 축척 10,000분의 1 지형도에서 면적을 측정하였더니 9,700m² 이었다. 이 도면의 신축량을 측정하였더니 종·횡이 모두 2% 수축되었다. 실제면적으로 맞는 것은?

① $9{,}832m^2$　② $9{,}858m^2$
③ $10{,}000m^2$　④ $10{,}100m^2$

| 해설 |

$9{,}700 = A \times (1-0.02)^2$에서 $A = \frac{9{,}700}{0\ 98^2} = 10{,}100m^2$이다.

정답 ④

67. 지상 1km² 의 면적이 도면상에서 4cm² 일 때 축척은?

① 1/5,000　② 1/25,000
③ 1/50,000　④ 1/250,000

| 해설 |

$1km^2 = 10^{10}cm^2$에서 $\sqrt{\frac{4}{10^{10}}} = \frac{2}{10^5} = \frac{1}{50{,}000}$ 이다.

정답 ③

68. 두 점 간의 실거리 300m를 도상 6mm로 표시한 도면의 축척은?

① $\frac{1}{20{,}000}$　② $\frac{1}{25{,}000}$
③ $\frac{1}{50{,}000}$　④ $\frac{1}{100{,}000}$

| 해설 |

도면의 축척 $= \frac{\text{실거리}}{\text{도상거리}} = \frac{300{,}000}{6} = \frac{1}{50{,}000}$이다.

정답 ③

69. 경지정리 확정측량을 실시한 결과 1ha인 면적이 도면상에서 100cm² 일 경우 축척으로 옳은 것은?

① 1/500　② 1/600
③ 1/1,000　④ 1/1,200

| 해설 |

$1ha = 100m \times 100m$이고, $100cm^2 = 10 \times 10cm$이므로 $M = \frac{10}{10{,}000} = \frac{1}{1{,}000}$이다.

정답 ③

70. 100m² 정방형 토지의 면적률을 0.1m²까지 정확하게 구하기 위해 요구되는 한 변의 길이는?

① 한 변의 길이를 1cm까지 정확하게 읽어야 한다.
② 한 변의 길이를 1mm까지 정확하게 읽어야 한다.
③ 한 변의 길이를 5cm까지 정확하게 읽어야 한다.
④ 한 변의 길이를 5mm까지 정확하게 읽어야 한다.

| 해설 |

$\frac{\Delta A}{A}=\frac{2\cdot\Delta\ell}{\ell}$, $\Delta\ell=\frac{\Delta A}{A}\times\frac{\ell}{2}=\frac{0.1}{100}\times\frac{10}{2}=0.005\text{m}=5\text{mm}$이다.

정답 ④

71. 어느 도면상에서 면적을 측정하였더니 200m²이었다. 이 면적이 가로, 세로 1%씩 축소되었다면 이때 발생하는 면적 오차는?

① $4m^2$　② $6m^2$　③ $8m^2$　④ $12m^2$

| 해설 |

면적 오차는 $\frac{dA}{A}=2\frac{dA}{\ell}$에서 $\frac{dA}{A}=2\times\frac{1}{100}=\frac{1}{50}$이므로
면적 오차는 200 ÷50=$4m^2$이다.

정답 ①

72. 종선 466,300m, 횡선 193,700m인 기초점이 들어가는 시가지 확정측량에서 축척 1/500 도면을 만들 때 도곽의 왼쪽 아래의 도곽선 수치로 옳은 것은?

① X=466,400m, Y=193,800m
② X=466,250m, Y=193,600m
③ X=466,100m, Y=193,600m
④ X=466,250m, Y=193,800m

| 해설 |

종선 466,300−500,000=−33,700m에서−33,700÷150=−224.667m이다. 여기서−224×150=−33,600로 계산하고−33,600+500,000=466,400는 도곽선 상단의 수치이므로 466,400−150=466,250m가 종선 왼쪽 아래 좌표가 된다.
횡선 193,700÷200=968.5에서 968×200=193,600m는 횡선왼쪽 좌표가 되며 X=466,250m, Y=193,600m가 된다.

정답 ②

10.2. 제도(製圖)

10.2.1. 일람도와 지번 색인표

일람도 등재 사항	지번 색인표 등재 사항
① 지번 부여지역의 경계 및 인접지역의 행정구역 명칭 ② 도면의 제명 및 축척 ③ 도곽선과 그 수치 ④ 도면번호 ⑤ 도로·철도·하천·구거·유지·취락 등 주요 지형·지물의 표시	① 제명 ② 지번·도면번호 및 결번

10.2.2. 제도 방법

(1) 일람도 작성

① 일람도의 축척은 그 도면 축척의 10분의 1로 한다.

② 도면의 장수가 많아서 한 장에 작성할 수 없는 경우에는 축척을 줄여서 작성할 수 있다.

③ 도면의 장수가 4장 미만이면 일람도의 작성을 하지 아니할 수 있다.

(2) 제명 및 축척

① 일람도 윗부분에 "○○시·도 ○○시·군·구 ○○읍·면 ○○동·리 일람도 축척 ○○○○ 분의 1"이라 제도한다.

② 이 경우 경계점좌표등록부시행지역은 제명 중 일람도 다음에 "(좌표)"라 기재한다.

③ 제명 및 축척의 제도 방법은 글자의 크기는 9mm로 하고 글자 사이의 간격은 글자 크기의 2분의 1 정도 띄운다.

④ 제명의 일람도와 축척 사이는 20mm를 띄운다.

⑤ 도면번호는 지번 부여지역·축척 및 지적도·임야도·경계점좌표등록부 시행지별로 일련번호를 부여하고 이 경우 신규등록 및 등록전환으로 새로 도면을 작성할 경우의 도면번호는 그 지역 마지막 도면번호의 다음 번호로 부여한다.

⑥ 도시개발사업·축척변경 등의 시행에 따라 도면을 작성할 경우에는 종전 도면번호에 "1"과 같이 부호를 부여한다.

(3) 일람도 제도

① 도면번호는 3mm의 크기로 한다.

② 인접 동·리 명칭은 4mm, 그 밖의 행정구역 명칭은 5mm의 크기로 한다.

③ 지방도로 이상은 검은색 0.2mm 폭의 2선으로, 그 밖의 도로는 0.1mm의 폭으로 제도한다.

④ 철도용지는 붉은색 0.2mm 폭의 2선으로 제도한다.

⑤ 수도용지 중 선로는 남색 0.1mm 폭의 2선으로 제도한다.

⑥ 하천·구거·유지는 남색 0.1mm의 폭의 2선으로 제도하고, 그 내부를 남색으로 엷게 채색한다. 다만, 적은 양의 물이 흐르는 하천 및 구거는 0.1mm의 남색 선으로 제도한다.

⑦ 취락지·건물 등은 검은색 0.1mm의 폭으로 제도하고, 그 내부를 검은색으로 엷게 채색한다.

⑧ 도시개발사업·축척변경 등이 완료된 때에는 지구경계를 붉은색 0.1mm 폭의 선으로 제도한 후 지구 안을 붉은색으로 엷게 채색하고, 그 중앙에 사업명 및 사업완료연도를 기재한다.

(4) 지번 색인표

① 제명은 지번 색인표 윗부분에 9mm의 크기로 "○○시·도 ○○시·군·구 ○○읍·면 ○○동·리 지번 색인표"라 제도한다.

② 지번 색인표에는 도면번호별로 그 도면에 등록된 지번을, 토지의 이동으로 결번이 생긴 때에는 결번란에 그 지번을 제도한다.

(5) 도곽선

① 도면의 위 방향은 항상 북쪽이 되어야 한다.

② 지적도의 도곽 크기는 가로 40cm, 세로 30cm의 직사각형으로 한다.

③ 도곽의 구획은 좌표의 원점을 기준으로 하여 정하되, 그 도곽의 종횡선수치는 좌표의 원점으로부터 기산하여 종횡선수치를 각각 가산한다.

④ 이미 사용하고 있는 도면의 도곽크기는 종전에 구획되어 있는 도곽과 그 수치로 한다.

⑤ 도면에 등록하는 도곽선은 0.1mm의 폭으로, 도곽선의 수치는 도곽선 왼쪽 아랫부분과 오른쪽 윗부분의 종횡선교차점 바깥쪽에 2mm 크기의 아라비아숫자로 제도한다.

(6) 경계의 제도

① 경계는 0.1mm 폭의 선으로 제도한다.

② 1필지의 경계가 도곽선에 걸쳐 등록되어 있으면 도곽선 밖의 여백에 경계를 제도하거나, 도곽선을 기준으로 다른 도면에 나머지 경계를 제도한다. 이 경우 다른 도면에 경계를 제도할 때에는 지번 및 지목은 붉은색으로 표시한다.

③ 경계점좌표등록부 등록지역의 도면(경계점 간 거리등록을 하지 아니한 도면을 제외)에 등록할 경계점 간 거리는 검은색의 1.0~1.5mm 크기의 아라비아숫자로 제도한다. 다만, 경계점 간 거리가 짧거나 경계가 원을 이루는 경우에는 거리를 등록하지 아니할 수 있다.

④ 지적기준점 등이 매설된 토지를 분할할 경우 그 토지가 작아서 제도하기가 곤란한 때에는 그 도면의 여백에 그 축척의 10배로 확대하여 제도할 수 있다.

(7) 지번 및 지목의 제도

① 지번 및 지목은 경계에 닿지 않도록 필지의 중앙에 제도한다.

② 1필지의 토지의 형상이 좁고 길어서 필지의 중앙에 제도하기가 곤란한 때에는 가로쓰기가 되도록 도면을 왼쪽 또는 오른쪽으로 돌려서 제도할 수 있다.

③ 지번 및 지목 제도

- 지번 다음에 지목을 제도한다.
- 2mm 이상 3mm 이하 크기의 명조체로 한다.
- 지번의 글자 간격은 글자 크기의 4분의 1정도 띄어서 제도한다.

- 지번과 지목의 글자 간격은 글자 크기의 2분의 1정도 띄어서 제도한다.
- 부동산종합공부시스템이나 레터링으로 작성할 경우에는 고딕체로 할 수 있다.

④ 부동산종합공부시스템에 따라 지번 및 지목을 제도할 경우에는 글자의 크기에 대한 규정과 별도로 부호도를 작성은 적용하지 아니할 수 있다.

(8) 지적기준점 등의 제도

① 삼각점 및 지적기준점(지적측량수행자가 설치하고, 그 지적기준점성과를 지적소관청이 인정한 지적기준점을 포함한다.)은 0.2mm 폭의 선으로 제도한다.

② 위성기준점은 직경 2mm 및 3mm의 2중 원 안에 십자선을 표시하여 제도한다.

③ 1등 및 2등 삼각점은 직경 1mm, 2mm 및 3mm의 3중 원으로 제도한다. 이 경우 1등 삼각점은 그 중심원 내부를 검은색으로 엷게 채색한다.

④ 3등 및 4등 삼각점은 직경 1mm 및 2mm의 2중 원으로 제도한다. 이 경우 3등 삼각점은 그 중심원 내부를 검은색으로 엷게 채색한다.

⑤ 지적삼각점 및 지적삼각보조점은 직경 3mm의 원으로 제도한다. 이 경우 지적삼각점은 원안에 십자선을 표시하고, 지적삼각보조점은 원안에 검은색으로 엷게 채색한다.

⑥ 지적도근점은 직경 2mm의 원으로 제도한다.

⑦ 지적기준점의 명칭과 번호는 그 지적기준점의 윗부분에 2mm 이상 3mm 이하 크기의 명조체로 제도한다. 다만, 레터링으로 작성할 경우에는 고딕체로 할 수 있으며 경계에 닿는 경우에는 다른 위치에 제도할 수 있다.

⑧ 지적기준점표지를 폐기한 때에는 도면에 등록된 그 지적기준점 표시사항을 말소한다.

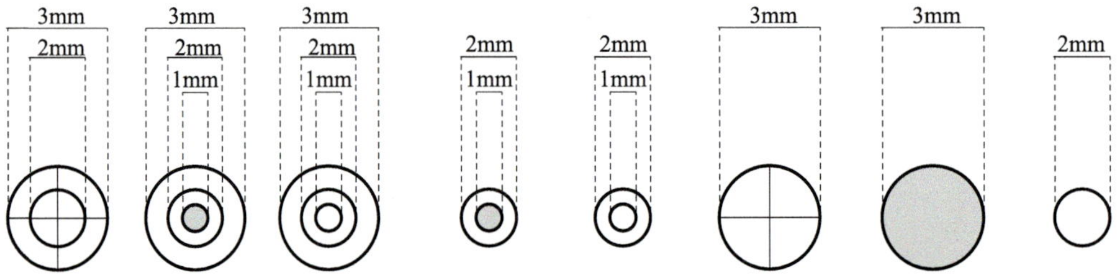

〈그림 1-35〉 지적기준점 등의 제도

(9) 행정구역선의 제도

① 도면에 등록할 행정구역선은 0.4mm 폭으로 다음과 같이 제도한다. 다만, 동·리의 행정구역선은 0.2mm 폭으로 한다.

② 국계는 실선 4mm와 허선 3mm로 연결하고 실선 중앙에 실선과 직각으로 교차하는 1mm의 실선을 긋고, 허선에 직경 0.3mm의 점 2개를 제도한다.

③ 시·도계는 실선 4mm와 허선 2mm로 연결하고 실선 중앙에 실선과 직각으로 교차하는 1mm의 실선을 긋고, 허선에 직경 0.3mm의 점 1개를 제도한다.

④ 시·군계는 실선과 허선을 각각 3mm로 연결하고, 허선에 0.3mm의 점 2개를 제도한다.

⑤ 읍·면·구계는 실선 3mm와 허선 2mm로 연결하고, 허선에 0.3mm의 점 1개를 제도한다.

⑥ 동·리계는 실선 3mm와 허선 1mm로 연결하여 제도한다.

국계	시·도계	시·군계
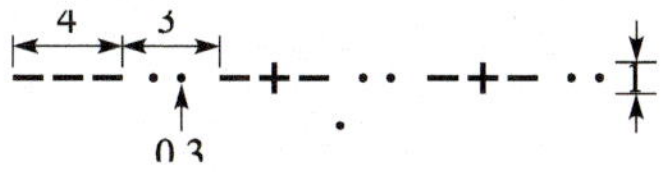	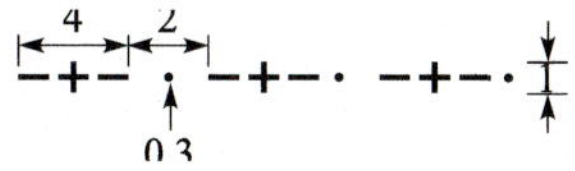	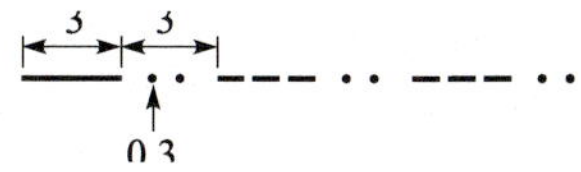
읍·면·구계	**동·리계**	
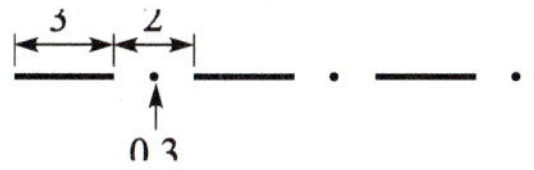		

⑦ 행정구역선이 2종 이상 겹치는 경우에는 최상급 행정구역선만 제도한다.

⑧ 행정구역선은 경계에서 약간 띄워서 그 외부에 제도한다.

⑨ 행정구역의 명칭은 도면 여백의 넓이에 따라 4mm 이상 6mm 이하의 크기로 경계 및 지적기준점 등을 피하여 같은 간격으로 띄어서 제도한다.

⑩ 도로·철도·하천·유지 등의 고유명칭은 3mm 이상 4mm 이하의 크기로 같은 간격으로 띄어서 제도한다.

(10) 색인도 등의 제도

① 색인도는 도곽선의 왼쪽 윗부분 여백의 중앙에 다음과 같이 제도한다.
- 가로 7mm, 세로 6mm 크기의 직사각형을 중앙에 두고 그의 4변에 접하여 같은 규격으로 4개의 직사각형을 제도한다.
- 1장의 도면을 중앙으로 하여 동일 지번 부여지역 안 위쪽·아래쪽·왼쪽 및 오른쪽의 인접 도면번호를 각각 3mm의 크기로 제도한다.

② 제명 및 축척은 도곽선 윗부분 여백의 중앙에 "○○·군·구 ○○읍·면 ○○동·리 지적도 또는 임야도 ○○장중 제○○호 축척○○○○분의 1"이라 제도하며 방법은 다음과 같다.
- 글자의 크기는 5mm로 하고, 글자 사이의 간격은 글자 크기의 2분의 1정도 띄어 쓴다.
- 축척은 제명 끝에서 10mm를 띄어 쓴다.

10.2.3. 도면의 제도

(1) 토지의 이동에 따른 도면의 제도

① 토지의 이동으로 지번 및 지목을 제도하는 경우에는 이동전 지번 및 지목을 말소하고, 새로 설정된 지번 및 지목을 가로쓰기로 제도한다.

② 경계를 말소할 때에는 해당 경계선을 말소한다.

③ 말소된 경계를 다시 등록할 때에는 말소정리 이전의 자료로 원상회복 정리한다.

④ 신규등록·등록전환 및 등록사항정정으로 도면에 경계, 지번 및 지목을 새로 등록할 때에는 이미 비치된 도면에 제도한다. 다만, 이미 비치된 도면에 정리할 수 없는 때에는 새로 도면을 작성한다.

⑤ 등록전환 할 때에는 임야도의 그 지번 및 지목을 말소한다.

⑥ 필지를 분할할 경우에는 분할 전 지번 및 지목을 말소하고, 분할경계를 제도한 후 필지마다 지번 및 지목을 새로 제도한다.

⑦ 도곽선에 걸쳐 있는 필지가 분할되어 도곽선 밖에 분할경계가 제도된 때에는 도곽선 밖에 제도된 필지의

경계를 말소하고, 그 도곽선 안에 필지의 경계, 지번 및 지목을 제도한다.

⑧ 합병할 때에는 합병되는 필지 사이의 경계·지번 및 지목을 말소한 후 새로 부여하는 지번과 지목을 제도한다.

⑨ 지번 또는 지목을 변경할 때에는 지번 또는 지목만 말소하고, 새로 설정된 지번 또는 지목을 제도한다.

⑩ 지적공부에 등록된 토지가 바다가 된 때에는 경계·지번 및 지목을 말소한다.

⑪ 행정구역이 변경된 때에는 변경 전 행정구역선과 그 명칭 및 지번을 말소하고, 변경 후의 행정구역선과 그 명칭 및 지번을 제도한다.

⑫ 도시개발사업·축척변경 등의 시행지역으로서 시행 전과 시행 후의 도면축척이 같고 시행 전 도면에 등록된 필지의 일부가 사업지구 안에 편입된 때에는 이미 비치된 도면에 경계·지번 및 지목을 제도하거나, 남아 있는 일부 필지를 포함하여 도면을 작성한다. 다만, 도면과 확정측량결과도의 도곽선 차이가 0.5mm 이상인 경우에는 확정측량결과도에 따라 새로이 도면을 작성한다.

⑬ 도시개발사업·축척변경 등의 완료로 새로 도면을 작성한 지역의 종전 도면의 지구 안의 지번 및 지목을 말소한다.

⑭ 부동산종합공부시스템으로 정리한 경우에는 변동 전·후의 내용을 관리하여야 하며, 필요한 경우 필지별로 폐쇄 전·후의 내용을 열람 및 발급할 수 있어야한다.

(2) 도면작성 및 재작성

① 제도·적산실시규정(1914. 6.30)에서는 최초로 지적도를 작성할 수 있는 방법을 규정으로 지적도를 작성할 경우 일필지 형상의 등록은 세부측도원도를 등사하여 작성하도록 하였다.

② 도면의 재작성은 도면이 훼손·마모 등으로 그 효용을 다할 수 없는 때에는 시·도지사의 승인을 얻어 다시 작성하는 것을 말한다.

③ 도면의 재작성 기준

- 재작성 당시의 도면을 기준으로 한다.
- 직접자사법·간접자사법 또는 전자자동제도법에 의한다.
- 도곽선의 신축량이 0.5mm 이상인 경우에는 전자자동제도법에 의하여 신축을 보정한다.
- 도면의 경계가 불분명한 경우에는 측량결과도, 지번 또는 지목이 불분명한 경우에는 대장을 기준으로 할 것 등이다.

④ 재작성 대상

- 토지의 빈번한 이동정리로 인하여 도면의 경계 등을 식별하기 곤란한 경우
- 장기간 사용으로 도면이 손상되어 토지의 표시가 불분명한 경우
- 도곽선의 신축량이 0.5mm 이상인 경우
- 행정구역의 변경 등으로 1장의 도면에 2 이상의 동·리(里)가 등록되어 있는 경우
- 1장의 도면에 등록된 토지의 일부가 도시개발사업 등의 시행지역에 편입된 경우

핵/심/문/제

Chapter 10.2 제도(製圖)

1. 다음 중 일람도의 등재 사항에 해당하지 않는 것은?

① 도면번호
② 도곽선과 그 수치
③ 도로, 하천 등의 주요 지형·지물 표시
④ 지번

| 해설 |

일람도의 등재 사항은 지번 부여지역의 경계 및 인접 지역의 행정구역 명칭, 도면의 제명 및 축척, 도곽선과 그 수치, 도면번호, 도로·철도·하천·구거·유지·취락 등 주요 지형·지물의 표시 등이다.

정답 ④

2. 축척 1/600 지적도 시행지역에서 일람도를 작성할 때 축척으로 맞는 것은?

① 1/600　② 1/1,200
③ 1/3,000　④ 1/6,000

| 해설 |

일람도 축척
① 그 도면 축척의 10분의 1로 한다.
② 도면의 장수가 많아서 한 장에 작성할 수 없는 경우에는 축척을 줄여서 작성할 수 있다.
③ 도면의 장수가 4장 미만이면 일람도의 작성을 하지 아니할 수 있다.

정답 ④

3. 지적소관청은 지적도면의 관리에 필요한 경우에는 지번부여지역마다 일람도와 지번 색인표를 작성하여 갖춰둘 수 있다. 이때 일람도를 작성하지 아니할 수 있는 경우는 도면이 몇 장 미만일 때인가?

① 4장　② 5장　③ 6장　④ 7장

| 해설 |

도면의 장수가 4장 미만이면 일람도의 작성을 하지 아니할 수 있다.

정답 ①

4. 일람도의 제도 방법으로 틀린 것은?

① 도면번호는 3mm의 크기로 한다.
② 철도용지는 검은색으로 0.2mm의 폭의 선으로 제도한다.
③ 수도용지 중 선로는 남색 0.1mm 폭의 2선으로 제도한다.
④ 건물은 검은색 0.1mm의 폭으로 제도하고 그 내부를 검은색으로 엷게 채색한다.

| 해설 |

철도용지는 붉은색 0.2mm 폭의 2선으로 제도한다.

정답 ②

5. 일람도, 지적도, 임야도 등을 정리할 때 검은색으로 제도해야 하는 것은?

① 경계의 말소선　② 일람도 상의 철도용지
③ 일람도 상의 큰 도로　④ 도곽선 및 도곽선 수치

| 해설 |

일람도 상의 도로는 검은색으로 제도하며 철도용지, 도곽선, 도곽선 수치, 말소는 붉은색으로 제도한다.

정답 ③

6. 지적도의 제도 방법으로 틀린 것은?

① 도면의 위 방향은 항상 북쪽이 되어야 한다.
② 경계선은 경계점과 경계점 사이를 직선으로 연결한다.
③ 등록전환 할 때에는 지적도의 그 지번 및 지목을 말소한다.
④ 말소된 경계를 다시 등록할 때에는 말소정리 이전의 자료로 원상회복 정리한다.

| 해설 |

등록전환 할 때에는 임야도의 그 지번 및 지목을 말소한다.

정답 ③

7. 도면을 보고 방향을 알수 있는 방법이다. 맞는 것은?

① 오른편이 서쪽이다.　② 왼편이 동쪽이다.
③ 오른편이 동북쪽이다.　④ 왼편이 서쪽이다.

| 해설 |

도면을 볼 때 상단이 북쪽이고 하단은 남쪽이며, 왼편이 서쪽이고 오른편은 동쪽이다.

정답 ④

8. 지적도 및 임야도에 등록하는 도곽선의 용도가 아닌 것은?

① 토지경계의 측정 기준
② 인접 도면과의 접합기준
③ 도곽 신축량의 측정 기준
④ 지적측량 기준점 전개 시의 기준

| 해설 |

지적도 및 임야도에 등록하는 도곽선의 용도는 인접 도면과의 접합 기준, 도곽 신축량의 측정 기준, 지적측량 기준점 전개 시의 기준, 도북 방향의 기준 등이다.

정답 ①

9. 도곽선의 제도에 대한 설명 중 틀린 것은?

① 도면의 위 방향은 항상 북쪽이 되어야 한다.
② 지적도의 도곽 크기는 가로 40cm, 세로 30cm의 직사각형으로 한다.
③ 도곽의 구획은 지적 관련 법령에서 정한 좌표의 원점을 기준으로 하여 정한다.
④ 도면에 등록하는 도곽선의 수치는 1mm 크기의 아라비아숫자로 제도한다.

| 해설 |

도면에 등록하는 도곽선은 0.1mm의 폭으로, 도곽선의 수치는 도곽선 왼쪽 아랫부분과 오른쪽 윗부분의 종 횡선교차점 바깥쪽에 2mm 크기의 아라비아숫자로 제도한다.

정답 ④

10.

다음 중 도면에 등록하는 도곽선의 제도 방법에 대한 설명으로 옳지 않은 것은?

① 도곽선은 0.1mm의 폭으로 제도한다.
② 도곽선의 수치는 2mm의 크기로 제도한다.
③ 지적도의 도곽 크기는 가로 30cm 세로 40cm로 한다.
④ 도곽선의 수치는 도곽선 왼쪽 아랫부분과 오른쪽 윗부분의 종·횡선교차점 바깥쪽에 제도한다.

| 해설 |

지적도의 도곽 크기는 가로 40cm, 세로 30cm의 직사각형으로 한다.

정답 ③

11. 경계의 제도에 관한 설명으로 틀린 것은?

① 경계는 0.1mm 폭의 선으로 제도한다.
② 1필지의 경계가 도곽선에 걸쳐 등록되어 있으면 도곽선 밖의 여백에 경계를 제도할 수 없다.
③ 지적기준점 등의 매설된 토지를 분할할 경우 그 토지가 작아서 제도하기가 곤란한 때에는 그 도면의 여백에 그 축척의 10배로 확대하여 제도할 수 있다.
④ 경계점좌표등록부 등록지역의 도면(경계점 간 거리등록을 하지 아니한 도면을 제외한다)에 등록할 경계점 간 거리는 검은색의 1.0~1.5mm 크기의 아라비아숫자로 제도한다.

| 해설 |

1필지의 경계가 도곽선에 걸쳐 등록되어 있으면 도곽선 밖의 여백에 경계를 제도하거나, 도곽선을 기준으로 다른 도면에 나머지 경계를 제도한다. 이 경우 다른 도면에 경계를 제도할 때에는 지번 및 지목은 붉은색으로 표시한다.

정답 ②

12. 지번과 지목의 제도에 대한 설명으로 틀린 것은?

① 지번 및 지목을 제도하는 경우 지번 다음에 지목을 제도한다.
② 부동산종합공부시스템이나 레터링으로 작성하는 경우에는 굴림체로 할 수 있다.
③ 중앙에 제도하기 곤란할 때에는 가로쓰기가 되도록 도면을 제도할 수 있다.
④ 지번의 글자 간격은 글자 크기의 1/4 정도, 지번과 지목의 글자 간격은 글자 크기의 1/2 정도 띄워 제도한다.

| 해설 |

지번 및 지목을 제도할 때에는 지번 다음에 지목을 제도한다. 이 경우 부동산종합공부시스템이나 레터링으로 작성할 때는 고딕체로 할 수 있다.

정답 ②

13. 지번 및 지목을 제도하는 때에 지번과 지목의 글자 간격은 글자 크기의 어느 정도를 띄어서 제도하는가?

① 글자 크기의 1/2　② 글자 크기의 1/3
③ 글자 크기의 1/4　④ 글자 크기의 1/5

| 해설 |

지번 및 지목을 제도할 때에 지번의 글자 간격은 글자 크기의 4분의 1정도, 지번과 지목의 글자 간격은 글자 크기의 2분의 1 정도 띄어서 제도한다.

정답 ①

14. 지적기준점 등의 제도에 관한 설명으로 옳은 것은?

① 삼각점 및 지적기준점은 0.1mm 폭의 선으로 제도한다.
② 지적삼각점은 직경 3mm의 원으로 제도하고 원안에 십자선을 표시한다.
③ 지적삼각보조점은 직경 2mm의 원으로 제도하고 원 안에 십자선을 표시한다.
④ 지적도근점은 직경 1mm, 2mm의 2중 원으로 제도한다.

| 해설 |

1등 및 2등 삼각점은 직경 1mm, 2mm 및 3mm의 3중 원으로 제도하고 3등 삼각점은 직경 1mm, 2mm의 2중 원으로 제도한다. 또한, 지적삼각점은 직경 3mm 원으로 제도하며 원 안에 십자선을 표시한다.

정답 ②

15. 지적기준점 등이 매설된 토지를 분할하는 경우 그 토지가 작아서 제도하기가 곤란할 때는 그 도면의 여백에 그 축척의 몇 배로 확대하여 제도할 수 있는가?

① 5배　② 10배　③ 15배　④ 20배

| 해설 |

지적측량기준점 등이 매설된 토지를 분할하는 경우 그 토지가 작아서 제도하기가 곤란한 경우에는 그 도면의 여백에 그 축척의 10배로 확대하여 제도할 수 있다.

정답 ②

16. 지적측량기준점의 명칭의 글자체로 옳은 것은?

① 굴림체로서 2~3mm ② 돋움체로서 2~3mm
③ 고딕체로서 2~3mm ④ 명조체로서 2~3mm

| 해설 |

지목과 지적측량기준점의 명칭은 명조체로서 2~3mm로 기재한다.

정답 ④

17. 도면에 등록하는 삼각점 및 지적측량기준점에 대한 설명이다. 틀린 것은?

① 1등 및 2등 삼각점은 직경 1mm, 2mm 및 3mm의 3중 원으로 제도한다.
② 3등 삼각점 : 직경 1mm, 2mm의 2중 원으로 제도한다.
③ 지적삼각보조점 : 직경 3mm 원으로 제도하며 원 안에 십자선을 표시한다.
④ 도근점 : 직경 2mm 원으로 제도한다.

| 해설 |

지적삼각점 및 지적삼각보조점은 직경 3mm의 원으로 제도한다. 이 경우 지적삼각점은 원안에 십자선을, 지적삼각보조점은 원안에 검은색으로 엷게 채색한다.

정답 ③

18. 지적도에 직경 3mm의 원을 제도하고 그 원 안에 십자선(+)을 표시하는 지적기준점은?

① 지적측량도근점 ② 지적삼각보조점
③ 지적삼각점 ④ 1등 삼각점

| 해설 |

지적삼각점은 직경 3mm 원으로 제도하며 원 안에 십자선을 표시한다.

정답 ③

19. 지적도근점은 직경 몇 mm의 원으로 제도하는가?

① 1.5mm ② 2.0mm ③ 2.5mm ④ 3.0mm

| 해설 |

도근점은 직경 2mm의 원으로 제도한다.

정답 ②

20. 지적도를 제도하는 경계 및 행정구역 선의 폭 기준이 모두 옳은 것은?

① 0.1mm, 0.4mm ② 0.15mm, 0.5mm
③ 0.2mm, 0.5mm ④ 0.25mm, 0.4mm

| 해설 |

경계는 0.1mm 폭의 선, 도면에 등록할 행정구역 선은 0.4mm 폭으로 제도한다. 다만, 동·리의 행정구역 선은 0.2mm 폭으로 한다.

정답 ①

21. 지적도에 등록하는 동·리의 행정구역 선의 폭은 얼마로 제도하는가?

① 0.1mm 굵기 ② 0.2mm 굵기
③ 0.3mm 굵기 ④ 0.4mm 굵기

| 해설 |

일반적인 행정구역 선은 0.4mm이나 동·리의 행정구역 선은 0.2mm로 제도한다.

정답 ②

22. 지적도 정리에서 행정구역 선이 겹칠 때는 어떻게 처리하는가?

① 시 또는 군 행정구역 선만 제도한다.
② 최상급 행정구역 선만 제도한다.
③ 최하급 행정구역 선만 제도한다.
④ 적당한 위치에 제도할 수 있다.

| 해설 |

도면에서 행정구역 선이 겹치면 최상급 행정구역 선만 제도한다.

정답 ②

23. 임야도 작성 시 구계(區界)와 동계(洞界)가 겹칠 때는 어떻게 하는가?

① 구계만 그린다. ② 동계만 그린다.
③ 구계와 동계를 겹쳐 그린다. ④ 필지 경계만 그린다.

| 해설 |

도면에서 행정구역 선이 2종 이상 겹치면 즉, 구계(區界)와 동계(同界)가 겹칠 때는 최상급 행정구역 선만 제도한다.

정답 ①

24. 실선과 허선을 각각 3mm로 연결하고 허선에 0.3mm의 점 2개를 제도하는 행정구역 선은?

① 국계 ② 시·도계
③ 시·군계 ④ 동·리계

| 해설 |

시·군계는 실선과 허선을 각각 3mm로 연결하고, 허선에 0.3mm의 점 2개를 제도한다.

정답 ③

25. 다음 중 색인도의 제도와 관련한 아래의 설명에서 (1)과 (2)에 들어갈 말이 모두 옳은 것은?

가로(1), 세로(2) 크기의 직사각형을 중앙에 두고 그의 4변에 접하여 같은 규격으로 4개를 제도한다.

① (1) 5mm, (2) 4mm ② (1) 5mm, (2) 5mm
③ (1) 7mm, (2) 6mm ④ (1) 7mm, (2) 7mm

| 해설 |

색인도의 제도는 가로 7mm, 세로 6mm 크기의 직사각형을 중앙에 두고 그의 4변에 접하여 같은 규격으로 4개의 직사각형을 제도한다.

정답 ③

26. 지적도면의 작성에 대한 설명으로 옳은 것은?

① 경계점 간 거리는 2mm 크기의 아라비아숫자로 제도한다.
② 도곽선의 수치는 2mm 크기의 아라비아숫자로 제도한다.
③ 도면에 등록하는 지번은 5mm 크기의 고딕체로 한다.
④ 삼각점 및 지적기준점은 0.5mm 폭의 선으로 제도한다.

| 해설 |

도면에 등록하는 도곽선은 0.1mm의 폭으로, 도곽선의 수치는 도곽선 왼쪽 아랫부분과 오른쪽 윗부분의 종횡선 교차점 바깥쪽에 2mm 크기의 아라비아숫자로 제도한다.

정답 ②

27. 지적도의 제도에 관한 다음 설명 중 틀린 것은?

① 도곽선은 폭 0.1mm로 제도한다.
② 지번과 지목은 2~3mm의 크기로 제도한다.
③ 도곽선 수치는 2mm의 아라비아숫자로 주기한다.
④ 도근점은 직경 3mm의 원으로 제도한다.

| 해설 |

도근점은 직경 2mm의 원으로 제도한다.

정답 ④

28. 도면에 등록하는 사항의 제도 방법 기준이 옳은 것은?

① 경계는 0.1mm 폭의 선으로 제도한다.
② 지적기준점은 0.3mm 폭의 선으로 제도한다.
③ 도면에 등록하는 도곽선은 0.2mm의 폭으로 제도한다.
④ 동·리의 행정구역 선은 0.4mm 폭으로 한다.

| 해설 |

경계는 0.1mm 폭의 선, 삼각점 및 지적기준점은 0.2mm 폭의 선, 동·리의 행정구역선은 0.2mm 폭, 도면에 등록하는 도곽선은 0.1mm의 폭으로 제도한다.

정답 ①

29. 도면에 등록하는 경계, 행정구역선, 지적측량기준점의 제도 시 폭에 대한 크기가 옳게 짝지어진 것은?

① 경계는 0.1mm, 행정구획선은 0.2mm
② 지적측량기준점은 0.2mm, 행정구역 선은 0.1mm
③ 지적측량기준점은 0.2mm, 행정구역 선은 0.4mm
④ 경계는 0.2mm, 지적측량기준점은 0.1mm

| 해설 |

경계는 0.1mm 폭, 삼각점 및 지적측량기준점은 0.2mm 폭의 선으로, 도면에 등록하는 행정구역 선은 0.4mm 폭으로 제도한다. 다만, 동·리의 행정구역 선은 0.2mm 폭으로 한다.

정답 ③

30. 도면에 등록하는 제도 폭이 다음의 순서대로 올바르게 짝지어진 것은?

경계－행정구역선(동.리)－지적기준점

① 0.1mm－0.2mm－0.4mm
② 0.1mm－0.4mm－0.2mm
③ 0.1mm－0.2mm－0.2mm
④ 0.1mm－0.1mm－0.2mm

| 해설 |

경계는 0.1mm 폭의 선, 행정구역선은 0.4mm 폭(다만, 동·리의 행정구역선은 0.2mm 폭), 삼각점 및 지적기준점은 0.2mm 폭의 선으로 제도한다.

정답 ③

31. 토지의 이동에 따른 도면의 제도 방법 기준이 틀린 것은?

① 이동 전 지번 및 지목을 말소하고 새로 설정된 지번 및 지목을 가로쓰기로 제도한다.
② 지적공부에 등록된 토지가 바다가 된 때에는 경계, 지번 및 지목을 말소한다.
③ 도곽선에 걸쳐 있는 필지를 분할하는 경우 그 도곽선 밖에 필지의 경계, 지번 및 지목을 제도한다.
④ 합병할 때에는 합병되는 필지 사이의 경계, 지번 및 지목을 말소한 후 새로 부여하는 지번과 지목을 제도한다.

| 해설 |

도곽선에 걸쳐 있는 필지가 분할되어 도곽선 밖에 분할경계가 제도된 때에는 도곽선 밖에 제도된 필지의 경계를 말소하고, 그 도곽선 안에 필지의 경계, 지번 및 지목을 제도한다.

정답 ③

32. 도면 재작성의 기준으로 옳지 않은 것은?

① 재작성 당시의 도면을 기준으로 한다.
② 직접자사법, 간접자사법 또는 전자자동제도법에 의한다.
③ 도곽선의 신축량이 0.5mm 이상인 경우에는 전자자동제도법에 의하여 신축을 보정한다.
④ 도면의 경계가 불분명한 경우에는 재측량을 시행한다.

| 해설 |

도면의 경계가 불분명한 경우에는 측량결과도, 지번 또는 지목이 불분명한 경우에는 대장을 기준으로 할 것 등이다.

정답 ④

PART 02

응용측량

CHAPTER

01 수준측량

1.1. 개요

수준측량은 현장에서 높이 결정 및 종·횡단측량의 성토 및 절토량을 결정하는 중요한 측량이다. 최근에는 전자레벨과 GPS 측량으로 수직 위치를 결정하므로 현장에서 편리하게 사용되고 있다. 또한, 각 지점의 높이는 평균해수면을 기준으로 하여 높이로 표시된다. 작업준비는 자료조사 및 장비점검, 선점, 매설, 관측을 실시하여 계산 및 정리의 순서로 작업을 실시한다.

1.1.1 수준측량 시 고려 사항

① 전시와 후시의 거리를 가능한 동일하게 한다.

② 표척이 수직으로 세워졌는지 확인한다.

③ 표척 수는 표척의 눈금이 잘 보이도록 양손을 표척의 측면에 잡고 세운다.

④ 관측 수가 표척을 다 읽을 때까지 표척 수는 움직여서는 안 된다.

⑤ 표척과 레벨의 거리는 100m를 넘어서는 안 된다.

⑥ 기포가 중앙에 있을 때 읽는다.

⑦ 레벨의 설치 횟수는 짝수회로 끝나도록 한다.

1.1.2. 수준측량의 분류

① 측량방법에 따른 분류는 직접 수준측량, 간접 수준측량, 교호 수준측량, 약 수준측량으로 분류한다.

② 측량목적에 따른 분류는 고저차 수준측량, 종단수준측량, 횡단수준측량으로 분류한다.

1.1.3. 수준측량의 용어

① 수준원점 기준면은 가상의 면이므로 실제 높이의 기준으로 사용하려면 지상의 부동의 위치에 고정시키는 고정점이어야 한다.

② 수준점(B.M; Bench Mark)은 수준원점을 출발하여 국도 및 중요한 도로를 따라 적당한 간격으로 표석을 매설하여 놓은 이미 알고 있는 점으로 고저측량의 기준이 되는 점이다.

③ 기준면은 높이의 기준이 되는 수평면으로 일반적으로 평균해수면을 말한다.

④ 수평면은 정지된 해수면이나 해수면 위에서 중력방향에 수직한 곡면으로 지구표면이 물로 덮여 있을 때 만들어지는 형상의 표면이다.

⑤ 수평선은 수평면에 평행한 곡선을 말한다.

⑥ 지평면은 수평면의 한 점에 접한 평면을 말한다.

⑦ 지평선은 수평면의 접선을 말한다.

⑧ 표고는 기준면에서 그 점까지의 연직거리를 말한다.

⑨ 후시(Back Sight; B.S)는 표고를 알고 있는 점에 세운 표척의 읽음 값을 말한다.

⑩ 전시(Fore Sight; F.S)는 구하려는 점에 세운 표척의 읽음 값을 말한다.

⑪ 기계고(I.H)는 기준면에서 시준선까지의 높이로 지반고+측점의 후시 측정값을 말한다.

⑫ 지반고(G.H)는 표척을 세운 점의 표고를 말한다.

⑬ 이기점(Turning Point; T.P)은 전시와 후시를 함께 취하는 점으로 관측 오차는 이후의 측량 전체에 영향을 미치는 점이다.

⑭ 중간점(I.P)은 어느 점의 지반고만을 구하기 위해 전시만 측정한 표척의 읽음 값으로 다른 점에 오차를 미치지 않는다.

1.2. 직접수준측량

직접수준측량은 기포를 이용하여 레벨을 지오이드면과 평행 (중력 방향과는 직교)되도록 설치하고, 표척의 높이를 직접 관측하는 방법이다.

1.2.1. 측량의 방법

① 레벨은 항상 수평인 시준선을 읽은 것으로 레벨을 사용하여 A점과 B점에 세운 표척을 시준하면 a, b의 눈금을 읽는다.

② 레벨에서 만들어지는 수평면보다도 A점은 H_A만큼 B점은 H_B만큼 낮은 위치에 있다.

③ A, B의 2점 간 비고(h)는 〈그림 2-1〉과 같이 A점의 표고(H_A)는 이미 알고 있으며 B점의 표고(H_B)는 미지점이므로 $H_B = H_A + a - b = H_A + h$ 식과 같다.

여기서, H_A : A점의 표고, H_B : B점의 표고, a : 후시의 읽음 값, b : 전시의 읽음 값, h : A점과 B점의 표고 차를 말한다.

④ 기계고(I.H)=지반고(G.H)+후시(B.S)

⑤ 지반고(G.H)=기계고(I.H)−전시(F.S)=기계고(I.H)−중간점(I.P)

⑥ 고저차는 후시의 합에서 전시의 합을 빼서 기지점의 표고를 더하면 그 점의 표고가 되며, 고저차(h)=ΣB.S(후시의 총합)−ΣF.S(전시의 총합)이다.

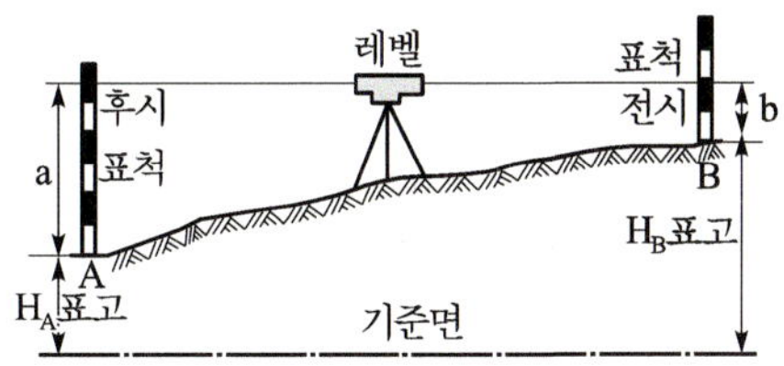

〈그림 2-1〉 직접 수준측량의 원리

1.2.2. 전시와 후시의 거리를 같게 하여 소거할 수 있는 오차

① 지구의 곡률 오차(구차)와 대기에 의한 광선의 굴절 오차(기차)의경우

② 레벨의 불완전조정에 의한 오차로 기포관축과 시준축이평행이 아닐 경우

③ 연직축의 기울임에 의한 오차

1.2.3. 야장 기재 방법

(1) 승강식

① 전시(F.S) 값이 후시(B.S) 값보다 적을 때는 그 차를 승(+)란에, 크면 강(−)란에 기재한다.

- B.S−F.S=(+)이면 승란에 기재
- B.S−F.S=(−)이면 강란에 기재한다.

② 승강식은 임의의 점의 표고를 결정하기가 편리하나 중간점이 많을 때는 계산이 복잡해진다.

(2) 기고식

① 기고식은 기지점의 표고에 후시(B.S)를 더하여 기계고(I.H)를 계산하고 여기에서 표고를 알고자 하는 점의 전시(F.S)를 빼서 미지점의 지반고를 결정하는 방법이다.

② 노선측량의 종단측량이나 횡단측량에 많이 이용되며 중간점이 많은 경우에 적합하다.

③ 〈그림 2−2〉에서 수준점(B.M)은 기지점이며 표고는 H이며 수준점에 세운 표척을 레벨로 읽음 값은 후시(b) 값으로 기계고(I.H)=고저차(H)+후시(b)와 같다.

④ A점의 표고 H_A는 시준선의 표고 I.H보다도 b_1만큼 낮다.

⑤ 따라서 H_A 표고값의 계산은 H_A=I.H−b_1과 같다.

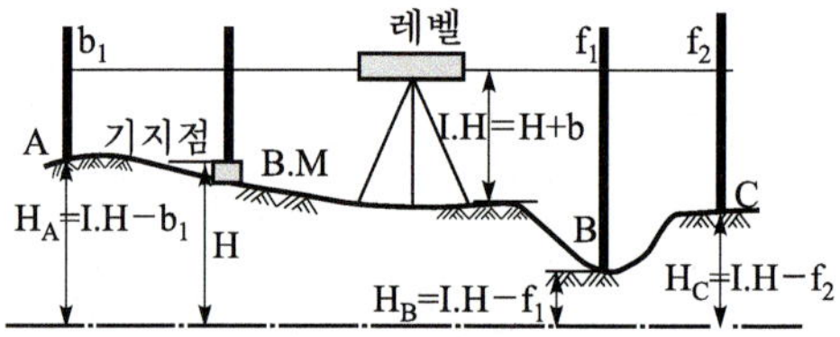

〈그림 2−2〉 직접 수준측량의 원리

⑥ 기계고(I.H)=지반고(G.H)+후시(B.S)로 레벨을 이동할 때마다 구할 수 있다.

⑦ 지반고(G.H)=기계고(I.H)−전시(F.S)로 계산한다.

(3) 고차식

① 고차식 계산법은 가장 간단한 것으로서 2단식이라고도 한다.

② 후시(B.S)와 전시(F.S)란만 있으면 되기 때문에 고차수준측량에 많이 이용된다.

③ 측정이 끝난 다음에 후시의 합계와 전시의 합계의 차로서 고저차를 계산한다.

1.3. 간접수준측량

직접수준측량을 할 수 없는 시설물이나 지역에서 이용되며 삼각법을 이용하는 방법, 데오돌라이트, 평판 등을 이용하는 방법과 시거법이며 최근에는 전자기파에 의해 높이를 관측하고 있다.

1.3.1. 앨리데이드에 의한 수준측량

① 앨리데이드의 경사분획을 n이라 하고 경사거리를 ℓ 이라 하면 경사각은 $\tan\alpha = \frac{n}{100}$에서 α 각을 결정한다.

② 수평거리(D)=$\ell \cdot \cos\alpha$, 높이차(H)=$\ell \cdot \sin\alpha$로 계산하여 $H_B=H_A+i-z$이다.

여기서, i=z로 하면 $H_B=H_A+H$ 이며 H_A : A점 표고, H_B : B점 표고, α : 경사각도, i : 기계의 높이, ℓ : 경사거리, z : 표척 높이이다.

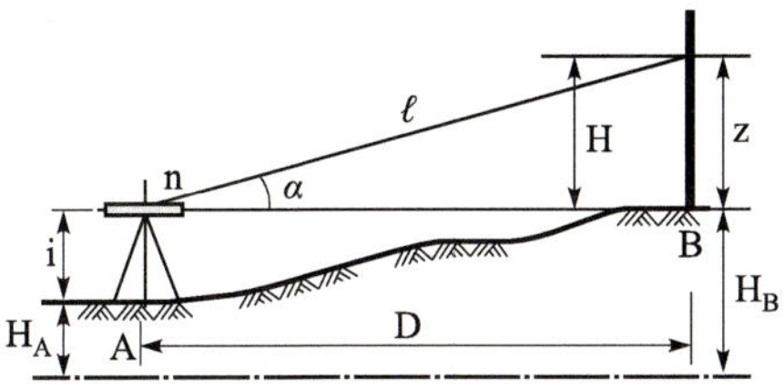

〈그림 2-3〉 앨리데이드 수준측량

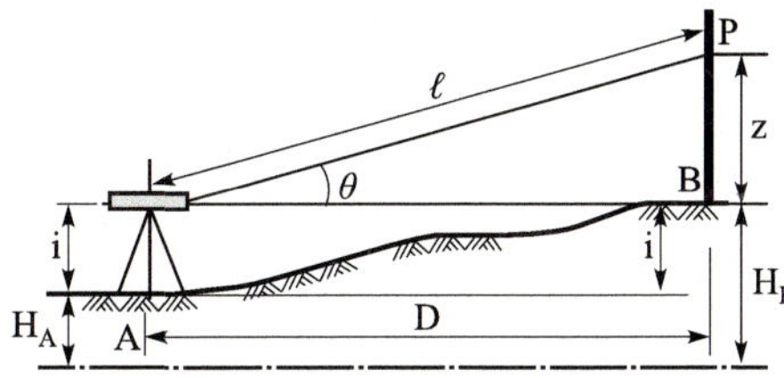

〈그림 2-4〉 삼각수준측량

1.3.2. 삼각수준측량

① 삼각수준측량은 지표를 평면으로 간주할 수 있을 정도의 좁은 지역에 있어서 두 점 간의 비고를 구하는 방법이다.

② 두 점 사이의 수평거리를 D, P점의 연직각을 θ, 기계고를 i라 하면 P점과 A점의 고저차 H는 $H_P = D \cdot \tan\theta + i$이다.

③ A점, B점 및 P점의 표고를 각각 H_A, H_B, H_P라 하면 $H_P = H_A + D \cdot \tan\theta + i$, $H_B = H_A + D \cdot \tan\theta + i - z$이다.

④ 거리가 10km 이상 멀리 떨어져 있는 경우 구차와 기차를 고려한다면 $H_P = H_A + D \cdot \tan\theta + i + \frac{1-K}{2R}D^2$, $H_B = H_A + D \cdot \tan\theta + i - h + \frac{1-K}{2R}D^2$이 된다.

여기서, R은 지구의 반경, K는 대기의 굴절계수이다.

1.3.3. 교호수준측량

① 큰 하천이나 바다, 계곡 등을 횡단하여 직접 수준측량을 할 수 없는 경우에는 전시와 후시의 시준거리를 등거리로 할 수 없고, 중앙에 기계를 세울 수 없는 경우에 실시하는 수준측량이다.

② 두 점 A, B의 고저차를 구할 때 전시와 후시를 같게 취하여 높이를 구하거나 중간에 하천 등이 있어 중앙에 레벨을 세울 수 없으면 실시하는 측량방법이다.

③ 높은 정밀도가 필요한 경우에 양쪽의 높이차를 관측하지만, 정밀을 필요로 하지 않을 때는 한쪽에서만 관측할 수도 있다.

④ 〈그림 2-5〉와 같이 A, B점으로부터 거리는 AC=BC가 되도록 하고 A, B의 직선상의 C점에 레벨을 설치할 때 표척의 읽음 값은 b_1, b_2로 양차 및 기계 오차에 의해서 발생하는 시준오차가 포함되어 있다.

⑤ D점에서 A, B점에 세운 표척의 읽음 값을 a_1, a_2라 하면 고저차 $h = \frac{1}{2}\{(a_1 + a_2) - (b_1 + b_2)\}$ 또는 $h = \frac{1}{2}\{(a_1 - b_1) + (a_2 - b_2)\}$로 계산할 수 있다.

여기서, a_1, a_2 : A점의 표척 읽음 값, b_1, b_2: B점의 표척 읽음 값, ℓ_1, ℓ_2 : A, B 표척 읽음 값과 정확히 읽은 표척 눈금 값의 차이이다.

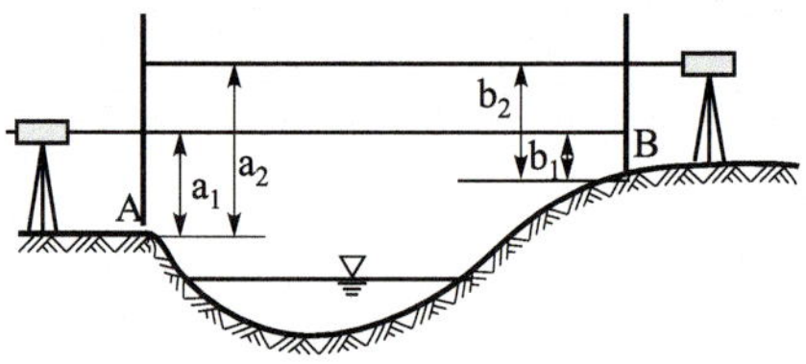

〈그림 2-5〉 교호수준측량

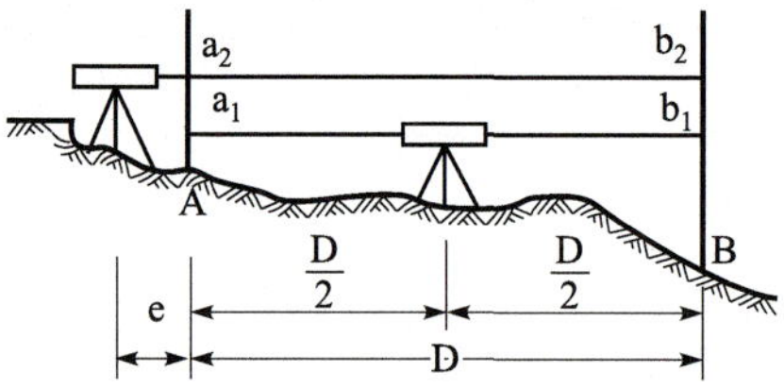

〈그림 2-6〉 표척의 조정량

⑥ 양안으로부터 동시에 관측하여 비고의 평균값을 계산한 다음 동시 관측된 결괏값을 평균하면 기차의 오차는 완전히 소거되지만, 잔차는 남는다.

⑦ 레벨의 말뚝 조정량(d)= $\frac{D+e}{D}\{(a_1-b_1)-(a_2-b_2)$이다.

여기서, a_1, a_2 : 시준선 오차에 의한 A, B 표척의 읽음값, b_1, b_2 : 등거리 상에 있는 A, B 표척의 읽음값, d : B점의 표척 상에서 보정하여야 할 높이이다.

1.4. 레벨의 구조

1.4.1. 망원경

① 비율(확대율)은 대물렌즈의 초점거리와 접안렌즈의 초점거리로 나타내며 확대율은 20~30배이다.

② 배율=F : f=$\frac{F}{f}$이다.

여기서, F : 대물렌즈의 초점거리, f : 접안렌즈 초점거리이다.

1.4.2. 기포관

(1) 기포관의 구비조건

① 기포관의 곡률반경이 클수록 좋다.

② 액체의 점성 및 표면장력이 작아야 한다.

③ 1눈금에 대한 중심각이 적을수록 좋다.

④ 기포관은 약간만 경사지게 하여도 기포가 크게 이동할수록 감도가 좋다.

⑤ 기포관의 길이는 가급적 길어야 한다.

⑥ 수준기에 사용하는 기포관의 감도는 20~50″이다.

⑦ 곡률반경은 8~20m 정도를 일반적으로 이용하고 있다.

(2) 기포관 감도

① 기포관의 감도는 기포가 1눈금(2mm) 이동할 때의 중심각을 말한다.

② 주로 수준기의 곡률반경에 좌우되고 곡률반경이 클수록 감도는 좋다.

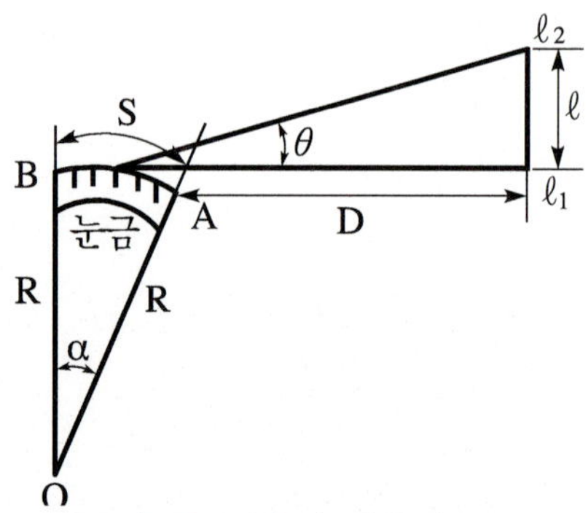

〈그림 2-7〉 기포관의 감도

③ $\theta'' = \frac{\ell_1 - \ell_2}{nD} \cdot \rho'' = \frac{\ell}{nD} \cdot \rho''$

여기서, θ'' : 기포관의 감도, ℓ : 기포 이동에 대한 표척 값의 차이($\ell_2 - \ell_1$), n : 이동 눈금수, D : 레벨로부터 표척까지의 수평거리, ρ'' : 1라디안으로 206265″이다.

1.5. 수준측량의 오차

1.5.1. 수준측량에서 발생되는 오차

① 기계조정 불완전 오차

- 연직축 기울임에 의한 오차
- 시준선과 기포관축이 평행하지 않아 발생하는 오차
- 정오차이므로 전시와 후시의 거리를 동일하게 하여 소거 가능

② 시차에 의한 오차

- 시차가 있는 망원경으로 표척을 읽으면 눈의 위치가 변해서 정확한 값을 얻을 수 없으며 부정오차라 한다.
- 소거 방법은 망원경의 접안경을 조절하여 "+"자선을 명확히 한다.

③ 표척 "0" 눈금 오차

- 표척의 하단이 마모 또는 변형되어 발생하는 오차로 정오차라고 한다.
- 오차를 소거하기 위해서는 출발점에 세운 표척을 도착점에 세우면 소거할 수 있다.

④ 인위적인 오차

- 기포관이 중앙에 있지 않아 발생하는 오차
- 표척의 기울기에 의한 오차
- 기계 및 표척의 침하에 의한 오차
- 관측자의 부주의에 의한 오차

1.5.2. 허용오차

① 수준측량의 오차의 허용한계(E) $= \pm C\sqrt{L}$이다. 여기서, C : 1km의 수준측량의 오차, L : 수준측량의 편도거리이다.

(표 2.1) 기본 수준측량의 허용오차

구분	1등 수준측량	2등 수준측량	비고
왕복차 환폐합차	2.5mm$\sqrt{L}$ 2.0mm$\sqrt{L}$	5.0mm$\sqrt{L}$ 5.0mm$\sqrt{L}$	L은 편도 관측거리(km)

(표 2.2) 공공 수준측량의 허용오차

구분	1등 수준측량	2등 수준측량	3등 수준측량	4등 수준측량	비고
왕복차 환폐합차	2.5mm$\sqrt{L}$ 2.5mm$\sqrt{L}$	5.0mm$\sqrt{L}$ 5.0mm$\sqrt{L}$	10mm$\sqrt{L}$ 10mm$\sqrt{L}$	20mm$\sqrt{L}$ 20mm$\sqrt{L}$	L은 편도 관측거리(km)

1.5.3. 양차

(1) 구차

① 구차는 넓은 지역에서는 수평면에 대한 높이와 지평면에 대한 높이의 차를 말하며 발생 원인은 다음과 같다.

- 대규모 지역에서는 수평면에 대한 높이와 지평면에 대한 높이의 차가 발생한다.
- 곡률 오차는 거리의 제곱에 비례하여 변화한다.
- 구차는 높이를 낮아지게 하는 오차이다.

② 소거 방법은 지구의 곡률에 의한 오차로 수평면과 지평면의 차를 말하며 높게 보정한다.

(2) 기차

① 기차는 지구를 둘러싸고 있는 공기의 층은 위로 올라갈수록 밀도가 희박해지고 대기층을 통과하는 광선은 굴절 현상으로 고도각을 크게 만드는 영향을 끼치는데 발생 원인은 다음과 같다.

- 기차는 구하려고 하는 점의 높이를 높아지게 하는 오차이다.
- 표고가 높아짐에 따라 대류권에 존재하는 공기의 밀도가 낮아지는 현상에서 발생하는 빛의 회절(回折) 현상에 의한 오차이다.
- 빛의 진로는 물질의 밀도가 높은 쪽을 향하여 휘는 회절현상으로 인하여 곡선의 형태를 가지게 되어 결국 공기 중에서는 밀도가 높은 지면을 향하여 휘게 된다는 것이다.

② 소거 방법은 기차이며, 각 오차만큼을 음(−)의 방향으로 보정하여 주어야 한다.

(3) 양차

① 양차는 구차와 기차를 합한 것으로 곡률보정과 대기차 보정을 합한 값을 말한다.

② 구차는 양의 보정값, 기차는 음의 보정값을 가지므로 비교적 짧은 거리를 측정할 때는 부호가 서로 달라 상쇄되는 성질을 고려하여 양차의 보정을 생략할 수 있다.

③ 양차(Δh) = 구차+기차 $= \frac{S^2}{2R} - \frac{kS^2}{2R} = \frac{(1-k)S^2}{2R}$ 단, S : 2점 사이의 수평거리, R : 지구의 반경(R≒6370km), k : 굴절계수이다.

④ 양차의 소거

- P점에서 관측한 고도각은 오차만큼 덜 읽게 되므로 그만큼을 양(+)의 방향으로 보정해 주어야 한다.
- 구차와 기차가 측량결과에 어떠한 영향을 주는가는 매우 중요한 일이다.
- 측량에서 구차와 기차의 영향은 매우 크므로 보정하는 것은 측량의 정밀도 향상에 매우 중요하다.

⑤ 양차를 고려한 측량

- 측지 삼각측량 및 정밀 수준측량
- 삼각 수준측량은 트랜싯 등을 사용하여 두 점 사이의 연직각을 측정하여 삼각법을 이용하여 고저차를 구하는 것이다.

1.5.4. 직접 수준측량의 최확값 및 오차조정

(1) 직접 수준측량의 최확값

① 동일 조건으로 두 점 간을 왕복하여 관측한 경우에는 산술평균 방식으로 최확값을 산정한다.

② 두 점 간의 거리를 2개 이상 다른 노선을 따라 측량한 경우에는 경중률을 고려한 최확값을 산정한다.

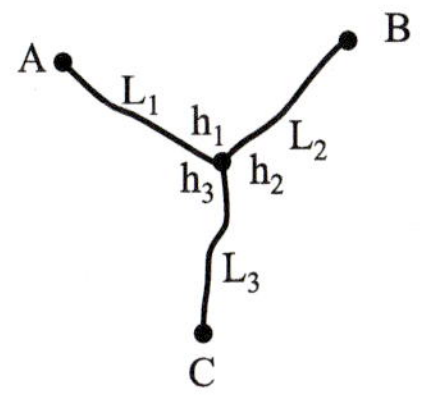

- $P_1 : P_2 : P_3 = \frac{1}{L_1} : \frac{1}{L_2} : \frac{1}{L_3}$에서 $h_0 = \frac{P_1 h_1 + P_2 h_2 + P_3 h_3}{P_1 + P_2 + P_3}$이다.
- $M = \frac{\sqrt{[P\upsilon\nu]}}{[P](n-1)}$

  여기서, P : 경중률, M : 평균제곱근 오차, h_0 : 최확값이다.

(2) 직접 수준측량의 오차조정

① 동일 기지점을 왕복 관측 또는 표고 기준점에 폐합한 경우 최확값

- 각 측점의 조정량$=\frac{\text{폐합오차}}{\text{노선 거리의 합}}\times$조정할 측점까지의 추가거리
- 각 측점의 최확값=각 측점의 관측값±조정량

PART 02 응용측량

핵 / 심 / 문 / 제

Chapter 01 수준측량

1. 수준측량에 대한 설명으로 옳지 않은 것은?

① 표고는 2점 사이의 높이차를 의미한다.
② 어느 지점의 높이는 기준면으로부터 연직거리로 표시한다.
③ 기포관의 감도는 기포 1눈금에 대한 중심각의 변화를 의미한다.
④ 기준면으로부터 정확한 높이를 측정하여 수준측량의 기준이 되는 점으로 정해 놓은 점을 수준원점이라 한다.

| 해설 |
표고는 기준면에서 어느 지점까지의 연직거리를 말한다.

정답 ①

2. 현장에서 수준측량을 정확하게 수행하기 위해서 고려해야 할 사항이 아닌 것은?

① 전시와 후시의 거리를 가능한 동일하게 한다.
② 기포가 중앙에 있을 때 읽는다.
③ 표척이 수직으로 세워졌는지 확인한다.
④ 레벨의 설치 횟수는 홀수회로 끝나도록 한다.

| 해설 |
수준측량 시 고려 사항
① 전시와 후시의 거리를 가능한 동일하게 한다.
② 표척이 수직으로 세워졌는지 확인한다.
③ 표척 수는 표척의 눈금이 잘 보이도록 양손을 표척의 측면에 잡고 세운다.
④ 관측 수가 표척을 다 읽을 때까지 표척 수는 움직여서는 안 된다.
⑤ 표척과 레벨의 거리는 100m를 넘어서는 안 된다.
⑥ 기포가 중앙에 있을 때 읽는다.
⑦ 레벨의 설치 횟수는 짝수회로 끝나도록 한다.

정답 ④

3. 측량목적에 따라 수준측량을 분류한 것은?

① 교호 수준측량　② 공공 수준측량
③ 정밀 수준측량　④ 단면 수준측량

| 해설 |
측량목적에 의한 분류는 고저차 수준측량과 단면측량으로 구분하는데 단면 수준측량은 종단 수준측량, 횡단 수준측량으로 세분한다.

정답 ④

4. 수준점 표석을 매설할 때에 주석 정면의 위치가 향하는 방향으로 옳은 것은?

① 임의의 방향　② 도로
③ 높은 산꼭대기　④ 무조건 북쪽

| 해설 |
수준점 표석에 기재된 문자가 도로를 향하게 하여 매설한다.

정답 ②

5. 우리나라 수준원점의 표고는?

① 36.8971m　② 26.6871m
③ 16.564m　④ 0.0m

| 해설 |
우리나라 수준원점은 인하공업전문대학 구내에 설치되었으며 표고는 26.6871m이다.

정답 ②

6. 다음 중 수준점에 대한 설명으로 틀린 것은?

① 우리나라는 국도 및 중요한 간선도로에 따라 약 2km마다 2등 수준점을 설치하였다.
② 수준점의 표고는 지오이드로부터의 높이를 말하며 레벨측량으로 구한다.
③ 수준점 표석의 상단 가운데에는 십자선이 표시되어 있다.
④ 우리나라 수준점의 표고의 기준점은 수준원점이다.

| 해설 |
수준점의 상단은 원으로 표시하고 있다.

정답 ③

7. 다음 중 가장 정확한 표고 측정의 기준이 되는 점은 어느 것인가?

① 삼각점　② 수준원점
③ 중간점　④ 이기점

| 해설 |
우리나라의 높이 기준은 인천 앞바다의 평균해수면(표고 : 0m)을 기준으로 측량한다.

정답 ②

8. 수준측량에서 우리나라가 채택하고 있는 수준 기준면으로 옳은 것은?

① 평균해수면　② 평균고조면
③ 최저조위면　④ 최고조위면

| 해설 |

우리나라 기준면은 평균해수면을 측정한 높이로 가상의 면이 되므로 고정된 점을 인하공업전문대학에 수준원점을 설치하여 사용하고 있다.

정답 ①

9. **수준측량에서 각 점들이 중력방향에 직각으로 이루어진 곡면을 뜻하는 용어는?**

① 지평면(horizontal plane)
② 수준면(level surface)
③ 연직면(plumb plane)
④ 특별기준면(special datum plane)

| 해설 |

수준면은 정지된 해수면이나 해수면 위에서 중력 방향에 수직한 곡면으로 지구표면이 물로 덮여 있을 때 만들어지는 형상의 표면이다.

정답 ②

10. **지표 위 어느 점으로부터 지구의 중심에 이르는 선을 무엇이라 하는가?**

① 수직선　② 수평선　③ 묘유선　④ 항정선

| 해설 |

수직선은 지표 위 어느 점으로부터 지구의 중심에 이르는 선을 말한다.

정답 ①

11. **수준측량에서 사용하는 용어의 설명 중 틀린 것은?**

① I.P(중간점) : 어떤 지점의 표고를 알기 위해 표척을 세워 전시를 취한 점
② B.S(후시) : 측량해 나가는 방향을 기준으로 기계의 후방을 시준한 값
③ T.P(이기점) : 기계를 옮기기 위해 어떤 점에서 전시와 후시를 취한 점
④ F.S(전시) : 표고를 알고자 하는 곳에 세운 표척의 시준값

| 해설 |

B.S(후시)는 알고 있는 점에 세운 표척의 눈금을 읽는 것을 말한다.

정답 ②

12. **수준측량에서 사용되는 용어 중 기계고(I.H)에 대한 설명으로 옳은 것은?**

① 기준면에서 시준선까지의 수직거리
② 지표면에서 기계 중심까지의 수직거리
③ 지표면에서 시준선까지의 수직거리
④ 수준원점에서 시준선까지의 수직거리

| 해설 |

기계고(I.H)는 지표면에서 시준선까지 높이로 지반고+측점의 후시 측정값을 말한다.

정답 ③

13. **다음 중 수준측량에서 기계고 산출식으로 옳은 것은? (단, I.H : 기계고, G.H : 표고, F.S : 전시, B.S : 후시)**

① I.H=G.H−F.S　② I.H=G.H+F.S−B.S
③ I.H=G.H+B.S　④ I.H=G.H+B.S−F.S

| 해설 |

기계고(I.H)=표고(G.H)+후시(B.S)의 식으로 표현한다.

정답 ③

14. **수준측량으로 지반고(G.H)를 구하는 식은?(단, B.S : 후시, F.S : 전시, I.H : 기계고)**

① G.H=I.H +F.S　② G.H=I.H +B.S
③ G.H=I.H −F.S　④ G.H=I.H −B.S

| 해설 |

지반고(G.H)=기계고(I.H) −전시(F.S)이다.

정답 ③

15. **수준측량 용어로 이 점의 오차는 다른 점에 영향을 주지 않으며 이 점만의 표고를 관측하기 위한 관측점을 의미하는 것은?**

① 기준점　② 측점　③ 이기점　④ 중간점

| 해설 |

중간점은 어느 점의 지반고만을 구하기 위해 전시만을 측정하여 표척의 읽음값으로 다른 점에 오차를 미치지 않는다.

정답 ④

16. **수준측량에서 전·후시의 측량을 연결하기 위하여 전시, 후시를 함께 취하는 점은?**

① 중간점　② 수준점　③ 이기점　④ 기계점

| 해설 |

이기점은 전시와 후시를 함께 관측하는 점으로서 이점에 대한 관측 오차는 후속 측량에 영향을 미치는 점이다.

정답 ③

17. **수준측량의 야장 기재법 중에서 완전한 검산을 계산으로 할 수 있으며 높은 정도가 있어야 하는 측량에 적합하나 중간점이 많으면 계산이 복잡하고 시간이 많이 소요되는 단점을 갖고 있는 것은?**

① 고차식　② 기고식　③ 승강식　④ 중단식

| 해설 |

승강식은 전시에서 후시를 뺀 값이 고저차가 되므로 계산 결과를 검사할 수 있으나 중간점이 많을 때는 계산이 복잡하다.

정답 ③

18. 수준측량의 기고식에 대한 설명으로 옳은 것은?

① 중력 측정을 통한 기계적 고도 수정 방법
② 시준축 오차를 소거하기 위한 수준측량 방법
③ 기압 측정을 통한 간접 수준 측량 방법
④ 중간점이 많은 경우에 편리한 야장기입 방법

| 해설 |

기고식은 중간점이 많을 경우에 사용되고 있는 방법으로 야장을 기입하는 것이 필수라고 할 수 있다.

정답 ④

19. 수준측량의 야장 기입법 중 중간점(I.P)이 많을 때 가장 적합한 방법은?

① 승강식 ② 고차식
③ 기고식 ④ 방사식

| 해설 |

기고식은 종단 및 횡단 수준측량에서 주위에 있는 많은 점의 높이를 결정하는 것으로 공사측량 및 중간점이 많은 경우에 편리하다.

정답 ③

20. 수준측량의 기고식과 관계있는 것은?

① 기계적 고도 수정 ② 기압 수준측량
③ 간접수준측량 ④ 야장기입 계산

| 해설 |

기고식은 중간점이 많을 때 사용되고 있는 방법으로 야장을 기재하는 방식이다.

정답 ④

21. 그림과 같이 직접 수준측량을 시행한 경우에 A점의 표고가 245.67m이라면 C점의 표고는 얼마인가?

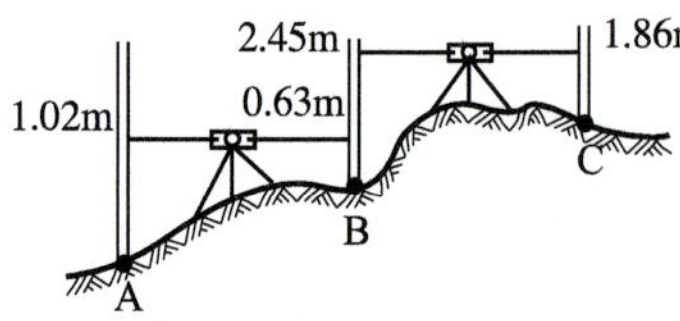

① 246.65m
② 247.28m
③ 247.91m
④ 248.51m

| 해설 |

A점 지반고=245.67m, B점 지반고=245.67+1.02−0.63=246.06m, C점 지반고=246.06+2.45−1.86=246.65m이다.

정답 ①

22. 측점 1에서 측점 5까지 직접 고저측량을 시행하여 후시의 총합이 3.627m, 전시의 총합이 6.809m이었고, 측점 1의 후시가 0.682m, 측점 5의 전시가 2.039m이었다면, 측점 1에 대한 측점 5의 표고는?

① 3.182m 높다. ② 3.182m 낮다.
③ 4.539m 높다. ④ 4.539m 낮다.

| 해설 |

측점 5의 표고는 두 지점의 표고차로

$H_5 = H_1 + \Sigma BS - \Sigma FS = 0.00 + 3.627 - 6.809 = -3.182$m로 측점 5의 표고는 측점 1의 표고보다 3.182m 낮다.

정답 ②

23. 그림과 같이 A에서부터 관측하여 폐합 수준측량을 실시한 결과가 표와 같을 때 오차를 보정한 D점의 표고는?

측점	거리(km)	표고(m)
A	0	20.000
B	3	12.412
C	2	11.285
D	1	10.874
A	2	20.055

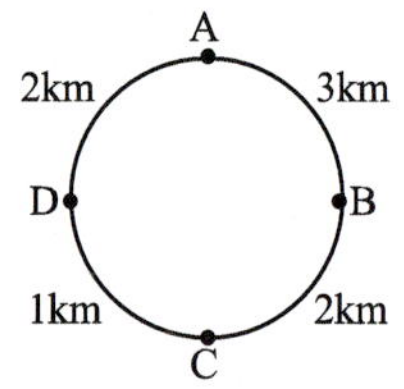

① 10.819m ② 10.833m
③ 10.915m ④ 10.929m

| 해설 |

① 전체 오차=D점의 표고−A점의 표고=20.055−20=0.055m이다.
② D점의 조정량은 거리의 총합(8) : 전체오차(0.055)=D점까지 거리의 합(6) : D점까지의 오차(x)를 계산하면 8 : 0.055 = 6 : x에서 $x = \frac{0.055 \times 6}{8} = 0.0412$이므로 D점의 실제 표고는 10.874−0.041 =10.833m이다.

정답 ②

24. A점의 표고가 100.56m이고, A와 B점의 지표에 세운 표척의 관측값이 각각 a=+5.5m, b=+2.3m라 할 때 B점의 표고는?

① 97.36m
② 101.46m
③ 103.76m
④ 108.36m

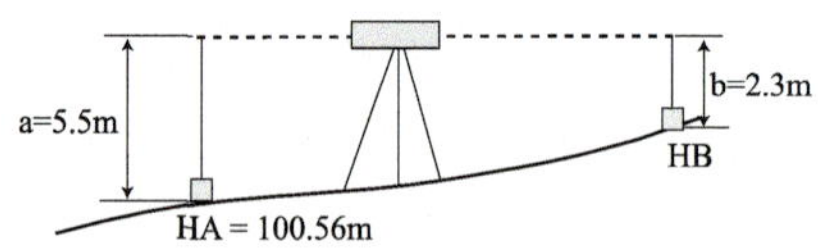

| 해설 |

B점의 표고(H_B) = $H_A + a - b = 100.56 + 5.5 - 2.3 = 103.76$m이다.

정답 ③

25. 측점 No.1에서 No.5까지 레벨을 측량한 결과표와 같은 결과를 얻었다. 측점 No.5는 측점 No.1보다 얼마나 높은가?

측점	후시(m)	전시(m)
No. 1	0.862	–
No. 2	1.295	1.324
No. 3	1.007	0.381
No. 4	1.463	2.245
No. 5	–	2.139

① −1.462m ② +1.462m
③ −1.277m ④ +1.277m

| 해설 |

① 후시의 합계=0.862+1.295+1.007+1.463=4.627m
② 전시의 합계=1.324+0.381+2.245+2.139=6.089m
③ 고저차=후시의 합계−전시의 합계=4.627−6.089=−1.462m이다.

정답 ①

26. 수준점 A로부터 수준점 B까지 직접 수준측량을 하여 다음 결과를 얻었다. 이것에 의하여 측점 4의 지반고를 계산하여 맞는 것은?

측점	거리	후시	전시	지반고
A	0	1.463m		10.000m
1	20	1.561	1.235m	
2	40	1.358	1.129	
3	60	1.632	0.924	
4	80	1.206	0.936	
B	100		1.527	

① 10.790m ② 11.790m
③ 11.469m ④ 12.442m

| 해설 |

① 측점 4의 지반고는 측점 4까지의 후시 총합[b]에서 전시 총합[f]을 빼서 측점 A의 지반고를 더한다.
② $H_4 = H_A + [b] - [f] = 10.000 + \{(1.463 + 1.561 + 1.358 + 1.632) - (1.235 + 1.129 + 0.924 + 0.936)\} = 10.000 + 6.014 - 4.224 = 11.790\text{m}$

정답 ②

27. 평판을 이용하여 측량한 결과가 그림과 같이 n=13, D=75m, S=1.25m, I=1.30m, $H_A = 50.00\text{m}$일 때 B점의 표고(H_B)는?

① 58.8m
② 59.8m
③ 60.8m
④ 61.8m

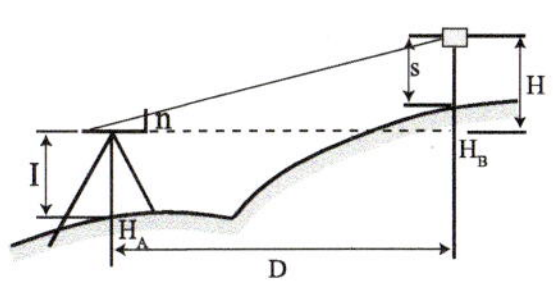

| 해설 |

B점의 표고

$(H_B) = H_A + I + H - S = 50 + 1.30 + \dfrac{13 \times 75}{100} - 1.25 = 59.8\text{m}$이다.

정답 ②

28. 수준측량에서 시점의 지반고가 100m이고, 전시의 총합은 107m, 후시의 총합은 125m일 때 종점의 지반고는?

① 332m ② 232m ③ 118m ④ 82m

| 해설 |

종점의 지반고=시점의 지반고+(후시의 총합−전시의 총합)
=100 +(125−107)=118m이다.

정답 ③

29. 경사면 위의 두 점(A, B)에서 A점의 표고는 180m, B점의 표고는 60m이고, AB의 수평거리는 200m이다. B로부터 표고 150m인 등고선까지의 수평거리는?

① 50m ② 100m ③ 150m ④ 200m

| 해설 |

AB점 표고차(h) = 180 − 60 = 120m, AB점 수평거리는 200m, AC점 표고차(h) = 150 − 60 = 90m, AC점 수평거리는 120 : 200=90 : AC에서 $AC = \dfrac{200 \times 90}{120} = 150\text{m}$이다.

정답 ③

30. 표고 100m인 A점에서 표고 120m인 B점을 관측하여 경사각 25° 를 구했다면 A, B점의 수평거리는?(단, A점의 기계고와 B점의 시준고는 같다.)

① 42.26m ② 42.89m ③ 47.32m ④ 50.71m

| 해설 |

AB의 수평거리$(D) = \dfrac{H}{\tan\theta°} = \dfrac{20}{\tan 25°} = 42.89\text{m}$이다.

정답 ②

31. A, B점의 표고가 각각 125m, 153m이고, 2점 간의 수평거리가 250m일 때, AB 선상의 표고 140m인 C점에 대한 A, C점 간의 수평거리는?(단, A, B 간은 등경사이다.)

① 132.93m ② 133.93m
③ 134.93m ④ 135.93m

| 해설 |

C점까지의 실제 수평거리는 28 : 250 =15 : x에서 A, C점 간의 수평거리 $(x) = \dfrac{250 \times 15}{28} = 133.93\text{m}$이다.

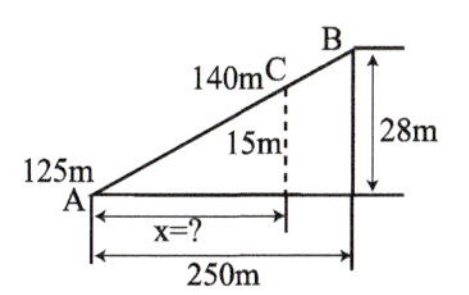

정답 ②

PART 02 응용측량

32. 경사면 AB BC에 따라 거리를 측정하여 AB=21.562m, BC=28.064m를 얻었다. 1측점에서 레벨을 설치하여 A, B, C 상에 표척을 세워 아래와 같이 얻었을 때 AC의 수평거리는?

① 49.6m
② 50.1m
③ 59.6m
④ 60.1m

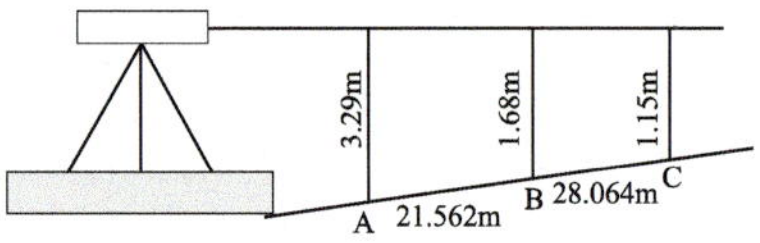

| 해설 |

경사거리(AC) $= 21.562 + 28.064 = 49.626\text{m}$,
표고차(h) $= H_A - H_C = 3.29 - 1.15 = 2.14\text{m}$
AC의 수평거리 $= \sqrt{49.626^2 - 2.14^2} = 49.580\text{m} \fallingdotseq 49.6\text{m}$이다.

정답 ①

33. 삼각 수준측량에서 연직각 α=20°, 두 점 사이의 수평거리(D)=400m, 기계 높이(i)=1.70m, 표척 높이(Z)=2.50m이면 두 점 간의 고저차는?(단, 대기 오차와 지구의 곡률 오차는 고려하지 않는다)

① 130.11m ② 140.25m
③ 144.79m ④ 146.39m

| 해설 |

표고차=기계고(i)+높이(H)−시준고(h) 에서 시준고(h)=tan20°×400+(1.70−2.50)=144.79m이다.

정답 ③

34. 폭이 넓은 하천을 횡단하여 정밀하게 수준측량을 실시할 때 가장 좋은 방법은?

① 교호 수준측량에 의해 실시 ② 삼각측량에 의해 실시
③ 시거측량에 의해 실시 ④ 육분의에 의해 실시

| 해설 |

교호수준측량은 폭이 넓은 하천을 횡단하여 양단의 높이차를 높은 정밀도로 관측할 때에 적합하다.

정답 ①

35. 폭이 100m이고 양안(兩岸)의 고저차가 1m인 하천을 횡단하여 수준측량을 실시할 때 양안의 고저차를 측정하는 방법으로 옳은 것은?

① 교호수준측량으로 구한다.
② 시거측량으로 구한다.
③ 간접수준측량으로 구한다.
④ 양안의 수면으로부터의 높이로 구한다.

| 해설 |

교호수준측량은 하천 등의 양쪽에 있는 두 점 간의 고저차를 직접 또는 간접으로 구하는 방법으로 높은 정밀도가 필요할 때는 양안의 고저차를 관측한다.

정답 ①

36. 교호수준측량에서 측정값이 아래와 같을 때 A, B 두 점 사이의 고저차는?(단, $a_1 = 2.52\text{m}$, $b_1 = 1.21\text{m}$, $a_2 = 3.53\text{m}$, $b_2 = 2.20\text{m}$)

① 1.31m
② 1.32m
③ 1.33m
④ 1.34m

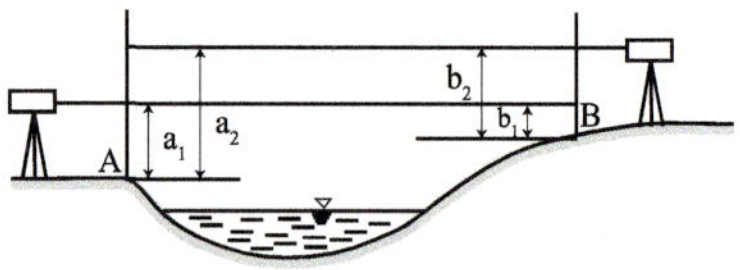

| 해설 |

$h = \frac{1}{2}\{(a_1 + a_2) - (b_1 + b_2)\}$ 에서
$h = \frac{1}{2}\{(2.52 + 3.53) - (1.21 + 2.20)\} = 1.32\text{m}$이다.

정답 ②

37. 그림과 같이 교호수준측량을 시행한 경우 A점의 표고가 50m라면 D점의 표고는?

① 50.06m
② 50.37m
③ 50.53m
④ 50.89m

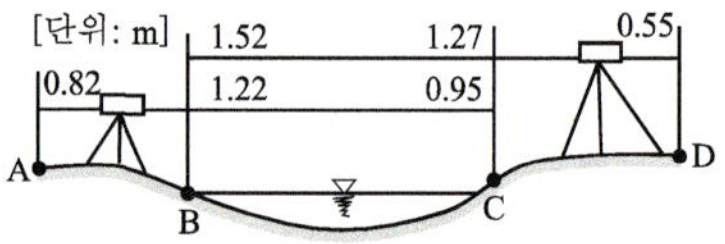

| 해설 |

고저차(H) $= \frac{(a_1 - b_1) + (a_2 - b_2)}{2} = \frac{(1.52 - 1.27) + (1.22 - 0.95)}{2} = 0.26\text{m}$, B점의 표고$(H_B) = H_A + B.S + h - F.S = 50 + 0.82 + 0.26 - 0.55 = 50.53\text{m}$이다.

정답 ③

38. 기포관의 감도는 무엇으로 표시하는가?

① 기포관의 길이에 대한 곡선의 중심각
② 기포관의 눈금의 양단에 대한 곡선의 중심각
③ 기포관의 한 눈금에 대한 곡선의 중심각
④ 기포관의 반 눈금에 대한 곡선의 중심각

| 해설 |

기포관의 감도는 기포가 한 눈금(2mm) 이동할 때 기포관축의 경사각으로 기포관 한 눈금 사이에 낀 각을 말한다.

정답 ③

39. 다음 중 기포관의 감도에 가장 큰 영향을 미치는 것은?

① 기포관의 지름 ② 기포관의 길이
③ 기포관의 곡률반지름 ④ 기포관 액체의 밀도

| 해설 |

수준기 감도는 수준기의 곡률반지름에 좌우되고 곡률반지름이 클수록 감도는 좋고 기포관의 곡률반지름의 크기는 기포관의 감도에 가장 큰 영향을 미친다.

정답 ③

40. 수준측량기의 기포관 감도와 기포관 곡률반지름과의 관계에서 틀린 것은?

① 기포관의 곡률반지름의 크기는 기포관의 감도에 영향을 미친다.
② 감도라 하면 기포관 한 눈금 사이의 곡률 중심각의 변화를 초로 나타낸 것이다.
③ 기포관의 이동이 민감하려면 곡률반지름은 되도록 커야 한다.
④ 기포관 1눈금이 2mm이고, 반지름이 13.751m이면 그 감도는 30″이다.

| 해설 |

① 수준기의 감도는 기포가 1눈금 움직일 때 수준기축이 경사가 되는 각도로서 한 눈금 사이에 낀 각을 말하며 곡선반지름이 클수록 감도는 좋다.
② 따라서, 곡선반지름(R)이 작을수록 기포관의 이동은 민감하게 된다.

정답 ③

41. 기포관의 감도를 구하는 식으로 옳은 것은?(단, n : 기포의 이동 눈금 수, ℓ : 표척의 눈금 차, D : 기계에서 표척까지의 길이)

① $\frac{\ell}{nD}\times\rho''$ ② $\frac{n}{\ell D}\times\rho''$ ③ $\frac{D}{\rho''\ell}\times n$ ④ $\frac{n\ell}{D}\times\rho''$

| 해설 |

기포관 감도를 구하는 식은 $\theta''=\frac{\ell}{nD}\times\rho''$ 이다.

정답 ①

42. 기포ℓ관의 1눈금이 2mm인 레벨로 150m 거리에 있는 표척을 시준하니 2.563m였고, 기포를 3눈금 이동시켜 시준한 결과 2.608m였다. 이때 기포관의 감도는?

① 20.63″ ② 10.63″ ③ 40.63″ ④ 30.63″

| 해설 |

D=150m, n=3, ℓ =2.608−2.563=0.1045에서

기포관의 감도$(\theta)=\frac{\ell}{nD}\cdot\rho''=\frac{0.045}{3\times150}\times206,265''=20.63''$이다.

정답 ①

43. 거리 100m 지점의 표척을 기포가 중앙에 있을 때의 읽음값이 1.654m, 기포가 5눈금 이동되었을 때의 읽음값이 1.702m였다. 이 기포관의 감도는 얼마인가?

① 10″ ② 20″ ③ 30″ ④ 40″

| 해설 |

기포관의 감도$(\theta)=\rho''\cdot\frac{\ell}{nD}=206,265''\times\frac{0.048}{5\times100}\fallingdotseq20''$이다.
(ρ″ : 206265″, ℓ : 눈금 차, n : 이동된 눈금 수, D : 거리)

정답 ②

44. 수준측량에서 기포관의 눈금이 3눈금 움직였을 때 60m 전방에 세운 표척의 읽음차가 2.5cm인 경우 기포관의 감도는?

① 26″ ② 29″ ③ 32″ ④ 35″

| 해설 |

기포관의 감도$(\theta)=\rho''\times\frac{\ell}{nD}=206,265''\times\frac{0.025}{3\times60}=0.00795775=29''$
이다.(ρ″ : 206265″, ℓ : 눈금 차, n : 이동된 눈금 수, D : 거리)

정답 ②

45. 기포관의 감도가 20초인 레벨에서 기계로부터 50m 떨어진 곳에 세운 표척을 시준할 때 기포관에서 2눈금의 오차가 있었다면 수준 오차는?

① 1.2mm ② 2.4mm ③ 4.8mm ④ 9.7mm

| 해설 |

감도$(\theta)=\frac{\ell}{nD}\times\rho''$에서, 수준 오차$(\ell)=\frac{\theta''nD}{\rho''}=\frac{20''\times2\times50}{206265''}=$
9.7mm이다.(여기서, ℓ : 오차, n : 눈금 수, D : 거리)

정답 ④

46. 수준기의 감도가 20″ 인 레벨(Level)을 사용하여 40m 떨어진 표척을 시준할 때 발생할 수 있는 시준오차는?

① ±0.5mm ② ±3.9mm
③ ±5.2mm ④ ±8.5mm

| 해설 |

시준오차$(\ell)=\frac{\alpha''}{\rho''}nD=\frac{20''}{206265''}\times1\times40=0.0039m=3.9mm$이다.

정답 ②

47. 레벨(Level) 수준의 기포관의 곡률반지름을 알기 위하여 10m 떨어진 곳의 표척(Staff)을 수평으로 시준하고, 기포를 2눈금 이동시켜서 다시 표척(Staff)을 시준하니 4cm의 이동이 있었다면 이때 기포관의 곡률반지름은 얼마인가?(단, 기포관 1 눈금은 2mm)

① 1.0m ② 1.5m ③ 2.0m ④ 2.3m

| 해설 |

R:S=D:L에서 곡률반지름$(R)=\frac{S\times D}{L}=\frac{0.004\times10}{0.04}=1m$이다.
(D : 표척 이동 거리, L : 시준거리, S : 눈금 이동거리)

정답 ①

48. 레벨로부터 50m 떨어진 곳에 세운 수준척의 읽음값이 1.125m이었다. 기포를 수준척의 방향으로 4눈금 이동하여 수준척을 읽으니 1.150m였다면 이 기포관의 곡률반지름은?(단, 기포관의 한 눈금의 길이는 2mm이다.)

① 12.5m ② 10.0m ③ 16.0m ④ 20.0m

| 해설 |

곡률반지름$(R) = \frac{nd \cdot L}{\Delta h} = \frac{4 \times 0.002 \times 50}{0.025} = 16.0m$

여기서, n : 눈금 이동수, d : 기포관 눈금 길이, L : 거리, Δh: 표척의 차

정답 ③

49. 거리 80m 떨어진 곳에 표척을 세워 기포가 중앙에 있을 때와 기포관의 눈금이 5눈금 이동했을 때 표척 읽음값의 차이가 0.09m이었다면 이 기포관의 곡률반지름은?(단, 기포관 한 눈금의 간격은 2mm이고, $\rho = 206265''$ 이다.)

① 8.9m ② 9.1m ③ 9.4m ④ 9.6m

| 해설 |

곡률반지름$(R) = \frac{nd \cdot L}{\Delta h} = \frac{5 \times 80 \times 0.002}{0.09} = 8.9m$이다.

정답 ①

50. 기포관의 감도가 20″인 레벨의 곡률반지름은?(단, 기포 1눈금의 간격은 2mm이다.)

① 약 20m ② 약 25m
③ 약 30m ④ 약 40m

| 해설 |

기포관의 감도$(\theta) = \frac{e}{R} \cdot \rho'' = \frac{0.002}{R} \times 206,265'' = 20''$에서 곡선반지름 $(R) = \frac{0.002}{20''} \times 206265 = 20.63m$이다.

정답 ①

51. 그림과 같이 표척 눈금 5m에서 시준 방향 연직선에 대하여 35cm 기울어지게 세워진 표척을 시준하여 표척 눈금 1.802m를 읽었다면 정확한 시준값(h)은?

① 1.722m
② 1.756m
③ 1.779m
④ 1.798m

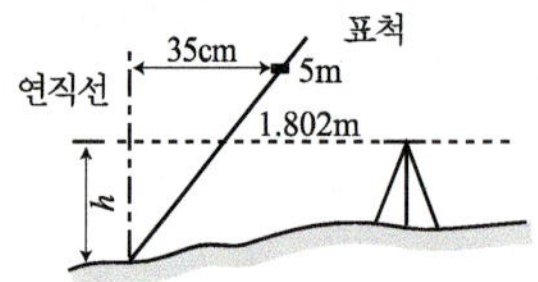

| 해설 |

표척의 높이값은 $x = \sqrt{5.0^2 - 0.35^2} = 4.988m$이므로 기울어진 높이값은 1.802 : 5=x : 4.988에서 $x = \frac{1.802 \times 4.988}{5} = 1.798$이다.

정답 ④

52. A점의 표고 100.65m, B점의 표고 104.25m일 때, 레벨을 사용하여 A점에 세운 표척의 읽음값이 5.23m이었다면 B점에 세운 표척의 읽음값은?

① 0.78m ② 0.98m ③ 1.52m ④ 1.63m

| 해설 |

고저차(h)=(B.S의 총합−F.S의 총합)=100.65+5.23−104.25=1.63m이다.

정답 ④

53. 수준측량의 오차에 대한 설명으로 옳은 것은?

① 정오차는 발생하나 부정오차는 발생하지 않는다.
② 주로 기상의 영향으로 발생한다.
③ 오차는 노선 거리의 제곱근에 비례한다.
④ 오차 배분 시 경중률은 노선길이의 제곱근에 반비례한다.

| 해설 |

직접 수준측량에서 오차는 노선 거리(S)의 제곱근 $\sqrt{S}$에 비례한다.

정답 ③

54. 다음 중 수준측량에서 정오차인 것은?

① 기상변화 ② 기포관 곡률의 부등
③ 표척 눈금의 불완전 ④ 기포관의 둔감

| 해설 |

표척 눈금에 의한 오차는 잘못된 눈금만큼 누적되므로 정오차 또는 누적오차라 한다.

정답 ③

55. 수준측량의 오차 중 우연오차에 해당되는 것은?

① 지구의 곡률에 의한 오차
② 빛의 굴절에 의한 오차
③ 표척의 눈금이 표준(검정)길이와 달라 발생하는 오차
④ 순간적인 레벨 시준축 변위에 의한 읽음 오차

| 해설 |

수준측량의 오차 중 우연오차는 시차에 의한 오차, 일광 직사에 의한 오차, 기포 이동에 의한 오차, 진동, 지진에 의한 오차, 시준축 변위에 의한 읽음오차가 있다.

정답 ④

56. 수준측량의 오차 중에서 기계적 원인으로 발생하는 오차가 아닌 것은?

① 시준 시 기포가 정중앙에 있지 않다.
② 기포관의 곡률이 균일하지 않다.
③ 레벨의 조정이 불완전하다.
④ 기포가 둔감하다.

| 해설 |

①은 측량자에 의한 오차이다.

정답 ①

57. **수준측량 시 레벨의 불완전조정에 의한 오차를 제거하는데 가장 적합한 방법은?**

① 왕복 2회 측정하여 평균을 취한다.
② 시준거리를 짧게 한다.
③ 관측 시 기포가 항상 중앙에 오게 한다.
④ 전시와 후시의 거리를 같게 취한다.

| 해설 |

레벨의 불완전조정에 의한 오차는 전시와 후시의 표척 거리를 같게 하면 오차를 적게 할 수 있다.

정답 ④

58. **수준측량에서 전시와 후시의 거리가 같게 하여 소거할 수 있는 주요 오차는?**

① 망원경의 시준선이 기포관 축에 평행이 아닐 때의 오차
② 시준하는 순간 기포가 중앙에 있지 않아 생기는 오차
③ 전시와 후시의 야장 기재를 잘못하여 생기는 오차
④ 표척이 표준길이가 아닌 경우의 오차

| 해설 |

전시와 후시의 거리를 같게 하여 소거할 수 있는 오차는 기포관축과 시준축이 평행이 아닐 경우, 지구의 곡률 및 대기에 의한 광선의 굴절에 의한 경우이다.

정답 ①

59. **수준측량에서 전·후시 거리를 같게 함으로써 소거되지 않는 오차는?**

① 지구의 곡률 오차
② 표척 눈금의 부정에 의한 오차
③ 광선의 굴절 오차
④ 시준축 오차

| 해설 |

전시와 후시의 거리를 같게 하여 제거할 수 있는 오차는 레벨의 조정이 불완전한 경우 발생하는 시준축의 오차, 지구의 곡률 오차(구차)와 빛의 굴절 오차(기차)이다.

정답 ②

60. **수준측량에서 전시와 후시를 등거리로 하는 것이 좋다. 그 이유로 틀린 것은?**

① 지구 곡률 오차를 소거할 수 있다.
② 레벨 조정 불완전에 의한 오차를 없앤다.
③ 시차에 의한 오차를 줄인다.
④ 대기굴절 오차를 소거할 수 있다.

| 해설 |

시차에 의한 오차는 부정오차로 망원경을 시차가 없도록 조정하여 관측한다.

정답 ③

61. **수준측량에서 전시와 후시 거리를 같게 취하는 가장 큰 이유는?**

① 시준축과 기포관축이 평행이 아니므로 생기는 오차의 제거를 위해
② 표척에 있을 수 있는 눈금 오차의 제거를 위해
③ 표척이 연직이 아닐 때의 오차 제거를 위해
④ 관측을 편하게 하기 위해

| 해설 |

수준측량에서 전시 거리와 후시 거리를 같게 하는 이유는 레벨의 조정이 불완전하여 발생하는시준축과 기포관축이 평행이 아니므로 생기는 오차의 제거, 지구의 곡률 오차(구차)와 빛의 굴절 오차(기차)이다.

정답 ①

62. **수준측량에서 표척(수준척)을 세우는 횟수를 짝수로 하는 주된 이유는?**

① 표척의 영점오차 소거
② 시준축에 의한 오차의 소거
③ 구차의 소거
④ 기차의 소거

| 해설 |

표척의 영점오차는 표척을 오랫동안 사용하였기 때문에 표척의 밑 부분이 마모되어 제로 선이 올바르게 제로로 표시되지 않아 관측결과에 생기는 오차로 출발점에 세운 표척과 도착점에 세운 표척을 같게 하고 측점 수는 짝수로 하는 것이 좋다.

정답 ①

63. **수평각 관측에서 측각오차 중 망원경을 정·반으로 관측하여 소거할 수 있는 오차가 아닌 것은?**

① 시준축 오차 ② 수평축 오차
③ 연직축 오차 ④ 편심 오차

| 해설 |

망원경을 정·반으로 관측하여 소거할 수 있는 오차는 시준축 오차, 수평축 오차, 연직축 오차이다.

정답 ④

64. 레벨의 시준축이 기포관축과 평행하지 않으므로 인한 오차를 소거하는 방법으로 옳은 것은?

① 후시한 후 곧바로 전시한다.
② 전시와 후시의 거리를 같게 한다.
③ 표척을 정확히 수직으로 세운다.
④ 표척을 시준선의 좌우로 약간 기울인다.

해설

전시와 후시의 거리를 같게 하여 소거할 수 있는 오차는 기포관축과 시준축이 평행이 아닐 경우, 지구의 곡률 및 대기에 의한 광선의 굴절에 의한 경우이다.

정답 ②

65. 레벨의 시준선을 조정하기 위하여 그림과 같이 A, B에 세운 표척을 시준하고, C점에서 a_1, b_1을, D점에서 a_2, b_2를 읽어서 다음 값을 얻었다. $a_1 = 0.661m$, $a_2 = 1.020m$, $b_1 = 1.325m$, $b_2 = 1.714m$이 레벨을 조정하는 데는 D점에서 B표척의 읽기(b_0)가 얼마로 되게 하면 좋은가?

① 1.381m
② 1.481m
③ 1.581m
④ 1.681m

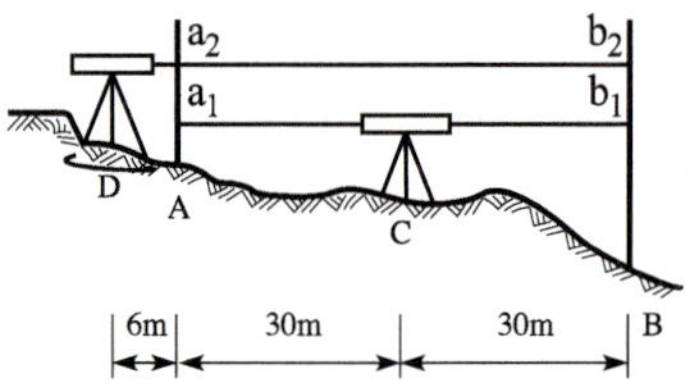

해설

$d = \frac{L+\ell}{L}\{(a_2 - a_1) - (b_2 - b_1)\} = \frac{60+6}{60}\{(1.020 - 0.661) - (1.714 - 1.325)\} = 1.1 \times (-0.03) = -0.033m$ 에서

$b_0 = b_2 + e = 1.714 - 0.033 = 1.681m$ 이다.

정답 ④

66. 1등 수준측량에서 왕복 관측값의 교차에 대한 허용범위로 옳은 것은? 단, S : 관측거리(편도 km)

① $0.5mm\sqrt{S}$ 이하
② $2.5mm\sqrt{S}$ 이하
③ $5.0mm\sqrt{S}$ 이하
④ $15mm\sqrt{S}$ 이하

해설

1등 수준측량에서 왕복관측 시 폐합되는 허용오차는 $2.5mm\sqrt{S}$ 이하 이다. S : 노선 거리(km)

정답 ②

67. 2km에 대한 수준측량의 왕복오차를 ±15mm로 제한한다면 3km 노선을 왕복수준측량을 하였을 때 제한 오차는?

① ±15mm ② ±16mm ③ ±17mm ④ ±18mm

해설

오차는 거리(s)의 제곱근에 비례하므로 $\sqrt{2}km : 15mm = \sqrt{3}km : x\ mm$ 에서 $x = \frac{15 \times \sqrt{3}}{\sqrt{2}} = 18.37mm$ 이다.

정답 ④

68. 노선연장 2km를 결합도선으로 측량할 때 폐합비를 1/100,000으로 제한하려면 폐합오차의 허용한계는 얼마로 해야 하는가?

① 0.2cm ② 0.5cm ③ 1.0cm ④ 2.0cm

해설

노선연장 2km=200,000cm이므로 $\frac{x}{200,000} = \frac{1}{100,000}$ 에서

$x = \frac{200,000}{100,000} = 2cm$ 이다.

정답 ④

69. 두 점 간의 관측 거리(편도)가 4km인 2점을 1등 수준측량 하였을 때의 왕복 관측값의 최대 허용 교차는?

① ±1mm ② ±3mm ③ ±5mm ④ ±7mm

해설

1등 수준측량 왕복 관측 시 폐합 허용오차 : $2.5mm\sqrt{L}$, 2등은 $5.0mm\sqrt{L}$, L은 노선 거리(km), $2.5\sqrt{4} = 5mm$이다.

정답 ③

70. 다음 중 삼각점 사이의 고저차를 측정할 때 생기는 구차(球差)가 가장 큰 경우는?

① 삼각점 간 거리가 1km 미만으로 가까울 때
② 삼각점 간 거리가 약 4km 정도일 때
③ 삼각점 간 거리가 11km가 넘을 때
④ 삼각점 간 거리와 무관하게 오전에 관측할 때

해설

구차는 지구가 회전타원체이므로 구에 의한 오차로 1/1,000,000일 경우 반경 11km 이상일 경우에 곡면으로 관측이 되므로 구차가 발생한다.

정답 ③

71. 수준측량에서 굴절 오차와 거리의 관계를 설명한 것으로 옳은 것은?

① 거리의 제곱근에 비례한다.
② 거리의 제곱에 비례한다.
③ 거리의 제곱에 반비례한다.
④ 거리의 제곱근에 반비례한다.

해설

굴절 오차란 지구의 곡률에 의한 오차로 구차라고도 하며 광선이 대기 중을 진행할 때는 밀도가 다른 공기층을 통과하면서 일종의 곡선을 그리는데 시준 방향과 진행 방향과의 차를 말하며 굴절 오차는 거리의 제곱에 비례한다.

정답 ②

72. 다음 수준측량의 오차 중 시준거리의 제곱에 비례하여 변화하는 것은?

① 지구의 곡률에 의한 오차
② 표척의 경사에 의한 오차
③ 관측자의 오독으로 인한 오차
④ 레벨의 불완전조정에 의한 오차

| 해설 |

지구의 곡률에 의한 오차인 구차 $=\frac{S}{2R}$로 시준거리 S에 제곱에 비례한다.

정답 ①

73. 간접 수준측량에서 지구의 평균반경을 6370km로 하고, 수평거리가 2km 일 때 지구곡률 오차는?

① 0.314m ② 0.491m ③ 0.981m ④ 1.962m

| 해설 |

$\theta=\tan^{-1}\frac{2}{6,370}=0°01'05''$에서 $x=\frac{6,370}{\cos 0°01'05''}=6,370.000314\text{km}$,
곡률오차$=6,370.000314-6,370=0.314\text{m}$이다.

정답 ①

74. 수평거리가 18km일 때 광선의 굴절에 의한 오차는? (단, 굴절계수는 0.14, 지구의 곡률반지름은 6,370km)

① −21.87m ② −6.12m
③ −5.36m ④ −3.56m

| 해설 |

굴절에 의한 오차(hr)$=-\frac{ks^2}{2R}=-\frac{0.14\times18^2}{2\times6370}=-0.00356\text{km}=-3.56\text{m}$이다.

정답 ④

75. 다음 중 기차에 대한 설명으로 맞는 것은?

① 아침 7시를 전후하여 기차는 가장 작다.
② 12시를 전후하여 기차는 가장 작다.
③ 오후 5시를 전후하여 기차는 가장 작다.
④ 저녁 7시를 전후하여 기차는 가장 작다.

| 해설 |

연직각의 측정은 아침 10~14시 또는 밤이 좋으며, 이른 아침과 초저녁에는 광선의 굴절이 심하므로 좋지 않다.

정답 ②

76. 지구를 둘러싸고 있는 공기의 층은 위로 올라갈수록 밀도가 희박해지고 대기 중을 통과하는 광선은 직진하지 않고 구부러진다. 이로 인해 발생한 오차는?

① 구차 ② 기차 ③ 양차 ④ 상차

| 해설 |

기차는 구를 둘러싸고 있는 공기의 층이 위로 올라갈수록 밀도가 희박해지고 대기를 통과하는 광선은 굴절로 인해 발생한 오차이다.

정답 ②

77. 다음 중 양차에 대한 설명으로 틀린 것은?

① 양차란 수평각을 관측할 때 보정하는 값으로 구차와 기차를 합한 것을 말한다.
② 구차는 지구가 회전타원체의 형상이어서 나타나는 것을 말한다.
③ 기차는 지구 대기권의 밀도가 고도에 따라 변화하는 현상을 말한다.
④ 기차는 빛이 진행하면서 지면을 향하는 곡선을 관측한 값의 차를 말한다.

| 해설 |

지표면이 구면으로 인하여 발생하는 것을 구차, 대기의 굴절을 고려하는 것을 기차라고 말하며 이것을 합하여 양차라고 말한다.

정답 ④

78. 삼각 수준측량에서 수평거리를 D, 지구의 반경을 R, 대기의 굴절계수를 K라 할 때 대기의 기압과 지구의 곡률을 고려한 양차의 공식으로 맞는 것은?

① 양차$=\frac{1+K}{2R}D^2$ ② 양차$=\frac{1-D}{2R}K^2$
③ 양차$=\frac{1-K}{2D}K^2$ ④ 양차$=\frac{1-K}{2R}D^2$

| 해설 |

양차는 구차와 기차의 합으로 양차$=\frac{1-K}{2R}D^2$이다.
(D : 두 점 사이의 직선거리, R : 지구의 반경, k : 굴절계수)

정답 ④

79. 키가 1.6m인 사람이 해안선에서 해상을 바라볼 수 있는 거리는?(단, 지구의 곡률반지름은 6,370km이다.)

① 1,600m ② 2,257m
③ 3,200m ④ 4,515m

| 해설 |

양차$=\frac{D^2}{2R}\times(1-K)=\frac{D^2}{2\times6,370,000}=1.6$ 에서
$D=\sqrt{12,740,000\times1.6}=4514.86\text{m}$ 이다.

정답 ④

80. 갑, 을 2인이 두 점 간의 수준측량을 하여 고저차를 구하였더니 다음과 같았다면 최확값은?

갑 : 25.56±0.029m, 을 : 25.52±0.012m

① 25.515m ② 25.526m
③ 25.537m ④ 25.548m

| 해설 |

$P_A : P_B = \frac{1}{29^2} : \frac{1}{12^2} = \frac{1}{841} : \frac{1}{144} = 1 : 5.8$,

$H = \frac{\Sigma P \cdot \ell}{\Sigma P} = \frac{(25.56 \times 1) + (25.52 \times 5.8)}{1 + 5.8} = 25.526$m이다.

정답 ②

81. 두 점 간의 고저차를 A, B 두 사람이 정밀하게 측정하여 다음과 같은 결과를 얻었다. 두 점간 고저차의 최확값은?(단, A : 68.994m ±0.008m, B : 69.003m ±0.004m)

① 69.001m ② 68.998m
③ 68.996m ④ 68.995m

| 해설 |

$P_A : P_B = \frac{1}{8^2} : \frac{1}{4^2} = \frac{1}{64} : \frac{1}{16} = 1 : 4$에서

$H = \frac{\Sigma P \cdot \ell}{\Sigma P} = \frac{(68.994 \times 1) + (69.003 \times 4)}{1 + 4} = 69.0012$m이다.

정답 ①

82. 관측값 $\ell_1 = 50.24$m, 경중률 $p_1 = 2$, 관측값 $\ell_2 = 50.25$m, 경중률 $p_2 = 1$, 관측값 $\ell_3 = 50.26$m, 경중률 $p_3 = 3$의 경우 최확값를 구하면?

① 50.10m ② 50.25m ③ 50.30m ④ 50.35m

| 해설 |

경중률 $P_1 : P_2 : P_3 = \ell_1 : \ell_2 : \ell_3$에서

최확값 $= 50 + \frac{2 \times 0.24 + 1 \times 0.25 + 3 \times 0.26}{2 + 1 + 3} = 50.252$m이다.

정답 ②

83. P점의 높이를 직접 수준측량에 의하여 A, B, C, D의 수준점에서 관측한 결과 노선별 거리와 표고값이 다음과 같을 때, P점의 최확값은?

A → P : 1km, 45.348m, B → P : 2km, 45.370m, C → P : 3km, 45.351m, D → P : 4km, 45.362m

① 45.366m ② 45.376m ③ 45.355m ④ 45.375m

| 해설 |

$P_A : P_B : P_C : P_D = 1 : \frac{1}{2} : \frac{1}{3} : \frac{1}{4} = 12 : 6 : 4 : 3$에서

$H_p = \frac{(45.348 \times 12) + (45.370 \times 6) + (45.351 \times 4) + (45.362 \times 3)}{12 + 6 + 4 + 3} = 45.355$m 이다.

정답 ③

84. A, B 두 개의 수준점에서 P점을 관측한 결과가 표와 같을 때 P점의 최확값은?

① 80.235m
② 80.238m
③ 80.240m
④ 80.258m

구분	관측값	거리
A → P	80.258m	4km
B → P	80.218m	3km

| 해설 |

경중률 $P_A : P_B = \frac{1}{4} : \frac{1}{3} = 3 : 4$에서 $H_p = \frac{(80.258 \times 3) + (80.218 \times 4)}{3 + 4}$ $= 80.235$m이다.

정답 ①

85. 수준점 A, B, C에서 수준측량을 한 결과가 표와 같을 때 P점의 최확값은?

① 20.839m ② 20.842m
③ 20.855m ④ 20.869m

수준점	표고(m)	고저차 관측값(m)		노선 거리
A	19.332	A → P	+1.533	2km
B	20.933	B → P	−0.074	4km
C	18.852	C → P	+1.986	3km

| 해설 |

① 경중률 $P_A : P_B : P_C = \frac{1}{2} : \frac{1}{4} : \frac{1}{3} = 6 : 3 : 4$에서 A → P=19.332+1.533=20.865m, B → P=20.933+(−0.074)=20.859m, C → P=18.852+1.986=20.838m이다.

② P점의 최확값 $H_p = \frac{(20.865 \times 6) + (20.859 \times 3) + (20.838 \times 4)}{6 + 3 + 4}$ $= 20.855$m이다.

정답 ③

86. A, B, C 세 수준점으로부터 수준측량을 하여 P점의 표고를 결정한 값이 A → P에서 210.732m, B → P에서 210.758m, C → P에서 210.786m이었을 때 P점의 최확값은?(단, AP=4km, BP=3km, CP=2km임)

① 210.745m
② 210.750m
③ 210.765m
④ 210.770m

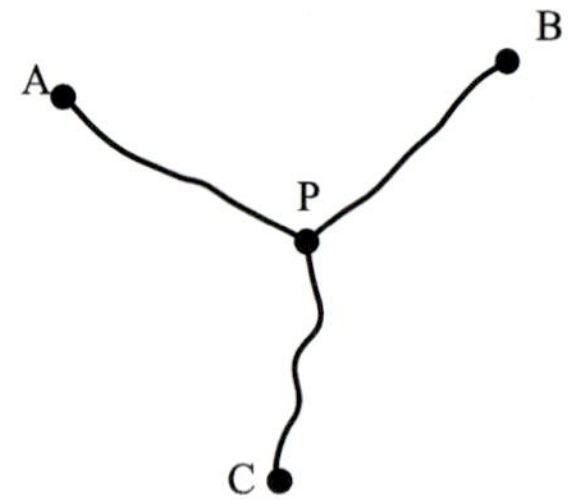

| 해설 |

최확값(e) $= 210 + \left(\frac{0.732 \times 3 + 0.758 \times 4 + 0.786 \times 6}{3 + 4 + 6}\right) = 210 + 0.765$ $= 210.765$m이다.

정답 ③

87. 그림과 같이 2개의 수준점 A, B를 기준으로 임의의 점 P의 표고를 측량한 결과 A점을 기준으로 42.375m와 B점을 기준으로 42.363m를 관측하였다. 이때 P점의 표고는?

① 42.367m
② 42.369m
③ 42.371m
④ 42.373m

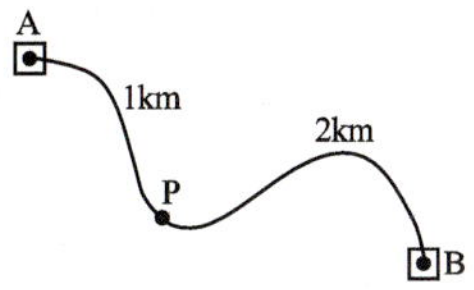

| 해설 |

경중률 $P_A : P_B = 1 : \frac{1}{2} = 2 : 1$ 에서 $H_p = \frac{(42.375 \times 2) + (42.363 \times 1)}{2+1}$
$= 42.371\text{m}$ 이다.

정답 ③

88. 그림에서 A, B 두 개의 수준점으로부터 수준측량을 하여 구한 P점의 최확 표고는?(단, A → P : 31.363m, B → P : 31.375m)

① 31.364m
② 31.366m
③ 31.369m
④ 31.372m

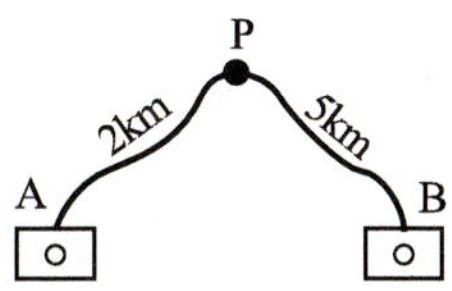

| 해설 |

관측값의 비중은 거리에 역비례하므로 $\frac{1}{2} : \frac{1}{5} = 5 : 2$ 에서 P점의 높이
$= 31.30 + \frac{(0.063 \times 5) + (0.075 \times 2)}{5+2} = 31.366\text{m}$ 이다.

정답 ②

89. A, B 두 지점 간 지반고의 차를 구하기 위하여 왕복 관측한 결과, 그림과 같은 관측값을 얻었다. 지반고 차의 최확값은?

① 62.326m
② 62.329m
③ 62.334mm
④ 62.341m

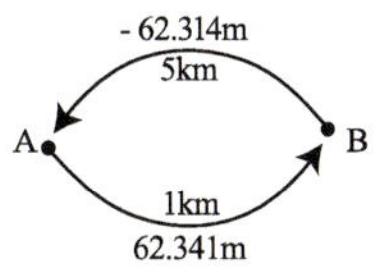

| 해설 |

$p_1 : p_2 = \frac{1}{S_1} : \frac{2}{S_2} = \frac{1}{5} : \frac{1}{4} = 4 : 5$ 에서
최확값 $= 62 + \frac{(4 \times 0.314) + (5 \times 0.341)}{4+5} = 62.329\text{m}$ 이다.

정답 ②

90. 그림과 같은 수준망에서 폐합 수준측량을 한 결과, 표와 같은 관측 오차를 얻었다. 이중 관측 정확도가 가장 낮은 것으로 추정되는 구간은?

① AB
② BC
③ CD
④ CA

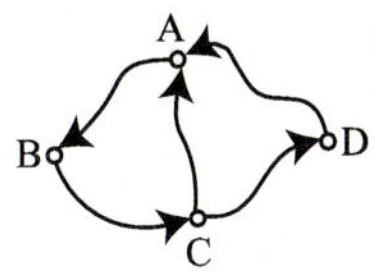

구간	오차(mm)	총거리(km)
AB	4.68	4
BC	2.27	3
CD	5.68	3
DA	7.50	5
CA	3.21	2

| 해설 |

직접 수준측량의 오차는 노선 거리의 제곱근에 비례하므로
$AB = \frac{4}{\sqrt{4.68}} = 1.85$, $BC = \frac{3}{\sqrt{2.27}} = 1.99$, $CD = \frac{3}{\sqrt{5.68}} = 1.26$,
$DA = \frac{5}{\sqrt{7.50}} = 1.83$, $CA = \frac{2}{\sqrt{3.21}} = 1.12$ 이므로 정확도가 가장 낮은 것은 BC구간이다.

정답 ②

CHAPTER

02 지형측량

2.1. 개요

지형측량은 지표상의 자연 및 인위적인 지물·지형으로 도로, 철도, 하천 또는 산정, 구릉, 계곡, 평야의 상호관계 위치를 측정하여 일정한 축척과 도식에 따라 지형도를 작성하는 측량이다.

2.1.1. 지형측량의 구분

① 지형측량은 삼각측량, 트래버스측량 또는 수준측량에 의하여 기준점의 위치 및 고저를 정밀하게 측정하는 골조(기초)측량

② 데오돌라이트·레벨·평판·측거기 등의 여러 기구를 사용한 세부측량으로 구분된다.

③ 측량 방법은 방사법, 교회법, 도선법, 지거법과 시거측량에 의한 방법으로 실시하였으나 최근에는 토털스테이션 및 항공사진측량으로 시행하고 있다.

④ 지형측량의 순서는 측량계획도 작성 → 도근점측량 → 세부측량 → 측량원도 작성 등이다.

2.1.2. 지형측량 계획 시 고려 사항

① 지도의 사용 목적

② 측량구역의 넓이

③ 측량구역의 지형

④ 축척의 크기

⑤ 등고선의 간격

⑥ 측량에 필요한 정도와 기간

2.2. 지형의 표시법

지형의 표시 방법은 자연적 도법과 부호적 도법으로 구분하며 자연적 도법에는 영선법(우모법), 음영법이 있고 부호적 도법에는 점고법, 등고선법, 채색법이 있다.

2.2.1. 자연적 도법

(1) 영선법

① 〈그림 2-8〉과 같이 지면의 최대경사 방향에 단선 상의 선을 그어 경사가 급하면 선이 굵고 짧게, 경사가 완만하면 가늘고 길게 된 새털 모양으로 표시하는 방법이다.

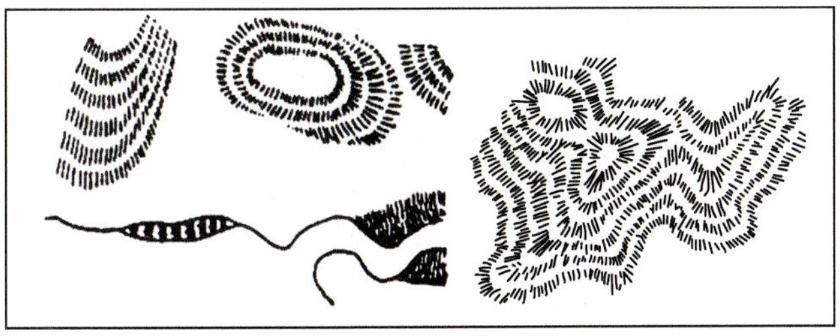
〈그림 2-8〉 영선법(게바법)

〈그림 2-9〉 음영법

② 짧은 선의 간격, 굵기, 길이 및 방향 등으로 지표의 기복을 나타내는 지형표시 방법으로 우모법 또는 게바법이라고 한다.

(2) 음영법

① 〈그림 2-9〉와 같이 명암법이라고도 하며 빛이 지표에 비치면 지표 기복의 형상에 따라서 명암이 생기는 원리를 이용한 것이다.

② 고저차가 크고 경사가 급한 곳에 주로 사용한다.

③ 광선이 서북 방향에서 경사 45°에서 빛이 비친다고 가정하여 지표의 기복을 2~3색 이상으로 표시하는 지형표시 방법이다.

2.2.2. 부호적 도법

(1) 점고법

① 〈그림 2-10〉과 같이 선이나 색깔 또는 형태로 표시하지 않고 그 지점의 높이를 도상에 있는 숫자에 의하여 지표를 나타내는 방법이다.

② 해도·하천·호안·항만·심천을 나타내는 경우에 사용한다.

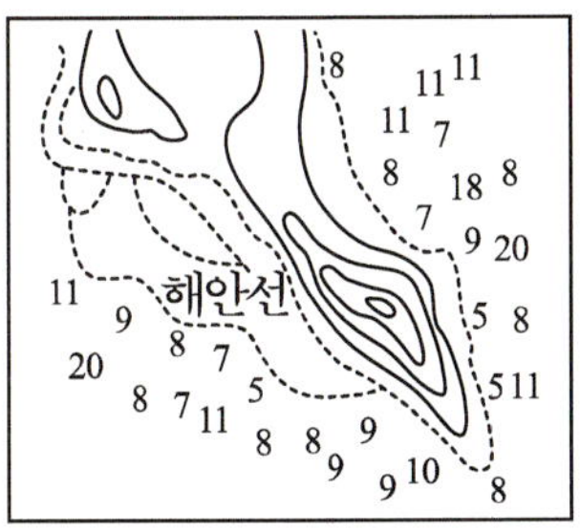

〈그림 2-10〉 점고법

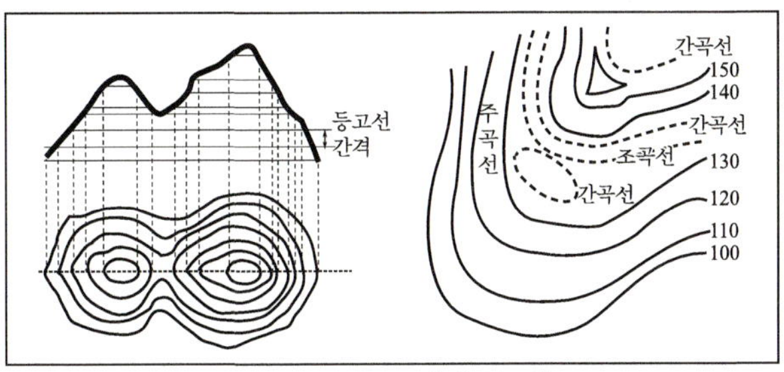

〈그림 2-11〉 등고선과 등고선도

(2) 등고선법

① 〈그림 2-11〉과 같이 지표면에서 같은 높이의 점을 연결한 곡선을 말한다.

② 등고선에 의하여 고저차와 지표 경사의 완급 및 임의 방향의 경사를 구하는 방법이다.

(3) 채색법

① 등고선의 테두리를 동일한 색으로 칠하여 표시하는 방법이다.

② 높이가 증가함에 따라 짙은 색으로 변화시키는 방법으로 지도에 사용된다.

③ 소축척의 지도에 사용되며 지역 전반의 고저를 식별하기 쉽다.

2.3. 등고선

2.3.1. 등고선의 성질

① 〈그림 2-12〉 (a)와 같이 동일한 등고선상의 모든 점은 높이가 동일하다.

② 〈그림 2-12〉 (b)와 같이 등고선은 도면 내나 외에서 폐합되는 곡선이다.

③ 〈그림 2-12〉 (c)와 같이 등고선이 도면 내에서 폐합하는 경우에는 등고선 내부에 산꼭대기 또는 분지가 있다.

④ 〈그림 2-12〉 (d)와 같이 등고선의 볼록부가 상대할 때는 볼록부를 나타낸다.

⑤ 〈그림 2-12〉 (e)와 같이 동등한 경사의 지표에서는 등고선의 수평거리는 같다.

⑥ 〈그림 2-12〉 (f)와 같이 같은 경사의 평면일 때는 나란한 직선이 된다.

⑦ 〈그림 2-12〉 (g)와 같이 높이가 다른 두 등고선은 동굴이나 절벽의 지형이 아닌곳에서는 교차하지 않지만 동굴이나 절벽에서는 반드시 두 점에서 교차한다.

⑧ 〈그림 2-12〉 (h)와 같이 최대경사의 방향은 등고선과 직각으로 교차한다.

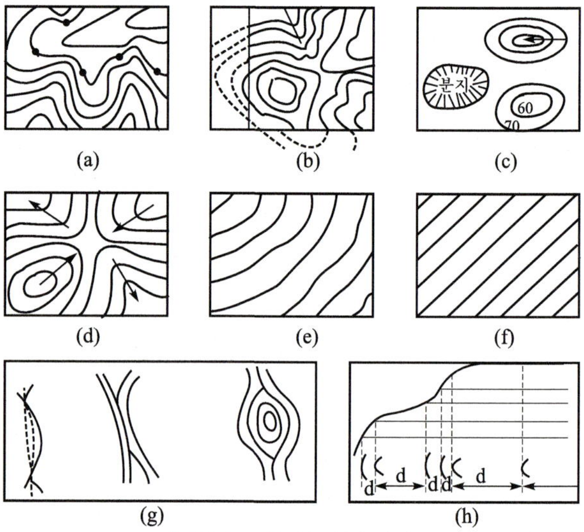

〈그림 2-12〉 등고선의 성질

⑨ 등고선은 경사가 급한 곳에서는 간격이 좁고 완만한 경사에서는 간격이 넓다.

⑩ 등고선은 분수선과 직각으로 만난다.

⑪ 등고선의 수평거리는 산꼭대기 및 산 밑에서는 크고 산 중턱에서는 작다.

⑫ 등고선이 능선을 직각 방향으로 횡단한 다음 능선 다른 쪽을 따라 거슬러 올라간다.

2.3.2. 등고선의 종류 및 간격

① 등고선 종류에는 주곡선(主曲線), 계곡선(計曲線), 간곡선(間曲線) 및 조곡선(助曲線)의 4가지가 있다.

② 등고선의 간격은 대체로 주곡선에 대하여 축척 분모수의 약 1/2,000이 적합하며 등고선의 간격은 (표 2.3)과 같다.

(표 2.3) 등고선의 종류와 간격

등고선의 종류	기호	등고선 간격		
		1/10,000	1/25,000	1/50,000
계곡선	굵은 실선 ━━━━	25m	50m	100m
주곡선	가는 실선 ────	5m	10m	20m
간곡선	가는 파선 -·-·-·-	2.5m	5m	10m
조곡선	가는 점선 ------	1.25m	2.5m	5m

③ 주곡선은 지형을 표시하는데 기본이 되는 곡선으로 가는 실선으로 표시한다.

④ 계곡선은 지모의 형태를 표시하고 표고의 높이를 쉽게 파악하기 위해 주곡선 5개마다 굵은 실선으로 표시한다.

⑤ 간곡선은 주곡선 간격의 1/2로 표시하고 주곡선으로 충분히 지모의 형상을 표시할 수 없으므로 가는 파선으로 표시하는 곡선이다.

⑥ 조곡선은 간곡선 간격의 1/2로 표시하고 간곡선으로 충분히 지형을 표시할 수 없는 불규칙한 지형을 표시할 때 가는 점선으로 표시하는 곡선이다.

2.3.3. 지성선

① 지성선은 지표면을 다수의 평면으로 이루어졌다고 생각할 때 이 평면의 접합부로 접선을 말하며 지세선이라고도 한다.

② 지형도는 지표면의 형상이 불규칙한 것처럼 보이지만 상세하게 보면 지표는 많은 철(凸)선, 요(凹)선, 경사변환선 및 최대경사선으로 구성되어 있다.

③ 철(凸)선은 지표면이 높은 곳의 꼭대기점을 연결한 선으로 빗물이 이것을 경계로 하여 좌우로 흐르게 되므로 분수선 또는 능선이라고 한다.

④ 요(凹)선
- 지표면이 낮거나 움푹 팬 점을 연결한 선으로 합수선 또는 곡선, 합곡선이라고 한다.
- 계곡은 요(凹) 선으로 표시되며 계곡의 종단면은 상류가 급하고 하류가 완만하게 된다.
- 그러므로 등고선 사이의 거리는 상류가 좁고 하류가 넓게 된다.
- 등고선이 고위부를 상으로 하여 산형(A자형)의 곡선을 이루는 것이다.
- 〈그림 2-14〉의 AD, AB, AC의 선으로 계곡의 경사는 완만하게 되고 등고선 간격은 상당히 크게 되며 계곡의 횡단면과 등고선의 관계이다.

⑤ 경사변환선은 동일방향의 경사면에 의해 전체적으로 경사가 변하는 점을 경사변환점, 이 점들을 수평방향으로 본선이 경사변환선으로 동일방향 경사면에서 경사 크기가 다른 두 면의 접합선을 말한다.

⑥ 최대경사선은 지표의 임의의 한점에서 그 경사가 최대로 되는 방향을 표시한 선을 말하며, 등고선에 직각으로 교차한다. 이것은 물이 흐르는 방향이라는 의미에서 유하선이라고도 한다.

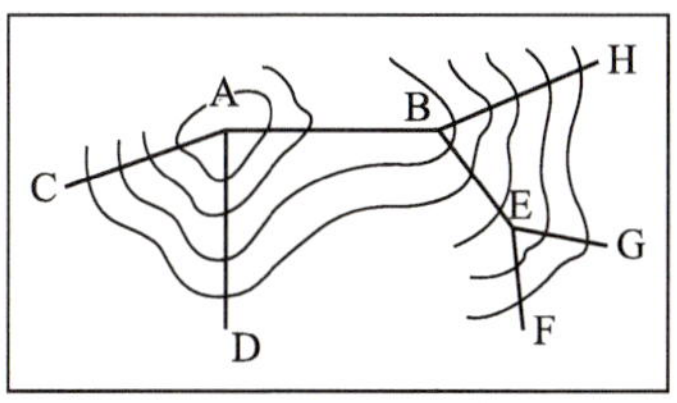

〈그림 2-13〉 철(凸)선

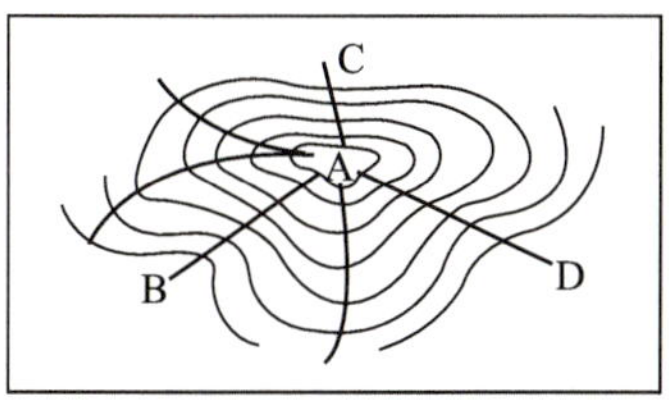

〈그림 2-14〉 요(凹)선

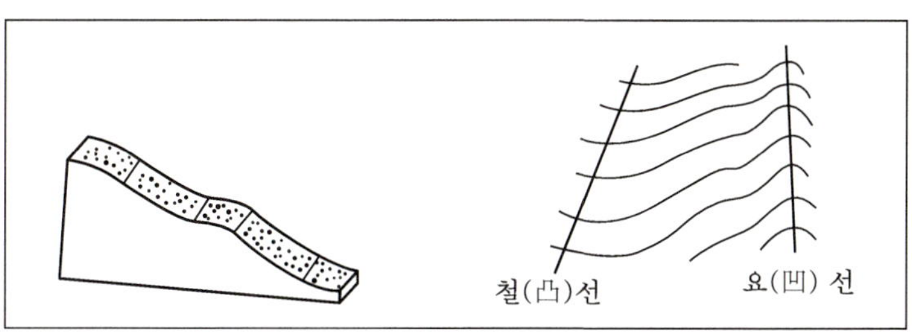

〈그림 2-15〉 경사변환선과 최대경사선

2.4. 등고선 측정 방법

2.4.1. 직접측정 방법

① 직접측정 방법은 1/5,000 이상의 대축척의 지형측량 또는 정밀하게 지형을 표시 할 경우 사용된다.

② 일정한 높이에 있는 점들의 위치를 관측하고 연결하여 등고선을 측정하는 방법이다.

③ 지면의 경사가 완만하고 기복이 불규칙한 토지 또는 등고선 간격이 0.5m~1.0m정도로 짧을 때나 매우 정밀한 지형을 표시하는 경우에 적합하다.

④ 등고선의 삽입에 의한 오차는 피할 수 있으나 시간이 많이 걸리는 단점이 있다.

⑤ 레벨에 의한 방법

- 〈그림 2-16〉과 같이 점 A를 어떤 등고선 상의 표고기지점(H_A), 점 A를 다음 표고의 등고선 상의 점(H_B)로 한다.
- 점 A, B에 세운 표척의 읽음값을 ab라 하면 표척의 읽음값 b는 $b=H_A+a-H_B$이다.

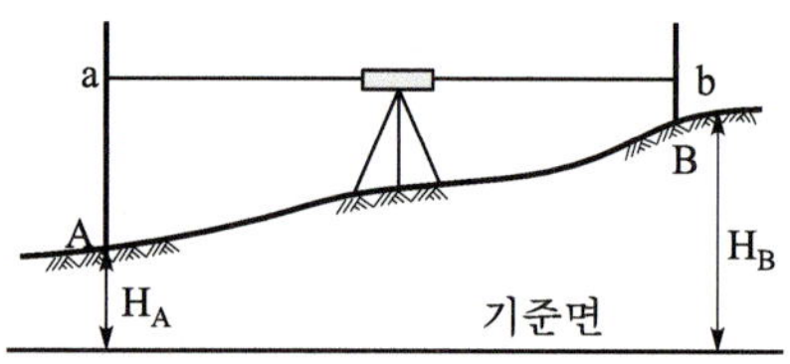

〈그림 2-16〉 레벨에 의한 측정 방법

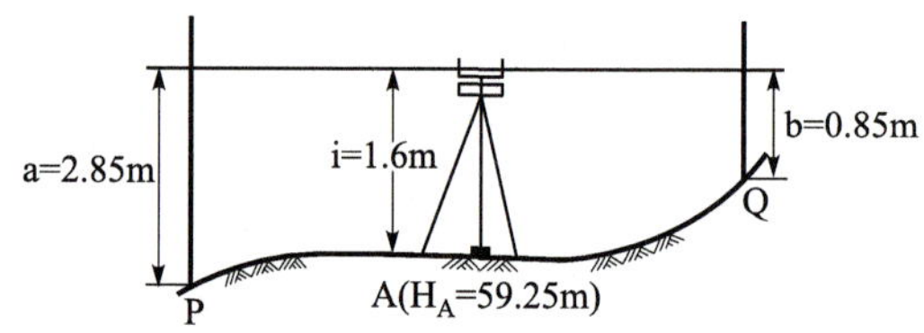

〈그림 2-17〉 평판에 의한 측정 방법

⑥ 평판에 의한 방법

- 등고선상의 각점에 세운 표척 또는 시준판의 눈금을 읽고 방사법으로 점의 위치를 구하는 방법이다.
- P점의 등고선 높이(H_P)=H_A+i-a, Q점의 등고선 높이(H_Q)=H_A+i-b이다.

⑦ 평판에 의한 시거법에 의한 방법은 $D=\frac{100}{n}\cdot\ell$이다.

여기서, D : 수평거리, n : 분획, ℓ: 시준고이다.

2.4.2. 간접측정 방법

(1) 기지점의 표고를 이용한 계산법

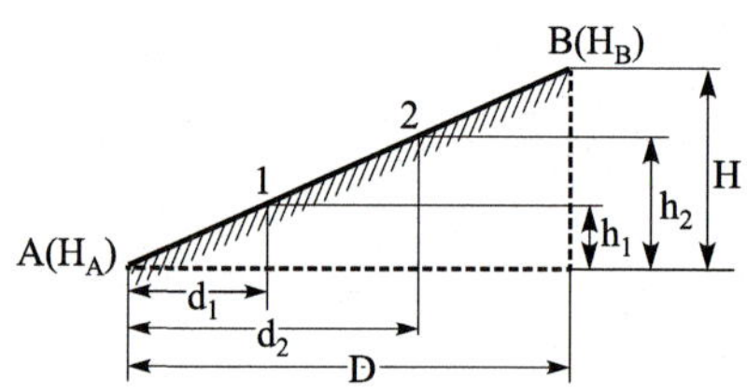

〈그림 2-18〉 표고를 이용한 계산법

① d_1은 $H:D=h_1:d_1$에서 $d_1=\frac{D}{H}\cdot h_1$

② d_2은 $H:D=h_2:d_2$에서 $d_2=\frac{D}{H}\cdot h_2$

(2) 망원경 앨리데이드에 의한 방법

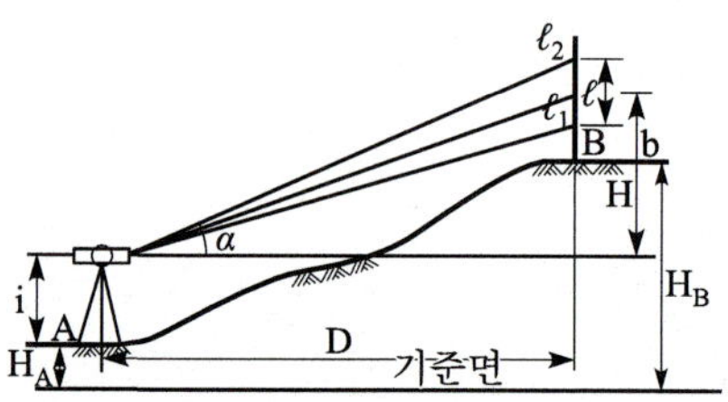

〈그림 2-19〉 망원경 앨리데이드 방법

① $D=K\ell\cos^2\alpha+C\cos\alpha$

② $H=\frac{1}{2}K\ell\sin2\alpha+C\sin\alpha$

③ $H_B=H_A+i+H-(\frac{\ell}{2}+\ell_1)$

여기서, D : 수평거리, H : 고저차, H_A : A점의 표고, H_B : B점의 표고, i : 기계고, ℓ_1 : 하시거, ℓ_2 : 상시거, ℓ: 협장($\ell_2-\ell_1$), α: 연직각이다.

(3) 목측에 의한 방법

① 평판측량의 교회법이나 전진법에 의해 얻어진 지성선 상의 경사변환점의 위치와 표고를 기본으로 하여 목측으로 현장에서 대략적인 위치를 결정하여 그리는 방법이다.

② 목측법은 지성선을 이용하며 등고선의 성질에 의해 두 점 간의 등고선이 지나는 위치를 목측에 의해 정하고 이를 연결하여 등고선을 삽입하는 방법이다.

③ 1/10,000 이하의 산지 등에서 소축척의 도면작성 측량에 많이 이용된다.

(4) 방안법

① 방안법은 모눈종이를 이용하여 각 교점의 표고를 관측하고 그 결과로부터 한 특정 구역을 정방형 또는 구형으로 나누어 각 교점의 위치를 결정한다.

② 비례법에 의해 등고선을 삽입하는 방법으로 지형이 복잡한 곳에 이용한다.

③ 비교적 평탄한 지역이나 어느 지역을 수평 또는 일정한 경사로 정지공사에 사용한다.

(5) 종단점법

① 종단점법은 기지점에서부터 몇 개의 측선을 설정하고 그 선상의 지반고와 거리를 측정한 후 등고선을 삽입하는 방법이다

② 지성선의 방향이나 주요한 방향의 여러 개의 측선에 대해서 기준점에서 필요한 점까지의 거리와 높이를 관측하여 등고선을 그리는 방법이다.

③ 소축척으로 산지 등에서 이용 및 철도, 도로, 수로 등의 노선 측량에 활용한다

(6) 횡단점법

① 횡단점법은 노선측량에서 중심 말뚝의 표고와 횡단측량 결과를 이용하여 등고선을 그리는 방법이다.

② 노선측량의 평면도에 등고선을 삽입할 때 이용한다.

2.5. 지형도를 읽는 방법

2.5.1. 계곡

① 계곡은 요(凹)선으로 표시되며, 계곡의 종단면은 상류가 급하고 하류가 완만하게 된다.

② 〈그림 2-20〉 (a)와 같이 등고선 사이의 거리는 상류가 좁고 하류가 넓게 된다.

③ 〈그림 2-20〉 (b)는 계곡이 좁고 양측 경사면이 급하며, 등고선도 곡선상 급하게 구부리는 것과 같이 된다.

④ 〈그림 2-20〉 (c)는 계곡의 바닥은 약간 넓게 나타나므로 하천의 중류부에서 많이 나타나는 현상이다.

⑤ 〈그림 2-20〉 (d)는 계곡의 바닥이 평평하며 하천의 침식이 끝난 하구 부근에서 나타나는 현상으로 간격은 크게 나타난다.

⑥ 〈그림 2-20〉 (e)에서 AA는 계곡의 등고선이 위쪽 부분을 표시하는 것으로 산형의 곡선을 이루는 것이다.

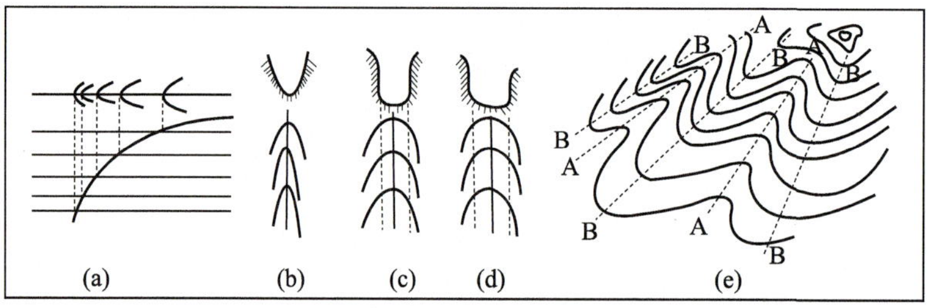

〈그림 2-20〉 계곡

2.5.2. 산령과 안부

① 산령

- 산꼭대기와 산꼭대기 사이의 제일 높은 점을 연결한 선으로 미근(尾根)이라 한다.
- 〈그림 2-22〉에서 BB와 같이 V자형의 곡선을 이루는 것으로 산배, 산령(山嶺)라고도 한다.

② 안부(鞍部)

- 산령과 계곡이 만나 이들의 등고선이 서로 쌍곡선을 이루는 것과 같은 부분을 안부(Saddle)로 고개를 말한다.
- 〈그림 2-21〉과 같이 안부의 주위는 다소 평탄한 곳이 있다.

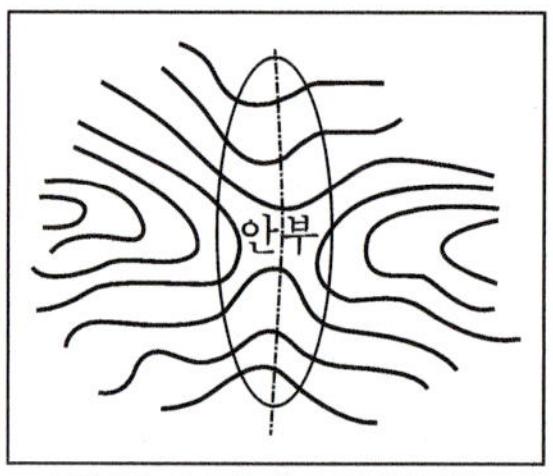

〈그림 2-21〉 안부(鞍部)

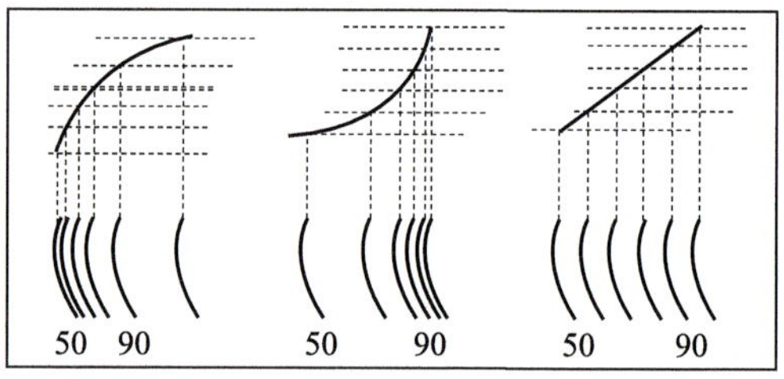

〈그림 2-22〉 철(凸)사면과 요(凹)사면, 평사면

2.5.3. 철(凸)사면과 요(凹)사면, 평사면

① 〈그림 2-22〉와 같이 몇 개의 등고선이 그 저위부에 밀집하여 고위부에서 서로 떨어지는 경우는 철(凸)사면이다.

② 반대로 고위부에 밀집하여 저위부에서 서로 떨어지는 경우는 요(凹)사면이다.

③ 평사면 일 때는 각 등고선의 간격은 서로 같게 된다.

2.5.4. 지형도의 이용

① 노선의 도상선정

- 철도·도로·수로 등을 계획할 때, 지형도 위에서 여러 노선을 소정의 구배·곡선-·반경에 따라 계획하고 비교 검토한다.
- 일반적으로 중심선이 원 지표면에 가까울수록 토목공사비가 적어지므로 노선의 선정에서는 소정의 구배를 가진 등 구배선을 구하고 이에 가까운 중심선을 결정한다.

② 사면(비탈면)의 경사

- 수평거리(D)$=\frac{100}{i}\cdot h$
- 경사(i)$=\frac{\text{고저차}}{\text{수평거리}}=\frac{h}{D}$

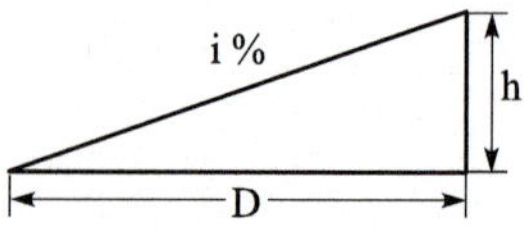

여기서, i : 사면의 경사(%), D:수평거리, h : 높이이다.

③ 횡단면도 및 종단면도의 작성

- 지형도면을 표시하고 공사 전후의 단면을 표시하고 있다.

④ 정지공사를 위한 토량 계산

- 단면도가 작성되면 두 단면 간의 토량은 양 단면의 평균치에 두 단면 간 거리를 곱하여 구한다.
- 지형도를 그대로 이용하는 방법으로 정지할 지역이 다소 불규칙한 경우는 지형도를 이용한다.

⑤ 성토 또는 절토 범위의 결정

- 등고선으로 표시된 2개 면이 교차할 때의 교선은 두 면의 서로 대응하는 등고선의 교점을 순차적으로 연결하여 얻어지는 선이다.
- 이 선은 성토 또는 절토의 범위를 나타내는 것이다.

⑥ 집수면적의 측정

- 집수면적은 지형도상에서 분수선을 추적하면 알 수 있고 구적기를 이용하면 쉽게 구할 수 있다.

⑦ 저수지 담수 면적과 저수용량 계산

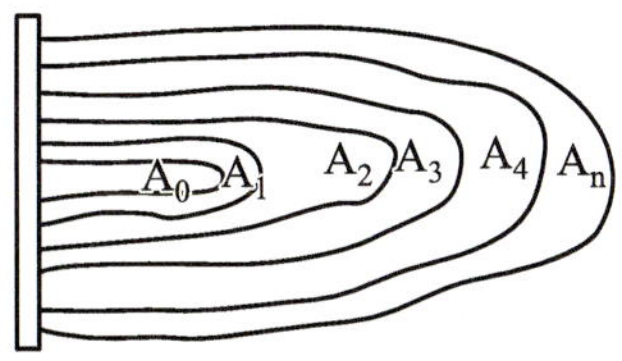

- 그림과 같이 댐의 최고수위가 표고 165m이면 이를 따르는 등고선과 댐에 의해 둘러싸인 지역이 담수 구역으로 등고선 간의 평균면적에 높이를 곱하면 저수용량을 구할 수 있다.
- $V=\frac{h}{3}[A_0+A_n+4(A_1+A_3+A_5)+2(A_2+A_4+A_6)]$

  A : 각 단면의 면적, h : 등고선 간격, V : 저수량

2.6. 면적 및 체적 계산

2.6.1. 면적 계산

(1) 삼사법

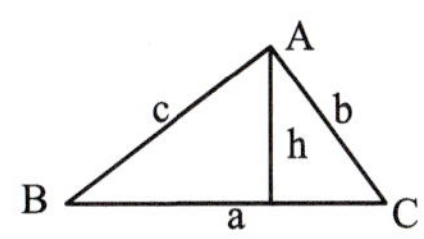

밑변과 높이를 관측하여 면적을 구하는 방법은 $A=\frac{1}{2}ah$이다.

(2) 삼변법

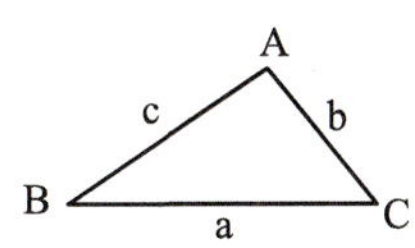

삼변법 a, b, c의 세변을 관측하여 면적을 구하는 방법이다.

$A=\sqrt{S(S-a)(S-b)(S-c)}$ 단, $S=\frac{1}{2}(a+b+c)$

(3) 횡단면의 면적 계산

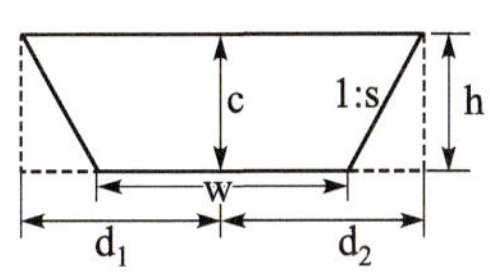

① 수평 단면인 경우

- $d_1=d_2=\frac{w}{2}+sh$
- $A=c(w+sh)$

② 같은 경사 단면인 경우

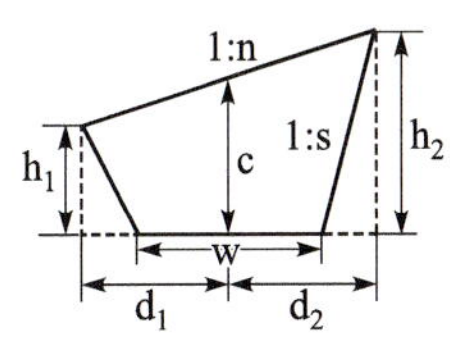

- 양측 점의 높이가 다르고 그사이가 일정한 경사로 되어 있는 경우이다.
- $d_1=(c+\frac{w}{2s})(\frac{ns}{n+s})$, $d_2=(c+\frac{w}{2s})(\frac{ns}{n-s})$
- $A=\frac{d_1d_2}{s}-\frac{w^2}{4s}=sh_1h_2+\frac{w}{2}(h_1+h_2)$

③ 3점의 높이가 다른 경우

- $d_1 = (c + \frac{w}{2s})(\frac{n_1 s}{n_1 + s})$
- $d_2 = (c + \frac{w}{2s})(\frac{n_2 s}{n_2 - s})$
- $A = \frac{(d_1 + d_2)}{2}(c + \frac{w}{2s}) - \frac{w^2}{4s} = \frac{c(d_1 + d_2)}{2} + \frac{w}{4}(h_1 + h_2)$
- 좌측면적$(A_1) = \frac{(h_1 + c)}{2} \cdot d_1$
- 우측면적$(A_2) = \frac{(h_2 + c)}{2} \cdot d_2$
- $A = A_1 + A_2$

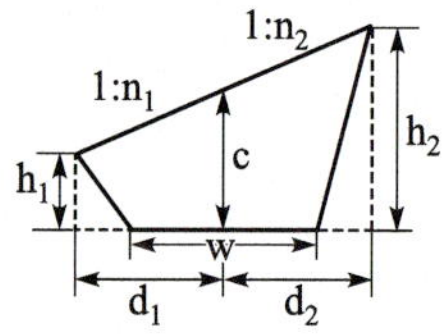

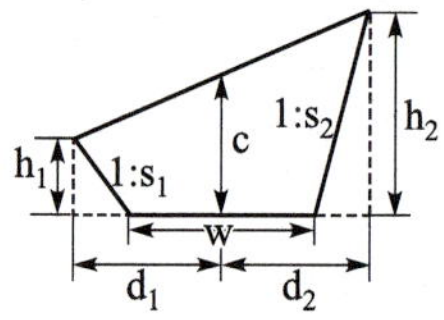

2.6.2. 체적계산

(1) 단면평균법

① 양단면평균법

- 양단면평균법은 그림과 같이 체적을 구하고자 하는 양쪽 단면을 이용하여 계산한다.
- 계산은 $A_m = \frac{1}{2}(A_1 + A_2)$라고 하면 $V = \frac{1}{2}(A_1 + A_2) \cdot h$와 같고
  여기서 A_1: 위쪽 단면, A_2: 아래쪽 단면, h : 길이이다.

② 중앙단면법

- 그림과 같이 체적을 구하고자 하는 양쪽 단면의 중앙을 평균한 체적으로 계산한다.
- 계산은 $V = A_m \times h$이며
  여기서, h : 길이, A_m : 평균단면이다.

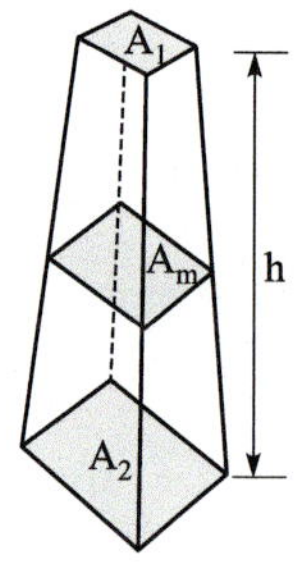

③ 각주공식

- 그림은 각주 형태로 되어 있는 체적을 계산하고자 할 경우에 사용한다.
- 계산은 $V = \frac{1}{6}(A_1 + 4A_m + A_2) \times h$와 같다.
  여기서, A_1 : 각주 상단면, A_2 : 각주 하단면, A_m : 각주 중앙단면, h : 각주 높이이다.

(2) 지거법

① 지형도의 등고선을 이용할 경우 위 각주공식을 이용한 심프슨(Simpson) 제1법칙은 사다리꼴 2개를 1조로 계산한다.

② 심프슨(Simpson) 제1법칙

- 사다리꼴 2개를 1조로 계산하며 형태는 〈그림 2-23〉과 같고 식은 아래와 같다.
- 공식은 $A = \frac{d}{3}[y_0 + y_n + 4(y_1 + y_3 + y_5 + y_7 + y_{n-1}) + 2(y_2 + y_4 + y_6 + y_8)]$이다.

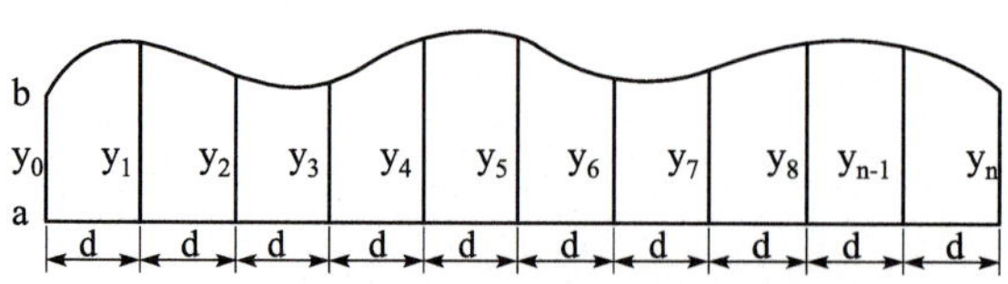

〈그림 2-23〉 심프슨 제1법칙

② 심프슨 제2법칙

- 사다리꼴 3개를 1조로 계산하는 데 많이 사용하고 있으며 형태는 〈그림 2-24〉와 같고 식은 아래와 같다.

• 공식은 $A=\frac{3d}{8}[y_0+y_n+3(y_1+y_2+y_4+y_5+y_7+y_8)+2(y_3+y_6+y_{n-1})]$ 이다.

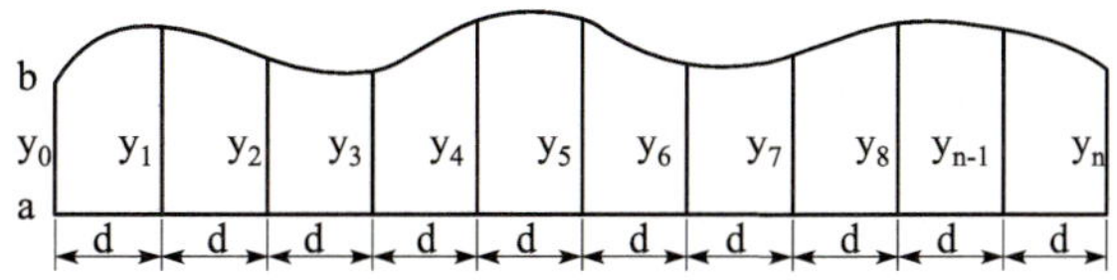

〈그림 2-24〉 심프슨 제2 법칙

(3) 점고법

① 점고법은 토지의 체적을 계산하는 방법으로 사각형 분할방식과 삼각형 분할방식으로 구분할 수 있다.

② 점고법은 건물부지의 정지 토취장 및 토사장의 용량 관측과 넓은 지역의 토량을 계산할 때 이용하면 매우 적합하다.

③ 전 구역에 종횡 각각 같은 거리에 말뚝을 박아 같은 면적으로 분할하고 직각사각형의 모서리의 지반고를 레벨과 표척으로 관측하여 모서리의 시공기면을 결정하면 지반고의 차에 의하여 절토 또는 성토의 토공 높이가 구해진다.

④ 사각형 분할방식으로 체적을 계산하는 방법

- 〈그림 2-25〉와 같이 여러 개의 사각형으로 분할하여 계산하는데 먼저 각각의 사각형 1개의 면적 A를 계산한다.
- 체적(V) 계산은 같은 지점의 높이(h)의 합을 계산한 후 아래의 식을 이용한다.

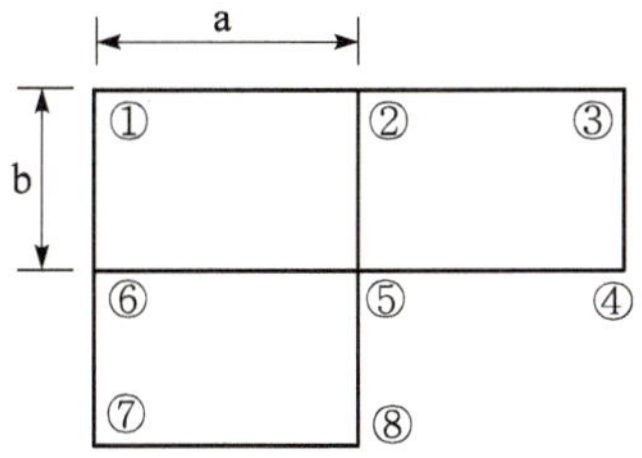

〈그림 2-25〉 사각형 분할

- $V=\frac{A}{4}(1\Sigma h_1+2\Sigma h_2+3\Sigma h_3+\cdots+n\Sigma h_n)$
- $1\Sigma h_1=1\times$(①+③+④+⑦+⑧)
- $2\Sigma h_2=2\times$(②+⑥)
- $3\Sigma h_3=3\times$⑤
- 면적(A)=a×b, 계획고$(h)=\frac{V}{nA}$

- h_1은 다른 사각형과 접한 면이 없는 모서리로 그림에서 ①, ③, ④, ⑦, ⑧이 해당한다.
- h_2는 사각형 2개가 접한 모서리로 그림에서 ②, ⑥, h_3은 사각형 3개가 접한 모서리로 그림에서 ⑤가 해당된다.

⑥ 삼각형 분할방식으로 체적을 계산하는 방법

- 〈그림 2-26〉과 같이 여러 개의 삼각형으로 분할하여 계산한다.
- 삼각형 1개의 면적을 $A=\frac{1}{2}ab$으로 계산한다.
- 체적(V) 계산은 같은 지점의 높이(h)의 합을 계산한 후 아래의 식을 이용한다.

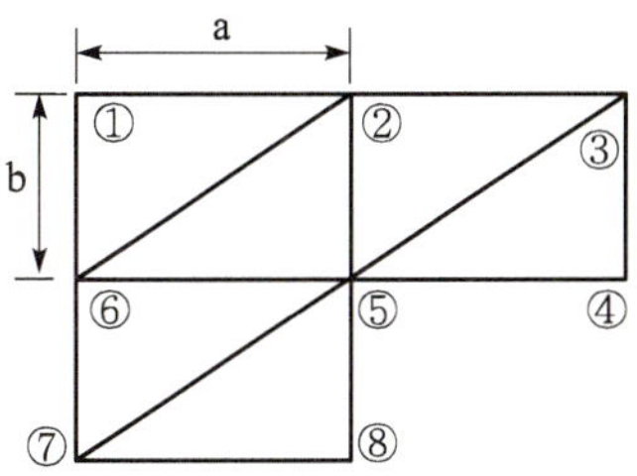

〈그림 2-26〉 삼각형 분할

- 토공량$(V)=\frac{A}{3}(1\Sigma h_1+2\Sigma h_2+3\Sigma h_3+\cdots+n\Sigma h_n)$
- 면적$(A)=\frac{1}{2}ab$, 계획고$(h)=\frac{V}{nA}$
- $1\Sigma h_1=1\times$(①+④+⑧)
- $2\Sigma h_2=2\times$(③+⑦)
- $3\Sigma h_3=3\times$(②+⑥)
- $5\Sigma h_5=5\times$⑤

- h_1은 다른 삼각형과 접한 면이 없는 모서리로 그림에서 ①, ④, ⑧이 해당한다.
- h_2는 삼각형 2개가 접한 모서리로 그림에서 ③, ⑦이 해당, h_3은 삼각형 3개가 접한 모서리로 그림에서 ②, ⑥이 해당, h_5는 삼각형 5개가 접한 모서리로 그림에서 ⑤가 해당된다.

(4) 등고선에 의한 체적 계산

① 등고선법은 일반적으로 임야나 저수지의 용량을 계산하는 방법이다.

② 〈그림 2-27〉과 같이 등고선으로 구분되어 면적이 측정된다.

③ 지형도의 축척에 따라 등고선의 높이가 다르므로 반드시 높이나 축척을 확인한 후 체적계산방법은 아래의 식을 적용하여 계산한다.

- 저수지의 용량$(V) = \frac{h}{3}\{A_1 + A_5 + 2(A_3) + 4(A_2 + A_4)\}$

  여기서, A_1, A_2 : 각각의 등고선 내의 면적, h : 등고선 높이,

  V : 저수지 용량

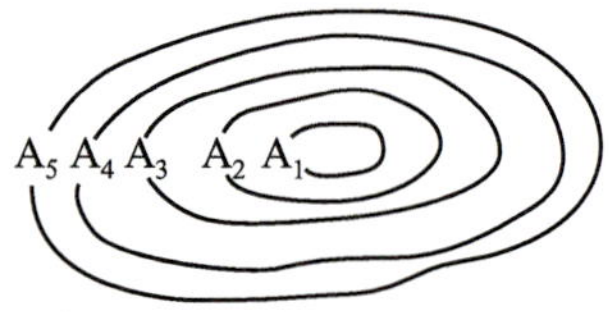

〈그림 2-27〉 등고선법

2.6.3. 토지분할법

(1) 한 변에 평행한 직선에 따른 분할

① △ABC의 변 AB 상에 점 D로부터 밑변 BC에 평행하게 DE를 그어 △ADE : □DBCE =m : n으로 하려고 한다.

② AD의 길이를 얼마로 하면 되는지 계산하시오.

③ AB=10m일 때 △ADE : □DBCE로 하려면 AD의 길이를 얼마로 하면 되는지 계산하시오.

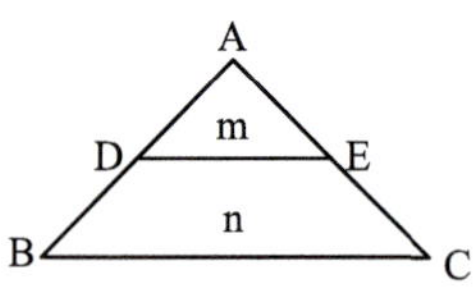

- AB = a, BC = b, AF = H, AD = x 라고 하면
- $DE = \frac{AD}{AB} \cdot BC = \frac{x}{a} \cdot b$
- $\Delta ADE = \frac{1}{2} DE \cdot AG = \frac{1}{2} \cdot \frac{x}{a} \cdot b \cdot h$
- $\Delta ADE = \frac{1}{2} BC \cdot AF = \frac{1}{2} b \cdot H$
- $\frac{\Delta ADE}{\Delta ABC} = \frac{\Delta ADE}{\Delta ADE + \square DBCE} = \frac{m}{m+n}$ 또는 $\frac{h}{H} = \frac{x}{a}$
- $\frac{\Delta ADE}{\Delta ABC} = \frac{x}{a} \times \frac{h}{H} = \frac{m}{m+n}$
- $\frac{x^2}{a^2} = \frac{m}{m+n}$에서 $x = \sqrt{\frac{m}{m+n}} \cdot a$

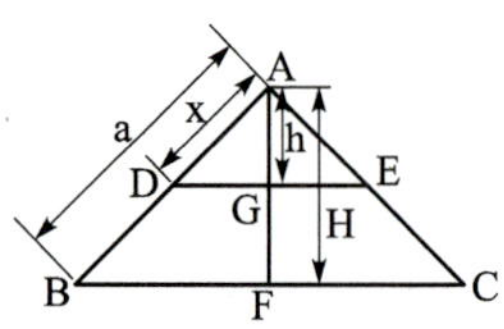

(2) 변의 정점을 이용한 분할

① AP=a인 고정점이라 하면 △ABC : △ADP = (m+n) : n으로 분할한다.

② △ADP : △ABC = (AP × AD) : (AB × AC) = n : (m+n) 에서

$AD = \frac{AB \times AC}{AP} \cdot \frac{n}{(m+n)}$이다.

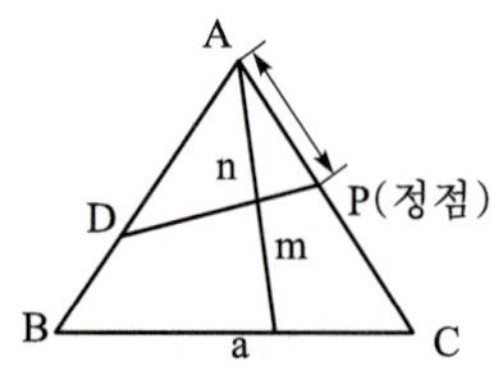

핵 / 심 / 문 / 제

Chapter 02 지형측량

1. 지형측량에 관한 설명으로 틀린 것은?

① 지형의 표시 방법에는 자연적 도법(영선법, 음영법)과 부호적 도법(등고선법, 단채법)이 있다.
② 지성선은 지형을 묘사하기 위한 중요한 선으로 능선, 최대경사선, 계곡선 등이 있다.
③ 축척 1 : 500000, 1 : 25000, 1 : 5000 지형도의 주곡선 간격은 각각 20m, 10m, 2m이다.
④ 등고선 중 간곡선 간격은 조곡선 간격의 2배이다.

| 해설 |

지형도의 축척이 1/50000, 1/25000, 1/5,000에서 주곡선의 간격은 20m, 10m, 2.5m이다.

정답 ③

2. 다음의 설명 중 옳은 것은?

① 축척 1/500 도면상의 면적은 실제면적의 1/1000이다.
② 도면의 축척을 1/600에서 1/200로 확대했을 때 도면의 크기는 6배가 된다.
③ 축척 1/300 도면상의 면적은 실제면적의 1/9000이다.
④ 도면의 축척을 1/500에서 1/1000로 축소했을 때 도면의 크기는 1/4이 된다.

| 해설 |

거리를 축소할 때는 2배로 축소가 되지만 면적을 축소할 경우에는 가로×세로이므로 4배가 축소되므로 축척 1 : 500 도면을 축척 1 : 1000으로 축소했을 때 도면의 크기는 1/4이 된다.

정답 ④

3. 다음 중 지형의 표시 방법이 아닌 것은?

① 점고법　② 우모법
③ 평행선법　④ 등고선법

| 해설 |

지형의 표시 방법은 자연적 도법과 부호적 도법으로 구분하며 자연적 도법에는 영선법(우모법), 음영법이 있고 부호적 도법에는 점고법, 등고선법, 채색법이 있다.

정답 ③

4. 지모(地貌) 측량에서 산지의 형상, 토지의 기복 등 지모를 표시하는 방법에 해당하지 아니한 것은?

① 등고선법　② 방사법　③ 음영법　④ 영선법

| 해설 |

지모(地貌) 측량에서 산지의 형상, 토지의 기복 등 지모를 표시하는 방법은 등고선법, 음영법, 영선법이 있다.

정답 ②

5. 지형의 표시 방법 중에서 자연적 도법에 해당되는 것은?

① 영선법　② 점고법　③ 채색법　④ 등고선법

| 해설 |

지형의 표시 방법은 자연적 도법과 부호적 도법으로 구분하며 자연적 도법에는 영선법(우모법), 음영법이 있다.

정답 ①

6. 짧은 선의 간격, 굵기, 길이 및 방향 등으로 지표의 기복을 나타내는 지형표시 방법은?

① 영선법　② 등고선법　③ 점고법　④ 채색법

| 해설 |

영선법

① 지면의 최대경사 방향에 단선 상의 선을 그어 경사가 급하면 선이 굵고 짧게, 경사가 완만하면 가늘고 길게 된 새털 모양으로 표시하는 방법이다.
② 짧은 선의 간격, 굵기, 길이 및 방향 등으로 지표의 기복을 나타내는 지형표시 방법이다.
③ 가늘고 길게 된 새털 모양으로 표시되어 우모법 또는 게바법이라고 한다.

정답 ①

7. 지형표시 방법의 하나로 단선상의 선으로 지표의 기복을 나타내는 것으로 일명 게바법이라고도 하는 것은?

① 음영법　② 단채법　③ 등고선법　④ 영선법

| 해설 |

영선법은 지면의 최대경사 방향에 단선 상의 선을 그어 경사가 급하면 선이 굵고 짧게, 경사가 완만하면 가늘고 길게 된 새털 모양으로 표시하는 방법이다.

정답 ④

8. 지형을 표현하는 방법 중에서 음영법(shading)에 대한 설명으로 옳은 것은?

① 비교적 정확한 지형의 높이를 알 수 있어 하천, 호수, 항만의 수심을 표현하는 경우에 사용된다.
② 지형이 높아질수록 색을 진하게, 낮아질수록 연하게 채색의 농도를 변화시켜 고저를 표현한다.
③ 짧은 선으로 지표의 기복을 나타내는 것으로 우모법이라고도 한다.
④ 태양광선이 서북쪽에서 경사 45° 각도로 비춘다고 가정했을 때 생기는 명암으로 표현한다.

| 해설 |

음영법
① 명암법이라고도 하며 빛이 지표에 비치면 지표 기복의 형상에 따라서 명암이 생기는 원리를 이용한 것이다.
② 고저차가 크고 경사가 급한 곳에 주로 사용한다.
③ 광선이 서북 방향에서 경사 45°에서 빛이 비친다고 가정하여 지표의 기복을 2~3색 이상으로 표시하는 지형표시 방법이다.

정답 ④

9. 지형의 표시법 중 지표면 또는 수면상에 일정한 간격으로 표고 또는 수심을 기입하는 방법으로 맞는 것은?

① 등고선법 ② 음영법 ③ 점고법 ④ 영선법

| 해설 |

점고법
① 선이나 색깔 또는 형태로 표시하지 않고 그 지점의 높이를 도상에 있는 숫자에 의하여 지표를 나타내는 방법이다.
② 해도·하천·호안·항만·심천을 나타내는 경우에 사용한다.

정답 ③

10. 지형도 작성 시 점고법(spot height system)이 주로 이용되는 곳으로 거리가 먼 것은?

① 호안 ② 항만의 심천
③ 하천의 수심 ④ 지형의 등고

| 해설 |

점고법
① 선이나 색깔 또는 형태로 표시하지 않고 그 지점의 높이를 도상에 있는 숫자에 의하여 지표를 나타내는 방법이다.
② 해도·하천·호안·항만·심천을 나타내는 경우에 사용한다.

정답 ④

11. 하천, 호수, 항만 등의 수심을 숫자로 도상에 나타내는 지형표시 방법은?

① 등고선법 ② 음영법 ③ 모형법 ④ 점고법

| 해설 |

점고법은 해도·하천·호안·항만·심천을 나타내는 경우에 사용한다.

정답 ④

12. 등고선의 성질에 관한 설명으로 옳지 않은 것은?

① 등고선은 최대경사선과 직교한다.
② 등고선은 폭포와 같이 도면 내외 어느 곳에서도 폐합되지 않는 경우가 있다.
③ 동일 등고선 상에 있는 모든 점은 같은 높이이다.
④ 등고선은 절벽이나 동굴의 지형을 제외하고는 교차하지 않는다.

| 해설 |

등고선의 성질
① 동일한 등고선상의 모든 점은 높이가 동일하다.
② 등고선은 도면 내나 외에서 폐합되는 곡선이다.
③ 등고선이 도면 내에서 폐합하는 경우에는 등고선 내부에 산꼭대기 또는 분지가 있다.
④ 등고선의 볼록부가 상대할 때는 볼록부를 나타낸다.
⑤ 동등한 경사의 지표에서는 등고선의 수평거리는 같다.
⑥ 같은 경사의 평면일 때는 나란한 직선이 된다.
⑦ 높이가 다른 두 등고선은 동굴이나 절벽의 지형이 아닌 곳에서는 교차하지 않지만 동굴이나 절벽에서는 반드시 두점에서 교차한다.
⑧ 최대경사의 방향은 등고선과 직각으로 교차한다.
⑨ 등고선은 경사가 급한 곳에서는 간격이 좁고 완만한 경사에서는 간격이 넓다.
⑩ 등고선은 분수선과 직각으로 만난다.
⑪ 등고선의 수평거리는 산꼭대기 및 산 밑에서는 크고 산 중턱에서는 작다.
⑫ 등고선이 능선을 직각 방향으로 횡단한 다음 능선 다른 쪽을 따라 거슬러 올라간다.

정답 ②

13. 등고선에 대한 설명으로 옳지 않은 것은?

① 계곡선 간격이 100m이면 주곡선 간격은 20m이다.
② 계곡선은 주곡선보다 굵은 실선으로 그린다.
③ 주곡선 간격이 10m이면 축척 1 : 10000 지형도이다.
④ 간곡선 간격이 2.5m이면 주곡선 간격은 5m이다.

| 해설 |

지형도의 축척이 1 : 10000일 경우 5m이고 지형도의 축척이 1 : 25,000일 경우 10m이다.

정답 ③

14. 등고선의 종류에 대한 설명으로 옳지 않은 것은?

① 지형을 표시하는데 기본이 되는 곡선을 주곡선이라 한다.
② 간곡선은 주곡선 간격의 1/2의 간격으로 표시한다.
③ 조곡선은 간곡선 간격의 1/2의 간격으로 표시한다.
④ 계곡선은 주곡선 간격의 1/2의 간격으로 표시한다.

| 해설 |

계곡선은 주곡선 5개마다 굵은 실선으로 표시한다.

정답 ④

15. 지모의 형태를 표시하고 표고의 높이를 쉽게 파악하기 위해 주곡선 5개마다 표시하는 등고선은?

① 수애선 ② 계곡선 ③ 간곡선 ④ 조곡선

| 해설 |

계곡선은 지모의 형태를 표시하고 표고의 높이를 쉽게 파악하기 위해 주곡선 5개마다 표시한다.

정답 ②

16. 다음의 등고선 설명으로 맞지 않는 것은?

① 주곡선과 계곡선은 실선으로 그린다.
② 보조곡선은 파선으로 그린다.
③ 계곡선은 주곡선보다 굵게 그린다.
④ 간곡선은 주곡선의 중간 높이이다.

| 해설 |

계곡선은 굵은 실선, 주곡선은 가는 실선, 간곡선은 가는 파선, 보조곡선은 가는 점선으로 그린다.

정답 ②

17. 등고선의 간격을 결정할 때 고려하여야 하는 사항으로 가장 거리가 먼 것은?

① 축척　② 지형의 상태
③ 측량 거리　④ 측량 목적

| 해설 |

등고선의 간격을 결정할 때 고려할 사항은 도면의 축척, 지형의 상태, 사용목적에 따라 등고선을 종류별로 표시하여야 한다.

정답 ③

18. 등고선 간격이 10m라 할 경우 10m는 다음 중 무슨 거리인가?

① 수평거리　② 경사거리
③ 고저차　④ 평균해수면으로부터의 높이

| 해설 |

등고선 간격이 10m라 할 경우 10m는 고저차를 말한다.

정답 ③

19. 축척 1/50,000 지형도의 등고선 간격에 대한 설명으로 옳은 것은?

① 주곡선 50m　② 간곡선 25m
③ 계곡선 100m　④ 조곡선 10m

| 해설 |

축척 1/50,000 지형도에서 등고선의 간격은 계곡선 100m, 주곡선 20m, 간곡선 10m, 보조곡선 5m이다.

정답 ③

20. 축척 1 : 50,000의 지형도에서 주곡선의 간격은?

① 1m　② 5m　③ 10m　④ 20m

| 해설 |

축척 50,000분의 1지형도에서 계곡선 100m, 주곡선 20m, 간곡선 10m, 보조곡선 5m이다.

정답 ④

21. 우리나라 지형도 1/50,000에서 조곡선의 간격은?

① 2.5m　② 5m　③ 10m　④ 20m

| 해설 |

1/50,000 지형도에서 조곡선의 간격은 5m이다.

정답 ②

22. 축척 1/10,000에서 간곡선 간격은?

① 2.5m　② 1.0m　③ 0.5m　④ 0.25m

| 해설 |

지형도의 축척이 1/10,000에서 등고선 간격은 계곡선 25m, 주곡선 5m, 간곡선 2.5m, 조곡선 1.25m이다.

정답 ①

23. 지형도를 표시하는 주곡선의 기호로 옳은 것은?

① 굵은 실선　② 가는 실선
③ 가는 파선　④ 가는 점선

| 해설 |

계곡선은 굵은 실선, 주곡선은 가는 실선, 간곡선은 가는 파선, 보조곡선(조곡선)은 가는 점선이다.

정답 ②

24. 1/50,000 지형도에서 제한경사 5%의 노선을 선정하기 위한 주곡선 간의 도상거리는?

① 4mm　② 8mm　③ 10mm　④ 15mm

| 해설 |

구배$=\frac{5}{100}$, 1/50,000 지형도에서 등고선의 거리는 20m이므로

구배(i)$=\frac{\text{높이(h)}}{\text{수평거리(D)}}$에서 수평거리(D)$=20\times\frac{100}{5}=400$m이므로

도상거리(d)$=\frac{400\times1,000}{50,000}=8$mm이다.

정답 ②

25. 다음 중 지형측량의 지성선에 해당하지 않는 것은?

① 계곡선(합수선)　② 능선(분수선)
③ 경사변환선　④ 주곡선

| 해설 |

지성선은 지세선이라도 하며 능선(분수선), 합수선(계곡선), 경사변환선, 최대경사선 등으로 표시하며 주곡선은 등고선의 종류이다.

정답 ④

26. 지성선 중에서 빗물이 이것을 따라 좌우로 흐르게 되는 선으로 지표면이 높은 곳의 꼭대기 점을 연결한 선은?

① 합수선(계곡선)　② 분수선(능선)
③ 경사변환선　④ 최대경사선

| 해설 |

지성선 중 철(凸)선은 지표면이 높은 곳의 꼭대기점을 연결한 선으로 빗물이 이것을 경계로 하여 좌우로 흐르게 되므로 분수선 또는 능선이라고 한다.

정답 ②

27. 지성선(Topographical Line)의 설명 중 틀린 것은?

① 凸선 : 지표면이 높은 곳을 이은 선으로 분수선이라 한다.
② 凹선 : 지표면이 낮은 곳을 이은 선으로 계곡선 또는 수선이라 하고 바닥, 하천 등을 말한다.
③ 경사변환점 : 볼록한 선, 오목한 선의 경사변환선이 굴곡하는 점을 말한다.
④ 경사변환선 : 같은 방향으로 비탈져 있으나 경사가 틀린 두 면의 접합선을 말한다.

| 해설 |
경사변환점은 경사변환선과 요(凹), 철(凸)선의 교점을 말한다.

정답 ③

28. 지성선에 대한 설명으로 옳은 것은?

① 지표면과 다른 종류의 토양 간에 만나는 선
② 경작지와 산지가 교차되는 선
③ 지모의 골격을 나타내는 선
④ 수평면과 직교하는 선

| 해설 |
지성선은 능선(분수선), 합수선(합곡선), 경사변환선, 최대경사선 등으로 지모의 골격을 나타내는 선이라 할 수 있다.

정답 ③

29. 지성선 중에서 등고선 간의 최소거리를 의미하는 것은?

① 경사변환선 ② 합수선
③ 최대경사선 ④ 분수선

| 해설 |
최대경사선은 지표의 임의의 한점에서 그 경사가 최대로 되는 방향을 표시한 선을 말하며, 등고선에 직각으로 교차한다. 이것은 물이 흐르는 방향이라는 의미에서 유하선이라고도 한다.

정답 ③

30. 등고선을 이용하여 결정하는 지성선(地性線)과 거리가 먼 것은?

① 삼각망 기선 ② 최대경사선
③ 계곡선 ④ 능선

| 해설 |
지성선은 지세선이라도 하며 능선(분수선), 합수선(계곡선), 경사변환선, 최대경사선 등으로 표시하며 주곡선은 등고선의 종류이다.

정답 ①

31. 설치되어 있는 기준점만으로 세부측량을 실시하기에 부족할 경우 설치되어 있는 기준점을 기준으로 지형측량에 필요한 새로운 측점을 관측하여 결정된 기준점은?

① 도근점 ② 경사변환점
③ 등각점 ④ 이점

| 해설 |
도근점은 지형도를 만들 때 필요한 세부측량을 시행하기 위한 기준점으로 사용한다.

정답 ①

32. 등고선의 특징에 대한 설명으로 틀린 것은?

① 등고선은 경사가 급한 곳에서는 간격이 좁다.
② 경사변환점은 능선과 계곡선이 만나는 점이다.
③ 능선은 빗물이 이 능선을 경계로 좌우로 흘러 분수선이라고도 한다.
④ 계곡선은 지표가 낮거나 움푹 파인 점을 연결한 선으로 합수선이라고도 한다.

| 해설 |
경사변환점은 경사변환선과 요(凹), 철(凸)선의 교점을 말한다.

정답 ②

33. 등고선의 간접측정 방법이 아닌 것은?

① 사각형 분할법(좌표점법) ② 기준점법(종단점법)
③ 원곡선법 ④ 횡단점법

| 해설 |
등고선 측량에서 간접측정 방법은 목측법, 방안법, 종단점법, 방사선법, 횡단점법, 사각형 분할법(좌표점법)이 있다.

정답 ③

34. 지형의 능선과 계곡을 따라 등고선을 측량하는 방법으로 가장 효율적인 것은?

① 점고법 ② 지형점법
③ 방사법 ④ 지성선법

| 해설 |
지성선은 지형을 묘사하기 위한 선으로 능선과 계곡을 따라 등고선을 측량하는 방법으로 가장 효율적이다.

정답 ④

35. 등고선 측정 방법 중 지성선 상의 중요한 지점의 위치와 표고를 측정하여 이 점들을 기준으로 하여 등고선을 삽입하는 방법은?

① 횡단점법 ② 종단점법
③ 지형점법 ④ 방안점법

| 해설 |

종단점법은 기지점에서부터 지성선의 방향이나 중요한 방향의 여러 개의 측선을 설정하고 그 선상의 지반고와 거리를 측정한 후 등고선을 삽입하는 방법이다.

정답 ②

36. 평판을 이용하여 측량한 경로가 경사분획(n)이 10, 수평거리(D)가 50m, 표척의 읽은 값(ℓ)이 1.50m, 기계고(I)가 1.0m 기계를 세운 점의 지반고(HA)가 20m인 경우 표척을 세운 지점의 지반고는?

① 21.1m ② 21.6m ③ 22.7m ④ 24.5m

| 해설 |

B점표고$(H_B) = H_A + I + H - \ell = 20 + 1.0 + \frac{10 \times 50}{100} - 1.50 = 24.5$m이다.

정답 ④

37. 1/25,000 지형도에서 150m와 120m 등고선 사이의 P점이 그림과 같이 각각 도상거리 4.5mm와 6.5mm 사이에 있을 때 P점의 표고는?

① 120.20m
② 132.27m
③ 140.25m
④ 150.05m

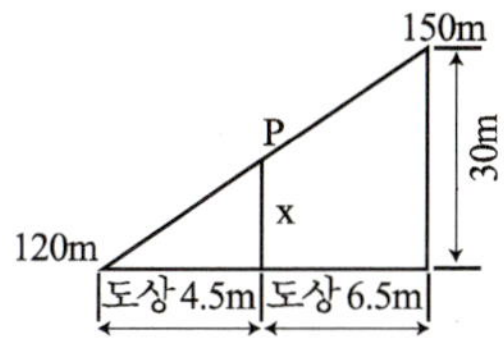

| 해설 |

① 실제거리는 25,000×0.0045=112.5m, 25,000×0.0065=162.5m,
② 경사거리는 $\sqrt{(30+(112.5+162.5)^2} = 276.63$m이다.
③ 이를 비례식으로 계산하면 276.63 : 30 = 112.5 : x에서
$\frac{30 \times 112.5}{276.63} = 12.27$m이다.
④ 여기에 표고 120m를 더하면 120+12.27m=132.27m이다.

정답 ②

38. 1/5,000 지형도상에서 20m와 60m 등고선 사이에 있는 점 P의 높이는?(단, 20m 등고선에서 P 점까지의 도상거리는 15mm이고, 60m 등고선에서는 5mm임.)

① 46m ② 50m ③ 52m ④ 54m

| 해설 |

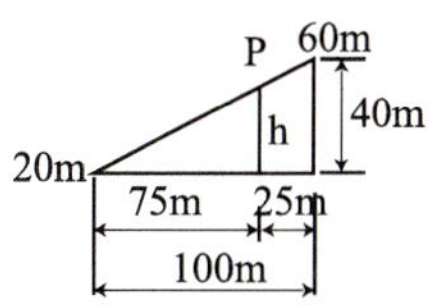

20m → P점까지 수평거리는 0.015×5,000=75m이고, 60m → P점까지 수평거리는 0.005×5,000=25m이다. 그러므로 40 : h=100 : 75,

$h = \frac{40 \times 75}{100} = 30$m,
$P_h = 20 + 30 = 50$m이다.

정답 ②

39. 경사면 AB에서 A점의 표고는 180m, B점의 표고는 60m, AB의 수평거리는 200m이다. 등고선을 10m 간격으로 넣을 때 150m 등고선은 AB선 상에서 B로부터 몇 m인 곳을 지나게 되는가?

① 50m ② 100m ③ 150m ④ 200m

| 해설 |

비례법을 이용하면 120 : 90 = 200 : x에서
$x = \frac{90 \times 200}{120} = 150$m이다.

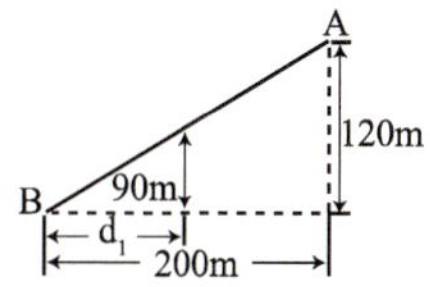

정답 ③

40. A점의 표고가 128m, B점의 표고가 155m인 등경사 지형에서 A점으로부터 표고 130m 등고선까지의 거리는? (단, AB의 거리는 250m이다.)

① 2.00m ② 18.52m
③ 111.11m ④ 203.70m

| 해설 |

비례법을 이용하면 250 : 27=x : 2에서 $x = \frac{2 \times 250}{27} = 18.52$m이다.

정답 ②

41. 점 A의 표고가 29.5m, 점 B의 표고가 24.6m인 일정한 경사지에서 AB 거리가 93.75m일 때 A, B점을 연결하는 선상에서 점 A로부터 제일 가까운 주곡선의 도상 위치는 1/2,500 지형도상에서 얼마인 곳에 그려지는가?

① 0.35cm ② 0.38cm ③ 0.40cm ④ 0.47cm

| 해설 |

① 일정한 경사지에서 2점 사이의 등고선 위치는 비례식으로 A점에 제일 가까운 등고선은 29m이므로 h=29.5−24.6=4.9m이다.
② 93.75 : 4.9=x : (29.5−29)에서 $x = \frac{93.75 \times 0.5}{4.9} = 9.57$m,
$9.57\text{m} \times \frac{1}{2,500} = 0.38$cm이다.

정답 ②

42. 축척 1/25,000 지형도에서 A, B 두 점 사이의 도상거리는 50mm이었다. A점 표고가 950m이고 B점의 표고가 700m일 때 이 사면의 경사는?

① 1/2 ② 1/3 ③ 1/4 ④ 1/5

| 해설 |

실제거리=50mm×25,000=1,250m, 고저차=950−700=250m이므로 경사(i) $= \frac{250}{1,250} = \frac{1}{5}$이다.

정답 ④

43. 축척 25,000분의 1 지형도에서 두 점 사이의 거리가 1cm이며, 실제 높이차가 100m이면 경사는 얼마인가?

① 21°48′05″　② 26°08′16″
③ 28°16′45″　④ 31°26′26″

| 해설 |
실제거리=1cm×25,000=25,000cm=250m,
경사각$(\theta)=\tan^{-1}\frac{100}{250}=21°48'05''$ 이다.

정답 ①

44. 그림과 같이 등고선에서 AB의 수평거리가 60m일 경우 경사(incline)로 옳은 것은?

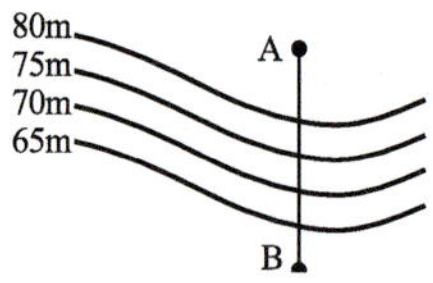

① 10%　② 15%
③ 20%　④ 25%

| 해설 |
AB 고저차=80−65=15m, 경사(i) $=\frac{h}{L}=\frac{15}{60}=25\%$이다.

정답 ④

45. 축척 1 : 25,000 지형도에서 등고선의 간격 10m를 묘사할 수 있는 도상 간격이 0.13mm라 하면 등고선으로 표현할 수 있는 최대 경사각으로 옳은 것은?

① 약 45°　② 약 60°　③ 약 72°　④ 약 90°

| 해설 |
실제거리=축척 분모×지형도상 거리=25,000×0.13=3.25m, 높이차=10m, 경사각$(\theta)=\tan^{-1}\frac{10}{3.25}=71°59'45''$이다.

정답 ③

46. 축척 1 : 50000 지형도에서 등고선 간격을 20m로 할 때 도상에서 표시될 수 있는 최소간격을 0.45mm로 할 경우 등고선으로 표현할 수 있는 최대 경사각은?

① 40.1°　② 41.6°　③ 44.6°　④ 46.1°

| 해설 |
실제거리$=50,000\times0.00045=22.5$m에서 경사각$=\tan^{-1}\frac{20}{22.5}=41.6°$이다.

정답 ②

47. 그림과 같은 수평면과 45° 의 경사를 가진 사면의 길이($\overline{AB}$)가 25m이다. 이 사면의 경사를 30° 로 할 때, 사면의 길이($\overline{AC}$)는?

① 32.36m
② 33.36m
③ 34.36m
④ 35.36m

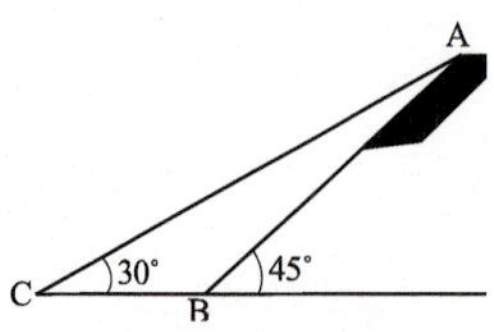

| 해설 |
싸인법칙을 적용하면 $\frac{25}{\sin30°}=\frac{AC}{\sin(180°-45°)}$에서
$AC=\frac{25\times\sin135°}{\sin30°}=35.36$m이다.

정답 ④

48. 지형도에서 92m 등고선 상의 A점과 118m 등고선 상의 B점 사이에 일정한 기울기 8%의 도로를 만들었을 때 AB 사이 도로의 실제 경사거리는?

① 347m　② 339m　③ 332m　④ 326m

| 해설 |
고저차(h)=118−92=26m, 수평거리를 S라 하면 $\frac{8}{100}=\frac{26}{S}$에서
$S=\frac{100}{8}\times26=325$m가 된다.
그러므로 경사거리는 $L=\sqrt{S^2+h^2}=\sqrt{325^2+26^2}=326.04$m이다.

정답 ④

49. 등고선의 간격이 2m인 지형도에서 100m 등고선 상의 A점과 140m 등고선 상의 B점 간을 일정 기울기 7%의 도로로 만들면 AB 간 도로의 실제 경사거리는?

① 572.83m　② 515.53m　③ 472.83m　④ 415.53m

| 해설 |
고저차(h)=140−40=100m에서 $\frac{7}{100}=\frac{40}{S}$이므로
$S=\frac{4000}{7}=571.43$m이다.
실제 경사거리 $L=\sqrt{S^2+h^2}=\sqrt{571.43^2+40^2}=572.83$m

정답 ①

50. A, B 두 점의 표고가 각각 120m, 144m이고 두 점 간의 경사가 1 : 2인 경우 표고가 130m 되는 지점을 C라 할 때, A점과 C점과의 경사거리는?

① 20.38m　② 21.76m　③ 22.36m　④ 23.76m

| 해설 |
AB의 표고차는 144−120=24m, 경사가 1 : 2로 AB의 수평거리는 48m가 된다. AC의 표고차는 130−120=10m에서 수평거리는 20m가 되므로 경사거리 $AC=\sqrt{10^2+20^2}=22.36$m이다.

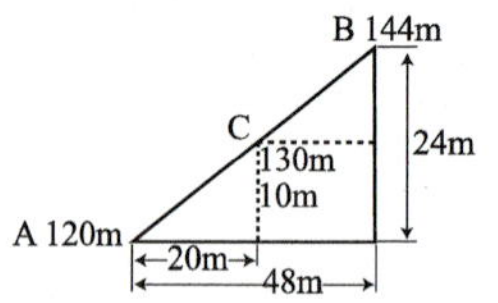

정답 ③

51. 등고선의 등거리를 결정할 때 도상거리를 고려하여 경사 30°의 사면일 때 그 등고선의 도상 간격을 0.4mm로 표시하였다. 1/25,000 지도라면 등고선의 등거리는?

① 4.5m　② 5.8m　③ 8.7m　④ 13.8m

| 해설 |
실제거리=도상거리$\times M=0.4\times25,000=10$m,
수평거리=경사거리$\times\cos\theta=10\times\cos30°=8.7$m이다.

정답 ③

52. 축척 1/25,000 지형도에서 등고선의 간격이 10m인 등 경사선의 경사를 5%로 할 경우, 등고선 간의 도상 수평거리는?

① 5mm ② 8mm ③ 10mm ④ 12mm

| 해설 |

지상거리(D) $= \frac{100}{i}h = \frac{100}{5} \times 10 = 200m$, 여기서, h는 등고선 간격(10m) i는 경사(5%) 축척$= \frac{\text{도상거리}}{\text{실제거리}}$ 에서 $\frac{1}{25,000} = \frac{\text{도상거리}}{200}$ 이고 도상거리 $\frac{200}{25,000} = 8mm$이다.

정답 ②

53. 경사면 위의 두 점(A,B)에서 A점은 표고는 180m, B점의 표고는 60m이고, AB의 수평거리는 200m이다. B로부터 표고 150m인 등고선까지의 수평거리는?

① 50m ② 100m ③ 150m ④ 200m

| 해설 |

AB점 수평거리는 200m, AC점 표고차(h)=150−60=90m, AC점 수평거리는 120 : 200=90 : AC에서 $AC = \frac{200 \times 90}{120} = 150m$이다.

정답 ③

54. 지형도에서 A점은 100m 등고선 위에 있고 B점은 120m 등고선 위에 있다. 두 점 사이의 경사가 50%이면 두 점 사이의 수평거리는?

① 40m ② 50m ③ 60m ④ 70m

| 해설 |

AB점 표고차(h)=120−100=20m, 경사(i)$= \frac{50\%}{100} = 0.5$, 경사$= \frac{\text{고저차}}{\text{수평거리}}$에서 수평거리(x) $= \frac{20}{0.5} = 40m$이다.

정답 ①

55. 축척 1/25,000 지형도에서 4% 기울기의 노선 선정 시 계곡선 사이에 취하여야 할 도상 수평거리는?

① 5mm ② 10mm ③ 50mm ④ 100mm

| 해설 |

경사$= \frac{\text{높이}}{\text{수평거리}} = \frac{50}{0.04}$, $\frac{1,250}{25,000} = 0.05m = 50mm$이다.

정답 ③

56. 1/50,000 지도상에서 5cm인 두 점 사이의 실제거리는 얼마인가?

① 1.5km ② 2.5km ③ 3.5km ④ 4.5km

| 해설 |

50,000×5cm=250,000cm=2.5km이다.

정답 ②

57. 그림에서 삼각형의 $\overline{BC}$와 평행하게 m : n=1 : 4의 비율로 분할하고자 할 경우, AB=75m일 때 $\overline{Ax}$의 거리는?

① 15.0m
② 18.8m
③ 33.5m
④ 37.5m

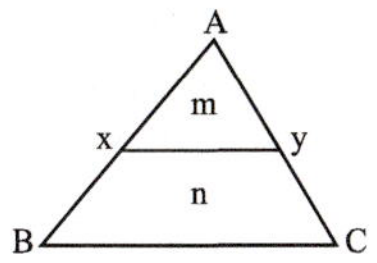

| 해설 |

(m+n) : m=AB : Ax에서

$Ax = AB\sqrt{\frac{m}{m+n}} = 75 \times \sqrt{\frac{1}{1+4}} = 33.541m$이다.

정답 ③

58. 그림과 같은 △ABC 에서 $\overline{AD}$로 △ABD:△ABC=1:3으로 분할하려고 할 때, $\overline{BD}$의 거리는?(단, $\overline{BC} = 42.6m$)

① 2.66m
② 4.73m
③ 10.65m
④ 14.20m

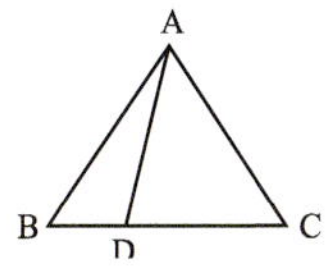

| 해설 |

비례법을 이용하면 3 : 1=42.6 : x에서 $x = \frac{42.6}{3} = 14.2m$이다.

정답 ④

59. 1/50,000 지형도에서 4% 구배의 노선을 선정하려면 등고선 사이의 도상거리는?

① 10mm ② 11mm ③ 12mm ④ 13mm

| 해설 |

구배$= \frac{\text{높이}}{\text{수평거리}} = \frac{4}{100}$, 거리$= 20 \times \frac{100}{4} = 500m$,

도상거리$= \frac{500 \times 1,000}{50,000} = 10mm$이다.

정답 ①

60. 축척 1/2500, 등고선 간격 2m, 경사 5%일 때 등고선 간의 수평거리 L의 도상길이는?

① 1.4cm ② 1.6cm ③ 1.8cm ④ 2.0cm

| 해설 |

구배(i)$= \frac{\text{높이}}{\text{수평거리}} = \frac{5}{100} = 0.5$에서

지상거리(D)$= 20 \times \frac{100}{5} = 400m$

도상거리(d)$= \frac{400 \times 1,000}{25,000} = 1.6cm$ 이다.

정답 ②

61. 축척 1/50,000의 지형도에서 A의 표고가 235m이고, B의 표고가 563m일 때 지형도상에 주곡선의 간격으로 등고선을 몇 개 삽입할 수 있는가?

① 13 ② 15 ③ 17 ④ 19

| 해설 |

① 지형도 축척이 1/50,000에서 주곡선은 20m 간격으로 배치되므로 시작점의 표고는 $\frac{235}{20}=11.75$에서 11×20=220m, 끝나는 점의 표고는 $\frac{563}{20}=28.35$에서 28×20=560m이다.

② 시작점의 표고 220m, 끝나는 점의 표고 560m 사이에 있는 등고선을 계산하여야 하므로 560−220=340÷20=17개이다.

정답 ③

62. 축척 1 : 5,000의 지형측량에서 위치의 허용오차를 도상±0.5mm, 실제 관측 높이의 허용오차를 ±1.0m로 하는 경우에 토지의 경사가 25° 인 지형에서 발생할 수 있는 등고선의 최대오차는?

① ±2.51m ② ±2.17m ③ ±2.04m ④ ±1.83m

| 해설 |

① 등고선 간격은 $H=dh+d\ell\cdot\tan\alpha$의 최소 등고선의 간격은 2배 이상으로 하는 것이 적당하므로 $H\geq 2(dh+d\ell\cdot\tan\alpha)$이다.

② $d\ell=0.0005\times 5,000=2.5\text{m}$, $H=2(dh+d\ell\cdot\tan\alpha)=2\times(1+2.5\times\tan25^{\circ})=4.43\text{m}$이다. 그러나 최대 등고선의 간격이므로 2배로 했으므로 이를 2로 나누어 주면 $H=\frac{4.33}{2}=2.17\text{m}$가 된다.

정답 ②

63. 지형도는 지표면 상의 자연 및 지물(地物), 지모(地貌)를 표현하게 되는데, 다음 항목 중에서 지모(地貌)에 해당하지 않는 것은?

① 도로 ② 계곡 ③ 평야 ④ 구릉

| 해설 |

지모(地貌)는 땅 표면의 생김새, 고저, 기복, 비탈 등의 상태를 말하며 지물(地物)은 땅 위에 존재하는 천연 또는 인공의 모든 물체(나무·집·하천·도로·철로 등)를 말한다.

정답 ①

64. 지물과 지모의 대상으로 짝지어진 것으로 옳은 것은?

① 지물 : 산정, 평야, 구릉, 계곡
② 지모 : 수로, 계곡, 평야, 도로
③ 지물 : 교량, 평야, 수로, 도로
④ 지모 : 산정, 구릉, 계곡, 평야

| 해설 |

지물은 땅 위에 존재하는 천연 또는 인공의 모든 물체로 수목·가옥·하천 등이며, 지모는 땅 표면의 생김새로 고저, 기복, 비탈 등의 상태를 말한다.

정답 ④

65. 지도 작성 측량 시 해안선의 기준이 되는 것은?

① 측정 당시 수면 ② 평균해수면
③ 최고 저조면 ④ 최고 고조면

| 해설 |

해면 또는 수면에 접할 경우의 측정기준은 최대만조위(최고 고조면) 또는 최대만수위를 측정한다.

정답 ④

66. 그림과 같이 2개의 산꼭대기가 서로 만나는 곳으로 좋은 교통로가 되는 고개 부분을 무엇이라고 하는가?

① 안부
② 요지
③ 능선
④ 경사변환점

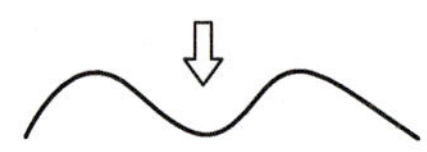

| 해설 |

① 안부는 산령과 계곡이 만나 이들의 등고선이 서로 쌍곡선을 이루는 것과 같은 부분을 안부(Saddle)로 고개라고도 하며 서로 인접한 2개의 산꼭대기가 서로 만나는 곳으로 고개 부분이다.

② 산릉(산배)은 산꼭대기와 산꼭대기 사이의 제일 높은 점을 연결한 선을 말한다.

③ 계곡은 요(凹)선으로 표시되며, 계곡의 종단면은 상류가 급하고 하류가 완만하게 된다.

정답 ①

67. 형도에서 등고선이 이 지점에서는 쌍곡선을 이룬다. 이 지점을 무엇이라 부르는가?

① 안부 ② 구릉 ③ 산능 ④ 평야

| 해설 |

안부는 산령과 계곡이 만나 이들의 등고선이 서로 쌍곡선을 이루는 것과 같은 부분을 안부(Saddle)로 고개라고도 하며 서로 인접한 2개의 산꼭대기가 서로 만나는 곳으로 고개 부분이다.

정답 ①

68. 다음 지형도에서 능선에 해당하는 부호는?

① A−A′
② B−B′
③ C−C′
④ 알 수 없다.

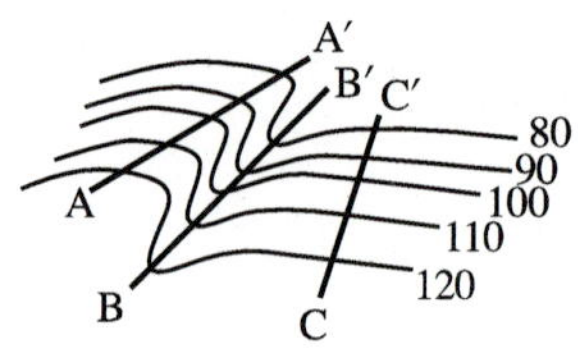

| 해설 |

능선과 계곡은 산정이 어느 쪽인지를 보고 알아야 하므로 A−A′는 능선이고 B−B′는 계곡이다.

정답 ①

69. 지형도의 도식과 기호가 만족하여야 할 조건에 대한 설명으로 옳지 않은 것은?

① 간단하면서도 그리기 용이해야 한다.
② 지물의 종류가 기호로써 명확히 판별될 수 있어야 한다.
③ 지도가 깨끗이 만들어지며 도식의 의미를 잘 알 수 있어야 한다.
④ 지도의 사용 목적과 축척의 크기와 관계없이 모두 동일한 모양과 크기로 빠짐없이 표시하여야 한다.

| 해설 |

지형도의 도식과 기호는 지도의 사용 목적과 축척에 따라 표시하는 것이 편리하다. 모두 동일한 모양과 크기로 표시할 때는 매우 복잡하다.

정답 ④

70. 지형도의 난외주기 사항에 「NJ 52-13-17-3 대천」과 같이 표시되어 있을 때, NJ 52가 의미하는 것은?

① TM 도엽번호
② UTM 도엽번호
③ 경위도좌표계 구역번호
④ 가우스 쿠르거 도엽번호

| 해설 |

「NJ 52-13-17-3 대천」에서 NJ52는 UTM 도엽번호, 13은 1 : 25,000 지세도 번호, 17은 지세도 구역을 다시 28개 구역으로 나누었을 때의 17번째 구역, 3은 지형도 폭을 다시 각각 등분하여 하나의 번호를 부여한 것을 의미한다.

정답 ②

71. 두 점 사이의 실제거리 1km를 10cm로 표시하였을 때 지형도의 축척은?

① 1/1,000 ② 1/10,000
③ 1/20,000 ④ 1/40,000

| 해설 |

1km=1,000m=100,000cm이므로 $S=\frac{10}{100,000}=\frac{1}{10,000}$이다.

정답 ②

72. 축척 1/500 지형도를 기초로 하여 같은 크기의 축척 1/2500의 지형도를 작성하려 한다. 1/2500 지형도의 한 도면을 작성하는 데 필요한 1/500 지형도의 매수는?

① 5매 ② 10매 ③ 15매 ④ 25매

| 해설 |

축척비$=\frac{2,500}{500}=5$배, 면적비=가로×세로=5×5=25매이다.

정답 ④

73. 지형도를 이용하여 작성할 수 있는 자료에 해당 되지 않는 것은?

① 종 · 횡단면도 작성
② 표고에 의한 평균유속 측정
③ 절토 및 성토 범위의 결정
④ 등고선에 의한 체적계산

| 해설 |

지형도를 이용하여 작성할 수 있는 자료는 등고선에 의한 체적계산, 절토 및 성토의 범위를 파악할 수 있는 토공량 산정, 도면상에서 노선의 선정, 도상 면적 측정, 연직(종 · 횡단면)단면의 작성 등이다.

정답 ②

74. 지형도의 이용과 가장 거리가 먼 것은?

① 도로, 철도, 수로 등의 도상선정
② 종단면도 몇 횡단면도의 작성
③ 간접적인 지적도 작성
④ 집수면적의 측정

| 해설 |

지형도의 이용
① 종단면도 및 횡단면도의 작성
② 계산에 의한 간접 연직단면의 작성
③ 등구배 선의 결정, 하천유역 면적의 측정
④ 절토 및 성토의 범위 파악
⑤ 저수 유역면적 추정, 저수량 측정
⑥ 등고선에 의한 체적 및 토량계산
⑦ 도로, 철도, 수로 등의 도면상에서 노선의 선정
⑧ 고도의 정밀측정에 이용

정답 ③

75. 삼각형의 세 꼭짓점의 좌표가 A(3, 4), B(6, 7), C(7, 1)일 때에 삼각형의 면적은?(단, 좌표의 단위는 m이다.)

① 12.5m^2 ② 11.5m^2 ③ 10.5m^2 ④ 9.5m^2

| 해설 |

$a=\sqrt{(6-3)^2+(7-4)^2}=4.243$, $b=\sqrt{(7-6)^2+(1-7)^2}=6.083$,
$c=\sqrt{(3-7)^2+(4-1)}=5$
헤론의 공식 $s=\frac{1}{2}(a+b+c)=7.663$에서 $A=\sqrt{s(s-a)(s-b)(s-c)}=$
$\sqrt{(7.663)(7.663-4.243)(7.663-6.083)(7.663-5)}=10.50m^2$이다.

정답 ③

76. 1/50,000 지도상의 4cm^2에 대한 지상에서의 실제면적은?

① 1km^2 ② 20km^2 ③ 2km^2 ④ 200km^2

| 해설 |

지형도 거리는 $\sqrt{0.04}=0.02m$, 실제거리는 $0.02m\times50,000=1,000m$ $=1km$이며, 실제면적은 $1km\times1km=1km^2$이다.

정답 ①

77. 축척 1 : 1000의 도면을 이용하여 측정한 면적이 2600m²였다. 이 도면의 종·횡 크기가 모두 1.5%씩 줄어있었다면 실제면적은?

① 2510m² ② 2520m² ③ 2610m² ④ 2680m²

| 해설 |

$2,600 = A \times (1-0.015)^2$ 에서 $A = \frac{2,600}{0.985^2} = 2,679.8m^2$ 이다.

정답 ④

78. 축척 50,000분의 1 지형도에서 가로 5cm, 세로 6cm를 경지정리하려고 한다. 실제면적은?

① 500ha ② 600ha ③ 750ha ④ 800ha

| 해설 |

① 실제거리는 가로 : 5×50,000=250,000cm=2,500m, 세로 : 6×50,000=300,000cm=3,000m, 1ha=100×100m=10,000m²이므로(2,500×3,000) ÷10,000=750ha이다.

정답 ③

79. 두 변의 길이가 각각 38m와 42m이고 협각이 50° 14′ 45″ 인 밑면에 높이 7m인 삼각기둥의 부피(m³)는?

① 3,994.7m³ ② 4,028.7m³
③ 4,119.5m³ ④ 4,294.5m³

| 해설 |

① 면적$(A) = \frac{1}{2}ab\ \sin\alpha = \frac{1}{2} \times 38 \times 42 \times \sin 50°14'45'' = 613.498m^2$에서
② 삼각기둥의 부피$(V) = s \times h = 613.5 \times 7 = 4,294.5m^3$이다. 여기서 s : 밑넓이, h : 높이이다.

정답 ④

80. 측점 A의 횡단면적이 32m², 측점 B의 횡단면적이 48m²이고, 두 점간거리가 20m일 때 토공량은?

① 640m³ ② 780m³ ③ 800m³ ④ 960m³

| 해설 |

토공량$(V_0) = \frac{(A+B)}{2} \cdot h = \frac{(32+48)}{2} \times 20 = 800m^3$이다.

정답 ③

81. 지거를 5m 같은 간격으로 하고 각 지거가 $y_1 = 3.8m$, $y_2 = 9.4m$, $y_3 = 11.6m$, $y_4 = 13.8m$, $y_5 = 7.4m$이었다. 심프슨 제1 법칙의 공식으로 면적을 구한 값은?

① 173.33m² ② 256.67m²
③ 156.53m² ④ 212.00m²

| 해설 |

면적 $(A) = \frac{d}{3} \times \{y_1 + y_5 + 4(y_2 + y_4) + 2(y_3)\} = \frac{5}{3} \times \{3.8 + 7.4 + 4 \times (9.4 + 13.8) + 2 \times 11.6\} = 212m^2$ 이다.

정답 ④

82. 그림과 같은 면적을 심프슨의 제1법칙으로 구하면 얼마가 되겠는가?

① 285.50m²
② 295.50m²
③ 300.50m²
④ 310.50m²

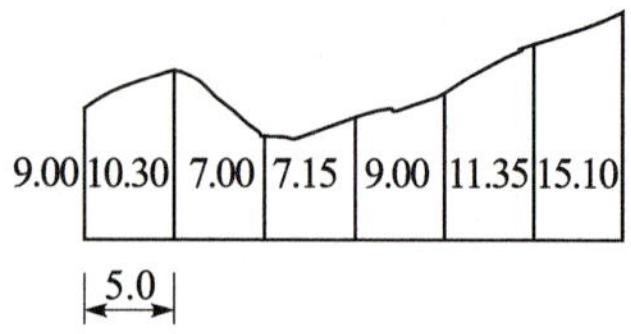

| 해설 |

① 심프슨 제1 법칙 면적
$(A) = \frac{d}{3}[y_0 + y_n + 4(y_1 + y_3 + y_5 + y_7 + y_{n-1}) + 2(y_2 + y_4 + y_6 + y_8)]$

② 면적$(A) = \frac{5}{3} \times \{9.00 + 15.10 + 4(10.30 + 7.15 + 11.35) + 2(7.00 + 9.00)\} = 285.50m^2$ 이다.

정답 ①

83. 심프슨(Simpson) 제2법칙을 이용하여 다음 그림의 면적을 구한 값으로 맞는 것은?

① 10.50m²
② 11.50m²
③ 10.35m²
④ 11.35m²

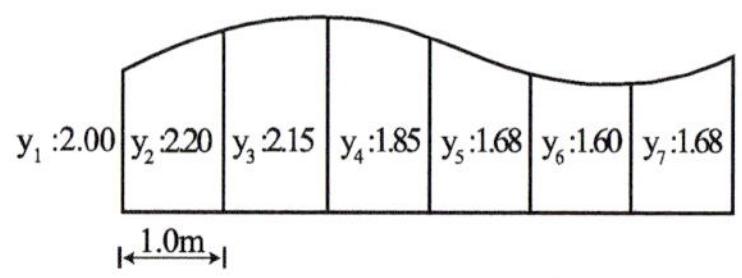

| 해설 |

① 심프슨 제2 법칙
$(A) = \frac{3d}{8}[y_0 + y_n + 3(y_1 + y_2 + y_4 + y_5 + y_7 + y_8) + +2(y_3 + y_6 + y_9)]$

② 면적$(A) = \frac{3}{8} \times 1 \times \{2.00 + 1.68 + 3(2.20 + 2.15 + 1.68 + 1.60) + 2\ 1.85\} = 11.351m^2$ 이다.

정답 ④

84. 운동장이나 비행장과 같은 시설을 건설하기 위한 넓은 지형의 정지공사에서 토량을 계산하자면 다음 방법 중 어느 것이 가장 적당한가?

① 점고계산법 ② 양단면평균법
③ 비례중앙법 ④ 각주공식에 의한 공법

| 해설 |

운동장이나 비행장과 같은 시설을 건설하기 위한 넓은 지형의 정지공사에서 토량을 계산하는 방법은 점고 계산법이 가장 편리하다.

정답 ①

85. 다음 그림과 같이 어느 지역의 높이를 관측하였다. 평균 지구의 표고를 얼마로 하면 적당한가?

① 1.23m
② 1.32m
③ 1.52m
④ 1.72m

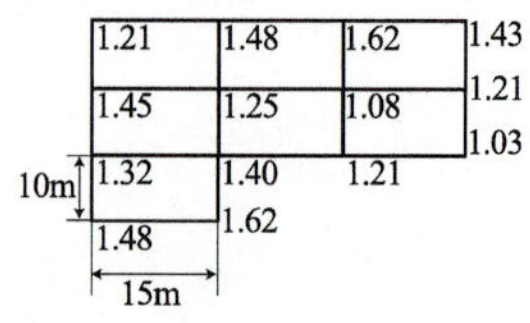

| 해설 |

① $\Sigma h_1 = 1.21 + 1.43 + 1.03 + 1.62 + 1.48 = 6.77$
② $\Sigma h_2 = 1.48 + 1.62 + 1.21 + 1.21 + 1.32 + 1.45 = 8.29$
③ $\Sigma h_3 = 1.40$
④ $\Sigma h_4 = 1.25 + 1.08 = 2.33$
⑤ $V_0 = \frac{1}{4}A(1\Sigma h_1 + 2\Sigma h_2 + 3\Sigma h_3 + 4\Sigma h_4)$
$= \frac{1}{4} \times 10 \times 15[6.77 + (2 \times 8.29) + (3 \times 1.40) + (4 \times 2.33)] = 1,382.625m^3$
⑥ $h = \frac{V_0}{nA} = \frac{1,382.625}{7 \times 10 \times 15} = 1.32m$

정답 ②

86. **지형도에 의한 댐의 저수량 측정에 사용할 방법으로 적당한 것은?**

① 영선법 ② 채색법
③ 음영법 ④ 등고선법

| 해설 |

등고선법은 일반적으로 임야나 건설현장 중 부지의 정지 작업을 위한 토량 산정 또는 저수지의 용량 등을 측 정하는 데 주로 사용된다.

정답 ④

87. **등고선 내의 면적이 지면부터 $A_1 = 380m^2$, $A_2 = 350m^2$, $A_3 = 300m^2$, $A_4 = 100m^2$, $A_5 = 50m^2$일 때 전체 토량은?(단, 등고선 간격은 5m이고, 상단은 평평한 것으로 가정하며 각주공식에 의한다.)**

① 2,950m³ ② 4,717m³
③ 4,767m³ ④ 5,900m³

| 해설 |

토량$(V) = \frac{h}{3}A_1 + A_5 + 2A_3 + 4(A_2 + A_4) = \frac{5}{3}380 + 50 + 2(300) + 4(350 + 100) = 4,716.6m^3$ 이다.

정답 ②

88. **그림과 같은 지형의 계곡에 댐을 만들어 저수(貯水)를 하려고 한다. 저수지의 수면을 120m로 하면 저수량은?(단, 80m선 이하의 용량은 무시한다.)**

80m에 쌓인 면적 $A_1 = 100m^2$
90m에 쌓인 면적 $A_2 = 200m^2$
100m에 쌓인 면적 $A_3 = 300m^2$
110m에 쌓인 면적 $A_4 = 400m^2$
120m에 쌓인 면적 $A_5 = 500m^2$

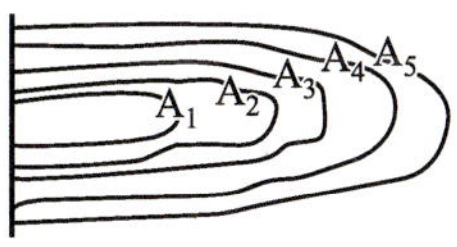

① 1,300m³ ② 13,000m³
③ 12,000m³ ④ 120,000m³

| 해설 |

저수량$(V) = \frac{h}{3}\{A_1 + A_5 + 2A_3 + 4(A_2 + A_4)\} = \frac{10}{3}\{100 + 500 + 2 \times 300 + 4 \times (200 + 400)\} = 12,000m^3$ 이다.

정답 ③

89. **다음 그림에 나타난 지역의 저수량으로 옳은 것은?**

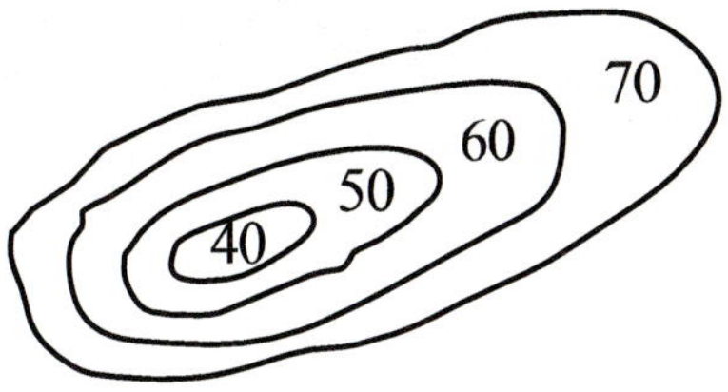

40m 등고선 내의 면적 : 100m²
50m 등고선 내의 면적 : 500m³
60m 등고선 내의 면적 : 700m³
70m 등고선 내의 면적 : 900m³

① 12,636.5m³ ② 14,666.7m³
③ 15,329.3m³ ④ 15,641.2m³

| 해설 |

저수량$(V) = \frac{h}{3}A_1 + A_4 + 4A_2 + 2A_3 = \frac{10}{3}\{100 + 900 + (4 \times 500)\} + (2 \times 700) = 14,666.67m^3$이다.

정답 ②

CHAPTER

03 노선측량

3.1. 개요

노선측량(Route Surveying)은 교통을 목적으로 하는 도로, 철로, 운하측량이 있으며 교통로의 측량, 수력발전의 도수로 측량, 물의 수송에 필요한 각종 용수로와 상하수도 도수관의 부설에 따른 측량을 노선측량이라 한다. 노선측량을 구분하면 지형측량, 중심선측량, 종단측량, 횡단측량, 공사측량(시공측량) 등이다.

3.1.1 노선측량의 작업순서

① 노선측량은 노선선정, 답사, 계획조사측량, 실시설계측량, 용지측량, 공사측량의 순서로 실시하며 지형도를 이용하여 종단면도을 작성하고 현지답사를 실시한 후 노선을 결정한다.

② 답사는 노선예정지를 실지 조사하는 측량으로 지형, 지질, 수계, 교통로 및 교통비, 화물의 종류와 수량, 운반의 난이도 등을 종합적으로 검토하여 조사하여야 한다.

③ 계획조사측량

- 선정된 노선별로 지형도를 작성하여 노선이 통과하는 노선을 결정하기 위한 자료의 취득이 목적이다.
- 종·횡단면도를 작성하여 계획 중심선을 결정하고 예정된 노선이 2~3개 일 경우 검토하여 가장 좋은 노선을 결정한다.

④ 실시설계측량

- 계획선의 중심에서 필요한 폭에 대하여 지형도를 작성하고 중심선을 선정하여 현지에 말뚝을 설치한다.
- 각 측점마다 지반의 고저차를 측정하여 종단면도를 작성하고 중심선에서 직각 방향에 횡단측량을 실시하여 횡단면도를 작성한다.

⑤ 용지측량은 중심 말뚝에서 비탈머리와 비탈 끝까지의 거리를 횡단면도에 구하여 노선용지폭 결정한다.

⑥ 공사측량은 시공측량이라고도 하며 수준기표(B.M)와 중심 말뚝의 높이에 관한 검측을 시행하며 보조 말뚝의 바깥쪽에 인조점을 설치하고 토공의 기준틀, 콘크리트 구조물의 형간(型稈) 위치측량을 시행한다.

3.1.2 곡선의 종류

① 곡선은 어느 직선이 방향을 변화시킬 때 그 방향 변화를 원활하게 하기 위하여 직선과 직선 사이에 삽입하는 호선(弧線)을 말하며 수평곡선과 종곡선으로 구분한다.

② 수평곡선은 원곡선과 완화곡선으로 구분하며 원곡선은 단곡선, 복심곡선, 반향곡선으로 분류할 수 있다.

③ 완화곡선(Transition Curve)은 곡률이 무한대인 직선과 곡률이 작은 곡선 사이에 완충작용을 하도록 삽입하는 곡선으로서 3차포물선, 렘니스케이트(Lemniscate)와 클로소이드곡선(Clothoid Curve)으로 분류한다.

④ 복심곡선(Compound Curve)은 곡선의 방향이 같으나 반경이 다른 곡선으로 2개의 원곡선 접속점에서 공통의 접선을 갖고 2개의 원곡선 중심이 같은 쪽에 있는 것을 말한다.

⑤ 클로소이드곡선은 곡선반경이 곡선의 길이에 반비례하는 곡선으로 차량이 일정한 각속도로 주행하고 있을 때 이루는 궤적을 말한다.

⑥ 단곡선(Simple Curve)은 반경이 일정하며 어느 한 점을 중심으로 하여 원호를 그린 곡선이다.

⑦ 반향곡선(Reverse Curve)은 곡선의 방향이 반대이고 중심이 반대 측에 있는 2개의 원곡선으로 기하학적 성질은 복심곡선과 동일하며 "S"곡선이라고도 한다.

⑧ 배향곡선(Hair Pin Curve)은 복심곡선과 반향곡선이 혼합된 곡선을 말하며 머리핀 곡선이라고도 한다.

3.2. 원곡선

3.2.1. 단곡선의 기본 공식

단곡선은 반경이 일정하며 어느 한 점을 중심으로 하여 원호를 그린 곡선으로 각 부분의 명칭과 기호는 〈그림 2-28〉과 같다.

- 접선길이(T.L) $= R \cdot \tan\frac{I}{2}$
- 곡선길이(C.L) $= R \cdot I = \frac{R \cdot \pi}{180°} \cdot I° \fallingdotseq 0.017453RI°$
- 현길이(L) $= 2R \cdot \sin\frac{I}{2}$
- 중앙종거(M) $= R - R \cdot \cos\frac{I}{2} = R(1-\cos\frac{I}{2})$
- 외할(E) $= R \cdot \sec\frac{I}{2} - R = R(\sec\frac{I}{2} - 1)$
- 편각(δ) $= 1{,}718.87' \times \frac{\ell}{R}$(분)

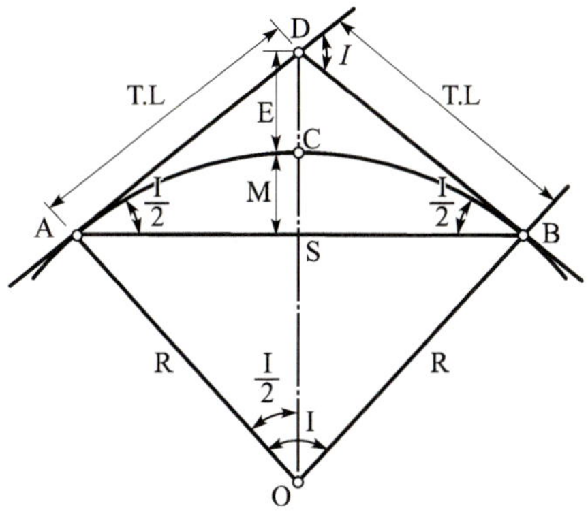

〈그림 2-28〉 단곡선 요소

A : 원곡선 시점(B.C; Beginning of Curve)
B : 원곡선종점(E.C; End of Curve)
D : 교점(I.P; Intersection Point)
R : 반경(Radius of Curve)
T.L : 접선길이(Tangent length)
C.L : 곡선길이(Curve length)
E : 외할(External Secant)
M : 중앙종거(Middle Ordinate)
L : 장현(Long chord)
ℓ : 현길이(chord length)
I : 교각(Intersection Angle)
δ : 편각(deflect Angle)
θ : 중심각(Central Angle)

(1) 호와 현의 길이

① 반경 300m 이하의 경우는 실제 C=ℓ 로 생각하지 않는다.

② 노선측량의 거리관측에서는 ±10mm까지의 오차를 허용하면 $\frac{\ell}{R} = \frac{1}{10}$일때는 호의 길이(C)=현의 길이($\ell$)로 계산하여도 된다.

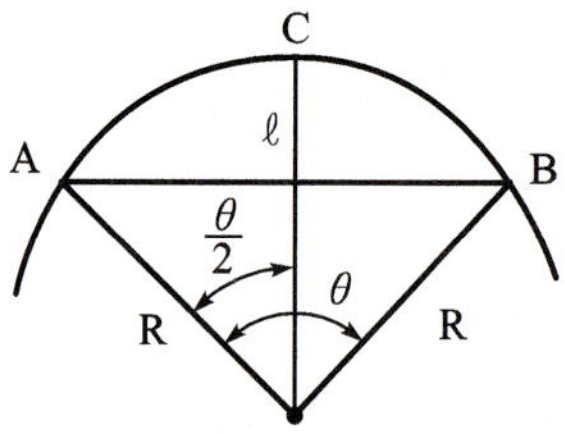

③ 현의 길이$(\ell) = 2R\sin\delta = 2R\sin\frac{\theta}{2}\cdots(1)$

$C \fallingdotseq \ell$ 이라면 $\sin\frac{\theta}{2} \fallingdotseq \frac{C}{2R} - \frac{1}{6}(\frac{C}{2R})^3 \cdots\cdots(2)$

여기서, R : 곡률반경, θ : 중심각, $C = \widehat{AB}$, $\ell = \overline{AB}$이다.

④ 식(2)를 식(1)에 대입하면 $\ell \fallingdotseq 2R[\frac{C}{2R} - \frac{1}{6}(\frac{C}{2R})^3]$에서 $\ell = C - \frac{\ell^3}{24R^2}$이다.

⑤ 그러므로 현의 길이와 호의 길이의 차이는 $\ell - C \fallingdotseq \frac{\ell^3}{24R^2}$이다.

(2) 곡선 설치 순서

① 곡선반경(R)을 결정한다.

② 교각(I)을 측정한다.

③ 접선장(T.L) 및 곡선장(C.L), 외할(E)을 계산한다.

④ 곡선 시점(B.C)까지의 거리, 곡선 종점(E.C)까지의 거리, 곡선 중앙점(S.P)의 위치를 결정한다.

⑤ 시단현 및 종단현을 계산하여 중심 말뚝의 위치를 계산한다.

3.2.2. 편각법

① 편각은 단곡선에서 접선과 현이 이루는 각이다.

② 고속도로와 철도의 단곡선 설치에 가장 많이 사용되고 정확한 방법이다.

③ 편각법에 의한 단곡선의 설치는 중심 말뚝의 표준간격은 20m이지만 곡선부에서 호장 20m를 측정한다는 것은 곤란하므로 일반적으로 직선을 측정하여 사용하고 있다.

④ 편각은 곡선반경이 작으면 오차가 발생한다.

⑤ 〈그림 2-29〉에서 공사기점으로부터 20m 간격으로 중심 말뚝을 측설하면 B.C는 20m가 되지 않고 끝수가 발생하며 그 나머지 거리에 대한 호장은 단현이다.

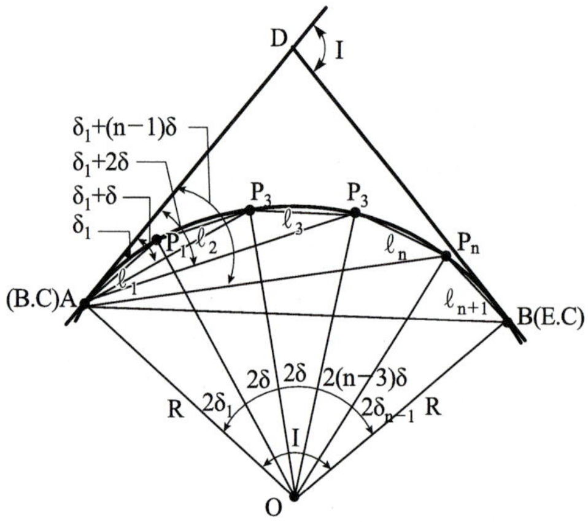

〈그림 2-29〉 편각법 의한 곡선 설치

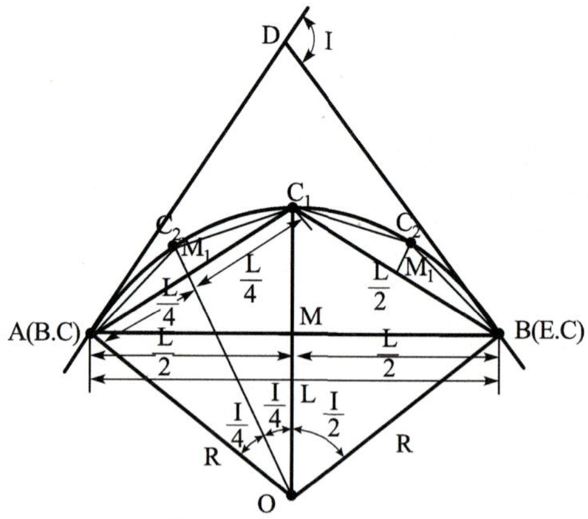

〈그림 2-30〉 중앙종거법

⑥ 20m에 대한 편각은 호와 현의 길이 관계로 $\delta(\text{분}) = \frac{\ell}{2R} \times \frac{180 \times 60}{\pi}(\text{분}) = 1718.87' \times \frac{\ell}{R}(\text{분})$ 이다.

⑦ 곡선시점을 시단현(ℓ_1), 종점을 종단현(ℓ_2)이라고 하며 편각의 계산방법은 다음과 같다.

- 편각 $\delta_0 = 1{,}718.87' \times \frac{\ell_0}{R}(\text{분})$

- 시단현(ℓ_1)의 편각 $\delta_1 = 1,718.87' \times \frac{\ell_1}{R}$(분)
- 종단현(ℓ_2)의 편각 $\delta_2 = 1,718.87' \times \frac{\ell_2}{R}$(분)

3.2.3. 중앙종거법

① 〈그림 2-30〉과 같이 최초로 중심각을 2등분하여 P점을 결정하고 차례차례 2등분한 점을 구하는 방법이다.
② 중앙종거법은 일정한 현장에 대한 중앙종거가 곡선상의 어떠한 위치에 일정하다는 것으로부터 기존에 설치한 곡선의 조정이 편리하다.
③ 곡선반경 또는 곡선장이 작은 시가지의 궤도, 보도 등의 곡선 설치에 사용한다.
④ 중앙종거를 M, 교각을 I이라고 하면 다음 식에 의하여 M_1, M_2, M_3을 구한다.
⑤ 철도 노선의 곡률을 점검하는 데 사용되고 1/4 법이라고도 한다.

- $M_1 = R(1-\cos\frac{I}{2})$
- $M_2 = R(1-\cos\frac{I}{4})$
- $M_3 = R(1-\cos\frac{I}{8})$
- $M_4 = R(1-\cos\frac{I}{16})$

3.2.4. 접선에 대한 지거법

① 양 접선에 지거를 설치하여 곡선을 설치하는 방법으로 터널 내의 곡선 설치나 산림지대의 도로 등에서 편각법으로는 시통 할 수 없으므로 사용하면 편리하다.
② 접선지거법은 일정한 현장에 대한 중앙종거가 곡선상의 어떠한 위치에 일정하다는 것으로부터 기설 곡선의 조정에 편리하며 특히 철도 노선의 곡률을 점검하는데 사용된다.

- $y = \ell \sin\delta = 2R\sin^2\delta = R(1-\cos 2\delta)$
- $x = \ell \cos\delta = 2R\sin\delta\cos\delta = R\sin 2\delta$

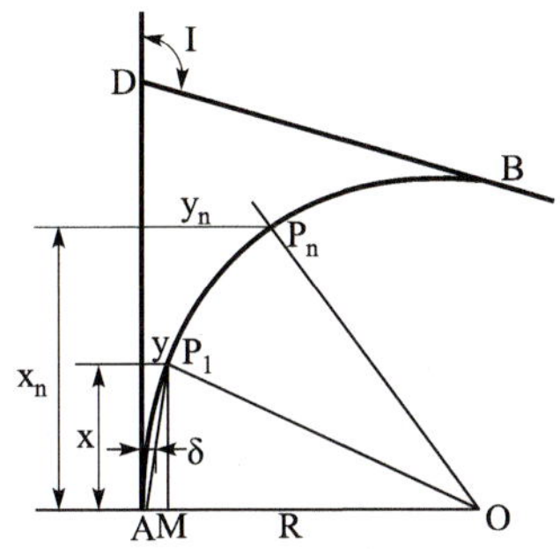

〈그림 2-31〉 접선지거법

3.2.5. 장애물이 있을 때 곡선설치법

① 교점에 기계를 세우지 못할 경우
② 곡면상에 장애물이 많을 경우
③ 곡선시점에서 곡선 전체를 직접 설치하지 못할 경우
④ 곡선시점과 곡선종점에 접근하지 못할 경우
⑤ 그림과 같이 교점(P)에서 곡선설치에 필요한 각 관측 및 거리를 측정할 수 없는 경우 양 접선 상의 임의의 점 C와 D에서 α', β' 및 CD=ℓ을 측정하며 계산으로 교각(I)을 구하고 측설에 필요한 요소를 산출한다.

- $I = 180° - (180° - \alpha - \beta) = \alpha + \beta$
- BC=C점의 추가거리−AC이므로 AC=TL−CP이다.
- CP는 △CDP에 싸인법칙을 적용하면
- $CP = \frac{\sin\beta}{\sin\gamma} \cdot \ell$

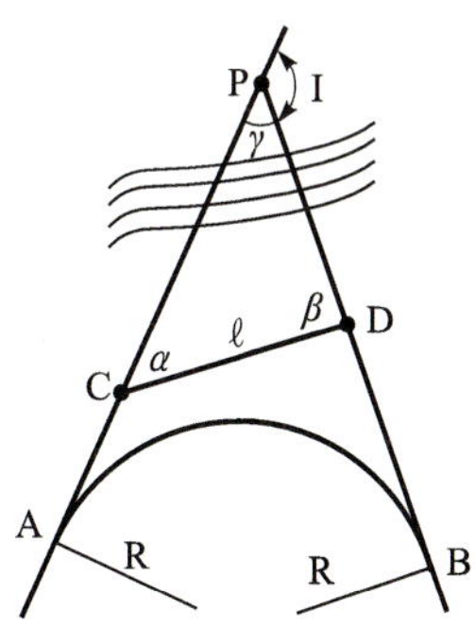

3.2.6. 종단곡선

(1) 도로의 종단곡선

① 도로의 종단곡선은 주로 2차 포물선이 사용되며, 종단구배가 변하는 곳에 종단곡선을 설치한다.

② 그림에서 AB의 구배가 $+\frac{m}{100}$이고 BC′의 구배가 $-\frac{n}{100}$일 때 A를 원점으로 하고 y축을 포물선 축에 평행하게 취하고 x축은 절선이라고 하면 포물선의 방정식은 $L=\frac{R}{2L}(\frac{m}{100}-\frac{n}{100})$과 같다.

③ 도로의 종단곡선

- 일반적으로 두 구배의 차를 d라고 하면 $y=\frac{d}{2L}x^2$이다.

  여기서, $d=\frac{m}{1000}-\frac{n}{1000}$, m : 상향구배(+), n : 하향구배(−)이다.

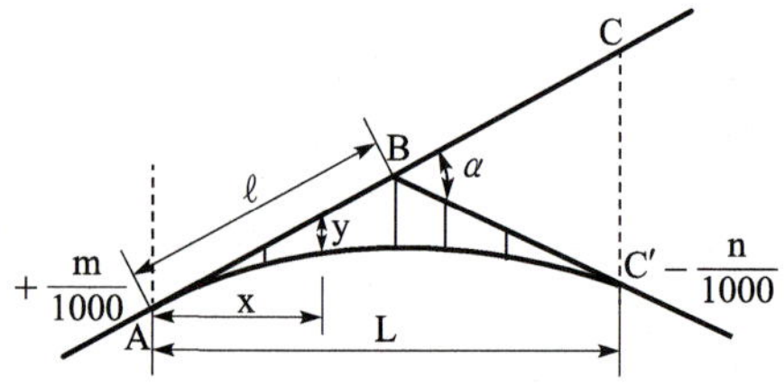

(2) 원호형 종곡선의 설치

① 두 구배선의 교점 T로부터 종곡선의 시점 B.C와 종점 E.C까지의 수평거리는 $\ell=\frac{R}{2}(\frac{m}{1000}-\frac{n}{1000})$와 같다.

여기서, ℓ : 종곡선길이, R : 곡선반경, $\frac{m}{1000}$, $\frac{n}{1000}$: 경사(구배), m : 상향 구배(+), 하향 구배(−), n : 상향 구배(+), 하향 구배(−)이다.

② 종거 y의 값은 원호형의 종곡선 방정식 $y=\frac{x^2}{2R}$으로 계산한다.

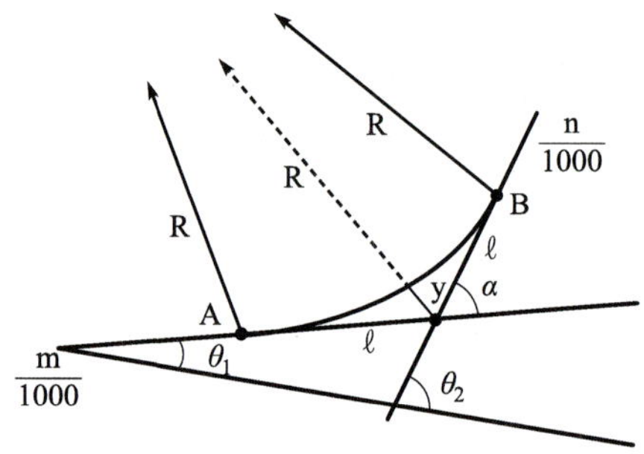

3.3. 완화곡선

완화곡선은 차량의 급격한 회전 시 원심력에 의한 횡방향의 작용으로 인해 발생하는 차량운행의 불안정과 승객의 불쾌감을 줄이는 목적으로 곡률을 0에서 조금씩 증가시켜 일정한 값에 이르게 하도록 직선부와 곡선부 사이에 넣는 매끄러운 곡선을 말한다.

3.3.1. 완화곡선의 성질

① 곡선반경은 완화곡선의 시점에서 무한대(∞)이고 종점에서 원곡선 반경(R)과 같다.

② 완화곡선의 접선은 시점에서 직선에, 종점에서 원호에 접한다.

③ 완화곡선에 연한 곡률반경의 감소율은 캔트(Cant)의 증가율과 같다.

④ 종점에 있는 캔트(Cant)는 원곡선의 캔트(Cant)와 같게 된다.

3.3.2. 완화곡선의 종류

① 〈그림 2-32〉와 같은 완화곡선은 곡률이 무한대인 직선과 곡률이 작은 곡선 사이에 완충작용을 하도록 삽입하는 곡선으로서 3차 포물선, 렘니스케이트, 클로소이드곡선이 있다.

② 클로소이드곡선(Clothoid Curve)은 고속도로 및 일반도로에 사용된다.

③ 렘니스케이트 곡선(Lemniscate Curve)은 인터체인지와 같은 급한 각도의 곡선으로 시가지 철도, 지하철에 사용된다.
- 접선각이 135°까지 적용되므로 곡률이 급한 관로곡선에 이용된다.
- 곡률반경(R)이 동경(動徑) s에 반비례하여 변화하는 곡선이다.

④ 3차 포물선(Cubic Parabola)은 일반철도에 이용되는 곡선이다.

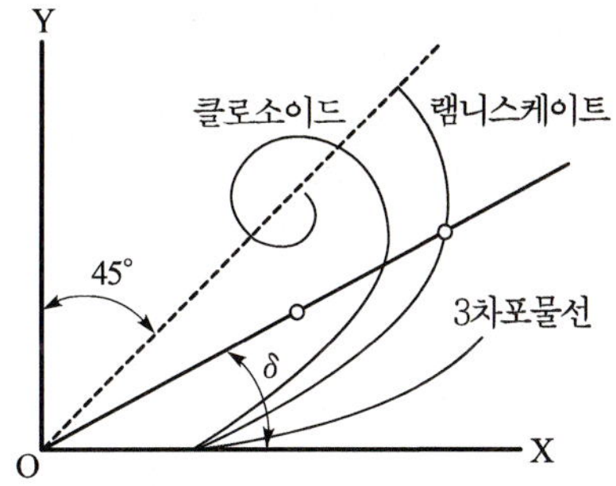

〈그림 2-32〉 완화곡선의 종류

3.3.3. 편경사

① 차량이 곡선부를 돌 때 원심력에 의해서 바깥쪽으로 미끄러지거나 전도(顚倒)되는 것을 방지하기 위하여 곡선부 바깥쪽을 높여 경사를 지워지는 것을 편경사라고 한다.

② 차량이 곡선부를 주행할 때 외측으로 향하려는 원심력이 작용하여 차량의 전도 위험성을 피하기 위해 도로의 노면에 횡단경사를 두어 외측을 높이는 것을 말한다.

③ 철도에서는 캔트(Cant)라고 하며 철도에서 캔트는 150mm가 최대한도이다.

④ 편경사의 크기는 6~10%로 규정하고 있으며 직선부의 편경사는 배수를 위해 1.5~2%의 경사를 두고 있다.

⑤ 캔트(C) $= \dfrac{bV^2}{gR}$

여기서, C : 캔트, b : 차도간격, V : 주행속도, g : 중력가속도(9.81m/sec), R : 곡률반지름이다.

3.3.4. 확폭

① 차량이 곡선부를 주행할 경우 뒷바퀴가 앞바퀴보다 안쪽으로 지나가므로 곡선부에서 그 내측 부분을 직선부에 비교하여 넓히는 도로 폭을 확폭(Slack)이라 한다.

② 확폭은 곡선부의 안쪽에 설치하며 그 넓히는 폭은 곡선반경의 크기에 따라 정해진다.

③ 차선의 최대폭 2.5m에 설계속도에 따라 여유폭을 가산하는데 이를 확폭이라 한다.

④ 원칙적으로 도로의 확폭은 차선의 내측이며, 다른 차선을 침범하지 않기 위해 차선마다 확폭을 설치한다.

⑤ 곡선반경이 35m 이상인 경우 도로의 중심선에 대응하는 도로의 확장을 각 차선의 확폭량이라 한다.

⑥ 확폭은 자동차가 곡선부를 주행할 때 뒷바퀴는 앞바퀴보다 항상 안쪽을 지난다.

3.3.5. 클로소이드곡선

① 클로소이드곡선(Clothoid Curve)은 주로 고속도로 및 일반도로에 사용되며 등속도로 주행하고 있는 자동차의 핸들을 등각속도로 회전할 경우 이 차륜이 그리는 운동궤적을 클로소이드곡선이라한다.

② 클로소이드는 곡률반경이 곡선길이에 비례하는 곡선으로 차량이 일정한 각 속도로 회전될 때 뒷바퀴의 차축 중심이 그리는 운동궤적과 같다.

③ 클로소이드의 공식

- 곡률반경(R) $= \frac{A^2}{L} = \frac{A}{\ell} = \frac{L}{2\tau} = \frac{A}{\sqrt{2\tau}}$
- 곡선장(L) $= \frac{A^2}{R} = \frac{A}{r} = 2\tau R = A\sqrt{2\tau}$
- 접선각(τ) $= \frac{L}{2R} = \frac{L^2}{2A^2} = \frac{A^2}{2R^2}$
- 매개변수(A) $= \sqrt{RL} = \ell \cdot R = L \cdot r = \frac{L}{\sqrt{2\tau}} = \sqrt{2\tau R}$
- 클로소이드곡선의 기본공식은 $A^2 = RL = \frac{L^2}{2\tau} = 2\tau R^2$

  여기서, A : 매개변수, R : 곡률반경, L : 완화곡선길이, τ : 접선각이다.

(1) 클로소이드의 3대 요소

① Clothoid에 관한 요소 중 곡선반경(R), 곡선장(L), 파라미터(A)를 Clothoid의 3대 요소라고 한다.

② 곡선반경(R)

- 곡선반경의 길이는 설계속도에 따라 정한다.
- 지형, 기타의 상황에 의하여 최소곡선 반경이 그 도로의 규격 설계속도 및 최대 편경사에 따라 산정되고 있다.

③ 곡선장(L)

- 자동차가 주행하는 데 원심가속도에 의한 승차감이 좋아야 한다.
- 운전자가 조작할 경우 안전하게 곡선부에 진입할 수 있어야 한다.

④ 파라미터(A)

- 파라미터(A)의 결정은 Clothoid 곡선의 성질 및 사용목적에 의한다.
- 지형에 적합한 기하학적 수치가 파라미터를 결성하는 조건이 된다.
- 원심가속도의 변화율 P와 Parameter의 관계는 $P = \frac{v^3}{LR}$, v : 주행속도 L : 곡선장 R : 곡선반경이다.

(2) 클로소이드의 특징

① 클로소이드는 나선형의 모형을 갖는다.

② 모든 클로소이드는 닮은꼴 형이다.

③ 단위가 있는 것도 있고 없는 것도 있다.

④ 확대율을 가지고 있으며, τ는 radian으로 구한다.

⑤ 접선각(τ)는 30°가 가장 적합하다.

⑥ 도로에서 특성점은 τ=45°가 되게 한다.

(3) 클로소이드곡선설치 방법

① 직각좌표에 의한 방법	② 극좌표에 의한 중간점 설치법	③ 기타에 의한 설치법
• 주접선에서 직각좌표에 설치 • 현에서 직각좌표에 설치 • 접선으로부터 직각좌표에 설치	• 극각 동경에 의한 설치법 • 극각 현장법에 의한 설치법 • 현각 현장법에 의한 설치법	• 2/8 법에 의한 설치법 • 현 트래버스에 의한 설치법

(4) 클로소이드곡선의 형식

① 클로소이드곡선의 형식은 클로소이드를 조합하는 방법으로 기본형, S형, 난형, 철(凸)형, 복합형이 있다.

② 기본형 : 직선에서 클로소이드곡선으로 다시 직선의 형태 곡선이다.

③ S형 : 반향곡선 사이에 클로소이드를 삽입한 곡선이다.

④ 난형 : 복심곡선 사이에 클로소이드를 삽입한 곡선이다.

⑤ 철(凸)형 : 같은 방향으로 구부러진 2개 이상의 클로소이드를 직선적으로 설치하는 곡선이다.

⑥ 복합형 : 같은 방향으로 구부러진 2개 이상의 클로소이드를 이은 곡선이다.

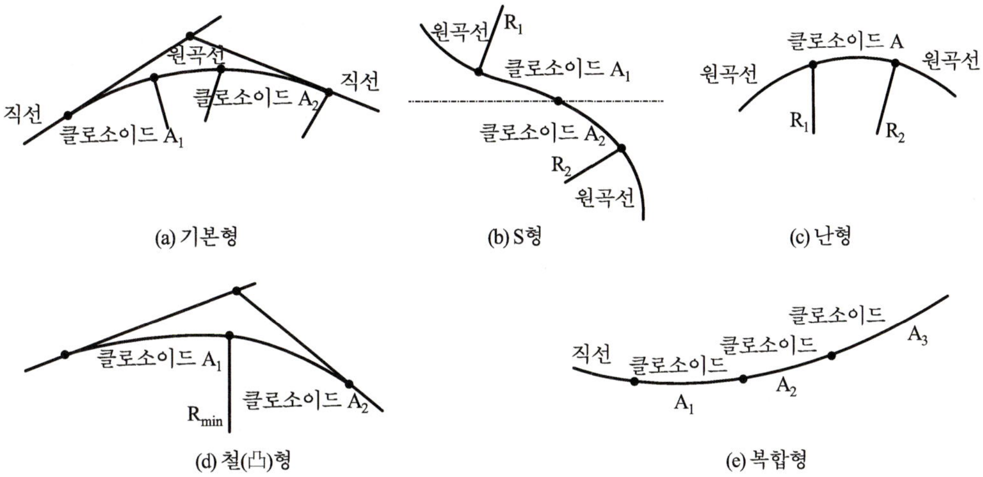

〈그림 2-33〉 클로소이드곡선의 형식

Chapter 03 노선측량

핵/심/문/제

1. 다음 사항 중 노선측량의 목적과 관계가 적은 것은?

① 철도의 노선설계를 위한 측량
② 지형, 지물 등을 조사하는 측량
③ 상하수도의 도수관 부설을 위한 측량
④ 도로의 계획조사를 위한 측량

| 해설 |
노선측량은 도로, 철도, 운하 등의 교통로 측량, 수력발전의 도수로 측량, 상하수도의 도수관 부설에 따른 측량, 송전선로와 같이 폭이 좁고 길이가 긴 구역의 측량을 총칭한다. 지형, 지물 등을 조사하는 측량은 지형측량에 해당한다.

정답 ②

2. 노선측량에서 철도를 개설하기 위한 측량의 순서로 옳은 것은?

① 노선선정－실측－예측－세부측량－공사측량
② 노선선정－예측－실측－세부측량－공사측량
③ 노선선정－실측－세부측량－예측－공사측량
④ 노선선정－예측－공사측량－실측－세부측량

| 해설 |
철도개설시 측량의 순서는 노선 선정－예측(계획조사)－실측－세부측량－공사측량 순이다.

정답 ②

3. 노선측량의 작업 단계를 A－E와 같이 나눌 때, 일반적인 작업순서로 옳은 것은?

(A) 실시설계측량	(B) 계획조사측량
(C) 노선 선정	(D) 용지 및 공사측량
(E) 세부측량	

① A－C－D－E－B　② A－C－B－D－E
③ C－A－D－B－E　④ C－B－A－E－D

| 해설 |
노선측량은 크게 나누어 노선선정, 답사, 계획조사측량, 실시설계측량, 세부측량, 용지측량, 공사측량의 순서로 실시한다.

정답 ④

4. 노선측량 순서에서 중심선을 선정하고 도상 및 현지에 설치하는 단계는?

① 계획조사측량　② 실시설계측량
③ 세부측량　④ 노선선정

| 해설 |
노선측량 순서에서 중심선을 선정하고 도상 및 현지에 설치하는 실시설계측량이다.

정답 ②

5. 도로의 개설을 위하여 편입되는 대상 용지와 경계를 정하는 측량으로서 설계가 완료된 이후에 수행할 수 있는 노선측량 단계는?

① 용지측량　② 다각측량
③ 공사측량　④ 조사측량

| 해설 |
용지측량은 노선측량의 실시설계측량에 필요하며 노선중심선으로부터 좌우의 용지폭을 결정하는 설계가 완료된 이후에 수행하는 측량이다.

정답 ①

6. 용지경계와 용지면적을 산출함으로써 지가보상 등의 자료로 사용할 목적으로 실시하는 노선측량 단계는?

① 용지측량　② 다각측량
③ 공사측량　④ 조사 측량

| 해설 |
용지측량은 횡단면도에 계획 단면을 기재하여 용지 폭 결정 후 용지도를 작성한다.

정답 ①

7. 노선측량 중 공사측량에 속하지 않는 것은?

① 용지측량
② 토공의 기준틀 측량
③ 주요말뚝의 인조점 설치 측량
④ 중심 말뚝의 검측

| 해설 |
용지측량은 노선측량의 실시설계측량에 필요하며 횡단도면에 계획 단면을 기재하여 노선중심선으로부터 좌우의 용지폭을 결정하고 도면을 작성하는 측량으로 공사측량에 포함되지 않는다.

정답 ①

8. 도로에 사용되는 곡선 중 수평곡선에 사용되지 않는 것은?

① 단곡선　② 복심곡선
③ 반향곡선　④ 2차 포물선

| 해설 |

수평곡선은 원곡선과 완화곡선으로 구분하며 원곡선은 단곡선, 복심곡선, 반향곡선으로 분류할 수 있다.

정답 ④

9. **다음 중 곡선 설치법에서 원곡선의 종류가 아닌 것은?**

① 반향곡선　② 단곡선
③ 렘니스케이트 곡선　④ 복심곡선

| 해설 |

원곡선의 종류는 단곡선, 복심곡선, 반향곡선, 배향곡선이 있으며, 렘니스케이트 곡선은 완화곡선에 포함된다.

정답 ③

10. **반지름이 다른 2개의 원곡선이 그 접속점에서 공통접선을 갖고 그것들의 중심이 공통접선에 대하여 같은 쪽에 있는 곡선은?**

① 반향곡선　② 머리핀곡선
③ 복심곡선　④ 종단곡선

| 해설 |

복심곡선은 2개의 단곡선 접속점에서 공통의 접선을 갖고 2개의 원곡선 중심이 같은 쪽에 있는 것을 말한다.

정답 ③

11. **곡선의 종류 중 원곡선 두 개가 접속점에서 각각 다른 방향으로 굽어진 형태의 곡선으로 주로 계곡부에 이용되는 것은?**

① 단곡선　② 복선곡선
③ 완화곡선　④ 반향곡선

| 해설 |

반향곡선은 2개의 원곡선이 1개의 공통접선의 양쪽에 서로 곡선중심을 가지고 연결한 곡선으로 각각 다른 방향으로 굽어진 형태의 곡선으로 주로 계곡부에 이용되는 곡선을 말한다.

정답 ④

12. **원심력의 변화를 곡선의 길이에 따라 점진적으로 반영하도록 직선부와 곡선부 사이에 삽입하는 곡선은?**

① 횡단곡선　② 완화곡선
③ 반향곡선　④ 복심곡선

| 해설 |

완화곡선은 차량의 급격한 회전 시 원심력에 의한 횡방향의 작용으로 인해 발생하는 차량운행의 불안정과 승객의 불쾌감을 줄이는 목적으로 곡률을 0에서 조금씩 증가시켜 일정한 값에 이르게 하도록 직선부와 곡선부 사이에 넣는 매끄러운 곡선을 말한다.

정답 ②

13. **단곡선의 설치에 사용되는 명칭의 표시로 옳지 않은 것은?**

① E.C : 곡선시점　② C.L : 곡선장
③ I : 교각　④ T.L : 접선장

| 해설 |

곡선시점(B.C : Beginning of Curve), 곡선종점(E.C : End of Curve), 교각(I : Intersection Angle), 곡선장(C.L : Curve Length), 접선장(T.L : Tangent Length) 이다.

정답 ①

14. **노선측량에서 일반적으로 종단면도에 기재되는 항목이 아닌 것은?**

① 관측점 간 수평거리　② 절토 및 성토량
③ 계획선의 경사　④ 관측점의 지반고

| 해설 |

종단면도에 기재 사항은 수평거리, 관측점의 지반고, 곡선, 계획선의 구배(경사), 계획고와 중심선의 차인 절토고 또는 성토고 등이다.

정답 ②

15. **노선에서 기본적인 횡단기울기를 설치하는 가장 큰 목적은?**

① 차량의 회전을 원활히 하기 위하여
② 노면 배수가 잘되도록 하기 위하여
③ 급격한 노선변화에 대비하기 위하여
④ 주행에 따른 노면 침하를 사전에 방지하기 위하여

| 해설 |

도로에서 횡단구배는 노면에 내리는 빗물을 유도하기 위함이고 횡단구배의 형태는 노면 배수와 차량의 안전 주행에 지장이 없도록 하는 것이 주목적이다.

정답 ②

16. **그림과 같이 단곡선을 설치할 경우 곡률반지름을 R, 교각을 I라고 할 때 장현의 길이 AB를 계산하는 식으로 옳은 것은?**

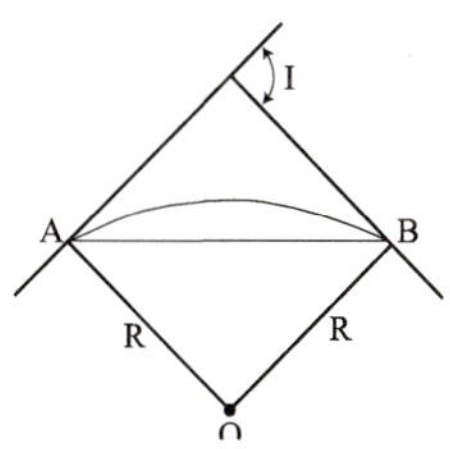

① $AB = 2R \cdot \cos\frac{I}{2}$
② $AB = R \cdot \sin\frac{I}{2}$
③ $AB = 2R \cdot \tan\frac{I}{2}$
④ $AB = 2R \cdot \sin\frac{I}{2}$

| 해설 |

장현(AB)$= 2R \cdot \sin\frac{I}{2}$ 이다.

정답 ④

PART 02 응용측량

17. 곡선반경 R=300m, 곡선길이 L=20m인 경우 현과 호의 길이의 차는?

① 0.4cm ② 4cm
③ 0.2cm ④ 2cm

| 해설 |

$\ell - C \fallingdotseq \frac{\ell^3}{24R^2} = \frac{20^3}{24 \times 300^2} = 0.0037$m이다.

정답 ①

18. 곡선반지름이 R, 교각이 I일 때 다음 공식 중 틀린 것은?(단, 접선길이 : T.L, 외선길이 : S.L, 중앙종거 : M, 곡선길이 : C.L)

① $T.L = R\tan\frac{I}{2}$ ② $C.L = 0.0174533RI$
③ $S.L = R(\sec\frac{I}{2} - 1)$ ④ $M = R(1 - \sin\frac{I}{2})$

| 해설 |

중앙종거(M) $= R(1-\cos\frac{I}{2})$이다.

정답 ④

19. 교점 I.P는 도로기점에서 187.940m의 위치에 있고 곡선반지름(R)=250m, 교각(I)=43°57′20″, 현길이=20m의 원곡선에서 접선장(T.L)은?

① 99.922m ② 100.894m
③ 102.498m ④ 102.849m

| 해설 |

노선측량에서
접선장(T.L) $= R \cdot \tan\frac{I}{2} = 250 \times \tan\frac{43°57'50''}{2} = 100.894$m이다.

정답 ②

20. 단곡선 설치 시 교각(I)=60°, 곡률반지름(R)=500m일 때 접선길이(T.L)는?

① 125.36m ② 316.45m
③ 288.68m ④ 523.50m

| 해설 |

접선길이(T.L) $= R\tan\frac{1}{2} = 500 \times \tan 30° = 288.68$m이다.

정답 ③

21. 반지름 100m의 단곡선을 설치하기 위하여 교각(I)를 관측하였더니 60°이었다. 곡선 시점과 교점(I.P)의 거리는?

① 45.25m ② 55.57m
③ 57.74m ④ 81.37m

| 해설 |

① 곡선 시점과 교점(I.P)의 거리는 접선길이를 말한다.
② 접선길이(T.L) $= R \times \tan\frac{I}{2} = 100\text{m} \times \tan\frac{60°}{2} = 57.735$m 이다.

정답 ③

22. 노선측량에서 교점의 추가거리는 505m이고 시곡점의 추가거리는 365m이다. 이 노선의 곡선반경(R)을 200m로 하기 위해서 교점에서 교각은 얼마로 하면 되는가?

① 96°30′ 03″ ② 69°30′ 03″
③ 96°59′ 03″ ④ 69°59′ 03″

| 해설 |

접선장(T.L)=505−365=140m, $T.L = R \cdot \tan\frac{I}{2}$에서
$\tan\frac{I}{2} = \frac{T.L}{R} = 2 \times \tan^{-1} \times \frac{140}{200} = 69°59'033''$ 이다.

정답 ④

23. 교점 I.P는 기점에서 634.820m의 위치에 있고 곡선반경(R)=500m, 교각(I)=22° 38′ 일 때 곡선길이 C.L은?

① 196.5m ② 197.0m
③ 197.5m ④ 198.0m

| 해설 |

곡선길이(C.L) $= R \cdot I \cdot \frac{\pi}{180°} = 500 \times 22°38' \times \frac{\pi}{180°} = 197.5$m이다.

정답 ③

24. 단곡선에서 반지름(R)=300m, 교각(I)=60° 일 때, 곡선길이(C.L)는?

① 310.10m ② 315.44m
③ 314.16m ④ 311.55m

| 해설 |

곡선길이(C.L) $= R \cdot I\frac{\pi}{180}$에서 곡선길이(C.L) $= 0.017453R \cdot I = 0.0174533 \times 300 \times 60 = 314.16$m이다.

정답 ③

25. 도로의 시작점부터 1234.30m 지점에 교점(I.P)이 있고 반경(R)은 150m, 교각(I)은 60° 일 경우 접선장(T.L)과 곡선장(C.L)은?

① T.L=157.08m, C.L=86.60m
② T.L=157.08m, C.L=157.08m
③ T.L=86.60m, C.L=157.08m
④ T.L=86.60m, C.L=86.60m

| 해설 |

① 접선장(T.L) $= R \cdot \tan\frac{I}{2} = 150 \times \tan 30° = 86.6$m
② 곡선장(C.L) $= R.I = 150 \times \frac{60 \times \pi}{180} = 157.08$m이다.

정답 ③

26. 곡선장이 104.7m이고, 곡선반지름(R)=100m일 때, 곡선시점과 곡선종점 간의 곡선 거리와 직선거리(장현)의 거리 차는?

① 4.7m ② 6.5m ③ 10.9m ④ 18.1m

| 해설 |

① 곡선장(C.L)=0.01745RI에서

교각(I) $= \dfrac{C.L}{0.01745R} = \dfrac{104.7}{0.01745 \times 100} = 60°$이다.

② 장현(C) $= 2R \cdot \sin\dfrac{I}{2} = 2 \times 100 \times \sin\dfrac{60°}{2} = 100$m이므로 곡선거리와 직선거리의 차이는 104.7−100=4.7m이다.

정답 ①

27. 곡선설치법 중 1/4법이라고도 하며, 시가지에서의 곡선설치나 보도설치 및 기설 곡선의 검사 또는 수정에 주로 사용되는 방법은?

① 중앙종거법 ② 접선편거법
③ 접선지거법 ④ 편각현장법

| 해설 |

중앙종거법은 일정한 현장에 대한 중앙종거가 곡선상의 어떠한 위치에 일정하다는 것으로 기존에 설치한 곡선의 조정이 편리하며 특히, 철도 노선의 곡률을 점검하는 데 사용되며 1/4 법이라고도 한다.

정답 ①

28. 노선측량에서 이용되는 단곡선에서 M 및 M′ 를 곡선의 중앙종거라 할 때 다음 중 옳은 것은?

① M은 M′의 약 2배가 된다.
② M은 M′의 약 4배가 된다.
③ M은 R의 약 1/3이 된다.
④ M′은 R의 약 1/8이 된다.

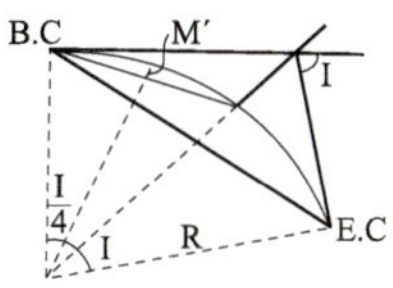

| 해설 |

중앙종거(M)는 곡선을 설치하는 방법으로 곡선의 반경, 곡선길이가 짧은 시가지의 곡선 설치나 철도, 도로 등의 기설 곡선의 검사 또는 개정에 편리한 방법으로 근사적으로 1/4이 되기 때문에 1/4 법이라고도 한다.

정답 ②

29. 단곡선 설치에서 교각 I=60°, 반지름(R)=100m일 때 중앙종거법에 의한 원곡선을 측정할 때 8등분 점의 중앙종거는?

① 0.86m ② 1.71m
③ 2.71m ④ 3.27m

| 해설 |

중앙종거(M) $= R \times (1 - \cos\dfrac{I}{2}) = R \times (1 - \cos\dfrac{60°}{8}) = 0.86$m 이다.

정답 ①

30. 중앙종거법에 의해 곡선을 설치하고자 한다. 장현(L)에 대한 중앙종거를 M_1이라 할 때, M_4의 값은?(단 교각은 56° 20′ 이고, 곡선반지름은 500m이다.)

① 0.794m ② 0.845m
③ 0.897m ④ 0.944m

| 해설 |

중앙종거$(M_1) = R(1-\cos\dfrac{I}{2})$, $M_2 = R(1-\cos\dfrac{I}{4})$, $M_3 = R(1-\cos\dfrac{I}{8})$,

$M_4 = R(1-\cos\dfrac{I}{16})$에서 $M_4 = 500\left(1-\cos\dfrac{56°20'}{16}\right) = 0.944$m이다.

정답 ④

31. 단곡선 측량에서 교각 I=50도 반지름 R=250m일 경우에 외선장(E)는?

① 10.12m ② 15.84m
③ 20.84m ④ 25.84m

| 해설 |

외선장=외할(E) $= R \cdot (\sec\dfrac{I}{2} - 1) = 250 \times (\sec\dfrac{50}{2} - 1) = 250 \times 0.10338 = 25.845$m 이다.

정답 ④

32. 그림에서 ∠ADB의 2등분선 상의 C점을 원곡선의 종점으로 하고자 한다. DC의 길이를 10m로 할 때 원곡선의 반지름은 얼마인가?(단, I=90° 임)

① 24.50m ② 24.30m
③ 24.24m ④ 24.14m

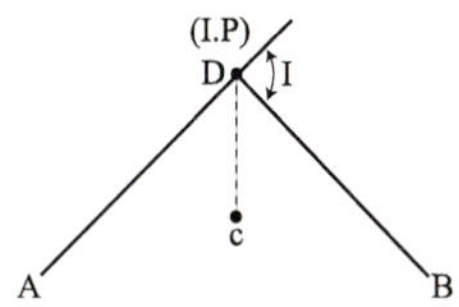

| 해설 |

외할(E) $= SL = R(\sec\dfrac{I}{2} - 1)$ 에서

$R = \dfrac{10}{(\sec\dfrac{I}{2} - 1)} = \dfrac{10}{\sec 45 - 1} = 24.142$m 이다.

정답 ④

33. 원곡선에서 교각(I)이 90° 일 때, 외할(E)이 25m라고 하면 곡선반지름은?

① 35.6m ② 46.2m
③ 60.4m ④ 93.7m

| 해설 |

외할(E) $= R \cdot (\sec\dfrac{I}{2} - 1)$ 에서 $25 = R \cdot (\sec 45° - 1)$이므로 곡선반경

(R) $= \dfrac{25}{\sec 45° - 1} = 60.4$m이다.

정답 ③

34. 그림과 같이 중심을 O로 하는 반지름 100m, 교각 60° 인 기존의 원곡선에서 교각과 접선을 공통으로 하고 외할의 길이를 10m 증가하여 신규 원곡선을 설치하고자 할 때 두 원곡선의 길이의 차는?

① 59.50m
② 63.80m
③ 67.69m
④ 71.10m

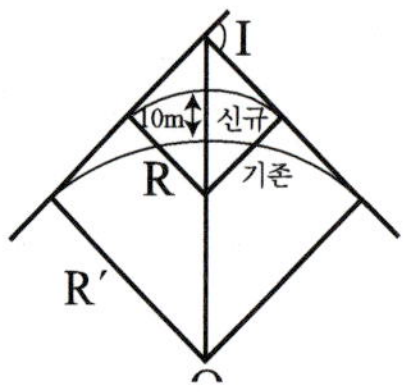

| 해설 |

① 외할(E) $= R \cdot (\sec\frac{I}{2} - 1) = 100 \times (\sec\frac{60°}{2} - 1) = 100 \times 0.15470$
$= 15.470m$, $5.47 + 10 = R \cdot (\sec30° - 1)$이다.

② 곡선반경(R) $= \frac{25.47}{(\sec30° - 1)} = 164.641m$에서

③ 기존 곡선장(C.L)=0.017453RI=0.017453×100×60=104.72m

④ 신규 곡선장(C.L)=0.017453RI=0.017453×164.641×60 =172.41m

⑤ 두 원곡선의 길이의 차를 계산하면 신규 곡선장(C.L)−기존 곡선장(C.L)=172.41−104.72=67.69m이다.

정답 ③

35. 그림과 같이 곡선 중심(E)을 E′로 이동하여 교각의 변화 없이 신 곡선을 설치하고자 한다. 신 곡선의 반지름은?

① 68m ② 90m
③ 124m ④ 200m

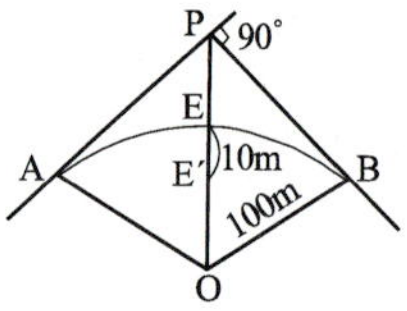

| 해설 |

외할(E) $= R \cdot (\sec\frac{I}{2} - 1)$에서 $10 = R \cdot (\sec45° - 1)$이므로 곡선반경 (R) $= \frac{10}{\sec45° - 1} = 24.14m$ 신곡선의 반지름은 100+24.14=124m가 된다.

정답 ③

36. 교각 60°, 곡선반지름 100m인 원곡선의 시점을 움직이지 않고 교각을 90°로 할 때 교점까지의 접선길이와 곡선시점(B.C)이 동일한 새로운 원곡선의 반지름은?

① 57.7m ② 73.2m ③ 100.00m ④ 173.2m

| 해설 |

접선장(T.L) $= R \cdot \tan\frac{I}{2} = 100 \times \tan30° = 57.735m$으로 접선길이와 곡선시점이 같으므로 $57.735 = R \cdot \tan45°$에서 원곡선의 반지름 (R) $= \frac{57.735}{\tan45°} = 57.7m$이다.

정답 ①

37. 노선측량에서 단곡선을 설치할 때 교각(I)=45°30′, 반지름=130m일 때 옳은 것은?

① 중앙종거=10.11m ② 접선길이=57.95m
③ 곡선길이=114.33m ④ 장현길이=109.89m

| 해설 |

① 중앙종거(M) $= R(1 - \cos\frac{I}{2}) = 130 \times (1 - \cos\frac{45°30'}{2}) = 10.11m$

② 접선장(T.L) $= R \cdot \tan\frac{I}{2} = 130 \times \tan\frac{45°30'}{2} = 54.51m$

③ 곡선장(C.L) $= 0.01745RI = 0.01745 \times 130 \times 45°30' = 103.22m$

④ 현장(S) $= 2R \cdot \sin\frac{I}{2} = 2 \times 130 \times \sin\frac{45°30'}{2} = 100.54m$

정답 ①

38. 노선측량에서 단곡선의 설치방법 중 접선과 현이 이루는 각을 이용하여 곡선을 설치하는 방법은?

① 편각법 ② 중앙종거법
③ 장현지거법 ④ 좌표에 의한 설치법

| 해설 |

① 편각법은 노선측량에서 장애물로 인하여 접선과 현이 만드는 각을 이용하여 설치하는 방법이다.
② 편각설치법은 곡선시점(B.C)에 트랜싯을 설치하고 각 측점의 현장에 대한 편각을 말목을 설치하여 원곡선을 그리는 방법으로 설치하며 도로 및 철도에 널리 사용한다.

정답 ①

39. 단곡선 설치에 있어서 접선과 현이 이루는 각을 이용하여 곡선을 설치하는 방법은?

① 편각설치법 ② 지거설치법
③ 중앙종거법 ④ 현편거법

| 해설 |

편각법은 노선측량에서 장애물로 인하여 접선과 현이 만드는 각을 이용하여 설치하는 방법이다.

정답 ①

40. 어떤 도로에서 원곡선의 반지름이 200m일 때 현의 길이 20m에 대한 편각은?

① 2°51′53″ ② 3°49′11″
③ 5°44′02″ ④ 8°21′12″

| 해설 |

20m에 대한 편각(δ) $= 1718.87' \times \frac{20}{200} = 171.887' = 2°51'53''$이다.

정답 ①

41. 노선의 중심점 간 길이가 20m이고 단곡선의 반지름 R=100m일 때 1체인(20m)에 대한 편각은?

① 5°40′ ② 5°20′ ③ 5°44′ ④ 5°54′

| 해설 |

편각(δ) $= 1{,}718.87' \times \frac{\ell_0}{R} = 1718.87' \times \frac{20}{100} = 5°43'46.44''$ 이다.

정답 ③

42. 편각법으로 원곡선을 설치할 때 기점으로부터 교점까지의 거리=123.45m, 교각(I)=40°20′, 곡선반지름(R)=100m일 때 시단현의 길이는?(단, 중심 말뚝의 간격은 20m이다)

① 4.18m ② 6.72m
③ 14.18m ④ 13.28m

| 해설 |

① 접선장(T.L) $= R \cdot \tan\frac{I}{2} = 100 \times \tan\frac{40°20'}{2} = 36.73$m이다.
② 곡선 시점(B.C)=교점(I.P)−접선장(T.L)=123.45−36.73=86.72m 이다.
③ 시단현의 길이(ℓ) $= \frac{86.72}{20} = $ No4 + 6.72m이므로 시단현 길이는 6.72m이다.

정답 ②

43. 곡선의 반지름이 200m, 교각 80°20′의 원곡선을 설치하려고 한다. 시단현에 대한 편각이 2°10′이라면 시단현의 길이는?

① 13.96m ② 15.13m
③ 16.29m ④ 17.76m

| 해설 |

편각(δ) $= 1{,}718.87'\frac{\ell}{R} = 1{,}718.87' \times \frac{\ell}{200} = 2°10'$에서 시단현 길이 ($\ell$) $= \frac{200 \times 2°10'}{1{,}718.87'} = 15.126\text{m} = 15.13$m이다.

정답 ②

44. 교각 55°, 곡선반지름 285m인 단곡선이 설치된 도로의 기점에서 교점(I.P.)까지의 추가거리가 423.87m일 때 시단현의 편각은?(단, 말뚝 간의 중심거리는 20m이다.)

① 0°27′05″ ② 0°11′24″
③ 1°45′16″ ④ 1°45′20″

| 해설 |

① B.C=I.P−T.L에서 T.L=I.P−$(R \cdot \tan\frac{I}{2}) = 423.87 - (285 \times \tan\frac{55°}{2}) = 275.508$m이다.
② 말목 간의 중심거리는 20m이므로 14번째 말목까지 거리는 14×20=280m, 시단현(ℓ_1) $= 280 - 275.508 = 4.492$m이다.
③ 편각(δ_1) $= 1718.87' \cdot \frac{\ell_1}{R} = 1718.87' \times \frac{4.992}{285} = 0°27'05.4''$이다.

정답 ①

45. 교각 I=60°, 곡선반지름 R=150m인 노선인 기점에서 교점(I.P.)까지의 추가거리가 210.60m일 때 시단현의 편각은?(단, 중심 말뚝은 40m마다 설치하는 것으로 가정한다.)

① 0°45′50″ ② 3°03′59″
③ 6°16′20″ ④ 6°52′32″

| 해설 |

① B.C=I.P−T.L에서 T.L =I.P−$(R \cdot \tan\frac{I}{2}) = 210.60 - (150 \times \tan\frac{60°}{2}) = 124.00$m
② 말목 간의 중심거리는 40m이므로 $\frac{124}{40} = 3.1$로 3번째 말목까지 거리는 3×40=120m, 시단현(ℓ_1) $= 160 - 124 = 36$m 이다.
③ 편각(δ_1) $= 1718.87' \cdot \frac{\ell_1}{R} = 1718.87' \times \frac{36}{150} = 6°52'32''$ 이다.

정답 ④

46. 곡선반지름(R)=150m, 교각(I)=90° 인 단곡선에서 기점으로부터의 교점(I.P)의 추가거리가 1,273.45m일 때, 곡선시점(B.C)의 추가거리는?

① 1034.25m ② 1123.45m
③ 1245.56m ④ 1368.86m

| 해설 |

접선장(T.L) $= R \cdot \tan\frac{I}{2} = 150 \times \tan\frac{90}{2} = 150$m, BC=1,273.45−150=1,123.45m이다.

정답 ②

47. 그림의 AC와 DB간 원곡선을 설치하려고 할 때, 교점을 장애물로 인해 관측할 수 없어 ∠ACD=140°, ∠CDB=100°, CD=180m를 관측했다. 이때 C점에서 BC점까지의 거리는?(단, 곡선반지름=300m)

① 307.5m
② 314.9m
③ 321.6m
④ 329.6m

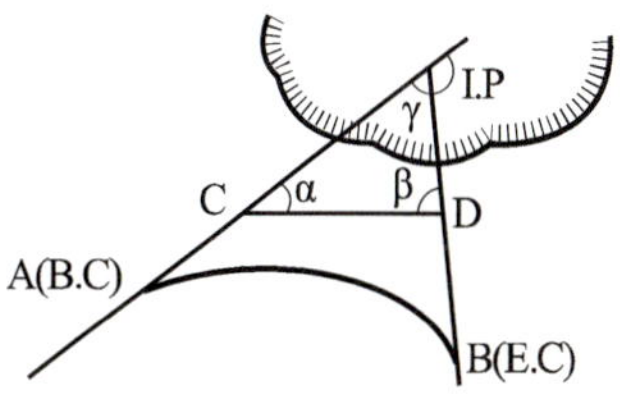

| 해설 |

① $\alpha = 180° - 140° = 40°$, $\beta = 180° - 100° = 80°$, $\gamma = 180° - (40° + 80°) = 60°$
② 교각(I) $= 180° - 60° = 120°$, CD $= 180$m
③ 접선장(T.L)=$R \cdot \tan\frac{I}{2} = 300 \times \tan 60° = 519.615$m
④ $\frac{CD}{\sin 60°} = \frac{CIP}{\sin 80°}$에서 $\frac{s}{0.9848077} = \frac{180}{0.866025} = 204.688$m
⑤ AC $= 519.615 - 204.688 = 314.927$m 이다.

정답 ②

48. 노선측량에서 기지점부터 곡선 시점(B.C)까지의 거리가 2410.5m이고 곡선의 길이(C.L)가 320.5m 이면 곡선종점(E.C)까지의 거리는?

① 1621m ② 1831m ③ 2731m ④ 2821m

| 해설 |

곡선종점까지의 거리 E.C=B.C+C.L=2,410.5+320.5=2,731.0m 이다.

정답 ③

49. 원곡선 설치 시 교각이 60°, 반지름 100m, B.C=No.5 +8m일 때 E.C까지의 거리는?(단, 중심 말뚝 간격은 25m이다.)

① 203.72m ② 220.72m ③ 237.72m ④ 273.72m

| 해설 |

① 곡선 시점(B.C)까지 거리는 No.5+8m에서 중심 말뚝 간격은 25m이므로 No.5×25=125+8=133m이다.
② 곡선의 길이(C.L)=0.017453·R·I°=0.017453×100×60° =104.72m
③ 종점까지 거리=곡선의 길이(104.72)+B.C(133)=237.72m이다.

정답 ③

50. 접선편거와 현편거를 이용하여 도로의 곡선을 설치하고자 할 때 접선편거가 5cm이었다면 현편거의 값은?

① 5cm ② 10cm ③ 15cm ④ 20cm

| 해설 |

현편거(d) $= \frac{\ell^2}{R}$ 접선편거(t) $= \frac{\ell^2}{2R} = \frac{d}{2}$ 이므로 d=2t로 현편거는 접선편거의 2배에 해당한다.

정답 ②

51. 곡선반지름이나 곡선길이가 작은 시가지의 곡선 설치나 철도, 도로 등의 기설곡선의 검사 또는 개정에 편리한 노선측량 방법은?

① 접선편거와 현편거에 의한 방법
② 중앙종거에 의한 방법
③ 접선에 대한 지거법
④ 편각에 의한 방법

| 해설 |

편각법은 단곡선에서 접선과 현이 이루는 각이며 도로와 철도에 널리 사용하고 곡선반경이 작으면 오차가 발생하며 편각현장법을 이용한다.

정답 ④

52. 우리나라 도로의 구배 표시방법은?

① $\frac{n}{10}$ ② $\frac{n}{100}$ ③ $\frac{n}{1,000}$ ④ $\frac{n}{10,000}$

| 해설 |

도로의 구배 표시는 $\frac{n}{100}$ 또는 %로 표시하고, 철도의 구배는 $\frac{n}{1,000}$ 으로 표시한다.

정답 ②

53. 곡선반지름이 3km인 종단곡선을 설치하는 데 상향 기울기 5/1000, 하향 기울기 35/1000일 때 종단곡선길이(L)는?

① 30m ② 60m ③ 90m ④ 120m

| 해설 |

곡선 시점까지의 거리 $L = \frac{R}{2}(m-n) = \frac{3,000}{2} \times (\frac{5}{1,000} - \frac{-35}{1,000})$ = 60m이다.

정답 ②

54. 상향 기울기 7.5/1,000 와 하향 기울기 45/1,000이고 반지름 2,500m의 곡선 중에서 만날 경우에 곡선 시점에서 25m 떨어져 있는 점의 종거 y값은 약 얼마인가?

① 0.1m ② 0.3m ③ 0.4m ④ 0.5m

| 해설 |

$L = \frac{R}{2}(\frac{m}{1,000} - \frac{n}{1,000}) = \frac{2,500}{2}(\frac{7.5}{1,000} - \frac{-45}{1,000}) = 65.625$m 이며

$d = \frac{7.5}{1000} - \frac{-45}{1000} = 0.0525$

$y = \frac{d}{2L} \cdot x^2 = \frac{0.0525}{2 \times (2 \times 65.625)} \times 25^2 = 0.5$m이고, 여기서 m은 상향구배로 "+" n은 하향구배로 "−"이다.

정답 ④

55. 종단측량을 시행하여 표와 같은 결과를 얻었을 때 측점 1과 측점 5의 지반고를 연결한 도로계획선의 경사도는?(단, 중심선의 간격은 20m이다.)

① +1.00%
② −1.00%
③ +1.25%
④ −1.25%

측점	지반고(m)	측점	지반고(m)
1	53.38	4	50.56
2	52.28	5	52.38
3	55.76		

| 해설 |

경사도= $\frac{고저차}{수평거리(D)} = \frac{1}{80} = 0.0125$에서 경사도는 0.0125×100= 1.25%이므로 측점 1에서 측점 5의 경우는 측점 1이 높고 측점 5가 낮으므로 경사도는−1.25%이다.

경사도= $\frac{100}{80} \times (52.38 - 53.38) = -1.25\%$

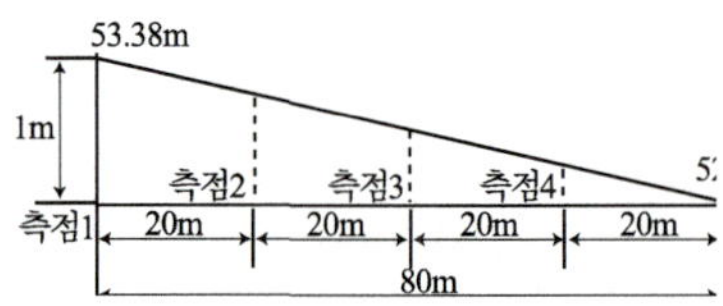

정답 ④

56. 종단곡선에서 상향 기울기 $\frac{4.5}{1,000}$, 하향 기울기 $\frac{35}{1,000}$ 인 두 노선이 반지름 2,000m의 원곡선 상에서 교차할 때 곡선길이(L)는?

① 49.5m ② 44.5m ③ 39.5m ④ 34.5m

| 해설 |

$L = \frac{R}{2}(\frac{m}{1,000} - \frac{n}{1,000}) = \frac{2,000}{2}(\frac{4.5}{1,000} - \frac{-35}{1,000}) = 39.5$m이며, 여기서 m은 상향구배로 "+" n은 하향구배로 "−"이다.

정답 ③

57. 완화곡선에 대한 설명 중 잘못된 것은?

① 완화곡선의 반지름은 시점에서 원의 반지름부터 시작하여 점차 증가하여 무한대가 된다.
② 우리나라에서는 주로 도로에서는 완화곡선에 클로소이드곡선을, 철도에서는 3차 포물선을 사용한다.
③ 완화곡선의 접선은 시점에서 직선에 접하고 종점에서 원호에 접한다.
④ 완화곡선에 연한 곡선반지름의 감소율은 캔트의 증가율과 같다.

| 해설 |

완화곡선의 반지름 감소율은 Cant의 증가율과 동률로 되지만 종점에 있는 Cant는 완화곡선의 Cant와 동일하게 된다.

정답 ①

58. 도로의 직선부와 완곡선을 원활하게 연결하기 위하여 설치하는 곡선은?

① 완화곡선　② 증감곡선
③ 반향곡선　④ 복심곡선

| 해설 |

도로의 직선부와 원곡선을 원활하게 연결하기 위하여 설치하는 곡선은 완화곡선이다.

정답 ①

59. 노선의 직선부와 원곡선부 사이에 삽입하는 완화곡선의 반지름이 원곡선의 반지름과 같게 되는 지점은?

① 완화곡선의 시점　② 완화곡선의 중점
③ 완화곡선의 4부점　④ 완화곡선의 종점

| 해설 |

곡선반지름은 완화곡선의 시점에서 무한대, 종점에서 원곡선 R로 한다.

정답 ④

60. 철도를 설계할 때 직선부에서 곡선부로 열차가 주행하는 곳에는 어떤 형태의 노선을 설계하는 것이 바람직한가?

① 복심곡선　② 완화곡선
③ 반향곡선　④ 단곡선

| 해설 |

완화곡선은 곡률이 무한대인 직선과 곡률이 작은 곡선 사이에 완충작용을 하도록 삽입하는 곡선으로 3차 포물선, Lemniscate, Clothoid Curve 등이 있다.

정답 ②

61. 완화곡선에 대한 설명으로 틀린 것은?

① 반지름은 그 시작점에서 무한대이고, 종점에서는 원곡선의 반지름과 같다.
② 접선은 시점에서는 직선에, 종점에서는 원호에 접한다.
③ 완화곡선 중 클로소이드곡선은 철도에 주로 이용된다.
④ 완화곡선에 연한 곡선반지름의 감소율은 캔트의 증가율과 같다.

| 해설 |

클로소이드곡선은 고속도로에 많이 사용하며, 렘니스케이트곡선은 시가지 철도, 3차 포물선은 철도, sine 체감곡선은 고속철도에 사용된다.

정답 ③

62. 완화곡선에 대한 설명의 (A, B)로 옳은 것은?

완화 곡선의 접선은 시점에서는(A)에, 종점에서는 (B)에 접한다.

① (원호, 직선)　② (원호, 원호)
③ (직선, 원호)　④ (직선, 직선)

| 해설 |

완화곡선의 접선은 시점에는 직선에, 종점에서는 원호에 접한다.

정답 ③

63. 완화곡선의 성질에 대한 설명으로 옳지 않은 것은?

① 곡선의 반지름은 완화곡선의 시점에서 무한대, 종점에서 원곡선의 반지름이 된다.
② 완화곡선의 접선은 시점에서 원호에, 종점에서 직선에 접한다.
③ 완화곡선에 연한 곡선반지름의 감소율은 캔트의 증가율과 같다.
④ 완화곡선의 종점에 있는 캔트는 원곡선의 캔트와 같다.

| 해설 |

완화곡선의 성질
① 곡선반경은 완화곡선의 시점에서 무한대(∞)이고 종점에서 원곡선 반경과 같다.
② 완화곡선의 접선은 시점에서 직선에, 종점에서 원호에 접한다.
③ 완화곡선에 연한 곡률반경의 감소율은 캔트(Cant)의 증가율과 같다.
④ 종점에 있는 캔트(Cant)는 원곡선의 캔트(Cant)와 같게 된다.

정답 ②

64. 노선측량에서 곡선 설치에 사용하는 완화곡선에 해당하지 않는 것은?

① 복심곡선　② 3차 포물선
③ 클로소이드곡선　④ 램니스케이트 곡선

| 해설 |

완화곡선은 곡률이 무한대인 직선과 곡률이 작은 곡선 사이에 완충 작용을 하도록 삽입하는 곡선으로 3차 포물선, Lemniscate, Clothoid Curve 등이 있다.

정답 ①

65. 노선측량에 사용되는 곡선 중 주요 용도가 다른 것은?

① 2차 포물선 ② 3차 포물선
③ 클로소이드곡선 ④ 렘니스케이트 곡선

| 해설 |

완화곡선은 곡률이 무한대인 직선과 곡률이 작은 곡선 사이에 완충 작용을 하도록 삽입하는 곡선으로 3차 포물선, 렘니스케이트 곡선, 클로소이드곡선으로 분류한다. 2차 포물선은 주로 도로의 종단곡선에 이용된다.

정답 ①

66. 곡률반지름이 현의 길이에 반비례하는 곡선으로 시가지 철도와 지하철 등에 주로 사용되는 완화곡선은?

① 3차 포물선 ② 반 파장 체감곡선
③ 렘니스케이트 ④ 클로소이드

| 해설 |

클로소이드곡선(Clothoid Curve)은 고속도로 및 일반도로에 사용하며 렘니스케이트 곡선은 주로 시가지 철도에 사용된다.

정답 ③

67. 우리나라의 일반철도에 주로 이용되는 완화곡선은?

① 클로소이드곡선 ② 3차 포물선
③ 2차 포물선 ④ sin 곡선

| 해설 |

3차 포물선은 주로 일반철도에 사용되며 곡률반경(R)이 횡거(x)에 반비례하는 곡선으로 접선각이 약 24°에서 곡률반경이 최대이다.

정답 ②

68. 노선측량의 완화곡선 중 차가 일정 속도로 달리고, 그 앞바퀴의 회전 속도를 일정하게 유지할 경우, 이 차가 그리는 주행 궤적을 의미하는 완화곡선으로 고속도로의 곡선 설치에 많이 이용되는 곡선은?

① 3차포물선 ② sin 체감곡선
③ 클로소이드 ④ 렘니스케이트

| 해설 |

클로소이드곡선은 곡선길이에 비례하는 곡선으로 고속도로 곡선 설치에 많이 이용한다.

정답 ③

69. 완화곡선 중 $y = \frac{x^3}{6RX}$의 식으로 나타낼 수 있는 것은?(단, R : 반지름, X : 완화곡선 종점)

① 3차 포물선 ② 클로소이드
③ 렘니스케이트 ④ 복곡선

| 해설 |

완화곡선의 3차 포물선에 적용하는 직교좌표의 방정식은 $y = \frac{x^3}{6RX}$이다.

정답 ①

70. 직선부 포장도로에서 주행을 위한 편경사는 필요 없지만, 1.5~2.0% 정도의 편경사를 주는 경우의 가장 큰 목적은?

① 차량의 회전을 원활히 하기 위하여
② 노면 배수가 잘되도록 하기 위하여
③ 급격한 노선변화에 대비하기 위하여
④ 주행에 따른 노면 침하를 사전에 방지하기 위하여

| 해설 |

도로에서 횡단구배는 노면에 내리는 빗물을 유도하기 위함이고 횡단구배의 형태는 노면 배수와 차량의 안전 주행에 지장이 없도록 하는 것이 주목적이다.

정답 ②

71. 곡선 설치에서 캔트(cant)의 의미는?

① 확폭 ② 편경사
③ 종곡선 ④ 매개변수

| 해설 |

캔트(Cant)는 차량이 원심력으로 탈선하는 것을 방지하기 위해 바깥쪽의 노면을 안쪽보다 높이는 것으로 편경사라고도 한다.

정답 ②

72. 원심력에 의한 곡선부의 차량탈선을 방지하기 위하여 곡선부의 횡단 노면 외측부를 높여주는 것은?

① 확폭 ② 캔트
③ 종거 ④ 완화구간

| 해설 |

곡선부를 주행하는 차량은 원심력 때문에 접선방향으로 이탈하려는 것을 방지하기 위하여 노면의 바깥쪽을 안쪽보다 얼마간 높게 하는 것을 캔트 또는 편경사라고 한다.

정답 ②

73. **곡선반경 300m의 단곡선을 시속 80km/h로 주행할 때, 캔트는 얼마로 해야 하는가?(단, 궤도 간격=1,067mm, g=9.8m/sec²)**

① 12cm　② 15cm　③ 18cm　④ 21cm

| 해설 |

캔트(C)= $\frac{bV^2}{gR}$ 여기서, C : 캔트, b : 차도간격, V : 주행속도, g : 중력가속도(9.81m/sec), R : 곡률반지름) $V = \frac{8000m}{3,600} = 2.222m/sec$ 에서 $C = \frac{1.067 \times 2.222^2}{9.8 \times 300} = 0.00179m ≒ 17.91cm$이다.

정답 ③

74. **궤도 간격 1.067m인 철도에서 곡선반지름이 5,000m인 곡선 궤도를 속도 100km/h로 주행할 경우에 캔트(cant)의 높이는?(단, 중력가속도 g=9.8m/s2)**

① 17mm　② 25mm
③ 31mm　④ 60mm

| 해설 |

① 캔트(C)= $\frac{SV^2}{gR}$이다. 여기서, C : 캔트, b : 차도간격, V : 주행속도, g : 중력가속도(9.81m/sec, R : 곡률반지름)

② 설계속도(V)= $\frac{100km}{3,600} = 27.78m/sec$,

$C = \frac{1.067 \times 27.78^2}{9.8 \times 5000} = 0.0168m ≒ 17mm$이다.

정답 ①

75. **곡선반지름 R=2,500m, 캔트(cant) 80mm인 철도 선로를 설계할 때, 적합한 설계속도는 약 몇 m/s인가?(단, 레일 간격은 1m로 가정한다.)**

① 44　② 50　③ 55　④ 60

| 해설 |

캔트$(C) = \frac{bV^2}{gR}$에서 $0.08 = \frac{1 \times V^2}{9.8 \times 2500}$가 되고

$V = \sqrt{\frac{S}{gRC}} = \sqrt{\frac{1}{9.8 \times 2,500 \times 0.08}} = 44.27m$이다.(여기서, C : 캔트, R : 곡선반경, g : 중력가속도, V : 속도, S : 레일의 간격이다.)

정답 ①

76. **노선측량의 완화곡선에서 클로소이드에 대한 설명으로 옳지 않은 것은?**

① 클로소이드는 곡률이 곡선의 길이에 비례한다.
② 모든 클로소이드는 닮은꼴이다.
③ 철도의 종단곡선 설치에 가장 효과적이다.
④ 클로소이드의 요소에는 길이의 단위를 갖는 것과 단위가 없는 것이 있다.

| 해설 |

클로소이드는 주로 고속도로에 이용되고 있어 고속도로의 곡선 설계에 적합하다.

정답 ③

77. **클로소이드곡선에 대한 설명으로 틀린 것은?**

① 곡률이 곡선의 길이에 반비례한다.
② 형식에는 기본형, 복합형, S형 등이 있다.
③ 설치법에는 주접선에서 직교좌표에 의해 설치하는 방법이 있다.
④ 단위 클로소이드란 클로소이드의 매개변수 A=1, 즉 R·L=1의 관계에 있는 경우를 말한다.

| 해설 |

클로소이드곡선은 곡선길이에 비례하는 곡선이다.

정답 ①

78. **완화곡선의 곡선반경이 200m, 교각이 60° 일 때 완화곡선에 접하는 단곡선을 설치하면 완화곡선길이는 몇 m인가?(단, A=80)**

① 32m　② 16m
③ 320m　④ 160m

| 해설 |

$A^2=R \cdot L$에서 곡선길이$(L) = \frac{A^2}{R} = \frac{80^2}{200} = 32m$이다.

정답 ①

79. **클로소이드곡선의 매개변수를 2배를 증가시키고자 한다. 이때 곡선의 반지름이 일정하다면 완화곡선의 길이는 몇 배로 되는가?**

① 2　② 4　③ 8　④ 14

| 해설 |

$A^2=R \cdot L$에서 $2^2=R \cdot L$이므로 매개변수를 2배 늘리면 완화곡선의 길이는 4배가 된다.

정답 ②

80. **곡선반지름 R=80m, 곡선길이 L=20m 일때 클로소이드의 매개변수 A의 값은?**

① 40m　② 60m
③ 100m　④ 160m

| 해설 |

$A^2=R \cdot L$에서 매개변수$(A) = \sqrt{R \cdot L} = \sqrt{80 \times 20} = 40m$이다.

정답 ①

81. 원곡선에 클로소이드를 접속시키기 위한 계산에는 다음 3개의 공정이 필요하다. 그 순서가 맞는 것은?(단, R : 원곡선의 곡률반지름, A : 클로소이드의 파라미터, L : 곡선장)

① 단위 클로소이드표를 만든다. ② 표의 수를 A배하여 각 값을 구한다. ③ R, A, L을 정한다.

① ① → ② → ③　　② ① → ③ → ②
③ ③ → ② → ①　　④ ③ → ① → ②

| 해설 |

곡률반지름과 파라미터(Parameter)를 결정하고 곡선장을 결정한 후 단위 클로소이드표를 작성하고 표의 수를 A배하여 각 값을 구한다.

정답 ④

82. 클로소이드 완화곡선의 설치법이 아닌 것은?

① 주접선에서 직교좌표에 의한 방법
② 현에서 직교좌표에 의한 방법
③ 접선으로부터 직교좌표에 의한 방법
④ 종곡선으로부터 교회법에 의한 방법

| 해설 |

클로소이드곡선 설치방법

직각좌표에 의한 방법	극좌표에 의한 설치법	기타에 의한 설치법
• 주접선에서 직각좌표에 의한 설치 • 현에서 직각좌표에 의한 설치 • 접선으로부터 직각좌표에 의한 설치	• 극각 동경에 의한 설치 • 극각 현장법에 의한 설치 • 현각 현장법에 의한 설치	• 2/8 법에 의한 설치 • 현 트래버스에 의한 설치

정답 ④

83. 클로소이드의 형식 중 반향곡선 사이에 2개의 클로소이드를 삽입하는 것은?

① 복합형　② S형　③ 첨형　④ 난형

| 해설 |

클로소이드곡선의 형식은 기본형, S형, 난형, 철(凸)형, 복합형이 있다.
① 기본형 : 직선에서 클로소이드곡선으로 다시 직선의 형태 곡선이다.
② S형 : 반향곡선 사이에 클로소이드를 삽입한 곡선이다.
③ 난형 : 복심곡선 사이에 클로소이드를 삽입한 곡선이다.
④ 철(凸)형 : 같은 방향으로 구부러진 2개 이상의 클로소이드를 직선적으로 설치하는 곡선이다.
⑤ 복합형 : 같은 방향으로 구부러진 2개 이상의 클로소이드를 이은 곡선이다.

정답 ②

84. 노선측량 시 50m의 줄자를 검사한 결과 3.7cm가 늘어나 있었다. 이 줄자를 사용하여 측정한 읽음값이 497.6m일 때 정확한 거리는?

① 497.23m　　② 497.89m
③ 497.92m　　④ 497.97m

| 해설 |

정확한 거리$(L_0) = L(1 \pm \frac{\Delta\ell}{\ell}) = 497.6(1+\frac{0.037}{50}) = 497.968$m이다.

정답 ④

85. 노선측량에서 두 점의 좌표가 A점(105.25m, 25.99m), B점(105.25m, 40.55m)일 때 측선 AB의 방위각과 거리는?

① 90˚, 14.56m　　② 180˚, 14.56m
③ 270˚, 211.99m　　④ 0˚, 211.56m

| 해설 |

① 종선차$(\Delta x) = X_B - X_A = 105.25 - 105.25 = 0$
② 횡선차$(\Delta y) = Y_B - Y_A = 40.55 - 25.99 = 14.56$m
③ 방위$(\theta) = \tan^{-1}\frac{\Delta y}{\Delta x} = 90°00'00''$
④ Δx =+, Δy =+로 1상한이므로 방위각은 $90°00'00''$이다.
⑤ 거리$(L) = \sqrt{\Delta x^2 + \Delta y^2} = \sqrt{0.00^2 + 14.56^2} = 14.56$m이다.

정답 ①

86. 다음 그림에서 노선의 용지폭 x는 얼마인가?(단, 노폭=6.0m, 절취 경사=1 : 0.7, 성토고=5.0m, 성토 경사=1 : 1, 여유폭=1.5m, 절취고=2.0m)

① 5.9m　　② 9.5m
③ 16.9m　　④ 14.5m

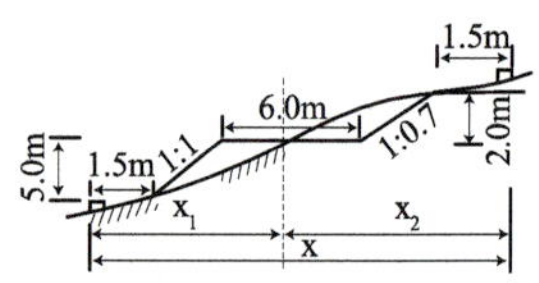

| 해설 |

$x_1 = \frac{6}{2} + (5 \times 11.5) = 9.5$m, $x_2 = \frac{6}{2} + (2 \times 0.7) + 1.5 = 5$m에서
$x_1 + x_2 = 14.5$m이다.

정답 ④

87. 그림과 같은 단면에서 도로 용지 폭$(x_1 + x_2)$은?(단위 : m)

① 7.5m　　② 11.5m
③ 15m　　④ 19m

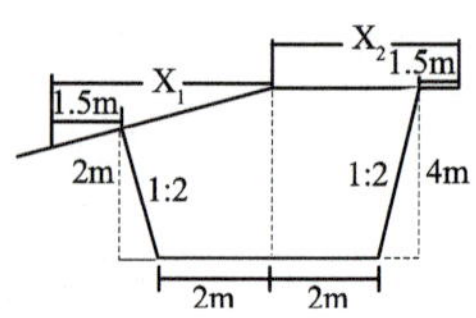

| 해설 |

$x_1 = (2+4+1.5) = 7.5$, $x_2 = (2+8+1.5) = 11.5$에서
$x_1 + x_2 = 7.5 + 11.5 = 19$m이다.

정답 ④

88. 그림과 같이 경사지에 폭 6.0m의 도로를 만들고자 한다. 절토 기울기 1 : 0.7, 절토고 2.0m, 성토 기울기 1 : 1, 성토고 5.0m일 때 필요한 용지폭($x_1 + x_2$)은?(단, 여유폭 a는 1.50m로 한다.)

① 16.9m
② 15.4m
③ 11.8m
④ 7.9m

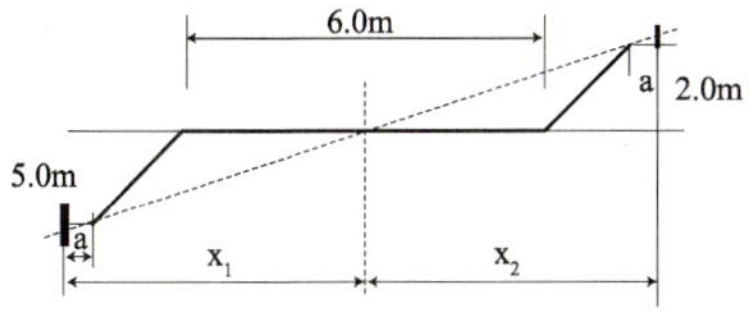

| 해설 |

성토 기울기 1 : 1로 1×5=5.0m에서 절토 기울기 1 : 0.7로 0.7×2=1.4m이다. 용지폭(x_1+x_2)=여유폭+성토 기울기+도로폭+절토 기울기+여유폭=1.5+5.0+6.0+1.4+1.5=15.40m이다.

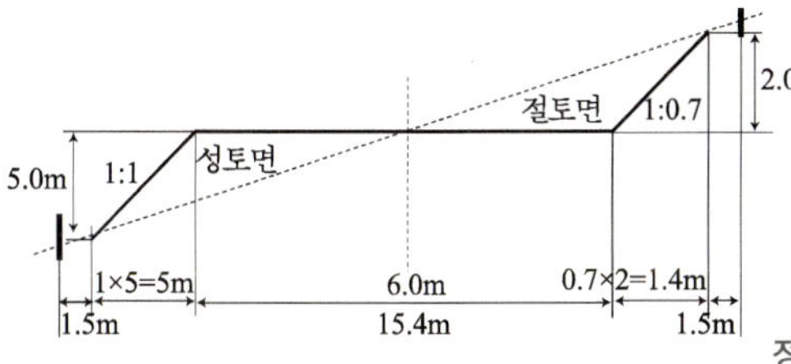

정답 ②

89. 그림과 같은 노선 횡단면의 면적은?

① 15.95m²
② 14.95m²
③ 13.95m²
④ 12.95m²

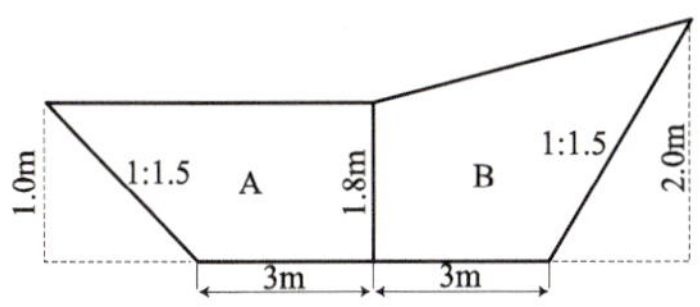

| 해설 |

$$A = \frac{1.8+1.0}{2} \times 4.5 - (\frac{1}{2} \times 1 \times 1.5) = 5.55\text{m}^2,$$

$$B = \frac{1.8+2.0}{2} \times 6.0 - (\frac{1}{2} \times 2 \times 3.0) = 8.40\text{m}^2$$

횡단면적=면적(A)+면적(B)=5.55+8.40=13.95m²이다.

정답 ③

90. 다음 그림과 같이 도로의 횡단면도에서 절토 단면적은?(단, 그림의 숫자는 0을 원점으로 하는 좌표(x, y)를 미터 단위로 나타낸 것임)

① 94.00m²
② 98.00m²
③ 102.00m²
④ 106.00m²

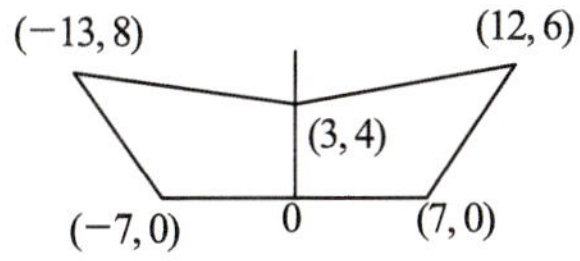

| 해설 |

2A=−(0×13)+(7×8)+(8×3)+(4×13)+(4×12)−(6×3)+(6×7)−(0×12)=204m²

절토 단면적(A)= $\frac{1}{2} \times 204 = 102\text{m}^2$이다.

정답 ③

91. 다음 그림과 같은 단면의 면적은?

① 6.45m²
② 13.25m²
③ 20.00m²
④ 26.75m²

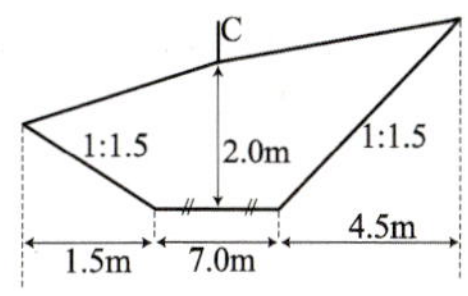

| 해설 |

c=2.0m, w=7.0m, h_1=1m, h_2=3.0m, s=1.5m

$$면적(A) = \frac{c}{2}\{w+(h_1+h_2)s\}+\frac{w}{4}(h_1+h_2) = \frac{2.0}{2}\{7.0+(1.0+3.0)\times 1.5\}+\frac{7}{4}\times(1.0+3.0) = 13+7 = 20\text{m}^2$$

정답 ③

CHAPTER

04 터널측량

4.1. 개요

터널측량(Tunnel Survey)은 터널의 길이와 공사의 난이도에 따라 높은 정확도를 필요로 한다. 기준점을 기초로 터널 내의 중심선측량 및 고저측량을 하지만 터널 내가 어둡고 폭이 좁아 측량이 불편한 것을 제외하고는 지상측량과 같다고 할 수 있다. 터널측량은 도로, 철도 등 수평에 가까운 터널측량 및 수직, 경사 터널도 포함되며 크게 나누면 터널 내 측량, 터널 외 측량과 터널 내외의 연결측량으로 나누어서 실시한다.

4.1.1. 터널측량의 특징

① 터널착공 전에 시행하는 측량으로 지형측량, 중심선측량, 고저측량 등이 있다.

② 터널 공사에 필요한 측량은 그 지역의 지형 상태, 터널의 규모, 시공 방법 등에 의하며 목적에 맞도록 일정한 순서로 실시한다.

③ 터널의 유형은 도로터널, 철도터널, 광산터널, 지하철터널, 수로터널, 전력구 및 통신구터널로 구분할 수 있다.

④ 터널에서 수준측량을 위한 관측점은 천정에 설치되는 경우가 많다.

4.1.2. 터널측량의 작업순서

① 터널측량 순서는 조사, 예측, 지표설치, 지하설치로 터널 안의 중심선을 표시하는 작업을 한다.

② 조사는 미리 실내에서 개략적인 계획을 세우고 현장부근의 지형이나 지질을 조사하여 터널의 위치를 예정한다.

③ 예측은 조사 결과에 따라서 터널의 위치를 약측에 의하여 지표에 중심선을 미리 표시하고 다시 도면상에 터널을 설치할 위치를 검토한다.

④ 지표설치는 예측의 결과에서 정한 중심선을 현지의 지표에 정확히 설정하며, 이때 터널입구나 수직터널의 위치를 결정하고 터널의 연장도 정밀하게 관측한다.

⑤ 지하설치는 지표에 설치된 중심선을 기준으로 하며 터널 입구에서 굴착을 시작하고 굴착이 진행됨에 따라 터널 내의 중심선을 설정하는 작업을 한다.

4.2. 터널 외 측량

① 터널 외 측량은 지상측량으로 터널 입구 양쪽을 잇는 중심선을 지상에 설치하는 지표 중심축을 지상의 중심선에 따라 터널의 거리측정, 양쪽 터널 입구의 수준점 설치, 양쪽 터널 입구 부근 또는 전체의 중심선에 걸친 단면측량 및 지형측량으로 구분하고 있다.

② 터널 입구 부근은 대개 지형도 나쁘고 좁은 장소가 많으므로 반드시 인조점을 설치한다.

③ 측량정확도를 높이기 위하여서는 후시를 될 수 있는 한 길게 잡고 고저측량용 기준점은 터널 입구 부근과 떨어진 곳에 2개소 이상 설치하는 것이 좋다.

④ 지표중심선 측량 방법으로는 토털스테이션에 의한 직접 측량법, 트래버스 측량에 의한 측설법, 삼각측량에 의한 측설법 등이 있다.

⑤ 터널 입구의 지형측량을 위하여 삼각점 및 보조삼각점 등 기준점측량을 실시하고 이에 의거 지형측량, 중심선측량, 수준측량 등을 실시한다.

4.3. 터널 내 측량

터널 내 측량은 터널 중심선을 터널 내에서 결정하여 굴착 중 그 방향을 유지하는 측량이므로 반복하여 작업을 점검하고 방향에 착오가 없도록 할 필요가 있다. 측량 방법은 트래버스측량, 수준측량과 동일하지만 좁고, 어두운 터널 내에서 작업하기 때문에 데오돌라이트에 조명을 부착하고 표지를 천정에 붙이는 등 특정한 방법이 필요하다.

4.3.1. 터널 내 기준점 설치

① 터널 내에서의 중심 말뚝은 차량 등에 의하여 파괴되지 않도록 견고하게 표시하여야 한다.

② 설치장소는 작업상의 출입에 지장이 없고 측량기계를 세우기가 용이한 중심선상을 선정하여 설치한다.

③ 기본 다보는 100m마다 보조 다보는 20m 간격으로 설치하는 것이 보통이며 터널의 굴삭이 끝난 구간이나 복공이 끝난 구간에는 〈그림 2-34〉와 같은 다보(천정 내의 기준점)를 천정에 설치한다.

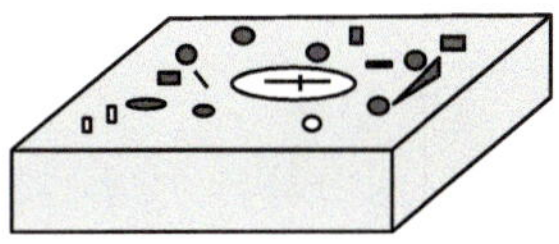

〈그림 2-34〉 다보(도벨)

④ 천정의 도벨은 터널의 굴삭이 완료된 구간 또는 복공이 완성된 구간 중 하부에 설치할 수 없는 경우에 사용된 경우는 데오돌라이트와 측량하는 사람이 움직일 수 있는 장소를 따로 만든다.

⑤ 천정다보를 설치할 경우에는 기설콘크리트에 설치한 보조다보를 포함하여 최소 3점 이상으로부터 점의 위치를 확인해 둘 필요가 있다.

⑥ 터널 내의 측량에는 특별한 조명을 사용할 필요가 있는데 간단한 경우에는 Pin 뒤에 백지를 세워 그 뒤로부터 전등이나 빛을 이용하는 방법을 취한다.

4.3.2. 터널 내 수준측량

① 터널 내의 수준점(B.M; Bench Mark)은 터널 작업으로 파손되지 않는 곳에 설치가 쉽고 측량에 편리한 장소를 택하면 된다.

② 터널의 굴삭이 진행됨에 따라 터널 입구에 설치된 수준점(B.M)을 이용하여 터널 내의 수준점을 설치하며 보통 중심점에 설치한다.

③ 터널 내의 수준측량에서 표척과 Level을 사용하는 것은 터널 밖과 동일하지만 먼지나 연기 등으로 흐릴 경우에는 조명이 달린 표척을 사용한다.

④ 터널 내에서 천정에 수준점(B.M)을 만든 경우는 표척을 거꾸로 사용하게 되므로 역표척이라고 하는데 표고를 구하는 방법은 표고=후시+전시+후시점의 표고가 된다.

⑤ 터널 내의 고저를 구하기 위하여 지상과 마찬가지로 수준측량을 하지만 터널 내의 천정에 만든 측점을 관측할 때는 비고계산의 부호가 반대로 되므로 주의할 필요가 있다.

⑥ 터널 내 수준측량

- 〈그림 2−35〉 (a)은 역표척을 이용한 경우로 지반고는 $H_2 = H_1 + (a+b) + (-c-d)$이다.
- 〈그림 2−35〉 (b)는 정표척을 이용한 경우로 지반고는 $H_2 = H_1 + (a-b) + (c-d)$이다.

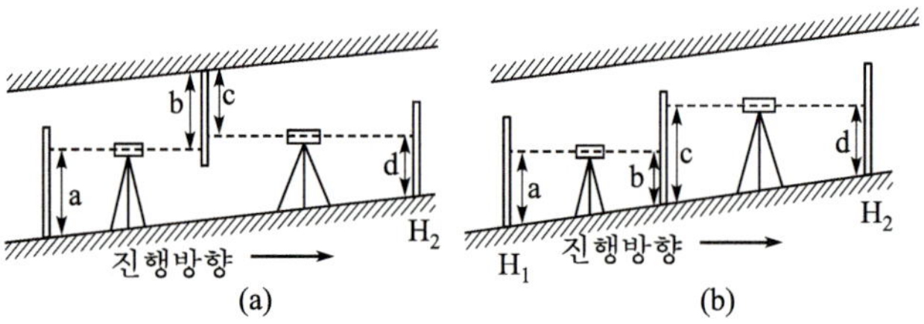

〈그림 2−35〉 터널 내 직접수준측량

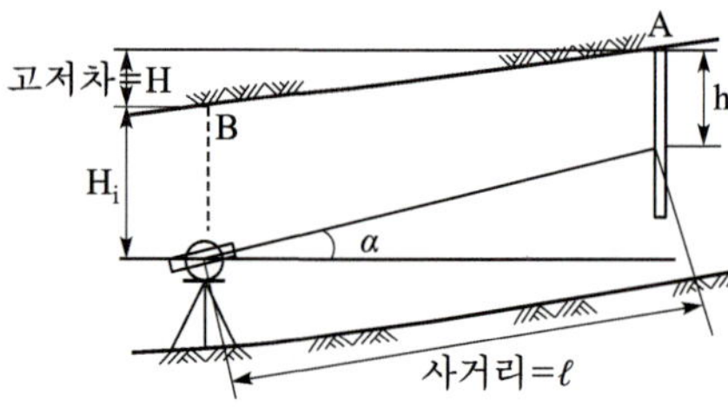

〈그림 2−36〉 터널 내 간접수준측량

⑦ 간접수준측량 방법은 〈그림 2−36〉과 같고 $H = \ell \sin\alpha + (h_1) - H_i$와 같다.

4.4. 터널 내외의 연결측량

① 터널 내와 터널 외의 측량을 연결하는 방법은 지상과 지하의 연결 방법에 따라서 다르다.

② 수평에 가까운 터널 또는 30° 이상 35° 이하의 경사진 터널로 연결되어진 경우에는 특별한 방법을 이용할 필요는 없다.

③ 터널을 굴착하는 경우 지상과 지하의 터널 내를 연결 방법은 경사터널에 의한 경우와 수직터널에 의한 경우가 있다.

④ 지표로부터 기울어진 터널을 경사터널이라고 말하며 지표로부터 수직으로 된 터널을 수직터널이라고 말한다.

⑤ 하나의 수직터널에서 연결

- 하나의 수직터널에서 연결할 때는 2개의 추를 매달아서 연직면을 결정하고 그 방위각을 지상에서 측정하여 지하측량에 연결하는 방법이다.
- 얕은 수직터널일 경우 철선, 구리선, 동선이 사용된다.
- 얕은 수직터널일 경우 추의 무게는 5kg 이하이다.
- 깊은 수직터널은 피아노선이 사용된다.
- 깊은 수직터널일 경우 추의 무게는 50~60kg이다.
- 수직터널 바닥에는 물이나 기름을 넣어 추의 진동을 감소하도록 한다.
- 추의 진동을 10회 이상 관측하고 평균값을 정지 점으로 한다.

4.5. 터널 완성 후의 측량

① 터널 완성 후의 측량에는 준공검사 측량과 터널이 변형을 일으킨 경우의 조사측량이 있는데 방법은 동일하다.

② 중심선측량은 완성한 측벽 간의 중심을 터널 단면의 중심으로 하고 터널의 입구로부터 중심선을 넣어 터널 내의 중심점을 구한다.

③ 터널의 단면검사 및 변형검사에서는 반드시 실시하는 측량으로 일반적으로 단면측량기를 사용한다.

④ 터널이 곡선인 경우는 접선에 직각 방향으로 기울기가 있는 경우는 수직방향의 단면을 관측해야 한다.

Chapter 04 터널측량

핵 / 심 / 문 / 제

1. 터널측량에 대한 설명 중 옳지 않은 것은?

① 터널측량은 크게 터널 내 측량, 터널 외 측량, 터널 내외 연결측량으로 구분할 수 있다.
② 터널 내 측량에서는 망원경의 십자선 및 표척에 조명이 필요하다.
③ 터널의 길이 방향은 주로 트래버스측량으로 행한다.
④ 터널 내의 곡선설치는 일반적으로 지상에서와 같이 편각법을 주로 사용한다.

| 해설 |

터널측량
① 터널이 직선일 경우에는 데오돌라이트로 중심선을 연장하나 곡선일 때는 터널 내에 정확한 곡선설치를 하여야 한다.
② 터널이 직선일 경우에는 지상에서 이용되는 곡선설치법을 시행한다.
③ 터널 내가 좁을 때 접선편거법과 현편거법에 의하여 측량한다.

정답 ④

2. 터널측량에 대한 설명으로 틀린 것은?

① 터널 내 측량은 주로 굴착 방향과 표고를 결정하기 위하여 실시한다.
② 터널 내·외 연결측량은 지상측량의 좌표와 지하측량의 좌표를 연결하기 위하여 실시한다.
③ 터널 외 측량은 주로 굴착을 위한 기준점 설치를 목적으로 한다.
④ 세부측량은 터널의 단면 변형과 변위관리를 위해 시공 후 실시한다.

| 해설 |

터널 외 기준점측량은 설계 완료 후 시공 전에 실시하는 굴착을 위해 측량기준점을 설치한다.

정답 ④

3. 일반적으로 터널을 설치하는 것이 유리한 경우로 옳지 않은 것은?

① 절취 깊이가 10m 미만인 경우
② 지질이 좋지 못하여 절취면의 유지가 곤란한 경우
③ 경제적 여건을 고려하여 터널의 설치가 유리한 경우
④ 지질이 좋지 않아 절취면의 보수작업이 곤란한 경우

| 해설 |

터널 설치는 절취 깊이 10m 이상인 경우에 유리하다.

정답 ①

4. 터널측량의 일반적인 작업순서에 맞게 나열된 것은?

A. 지표설치
B. 계획 및 답사
C. 예측
D. 지하설치

① B → C → D → A
② C → B → A → D
③ B → C → A → D
④ C → B → D → A

| 해설 |

터널측량의 일반적인 작업순서는 계획 → 답사 → 예측 → 지표설치 → 지하설치이다.

정답 ③

5. 터널측량의 작업순서 중 선정한 중심선을 현지에 정확히 설치하여 터널의 입구나 수직 터널의 위치를 결정하는 단계는?

① 답사 ② 예측
③ 지표설치 ④ 지하설치

| 해설 |

터널 내의 중심선을 설정 및 터널 입구나 수직 터널의 위치를 결정하는 작업은 지표설치이다.

정답 ③

6. 터널측량의 작업 단계 중 지표에 설치된 중심선을 기준으로 하여 갱문에서 굴착을 시작하여 굴착이 진행됨에 따라 갱내의 중심선을 설정하는 작업은?

① 지표설치 ② 지하설치
③ 조사 ④ 예측

| 해설 |

터널측량 작업순서
① 조사(답사) : 미리 실내에서 개략적인 계획을 세우고 현장 부근의 지형이나 지질을 조사하여 터널의 위치를 예정한다.
② 예측 : 조사의 결과에 따라 터널위치를 약측에 의하여 지표에 중심선을 미리 표시하고 다시 도면상에 터널을 설치할 위치를 검토한다.
③ 지표설치 : 예측의 결과에서 정한 중심선을 현지의 지표에 정확히 설정하고 이때 갱문이나 수갱의 위치를 결정하고 터널의 연장도 정밀 관측한다.
④ 지하설치 : 지표에 설치된 중심선을 기준으로 하고 갱문에서 굴착을 시작하고 굴착이 진행함에 따라 갱내의 중심선을 설정하는 작업을 말한다.

정답 ②

7. 터널측량에서 지표중심선 측량 방법과 직접적으로 관련이 없는 것은?

① 토털스테이션에 의한 직접 측량법
② 트래버스측량에 의한 측설법
③ 삼각측량에 의한 측설법
④ 레벨에 의한 측설법

| 해설 |

지표중심선 측량 방법으로는 토털스테이션에 의한 직접 측량법, 트래버스측량에 의한 측설법, 삼각측량에 의한 측설법 등이 있다.

정답 ④

8. **터널을 만들기 위하여 A, B점의 좌표를 측정한 결과 A점은 $X_A = 1{,}000.00\text{m}$, $Y_A = 250.00\text{m}$, B점은 $X_B = 1{,}500.00\text{m}$, $Y_B = 1{,}000.00\text{m}$ 이면 AB의 방위각으로 옳은 것은?**

① 56° 18′ 36″ ② 33° 41′ 24″
③ 232° 25′ 53″ ④ 322° 25′ 53″

| 해설 |

① 종선차(Δx) $= (X_B - X_A) = 1{,}500.00 - 1{,}000.00 = 500\text{m}$
② 횡선차(Δy) $= Y_B - Y_A = 1{,}000.00 - 250.00 = 750\text{m}$
③ $\theta = \tan^{-1}\dfrac{\Delta y}{\Delta x} = \tan^{-1}\dfrac{750}{500} = 56°\ 18'35.76''$에서 1 상한이므로 방위각은 56°18′ 36″ 이다.

정답 ①

9. **직선 터널을 뚫기 위해 트래버스측량을 실시하여 표와 같은 값을 얻었다. 터널중심선 AB의 방위각은?**

① 39° 56′ 37″
② 50° 03′ 22″
③ 219° 57′ 49″
④ 320° 02′ 11″

측선	위거(m)	경거(m)
A-1	+26.65	−19.95
1-2	−24.85	+30.40
2-B	+40.95	+25.35

| 해설 |

① 위거의 총합($\Sigma\Delta x$) $= 26.65 - 24.85 + 40.95 = 42.75\text{m}$
② 경거의 총합($\Sigma\Delta y$) $= -19.95 + 30.40 + 25.35 = 35.80\text{m}$
③ AB 방위각 $= \tan^{-1}\dfrac{\Sigma\Delta y}{\Sigma\Delta x} = \tan^{-1}\dfrac{35.8}{42.75} = 39°\ 56'\ 37.4''$이다.

정답 ①

10. **터널 공사를 위한 트래버스측량의 결과가 다음 표와 같을 때 직선 EA의 거리와 EA의 방위각은?**

① 74.39m, 52°35′53.5″
② 74.39m, 232°35′53.5″
③ 75.40m, 52°35′53.5″
④ 7540m, 232°35′53.5″

측선	위거(m)		경거(m)	
	+	−	+	−
AB		31.4	41.4	
BC		20.9		13.2
CD		13.2		50.9
DE	19.7			37.2

| 해설 |

① 위거의 총합($\Sigma\Delta x$) $= 19.7 - 31.4 - 20.9 - 13.2 = -45.8\text{m}$
② 경거의 총합($\Sigma\Delta y$) $= 41.4 - 13.2 - 50.9 - 37.2 = -59.9\text{m}$
③ AE(=EA)의 거리(L) $= \sqrt{(-45.8)^2 + (-59.9)^2} = 75.40\text{m}$
④ AE의 방위각$\theta = \tan^{-1}\dfrac{\Sigma\Delta y}{\Sigma\Delta x} = \tan^{-1}\dfrac{-59.9}{-45.8} = 232°\ 35'\ 53.5''$는 3상한이다.
⑤ EA 방위각은 AE의 역방위각으로 232°35′53.5″±180°=52°35′ 53.5″이다.

정답 ③

11. **터널측량 시 터널 입구를 결정하기 위하여 측정 A, B, C, D 순으로 트래버스 측량한 결과가 아래와 같을 때, AD 간의 거리는?**

① 40.45m
② 40.54m
③ 41.45m
④ 41.54m

[측량결과]
측선 AB : 거리=30m, 방위각=40°
측선 BC : 거리=35m, 방위각=120°
측선 CD : 거리=40m, 방위각=210°

| 해설 |

① AB의 경거=30×sin 40°=19.28m, AB의 위거=30×cos 40°= 22.98m
② BC의 경거=35×sin 120°=30.31m, BC의 위거=35×cos 120° =−17.50m
③ CD의 경거=40×sin 210°=−20.00m, CD의 위거=40×cos 210°=−34.64m
④ 경거의 총합(ΣD) $= 19.28 + 30.31 - 20.00 = +29.59\text{m}$
⑤ 위거의 총합(ΣL) $= 22.98 - 17.50 - 34.64 = -29.16\text{m}$
⑥ AD의 거리$= \sqrt{29.59^2 + (-29.16)^2} = 41.54\text{m}$

정답 ④

12. **그림과 같이 산에 터널을 뚫기 위하여 다각측량을 실시한 결과가 표와 같을 때 직선 AF의 거리는?**

측선	위거(m)		경거(m)	
	+	−	+	−
A−B	33.107		22.887	
B−C	33.845		33.190	
C−D		21.360	57.184	
D−E		45.831	0.824	
E−F		45.273		32.410

① 93.499m ② 100.257m
③ 123.526m ④ 293.706m

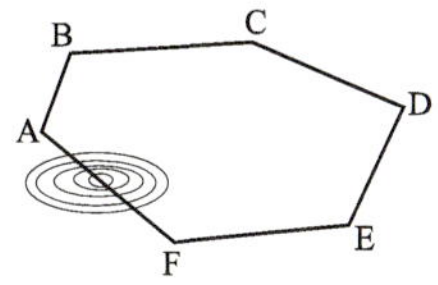

| 해설 |

① 위거의 총합(ΣL)$= 33.107 + 33.845 - 21.360 - 45.831 - 45.273 = -45.512\text{m}$
② 경거의 총합(ΣD)$= 22.887 + 33.190 + 57.184 + 0.824 - 32.410 = 81.675\text{m}$
③ AF의 거리(AF) $= \sqrt{(\Sigma L)^2 + (\Sigma D)^2} = \sqrt{(-45.512)^2 + (81.675)^2} = 93.499\text{m}$

정답 ①

13. **터널 내 수준측량의 특징에 대한 설명으로 옳은 것은?**

① 지상에서의 수준측량 방법과 장비 모두 동일한다.
② 관측점의 위치는 바닥 레일의 중심점을 이용한다.
③ 이동식 답판을 주로 이용해야 안정성이 있다.
④ 수준측량을 위한 관측점은 천정에 설치되는 경우가 많다.

| 해설 |

터널 내에서 수준측량을 위한 관측점은 천정에 설치하고 있다.

정답 ④

14. 표고 500m의 지표상에 수평거리 1,500m를 측정하고 터널을 지표중심선에 따라 평균표고 200m 되는 지점을 관통시키려고 한다. 터널길이는 얼마인가?(단, 곡률반지름 6,370km이다.)

① 1493.00m ② 1499.95m
③ 1500.00m ④ 1500.07m

| 해설 |

$\frac{R}{R-200}=\frac{1500}{L}$에서 터널길이(L) $=\frac{6370000-200}{6370000}\times 1500=1499.95\,m$ 이다.

정답 ②

15. 지표에서 거리 1,000m 떨어진 A, B 2개의 수직 터널에 의하여 터널 내외의 연결측량을 하는 경우 수직 터널의 깊이가 1,500m라 할 때, 두 수직 터널 간 거리의 지표와 지하에서의 차이는?(단, 지구반지름 R=6,370km)

① 15cm ② 24cm ③ 48cm ④ 52cm

| 해설 |

$R:1{,}000=(R-1{,}500):L$에서

$L=\frac{1{,}000(R-1{,}500)}{R}=\frac{1{,}000\times 6{,}368{,}500}{6{,}370{,}000}=999.765m$,

$\Delta\ell=1{,}000-999.765=0.235m$이다.

정답 ②

16. 지상거리 500m인 두 개의 수직 터널에 의하여 깊이 700m의 터널 내외를 연결하는 경우에 두 수직 터널의 지상거리와 터널 내 연결점의 거리 차는?(단, 지구반지름 R=6,370km 이다.)

① 4.5m ② 5.5m
③ 4.5cm ④ 5.5cm

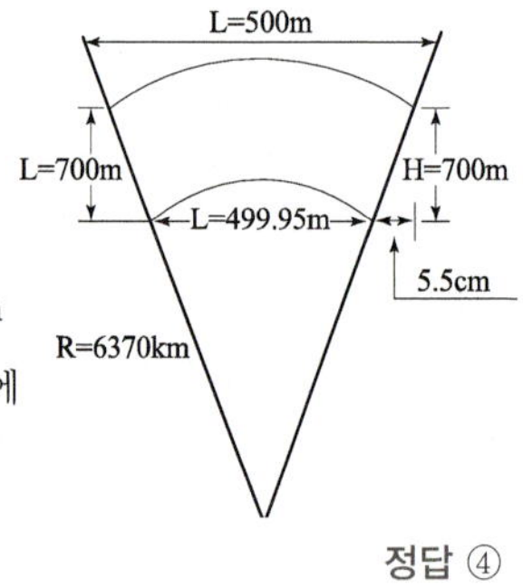

| 해설 |

$L_0=-\frac{LH}{R}=\frac{500\times 700}{6{,}370{,}000}=-0.055m$

이므로 지하 700m에서의 거리에 대한 차는 5.5cm이다.

정답 ④

17. 터널에서 수준측량을 실시한 결과가 표와 같을 때 측점 NO.3의 지반고는?(단, (-)는 천장에 설치된 측점이다.)

① 36.80m
② 41.21m
③ 48.94m
④ 49.35m

측정	후시(m)	전시(m)	지반고(m)
NO.0	0.87		43.27
NO.1	1.37	2.64	
NO.2	−1.47	−3.29	
NO.3	−0.22	−4.25	
NO.4		0.69	

| 해설 |

N0.3 지반고(G.H) $=43.27+0.87-2.64+1.37-(-3.29)+(-1.47)-(-4.25)=48.94m$ 또는 N0.3 지반고(G.H) = No.0지반고+(ΣB.S−ΣF.S) $=43.27+[(0.77-(-4.90)]=48.94m$

정답 ③

18. 좌표(X, Y, Z)가 각각 A(810, 328, 86.3), B(589, 734, 112.4)인 두 점 A, B를 연결하는 터널의 경사각은?(단, 좌표의 단위는 m이다.)

① 2°13′54″ ② 3°13′54″
③ 23°13′54″ ④ 86°45′48″

| 해설 |

고저차(ΔH) $=112.4-86.3=26.1m$,

AB거리(L) $=\sqrt{(589-810)^2+(734-328)^2}=462.25m$,

경사각(θ) $=\tan^{-1}\frac{26.1}{462.25}=3°13'54''$이다.

정답 ②

19. 정밀한 터널의 설치를 위한 터널 안의 측량에서 사용할 수 있는 측량 방법은?

① 평판측량 ② 다각측량
③ 사진측량 ④ 삼각측량

| 해설 |

터널의 설치를 위한 갱내측량으로는 다각측량이 널리 이용되고 있다.

정답 ②

20. 터널 공사에서 터널 내의 기준점 설치에 주로 사용되는 방법으로 연결된 것은?

① 삼각측량－평판측량 ② 평판측량－트래버스측량
③ 트래버스측량－수준측량 ④ 수준측량－삼각측량

| 해설 |

터널 내의 중심선측량을 위한 트래버스측량과 고저측량을 위한 수준측량이 많이 이용되고 있다.

정답 ③

21. 터널측량에서 중심선측량의 목적이 아닌 것은?

① 터널 중심선 방향의 확인
② 터널 입구 간의 거리 확인
③ 터널 입구의 중심선상에 기준점 설치
④ 터널 외 기준점의 설치

| 해설 |

터널측량에서 중심선측량
① 터널을 굴착하기 위해서 정확한 방향과 정확한 거리를 찾아내는 것이 가장 큰 목적이다.
② 터널 중심선 방향의 확인, 터널 입구 간의 거리 확인, 터널 입구의 중심선상에 기준점 설치 등이다.

정답 ④

22. 터널 내 중심선측량 시 도벨을 설치하는 주된 이유는?

① 중심 말뚝 간 시통이 잘되도록 하기 위하여
② 차량 등에 의한 기준점 파손을 막기 위하여
③ 후속 작업을 위해 쉽게 제거할 수 있도록 하기 위하여
④ 측량 시 쉽게 발견할 수 있도록 하기 위하여

| 해설 |

도벨(Dowel)은 터널 내에서 차량 등에 의하여 파손되지 않도록 콘크리트 등을 이용하여 견고하게 만든 기준점으로 사방 30cm, 깊이 30~40cm 정도이다.

정답 ②

23. 그림과 같이 터널 내 수준측량에서 A점의 표고가 450.50m이었다면 B점의 표고는?

① 450.40m ② 450.60m
③ 453.40m ④ 453.60m

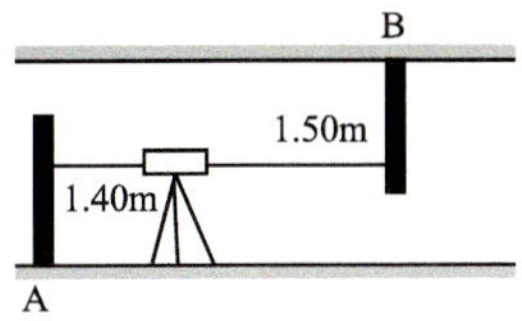

| 해설 |

B점 표고(H_B) = $H_A + i + h = 450.50 + 1.40 + 1.50 = 453.40$m이다.

정답 ③

24. 터널 구간의 고저차를 관측하기 위하여 그림과 같이 간접수준측량을 하였다. 경사각은 부각 30° 이며, AB의 경사거리가 18.64m이고 A점의 표고가 200.30m일 때 B점의 표고는?

① 182.78m ② 189.60m
③ 190.92m ④ 192.36m

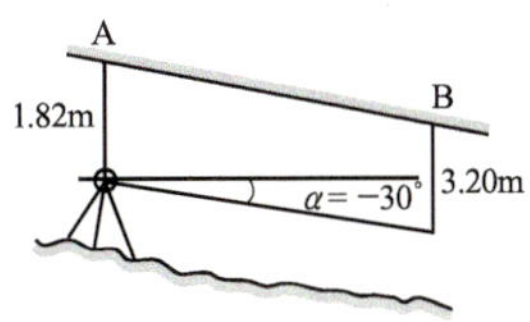

| 해설 |

B점 표고(H_B) = $H_A - i + h = 200.30 - 1.82 + [18.64 \times \sin(-30°)] + 3.2 = 192.36$m이다.

정답 ④

25. 갱내에서 수준측량 결과가 다음과 같을 때 B점의 지반고는?(단, 단위는 m임)

측점	B.S(m)	F.S(m)	지반고(m)
No. A	2.40		110.00
1	−1.20	−3.30	
2	−0.40	−0.20	
B		2.10	

① 112.20m ② 114.70m
③ 115.70m ④ 116.20m

| 해설 |

B점 지반고(H_B)= $H_A + \Sigma B.S - \Sigma F.S = 110.0 + (2.40 - 1.20 - 0.40) - (-3.30 - 0.20 + 2.10) = 112.20$m이다.

정답 ①

26. 측점이 갱도의 천정에 설치되어 있는 갱내의 수준측량을 실시하였다. 지반고가 105.82m인 천정 기지점 A를 후시한 결과 2.55m이고 구하고자 하는 B점의 전시가 1.34m일 때 B점의 지반고는?

① 101.93m
② 104.61m
③ 107.03m
④ 109.71m

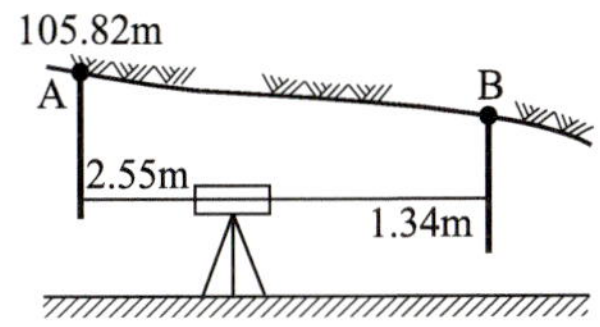

| 해설 |

B점 지반고(H_B) = $H_A + \Sigma B.S - \Sigma F.S = 105.82 - 2.55 + 1.34 =$ 104.61m이다.

정답 ②

27. 측점이 터널의 천정에 설치되어 있는 수준측량에서 그림과 같은 관측 결과를 얻었다. A점의 지반고가 15.32m일 때, C점의 지반고는?

① 14.32m
② 15.12m
③ 16.32m
④ 16.49m

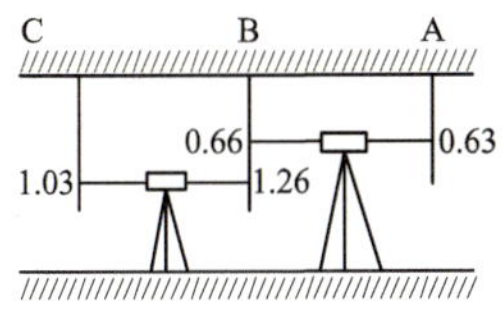

| 해설 |

B점 지반고(H_B) = $15.32 - 0.63 + 0.66 - 1.26 + 1.03 = 15.12$m이다.

정답 ②

28. 터널 내 두 점의 좌표(X, Y, Z)가 각각 A(1328.0m, 810.0m, 86.3m), B(1734.0m, 589.0m, 112.4m)일 때, A, B를 연결하는 터널의 경사거리는?

① 341.52m ② 341.98m
③ 462.25m ④ 462.99m

| 해설 |

① 고저차(h)=112.4−86.3=26.1m
② 종선차(Δx)=1734 − 1328 = 406m,
횡선차(Δy)=589 − 810 =− 221m
③ 수평거리(L)=462.252m,
경사거리(L_0) = $\sqrt{L^2 + h^2} = \sqrt{462.252^2 + 26.1^2} = 462.998$m이다.

정답 ④

29. 그림과 같이 측정 A의 밑에 기계를 세워 천장에 설치된 측점 A, B를 관측하였을 때 두 점의 높이차(H)는?

① 42.5m ② 43.5m
③ 45.5m ④ 46.5m

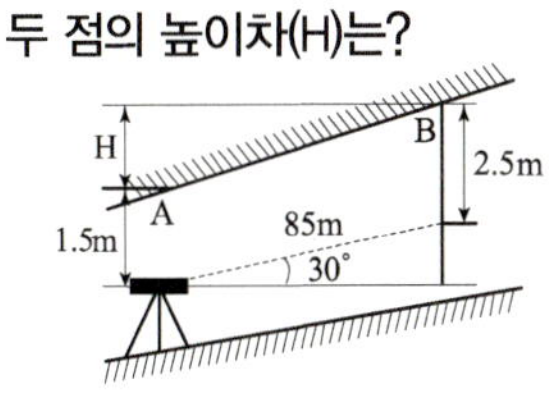

| 해설 |

높이차(h) = $L \cdot \sin\alpha + H.P - I.H = 85 \times \sin 30° + 2.50 - 1.5 = 43.5$m 이다.

정답 ②

30. 경사 터널의 고저차를 구하기 위하여 다음 그림과 같이 고저각(α), 경사거리(L)를 측정하였을 때 AB의 고저차는?(단, I.H=1.35m, H.P=1.66m, α =30°, L=40m)

① 35.0m
② 20.3m
③ 19.7m
④ 17.0m

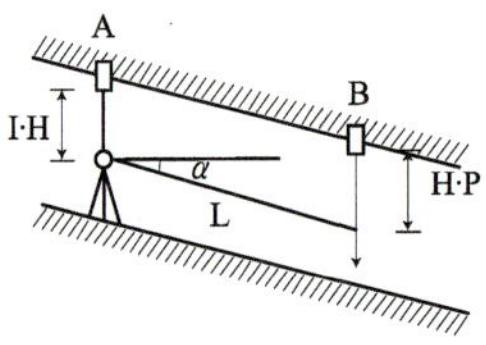

| 해설 |

AB 고저차(h) = L · sinα+ H.P − I.H = 40 × − (sin30°) + 1.66 − 1.35 = 19.69m이다.

정답 ③

31. 터널 내에서 천정에 고정점 A, B를 관측한 결과가 그림과 같을 때 두 지점 간의 고저차는?(단, a=1.15m, S=25.30m, b=1.75m, α =30°)

① 11.50m
② 13.25m
③ 20.76m
④ 22.51m

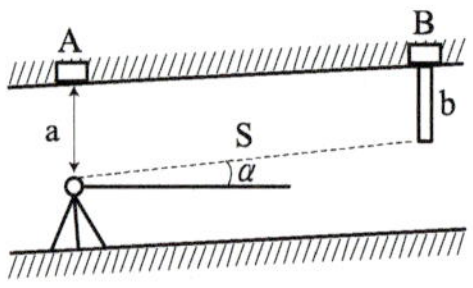

| 해설 |

천정에 측점이 있는 두 지점 간의 고저차(Δh) = b + S · sinα − a = 1.75 + 25.30 × sin30° − 1.15= 13.25m이다.

정답 ②

32. 터널이 긴 경우 굴진 공정 기간의 단축을 위하여 중간에 수직 터널이나 경사 터널을 설치하고 본 터널과의 좌표를 일치시키기 위하여 실시하는 측량은?

① 지하 수준측량
② 터널 내 고저측량
③ 터널 내 중심선측량
④ 터널 내외 연결측량

| 해설 |

터널 내외 연결측량은 지상측량의 좌표와 지하측량의 좌표를 일치시키는 측량이다.

정답 ④

33. 수직 터널에 의하여 지상과 지하의 측량을 연결할 때의 수선측량에 대한 설명으로 틀린 것은?

① 깊은 수직 터널에 내리는 추는 50~60kg 정도의 추를 사용할 수 있다.
② 추를 드리울 때, 깊은 수직 터널에서는 보통 피아노선이 이용된다.
③ 수직 터널 밑에는 물이나 기름을 담은 물통을 설치하고 내린 추가 그 물통 속에서 동요하지 않게 한다.
④ 수직 터널 밑에서 수선의 위치를 결정하는 데는 수선이 완전정지하는 것을 기다린 후 1회 관측값으로 결정한다.

| 해설 |

수직 터널 밑에서 수선의 위치를 결정하는 데는 수선이 완전히 정지하지 않을 경우에는 수선 진동의 위치를 평균값으로 그 위치로 삼는 것이 적당하다.

정답 ④

34. 터널의 준공을 위한 변형조사측량에 해당하지 않는 것은?

① 중심측량
② 고저측량
③ 단면측량
④ 삼각측량

| 해설 |

터널공사에서 삼각측량은 터널 외 측량으로 기준점측량에 해당한다.

정답 ④

CHAPTER

05 위성측량

5.1. 개요

GPS는 Global Positioning System의 약어로 범지구위치결정시스템이며 공식적인 명칭은 NAVSTAR GPS(Navigation Satellite Timing and Ranging GPS)로서 위성을 이용한 항법시스템이다. GPS 시스템은 북대서양조약기구(NATO; North Atlantic Treaty Organization)와 같은 형태의 조직인 NAVSTAR GPS Joint Program Office에서 유지·관리하고 있다. 최근에는 러시아에서 관리하는 GLONASS 위성과 유럽에서 관리하는 갈릴레오(Galileo) 위성을 통합한 GNSS 위성을 활용하고 있다.

5.1.1. GPS 측량의 특징

① 기상 상태 및 지형 여건과 관계없이 관측 작업수행이 가능하다.

② 전천후 측정 작업이 가능하다.

③ 측점에서 모든 데이터 취득이 가능하며 후처리 방법과 실시간 처리방법이 있다.

④ 장거리 측정 및 야간에도 편리하게 측정할 수 있다.

⑤ 나무 또는 시가지의 고층 건물 또는 수목 등으로 장애가 발생한다.

⑥ 위성 관측 시야각이 15° 이상 되어야 장애를 받지 않는다.

⑦ 수신기에 사용하는 소프트웨어의 호환성이 적다.

5.1.2. 구성요소

GPS는 위성 및 위성과 관련된 부분인 우주 부분, 지상에서 위성의 위치를 추적하거나 감시하는 통제의 역할을 담당하는 제어 부분, 공중, 지상 및 해상에서 사용하는 수신기들로 이루어진 사용자 부분으로 구성되어 있다.

(1) 우주 부분

① 우주 부분은 우주공간에 대한 부분으로 인공위성의 시계와 위성의 궤도 및 배치상태와 위성의 임무에 관한 사항을 정리한 것이다.

② 위성의 고도는 지상에서 약 20,183km에서 비행하며 궤도면은 모두 6개의 원형궤도로 구성되어 있으며, 약 12시간을 주기로 운행하고 있다.

③ 위도 60°씩 떨어져 있고 각각의 궤도면에는 4개의 위성을 배치하고 적도면과 55°를 이루고 있다.

④ 위성의 배치는 사용자의 3차원 위치 및 수신기 시계 오차(clock error)를 계산하기 위해 지구 전역에서 최소한 4개 이상의 위성이 항상 보이도록 특수하게 설계된 것이다.

(2) 제어 부분

① 제어 부분(Control Segment)은 GPS의 관제는 하나의 주관제국(MCS; Master Control Station)과 무

인으로 운영되는 5개의 지상추적국(Monitor Station)으로 구성된다.

② 모니터와 위성체계의 연속적인 제어, GPS의 시간 결정, 위성 시간 값 예측, 각각의 위성에 대해 주기적인 항법 신호의 수정 등의 업무를 수행한다.

③ 주 제어국(Master Control Station)

- 주 제어국은 현재 Colorado Springs 근처 팰콘 공군기지에 주 제어국이 있다.
- 임무는 GPS 위성에 대하여 총지휘하는 기관으로 위성의 발사나 예비위성의 작동 여부를 결정한다.

④ 지상추적국(Monitor Station)

- 지상추적국은 콰자레인(Kwajalein), 디에고가르시아(Diego Garcia), 아센션섬(Ascension), 하와이(Hawaii), 콜로라도(Colorado)의 5개에 각각 위치하고 있다.
- 임무는 무인으로 운영되며 주어진 시간에 관측할 수 있는 모든 GPS 위성의 신호를 점검하고 궤도를 추적하며 예측하는 임무와 전리층 및 대류권의 지연에 대하여 관찰한 자료를 주 제어국에 전송하는 업무를 수행한다.
- 지상추적국에서 수정된 정보들은 위성을 제어 및 감시하는 지상 안테나를 통해 각 위성에 전달되고, 위성은 GPS 수신기에 자료를 전송하여 사용자들이 원하는 형태로 변화시키게 된다.

(3) 사용자 부분

① 사용자 부분(User Segment)은 위성 신호를 수신하여 위치를 계산하는 GNSS 수신기와 이를 응용하여 각각 특정한 목적을 달성하기 위해 개발된 다양한 장치로 구성된다.

② GPS 수신기는 위성으로부터 수신받은 항법 데이터를 사용하여 수신기의 위치와 속도, 시간 정보 등 다양한 분야에 이용되고 있다.

③ GPS 수신기와 안테나, 자료처리 소프트웨어로 구성되어 있으며 위성에서 보낸 전파를 수신하여 수신점의 좌표와 수신점 간의 상대 위치를 구하게 된다.

5.1.3. GNSS

① GNSS(Global Navigation Satellite System)는 위성항법시스템 또는 범지구적 위성항법시스템이다.

② GNSS의 대표라 할 수 있는 미국 국방성에 의해 개발된 GPS

③ 러시아의 국방부 주관으로 개발된 GLONASS(GLobal Orbiting NAvigation Satellite System)

④ 유럽 전역에 대한 교통, 통신등을 위한 위성 측위 및 항법시스템의 Galileo

⑤ 중국이 독자적으로 구축하고 운영하는 BDS(BeiDou Navigation System)

5.2. 신호체계

5.2.1. Code 방식

코드방식에는 P-code 방식과 C/A-code 방식으로 구분하고 C/A-code만 일반인에게 공개되며, P-code는 정부 간 협정으로 군사용으로 한정된 범위에서 사용된다. Code를 이용한 거리측정 수신기 시간차 위성과 수신기 간의 거리는 빛의 속도에 시간차를 곱하는 것이다.

(1) P-code

① P−code(precise or private)는 GPS의 기본주파수(f_0)는 정확히 1초에 10.23MHz 주파로 방송된다.

② P−code는 L_2파에 의한 군사적 목적의 코드로 반복주기는 약 267일 정도이며 하나는 군사용이고 다른 하나는 민간용으로 사용하고 있다.

③ GPS 위성으로부터 발신되는 측위용 전파로 보내지는 신호는 GPS 위성의 식별부호 역할을 한다.

④ 의사노이즈(PRN)에 의해 변조된 코드로 1bit를 거리로 환산하면 29.3m가 된다.

⑤ 두 주파수에 있어 P 코드의 전송은 사용자에게 전리층 지연에 대한 보정을 가능하게 한다.

PART 02 응용측량

(2) C/A-code

① C/A−code는 Clean and Acquisition의 약어이며 모든 사용자가 사용할 수 있다.

② 민간에게 공개되어있는 표준 측위나 P−code를 포착하기 위하여 사용된다.

③ 반복주기는 유사잡음부호(PRN)에 있어 0과 1로 구성된 부호 열의 길이가 1,023bit이며 1bit의 길이는 293m가 된다.

④ 주기는 매우 짧아서 항법데이터나 시각 정보를 얻는 데 사용되며 계속하여 반복된다.

⑤ PRN 코드로 1.023MHz로 전파되며 백만분의 1초의 주기로 반복된다.

⑥ 표준위치측정서비스(SPS)의 기초이며 C/A−code와 P−code의 에포크가 동시 발생하기 때문에 신속한 취득이 가능하다.

⑦ L_1파는 C/A 코드에서 위성식별과 위성궤도 정보 및 GPS 시각에 관한 정보를 제공하고 P 코드는 위성식별용으로 활용되고 있다.

(3) Y-code

① Y−code는 P−code가 비밀화된 것으로 실제로 PRN은 P−code와 유사하게 사용하고 있으므로 P−code로 대체할 수 있다.

② 해독 방정식은 비밀화 되어 허가받은 사용자만 해독할 수 있으며 군사적으로 사용하고 있다.

③ Anti−spoofing 모드에서 GPS 위성에 의해 전송되는 P−code의 암호를 변경한 Version이다.

5.2.2. 반송파

① 반송파(Carrier Wave)의 측정은 위성에서 발사되는 신호와 수신기 내부의 진동자에 의하여 변형된 수신 신호차로 측정한다.

② 반송파는 인공위성의 데이터와 코드를 송신하는데 P 코드는 오직 L_2파에서만 변조되며, 파장에 의한 수신기는 1/100만의 정확도로 관측할 수 있다.

③ L_1, L_2반송파는 기선 관측에서 기본적인 원시 Data로 대부분의 GPS 측량은 표준 L_1, L_2의 GPS 신호 이외에 PRN이 추가로 사용된다.

④ 위성에서 보낸 신호 전파는 궤도정보 등을 송신하기 위하여 의사 잡음코드로 변조된다.

⑤ PRN 부호는 어떠한 규칙에 따라 만들어지는 불규칙한 이진 수열을 이용하여 위성까지의 거리를 측정하는 데 사용된다.

⑥ 기본주파수 10.23MHz이며 반송파 주파수 L_1과 L_2는 기본주파수의 정수배이다.
⑦ GPS 위성까지의 경로 차를 측정하는 것은 L_1과 L_2의 파장이 눈금 역할을 한다.

(1) L_1반송파

① CA Code에서 위성식별용으로 사용되며 위성의 궤도정보 및 GPS 시각에 관한 정보를 제공하는 역할을 한다.
② $L_1 = 154 \times f = 154 \times 10.23 = 1575.42MHz$, 파장 길이는 19.029cm이다.
③ L_1파는 C/A-code와 P-code에 의하여 변조, 운송되고 P-code에서도 역시 위성식별용으로 활용되고 있다.

(2) L_2반송파

① L_2파는 P-Code에서 위성식별 정보 및 항법메시지용으로 사용되며 정밀 측위로서 정밀 측지측량 및 군사용으로 많이 사용한다.
② $L_2 = 120 \times 10.23MHz = 1,227.60MHz$, 파장은 24.421cm이다(f는 기본주파수로 10.23MHz).
③ L_2파는 P 코드라는 부호가 비밀이기 때문에 단독 측위에서는 이용할 수 없다.
④ GPS 측량은 L_1, L_2파의 GPS 신호 이외에 PRN(Pseudo Random Noise)이 추가로 이용된다.
⑤ 간섭 측위에서는 부호를 사용하지 않기 때문에 L_2파도 이용할 수 있다.

5.2.3. 위치측정원리

① 위치측정은 후방교회의 삼변측량 방식을 사용하여 수신기로 수신된 데이터를 분석함으로써 측정점과 GPS 위성 간의 거리를 측정하는 것이다.
② 측점의 위치에서 3가지 요소인 위도, 경도, 높이를 구하려면 이를 3개의 미지수로 하며 3개 이상의 측정 거리가 있어야 함숫값을 구할 수 있다.
③ 위치측정원리에는 의사거리와 반송파 위상을 이용하여 거리를 계산하는 방법이 있다.
④ 〈그림 2-37〉은 무선항법의 기하학적 원리로 후방교회법의 원리라고 한다.

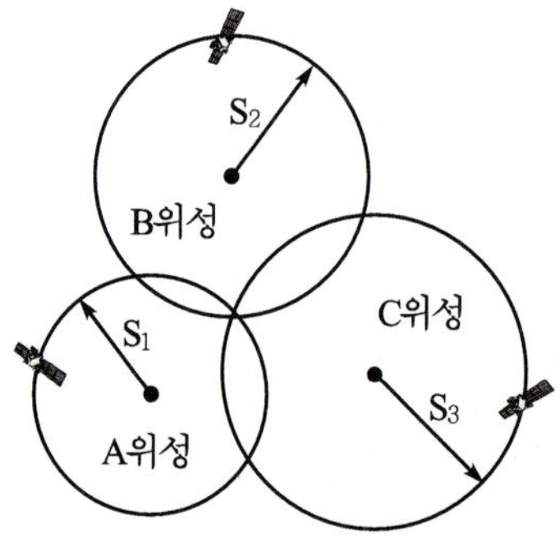

〈그림 2-37〉 후방교회법 원리

(1) 의사거리에 의한 위치결정

① 의사거리(Pseudo range)를 이용한 위치결정 방법은 인공위성에서 송신되어 수신기로 도착한 송신시간을 PRN 인식 코드로 비교하여 측정한다.
② 송·수신기의 시간 오차가 발생하고 거리는 기하학적인 실제거리와의 차이를 말한다.
③ C/A-code나 P-code로 측정된 위성과 수신기 간의 위상 거리로 위성과 수신기의 시계에 의한 오차와 대기층에 의한 전파지연, 대류권과 이온층의 신호 지연으로 인한 오차가 영향을 미친다.
④ 위성과 수신기 간의 거리관측은 코드가 2진법 체계이므로 측정시간이 매우 신속하다.
⑤ 코드 추적방식은 GPS의 절대 위치와 기지점의 관측성과가 약 31m 정도의 오차가 발생한다.

⑥ 의사거리는 4개 이상의 위성을 관측하여 원하는 수신기의 위치와 시각 동기 오차를 결정하여 항법, 근사적인 위치결정, 실시간 위치결정에 이용된다.

(2) 반송파에 의한 결정

① 반송파 위상은 위성과 수신기 간의 거리에 해당하는 사이클 파수를 표시한 것으로 반송 주파수의 측정은 시각 오차가 있다.

② 반송파 위상(Carrier Phase)은 높은 정밀도로 상대 측위를 기본으로 하고 있다.

③ 반송파 위상 관측값에는 불확실정수치가 존재하는 것과 사이클 슬립의 존재 등의 문제점에 의해 신중하게 처리해야 한다.

④ L_1, L_2파는 모두 극초단파로 주파수의 측정은 위성과 수신기 간의 주파수 파장의 차이인 위상차를 측정하는 것이다.

⑤ 관측데이터에는 반송파 위상, 위성의 위치를 나타내는 방송궤도 요소, 데이터 취득 시각 등이 기록되고 있다.

⑥ 반송파의 정보는 PRN 부호와 항법메시지로 이루어지고 관측 시 대기굴절과 인공위성의 운동에 의한 도플러 효과에 따라 파장이 변한다.

⑦ 반송파 위상은 높은 정밀도로 상대측위를 기본으로 하고 있으며 반송파 주파수의 측정은 〈그림 2-38〉과 같이 위성과 수신기 사이의 거리로 주파수 파장의 차이인 위상차를 관측하여 거리를 계산한다.

- 불확실정수치의 정확한 결정이 GPS 정확도를 좌우하며 위상차 최초의 불확실정수치의 문제해결을 위해 On-The-Fly(OTF)기법이 많이 사용된다.
- $R=(N+\phi)\lambda$

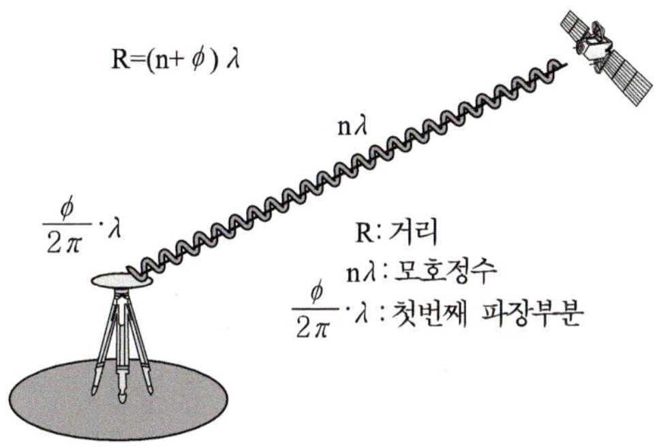

〈그림 2-38〉 반송파 수 측정

여기서, R : 위성과 수신기 사이의 거리, λ: 반송파의 파장, N : 반송파의 전체 파장수(불확실정수), ϕ: 신호의 마지막 주기 위상변화이다.

⑧ 에포크(Epoch)는 GPS 상대측량으로 위치를 결정할 때의 자료 수록 시간으로 관측데이터의 취득 간격을 말한다.

5.3. 위성측량 방법

GPS 측량 방법은 절대관측 방법과 상대관측 방법으로 구분할 수 있으나 절대관측 방법은 정확도가 낮아 주로 상대관측 방법을 많이 이용하고 있다.

5.3.1. 절대관측 방법

① 지구상에 있는 사용자의 위치를 관측하는 방법으로 우주에 있는 4개 이상의 위성으로부터 수신한 신호 가운데 C/A 코드를 이용해 실시간 처리로 수신기의 위치를 결정하는 방법이다.

② GPS 관측에서 가장 일반적인 단계로 계산되며 위치 정확도의 오차는 15~20m로 S/A 전파방해 ± 100m 정도가 있어 주로 선박, 자동차, 항공기의 항법에 이용된다.

5.3.2. 상대관측 방법

상대관측 방법은 미지점과 기지점의 위치를 확인하여 결정하는 방법으로 지구상에 두 점 이상의 수신기를 설치하여 상호 도달하는 전파의 시간적 지연을 측정하고 두 점 간의 거리를 정확히 측정하는 방법으로 정지측량(Static Survey), 이동측량(Kinematic Survey), 실시간 이동측량(RTK) 방법이 있다.

(1) 정지측량

① 정지측량(Static Survey)은 기준점측량에 있어 가장 일반적인 방법으로 하나의 GPS 기선을 두 개의 수신기로 측정하는 방법이다.

② 측점 간의 좌표 차이는 ITRF 좌표계에 기초한 3차원 X, Y, Z를 사용하여 계산되며, 지역 좌표계에 맞추기 위하여 변환하여야 한다.

③ 수신기 중 한 대는 기지점에 설치하고 나머지 한 대는 미지점에 설치하여 위성 신호를 동시에 수신하여야 하는데 관측 시간은 관측조건과 요구 정밀도에 달려 있다.

④ 지적측량의 기준점측량에 많이 사용되고 있으며 수신 후 각 수신기의 위치 및 거리를 계산한다.

⑤ Static 방법에서는 반송파의 위상을 이용하여 관측점 간의 기선해석을 해야한다.

⑥ 장시간의 관측을 하여야 하며 장거리 정밀측정에 정확도가 높고 효과적이다.

(2) 이동측량

① 이동측량(Kinematic Survey)의 위치결정과 공사측량 등에 이용되며 정도는 10cm~10m이다.

② 이동측량은 기지점의 1대의 수신기를 기준국, 다른 수신기를 이동국으로 하여 순차로 이동하면서, 각 측점에 놓고 4대 이상의 위성으로부터 신호를 수초에서 수분 정도 수신하는 방식이다.

③ 관측데이터는 관측과 동시에 가능하며 비교적 낮은 정확도를 요구하는 측량목적 및 관측량이 많은 경우에 유리하며 데이터보간법을 통하여 정확도를 향상할 수 있다.

④ GNSS 측량기를 사용하여 지적도근점측량 또는 세부측량을 하고자 할 때는 단일기준국 실시간 이동측량 또는 다중기준국 실시간 이동측량에 의한다.

(3) 실시간 이동측량

① 실시간 이동측량은(RTK; Real Time Kinematic) GPS를 이용하여 두 점 간의 거리, 방위, 고도차를 실시간으로 측량할 수 있는 방식으로 현장에서 직접관측 데이터를 확인할 수 있다.

② RTK 측량방식은 일필지 측량에 많이 이용되며 일필지 경계점의 관측 시간은 2~5초 정도 소요된다.

③ 연속적으로 최소한 4개의 위성을 추적하여야 하며 만약 4개 이하로 떨어지는 경우 이동 수신기는 다시 전 측점으로 돌아가서 관측하거나 다른 기지 점으로 가서 다시 관측하여야 한다.

④ RTK 측량은 기준국과 이동국의 자료 전송장치를 이용하여 기준국 보정값을 이동국에 전송하며 이동국에 수신된 보정값은 기준국과 이동국 수신기 사이의 다음 관측값을 형성하여 이동국 관측 값에 적용되므로 높은 정확도를 갖는 위치를 결정할 수 있다.

⑤ RTK System의 구성은 기준국과 이동국으로 크게 분류할 수 있다.

⑥ 짧은 작업시간에 관측한 값으로 효율적인 데이터를 취득하며 모든 데이터를 실시간으로 취득할 수 있다.

⑦ 전파에 의한 잡음에 의한 위성전파의 수신이 단절된 현상 발생으로 고층건물과 고압전선, 삼림 지역에서 사용할 경우 오차가 크게 발생한다.

⑧ GPS 상시관측망에 근거한 RTK는 Multi reference station based RTK, Network RTK, 또는 가상기준점(VRS; Virtual Reference Station)으로 명명되어 적용되고 있다.

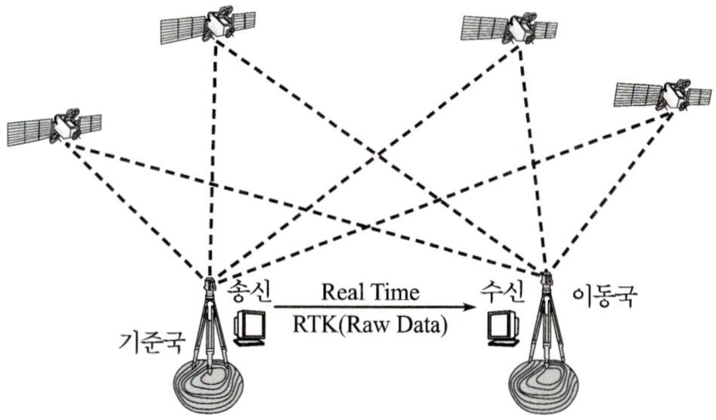

〈그림 2-39〉 RTK 측량방법

5.4. GPS 측량 오차

GPS에 의한 측위는 위성에서 송신된 반송파가 수신기에 도착할 때까지의 소요 시간을 측정하여 수신기의 위치를 결정하며 측량의 결과는 10m 정도의 오차가 발생하는 절대적 위치와 센티미터(cm) 또는 밀리미터(mm) 단위의 상대적 위치의 정확도를 갖고 있다. GPS 측위 오차는 구조적 요인, 기하학적 오차 및 수신기에 의한 오차로 구분할 수 있다.

5.4.1. 구조적 요인에 의한 오차

(1) 위성 시계 오차

① 위성 시계는 매우 정확한 것으로 알고 있으나 GPS 측량에서는 중요한 오차 원인이 되고 있다.

② 2대의 수신기로부터 특정한 위성의 신호를 정확히 같은 시간에 같은 위성을 관측할 수 있도록 제작되어 있으므로 측정량의 차이에서 위성 시계오차의 영향을 받지 않는다.

③ 위성과 수신기에 장치된 시계는 매우 정밀하여야 하며 어느 특정한 시간 체계로 서로 정확히 일치하여야 한다.

(2) 위성궤도 오차

① 위성궤도 오차는 위성데이터 메시지에 있어서 사용자에게 전송되는 위성 위치의 예보에 관한 오차이다.

② 위성의 항행메세지에 의한 예상궤도와 실제 궤도는 동일하지 않으므로 기준점을 이용하여 삼변법에 따른 기준점 좌표에 오차가 발생하면 결정된 위치에도 오차를 내포하게 된다.

③ 위성궤도 오차는 위성 위치를 구하는데 필요한 위성궤도 정보의 부정확성으로 인해 발생하며 오차의 크기는 1m 내외이다.

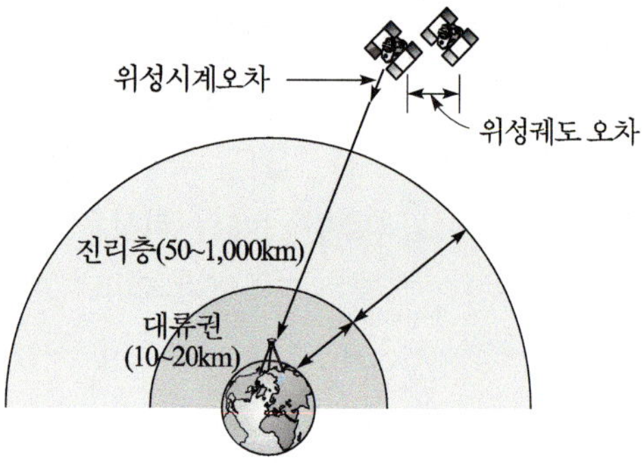

〈그림 2-40〉 GPS 오차분포

(3) 전리층 오차

① 전리층 오차(Ionospheric)는 전리층을 통과하는 신호의 주파수에 의해 결정되므로 이중 주파수에 대한 측정치를 이용하면 전리층 오차를 계산할 수 있다.

② 전리층 굴절 오차는 전리층을 위성 신호가 통과하면서 굴절로부터 야기되는 오차를 말한다.

③ GPS 신호의 굴절 및 분산은 신호의 굴절 및 분산이 GPS의 거릿값에 오차로서 나타나기 때문에 전리층은 거리와 관련이 있으며 선리층의 거리 영향은 수신에 의존한다.

(4) 대류권의 굴절

① 대류권 굴절 오차는 고도 50km까지의 대류권에 의한 GPS 위성 신호 굴절 현상으로 발생하며 코드 측정 및 반송파 위상측정에서 지연 형태로 나타낸다.

② 위성 신호의 굴절로 인한 오차를 발생시키는 원인으로 대류권의 조건은 크게 건조한 성분과 습한 기후의 성분 두 가지 요소로 정형화할 수 있다.

③ 오차의 크기는 약 3~20m로 기지 선의 길이가 짧고 기준국과 사용자 사이의 고도 차이가 작으면 오차 상관관계(Correlation)가 크므로 차분기법에 의해 소거된다.

5.4.2. 수신기에 의한 오차

(1) 전파 잡음 오차

① GPS 위성은 고도 약 20,183km의 궤도에서 운행하며 전파속도는 약 30만km/sec이므로 위성에서 발사된 전파가 지상에 도달하는 시간은 약 0.07초이면 지상에 도달한다.

② 잡음(Noise)은 신호기마다 다르지만 대부분 수신기는 잡음을 최소화하기 위한 내부 필터링 장치를 하고 있으나 PRN 코드와 수신기 잡음이 합쳐져서 전체 잡음이 된다.

③ 고의 잡음이 제거된 이후 2001년 10월 미 국방성 발표 내용을 기준으로 한 것으로 고의 잡음의 오차가 전체 측정치에 가장 큰 영향을 미치게 된다.

(2) 사이클 슬립

① 위성 신호를 연속적으로 받지 못하는 것으로 신호의 점프 또는 신호의 중단이라고도 한다.

② 정상적인 관측상태에서도 사이클 슬립(Cycle slips)이 발생할 수 있으며 정지 또는 이동할 때 위성 신호를 차단하는 장애물이 많아서 발생하는 현상이다.

③ 수신기 주위의 지형·지물에 의한 신호단절, 높은 신호 잡음 및 낮은 신호 강도로 인해 발생한다.

(3) 다중경로오차

① 다중경로(Multiple Path) 오차는 위성으로부터 직접 수신된 전파 이외에 부가적으로 주위의 금속제 건물이나 구조와 지형·지물에 의해 반사된 전파로 인해 발생하는 오차이다.

② 수신기의 안테나에서 수신되는 전파는 지면이나 건축구조물 등에서 반사되어 다른 경로를 통해서 온 전파도 함께 포함되기도 한다.

③ 인공위성에서 발사된 신호는 더 길어진 경로를 통해 수신기에 수신됨으로 결과적으로 수신된 신호는 처리될 때 GPS 위치의 부정확성을 제공한다.

5.4.3. 위성배치에 따른 오차

① 정밀도 저하율(DoP; Dilution of Precision)은 각 위성에 대한 위성 위치에서 얻은 위치의 정도를 예측할 수 있는 기하적인 상대적 위치 관계를 고려한 계산 결과이다.

② 측위 시 이용되는 위성들의 배치상황에 따라 오차가 증가하게 되는데 수신기 주위로 위성이 적당히 고르게 배치된 경우에 위치의 오차가 작아지며 보이는 위성의 배치의 고른 정도를 DoP 이라고 한다.

③ DoP의 종류

- GDoP(Geometrical DoP) : 기하학적 정밀도 저하율
- PDoP(Position DoP) : 3차원 위치정밀도 저하율
- HDoP(Horizontal DoP) : 수평위치정밀도 저하율
- VDoP(Vertical DoP) : 수직정밀도 저하율(높이)
- RDoP(Relation Dilution of Precision) : 상대정밀도 저하율
- TDoP(Time DoP) : 시간정밀도 저하율

④ DoP의 특징

- 위성배치 상태에 의한 정도의 영향을 DoP(dilution of precision)의 수치로 표시된다.
- DoP의 수치가 낮을수록 기하학적으로 아주 좋은 것으로 정도가 높고 DoP의 수치가 높을수록 정도는 낮다.
- 정밀도 저하율의 수치는 자체가 오차량을 의미하는 것이 아니고 실제의 정밀도는 DoP에 단위관측 정확도를 곱하여 얻는 것으로 Quality=단위관측 정확도×DoP과 같다.
- 수신기를 중심으로 4개 이상의 위성이 정사면체를 이룰 때 최적의 체적이 되며 GDoP와 PDoP가 최소가 된다.
- DoP는 위성의 기하 배치의 질을 나타내며 측위 정확도를 판단하는 데 도움을 준다.

⑤ PDoP

- PDoP은 위성의 조합 위치 상태를 지표로 나타내며 가장 이상적인 위성의 배치는 위성과 위성의 간격이 120°(3개의 위성일 경우)가 가장 양호하다.

- PDoP은 위성의 위치정밀도를 나타내는 것으로 위성의 배치상태가 어느 한쪽으로 치우치거나 너무 확산되면 사면체의 체적이 적게 되어 PDoP의 값이 크게 나타나므로 정확도가 낮다.

⑥ GDoP

- GDoP은 위성의 기하학적 분포와 관련된 함숫값으로서 8 이하인 경우에만 측량에 적용되고 5 이하일 경우 가장 이상적이다.
- GDoP은 위치측정에 사용된 위성에 따라 해석이 양호하거나 불량할 수도 있다.

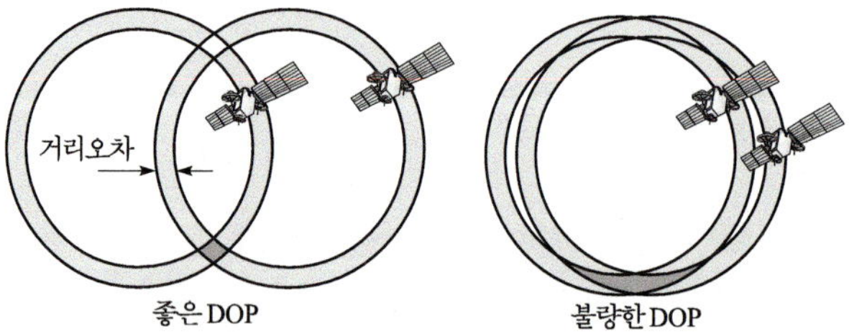

〈그림 2-41〉 기하학적 오차

5.4.4. 정밀도에 영향을 주는 절사각

① 절사각(Cut-off-angle)은 위성의 나쁜 배열의 위성을 제거하기 위한 것으로 보통 절사각은 15°로 사용하며 기계의 설정값도 15°로 되어있다.

② 절사각을 15°로 맞추어 최소 4개의 위성을 관측하여 좋은 성과를 얻을 수 있도록 하는 것이 좋다.

5.4.5. RINEX 파일

① 라이넥스(RINEX; Receiver Independent Exchange Format)란 GNSS 관측데이터의 저장과 교환에 사용되는 세계 표준의 GNSS 데이터 자료형식을 말한다.

② 라이넥스 변환은 GNSS 측량기 장비사에서 제공하는 소프트웨어 또는 공통변환 소프트웨어를 사용하여야 하며 후속 작업에 활용할 수 있도록 관리하여야 한다.

5.5 위성좌표계

GPS 측위 좌표계는 WGS 84와 ITRF 좌표계로 표현할 수 있으며 WGS 84 좌표체계는 미국에서 독자적으로 구축한 것이며 ITRF 좌표계는 국제학술단체에서 주관하여 전 세계가 참여하고 있으므로 공개성 및 투명성이 높으나 실용적으로는 차이가 없다.

5.5.1. ITRF 좌표계

① 국제지구 기준좌표계(ITRF; International Terrestrial Reference Frame)는 데이터 해석센터에서 독자적으로 산출하는 관측국의 위치와 이동에 근거하여 국제지구회전관측사업(IERS; International Earth Rotation Service)에서 추천하는 세계공통좌표계이다.

② IERS가 매년 지축의 회전을 계산하고 이에 따른 정밀 지심좌표계로 인터넷을 통하여 전 세계에 제공하고 있다.

③ 국제적인 지심좌표의 기준은 국제지구 기준좌표계(ITRF)로 IERS에서 VLBI, SLR, GPS 등의 관측 결과로부터 구한 측점 좌표 및 이동속도를 바탕으로 매년 지축의 회전을 계산한다.

④ ITRF는 순수한 3차원 직교좌표계이고, 경위도를 계산하기 위한 타원체의 적용이 필요할 때는 GRS 80 타원체를 적용하고 있다.

⑤ ITRF의 특징

- ITRF 좌표계는 지구중심 좌표계를 기준으로 원점은 해양 및 대기를 포함한 지구의 질량중심에 있다.
- IERS는 좌표계의 성과를 인터넷을 통하여 전 세계에 제공하고 있다.
- 국제지구회전사업에서 채용하고 있는 좌표와 지각변동이 고려되는 좌표계이다.
- IERS에서는 새로운 좌표계를 발표할 때마다 기존 좌표계 간의 차이도 함께 발표하고 있다.

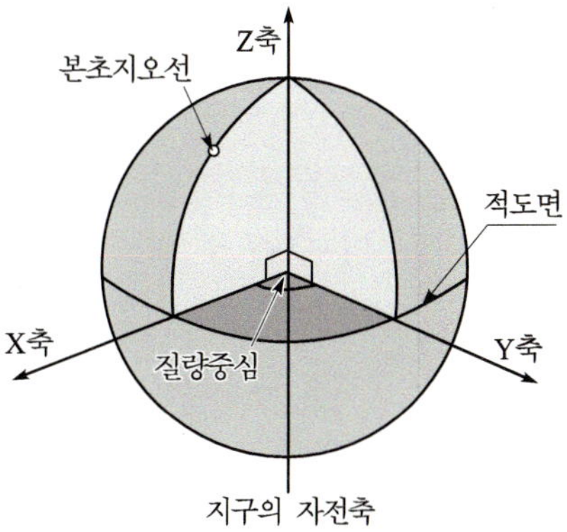

〈그림 2-42〉 ITRF 좌표계

⑥ WGS 84(World Geodetic System 1984)

- 지구 전체를 대상으로 하는 세계 공통좌표계로 지구질량중심으로 설정되어 있다.
- 준거타원체의 중심과 지구의 질량중심을 일치시킨 3차원 지심직교좌표계이다.
- WGS 84 좌표계는 기준 자오선을 국제 시보국(BIH)에서 정의한 자오선과 일치시킨 CTS(Conventional Terrestrial System)이다.
- WGS 좌표체계는 지도, 차트, 측지 목적으로 미국 국방성에서 개발하였다.

⑦ PE-90 좌표계는 Glonass 시스템에서 사용되는 기준 좌표계로 러시아의 우주측지시스템(CGS)의 측정으로 만들어진 PE-90(Parameters of Earth-90) 좌표계를 사용한다.

5.6. 측지계

지구상의 위치를 물리적인 지구에 가장 적합하도록 구현하고자 수치적 좌표로 표현하기 위한 체계를 측지계라고 한다. 지구상에서의 경도, 위도로 나타내기 위한 기준이 되는 좌표계 및 지구의 형상을 나타내는 타원체의 총칭으로써 세계 공통이 되는 측지기준계를 말한다.

5.6.1. 동경측지계

① 동경측지계는 베셀 타원체를 채용해 천문관측으로 결정된 경위도원점의 값과 원방위각을 기준으로서 구축되었으며 지역측지계라고도 한다.

② 동경측지계는 지구 전체를 통일적으로 측량하는 것이 불가능하므로 천문관측을 기본으로 원점의 경도·위도를 정해 그것을 기준으로 측량을 시행하였다.

③ 우리나라에서는 TM 좌표 또는 평면직각좌표계에서의 좌표기준점으로 서부원점(125°E, 38°N), 중부원점(127°E, 38°N), 동부원점(129°E, 38°N), 동해원점(131°E, 38°N)의 4개 원점을 사용한다.

④ 동경측지계는 베셀이 발표한 타원체 값과 경위도 좌표계를 총칭하는 것을 말한다.

5.6.2. 세계측지계

① 세계적으로 공통이 되는 측지계로 좌표계의 원점 및 회전타원체의 중심은 지구의 질량중심으로 하고 있다.

② 회전타원체의 단축은 지구의 자전축과 일치하며 지구 중심 좌표계이다.

③ 세계측지계는 ITRF 2000 좌표계(International Terrestrial Reference Frame)와 GRS 80(Geodetic Reference System 1980)의 타원체를 사용하여 나타낸다.

- 세계에서 공통에 이용할 수 있는 위치의 기준이다.
- 지구 중심을 원점으로 하는 3차원 직각좌표계를 이용해 나타낼 수도 있다.

④ 「공간정보의 구축 및 관리 등에 관한 법률」

- 세계측지계란 지구를 편평한 회전타원체라고 상정해 실시하는 위치측정의 기준으로서 다음의 요건을 갖춘 것으로 규정하고 있다.
- 회전타원체의 장반경 : 6,378,137m
- 회전타원체의 편평율 : 1/298.257222101
- 회전타원체의 중심이 지구의 질량중심과 일치할 것
- 회전타원체의 단축(短軸)이 지구의 자전축과 일치할 것

핵/심/문/제

Chapter 05 위성측량

1. GPS의 특징을 설명한 것 중 틀린 것은?

① 고정밀도의 측량이 가능하다.
② 측점 간의 상호 시통이 필요하지 않다.
③ 측점에서 모든 데이터 취득이 가능하다.
④ 날씨에 영향을 많이 받으며 야간 관측이 어렵다.

해설

GPS 측량의 특징
① 기상 상태 및 지형 여건과 관계없이 관측 작업수행이 가능하다.
② 전천후 측정 작업이 가능하다.
③ 측점에서 모든 데이터 취득이 가능하며 후처리 방법과 실시간처리방법이 있다.
④ 장거리 측정 및 야간에도 편리하게 측정할 수 있다.
⑤ 나무 또는 시가지의 고층 건물 또는 수목 등으로 장애가 발생한다.
⑥ 위성 관측 시야각이 15° 이상 되어야 장애를 받지 않는다.
⑦ 수신기에 사용하는 소프트웨어의 호환성이 적다.

정답 ④

2. GNSS 측량의 정확도에 영향을 미치는 요소와 가장 거리가 먼 것은?

① 기지점의 정확도
② 위성 정밀력의 정확도
③ 안테나의 높이 측정 정확도
④ 관측 시의 온도측정 정확도

해설

GNSS 측량의 정확도에 영향을 미치는 요소는 관측 시의 온도측정 정확도, 안테나의 높이 측정 정확도, 기지점의 정확도 등 다양한 요소가 있다.

정답 ②

3. 다음 중 위성측량시스템과 가장 거리가 먼 것은?

① GPS ② GLONASS
③ GALILEO ④ NOAA

해설

NOAA는 기상위성이다.

정답 ④

4. GNSS의 구성요소에 해당되지 않는 것은?

① 위성에 대한 우주 부분
② 지상 관제소에서의 제어 부분
③ 경영 활동에 위한 영업 부분
④ 측량용 수신기에 대한 사용자 부분

해설

GNSS의 구성요소는 위성과 관련된 우주 부분, 제어 부분, 사용자 부분 등 3가지 영역으로 구성되어 있다.

정답 ③

5. GPS 위성의 구성요소와 설명을 연결한 것으로 옳지 않은 것은?

① 우주 부분 : 위성과 관련된 부분
② 제어 부분 : 지상에서 위성의 위치를 추적하거나 감시
③ 사용자 부분 : 공중·지상·해상에서 사용하는 수신기로 구성
④ 사용자 부분 : 항법메시지를 사용자에게 전송

해설

④는 우주 부분에 해당되며 위치계산을 위해 필요한 항법메시지를 사용자에게 반송파를 통하여 연속적으로 전송하는 위성으로 구성되어 있다.

정답 ④

6. GNSS의 구성요소 중 위성을 추적하여 위성의 궤도와 정밀시간을 유지하고 관련 정보를 송신하는 역할을 담당하는 부문은?

① 우주 부문 ② 제어 부문
③ 수신 부문 ④ 사용자 부문

해설

제어 부분은 위성을 추적하여 각 위성의 궤도를 결정하고 정밀시간을 유지하여 이들 정보를 위성에 송신하는 역할을 한다.

정답 ②

7. GPS의 우주 부분에 대한 설명으로 옳지 않은 것은?

① 각 궤도에는 4개의 위성과 예비위성으로 운영되고 있다.
② 위성은 0.5 항성일 주기로 지구 주위를 돌고 있다.
③ 위성은 모두 6개의 궤도로 구성되어 있다.
④ 위성은 고도 약 1000km의 상공에 있다.

해설

모든 위성은 고도 약 20183km 상공에서 12시간을 주기로 지구 주위를 돌고 있으며, 궤도면은 지구의 적도면과 55°의 각도를 이루고 있다.

정답 ④

8. GPS 위성체계에 대한 설명으로 틀린 것은?

① 고도 5° 이상의 지구상 어디서나 4개 이상의 위성을 관측할 수 있도록 궤도를 구성하였다.
② 지상 1000km에서 타원궤도를 돌고 있다.
③ 지구를 둘러싸는 60° 간격의 6개 궤도상에 배치되어 있다.
④ GPS는 하루 24시간 어느 시간에서나 이용할 수 있다.

| 해설 |
모든 위성은 고도 20,183km 상공에서 6개 궤도에 배치되어 12시간을 주기로 지구 주위를 돌고 있다.

정답 ②

9. 다음 중 인공위성의 궤도요소에 포함되지 않는 것은?

① 승교점의 적경　② 궤도 경사각
③ 관측점의 위도　④ 궤도의 이심률

| 해설 |
인공위성의 궤도는 대략 원 궤도이며 55°의 궤도 경사각을 가지며 궤도요소로는 궤도의 경사각, 궤도의 장반경, 승교점의 적경, 궤도의 주기, 근지점의 독립변수 등이다.

정답 ③

10. GPS 위성을 구성하는 위성의 궤도 주기로 옳은 것은?

① 약 6시간　② 약 12시간
③ 약 18시간　④ 약 24시간

| 해설 |
GPS 위성은 고도 20,183km에 있으며 약 12시간을 주기로 운행하고 있다.

정답 ②

11. GPS 위성의 제어 부분에 대한 설명으로 틀린 것은?

① GPS 위성과 궤도정보를 송신한다.
② GPS 위성 관제국은 5개의 감시국(Monitor Station)과 주 관제국 1개소 등으로 구성한다.
③ GPS 위성의 유지관리가 이루어지는 부분이다.
④ 위성으로부터 수신된 신호로부터 수신기 위치를 결정하며, 이를 위한 다양한 장치를 포함한다.

| 해설 |
④는 사용자 부분으로 GPS 위성 신호를 수신하여 위치를 계산하는 방법으로 GPS 수신기를 응용하여 각각 특정한 목적을 달성하기 위해 개발된 다양한 장치로 구성된다.

정답 ④

12. GPS 구성요소의 제어 부분 중 지상 추적국의 위치가 옳지 않은 것은?

① Kwajalein　② Diego Garcia
③ Canada　④ Hawaii

| 해설 |
지상추적국(Monitor Station)은 위성에서 전송되는 신호는 콰자레인(Kwajalein), 디에고가르시아(Diego Garcia), 아센션(Ascension), 하와이(Hawaii), 콜로라도(Colorado)에 위치한 5개의 지상 추적국에 의해 수신된다.

정답 ③

13. 위성을 추적하여 각 위성의 궤도를 결정하고 정밀시간을 유지하여 이들 정보를 위성에 송신하는 역할을 하는 부분은?

① 우주 부분　② 제어 부분
③ 사용자 부분　④ 주파수 부분

| 해설 |
제어 부분은 위성을 추적하여 각 위성의 궤도를 결정하고 정밀시간을 유지할 수 있도록 시각을 동기화하며, 이들 자료정보를 위성에 송신하는 역할을 한다.

정답 ②

14. GNSS 측량의 구성에서 제어 부분(지상관제국)이 실시하는 주 임무에 해당하지 않는 것은?

① 수신기의 위치결정 및 시각 비교
② 궤도와 시각 결정을 위한 위성의 추적
③ 위성의 궤도 수정 및 위성 상태 유지·관리
④ 위성 시간의 동일화 및 위성으로의 자료전송

| 해설 |
제어 부분은 위성을 추적하여 각 위성의 궤도를 결정하고 정밀시간을 유지할 수 있도록 시각을 동기화하며, 이들 자료정보를 위성에 송신하는 역할을 한다.

정답 ①

15. GPS 측량을 위해 위성에서 발사하는 신호 요소가 아닌 것은?

① 반송파(carrier)　② P 코드
③ C/A 코드　④ 키네매틱(kinematic)

| 해설 |
GPS에서 송신되는 코드는 C/A 코드, P 코드, Y 코드, L_1반송파, L_2반송파가 있다.

정답 ④

16. GPS 위성의 신호에 대한 설명 중 틀린 것은?

① L_1 반송파에는 C/A 코드와 P 코드가 포함되어 있다.
② L_2 반송파에는 C/A 코드만 포함되어 있다.
③ L_1 반송파가 L_2 반송파보다 높은 주파수를 가지고 있다.
④ 위성에서 송신되는 신호는 대기의 상태에 따라 전파의 속도가 달라지는 것을 보정하기 위하여 파장이 다른 2가지의 전파를 동시에 수신한다.

| 해설 |

L_2 반송파는 P code가 포함되어 있으며 위성 식별정보 및 항법 메시지용으로 사용되며 정밀 측위로서 정밀 측지측량 및 군사용으로 많이 사용된다.

정답 ②

17. GPS 신호 중에서 P-code의 특징이 아닌 것은?

① 주파수가 10.23MHz이다.
② 파장이 30m이다.
③ 허가된 사용자만 이용할 수 있다.
④ 주기가 1ms(millisecond)로 매우 짧다.

| 해설 |

P-code의 반복 주기는 10.23MHz가 기본주파수로 신호의 주기는 267일로 반복되며, 주파수는 29.3m로서 허가된 사용자만 이용할 수 있다.

정답 ④

18. GPS 신호에서 P 코드의 1/10 주파수를 가지는 C/A 코드의 파장 크기로 옳은 것은?

① 100m ② 200m
③ 300m ④ 400m

| 해설 |

GPS 신호에서 P 코드의 주파수는 29.3m로 C/A 코드의 주파수는 293m이므로 P 코드의 주파수보다 1/10 주파수를 가진다.

정답 ③

19. 민간에게 공개되는 표준측위를 포착하기 위해 사용되는 코드로 L_1반송파에서 사용이 가능한 코드로 옳은 것은?

① P 코드 ② C/A 코드
③ Y 코드 ④ K 코드

| 해설 |

C/A 코드는 민간에게 표준측위나 P 코드를 포착하기 위해 사용된다.

정답 ②

20. GPS 위성의 신호인 L_1 과 L_2는 두 개의 PRN(Pseudo Random Noise Codes)에 의해 변조된다. 이 코드의 명칭으로 옳은 것은?

① L_1 코드, L_2 코드 ② ϕ코드, Δ코드
③ P code, C/A code ④ IDOT 코드, IODE 코드

| 해설 |

L_1반송파에는 C/A code, P code, 항법메시지를 운송하고 L_2반송파에는 P code, 항법메시지를 운송하며, P code는 GPS 신호상에 의사 노이즈(PRN)로 변조된 코드이며 C/A code의 반복 주기는 유사잡음부호(PRN)에 있어 0과 1로 구성된 1,023Mbps이다.

정답 ③

21. GPS에서 사용되는 L_1과 L_2신호의 주파수로 옳은 것은?

① 150MHz와 400MHz
② 420.9MHz와 585.53MHz
③ 1575.42MHz와 1227.60MHz
④ 1832.12MHz와 3236.94MHz

| 해설 |

L_1=1575.42MHz, L_2=1227.60MHz, L_5=1176.45MHz이다.

정답 ③

22. GNSS 측량에서 위도, 경도, 고도, 시간에 대한 차분해(differential solution)를 얻기 위해 필요한 최소 위성의 수는?

① 2 ② 4 ③ 6 ④ 8

| 해설 |

위도, 경도, 고도, 시간에 대한 차분해를 얻기 위한 측량에 필요한 최소 위성은 4개 이상이 필요하다.

정답 ②

23. 위성측량에서 GPS에 의하여 위치를 결정하는 기하학적인 원리는?

① 위성에 의한 평균계산법
② 무선항법에 의한 후방교회법
③ 수신기에 의하여 처리하는 자료 해석법
④ GPS에 의한 폐합 도선법

| 해설 |

위성의 위치는 공중 삼각점이라 볼 수 있고 거리는 전파수신에 따라 해석되므로 이는 무선항법에 따른 후방교회법이라 할 수 있다.

정답 ②

24. GPS 위치측정원리에 대한 설명으로 옳은 것은?

① 의사거리와 반송파 위상을 이용하여 거리를 계산하는 방법이 있다.
② 측정거리와 계산거리를 이용하여 위치를 결정하는 방법이 있다.
③ 의사거리의 계산공식은 R = (N + ϕ)λ 이다.
④ 반송파 위상은 높은 정밀도로 절대측위(단독측위)를 기본으로 하고 있다.

| 해설 |

GPS의 위치측정원리에는 2가지의 중요한 형태로 의사거리와 반송파 위상을 이용하여 거리를 계산하는 방법이 있다. 반송파 위상은 높은 정밀도의 측량에 주로 이용되고 의사거리는 항법장치에 이용된다.

정답 ①

25. GNSS 측량에서 의사거리(pseudo-range)에 대한 설명으로 옳지 않은 것은?

① 인공위성과 지상 수신기 사이의 거리 측정값이다.
② 대류권과 이온층의 신호 지연으로 인한 오차의 영향력이 제거된 관측값이다.
③ 기하학적인 실제거리와 달라 의사거리라 부른다.
④ 인공위성에서 송신되어 수신기로 도착된 신호의 송신 시간을 PRN 인식 코드로 비교하여 측정한다.

| 해설 |

의사거리의 측정은 P code 또는 C/A code에 응용 대류권과 이온층의 신호지연으로 인한 오차가 의사거리에 직접 영향을 미친다.

정답 ②

26. GNSS에서 의사거리 결정에 영향을 주는 오차의 원인으로 거리가 먼 것은?

① 대기굴절에 의한 오차
② 위성의 시계오차
③ 수신 위치의 기온 변화에 의한 오차
④ 위성의 기하학적 위치에 따른 오차

| 해설 |

GNSS 측량에서 의사거리 결정에 영향을 주는 오차는 대기굴절에 의한 오차, 위성의 시계오차, 위성의 기하학적 위치에 따른 오차, 안테나의 구심오차, 위성의 궤도오차 등이다.

정답 ③

27. 위성과 수신기 사이의 의사거리를 구하는데 보정되는 오차로 옳지 않은 것은?

① 전리층 오차 ② 위성 시계오차
③ 대기오차 ④ 상대오차

| 해설 |

의사거리는 인공위성과 수신기 사이의 거리 측정값으로 인공위성에서 송신되어 수신기로 도착한 송신시간을 PRN 인식 코드로 비교하여 측정하므로 위성시계오차, 대류권과 전리층의 신호 지연으로 인한 오차가 의사거리에 직접 영향을 미친다.

정답 ④

28. GPS 측량의 반송파 위상측정에서 일반적으로 고려하지 않는 사항은?

① 위성 시계의 오차
② 측점에서의 시계오차
③ 측점에서의 기상 조건
④ 대류권과 이온층에서의 신호 전파의 영향

| 해설 |

반송파 위상측정을 할 때 측점에서의 기상 조건은 고려하지 않아도 된다.

정답 ③

29. GPS에 의한 측량, 조사의 특징으로 옳지 않은 것은?

① 정확하게 거리가 측정된다.
② 이동체에 탑재하여 속도 측정도 가능하다.
③ 전리층의 전파오차, 대류권의 전파오차 등을 수정할 수 있다.
④ 우천 시에는 능률이 저하되는 경우도 있다.

| 해설 |

우천에 관계없이 측정할 수 있다.

정답 ④

30. GPS에서 에포크(epoch)의 의미로 옳은 것은?

① GPS 위성들의 위치를 기록한 표
② GPS 위성을 포함하는 대원(great circle)의 평면
③ 신호를 수신하는 순간의 시간 간격
④ GPS 안테나와 수신기를 연결하는 케이블

| 해설 |

에포크(Epoch)는 GPS 상대측량으로 위치를 결정할 때의 자료 수록 시간으로 관측데이터의 취득 간격을 말한다.

정답 ③

31. GNSS(위성측위) 관측 시 주의할 사항으로 거리가 먼 것은?

① 측정점 주위에 수신을 방해하는 장애물이 없도록 하여야 한다.
② 충분한 시간 동안 수신이 이루어져야 한다.
③ 안테나 높이, 수신시간과 마침 시간 등을 기록한다.
④ 온도의 영향을 많이 받으므로 너무 춥거나 더우면 관측을 중단한다.

| 해설 |

GNSS(위성측위) 관측은 온도에 영향을 받지 않는다.

정답 ④

32. GNSS 측량에서 지적기준점측량과 같이 높은 정밀도를 필요로 할 때 사용하는 관측 방법은?

① 스태틱(static) 관측
② 키네마틱(kinematic) 관측
③ 실시간 키네마틱(realtime kinematic) 관측
④ 1점 측위관측

| 해설 |

스태틱측량은 장거리 기선장의 정밀측량 및 기준점 측량에 주로 이용되며 정밀측정에 정확도가 높아 지적삼각점측량에 많이 이용되고 있다.

정답 ①

33. 다음 GPS 측량방법 중 후처리 과정을 거쳐야 측정의 좌표나 거리를 알 수 있는 것은?

① Static 방법
② 절대관측 방법
③ Psuedo－kinematic 방법
④ Real Time Kinematic 방법

| 해설 |

인공위성을 이용한 범세계 위치결정 시스템인 GPS 측량 방법 중의 하나인 Static 측량은 수신된 신호를 컴퓨터 처리에 의해 각 수신기의 위치 및 거리를 계산하는 후처리 위치결정 방식이다.

정답 ①

34. 정지측량 중 기지점과의 거리가 맞는 것은?

① 지적삼각점측량－20km
② 지적삼각보조점측량－10km
③ 지적도근점측량－2km
④ 세부측량－5km

| 해설 |

지적삼각점측량 : 10km 미만, 지적삼각보조점측량 : 5km 미만, 지적도근점측량 : 2km 미만, 세부측량 : 1km 미만이다.

정답 ③

35. GNSS 측량 방법 중 후처리 방식이 아닌 것은?

① Static 방법
② Kinematic 방법
③ Pseudo－Kinematic 방법
④ Real－Time Kinematic 방법

| 해설 |

RTK(Real Time Kinematic) 측량은 두 점 간의 거리, 방위, 고도차를 실시간으로 측량하는 방법으로 최근에는 지적재조사측량 방법에 많이 활용하고 있다.

정답 ④

36. 일필지 확정측량에서 가장 유용하게 사용할 수 있는 측량방법으로 옳은 것은?

① 정지측량(Static Survey)
② 이동상대측량(Kinematic Survey)
③ 실시간 이동측량(Real Time Kinematic)
④ 단독측위방식측량(Point Positioning)

| 해설 |

실시간 이동측량(Real Time Kinematic)은 경지정리 및 시가지구획정리의 일필지 확정측량에 매우 신속하고 정확하게 실시할 수 있는 측량방법이다.

정답 ③

37. GPS 측량에서 이동국 수신기를 설치하는 순간 그 지점의 보정데이터를 기지국에 송신하여 상대적인 방법으로 위치를 결정하는 방법은?

① Static 방법
② Kinematic 방법
③ Pseudo－Kinematic 방법
④ Real Time Kinematic 방법

| 해설 |

Real Time Kinematic은 GPS 측량에서 이동국 수신기를 설치하는 순간 그 지점의 보정 데이터를 기지국에 송신하여 상대적인 방법으로 위치를 결정하는 방법이다.

정답 ④

38. GPS 시스템 오차의 종류가 아닌 것은?

① 위성시계 오차　② 대류권 굴절 오차
③ 위성궤도 오차　④ 영상 표정오차

| 해설 |

GPS 측량의 오차에는 크게 구조적 원인에 의한 오차, 위성의 배치상황에 따른 오차(DOP), 선택적 가용성에 의한 오차(SA), 주파 단절(Cycle Slip)이 있으며 구조적 원인에 의한 오차에는 위성시계 오차, 위성궤도 오차, 전리층과 대류층의 전파지연, 수신기에서 발생하는 오차가 있다.

정답 ④

39. GPS 위성측량에서 구조적 요인의 오차에 대한 설명으로 옳지 않은 것은?

① 위성시계 오차는 수신기의 측정량의 차이에 의해 나타난다.
② 위성력 오차는 위성 위치의 예보에 관한 오차이다.
③ 대류권 굴절 오차는 대기의 영향에 위성 신호가 굴절되어 야기되는 오차이다.
④ 전리층 굴절 오차는 이온층을 위성 신호가 통과할 때 굴절되어 야기되는 오차이다.

| 해설 |
측정량의 차이에서 위성시계 오차의 영향을 받지 않는다.

정답 ①

40. GNSS 측량에서 구조적 요인에 의한 오차에 해당하지 않는 것은?

① 전리층 오차
② 대류층 오차
③ SA(selective availability)오차
④ 위성궤도 오차 및 시계오차

| 해설 |
구조적 요인에 의한 오차는 위성궤도 오차, 전리층 및 대류권 오차, 위성시계 오차이며, 수신기에 의한 오차는 다중경로 오차, 전파잡음 오차가 있다. GDoP 오차는 정밀도 저하율에 의한 오차이다.

정답 ③

41. 단일주파수 수신기와 비교할 때 이중주파수 수신기의 특징에 대한 설명으로 옳은 것은?

① 전리층 지연에 의한 오차를 제거할 수 있다.
② 단일주파수 수신기보다 가격이 싸다.
③ 이중주파수 수신기는 C/A 코드를 사용하고 단일주파수 수신기는 P 코드를 사용한다.
④ 장기선 이상에서는 별로 이점이 없다.

| 해설 |
이중주파수의 수신기는 L_1, L_2관측을 조합하여 대부분 모든 전리층의 영향을 제거할 수 있다.

정답 ①

42. GPS 수신기에 의거 발생하는 오차로 옳지 않은 것은?

① Cycle Slip ② 다중경로오차
③ GDoP ④ 전파잡음 오차

| 해설 |
①, ②, ④는 수신기 오차, ③은 위성 배치오차로 정밀도 저하율(DoP)을 지수로 표시한다.

정답 ③

43. GNSS의 오차 중 반송파가 지상의 수신기를 향하여 직접 송신되지 못하고 주변의 다른 장애물에 반사된 후 수신기에 수신될 때 생기는 오차는?

① 수신기 오차
② 위성의 궤도오차
③ 대기 조건에 의한 오차
④ 다중 전파경로에 의한 오차

| 해설 |
다중경로 오차(Multiple－Path)는 위성으로부터 직접 수신된 전파 이외에 부가적으로 주위의 금속제 건물이나 구조와 지형·지물에 의해 반사된 전파로 인해 발생하는 오차이다.

정답 ④

44. 수평선에 가까운 위성의 전파가 지구대기(전리층, 대류권)를 오랫동안 통과하므로 전파 오차가 커지기 쉽다. 그중 전파가 지물에 닿아 반사되어 수신되는 전파 반사 현상은?

① 잡음 ② 사이클 슬립
③ 멀티패스 ④ SA

| 해설 |
다중경로 오차(Multiple－Path)는 위성으로부터 직접 수신된 전파 이외에 부가적으로 주위의 금속제 건물이나 구조와 지형·지물에 의해 반사된 전파로 인해 발생하는 오차이다.

정답 ③

45. GNSS 측량에서 다중경로 오차가 발생할 가능성이 가장 큰 곳은?

① 사막 ② 수중 ③ 지하 ④ 건물 옆

| 해설 |
다중경로 오차(Multiple－Path)는 위성으로부터 직접 수신된 전파 이외에 부가적으로 주위의 금속제 건물이나 구조와 지형·지물에 의해 반사된 전파로 인해 발생하는 오차이다.

정답 ④

46. GNSS 오차 중 송신된 신호를 동기화하는데 발생하는 시계오차와 전기적 잡음에 의한 오차는?

① 수신기 오차
② 위성의 시계오차
③ 다중 전파경로에 의한 오차
④ 대기 조건에 의한 오차

| 해설 |
수신기 오차는 시계오차와 전파잡음 오차, 다중경로 오차이다.

정답 ①

47. GNSS(global navigation satellite system) 측량의 Cycle Slip에 대한 설명으로 옳지 않은 것은?

① GNSS 반송파 위상추적 회로에서 반송파 위상차 값의 순간적인 차단으로 인한 오차이다.
② GNSS 안테나 주위의 지형·지물에 의한 신호단절 현상이다.
③ 높은 위성 고도각에 의하여 발생하게 된다.
④ 이동측량의 경우 정지측량의 경우보다 Cycle Slip의 다양한 원인이 존재한다.

| 해설 |
Cycle Slip은 낮은 위성의 고도각, 매우 약한 위성 신호, 나무와 같은 장애물에 의해 발생한다.

정답 ①

48. GNSS 측량에서 사이클 슬립(Cycle Slip)의 주된 원인은?

① 높은 위성의 고도 ② 높은 신호강도
③ 낮은 신호잡음 ④ 지형·지물에 의한 신호단절

| 해설 |
Cycle Slip은 위성 신호를 연속적으로 받지 못하는 것으로 정지 또는 이동할 경우에 위성 신호가 장애물이 있을 경우 및 전파잡음에 의해서도 발생되는 현상이다.

정답 ④

49. DOP(Dilution Of Precision)에 대한 설명으로 틀린 것은?

① 수평, 수직, 시간 및 위치에 대한 정도 저하율이 발생한다.
② DOP의 위치와 측량성과와는 무관하다.
③ DOP의 수치가 적을수록 측량성과의 정밀도가 좋다.
④ 위성의 배치상태에 따라 변화한다.

| 해설 |
위성의 배치상태에 따른 오차는 정밀도 저하율(DoP : Dilution of Precision) 지수로 표시되며 DoP은 수신기와 위성들 간의 위치 관계를 수신기가 계산하는 측위 결과의 정도(Quality)를 고려한 계산 지수로 측량성과에 영향을 미친다.

정답 ②

50. 정밀도 저하율(DOP : Diution of Precision)에 대한 설명으로 틀린 것은?

① 정밀도 저하율의 수치가 클수록 정확하다
② 위성들의 상대적인 기하학적 상태가 위치결정에 미치는 오차를 표시한 것이다.
③ 무차원수로 표시된다.
④ 시간의 정밀도에 의한 DOP의 형식을 TDOP라 한다.

| 해설 |
정밀도 저하율의 수치가 낮으면 기하학적으로 정도를 높게 나타낸다.

정답 ①

51. 정밀도 저하율(DOP)의 종류에 대한 설명으로 틀린 것은?

① GDOP : 기하학적 정밀도 저하율
② HDOP : 시간 정밀도 저하율
③ RDOP : 상대 정밀도 저하율
④ PDOP : 위치 정밀도 저하율

| 해설 |
HDOP : 수평 위치정밀도 저하율, GDOP : 기하학적 정밀도 저하율, RDOP : 상대 정밀도 저하율, PDOP : 위치정밀도 저하율, VDOP : 수직위치 정밀도 저하율이다.

정답 ②

52. GPS에서 위성의 배치상황에 따른 오차(DOP)에 해당하지 않는 것은?

① GDOP ② PDOP
③ VDOP ④ KDOP

| 해설 |
정밀도 저하율인 DOP의 종류에는 GDOP, PDOP, HDOP, VDOP, RDOP, TDOP이 있다.

정답 ④

53. GPS에서 PDoP과 가장 밀접한 관계가 있는 것은?

① 위성의 배치 ② 지상 수신기
③ 선택적 이용성 ④ 전리층 영향

| 해설 |
PDoP은 위성의 위치정밀도를 나타내는 것으로 위성의 배치상태가 어느 한쪽으로 치우치거나 너무 확산되면 사면체의 체적이 적게 되어 PDoP의 값이 크게 나타나므로 정확도가 낮다.

정답 ①

54. 위성의 조합위치 상태를 지표로 나타내며 가장 이상적인 위성의 배치로는 위성과 위성의 간격이 120° 가 가장 양호한 DoP로 옳은 것은?

① VDoP ② HDoP ③ PDoP ④ TDoP

| 해설 |
PDoP은 위성의 조합 위치 상태를 지표로 나타내며 가장 이상적인 위성의 배치는 위성과 위성의 간격이 120°(3개의 위성일 경우)가 가장 양호하다.

정답 ③

55. GPS 관측 시 대기의 전파교란을 방지하기 위하여 절사각(Cut-off-Angle)을 두어야 한다. 절사각의 각도로 옳은 것은?

① 15˚ ② 20˚ ③ 30˚ ④ 45˚

| 해설 |

GPS 관측 시 대기의 전파교란을 방지하기 위하여 절사각(Cut-off-Angle)은 15˚ 로 설정하여야 한다.

정답 ①

56. GPS 자료처리를 하기 위해 사용하는 S/W를 사용 장비와 관계없이 공통으로 처리될 수 있도록 개발된 프로그램으로 옳은 것은?

① GPS Survey ② GPS-Ski
③ Rinex ④ DXF-Ski

| 해설 |

라이넥스(RINEX; Receiver Independent Exchange Format)란 GNSS 관측데이터의 저장과 교환에 사용되는 세계 표준의 GNSS 데이터 자료형식을 말한다.

정답 ③

57. GPS 위성좌표계에 대한 설명으로 옳은 것은?

① GPS 위성좌표계에는 WGS-84, ITRF, PE-90 좌표계가 있다.
② 우리나라에서 결정한 좌표계는 ITRF 좌표계이다.
③ 우리나라에서 결정한 좌표계는 WGS-84 좌표계이다.
④ ITRF 좌표계는 타원체를 중심으로 설정된 좌표계를 말한다.

| 해설 |

GPS 좌표계는 WGS-84와 ITRF 좌표계이며, PE-90 좌표계는 GLONASS 위성에서 사용하는 좌표계, ITRF 좌표계는 국토지리정보원에서 측량법에 규정한 우리나라 측지좌표계이다.

정답 ②

58. ITRF 좌표계에 대한 설명으로 옳지 않은 것은?

① 지구 중심 좌표계를 기준
② 상대론을 고려한 SI 축척을 기준
③ BIH 1984 지구기준좌표계를 기준
④ 지각에 상대적인 좌표계의 회전과 변위가 있다는 조건

| 해설 |

지각에 상대적인 좌표계의 회전과 변위가 없다는 조건이다.

정답 ④

59. 우리나라 GPS 측량에서 이용하는 좌표계는 무엇인가?

① GRS80 ② ITRF
③ JGD2000 ④ WGS

| 해설 |

ITRF 좌표계는 국토지리정보원에서 측량법에 규정한 우리나라 측지좌표계이다.

정답 ②

60. 데이터 해석센터에서 독자적으로 산출하는 관측국의 위치와 이동에 근거하여 국제 지구회전관측사업에서 추천하는 세계공통좌표계로 옳은 것은?

① WGS84 ② ITRF
③ GRS80 ④ PE-90

| 해설 |

ITRF는 데이터 해석센터에서 독자적으로 산출하는 관측국의 위치와 이동에 근거하여 국제지구회전관측사업(IERS : International Earth Rotation Service)에서 추천하는 세계공통좌표계이다.

정답 ②

61. GPS 측량에서 사용하고 있는 측지기준계로 옳은 것은?

① GRS80 ② WGS 84
③ Bessel 1841 ④ Hayford 1924

| 해설 |

GPS 측량에 사용되는 좌표계는 WGS 84 타원체를 사용하였으나 현재는 GRS 80 타원체와 ITRF 좌표계를 사용하고 있다.

정답 ①

62. 세계좌표계에서 사용하고 있는 좌표계의 원점은?

① 지심좌표계 ② 구면좌표계
③ 평면좌표계 ④ 천문좌표계

| 해설 |

세계좌표계에서 사용하고 있는 좌표계의 원점은 지구 질량중심(Earth's Center of Mass)으로 설정되어 있는 지심좌표계이다.

정답 ①

63. 측량의 기준인 세계측지계의 요건 중 틀린 것은?

① 회전타원체의 장반경은 6,378,137m 편평률은 298.257222101분의 1이다.
② 회전타원체의 중심이 지구의 질량중심과 일치할 것
③ 회전타원체의 장반경은 6,377,397m 편평률은 299.15분의 1이다.
④ 회전타원체의 단축이 지구의 자전축과 일치할 것

| 해설 |
회전타원체의 장반경은 6,377,397m 편평률은 299.257222101분의 1은 지역타원체 값이다.

정답 ③

64. 세계측지계에 대한 설명으로 옳지 않은 것은?

① 지구상의 위치를 경도·위도 및 지구 중심으로부터의 높이로 나타낸다.
② 지구 중심을 원점으로 하는 3차원 직각좌표계를 이용해 나타낼 수도 있다.
③ 세계측지계는 하나로 통일되어 있어 나라마다 채용하는 시기나 구축에 관한 내용이 같다.
④ GRS 80 타원체와 ITRF 2000 좌표계의 타원체를 사용하여 나타낸다.

| 해설 |
세계측지계는 통일되게 하나로 되어있지만, 나라마다 채용하는 시기나 구축에 해당하는 상세한 방법 및 정밀도가 다르며 대표적으로 우리나라를 시작해 많은 국가가 육지 부분에 채용하고 있는 ITRF 좌표계, WGS 좌표계, 러시아가 채용하고 있는 PE 좌표계의 3종류가 있다.

정답 ③

65. GPS의 직접적인 활용 분야와 가장 거리가 먼 것은?

① 긴급구조 및 방재
② 터널 내 중심선측량
③ 지상측량 및 측지측량 기준망 설정
④ 지형공간정보 및 시설물관리

| 해설 |
터널 내 중심선측량은 지상측량 중 터널측량의 한 방법이다.

정답 ②

66. GNSS의 활용 분야와 거리가 먼 것은?

① 위성영상의 지상 기준점(Ground Control Point) 측량
② 항공사진의 촬영 순간 카메라 투영중심점의 위치측정
③ 위성영상의 분광 특성 조사
④ 지적측량에서 기준점측량

| 해설 |
GNSS의 활용 분야는 지상측량 분야, 항공사진측량 분야, 교통 분야, 항공분야, 우주 분야, 군사적 분야, 레저, 선박, 시설물의 유지관리에 활용되고 있다.

정답 ②

CHAPTER

06-1 사진측량

6.1. 개요

6.1.1. 사진측량의 정의

① 사진측량을 국제사진측량 및 원격탐사학회에서는 "비접촉성 센서를 이용하는 시스템을 사용하여 얻은 영상(Image) 또는 이를 수치로 표현한 것을 기록, 측정, 해석하는 과정을 통하여 현실세계의 물체와 그 주변 환경에 관한 신뢰할 수 있는 정보를 획득하는데 필요한 과학과 기술의 기법을 말한다."라고 정의하고 있다.

② 사진측량은 촬영 당시의 지상의 대상물이 사진으로 찍혀질 때의 촬영된 사진영상과 지상 대상물과의 기하학적인 투영관계를 기계적인 방법(Analog Method) 또는 해석적인 방법(Analytical Method)으로 재현하여 지상 대상물의 위치·크기·형상 등을 측정하는 것으로 각종 지도제작, 국토개발 및 건설 분야뿐만 아니라 자원 탐사, 환경오염측정 등 여러 가지 목적에 이용되고 있다.

③ 사진측량(Photogrammetry)의 어원은 라틴어로 Photo(전자기파, 사진), Gramma (=Drawn; 형상)와 Metry(=Metron; 측량, 관측)의 합성어로 사진측량(Photographic Survey)이라 한다.

④ 사진측량은 협의의 사진측량과 사진판독(Photographic interpretation) 및 원격탐측(Remote Sensing)으로 대별된다.

6.1.2 사진측량의 장·단점

(1) 장점

① 균일한 정확도의 측량이 가능하다.

② 정량적, 정성적 측량이 가능하다.

③ 분업화에 의한 작업을 능률적으로 할 수 있다.

④ 동체측정에 의한 기록 보존이 용이하다.

⑤ 접근하기 어려운 대상물의 측량이 가능하다.

⑥ 축척변경이 용이하다.

⑦ 넓은 지역에 경제성이 높다.

(2) 단점

① 일기의 영향을 많이 받는다.

② 소규모 지역에서는 비경제적이다.

③ 기구들이 고가이다.

④ 피사체는 음영에 따라 식별이 곤란하다.

6.1.3. 사진측량의 분류

(1) 촬영위치에 의한 분류

① 지상사진은 카메라 축이 수평면에 평행하고 화면이 연직되게 촬영한 사진을 말한다.

② 항공사진은 지표면에 대한 항공카메라의 각도에 따라 수직사진(경사각3° 이내), 경사사진(3° 이상)으로 구분한다.

③ 다중파장대사진, MSC(Multi Spectral Camera) 및 MSS (Multi Spectral Sensor)를 항공기나 인공위성에 탑재하여 작성한 사진을 말한다.

(2) 촬영 방향에 의한 분류

① 수직 사진측량은 카메라의 광축이 연직선과 거의 일치하도록 상공에서 촬영한 경사각이 ±3° 이내의 사진측량을 말한다.

② 경사 사진측량은 카메라의 광축이 연직선 또는 수평선에 경사지도록 촬영한 경사각이 ±3° 이상을 경사 사진측량이라 하며 카메라 축이 기울어져 지평선까지 보여주는 고각도 경사사진과 카메라의 축이 많이 기울어져 지평선이 사진에 보이지 않는 저각도 경사사진이 있다.

③ 수평 사진측량은 카메라의 광축이 수평면에 평행하게 촬영한 사진으로서 지상사진측량의 기본이 되는 측량을 말한다.

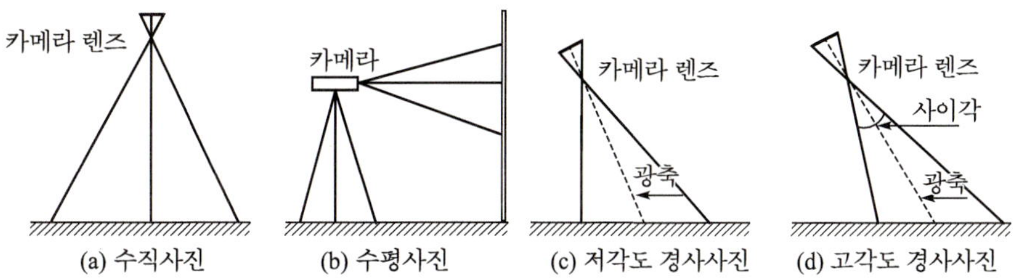

〈그림 2-43〉 촬영 방향에 의한 분류

6.2. 촬영

항공사진측량에 이용되는 필요한 기구로는 비행기, 항공사진 촬영용 카메라, 촬영에 가장 핵심이 되는 필름과 보조기구에는 수평선 카메라, 고도차계, 비행고도 자동기록계, 자동 평형기, 항공 망원경 등이 있다.

6.2.1. 항공사진 측량용 카메라

① 사진측량용 카메라는 한 프레임 전체를 한 번에 노출하여 촬영하기 때문에 프레임 카메라라고 한다.

② 밀집 지역과 일반지역이 복합적으로 구성되어 있을 경우에는 전반적으로 60~30%의 중복도로 촬영하여 사진 축척 1/5,000로 시행하고 도로변 등 밀집 지역의 경우에는 중복도를 80~60%로 증가시켜 촬영하기도 한다.

③ 카메라의 종류는 화면각에 따라 초광각, 광각, 보통각, 협각, 초협각 카메라로 구분하고 있으며 사용 목적에 따라 카메라를 선정한다

④ 보통각 카메라

- 화면각이 60°로 산지 조사용 사진 촬영에 많이 이용
- 특히 선명한 상이나 왜곡이 적은 사진이 필요할 경우에 사용
- 삼림이나 높은 건물의 형상이 찌그러져 찍히지 않을 때 이용된다.

⑤ 광각 카메라

- 촬영 면적이 넓고 일반측량이나 조사용 사진 촬영에 널리 이용
- 초점거리(f)=152cm, 화면각 90°로 측량 작업에 편리한 우리나라에서도 주로 사용되고 있다.
- 동일한 높이에서 촬영한 경우 광각 카메라는 보통각 카메라에 비하여 넓은 지역을 촬영할 수 있다.

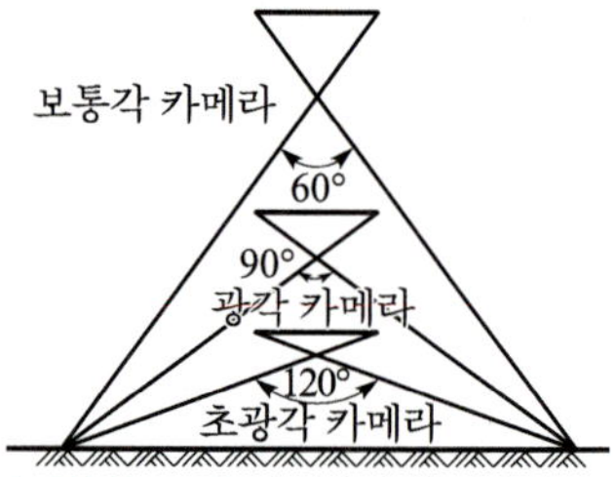

〈그림 2-44〉 카메라의 촬영범위

- 동일한 축척에서 촬영할 때 광각 카메라가 보통각 카메라에 비하여 낮은 고도에서 촬영할 수 있다.

⑥ 초광각 카메라

- 화면각이 120°인 것으로 미개발 지역의 소축척 측량을 목적으로 사용
- 현재는 별로 이용되지 않고 있다.

⑦ 협각 카메라

- 화각이 가장 작은 것으로 초점거리(f)=300mm이고 화각이 40°로서 지상물체의 기복변위량이 광각 카메라의 1/2이 되므로 대축척 지적측량에 적합한 카메라이다.
- 시가지에는 고층 건물이 많아 사각부(Dead Area)가 생길 가능성이 많다.
- 시가지의 지적측량에 협각 카메라(Narrow Angle Camera)를 많이 이용한다.

〈표 2.4〉 카메라의 종류

구분	보통각 카메라 (Nomal Angle : NA)	광각 카메라 (Wide Angle : WA)	초광각 카메라 (Super Angle : SWA)
화각(2α)	60°	90°	120°
초점거리(f)	210mm	152mm	88mm
사진 크기(S)	18×18cm	23×23cm	23×23cm
필름 길이	120m	120m	60m
기선고도비(60%)	0.34	0.62	3.5

6.2.2. 촬영용 항공기의 요구조건

① 안정성과 조정성이 좋을 것
② 비행 속도는 적당하게 바꿀 수 있을 것
③ 시계가 좋을 것
④ 요구하는 속도를 얻을 수 있을 것
⑤ 상승 속도가 크고 상승한계가 높을 것
⑥ 항속거리가 길고 이착륙 거리가 짧을 것
⑦ 적재량이 많고 공간이 넓을 것
⑧ 비행 경비가 저렴할 것

6.2.3. 항공사진의 축척

① 사진 축척은 사진이 수직한 것으로 가정하고 그 사진에 찍힌 구역의 평균적 높이에 대한 축척을 말한다.

② 항공사진은 촬영 비행기의 동요(움직임)와 경사로 카메라의 광축이 지면과 정확히 연직으로 촬영될 수 없다.

③ 항공사진은 약간의 경사를 가지고 있으므로 완전한 수직사진의 촬영이 불가능하고 경사각 4.5° 이내의 항공사진은 수직사진으로 간주한다.

④ 사진 축척은 대상 물체와 영상과의 비율로 카메라의 초점거리와 촬영고도에 의하여 결정된다.

⑤ 항공사진 축척은 촬영지역의 평균 표고인 촬영 기준면에서부터 촬영 높이를 계산하는데 개략적인 축척이라고 할 수 있다.

⑥ 지면의 표고가 높은 곳은 축척이 크고 지면의 표고가 낮은 곳은 축척이 작게 촬영된다.

(1) 사진 축척의 결정

① 사진 축척은 전체 사진에서 일정하지 않으며 축척의 변화량은 지면의 고저차와 카메라의 경사각으로 결정된다.

② 사진 축척과 디지털 항공사진의 지상표본 거리는 사용 목적에 따라 결정한다.

③ 렌즈 중심에서 사진 면에 내린 수선의 길이를 초점거리(f), 기준면에서 렌즈 중심까지의 거리를 촬영고도(H)라 하면 기준면에 대한 사진의 축척(M) $= \frac{1}{m} = \frac{\ell}{D} = \frac{f}{H}$이다.
여기서, m : 사진 축척, D : 지상거리, ℓ : 사진상 거리이다.

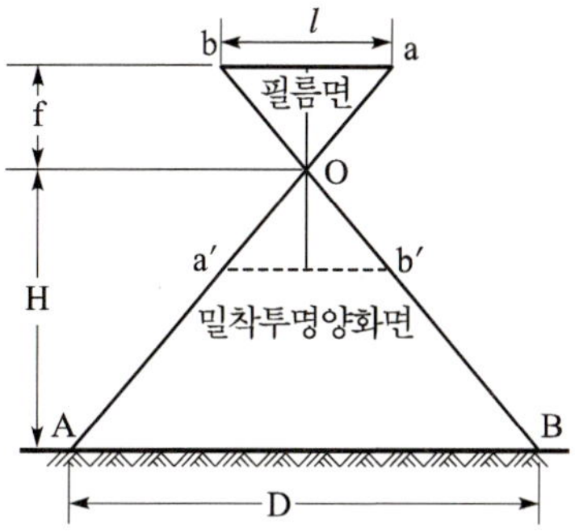

〈그림 2-45〉 사진 축척 결정

④ 지표면에 비고 h가 있는 경우 높이에 따라 축척은 일정하지 않으므로 각 점의 축척은 다음과 같다.

- $M = \frac{1}{m} = \frac{f}{H \pm h}$

  여기서, h는 기준면이 낮을 때는 (+)이고, 기준면이 높을 때는 (−)이다.
- 비행고도(H)=m×f
- 지상거리(L)=ℓ ×m

(2) 사진 축척의 변화

① 항공사진의 축척은 초점거리(f)에 비례하고 촬영고도(H)에 반비례한다.

② 항공사진의 축척은 평지에 있는 2점 간의 거리부터 결정한다.

③ 항공사진의 축척은 산정이 크고(대축척), 산 밑이 작다.(소축척)

④ 카메라가 경사졌을 때는 카메라에 가까운 곳의 사진 축척은 크고(대축척), 먼 곳의 사진 축척은 작다.(소축척)

⑤ 항공사진의 축척을 구할 때는 같은 높이의 지점을 측정해야 한다.

6.2.4. 카메라의 초점거리

① 초점거리(Principal Distance)는 대상 물체가 광학적으로 거의 무한대에 가까운 거리에 있기 때문에 렌즈의 중심에서 상이 맺히는 면까지의 거리를 말한다.

② 한 장의 항공사진에 촬영된 포괄 면적은 초점거리 15cm인 광각 카메라와 초점거리 21cm인 보통각 카메라로 촬영하였을 때는 동일한 높이에서 촬영한 동일한 크기의 항공사진이라도 사진의 축척은 보통각 카메라로 촬영한 경우가 광각 카메라로 촬영한 경우보다 크게 보인다.

6.2.5. 촬영고도 및 C 계수

① 촬영 기준면을 촬영고도를 결정할 때의 기준에 따라 정해지는 것으로 촬영계획 지역 내의 낮은면을 결정한다.

② $H=C\cdot \Delta h$에서 $\Delta h=\frac{H}{C}$이다.

여기서, H : 촬영고도, C : 도화기의 계수, Δh : 등고선 간격이다.

6.2.6. 촬영기선 길이

① 1코스의 촬영 시 임의의 촬영점에서 다음 촬영점까지의 실제거리를 촬영기선 길이(B) 또는 촬영종기선 길이라고 한다.

② 촬영할 때는 동일 코스 내에서 종중복은 60%이고 인접한 촬영코스 간의 횡중복은 30%로 한다.

③ 비행기에 탑재한 카메라 사이의 거리를 촬영기선장이라고 하고 종중복도 p와 밀접한 관계가 있다.

④ 촬영종기선 길이(B) $=ma\left(1-\frac{p}{100}\right)$

여기서, B : 촬영종기선 길이, p : 종중복도, a : 사진 1면의 크기, m : 축척 분모이다.

⑤ 주점기선 길이와 촬영종기선 길이와의 관계

- 주점기선 길이(b_0) $=a(1-\frac{p}{100})$
- 촬영종기선 길이(B) $=m\cdot b_0$이므로 $(b_0)=\frac{B}{m}$가 된다.

6.2.7. 촬영코스

① 촬영코스는 촬영횡기선 길이라고도 하며 촬영지역을 완전히 덮고 코스 사이의 중복도를 고려하여 결정한다.

② 도로, 하천과 같은 선형으로 된 곳을 촬영할 때는 이에 따른 직선코스를 조합하여 촬영한다.

③ 넓은 지역을 촬영할 때는 동서방향으로 촬영코스를 계획한다.

④ 지역이 남북으로 긴 경우에는 남북방향으로 촬영코스를 계획한다.

⑤ 1코스의 길이는 보통 30km 이내로 한다.

⑥ 단코스의 경우에는 촬영지역이 70% 정도의 범위에 포함하도록 계획한다.

⑦ 촬영코스는 필요한 범위를 되도록 적은 수의 코스로 촬영할 수 있도록 계획하는 것이 바람직하나 지상기준점의 배치상태 등이 코스를 결정하는데 영향을 미친다.

⑧ 노선을 몇 개의 코스로 정한 경우에는 인접 코스 간에는 종중복이 60% 정도 촬영이 중복되도록 하고 횡중복에는 30% 정도로 촬영한다.

⑨ 지형이 급격한 곳에서는 한 장의 사진만 찍히는 것도 나올 가능성이 있으므로 중복도를 더욱 증가시킬 수 있다.

⑩ 촬영횡기선 길이(C) $=ma\left(1-\frac{q}{100}\right)$

여기서, q : 횡중복(%) m : 사진 축척의 분모 수, a : 사진 한 변의 길이이다.

6.2.8. 촬영중복도

(1) 종중복도

① 종중복도(End lap)는 동일 코스 내의 인접 사진 간을 중복시키는 것을 말한다.

② 종중복도는 보통 60%를 중복하고 최소한 50% 이상은 중복시켜야 한다.

③ 종중복도는 도화할 때 인접하는 매 쌍마다 입체모델(Stereo Model)이 형성되므로 입체모델 간에도 20% 정도의 중복이 되어야 도면 제작이 가능하기 때문이다.

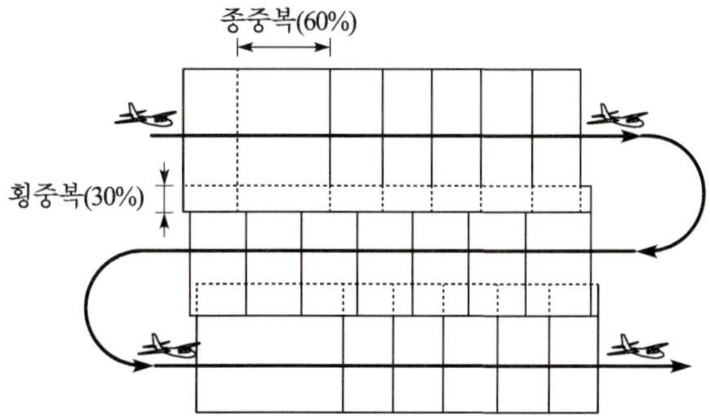

〈그림 2-46〉 종중복과 횡중복도

(2) 횡중복도

① 횡중복(Side lap)은 촬영 진행 방향에 직각으로 중복시키는 것을 말한다.

② 일반적으로 횡중복은 30%를 중복하지만, 최소한 5% 이상은 중복시켜야 한다.

④ 한 모델 또는 한 사진상에서 고저차가 10% 이상인 산악지역이나 고층빌딩이 밀집된 시가지는 10~20% 이상 중복도를 높여 촬영하거나 2단으로 촬영하여야 한다.

6.2.9. 촬영일시

① 촬영은 구름이 없는 쾌청일의 경우에는 오전 10시부터 오후 2시경까지의 태양각이 45° 이상인 경우에 최적이며 계절별로는 늦가을부터 초봄까지가 최적기이다.

② 대축척 사진측량 시에는 태양각이 30° 이상이어야 하며 우리나라의 연평균 쾌청일수는 80일이다.

③ 디지털 항공카메라를 사용할 경우에는 계절별로 약간의 차이는 있지만 오전 9시부터 오후 4시까지는 촬영이 가능하다.

④ 지적공부에 등록하기 위한 항공사진의 촬영은 11월부터 그 이듬해 3월까지가 가장 적절하다.

6.2.10. 사진의 실제면적

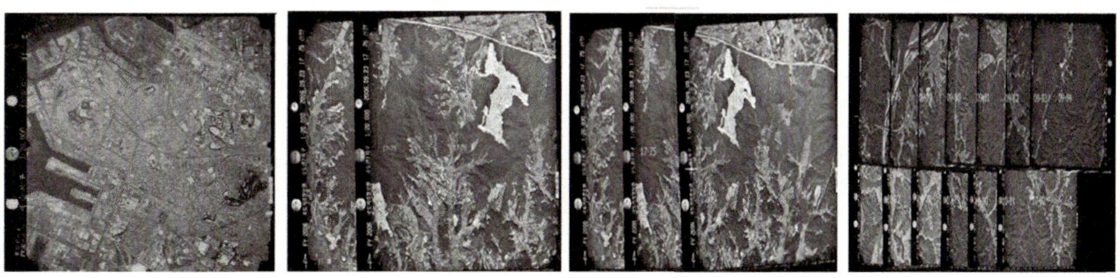

(a) 단사진 (b) 모델 (c) 스트립 (d) 블록

〈그림 2-47〉 사진의 명칭

(1) 1매 사진의 실제면적

① $(\text{축척})^2 = \dfrac{\text{도상면적}(a)^2}{\text{실제면적}(A)}$ 은 $M^2 = (\dfrac{1}{m})^2 = \dfrac{a^2}{A}$ 으로

면적$(A) = (m \times a)(m \times a) = (a \cdot m)^2$이다.

여기서, m : 축척분모의 수, a : 사진 한 변의 길이, A : 사진 1매의 면적이다.

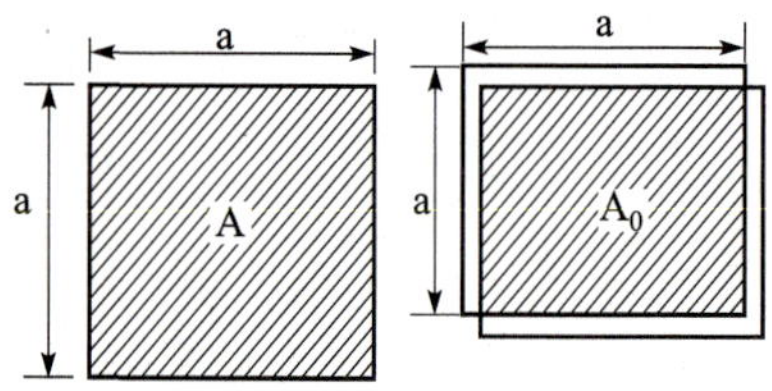

〈그림 2-48〉 실제면적과 유효면적

(2) 사진의 유효면적

① 사진의 유효면적은 중복된 사진에 의해 형성되는 입체면적 중에서 2장의 사진에 의해 형성되는 1개 모델의 실제 점유면적을 말한다.

② 단 코스의 경우 유효면적$(A_0) = A(1-\dfrac{p}{100}) = (ma)^2(1-\dfrac{p}{100})$이다.

③ 복 코스의 경우 유효면적$(A_0) = A(1-\dfrac{p}{100})(1-\dfrac{q}{100}) = (ma)^2(1-\dfrac{p}{100})(1-\dfrac{q}{100})$이다.

여기서, m : 축척분모의 수, a : 사진 한 변의 길이, A : 사진 1매의 면적, p : 종중복도, q : 횡중복도이다.

6.2.11. 사진매수 계산

① 대상 지역 사진매수$(N) = \dfrac{F}{A_0} = \dfrac{F}{A(1-\dfrac{p}{100}) \cdot (1-\dfrac{q}{100})} = (a \cdot m)^2 \cdot (1-\dfrac{p}{100}) \cdot (1-\dfrac{q}{100})$이다.

② 안전율을 고려한 사진매수$(N) = \dfrac{F}{A_0} \cdot (1 + \text{안전율})$

여기서, F : 촬영지역 면적, A : 사진 한 장의 실제면적, A_0 : 유효면적, a : 사진 한 변의 크기, m : 축척분모, p : 종중복도, q : 횡중복도이다.

③ 사진매수를 계산할 때는 반드시 유효면적(A_0)을 적용하여 계산한다.

6.2.12. 모델 수 계산

① 모델이란 중첩된 한 쌍의 사진에 의하여 입체시 되는 부분을 말하며, 입체모델 또는 스테레오 모델이라고도 한다.

② 넓은 지역을 촬영하여 모델 수를 구하는 경우 코스 당 모델 수와 코스 수를 구하여 곱함으로서 구할 수 있다.

③ 종 모델 수 $= \dfrac{\text{코스의 종기선 길이}}{\text{종기선 길이}} = \dfrac{S_1}{B} = \dfrac{S_1}{ma(1-\dfrac{p}{100})}$

④ 횡 모델 수 $= \dfrac{\text{코스의 횡기선 길이}}{\text{횡기선 길이}} = \dfrac{S_2}{C} = \dfrac{S_2}{ma(1-\dfrac{q}{100})}$

여기서, S_1 : 촬영지역의 동서길이, S_2 : 촬영지역의 남북길이, q : 횡중복(%), p : 종중복도, m : 사진 축척분모 수, a : 사진 한 변의 길이, B : 촬영종기선 길이, C : 촬영횡기선 길이이다.

⑤ 총 모델 수=종 모델 수×횡 모델 수

- 사진매수={(종 모델 수+1)×횡 모델 수}
- 삼각점 수=총 모델 수×2

6.2.13. 표정점과 지표

(1) 표정점의 배치

① 표정점의 배치는 일반적으로 절대표정에 필요한 최소 표정점은 삼각점(x, y) 2점과 수준점(z) 1점이다.

② 스트립으로 항공삼각측량인 경우에는 표정점은 각 코스의 최초모델에 4점(최소3점), 마지막 모델에 최소한 2점, 중간의 4~5 모델마다 1점을 둔다.

(2) 지표

① 지표(fiducial mark)란 카메라의 상호위치를 도화 시에 촬영 당시와 동일하게 일치시키는데 사용하기 위해 카메라 각 변의 중앙이나 모서리에 정준점을 표시한 것이다.

② 이 지표를 연결하여 만나는 점이 주점이다.

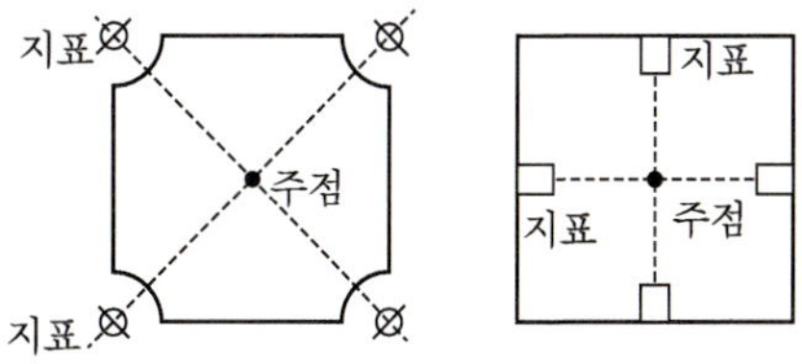

〈그림 2-49〉 지표의 유형

6.2.14. 노출시간

① 노출시간(Exposure Time)은 비행속도에 맞게 카메라의 셔터속도를 조절하는 것으로 최장 노출시간이라고도 한다.

② 항공사진측량에서는 흔들림 현상을 사진상 20μm 이내로 제한하고 있으며 노출시간은 이에 적합하게 조정되어야 한다.

③ 필름의 감광성, 필터의 성질, 반사광의 분광(Spectral) 분포 등과 밀접한 관계를 갖고 있다.

④ 최장 노출시간$(T\ell) = \dfrac{\Delta S \cdot m}{V}$
여기서, $T\ell$: 최장 노출시간, ΔS : 사진의 흔들림 양, m : 사진 축척 분모, V : 항공기의 속도(초속)이다.

⑤ 최소 노출시간$(T_S) = \dfrac{B}{V}$
여기서, Ts : 최소 노출시간, V : 항공기의 속도(초속) B : 촬영종기선 길이$(B) = ma\left(1 - \dfrac{p}{100}\right)$ p : 종중복도, a : 사진 1면의 크기, m : 축척 분모이다.

6.2.15. 재촬영 판정 기준

① 항공기의 고도가 계획촬영 고도의 15% 이상 벗어날 경우

② 촬영 진행 방향의 중복도가 53% 미만일 때와 68~77%가 되는 모델이 전 코스 사진매수의 1/4 이상일 경우

③ 인접한 사진 상호 간의 평균 축척이 30% 이상 차이가 있을 경우

④ 인접 코스 간의 중복도가 표고의 최고점에서 5% 미만일 경우

⑤ 구름이나 그림자 등이 사진상에 나타나 판독에 지장이 있을 경우

⑥ 적설 또는 홍수로 인하여 지형을 구별할 수 없어 도화가 불가능하다고 판정될 경우

⑦ 필름의 불규칙한 신축 또는 노출 불량으로 입체시에 지장이 있을 경우

⑧ 촬영 시 노출의 과소, 연기 및 안개, 스모그(smog), 촬영셔터(shutter)의 기능 불능, 현상처리의 부적당 등으로 사진의 영상이 선명하지 못할 경우

⑨ 사진의 보조자료(고도, 시계, 카메라 번호, 필름 번호) 및 사진지표가 사진상에 분명하지 못할 경우

⑩ 후속되는 작업 및 정확도에 지장이 있다고 인정될 경우

⑪ 지상 GPS 기준국과 항공기에서 수신한 GPS 신호가 단절되어 GPS 데이터 처리가 불가능할 경우
⑫ 지상표본거리(GSD)가 당초 계획하였던 목표값보다 큰 값이 10% 이상 발생하였을 경우
⑬ 점검 자료로는 촬영 스트립별 정확도 관리표, 촬영 롤(roll)별 정확도 관리표, 1/25,000 또는 1/50,000 지형도에 주점을 기재한 점검용 표정도를 작성한다.

6.2.16. 점이사

① 점이사(Point Transfer)는 지상기준점 및 사진기준점의 정확한 위치를 결정하기 위하여 필름에 지름 0.06mm의 드릴로 뚫어 옮기는 작업을 말한다.
② 선점된 연결점 및 결합점은 항공사진 및 양화필름에 정확히 점각하고 점을 중심으로 직경 5mm의 청색 또는 적색 원으로 표시하여 지정된 기호를 기재하여야 한다.

6.3. 사진의 특성

6.3.1. 투영의 종류

① 중심투영과 정사투영을 구별하는 방법은 항공사진은 중심투영이고 지도는 정사투영이다.
② 항공사진과 지도는 지표면이 편평한 곳에서는 지도와 사진은 같으나 지표면에 높낮이가 있는 경우에는 사진의 형상이 뒤틀린다.
③ 지도는 각 지점을 바로 위에서 본 상태가 정사투영인 반면 항공사진은 렌즈의 중심을 통과한 중심투영이다.

(1) 중심투영

① 중심투영(Central Projection)은 사진의 상은 지표면의 대상물로부터 반사된 광이 렌즈중심을 중심으로 하여 평면으로 촬영한 필름면에 투영되어 나타나는 현상을 말한다.
② 사진은 〈그림 2-50〉과 같이 광선이 카메라 렌즈의 중심에 집중되는 형태로 나타난다.
③ 사진의 중심 이외에서는 경사방향으로 투영되어 높이에 의하여 사진의 왜곡이 발생하므로 축척이 균일하지 않는 지도를 작성할 경우에는 사용할 수 없다.
④ 왜곡수차란 이상적인 중심투영에 의해 만들어진 점과 실제 점의 변위를 말하며 왜곡수차의 보정 방법은 다음과 같다.
- 포로코페(Porro Koppe)의 방법
- 보정판을 사용하는 방법
- 화면거리를 변화시키는 방법

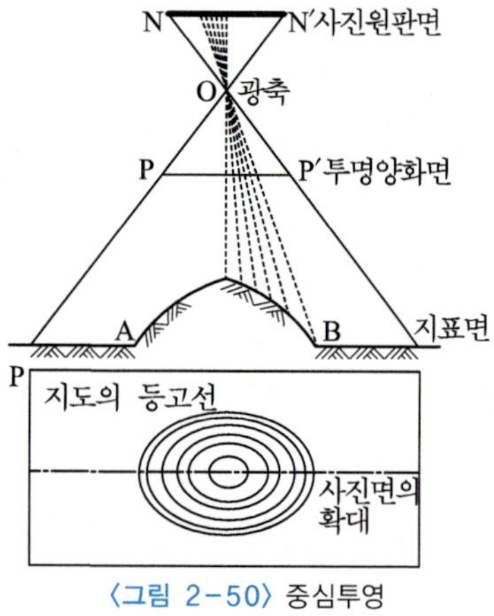

〈그림 2-50〉 중심투영

(2) 정사투영

① 정사투영(Orthogonal Projection)은 입체도화기를 사용하여 촬영카메라에 의한 경사와 지표면상의 비고에 대한 변위를 수정한 것을 말한다.

② 중심투영의 비고에 의해 발생한 수직사진의 비틀림을 보정할 수 있게 인화한 사진이다.

③ 정사투영은 〈그림 2-51〉과 같이 실제의 것을 단순화 하거나 기호화 하며, 비고에 의해 비틀림을 보정하기 위해 정사편위수정법을 사용한다.

④ 항공사진 촬영 시 카메라가 기울어져 있으면 연직사진으로 촬영되지 않아 사진이 왜곡되며 촬영된 사진의 왜곡을 수정하여 지도를 작성하는 방법은 여러 가지가 있다.

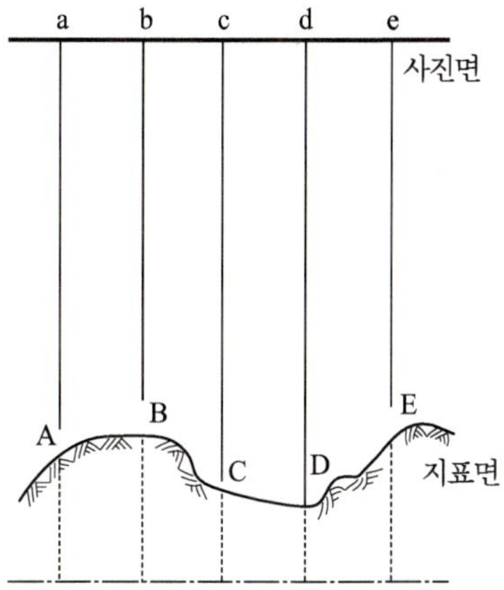

〈그림 2-51〉 정사투영

6.3.2. 항공사진의 특수 3점

① 항공사진의 특수 3점이란 〈그림 2-52〉와 같이 카메라가 어느 정도 기울어진 상태로 촬영한 경우 항공사진의 투영 방법이 중심투영이기 때문에 발생하는 주점, 연직점, 등각점을 말한다.

② 항공사진은 정확하게 수직사진이면 사진의 중심에 정확히 일치하게 되나 보통은 카메라가 어느 정도 기울어진 상태로 촬영한 경우 주점, 연직점, 등각점이 존재한다.

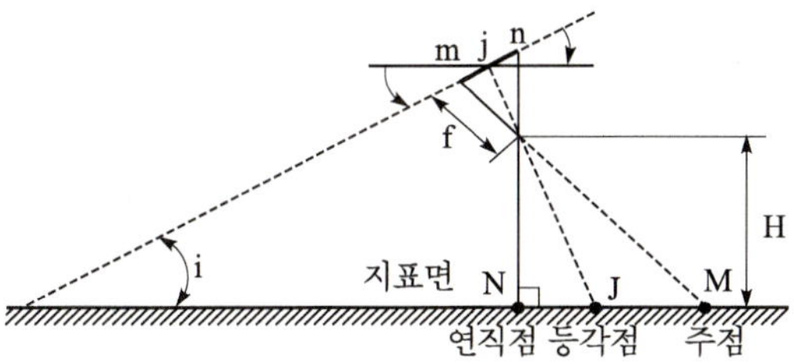

〈그림 2-52〉 항공사진의 특수 3점

N : 지상 연직점 　 M : 지상주점
J : 지상 등각점 　 m : 화면주점
n : 화면 연직점 　 j : 화면 등각점
O : 투영중심 　 f : 초점거리
i : 지표면과 이루는 각

(1) 주점

① 주점(Principal Point)은 사진의 중심점으로서 렌즈의 중심으로부터 사진화면에 수선을 내렸을 때 만나는 점을 말하며 렌즈의 광축과 화면이 교차하는 점으로 중심점이라고 한다.

② 항공사진에서는 서로 마주보는 지표를 서로 연결하여 교차하여 서로 만나는 점이다.

③ 투영 중심으로부터 사진까지의 거리를 주점거리(Principal Distance)라 말하며 렌즈의 초점거리(f)는 항상 주점거리와 일치하지 않는다.

(2) 연직점

① 연직점(Nadir Point)은 카메라 렌즈의 중심으로부터 지상의 촬영 기준면에 수선을 내렸을 때에 만나는 점을 지상 연직점(N)이라 하고 그 선을 연장시켜 화면과 만나는 점을 화면 연직점(n)이라고 한다.

② 연직점은 촬영 시 항공기의 상태를 표시하며 주점을 통과하는 최대경사선상에 $\overline{mn} = f \cdot \tan i$식에서 구한만큼 떨어져 있다. 여기서, i는 경사각, f는 초점거리이다.

(3) 등각점

① 등각점(Isocenter)은 주점과 연직점이 이루는 각(i)을 2등분하는 선이 화면과 만나는 점을 화면 등각점(j)이라 하고 지상의 촬영 기준면과 만날 때의 점을 지상 등각점(J)이라고 한다.

② 등각점(j)에서 경사에 관계없이 연직사진의 축척과 같은 축척으로 되며 등각점(j)은 주점으로부터 $\overline{mj} = f \cdot \tan\frac{i}{2}$식으로 결정할 수 있다. 여기서, i는 경사각, f는 초점거리이다.

(4) 각 점간의 관계

① 특수 3점 상호 간의 관계를 보면 주점은 항상 사진상에 고정된 점이며 등각점과 연직점을 결정하는 기준이 되는 점이다.

② 경사가 적은 사진일 경우에는 주점을 연직점과 등각점을 대신하여 사용할 수 있으며 만약 사진의 경사각이 0°일 경우에는 주점, 등각점, 연직점의 위치가 동일하다.

③ 사진상에서 특수 3점을 찾는 방법은 등각점 → 연직점 → 주점의 순서로 찾으며 토지기복에 의한 사선방향이 발생할 경우에 왜곡수차의 크기 순서를 나열하면 주점 → 등각점 → 연직점의 순서가 된다.

6.3.3. 기복변위

지표면은 불규칙한 면으로 기복이 있으며 이러한 지표면을 수직으로 촬영하여도 축척은 일정하지 않고 사진면에서 연직점을 중심으로 방사상으로 변위가 발생하는 현상을 기복변위(Relief Displacement)라 한다.

(1) 기복변위의 발생 원인

① 비행고도가 높으면 변위량이 적게 발생하고 비고가 높으면 변위량이 많이 발생한다.

② 축척은 산의 높은 곳은 크게, 낮은 곳은 작게 촬영된다.

③ 카메라의 경사는 어떠한 물체의 사진상 위치와 똑같은 촬영위치에서 경사각을 빼고 촬영한 사진상의 위치 사이에 차이를 발생시킨다.

④ 경사각에 의한 위치 차이는 등각점에서 방사선상으로 발생한다.

⑤ 대축척에서는 기복변위의 영향이 크고, 소축척인 경우에는 기복변위의 영향이 작다.

(2) 기복변위의 특징

① 기복변위는 중심투영에서 많이 발생하며 정사투영 사진은 기복변위가 없다.

② 기복변위 공식을 이용하면 사진상에 나타난 탑, 굴뚝, 건물 등의 높이를 구할 수 있으며 농경지는 대부분 완경사 지역으로 기복변위가 거의 발생하지 않는다.

③ 지면의 기복에 의한 사진상의 편위 방향은 사진의 중심점으로부터 방사선 방향으로 생긴다.

(3) 기복변위의 기본 공식

① 기복변위는 연직점으로부터 표고차를 가진 피사체의 상단부까지의 거리(r)와 표고차와 비행고도에 대한 비($\frac{h}{H}$)에 비례한다.

② 화면 연직점에서의 거리(r)와 h의 값이 증가하면 기복변위량(Δr)도 증가하며 h=0이면 $\Delta r=0$이 된다. 즉 a에 있어야 할 점이 Δr만큼 점 p로 이동하여 찍힌다.

③ 변위량

- $\Delta R = \dfrac{r}{f} \cdot h \cdots (1)$
- $\Delta r = \dfrac{f}{H} \cdot \Delta R \cdots (2)$
- 식(1)을 식(2)에 대입하면 $\Delta r = \dfrac{f}{H} \cdot \dfrac{r}{f} \cdot h = \dfrac{h}{H} \cdot r$이다.
- 변위량(Δr) $= \dfrac{h}{H} \cdot r$ 또는 $r = \dfrac{H}{h} \cdot \Delta r$가 된다.

  여기서, Δr : 변위량, r : 화면 연직점에서의 거리, H : 비행고도, h : 비고이다.

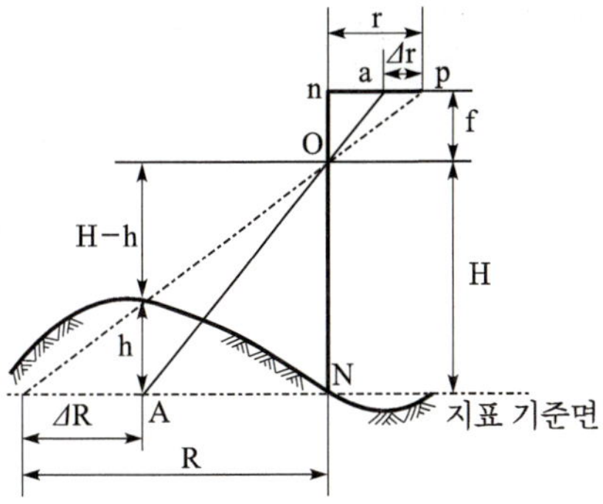

〈그림 2-53〉 기복변위

④ 최대 변위량

- $\Delta r_{max} = \dfrac{h}{H} \cdot r_{max}$

  여기서, Δr_{max} : 최대 변위량, r_{max} 최대화면 연직선에서의 거리로 $r_{max} = \dfrac{\sqrt{2}}{2} \cdot a$이다.

핵/심/문/제

Chapter 06-1 사진측량

1. 사진측량학(Photogrametry)의 어원과 관계가 먼 것은?

① 광(光) ② 형상 ③ 투영 ④ 관측

| 해설 |

사진측량(Photogrametry)이란 어원은 희랍어에서 유래한다. 즉 'Photo'는 빛(Light)을, 'Gramma'는 그리는 것 또는 적는 것을 의미한다.

정답 ③

2. 사진측량에 있어서 정량적인 관측에 대한 설명으로 옳은 것은?

① 피사체의 특성을 해석하는 것이다.
② 지형, 지물의 위치, 형상 및 크기를 정하는 것이다.
③ 지형, 지물의 특성에 대한 해석이다.
④ 크기만을 측정하는 것이다.

| 해설 |

정량적인 관측은 지형, 지물(지모와 지물)의 위치, 형상, 크기만을 정한 데 비하여 사진측량은 피사체의 특성까지도 해석하는 정성적인 관측이 가능하다.

정답 ②

3. 일반적인 측량 방법과 비교할 때 사진측량의 장점에 대한 설명으로 옳지 않은 것은?

① 축척변경이 용이하다.
② 초기의 시설 및 장비 비용이 적게 든다.
③ 동체측정에 의한 기록 보존이 용이하다.
④ 정량적 및 정성적 측량이 가능하다.

| 해설 |

시설 및 장비의 비용이 고가이다.

정답 ②

4. 사진측량의 특성에 대한 설명으로 옳지 않은 것은?

① 정성적 측량은 불가능하지만, 정량적 측량은 가능하다.
② 접근하기 어려운 대상물의 측량이 가능하다.
③ 3차원뿐만 아니라 4차원 측량도 가능하다.
④ 균일한 정확도의 측량이 가능하다.

| 해설 |

사진측량의 장점
① 균일한 정확도의 측량이 가능하다.
② 정량적, 정성적 측량이 가능하다.
③ 분업화에 의한 작업을 능률적으로 할 수 있다.
④ 동체측정에 의한 기록 보존이 용이하다.
⑤ 접근하기 어려운 대상물의 측량이 가능하다.
⑥ 축척변경이 용이하다.
⑦ 넓은 지역에 경제성이 높다.

정답 ①

5. 사진측량의 특징에 대한 설명으로 옳지 않은 것은?

① 측량 대상의 범위가 넓다.
② 대축척일수록 경제적이다.
③ 측량의 정확도가 균일하다.
④ 분업화에 의한 작업이 능률적이다.

| 해설 |

소축척일수록 넓은 지역을 신속하게 측량하므로 경제적이며 분업화에 의한 외업 시간이 짧아 능률적이다.

정답 ②

6. 항공사진은 촬영 방향에 의한 카메라의 광축에 따라 분류할 수 있다. 이 분류에 속하지 않는 것은?

① 수직사진 ② 경사사진
③ 수평사진 ④ 지상사진

| 해설 |

촬영방향에 의한 카메라의 광축에 따라 분류하는 것은 수직사진, 경사사진, 수평사진이다.

정답 ④

7. 사진측량을 촬영 방향에 의해 분류할 때 사진기 광축이 연직선과 3° 이내로 촬영한 사진은?

① 경사사진 ② 실체사진
③ 수직사진 ④ 정사사진

| 해설 |

사진측량을 촬영 방향에 따라 분류하면 수직사진은 경사 3° 이내, 경사사진은 3° 이상, 수평사진은 광축이 수평선과 일치되도록 지상에서 촬영한 사진을 말한다.

정답 ③

8. 항공사진측량의 일반적인 작업순서로 맞는 것은?

(a) 촬영계획	(b) 판독
(c) 판독기준의 작성	(d) 촬영과 사진의 작성
(e) 정리	(f) 지리조사

① a−f−d−c−b−e ② a−d−c−b−f−e
③ f−a−d−c−b−e ④ f−a−c−b−d−e

| 해설 |

항공사진측량의 작업순서는 촬영계획 → 촬영과 사진의 작성 → 지상기준점 측량 → 판독기준의 작성 → 판독 → 지리조사 → 정리이다.

정답 ②

9. 항공사진 측량용 사진기에 대한 설명으로 틀린 것은?

① 초광각 사진기의 화각은 60°, 광각 사진기의 화각은 90°, 보통각 사진기의 화각은 120°이다.
② 렌즈 왜곡이 적으며 왜곡이 있어도 보정이 가능하다.
③ 일반 사진기와 비교하여 화각이 크다.
④ 해상력과 선명도가 좋다.

| 해설 |

항공사진측량은 카메라의 종류와 초점거리에 따라 작업의 요건이 달라지는데 화각 90°의 광각 카메라와 화각 60°의 보통각 카메라, 화각 120°의 초광각 카메라가 있다.

정답 ①

10. 항공사진측량용 카메라의 특징으로 옳은 것은?

① 초점거리가 짧다.
② 피사각이 크다.
③ 렌즈 주변부 광량 감소가 크다.
④ 렌즈의 지름이 작다.

| 해설 |

항공사진측량에 사용하는 카메라는 피사각이 커야 한다.

정답 ②

11. 항공사진 촬영용 카메라를 화면각에 따라 구분할 때 해당하지 않는 것은?

① 보통각 카메라 ② 초광각 카메라
③ 고도각 카메라 ④ 광각 카메라

| 해설 |

카메라의 종류는 화면각에 따라 보통각, 광각, 초광각 카메라로 구분하고 있다.

정답 ③

12. 항공사진측량용 카메라 중 피사각이 90° 정도로 일반도화 및 판독용으로 많이 사용하는 것은?

① 보통각 카메라 ② 광각 카메라
③ 초광각 카메라 ④ 협각 카메라

| 해설 |

보통각과 협각 카메라 : 화각 60°, 광각 카메라 : 화각 90°, 초광각 카메라 : 화각 120°이다.

정답 ②

13. 비행고도가 일정할 때 보통각, 광각, 초광각으로 사진을 촬영할 경우 사진 축척이 가장 적은 것은?

① 보통각 사진 ② 광각사진
③ 초광각 사진 ④ 보통각 사진과 광각사진

| 해설 |

보통각 카메라의 초점거리 210mm, 광각 카메라의 초점거리 152mm, 초광각 카메라의 초점거리 85~88mm이므로 $M = \frac{1}{m} = \frac{f}{H}$에서 초광각 사진의 축척이 가장 적다. 여기서, m : 사진 축척, H : 촬영고도, f : 렌즈의 초점거리, D : 지상거리, ℓ : 사진상 거리이다.

정답 ③

14. 항공사진 촬영용 항공기의 필요조건에 해당되지 않는 것은?

① 시계(視界)가 좋을 것
② 상승 속도가 클 것
③ 상승 한계가 높아야 한다.
④ 비행 속도가 매우 빨라야 한다.

| 해설 |

촬영용 항공기의 필요조건을 살펴보면 안정성과 조종성 및 시계(視界)가 좋을 것, 비행 속도가 적당하고 요구되는 속도를 얻을 수 있어야 하며 상승 속도가 클 것, 상승한계가 높아야 한다.

정답 ④

15. 항공사진측량에서 동일한 지역을 사진의 크기와 촬영고도는 같게 하고, 카메라를 달리하여 촬영하였을 때, 1장의 사진에서 나타나는 초광각 카메라에 의한 촬영면적은 광각 카메라에 의한 촬영면적의 몇 배인가?(단, 초광각 카메라 초점거리=88mm, 광각 카메라 초점거리=150mm)

① 약 2배 ② 약 3배 ③ 약 4배 ④ 약 5배

| 해설 |

① 항공사진측량에서 동일한 지역을 사진의 크기와 촬영고도는 동일하므로 축척을 계산하여 면적을 산출한다.
② 축척 $\frac{1}{m} = \frac{f}{H}$이므로 동일한 고도 1000m로 $\frac{1}{m} = \frac{0.088}{1000}\ \frac{1}{11363.6}$, $\frac{1}{m} = \frac{0.150}{1000}\ \frac{1}{6666.7}$이다.
③ 1 : 6666.7=x : 11363.6에서 $x = \frac{11363.6}{6666.7} = 1.7045$에서 면적 $(A) = x^2 = 1.7045^2 = 2.90$배 이다.

정답 ②

16. 항공사진의 축척에 대한 설명으로 옳은 것은?

① 초점거리와 비행고도에 비례한다.
② 초점거리와 비행고도에 반비례한다.
③ 초점거리에 비례하고 비행고도에 반비례한다.
④ 초점거리에 반비례하고 비행고도에 비례한다.

| 해설 |

축척은 $M=\frac{1}{m}=\frac{\ell}{D}=\frac{f}{H}$이므로 D : 지상거리, ℓ : 사진상 거리, 초점거리(f)에 비례하고 비행고도(H)에 반비례한다.

정답 ③

17. 동일한 카메라로 촬영된 수직 항공사진의 1매에 포함된 표고가 다른 두 지점 A, B의 국부적인 축척에 대한 설명으로 옳은 것은?(단, A점은 B점보다 표고가 매우 높다.)

① A, B 두 지점의 축척은 동일하다.
② A 지점이 소축척이다.
③ A 지점이 대축척이다.
④ A, B 지점 간 축척이 비교할 수 없다.

| 해설 |

비행고도를 높이면 소축척 사진이 되므로 표고는 낮아지며 대축척 사진은 표고가 높게 나타난다.

정답 ③

18. 표고 2,000m의 비행기에서 초점거리 154mm의 사진기로 촬영한 수직항공사진의 축척은?

① 약 1/10,000 ② 약 1/13,000
③ 약 1/15,000 ④ 약 1/18,000

| 해설 |

사진 축척$(M)=\frac{1}{m}=\frac{f}{H}=\frac{0.154}{2,000}=\frac{1}{12,987}$이다.

정답 ②

19. 표고 300m의 지점을 초점거리 15cm의 카메라로 고도 3,000m에서 촬영된 사진의 축척은 얼마인가?

① 1/10,000 ② 1/22,000
③ 1/18,000 ④ 1/14,000

| 해설 |

사진의 축척$(M)=\frac{1}{M}=\frac{f}{H}=\frac{f}{H-h}=\frac{0.15}{3,000-300}=\frac{1}{18,000}$이다.

정답 ③

20. 축척 1 : 50,000의 지형도에서 A, B점 간의 도상거리가 3cm이었다. 어느 수직 항공 사진상에서 같은 A, B 점 간의 거리가 15cm이었다면 사진의 축척은?

① 1 : 5000 ② 1 : 10000
③ 1 : 15000 ④ 1 : 20000

| 해설 |

실제거리=축척×도상거리=50,000×0.03=1,500m, 지형도 축척 $\frac{1}{m}=\frac{\text{도상거리}}{\text{실제거리}}=\frac{0.15}{1,500}=\frac{1}{10,000}$이다.

정답 ②

21. 초점거리 150mm의 카메라를 이용하여 기준면으로부터 5,000m 높이에서 수직촬영을 하였다. 비고 500m 지점의 사진 축척은?

① 1/20,000 ② 1/30,000
③ 1/40,000 ④ 1/50,000

| 해설 |

사진 축척$(M)=\frac{H-h}{f}=\frac{5,000-500}{0.15}=\frac{1}{30,000}$이다.

정답 ②

22. 사진 촬영에서 초점거리에 대한 설명으로 옳은 것은?

① 중심 투영점에서 사진면까지 수직거리
② 화면과 기준면과의 거리
③ 화면 상호 간의 거리
④ 사진면에서 기준면에 이르는 거리

| 해설 |

렌즈의 중심에서 화면에 내린 수선을 말한다.

정답 ①

23. 촬영 기준면으로부터 비행고도 4,350m에서 촬영한 연직사진의 크기가 23cm×23cm이고 이 사진의 촬영면적이 48km² 라면 카메라의 초점거리는?

① 14.4cm ② 17.0cm ③ 21.0cm ④ 47.9cm

| 해설 |

① 촬영면적$(A)=(ma)^2$이고, 축척$(m)=\frac{f}{H}$에서
$48,000,000=(\frac{f}{4,350}\times 0.23)^2$

② $f^2=\frac{(4,350\times 0.23)^2}{48,000,000}=0.0208542$에서 초점거리
$(f)=\sqrt{0.0208542}=0.144m$이다.

정답 ①

24. 사진측량에서 촬영고도에 대한 설명이 맞는 것은?

① 렌즈의 중심에서 화면에 내린 수선을 말한다.
② 기준면으로부터 렌즈의 중심까지의 높이
③ 임의의 사진의 주점과 다음 사진의 주점과의 거리
④ 다음 촬영점까지의 실제거리

| 해설 |

①은 초점거리, ③은 주점기선 길이, ④는 촬영기선 길이이다.

정답 ②

25. 카메라의 초점거리가 153mm인 수직사진의 경우, 촬영 축척을 1/5,000으로 하고자 할 때 촬영고도를 얼마나 해야 하는가?

① 153m ② 765m ③ 1310m ④ 5000m

| 해설 |

촬영고도(H)=m×f=0.153×5,000=765m이다. 여기서, m : 축척 분모, f : 초점거리이다.

정답 ②

26. 초점거리가 180mm인 카메라로 비고 750m 지점의 전망대를 연직 촬영하여 축척 1/25,000의 연직사진을 얻었다면 촬영고도는?

① 4,550m ② 4,800m ③ 5,000m ④ 5,250m

| 해설 |

$\frac{1}{m}=\frac{f}{H-h}$에서 촬영고도(H)=(f×m)+h=(0.18×25,000)+750=5,250m이다. 여기서, m : 축척분모, f : 초점거리이다.

정답 ④

27. 축척 1 : 50,000 지형도에서 길이가 6.58cm인 두 점 A, B의 길이가 항공사진 촬영한 사진에서 23.03cm이었다면 항공사진의 촬영고도는?(단, 사진기의 초점거리는 21cm이다.)

① 2000m ② 2500m ③ 3000m ④ 3500m

| 해설 |

① 축척 $=\frac{도상거리}{실제거리}$, $\frac{1}{50,000}=\frac{6.58}{실제거리}$에서 실제거리=50,000×6.58=329,000cm=3,290m이다.

② 축척(M) $=\frac{사진상거리}{실제거리}=\frac{f}{H}$이므로 $\frac{0.2303}{3,290}=\frac{0.21}{H}$에서

촬영고도(H) $=\frac{3,290\times0.21}{0.2303}=3,000$m이다.

정답 ③

28. 사진 축척이 1 : 10,000이고 종중복도가 60%일 때 촬영종기선의 길이는?(단, 사진 크기는 23cm×23cm이다.)

① 460m ② 690m ③ 920m ④ 1150m

| 해설 |

촬영종기선(B) $=ma\left(1-\frac{p}{100}\right)=10,000\times0.23\times\left(1-\frac{60}{100}\right)=920$m이다.

(여기서, B : 촬영종기선 길이, p : 종중복도, a : 사진 1면의 크기, m : 축척 분모)

정답 ③

29. 사진의 크기가 23cm×23cm, 종중복도 70%, 횡중복도 30%일 때 촬영 종기선의 길이와 촬영 횡기선의 길이의 비(종기선길이 : 횡기선길이)는?

① 2 : 1 ② 3 : 7 ③ 4 : 7 ④ 7 : 3

| 해설 |

촬영 종기선의 길이와 촬영 횡기선의 길이의 비는 $\frac{30}{100}:\frac{70}{100}=3:7$이다.

정답 ②

30. 종중복도 60%, 횡중복도 30% 일 때 촬영 종기선 길이와 촬영 횡기선 길이의 비는?

① 6 : 3 ② 2 : 1 ③ 3 : 1 ④ 4 : 7

| 해설 |

유효면적(A_0) $=(ma)^2(1-\frac{p}{100})(1-\frac{q}{100})$에서

종중복은 $(1-\frac{60}{100})=0.4$ 횡중복은 $(1-\frac{30}{100})=0.7$로 4 : 7이다.

정답 ④

31. 항공사진 촬영에서 중복도(overlap)에 대한 설명으로 옳지 않은 것은?

① 인접 사진 간에 입체상을 얻기 위한 종중복도는 일반적으로 60%를 준다.
② 촬영경로 간의 누락을 방지하기 위한 횡중복도는 일반적으로 30%를 준다.
③ 산악지역이나 고층빌딩이 밀집된 시가지의 중복도는 10~20%를 더 준다.
④ 1코스의 촬영경로의 길이는 일반적으로 50km 이상을 유지한다.

| 해설 |

1코스의 촬영경로의 길이는 일반적으로 30km 이하로 유지하는 것이 좋다.

정답 ④

32. 항공사진 촬영 시 비고가 촬영고도의 몇 %를 초과하면 2단 촬영을 하는가?

① 10% ② 20% ③ 30% ④ 50%

| 해설 |

한 모델 또는 한 사진상에서 고저차가 10% 이상인 산악지역이나 고층빌딩이 밀집된 시가지는 10~20% 이상 중복도를 높여 촬영하거나 2단으로 촬영하여야 한다.

정답 ②

33. 항공사진 촬영에서 종중복도는 최소 몇 % 이상으로 해야 하는가?

① 5% ② 20% ③ 50% ④ 80%

| 해설 |

종중복도는 촬영 진행 방향에 따라 중복시키는 것을 말하며 일반적으로 50~60%로 중복이 되게 한다.

정답 ③

34. 사진의 크기가 23cm×23cm이고 사진의 주점 기선길이가 8cm이었다면 종중복도는?

① 약 43%　② 약 65%　③ 약 67%　④ 약 70%

| 해설 |

주점기선 길이(b_0) $= a(1-\frac{p}{100})$에서

종중복도 $p = \frac{23-8}{23} = 0.65$로 65%이다.

정답 ②

35. 초점거리 210mm, 사진 크기 18cm×18cm인 카메라로 평지를 촬영한 항공사진 입체 모델의 주점 기선장이 60mm라면 종중복도는?

① 56%　② 61%　③ 67%　④ 72%

| 해설 |

주점기선 길이(b_0) $= a \cdot (1-\frac{p}{100})$에서 60=180×(1−p)가 된다.

그러므로 $p = \frac{18-6.0}{18} = 66.67\%$로 67%이다.

정답 ③

36. 초점거리 15cm, 사진의 크기 23cm×23cm, 축척 1 : 20000, 촬영기준면으로부터 종중복도 60%가 되도록 수립된 촬영계획을 촬영종기선장을 유지하며 종중복도를 50%로 변경하였을 때, 비행고도의 변화량은?

① 333m　② 420m　③ 550m　④ 600m

| 해설 |

① 종중복도 60%일 때 촬영종기선장
(B) $= ma \cdot (1-\frac{p}{100}) = 20,000 \times 0.23 \times (1-\frac{60}{100}) = 1,840\text{m}$

② 종중복도 50%일 때 촬영종기선장
(B) $= ma \cdot (1-\frac{p}{100}) = 20,000 \times 0.23 \times (1-\frac{50}{100}) = 2,300\text{m}$
이다.(a : 사진 한 변의 크기, p : 종중복도)

③ 비행고도를 구하기 위해서는 축척$(\frac{1}{m}) = \frac{f}{H}$이므로
$\frac{1}{20,000} = \frac{0.15}{H}$에서 H=20,000×0.15=3,000m이다.

④ 그림과 같이 비례식을 이용하면
2,300 : 1,840=3000 : h에서
$h = \frac{3,000 \times 1,840}{2,300} = 2,400\text{m}$
이므로 비행고도의 변화량
$(\Delta h) = 3,000 - 2,400 = 600\text{m}$이다.

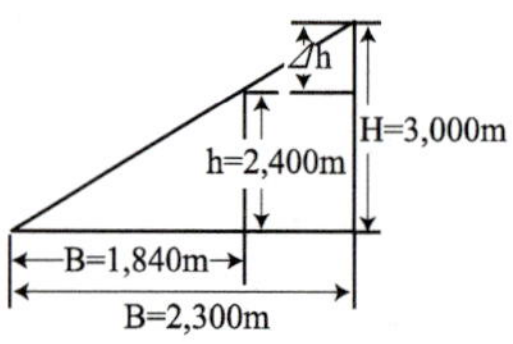

정답 ④

37. 항공사진의 촬영에서 재촬영하여야 할 판정기준으로 옳지 않은 것은?

① 구름이 사진에 나타날 때
② 항공기의 고도가 계획촬영 고도의 5% 이상 벗어날 때
③ 인접 코스 간의 중복도가 표고의 최고점에서 5% 미만일 때
④ 촬영 진행 방향의 중복도가 53% 미만인 경우가 전 코스 사진매수의 1/4 이상일 때

| 해설 |

촬영 진행방향의 중복도가 53% 미만일 때와 68~77%가 되는 모델이 전 코스 사진매수의 1/4 이상일 경우이다.

정답 ④

38. 사진의 주점이나 표정점 등 제점의 위치를 인접한 사진에 옮기는 작업은?

① 점이사　② 표정　③ 투영　④ 정합

| 해설 |

점이사는 사진상의 주점이나 표정점 등의 제점의 위치를 인접한 사진상에 옮기는 작업을 말한다.

정답 ①

39. 항공사진측량으로 촬영된 사진에 대한 설명으로 옳지 않은 것은?

① 수직사진은 경사각 10° 이내의 사진을 말한다.
② 항공사진측량은 수평사진을 주로 이용한다.
③ 초광각 카메라의 화각(피사각)은 120°이다.
④ 항공사진 촬영 시 사진은 정사투영으로 취득된다.

| 해설 |

촬영방향에 따라 분류하면 수직사진은 경사 3°이내, 경사사진은 3° 이상, 수평사진은 광축이 수평선과 일치되도록 지상에서 촬영한 사진을 말한다.

정답 ①

40. 사진 크기 23cm×23cm, 초점거리 15cm, 촬영고도 780m일 때 사진의 실제 포괄면적은?

① 14.3km^2　② 5.2km^2　③ 1.5km^2　④ 1.43km^2

| 해설 |

축척(m) $= \frac{f}{H} = \frac{0.15}{780} = \frac{1}{5,200}$이므로

포괄면적(A) $= (a \cdot m)^2 = (0.23 \times 5,200)^2 = 1.43\text{km}^2$ 이다.

정답 ④

41. 항공사진의 촬영고도 13,000m, 초점거리 250mm, 사진 크기 18cm×18cm에 포함되는 실제면적은?

① 87.6km²　② 88.6km²
③ 89.6km²　④ 90.6km²

| 해설 |

축척$(m) = \frac{f}{H} = \frac{0.25}{13,000} = 52,000m$에서
실제면적$(A) = (a \cdot m)^2 = (0.18 \times 52,000)^2 = 87,609,600m^2 = 87.6km^2$이다.

정답 ①

42. 초점거리가 150mm, 사진 크기가 23cm×23cm, 비행고도가 7,500m인 항공사진의 실체모델 하나의 유효면적은?(단, 종중복도는 60%, 횡중복도는 30%이다.)

① 37.03km²　② 41.03km²
③ 49.03km²　④ 60.23km²

| 해설 |

축척$(m) = \frac{f}{H} = \frac{0.15}{7,500} = \frac{1}{50,000}$에서
유효면적$(A_0) = A(1-\frac{p}{100}) = (ma)^2(1-\frac{p}{100})$
$= (0.23 \times 50,000)^2 \times (1-\frac{60}{100}) \times (1-\frac{30}{100}) = 37.03km^2$이다.
(여기서, p : 종중복도, q : 횡중복도)

정답 ①

43. 동서 20km, 남북 20km의 정방형 지형에 대하여 축척 1/20,000의 항공사진으로 종중복도 60%, 횡중복도 30%라고 했을 경우 사진매수는?(단, 사진의 크기는 23cm×23cm이고, 안전율은 30%)

① 58매　② 68매　③ 78매　④ 88매

| 해설 |

① 촬영면적$(F) = 20 \times 20 = 400km^2$
② 유효면적$(A_0) = 0.23^2 \times 20,000^2(1-\frac{60}{100})(1-\frac{30}{100}) = 5,924,800m^2 = 5.9km^2$
③ 사진매수$(N) = \frac{F}{A_0} = \frac{400}{5.9} \times 1.3 = 88$매이다.

정답 ④

44. 종·횡방향의 거리가 25km×10km인 지역을 종중복(P) 60%, 횡중복(Q) 30%, 사진 축척 1 : 5,000으로 촬영하였을 때의 입체모델 수는?(단, 사진의 크기는 23cm×23cm이다)

① 356매　② 534매　③ 625매　④ 715매

| 해설 |

① 종 모델 수 $= \frac{S_1}{(ma)(1-\frac{p}{100})} = \frac{25 \times 10^2}{(5,000 \times 0.23)(1-\frac{60}{100})}$
=54.34매=55매
② 횡 모델 수 $= \frac{S_2}{(ma)(1-\frac{q}{100})} = \frac{10 \times 10^2}{(5,000 \times 0.23)(1-\frac{30}{100})}$
=12.42매=13매
③ 총 모델 수=종 모델 수×횡 모델 수=55×13=715매이다.

정답 ④

45. 동서(종방향) 45km, 남북(횡방향) 25km인 직사각형의 토지를 종중복도 60%, 횡중복도 30%, 초점거리 150mm, 촬영고도 3000m, 사진 크기 23cm×23cm로 촬영하였을 경우에 필요한 입체 모델 수는?

① 100　② 125　③ 150　④ 200

| 해설 |

① 축척$(\frac{1}{m}) = \frac{f}{H} = \frac{0.15}{3,000} = \frac{1}{20,000}$
② 종 모델 수 $= \frac{S_1}{(ma)(1-\frac{p}{100})} = \frac{45,000}{(20,000 \times 0.23)(1-\frac{60}{100})}$
=24.5매=25매
③ 횡 모델 수 $= \frac{S_2}{(ma)(1-\frac{q}{100})} = \frac{25,000}{(20,000 \times 0.23)(1-\frac{30}{100})}$
=7.8매=8매
④ 총 모델 수=25×8=200매이다.

정답 ④

46. 사진측량결과 종모델수가 10모델, 횡방향의 코스는 8코스라면 필요한 수평위치 기준점(삼각점)의 수는?

① 160개　② 168개　③ 320개　④ 336개

| 해설 |

① 총 모델 수=종 모델 수×횡 모델 수=10×8=80
② 삼각점 수=총 모델 수×2=80×2=160개이다.

정답 ①

47. 항공사진 촬영을 위한 표정점 선점 시 유의사항으로 옳지 않은 것은?

① 표정점은 X, Y, H가 동시에 정확하게 결정될 수 있는 점이어야 한다.
② 경사가 급한 지표면이나 경사변환선상을 택해서는 안 된다.
③ 상공에서 잘 보여야 하며 시간에 따라 변화가 생기지 않아야 한다.
④ 헐레이션(Halation)이 발생하기 쉬운 점을 선택한다.

PART 02 응용측량

| 해설 |

표정점을 선정할 경우 유의 사항에서 헐레이션이 발생하지 않아야 한다.

정답 ④

48. 자연을 그대로 표정점으로 이용할 경우 다음 중 적당하지 않은 것은?

① 4차선 도로 중앙점 ② 테니스코트의 모서리
③ 전답의 모서리 ④ 작은 도로의 교차점

| 해설 |

자연을 그대로 표정점으로 이용할 경우 자연적인 물체로서 사진상에 명확히 나타나고 정확히 관측할 수 있는 점으로 선정되어야 한다. 이러한 점들은 명확하게 보이는 돌, 관목, 도로교차점, 담장 모퉁이, 4차선 도로 중앙점을 선정한다.

정답 ③

49. 축척 1 : 10000의 항공사진을 180km/h로 촬영할 경우 허용 흔들림의 범위를 0.02mm로 한다면 최장노출 시간으로 옳은 것은?

① 1/50초 ② 1/100초 ③ 1/150초 ④ 1/250초

| 해설 |

노출시간 $T\ell = \dfrac{\text{흔들림량}(\Delta S)\times\text{축척}(m)}{\text{초속}(V)} = \dfrac{0.02\times 10{,}000}{180\times\dfrac{1}{3{,}600}\times 1{,}000{,}000}$

$= \dfrac{1}{250}$ 초이다.

정답 ④

50. 시속 720㎞, 고도 3,000m, 렌즈의 초점거리 150mm, 허용 흔들림이 0.02mm 일 때 최장 노출시간은?

① 1/100초 ② 1/250초 ③ 1/500초 ④ 1/1000초

| 해설 |

$\dfrac{1}{m} = \dfrac{f}{H} = \dfrac{0.15}{3{,}000} = \dfrac{1}{20{,}000}$ 에서

$T\ell = \dfrac{\Delta S\cdot m}{V} = \dfrac{0.02\times 20{,}000}{720\times 1{,}000{,}000\times\dfrac{1}{3{,}600}} = \dfrac{1}{500}$ 이다.

정답 ③

51. 축척 1 : 25,000의 항공사진을 200km/h로 촬영한 경우에 최장노출시간이 1/100초였다면 사진에서 허용 흔들림량은?

① 0.002mm ② 0.02mm ③ 0.2mm ④ 2mm

| 해설 |

① 최장노출시간$(T_\ell) = \dfrac{\Delta S\times m}{V} = \dfrac{\Delta S\times 25{,}000}{200\times\dfrac{1}{3{,}600}\times 1{,}000{,}000} = \dfrac{1}{100}$ 초에서

② 흔들림량 $\Delta S = \dfrac{55{,}555.56}{2{,}500{,}000} = 0.022$mm이다.

정답 ②

52. 항공사진의 투영원리로 옳은 것은?

① 정사투영 ② 중심투영
③ 평행투영 ④ 등적투영

| 해설 |

① 정사투영은 수치지형모델을 사용하여 수치영상처리방법에 의해 항공사진을 정사투영으로 보정하는 작업이다.
② 중심투영으로 피사체인 지형을 렌즈의 중심으로 하여 평면 촬영한 화상으로서 항공사진을 사용함에 있어 가장 중요한 요소이다.
③ 평행투영은 투영의 중심을 무한원점으로 생각했을 때의 투영이다.

정답 ②

53. 중심투영과 정사투영에 대한 설명으로 틀린 것은?

① 항공사진은 중심투영이다.
② 지도는 정사투영이다.
③ 중심투영과 정사투영의 차이점은 없다.
④ 중심투영은 축척이 일정하지 않다.

| 해설 |

중심투영과 정사투영의 구별 방법은 항공사진은 중심투영이고 지도는 정사투영이며 차이점은 여러 가지가 있으며 중심투영은 축척이 일정하지 않으나 정사투영은 축척이 일정하다.

정답 ③

54. 항공사진 투영방식(A)과 지도 투영방식(B)의 연결이 옳은 것은?

① (A) 정사투영, (B) 중심투영
② (A) 중심투영, (B) 정사투영
③ (A) 평행투영, (B) 중심투영
④ (A) 평행투영, (B) 정사투영

| 해설 |

항공사진은 중심투영이며, 정사투영은 지도 투영방식으로 수치영상처리방법에 따라 항공사진을 정사투영으로 보정하는 작업이다.

정답 ②

55. 중심투영에 의하여 만들어진 점과 실제 점의 변위를 의미하는 왜곡수차의 보정방법으로 옳지 않은 것은?

① 포로-코페(Porro-Koppe)의 방법
② 보정판을 사용하는 방법
③ 화면거리를 변화시키는 방법
④ 파인더(finder)를 사용하는 방법

| 해설 |

왜곡수차 보정법에는 Porro-koppe의 방법, 보정판을 사용하는 방법, 화면거리를 변화시키는 방법이 있다.

정답 ④

56. 사진측량에서 사진의 특수 3점에 관한 설명으로 옳지 않은 것은?

① 연직점을 중심으로 방사상의 변위가 발생하는 현상을 기복변위라 한다.
② 등각점은 사진면에 직교되는 광선과 연직선이 이루는 각을 2등분하는 점이다.
③ 연직점은 렌즈의 중심으로부터 사진에 내린 수직선이 만나는 점이다.
④ 등각점에서는 경사각과 관계없이 수직사진의 축척과 같다.

| 해설 |

연직점은 카메라 렌즈의 중심으로부터 지상의 촬영 기준면에 수선을 내렸을 때 만나는 점을 지상 연직점(N)이라 하고 그 선을 연장해 화면과 만나는 점을 화면 연직점(n)이라고 한다.

정답 ③

57. 항공사진의 특수 3점이 아닌 것은?

① 주점 ② 등각점
③ 렌즈의 초점 ④ 연직점

| 해설 |

항공사진의 특수 3점은 주점, 등각점, 연직점을 말한다.

정답 ③

58. 사진의 특수 3점은 주점, 등각점, 연직점을 말하는데, 이 특수 3점이 일치하는 사진은?

① 수평 사진 ② 저각도 경사사진
③ 고각도 경사사진 ④ 엄밀수직사진

| 해설 |

촬영방향에 따라 분류하면 수직사진은 경사 3° 이내의 사진을 말하며 특수3점이 일치하는 사진은 엄밀수직사진이다.

정답 ④

59. 다음 중 주점과 연직점이 일치하는 경우는?

① 엄밀 수직사진 ② 엄밀 수평사진
③ 고경사 사진 ④ 저경사 사진

| 해설 |

엄밀수직사진은 카메라의 축이 연직선과 일치하도록 촬영한 사진을 말한다.

정답 ①

60. 항공사진의 특수 3점 중 기복변위의 중심점이 되는 것은?

① 연직점 ② 주점 ③ 등각점 ④ 표정점

| 해설 |

지표면에 기복이 있으면 수직으로 촬영하여도 축척은 동일하지 않으며 사진면에서 연직점을 중심으로 방사상의 변위가 생기는데 이를 기복변위라 한다.

정답 ①

61. 지적측량을 하기 위해 준비한 농촌 지역 항공사진의 특수 3점이 일치하였다면 이때 사진의 경사각은?

① 0° ② 20° ③ 30° ④ 60°

| 해설 |

사진의 경사각이 0° 일 경우에는 주점, 등각점, 연직점의 위치가 같으므로 지적측량에 사용할 수 있다.

정답 ①

62. 사진측량의 특수 3점 중 렌즈의 중심으로부터 내린 수선이 사진 화면과 교차하는 점은?

① 주점 ② 연직점
③ 등각점 ④ 기준점

| 해설 |

주점은 사진의 중심점으로서 렌즈의 중심으로부터 사진 화면에 수선을 내렸을 때 만나는 점을 말하며 렌즈의 광축과 화면이 교차하는 점으로 중심점이라고 한다.

정답 ①

63. 기복변위는 항공사진의 특수 3점 중 어느 점을 중심으로 방사상 변위가 발생 되는가?

① 연직점 ② 주점
③ 등각점 ④ 지표비례한다.

| 해설 |

지표면에 기복이 있으면 수직으로 촬영하여도 축척은 동일하지 않으며 사진면에서 연직점을 중심으로 방사상의 변위가 생기는데 이를 기복변위라 한다.

정답 ①

64. 항공사진의 특수 3점 중 경사변위의 회전축이 되는 것은?

① 주점 ② 연직점
③ 등각점 ④ 경사변위점

| 해설 |

등각점의 위치는 항공사진의 최대경사선상에 있으므로 경사변위의 회전축이 될 수 있다.

정답 ③

65. 사진에 수직인 선과 중심점에서 연직인 선 사이의 각을 2등분하여 만나는 선이 사진상에는 1개의 점으로 나타난다. 이 점을 무엇이라고 하는가?

① 연직점(nadir point)
② 주점(principal point)
③ 등각점(iso-center)
④ 소실점(vanishing point)

| 해설 |

렌즈의 중심을 통과하는 수직선과 광축과의 교각(i)을 2등분 하는 선이 화면과 만날 때 그 점을 화면 등각점, 지상의 촬영 기준면과 만날 때의 점을 지상 등각점이라 한다.

정답 ③

66. 항공사진 촬영 시 사진면에 직교하는 광선과 연직선이 이루는 각의 2등분선이 사진면과 만나는 점은?

① 주점 ② 연직점 ③ 등각점 ④ 중심점

| 해설 |

등각점은 사진면에 직교되는 광선과 연직선이 이루는 각을 2등분하는 광선이 사진면에 마주치는 점으로 이를 중심으로 하는 복사각은 지면이 평탄한 경우에 화면경사가 크더라도 대응하는 지면상의 수평각과 같게 된다.

정답 ③

67. 사진 면상의 특수 3점을 찾을 때의 순서와 초점거리와 경사각이 주어졌을 때 구하는 공식으로 옳은 것은?(단, f : 초점거리, i : 경사각)

① 등각점$(f \times \tan\frac{i}{2})$ → 주점 → 연직점$(f \times \tan i)$
② 연직점 → 주점$(f \times \tan 2i)$ → 등각점$(f \times \tan i)$
③ 연직점$(f \times \tan i)$ → 등각점$(f \times \tan 2i)$
④ 주점 → 연직점$(f \times \tan i)$ → 등각점$(f \times \tan\frac{i}{2})$

| 해설 |

주점 → 연직점$(f \times \tan i)$ → 등각점$(f \times \tan\frac{i}{2})$이다.

정답 ④

68. 항공사진에서 연직점과 주점 간의 거리가 6mm로 나타날 때 이 사진의 경사는 대략 얼마인가?(단, 초점거리=150mm, 사진 축척=1/5,000)

① 2°06′ 58″ ② 2°50′ 26″
③ 2°17′ 26″ ④ 2°20′ 26″

| 해설 |

사진의 경사$(\theta) = \tan^{-1}\frac{6}{150} = 2°17'26''$이다.

정답 ③

69. 초점거리 20cm인 카메라로 경사 40° 로 촬영된 사진상에 연직점과 등각점 간의 거리로 옳은 것은?

① 62.8mm ② 72.8mm
③ 82.8mm ④ 92.8mm

| 해설 |

연직점과 등각점 간의 거리(mj)$= f \times \tan\frac{i}{2} = 20 \times \tan\frac{40°}{2} = 7.2794$cm $= 72.8$mm이다.

정답 ②

70. 카메라의 초점거리 153mm, 촬영 경사 7° 로 평지를 촬영한 사진이 있다. 이 사진의 등각점은 주점으로부터 최대경사선 상의 몇 mm인 곳에 위치하는가?

① 9.36mm ② 10.63mm
③ 12.36mm ④ 13.63mm

| 해설 |

등각점$= f \times \tan\frac{i}{2} = 153 \times \tan\frac{7°}{2} = 9.36$mm이다.

정답 ①

71. 기복변위에 관한 설명 중 틀린 것은?

① 지표면에 기복이 있을 경우에도 연직으로 촬영하면 축척이 동일하게 나타나는 것이다.
② 지형의 고저변화로 인하여 사진상에 동일 지물의 위치 변위가 생기는 것이다.
③ 기준면 상의 저면 위치와 정점 위치가 중심투영을 거치기 때문에 사진상에 나타나는 위치가 달라지는 것이다.
④ 사진면에서 연직점을 중심으로 생기는 방사상의 변위를 말한다.

| 해설 |

지표면에 기복이 있을 경우 연직으로 촬영해도 축척은 동일하지 않으며 사진면에서 연직점을 중심으로 방사형의 변위가 생기는데 이를 기복변위라 한다.

정답 ①

72. 항공사진의 기복변위와 관계없는 것은?

① 촬영고도 ② 중심투영
③ 지형물의 높이 ④ 정사투영

| 해설 |

기복변위는 중심투영에서 많이 발생하며 정사투영사진은 기복변위가 없다.

정답 ④

73. 항공사진에서 기복변위량을 구하는데 필요한 요소가 아닌 것은?

① 지형의 비고 ② 촬영고도
③ 사진의 크기 ④ 연직점으로부터의 거리

| 해설 |

① 기복 변위량은 대상물에 기복이 있는 경우 수직으로 촬영하여도 축척은 동일하지 않으며 사진면에서 연직점을 중심으로 발생하는 방사상의 변위를 말한다.

② 기복변위량(Δr) $= \frac{h}{H} \times \Delta R$ 이다.(Δr : 기복변위량, H : 촬영고도, h : 지형의 비고(산정의 높이), ΔR : 화면 연직점에서의 거리)

정답 ③

74. 토지에서 비고가 있을 때 촬영고도가 5,000m, 비고 120m일 때 사진 연직점에서 투영 점까지의 사진상 거리가 15cm인 지점에서 사진상의 기복변위는?

① 400cm ② 0.4cm ③ 4cm ④ 40cm

| 해설 |

기복변위량(Δr) $= \frac{f}{H} \times r = \frac{120}{5000} \times 0.15 = 0.0036\ m = 0.4cm$ 이다.
(Δr : 기복변위량, f : 지형의 비고, H : 촬영고도, r : 주점에서의 측정점까지의 거리)

정답 ②

75. 항공사진을 촬영하기 위한 비행고도가 3000m일 때, 평지에 있는 200m 높이의 언덕에 대한 사진상 최대 기복변위는?(단, 항공사진 1장의 크기는 23cm×23cm이다.)

① 7.67mm ② 10.84mm
③ 15.33mm ④ 21.68mm

| 해설 |

① 변위량의 최댓값(Δr_{max})은 거리의 최댓값일 때 발생한 것이다.

② 거리의 최대값에서(r_{max}) $= \frac{a}{2} \cdot \sqrt{2} = \frac{0.23}{2} \times \sqrt{2} = 0.1626$

③ 변위량의 최댓값(Δr_{max}) $= \frac{h}{H} \cdot r_{max} = \frac{200}{3,000} \times 0.1626 =$ $0.01084m = 10.84mm$이다.

정답 ②

76. 높이가 250m인 어떤 굴뚝이 사진 축척 1/10000인 수직사진상에서 연직점으로부터 거리가 60mm 일 때, 비고에 의한 변위량은?(단, 초점거리=150mm)

① 1mm ② 6mm
③ 10mm ④ 60mm

| 해설 |

촬영고도(H)=m×f=10,000×0.15=1500m에서 비고에 의한 변위량(Δr) $= \frac{h}{H} r = \frac{0.006 \times 250}{1500} = 10mm$이다.

정답 ③

77. 비고 50m의 구릉지에서 초점거리 210mm의 사진기로 촬영한 사진의 크기가 23cm×23cm이고, 축척이 1/25,000 이었다. 이 사진의 비고에 의한 최대 변위량은?

① 1.6mm ② 3.2mm
③ 4.8mm ④ 5.2mm

| 해설 |

비고에 의한 변위량(Δr)은 사진 중심에서의 거리(r)에 비례하므로 변위량의 최댓값(Δr_{max})은 거리의 최댓값(r_{max})일 때 발생한 것으로 $r_{max} = \frac{a}{2} \cdot \sqrt{2} = \frac{23}{2} \cdot \sqrt{2} = 0.163m$이고, $\frac{1}{m} = \frac{f}{H}$에서
$H = m \cdot f = 25,000 \times 0.210 = 5,250m$이므로
$\Delta r_{max} = \frac{h}{H} \cdot r_{max} = \frac{50}{5,250} \times 0.163 = 0.0016m = 1.6mm$ 이다.

정답 ①

PART 02 응용측량

CHAPTER
06-2 사진측량

6.4. 사진의 입체시

6.4.1. 입체시 원리

(1) 입체시

① 입체시는 어느 대상물을 선택하여 촬영한 중복사진을 명시거리(약 25cm 정도)에서 왼쪽의 사진은 왼쪽 눈으로, 오른쪽 사진은 오른쪽 눈으로 보면 좌우의 상이 하나로 융합되면서 입체감을 얻게 되는 것을 말하며 정입체시라 한다.

② 중복부분이 있는 한 쌍의 사진을 입체시할 때 높은 것은 높게 보이고, 낮은 것은 낮게 보이는 현상을 말한다.

③ 역입체시는 한 쌍의 사진에 좌우사진을 바꾸어 입체시 하는 경우를 말하며, 입체시 과정에서 높은 것은 낮게, 낮은 것은 높게 보이는 현상으로 입체시의 반대가 되는 현상을 말한다.

(2) 입체사진의 조건

① 한 쌍의 사진을 촬영한 카메라의 광축과 사진의 노출지점은 거의 동일 평면 내에 있어야 한다.

② 기선고도비(B:H=$\frac{B}{H}$)가 적당한 값이라야 한다.

③ 2배의 사진 축척은 거의 동일해야 하며 축척의 차이가 15%까지는 입체시가 가능하나 장시간 입체시 할 경우에는 5% 이내의 축척차이를 유지해야 한다.

(3) 입체상의 변화

① 기선의 변화에 따른 변화

② 초점거리의 변화에 따른 변화

③ 촬영고도의 차이에 따른 변화

④ 눈의 높이에 따른 변화

6.4.2. 시차

① 지상의 한 점을 연속 촬영하여도 연속된 사진이 각각 다른 지점에서 촬영되므로 사진상의 위치는 다르지만 각각 다른 사진에 있는 동일 지점에 대한 사진상 좌표의 차를 시차(Parallax)라고 한다.

② 한 쌍의 사진상에 있어서 동일점에 대한 상점이 연직한 상태에서 만나야 되는 한 점에서 생기는 종(X)·횡(Y)의 시각적인 오차를 시차라 한다.

(1) 시차차에 의한 비고

① $h = \frac{H}{P_r + \Delta P} \cdot \Delta P$

여기서, H : 비행고도, ΔP: 시차차($\Delta P = P_r - P_a$), P_a : 건물 정상의 시차, P_r : 기준면의 시차($P_r = \frac{I + II}{2}$)이다.

② 기준면의 시차 대신 주점기선 길이를 측정한 경우 비고량(h)값의 계산

- $h = \frac{H}{b_0 + \Delta P} \cdot \Delta P$

  여기서, b_0 : 주점기선 길이이다.

(2) ΔP가 P_r보다 무시할 정도로 작을 때

① 비고(h) $= \frac{H}{P_r} \cdot \Delta P = \frac{H}{b_0} \cdot \Delta P$에서 $\Delta P = \frac{h}{H} \cdot P_r = \frac{h}{H} \cdot b_0$이다.

② 사진측량의 비고(h), 촬영고도(H), 촬영종기선 길이(B), 주점기선 길이(b_0), 초점거리(f)의 관계는

$h = \frac{H}{P_r} \cdot \Delta P = \frac{H}{b_0} \cdot \Delta P = \frac{H}{\frac{B \cdot f}{H}} \cdot \Delta P = \frac{H^2}{B \cdot f} \cdot \Delta P$이다.

여기서 $M = \frac{1}{m} = \frac{f}{H}$이므로 $m = \frac{H}{f}$ 이다.

③ $b_0 = \frac{B}{m} = \frac{B}{\frac{H}{f}} = \frac{B \cdot f}{H}$에서 $b_0 = a\left(1 - \frac{p}{100}\right)$

여기서, B : 촬영종기선 길이(실제 지형의 기선길이), b_0 : 주점기선 길이(사진상에서의 기선길이)이다.

(3) 사진측량에서 비고 측정의 정확도

① 기선고도비($\frac{B}{H}$)가 클수록 양호하다.

② 촬영축척($\frac{f}{H}$)이 클수록 좋다.

③ 촬영종기선 길이(B)가 일정하면 측정오차는 촬영고도의 제곱(H^2)에 비례한다.

④ 높이의 차와 시차차는 크기는 항상 비례한다.

(4) 입체시에 의한 과고감

① 과고감(vertical Exaggeration)은 인공입체시 할 경우 과장되어 보이는 정도를 말한다.

② 항공사진을 입체시 할 때 평면축척보다 수직축척이 크기 때문에 실제 도형보다 높게 보이는 현상이다.

③ 과고감은 촬영높이에 대한 촬영기선 길이와의 비인 기선고도비에 비례한다.

④ 멀리 떨어져 있는 물체는 수평각이 거의 0에 가까워지므로 고저차 및 원근을 비교할 수 없다.

⑤ 이유는 60%로 중복된 항공사진의 촬영기선장과 촬영기선 고도비가 사람의 양쪽 눈의 간격(안기선)과 명시거리(25cm)와의 비보다 크기 때문이다.

(5) 카메론 효과

① 카메론 효과는 입체사진 위에서 이동한 사물을 입체시 하면 입체시에 의한 과고감으로 입체상의 변화를 나타내는 시차가 발생하고 그 운동이 기선 방향이면 물체가 뜨거나 가라앉아 보이는 현상을 말한다.

② 입체상의 변화는 기선고도비에 영향을 받으며 기선의 변화에 따라 촬영 기선이 긴 경우가 촬영 기선이 짧은 경우보다 더 높게 보이는 현상을 카메론 효과라 한다.
③ 초점거리에 따라 렌즈의 초점거리가 긴 쪽의 사진이 짧은 쪽의 사진보다 더 낮게 보인다.
④ 촬영고도에 따라 동일 카메라로 촬영할 경우 낮은 촬영고도로 촬영한 사진이 촬영고도가 높은 경우보다 더 높게 보인다.

6.4.3. 공선조건

① 공간상의 임의의 점(또는 대상물의 점 : X_p, Y_p, Z_p)과 그에 대응하는 사진상의 점(또는 상점 : x, y) 및 사진기의 촬영 중심(X_o, Y_o, Z_o)이 동일 직선상에 있어야 하는 조건을 공선조건(Collinearity Condition)이라 한다.
② 주로 상호표정, 절대표정, 항공삼각측량의 번들조정에 이용된다.
③ 단사진이나 입체쌍의 해석적 외부표정에 사용되는 계산방법은 공선조건을 사용한다.
④ 공선조건식은 후방교회법에서 결정된 $X_o, Y_o, Z_o, \omega, \phi, \kappa$를 기지로 하고 X, Y, Z 지상좌표를 미지로 하는 방정식으로 변환된다.

6.4.4. 편위수정

① 항공기의 흔들림이나 경사로 인하여 사진상에 미세한 변위가 발생하고 일정하지 않은 축척을 일정하게 하고 수직사진으로 수정하는 것을 편위수정이라고 한다.
② 편위수정은 기하학적 특성을 가진 지도를 제작하기 위해서 사진에 대한 기하학적 변환이나 투영변환을 하는 과정을 말한다.
③ 편위수정(Rectification)의 순서는 거의 수직사진 → 사진의 경사에 의한 편위조정 → 엄밀수직사진으로 작업을 실시한다.
④ 편위수정을 하기 위해서는 기하학적 조건(소실점 조건), 광학적 조건(Newton 조건), 샤임프로그(Scheimpflug) 조건이 필요하다.

6.5. 사진의 표정

표정이란 사진상의 임의의 점과 대응되는 땅의 점과의 상호관계를 정하는 방법으로 지형의 정확한 입체모델을 기하학적으로 재현하는 과정을 말한다.

6.5.1. 내부표정

① 내부표정(Inner Orientation)은 사진 촬영 당시 빛이 입사한 각을 도화기에 똑같이 재설정하는 것으로 사진의 주점을 투사기의 중심에 맞추고 투사기의 초점거리와 사진의 화면거리를 일치시키는 것을 말한다.
② 내부표정은 주점의 위치 결정, 화면거리(f)의 결정, 건판의 신축 및 대기굴절보정, 지구곡률보정 및 렌즈 왜곡의 보정으로 사진주점을 촬영 중심에 일치시키고 초점거리를 도화기의 눈금에 맞추는 작업이다.
③ 내부표정은 기계좌표 → 지표좌표 → 사진좌표로 변환시키는 작업이다.

④ 내부표정 시 왜곡 발생 원인
- 카메라렌즈 중심에 가까운 초점거리
- 렌즈 왜곡수차를 평균적으로 배분하는 평균 초점거리
- 렌즈의 모양으로 인한 빛의 굴절 왜곡

6.5.2. 상호표정

① 상호표정(Relative Orientation)은 비행기가 촬영 당시에 가지고 있던 기울기의 위치를 도화기상에서 그대로 재현하는 과정을 말한다.

② 상호표정에 이용되는 원리는 시차차 방정식, 공선조건식, 공면조건식을 사용하지만, 공선조건식이 가장 많이 이용된다.

③ 입체모델에 나타나는 종시차(y－시차)를 소거하여 대상물의 상대적 위치를 상호표정 요소로 조정하는 작업이다.

④ 상호표정 인자는 회전인자(κ, ϕ, ω), 평행인자(by, bz)가 있으며 최소 5점의 표정점이 필요하고 상호표정 인자의 운동은 〈그림 2－54〉와 같다.

⑤ 상호표정은 5개 인자(κ, ϕ, ω, by, bz)의 독립된 표정인자에 의하여 종시차를 소거해 가는 것이다.

⑥ κ와 by는 평행이동이고 ϕ와 bz는 축척을 변환시키는 작업이므로 κ와 by는 평행변위부, ϕ와 bz는 축척을 변환하는 작업이다.

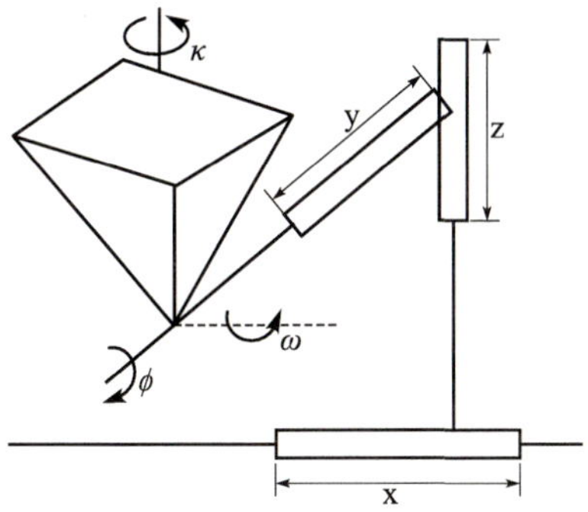

〈그림 2－54〉 상호표정인자의 이동

6.5.3. 절대표정

① 절대표정(Absolute Orientation)은 대지표정이라고도 하며 상호표정이 끝난 후 입체모델을 대상물의 기준점 또는 지상기준점을 이용하여 대상물의 좌표계와 일치하도록 하는 작업이다.

② 절대표정은 축척의 결정, 수준면의 결정, 위치의 결정, 축척을 결정한 후 시차가 생기면 다시 상호표정으로 돌아가서 표정을 실시하여야 한다.

③ 절대표정은 지상기준점을 이용하여 모델좌표로부터 지상좌표로 좌표변환을 수행하는 과정이다.

6.5.4. 항공삼각측량

① 항공삼각측량 조정은 기본단위로서 단사진, 입체모델 및 종접합 모형이 있는데, 이것을 기본단위로 하는 항공삼각측량 조정 방법으로는 광속조정법(Bundle Adjustment), 독립모델법(IMT), 다항식조정법(Polynomial Method) 등이 있다.

② 항공삼각측량은 일반적으로 번들조정법과 독립모델조정법이 많이 사용되고 있다.

③ 다항식조정 방법(Polynomial Adjustment Method)은 촬영경로를 단위로 종접합모형 조정을 기본단위로 이용하고 있으며 복수의 종접합모형이 다항식으로 결합됨에 따라 각 점의 종접합모형좌표가 관측값으로 취급된다.

④ 독립입체모델법(IMT)

- 복수의 입체모델 각각에 상호표정을 실시한 뒤에 입체모델을 접속하는 접합점(Tie Point) 및 기준점을 이용하여 각 입체모형의 절대표정에 해당되는 미지계수를 최소제곱법에 의해 동시에 결정하는 방법이다.
- 독립입체모델법은 내부표정과 상호표정을 거친 후 임의의 좌표계로 관측된 독립모델좌표는 축척변환, 회전변환 및 평행이동 변환에 의하여 지상좌표계로 변환된다.

⑤ 광속조정법(Bundle Adjustment)

- 광속조정법은 사진을 기본단위로 사용하여 다수의 광속을 공선조건에 따라 표정하며 번들조정법이라고도 한다.
- 각 사진의 6개 외부표정요소(Xo, Yo, Zo, ω, ϕ, κ)가 미지수가 되며 외부표정 요소뿐만 아니라 주점거리, 주점위치변위, 렌즈왜곡 및 필름신축 등에 관련된 내부표정 요소를 미지수로 조정하는 방법을 자체검정에 의한 광속법 또는 증가변수에 의한 광속법이라 한다.
- 광속조정에서는 투영중심으로부터 사진상에 있는 상점과 대상점에 대하여 공간상에서 일직선을 이루게 된다는 공선조건(Collinearity Condition)을 이용한다.
- 사진상에 관측된 연결점의 사진좌표를 이용하여 최소제곱법으로 각 사진의 외부표정요소 및 접합점의 최확값을 결정한다.

6.6. 사진의 판독

사진판독은 항공사진을 이용하여 사진면에 기록된 자료로부터 여러 가지 물체의 정보를 목적에 따라 적절히 해석하는 기술을 판독(Interpretation)이라 한다.

6.6.1. 사진판독의 요소

① 색조(Tone, Color)는 피사체가 갖는 빛의 반사에 의한 것으로 태양과 렌즈 그리고 대상물의 관계에 따라 색조가 변하며, 지물의 색과 관계가 있어 주로 수목의 종류를 판독하는 데 필요하다.

② 모양(Pattern)은 대상물의 배치상태를 판별하는 것으로 사진에서 볼 수 있는 식생, 지형 또는 지표상의 색조 등으로 판독한다.

③ 질감(Texture)은 색조, 형태, 크기, 음영 등의 여러 요소로 조합된 산림의 빽빽하고, 거칠고, 매끈함을

표현하며 초목 및 식물의 구분을 판독한다.

④ 형상(Shape)은 항공사진을 촬영할 경우와 수직사진과 경사사진으로 촬영할 때 다르게 나타나므로 대상물을 촬영할 때 주의하여야 하며 이는 구성 배치 및 일반적인 형태를 판독한다.

⑤ 크기(Size)는 지상에 있는 대상물의 특성에 따라 넓이와 길이를 나타내는 평면적인 방법과 높이를 추가하는 입체적인 형상 및 크기를 판독한다.

⑥ 음영(Shadow)은 수직사진에서 수직인 대상물의 크기 및 형태를 식별하는 데 중요한 역할을 하며 대상물의 크기와 토지에 기복이 있는 경우 고저를 판독한다.

⑦ 과고감(Vertical Exaggeration)은 지표면의 기복을 과장하여 나타낸 것으로 낮고 평탄한 지역에서는 지형판독에 유리하지만, 경사면의 경사는 실제보다 급하게 보이는 경우를 말한다.

6.6.2. 사진판독 특징

① 짧은 시간에 넓은 지역을 판독할 수 있다.

② 대상 지역 정보를 종합적으로 취득하기가 편리하다.

③ 접근하기 어려운 지역의 정보취득이 가능하다.

④ 정보에 대한 기록과 보존이 정확하고 편리하다.

⑤ 상대적 판별이 불가능하다.

⑥ 색조, 입체, 모양이 나타나지 않은 지역은 판독이 불가능하다.

⑦ 항공사진의 경우 기후와 태양고도에 따라 많은 영향을 받는다.

6.6.3. 사진판독의 순서

① 촬영계획(축척 결정, 사진 종류, 촬영일시, 범위, 렌즈선정)

② 촬영과 사진 작성

③ 사진판독의 기준작성

④ 사진판독

⑤ 현지 조사(지리 조사)

⑥ 정리

6.7. 사진지도

항공사진을 접합하여 지도처럼 작성하고 이용하는 것을 사진지도라고 하며 건물·하천·도로 등 대부분의 지형·지물은 사진을 직접 이용하여 표현한다.

6.7.1. 사진지도 제작에 따른 분류

① 사진지도는 제작 방법이 사진 변위의 수정 방법에 따라 약조정집성 사진지도, 반조정집성 사진지도, 조정집성 사진지도 및 정사투영 사진지도로 분류된다.

② 약조정집성 사진지도(Uncontrolled Mosaic Photo map)는 카메라의 경사에 따른 변위, 지표면의 비고에 따른 변위를 수정하지 않고 사진을 이용하여 만든 사진지도이다.
③ 조정집성 사진지도(Controlled Mosaic Photo map)는 카메라의 경사에 따른 변위와 축척을 편위수정한 사진으로 집성하여 만든 지도로써 등고선을 삽입하지 않는 지도이다.
④ 정사투영 사진지도(Ortho Photo map)는 카메라의 경사, 지표면의 비고에 따른 변위는 수정하고 등고선을 삽입한 지도로서의 정확도를 갖추었다고 생각해도 무방할 정도일 때 이용한다.
⑤ 반조정집성 사진지도(Semi Controlled Mosaic Photo map)는 편위수정기로 일부 수정하여 집성한 사진지도로써 등고선을 삽입하지 않는 지도로 조정집성사진과 정사투영 사진지도의 중간단계이다.

6.7.2. 사진지도의 특징

① 넓은 지역을 한 눈에 알 수 있다.
② 조사하는 데 편리하고 지표면에 있는 끊김 현상과 경사면이 연속으로 보인다.
③ 지형·지질이 다른 것을 사진상에서 추적할 수 있다.
④ 산지와 평지에서는 지형이 일치하지 않는다.
⑤ 산의 사면이 실제보다 길게 촬영되어 사진의 색조가 다르므로 오판하는 경우가 많다.

6.7.3. 영상정합

영상정합(Image Matching)은 입체모델을 구성하는 두 장 이상의 영상 중 한 영상에 나타나는 영상점이 다른 영상의 어느 위치에 형성되었는가를 결정하는 작업이다. 영상매칭 요소는 관심점, 접합점, 유사점, 정합방법, 정합전략이 있다.

(1) 영역기준정합

① 영역기준정합(Area-Based Matching)에서는 오른쪽 사진의 일정한 구역을 기준영역으로 설정한 후 이에 해당하는 왼쪽 사진의 동일 구역을 일정한 범위 안에서 이동시키면서 찾아내는 원리를 이용하는 기법이다.
② 최근에는 상관정합기법에 의해서 영상정보 취득의 효율을 크게 높이고 있으며 기법으로는 밝기값 상관법과 최소제곱 정합법이 있다.

(2) 형상기준 정합

① 형상기준정합(Feature Based Matching)은 원래의 영상으로부터 점, 경계선, 지역 등의 형상을 추출한 후, Cost Function을 이용하여 유사성을 관측하며 ϕ-s Method, hough Transform 등의 방법을 사용한다.
② 형상기준정합에서는 상응점을 발견하기 위한 기본 자료로서 특징(점, 선 영역 등)을 이용한다.

(3) 관계형 정합

① 관계형 정합(Relation Matching)은 영상에 나타나는 특징들을 선이나 영역 등의 부호적 표현을 이용하여 묘사하고, 객체들끼리의 관계까지 포함하여 정합을 수행한다.

② 대상물(Structure)의 점(Points), 희미한 것(blobs), 선(line), 면 또는 영역(Region) 등과 같은 구성 요소들은 길이, 면적, 형상, 평균 밝기값 등의 속성을 이용하여 표현된다.

6.8. 원격탐측

원격탐측이란 지상이나 항공기 및 인공위성 등의 탑재기(Platform)에 설치된 탐측기(Sensor)를 이용하여 지표, 지상, 지하, 대기권 및 우주공간의 대상들에서 반사 혹은 방사되는 전자기파를 탐지하고 이들 자료로부터 토지, 환경 및 자원에 대한 정보를 얻어 물체의 식별과 환경조건 및 자원의 특성을 판독하고 이를 해석하는 기법으로 원격측정, 원격탐사, 원격측량이라고도 한다.

6.8.1. 원격탐측의 특징

① 짧은 시간 내에 넓은 지역을 동시에 측정할 수 있으며 반복측정이 가능하다.
② 다중파장대에 의한 지구 표면의 정보획득이 용이하다.
③ 측정자료가 기록되어 판독이 자동적이고 정량화가 가능하다.
④ 회전주기가 일정하므로 원하는 지점 및 시기에 관측하기가 어렵다.
⑤ 관측이 좁은 시야각으로 얻어진 영상은 정사투영에 가깝다.
⑥ 탐사된 자료가 즉시 이용될 수 있으며 재해, 환경문제 해결에 편리하다.

6.8.2. 센서의 분류

① 지구탐사 위성의 센서는 수동적 센서는 MSS, TM, HRV이며, 능동적 센서에서 비주사방식은 laser 거리관측기가 있고 주사방식으로는 radar와 SLAR(Side Looking Air bone Radar)가 있다.
② 원격탐측에서 위성영상을 얻기 위한 작업으로는 기하보정, 방사보정, 영상강조 등이 있다.

6.8.3. 다중파장대 사진

① 각각의 파장별 반사율의 차이는 필터를 사용하여 파장대마다 기록한 것이 다중파장대 사진이다.
② 다중파장대 사진 촬영용 카메라는 보통 4밴드 시스템이다.
③ 파장은 4파장대로 구분한다.

- 청색 : 0.4~0.5㎛
- 녹색 : 0.5~0.6㎛ 가시영역으로 도시지역, 길, 새로운 재분할, 자갈지역, 채석장 등의 형상감지에 이용된다.
- 근적외 : 0.6~0.7㎛
- 적외 : 0.7~0.9㎛로 거의 적외선에 가까운 부분영역에 대한 윤곽을 감지한다.

6.8.4. 원격탐측 위성

① 원격탐측은 고도에 따라 지상탐측차량, 헬리콥터, 비행선, 항공기, 원궤도 위성, 정지위성으로 구분된다.

② 위성 종류에는 지구자원탐측 위성(LANDSAT, SPOT), 기상위성(METSAT), 해양위성(SEASAT)이 있으며, 지구의 관측에는 주로 LANDSAT과 SPOT 위성이 이용되고 있다.

③ LANDSAT 위성

- 지구자원탐측 위성으로 1972년 7월 23일에 1호가 미국 NASA에서 발사되었다.
- LANDSAT은 농업, 식물학, 지형학, 토목공학, 환경감시, 임학, 지리학, 지질학, 자연지리학, 지상 자원분석, 지형 이용계획, 해양학, 수자원 분석 등에 활용된다.

④ SPOT 위성

- SPOT 위성은 1977년 프랑스가 주축이 되어 계획되었으며, 1986년 2월 22일 SPOT-1호가 발사되었다.
- 기능으로는 전정색 영상(흑백, Panchromatic Image)과 다중분광대 영상(Multi Spectral Image)이 있다.
- SPOT 위성에는 HRV(High Resolution Visible) 탐측기(Sensor)가 탑재되었다.

⑤ IKONOS

- 고해상도 위성은 10m 해상력을 갖는 Spot에서부터 2m 해상력을 갖는 러시아 위성까지 매우 다양하다.
- 고해상도에서 대축척지도 제작 및 수치지형(DTM)모델의 추출까지 다양한 분야에서 이용되고 있다.
- 흑백(Panchromatic) 이미지는 해상도 1m이며 컬러(Multi-Spectral) 이미지의 해상도는 4m이고 현재 이미지를 송신 받고 있다.
- 대축척지도 제작이 가능할 수 있도록 응용이 확대되었으며 수송경로, 교통망의 발달과 다른 분야 간의 상호작용을 파악할 수 있게 한다.

6.8.5. 우리나라의 위성

① 아리랑1호(KOMPSAT; Korea Multi Purpose Satellite)는 1980년대부터 기상통신 분야 및 국토개발, 해양, 환경, 과학탐측 등의 분야에서 자료를 활용하며 무궁화위성, 우리별 1, 2호에 이어 우리나라 최초의 영상위성이라 할 수 있다.

② 과학기술 위성(STSAT) 1호의 정식 명칭을 가지고 2003년 COSMOS 3M의 발사체에 의해 발사되었으며 우리나라 첫 과학기술 위성(STSAT)으로 우리별 4호(KAISTSAT-4)라고도 한다.

③ 1992년 8월 11일에 발사한 우리별(KITSAT) 1호는 우리나라 최초의 초소형 과학기술 위성이다.

④ 1993년 우리별(KITSAT) 2호 위성을 발사, 1995년에는 무궁화위성(KOREASET) 1호를 발사함으로서 우리나라 최초의 상용통신위성을 갖게 되었다.

⑤ 1996년 무궁화위성(KOREASET) 2호를 발사하고 1999년 공간해상도가 15m인 우리나라 순수 기술로 만든 우리별 3호 인공위성을 발사하였다.

⑥ 2006년 발사한 아리랑위성 2호는 다목적 실용위성으로 장착된 카메라는 가로세로 1m의 면적까지 촬영할 수 있다.

⑦ 다목적 실용위성은 전 세계의 지리정보, 기상예측, 해양관찰, 환경감시 등 여러 분야를 담당하고 있다.

6.8.6. 원격탐측의 자료 활용

① 식물의 분광 특성을 이용한 산업, 산림, 초지 등의 분야

② 지하자원 탐사에 이용되는 지질판독에 의한 원격탐측 분야

③ 해양 상의 수온, 해류분포, 어족 조사 및 수질오염 조사 등을 위한 해양 원격탐측 분야

④ 황사 및 대기오염, 도시환경 변화 등에 대한 환경, 기상, 군사정보 수집 등의 원격탐측 분야

⑤ 국가 정밀지도 제작 및 GIS, 국토관리, 기상예측과 환경오염 및 산불관리, 조난구조 등의 재해예방 분야

Chapter 06-2 사진측량

핵/심/문/제

1. 사진측량에서 입체모델(Stereo Model)에 대한 설명으로 옳은 것은?

① 한 장의 수직사진을 말한다.
② 입체시가 되는 중복사진의 상을 말한다.
③ 편위수정한 사진의 상을 말한다.
④ 축척이 동일한 흑백과 천연색 사진을 말한다.

| 해설 |

입체 모델은 입체시가 되는 중복사진의 상을 의미한다.

정답 ②

2. 초점거리 15cm, 사진 크기 23cm×23cm인 카메라로 종중복 60%로 촬영한 평지 수직사진의 축척이 1 : 10,000일 때 기선고도비는?

① 0.51 ② 0.61 ③ 0.71 ④ 0.81

| 해설 |

① 고도차(H =)f · m = 0.15 × 10,000 = 1,500m
② 촬영기선 길이(B) = $a \cdot m(1-\frac{p}{100}) = 0.23 \times 10,000(1-\frac{60}{100})$ = 920m
③ 기선고도비 = $\frac{B}{H} = \frac{920}{1,500} = 0.61$이다. 여기서, B : 촬영기선길이, a : 화면크기, m : 축척 분모, p : 종중복도, H : 촬영고도이다.

정답 ②

3. 초점거리 100mm인 카메라로 촬영한 축척 1 : 5,000 수직사진에 사진 크기 23cm×23cm, 종중복도 60%인 경우에 기선고도비는?

① 0.61 ② 0.92 ③ 1.09 ④ 0.25

| 해설 |

① 촬영고도(H)=H = f · m = 0.1 × 5,000 = 500m
② 촬영 종기선 길이(B)
$= a \cdot m(1-\frac{p}{100}) = 0.23 \times 5,000(1-\frac{60}{100}) = 460m$
③ 기선고도비 = $\frac{B}{H} = \frac{460}{500} = 0.92$이다.

정답 ②

4. 다음 항공사진의 기선고도비 중 과고감이 가장 큰 것은?

① 1.0 ② 0.9 ③ 0.8 ④ 0.7

| 해설 |

과고감은 인공 입체시하는 경우 과장되어 보이는 정도로 숫자가 큰 것이 기선고도비도 크다.

정답 ①

5. 시차에 대한 설명으로 틀린 것은?

① X 시차는 X 방향으로 이동되며 물체의 높이와 관련된다.
② Y 시차는 Y 방향으로 이동되며 사진의 경사에 한정되어 관련된다.
③ 시차는 x축과 y축을 따라 두 성분으로 나누어 생각할 수 있다.
④ Y 시차는 항공기선에 포함된 수평면과 두 개의 영상에 있는 한 점의 수평거리와의 차이를 의미한다.

| 해설 |

Y 시차는 항공기선에 포함된 수직면과 두 개의 영상에 있는 한 점의 수직거리와의 차이를 의미한다.

정답 ④

6. 사진측량에서 고저차(h)와 시차차(ΔP)의 관계가 옳은 것은?

① 고저차는 시차차에 비례한다.
② 고저차는 시차차에 반비례한다.
③ 고저차는 시차차에 제곱에 비례한다.
④ 고저차는 시차차의 제곱에 반비례한다.

| 해설 |

시차차 공식은 $\Delta P = \frac{h}{H} \times b_0$이고 h : 사진측량의 비고, H : 촬영고도, b_0: 주점기선길이 이므로 고저차는 시차차에 비례한다.

정답 ①

7. 촬영고도 2,500m에서 찍은 인접 사진상에 주점기선의 길이가 10cm이면 기준면으로부터 비고 50m 지점의 시차차는 얼마인가?

① 1mm ② 2mm ③ 3mm ④ 5mm

| 해설 |

시차차(Δp) = $\frac{h}{H} \times b_0 = \frac{50}{2500} \times 0.10 = 0.0023 \fallingdotseq 2mm$이다.

정답 ②

8. 50m 높이의 굴뚝을 촬영고도 2,000m의 높이에서 촬영한 항공사진이 있고 이 사진의 주점 기선장이 10cm이었다면 이 굴뚝의 시차차는 약 얼마인가?

① 1.5mm ② 2.5mm ③ 3.5mm ④ 4.5mm

| 해설 |

시차 공식(h)= $\frac{H}{b_0}\Delta p$에서

$\Delta p = \frac{b_0 \cdot h}{H} = \frac{0.1 \times 50}{2,000} = 0.0025m = 2.5mm$이다.

정답 ②

9. 촬영고도가 760m, 사진 주점기선장이 110m일 때 지상의 비고는?(단, 시차차는 1.02mm이다.)

① 7.01m ② 7.05m ③ 7.12m ④ 7.60m

| 해설 |

지상의 비고(h) $= \frac{H}{b_0}\Delta p = \frac{760}{110} \times 1.02 = 7.05m$이다.

정답 ②

10. 촬영고도 1,500m에서 찍은 인접 사진에서 주점기선의 길이가 15cm이고, 어느 건물의 시차차가 3mm이었다면 건물의 높이는?

① 10m ② 30m ③ 50m ④ 70m

| 해설 |

건물의 높이(h) $= \frac{H}{b_0}\Delta p = \frac{1,500}{0.15} \times 0.003 = 30m$이다.

정답 ②

11. 축척 1 : 10000의 항공사진에서 건물의 시차를 측정하니 상부가 19.33mm, 하부가 16.83mm이었다면 건물의 높이는?(단, 촬영고도=800m, 사진상의 기선길이=68mm)

① 19.4m ② 29.4m ③ 39.4m ④ 49.4m

| 해설 |

건물의 높이(h) $= \frac{H}{b_0}\Delta p$에서 h : 건물의 높이, H : 비행고도, b_0 : 주점거리, Δp: 시차차(상부 19.33−하부 16.83=2.5m),

$h = \frac{800}{0.068} \times 0.0025 = 29.4m$이다.

정답 ②

12. 비행속도 시속 180km/h인 항공기에서 초점거리 150mm인 카메라로 어느 시가지를 촬영한 항공사진이 있다. 허용 흔들림량이 사진상에서 0.01mm, 최장허용 노출시간이 1/250초, 사진 크기 23cm×23cm일 때, 이 사진상에서 연직점으로부터 6cm 떨어진 위치에 있는 건물의 사진상 변위가 0.26cm라면 이 건물의 실제 높이는?

① 60m ② 90m ③ 115m ④ 130m

| 해설 |

$\frac{1}{250} = \frac{\Delta S \cdot m}{V} = \frac{0.01 \times m}{180 \times 1,000,000mm \times \frac{1}{3,600초}}$에서

축척 m=20,000이므로 건물의 실제 높이는

$h = \frac{H}{r}\Delta r = \frac{20,000 \times 15 \times 0.26}{6} = 130m$이다.

정답 ④

13. 촬영고도 5000m인 항공 사진상에 나타난 건물 정상의 시차를 측정하니 19.32mm이고, 건물 밑부분의 시차를 측정하니 18.88mm였다. 한 층의 건물 높이가 3m라 할 때 이 건물의 층수는?

① 약 24층 ② 약 30층
③ 약 35층 ④ 약 38층

| 해설 |

$h = \frac{H}{P_r + \Delta p} \times \Delta p = \frac{H \times (P_a - P_r)}{P_r + (P_a - P_r)}$에서

높이$= \frac{5,000 \times (19.32 - 18.88)}{18.88 + (19.32 - 18.88)} = \frac{2,200}{19.32} = 113.9m$이므로 1층 높이를 3m이라고 하면 건물의 높이$= \frac{113.9}{3} = 38$층이다. 여기서, H : 촬영고도, P_a : 건물 정상의 시차, P_r : 건물 밑부분의 시차이다.

정답 ④

14. 고도 900m에서 촬영한 항공 사진상의 굴뚝의 정상과 밑부분의 시차가 각각 30mm, 28mm였다. 이 굴뚝의 높이는?

① 3m ② 6m ③ 30m ④ 60m

| 해설 |

굴뚝의 높이(h)$= \frac{H}{P_r + \Delta p} \times \Delta p = \frac{H \times (P_a - P_r)}{P_r + (P_a - P_r)} =$

$\frac{900 \times 1,000 \times (30 - 28)}{28 + (30 - 28)} = 60m$이다. 여기서, H : 촬영고도, P_a : 굴뚝 정상의 시차, P_r : 굴뚝 밑부분의 시차이다.

정답 ④

15. 고도 5,000m의 높이에서 촬영한 항공사진이 있다. 주점기선장이 10cm, 철탑 시차차가 2mm라면 이 철탑의 높이는?

① 80m ② 90m ③ 100m ④ 110m

| 해설 |

시차차(Δp) $= \frac{h}{H} \cdot r$에서

철탑의 높이(h) $= \frac{H}{b_0} \cdot \Delta p = \frac{5,000}{0.1} \times 0.002 = 100m$이다.

정답 ③

16. 항공사진측량으로 촬영된 사진에서 높이가 250m인 건물의 변위가 16mm이고, 건물의 정상 부분에서 연직점까지의 거리가 48mm이었다. 이 사진에서 어느 굴뚝의 변위가 9mm이고, 굴뚝의 정상 부분이 연직점으로부터 72mm 떨어져 있었다면 이 굴뚝의 높이는?

① 90m ② 94m ③ 100m ④ 92m

| 해설 |

① 사진에서 건물의 높이(H)= $\frac{h}{\Delta r}\times r=\frac{250}{0.016}\times 0.048=750m$

② 굴뚝의 높이(h)= $\frac{H}{\Delta r}\times r=\frac{750\times 0.009}{0.072}=93.75m$이다.

(Δr : 기복변위량, h : 비고, H : 촬영고도, r : 연직점 또는 주점으로부터의 거리)

정답 ②

17. 평탄한 지형에서 초점거리 150mm인 카메라로 촬영한 축척 1 : 15000 사진상에서 굴뚝의 길이가 2.4mm, 주점에서 굴뚝 윗부분까지의 거리가 20cm로 측정되었다. 이 굴뚝의 실제 높이는?

① 20m ② 27m ③ 30m ④ 36m

| 해설 |

① 고저차(H) $= m\cdot f=15,000\times 0.15=2,250m$

② 시차차(Δr) $=\frac{h}{H}\cdot r$에서

굴뚝의 실제 높이(h) $=\frac{\Delta r}{r}\cdot H=\frac{0.0024}{0.20}\times 2,250=27m$이다.

정답 ②

18. 굴뚝의 높이를 구하기 위하여 A, B점에서 굴뚝 끝의 경사각을 관측하여 A점에서는 30°, B점에서는 45°를 얻었다. 이때 굴뚝의 표고는?(단, AB의 거리는 22m, A, B 및 굴뚝의 하단은 일직선상에 있고, 기계고(I.H)는 A, B 모두 1m이다.)

① 30m
② 31m
③ 33m
④ 35m

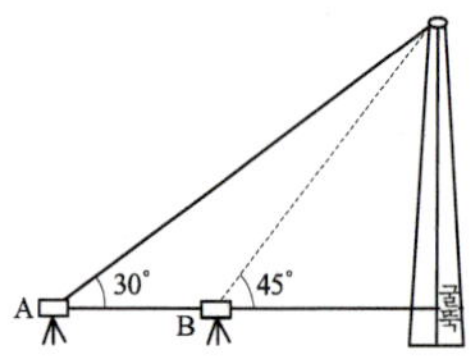

| 해설 |

h값을 구하기 위해서는 먼저 BC의 거리를 $\frac{22m}{\sin 15^\circ}=\frac{x}{\sin 30^\circ}$으로 계산하면 $x=\frac{22\times\sin 30^\circ}{\sin 15^\circ}=42.50m$이다.

여기서, h는 $\frac{h}{\sin 45^\circ}=\frac{42.5}{\sin 45^\circ}$이므로 $h=\frac{42.5\times\sin 45^\circ}{\sin 90^\circ}=30.05m$

이다. 그러나 기계고의 높이가 1m이므로 h=30.05+1.0=31.05m이다.

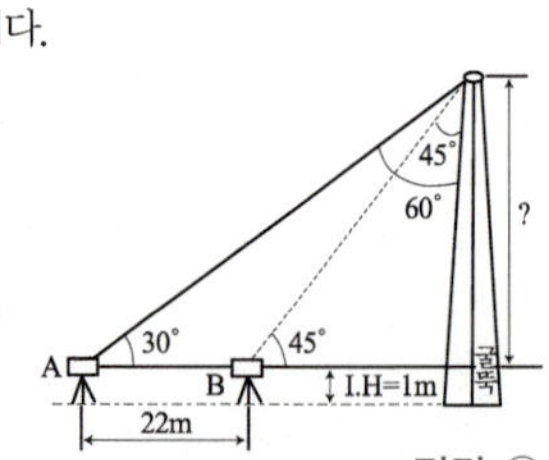

정답 ②

19. 촬영고도가 3,500m, 사진 I 의 주점기선길이 80mm, 사진 II 의 주점기선길이 84mm일 때 시차차 1.5mm인 그림자의 고저차는?

① 34m ② 44m ③ 54m ④ 64m

| 해설 |

시차차(ΔP) $=\frac{h}{H}\times b_0$에서

비고(h) $=\frac{H}{b_0}\times\Delta p=\frac{H}{\frac{I+II}{2}}\times\Delta p=\frac{3,500}{\frac{(80+84)}{2}}\times 1.5=64m$이다.

(h : 비고, H : 촬영고도, $b_0=\frac{(I+II)}{2}$: 주점기선길이)

정답 ④

20. 비행고도 3,000m인 항공기에서 초점거리 150mm인 카메라로 촬영한 실제길이 50m 교량의 수직사진에서의 길이는?

① 1.0mm ② 1.5mm ③ 2.0mm ④ 2.5mm

| 해설 |

축척 $\frac{1}{m}=\frac{f}{H}=\frac{0.15}{30,000}=\frac{1}{20,000}$, 수직사진에서의 교량 길이 $=\frac{1}{20,000}\times 50=2.5mm$이다.

정답 ④

21. 실거리가 500m인 도로 구간에 대해 항공사진측량을 실시하여 고도 1km상공에서 촬영을 하였다면 사진에 나타난 도로의 길이는?(단, 카메라 초점거리는 150mm이다.)

① 5.0cm ② 7.5cm ③ 13.3cm ④ 30.0cm

| 해설 |

사진 축척(M) $=\frac{f}{H}=\frac{0.15}{1,000}=\frac{1}{6,667}$에서

사진상 거리는 $\frac{500}{6,667}=0.075m=7.5cm$이다.

정답 ②

22. 종중복도 60%로 항공사진을 촬영하여 밀착 사진을 인화했을 때 주점과 주점 간의 거리가 9.2cm이었다면 이 항공사진의 크기는?

① 23cm×23cm ② 18.4cm×18.4cm
③ 18cm×18cm ④ 15.3cm×15.3cm

| 해설 |

주점과 주점 간의 거리 p_1p_2=9.2cm, $a_1p_1=a_2p_2$이므로, 종중복도는 $\frac{a_1a_2}{a}=\frac{x+9.2+x}{y}=0.6$, $x=\frac{y}{2}-9.2$, $0.6y=2(\frac{y}{2}-9.2)+9.2=23cm$이다. a_1, a_2 : 사진의 크기이다.

정답 ①

23. 항공사진의 입체시에서 나타나는 과고감에 대한 설명으로 옳지 않은 것은?

① 인공적인 입체시에서 과장되어 보이는 정도를 말한다.
② 실제모형보다 산이 약간 낮게 보인다.
③ 평면축척에 비해 수직축척이 크게 되기 때문이다.
④ 기선고도비가 커지면 과고감도 커진다.

| 해설 |
과고감은 인공입체시 할 경우 과장되어 보이는 정도를 말한다. 항공사진을 입체시 할 경우 수평축척보다 수직축척이 크기 때문에 실제 모형보다 높게 보이는 현상이다.

정답 ②

24. 항공사진을 실체시할 때 생기는 과고감에 영향을 미치는 인자가 아닌 것은?

① 사진의 크기 ② 카메라의 초점거리
③ 기선고도비 ④ 입체시 할 경우 눈의 위치

| 해설 |
① 과고감은 인공입체시를 하는 경우 과장되어 보이는 정도이다.
② 자연 입체시와 인공입체시가 본질의 부상도에서 다르게 나타나는 차이를 과고감이라 한다.
③ 과고감에 영향을 미치는 인자로는 카메라의 초점거리, 기선고도비, 입체시 할 때 눈의 위치 등이 있다.

정답 ①

25. 항공사진측량에서 산지는 실제보다 돌출하여 높고 기복이 심하며, 계곡은 실제보다 깊고, 사면은 실제의 경사보다 급하게 느껴지는 것은 무엇에 의한 영향인가?

① 형상 ② 음영 ③ 색조 ④ 과고감

| 해설 |
과고감은 인공입체시 할 때 과장되어 보이는 정도를 말하며 항공사진을 입체시 할 때 평면 축척보다 수직 축척이 크기 때문에 실제 도형보다 높게 보이는 현상을 말한다.

정답 ④

26. 지상에서 이동하고 있는 물체가 사진에 나타나 그 이동한 물체를 입체시할 때 그 운동이 기선방향이면 물체가 뜨거나 가라앉아 보이는 현상은?

① 정사 현상(Orthoscopic Effect)
② 역 현상(Pseudoscopic Effect)
③ 카메론 현상(Cameron Effect)
④ 반사 현상(Reflection Effect)

| 해설 |
입체사진 위에서 이동한 사물을 실체시하면 입체시에 의한 과고감으로 입체상의 변화를 나타내는 시차가 발생하고 그 운동이 기선 방향이면 물체가 뜨거나 가라앉는 현상을 카메론 현상이라 한다.

정답 ③

27. 카메론 효과에 대한 설명으로 옳은 것은?

① 입체사진에서 물체와 인접한 호수나 바다의 반사하는 빛으로 그 물체가 뜨거나 가라앉아 보이는 효과
② 입체사진에서 이동하는 물체를 입체시 하면 그 운동에 의해서 물체가 뜨거나 가라앉아 보이는 효과
③ 입체사진에서 안개, 연기 등에 의한 태양 빛의 퍼짐으로 사진상에 나타난 물체가 높게 보이는 효과
④ 입체사진에서 안개, 연기 등에 의한 태양 빛의 퍼짐으로 사진상에 나타난 물체가 낮게 보이는 효과

| 해설 |
카메론 효과란 입체사진 위에서 이동한 사물을 입체시하면 과고감으로 입체상의 변화를 나타내는 시차가 발생하고 그 운동이 기선 방향이면 물체가 뜨거나 가라앉아 보이는 현상을 말한다.

정답 ②

28. 사진측량에서 공간상의 임의의 점과 그에 대응하는 사진상의 점 및 사진기의 투영중심이 동일직선 상에 있어야 한다는 조건은?

① 공선조건 ② 공면조건
③ 수렴조건 ④ 수평조건

| 해설 |
공선조건은 공간상의 임의의 점(또는 대상물의 점 : X_p, Y_p, Z_p)과 그에 대응하는 사진상의 점(x, y) 및 카메라의 촬영 중심(X_o, Y_o, Z_o)이 동일 직선상에 있어야 하는 조건을 말한다.

정답 ①

29. 사진측량에서 공선조건을 많이 활용한다. 해당하지 않는 것은?

① 내부표정 ② 절대표정
③ 번들조정 ④ 상호표정

| 해설 |
공선조건은 주로 상호표정, 절대표정, 항공 삼각측량의 번들 조정에 이용된다.

정답 ①

30. 공선조건식을 이용하는 해석적 3차원 항공삼각측량방법은 어느 것인가?

① 에어폴리곤법 ② 스트립 및 블럭조정법
③ 독립모델법 ④ 번들조정법

| 해설 |
광속조정법(번들조정법)으로 관측점에 대한 3차원 좌표를 결정하고 각 사진의 표정요소를 구할 수 있으며 표정요소의 값이 결정되면 블록 조정 후에도 다른 목적에도 활용될 수 있다.

정답 ④

31. 다음 중 편위수정을 하기 위한 조건이 아닌 것은?

① 기하학적 조건(소실점 조건)
② 광학적 조건(Newton의 렌즈조건)
③ 사임프러그(scheimpflug) 조건
④ 물리적 조건(Robertson 조건)

| 해설 |
편위수정(Rectification)을 하기 위한 조건은 기하학적 조건, 광학적 조건, 샤임플러그 조건이 필요하다.

정답 ④

32. 표정에 대한 설명으로 틀린 것은?

① 내부표정은 상좌표를 사진좌표로 변환하는 작업을 말한다.
② 상호표정은 상대적 위치 관계를 결정하는 과정으로 5개의 표정요소를 결정한다.
③ 상호표정은 절대적 위치 관계를 결정하는 과정으로 7개의 표정요소를 결정한다.
④ 절대표정은 가상좌표로부터 축척 및 경사 등을 조정하여 절대좌표를 얻는 과정이다.

| 해설 |
상호표정은 입체 모델을 구성하는 두 장의 사진 사이의 상대적 위치 관계를 결정하는 과정으로 5개의 표정요소를 결정한다.

정답 ③

33. 내부표정과 거리가 먼 것은?

① 지구곡률 보정 ② 초점거리의 조정
③ 렌즈왜곡 보정 ④ 종시차의 소거

| 해설 |
내부표정은 사진주점을 투영기의 중심에 일치, 초점거리(f)의 조정, 건판신축 및 대기 굴절 보정, 지구곡률 보정 및 렌즈 왜곡의 보정을 시행하며 종시차의 소거는 상호표정에 해당한다.

정답 ④

34. 내부표정에 대한 설명으로 옳은 것은?

① 기계 좌표계 → 지표 좌표계 → 사진 좌표계로 변환
② 지표 좌표계 → 기계 좌표계 → 사진 좌표계로 변환
③ 지표 좌표계 → 사진 좌표계 → 기계 좌표계로 변환
④ 기계 좌표계 → 사진 좌표계 → 기표 좌표계로 변환

| 해설 |
내부표정 방법은 상좌표로부터 사진좌표를 구하는 수치처리 방식으로 기계 좌표(x″, y″) → 지표 좌표(x′, y′) → 사진 좌표(x, y)로 변환시키는 작업으로 단계적 표정으로 2차원 좌표변환식이 이용된다.

정답 ①

35. 사진의 주점을 맞추고 지구의 곡률 등을 보정하는 표정은?

① 접합표정 ② 내부표정
③ 대지표정 ④ 상호표정

| 해설 |
내부표정에서는 사진의 주점 일치, 화면거리의 조정, 렌즈의 왜곡, 대기굴절, 지구의 곡률, 건판신축의 보정 등을 고려하여야 한다.

정답 ②

36. 사진측량에서 표정 중, 촬영 당시의 광속의 기하상태를 재현하는 작업으로 기준점 위치, 렌즈의 왜곡, 사진기의 초점거리와 사진의 주점을 결정하는 작업은?

① 내부표정 ② 상호표정
③ 절대표정 ④ 접합표정

| 해설 |
내부표정에서는 사진의 주점 일치, 화면거리의 조정, 렌즈의 왜곡, 대기굴절, 지구의 곡률, 건판신축의 보정 등을 고려하여야 한다.

정답 ①

37. 항공삼각측량의 표정에 사용되지 않는 것은?

① 공면조건식
② 부등각사상(Affine) 변환식
③ 공선조건식
④ 뉴톤(Newton) 변환식

| 해설 |
공선조건식과 공면조건식은 표정 중 상호표정에 사용되며 부등각사상 변환식은 내부표정에 사용한다.

정답 ④

38. 상호표정에 대한 설명으로 옳은 것은?

① 종시차 소거
② 초점거리 조정
③ 렌즈의 왜곡 보정
④ 사진 주점과 투영기의 중심 일치

| 해설 |
상호표정은 종시차를 소거하여 대상물의 상대 위치를 맞추는 작업으로 모델의 완전 입체시가 되게 하는 작업이다.

정답 ①

39. 다음의 상호표정인자 중 회전 인자에 해당하지 않는 것은?

① by ② k ③ ϕ ④ ω

| 해설 |

상호표정 인자는 x, ϕ, ω, by, bz의 5개 인자가 있으며, k, ϕ, ω는 회전인자이다.

정답 ①

40. 상호표정의 인자 중 촬영 방향(x축)을 회전축으로 한 회전운동 인자는?

① ϕ ② ω ③ k ④ by

| 해설 |

ω는 비행기의 촬영 방향 x축 주의의 회전(좌우의 기울기)운동에 대한 인자이다.

정답 ②

41. 절대표정에 대한 설명으로 옳은 것은?

① 촬영 당시의 종시차를 소거한다.
② 주점 거리와 주점의 조정이 이루어진다.
③ 축척 조정, 수준면 조정 및 위치결정이 이루어진다.
④ 한 쌍의 입체사진 내에서 대응되는 모형을 접합한다.

| 해설 |

절대표정에는 축척의 결정, 수준면의 결정(표고, 경사 결정), 위치의 결정을 한다.

정답 ③

42. 대지표정이 끝났을 때 사진과 실제 지형과의 관계는?

① 대응 ② 상사 ③ 역대칭 ④ 합동

| 해설 |

대지(절대)표정은 사진상에서 작업이 완료되면 지상의 모양, 크기 등이 서로 유사하다는 의미로 역대칭이라 한다.

정답 ③

43. 사진측량에서 절대표정에 대한 설명으로 옳은 것은?

① 정준 조정 ② 시차 조정
③ 사진 중심 조정 ④ 축척과 경사조정

| 해설 |

절대표정은 축척의 결정, 수준면의 결정(표고, 경사 결정), 위치의 결정(위치, 방위의 결정)을 한다.

정답 ④

44.

사진의 표정 중 절대표정에 의하여 결정(조정)되는 사항이 아닌 것은?

① 축척 ② 위치 ③ 수준면 ④ 초점거리

| 해설 |

절대표정은 축척의 결정, 수준면의 결정, 위치의 결정을 한다.

정답 ④

45. 항공삼각측량(Aerial Triangulation)의 방법에 대한 설명으로 옳은 것은?

① 다항식조정법(Polynomial Method)은 가장 최근에 제안된 방법이다.
② 독립모델조정법(Independent Model Triangulation)은 공선조건식을 사용한다.
③ 광속조정법(Bundle Adjustment Method)은 공면조건식을 이용한다.
④ 광속조정법(Bundle Adjustment Method)은 사진좌표를 기본단위로 사용한다.

| 해설 |

광속조정법(Bundle Adjustment)은 사진을 기본단위로 사용하여 다수의 광속을 공선조건에 따라 표정한다.

정답 ④

46. 항공삼각측량에서 기본단위가 사진으로, 블록 내의 각 사진상에 관측된 기준점, 접합점의 사진좌표를 이용하여 최소제곱법으로 사진의 외부표정요소 및 접합점의 최확값을 결정하는 방법은?

① 다항식법 ② 독립모델법
③ 광속조정법 ④ 그루버법

| 해설 |

광속조정법은 항공삼각측량에서 사진을 기본단위로 하는 블록 내의 각 사진상에 관측된 기준점, 접합점의 사진좌표를 이용하여 최소제곱법으로 사진의 외부표정요소 및 접합점의 최확값을 결정하는 방법이다.

정답 ③

47. 항공삼각측량의 광속조정법(Bundle Adjustment)에서 사용하는 입력좌표는?

① 사진좌표 ② 모델좌표
③ 스트립좌표 ④ 기계좌표

| 해설 |

광속조정법은 상좌표를 사진좌표로 변환시킨 다음 사진좌표로부터 직접 절대좌표를 구하는 것으로 종횡접합모형내의 각 사진상에 관측된 접합점의 사진 좌표를 이용하여 최소제곱법으로 각 사진의 외부표정요소 및 접합점의 최확값을 결정하는 방법이다.

정답 ①

48. 항공사진 판독에 대한 설명으로 틀린 것은?

① 사진판독은 단시간에 넓은 지역을 판독할 수 있다.
② 색조, 모양, 입체감 등이 나타나지 않는 지역은 판독에 어려움이 있다.
③ 수목의 종류를 판독하는 주요 요소는 음영이다.
④ 근적외선 영상은 식물과 물을 판독하는데 유용하다.

| 해설 |

색조는 지물(地物)의 색과 관계가 있어 주로 수목의 종류를 판독하는 데 필요하다.

정답 ③

49. 지질, 토양, 수자원 및 삼림조사 등의 판독작업에 주로 이용되는 사진은?

① 적외선 사진 ② 펜크로사진
③ 반사사진 ④ 위색사진

| 해설 |

적외선 사진은 적외선을 이용한 사진으로 최근 사용빈도가 증가하며 지도 작성, 지질, 토양, 수자원 및 삼림조사 등의 판독작업에 이용되고 있다.

정답 ①

50. 항공사진(수직사진)의 판독에 필요한 요소로 볼 수 없는 것은?

① 음영 ② 색조
③ 크기와 형태 ④ 운량과 풍력

| 해설 |

항공사진의 판독요소는 색조, 모양, 질감, 형상, 크기, 음영, 상호위치관계, 과고감 등이다.

정답 ④

51. 사진판독에서 정성적 요소가 아닌 것은?

① 모양 ② 크기 ③ 음영 ④ 질감

| 해설 |

정성적 요소는 모양, 음영, 질감이라 할 수 있다.

정답 ②

52. 사진의 판독 요소로 천연색 사진이 판독범위가 넓으며 천연색 사진에서 밭, 논, 수면 등을 판독할 때 가장 중요한 요소는?

① 색조 ② 형상 ③ 음영 ④ 질감

| 해설 |

천연색 사진은 판독범위가 넓으며 밭, 논, 수면 등을 판독할 경우 특히 색상으로 판독이 가능한 내용으로 색조를 중요한 요소로 볼 수 있다.

정답 ①

53. 항공사진의 판독 요소 중 개체의 목표물의 윤곽, 구조, 배열 및 일반적인 형태 판독에 사용되는 요소로 옳은 것은?

① 색조 ② 형태 ③ 질감 ④ 크기

| 해설 |

항공사진의 판독요소 중 개체의 목표물의 윤곽, 구조, 배열 및 일반적인 형태 판독에 사용되는 요소는 형태로 형상(Shape)을 의미한다.

정답 ②

54. 다음 설명에 해당하는 판독의 요소는?

어떤 대상물의 윤곽을 파악하는 역할을 하며 판독 시 빛의 방향과 촬영 시의 빛의 방향을 일치시키면 입체감을 얻기 쉬워 이 요소를 활용하여 판독하기 용이하다.

① 색조 ② 음영 ③ 모양 ④ 질감

| 해설 |

음영은 어떤 대상물의 형태를 읽기 위해서는 그 자체가 갖는 색조 이외에도 대상물의 윤곽을 주는 음영이 큰 역할을 하며, 판독 시 빛의 방향과 촬영 시의 빛의 방향을 일치시키는 것이 입체감을 얻기 쉽다.

정답 ②

55. 사진측량에서의 사진판독 순서로 옳은 것은?

① 촬영계획 및 촬영 → 판독기준 작성 → 판독 → 현지조사 → 정리
② 촬영계획 및 촬영 → 판독기준 작성 → 현지조사 → 정리 → 판독
③ 판독기준 작성 → 촬영계획 및 촬영 → 판독 → 정리 → 현지조사
④ 판독기준 작성 → 촬영계획 및 촬영 → 현지조사 → 판독 → 정리

| 해설 |

판독순서는 촬영계획 → 촬영 및 사진제작 → 판독기준 작성 → 사진판독 → 현지조사(지리조사) → 정리의 순이다.

정답 ①

56. 축척 1/10,000으로 촬영된 수직사진을 이용하여 판독할 때 가장 구별하기 어려운 것은?

① 하천과 도로
② 농로와 용수로
③ 우체국과 구청
④ 등대와 고압송전선의 철탑

| 해설 |

축척 1/10,000로 촬영된 수직 항공사진에서 우체국과 구청은 판독이 어렵다.

정답 ③

57. 다음 중 항공사진의 판독만으로 구별하기 가장 어려운 것은?

① 능선과 계곡 ② 밀밭과 보리밭
③ 도로와 철도선로 ④ 침엽수와 활엽수

| 해설 |
밀밭과 보리밭은 현지 조사를 거쳐야 정확한 판독이 가능하다.

정답 ②

58. 사진지도를 편위수정 방법에 따라 분류할 경우 성격이 다른 것은?

① 약조정 집성사진지도 ② 반조정 집성사진지도
③ 수치지적도 ④ 정사투영 사진지도

| 해설 |
사진 지도제작 방법은 편위수정에 따라 약조정 집성사진지도, 반조정 집성사진지도, 조정 집성사진지도 및 정사투영 사진지도로 분류된다.

정답 ③

59. 다음 중 사진지도의 특징에 대한 설명으로 잘못된 것은?

① 정량적 및 정성적 관측이 가능하다.
② 접근하기 어려운 대상물의 관측이 가능하다.
③ 시간적 변화를 포함한 4차원 측량할 수 있다.
④ 행정경계, 지명, 건물명 등도 별도의 작업 없이 측량할 수 있다.

| 해설 |
행정경계, 지명, 건물명 등은 현지조사측량을 시행하여야 만이 파악할 수 있다.

정답 ④

60. 편위수정을 거친 사진을 집성한 사진지도로써 카메라의 경사에 의한 변위를 수정하여 모자이크한 것으로 등고선이 삽입되어 있지 않은 사진지도는?

① 약조정 집성사진지도 ② 반조정 집성사진지도
③ 조정 집성사진지도 ④ 정사투영 사진지도

| 해설 |
조정 집성사진지도는 카메라의 경사에 의한 변위를 수정하고, 축척도 조정한 지도를 말한다.

정답 ③

61. 사진지도 중 사진의 경사, 지표면의 비고를 수정하였을 뿐만 아니라 등고선이 삽입된 지도는?

① 약조정 집성사진지도 ② 반조정 집성사진지도
③ 조정 집성사진지도 ④ 정사투영 사진지도

| 해설 |
정사투영 사진지도는 카메라의 경사 및 지표면의 비고를 수정하고 등고선이 삽입된 지도이다.

정답 ④

62. 수치사진측량에서 영상정합(image matching)에 대한 설명으로 틀린 것은?

① 저역통과 필터를 이용하여 영상을 여과한다.
② 하나의 영상에서 정합 요소로 점이나 특징을 선택한다.
③ 수치표고 모델 생성이나 항공삼각측량의 점이사를 위해 적용된다.
④ 대상 공간에서 정합된 요소의 3차원 위치를 계산한다.

| 해설 |
저역통과 필터는 고주파 성분 또는 잡음을 제거하기 위해 디지털 영상처리에서 사용되며 부드러워진 영상의 결과로 나타난다.

정답 ①

63. 입체영상의 영상정합(Image Matching)에 대한 설명으로 옳은 것은?

① 경사와 축척을 바로 수정하여 축척을 통일시키고 변위가 없는 수직사진으로 수정하는 작업
② 한 영상의 한 위치에 해당하는 실제의 객체가 다른 영상의 어느 위치에 형성되었는가를 발견하는 작업
③ 사진상의 주점이나 표정점 등 제 점의 위치를 인접한 사진상에 옮기는 작업
④ 지표의 상태를 파악하기 위하여 사진에 찍혀 있는 것이 무엇인지를 판별하는 작업

| 해설 |
영상정합(Image Matching)은 입체 모델을 구성하는 두 장 이상의 영상 중 한 영상에 나타나는 영상점이 다른 영상의 어느 위치에 형성되었는가를 결정하는 작업이다.

정답 ②

64. 수치사진측량의 영상정합(image matching) 방법에 해당하지 않는 것은?

① 형상기준 정합 ② 미분 연산자 정합
③ 영역기준 정합 ④ 관계형 정합

| 해설 |
수치사진측량의 영상정합 방법에는 영역기준 정합, 관계형 정합, 형상기준 정합이 있다.

정답 ②

65. 수치사진측량에서 둘 또는 그 이상의 사진상에서 공액점을 찾는 영상정합방법이 아닌 것은?

① 영역기준 정합법 ② 형상기준 정합법
③ 관계형 정합법 ④ 탐색형 정합법

| 해설 |

영상정합은 입체모델을 구성하는 두 장 이상의 영상 중 한 영상에 나타나는 영상점이 다른 영상의 어느 위치에 형성되었는가를 결정하는 작업으로 상응하는 공액점의 위치를 자동으로 결정하는 것느로 영역기준 정합법, 관계형 정합법, 형상기준 정합법이 있다.

정답 ④

66. 수치사진측량의 영상정합에서 두 영상의 특징(일반적 경계정보를 의미)을 기본 자료로 이용하며 두 영상에서 대응하는 특징을 발견함으로써 대응점을 찾아내는 정합은?

① 영역기준정합 ② 단순정합
③ 형상기준정합 ④ 관계형정합

| 해설 |

형상기준정합은 경계정보를 이용한다.

정답 ③

67. 영상정합의 종류에서 객체의 점, 선, 면의 밝기값 등을 이용하는 정합은?

① 단순 정합 ② 관계형 정합
③ 형상기준 정합 ④ 영역 기준 정합

| 해설 |

관계형 정합은 대상물의 점, 선, 면의 밝기값 등을 이용한다.

정답 ②

68. 수치표고모형(DEM)에 대한 보간 방법에 해당하지 않는 것은?

① 함수보간법 ② 곡선보간법
③ 곡면보간법 ④ 선형보간법

| 해설 |

수치표고 모형의 보간은 점의 높이 좌표값을 그 주변의 기지좌표 값으로부터 보간함수를 적용하여 추정 계산하는 것으로 선형보간법, 곡선보간법, 곡면보간법이 있다.

정답 ①

69. DTM과 DEM의 지형표현 방법에 해당하지 않는 것은?

① 격자법 ② 곡선법 ③ 단면법 ④ 등고선법

| 해설 |

DTM과 DEM의 지형표현 방법은 수치적으로 표현하는 방법을 말하며 격자법, 등고선법, 단면법, 임의법, 불규칙삼각망으로 구분된다.

정답 ②

70. LiDAR 시스템의 구성에 해당하지 않는 것은?

① 항공레이저스캐너
② GPS(Global Positioning System)
③ INS(Inertial Navigation System)
④ TIN(Triangulated Irregular Network)

| 해설 |

LiDAR 시스템은 항공레이저스캐너(Airborne Laser Scanner)와 GPS(Global Positioning System), INS(Inertial Navigation System) 시스템으로 구성되어 있다.

정답 ④

71. 원격탐사(Remote Sensing)에 관한 정의로 가장 옳은 것은?

① 센서를 이용하여 지표의 대상물에서 반사 또는 방사된 전자스펙트럼을 측정하여 대상물에 관한 정보를 얻는 기법
② 지상에서 대상 물체에 전파를 발생시켜 그 반사파를 이용하여 측정하는 기법
③ 우주에 산재하여 있는 물체들의 고유 스펙트럼을 이용하여 각각의 구성성분을 지상의 레이더망으로 수집하여 얻는 기법
④ 우주선에서 찍은 중복된 사진을 이용하여 지상에서 항공사진의 처리와 같은 방법으로 판독하는 기법

| 해설 |

원격탐사는 지상이나 항공기, 인공위성 등의 탑재기에 설치된 탐측기를 이용하여 지표, 지상, 지하, 대기권 및 우주공간의 대상물에서 반사 또는 방사되는 전자기파를 탐지하고 이들 자료로부터 토지, 환경, 자원에 대한 정보를 추출하여 해석하는 기법이다.

정답 ①

72. 회전주기가 일정한 위성을 이용한 원격탐사의 특징으로 틀린 것은?

① 짧은 시간에 넓은 지역을 동시에 측정할 수 있으며 반복측정이 주기적으로 가능하여 대상물의 변화를 감지할 수 있다.
② 다중파장대에 의한 지구 표면의 다양한 정보의 취득이 용이하며 관측 자료가 수치로 기록되어 판독에 있어서 자동적인 작업 수행이 가능하고 정량화하기 쉽다.
③ 관측이 넓은 시야각으로 행해지므로 얻어진 영상은 중심투영에 가깝다.
④ 탐사된 자료가 즉시 이용될 수 있으며 재해 및 환경문제의 해결에 유용하게 이용될 수 있다.

| 해설 |

원격탐측의 특징
① 짧은 시간 내에 넓은 지역을 동시에 측정할 수 있으며 반복측정이 가능하다.
② 다중파장대에 의한 지구 표면의 정보획득이 용이하다.
③ 측정자료가 기록되어 판독이 자동적이고 정량화가 가능하다.
④ 회전주기가 일정하므로 원하는 지점 및 시기에 관측하기가 어렵다.
⑤ 관측이 좁은 시야각으로 얻어진 영상은 정사투영에 가깝다.
⑥ 탐사된 자료가 즉시 이용될 수 있으며 재해, 환경문제 해결에 편리하다.

정답 ③

73. 회전주기가 일정한 위성을 이용한 원격탐사의 특징에 대한 설명으로 옳지 않은 것은?

① 탐사된 자료가 즉시 이용될 수 있으며, 재해 및 환경문제 해결에 편리하다.
② 관측이 좁은 시야각으로 행하여지므로 얻어진 영상은 정사투영에 가깝다.
③ 회전주기가 일정하므로 원하는 지점 및 시기에 관측하기가 쉽다.
④ 짧은 시간 내에 넓은 지역을 동시에 측정할 수 있으며 반복측정이 가능하다.

| 해설 |

회전주기가 일정하므로 원하는 지점 및 시기에 관측하기가 어렵다.

정답 ③

74. 인공위성에 의한 원격탐사(remote sensing)의 특징에 대한 설명으로 틀린 것은?

① 짧은 시간 내에 넓은 지역을 동시에 관측할 수 있으며 반복 관측이 가능하다.
② 다중파장대에 의한 지구 표면의 정보획득이 용이하고 판독이 자동적이고 정량화가 가능하다.
③ 탐사된 자료가 즉시 이용될 수 있으며 재해, 환경문제 해결에 편리하다.
④ 회전주기를 자유롭게 조정할 수 있으므로 원하는 지점 및 시기에 관측하기 용이하다.

| 해설 |

회전주기가 일정하므로 원하는 지점 및 시기에 관측하기가 어렵다.

정답 ④

75. 회전주기가 일정한 인공위성에 의한 원격탐사의 특성이 아닌 것은?

① 얻어진 영상이 정사투영에 가깝다.
② 판독이 자동적이고 정량화가 가능하다.
③ 넓은 지역을 동시에 측정할 수 있다.
④ 어떤 지점이든 원하는 시기에 관측할 수 있다.

| 해설 |

회전주기가 일정하므로 원하는 지점 및 시기에 관측하기가 어렵다.

정답 ④

76. 다음 중 원격센서(remote sensor)를 능동적 센서와 수동적 센서로 구분할 때, 능동적 센서에 속하는 것은?

① TM(thematic mapper)
② 천연색 사진
③ MSS(multi−spectral scanner)
④ SLAR(side looking airborne radar)

| 해설 |

수동적 센서는 MSS, TM, HRV이며, 능동적 센서에서 비주사방식은 laser 거리관측기가 있고 주사방식으로는 radar와 SLAR(Side Looking Air bone Radar)가 있다.

정답 ④

77. 원격센서(Remote Sensor)의 분류 관계가 올바르게 짝지어진 것은?

① 선주사 방식−사진 방식
② 카메라 방식−Laser 방식
③ 화상센서−수동적 센서
④ 능동적 센서−T.V 방식

| 해설 |

① 화상센서는 수동적 센서와 능동적 센서로 구분한다.
② 능동적 센서는 Radar 방식과 Laser 방식, 수동적 센서는 선주사 방식과 카메라 방식이 있다.
③ 선주사 방식은 광기계적 주사 방식과 전자적 주사 방식이 있다.

정답 ③

78. 다음 중 원격탐사에 사용되는 전자스펙트럼에서 가장 파장이 긴 것은?

① 자외선 ② 초록색 ③ 노랑색 ④ 적외선

| 해설 |

다중파장대는 청색 : 0.4~0.5㎛, 녹색 : 0.5~0.6㎛, 근적외 : 0.6~0.7㎛, 적외 : 0.7~0.9㎛로 구분한다.

정답 ④

79. 사진에서 볼 때 태양광선을 받아 주위보다 밝게 찍혀 보이는 부분을 무엇이라 하는가?

① Sun Spot ② Lineament
③ Overlay ④ Shadow Spot

| 해설 |

Sun Spot은 사진에서 볼 때 태양광선을 받아 주위보다 밝게 찍혀 보이는 부분이다.

정답 ①

80. 원격탐사에 사용되는 인공위성의 종류가 아닌 것은?

① LANDSAT ② SPOT
③ IKONOS ④ MSS

| 해설 |

① 위성 종류에는 지구자원탐측 위성(LANDSAT), SPOT, 기상위성(METSAT), 해양위성(SEASAT), 응용기술위성, 우주실험소 위성이 있다.
② MSS(Multi Spectral Scanner)는 지표로부터 방사 및 반사되는 전자기파를 렌즈와 반사경으로 집광하여 필터를 통해 분광한 다음 파장별로 구분하고 각각 영상테이프에 기록하는 장치를 말하는 것으로 해당되지 않는다.

정답 ④

81. 원격탐사에 의한 측정에 영향을 미치는 요인과 가장 거리가 먼 것은?

① 물체의 반사 또는 방사
② 광원의 입사각과 물체 및 센서 위치 관계
③ C-계수
④ 대기의 반사, 투과, 흡수, 산란

| 해설 |

C-계수(Factor)는 도화기의 정밀도를 나타내는 계수이다.

정답 ③

82. SPOT 위성에 대한 설명으로 옳은 것은?

① 미국 NASA에서 발사한 자원탐사위성이다.
② HRV는 흑백 영상과 다중파장대 영상을 탐측한다.
③ 입체시는 불가능하지만, 특성 해석에는 적합하다.
④ LANDSAT과는 달리 경사관측이 불가능하다.

| 해설 |

SPOT 위성의 기능으로는 흑백 영상(Panchromatic Image)과 다중파장대 영상(Multi Spectral Image)이 있다.

정답 ②

83. 다음 중 해상력이 가장 좋은 관측위성은?

① IKONOS ② SPOT
③ NOAA ④ LANDSAT

| 해설 |

IKONOS 위성의 장점은 고해상도와 높은 위치정확도에 있으며 흑백영상은 1m이고, 칼라영상의 지상해상도는 4m이다.

정답 ①

84. 다음 중 우리나라에서 발사한 위성은?

① KOMPSAT ② LANDSAT
③ SPOT ④ IKONOS

| 해설 |

아리랑 1호(KOMPSAT)는 1980년대부터 기상통신 분야 및 국토개발, 해양, 환경, 과학탐측 등의 분야에서 자료를 활용하며 무궁화 위성, 우리별 1, 2호에 이어 우리나라 최초의 영상위성이라 할 수 있다.

정답 ①

85. 다음은 지구탐사위성으로부터 얻은 영상의 활용 분야를 열거한 것이다. 옳지 않은 것은?

① 수자원 조사
② 환경오염 조사
③ 수온의 분포상태
④ 두 점 간의 정밀한 거리측정

| 해설 |

두 점 간의 정밀한 거리측정은 GPS 인공위성의 장점이라 할 수 있다.

정답 ④

CHAPTER

07 지하시설물측량

7.1. 개요

지하시설물측량이란 지하에 설치·매설된 시설물을 효율적이고, 체계적으로 유지·관리하기 위하여 지하시설물에 대한 조사, 탐사 및 위치측량과 이에 따르는 도면제작 및 데이터베이스 구축까지를 말한다. 지하시설물은 최신화된 측량 장비의 도입과 더불어 지적현황측량의 일환으로서 측량 업무를 수행하고 있다.

7.1.1. 지하시설물 종류

지하시설물 종류는 지하에 매설된 시설물로 상수도, 하수도, 가스·통신·전기, 송유관 및 난방열관 시설, 신호 및 가로등과 관련된 지하시설, 지하철 및 ITS 관련 지하시설, 지하에 설치된 케이블TV 및 유선선로, 공동구, 지하도와 지하상가 시설, 기타 공공의 이해관계가 있는 지하시설물 등이다.

7.1.2. 측량작업 순서

① 지하시설물의 탐사법은 굴착하지 않고 탐사장비를 가지고 지표로부터 시설물의 수평, 수직위치를 탐사하는 것이다.

② 지하시설물측량 작업순서는 작업계획, 자료의 수집 및 편집, 지하시설물탐사, 위치측량, 원도 작성, 대장조서 및 속성 DB 작성, 지하시설물도 작성, 정위치 편집, 구조화 편집, 도면제작 편집 및 도면출력, 성과정리의 순서로 작업이 진행된다.

7.2. 탐사 방법

① 지하시설물측량 방법은 전파탐사법(Electromagnetics), 음향탐사법(Acoustics), 적외선 탐사법(Infrared), 자장탐사법(Magnetics), 원자탐사법(Nuclear) 등이 있으나 가장 일반적으로 전파탐사 방법이 많이 이용되고 있다.

② 지하시설물 탐사 방법은 수평위치를 측정하는 방법과 깊이를 측정하는 방법으로 시행하여 위치를 파악한다.

7.2.1. 지하시설물 관로 탐사 시 조사사항

① 평면 위치 및 심도 탐사

② 탐사 구역에 대한 시설물의 속성자료 확인

③ 관로의 재질, 관경 및 설치 연도 등을 조사한다.

7.2.2. 지하시설물측량 방법

(1) 전자유도 탐사 방법

① 지하에 매설된 전도체에 흐르는 전류에 의해 자장이 형성되는데 전파탐사 장비를 통해 자장에서 발생하는 에너지를 수신하여 시설물을 파악하는 방법이며, 고가이고 판독 기술이 요구된다.

② 전자유도 탐사 방법(Electromagnetic Induction Method)의 원리는 지하시설물관이나 케이블에 교류전류를 흐르게 하여 그 주변에 교류 자장을 발생시켜 지표면에서 발생된 교류 자장을 수신기의 측정 코일의 감도 방향성을 이용하여 평면위치를 측정하고 지표면으로부터 깊이를 측정하는 방법이다.

(2) 전파탐사

① 지하시설물의 재료, 부하된 전압에 따라 신호 강도가 달라지는 원리를 응용하여 지하시설물의 측정에 널리 사용되고 있는 방법이다.

② 탐사 원리는 자기유도에 기본원칙을 두고 있으며, 전도체에 자기가 흐르면 도체 주위에 자기장이 형성된다는 자연법칙에 기본을 두고 있다.

③ 자기장을 유도하면 자장 속에 있는 코일에 전압이 형성되어 코일에 유도된 전압은 수신기 극에서 더욱 강해져서 시설물탐사에 응용될 수 있다.

(3) 지중레이더 탐사

① 지중레이더 탐사(Ground Penetration Rader Method) 방법은 안테나와 자료 표시부로 구성되어 안테나에서 전파를 송·수신하면 자료표시 부분에서는 수신한 신호를 처리하여 표시하는데 보통 안테나는 송·수신기가 하나로 되어 있다.

② 안테나에서 지하로 전파를 발사하여 지하의 여러 대상물에서 반사한 전자파를 수신하며 단면을 반사 강도에 따라 8가지 컬러영상으로 표시하여 분석하고 CRT상에 순차적으로 표시하므로 대상물의 위치와 깊이를 탐사하는 방법이다.

③ 지중레이다 탐사법은 지하 토질과 함수비가 일정하면 탐사가 양호하나 30cm 이상의 콘크리트 포장과 쓰레기 매립지 등에서는 탐사가 불량하고 작은 매설관을 판독하고 식별하는데 어려움이 따른다.

(4) 음파탐사

① 수도관 등의 물이 흐르는 관로 또는 주로 소화전이나 수도계량기기 등에 음파신호를 보내어 관내에서 발생한 음파를 탐지하게 하는 방법이다.

② 음파 탐사법은 원래 누수를 찾기 위한 기술이었는데 현재는 이 기술을 이용하여 수도관로 중 PVC 또는 플라스틱 관을 찾는 데 이용되고 있다.

(5) 전기탐사

① 전기탐사(Electric Resistivity Survey) 원리는 지반 중에 전류를 흘려보내어 그 전류에 의한 전압을 측정하여 지반 내의 전기 비저항 값의 분포를 구하는 것으로 전류를 흘려보내는 순간의 전류 전극과 전압 강하를 측정한다.

② 비저항 값은 지반의 토질과 흙의 공극률(孔隙率), 함수율(含水率) 등에 의해 변화하기 때문에 비저항값 분포로부터 지반의 구조와 상태를 추정할 수 있다.

7.2.3. 평면위치 탐사기법

① 수평위치의 측정 정도는 ±5% 이내이며 지하에 매설된 시설물의 정확한 위치표시를 위하여 간접법, 직접법, 유도법 등을 적용한다.

② 평면위치 탐사기법에는 직접법, 간접법, 유도법, 탐침법, 외부 코일법 등이 있다

③ 직접법은 저주파를 사용할 경우는 시설물에 전파되는 신호의 감소율이 낮으며 다른 인접시설물에 미치는 영향이 적고, 중주파는 시설물에 전파가 흐르도록 하고 송신기를 모두 사용하여 탐사한다.

④ 간접법은 수동형 탐사법이라고도 하며 전력케이블이나 통신케이블 탐사는 도선 내에서 흐르는 전류를 탐지하기 때문에 송신기 없이 수신기만으로 탐사한다.

⑤ 유도법은 송신기를 시설물 일부에 연결하지 않고 예상되는 시설물의 방향과 일직선이 되게 지면에 설치하며 중주파나 저주파를 사용하여 신호를 방사하고 송유관에 유도되는 송신신호를 수신기로 탐사하여 신호를 파악한다.

⑥ 탐침에 의한 방법은 전도체만을 탐지할 수 있어 비금속 관로나 하수관로 탐사를 위해 특수한 센서인 탐침을 강선에 연결시켜 밀어 넣거나 손으로 직접 가지고 들어가서 측정하려는 지점에 고정시키고 수신기를 이용하여 위치와 심도를 측정하는 방법이다.

⑦ 외부 코일법은 직경 10cm까지의 외부 선로에 클램프(Clamp)를 부착하여 시설물에 유도 전류를 보내어 탐색하는 방식으로 대상물에 근접할 수 있을 경우 효과적이다.

Chapter 07 지하시설물측량

핵/심/문/제

1. 지하시설물측량에 대한 설명이다. 틀린 것은?

① 지하에 설치·매설된 시설물을 효율적으로 유지와 관리를 할 수 있다.
② 지하시설물에 대한 조사, 탐사 및 위치측량과 도면 제작 및 데이터베이스 구축까지를 말한다.
③ 전국 도시를 대상으로 지하매설물 도면을 수치 지도화 사업으로 추진하고 있다.
④ 국가지리정보시스템(NGIS) 구축사업에는 지하시설물과는 연계하지 않고 있다.

| 해설 |

1995년 우리나라는 국가지리정보시스템(NGIS) 구축사업을 시작으로 지하시설물 도면을 전산화하기 시작하여 현재까지 지속적으로 시행하고 있다.

정답 ④

2. 지하시설물의 종류에 해당하지 않는 것은?

① 상수도 시설 ② 송유관 시설
③ 지하상가 시설 ④ 전신주 시설

| 해설 |

지하시설물 종류는 지하에 매설된 시설물로 상수도, 하수도, 가스·통신·전기, 송유관 및 난방열관 시설, 신호 및 가로등과 관련된 지하시설, 지하철 및 ITS 관련 지하시설, 지하에 설치된 케이블TV 및 유선선로, 공동구, 지하도와 지하상가 시설, 기타 공공의 이해관계가 있는 지하시설물 등이다.

정답 ④

3. 지하시설물측량의 순서로 옳은 것은?

① 작업계획 → 자료수집 → 지하시설물 탐사 → 지하시설물 원도 작성 → 작업조서 작성
② 자료수집 → 작업계획 → 지하시설물 탐사 → 작업조서 작성 → 지하시설물 원도 작성
③ 작업계획 → 지하시설물 탐사 → 자료수집 → 지하시설물 원도 작성 → 작업조서 작성
④ 자료수집 → 지하시설물 탐사 → 작업계획 → 작업조서 작성 → 지하시설물 원도 작성

| 해설 |

지하시설물측량 작업순서는 작업계획 수립 → 자료수집 및 편집 → 지상에 노출된 지하시설물 조사 → 지하시설물에 대한 측량 → 지하시설물 원도 작성 → 대장 조서 및 작업조서의 작성 → 지하시설물도 작성 및 정리점검의 순서로 실시한다.

정답 ①

4. 지하시설물 측량작업순서 중 작업계획을 수립할 경우 준비사항이 아닌 것은?

① 현장 답사 ② 계획 수립
③ 기본도 준비 ④ 착수 우선 순위 결정

| 해설 |

지하시설물 측량계획을 수립할 때는 작업방법, 품질관리 계획, 현장답사, 기초자료 수집(도면, 관리대장), 세부공정, 인원과 기기의 투입, 보안 및 안전관리, 참조할 자료를 파악한다.

정답 ④

5. 지하시설물 측량작업순서 중 도로 폭 확인 및 시설물 자료의 누락 여부를 검토하는 단계는?

① 현장 답사 ② 계획 수립
③ 기본도 준비 ④ 도면작성

| 해설 |

기본도 준비에서 도로 폭 확인 및 시설물 자료의 누락 여부 검토를 한다.

정답 ③

6. 지하시설물 측량을 위한 지상 시설물의 조사사항에 해당하지 않는 것은?

① 노출된 지하시설물의 현지조사
② 맨홀뚜껑을 개방하여 맨홀 내부의 유해가스 측정
③ 하수 맨홀은 관저, 구경, 재질, 유수 방향 조사
④ 지하시설물 도면과 맨홀 내부가 일치하는지 여부를 확인

| 해설 |

지상시설물의 조사사항은 조사 시 필요한 제반 안전 사항 확인 및 축척 1/500의 가편집도 준비, 그리고 작업지역에 대한 사전조사, 노출된 지하시설물의 현지조사, 지형·지물에 대한 현지 보완측량, 맨홀 뚜껑의 개방 및 맨홀 내부의 유해가스 산소농도의 측정, 지상에 송풍기 설치와 맨홀 내부 환기, 하수 맨홀은 관저, 구경, 재질, 유수 방향 조사를 시행한다.

정답 ④

7. 지하시설물에 대한 측량에서 지하시설물 관로 탐사에서 조사할 사항이 아닌 것은?

① 도로의 교통상황 조사
② 평면 위치 및 심도 탐사
③ 탐사 구역에 대한 시설물의 속성자료 확인
④ 관로의 재질, 관경 및 설치 연도 조사

| 해설 |
지하시설물을 종류별로 구분하여 평면 위치 및 심도 탐사와 탐사 구역에 대한 시설물의 속성자료 확인을 위하여 관로의 재질, 관경 및 설치 연도 등을 조사한다.

정답 ①

8. 새로운 지하시설물도를 작성하기 위한 지하시설물측량을 할 때 실제 탐사작업의 업무량을 줄이는데, 가장 필요로 하는 것은?

① 사전자료 수집의 정확성
② 지적현황측량의 신속성
③ 시설물종합도 편집의 정확성
④ 시설물상세도 편집의 정확성

| 해설 |
새로운 지하시설물도를 작성하기 위한 지하시설물측량을 할 때 실제 탐사작업의 업무량을 줄이는데, 가장 필요로 한 것은 지하시설물에 대한 자료를 사전에 조사, 수집하여 지하시설물측량 및 입력의 참고자료로 활용하여야 한다.

정답 ①

9. 지하시설물측량을 지하시설물의 조사, 관측, 해석 및 유지관리로 구분할 때, 지하시설물 해석의 내용과 거리가 먼 것은?

① 관측을 통하여 수집된 관측 자료를 분석한다.
② 구조화 편집을 통하여 최종자료 기반화를 완성한다.
③ 지하시설물의 변동사항 갱신과 지하시설물의 특성에 따른 모니터링 체계를 통합한다.
④ 관측을 통하여 수집된 지하시설물 원도와 대장 조서를 이용하여 대장 입력과 도면제작편집을 수행한다.

| 해설 |
지하시설물의 변동사항 갱신과 지하시설물의 특성에 따른 모니터링 체계는 별도로 관리하고 있다.

정답 ③

10. 지하시설물측량에 대한 설명으로 옳은 것은?

① 전자기유도법–고가이고 판독 기술이 요구된다.
② 지하레이더탐사법–비금속 탐지가 가능하다.
③ 음파탐사법–지중에 있는 강자성체의 이상자기를 조사하는 방법이다.
④ 전기탐사법–문화유적지 조사, 지중금속체 탐지에는 부적합하다.

| 해설 |
지하레이더탐사법(GPR)은 적용 범위가 다양하며 탐사대상의 형상과 재질에 관계없이 탐사가 가능하므로 매우 효과적인 탐사법이다.

정답 ②

11. 상·하수도, 가스관, 통신선로 등의 건설, 유지관리를 위한 자료 제공 및 측량도면 등을 제작하기 위한 측량은?

① 관개배수 측량　　② 시설물 변위 측량
③ 지하시설물측량　　④ 건축물측량

| 해설 |
지하시설물측량은 국토지리정보원장이 정하는 지하시설물 시설의 도면을 제작하기 위한 측량을 말한다.

정답 ③

12. 지하시설물 탐사 방법에 해당하지 않는 것은?

① 지중레이더 탐사법　　② 전자유도 탐사법
③ 수중전파 탐사법　　④ 음파 탐사법

| 해설 |
지하시설물 탐사 방법은 지중레이더 탐사법, 전자유도 탐사법, 음파 탐사법, 전기 탐사법, 전파 탐사법이 있다.

정답 ③

13. 전자유도 탐사법으로 지하시설물 탐사를 할 경우 종류에 해당하지 않는 것은?

① 음파 탐사법　　② 간접 탐사법
③ 크램프 접속법　　④ 통선법

| 해설 |
전자유도 탐사법은 직접 탐사법, 간접 탐사법, 크램프 접속법, 통선법, 탐침법으로 구분하여 실시한다.

정답 ①

14. 지하시설물 관이나 케이블에 교류전류를 흐르게 하여 발생시킨 교류 자장을 측정하여 평면위치 및 깊이를 측정하는 측량방법은?

① 원자 탐사법 ② 음파 탐사법
③ 전자유도 탐사법 ④ 지중레이다 탐사법

| 해설 |

전자유도 탐사 방법은 지하시설물 관이나 케이블에 교류전류를 흐르게 하여 그 주변에 교류 자장을 발생시켜 지표면에서 발생된 교류 자장을 수신기의 측정 코일의 감도 방향성을 이용하여 평면위치를 측정하고 지표면으로부터 깊이를 측정하는 방법이다.

정답 ③

15. 수십MHz~수GHz 주파수 대역의 전자기파를 이용하여 전자기파의 반사와 회절 현상 등을 측정하고 이를 해석하여 지하구조의 파악 및 지하시설물을 측량하는 방법은?

① 지표 투과 레이더(GPR) 탐사법
② 초장기선전파간섭계법
③ 전자유도 탐사법
④ 자기 탐사법

| 해설 |

① 지표 투과 레이더(GPR) 탐사법은 수십MHz~수 GHz 주파수 대역의 전자기 펄스를 이용하여 천부의 지하구조 파악 및 지하시설물측량 방법이다.
② 이 방법은 다른 탐사법에 비해 상대적으로 짧은 파장의 전자기파를 사용하므로 분해능이 높으며, 매질 간의 유전율 차이에 의한 전자기파의 반사와 회절 현상 등을 측정하고 이를 해석하여 지하구조 및 시설물 등을 파악한다.

정답 ①

16. 음파 탐사법에 대한 설명으로 틀린 것은?

① 초기에는 누수를 찾기 위한 기술이었다.
② 수도관로 중 PVC 또는 플라스틱 관을 찾는 데 이용되고 있다.
③ 수도관로 탐지에 유용하다.
④ 지반의 구조, 상태 등을 추정할 수 있다.

| 해설 |

음파 탐사법은 초기에는 누수를 찾기 위한 기술이었으나 현재는 수도관로 중 PVC 또는 플라스틱 관을 찾는 데 이용되고 있다.

정답 ④

17. 지하시설물의 탐사 방법으로 수도관로 중 PVC 또는 플라스틱 관을 찾는데, 주로 이용되는 방법은?

① 전자 탐사법 ② 자기 탐사법
③ 음파 탐사법 ④ 전기 탐사법

| 해설 |

음파 탐사법은 물이 흐르는 수도관에 음파 신호를 발사하여 수신기가 관내에서 발생한 음파를 탐사하는 방법으로 비금속에 해당하는 PVC 또는 플라스틱관 등의 관로 탐사에 유용하며 주로 소화전이나 수도계량기기 등이 필요하다.

정답 ③

18. 탐사 방법 중에서 평면위치 탐사기법에 해당하지 않는 것은?

① 유도법 ② 직접법
③ 지중레이더 탐사법 ④ 탐침법

| 해설 |

평면위치 탐사기법에는 직접법, 간접법, 유도법, 탐침법, 외부코일법 등이 있다.

정답 ③

19. 일본의 지하시설물 도면의 축척으로 맞는 것은?

① 1/250, 1/500 ② 1/1,000, 1/1,200
③ 1/500, 1/600 ④ 1/1200, 1/3,000

| 해설 |

1945년 일본에서는 1/250, 1/500 축척으로 지하시설물 도면을 작성하여 관리하기 시작하였으며 1980년부터 도로대장의 목적으로 대대적인 지하시설물측량을 시행하였다.

정답 ①

PART 03 토지정보체계

CHAPTER

01 토지정보 개요

1.1. 개요

① 토지정보시스템(LIS; Land Information System)은 토지의 효율적인 이용과 관리를 목적으로 각종 토지 관련 자료를 체계적이고 종합적으로 전산처리할 수 있도록 수치화하여 컴퓨터에 DB를 구축하여 저장하고 자료를 제공하는 역할을 한다.

② 지상정보와 관련된 위치정보 및 속성정보를 저장하여 각종 시설물 관리, 도로계획 및 유지 보수, 자원 활용, 환경영향평가 등에 활용할 수 있다.

③ 토지정보를 종합적이고 효율적으로 관리하는데 필요한 것을 지원하는 객관적인 토지정보시스템은 토지 관련 행정부서의 유기적인 연결 및 효율적인 운용으로 업무수행의 극대화를 위한 양질의 정보제공을 위한 시스템이다.

1.1.1. 용어의 정의

① "공간정보"란 지상·지하·수상·수중 등 공간상에 존재하는 자연적 또는 인공적인 객체에 대한 위치정보 및 이와 관련된 공간적 인지 및 의사결정에 필요한 정보를 말한다.

② "공간정보데이터베이스"란 공간정보를 체계적으로 정리하여 사용자가 검색하고 활용할 수 있도록 가공한 정보의 집합체를 말한다.

③ "공간정보체계"란 공간정보를 효과적으로 수집·저장·가공·분석·표현할 수 있도록 서로 유기적으로 연계된 컴퓨터의 하드웨어, 소프트웨어, 데이터베이스 및 인적자원의 결합체를 말한다.

④ "관리기관"이란 공간정보를 생산하거나 관리하는 중앙행정기관, 지방자치단체, 「공공기관의 운영에 관한 법률」제4조에 따른 공공기관, 그 밖에 대통령령으로 정하는 민간기관을 말한다.

⑤ "국가공간정보체계"란 관리기관이 구축 및 관리하는 공간정보체계를 말한다.

⑥ "국가공간정보통합체계"란 기본공간정보데이터베이스를 기반으로 국가공간정보체계를 통합 또는 연계하여 국토교통부장관이 구축·운용하는 공간정보체계를 말한다.

⑦ "공간객체등록번호"란 공간정보를 효율적으로 관리 및 활용하기 위하여 자연적 또는 인공적 객체에 부여하는 공간정보의 유일식별번호를 말한다.

1.1.2. 토지정보체계의 관리목적

① 토지 관련 자료를 데이터베이스화하여 토지에 관련된 정보를 사용자에게 신속, 정확하게 제공하기 위함이다.

② 신뢰할 수 있는 가장 최신의 토지 등록데이터를 확보할 수 있도록 하는 것이다.

③ 새로운 시스템의 도입으로 토지정보체계의 DB에 관련된 시스템을 자동화하는 것이다.

④ 토지대장과 도면작성을 위한 경계점좌표는 수치지적에 관한 지적공부의 확보이다.

1.1.3. 토지정보체계의 특징

① 일필지의 이동정리에 따른 정확한 자료가 저장되고 검색이 편리하다.

② 지적도의 경계점좌표를 수치로 등록함으로써 각종 계획업무에 활용할 수 있다.

③ 토지이용계획 및 토지관련 정책자료 등 다목적으로 활용할 수 있다.

④ 개인 또는 법인의 토지소유 현황자료는 토지권리에 대한 분석과 정보제공의 기초가 된다.

⑤ 지적공부의 열람·등본의 발급업무 및 토지이동, 소유권변동, 공시지가 등 변동자료를 신속하고 정확하게 처리할 수 있다.

⑥ 지방행정 관련 통계자료가 가능하고 지적의 일필지 지번 부여지역이 다른 토지 등록부와 일치되지 않을 경우가 있으므로 모든 필지는 강제 등록한다.

1.1.4. 토지정보체계의 구성요소

① 구성요소는 자료의 입력과 확인, 자료의 저장에 필요한 하드웨어, 소프트웨어, 데이터베이스, 조직과 인력으로 구성된다.

② 하드웨어는 중앙처리장치(CPU), 기억장치(Memory), 입출력장치(I/O) 등을 포함하며, 지형공간정보체계 기술의 발달과 그로 인한 컴퓨터의 급속한 보급의 배경에는 하드웨어의 발전이 절대적으로 기여하였다.

③ 소프트웨어는 각종 정보를 저장·분석·표현할 수 있는 기능을 지원하는 도구로써 정보의 입력 및 중첩기능, Database 관리기능, 질의 분석 등을 위한 컴퓨터 프로그램의 집합체이다.

④ Database는 도면으로부터 추출한 도형정보와 대장이나 통계자료로부터 추출한 속성정보를 말한다.

⑤ 전문 인력은 토지정보시스템을 구성하는 가장 중요한 요소로써 데이터를 구축하고 시스템을 운영할 수 있는 사람을 말한다.

1.2. 토지정보

① 지적정보는 전 국토의 모든 토지를 지적측량을 통하여 필지별로 정확하게 지적공부에 등록하여야 하며 토지소유자와 이용형태, 지리적 위치, 면적, 가격 등 기본적인 사항을 등록하여야 한다.

② 지적정보는 크게 대장을 기초로 하는 속성자료와 도면을 기본으로 하는 도형자료로 구분할 수 있으며 상호 보완적인 관계를 가지고 있다.

③ 지적정보에 해당하는 속성자료와 도형자료는 필지를 기반으로 하고 있지만, 토지정보로 활용하기 위해서는 동시에 사용할 수 있도록 등록되어야 한다.

1.2.1. 속성정보

① 속성정보는 객체와 관련 있는 특성에 대한 데이터로 지적의 경우 종전의 토지대장 및 임야대장에 수록된 내용과 경계점좌표기록부에 담긴 좌표나 거리 등의 내용이 해당한다.

② 지적에서 속성정보는 토지대장의 등록사항으로서 토지소재, 지번, 지목, 행정구역, 면적, 소유권(변동사항, 공유자, 주민등록번호), 토지 등급, 토지이동사항(합병, 분할, 신규등록, 등록전환) 등을 말한다.

③ 속성자료는 통계자료, 보고서, 관측자료, 범례 등의 형태로 구성되었으며 각종 정책적·경제적·행정적인 자료에 해당하는 글자와 숫자로 구성된 자료이다.

④ 속성자료에 해당하는 보고서는 사업계획서, 법규집, 일반보고서 등의 자료를 말한다.

⑤ 글자와 숫자 또는 텍스트로 구성되며 관측자료는 토지이용도 및 좌표, 수치영상 등으로 숫자로 구성되어 있다.

⑥ 지적에서 속성자료는 등록사항인 토지대장, 임야대장, 공유지연명부, 대지권등록부에 등록된 정보에 한정하고 있다.

1.2.2. 도형정보

① 지적도면은 토지에 대한 소유권 등 물권이 미치는 범위와 필지의 모양 등을 나타내는 경계를 등록·공시하는 지적공부이다.

② 지적도와 임야도 등록사항은 경계와 토지의 소재, 지번, 지목, 도면의 색인도, 제명 및 축척, 도곽선 및 도곽선 수치, 지적측량기준점, 좌표에 의해 계산된 경계점 간 거리, 지적측량기준점과 소관청의 직인이 등록되었다.

③ 지적에서의 위치정보는 도면정보로서 지적도, 임야도, 경계점좌표등록부 등을 말하며 도형정보라고도 한다.

④ 도형자료는 점, 선, 면적의 형태로 구성되었으며 주로 그림과 같은 속성으로 구성된다.

⑤ 점은 시설물의 위치, 측량기준점의 위치를 좌표(X, Y)로 표시함으로써 길이나 면적은 표현되지 않는다.

⑥ 선은 도로, 하천, 전력선, 경계, 상·하수도선, 통신관로 등으로 시작점과 끝나는 점을 표시하는 형태로 표현된다.

⑦ 면적은 행정구역, 건물, 토지의 형태와 시설물의 형태를 표시하는 방법으로 폐합된 선들로 구성된 일련의 좌표로 이루어졌으며 대부분 폐합된 다각형으로 표시하고 있다.

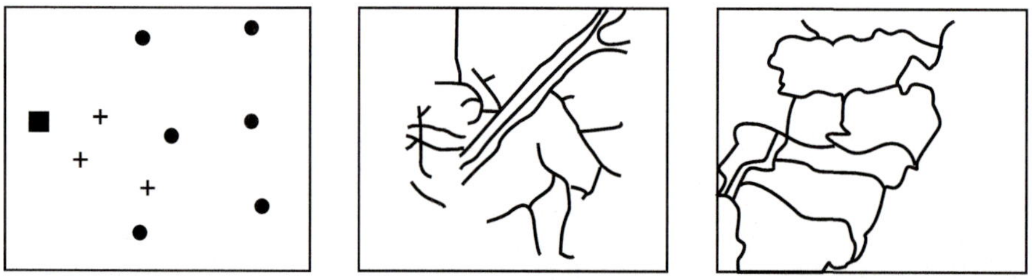

점의 형태 선의 형태 면의 형태

〈그림 3-1〉 도형자료

1.3. 데이터의 취득

데이터의 취득은 속성데이터와 도형데이터로 구분할 수 있으며 이들 데이터는 직접조사 또는 측량하여 취득하는 방법과 간접적으로 취득하는 방법으로 구분할 수 있다. 지적공부 등록사항도 토지소재, 지번, 지목, 경계, 면적, 소유자 및 기타 권리자, 개별공시지가 이외에 건물위치, 건물번호, 토양구분 등을 말한다.

1.3.1. 속성데이터

(1) 직접취득 방법

① 직접취득 방법은 현지에 사람을 파견하여 확인하고, 필요하다면 측정 장비로 측정하고, 탐문 등을 통해 확인하여 조사하는 방법이다.

② 위성영상을 원격탐사로 토지피복분류를 하는 것도 일종의 속성자료 수집의 직접조사에 해당된다.

③ 직접조사는 가장 최신의 정보를 수집할 수 있고, 확인의 과정을 거치므로 간접조사보다 신뢰성이 높다.

④ 지적공부에 등록할 사항을 수집하기 위하여 담당 공무원이나 위임을 받을 자가 신규자료, 변동자료에 대해 현지조사를 실시하여 자료를 수집한다.

(2) 간접취득 방법

① 간접조사는 서류를 통해 조사하거나 책자, 보고서 등에 발표된 자료를 수집하는 경우이다.

② 통계청에서 발표하는 자료를 전산 파일로 받아 변환하면 이것도 간접조사이다.

③ 지적공부의 등록사항이 민원신청에 의해 발생하는 경우의 자료로서 담당 공무원이 서류상 착오를 확인하고 현지조사를 거쳐 관련 기준에 근거하여 결정함으로써 자료가 추가, 수정된다.

1.3.2. 도형데이터

① 도형데이터는 직접취득 방법과 간접취득 방법이 있으며 간접취득방법에는 디지타이저를 이용하는 방법과 스캐너를 이용하는 방법이 있다.

② 공간데이터 취득은 가장 많은 시간과 비용이 드는 작업이다.

③ 공간데이터는 래스터와 벡터 데이터로 구분할 수 있으며, 일차와 이차 공간데이터로 분류하는 것이 유용하다.

④ 일차 데이터의 획득은 공간객체를 직접 측량하는 과정으로 SPOT과 IKONOS 위성영상은 래스터 데이터와 토털스테이션과 GPS를 이용하여 측량된 벡터 데이터라고 할 수 있다.

⑤ 이차 데이터는 원래 다른 목적으로 획득된 데이터들을 GIS에서 목적에 맞게 변환하여 얻어진 데이터이다.

(1) 직접취득 방법

① 직접취득 방법은 평판측량 방법, 전자평판 측량방법, 경위의 측량 방법, 토탈스테이션에 측량방법, GNSS 측량방법, COGO에 의한 방법, 항공사진 측량방법, 원격탐측방법이 있다.

② 취득방법으로는 측량을 실시하는 것이 가장 이상적이며, 시간상으로 최신의 데이터를 수집할 수 있다.

③ 토털스테이션은 거리와 각을 측정하여 키보드로 직접 입력하거나 메모리에 저장된 것을 컴퓨터로 전송하여 처리할 수 있다.

④ COGO(Coordinate Geometry)는 실제 현장에서 측량의 결과로 얻어진 자료를 이용하여 수치지도를 작성하는 방법과 키보드에 의해 입력된 자료로부터 공간 형상의 좌표들이 계산되고 GIS에 적합한 공간정보를 구축하는 방식이다.
⑤ 원격탐사방법은 다중분광영상을 영상처리를 통하여 래스터 데이터로서 결과를 얻는 방법과 고해상도 영상을 이용하여 수치사진측량방법으로 지도화 작업을 하는 방법이 있다.
⑥ 항공사진측량에서는 필름에 픽셀로 나타나는 래스터 데이터로 입력하는 방법은 스캐너를 이용한다.
⑦ LIDAR 측량방법은 표고자료 수집에만 가능하므로 필지를 단위로 하는 토지정보체계 구축에는 보조적인 측량방법으로만 사용될 수 있다.
⑧ 전자평판측량은 측량에서부터 도면작성까지 일괄적으로 행해지는 전산화시스템으로 지적측량 운영프로그램 등이 설치된 컴퓨터를 연결하여 세부측량을 수행함으로써 필지 경계 정보를 취득하는 측량이다.

1.4. 디지타이저와 스캐너

1.4.1. 디지타이저에 의한 취득

(1) 디지타이징

① 디지타이저는 사람이 필요한 도형의 형태에 따라 좌표를 독취하여 도면상의 점, 선, 영역(면)을 입력하는 방법이다.
② 디지타이징은 디지타이저를 이용하여 필요한 형태의 X, Y 좌표값을 컴퓨터에 입력시키는 방법이다.
③ 벡터 데이터 취득은 도면과 다른 도형자료로부터 객체들을 디지타이징으로 얻어진다.
④ 디지타이징 작업은 많은 시간과 주의를 필요로 하는 작업으로 작업자의 숙련도에 따라 크게 좌우된다.
⑤ 기존도면을 입력하는 방법의 정확도는 현장측량방법보다 정확도가 낮다.
⑥ 스캐닝과 비교하여 도면의 보관상태가 좋지 않은 경우에도 입력이 가능하다.
⑦ 디지타이저를 이용하는 경우는 시스템의 처리속도와 도면의 상태에 많은 영향을 받지 않는다.
⑧ 벡터는 현실세계 객체의 형상에 가장 가깝게 표현되는 방식으로 취급된다.

(2) 디지타이징에 의한 편집 오류

① 언더슈트(undershoot)는 어떤 선이 다른 선과의 교차점까지 연결되어야 하는데 완전히 연결되지 못하고 선이 끝나는 상태로 편집 소프트웨어에서 완전하게 연결할 수 있는 명령을 사용하여 수정한다.
② 오버슈트(overshoot)는 어떤 선이 다른 선과의 교차점까지 연결되어야 하는데 그것을 지나서 선이 끝나는 상태로 편집 소프트웨어에서 튀어나온 부분을 삭제하는 명령을 사용하여 수정한다.
③ 스파이크(spike)
- 두 선이 만나거나 연결될 때 한 점에 매우 엉뚱한 좌표가 입력되어 튀어나온 상태이므로 엉뚱한 좌표가 입력된 점을 제거하고 적절한 좌표값을 가진 점을 입력한다.
- 도면을 독취할 때에 교차점에 두 개의 선분이 만나는 과정에서 잘못된 좌표가 입력되어 발생하는 오차이다.

④ 슬리버 폴리곤(sliver polygon)는 하나의 선으로 입력되어야 할 곳에서 두 개의 선으로 약간 어긋나게 입력되어 가늘고 긴 불필요한 폴리곤을 형성한 상태로 폴리곤 생성을 부정확하게 만든 선을 제거하여 폴

리곤 생성을 새로 한다.

⑤ 오버래핑(overlapping)은 주로 영역의 경계선에서 점, 선이 이중으로 입력되어 있는 상태로 중복되어 있는 점, 선을 제거함으로써 수정할 수 있다.

⑥ 댕글(Dangle)은 선 사이의 틈을 말하며 구조화 과정에서 가늘고 긴 불필요한 연결점이나 결절점에 완전히 연결되지 않은 상태의 연결선을 의미한다.

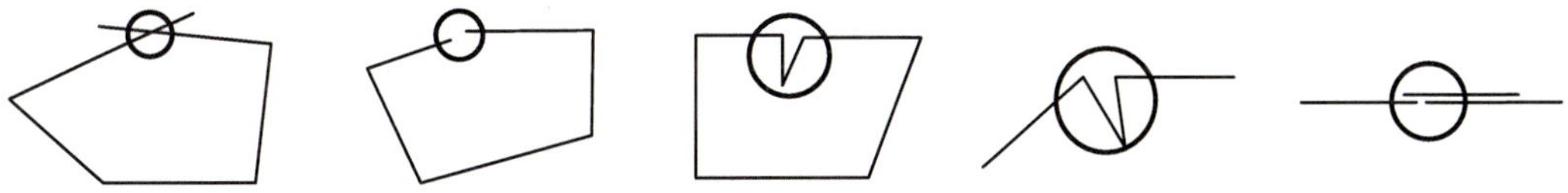

〈그림 3-2〉 디지타이징 오류

1.4.2. 스캐너에 의한 취득

(1) 스캐너의 특징

① 자동으로 입력되므로 효율성이 높고 이미지상에서 삭제, 수정할 수 있어 능률이 높다.

② 반복적인 기호로 구성된 도면이나 상태가 양호한 도면에 적당하다.

③ 최근에는 시스템의 성능이 고급화되고 가격이 저렴하므로 작업시간 단축에 효과적이다.

④ 정밀도가 낮은 농촌지역의 지적도와 임야도의 입력에 활용할 수 있다.

⑤ 손상된 도면을 입력하기 어렵고 벡터화가 불완전한 부분들의 인식·점검이 필요하다.

⑥ 문자와 기호의 처리가 정확하지 못하다.

⑦ 편집 처리 및 후처리할 시간이 소비되고 부분적인 데이터의 전환이 어렵다.

⑧ 벡터라이징 과정에서 자료를 선택적으로 분리하기 어렵다.

⑨ 스캐닝으로 생성되는 데이터의 양은 많다.

⑩ 스캐닝의 경우 벡터화는 고속이지만, 도형인식 결과에 대한 정확도가 낮다.

(2) 스캐닝

① 스캐너는 광학주사기를 이용하여 레이저 광선을 지도에 주사하여 반사되는 값에 수치값을 부여하여 래스터 데이터를 생성한다.

② 스캐너는 지도나 문서를 연속적인 선으로 스캔하고 이들로부터 반사된 빛의 양을 기록하는 하드카피 아날로그 매체들을 디지털 영상으로 바꾸는 장비이다.

③ 스캐너를 이용하여 도면을 입력하며 디지털카메라로 촬영한 것과 같은 래스터 데이터가 얻어지는 것을 스캐닝이라고 한다.

④ 필름과 종이지도, 항공사진과 영상들은 벡터 레이어를 위한 지리적 배경을 제공하기 위해 스캔되어 토지와 필지를 관리하는 시스템에서 주로 활용한다.

⑤ 도면을 스캐닝하여 래스터 데이터 형태로 작성하여 자동으로 벡터화해주는 알고리즘이 적용된 전용 소프트웨어를 통해 벡터 데이터로 변환하는 방식이다.

⑥ 스캐닝할 때 발생한 왜곡 또는 변형을 벡터라이징 시 회복할 수 있도록 스캐닝 시에 4개 이상의 기준점을 표시해 둔다.

⑦ 스캐닝에 의하여 만들어진 래스터 구조의 정확도는 래스터의 면적에 반비례한다.

(3) 벡터화 방법

① 자동벡터화방법은 스캐너에 수집된 래스터 데이터를 벡터화 소프트웨어를 사용하여 처리함으로써 점, 선, 문자, 기호 등의 지도데이터를 추출하는 방식이다.

② 변환된 벡터 데이터의 수정, 레이어별 분류 등의 후속 작업이 필요하다.

③ 지적도나 지도를 래스터 데이터로 입력하면 반드시 벡터 데이터로 변환하는 작업을 거쳐야 한다.

④ 스캐닝을 완료한 후에 래스터 파일별로 먼저 도면 보정작업을 수행한 후 래스터 파일을 화면에 표시하면서 벡터라이징을 수행한다.

핵 / 심 / 문 / 제

Chapter 01 토지정보 개요

1. 토지정보체계에 대한 설명으로 틀린 것은?

① 토지정보체계는 토지에 관한 정보를 제공함으로써 토지관리를 지원한다.
② 토지정보체계의 유용성은 토지자료의 유연성과 획일성에 중점을 두고 있다.
③ 토지정보체계의 운영은 자료의 수집 및 자료의 처리·유지·검색·분석·보급 등도 포함한다.
④ 토지정보체계는 토지이용계획, 토지 관련 정책자료 등에 다목적으로 활용할 수 있다.

| 해설 |

토지정보체계는 토지에 대한 자료를 효율적으로 편리하게 사용할 수 있도록 유용성 측면에서 개발하였으므로 토지자료의 유연성과 획일성은 거리가 멀다. 법률적, 행정적, 경제적 기초하에 토지에 관한 자료를 체계적으로 수집한 시스템으로 토지 관련 문제의 해결과 토지정책의 의사결정을 지원하는 시스템이다.

정답 ②

2. 토지정보체계에 대한 설명으로 옳은 것은?

① 인력은 토지정보체계의 구성요소에 해당하지 않는다.
② 지적공부에 해당하는 도면과 대장을 효율적이고 통합적으로 관리한다.
③ 토지정보체계는 지적공부보다는 시설물을 전산화하기 위한 것이다.
④ 한국토지정보시스템(KLIS)은 지적전산화와 등기 전산화를 통합한 것이다.

| 해설 |

토지정보체계는 속성정보와 공간데이터를 통합적으로 관리할 수 있으므로 여러 종류의 도면과 대장을 효율적이고 통합적으로 관리할 수 있다.

정답 ②

3. 다음 용어의 설명 중 잘못된 것은?

① "국가공간정보체계"란 관리기관이 구축 및 관리하는 공간정보체계를 말한다.
② "공간정보데이터베이스"란 공간정보를 체계적으로 정리하여 사용자가 검색하고 활용할 수 있도록 가공한 정보의 집합체를 말한다.
③ "국가공간정보 통합체계"란 기본공간정보 데이터베이스를 기반으로 국가공간정보체계를 통합 또는 연계하여 행정안전부 장관이 구축 운용하는 공간정보체계를 말한다.
④ "공간정보체계"란 공간정보를 효과적으로 수집·저장·가공·분석·표현할 수 있도록 서로 유기적으로 연계된 컴퓨터의 하드웨어·소프트웨어·데이터베이스 및 인적자원의 결합체를 말한다.

| 해설 |

"국가공간정보통합체계"란 기본공간정보데이터베이스를 기반으로 국가공간정보체계를 통합 또는 연계하여 국토교통부장관이 구축·운용하는 공간정보체계를 말한다.

정답 ③

4. 국가공간정보기본법에서는 다음과 같이 공간정보를 정의하고 있다. ㉠, ㉡, ㉢에 들어갈 용어가 모두 올바르게 나열된 것은?

공간정보란 지상·지하·(㉠)·수중 등 공간상에 존재하는 자연적 또는 인공적인 (㉡)에 대한 위치정보 및 이와 관련된 (㉢) 및 의사결정에 필요한 정보를 말한다.

① ㉠ : 공중, ㉡ : 개체, ㉢ : 지형정보
② ㉠ : 지표, ㉡ : 객체, ㉢ : 도형정보
③ ㉠ : 지표, ㉡ : 개체, ㉢ : 속성정보
④ ㉠ : 수상, ㉡ : 객체, ㉢ : 공간적 인지

| 해설 |

공간정보란 지상·지하·수상·수중 등 공간상에 존재하는 자연적 또는 인공적인 객체에 대한 위치정보 및 이와 관련된 공간적 인지 및 의사결정에 필요한 정보를 말한다.

정답 ④

5. 지적 분야에서 토지정보시스템이 필요한 이유로 가장 옳은 것은?

① 지적삼각점의 관리 부실 개선
② 세계좌표계로의 변환에 대비
③ 지적 불부합에 의한 분쟁 해결
④ 토지 관련 정보의 효율적 관리와 이용

| 해설 |
토지정보체계의 필요성은 토지 관계 정책자료의 다목적 활용, 여러 대장과 도면의 효율적 관리, 지적 민원의 신속·정확한 처리 등으로 토지 관련 정보의 효율적 관리와 이용에 있다.

정답 ④

6. 다음 중 토지정보시스템을 구성하는데 필요한 내용으로 가장 관련이 적은 것은?

① 기하학적 토지측량자료
② 소유권에 관한 법률자료
③ 산업별 생산품 수요자료
④ 필지별 도면 자료

| 해설 |
산업별 생산품 수요자료는 토지정보시스템의 구성에 해당하지 않는다.

정답 ③

7. 토지정보체계의 관리목적에 대한 설명으로 틀린 것은?

① 토지 관련 정보의 수요 결정과 정보를 신속하고 정확하게 제공할 수 있다.
② 신뢰할 수 있는 가장 최신의 토지등록데이터를 확보할 수 있도록 하는 것이다.
③ 토지와 관련된 등록부와 도면 등의 도해지적 공부의 확보이다.
④ 새로운 시스템의 도입으로 토지정보체계의 DB에 관련된 시스템을 자동화하는 것이다.

| 해설 |
토지정보체계의 관리목적
① 토지 관련 자료를 데이터베이스화하여 토지에 관련된 정보를 사용자에게 신속, 정확하게 제공하기 위함이다.
② 신뢰할 수 있는 가장 최신의 토지등록데이터를 확보할 수 있도록 하는 것이다.
③ 새로운 시스템의 도입으로 토지정보체계의 DB에 관련된 시스템을 자동화하는 것이다.
④ 토지와 관련된 토지등록부와 도면작성을 위한 경계점좌표는 수치지적에 관한 지적공부의 확보이다.

정답 ③

8. 토지정보체계의 특징으로 옳지 않은 것은?

① 편리한 자료 검색
②전문화에 따른 호환성 배제
③ 변동자료의 신속 정확한 처리
④ 토지권리에 대한 분석과 정보제공

| 해설 |
토지정보체계는 최근 Web-GIS와 같은 통신망을 이용한 범세계적인 GIS 자료의 공동 사용을 위한 노력과 함께 GIS 자료의 호환성을 극대화하기 위한 표준화 작업도 활발히 진행되고 있다.

정답 ②

9. 토지정보시스템의 활용 효과로 가장 관련이 없는 것은?

① 원활한 의사결정의 지원
② 토지와 관련된 행정업무 간소화
③ 데이터의 구축 비용과 투자의 중복 최소화
④ 데이터의 공유로 인한 이원화된 자료 활용

| 해설 |
토지 관련 문제의 해결과 토지정책의 의사결정을 지원하는 시스템으로 데이터의 공유로 인한 일원화된 자료 활용이다.

정답 ④

10. 토지정보시스템의 구성요소에 해당하지 않는 것은?

① 소프트웨어　② 정보이용자
③ 데이터베이스　④ 인력 및 조직

| 해설 |
토지정보시스템의 구성요소는 자료의 입력과 확인, 자료의 저장에 필요한 하드웨어, 소프트웨어, 데이터베이스, 조직과 인력으로 구성된다.

정답 ②

11. 토지정보시스템의 구성요소 중, 각종 정보의 입력·관리·분석 및 처리·편집 등의 기능을 필요로 하며 사용자가 이용하는 장치들에서 구동되는 각종 컴퓨터 프로그램들을 의미하는 것은?

① 조직　② 인력
③ 소프트웨어　④ 하드웨어

| 해설 |
소프트웨어는 토지정보시스템의 구성요소 중 하나이며 각종 정보의 입력·관리·분석 및 처리·편집 등의 기능을 하며 사용자가 이용하는 각종 컴퓨터 프로그램들을 의미한다.

정답 ③

12. 다음 중 지적전산용으로 사용하는 하드웨어에 해당하지 않는 것은?

① 개인용 컴퓨터(PC) ② 플로터
③ COGO ④ 프린터

| 해설 |

COGO(Coordinate Geometry)는 실제 현장에서 측량의 결과로 얻어진 자료를 이용하여 수치지도를 작성하는 방식이다.

정답 ③

13. 다음 중 토지정보에 대한 설명으로 옳은 것은?

① 지하시설물에 대한 자료는 토지정보에 포함되지 않는다.
② 지적과 등기는 협의의 토지정보에 포함되지 않는다.
③ 미래의 토지소유자는 토지정보의 사용자이다.
④ 토지정보는 토지평가에 이용되지 않는다.

| 해설 |

미래의 토지소유자뿐만 아니라 일반 국민도 토지를 사용할 수 있도록 하기 위함이다.

정답 ③

14. 토지정보시스템의 구성내용 중 법률적인 정보라 할 수 없는 것은?

① 소유권 ② 지역권
③ 지하시설물 ④ 저당권

| 해설 |

법률적인 정보는 소유권, 저당권, 전세권, 지역권, 법률상의 각종 제한 등이 해당한다.

정답 ③

15. 토지정보시스템의 속성정보에 관한 사항 중 옳지 않은 것은?

① 대상물의 성격이나 정보를 기술한 사항이다.
② 제공되는 정보는 문자 형태로 나타난다.
③ 지적에 있어서 속성정보는 토지 소재, 지번, 지목 등이 있다.
④ 좌표체계를 기준으로 지형지물의 위치와 모양을 나타낸다.

| 해설 |

속성정보는 통계자료, 보고서, 관측자료, 범례 등의 형태로 구성되었으며 각종 정책적·경제적·행정적인 자료에 해당하는 글자와 숫자로 구성된 자료이며 지적도는 도형자료이다.

정답 ④

16. 속성정보로 보기 어려운 것은?

① 임야도의 등록사항인 경계
② 경계점좌표등록부의 등록사항인 지번
③ 공유지연명부의 등록사항인 토지의 소재
④ 대지권등록부의 등록사항의 대지권 비율

| 해설 |

속성정보는 문자 형태로 글자와 숫자 또는 텍스트로 구성되며 임야도의 등록사항인 경계는 도형정보에 해당한다.

정답 ①

17. 데이터베이스에서 속성자료의 형태에 대한 설명으로 틀린 것은?

① 통계자료, 보고서, 관측자료, 범례 등의 형태로 구성되어 있다.
② 선 또는 다각형과 숫자의 형태로 표현되는 자료이다.
③ 법규집, 일반보고서 등의 자료를 말한다.
④ 글자, 숫자, 기호, 색상으로 구성되어 있다.

| 해설 |

도형자료는 점, 선, 면적의 형태이며, 속성자료는 통계자료, 보고서, 관측자료 등으로 주로 문자나 숫자로 구성된다.

정답 ②

18. 토지정보시스템의 속성정보가 아닌 것은?

① 일람도 자료 ② 대지권등록부
③ 토지·임야대장 ④ 경계점좌표등록부

| 해설 |

일람도 자료는 도형정보에 해당한다.

정답 ①

19. 지적정보 중 토지대장과 임야대장의 속성정보를 활용한 최초의 정보화 산업은?

① 토지기록 전산화 ② 토지 종합전산망
③ 필지중심토지정보시스템 ④ 한국토지정보시스템

| 해설 |

우리나라는 지적공부에 대한 최초의 전산화는 토지기록 전산화 사업이지만, 지적전산화라는 명칭으로 1976년부터 시작되었으며 내무부는 1977년 8월 지적전산화 기본계획을 확정하고 그해 11월 충남, 대전시를 시범으로 선정하였다.

정답 ①

20. 도형정보에 대한 설명으로 옳은 것은?

① 지적도에 대한 소유권 등 물권이 미치는 범위와 필지의 모양을 등록하는 정보다.
② 지적측량기준점의 좌표에 대한 등록사항이다.
③ 경계점좌표등록부에 등록된 소유권에 관한 사항이다.
④ 공유지연명부에 등록된 필지의 현황에 관한 사항이다.

| 해설 |
도면정보는 지적도와 임야도의 행정구역, 축척, 경계, 지번, 지목, 도면번호, 기초점 등 도면의 등록사항을 말한다.

정답 ①

21. 다음 중에서 공간정보(도형정보)를 담고 있지 않은 지적공부는?

① 지적도 ② 임야도
③ 토지대장 ④ 경계점좌표등록부

| 해설 |
도형정보는 위치정보 또는 공간정보라고도 하며 지적에서는 도면정보로서 지적도, 임야도, 경계점좌표등록부 등을 말한다.

정답 ③

22. 토지정보체계를 구축할 때, 도형자료를 작성하는 데 가장 적합한 원시 자료는?

① 공유지연명부 자료
② 대지권등록부 자료
③ 경계점좌표등록부 자료
④ 토지대장 및 임야대장 자료

| 해설 |
경계점좌표등록부는 좌표로 등록되어 있으므로 토지정보체계를 구축할 경우 도형데이터 자료를 입력하는 원시 자료로 활용할 수 있다.

정답 ③

23. 도형정보의 자료구조에 관한 설명으로 옳지 않은 것은?

① 벡터구조는 그래픽의 정확도가 높다.
② 벡터구조는 자료구조가 복잡하다.
③ 격자구조는 그래픽 자료의 양이 적다.
④ 격자구조는 자료구조가 단순하다.

| 해설 |
격자구조는 그래픽 자료로 격자의 크기가 작을수록 자료의 양이 많다.

정답 ③

24. 공간데이터의 특징에 대한 설명으로 틀린 것은?

① 벡터 데이터는 대상물을 점·선·면을 사용하여 표현하는 것이다.
② 벡터 데이터에서 연속적인 복잡한 선은 노드(node)와 버텍스(vertex)를 통해 나타낸다.
③ 객체 간의 공간 관계를 가지지 못하고 좌표들이 길게 연결된 구조를 선형데이터 구조라 한다.
④ 위상구조가 구축된 후 선과 선의 교차 지점에 노드가 자동으로 생성되며 이는 좌표값으로 그 위치가 자동 인식된다.

| 해설 |
수동 디지타이징(Digitizing) 방법에 따른 필지별 좌표 독취는 구조화 작업이 필요하나 위상구조가 자동으로 생성되지는 않는다.

정답 ④

25. 다음 공간정보의 형태에 대한 설명 중 틀린 것은?

① 도형자료는 점, 선, 면적의 형태로 구성되어 있다.
② 도형자료는 주로 그림과 같은 속성으로 구성된다.
③ 점의 형태는 시설물의 위치, 측량기준점의 위치를 한 쌍의 X, Y 좌표로 표시한다.
④ 선의 형태는 X, Y 좌표로 표시함으로써 길이나 면적은 표현되지 않는다.

| 해설 |
선의 형태는 도로, 하천, 전력선, 경계, 상·하수도선, 통신관로 등으로 시작점과 끝나는 점을 표시하는 형태로 구성되어 있으며 면적은 없고 길이만 표현된다.

정답 ④

26. 공간정보의 형태에 대한 설명 중 틀린 것은?

① 영역은 선에 의해 폐합된 형태로서 범위를 갖는다.
② 선은 점이 연결되어 만들어지는 2차원의 공간객체이다.
③ 점은 위치 좌표계의 단 하나의 쌍으로 표현되는 대상이다.
④ 표면은 공간적 대상물의 범주로 간주되며 연속적인 자료의 표현이다.

| 해설 |
선은 묘사하는 내용과 특성에 따라 아크(Arc), 체인(Chain), 스트링(String) 등의 다양한 용어로 표현되며 점이 연결되어 만들어지는 집합이다.

정답 ②

27. **도형자료의 요소인 점, 선, 면에 대한 설명으로 옳지 않은 것은?**

① 면은 경계선 내의 영역을 정의하며 면적을 가진다.
② 선은 도면상에서 장소 이름, 상징물(공항, 학교, 공장 등)들의 위치를 나타내는 데 주로 사용된다.
③ 점은 심벌을 사용하여 지도나 컴퓨터 화면에 표현된다.
④ 점은 측량기준점이 대표적이다.

| 해설 |
선은 도로, 하천, 전력선, 경계, 상·하수도선, 통신관로 등으로 시작점과 끝나는 점을 표시하는 형태로 구성되어 있으며 면적은 없고 길이만 표현된다.

정답 ②

28. **다음의 지적 관련 정보 중 도형자료로 활용하기에 가장 적합한 것은?**

① 필지의 소재지 ② 필지의 지번
③ 필지의 경계 ④ 필지의 개별공시지가

| 해설 |
필지의 경계는 선형자료로 도형자료에 해당한다.

정답 ③

29. **공간적 차원에 기초한 도형정보의 구성요소와 관련 내용의 연결이 옳지 않은 것은?**

① 점 : 지적기준점 ② 점 : 기하학적 위치결정
③ 면 : 필지 ④ 면 : 지적도의 경계

| 해설 |
지적도의 경계는 도형정보에서 선의 형태이다.

정답 ④

30. **대상물에 대한 일반적인 도형정보 표현 방법으로 옳지 않은 것은?**

① 전봇대 : 면(Polygon) ② 호수 : 면(Polygon)
③ 우물 : 점(Point) ④ 철도 : 선(Line)

| 해설 |
전봇대는 점(Point)으로 표현한다.

정답 ①

31. **토지정보체계에서 차원이 다른 공간객체는?**

① 노드 ② 링크 ③ 아크 ④ 체인

| 해설 |
① 도형정보에서 선은 묘사하는 내용과 특성에 따라 아크(Arc), 체인(Chain), 스트링(String) 등의 다양한 용어로 표현된다.
② 노드(node)는 점의 특수한 형태로 무차원이며 지류들의 합류점이나 도로교차점과 같이 선과 선들이 만날 때 위상적 연결이나 끝점을 나타낸다.

정답 ①

32. **도면의 형상과 주석을 설명하기 위한 도형요소와 가장 거리가 먼 것은?**

① 문자 ② 격자 셀 ③ 영상소 ④ 기호

| 해설 |
도면의 형상과 주석을 설명하기 위한 격자 셀, 영상소, 도형기호는 도형요소라고 할 수 있다.

정답 ①

33. **대장정보와 도면정보 간의 연결장치 역할을 하는 것은?**

① 필지식별자 ② 주민등록번호
③ 성명 ④ 주소

| 해설 |
필지 식별자는 대장정보와 도면정보 간의 연결장치 역할을 하며 토지정보관리에서 매우 중요한 역할을 한다.

정답 ①

34. **3차원 지적정보를 구축할 때 지상의 건축물의 권리관계 등록과 가장 밀접한 관련성을 가지는 도형정보는?**

① 수치지도 ② 토지 피복도
③ 토지이용계획도 ④ 층별권원도

| 해설 |
3차원 지적정보를 구축할 때 지상의 건축물의 권리관계 등록과 가장 밀접한 관련성을 가지는 도형정보는 층별 권원도이다.

정답 ④

35. **토지의 기본적인 사항에 대한 정보의 관리와 위치에 대한 정보제공의 기본도로서 적합한 것은?**

① 항공사진 집성도 ② 지적도
③ 수치지형도 ④ 도시계획도

| 해설 |
토지관리를 위한 기본도로는 지적도·임야도가 가장 적합하며, 이들 자료는 관리와 정보를 제공하는데 편리하게 이용되며 전산화와 토지정보체계 구축은 토지관리의 효율화에 크게 기여한다.

정답 ②

36. **다음 중 공간데이터베이스를 구축하기 위한 자료 취득 방법과 가장 거리가 먼 것은?**

① 기존 지형도를 이용하는 방법
② 지상측량에 의한 방법
③ 항공사진측량에 의한 방법
④ 통신장비를 이용하는 방법

| 해설 |
공간데이터베이스의 자료 취득방법에는 지상측량, 사진측량, 원격탐사, 지도입력(디지타이저를 방법과 스캐너 방법) 등이 있다.

정답 ④

37. **자료의 취득방법 중에서 자료 성격이 다른 방법으로 옳은 것은?**

① 항공사진 ② 인공위성 영상
③ 스캐닝 ④ 디지타이징

| 해설 |
영상자료의 취득방법은 항공사진, 인공위성 영상, 스캐닝이고 디지타이징(Digitizing)은 지도 자료를 컴퓨터상에서 수치 자료로 사용할 수 있도록 변환하는데 사용하는 방법이다.

정답 ④

38. **다음 중 지적 관련 속성정보를 데이터베이스에 입력하기에 가장 적합한 장비는?**

① 스캐너 ② 플로터
③ 키보드 ④ 디지타이저

| 해설 |
스캐너와 디지타이저는 도형정보 입력 장비, 키보드는 속성정보 입력 장비이며, 플로터는 정보를 출력하는 장비이다.

정답 ③

39. **토지정보체계를 구축할 경우, 도형데이터 자료를 좌표로 입력하는 원시 자료로 가장 적합한 것은?**

① 대지권등록부 자료
② 경계점좌표등록부 자료
③ 공유지연명부 자료
④ 토지대장 및 임야대장 자료

| 해설 |
경계점좌표등록부는 좌표로 등록되어 있으므로 토지정보체계를 구축할 경우 도형데이터 자료를 입력하는 원시 자료로 활용할 수 있다.

정답 ②

40. **다음 토지정보시스템의 공간데이터 취득방법 중 성격이 다른 하나는?**

① GPS에 의한 방법
② COGO에 의한 방법
③ 스캐너에 의한 방법
④ 토털스테이션에 의한 방법

| 해설 |
스캐너에 의한 방법은 간접취득방법이고 다른 내용은 직접취득방법이다.

정답 ③

41. **토지정보시스템의 도형자료 입력에 주로 사용하는 방식이 아닌 것은?**

① 레이아웃(layout) 방식
② 스캐닝(scanning) 방식
③ 디지타이징(digitizing) 방식
④ COGO(coordinate geometry) 방식

| 해설 |
도형자료 입력방식은 디지타이징(Digitizing) 방식, 스캐닝(Scanning) 방식, COGO(Coodinate Geometry) 방식 및 키보드 입력방식이 있다.

정답 ①

42. **토지정보체계 구축을 위한 장비와 그 용도가 잘못 연결된 것은?**

① 디지타이저-지적도면 좌표취득 장비
② 스캐너-지적도면 입력 장비
③ CAD-지적도면 좌표취득 및 편집용 소프트웨어
④ 라우터-서버 S/W 장비

| 해설 |
라우터(Router)는 서로 다른 네트워크를 연결하여 정보를 주고받을 때 송신정보(패킷 : Packet)에 담긴 수신처의 주소를 읽고 최적의 경로를 찾아 다른 통신망으로 전송하는 장치이다.

정답 ④

43.

도형자료를 정밀하게 수동으로 입력하는데 사용하는 장치로 옳은 것은?

① 디지타이저 ② 키보드 ③ 프린터 ④ 플로터

| 해설 |
디지타이저는 사람이 필요한 도형의 형태에 따라 좌표를 독취하여 도면상의 점, 선, 영역(면)을 입력하는 방법으로 디지타이징(Digitizing)이라고 한다.

정답 ①

44. 도형자료의 입력 방법에 대한 설명으로 옳지 않은 것은?

① 수치 형태의 자료입력 방법은 키보드를 이용한다.
② 항공사진에 의한 도면 자료입력은 디지타이저를 이용한다.
③ 스캐너에 의한 방법은 별도의 자료변환 작업을 필요로 한다.
④ 도형자료 입력은 수치 형태의 자료입력과 도면 형태의 자료입력이 있다.

| 해설 |

항공사진은 필름에 픽셀로 나타나는 래스터 데이터로 입력하는 방법은 스캐너를 이용한다.

정답 ②

45. 지적도면 정보의 직접취득방법이 아닌 것은?

① 위성측량방법 ② 평판측량방법
③ 경위의 측량방법 ④ 법원 감정측량방법

| 해설 |

토지정보체계의 지적도면 정보의 직접취득방법은 지상측량, GNSS 측량, 원격탐사측량 등으로 취득하며 지상측량의 경우 평판측량, 경위의 측량, 위성측량방법으로 한다.

정답 ④

46. 다음 중 현지측량 등으로 얻어진 대상물의 좌표를 직접 입력하여 공간정보를 구축하는 방식은?

① 디지타이저 ② 스캐너
③ COGO ④ DIGEST

| 해설 |

COGO(Coordinate Geometry)는 실제 현장에서 측량의 결과로 얻어진 자료를 이용하여 수치지도를 작성하는 방법과 키보드에 의해 입력된 자료로부터 공간 형상의 좌표들이 계산되고 GIS에 적합한 공간정보를 구축하는 방식이다.

정답 ③

47. 토털스테이션과 지적측량 운영프로그램 등이 설치된 컴퓨터를 연결하여 세부측량을 수행함으로써 필지 경계 정보를 취득하는 측량방법은?

① GNSS ② 경위의 측량
③ 전자평판측량 ④ 네트워크 RTK 측량

| 해설 |

전자평판측량은 측량에서부터 도면작성까지 일괄적으로 행해지는 전산화시스템으로 지적측량 운영프로그램 등이 설치된 컴퓨터를 연결하여 세부측량을 수행함으로써 필지 경계 정보를 취득하는 측량이다.

정답 ③

48. 다음 중 원격탐사를 통해 수집된 위성영상 자료의 전자파 소음을 제거하고 오류를 바로잡아 올바른 좌표정보와 좌표체계 정보 등을 이미지 데이터에 교정하여 저장함으로써 자료를 순화시키는 과정은?

① 전처리과정 ② 강조처리
③ 주제별 분석 ④ 후처리과정

| 해설 |

방사량 왜곡 및 기하학적 왜곡을 보정하는 공정을 전처리라고 하며 원격탐사를 통해 수집된 위성영상 자료의 전자파 소음을 제거하고 오류를 바로잡아 올바른 좌표정보와 좌표체계 정보 등을 이미지 데이터에 교정하여 저장함으로써 자료를 순화시키는 과정이다.

정답 ①

49. 데이터 취득 시 다중분광영상을 영상처리를 통하여 래스터 데이터로서 결과를 얻는 방법은?

① 원격탐사 ② GPS 측량
③ 항공사진측량 ④ 디지타이저

| 해설 |

원격탐사 방법은 다중분광 영상을 영상처리를 통하여 래스터 데이터로서 결과를 얻는 방법과 고해상도 영상을 이용하여 수치사진측량 방법으로 도면을 작성하는 방법이 있다.

정답 ①

50. 위성영상으로부터의 데이터수집에 대한 설명으로 옳지 않은 것은?

① 원격탐사는 항공기나 위성에 탑재된 센서를 통해 자료를 수집한다.
② 위성영상은 GIS 공간데이터에 대한 자료원이 풍부한 나라들에게 매우 유용하다.
③ 인공위성은 항공사진의 관측 영역보다 광대한 영역을 한 번에 관측할 수 있다.
④ 시간과 노동을 고려하면 지상 작업보다 단위비용이 적게 들기 때문에 GIS에 있어서 중요한 자료원이 된다.

| 해설 |

위성영상은 공간데이터를 필요한 날짜나 지역을 지정하여 영상을 얻으므로 자료원이 풍부한 나라들과는 관련이 없다.

정답 ②

51. GIS에서 위성영상 자료의 활용 등에 관한 설명으로 옳지 않은 것은?

① 벡터 데이터구조로 처리·지정되므로 데이터 호환이 매우 쉽다.
② 인공위성 상용 영상의 해상도가 높아지면서 GIS에서 활용이 크다.
③ 원격탐사 및 영상처리는 공간데이터를 다루는 특성화된 기술이다.
④ 데이터가 컴퓨터로 바로 처리할 수 있는 디지털 형태라는 점에서 GIS와 통합되고 있다.

| 해설 |

래스터 데이터구조는 항공영상, 위성영상 등 디지털 자료를 저장할 때 사용한다.

정답 ①

52. 데이터 취득 시 기선측정을 위한 후처리 상대측위방법과 미지점의 3차원 좌표를 실시간으로 구하는 RTK 측량방법이 사용되는 방법은?

① 원격탐사 ② 항공사진측량
③ 토털스테이션 ④ GPS 측량

| 해설 |

GPS 측량은 기선측정을 위한 후처리 상대측위방법과 미지점의 3차원 좌표를 실시간으로 구하는 RTK 측량방법이 있다.

정답 ④

53. 토지정보시스템의 자료 취득방법으로 래스터 데이터를 얻으려는 방법으로 옳지 않은 것은?

① GPS 위성측량
② 항공사진으로부터 수치 정사영상의 작성
③ 위성영상으로부터 토지 피복 분류
④ 위성영상의 기하 보정 및 좌표등록

| 해설 |

GPS 위성측량은 3차원 위치를 결정하는 측위체계로 벡터 데이터를 취득하는 방법이다.

정답 ①

54. 항공사진을 활용한 토지정보 수집에 대한 설명으로 옳지 않은 것은?

① 항공사진을 스캐닝하여 공간데이터에 대한 보조적 자료로 활용한다.
② 항공사진은 세부적인 정보를 얻을 수 있는 소축척의 정보획득에 적합하다.
③ 항공사진은 사진판독을 통하여 지질도, 토지이용도 등의 각종 주제도 제작 시 자료로 이용한다.
④ 변동사항이 광역적이지 않을 경우 간단히 최근의 항공사진과 비교함으로써 공간데이터를 최신 정보로 수정할 수 있다.

| 해설 |

항공사진은 비행고도를 높이면 소축척 사진이 되므로 표고는 낮아지며 대축척 사진은 표고가 높게 나타난다.

정답 ②

55. 다음 중 일반적인 수치지형도의 제작에 가장 많이 사용되는 방법은?

① COGO ② 평판측량
③ 디지타이징 ④ 항공사진측량

| 해설 |

일반적인 수치지형도의 제작에 가장 많이 사용되는 방법은 항공사진측량이다.

정답 ④

56. 다음 중 편집지적도의 일필지 경계 좌표를 디지타이저로 처리한 자료 형태에 해당하는 것은?

① 래스터 데이터 ② ITRF 데이터
③ 벡터 데이터 ④ PIXEL 데이터

| 해설 |

공간자료(도형자료)는 지형도, 연속 및 편집 지적도, 용도지역 지구도 등이 포함되며 디지타이저를 이용하여 작업자가 좌표를 독취하는 방법으로 결과물은 벡터구조를 갖게 된다.

정답 ③

57. 지적도면 전산화 사업으로 생성된 지적도면 파일을 이용하여 지적업무를 수행할 경우의 기대되는 장점으로 옳지 않은 것은?

① 지적측량성과의 효율적인 전산관리가 가능하다.
② 토지대장과 지적도면을 통합한 대민서비스의 질적 향상을 도모할 수 있다.
③ 공간정보 분야의 다양한 주제도와 융합을 통해 새로운 콘텐츠를 생성할 수 있다.
④ 원시 지적도면의 정확도가 한층 높아져 지적측량 성과의 정확도 향상을 가할 수 있다.

| 해설 |

정밀한 토지정보의 인프라 구축에 의한 국민편의 지향적인 서비스시스템과 지적도면의 효율적인 관리와 신속한 대국민 서비스 구축이다.

정답 ④

58. **수치지도를 생성하고자 할 때 기존의 도면이 존재할 때 이를 이용하는 방법으로 가장 적당한 것은?**

① 토털스테이션을 이용한 측량

② 항공사진측량

③ 인공위성 영상의 활용

④ 디지타이징

| 해설 |

디지타이징은 디지타이저를 이용하여 필요한 주제의 형태에 따라 작업자가 좌표를 독취하는 방법이다.

정답 ④

59. **아래와 같은 특징을 갖는 도형자료의 입력장치는?**

- 필요한 주제의 형태에 따라 작업자가 좌표를 독취하는 방법이다.
- 일반적으로 많이 사용되는 방법으로 간단하고 소요비용이 저렴한 편이다.
- 작업자의 숙련도가 작업의 효율성에 큰 영향을 준다.

① 플로터 ② 프린터 ③ DLT ④ 디지타이저

| 해설 |

디지타이저는 작업자가 좌표를 독취하는 방법으로 장비의 소요비용이 저렴하지만, 작업자의 숙련도가 작업의 효율성에 큰 영향을 준다.

정답 ④

60. **다음 중 디지타이징에 의한 도면의 독취 과정에서 흔히 발생하는 오류에 해당하지 않는 것은?**

① 오버슈트(Overshoot) ② 아웃슈트(Outshoot)

③ 스파이크(Spike) ④ 슬리버(Sliver)

| 해설 |

디지타이징에서의 오류 유형은 언더슈트, 오버슈트, 슬리버 폴리곤, 오버래핑, 스파이크가 있다.

① 언더슈트(undershoot)는 어떤 선이 다른 선과의 교차점까지 연결되어야 하는데 완전히 연결되지 못하고 선이 끝나는 상태로 편집 소프트웨어에서 완전하게 연결할 수 있는 명령을 사용하여 수정한다.

② 스파이크(spike)는 두 선이 만나거나 연결될 때 한 점에 매우 엉뚱한 좌표가 입력되어 튀어나온 상태이므로 엉뚱한 좌표가 입력된 점을 제거하고 적절한 좌표값을 가진 점을 입력한다.

③ 슬리버 폴리곤(sliver polygon)는 하나의 선으로 입력되어야 할 곳에서 두 개의 선으로 약간 어긋나게 입력되어 가늘고 긴 불필요한 폴리곤을 형성한 상태로 폴리곤 생성을 부정확하게 만든 선을 제거하여 폴리곤 생성을 새로 한다.

정답 ②

61. **다음 중 벡터편집의 오류 유형이 아닌 것은?**

① 스파이크(spike)

② 언더슈트(undershoot)

③ 슬리버 폴리곤(sliver polygon)

④ 스파게티 모형(spaghetti model)

| 해설 |

디지타이징에서의 오류 유형은 언더슈트(Undershoot), 오버슈트(Overshoot), 슬리버 폴리곤(Sliver Polygon), 오버래핑(Overlapping), 스파이크(Spike)가 있으며, 스파게티 모형(spaghetti model)은 래스터 자료에 해당한다.

정답 ④

62. **디지타이징(Digitizing)에서 발생하는 오류 유형으로 옳지 않은 것은?**

①
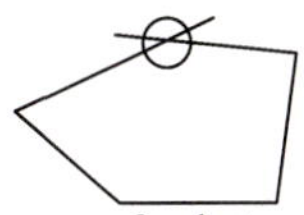

②
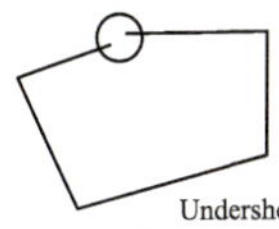

③
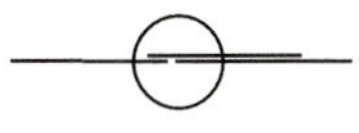

④
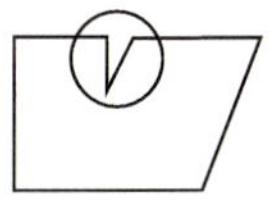

| 해설 |

④는 슬리버 폴리곤(Sliver Polygon)이다.

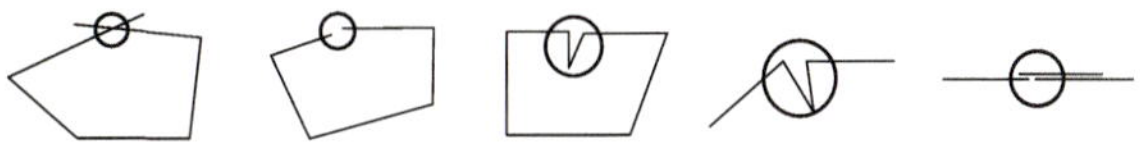

정답 ④

63. **아래 보기의 자료취득과정에서 발생하는 오차 중 디지타이징(Digitizing)에 의한 오차로만 옳게 짝지어진 것은?**

㉠ Noise	㉡ Undershoot	㉢ Overshoot
㉣ Spike	㉤ Resolution	

① ㉠, ㉡ ② ㉢, ㉣, ㉤

③ ㉣, ㉤ ④ ㉡, ㉢, ㉣

| 해설 |

디지타이징(Digitizing)에 의한 오차는언더슈트(Undershoot), 오버슈트(Overshoot), 슬리버 폴리곤(Sliver polygon), 오버레핑(Overlapping), 스파이크(Spike)이며, Noise와 Resolution은 원격탐측자료 처리 시 고려할 사항이다.

정답 ④

64. **다음 중 좌표가 입력되어야 할 곳에 못 미치게 입력되어 폴리곤이 폐합되지 않게 만드는 오류에 해당하는 것은?**

① 오버슈트(overshoot) ② 언더슈트(undershoot)

③ 슬리버(sliver) ④ 스파이크(spike)

| 해설 |

언더슈트(undershoot : 못 미침)는 아크 상에 인접되어야 할 선형 요소가 아크에 도달하지 못한 경우, 다른 선형요소와 완전히 교차되지 않은 선형이다.

정답 ②

65. 디지타이징 및 벡터 자료의 편집과정에서 어떤 선이 다른 선과 교차점을 지나서 선이 끝나는 상태의 입력 오차로 옳은 것은?

① Over Lapping ② Overshoot
③ Undershoot ④ Spike

| 해설 |

오버슈트(overshoot)는 어떤 선이 다른 선과의 교차점까지 연결되어야 하는데 그것을 지나서 선이 끝나는 상태로 편집 소프트웨어에서 튀어나온 부분을 삭제하는 명령을 사용하여 수정한다.

정답 ②

66. 두 선이 연결될 때 한 점에 엉뚱한 좌표가 입력되어 튀어나온 상태의 디지타이징(또는 벡터편집) 오류로 맞는 것은?

① Over Lapping ② Sliver polygon
③ Spike ④ Under shoot

| 해설 |

스파이크(spike)는 두 선이 만나거나 연결될 때 한 점에 매우 엉뚱한 좌표가 입력되어 튀어나온 상태이므로 엉뚱한 좌표가 입력된 점을 제거하고 적절한 좌표값을 가진 점을 입력한다.

정답 ③

67. 디지타이저를 이용하여 도면을 독취할 때에 교차점에 두 개의 선분이 만나는 과정에서 잘못된 좌표가 입력되어 발생하는 오차는?

① 오버슈트(overshoot) ② 스파이크(spike)
③ 슬리버(sliver) ④ 중복(over lapping)

| 해설 |

스파이크(spike)는 교차점에서 두 개의 선분이 만나는 과정에서 잘못된 좌표가 입력되어 발생하는 오차이다.

정답 ②

68. 경계선의 이중입력으로 서로 다른 폴리곤이 중첩되어 발생하는 불필요한 폴리곤을 무엇이라고 하는가?

① 오버슈트(Overshoot) ② 오버중복(Over Lap)
③ 슬리버(Sliver) ④ 스파이크(Spike)

| 해설 |

슬리버 폴리곤(sliver polygon)는 하나의 선으로 입력되어야 할 곳에서 두 개의 선으로 약간 어긋나게 입력되어 가늘고 긴 불필요한 폴리곤을 형성한 상태로 폴리곤 생성을 부정확하게 만든 선을 제거하여 폴리곤 생성을 새로 한다.

정답 ③

69. 오버슈트, 슬리버는 다음 중 어떤 자료를 편집하는 중에 발생하는 오류인가?

① 항공사진의 영상처리
② 위성영상으로부터 정사영상 제작
③ 벡터 데이터 입력 및 편집
④ 래스터 데이터의 편집

| 해설 |

오버슈트(overshoot)와 슬리버(sliver)는 벡터 데이터의 편집과정에서 발생하는 오류이다.

정답 ③

70. 언더슈트, 오버슈트, 중복입력, 슬리버 등 오류의 발생 원인으로 옳은 것은?

① 항공사진의 격자 간격으로 3차원 표고의 측정
② 위성영상으로부터 정사영상 제작
③ 래스터 데이터의 편집
④ 디지타이저에 의한 벡터 데이터 입력 및 편집

| 해설 |

언더슈트, 오버슈트, 중복입력, 슬리버 등 오류의 발생 원인은 벡터 데이터의 편집과정에서 발생하는 오류이다.

정답 ④

71. 디지타이징에 의한 도면 제작 시 발생할 수 있는 오차 유형으로 옳지 않은 것은?

① 종이도면 신축에 의한 위치오차
② 세선화(Thinning) 과정에서의 형상 오차
③ 선분 교차점에서의 교차 미달(Undershooting) 현상
④ 인접 다각형의 경계선 중복 부분에서의 갭(gap) 발생

| 해설 |

세선화(Thinning)는 선의 기본 형태를 유지하고 구성 점의 수를 적게 하는 연속적인 법칙 적용을 통해 선형지형을 일반화하는 과정으로 Filtering 단계를 거친 격자 영상에서 하나의 패턴을 가늘고 긴 선과 같은 표현으로 세선화하는 과정이다.

정답 ②

72. **디지타이징 입력에 의한 도면의 오류를 수정하는 방법으로 틀린 것은?**

① Undershoot and Overshoot : 두 선이 목표지점을 벗어나거나 못 미치는 오류를 수정하기 위해서는 선분의 길이를 늘여주거나 줄여야 한다.
② 라벨 오류 : 잘못된 라벨을 선택하여 수정하거나 정위치에 옮겨주면 된다.
③ 슬리버(Sliver) 폴리곤 : 폴리곤이 겹치지 않고 적절하게 위치를 이동시킴으로써 제거될 수 있는 때도 있고, 폴리곤을 형성하고 있는 부정확하게 입력된 선분을 만든 버텍스 들을 제거함으로써 수정될 수도 있다.
④ 선의 중복 : 중복된 두 선을 제거함으로써 쉽게 오류를 수정할 수 있다.

| 해설 |

④의 선의 중복은 중복된 두 선 중 한 선을 제거함으로써 쉽게 오류를 수정할 수 있다.

정답 ④

73. **지적도의 경계선은 다음 중 어떤 형태의 도형자료로 입력되는가?**

① 선 형태 ② 점 형태
③ 면 형태 ④ 높이 형태

| 해설 |

지적도 경계선은 도형자료라 할 수 있으며 선의 형태로 입력된다.

정답 ①

74. **스캐닝 방식에 의한 공간데이터의 취득에 대한 설명이 틀린 것은?**

① 손상된 도면을 입력하기에 적합하다.
② 입력도면의 평탄성 오차가 발생한다.
③ 복잡한 도면을 입력할 경우에는 작업시간이 단축된다.
④ 스캐너의 정밀도에 따라 이미지 자료의 변형이 발생한다.

| 해설 |

손상된 도면을 입력하기에 적합한 것은 디지타이징이다.

정답 ①

75. **공간자료의 입력 방법인 스캐닝에 대한 설명으로 옳지 않은 것은?**

① 스캐너를 이용하여 정보를 신속하게 입력시킬 수 있다.
② 스캐너를 광학주사기 등을 이용하여 레이저 관선을 도면에 주사하여 반사되는 값에 수치값을 부여하여 데이터의 영상자료를 만드는 것이다.
③ 스캐너 영상자료는 GIS 소프트웨어를 이용하여 벡터라이징을 통해 수치지도를 제작한다.
④ 스캐닝은 문자나 그래픽 심벌과 같은 부수적 정보를 많이 포함한 도면을 입력하는 데 적합하다.

| 해설 |

스캐닝은 문자나 그래픽 심벌과 같은 부수적 정보를 많이 포함한 도면을 입력하는 데 적합하지 않다.

정답 ④

76. **Scanning할 경우 단점에 해당하지 않는 것은?**

① 손상된 도면은 입력하기 어렵다.
② 래스터, 벡터 자료 편집용 소프트웨어가 필요하다.
③ 입력 정도가 디지타이저보다 높다.
④ 벡터라이징 과정에서 자료를 선택적으로 분리하기 어려워진다.

| 해설 |

Scanning 단점은 스캐너의 정밀도에 따라 이미지 자료의 변형이 발생하며 손상된 도면을 입력하기 어렵고, 점검이 필요하며 래스터, 벡터 자료 편집용 소프트웨어가 필요하다. 또한, 벡터라이징 과정에서 자료를 선택적으로 분리하기 어려워진다.

정답 ③

77. **스캐너 및 좌표독취기 장비를 이용한 좌표취득 특성으로 옳지 않은 것은?**

① 작업환경이 양호하여 작업 진행이 수월하다.
② 정밀도가 높아 도곽을 기준점으로 변위 작업이 가능하다.
③ 스캐너에 의한 작업은 스캐닝 및 이미지 파일 수신시간이 소요된다.
④ 스캐너는 축이 고정되어 있어 이동식 장비보다 오차 발생 요인은 적으나 작업영역이 한정되어 있다.

| 해설 |

Scanning 할 때 작업영역이 한정되어 있지는 않은데 오차 발생 요인이 많아 발생한 왜곡 또는 변형된 부분은 디지타이징 작업으로 다시 독취 한다

정답 ④

78. 다음 중 스캐닝을 통해 자료를 구축할 때 해상도를 표현하는 단위에 해당하는 것은?

① PPM ② DPI ③ DOT ④ kg

| 해설 |

DPI는 스캐너로 사진이나 슬라이드 필름, 그림 등을 스캔 받을 때 및 입력 대상의 해상도를 표현하는 단위이다.

정답 ②

79. 지적도를 스캐닝하여 얻어지는 도형자료의 유형으로 옳은 것은?

① 위상자료구조 ② 속성 데이터
③ 래스터 데이터 ④ 벡터 데이터

| 해설 |

도면을 스캐닝하여 취득하거나 위성영상 자료를 이용하여 취득하는 것은 래스터 데이터이다.

정답 ③

80. 임야도를 스캐닝하여 구축한 도형자료는 벡터라이징 과정에 의해 필요한 수보다 많은 좌표의 값이 저장된다. 이 때 임야도의 필지(폴리곤) 형태를 유지하면서 좌표의 수를 줄이는 것을 무엇이라 하는가?

① 좌표 삭감(Line Coordinate Thinning)
② 경계의 부합(Edge Matching)
③ 지도의 결합(Map Join)
④ 면적의 분할(Tiling)

| 해설 |

임야도를 스캐닝하여 구축한 도형자료는 벡터라이징 과정에 의해 필요한 수보다 많은 좌표의 값이 저장되는데 임야도의 필지(폴리곤) 형태를 유지하면서 좌표의 수를 줄이는 것을 좌표 삭감(Line Coordinate Thinning)이라 한다.

정답 ①

81. 기존 종이지적도면을 스캐닝 방식으로 입력할 경우, 격자영상에 생긴 잡음(noise)을 제거하는 단계는?

① 스캐닝 단계 ② 필터링 단계
③ 위상정립 단계 ④ 세선화(thinning) 단계

| 해설 |

필터링(Filtering) 단계는 격자 영상에 생긴 잡음(Noise)과 결점(defect)을 제거하고 연속적이지 않은 외곽선에 대해 연속적으로 이어주는 영상처리 과정이다.

정답 ②

82. 지적도면을 전산화함에 있어 정비하여야 할 사항과 가장 거리가 먼 것은?

① 경계 정비 ② 도곽선 정비
③ 소유자 정비 ④ 도면번호 정비

| 해설 |

토지소유자의 경우에는 부동산 등기를 기초로 하고 있으므로 도면의 정비와는 무관하다.

정답 ③

83. 스캐너에 의한 반자동 입력방식의 작업과정을 순서대로 올바르게 나열한 것은?

① 준비 → 래스터 데이터 취득 → 벡터화 및 도형인식 → 편집 → 출력 및 저장
② 준비 → 벡터화 및 도형인식 → 편집 → 래스터 데이터 취득 → 출력 및 저장
③ 준비 → 편집 → 벡터와 및 도형인식 → 래스터 데이터 취득 → 출력 및 저장
④ 준비 → 편집 → 래스터 데이터 취득 → 벡터화 및 도형인식 → 출력 및 저장

| 해설 |

스캐너에 의한 반자동 입력방식의 작업과정은 준비 → 래스터 데이터 취득 → 벡터화 및 도형인식 → 편집 → 출력 및 저장 순이다.

정답 ①

84. 스캐닝 방식을 이용하여 지적전산 파일을 생성할 경우, 선명

한 영상을 얻기 위한 방법으로 옳지 않은 것은?

① 해상도를 최대한 낮게 한다.
② 원본 형상의 보존 상태를 양호하게 한다.
③ 하프톤 방식의 스캐닝 시에는 되도록 속도를 느리게 한다.
④ 크기가 큰 영상은 영역을 세분하여 차례로 스캐닝 한다.

| 해설 |

스캐닝 방식을 이용하여 지적전산 파일을 생성할 경우 해상도가 낮으므로 최대한 높게 하여야 한다.

정답 ①

85. 다음 중 디지타이징에 비해 스캐너에 의한 도형정보의 입력방식이 갖는 특징으로 옳지 않은 것은?

① 지도상의 정보를 신속하게 입력할 수 있다.
② 깨끗하고 단순한 형태의 도면 입력에 적합하다.
③ 정보의 종류별로 레이어는 구분하여 입력하기 어렵다.
④ 해상도가 높으면 자료가 정밀하고 용량이 줄어든다.

| 해설 |

해상도가 높으면 자료가 방대하여 용량이 늘어난다.

정답 ④

86. 도형정보의 입력방법 중 디지타이징 방식에 비하여 스캐닝 방식이 갖는 특징으로 옳지 않은 것은?

① 특정 주제만을 선택하여 입력시킬 수 없다.
② 레이어별로 나뉘어져 입력되므로 비용이 저렴하다.
③ 복잡한 도면을 입력할 경우에 작업시간이 단축된다.
④ 손상된 도면의 경우 스캐닝에 의한 인식이 원활하지 못할 수 있다.

| 해설 |

데이터를 유형별로 구분하여 레이어를 입력하기 때문에 비용이 많이 소요된다.

정답 ②

87. 공간데이터에서 나타나는 오차의 발생 원인으로 볼 수 없는 것은?

① 원시 자료 이용 시 나타나는 오차
② 데이터 모델의 표현 시 발생하는 오차
③ 데이터 처리 과정과 공간분석 시에 발생하는 오차
④ 수치데이터를 생성 및 편집하는 단계에서 발생하는 오차

| 해설 |

공간데이터에서 나타나는 오차의 발생 원인
① 원시 자료 이용 시 나타나는 오차
② 수치데이터를 생성 및 편집하는 단계에서 발생하는 오차
③ 중첩분석, 분류와 재분류과정, 일반화와 집합화, 보간법, 부적절한 알고리즘의 사용 등을 포함한 데이터 처리 과정 및 공간분석 시에 발생하는 오차들이다.

정답 ②

88. 다음 중 데이터의 입력 오차가 발생하는 이유로 옳지 않은 것은?

① 작업자의 실수
② 스캐너의 해상도 문제
③ 스캐닝할 도면의 신축
④ 도면 수치 파일의 보정 오차

| 해설 |

데이터의 입력 오차가 발생하는 이유는 주로 작업자의 실수, 스캐닝할 도면의 신축, 스캐너의 해상도 문제 등이다.

정답 ④

89. 데이터 처리 시 대상물이 두 개의 유사한 색조나 색깔을 가지고 있는 경우 소프트웨어적으로 구별하기 어려워서 발생되는 오류는?

① 선의 단절　　② 방향의 혼돈
③ 불분명한 경계　　④ 주기와 대상물의 혼돈

| 해설 |

데이터 처리 시 대상물이 두 개의 유사한 색조나 색깔을 가지고 있는 경우 소프트웨어적으로 구별하기 어려워서 발생되는 오류는 불분명한 경계라고 할 수 있다.

정답 ③

90. 일반지도와 비교하여 수치지도(Digital Map)의 장점이 아닌 것은?

① 축척이나 투영법의 변환이 용이하다.
② 초기 투자비용이 저렴하다.
③ 시스템 구축 후에는 제작 기간이 적게 소요된다.
④ 다른 수치지도와의 통합 출력이 용이하다.

| 해설 |

수치지도(Digital Map)를 제작하기 위해서는 DB를 구축하여야 하므로 초기 투자비용이 많이 소요된다.

정답 ②

CHAPTER

02 벡터와 래스터 데이터

2.1. 개요

토지정보시스템에서 위상관계(Topology)를 나타내는 공간자료를 기록 또는 표현하는 방법에 따라 벡터(Vector) 데이터와 래스터(Raster) 데이터로 구분한다. 공간데이터 중에서 3차원 지형에 대한 데이터의 자료구조는 DEM·DTM·TIN과 같은 모형을 사용하여 처리한다.

2.2. 벡터 데이터

① 벡터 데이터(Vector Data)는 객체의 지리적 위치와 형상을 좌표와 크기와 방향으로서 나타내는 것이다.

② 벡터 데이터 구조(Vector Data Structure)는 현실 세계의 객체 및 객체와 관련되는 다양한 대상물이나 현상을 점, 선, 다각형을 사용하여 표현하는 것이다.

③ 벡터 데이터모형은 지리적 객체로 점(Point), 선(Line, Arc), 다각형(Polygon, Area) 등으로 표현하며 축척과 밀접한 관계가 있다.

④ 벡터 데이터는 토폴러지의 유무에 따라 스파게티(Spaghetti) 모형과 위상(Topology)모형으로 구분된다.

⑤ 수학적으로 좌표를 이용하여 복잡한 자료를 최소의 공간에 저장할 수 있다.

⑥ 벡터 데이터 파일 형식은 Shape, Coverage, CAD, DLG, VPF, DWG, DGN, DXF, IGES, HPGL, TIGER 등이 있다.

2.2.1. 기본요소

① 벡터 데이터의 기본요소는 점, 선, 면으로 구성된다.

② 점(point)으로 나타나는 객체의 경우 하나의 (x, y) 또는 (x, y, z)와 같이 한 쌍의 좌표로서 공간상에 위치를 표현하며 범위를 갖지 않는 0차원의 공간객체이다.

③ 선은 묘사하는 내용과 특성에 따라 아크(Arc), 체인(Chain), 스트링(String) 등의 다양한 용어로 표현된다.

④ 영역(area)은 선에 의해 폐합된 형태로서 범위를 갖는 2차원의 기하 요소이며 면(polygon)이라고도 한다.

2.2.2. 벡터 데이터의 장·단점

(1) 장점

① 지도와 비슷하고 시각적 효과가 높다.

② 고 해상력을 지원하므로 상세하게 표현할 수 있다.

③ 복잡한 현실 세계의 묘사 표현이 가능하다.

④ 높은 공간적 정확성을 제공하며 위상관계를 나타낼 수 있다.

⑤ 압축된 자료를 제공하므로 데이터 용량의 축소가 쉽다.

⑥ 위상에 관한 정보가 제공되므로 관망 분석과 같은 다양한 공간분석이 가능하다.

⑦ 노드와 버텍스(Vertex)로 정의되고 저장 공간을 적게 차지하여 공간객체에 대한 속성정보의 추출이 쉽다.

⑧ 객체별로 속성 테이블과 연결될 수 있으며 자료의 갱신과 유지관리에 편리하다.

⑨ 벡터는 수학적으로 좌표를 이용하여 복잡한 자료를 최소의 공간에 저장할 수 있다.

⑩ 객체별로 선택할 수 있고 크기와 방향성에 정보를 가지고 있다.

(2) 단점

① 벡터 데이터구조는 복잡하며 관리하기가 어렵다.

② 여러 레이어의 중첩이나 분석에 기술적으로 어려움이 수반된다.

③ 벡터 데이터는 값비싼 하드웨어와 소프트웨어가 요구되므로 초기 비용이 많이 든다.

④ 공간 연산이 상대적으로 어렵고 시간이 많이 소요된다.

⑤ 각각의 그래픽 구성요소는 각기 다른 위상구조를 가지므로 분석에 어려움이 크다.

2.2.3. 벡터 데이터의 유형

(1) 위상모형

① 위상모형은 공간객체 간의 위상정보를 저장하는 데 가장 일반적으로 사용되는 방식이다.

② 벡터 데이터의 객체들은 점들을 직선으로 연결하여 정확하게 표현할 수 있다.

③ 위상모형은 인접한 도형 간의 공간적 위치 관계를 수학적으로 표현한 것을 말한다.

④ 위상모형의 종류는 폴리곤 토폴러지(Polygon Topology), 아크 토폴러지(Arc Topology), 노드 토폴러지(Node Topology)로 구분한다.

- 아크란 일련의 점으로 구성된 선형의 도형을 말하며 시작점과 끝점이 노드로 되어있다.
- 노드(node)는 둘 이상의 선이 교차하여 만드는 점 또는 아크의 시작이나 끝이 되는 특정한 의미가 있는 점을 말한다.

⑤ 체인은 〈그림 3-4〉와 같이 1차원 공간객체로 시작 노드와 끝 노드에 대한 위상정보를 가진다.

⑥ 정점(Vertex)은 아크(Arc)의 중간점 또는 체인(Chain)에서 방향이 바뀌는 지점을 말한다.

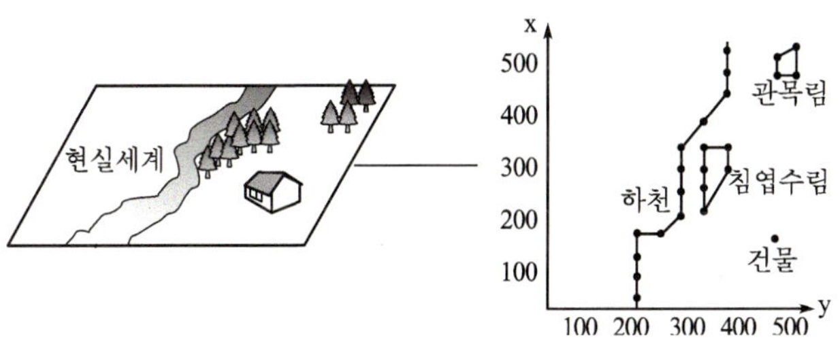

〈그림 3-3〉 위상모형(Topology)

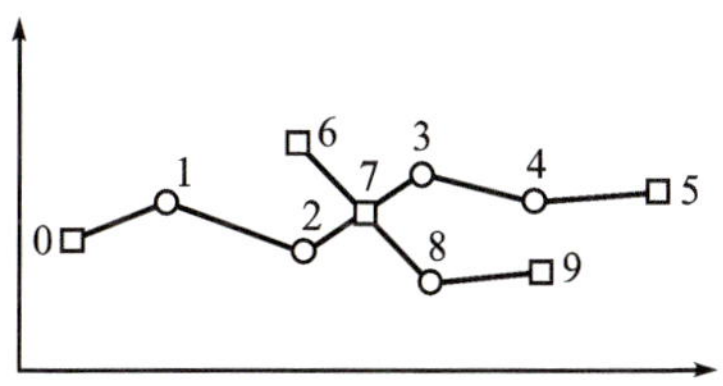

〈그림 3-4〉 노드와 체인

(2) 위상구조

① 위상(Topology)구조는 점, 선, 폴리곤으로 나타난 객체 간의 공간분석을 파악할 수 있다.

② 위상구조를 갖게 되면 주변 객체(지형·지물)들과의 공간상에서의 관계를 인식할 수 있다.

③ 위상구조가 구축되면 객체 간의 인접성, 연결성, 포함성에 대한 정보를 파악하기 매우 쉽다.

④ 위상구조를 완벽하게 갖춘 벡터 데이터로 가장 대표적인 것은 TIGER(Topologically Integrated Geographic Encoding and Referencing)이다.

⑤ 폴리곤에 대한 위상구조가 구축되고 나면 스파게티 구조와는 달리 인접하는 두 개의 폴리곤에서 경계를 이루는 체인은 한 번만 디지타이징으로 입력하여도 각각의 폴리곤이 구축된다.

⑥ 위상구조를 구축하기 위해 새로운 노드를 추가하거나 변경할 때는 반복적인 작업이 이루어지게 되어 많은 시간이 소요되기 때문에 도면을 제작할 때는 비효율적이다.

⑦ 형태의 공간과 연결된 정보의 검색을 위한 모든 질의는 위상 테이블을 이용하여 더욱 빠르게 처리될 수 있다.

⑧ 영역형 위상구조가 이루어지면 인접 영역탐색, 포함관계를 판단할 수 있다.

⑨ 영역형 위상구조는 행정구역, 필지 등과 같이 영역(폴리곤)의 집합으로 구성되는 유형으로 구성되는 자료를 대상으로 영역형 자료를 분석할 수 있도록 위상 구조화된 것을 말한다.

⑩ 위상구조는 노드(node)와 체인의 도형요소를 사용하는 벡터 데이터 모델이다.

(3) 위상관계

① 위상관계는 공간의 관계를 정의하는 데 쓰이는 수학적 방법으로서 입력된 자료 간의 정보를 상대적 위치로 저장하며, 선의 방향, 특성 간의 관계, 연결성, 인접성 등을 정의하는 것이다.

② 폴리곤 내에 섬이나 호수와 같이 또 다른 폴리곤을 포함하는 경우가 발생하는 폴리곤의 데이터 구조화는 매우 중요하며 객체 간의 공간 관계에 대한 정보가 제공되어야 한다.

③ 복잡한 자료를 최소의 공간에 저장시킬 수 있으며 상용구조로는 DXF, IGES, TIGER, HPGL, DWG, DGN, Coverage 등이 있다.

④ 위상관계는 스파게티 모델 데이터를 구조화하여 효율적인 공간질의 및 분석 연산을 가능하게 하며 인접성, 연결성, 포함성의 3가지 요소로 구성된다.

⑤ 폴리곤은 각각의 폴리곤과 이웃하여 있는 점, 선 폴리곤으로 나타낸 객체들이 위상구조를 갖게 되면 주변 객체들과의 공간상에서의 관계를 인식할 수 있다.

⑥ 벡터 데이터의 위상관계가 구축되면 객체 간의 인접성, 연결성, 포함성에 대한 정보파악이 쉽다.

- 인접성(Contiguity)
  - ‐. 〈그림 3‐5〉의 (a)와 같이 객체와 객체 간의 이웃함을 보여주는 것이다.
  - ‐. 여러 분야에 다양하게 쓰일 수 있는 기법이다.
  - ‐. 이웃하여 있는 폴리곤은 상하좌우와 같은 상대적 위치성 또한 파악하여야 할 중요한 요소다.
- 연결성(Connectivity)은 〈그림 3‐5〉의 (b)와 같이 노드로 연결된 모든 체인이 각각 다른 체인들과 연결되는 경로를 나타내는 것으로 도시의 거리나 통신을 위한 전화선, 지표면의 하천 흐름 등에 대한 정보를 알 수 있다.

• 포함성(Containment)은 〈그림 3-5〉의 (c)와 같이 표현하기 어려운 데이터구조라고 볼 수 있으나 섬이나 호수, 구멍과 주변에 무언가로 둘러싸인 형상들을 나타내는 데 매우 효과적이다.

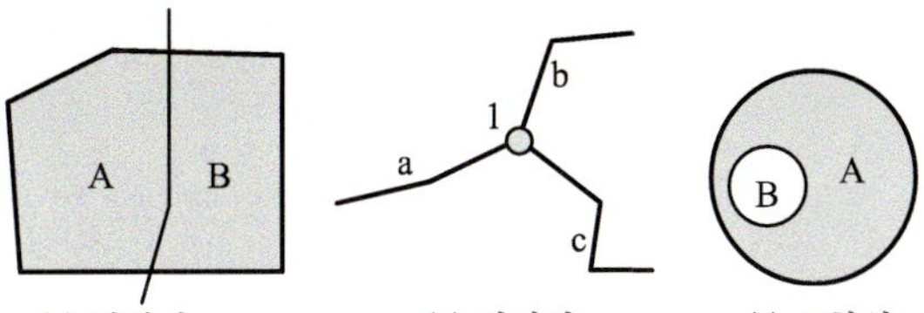

(a) 인접성 (b) 연결성 (c) 포함성

〈그림 3-5〉 위상 관계

(4) 스파게티 데이터

① 스파게티(Spaghetti) 데이터구조는 객체 간에 정보를 갖지 못하고 국수 가락처럼 좌표들이 길게 연결되어 있다는 의미이다.

② 스파게티 데이터는 구조화되지 않은 그래픽 모형이라고 하며, 인접하고 있는 다각형을 나타내기 위해서는 경계하는 변을 2번씩 저장한다.

③ 〈그림 3-6〉과 같이 객체가 좌표에 의한 그래픽 형태(점·선·다각형)로 저장된다.

④ 공간 데이터인 점, 선, 다각형을 단순한 좌표목록으로 저장한다.

⑤ 객체 간의 공간 관계에 대한 정보는 입력되지 않아 공간분석에서 필요한 정보를 별도로 계산하여야 하므로 비효율적이다.

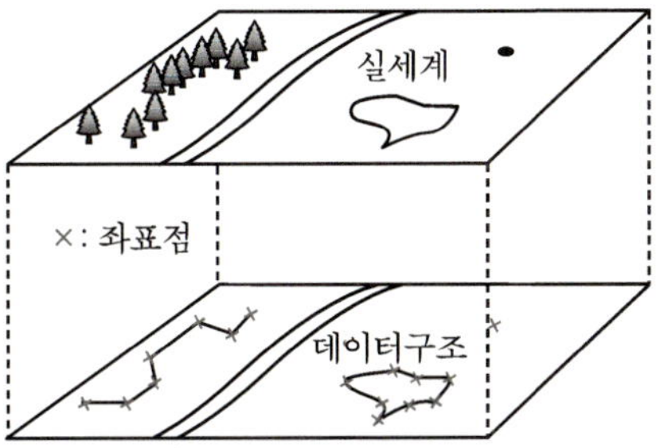

〈그림 3-6〉 스파게티자료구조
(자료 출처: GIS개론, 대영사, 김계현)

⑥ 점은 좌표로 나타내며 선은 좌표들의 나열로 표현되고 다각형에 의해 표현되는 영역은 경계를 나타내는 좌표들의 연결로 나타낸다.

⑦ 선 간의 연결 관계에 대한 정보가 입력되지 않으므로 교차점 탐색 등을 위한 시간이 길게 되며, 도로망이나 관망, 배선에서 최단거리를 찾거나 망의 흐름 분석, 연결되는 주소 찾기 등이 곤란하다.

⑧ 특징

- 데이터 파일을 이용하여 도면을 인쇄할 때는 작업이 단순하여 효율적이다.
- 하나의 점(X, Y 좌표)을 기본으로 하고 있어 구조가 간단하므로 이해하기 쉽다.
- 경계선은 각각의 다각형 구축 시 한 번씩 입력되므로 중복되어 기록된다.
- 파일의 용량이 작은 장점이 있다.
- 상호 연관성에 관한 정보가 없어 인접한 객체들의 특징과 관련성, 연결성을 파악하기 힘들다.

⑨ 벡터라이징은 래스터 자료를 벡터 자료로 처리하는 작업으로 래스터 자료를 스캐닝한 다음 벡터라이징 소프트웨어를 이용하여 자동 및 반자동 방법으로 벡터 자료로 변환하는 것이다.

2.3. 래스터 데이터

① 래스터 데이터(Raster Data)는 공간자료를 표현하는 일정한 격자 모양의 셀이 데이터의 위치와 그 값을 표현한다.

② 래스터에서는 현실 세계에서 존재하는 공간객체를 있는 그대로 반영하지 않는다.

③ 동일한 크기의 격자로 이루어지며 격자의 크기보다 작은 객체의 표현은 격자구조에서는 불가능하다고 판단된다.

④ 격자가 나타내는 면적이 작을수록 자료의 양은 늘어나며 격자 길이의 증가에 대하여 제곱에 반비례한다.

2.3.1. 래스터 데이터구조

① 래스터 데이터는 전체 면을 일정 크기의 단위 셀로 나누어 각 셀에 속성값을 입력 및 저장하고 연산하는 구조이다.

② 데이터의 형태는 그리드(grid), 셀(cell) 또는 픽셀(pixel)로 구성된 배열구조로 각 셀로 행과 열의 값으로 표현된다.

③ 단위 픽셀의 크기와 형태를 결정하는 것이 매우 중요하며 픽셀의 크기가 작을수록 객체의 형상을 보다 정확하게 나타낼 수 있다.

④ 각 셀은 지리적 위치를 나타내는 속성값을 갖게 되며 셀 위치 자체가 지리적 위치에 대한 정보를 가지고 있다.

⑤ 각 래스터에 저장된 수치는 해당 객체의 형태나 관련 정보를 표현하며 공간은 다수의 같은 또는 서로 다른 값을 가진 래스터들로써 구성된다.

⑥ 래스터 데이터 파일 형식은 RLE, RLC, TIFF, PCX, CCITT, GIF, BMP, BIL, BSQ, XWD, XBM, GeoTIF 등이 있다.

⑦ 다중밴드의 자료구조는 BSQ(Band Sequential) 방식, BIP(Band Interleaved by Pixel) 방식, BIL(Band Interleaved by Line) 방식이 있다.

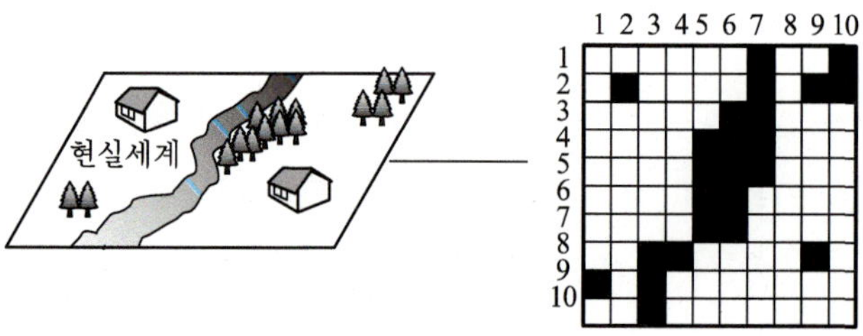

〈그림 3-7〉 래스터 데이터의 구조

2.3.2. 특징

① 각 셀에 하나의 숫자를 가진 그리드 셀로 표현되므로 상대적으로 자료의 구조가 단순하다.

② 도면 중첩이나 근접 등의 공간분석 기능을 쉽고 빠르게 처리할 수 있다.

③ 스캐너, 위성영상, 항공사진에 의해 쉽게 자료를 취득할 수 있다.

④ 래스터 데이터구조는 매우 간단하며 일정한 격자 모양의 셀이 데이터의 위치와 그 값을 표현한다.

⑤ 격자의 크기와 형태가 동일하여 시뮬레이션이 편리하다.

⑥ 시각적 효과 및 해상력이 낮아 부정확하므로 셀의 크기는 해상도에 영향을 미친다.

⑦ 해상력을 높이기 위해 작은 격자를 사용할 경우 그래픽 자료의 양이 많아진다.

⑧ 격자의 크기가 작을수록 나타낼 수 있는 객체의 형태가 많아지고 표현되는 자료는 상세하다.
⑨ 다양한 공간분석의 적용이 불가능하며 좌표변환과 투영변환에 많은 시간이 소요된다.
⑩ 픽셀 단위로 속성을 부여할 수 있으나 객체 단위로 속성과 연결하기 어렵다.

2.3.3. 데이터의 압축

자료 압축방법에는 체인코드(Chain Code) 방법, 런렝스코드(Run-length Code) 방법, 블록코드(Block Code) 방법, 사지수형(Quadtree) 방법 등을 사용하여 자료의 양을 최소화하기도 한다.

(1) 체인코드(Chain Code)

① 대상 지역에 해당하는 셀들의 연속적인 연결 상태를 파악하여 압축시키는 방법이다.
② 데이터의 시작점에서부터 연결 상태를 동, 서, 남, 북 방향으로 이동하는 단위 거리를 통해서 표현한다.
③ 동·서·남·북 방향을 편의상 각각 0, 2, 3, 1로 정의하거나 8방향으로 정의하는 경우 0에서 7까지의 숫자를 이용한다.
④ 객체와 객체 간의 중복되는 경계 부분은 이중으로 입력되어야 한다는 단점이 있다.
⑤ 데이터 압축에 매우 효과적일 뿐만 아니라 지역의 면적과 둘레의 계산, 곡선의 변곡점이나 오목한 면의 탐색 등등의 연산이 가능하다.

(2) Run length codes

① 데이터를 행마다 왼쪽에서 오른쪽으로 진행하면서 처음 시작하는 셀과 끝나는 셀까지 같은 수치를 가지는 셀들을 묶어 압축시키는 방법이다.
② 하나의 행에서 같은 셀 값을 갖는 것을 run이라고 하며 같은 셀 값을 가진 셀의 수를 length라고 한다.
③ 같은 속성값을 갖는 셀을 개별적으로 저장하는 대신에 하나의 run에 속성값이 한 번만 저장되고 대신에 run의 길이와 위치를 저장하는 것이다.
④ 각각의 Run은 좌에서 우로, 위에서 아래로 진행한다고 가정하여 동일 속성값을 갖는 각각의 Run의 길이와 속성값을 표현한 것이다.
⑤ 방대한 래스터 데이터베이스를 구축하는 경우 매우 효과적이다.

(3) 블록코드(Block Code)

① Run-length codes 방법에 기반을 둔 것으로 2차원의 정방형 블록으로 분할하여 객체에 대한 데이터를 구축하는 방법이다.
② 각각의 블록에 대하여 블록의 중심이나 왼쪽 아래의 시작점의 좌표와 격자의 크기를 나타내는 세 개의 숫자만으로 표기할 수 있다.
③ 정사각형의 크기가 클수록 경계가 단순해지고 더욱 효율적인 Block Coding이 가능하다.
④ 많은 양의 데이터를 저장하여야 할 때 효과적이다.
⑤ 정방형의 블록으로 표현하기 좋은 형상을 가진 객체에 대한 데이터베이스를 구축하는데, 가장 유용한 방법이라고 할 수 있다.

(4) 사지수형(Quadtree Code)

① 복잡한 지역을 좀 더 세밀하게 공간분할 하여 나타내지만 단순한 지역은 개략적으로 공간분할 함으로써 데이터의 크기를 줄이는 방법이다.

② 공간을 4개의 정사각형으로 계층적으로 분할하는 위계적인 데이터구조라고 볼 수 있다.

③ 대상 지역에 두 개 이상의 속성이 존재하는 지역은 다시 Quadrant를 4등분하고 Quadrant가 하나의 속성값만을 가질 때까지 반복된다.

④ 넓은 지역이 하나의 Quadrant로 존재할 때 매우 효과적인 압축이 가능하다.

⑤ Quadtree는 번호체계가 원시 노드로부터 차례로 부여되었으므로 선형 Quadtree라 하며 특정 폴리곤 내에 해당하는 격자나 포인트를 찾을 때 유용하게 사용될 수 있다.

⑥ 크기가 다른 정사각형을 이용하여 Run-length 코드보다 더 많은 자료의 압축이 가능하고 분석에 있어서 매우 빠르고 편리한 자료의 추출이 가능하다.

⑦ Run-length codes 방법과 함께 널리 활용되는 압축방법의 하나이다.

구분	장점	단점
벡터	• 데이터구조의 정확한 그래픽의 표현이 가능 • 데이터구조가 간단하다 • 위치와 속성의 일반화의 가능 • 데이터의 양은 적다.	• 데이터구조 복잡하고 지도중첩 곤란하다. • 장비의 가격이 고가이다. • 공간이 적은 곳에 적합하다. • 위상을 만드는 시간의 소요가 크다.
래스터	• 데이터구조가 단순명료하고 공간분석이 쉽다. • 단위별로 위상형태 동일하고 지도중첩이 쉽다. • 원격탐사데이터와 연결이 용이 • 데이터의 양을 효율적으로 줄여서 사용할 수 있다. • 수치해석 기법의 활용에는 대단히 편리하다.	• 네트워크 연계 구현 곤란하다. • 투영변환에 많은 시간 소요된다. • 데이터의 양이 방대하고 압축 시 정보의 손실이 크다. • 위상에 관한 정보를 제공하지 않는다. • 결과물의 도식에 있어서 미적 감각이나 정확성이 크게 떨어진다.

Chapter 02

벡터와 래스터 데이터

핵 / 심 / 문 / 제

1. 벡터 자료의 구조에 관한 설명으로 가장 거리가 먼 것은?

① 복잡한 현실 세계의 묘사가 가능하다.
② 래스터 자료보다 자료구조가 단순하여 중첩분석이 쉽다.
③ 좌표계를 이용하여 공간정보를 기록한다.
④ 위상 관련 정보가 제공되어 네트워크 분석이 가능하다.

| 해설 |

벡터 자료는 자료구조가 복잡하며 여러 레이어의 중첩이나 분석에 기술적인 어려움이 수반되고 관리하기가 어렵다.

정답 ②

2. 벡터 자료에 대한 설명으로 틀린 것은?

① 그래픽의 정확도가 높다.
② 위치와 속성의 검색, 갱신, 일반화가 가능하다.
③ 래스터 자료보다 자료구조가 단순하다.
④ 현상적 자료구조를 잘 표현할 수 있고, 축약되어 있다.

| 해설 |

벡터 데이터는 자료구조가 복잡한 것이 단점이다.

정답 ③

3. 벡터 자료의 구조에 대한 설명으로 옳지 않은 것은?

① 벡터 자료모형은 다각형(Polygon, Area), 선(Line, Arc), 점(Point) 등으로 표현한다.
② 벡터 자료구조는 축척과는 전혀 관계가 없다.
③ 객체의 지리적 위치를 크기와 방향으로 나타내는 것을 말한다.
④ 기호, 도형, 문자 등에 대한 의미로 인식할 수 있는 형태를 말한다.

| 해설 |

벡터 자료구조는 축척과 밀접한 관계가 있다.

정답 ②

4. 다음 중 벡터 데이터 모델에 대한 설명으로 올바른 것은?

① 기본적인 공간 단위는 공간 현상을 묘사하기 위한 격자 형태이다.
② 각 픽셀에 표본값을 갖도록 2차원 행렬형태로 저장하는 구조이다.
③ 하나 이상의 밴드를 가질 수 있어 서로 다른 속성들의 표현이 가능하다.
④ 표현방법의 정밀성으로 가장 많이 사용되는 구조이다.

| 해설 |

①, ②, ③는 래스터 데이터 모델이 갖는 특성을 설명하고 있다.

정답 ④

5. 벡터 데이터의 구성요소에 대한 설명으로 틀린 것은?

① 점 사상은 차원은 없으나 심볼을 사용하여 지도나 컴퓨터상에 표현되는 객체이다.
② 지표상의 면 사상 실체는 축척에 따라 면 또는 점 사상으로 표현이 가능하다.
③ 선 사상은 연속적으로 선을 묘사하는 다수의 X, Y 좌표 집합으로 아크, 체인, 스트링 등의 다양한 용어로 표현된다.
④ 선과 선을 가지고 추적할 수 있는 선형네트워크를 형성하기 위해서 자료구조에 포인터의 삽입이 불필요하다.

| 해설 |

벡터 데이터 구성은 어떤 객체의 위치를 방향과 크기로 나타내며 객체의 형상을 이루는 점, 선, 면의 위치를 표현하기 위해 대상 지역의 정확한 위치의 표현을 위하여 X, Y 좌표계를 사용한다.

정답 ④

6. 다음 중 벡터 자료의 공간객체로 가장 거리가 먼 것은?

① 점(point)　② 선(line)
③ 면(area)　④ 격자(grid)

| 해설 |

벡터 자료는 어떤 객체의 위치를 방향과 크기로 나타내며 객체의 형상을 이루는 점(Point)·선(Line, Arc)·면(Area)의 정확한 위치 표현을 위하여 수학적인 좌표계를 사용한다.

정답 ④

7. 다음 중 벡터 자료구조 형태로 입력하는 장비는?

① 스캐너(scanner)　② 디지타이저(digitizer)
③ 플로터(plotter)　④ 키오스크(kiosk)

| 해설 |

디지타이저를 이용한 입력은 복사된 지적도를 디지타이징하여 벡터 자료 파일을 구축한다.

정답 ②

8. 벡터 자료의 특징으로 옳은 것은?

① 정확도는 격자가 나타내는 면적으로 표시한다.
② 공간객체의 위치는 행이나 열로 표시한다.
③ 객체의 위치를 공간상에서 방향성과 크기를 가지고 나타낸다.
④ 격자 상의 일정한 수치값으로 지표면의 특성을 표현한다.

| 해설 |

벡터 자료는 공간상에서 방향성과 크기를 가지고 나타낸다.

정답 ③

9. 벡터 자료의 특징에 대한 설명이 아닌 것은?

① 위상구조를 가질 수 있다.
② 확대·축소하여도 선이 매끄럽다.
③ 자료의 표준화를 위해 geoTIFF가 개발되었다.
④ 객체의 크기와 방향성에 대한 정보를 가지고 있다.

| 해설 |

geoTIFF는 래스터 자료구조의 이미지 파일이다.

정답 ③

10. 벡터 데이터의 장점에 대한 설명이다. 틀린 것은?

① 자료구조의 표현이 쉽다.
② 원격탐사자료와 연결이 쉽다.
③ 위치와 속성의 일반화가 가능하다.
④ 자료구조가 간단하다.

| 해설 |

벡터 데이터의 장점은 자료구조가 간단하고, 정확한 그래픽의 표현이 가능하며, 위치 및 속성의 일반화가 가능하며 원격탐사자료와 연결이 쉬운 것은 래스터 데이터이다.

정답 ②

11. 벡터 데이터의 단점에 대한 설명으로 틀린 것은?

① 여러 레이어의 중첩이나 분석에 기술적으로 어려움이 수반된다.
② 장비의 가격이 고가로 하드웨어와 소프트웨어가 요구되므로 초기 비용이 많이 소요된다.
③ 정확한 그래픽의 표현이 가능하다.
④ 그래픽 구성요소는 각기 다른 위상구조를 가지므로 분석에 어려움이 크다.

| 해설 |

벡터 데이터의 단점
① 벡터 데이터구조는 복잡하며 관리하기가 어렵다.
② 여러 레이어의 중첩이나 분석에 기술적으로 어려움이 수반된다.
③ 벡터 데이터는 값비싼 하드웨어와 소프트웨어가 요구되므로 초기 비용이 많이 든다.
④ 공간연산이 상대적으로 어렵고 시간이 많이 소요된다.
⑤ 각각의 그래픽 구성요소는 각기 다른 위상구조를 가지므로 분석에 어려움이 크다.

정답 ③

12. 현실 세계의 객체 및 객체와 관련되는 모든 형상의 점, 선, 면을 이용하여 마치 지도상에 나타나는 것과 같이 표현되는 자료는?

① 벡터 자료　② 래스터 자료
③ 속성 자료　④ 단위 자료

| 해설 |

벡터 자료는 현실 세계의 객체 및 객체와 관련되는 모든 형상의 점, 선, 면을 이용하여 마치 지도상에 나타나는 것과 같이 표현하는 형식이다.

정답 ①

13. 종이 형태의 지적도면을 수동독취기(Digitizer)를 이용하여 입력할 경우 자료 형태는 무엇인가?

① 메쉬(Mesh) 자료　② 벡터(Vector) 자료
③ 셀(Cell) 자료　④ 래스터(Raster) 자료

| 해설 |

종이 형태의 지적도면을 수동독취기(Digitizer)를 이용하여 입력할 수 있는 장비는 디지타이저이며 취득한 데이터는 벡터 자료구조이다.

정답 ②

14. 다음 중 벡터 자료에 해당하는 것은?

① BMP　② JPG　③ DXF　④ GIF

| 해설 |

① 벡터 데이터 파일 형식은 Shape, Coverage, CAD, DLG, VPF, DWG, DGN, DXF, IGES, HPGL, TIGER 등이 있다.
② DXF는 오토캐드용 자료 파일을 다른 그래픽 체계로 사용할 수 있도록 제작한 그래픽 자료 파일 형식으로 벡터 자료의 유형이며 나머지는 래스터 자료의 파일 형식이다.

정답 ③

15. 다음 중 대표적인 벡터 자료 파일 형식이 아닌 것은?

① Coverage 파일 포맷　② CAD 파일 포맷
③ Shape 파일 포맷　④ TIFF 파일 포맷

| 해설 |

① 벡터 데이터 파일 형식은 Shape, Coverage, CAD, DLG, VPF, DWG, DGN, DXF, IGES, HPGL, TIGER 등이 있다.
② 래스터 데이터 파일 형식은 RLE, RLC, TIFF, PCX, CCITT, GIF, BMP, BIL, BSQ, XWD, XBM, Macpaint 등이 있다.

정답 ④

16. 위상(Topology)모형에 대한 설명으로 틀린 것은?

① 위상구조가 구축되면 선과 선들이 교차하는 지점에 노드가 자동으로 형성되는 것이다.
② 토폴러지 모형의 가장 큰 장점은 관계된 점의 좌표를 사용하지 않고 공간분석이 가능하다는 것이다.
③ 폴리곤의 구조는 형상(Shape)과 인접성(Neighborhood), 계급성(Hierarchy)의 세 가지 특성을 지닌다.
④ 공간과 연결된 정보의 검색을 위한 모든 질의는 위상 테이블을 이용하므로 처리속도가 느리다.

| 해설 |

공간과 연결된 정보의 검색을 위한 모든 질의는 위상 테이블을 이용하므로 빠르게 처리할 수 있다.

정답 ④

17. 벡터 자료의 저장 모형 중 위상(Topology)모형에 대한 설명으로 옳지 않은 것은?

① 좌표데이터만을 사용할 때보다 다양한 공간분석이 가능하다.
② 공간객체 간의 위상정보를 저장하는데, 보편적으로 사용되는 방식이다.
③ 인접한 폴리곤 간의 공통 경계는 각 폴리곤에 대하여 반드시 두 번 기록되어야 한다.
④ 다각형의 형상(shape), 인접성(neighborhood), 계급성(hierarchy)을 묘사할 수 있는 정보를 제공한다.

| 해설 |

폴리곤에 대한 위상구조가 구축되면 스파게티 구조와는 달리 위상모형은 인접하는 2개의 폴리곤에서 경계를 이루는 체인은 한 번만 디지타이징하여 입력하더라도 각각의 폴리곤이 구축된다.

정답 ③

18. Topology의 종류에 해당하지 않는 것은?

① Polygon Topology ② Arc Topology
③ Strong Topology ④ Node Topology

| 해설 |

위상모형의 종류는 폴리곤 토폴러지(Polygon Topology), 아크토폴러지(Arc Topology), 노드 토폴러지(Node Topology)로 구분한다.

정답 ③

19. 다음 중 점, 선, 면으로 나타난 도형(객체) 간의 공간상의 상관관계를 의미하는 것은?

① 커버리지(coverage) ② 위상(topology)
③ 속성(attribute) ④ 레이어(layer)

| 해설 |

위상(Topology)은 점·선·면으로 나타난 도형 간의 공간상의 상관관계를 의미하며 공간 관계에는 연결성, 내포성, 교차성, 인접성, 근접성 등이 있다.

정답 ②

20. 위상(Topology)모형의 장점에 대한 설명으로 옳지 않은 것은?

① 장비의 구매 비용이 많이 소요된다.
② 저장된 위상정보는 빠르고 쉽게 분석할 수 있다.
③ 입력된 도형정보는 위상과 관련되는 정보를 정리하여 공간데이터베이스에 저장하여 둔다.
④ 공간적인 관계를 구현하는 데 필요한 처리 시간을 최대한 단축할 수 있다.

| 해설 |

①은 위상모형의 단점에 해당한다.

정답 ①

21. 다음 중 공간데이터의 위상구조(Topology)에 관한 설명으로 옳지 않은 것은?

① 자료구조가 복잡하여 여러 레이어의 중첩이나 분석에 기술적으로 난이도가 있다.
② 복잡한 네트워크상에서 면을 폐합하고 노드를 형성하는 과정에서 불확실성과 오류를 발생할 수 있다.
③ 모든 노드를 확인하는데 많은 시간이 소요된다.
④ 자료구조가 복잡하여 객체 간의 공간적 관계에 대한 정보를 판단할 수 없다.

| 해설 |

위상구조는 토지정보체계에서 매우 유용한 구조로서 공간적 객체를 이루는 요소 간의 공간적 상호위치관계의 정보를 파악할 수 있도록 한 것이다.

정답 ④

22. 다음 중 벡터 데이터의 위상구조에 대한 설명으로 옳지 않은 것은?

① 다양한 공간분석을 가능하게 해주는 구조다.
② 지형·지물들 간의 공간관계를 인식할 수 있다.
③ 데이터의 갱신 시 위상구조는 신경 쓰지 않아도 된다.
④ 다중연결을 통하여 각 지형·지물은 다른 지형·지물과 연결될 수 있다.

| 해설 |

위상구조는 각각의 폴리곤과 이웃하여 있는 점, 선, 면의 인접성을 갖고 있으므로 데이터의 갱신 시 주의하여야 한다.

정답 ③

23. **공간자료 사이의 관련성을 나타내는 것으로 점, 선, 다각형들로 구성된 지형, 지물들이 서로 어떻게 관계하는지에 대한 명확한 정의에 대한 설명으로 옳은 것은?**

① 계층구조 ② 자료구조
③ 위상구조 ④ 벡터구조

| 해설 |

위상구조는 토지정보시스템에서 매우 유용한 벡터 데이터 구조로서 점, 선, 면으로 객체 간의 공간 관계를 파악할 수 있으며 객체들은 점들을 직선으로 연결하여 표현할 수 있다.

정답 ③

24. **위상 자료구조를 만드는 과정에 해당하는 것은?**

① 스캐닝 ② 디지타이징
③ 구조화 편집 ④ 정위치편집

| 해설 |

구조화 편집은 정위치편집이 완료된 데이터에 대하여 실시하는 것으로 위상자료구조를 만드는 과정이라 할 수 있다.

정답 ③

25. **위상구조를 완벽하게 갖춘 벡터 데이터로 가장 대표적인 것은?**

① TIGER ② Spaghetti
③ Coverage ④ Attribute

| 해설 |

위상구조를 완벽하게 갖춘 벡터 데이터로 가장 대표적인 것은 TIGER(Topological Integrated Geographic Encoding and Referencing)이다.

정답 ①

26. **다음은 지리정보의 특성인 공간적 위상관계에 관해 설명한 것이다. 옳지 않은 것은?**

① 인접성은 대상물의 주변에 존재하는 대상물과의 관계를 의미한다.
② 연결성은 실제로 연결된 대상물들 사이의 관계를 의미한다.
③ 근접성은 서로 다른 계층에서 서로 다르게 인식될 수 있는 대상물의 관계를 의미한다.
④ 공간적 위상관계의 특성을 바탕으로 조건에 만족하는 지역이나 조건을 검색 및 분석할 수 있다.

| 해설 |

근접성은 대상물의 가까운 곳에 존재하는 대상물과의 관계를 의미한다.

정답 ③

27. **공간의 관계를 정의하는데 쓰이는 수학적 방법으로서 입력된 자료 간의 정보를 상대적 위치로 저장하며, 선의 방향, 특성 간의 관계, 연결성, 인접성 등을 정의하는 것을 무엇이라 하는가?**

① 속성정보 ② 위상관계
③ 위치관계 ④ 위치정보

| 해설 |

위상관계는 공간 관계를 정의하는 데 쓰이는 수학적 방법으로서 입력된 자료의 위치를 좌표값으로 인식하고 각각의 자료 간의 정보를 상대적 위치로 저장하며, 선의 방향, 특성 간의 관계, 연결성, 인접성, 영역 등을 정의하는 것을 의미한다.

정답 ②

28. **다음 중 위상(Topology)관계를 가진 폴리곤 구조의 특징과 가장 거리가 먼 것은?**

① 다의성(ambiguity) ② 계급성(hierarchy)
③ 인접성(neighborhood) ④ 형상(shape)

| 해설 |

폴리곤 구조는 형상(Shape)과 인접성(Neighborhood), 계급성(Hierarchy)의 3가지 특성이 있으며 폴리곤은 독특한 형태와 면적에 대한 주변의 길이를 나타내는 형상을 지니며 각기 다른 형태의 폴리곤 모양을 갖는다.

정답 ①

29. **벡터 데이터의 위상구조를 이용하여 분석이 가능한 내용이 아닌 것은?**

① 분리성 ② 연결성 ③ 인접성 ④ 포함성

| 해설 |

위상관계는 객체 간의 공간 관계에 대한 정의를 갖지 못하는 스파게티 모델 데이터를 구조화하여 효율적인 공간질의 및 분석 연산을 가능하게 하며, 인접성, 연결성, 포함성의 3가지 요소로 구성된다.

정답 ①

30. **다음 중 공간객체 간에 존재하는 3가지 위상관계에 포함되지 않는 것은?**

① 연결성 ② 포함성 ③ 인접성 ④ 군집성

| 해설 |

벡터 데이터의 위상관계가 구축되면 객체 간의 인접성, 연결성, 포함성에 대한 정보파악이 쉽다.

정답 ④

31. 위상모형 중 인접성(neighbor hood)에 대한 설명에 해당하지 않는 것은?

① 서로 이웃하여 있는 폴리곤 간의 관계를 의미한다.
② 공간객체 간의 상호 인접성에 기반을 둔 분석에 필수적이다.
③ 이웃하여 있는 폴리곤의 경우 상, 하, 좌, 우와 같은 상대적 위치성 또한 파악하여야 할 중요한 요소다.
④ 하나의 지점에서 또 다른 지점으로의 이동 시 경로선정 또는 자원의 배분에 활용된다.

| 해설 |

④는 스파게티 모형의 연결성으로 필요한 정보가 별도의 계산 때문에 제공되므로 대단히 비효율적이다.

정답 ④

32. 스파게티(Spaghetti) 모형에 대한 설명으로 옳지 않은 것은?

① 점, 선, 다각형 등의 객체들이 구조화되지 않은 그래픽 모형이다.
② 인접하고 있는 다각형을 나타내기 위하여 경계하는 선은 두 번씩 저장된다.
③ 객체 간의 공간 관계가 설정되지 않아 공간분석에 비효율적이다.
④ 자료구조가 복잡하지만, 선형분석, 면형 분석을 하기에 쉽다.

| 해설 |

스파케티(Spaghetti) 모형
① 스파게티 데이터는 구조화되지 않은 그래픽 모형이다.
② 다각형 입력 시 경계선 중복된다.
③ 자료의 구조는 한 쌍의 X, Y 좌표를 기본으로 한다.
④ 자료구조가 매우 간단하며 파일의 용량이 작은 장점이 있다.
⑤ 공간분석 시 비효율적이다.
⑥ 인접 도형 간의 토폴러지가 없어 공간분석에는 사용하기 어렵다.
⑦ 면 간의 공통선에 대한 정보가 입력되지 않는다.
⑧ 도로망이나 배선에서 최단거리를 찾거나 망의 흐름 분석, 연결되는 주소 찾기 등이 곤란하다.

정답 ④

33. 스파게티 모델의 특징으로 틀린 것은?

① 공간자료를 단순한 좌표목록으로 저장한다.
② 도면을 독취할 때 작성된 자료와 비슷하다.
③ 인접한 다각형을 나타낼 때 경계는 2번씩 저장한다.
④ 객체 간 공간 관계가 설정되어 공간분석에 효율적이다.

| 해설 |

객체 간의 공간 관계에 대한 정보는 입력되지 않아 공간분석에서 필요한 정보를 별도로 계산하여야 하므로 비효율적이다.

정답 ④

34. 스파게티(Spaghetti) 자료구조에 대한 설명으로 옳지 않은 것은?

① 하나의 점(X, Y 좌표)을 기본으로 하고 있어 구조가 복잡하다.
② 지적도면의 수치화에는 벡터 방식이 주로 사용되고 있다.
③ 객체가 좌표에 의한 그래픽 형태(점, 선, 면적)로 저장된다.
④ 국수 가락처럼 좌표들이 길게 연결되어 있어 스파게티 자료구조라고 한다.

| 해설 |

스파게티 자료구조는 하나의 점(X, Y 좌표)을 기본으로 하고 있어 구조가 간단하며 이해하기 쉽다.

정답 ①

35. 벡터형식의 토지정보 자료구조 중 위상 관계없이 점, 선, 다각형을 단순한 좌표로 저장하는 방식은?

① 블록코드 모형 ② 스파게티 모형
③ 체인코드 모형 ④ 커버리지 모형

| 해설 |

스파게티 자료구조
① 점, 선, 면을 공간 형상들의 X, Y 좌표로 저장하는 구조이다.
② 객체 간의 상호 연관성에 관한 정보는 기록되지 않기 때문에 공간분석에는 비효율적이다.
③ 자료구조가 매우 간단하여 수치지도를 제작하고 갱신하는 경우에는 효율적이다.

정답 ②

36. 벡터 자료를 래스터 자료로 자료 변환하는 것을 무엇이라 하는가?

① 벡터라이징 ② 래스터라이징
③ 필터링 ④ 섹션화

| 해설 |

벡터라이징은 래스터 자료를 벡터 자료로 처리하는 작업으로 래스터 자료를 스캐닝한 다음 벡터라이징 소프트웨어를 이용하여 자동 및 반자동 방법으로 벡터 자료로 변환하는 것이다.

정답 ①

37. 래스터 자료구조의 격자에 대한 설명으로 옳지 않은 것은?

① 셀의 크기와 관계없이 컴퓨터에 저장되는 자료의 양은 항상 일정하다.
② 셀의 크기는 해상도에 영향을 미친다.
③ 셀의 크기에 의해 토지정보의 위치 정확성이 결정된다.
④ 연속 면에서 위치의 변화에 따라 속성들의 점진적인 현상변화를 효과적으로 표현할 수 있다.

| 해설 |

래스터 데이터는 동일한 크기의 격자로 이루어지며 격자의 크기가 작을수록 해상도가 좋아지며 저장용량이 증가한다.

정답 ①

38. **래스터 데이터의 구성요소가 아닌 것은?**

① 그리드(grid) ② 점(point)
③ 화소(pixel) ④ 셀(cell)

| 해설 |

래스터 데이터는 그리드(grid), 셀(cell) 또는 화소(pixel)로 구성된 배열구조로 각 셀로 행과 열의 값으로 표현된다.

정답 ②

39. **데이터의 구성요소를 화소(pixel)로 하는 데이터로 옳은 것은?**

① 벡터 데이터 ② 래스터 데이터
③ 속성 데이터 ④ 구조화 데이터

| 해설 |

래스터 데이터는 화소(pixel), 그리드(grid) 또는 셀(cell)로 구성된 배열이다.

정답 ②

40. **다음 중 래스터 형식의 자료에 해당하는 파일 포맷은?**

① DWG ② DXF
③ SHAPE ④ GeoTIF

| 해설 |

래스터 데이터 파일 형식은 RLE, RLC, TIFF, PCX, CCITT, GIF, BMP, BIL, BSQ, XWD, XBM, GeoTIF 등이 있다.

정답 ④

41. **래스터 자료의 특징에 대한 설명으로 옳지 않은 것은?**

① 벡터 데이터보다 상대적으로 데이터구조가 단순하다.
② 입력되는 자료의 양이 많아 자료의 처리와 분석에 시간이 오래 걸린다.
③ 사진측량자료에서 생성된 경우에는 위성영상에서 제공하는 해상력에 좌우된다.
④ 격자구조에서 각각의 격자는 격자 내에 포함된 주제와 관련된 하나의 수치값만을 저장한다.

| 해설 |

위성영상, 항공사진에 의해 쉽게 자료를 취득할 수 있으나 위성영상에서 생성된 경우에는 위성영상에서 제공하는 해상력에 좌우된다.

정답 ③

42. **래스터 구조의 장점을 바르게 설명한 것은?**

① 자료구조가 벡터 자료구조보다 단순하다.
② 해상도가 증가하여도 자료량이 많이 증가하지 않는다.
③ 위상자료구조의 구축에 유리하다.
④ 좌표변환을 위한 시간이 필요 없다.

| 해설 |

래스터 자료구조는 각 셀에 하나의 숫자를 가진 그리드 셀로 표현되므로 공간분석이 편리하며 자료구조가 단순하고 명료하다.

정답 ①

43. **래스터 자료의 장점에 대한 설명으로 틀린 것은?**

① 압축된 자료구조를 제공하지 못하며 그래픽 자료의 양이 방대하다.
② 공간분석이 용이하며 자료구조가 단순하고 명료하다.
③ 격자의 크기와 형태가 동일한 까닭에 시뮬레이션이 용이하다.
④ 원격탐사자료와의 연계 처리가 용이하다.

| 해설 |

①은 래스터 데이터의 단점이다.

정답 ①

44. **래스터 데이터의 단점으로 볼 수 없는 것은?**

① 해상도를 높이면 자료의 양이 많이 늘어난다.
② 자료의 이동, 삭제, 입력 등 편집이 어렵다.
③ 위상구조를 부여하지 못하므로 공간적 관계를 다루는 분석이 불가능하다.
④ 중첩기능을 수행하기가 불편하다.

| 해설 |

도면 중첩이나 근접 등의 공간분석 기능을 쉽고 빠르게 처리할 수 있다.

정답 ④

45. **다음 중 래스터 자료 포맷에 해당하지 않는 것은?**

① BSQ(Band SeQuential)
② BIA(Band Inerleaved by Area)
③ BIL(Band Inerleaved by Line)
④ BIP(Band Inerleaved by Pixel)

| 해설 |

① 래스터 자료 포맷은 BSQ(Band Sequential), BIP(Band Interleaved by Pixel), BIL(Band Interleaved by Line)방식이 있다.
② BSQ(Band Sequential)은 원격탐사에서는 지상 물체에 대한 다양한 정보를 얻어내기 위하여 여러 가지 파장대에서 촬영한 영상자료를 많이 사용한다.
③ BIL(Band Interleaved by Line)은 여러 밴드를 가진 영상자료를 하나의 파일로 저장할 때, 각 밴드의 영상을 화소 단위로 교대로 반복하여 저장하는 방식으로 Pixel 단위로 저장한다.

④ BIP(Band Interleaved by Pixel)은 BIP 방식은 이 방식은 BIL 방식과 거의 유사하지만, 라인이 아닌 Pixel 단위로 저장한다는 점에서 차이를 나타낸다.

정답 ②

46. 격자형식의 데이터를 효율적으로 저장하기 위하여 사용되는 방식에 해당하지 않은 것은?

① 동일 값을 갖는 데이터를 묶어서 저장하는 Run length Code 방식
② 데이터 간의 연관성을 가지고 저장하는 관망형 방식
③ 블록 단위로 나누어서 저장하는 블록 코드(Block code) 방식
④ 4등분하는 방식으로 데이터를 저장하는 사지수형(Quad tree) 방식

| 해설 |

래스터 데이터의 압축방법은 체인코드(Chain Code) 방법, 런랭스 코드(Run-Length Code) 방법, 블록코드(Block code), 사지수형(Quad tree) 방법으로 관망형 방식은 없다.

정답 ②

47. 다음 중 래스터 데이터의 압축방법이 아닌 것은?

① 블록코드(block code) 방법
② 체인코드(chain code) 방법
③ 트랜스코드(trans code) 방법
④ 런렝스코드(run-length code) 방법

| 해설 |

래스터 데이터 압축방법은 체인코드(Chain Code) 방법, 런랭스 코드(Run-Length Code) 방법, 블록코드(Block code), 사지수형(Quad tree) 방법이 있다.

정답 ③

48. 래스터 데이터의 자료 압축방법에 대한 설명으로 틀린 것은?

① 자료 압축방법에는 Chain Code 방법, Run-length Code 방법, Block Code 방법, Quad tree 방법이 있다.
② Quad tree 방법은 Run-length 코드 방법과 함께 가장 많이 쓰이는 자료 압축방법이다.
③ Chain Code 방법은 대상 지역에 해당하는 격자들의 연속적인 연결 상태를 파악하여 압축시키는 방법이다.
④ Block Code 방법은 3차원의 사분법으로 분할하여 객체에 대한 데이터를 압축하는 방법이다.

| 해설 |

Block Code 방법은 2차원의 정방형 블록으로 분할하여 객체에 대한 데이터를 구축하는 방법이다.

정답 ④

49. 대상 지역에 해당하는 격자들의 연속적인 연결 상태를 파악함으로써 압축효율이 높으나 객체 간의 경계 부분이 이중으로 입력되어야 하는 단점이 있는 래스터 데이터의 압축 방법으로 옳은 것은?

① 런 랭스 코드(Run length code) 기법
② 사지수형(Quadtree) 기법
③ 체인코드(Chain code) 기법
④ 블록 코드(Block code) 기법

| 해설 |

체인코드(Chain code) 기법은 대상 지역에 해당하는 래스터들의 연속적인 연결 상태를 파악하여 압축시키는 방법으로 인접하는 폴리곤의 모든 경계선이 두 번씩 중복되어 기록된다는 문제점이 있다.

정답 ③

50. 다음 그림의 경계선을 체인코드 방법으로 올바르게 표기한 것은?

① 0,1,0,3,3,0,3,0,1,1,0,0
② 0,1,0,3^2,0,3,0,1^2 ,0^2
③ ABACCACABBAA
④ ABAC^2ACA$B^2$$A^2$

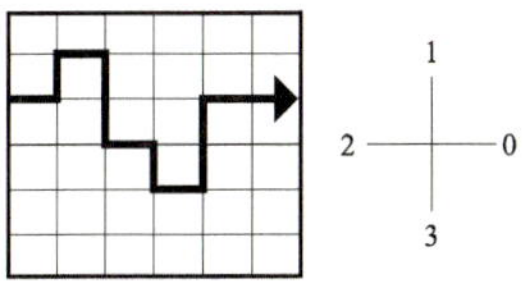

| 해설 |

체인코드 방법은 대상 지역에 해당하는 래스터들의 연속적인 연결 상태를 파악하여 압축시키는 방법으로 어느 영역의 경계선을 단위벡터로 표시하며 영역의 경계선은 2번 저장할 수 있어 자료저장의 중복성은 불가피하다. 위의 그림에서의 연결 상태를 파악하면 0,1,0,3^2,0,3,0,1^2,0^2이다.

정답 ②

51. 래스터 데이터를 행마다 왼쪽에서 오른쪽으로 진행해 가면서 처음 시작하는 셀과 끝나는 셀까지 동일한 수치값을 가지는 셀들을 묶어 표현하는 압축방법은?

① 블록코드(Block code) 방법
② 런랭스(Run-length code) 방법
③ 사지수형(Quad-tree code) 방법
④ 체인코드(Chain codes) 방법

| 해설 |

Run-length code 방법은 데이터를 행마다 왼쪽에서 오른쪽으로 진행하면서 처음 시작하는 셀과 끝나는 셀까지 같은 수치를 가지는 셀들을 묶어 압축시키는 방법이다.

정답 ②

52. **래스터 데이터의 저장기법 중에서 셀값을 개별적으로 저장하는 대신 각각의 변 진행에 대하여 속성값, 위치, 길이를 한 번씩 저장하는 방법으로 옳은 것은?**

① 체인코드(Chain code) 기법
② 블록코드(Block code) 기법
③ 사지수형(Quadtree code) 기법
④ 런 랭스 코드(Run−length−code) 기법

| 해설 |
런랭스 코드(Run−length−code) 기법은 같은 속성값을 갖는 셀을 개별적으로 저장하는 대신에 하나의 run에 속성값이 한 번만 저장되고 대신에 run의 길이와 위치를 저장하는 것이다.

정답 ④

53. **격자구조를 압축 및 저장하는 기법 중 각각의 열(列) 진행 방향에 대하여 동일한 속성값을 갖는 격자(cell)들을 하나로 묶어 길이와 위치를 저장하는 방식은?**

① Quadtree 기법 ② Block code 기법
③ Chain code 기법 ④ Run−length code 기법

| 해설 |
런 렝스 코드(Run length Code) 방법은 각각의 Run은 좌에서 우로, 위에서 아래로 진행한다고 가정하여 동일 속성값을 갖는 각각의 Run의 길이와 속성값을 표현한 것이다.

정답 ④

54. **크기가 다른 정사각형을 이용하며 공간을 4개의 동일한 면적으로 분할하는 작업을 하나의 속성값이 존재할 때까지 반복하는 레스터 자료 압축방법은?**

① 런랭스코드(Run−length code) 기법
② 체인코드(chain code) 기법
③ 블록코드(Block code) 기법
④ 사지수형(Quadtree) 기법

| 해설 |
Quadtree codes 기법은 대상 지역에 두 개 이상의 속성이 존재하는 지역은 다시 Quadrant를 4등분하고 Quadrant가 하나의 속성값만을 가질 때까지 반복된다.

정답 ④

55. **공간객체를 색인화(Index)하기 위해 사용하는 방법이 아닌 것은?**

① 그리드 색인화 ② R−Tree 색인화
③ 피타고라스 색인화 ④ 사지수형 색인화

| 해설 |
공간객체 색인화 방법은 그리드 색인화, R−Tree 색인화, 사지수형 색인화가 있다.

정답 ③

56. **래스터 데이터와 벡터 데이터에 대한 설명으로 옳지 않은 것은?**

① 벡터 데이터는 객체들의 지리적 위치를 크기와 방향으로 나타낸다.
② 래스터 데이터는 데이터구조가 단순하고 레이어의 중첩분석이 편리하다.
③ 벡터 데이터는 좌표계를 이용하여 공간정보를 기록하므로 자료를 보다 정확히 표현할 수 있다.
④ 벡터 데이터를 래스터 데이터로 변환하는 방법으로 Transit Code, Run Length Code, Lot Code, Quadtree 기법이 있다.

| 해설 |
래스터 데이터의 압축방법은 Chain Code, Run−Length Code, Block Code, Quadtree 방법이 있다.

정답 ④

57. **벡터 데이터보다 래스터 데이터가 갖는 장점으로 틀린 것은?**

① 자료구조가 단순하다.
② 객체의 크기와 방향성에 정보를 가지고 있다.
③ 스캐닝이나 위성영상, 디지털카메라에 의해 쉽게 자료를 취득할 수 있다.
④ 격자의 크기 및 형태가 동일하므로 시뮬레이션에는 용이하다.

| 해설 |
벡터 데이터는 객체별로 선택할 수 있고 객체의 위치가 직접 도면좌표로 저장되며 크기와 방향성에 정보를 가지고 있다.

정답 ②

58. **레스터 데이터구조에 비하여 벡터 데이터구조가 갖는 장점으로 옳지 않은 것은?**

① 자료구조가 단순하다.
② 위상자료구조를 가질 수 있다.
③ 복잡한 현실 세계에 대한 세밀한 묘사를 할 수 있다.
④ 세밀한 묘사에 비해 데이터 용량이 상대적으로 작다.

| 해설 |
벡터 데이터구조의 단점은 자료구조가 복잡한 편이다.

정답 ①

59. 벡터 데이터와 래스터 데이터의 구조에 관한 설명으로 옳지 않은 것은?

① 래스터 데이터는 중첩분석이나 모델링이 유리하다.
② 벡터 데이터는 자료구조가 단순하여 중첩분석이 쉽다.
③ 벡터 데이터는 좌표계를 이용하여 공간정보를 기록한다.
④ 벡터 데이터는 점, 선, 면으로 래스터 데이터는 격자로 도형을 표현한다.

| 해설 |

벡터 구조는 자료구조가 복잡하고 래스터 자료는 자료구조가 단순하다.

정답 ②

60. 다음 중 벡터 구조와 격자구조를 비교하여 설명한 것으로 옳지 않은 것은?

① 벡터구조는 격자구조에 비해 자료의 양이 적다.
② 격자구조는 정확도가 높고 위상관계를 가지고 있다.
③ 벡터구조는 자료구조가 복잡하다.
④ 격자구조는 중첩분석이나 모델링이 용이하다.

| 해설 |

격자구조는 단순 명료하며 위상관계를 가지고 있지 않다. 격자구조는 위상구조를 갖지 못하는 관계로 현실의 활용을 위한 다양한 공간분석의 적용은 불가능하다.

정답 ②

61. 토지정보의 공간자료 형태 중 래스터 데이터보다 벡터 데이터가 갖는 장점과 거리가 먼 것은?

① 그래픽과 관련된 속성정보의 추출 및 일반화, 갱신 등이 용이하다.
② 복잡한 현실 세계의 묘사가 가능하다.
③ 자료구조가 단순하다.
④ 그래픽의 정확도가 높다.

| 해설 |

벡터 데이터 구조는 래스터 데이터보다 자료구조가 복잡하다.

정답 ③

62. 격자구조를 벡터구조로 변환할 때 격자 영상에 생긴 잡음(noise)을 제거하고 외곽선을 연속적으로 이어주는 영상처리 과정을 무엇이라고 하는가?

① Filtering
② Noising
③ Conversioning
④ Thinning

| 해설 |

Filtering은 전체 지형의 처리 과정에서 볼 때 격자 영상에 생긴 잡음(Noise)과 결점(defect)을 제거하고 연속적이지 않은 외곽선에 대해 연속적으로 이어주는 영상처리 과정이다.

정답 ①

CHAPTER

03 지적정보의 전산화

3.1. 개요

3.1.1. 지적전산화 목적

① 지적공부와 관련된 업무처리를 신속·정확한 지적 민원처리

② 지적공부를 체계적이고 과학적인 토지 관련 정책자료 확보

③ 업무처리의 능률 및 정확도를 높이는데 활용

④ 온라인에 의한 신속성을 확보하여 토지정책 자료를 다목적지적으로 활용

⑤ 체계적인 지적행정의 실현을 위해 전국적으로 통일된 시스템을 활용

⑥ 각 시·도와 중앙시스템 간의 인터페이스를 완전하게 확보

⑦ 최신자료의 확보로 지적통계와 정책정보의 정확성 제고

⑧ 전국적인 등본·열람의 편의를 증진하고 지적 정보화의 기초를 확립

3.1.2. 지적공부의 전산화

① 1975년 12월 31일 지적법 전면개정으로 1976년부터 1978년까지 카드식 대장으로 작성하면서 필지별로 토지대장·임야대장 등록사항의 코드 번호부여 및 척관법에 따른 평(坪)과 보(步)의 면적 단위를 제곱미터 단위로 환산 등록하였으나 일부 지방자치단체에서는 그 이후에도 계속 진행하기도 하였다.

② 1979년부터 1980년까지 주민등록번호 등재 및 자연인·국가·지방자치단체·법인·비법인 사단·재단·외국정부·외국인 등 모든 토지소유자를 유형별로 구분하여 고유번호를 부여하였다.

③ 1982년부터 1984년까지는 전국 시·군·구의 지적공부에 등록된 3천2백만 필지로 확대하고 주요 사업으로는 시·도별 대장 D/B 구축 및 On-line 통신망 연결을 추진하였다.

④ 1987년부터 1990년까지는 행정자치부의 주관으로 전국 시·도별 및 지역 전산본부 설치, 시·군·구간 On-Line 통신망을 구축하였다.

⑤ 1994년부터 1995년 2월까지는 주무부의 주관으로 대장 전산자료와 주민등록 전산자료 및 공시지가 전산자료를 통합하여 D/B를 구축하였다.

⑥ 1995년 5월에 확정된 국가지리정보체계(NGIS) 구축계획으로 지적도와 임야도에 등록된 전국 34백만 필지의 토지를 1996년부터 전산으로 입력하여 도면 D/B를 구축하였다.

⑦ 2003년 6월부터 2005년까지 한국토지정보시스템 개발을 완료하였다.

3.2. 지적전산자료

3.2.1. 지적정보 전담 관리기구

① 국토교통부장관은 지적공부의 효율적인 관리 및 활용을 위하여 지적정보 전담 관리기구를 설치·운영한다.

② 국토교통부장관은 지적공부를 과세나 부동산정책자료 등으로 활용하기 위하여 다음의 자료를 요청할 수 있다.

- 주민등록 전산자료
- 가족관계등록 전산자료
- 부동산 등기 전산자료 또는 공시지가전산자료 등

③ 요청을 받은 관리기관의 장은 특별한 사정이 없으면 그 요청을 따라야 한다.

④ 지적정보 전담 관리기구의 설치·운영에 관한 세부사항은 대통령령으로 정한다.

⑤ 지적정보관리체계의 운영방법 등에서 지적전산업무의 처리, 지적 전산프로그램의 관리 등 지적정보관리체계의 관리·운영 등에 필요한 사항은 국토교통부장관이 정한다.

3.2.2. 지적전산자료의 이용 및 활용신청

① 지적공부에 관한 전산자료(연속지적도를 포함하며, 지적전산자료)를 이용하거나 활용하려는 자는 다음의 구분에 따라 국토교통부장관, 시·도지사 또는 지적소관청에 지적전산자료를 신청하여야 한다.

- 전국 단위의 지적전산자료 : 국토교통부장관, 시·도지사 또는 지적소관청
- 시·도 단위의 지적전산자료 : 시·도지사 또는 지적소관청
- 시·군·구(자치구가 아닌 구를 포함) 단위의 지적전산자료 : 지적소관청

② 지적전산자료를 신청하려는 자는 지적전산자료의 이용 또는 활용 목적 등에 관하여 미리 관계 중앙행정기관의 심사를 받아야 한다.

③ 중앙행정기관의 장, 그 소속 기관의 장 또는 지방자치단체의 장이 신청하는 경우에는 그러하지 아니하다.

④ 관계 중앙행정기관의 심사를 받지 아니할 수 있는 경우

- 토지소유자가 자기 토지에 대한 지적전산자료를 신청하는 경우
- 토지소유자가 사망하여 그 상속인이 피상속인의 토지에 대한 지적전산자료를 신청하는 경우
- 「개인정보 보호법」에 따른 개인정보를 제외한 지적전산자료를 신청하는 경우

⑤ 지적전산자료의 이용 또는 활용에 필요한 사항은 대통령령으로 정한다.

3.2.3. 지적전산자료 이용 또는 활용의 승인

① 지적공부에 관한 전산자료(지적전산자료)를 이용하거나 활용하려는 자는 다음 사항을 적은 신청서를 관계 중앙행정기관의 장에게 제출하여 심사를 신청하여야 한다.

- 자료의 이용 또는 활용 목적 및 근거
- 자료의 범위 및 내용
- 자료의 제공 방식, 보관기관 및 안전관리대책 등

② 심사 신청을 받은 관계 중앙행정기관의 장은 다음 사항을 심사한 후 그 결과를 신청인에게 통지하여야 한다.
- 신청 내용의 타당성, 적합성 및 공익성
- 개인의 사생활 침해 여부
- 자료의 목적 외 사용 방지 및 안전관리대책

③ 지적전산자료의 이용 또는 활용에 관한 승인을 받으려는 자는 승인신청을 할 때 심사 결과를 제출하여야 한다. 다만, 중앙행정기관의 장이 승인을 신청하는 경우에는 심사 결과를 제출하지 아니할 수 있다.

④ 승인신청을 받은 국토교통부장관, 시·도지사 또는 지적소관청은 다음 사항을 심사하여야 한다.
- 신청 내용의 타당성, 적합성 및 공익성
- 개인의 사생활 침해 여부
- 자료의 목적 외 사용 방지 및 안전관리대책
- 신청한 사항의 처리가 전산 정보처리조직으로 가능한지 여부
- 신청한 사항의 처리가 지적업무수행에 지장을 주지 않는지 여부

⑤ 국토교통부장관, 시·도지사 또는 지적소관청은 심사를 거쳐 지적전산자료의 이용 또는 활용을 승인하였을 때에는 지적전산자료 이용·활용 승인대장에 그 내용을 기록·관리하고 승인한 자료를 제공하여야 한다.

⑥ 지적전산자료의 이용 또는 활용에 관한 승인을 받은 자는 국토교통부령으로 정하는 사용료를 내야 한다. 다만, 국가 나 지방자치단체에 대해서는 사용료를 면제한다.

3.2.4. 지적정보체계

(1) 담당자의 등록

① 국토교통부장관, 시·도지사 및 지적소관청("사용자권한 등록관리청")은 지적공부정리 등을 지적정보관리체계로 처리하는 담당자("사용자")를 사용자권한 등록파일에 등록하여 관리하여야 한다.

② 지적정보관리시스템을 설치한 기관의 장은 그 소속공무원을 사용자로 등록하려는 때에는 지적정보관리시스템 사용자권한 등록신청서를 해당 사용자권한 등록관리청에 제출하여야 한다.

③ 신청을 받은 사용자권한 등록관리청은 신청 내용을 심사하여 사용자권한 등록파일에 사용자의 이름 및 권한과 사용자 번호 및 비밀번호를 등록하여야 한다.

④ 사용자권한 등록관리청은 사용자의 근무지 또는 직급이 변경되거나 사용자가 퇴직 등을 한 경우에는 사용자권한 등록내용을 변경하여야 한다.

(2) 사용자 번호 및 비밀번호

① 사용자 권한등록 파일에 등록하는 사용자 번호는 사용자 권한등록관리청별로 일련번호로 부여하여야 하며, 한번 부여된 사용자 번호는 변경할 수 없다.

② 사용자 권한등록관리청은 사용자가 다른 사용자 권한등록관리청으로 소속이 변경되거나 퇴직 등을 한 경우에는 사용자 번호를 따로 관리하여 사용자의 책임을 명백히 할 수 있도록 하여야 한다.

③ 사용자의 비밀번호는 6자리부터 16자리까지의 범위에서 사용자가 정하여 사용한다.

④ 사용자의 비밀번호는 다른 사람에게 누설하여서는 아니 되며, 사용자는 비밀번호가 누설되거나 누설될 우려가 있는 때에는 즉시 이를 변경하여야 한다.

(3) 사용자의 권한구분

사용자권한 등록파일에 등록하는 사용자의 권한은 다음 사항에 관한 권한으로 구분한다.

① 사용자의 신규등록
② 사용자 등록의 변경 및 삭제
③ 법인이 아닌 사단·재단 등록번호의 업무관리
④ 법인이 아닌 사단·재단 등록번호의 직권수정
⑤ 개별공시지가 변동의 관리
⑥ 지적전산코드의 입력·수정 및 삭제
⑦ 지적전산코드의 조회
⑧ 지적전산자료의 조회
⑨ 지적통계의 관리
⑩ 토지 관련 정책정보의 관리
⑪ 토지이동 신청의 접수
⑫ 토지이동의 정리
⑬ 토지소유자 변경의 관리
⑭ 토지 등급 및 기준수확량등급 변동의 관리
⑮ 지적공부의 열람 및 등본 발급의 관리
⑯ 부동산종합공부의 열람 및 부동산종합증명서 발급의 관리
⑰ 일반 지적업무의 관리
⑱ 일일마감 관리
⑲ 지적전산자료의 정비
⑳ 개인별 토지소유현황의 조회
㉑ 비밀번호의 변경

(4) 지적전산자료를 활용한 정보화사업

① 지적도·임야도, 연속지적도, 도시개발사업 등의 계획을 위한 지적도 등의 정보처리시스템을 통한 기록·저장 업무
② 토지대장, 임야대장의 전산화 업무

3.2.5. 지적공부 정리

① 지적소관청은 지적공부정리신청이 있는 때에는 지적업무정리부에 토지이동 종목별로 접수하여야 한다. 이 경우 부동산종합공부시스템에서 부여된 접수번호를 토지의 이동신청서에 기재하여야 한다.
② 지적공부정리가 접수된 신청서 검토사항
- 신청사항과 지적전산자료의 일치여부
- 첨부된 서류의 적정 여부
- 지적측량성과자료의 적정 여부
- 그 밖에 지적공부정리를 하기 위하여 필요한 사항

③ 접수된 지적공부 정리신청서를 보완 또는 반려(취하 포함)할 때에는 종목별로 그 처리내용을 정리하여야 한다. 이 경우 반려 또는 취하된 지적공부정리신청서가 다시 접수되었을 때에는 새로 접수하여야 한다.
④ 토지의 이동신청에 따라 지적공부가 정리 완료한 때에는 지적정리결과를 신청인에게 통지하여야 한다. 다만, 대위신청에 대한 지적정리결과통지는 달리할 수 있다.
⑤ 지적공부정리가 완료된 때에는 사업시행자는 분할 목적 및 분할 결과를 토지소유자 등 이해관계인에게 통지하여야 한다.

3.2.6. 행정구역 명칭

(1) 행정구역의 명칭 변경

① 행정구역의 명칭이 변경되었으면 지적공부에 등록된 토지의 소재는 새로운 행정구역의 명칭으로 변경된 것으로 본다.

② 지번 부여지역의 일부가 행정구역의 개편으로 다른 지번 부여지역에 속하게 되었으면 지적소관청은 새로 속하게 된 지번 부여지역의 지번을 부여하여야 한다.

③ 지적소관청은 지번변경을 수반한 행정관할 구역변경은 시행일 이전에 행정구역변경 임시자료를 생성하여 시행일 전일에 일일마감을 완료한 후 처리한다.

④ 행정구역 변경 사유는 행정구역명칭변경, 행정관할 구역변경, 지번변경을 수반한 행정관할 구역변경 등이다.

(2) 행정구역 코드

① 행정구역의 명칭이 변경된 때에는 지적소관청은 시·도지사를 경유하여 국토교통부장관에게 행정구역변경일 10일 전까지 행정구역의 코드변경을 요청하여야 한다.

② 행정구역의 코드변경 요청을 받은 국토교통부장관은 지체 없이 행정구역 코드를 변경하고, 그 변경 내용을 행정안전부, 국세청 등 관련 기관에 통지하여야 한다.

③ 고유번호는 행정구역 코드 10자리(시·도 : 2, 시·군·구 : 3, 읍·면·동 : 3, 리 : 2), 대장구분 : 1자리, 본번 : 4자리, 부번 : 4자리를 합한 19자리로 구성한다.

3.3. 지적업무처리규정

3.3.1. 용어의 정의

① "지적측량파일"이란 측량준비파일, 측량현형 파일 및 측량성과 파일을 말한다.

② "측량준비파일"이란 부동산종합공부시스템에서 지적측량 업무를 수행하기 위하여 도면 및 대장속성 정보를 추출한 파일을 말한다.

③ "측량현형(現形)파일"이란 전자평판측량 및 위성측량방법으로 관측한 데이터 및 지적측량에 필요한 각종 정보가 들어있는 파일을 말한다.

④ "측량성과파일"이란 전자평판측량 및 위성측량방법으로 관측 후 지적측량정보를 처리할 수 있는 시스템에 따라 작성된 측량결과도 파일과 토지이동정리를 위한 지번, 지목 및 경계점의 좌표가 포함된 파일을 말한다.

⑤ "측량부"란 기초측량 또는 세부측량성과를 결정하기 위하여 사용한 관측부·계산부 등 이에 수반되는 기록을 말한다.

3.3.2. 임시파일 생성

① 지적소관청이 지번변경, 행정구역변경, 구획정리, 경지정리, 축척변경, 토지개발사업을 하고자 하는 때에는 임시파일을 생성하여야 한다.

② 임시파일이 생성되면 지번별 조서를 출력하여 임시파일이 정확하게 생성되었는지 여부를 확인하여야 한다.

3.3.3. 지적통계 작성

① 지적소관청에서는 지적통계를 작성하기 위한 일일마감, 월마감, 년마감을 하여야 한다.
② 국토교통부장관은 매년 시·군·구 자료를 취합하여 지적통계를 작성한다.

3.3.4. 전산자료 장애·오류의 정비

① 운영기관의 장은 전산자료의 구축이나 관리과정에서 장애 또는 오류가 발생한 때에는 지체 없이 이를 정비하여야 한다.
② 운영기관의 장은 장애 또는 오류가 발생한 경우에는 이를 국토교통부장관에게 보고하고, 그에 따른 필요한 조치를 요청할 수 있다.
③ 보고를 받은 국토교통부장관은 장애 또는 오류가 정비될 수 있도록 필요한 조치를 하여야 한다.
④ 운영기관의 장은 전산자료를 정비한 때에는 그 정비 내역을 3년간 보존하여야 한다.

3.3.5. 소유자의 정리

① 대장의 소유자변동 일자는 등기필통지서, 등기필증, 등기부 등본·초본 또는 등기관서에서 제공한 등기전산정보자료의 경우에는 등기접수 일자, 미등기토지 소유자에 관한 정정신청의 경우와 소유자등록신청의 경우에는 소유자정리결의 일자로, 공유수면 매립준공에 따른 신규등록의 경우에는 매립준공 일자로 정리한다.
② 주소·성명·명칭의 변경 또는 경정 및 소유권 이전 등이 같은 날짜에 등기가 된 경우의 지적공부정리는 등기접수 순서에 따라 모두 정리하여야 한다.
③ 소유자의 주소가 토지소재지와 같은 경우에도 등기부와 일치하게 정리한다. 다만, 등기관서에서 제공한 등기전산정보자료에 따라 정리하는 경우에는 등기전산정보자료에 따른다.
④ 국토교통부장관은 등기관서로부터 법인 또는 재외국민의 부동산등기용 등록번호 정정 통보가 있는 때에는 정정 전 등록번호에 따라 토지소재를 조사하여 시·도지사에게 그 내용을 통지하여야 한다.
⑤ 소유자등록사항 중 토지이동과 함께 소유자가 결정되는 신규등록, 도시개발사업 등의 환지 등록 시에는 토지이동업무 처리와 동시에 소유자를 정리하여야 한다.

3.4. 다목적지적제도

3.4.1. 다목적지적의 특징

① 다목적지적은 지리학적 위치측정의 기초이며 토지와 관련된 기술적·법률적·재정적·경제적 정보의 기본이라고 한다.
② 토지 단위를 토지정보의 공간적 기본단위로 사용하고 지적소관청은 정보보급의 기본단위이다.
③ 필지 단위정보를 종합적으로 등록, 갱신하여 지속해서 유지 관리하여 토지 관련 정보를 다양하게 제공하는 종합토지정보시스템이라고 할 수 있다.
④ 다목적지적의 개념은 정확한 공간적 구성, 기본도, 법적 기록이나 재산경계선에 연결된 지적도, 많은 관청과 이용자 속에 분산된 토지기록의 연결 등을 중심으로 구성된다.

3.4.2. 다목적지적의 구성요소

① 다목적지적의 구성요소는 측지기본망, 기본도, 지적중첩도, 필지식별번호, 토지자료파일로 분류하며, 측지기본망, 기본도, 지적중첩도를 다목적지적제도의 3대 구성요소라고도 한다.

② 측지기준망(Geodetic Reference Network)은 토지의 경계선과 측지측량이나 토지 관련 자료와 지형 간에 상관관계를 맺어줄 수 있어야 하며 등록된 경계선을 현지에 복원할 수 있는 정확도를 유지하여야 한다.

③ 기본도(Base Map)는 측지기준망을 기초로 하여 작성된 지형도로서 기본적인 정보를 일정한 축척의 도면에 등록한 것으로 변동사항을 정리하여 최신화(Update)하여 기본도면으로 활용한다.

④ 지적중첩도(Cadastral Overlay)는 지적측량 결과로 작성되므로 측지기준망 및 기본도와 연계하여 활용할 수 있어야 한다.

⑤ 토지자료파일(Land data File)은 토지에 관한 정보를 서로 연결시키기 위한 목적으로 만들어진 필지 식별번호가 포함된 일련의 공부 또는 토지 자료철이라 할 수 있다.

⑥ 필지식별번호(Unique Parcel Identification Number)

- 각 필지의 등록사항의 저장과 수정 등을 쉽게 처리할 수 있는 가변성이 없는 고유번호를 말한다.
- 지적도에 등록된 모든 필지에 고유번호를 부여하여 개별화함으로써 필지별 대장의 등록사항과 도면의 등록사항을 연결시킨다.
- 필지식별번호는 토지평가, 토지과세, 토지거래, 토지이용계획 및 기타 토지 관련 정보를 등록하고 있는 각종 대장과 파일 간의 정보를 연결하거나 검색하는 기능한다.
- 필지식별번호는 토지정보체계 내에서 필지에 관련된 모든 토지 등록의 공통적 색인번호의 역할을 하고 있다.

3.4.3. 다목적지적의 활용

① 토지이용에 필요한 도면의 작성과 정보를 다양하게 이용할 수 있다.

② 행정경계·도시경계·도시계획구역 및 기타 필지에 영향을 미치는 단위를 도면상에 표현할 수 있다.

③ 상·하수도, 가스, 전기, 전화 등의 지하시설물에 관련된 도면제작 시스템을 사용하여 정확한 방법으로 도시정보에 대한 정보를 제공할 수 있다.

④ 홍수 및 재해 예상지역의 조사로 예방조치와 비상복구 활동 등과 수질의 오염상태에 대한 정보를 제공할 수 있다.

핵/심/문/제

Chapter 03 지적정보의 전산화

1. 지적전산화의 목적으로 가장 거리가 먼 것은?

① 지적 민원처리의 신속성
② 전산화를 통한 중앙통제
③ 관련 업무의 능률과 정확도 향상
④ 토지 관련 정책자료의 다목적 활용

| 해설 |

지적전산화 목적
① 지적공부와 관련된 업무처리를 신속·정확한 지적 민원처리
② 지적공부를 체계적이고 과학적인 토지 관련 정책자료 확보
③ 실시간 자료 확보 및 지적통계
④ 업무처리의 능률 및 정확도를 높이는데 활용
⑤ 온라인에 의한 신속성을 확보하여 토지정책 자료를 다목적지적으로 활용
⑥ 체계적인 지적행정의 실현을 위해 전국적으로 통일된 시스템을 활용
⑦ 각 시·도와 중앙시스템 간의 인터페이스를 완전하게 확보
⑧ 최신자료의 확보로 지적통계와 정책정보의 정확성 제고
⑨ 전국적인 등본·열람의 편의를 증진하고 지적 정보화의 기초를 확립

정답 ②

2. 다음 중 지적전산 업무에 속하지 않는 것은?

① 용도지역 고시
② 지적측량성과 작성
③ 부동산종합공부의 운영
④ 지적공부의 데이터베이스화

| 해설 |

용도지역의 고시는 지적전산 업무에 해당하지 않는다.

정답 ①

3. 토지기록관리 전산화의 목적으로 볼 수 없는 것은?

① 지적공부의 전산화 및 전산 파일 유지로 지적서고의 폐지
② 체계적이고 과학적인 지적사무와 지적행정의 실현
③ 최신의 자료 확보로 지적통계와 주민 정보의 정확성 제고 및 온라인에 의한 신속성 확보
④ 전국적인 등본, 열람이 가능하게 하여 민원인의 편의 증진

| 해설 |

토지기록관리 전산화 목적
① 체계적이고 과학적인 지적사무와 지적행정의 실현
② 각 시·도 분산시스템 상호 간 또는 중앙시스템 간의 인터페이스 안전확보
③ 토지기록 관련 변동자료의 온라인 즉시처리로 기존 배치처리에서 오는 업무의 이중성 배제
④ 지적공부의 전산화 및 전산 파일 유지로 지적서고의 팽창방지
⑤ 토지기록 관련 자체와 상부 보고문서의 전산처리로 업무처리의 능률 및 정확도 향상
⑥ 최신의 자료 확보로 지적통계와 정책정보의 정확성 제고 및 온라인에 의한 신속성 확보
⑦ 전국적인 등본, 열람이 가능하게 하여 민원인의 편의 증진
⑧ 지적도면관리 전산화의 기초 확립 등

정답 ①

4. 토지정보의 기초가 되었던 지적전산화가 처음 계획된 시기는?

① 1960년대 ② 1970년대
③ 1980년대 ④ 1990년대

| 해설 |

지적공부에 대한 최초의 전산화는 토지기록 전산화 사업이며, 지적전산화는1976년부터 시작되었다. 내무부는 1977년 8월 지적전산화 기본계획을 확정하고 그해 11월 충남 대전시를 시범으로 선정하였다.

정답 ②

5. 우리나라 지적전산화의 기반조성을 위한 제도적 추진사항과 가장 거리가 먼 것은?

① 대장등록사항의 코드 번호 개발등록
② 토지소유자의 주민등록번호 조사등록
③ 척관법 면적 단위의 미터법 환산 등록
④ 법정 지목의 명칭변경 및 세분화 등록

| 해설 |

지적전산화 기반조성을 위한 제도적 추진사항
① 1976년부터 1978년까지 카드식 대장으로 작성
② 필지별로 토지대장·임야대장 등록사항의 코드 번호부여
③ 척관법에 따른 평(坪)과 보(步)의 면적 단위를 제곱미터 단위로 환산 등록
④ 일부 지방자치단체에서는 그 이후에도 계속 진행하기도 하였다.

정답 ④

6. 지적 관련 전산화 사업의 시기가 빠른 순으로 올바르게 나열한 것은?

① 토지·임야대장 전산화 → 지적도면 전산화 → KLIS 구축 → 부동산종합공부시스템구축
② 지적도면 전산화 → 토지·임야대장 전산화 → KLIS 구축 → 부동산종합공부시스템구축
③ 지적도면 전산화 → 토지·임야대장 전산화 → 부동산종합공부시스템구축 → KLIS 구축
④ 토지·임야대장 전산화 → KLIS 구축 → 지적도면 전산화 → 부동산종합공부시스템구축

| 해설 |
지적 관련 전산화 사업의 시기는 토지·임야대장 전산화 → 지적도면 전산화 → KLIS 구축 → 부동산종합공부시스템구축 순서이다.
정답 ①

7. 지적도 전산화 작업의 목적으로 옳지 않은 것은?

① 정확한 지적측량자료의 이용
② 지적도의 대량 생산 및 배포
③ 대민서비스의 질적 수준 향상
④ 지적도 원형 보관·관리의 어려움 해소

| 해설 |
지적도는 지번 부여지역별로 등록된 것으로 대량 생산 및 배포는 지적도 전산화와 관련이 없다.
정답 ②

8. 토지정보체계를 구축할 때 좌표를 입력하여 도형자료를 작성하는데 가장 적합한 원시 자료는?

① 경계점등록부 자료
② 공유지연명부 자료
③ 대지권등록부 자료
④ 토지대장 및 임야대장 자료

| 해설 |
경계점좌표등록부는 좌표로 등록되어 있으므로 토지정보체계를 구축할 경우 도형데이터 자료를 입력하는 원시 자료로 활용할 수 있다.
정답 ①

9. 지적도면 전산화 작업과정에서 처리하지 않는 작업은?

① 신축 보정　② 벡터라이징
③ 구조화 편집　④ 지적도 스캐닝

| 해설 |
구조화 편집은 자료 간의 지리적 상관관계를 파악하기 위하여 정위치 편집된 지형지물을 기하학적 형태로 구성하는 작업으로 수치지도를 편집하는데 주로 사용하고 있다.
정답 ③

10. 다음 중 연속도면의 제작 편집에 있어 도곽선 불일치의 원인에 해당하지 않는 것은?

① 통일된 원점의 사용　② 도면 축척의 다양성
③ 지적도면의 관리 부실　④ 지적도면 재작성의 부정확

| 해설 |
연속도면의 제작 편집에서 도곽선 불일치의 원인은 통일된 원점의 사용이 아니라 다양한 원점의 사용이다.
정답 ①

11. 다음의 지적도 종류 중 지형과의 부합도가 가장 높은 도면은?

① 건물지적도　② 개별지적도
③ 연속지적도　④ 편집지적도

| 해설 |
연속지적도를 수치지형도에 맞춘 지적도이므로 지형과의 부합도가 가장 높은 도면이라 할 수 있다.
정답 ④

12. 지형도와 지적도를 중첩할 때 도면과 도면의 비연속되는 부분을 수정하는데 이용될 수 있는 참고자료로 가장 유용한 것은?

① 식생도　② 지질도
③ 정사사진　④ 토지이용도

| 해설 |
정사사진은 지형도나 지적도를 중첩할 경우에는 높이의 차이나 기울어짐 등으로 인해 생긴 지형의 기하학적인 왜곡을 제거하여 모든 물체를 수직으로 내려다보았을 때의 변환한 영상으로 이를 중첩할 때 적절하다.
정답 ③

13. 데이터 처리 시 대상물이 두 개의 유사한 색조나 색깔을 가지고 있는 경우 소프트웨어적으로 구별하기 어려워서 발생되는 오류는?

① 지번 : 10　② 지목 : 11
③ 문자정보 : 12　④ 필지경계선 : 1

| 해설 |
지적경계선 : 1, 10 : 지번, 11 : 지목은 검은색으로 표시할 수 있도록 규정하고 있지만, 문자정보에 대한 색조나 색깔은 명확히 규정하고 있지 않다.
정답 ③

14. 다음 중 필지를 개별화하고 대장과 도면의 등록사항을 연결하는 역할을 하는 것은?

① 면적　② 지목
③ 지번　④ 주민등록번호

| 해설 |

지번은 토지 관련 정보를 등록하고 있는 대장의 등록사항과 도면의 등록사항을 연결하는 기능을 향상하게 시켜 주고 있다.

정답 ③

15. 지적정보센터에 구축된 자료에 해당하지 않는 것은?

① 임야대장 자료 ② 토지대장 자료
③ 주민등록자료 ④ 경계점등록부 자료

| 해설 |

지적정보센터에 구축된 자료는 주민등록자료, 토지대장 자료, 임야대장 자료이다.

정답 ④

16. 지적 분야에서 토지정보시스템 구축 목적으로 옳은 것은?

① 세계좌표계로의 변환에 대비
② 지적삼각점의 관리 부실 개선
③ 지적불부합에 의한 분쟁 해결
④ 토지 관련 정보의 효율적 이용 및 관리

| 해설 |

토지정보시스템 구축 목적은 토지 관계 정책자료의 다목적 활용, 여러 대장과 도면의 효율적 관리, 지적 민원의 신속·정확한 처리 등으로 토지 관련 정보의 효율적 관리와 이용에 있다.

정답 ④

17. 지적공부의 효율적인 관리 및 활용을 위하여 지적정보 전담 관리기구를 설치·운영하는 자는?

① 국토교통부장관 ② 행정안전부장관
③ 국토지리정보원장 ④ 한국국토정보공사장

| 해설 |

국토교통부장관은 지적공부의 효율적인 관리와 활용을 위하여 지적정보 전담 관리기구를 설치·운영한다.

정답 ①

18. 지적전산자료의 이용에 관한 설명으로 옳은 것은?

① 시·군·구 단위의 지적전산자료를 이용하고자 하는 자는 지적소관청 또는 도지사의 승인을 얻어야 한다.
② 시·도 단위의 지적전산자료를 이용하고자 하는 자는 시·도지사 또는 행정안전부 장관의 승인을 얻어야 한다.
③ 전국 단위의 지적전산자료를 이용하고자 하는 자는 국토교통부 장관, 시·도지사 또는 지적소관청의 승인을 얻어야 한다.
④ 심사 및 승인을 거쳐 지적전산자료를 이용하는 자는 사용료를 면제한다.

| 해설 |

지적공부에 관한 전산자료(연속지적도를 포함)를 이용하거나 활용하려는 자는 다음에 따라 국토교통부장관, 시·도지사 또는 지적소관청에 지적전산자료를 신청하여야 한다.

① 전국 단위의 지적전산자료 : 국토교통부장관, 시·도지사 또는 지적소관청
② 시·도 단위의 지적전산자료 : 시·도지사 또는 지적소관청
③ 시·군·구(자치구가 아닌 구를 포함) 단위의 지적전산자료 : 지적소관청

정답 ③

19. 시·군·구(자치구가 아닌 구 포함) 단위의 지적공부에 관한 전산자료의 이용 및 활용에 관한 승인권자로 옳은 것은?

① 지적소관청
② 시·도지사 또는 지적소관청
③ 국토교통부장관 또는 시·도지사
④ 국토교통부장관, 시·도지사 또는 지적소관청

| 해설 |

지적공부에 관한 전산자료(연속지적도를 포함)를 이용하거나 활용하려는 자는 전국 단위의 지적전산자료는 국토교통부장관, 시·도지사 또는 지적소관청, 시·도 단위의 지적전산자료는 시·도지사 또는 지적소관청, 시·군·구(자치구가 아닌 구를 포함한다) 단위의 지적전산자료는 지적소관청의 승인을 받아야 한다.

정답 ①

20. 지적전산자료를 이용 또는 활용하고자 하는 경우 관계 중앙행정기관의 장에게 심사를 신청할 경우 제출하여야 할 서류에 해당하지 않는 것은?

① 전산 정보처리조직의 범위
② 자료의 범위 및 내용
③ 자료의 이용 또는 활용 목적 및 근거
④ 자료의 보관기관 및 안전관리대책

| 해설 |

지적공부에 관한 전산자료("지적전산자료")를 이용하거나 활용하려는 자는 다음 사항을 적은 신청서를 관계 중앙행정기관의 장에게 제출하여 심사를 신청하여야 한다.

① 자료의 이용 또는 활용 목적 및 근거
② 자료의 범위 및 내용
③ 자료의 제공 방식, 보관기관 및 안전관리대책 등

정답 ①

21. 지적전산자료의 이용에 대한 심사 신청을 받은 관계 중앙행정기관의 장이 심사하는 사항에 해당하지 않는 것은?

① 개인의 사생활 침해 여부
② 신청 내용의 타당성, 적합성 및 공익성
③ 자료의 이용에 따른 사용료 납부방법
④ 자료의 목적 외 사용 방지 및 안전관리대책

| 해설 |

관계 중앙행정기관의 장은 다음 사항을 심사한 후 그 결과를 신청인에게 통지하여야 한다.
① 신청 내용의 타당성, 적합성 및 공익성
② 개인의 사생활 침해 여부
③ 자료의 목적 외 사용 방지 및 안전관리대책

정답 ③

22. 지적전산자료의 이용 및 활용에 관한 사항으로 틀린 것은?

① 지적공부의 형식으로는 복사할 수 없다.
② 필요한 최소한도 안에서 신청하여야 한다.
③ 지적파일 자체를 제공하라고 신청할 수는 없다.
④ 승인받은 자료의 이용·활용에 관한 사용료는 무료이다.

| 해설 |

지적전산자료의 이용 또는 활용에 관한 승인을 받은 자는 국토교통부령으로 정하는 사용료를 내야 한다. 다만, 국가 나 지방자치단체에 대해서는 사용료를 면제한다.

정답 ④

23. 사용자권한 등록관리청이 지적정보관리체계 사용자권한 등록 신청 내용을 심사하여 사용자권한 등록 신청 내용을 심사하여 사용자권한 등록파일에 등록하여야 하는 사항은 모두 나열한 것은?

① 사용자의 소속 및 권한과 비밀번호
② 사용자의 이름 및 권한과 사용자번호
③ 사용자의 이름 및 권한과 사용자번호 및 비밀번호
④ 사용자의 소속 및 사용자번호 및 권한과 비밀번호

| 해설 |

사용자등록신청을 받은 신청을 받은 사용자권한 등록관리청은 신청 내용을 심사하여 사용자권한 등록파일에 사용자의 이름 및 권한과 사용자 번호 및 비밀번호를 등록하여야 한다.

정답 ③

24. 다음 중 지적전산 정보시스템 담당자를 등록하여 관리하는 사용자 권한등록관리청에 해당하지 않는 자는?

① 국토교통부장관　② 시·도지사
③ 지적소관청　④ 한국전산원장

| 해설 |

국토교통부장관, 시·도지사 및 지적소관청("사용자권한 등록관리청")은 지적공부정리 등을 지적정보관리체계로 처리하는 담당자("사용자")를 사용자권한 등록파일에 등록하여 관리하여야 한다.

정답 ④

25. 지적전산 정보자료의 이용·활용에 관한 규정에 관한 설명으로 옳지 않은 것은?

① 한번 등록된 사용자 번호는 변경할 수 없다.
② 사용자 번호는 사용자 권한관리청별로 일련번호를 부여한다.
③ 사용자 비밀번호는 변경할 수 없다.
④ 사용자 권한등록관리청은 필요하면 사용자 번호를 별도 관리할 수 있다.

| 해설 |

사용자 권한등록 파일에 등록하는 사용자 번호는 사용자 권한등록관리청별로 일련번호로 부여하여야 하며, 한번 부여된 사용자 번호는 변경할 수 없다.

정답 ③

26. 지적정보관리체계로 처리하는 지적공부정리 등의 사용자권한 등록파일을 등록할 때의 사용자 비밀번호 실정 기준으로 옳은 것은?

① 4자리부터 12자리까지의 범위에서 사용자가 정하여 사용한다.
② 6자리부터 16자리까지의 범위에서 사용자가 정하여 사용한다.
③ 영문을 포함하여 3자리부터 12자리까지의 범위에서 사용자가 정하여 사용한다.
④ 영문을 포함하여 5자리부터 16자리까지의 범위에서 사용자가 정하여 사용한다.

| 해설 |

사용자의 비밀번호는 6자리부터 16자리까지의 범위에서 사용자가 정하여 사용한다.

정답 ②

27. 사용자 권한등록 파일에 등록하는 사용자의 비밀번호에 대한 설명이 틀린 것은?

① 사용자는 비밀번호가 누설될 우려가 있는 때에는 즉시 이를 변경하여야 한다.
② 사용자의 비밀번호는 등록관리청별로 일련번호로 부여하여야 한다.
③ 사용자의 비밀번호는 다른 사람에게 누설하여서는 아니 된다.
④ 사용자의 비밀번호는 6자리부터 16자리까지의 범위에서 사용자가 정하여 사용한다.

| 해설 |

사용자 번호는 사용자 권한등록관리청별로 일련번호로 부여하여야 하며, 한번 부여된 사용자 번호는 변경할 수 없다.

정답 ②

28. 지적전산 정보시스템에서 사용자 권한등록 파일에 등록하는 사용자의 권한에 해당하지 않는 것은?

① 법인 아닌 사단·재단 등록번호의 직권수정
② 지적전산 코드의 입력·수정 및 삭제
③ 지적공부의 열람 및 등본발급의 관리
④ 표준지 공시지가 변동의 관리

해설

개별공시지가 변동의 관리가 사용자의 권한 사항에 해당된다.

정답 ④

29. 지적전산자료를 활용한 정보화 사업에 포함되지 않는 것은?

① 임야대장의 전산화 업무
② 수치지도와 지적도면의 중첩분석 결과 저장 업무
③ 토지대장의 전산화 업무
④ 정보처리시스템을 통한 지적도의 기록·저장 업무

해설

②는 중첩기능으로 각각 서로 다른 자료를 취득하여 합성하는 것으로 다량의 정보를 종합하여 사용, 지적전산자료로 수치 지도는 참고도면으로 사용한다.

정답 ②

30. 전산으로 접수된 지적공부 정리신청서의 검토사항에 해당하지 않는 것은?

① 신청사항과 지적전산자료의 일치 여부
② 첨부된 서류의 적정 여부
③ 지적측량성과 자료의 적정 여부
④ 신청인과 소유자의 일치 여부

해설

지적공부정리가 접수된 신청서 검토사항
① 신청사항과 지적전산자료의 일치 여부
② 첨부된 서류의 적정 여부
③ 지적측량성과자료의 적정 여부
④ 그 밖에 지적공부정리를 하기 위하여 필요한 사항

정답 ④

31. 행정구역변경 사유에 해당하지 않는 것은?

① 행정구역명칭변경
② 행정담당구역 변경
③ 지번변경을 수반한 행정담당구역 변경
④ 토지분할에 따른 행정담당구역 변경

해설

행정구역 변경 사유는 행정구역명칭변경, 행정관할 구역변경, 지번변경을 수반한 행정관할 구역변경 등이다.

정답 ④

32. 토지대장의 고유번호 중 행정구역 코드를 구성하는 자릿수 기준으로 옳지 않은 것은?

① 리－3자리　　② 시·도－2자리
③ 시·군·구－3자리　　④ 읍·면·동－3자리

해설

고유번호는 행정구역 코드 10자리(시·도 : 2, 시·군·구 : 3, 읍·면·동 : 3, 리 : 2), 대장구분 : 1자리, 본번 : 4자리, 부번 : 4자리를 합한 19자리로 구성한다.

정답 ①

33. 토지 고유번호의 코드 구성 기준으로 옳은 것은?

① 행정구역 코드 9자리, 대장 구분 2자리, 본번 4자리, 부번 4자리, 합계 19자리로 구성
② 행정구역 코드 9자리, 대장 구분 1자리, 본번 4자리, 부번 5자리, 합계 19자리로 구성
③ 행정구역 코드 10자리, 대장 구분 1자리, 본번 4자리, 부번 4자리, 합계 19자리로 구성
④ 행정구역 코드 10자리, 대장 구분 1자리, 본번 3자리, 부번 5자리, 합계 19자리로 구성

해설

고유번호는 행정구역 코드 10자리(시·도 : 2, 시·군·구 : 3, 읍·면·동 : 3, 리 : 2), 대장구분 : 1자리, 본번 : 4자리, 부번 : 4자리를 합한 19자리로 구성한다.

정답 ③

34. 대장에 등록된 고유번호가 4336090212－20002－0010인 경우 지번은?

① 2－10　　② 2－1
③ 산 2－10　　④ 산 9－2

해설

고유번호는 행정구역 코드 10자리(시·도 : 43, 시·군·구 : 360, 읍·면·동 : 212,), 대장구분 : 2, 본번 : 0002, 부번 : 0010으로 정리하므로 대장 구분 자리의 2는 임야 지역, 본번 4자리는 0002, 부번 4자리는 0010으로 산2－10번지를 의미하고 있다.

정답 ③

35. 행정구역의 명칭이 변경된 때에 지적소관청은 시·도지사를 경유하여 국토교통부장관에게 행정구역변경일 며칠 전까지 행정구역의 코드변경을 요청하여야 하는가?

① 7일 전　② 10일 전　③ 15일 전　④ 30일 전

해설

행정구역의 명칭이 변경된 때에는 지적소관청은 시·도지사를 경유하여 국토교통부장관에게 행정구역변경일 10일 전까지 행정구역의 코드변경을 요청하여야 한다.

정답 ②

36. **전자평판측량 및 위성측량방법으로 관측 후 지적측량정보를 처리할 수 있는 시스템에 따라 작성된 측량결과도 파일과 토지이동정리를 위한 지번, 지목 및 경계점의 좌표가 포함된 파일은?**

① 측량준비 파일　② 측량성과 파일
③ 측량 현형 파일　④ 측량부 데이터베이스

| 해설 |
측량성과 파일은 전자 평판측량 및 위성측량방법으로 관측 후 지적측량정보를 처리할 수 있는 시스템에 따라 작성된 측량결과도 파일과 토지이동정리를 위한 지번, 지목 및 경계점의 좌표가 포함된 파일이다.

정답 ②

37. **「지적업무처리규정」 상 다음 내용의 (　　)안에 들어갈 말로 알맞은 것은?**

> 지적소관청이 지번변경, 행정구역변경, 구획정리, 경지정리, 축척변경, 토지개발사업을 하고자 하는 때에는 (　) 을 생성하여야 한다.

① 도곽파일　② 복제파일
③ 임시파일　④ 토지이동파일

| 해설 |
임시파일 생성
① 지적소관청이 지번변경, 행정구역변경, 구획정리, 경지정리, 축척변경, 토지개발사업을 하고자 하는 때에는 임시파일을 생성하여야 한다.
② 임시파일이 생성되면 지번별 조서를 출력하여 임시파일이 정확하게 생성되었는지 여부를 확인하여야 한다.

정답 ③

38. **「지적업무처리규정」 에서 사용하는 용어의 뜻에 대한 내용으로 틀린 것은?**

① "지적측량파일"이란 측량준비 파일, 측량현형 파일 및 측량성과 파일을 말한다.
② "토탈스테이션"이란 경위의 측량방법에 따른 기초측량 및 세부측량에 사용되는 장비를 말한다.
③ "측량부"란 기초측량 또는 세부측량성과를 결정하기 위하여 사용한 관측부·계산부 등 이에 수반되는 기록을 말한다.
④ 기초측량에서의 "기지점"이란 지적기준점 또는 지적도면상 필지를 구획하는 선의 경계점과 상호 부합되는 지상의 경계점을 말한다.

| 해설 |
"기지점" 이란 기초측량에서는 국가기준점 또는 지적기준점을 말하고, 세부측량에서는 지적기준점 또는 지적도면상 필지를 구획하는 선의 경계점과 상호 부합되는 지상의 경계점을 말한다.

정답 ④

39. **경위의 측량방법으로 세부측량을 하고자 할 때 측량준비파일의 작성에 있어 지적기준점간 거리 및 방위각의 작성 표시 색으로 옳은 것은?**

① 검은색　② 노란색　③ 붉은색　④ 파란색

| 해설 |
경위의 측량방법으로 세부측량을 하고자 할 경우 측량준비파일의 작성은 지적기준점 및 그 번호와 좌표는 검은색, 도곽선 및 그 수치와 지적기준점 간 거리는 붉은색, 지적기준점 간 거리 및 방위각은 붉은색, 그 외는 검은색으로 작성한다.

정답 ③

40. **국토교통부장관이 시·군·구 자료를 취합하여 지적통계를 작성하는 주기로 옳은 것은?**

① 매일　② 매주　③ 매월　④ 매년

| 해설 |
지적통계 작성
① 지적소관청에서는 지적통계를 작성하기 위한 일일마감, 월마감, 년마감을 하여야 한다.
② 국토교통부장관은 매년 시·군·구 자료를 취합하여 지적통계를 작성한다.

정답 ④

41. **국토교통부장관이 지적공부에 관한 전산자료를 갱신하여야 하는 기간의 기준으로 옳은 것은?**

① 수시　② 매월　③ 매 분기　④ 매년

| 해설 |
지적공부에 관한 전산자료가 최신 정보에 맞도록 수시로 갱신하여야 한다.

정답 ①

42. **지적전산자료에 오류가 발생한 때의 정비 내역 보존 기간으로 옳은 것은?**

① 2년　② 3년　③ 5년　④ 영구

| 해설 |
운영기관의 장은 전산자료를 정비한 때에는 그 정비 내역을 3년간 보존하여야 한다.

정답 ②

43. **토지소유자의 변경 사항이 발생하여 등기필통지서, 등기필증, 등기부 등·초본 또는 등기전산정보자료를 참고로 정리할 경우 변동 일자의 정리 기준은?**

① 등기접수 일자를 기준
② 지적공부 정리 일자를 기준
③ 등기부 등본발급 일자를 기준
④ 지적공부 접수 일자를 기준

| 해설 |

대장의 소유자변동 일자는 등기필통지서, 등기필증, 등기부 등본·초본 또는 등기관서에서 제공한 등기전산정보자료의 경우에는 등기접수 일자, 미등기토지 소유자에 관한 정정신청의 경우와 소유자등록 신청의 경우에는 소유자정리결의 일자로, 공유수면 매립준공에 따른 신규등록의 경우에는 매립준공 일자로 정리한다.

정답 ①

44. 지적 부서가 아닌 부서에 대장 전산프로그램의 설치를 승인하고자 할 때, 이를 활용할 수 있도록 하는 해당 업무가 아닌 것은?

① 소유권변동 연력 조회
② 개별 필지 과세변동 연혁 조회
③ 집합건물 소유권 연혁 조회
④ 토지이동 연혁 조회

| 해설 |

지적 부서가 아닌 부서에 대장 전산프로그램 설치를 승인하고자 할 때는 일필지 기본사항 조회, 대지권등록부 조회, 공유지연명부 조회, 토지이동 연혁 조회, 소유권변동 연혁 조회, 집합건물 소유권 연혁 조회 업무 중에서 해당하는 업무로만 활용할 수 있도록 하고 있다.

정답 ②

45. 지적전산자료의 이용 또는 활용에 관한 승인을 얻은 자가 지적전산자료를 자기디스크 등 전산 매체로 제공하는 때의 1필지당 수수료로 옳은 것은?

① 50원 ② 20원 ③ 30원 ④ 1,000원

| 해설 |

지적전산자료의 이용 또는 활용 신청하는 경우
① 자료를 인쇄물로 제공하는 경우 : 1필지당 30원
② 자료를 자기디스크 등 전산매체로 제공하는 경우 : 1필지당 20원

정답 ②

46. 다목적지적에 대한 설명으로 옳지 않은 것은?

① 다양한 일필지의 정보를 기록·유지·관리하고 제공하기 위한 시스템이다.
② 물리적 형상의 위치를 보여주는 도형정보와 토지표시사항을 알 수 있는 속성정보로 구성되어 있다.
③ 다목적지적의 구성은 토지에 관한 종합적인 정보를 필지별로 지속해서 지원하게 되는 토지정보체계로 각 나라의 사정에 따라 다양하게 구성되고 있다.
④ 종래의 제한적인 방식을 이용하여 토지의 위치정보를 단순하게 정리한 토지정보체계이다.

| 해설 |

다목적지적은 토지에 관한 종합적인 정보를 필지별로 다양하게 자료를 입력하여 실시간으로 제공하는 토지정보체계이다.

정답 ④

47. 다목적지적에 대한 설명으로 옳지 않은 것은?

① 세지적과 법지적의 발달된 지적이다.
② 필지와 관련된 다양한 정보를 기록, 보관, 제공하기 위한 지적제도이다.
③ 다목적지적의 3대 구성요소는 측지기본망, 기본도, 지적중첩도이다.
④ 다목적지적은 토지정보체계의 기초가 될 수 없다.

| 해설 |

다목적지적은 일필지를 단위로 하여 토지정보를 효율적으로 제공할 수 있는 지적제도로서 토지정보체계의 기초가 될 수 있다.

정답 ④

48. 다음 중 토지정보시스템(LIS)과 가장 관련이 깊은 것은?

① 다목적지적 ② 소유지적
③ 법지적 ④ 세지적

| 해설 |

다목적지적은 필지 단위정보를 종합적으로 등록, 갱신하여 지속해서 유지 관리하여 토지 관련 정보를 다양하게 제공하는 종합토지정보시스템이라고 할 수 있다.

정답 ①

49. 다목적 지적제도를 구축하는 이유로 가장 거리가 먼 것은?

① 토지공개념 도입 용이
② 토지 소유현황 파악 용이
③ 정확한 토지 과세정보의 획득
④ 중복업무 방지로 인한 국가 토지행정의 효율성 증대

| 해설 |

다목적 지적제도를 구축하는 이유는 토지이용에 필요한 도면의 작성과 정보 이용, 토지소유자 현황파악이 편리, 토지가치와 과세의 정보를 정확하게 결정할 수 있으며, 중복업무 방지로 인한 국가 토지행정의 효율성을 증대하는 것이다.

정답 ①

50. 다목적지적제도의 구성요소가 아닌 것은?

① 기본도 ② 지적중첩도
③ 측지기본망 ④ 주민등록파일

| 해설 |

다목적지적의 구성요소는 측지기준망, 기본도, 지적중첩도, 필지식별번호, 토지자료파일이며, 3대 구성요소는 측지기준망, 기본도, 지적중첩도 이다.

정답 ④

51. 다음 중 다목적지적의 3대 기본요소에 해당하지 않는 것은?

① 측지기본망
② 필지식별자
③ 기본도
④ 지적중첩도

| 해설 |

다목적지적의 3대 구성요소는 측지기준망, 기본도, 지적중첩도 이다.

정답 ②

52. 다목적 지적제도에서의 토지등록 사항으로 보기 어려운 것은?

① 지하시설물
② 지상 건축물
③ 토지의 위치
④ 당해 토지의 상속권

| 해설 |

본적인 토지표시사항과 권리관계를 바탕으로 건물이나 식생, 토지의 성질, 지하시설물, 지가와 입목 등 필요한 정보를 망라하여 등록관리하고 있다.

정답 ④

53. 필지식별번호에 대한 설명으로 틀린 것은?

① 필지별 등록사항의 저장과 수정 등을 쉽게 처리할 수 있는 고유번호다.
② 필지에 관련된 자료의 공통적인 색인번호 역할을 한다.
③ 각 필지에 부여하며 가변성이 있는 번호다.
④ 필지별 대장의 등록사항과 도면의 등록사항을 연결하는 기능을 향상하게 시켜 주고 있다.

| 해설 |

필지식별번호는 각 필지의 등록사항의 저장과 수정 등을 쉽게 처리할 수 있는 가변성이 없는 고유번호를 말한다.

정답 ③

54. 토지정보시스템에서 필지식별번호의 역할로 옳은 것은?

① 공간정보와 속성정보의 링크
② 공간정보에서 기호의 작성
③ 속성정보의 자료량 감소
④ 공간정보의 자료량 감소

| 해설 |

필지식별번호는 지적도에 등록된 모든 필지에 고유번호를 부여하여 개별화함으로써 필지별 대장의 등록사항과 도면의 등록사항을 연결시키며 토지자료파일과 연계하거나 검색하는 등 공통적 색인번호의 역할을 한다.

정답 ①

55. 다음 중 토지소유권에 대한 정보를 검색하고자 하는 경우 식별자로 사용하기에 가장 적절한 것은?

① 주소
② 성명
③ 주민등록번호
④ 생년월일

| 해설 |

식별자는 고유성과 유일성이 있어야 하는데 토지소유자의 고유성과 유일성이라 할 수 있는 것은 주민등록번호로 식별자로 사용하기에 가장 적합하다.

정답 ③

56. 캐나다의 지적제도와 지적공부 전산화 과정에 대한 설명으로 옳지 않은 것은?

① 캐나다의 국립지리원(Ordnance Survey)은 1971년 설립되었으며 대축척 수치 지도를 작성한다.
② GeoConnections은 캐나다 지리정보체계를 인터넷상에서 활용할 수 있도록 하기 위해 개발한 프로그램이다.
③ GEONet은 캐나다와 세계적인 지리와 지구관측 상품과 서비스에 대한 정보를 포함한다.
④ 지리정보 관계기관 위원회는 14개의 연방주처와 민간분야 관련 산업 협의회와 학계로 구성된다.

| 해설 |

국립지도 제작기관(OS : Ordnance Survey)은 영국의 기관이며, 1791년 외부의 침략을 막기 위한 영국 남부 해안 지도제작을 시작으로 오늘날까지 오래된 역사를 가지고 있다.

정답 ①

57. 다음 중 TIGER 파일의 도형자료를 수치지도 데이터베이스로 구축한 국가는?

① 미국
② 한국
③ 호주
④ 캐나다

| 해설 |

① 미국은 지질조사국(USGS)과 통계청을 중심으로 다양한 전국적 범위의 수치지도 데이터베이스를 구축하여 일반에게 공급하고 있으며 대표적으로 DLG, Landduse, GBF/DIME, TIGER 등이 있다.
② DIME 파일은 TIGER로 가는 사전 커서로서 도시지역에만 한정되었으며, DIME에 의해 도시 센서스 지도의 제작이 이루어졌다.

정답 ①

CHAPTER

04 데이터의 표준화

4.1. 개요

① 공간정보의 데이터 표준화는 필요한 표준을 합리적으로 설정하여 조직적으로 활용하는 행위를 말한다.

② 국제 표준화 기구(ISO)에서는 표준이란 기술적인 규격 혹은 정확한 기준을 문서화한 합의사항으로서 규칙, 지침 또는 특성으로 정의하고 있다.

③ 표준은 호환성의 향상, 생산성 및 품질의 향상을 위해 중요하며, 일관성 있게 사용되며 제품, 절차 및 서비스가 목적에 맞도록 보장한다.

④ 공간데이터의 내용적 측면에 대한 표준화는 데이터 모델표준, 데이터 내용 표준, 메타데이터 표준이며, 외부측면에 대한 표준화는 데이터 품질 표준, 데이터수집 표준, 위치 참조 표준으로 분류할 수 있다

4.1.1. 공간데이터의 표준화 내용

(1) 데이터 모델 표준

① 공간데이터의 개념적, 논리적 틀을 정의한다.

② 데이터 개념화, 모델화 방식, 논리적 구성방식을 정의하는 표준화된 데이터 모델을 설정함으로써 데이터 표준의 아키텍처와 교환방식, 서비스 방식이 결정된다.

③ SDTS, DIGEST, OGIS, ISO/TC 211등의 데이터교환 표준들은 데이터 모델을 정의하고 있다.

(2) 데이터 내용 표준

① GIS 사용자들이 GIS 업무를 수행할 때 다양한 공간형상에 대해 서로가 사용할 수 있는 공통의 정의를 말한다.

② 데이터 내용 측면에서 표준화되고 공통되는 용어에 대한 정의를 마련하는 것이다.

③ 데이터 내용 표준은 미국의 연방 지리데이터 위원회(FGDC; Federal Geographic Data Committee)가 각 주제도와 관련된 내용 표준을 개발하여 사용하도록 하고 있다.

(3) 데이터수집 표준

① 공간 및 속성데이터를 수집하는 방식과 관련된 표준을 설정하는 것이다.

② 데이터의 수집, 생성하는데 사용되는 하드웨어, 소프트웨어와 관련된 지침들을 포함한다.

③ 항공사진측량, 스캐닝, 디지타이징 등의 과정에서 가능한 오차를 제한하면서, 특정 데이터 품질에 알맞은 규격화된 데이터를 구축하는 표준을 설정하고 있다.

(4) 위치참조 표준

① 공간데이터를 구축하는 데 필수적으로 고려되어야 하는 좌표체계를 구성하는 투영법, 기준점, 타원체,

적용되는 좌표변환방법 등에 대해 정의하는 것이다.

② 이러한 표준화를 통해 공간데이터의 정확성, 신뢰성, 품질 보증이 가능하게 된다.

③ 측량 및 지도학에서 좌표체계 등의 표준화 작업이 데이터표준에서 중요한 위치를 차지하게 된다.

(5) 데이터 품질 표준

① 데이터 품질 표준은 위치 정확도, 속성정확도, 논리적 일관성, 완결성, 데이터의 질적 표준화로 인해 사용자들은 공간데이터에 대한 신뢰감을 얻게 된다.

(6) 메타데이터 표준

① 공간데이터의 의미, 맥락, 내부, 외부적 관계성에 대한 정보를 포함하도록 하는 것이다.

② 사용자에게 실제 데이터에 대한 이력정보, 품질정보, 데이터 유형, 데이터특성 등등 다양한 정보를 체계적으로 제공하는 것이다.

③ 대표적으로 미국의 메타데이터 표준, ISO/TC 211, CEN/TC 287 표준 등은 각각 공통적인 메타데이터 구성요소를 갖고 있다.

(7) 데이터교환 표준

① 실제 데이터의 공유, 호환을 가능하게 하는 표준이라고 할 수 있다.

② 서로 다른 환경에서 다양한 데이터 포맷 간을 변환할 수 있게 하게 하려면 데이터 모델, 구조, 변환방식 등에 대한 표준을 마련하고 있다.

③ 데이터교환의 표준화는 매우 다양한 변환 기능을 통한 데이터 손실, 왜곡을 막는 방법으로써 주요한 데이터교환 표준으로는 SDTS, DIGEST 등이 있다.

4.1.2. 데이터의 표준화 요소

① 데이터 모델(Data Model)의 표준화는 공간데이터의 개념적이고 논리적인 틀이 정의한다.

② 데이터 내용(Data Content)의 표준화는 다양한 공간 현상에 대하여 데이터교환으로 필요한 데이터를 얻기 위한 공간형상(Spatial Features)과 관련 속성자료(Attribute)들이 정의된다.

③ 위치 참조(Location Reference)의 표준화는 공간데이터의 정확성, 의미, 공간적 관계 등을 객관적인 기준(좌표체계, 투영법, 기준점 등)에 의해 정의된다.

④ 데이터 질(Quality)의 표준화는 공간데이터가 얼마나 유용하고 정확하게 구축되었는가에 대한 검증과정으로 정의된다.

⑤ 메타데이터(Metadata)의 표준화는 공간데이터의 내외부적 관계 등에 대한 정보로 정의된다.

⑥ 데이터교환(Data Exchange)의 표준화는 구축된 공간데이터의 교환(Exchange), 전환(Transfer)되기 위한 데이터 모델, 구조, 전환방식 등으로 정의된다.

4.1.3. Internet 표준 및 규약의 종류

① 표준 규약의 목적은 공간정보의 상호 운용성을 구현하고 이를 Internet을 통한 검색 및 유통을 가능하게 하기 위함이다.

② Internet GIS 구축과 관계있는 표준 및 규약으로는 Open GIS, CORBA, HTTP, Z39.50, JAVA, Metadata Contend Standard 등이 있다.
③ OGIS의 구현은 CORBA, DCE, OLE와 같은 인터페이스와 메커니즘을 개발하여 제공하는 것이다.
④ CORBA(Common Object Request Broker Architecture)는 다양하게 존재하는 하드웨어와 소프트웨어 사이에서 요구되고 있는 상호운용성에 대한 OMG(Object Management Group)의 사양이다.
⑤ HTTP(Hyper Text Transfer Protocol)는 WWW(World Wide Web)의 Server와 Client가 Hypertext 문서를 통해 통신할 때 사용하는 프로토콜이다.
⑥ Z39.50은 Internet을 통한 정보 Retrieval Service와 Protocol의 ANSI / NISO 표준으로 1988년에 처음 정해졌으나 제조업체들에 의해서 광범위하게 사용되지는 않았다.
⑦ JAVA는 간단하고 객체 지향적이며 Platform-independent, Muti-threaded, dynamic한 특징을 갖고 있는 Programing 언어이다.

4.2. 국제표준 관련 기관

4.2.1. 국제표준 담당기구

① 유럽의 지리정보 표준화 기구 : CEN/TC287
② 국제표준화 기구 ISO의 지리정보 표준화 관련 위원회 : ISO/TC211
③ GIS 기본모델의 표준화를 마련한 비영리 민관참여 국제기구 : OGC
④ SDTS는 미국의 데이터교환표준 기구 : SDTS

4.2.2. ISO/TC 211 표준

① ISO/TC211(International Organization for Standard/Technical Committee 211)은 1994년 국제표준기구 ISO(International Standards Organization)에서 지리정보 분야의 표준화를 다루는 기술위원회이다.
② TC211은 지리정보 분야의 표준화를 위한 기술위원회로 지리정보의 표준과 관련되는 각종 기술적 요소의 정의, 요소 간의 연관 관계, 구현 환경 등을 정의한 표준참조모형을 제시하였다.
③ ISO의 지리적 메타데이터에서 제공되는 항목은 개요 및 자료식별정보, 데이터의 품질 조건부 기록사항, 공간자료 표현 정보, 공간참조정보, 형상 및 형상속성정보, 자료배분정보, 메타데이터 참조정보, 참고정보, 획득 정보로 구성되어 있다.
④ ISO 표준안은 미국 메타데이터 표준과 상당한 일관성을 보이며 메타데이터의 주요 내용은 데이터가 담고 있는 내용, 데이터의 품질, 상태 등에 관한 사항이다.

4.2.3. CEN/TC 287 데이터표준

① CEN/TC 287(유럽 표준화 및 기술위원회 287)은 1992년부터 1999년까지 유럽의 표준화 기구를 중심으로 추진된 유럽의 지리정보 표준화 기구로써 성과가 많은 부분이 ISO/TC211에 참조되었다.
② CEN/TC(Comite Europeen de Normalisation /Technical Committee)287은 ISO 활동이 시작되기

이전에 추진된 유럽의 지리정보 표준화 기구이다.

③ ISO/TC 211과 CEN/TC 287은 기술위원회 수준에서 서로 표준 활동을 공유하고 공동작업 등을 통해 얻은 결과를 활용하고 있다.

④ 표준화 작업은 개요 부분, 데이터 기술 부분, 참조 부분, 처리 부분으로 구성되어 있다.

4.2.4. OGC

① OGC(Open GIS Consortium)는 1994년 설립되었으며, GIS 관련 기관과 업체 중심의 비영리 단체 등과 다수의 대학이 참여하고 있다.

② 지리정보를 활용하고 관련 응용 분야를 주요업무로 하고 있는 공공기관 및 민간기관으로 구성된 컨소시엄이다.

③ OGC는 공간데이터와 지리정보 처리를 위한 자원들의 분산 형태로 접속하기 위한 객체지향의 구조인 OGIS의 개발에 있었다.

④ OGC는 Open GIS 안내를 제작, 발표하였으며, 단순 공간협상, 복합 공간현상, 이미지 데이터의 접근 및 처리를 위한 규약 작업을 수행하고 있다.

⑤ OGIS 구현은 CORBA, DCE, OLE와 같은 인터페이스와 메커니즘을 개발하여 제공하는 것으로 공간데이터, 공간분석, 처리에 대한 모델이 포함된다.

4.3. 데이터교환의 표준화

데이터교환 표준화형식은 지리정보체계 내의 모든 데이터가 정보망 또는 전달 매체를 통하여 상호 간에 전달되는 내용을 정확히 인식하는 방안으로 서로 다른 시스템 데이터에 관한 내용을 상호 인식할 수 있도록 지원하는 방식이다.

① SDTS : 미국의 국가 공간정보 표준포맷

② DXF : AUTOCAD의 제작자에 의해 제안된 자료교환형식

③ NTF : 영국의 국가적인 교환형식

④ DIGEST : NATO 국가들이 채택하여 사용

⑤ GDF : 유럽 교통 관련 표준안

⑥ 가장 널리 사용되는 지리정보데이터 교환표준은 미국, 한국, 뉴질랜드, 호주의 국가 지리정보데이터 교환표준인 SDTS이다.

4.3.1. 공간데이터의 교환표준(SDTS)

① SDTS(Spatial Data Transfer Standard)의 약어로서 지리 공간정보에 관한 용어를 서로 전달하는 언어이다.

② 광범위한 자료의 호환을 위한 규약으로써 자료에 관한 정보를 서로 전달하기 위한 언어이다.

③ 미국 지도 제작기관인 USGS(U. S. Geological Survey)를 중심으로 국가기관, 연구소, 학계, 업계 등이 모여 데이터교환 표준을 마련한 것으로 1992년에 승인된 대표적인 교환표준이다.

(1) SDTS의 특징

① 다양한 공간 현상들을 수치화된 지도의 형태로 표현하는 공간객체를 정의하여 체계적이고 구조적으로 자료모델을 정의하고 있다.
② 공간자료의 가치 확대에 중요한 역할을 한다.
③ 다양한 공간데이터의 교환 및 공유를 가능하게 한다.
④ 서로 다른 응용시스템들 사이에서 지리정보를 공유하고자 하는 목적으로 개발되었다.
⑤ 자료의 교환표준을 구체적으로 사용할 수 있도록 규정하고 설계한 프로파일을 제공한다.
⑥ 개념모델, 논리 모델, 물리 모델을 통해 일관성을 가진 형태의 자료를 저장, 전환하여 관리할 수 있다.

(2) SDTS의 구성

① 공간데이터 교환의 개념적, 논리적인 규약에 관한 내용으로 실세계를 공간 현상과 공간객체 모델로 구분한다.
② SDTS는 총 34개 모듈로 정의되며, 모듈, 레코드, 필드, 하위필드의 위계적인 구조로 이루어져 있다.
③ 데이터의 사용 적합성을 평가하기 위한 데이터의 질적 수준에 관한 규약이며 상세한 논리적 교환 포맷의 구조와 SDTS 교환데이터 집합들에 관한 기술이다.
④ SDTS의 데이터 내용으로 공간 형상들과 속성값들의 표준용어에 대한 리스트를 제공한다.
⑤ 데이터 표준교환으로 ISO/ANSI 8211을 사용하고 있으며, 논리적 규약을 구체적인 물리적 수준으로 전환할 수 있도록 하는 규약들이다.

(3) SDTS의 현황

① SDTS는 단순한 데이터교환을 위한 표준만이 아니라 국가 수치지도 제작 및 유지관리, 유통, 사용에 이르는 광범위한 기능과 역할을 담당하고 있다.
② SDTS는 다른 데이터 포맷 간에 서로 교환 가능한 구조로 만들어진 중간 형태의 포맷으로 구성되어 있으며 모든 공간데이터 포맷들과 호환 가능한 형태로 되어있다.
③ 미국의 국가 기본도인 수치지도는 자료형식을 SDTS 형식으로 변환하여 인터넷으로 제공되고 있다.
④ 미국의 USGS(U.S. Geological Survey)가 미국 내 지도제작과 판매를 SDTS 포맷으로 하여 사용하고 있다.
⑤ 호주와 뉴질랜드에서도 국가의 GIS 교환표준으로 채택한 대표적인 수치 지도데이터 교환표준이다.
⑥ 우리나라는 1995년 12월 국가지리정보체계 주요 사업에 공간데이터 교환포맷으로 SDTS를 원칙으로 하고 있다.
⑦ 데이터교환 표준으로 미국, 한국, 뉴질랜드, 호주의 국가 지리정보 데이터교환 표준으로 사용하고 있다.

4.3.2. DXF

① DXF(Drawing eXchange Format)는 CAD 자료를 다른 그래픽 체계로 사용될 수 있도록 Auto Desk에서 제작한 ASCⅡ코드 형태의 그래픽 자료 파일의 형식으로 변환하는 파일이다.
② DXF는 아스키 형식과 바이너리 형식으로 저장할 수 있으며, 아스키 방식으로 저장되는 경우 그룹코드와 해당 값들의 리스트 구조 때문에 대용량으로 저장된다.

③ DXF 파일을 구성하는 주요 단위는 섹션(section)이며, 기능별로 헤더변수 정의를 하는 헤더 섹션, 테이블 정보를 정의하는 테이블 섹션, 블록에 대해 정의하는 블록 섹션, 실제 도면요소 정보를 가지는 엔티티 섹션으로 구성된다.

4.3.3. FGDC

① 미국 연방 지리정보위원회(FGDC; Federal Geographic Data Committee)에서는 여러 기관에서 구축된 공간정보를 통합적으로 관리하고 있다.
② FGDC가 총괄하는 NSDI의 데이터 기준에 따라 국지적인 공간정보유통기구를 연결하여 운영하고 있다.
③ 미국 FGDC는 메타데이터 표준, ISO/TC211 표준, CEN/TC287 표준 등이 제정되어 활용되었다.
④ 지적정보의 수집, 저장, 유통, 지적소유 및 토지대장의 관리에 관한 표준이 수록되었으며, 미국 국가 공간정보기반(NSDI; National Spatial Data Infrastructure)에 적합하도록 구축되었다.
⑤ 1992년 공간 메타데이터에 대한 포럼을 계기로 메타데이터에 관한 연구의 기초를 마련하고 최종적으로 표준안은 1994년 6월 8일에 FGDC에 의해 승인되었다.
⑥ FGDC는 연방·주·지방·소수 지역의 정부, 학계, 민간영역, 비영리 조직들을 장려하여 지리공간 정보를 제작하고 공유할 수 있도록 하였다.

4.3.4. 메타데이터

① 메타데이터(Metadata)란 수록된 데이터의 내용, 품질, 조건 및 특징 등을 저장한 데이터로 레이어, 속성, 공간 현상 등과 관련된 정보를 제공하며 데이터에 관한 데이터(Data about Data)를 의미하고 데이터의 이력서라 할 수 있다.
② 메타데이터의 기본요소는 개요 및 자료소개, 데이터 질에 대한 정보, 자료의 구성, 공간 참조를 위한 정보, 형상·속성정보, 정보획득방법, 참조정보 등이다.
③ 데이터가 생성된 날부터 데이터의 품질, 도형데이터와 속성데이터의 구성, 데이터의 제공 포맷, 데이터의 정확도, 각종 이력 사항 등 데이터와 관련된 사항이 정리되어 사용자에게 공급됨으로써 보다 효율적이고 폭넓은 데이터의 활용이 가능하게 된다.

(1) 구성요소

① 메타데이터는 목적에 적합한 자료의 검색을 위한 정보들을 주요 내용으로 자료의 식별정보, 자료품질정보, 공간자료 구성정보, 공간참조정보, 도형과 속성에 관한 정보, 배포정보, 참조정보, 데이터의 날짜와 시간에 관한 정보, 연락처에 관한 정보 등이 있다.
② 식별정보(Identification Information)는 자료에 대한 기본적인 정보 취득이나 이용을 위한 데이터의 제목, 지리적 범위, 제작일 등을 나타내고 있다.
③ 자료품질정보(Data Quality Information)는 자료의 품질 평가, 위치 및 속성의 정확성, 완결성, 일치성, 정보의 원천, 정보 생산방법 등이 포함된다.
④ 공간자료 구성정보(Spatial Data Organization Information)는 자료의 공간정보를 표현하는데 이용된 방법, 공간적 위치를 래스터 또는 벡터 및 주소 및 행정코드의 방법과 공간객체의 수로 표현하는 방법이다.

⑤ 공간참조정보(Spatial Reference Information)는 공간정보 참조를 위한 기본 틀과 인코딩 수단, 좌표계에 대한 설명, 지도투영법 및 직교좌표체계의 이름, 수평 및 수직 해상도, 좌표계 해상도 등이 포함된다.
⑥ 도형과 속성에 관한 정보(Entity and Attribute Information)는 실체의 형태, 속성 및 속성값이 할당된 영역 등의 데이터 내용에 대한 정보로 속성과 속성값의 정의 및 이름 등이 해당한다.
⑦ 배포정보(Distribution Information)는 자료취득 관련 정보를 통해 자료를 얻는 방법에 대한 정보, 자료취득에 드는 비용 등이 포함된다.
⑧ 참조정보(Reference Information)는 메타데이터 정보의 현재성과 책임소재에 대한 정보. 메타데이터를 제공하는 조직의 정보 및 현재성이 포함된다.

(2) Metadata의 특징

① 작성자와 관계없이 데이터의 기본체계를 유지하고 시간과 관계없이 일관성 있는 데이터를 사용자에게 제공하므로 사용자의 편리를 도모한다.
② 정보공유의 극대화를 도모하며 데이터의 교환을 원활히 지원하기 위한 틀을 제공한다.
③ 데이터를 목록화하기 때문에 편리한 정보를 제공한다.
④ 온라인 사용자의 접근을 편리하게 활용하도록 사용되는 표준어이다.
⑤ 데이터를 생산, 유지·관리하는데 필요한 정보와 사용자가 데이터를 사용하는데 필요한 정보가 있다.
⑥ 데이터의 특성과 내용을 설명하는 데이터로서 데이터의 양이 많다.
⑦ 대용량의 공간데이터를 구축하는 데 비용과 시간을 절감할 수 있다.
⑧ 데이터베이스에 저장된 데이터의 내용에 관한 포괄적이고 체계적인 정보를 갖고 있다.
⑨ 데이터에 대한 목록을 체계적이고 표준화된 방식으로 제공함으로써 데이터의 공유화를 촉진한다.
⑩ 메타데이터의 표준항목은 데이터 집합 연혁, 데이터 집합의 개요, 데이터 집합의 품질요소, 공간 참조체계 등이다.

(3) 우리나라 메타데이터

① 1995년 12월 우리나라의 NGIS 데이터 교환표준으로서 SDTS가 채택되었다.
② 1996년 국가 기본도 및 공통데이터 교환포맷 표준안을 확정하여 국가 표준으로 제정하였다.
③ NGIS에서 수행하고 있는 표준화 내용은 기본모델연구, 정보구축 표준화, 정보유통 표준화, 정보활동 표준화, 관련 기술 표준화이다.
④ 자료를 식별하는 데 필요한 최소한의 메타데이터를 제공하고, 자료들에 대한 정보를 간략히 목록화하여 유통관리 기구를 통한 검색을 목적으로 한다.
⑤ 수치지형도의 제작과 관리의 효율적인 목적 및 사용자를 대상으로 원활한 공급과 활용을 위한 메타데이터의 구축이 중요시되었다.

Chapter 04 데이터의 표준화

핵/심/문/제

1. GIS 데이터의 표준화 유형에 해당하지 않는 것은?

① Data Model의 표준화
② Data Content의 표준화
③ Data Institute의 표준화
④ Location Reference의 표준화

| 해설 |

GIS 데이터의 표준화는 데이터의 모델(Data Model), 데이터 내용(Data Content), 데이터수집(Data Collection), 위치 참조(Location Reference), 데이터 질(Quality), 메타데이터(Metadata), 데이터 교환(Data Exchange)의 표준화로 7가지 유형으로 분류한다.

정답 ③

2. 토지정보시스템의 원활한 자료교환을 위한 표준화의 범위에 해당하지 않는 것은?

① 데이터 질의 표준화　② 위치 좌표의 표준화
③ 데이터 가격의 표준화　④ 메타데이터의 표준화

| 해설 |

토지정보시스템의 표준화 요소에는 데이터 모델의 표준화, 데이터 내용의 표준화, 자료수집의 표준화, 데이터 질의 표준화, 위치 기준의 표준화, 메타데이터의 표준화, 데이터교환의 표준화이다.

정답 ③

3. 데이터베이스에서 데이터의 표준 유형을 분류할 때 기능 측면의 분류에 해당하지 않는 것은?

① 기술 표준　② 데이터 표준
③ 프로세스 표준　④ 메타데이터 표준

| 해설 |

데이터의 표준 유형을 기능 측면으로 분류하면 데이터 표준, 프로세스 표준, 기술 표준으로 분류할 수 있다.

정답 ④

4. 지리정보체계의 자료구축에 있어서 표준화의 필요성과 가장 관련이 적은 것은?

① 자료의 중복 구축 방지로 비용을 절감할 수 있다.
② 자료구조의 단순화를 목적으로 한다.
③ 기존에 구축된 모든 데이터에 쉽게 접근할 수 있다.
④ 시스템 간의 상호연계성을 강화할 수 있다.

| 해설 |

GIS 표준화의 필요성은 기본 자료로 사용하기 위한 기반 확보, 각종 응용시스템과의 연계활용을 위한 일관성 및 완전성 있는 데이터 구축, 데이터의 중복 구축 방지 및 비용감소, 효율적인 관리나 활용 등이다. 국가와 지방자치단체 간의 연계활용으로 정책적으로 편리하게 제공할 수 있다.

정답 ②

5. 토지정보시스템 데이터의 질적 평가에서 고려해야 하는 요소가 아닌 것은?

① 데이터의 정확성
② 데이터의 오차
③ 데이터의 완벽성
④ 데이터의 정밀성

| 해설 |

데이터 품질 표준은 위치정확도, 속성정확도, 논리적 일관성, 완결성, 정밀성, 데이터의 오차, 데이터의 질적 표준화로 인해 사용자들은 공간데이터에 대한 신뢰감을 얻게 된다.

정답 ③

6. 다음 중 공간데이터 관련 표준화와 관련이 없는 것은?

① IDW　② SDTS
③ CEN/TC　④ ISO/TC 211

| 해설 |

SDTS는 미국의 데이터교환표준, GDF는 유럽교통 관련 표준, CEN/TC 287은 유럽표준화 기구, ISO/TC(Technical Committee)211은 1994년 ISO(International Standards Organization)에서 지리정보 분야의 표준화를 위해 구성된 기술위원회이다.

정답 ①

7. 다음 중 지형 및 공간과 관련된 모든 종류의 공간자료들을 서로 호환이 가능하도록 만들어진 대표적인 교환표준은?

① SPPS　② SDTS
③ GIST　④ NIST

| 해설 |

데이터교환의 표준화(SDTS)는 미국의 국가 지도제작기관인 USGS를 중심으로 다양한 이해관계를 가진 국가기관, 연구소, 학계, 업계 등이 모여 데이터교환 표준을 마련한 것으로 1992년에 승인된 대표적인 교환표준이다.

정답 ②

8. **다음 중 지리정보시스템의 국제표준을 담당하고 있는 기구의 명칭으로 틀린 것은?**

① 유럽의 지리정보 표준화 기구 : CEN/TC287
② 국제표준화 기구 ISO의 지리정보 표준화 관련 위원회 : ISO/TC211
③ GIS 기본모델의 표준화를 마련한 비영리 민관참여 국제기구 : OGC
④ 유럽의 수치지도 제작 표준화 기구 : SDTS

| 해설 |
SDTS는 미국의 데이터교환표준, GDF는 유럽교통 관련 표준, DIGEST는 북대서양조약기구(NATO) 국가들이 채택한 표준이다.

정답 ④

9. **ISO 19113(지리정보의 품질원칙)의 품질 개요요소에 해당하지 않는 것은?(단, KS×ISO19113 : 2007을 기준으로 함)**

① 목적 ② 완전성 ③ 연혁 ④ 용도

| 해설 |
품질 개요요소는 데이터 세트의 용도를 설명하는 목적, 데이터 세트의 응용 분야를 설명하는 용도, 데이터 세트의 이력·수집·획득·편집 등 주기의 변환기록을 설명하는 연혁 등이다.

정답 ②

10. **데이터 품질 측정의 구성요소에 해당하지 않는 것은?(단, KS×ISO 19157 : 2013을 기준으로 한다.)**

① 설명 ② 이름 ③ 정의 ④ 완전성

| 해설 |
KS×ISO 19157 : 2013을 기준으로 한 데이터 품질 측정의 구성요소는 이름, 별명, 요소명, 기본 측정, 정의, 설명, 매개변수, 값 유형(Value Type), 값 구조(Value Structure), 참조 정보, 예시, 식별자(Measure Identifier)이다.

정답 ④

11. **다음 중 ISO19113의 품질요소에 해당하지 않는 것은?**

① 위치 정확성 ② 논리적 일관성
③ 시간의 정확성 ④ 포함성

| 해설 |
국제표준인 ISO19113에서 지리정보의 품질에 관해 규정한 품질 요소는 완전성, 논리적 일관성, 위치 정확성, 시간 정확성, 주제 정확성의 5가지를 들고 있다.

정답 ④

12. **다음 중 유럽의 지형 공간데이터의 표준화 작업을 위한 기술위원회에 해당하는 것은?**

① ISO/TC211 ② OGC
③ FGDC ④ CEN/TC287

| 해설 |
유럽 표준화 기구 CEN/TC287 표준에서 메타데이터 표준은 CEN 287009의 표준안 형태로 존재하며, 지형 공간데이터의 표준화 작업을 위한 기술위원회에 해당한다.

정답 ④

13. **국제표준화기구인 ISO의 지리정보 표준화 관련 위원회는?**

① ISO/TC 211 ② CEN/TC 287
③ OGIS ④ NGIS

| 해설 |
① ISO/TC 211은 국제표준화기구인 ISO의 지리정보 표준화 관련 위원회이다.
② CEN/TC 287은 유럽의 표준화 기구를 중심으로 추진된 유럽의 지리정보 표준화 기구이다.
③ OGIS는 상호운용이 가능한 시스템을 만들기 위해 OGC에서 추진하는 표준이다.
④ NGIS는 국가지리정보체계이며 우리나라 GIS의 표준을 담당하는 기구이다.

정답 ①

14. **다음 중 서로 다른 체계 간의 자료 공유를 위한 공간자료교환표준으로 대표적인 것은?**

① CEN/TC 287 ② SDTS
③ DX-90 ④ Z39-50

| 해설 |
SDTS는 다양한 공간데이터의 교환 및 공유를 가능하게 하고, 서로 다른 응용시스템들 사이에서 지리정보를 공유하고자 하는 목적으로 개발되었다.

정답 ②

15. **다음 중 OGC(Open GIS Consortium)에 관한 설명으로 옳지 않은 것은?**

① 지리정보와 관련된 여러 처리방식에 대하여 개방형 시스템적인 접근을 시도하였다.
② 지리정보를 활용하고 관련 응용 분야를 주요 업무로 하는 공공기관 및 민간기관들로 구성된 컨소시엄이다.
③ ISO/TC211의 활동이 시작되기 이전에 미국의 표준화 기구를 중심으로 추진된 지리정보 표준화 기구이다.
④ OGIS(Open Geodata Interoperability Specification)를 개발하고 추진하는데 필요한 합의된 절차를 정립할 목적으로 설립되었다.

| 해설 |

① CEN/TC(Comite Europeen de Normalisation/Technical Committee)287은 ISO 활동이 시작되기 이전에 추진된 유럽의 지리정보 표준화 기구이다.
② ISO/TC211은 지리정보 분야의 각종 자료 및 시스템 등에 관한 표준화를 이루기 위한 유일한 국제기구이다.

정답 ③

16. OGC(Open GIS Consortium, 또는 Open Geodata Consortium)에 대한 설명으로 틀린 것은?

① 지리정보를 객체 지향적으로 정의하기 위한 명세서라 할 수 있다.
② 지리정보와 관련된 여러 처리방식에 대하여 개방형 시스템적인 접근을 시도하였다.
③ 지리정보를 활용하고 관련 응용 분야를 주요업무로 하고 있는 공공기관 및 민간기관으로 구성된 컨소시엄이다.
④ OGIS(Open GIS)를 개발하고 추진하는데 필요한 합의된 절차를 정립할 목적으로 비영리의 협회 형태로 설립되었다.

| 해설 |

OGC는 OpenGIS 안내를 제작, 발표하였으며, 단순 공간협상, 복합 공간현상, 이미지 데이터의 접근 및 처리를 위한 규약 작업을 수행하고 있다.

정답 ①

17. 자료교환을 위한 표준화의 형식에 대한 설명으로 옳지 않은 것은?

① SDTS : 미국의 국가 공간정보 표준포맷
② DXF : AUTOCAD의 제작자에 의해 제안된 자료교환형식
③ NTF : 영국의 국가적인 교환형식
④ DLG : 독일의 수치 지형 표준 자료에 의한 전국적 지도 제작 포맷

| 해설 |

DLG(Digital Line Graph)는 지도제작을 할 때 쓰이는 수치 자료를 위한 벡터 자료 형식의 표준으로 미국의 USGS에서 제작하였다.

정답 ④

18. 지리정보데이터 교환표준은 각각의 국가마다 상이하다. 세계 각국의 데이터 교환표준이 서로 잘못 연결된 것은?

① 한국 – GXF
② 미국–SDTS
③ NATO 국가 – DIGEST
④ 유럽 교통관련 표준 – GDF

| 해설 |

우리나라는 1995년 12월 국가지리정보체계 사업에 공간데이터교환 포맷으로 SDTS를 원칙으로 하고 있다.

정답 ①

19. 공간자료교환의 표준(SDTS)에 대한 설명으로 옳지 않은 것은?

① NSIS의 데이터교환 표준화로 제정되었다.
② 모든 종류의 공간자료들을 호환하도록 하기 위한 내용을 기술하고 있다.
③ 위상구조정보로서 순서(order), 연결성(connectivity), 인접성(adjacency) 정보를 규정하고 있다.
④ 국방 분야의 지리정보데이터 교환표준으로서 미국과 주요 NATO 국가들이 채택하여 사용하고 있다.

| 해설 |

DIGEST는 국방 분야의 지리정보데이터 교환표준으로서 미국을 비롯한 주요 NATO 국가들이 채택하여 사용하고 있다.

정답 ④

20. 공간자료교환 포맷인 SDTS에 관한 설명이 옳지 않은 것은?

① 공간자료 간의 자료 독립성 확보를 목적으로 한다.
② 다양한 공간데이터의 교환 및 공유를 가능하게 한다.
③ 다양한 공간 현상들을 효과적이고 수치화된 지도의 형태로 표현할 수 있게 한다.
④ 공간자료의 가치 확대에 중요한 역할을 한다.

| 해설 |

데이터교환표준(SDTS)은 자료를 교환하기 위한 포맷보다는 광범위한 자료의 호환을 위한 규약으로써 자료에 관한 정보를 서로 전달하기 위한 언어이다.

정답 ①

21. 다음 중 SDTS(Spatial Data Transfer Standard)에 관한 설명이 아닌 것은?

① 공간자료에 관한 정보를 서로 전달하는 언어의 성격을 지니고 있다.
② 서로 다른 응용시스템들 사이에서 지리정보를 공유하고자 하는 목적으로 개발되었다.
③ 자료의 교환표준을 구체적으로 사용할 수 있도록 규정하고 설계한 프로파일을 제공한다.
④ 초기에는 국방 분야의 공간자료 교환표준으로 개발되었으나 현재는 전 분야에 광범위하게 채택되고 있다.

| 해설 |

국방부문은 DIGEST를 사용하도록 하고 있다.

정답 ④

22. **SDTS는 데이터교환의 표준에 대한 약자이다. 다음에서 옳은 것은?**

① Standard Data Transfer Spatial
② Spatial Data Transfer Standard
③ Spatial Decision Transfer Standard
④ Spatial Data Table Standard

| 해설 |
데이터교환의 표준화(SDTS : Spatial Data Transfer Standard)이다.

정답 ②

23 **다음은 공간자료교환의 표준화(SDTS : Spatial Data Transfer Standard)에 대한 설명이다. 틀린 것은?**

① SDTS는 NGIS의 데이터교환 표준화로 제정되었다.
② SDTS는 지리 공간정보에 관한 용어를 서로 전달하는 언어이다.
③ SDTS는 데이터의 품질에 대한 정보를 의미한다.
④ SDTS는 공간자료의 위상구조 정보를 고려한다.

| 해설 |
SDTS는 품질에 관한 정보를 의미하는 것이 아니며 공간자료교환의 표준화로 광범위한 자료의 호환을 위한 규약으로써 자료에 관한 정보를 서로 전달하기 위한 언어 제정되었으며 내용에는 위상 벡터 데이터 전환을 위한 개념 즉, 논리적, 물리적 구성요소를 정의한다.

정답 ③

24. **데이터교환표준(SDTS)에 대한 설명으로 옳지 않은 것은?**

① 지역적인 자료 확장을 통제하기 위한 규약
② 자료에 관한 정보를 전달하기 위한 언어
③ 데이터교환 표준을 마련한 것
④ 부분별 내용의 독립성을 인정

| 해설 |
다양한 공간데이터의 교환 및 공유를 가능하게 하고 공간자료의 가치 확대에 중요한 역할을 한다.

정답 ①

25. **GIS 데이터교환의 표준화로 1992년에 승인된 대표적인 교환 표준화에 대한 설명으로 맞는 것은?**

① SDTS ② SPPS ③ GIST ④ NIST

| 해설 |
SDTS는 미국 지도제작기관인 USGS(U. S. Geological Survey)를 중심으로 국가기관, 연구소, 학계, 업계 등이 모여 데이터교환 표준을 마련한 것으로 1992년에 승인된 대표적인 교환표준이다.

정답 ①

26. **우리나라 국가지리정보체계의 공간데이터교환 포맷을 원칙으로 하는 것은?**

① SDTS ② KLIS
③ NGIS ④ PBLIS

| 해설 |
우리나라는 1995년 NGIS 추진위원회를 설립하여 국가지리정보체계 구축사업 기본계획을 심의·확정하고 공간자료교환의 표준화를 원칙으로 하고 있다.

정답 ①

27. **다른 하드웨어, 소프트웨어, 운영체제를 사용하는 응용시스템에서 지리 공간에 관한 정보를 공유하고자 만들어진 공간자료교환 표준을 의미하는 용어로 옳은 것은?**

① DIGEST ② SDTS
③ SDSS ④ SIF

| 해설 |
데이터교환의 표준화(SDTS)는 지리공간에 관한 정보를 서로 전달하는 교환표준으로 서로 다른 응용시스템들 사이에서 지리정보를 공유하고자 하는 목적으로 개발되었다.

정답 ②

28. **SDTS(Spatial Data Transfer standard)를 통한 데이터 변환에 있어 최소단위의 체적으로 표현되는 3차원 객체의 정의는?**

① Chain ② Voxel
③ GT-ring ④ 2D-Manifold

| 해설 |
① 체인(Chain)은 1차원 공간객체로 시작 노드와 끝 노드에 대한 위상정보를 가진다.
② 보셀(Voxel)은 데이터변환에 있어 최소단위의 체적으로 표현되는 3차원 공간에서 한점을 정의하는 그래픽 정보의 단위이다.
③ GT-ring은 완전 사슬(Complete Chain)이나 면 사슬(Area Chain)들로 이루어진 연속선(Ring)을 말한다.

정답 ②

29. **다음 중 지도데이터의 표준화를 위하여 미국의 국가위원회(NCDCDS)에서 분류한 1차원의 공간 객체에 해당하지 않는 것은?**

① 선(Line) ② 면적(Area)
③ 스트링(String) ④ 아크(Arc)

| 해설 |
선(Line)은 묘사하는 내용과 특성에 따라 아크(Arc), 체인(Chain), 스트링(String) 등의 다양한 용어로 표현된다.

정답 ②

30. **다음 중 DXF 포맷에 대한 설명으로 옳지 않은 것은?**

① ASCII 형태로 구성되어 있다.
② 위상정보가 결여되어 있다.
③ 속성정보를 포함하고 있지 않다.
④ 광범위한 자료의 호환을 위한 규약으로써 자료에 관한 정보를 전달하기 위한 언어이다.

| 해설 |

DXF는 그래픽 체계로 사용할 수 있도록 제작한 ASCII 형태의 포맷이며 ④는 SDTS에 관한 내용이다.

정답 ④

31. **오토캐드용 자료 파일을 다른 그래픽 체계로 사용할 수 있도록 만든 ASCII 형태의 그래픽자료 파일 형식으로 옳은 것은?**

① BMP ② NSDI ③ DXF ④ TIGER

| 해설 |

DXF는 오토캐드용 자료 파일을 다른 그래픽 체계로 사용할 수 있도록 제작한 ASCII 형태의 그래픽자료 파일 형식이다.

정답 ③

32. **다음 중 취득된 공간자료의 자료구조 포맷이 다른 하나는?**

① DXF ② BNP ③ JPEG ④ TIFF

| 해설 |

공간자료의 자료구조 포맷 중 DXF는 벡터 자료이며, BMP, JPEG, TIFF는 래스터 자료이다.

정답 ①

33. **미국 연방 지리데이터 위원회(FGDC)의 메타데이터에 대한 설명으로 틀린 것은?**

① 메타데이터에 관한 용어의 정의와 활용에 있어 표준을 제시하고 통일성을 기하기 위하여 제정되었다.
② 메타데이터 표준과 ISO 표준안은 상당한 일관성을 가지고 있다.
③ 주요 내용은 Data의 내용, 데이터의 품질, 상태 등에 관한 사항이다.
④ 필수기록사항(Mandatory)과 조건부 기록사항(Conditional)으로 구성되어 있다.

| 해설 |

④는 ISO 메타데이터 표준안으로 미국 FGDC 메타데이터와 유사한 제약조건이며 필수기록사항(Mandatory)과 조건부 기록사항(Conditional), 선택사항(Optional)으로 구성되어 있다.

정답 ④

34. **메타데이터(Metadata)에 대한 설명이 옳지 않은 것은?**

① 메타데이터는 정보의 공유를 극대화하기 위하여 데이터를 목록화한다.
② 메타데이터는 캐드 자료를 다른 그래픽 체계로 변환하기 위한 자료 파일이다.
③ 메타데이터는 공간 참조정보 등 자료에 대한 소개가 포함된다.
④ 메타데이터는 일관성을 유지하기 위한 데이터 체계를 가지고 있다.

| 해설 |

메타데이터

① 수록된 데이터의 내용, 품질, 조건 및 특징 등을 저장한 데이터로 레이어, 속성, 공간 현상 등과 관련된 정보를 제공한다.
② 데이터에 관한 데이터를 의미하고 데이터의 이력서라 할 수 있다.
③ 메타데이터는 작성자와 관계없이 데이터의 기본체계를 유지함으로써 시간이 지나도 일관성 있는 데이터를 사용자에게 제공하므로 사용자의 편리를 도모한다.

정답 ②

35. **데이터에 대한 정보로서 데이터의 내용, 품질, 조건 및 기타 특성에 대한 정보를 포함하는 정보의 이력서라 할 수 있는 것은?**

① 인덱스(Index)
② 라이브러리(Library)
③ 메타데이터(Metadata)
④ 데이터베이스(Database)

| 해설 |

메타데이터(Metadata)란 수록된 데이터의 내용, 품질, 조건 및 특징 등을 저장한 데이터로 레이어, 속성, 공간 현상 등과 관련된 정보를 제공하며 데이터에 관한 데이터(Data about Data)를 의미하고 데이터의 이력서라 할 수 있다.

정답 ③

36. **메타데이터의 요소 중 데이터의 제목, 지리적 범위, 제작일 등을 나타내는 것은?**

① 식별정보 ② 품질정보
③ 공간정보 ④ 속성정보

| 해설 |

메타데이터의 요소 중 식별정보는 데이터의 제목, 지리적 범위, 제작일 등이다.

정답 ①

37. 다음 중 메타데이터에 포함되는 기본요소에 해당하지 않는 것은?

① 데이터 품질　② 개체 및 속성정보
③ 참조 정보　④ 데이터 표준화 정보

| 해설 |

메타데이터의 기본요소는 개요 및 자료소개, 데이터 질에 대한 정보, 자료의 구성, 공간 참조를 위한 정보, 형상·속성정보, 정보획득 방법, 참조정보 등이다.

정답 ④

38. 다음 중 데이터에 관한 내용, 품질, 사용조건 등을 기술하고 있는 내용과 가장 거리가 먼 것은?

① 취득하려는 자료가 사용 목적에 적합한 품질의 데이터인지를 확인할 수 있는 정보가 제공되어야 한다.
② 데이터의 원활한 교환을 지원하기 위한 틀을 제공함으로써 데이터의 공유를 극대화할 수 있다.
③ 자료에 관한 내용, 품질, 사용조건 등을 기술한다.
④ 정확한 정보를 유지하기 위한 수정 및 갱신은 불가능하다.

| 해설 |

메타데이터는 데이터베이스, 레이어, 속성, 공간형상과 관련된 정보로서 데이터에 대한 데이터로서 정확한 정보를 유지하기 위하여 일정 주기로 수정 및 갱신을 자유롭게 하여야 한다.

정답 ④

39. 메타데이터의 특징으로 틀린 것은?

① 대용량의 데이터를 구축하는 시간과 비용을 절감할 수 있다.
② 공간정보 유통의 효율성을 제고한다.
③ 시간이 지남에 따라 데이터의 기본체계를 변경하여 변화된 데이터를 실시간으로 사용자에게 제공한다.
④ 데이터의 공유화를 촉진시킨다.

| 해설 |

메타데이터는 데이터의 기본체계를 유지하여 시간과 관계없이 일관성 있는 데이터를 제공할 수 있으며 데이터를 목록화하기 때문에 사용에 편리한 정보를 제공한다.

정답 ③

40. 다음 중 우리나라의 메타데이터에 대한 설명으로 옳지 않은 것은?

① 국가 기본도 및 공통데이터 교환 포맷표준안을 확정하여 국가 표준으로 제정하고 있다.
② NGIS에서 수행하고 있는 표준화 내용은 기본모델연구, 정보구축 표준화, 정보유통 표준화, 정보활동 표준화, 관련 기술 표준화이다.
③ 메타데이터는 현재 지적정보체계에서만 사용하고 있다.
④ 1995년 12월 우리나라 NGIS 데이터교환 표준으로 SDTS가 채택되었다.

| 해설 |

지적분야만 아니라 수치지형도의 제작과 관리의 효율적인 목적 및 사용자를 대상으로 원활한 공급과 활용을 위한 구축 등으로 다양한 분야에서 사용하고 있다.

정답 ③

CHAPTER

05 데이터의 중첩 및 분석

5.1. 데이터의 중첩·가공

5.1.1. 데이터의 중첩

① 각각의 자료집단이 주어진 기본도를 기초로 둘 또는 그 이상의 자료 관측에 대하여 분석될 수 있는 기법을 중첩 또는 합성이라 한다.

② GIS는 서로 다른 자료층(Layer)을 중첩(Overlay)하여 각각의 자료층이 가지고 있는 정보를 합할 수 있으며 각각의 레이어는 동일 좌표계를 기준으로 하여야 한다.

③ 중첩이란 하나의 커버리지 위에 다른 커버리지를 올려놓고 두 커버리지에 나타난 형상 간의 관계를 분석하는 것이다.

(1) 중첩의 유형

① 중첩의 유형은 점과 폴리곤의 중첩, 선 형상과 폴리곤의 중첩, 폴리곤과 폴리곤의 중첩 등으로 구분할 수 있다.

② 중첩에 대한 전통적인 접근은 폴리곤으로 표현된 하나의 레이어와 다른 레이어의 폴리곤을 중첩하는 것이다.

③ 폴리곤 중첩은 캐나다의 지리정보시스템에서 처음 시작되었다.

④ 중첩은 폴리곤과 폴리곤으로 표현되는 대상물들을 위주로 수행된다.

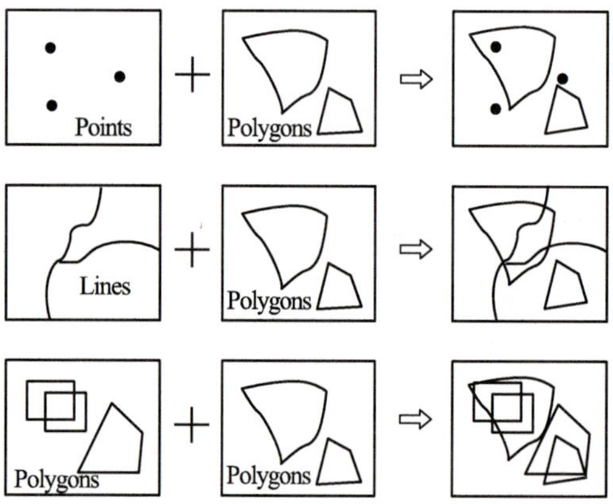

〈그림 3-8〉 유형별 중첩

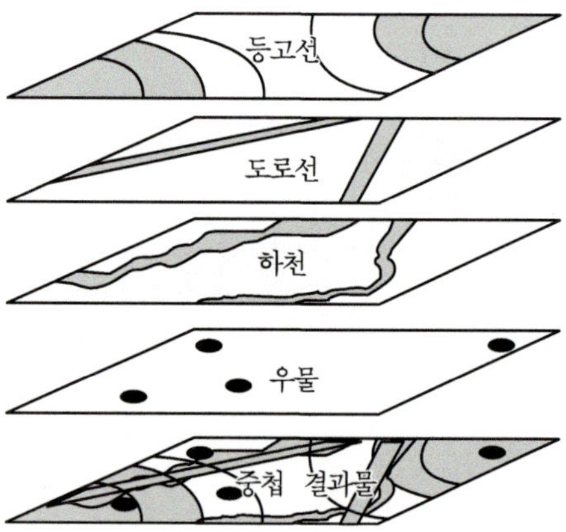

〈그림 3-9〉 Layer의 중첩

(2) 중첩기능

① 중첩을 통해 형상 간의 공간 관계를 파악할 수 있다.

② 중첩기능을 통해 다양한 데이터베이스로부터 분석적인 정보를 추출할 수 있다.

③ 중첩기능을 통해 새로운 가설이나 이론 및 시뮬레이션을 통해 만일 어떤 사건이 일어난다면 그 결과가 어떻게 될 것인가에 대한 정보를 추출하는 모델링 작업을 수행할 수 있다.

(3) 중첩의 특징

① 각각 서로 다른 자료를 취득하여 합성하는 것으로 다량의 정보를 종합할 수 있다.

② 자료가 업그레이드되면 레이어별로 처리할 수 있으므로 자료의 관리가 편리하다.

③ 사용자 관점에서 필요한 자료만을 받을 수 있어 편리하다.

④ 각종 주제도를 통합 또는 분산 관리할 수 있다.

(4) 레이어 중첩

① 레이어는 하나의 물체가 여러 개의 논리적인 객체들로 구성된 경우 각각의 객체이다.

② 레이어를 중첩하여 각각의 레이어가 가지고 있는 정보를 합칠 수 있다.

③ 각각의 레이어가 서로 다른 좌표계를 사용하는 경우에는 중첩분석이 불가능하다.

④ 레이어별로 필요한 정보를 추출해 낼 수 있다.

⑤ 형상들의 공간 관계를 파악할 수 있으며 특정 지점의 주변 환경에 대한 정보를 얻고자 하는 경우에도 사용할 수 있다.

(5) 중첩의 연산 기능

① 중첩 연산은 서로 기능상의 차이로 인해 산출되는 결과물도 매우 달라진다.

② 두 커버리지를 결합하는 합집합(Union)과 두 커버리지를 교차하는 교집합(Intersection)이 가장 일반적으로 사용되고 있으며 그밖에도 다양한 기능상에 따른 중첩 연산이 가능하다.

③ 연산 기능의 특성

- 교차(Intersect : A and B) : 첫 번째 커버리지 A의 형상에 두 번째 커버리지 B의 형상을 교차시키는 경우로, 그 결과 커버리지 B는 그대로 유지되지만, 커버리지 A 형상은 커버리지 B 안에 있는 형상들만 나타나게 된다.
- 결합(Union : A or B) : 커버리지 A와 B를 결합하면 두 커버리지 간에 겹쳐지거나 부분적으로 교차하는 모든 형상이 포함된 산출 커버리지가 생성된다.
- 동일성(Identity) : 첫 번째 입력 커버리지 A의 모든 형상은 그대로 유지되며, 커버리지 B의 형상은 커버리지 A 안에 있는 형상들만 나타나게 된다.
- 자르기(Clip) : 두 번째 커버리지 B를 이용하여 첫 번째 입력 커버리지 A의 일부분을 지우는 것이다.
- 지우기(Erase) : 두 번째 커버리지 B를 이용하여 첫 번째 입력 커버리지 A의 일부분을 지우는 것이다.
- 조각내기(Split) : 첫 번째 커버리지 A를 두 번째 커버리지 B를 토대로 하여 작은 구역으로 면적을 분할하여 조각으로 분리하는 것이다.

④ 중첩기능 가운데 클립(clip)과 마스크(mask)의 기능이 있다.

(6) 커버리지

① 커버리지(Coverage)란 분석을 위해 여러 지도 요소를 겹칠 때 그 지도 요소 하나하나를 가리키는 말로써 커버리지 하나는 독립적인 지도가 될 수 있고 완성된 지도의 한 부분이 될 수도 있으며 레이어(Layer)라 할 수 있다.

② 커버리지는 지형, 지물 혹은 주제적으로 일치되는 점, 선, 면 등으로 구성되어 있으며 그들의 속성은 속

성 테이블에 저장된다.

③ 지리적 객체가 통합되어 저장된 논리적 집합체라 할 수 있다.

④ 커버리지의 구성요소는 기준점, 아크, 폴리곤, 노드, 경계, 주석 등이다.

⑤ 커버리지의 특징

- 표현될 지리적 영역의 크기에는 제한이 없다.
- 커버리지에 저장할 지리자료의 크기와 내용에 제한을 받지 않는다.
- 상호 관련된 파일들이 모여서 이루어져 있다.

5.1.2. 데이터의 가공

① 데이터의 가공에는 분리, 분할, 합병, 폴리곤 생성, 로버슈팅(Rubber Sheeting), 투영법 및 좌표계변환, 면적의 분할 등의 순서로 처리하고 있다.

② 분리는 전체 데이터에서 원하는 지역만을 추출하는 것으로 지도에서 일부분만 분리하여 새로운지도 또는 커버리지로 만들고 작업한다면 우리나라 전체 지도를 대상으로 작업할 때보다 작업시간을 줄일 수 있다.

③ 분할은 하나의 영역에서 지정하는 면적을 둘 이상으로 분할하여 객체가 하나 이상 증가하게 되는데 분할 전과 후에 공간데이터와 링크된 속성테이블의 구조는 그대로 유지할 수 있다.

④ 합병은 두 개로 만들어진 인접한 객체를 하나로 만드는 것으로 지적도의 도곽을 접합할 때에도 사용되며 합병할 두 객체와 링크된 속성테이블도 같아야 한다.

⑤ 폴리곤 생성은 선들을 폐합하거나 교차할 때 하나하나 독립된 폴리곤을 형성하는 것으로 폴리곤 생성을 할 때 선들이 완전히 연결된 때도 있지만 언더슈트(Undershoot)나 오버슈트(Overshoot)가 발생한 때도 있다.

⑥ 토지정보체계에서는 현재 사용 중인 좌표계 또는 투영법에서 다른 좌표계 또는 투영법으로 변환할 수 있다.

⑦ 디지타이징을 통해 선이나 폴리곤의 객체를 입력하는 경우 때때로 필요한 좌표보다 많은 좌표를 입력하는 경우도 있다.

5.2. 데이터의 분석

① 데이터의 분석은 벡터 데이터와 래스터 데이터 및 속성데이터에 적용할 수 있다.

② 분석방법에는 질의검색, 통계분석, 재부호화와 재분류, 근접분석, 중첩분석, 버퍼 및 지형분석, 네트워크 분석 등으로 구분할 수 있다.

③ 질의검색은 사용자가 특정 조건을 제시하면 데이터베이스 내에서 주어진 조건을 만족하는 레코드(객체)를 찾아내는 것이다.

④ 재부호화란 속성값의 숫자나 명칭을 변경하는 작업이다.

⑤ 재분류란 주어진 자료에 대하여 구간을 설정하거나 여러 가지의 기준을 새로 설정하여 자료를 다시 분류하는 것이다.

⑥ 질의(query)는 사용자가 어떤 조건을 제시하면 데이터베이스에서 그 조건에 맞는 지역을 찾아내는 것이다.

⑦ 통계분석은 취득한 자료를 대상으로 최대, 최소, 소계, 총계, 표준편차, 분산 등의 분석과 상관관계 조사, 회귀분석 등을 실시할 수 있다.

5.2.1. 공간분석

① 공간분석은 데이터베이스로부터 유용한 정보를 추출하기 위해 사용되는 기법으로, 공간데이터에 가치를 부여하거나 공간데이터를 유용한 정보로 변환하는 과정이다.

② 공간적 위상관계는 지형·지물 간의 상호 인접성, 연결성, 포함성 등으로 여러 가지 형태의 공간적 분석과 검색을 할 수 있다.

③ 검색조건에서 속성데이터에 대한 조건, 지역에 대한 조건, 객체와의 위치 관계에 대한 조건을 줄 수 있으며, 그 결과로서 조건을 만족하는 객체를 지도상에 표시하고 저장할 수 있다.

④ 위상관계가 부여된 자료를 대상으로 최단 경로 검색과 같은 네트워크 분석도 가능하다.

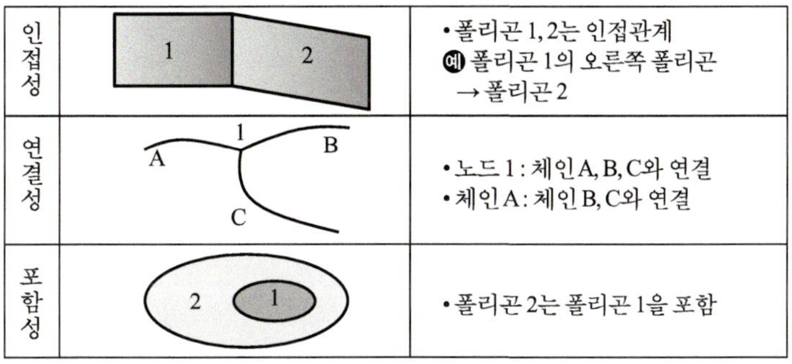

〈그림 3-10〉 공간적 상호관계

5.2.2. 연결성 분석

① 연결성(Connectivity) 연결성의 측정이나 관계를 바탕으로 한 누적된 거리의 측정과 같은 연속성의 계산이나 근접성의 판단, 자원의 적절한 분배나 유체의 흐름을 대상으로 하는 관망해석, 확산이나 시계분석 등에 사용된다.

② 도로에 부여된 각종 제한 조건으로 일방통행이나 속도 제한과 같은 사항은 허용 가능한 움직임의 명시라 할 수 있으며 측정 단위는 도로상의 거리를 나타내는데 사용되는 미터 단위로 한다.

5.2.3. 근접성 분석

① 근접성(Proximity) 분석은 객체나 사상 간의 공간적인 위치 관계를 알고자 하는 것으로 인접성, 연결성, 근접성 측정과 같은 기법이 사용되고 있다.

② 최적 경로의 선정은 화재 발생, 응급환자 발생 시 구급차의 운행경로, 항공기 운항 경로, 대중교통을 위한 버스의 운행경로 등의 노선 결정과 대도시에서 소방서나 경찰서의 적정위치 선정을 위해서 많이 활용된다.

③ 버퍼링은 근접분석을 수행할 때 특정지점 또는 선형으로 나타나는 공간주변지역의 특성을 평가하는 데 활용된다.

- 버퍼(buffer)란 어떤 객체(점, 선, 폴리곤) 둘레에 특정한 폭을 가진 구역을 구축(생성)하는 것이며, 버퍼를 생성하는 것을 버퍼링이라고 한다.
- 버퍼링한 결과는 폴리곤(영역)으로 표현된다.

④ 근접분석은 입지분석, 국토·도시계획, 생활 지리정보 등에 활용할 수 있다.

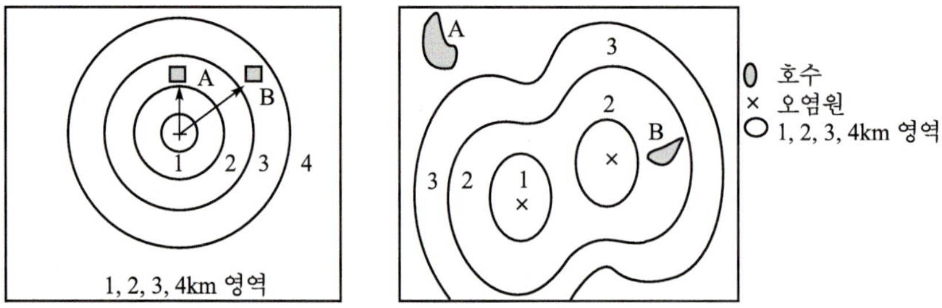

〈그림 3-11〉 버퍼를 이용한 근접성 분석

5.2.4. 네트워크분석

① 네트워크 분석은 서로 연관된 일련의 선형 형상물로 고속도로, 철도, 도로와 같은 교통망이나 전기, 전화, 상·하수도, 하천 등과 같은 것들의 연결성과 경로를 분석하는 것이다.

② 네트워크 분석의 유형은 최단경로나 최소비용 경로를 찾는 경로탐색, 시설물을 적정한 위치에 할당하는 배분기능, 네트워크상에서 연결성을 추적하는 추적기능, 지역 간의 공간적 상호작용 그리고 수요에 맞추어 가장 효율적으로 재화나 서비스 시설을 입지시키는 입지-배분기능 등이 있다.

5.2.5. 중첩분석

① 중첩분석은 도형자료에 적용되는 것으로 중첩은 하나의 레이어 또는 커버리지 위에 다른 레이어를 올려놓고 두 레이어에 나타난 형상 간의 관계를 분석하는 것이다.

② 레이어 간에 중첩분석을 통해 합집합, 교집합, 차집합 등의 연산은 위치를 기준으로 적용하는 것이다.

③ 중첩분석은 점토질 토양에 있는 감자밭, 감자 또는 옥수수가 있는 밭, 점토질 토양이 아닌 곳에 있는 감자밭과 같은 중첩을 할 수 있는 분석이다.

④ 중첩은 하나의 레이어 혹은 커버리지 위에 다른 레이어를 올려놓고, 두 레이어에 나타난 형상들 간의 관계를 분석하는 것이다.

⑤ 벡터 데이터의 중첩은 영역(폴리곤)과 영역으로 표현되는 대상물을 위주로 수행되지만 경우에 따라서는 점과 폴리곤이나 선과 영역(폴리곤) 형태로 이루어질 수도 있다.

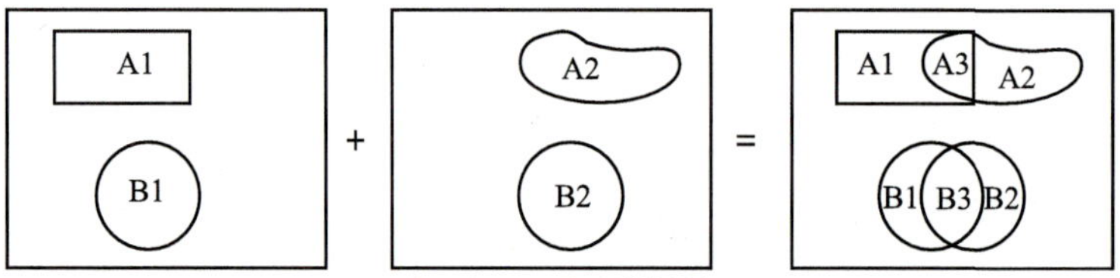

〈그림 3-12〉 중첩분석

핵/심/문/제

Chapter 05

데이터의 중첩 및 분석

1. 다음 중 도면의 중첩에 대한 설명으로 옳지 않은 것은?

① 일정한 정보만을 처리하기 때문에 정보가 단순하다.
② 레이어별로 필요한 정보를 추출할 수 있다.
③ 새로운 가설이나 이론 및 시뮬레이션을 통해 정보를 추출하는 모델링 작업을 수행할 수 있다.
④ 형상들의 공간 관계를 파악할 수 있으며 특정 지점의 주변 환경에 대한 정보를 얻을 때도 사용할 수 있다.

| 해설 |

중첩을 통해 형상 간의 공간 관계를 파악할 수 있고 중첩 연산을 통해 다양한 분석적인 정보를 추출할 수 있다.

정답 ①

2. 중첩의 유형에 해당하지 않는 것은?

① 점과 폴리곤의 중첩　② 선과 점의 중첩
③ 폴리곤과 폴리곤의 중첩　④ 선과 폴리곤의 중첩

| 해설 |

중첩의 유형은 점과 폴리곤의 중첩, 선 형상과 폴리곤의 중첩, 폴리곤과 폴리곤의 중첩 등으로 구분할 수 있다.

정답 ②

3. 다음 중 레이어를 중첩하는 경우의 특징에 대한 설명으로 옳지 않은 것은?

① 레이어를 중첩하여 각각의 레이어가 가지고 있는 정보를 합칠 수 있다.
② 각종 주제도를 통합 또는 분산 관리할 수 있다.
③ 각각의 레이어가 서로 다른 좌표계를 사용하는 경우에도 중첩분석이 가능하다.
④ 사용자가 필요한 정보만을 추출할 수 있어 편리하다.

| 해설 |

각각의 레이어가 서로 다른 좌표계를 사용할 경우 절댓값의 위치가 달라 중첩분석이 어렵다.

정답 ③

4. 레이어의 중첩에 대한 설명으로 옳지 않은 것은?

① 레이어별로 필요한 정보를 추출해 낼 수 있다.
② 일정한 정보만을 처리하기 때문에 정보가 단순하다.
③ 새로운 가설이나 이론 및 시뮬레이션을 통해 정보를 추출하는 모델링 작업을 수행할 수 있다.
④ 형상들의 공간 관계를 파악할 수 있으며 특정 지점의 주변 환경에 대한 정보를 얻고자 하는 경우에도 사용할 수 있다.

| 해설 |

중첩을 통해 형상 간의 공간 관계를 파악할 수 있고 중첩 연산을 통해 다양한 분석적인 정보를 추출할 수 있다.

정답 ②

5. 하나의 주제에 관한 자료를 포함하고 있는 공간자료 파일을 의미하는 것은?

① 레이어　② 데이터베이스
③ 래스터　④ 벡터

| 해설 |

레이어는 하나의 물체가 여러 개의 논리적인 객체들로 구성된 경우 각각의 객체이다.

정답 ①

6. 두 개 또는 더 많은 레이어들에 대하여 불린(boolean)의 OR 연산자를 적용하여 합병하는 방법으로, 기준이 되는 레이어의 모든 특징이 결과 레이어에 포함되는 중첩분석 방법은?

① Clip　② Union
③ Identity　④ Intersection

| 해설 |

두 개 또는 더 많은 레이어들에 대하여 불린(boolean)의 OR 연산자를 적용하여 합병하는 방법으로, 기준이 되는 레이어의 모든 특징이 결과 레이어에 포함되는 중첩분석 방법은 유니언(Union)이라고 할 수 있다.

정답 ②

7. GIS에서 커버리지 또는 레이어(Coverage or Layer)에 대한 설명으로 옳지 않은 것은?

① 단일주제와 관련된 데이터 세트를 의미한다.
② 균등한 특성을 갖는 래스터 정보의 기본요소를 의미한다.
③ 공간자료와 속성자료를 갖고 있는 수치지도를 의미한다.
④ 하나의 인공위성 영상에 포함되는 지상의 면적을 의미하기도 한다.

| 해설 |

레이어는 한 주제도를 다루는 데 중첩되는 다양한 자료들로 한 커버리지의 자료 파일을 말한다. 레이어와 커버리지 모두 수치화된 지도 형태를 갖고 있으며, 한 가지 주제를 갖고 제작한 지도를 주제도라 한다.

정답 ②

8. 아래 내용의 ㉠, ㉡ 에 들어갈 용어가 올바르게 나열된 것은?

수치지도는 영어로 digital map, layer, digital layer라고 일컬어지며, 일반적으로 레이어라는 표현이 사용된다. 좀 더 명확한 의미에서는 도형자료만을 수치로 나타낸 것을 (㉠)라하고, 도형자료와 관련 속성을 함께 지닌 수치 지도를 (㉡)라고 칭한다.

① ㉠ : 레전드, ㉡ : 레이어
② ㉠ : 레전드, ㉡ : 커버리지
③ ㉠ : 커버리지, ㉡ : 레이어
④ ㉠ : 레이어, ㉡ : 커버리지

정답 ④

| 해설 |

수치지도는 영어로 digital map, layer, digital layer라고 일컬어지며, 일반적으로 레이어라는 표현이 사용된다. 좀더 명확한 의미에서는 도형자료만을 수치로 나타낸 것을 (레이어)라 하고, 도형자료와 관련 속성을 함께 지닌 수치지도를 (커버리지)라고 칭한다.

9. 다음은 연산 기능 중 어느 것인가?

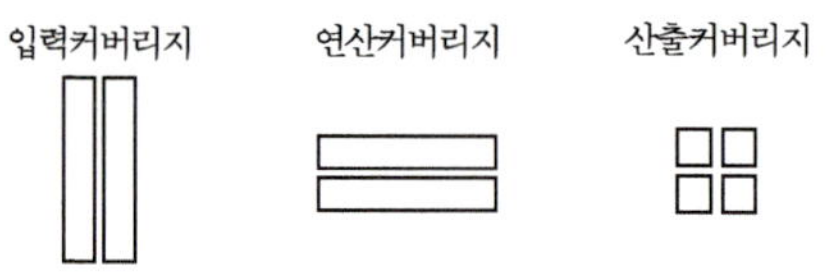

① clip ② split ③ intersect ④ union

| 해설 |

조각내기(Split)은 첫 번째 커버리지 A는 두 번째 커버리지 B를 토대로 하여 작은 구역으로 면적을 분할하여 조각으로 분리하는 것이다.

정답 ②

10. 다음 중 공간정보의 편집에서 분리된 객체를 하나로 합치는 작업은?

① 트림(trim) ② 복제
③ 익스텐드(extend) ④ 병합

| 해설 |

①은 경계선 자르기, ②는 복제, ③은 경계선 연장하기, 병합(Merge)은 같은 규칙에 따라 데이터가 배열되어 있는 2개 이상의 데이터 집합을 그 규칙에 따라 하나의 데이터 집합으로 종합하는 작업이다.

정답 ④

11. 전체 데이터에서 필요한 지역만을 추출하는 것은?

① 타일링 ② 병합 ③ 분할 ④ 분리

| 해설 |

전체 데이터에서 사용자가 필요한 지역만을 추출하는 것을 분리라고 한다.

정답 ④

12. 사용자의 필요에 따라서 일정 기준에 맞추어 자료를 나누는 것으로 옳은 것은?

① 분류(Classification) ② 일반화(Generalization)
③ 질의(Query) ④ 세선화(Thinning)

| 해설 |

분류(Classification)는 지형요소와 그에 관련되는 속성에 관한 자료를 유형별로 분류시켜 집합체를 만드는 과정이다.

정답 ①

13. 다음 중 아래의 설명에 해당하는 공간분석 유형은?

서로 다른 레이어 정보의 합성으로써 수치 연산의 적용이 가능하며, 이것에 의해 새로운 속성값을 생성한다.

① 중첩 ② 연결성 추정
③ 네트워크 분석 ④ 보간법

| 해설 |

중첩은 각각 서로 다른 자료를 취득하여 합성하는 것으로 다량의 정보를 종합할 수 있으며 다량의 정보 중에서도 각각 Layer를 달리하고 있으므로 Layer 별로 자료를 제공할 수 있다.

정답 ①

14. 두 주제 간의 관계를 분석하고 이를 지도학적으로 통합하여 표현하는 공간정보 분석기능은?

① 중첩(overlay) ② 레이어(layer)
③ 위상(topology) ④ 커버리지(coverage)

| 해설 |

GIS의 분석기능은 다른 주제도 위에 또 다른 주제도를 이용하여 두 도면 간의 관계를 분석하고 이를 지도학적으로 표현할 수 있는 중첩(Overlay) 기능이다.

정답 ①

15. 도형정보와 속성정보의 통합 공간분석기법 중 연결성 분석과 거리가 먼 것은?

① 분류(Classification) ② 관망(Network)
③ 근접성(Proximity) ④ 연속성(Contiguity)

| 해설 |

도형정보와 속성정보의 통합 공간분석기법 중 연결성 분석은 관망(Network), 근접성(Proximity), 연속성(Contiguity)이다.

정답 ①

16. 데이터베이스를 대상으로 한 데이터 분석이 가장 적게 요구되는 것은?

① 좌표계변환 ② 부동산정책
③ 토지평가 ④ 토지적성평가

| 해설 |

좌표계변환은 데이터의 가공에 해당하며, 데이터베이스가 제대로 구축되지 않아도 기하학적 이론에 의해 좌표변환을 할 수 있다.

정답 ①

17. 토지정보체계에서 공간분석에 대한 설명으로 옳은 것은?

① 버퍼분석(Buffering Analysis) : Surface 모델링, 유역분석, 경사 방향 분석, 가시권 분석, 3차원 가시화
② 기하학적 분석(Geometrical Analysis) : 영향권 분석
③ 망분석(Network Analysis) : 연결성, 방향성, 최단경로, 최적 경로의 분석
④ 중첩분석(Overlay Analysis) : 거리, 면적, 둘레, 길이, 무게중심 등의 정량적 분석

| 해설 |

네트워크 분석은 최단거리의 경로 분석인 최단경로 연결성이 필요하며, 최소의 비용으로 이동하기 위한 경로를 탐색하는 최소비용 경로와 차량 경로 탐색과 교통량 할당 문제 등의 분석으로 최적의 경로를 분석한다.

정답 ③

18. 다음 중 위상구조를 이용한 공간분석과 거리가 먼 것은?

① 중첩분석 ② 연결성 분석
③ 인접성 분석 ④ 포함성 분석

| 해설 |

위상구조를 이용하여 가능한 분석은 연결성, 인접성, 포함성이다.

정답 ①

19. 다음 중 기존 공간 사상의 위치, 모양, 방향 등에 기초하여 공간 형상의 둘레에 특정한 폭을 가진 구역을 구축하는 공간분석 기법은?

① Buffer ② Classification
③ Dissolve ④ interpolation

| 해설 |

Buffer 분석기법은 점, 선, 다각형을 기준으로 특정한 지역을 설정하여 이 지역 내에 있는 위치, 모양, 방향 등의 모든 자료에 대한 검색, 질의 및 분석을 가능하게 한다.

정답 ①

20. 근접성 분석을 위하여 지정된 요소들 주위에 일정한 폴리곤 구역을 생성해 주는 것은?

① 버퍼링 ② 중첩
③ 네트워크 분석 ④ 지도연산

| 해설 |

버퍼링(Buffering)은 근접분석을 수행할 때 특정지점 또는 선형으로 나타나는 공간주변지역의 특성을 평가하는 데 활용된다.

정답 ①

21. Buffer에 관한 설명으로 옳은 것은?

① 벡터 자료의 면(Polygon) 자료에만 적용할 수 있다.
② Buffer 결과물은 언제나 면(Polygon) 자료이다.
③ 모든 Buffer는 언제나 대상물로부터 일정한 거리만을 갖는다.
④ Buffer는 언제나 두 개 이상의 Layer가 필요하다.

| 해설 |

버퍼(buffer)란 어떤 객체(점, 선, 폴리곤) 둘레에 특정한 폭을 가진 구역을 구축(생성)하는 것이며, 버퍼를 생성하는 것을 버퍼링이라고 한다.

정답 ②

22. 다음 중 특정 공간데이터를 중심으로 일정한 거리 또는 영역을 설정하여 분석하는 공간분석방법은?

① 버퍼분석 ② 네트워크 분석
③ 중첩분석 ④ TIN 분석

| 해설 |

지점이나 선분을 중심으로 주위의 지역을 설정하는 것을 버퍼분석(buffering)이라 한다.

정답 ①

23. 다음 중 도로와 같은 교통망이나 하천, 상·하수도 등과 같은 관망의 연결성과 경로를 분석하는 기법은?

① 지형분석 ② 다기준 분석
③ 근접 분석 ④ 네트워크 분석

| 해설 |

네트워크 분석이란 서로 연관된 일련의 선형 형상물, 예를 들면 고속도로, 철도, 도로와 같은 교통망이나 전기, 전화, 상하수도, 하천 등과 같은 것들의 연결성과 경로를 분석하는 것이다.

정답 ④

24. 내비게이션의 최적 경로를 계산하거나 가스나 상·하수도 관망 등과 같은 선형 개체의 부하예측을 하는 데 필요한 분석기법으로 옳은 것은?

① 버퍼링분석 ② 네트워크분석
③ 공간질의 ④ 입지분석

| 해설 |

관망분석(Network Analysis)은 두 지점 간의 최단경로를 찾는 등의 공간적인 분석으로 도로 네트워크를 통한 최적 경로를 결정하는 분석방법이다.

정답 ②

25. 교통로와 도시팽창지역 사이의 관계를 설명하려는 분석방법으로 옳은 것은?

① 면 사상 간의 중첩
② 면 사상과 점 사상의 중첩
③ 버퍼분석
④ 면 사상과 선사상의 중첩

| 해설 |

교통로와 도시팽창지역 사이의 관계에 대한 분석은 면 사상과 선사상의 중첩분석이다.

정답 ④

26. GIS의 자료 분석과정 중, 도형자료와 속성자료가 구축된 레이어 간의 정보를 합성하거나 수학적 변환기능을 이용하여 정보를 통합하는 분석방법은?

① 중첩분석 ② 표면분석
③ 합성분석 ④ 검색분석

| 해설 |

중첩분석은 도형자료에 적용되는 것으로 중첩은 하나의 레이어 또는 커버리지 위에 다른 레이어를 올려놓고 두 레이어에 나타난 형상 간의 관계를 분석하는 것이다. 또한, 레이어 간에 중첩분석을 통해 합집합, 교집합, 차집합 등의 연산은 위치를 기준으로 적용하는 것이다.

정답 ①

27. 행정구역도와 학교위치도를 이용하여 해당 행정구역에 포함되는 학교를 분석할 때 사용하는 기법은?

① 버퍼(Buffer) 분석
② 중첩(overlay) 분석
③ 입체지형(TIN) 분석
④ 네트워크(Network) 분석

| 해설 |

중첩(Overlay) 분석은 다른 주제도 위에 또 다른 주제도를 이용하여 두 도면 간의 관계를 분석하고 이를 지도학적으로 표현할 수 있다.

정답 ②

28. 도형자료와 속성자료를 활용한 통합분석에서 동일한 좌표계를 갖는 각각의 레이어 정보를 합쳐서 다른 형태의 레이어로 표현되는 분석기능으로 옳은 것은?

① 공간추정 ② 회귀분석
③ 중첩분석 ④ 분리분석

| 해설 |

중첩분석은 공간적 경계들을 구성하는 지도를 형성하기 위해 2개 이상의 지도에서 공간적 정보를 통합하는 진행 과정이라 할 수 있다.

정답 ③

29. 지반 보강을 할 필요가 있는 사질토에 위치한 대지를 검색하여 공간정보데이터 중첩분석을 통해 얻어지는 결과로 옳은 것은?

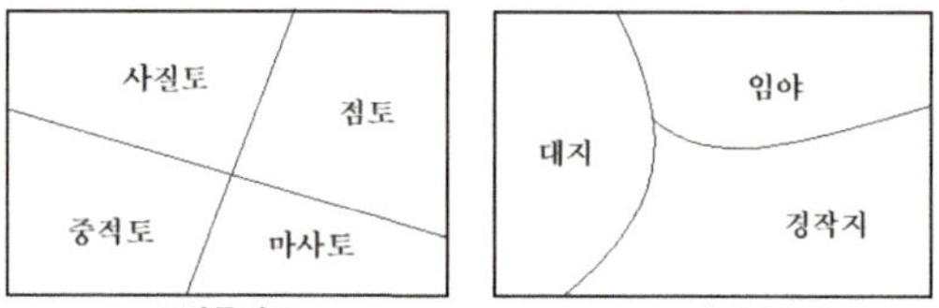

토질주제도 토지이용주제도

① 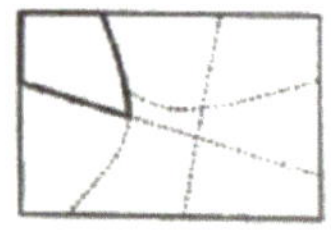
② 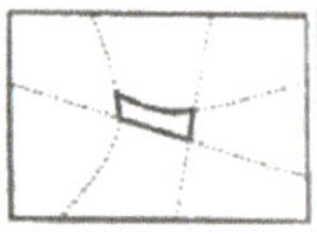
③ 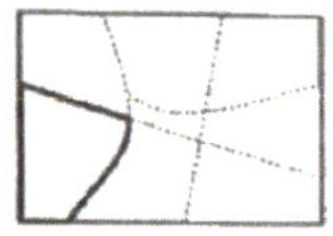
④ 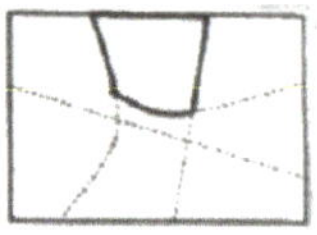

| 해설 |

토질 주제도와 토지이용주제도를 중첩하면 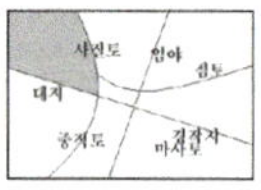 와 같다.

정답 ①

30. 래스터 자료의 중첩분석에서 A xor B의 결과로 옳은 것은?(단, 그림에서 음영 셀은 참값을 의미한다.(단, 그림에서 음영 셀은 참값을 의미한다.)

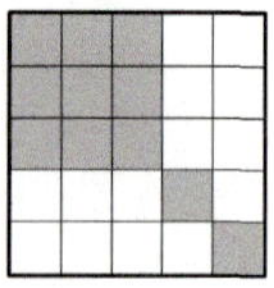
데이터 A

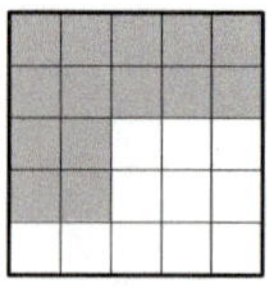
데이터 B

① 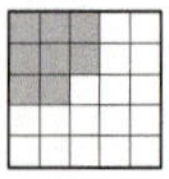
② 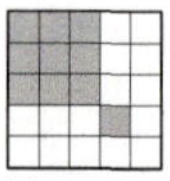
③ 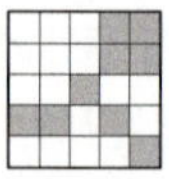
④ 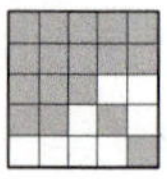

| 해설 |

비교연산자의 표현식은 C : =A< >B로 A와 B의 값이 다르면 C에는 참(true)값이 저장되고 A, B가 같으면 거짓(false) 값이 저장된다. 표현 식에서 A XOR B는 둘 중 하나만 참일 경우 참값을 반환하며, A, B 모두가 참이거나 거짓일 경우에는 거짓을 반환한다.

정답 ③

31. 토지정보체계에서 표면분석과 중첩분석의 차이점으로 옳은 것은?

① 자료 분석의 범위
② 자료에 사용되는 자료층 개수
③ 자료 분석의 지형형태
④ 자료에 사용되는 입력방식

| 해설 |

표면분석은 한 자료층의 분석이고, 중첩분석은 1개 이상의 자료층 분석이다.

정답 ②

32. 자료 분석과정 중 각각의 자료 층상에 있는 변량 간의 관계분석에 적용되는 방법으로 옳은 것은?

① 중첩분석　② 표면분석
③ 합성분석　④ 검색분석

| 해설 |

표면분석은 하나의 자료 층상에 있는 변량 간의 관계분석에 적용된다.

정답 ②

33. 지표면을 3차원적으로 표현할 수 있는 수치표고 자료의 유형은?

① DEM 또는 TIN　② JPG 또는 GIF
③ SHF 또는 DBF　④ RFM 또는 GUM

| 해설 |

DEM 또는 TIN은 지표면을 3차원적으로 표현할 수 있는 수치표고 자료의 유형이다. 지형의 위치에 대한 고도를 일정한 간격으로 배열한 수치정보를 DEM이라 하며, 공간을 불규칙한 삼각형으로 생성된 공간자료를 TIN이라 한다.

정답 ①

34. 수치지형모델(DTM)로부터 추출할 수 있는 정보로 가장 거리가 먼 것은?

① 경사분석도　② 가시권분석도
③ 토지이용현황도　④ 사면방향도

| 해설 |

수치지형모델(DTM)로부터 추출할 수 있는 정보는 군사적 목적의 3차원 응용, 경사도, 사면방향도, 경사 및 단면의 계산, 절토량과 성토량 산정, 등고선과 시선도, 수문 정보체계 구축 등이다.

정답 ③

35. 수치표고자료가 만들어지고 저장되는 방식이 아닌 것은?

① 일정크기 격자로서 저장되는 격자(grid) 방식
② 등고선에 의한 방식
③ 단층에 의한 프로파일(profile) 방식
④ 위상(topology) 방식

| 해설 |

수치표고모델이 만들어지고 저장되는 방식은 일정크기의 격자로서 저장되는 격자방식의 DEM, 높이가 같은 지점을 연속적으로 연결하여 만든 등고선에 의한 방식, 단층에 의한 프로파일 방식, 그리고 불규칙한 삼각형에 의한 TIN(Triangular Irregular Network) 방식 등이 있다.

정답 ④

36. DEM(수치표고모형)과 TIN(불규칙삼각망) 모델을 선택할 때 고려해야 하는 기준이 아닌 것은?

① 지형의 특성
② 데이터의 수명
③ 특정한 응용의 필요성
④ 데이터 획득방법

| 해설 |

DEM(수치표고모형)과 TIN(불규칙삼각망) 모델을 선택할 때 지형의 특성, 특정한 응용의 필요성, 데이터 획득방법을 고려해야 한다.

정답 ②

37. 다음 자료 중에서 지형, 지세 등 표면의 표현과 등고선, 3차원 표현 등 표면모델링에 이용되는 것은?

① Coverage　② Layer
③ TIN　④ Image

| 해설 |

불규칙 삼각망(TIN)은 삼각형으로 연결된 3차원 점들의 불규칙한 점들로 구성되어 지형을 표현하며 삼각형의 꼭짓점은 기준점이며, 표면의 특징적인 위치에서 수집된 것으로 표면의 높이에 대한 3차원 표현 등 표면모델링에 적합하다.

정답 ③

38. DEM 데이터가 다음과 같을 때, A → B 방향의 경사도는?(단, 셀의 크기는 100m×100m이다.)

200	210 (A)	220
190	(B) - 190	200
170	190	190

① 약 +21%
② 약−21%
③ 약 +30%
④ 약−30%

| 해설 |

거리(D)는 그림과 같이 빗변이므로
$D=\sqrt{a^2+b^2}=\sqrt{100^2+100^2}=141.42\text{m}$
높이(h)=220−190=30m, A → B 방향은 하향이므로 (−)이다.
경사도
$(\theta)=\frac{h}{D}\times 100=\frac{30}{141.42}\times 100=-21.2\%$

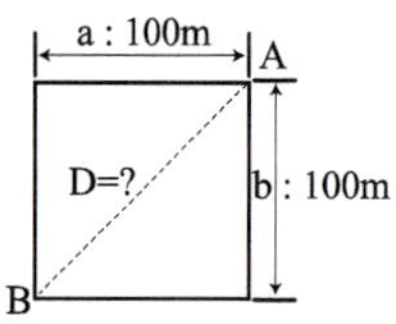

정답 ②

39. 다음 중 공간상에 알려진 표고값이나 속성값을 이용하여 표고나 속성값이 알려지지 않은 지점에 대한 값을 추정하는 공간분석 기법은?

① 중첩분석 ② 공간보간
③ 공간패턴 ④ 지형분석

| 해설 |

데이터가 없는 지점의 데이터 값을 주위의 데이터 값이 있는 지점으로부터 추정하는 분석을 공간보간(spatial interpolation)이라 한다.

정답 ②

40. 다음 중 보간법(Interpolation)과 관계가 먼 것은?

① 선형식(Linear Function) ② 다항식의 회귀분석
③ 푸리에(Fourier)급수 ④ 변환오차식

| 해설 |

보간법에는 선형식(Linear Function), 다항식의 회귀분석, 푸리에(Fourier)급수가 사용된다.

정답 ④

41. 다음 중 모집단의 수(N)를 원하는 샘플의 개수(n)로 나누고 1에서부터 N/n개 사이의 정수 중 한 개(i)를 무작위 추출하여 매 i번째 샘플을 취하는 샘플링 기법은?

① 계통적 무작위 샘플링
② 계층화 무작위 샘플링
③ 단순 무작위 샘플링
④ 군집 무작위 샘플링

| 해설 |

계통적 무작위 샘플링은 간단한 방식이지만 단순 무작위 방식보다 정확하고 모집단이 무작위로 정렬되어 있다는 전제 조건에서 유용한 방법이다.

정답 ①

CHAPTER

06 데이터베이스

6.1. 개요

① 데이터베이스는 하나 이상의 응용프로그램이나 시스템들을 공동으로 사용할 수 있도록 조직화한 공유데이터이고 어떤 목적이나 기능을 수행하는데 요구되는 데이터의 형태이다.

② 데이터베이스(DB; Database)는 새로운 데이터를 저장하거나 기존의 데이터를 삭제, 변경시키는 작업을 통해 저장된 데이터를 지속적으로 수정하여 최신의 데이터베이스를 유지·관리한다.

③ 데이터베이스는 현실 세계를 컴퓨터가 처리할 수 있도록 표현한 것으로 현실 세계의 의미를 해석해서 얻은 개념으로 표현한 개념 세계와 개념 세계를 컴퓨터가 처리할 수 있는 자료로써 표현한 컴퓨터 세계로 구분할 수 있다.

④ 데이터베이스는 모든 종류의 자료를 저장할 수 있으며 데이터베이스 시스템은 테이블 형태로 자료를 저장하는데 테이블이 여러 개가 있을 수 있으며, 각 테이블은 비슷한 종류의 자료를 저장한다.

⑤ 전산화 관련 자료의 구조 중 하나의 조직 안에서 다수의 사용자들이 공통으로 자료를 사용할 수 있도록 통합 저장되어 있는 운영자료의 집합이다.

⑥ 정보(Information)는 자료의 관계(Relationship)를 규정하거나 해석(Analysis)이 가해진 상태를 말한다.

6.1.1. 데이터베이스의 구축 목적

① 자료를 한 곳에 저장할 수 있으며, 정확한 데이터를 유지와 무결성은 데이터의 정확성을 보장하여야 한다.

② 사용 목적과 사용자들을 고려하여 효율적이고 다양하게 구축해야 한다.

③ 정당한 사용자의 접근과 허용된 연산을 효율적으로 통제할 수 있어야 한다.

④ 많은 사용자가 자료를 공유하여 함께 사용할 수 있다.

⑤ 데이터의 중복되지 않도록 한다.

⑥ 데이터베이스를 생성·관리·제공하고 물리적인 체계로 데이터를 저장하고 정보를 추출하는 데 효율적이고 편리한 방법으로 사용자에게 제공한다.

6.1.2. 데이터베이스의 특성

① 데이터베이스 특성은 실시간 접근성, 계속적인 변화, 동시 공유, 내용에 의한 참조 등을 가지고 있다.

② 데이터베이스는 데이터의 다량 집적, 데이터 간의 관련성(구조성), 컴퓨터 처리의 편의성, 공유 가능성, 대량 전달 가능성, 재생산 가능성, 접근 편의성, 다양한 서비스 등의 장점이 있다.

③ 데이터베이스는 어느 특정 조직의 업무에 필요한 데이터를 공동으로 사용할 목적으로 운영·관리상 필요한 데이터를 완벽화, 비중복화, 구조화하여 컴퓨터 기억장치에 저장된 데이터의 집합체라 할 수 있다.

④ 데이터베이스 구축의 장단점

- 데이터베이스는 다량의 자료를 보관하는데 좋다.
- 다중 사용자를 동시에 처리하는 능력이나, 자료의 일관성이나 시스템복구 기능이 뛰어나다.
- 쉽게 사용할 수 있는 자료처리 언어를 제공한다는 장점이 있다.
- 자료의 검색 및 수정이 DBMS 내에서 제어되므로 중앙제어기능으로 운영될 수 있다.

6.1.3. 데이터베이스 방식

① DBMS 방식은 다수의 데이터 파일에 존재하는 공간 개체와 관련되는 정보를 관리하고 공간 개체 간의 관계를 정의할 수 있는 기능이 있다.

② DBMS는 다수의 프로그램으로 이루어져 있다.

③ 프로그램들은 주로 자료의 신뢰도 향상과 데이터 공용을 위하여 개발되었다.

④ 데이터베이스와 응용프로그램 또는 데이터베이스와 사용자 간의 모든 자료의 흐름을 조정하는 중앙제어의 역할이 가능하다.

⑤ DBMS 방식은 응용프로그램과 데이터 파일 간의 연결이 DBMS를 통하여 간접적 연결방식으로 구성되어 있다.

⑥ 데이터의 관리가 효율적이며 데이터의 중복성을 배제하고 독립성을 유지할 수 있게 된다.

⑦ DB 방식의 장점

- 중앙제어장치로 운영되며, 다른 사용자와 함께 호환이 자유롭게 되므로 효율적이다.
- 저장된 자료의 형태와는 관계없이 자료에 독립성을 부여할 수 있다.
- 데이터의 검색과 정보 추출을 신속하고 편리하게 사용할 수 있다.
- 데이터베이스의 신뢰도를 보호하고 일관성을 유지할 수 있다.
- 자료가 표준화되고 구조적으로 저장될 수 있다.
- 데이터를 안정적으로 관리하고 데이트에 대한 효율적인 검색을 지원한다.
- 각종 데이터베이스의 질의 언어를 지원한다.
- 데이터베이스 자료의 효율적 관리 및 중복을 방지할 수 있다.
- 중복된 자료를 최대한 감소시킴으로써 경제적이고 효율성 높은 수정 방안을 제시할 수 있다.

⑧ DB 방식의 단점

- 전문가를 필요로 하며, 시스템의 구성이 복잡하다.
- 직접 사용자와의 연계를 위한 기능을 제공함으로써 복잡하고 높은 수준의 분석이 가능하다.
- 구축 비용과 유지·관리 비용보다 제공되는 정보의 가격이 비싸다.
- DB 구축을 위해서 자료의 흐름과 구성에 대한 기본적인 규칙을 정해야한다
- 통제의 집중화에 따른 위험 존재이다.
- 자료의 손상이나 분실을 위해서는 보안 조치가 필요하다는 것이다.

6.1.4. 파일처리 방식

① 데이터를 파일 단위로 처리하던 종래의 데이터 처리시스템으로 각 응용프로그램과 그에 대응하는 데이터 파일을 함께 유지관리하는 방식이다.

② 학생성적, 급여, 제품 주문, 재고 등과 같은 데이터를 저장하고 처리하기 위하여 많이 사용되었다.
③ 데이터 파일은 관계를 가진 자료의 집합이며 레코드(Record), 필드(Field), 키(Key)로 구성된다.
④ 파일처리 방식의 문제점
- 데이터의 독립성을 지원하지 못한다.
- 사용자 접근을 제어하는 보안체계가 미흡하다.
- 다수의 사용자 환경을 지원하지 못한다.
- 시스템 도입 및 운영비용이 많이 소요된다.
- 데이터의 독립성을 지원하지 못하며 데이터의 중복성이 발생한다.
- 데이터의 저장 및 관리가 중복적이고 종속적이며 처리 속도가 낮다.

6.2. 데이터베이스 관리시스템

① 데이터베이스 관리시스템(DBMS : Database Management System)은 데이터베이스 내의 데이터를 통제하는 소프트웨어이다.
② 사용자들이 데이터를 공용할 수 있도록 해주고, 사용자 요구사항을 처리하면서 데이터의 무결성과 허가된 사용자들만의 데이터 접근을 허용하는 보안성을 보장한다.
③ 데이터베이스를 기반으로 효율적인 자료의 관리와 중복을 방지하기 위하여 데이터베이스관리체계(DBMS)가 도입되었다.
④ DBMS는 데이터베이스를 생성·관리·제공하는 집합이라고 할 수 있으며 DB를 지원하는 물리적인 체계로 데이터를 저장하고 정보를 추출하는 데 효율적이고 편리한 방법으로 사용자에게 제공하는 데 목적이 있다.
⑤ 데이터베이스관리는 데이터베이스관리자와 데이터관리자로 구분한다.
⑥ 데이터베이스관리자는 데이터베이스의 물리적 구조를 설계·유지하고, 데이터베이스의 성능평가, 데이터베이스의 유지보수와 관련된 기술적인 역할을 수행한다.

6.2.1. 구성요소

① 구성요소는 데이터베이스, 데이터베이스 관리시스템, 하드웨어, 사용자이다.
② 데이터베이스로 저장·관리·처리하여 필요한 정보를 생성해 주는 컴퓨터 중심의 시스템이다.
③ 데이터베이스 시스템은 3단계 스키마로 구성되는 데이터의 집합이며 데이터를 저장하고 활용하기 위한 언어도 구성요소이다.
④ 하드웨어는 데이터베이스에 대한 실시간 접근, 계속적 변화, 동시 공용, 내용에 의한 참조 등과 같은 특성을 관리할 수 있는 고성능의 대용량 컴퓨터와 주변 장치들을 말한다.
⑤ 데이터베이스를 관리 운영하고 감독하는 사람인 데이터베이스관리자, 호스트 프로그래밍 언어를 통해 데이터베이스에 접근할 수 있다.
⑥ DBMS에 대해 전문지식을 가지고 있는 응용 프로그래머, 터미널에서 질의어를 통해 데이터베이스에 접근하여 정보를 검색, 삽입, 삭제, 갱신을 수행하면서 데이터베이스를 이용하는 일반 사용자로 구분한다.

6.2.2. DBMS의 특성

① 다수의 컴퓨터 사용자들이 데이터베이스 안에 데이터를 기록하거나 접근할 수 있게 해준다.
② 데이터베이스 내의 정보를 검색 및 수정이 자체적으로 제어되므로 중앙제어장치로 운영될 수 있다.
③ DB 내의 자료는 다른 사용자와 함께 호환이 자유롭게 되므로 효율적이다.
④ 데이터로부터 유용한 정보를 얻어낼 수 있는 효율적이고 편리한 방법을 사용자에게 제공한다.
⑤ 복잡하고 높은 수준의 분석이 가능하며 일관성을 유지하기 위한 기능을 제공할 수 있다.
⑥ 데이터에 대한 효율적인 검색을 지원하며, 각종 데이터베이스의 질의 언어를 지원하는 것이다.
⑦ 저장된 자료의 형태와는 관계없이 자료에 독립성을 부여할 수 있다.
⑧ 데이터베이스와 사용자 간의 자료 흐름을 조정하는 중앙제어의 임무를 수행한다.
⑨ 일정한 수준으로 데이터의 신뢰도를 유지할 수 있으며, 보안을 위한 각종 통제 기능도 갖고 있다.
⑩ 시스템 구성에 필요한 H/W와 S/W의 설치비용이 많이 소요된다.
⑪ 시스템의 구성이 복잡하여 자료의 손실 가능성이 크며, 시스템복구가 어렵고 자료의 손실이나 시스템 고장에 대비하여 효율적인 백업과 회복기능이 필요하다.

6.2.3. DBMS의 기본 기능

① DBMS의 기본 기능은 정의기능, 조작기능, 제어기능이 있다.
② 정의기능
- 하나의 데이터베이스 형태로 여러 사용자들이 요구하는 대로 데이터를 기술해 줄 수 있도록 데이터를 조직하는 기능이다.
- DBMS에서 가장 중요한 기능임으로 응용프로그램은 이 데이터 정의를 통해 데이터 요구사항을 DBMS에 표현한다.
- 데이터의 논리적 구조와 물리적 구조 사이의 변환이 가능하도록 한다.
- 데이터베이스의 논리적 구조와 그 특성을 데이터 모델에 따라 명세한다.

③ 조작기능
- 데이터베이스를 공용하는 사용자의 요구에 따라 체계적으로 액세스하고 조작하는 기능이다.
- 데이터의 검색, 삽입, 삭제, 갱신 등을 지원하기 위한 기능으로 처리절차의 용이성, 명확한 완전성 및 효율성이다.
- 데이터 연산은 무엇이든 명시할 수 있으며, 데이터와 데이터 간의 관계가 명확하고 완전해야한다.

④ 제어기능
- 데이터베이스의 내용을 공용의 목적에 맞도록 유지 관리하는 기능이다.
- 데이터의 무결성 유지기능, 보안과 권한의 검사기능과 데이터 간의 모순이 일어나지 않도록 병행 실행하는 제어기능을 갖추어야 한다.

6.3. DBMS의 유형

DBMS는 데이터를 저장하고 관리하는 방식에 따라 계층형(계급형), 네트워크형, 관계형 DBMS(RDBMS; Relational DBMS), 객체지향형 DBMS(OODBMS; Object Oriented DBMS), 객체 관계형 DBMS(ORDBMS; Object Relational DBMS)으로 분류할 수 있다.

6.3.1. 계층형

① 계층형(Hierarchical Database)은 가장 먼저 제안된 데이터베이스 모형으로서 계층구조로 데이터들을 구성한다.
② 레코드 간의 연결선은 링크라고 하며 레코드 간의 부모와 자식 관계를 표시한다.
③ 데이터들이 트리구조로 표현되기 때문에 하나의 루트(root) 레코드를 가지며 2개의 레코드 간에는 하나의 링크만 허용된다.
④ 계층형 모형에서 모든 레코드의 링크는 일대일(1:1) 또는 일대 다수(1:N)의 관계는 가능하지만 다수 대 다수(N : N)의 관계는 직접 표현할 수 없다.
⑤ 계층형 데이터 모형(Hierarchical Data Model)은 이론적 구조가 계층 성질을 갖는 수직 형태인 나무 형태의 구조로 표현되는 것으로 위계 데이터모델이다.

6.3.2. 관계형

① 관계형 데이터베이스(relational database)는 모든 데이터를 테이블의 형태로 나타내는 데이터베이스를 구축하는 가장 전형적인 모델이라고 볼 수 있다.
② 데이터를 단순화하고 각 구성요소를 솔직히 표현하면서 위계적 구조와 망상구조를 사용자의 관점에 따라 데이터의 형태를 정형화함으로써 복잡한 구조를 단순화하였다.
③ 속성의 집합인 키에는 테이블의 각 열을 정의하는 행들의 집합을 기본 키(PK; Primary Key)와 같은 테이블이나 다른 테이블의 기본 키를 참조하는 외부 키(FK; Foreign Key)로 구분할 수 있다.

6.3.3. 객체-관계형

① 객체 관계형(Object Relational) DBMS는 혼합형으로 완전한 하나의 분류로 다루어지기보다는 현재의 관계형에서 객체형으로 변해가는 과도기적 형태로 두 형태의 장점을 합한 형태이다.
② 객체지향 기술의 발전으로 공간데이터가 대용량 RDBMS에 의해 관리될 수 있는 새로운 기법들이 많이 개발되었는데 이를 ORDBMS라고 한다.
③ RDBMS에 OODBMS의 특성을 추가함으로써 관계형 데이터 모델이 갖고 있는 한계성을 보완하였다.
④ OODBMS는 공간객체가 갖는 제반 상태와 동작들을 영속적으로 저장할 수 있다.
⑤ 관계형 데이터베이스시스템에 객체지향형 데이터베이스의 기능을 추가한 것이다.
⑥ R-tree와 Quadtree와 같이 공간데이터를 색인하는데 더 적합한 인덱스 메커니즘을 지원한다.
⑦ 관계형 DBMS에서 사용하는 표준 질의어인 SQL을 그대로 사용할 수 있다.

6.3.4. 객체-지향형

① 객체-지향형(Obejct Oriented Database)DBMS는 객체 개념을 데이터베이스에 도입한 것으로 복잡한 관계를 가진 데이터들을 효과적으로 표현하는데 적합하다.
② 객체 간의 관계들을 정의하고 조작할 수 있는 사용자 인터페이스를 제공한다.
③ 모든 것을 캡슐로 싸여있는 객체들의 집합인 클래스(Class)와 객체(Object)로 표현한다.
④ 다양한 형태의 데이터를 저장할 수 있으며, 계승 또는 상속성(Inheritance)의 구조로 되어있다.
⑤ 관계형 데이터베이스의 한계인 비구조적 자료를 저장 관리할 수 있다.
⑥ 문자, 숫자, 이미지, 음성, 화상 등 다양한 데이터를 하나의 데이터베이스 내에서 저장하고 관리할 수 있다.
⑦ 복합객체를 생성할 수 있으므로 CAD/CAM, 다중매체 정보시스템과 첨단 사용자 인터페이스시스템 등의 분야에 적합하다.

6.4. 데이터베이스 언어

6.4.1. SQL

① SQL(Structured Query Language)은 처음에는 IBM 연구소에서 개발되었으며 관계형 데이터베이스를 대상으로 한 표준데이터베이스 질의 언어이다.
② SQL은 관계형 DBMS에서 채택하고 있는 대표적으로 사용하고 있는 언어로 데이터 정의어, 데이터 조작어, 데이터 제어어를 모두 지원한다.
③ 관계형 DBMS에서 자료의 검색과 관리, 데이터베이스 스키마 생성과 수정, 데이터베이스 객체 접근 조정 관리를 위해 고안된 언어는 SQL이다.

(1) SQL의 특징

① 표현력이 다양하고 구조가 간단하며 SQL에서 사용한다.
② 관계형 DBMS에서 자료를 만들고 조회할 수 있는 도구이다.
③ 레코드 단위의 집합단위의 연산방식을 사용한다.
④ 온라인 터미널을 통하여 대화식으로 사용할 수 있다.

(2) SQL 언어의 구성

① SQL 명령어는 자료접근을 위한 접근방식과 경로지정 등의 처리절차를 기술하는 것이 불필요하다.
② SQL 문장의 핵심 타입에는 데이터 정의어(DDL; Data Definition Language)와 데이터 조작어(DML; Data Manipulation Language)가 있다.
③ SQL의 데이터 정의어(DDL; Data Definition Language)는 데이터의 논리적 구조를 표현하는 언어이며, 데이터베이스 스키마를 정의하거나 수정하는 데 사용되며 관계형 모형의 기본 단위가 되는 테이블을 정의한다.
④ SQL은 데이터 정의어, 데이터 조작어, 데이터 제어어를 모두 지원하며 비절차 언어라 할 수 있다.
⑤ 테이블은 관계형 데이터베이스의 관계로 열과 행으로 구성되며 테이블의 생성(CREATE), 변경(ALTER), 삭제(DROP)가 있다.

6.4.2. 데이터베이스 언어

데이터베이스 언어는 데이터베이스가 설계된 후 데이터베이스를 구축하는 단계에서 데이터를 저장하고 활용하기 위한 시스템과의 통신수단으로 사용되는 것으로 데이터 언어라고도 한다.

(1) 데이터 정의어

① 데이터 정의어(DDL; Data Definition Language)는 데이터베이스 스키마를 정의하거나 수정하는데 사용되며 생성(CREATE), 주소변경(ALTER), 제거(DROP) 등이다.

② DDL 컴파일러(Data Definition Language Compiler)는 DBA가 DDL로 명세한 스키마 정의를 메타데이터로 처리하여 시스템으로 카탈로그에 저장한다.

③ 카탈로그에는 파일명칭, 각 파일의 세부사항 저장, 데이터아이템, 스키마 간의 대응 정보, 제약조건 등을 포함하고 있다.

④ 데이터 정의어는 데이터베이스 관리자나 응용 프로그래머가 데이터베이스의 논리적 구조를 정의하기 위한 언어로서, 데이터 사전에 저장한다.

(2) 데이터 조작어

① 데이터 조작어(DML; Data Manipulation Language)는 사용자가 데이터베이스에 접근하여 데이터를 처리할 수 있도록 하는 언어이다.

② 데이터베이스에 저장된 데이터를 조작하기 위해 사용하는 언어로서 데이터 검색(Retrieval), 추가(Insert), 삭제(Delete), 갱신(Update) 등을 수행하기 위해 사용된다.

③ DDL이 주로 데이터베이스 관리자에 의해 사용되는 언어라면 SQL의 DML은 사용자들이 데이터를 조작하는데 필요한 언어로 구성되어 있고 크게는 검색과 갱신 부분으로 나누어진다.

(3) 데이터 제어어

① 데이터 제어어(DCL; Data Control Language)는 데이터 관리에 사용하는 언어로서 여러 사용자가 데이터베이스를 사용하고 유지하기 위해 내부적으로 규칙으로 통제한다.

② 제어어는 데이터의 보안이나 회복, 무결성과 병행수행 제어를 명세할 수 있는 기능을 갖는다.

핵 / 심 / 문 / 제

Chapter 06 데이터베이스

1. Data Base 자료에 대한 설명으로 틀린 것은?

① Data Base 자료는 도형자료와 속성자료로 구분된다.
② 도형자료는 점, 선, 면적의 형태로 구성된다.
③ 도형자료는 통계자료, 보고서, 관측자료, 범례 등이다.
④ 속성자료는 문자나 숫자로 구성되었다.

| 해설 |

Database 자료는 도형자료와 속성자료로 구분되며 도형자료의 경우에는 점, 선, 면적의 형태로 구성되었으며 속성자료의 경우에는 통계자료, 보고서, 관측자료, 범례 등으로 주로 문자나 숫자로 구성되었다.

정답 ③

2. 전산화 관련 자료의 구조 중 하나의 조직 안에서 다수의 사용자들이 공통으로 자료를 사용할 수 있도록 통합 저장되어 있는 운영자료의 집합을 무엇이라고 하는가?

① DMS ② Geocode
③ Database ④ Expert System

| 해설 |

데이터베이스(DB : Database)
① 전산화 관련 자료의 구조 중 하나의 조직 안에서 다수의 사용자들이 공통으로 자료를 사용할 수 있도록 통합 저장되어 있는 운영자료의 집합이다.
② 새로운 데이터를 저장하거나 기존의 데이터를 삭제, 변경시키는 작업을 통해 저장된 데이터를 지속해서 수정하여 최신의 데이터베이스를 유지, 관리한다.
③ 정보가 중복되지 않도록 사용 목적과 사용자들을 고려하여 효율적이고 다양하게 구축해야 한다.

정답 ③

3. 토지정보시스템(Land Information System)의 데이터의 구성요소와 관련이 없는 것은?

① 위치정보 ② 속성정보
③ 도면정보 ④ 서비스정보

| 해설 |

토지정보시스템(Land Information System)의 데이터의 구성요소에는 위치정보(도면정보)와 속성정보(대장정보)로 구성된다.

정답 ④

4. GIS 데이터베이스를 구성하는 정보(Information)와 자료(Data)에 대한 설명으로 옳은 것은?

① 자료는 의사결정의 수단으로 활용할 수 있는 가공된 것이다.
② 지리자료는 지리정보를 처리하여 얻을 수 있는 결과물이다.
③ 정보와 자료는 같은 의미로 사용되는 개념으로 구분이 무의미하다.
④ 모든 정보는 자료와 동일한 의미를 부여한 것이다.

| 해설 |

정보는 의사결정의 수단으로 활용할 수 있는 가공된 것이다. 자료는 가공되지 않은 것이다.

정답 ②

5. 정보에 대한 설명으로 가장 적절한 것은?

① 데이터는 의사결정의 수단으로 사용한다.
② 정보는 데이터를 처리하여 얻는 결과물이다.
③ 데이터와 정보는 동일한 의미이다.
④ 정보는 현실 세계에서 얻어지는 가공되지 않은 사실이다.

| 해설 |

데이터는 현실 세계로부터 관측을 통하여 획득되는 사실이나 값을 말하며 정보는 데이터 처리 과정을 통해 얻은 의미 있는 결과를 말한다.

정답 ②

6. 데이터베이스를 구축하는 목적과 거리가 먼 것은?

① 데이터의 일관성 유지 ② 데이터의 중복성 유지
③ 데이터의 무결성 유지 ④ 데이터의 공유

| 해설 |

데이터베이스를 기반으로 더욱 효율적인 자료의 관리와 자료의 중복성 방지를 목적으로 한다.

정답 ②

7. 데이터베이스의 특성을 설명한 것으로 틀린 것은?

① 실시간 접근성 ② 계속적인 변화
③ 이산적 변화 ④ 데이터의 내용에 의한 참조

| 해설 |

데이터베이스의 특성은 실시간 접근성, 계속적인 변화, 동시 공유, 내용에 의한 참조이다.

정답 ③

8. **데이터베이스의 특성에 대한 설명으로 틀린 것은?**

① 다양한 계층의 사용자들이 데이터베이스로 접근하는 경우 신뢰성을 가져야 한다.
② 디스크에 데이터가 저장되는 내부적 설계에는 상호 독립성을 갖고 있어야 한다.
③ 데이터베이스 시스템은 정전이 발생하는 때를 대비하여 이중 안전장치를 가져야 한다.
④ 데이터베이스는 상호 관련이 있으므로 내적으로나 외적으로 동일망을 구성하여야 한다.

| 해설 |

데이터베이스는 상호 관련이 있지만 상호 독립성을 가지고 있으므로 Network로 구성하여 분산형 시스템을 유지하여야 한다.

정답 ④

9. **데이터베이스의 구축에 따른 장점으로 옳지 않은 것은?**

① 자료의 중복을 방지할 수 있다.
② 통제의 분산화를 이룰 수 있다.
③ 자료의 효율적인 관리가 가능하다.
④ 같은 자료에 동시 접근이 가능하다.

| 해설 |

데이터베이스 구축의 장·단점
① 데이터베이스는 다량의 자료를 보관하는데 좋다.
② 다중 사용자를 동시에 처리하는 능력이나, 자료의 일관성이나 시스템복구 기능이 뛰어나다.
③ 쉽게 사용할 수 있는 자료처리 언어를 제공한다는 장점이 있다.
④ 자료의 검색 및 수정이 DBMS 내에서 제어되므로 중앙제어기능으로 운영될 수 있다.

정답 ②

10. **기존의 자료저장 방식보다 데이터베이스 방식이 갖는 장점으로 옳지 않은 것은?**

① 초기의 구축 비용이 적게 든다.
② 저장된 자료를 공동으로 이용할 수 있다.
③ 데이터의 무결성을 유지할 수 있다.
④ 데이터의 중복을 피할 수 있다.

| 해설 |

데이터베이스 방식의 단점은 초기의 구축 비용과 유지관리 비용이 많이 들므로 제공되는 정보의 가격이 비싸다.

정답 ①

11. **데이터베이스가 구축된 데이터를 대상으로 데이터를 가장 적게 활용하는 것은?**

① 토지소유자 검색　　② 부동산정책
③ 토지평가　　④ 좌표계변환

| 해설 |

좌표계변환은 데이터의 가공에 해당하며, 데이터베이스가 제대로 구축되지 않아도 기하학적 이론에 의해 좌표변환을 할 수 있다.

정답 ④

12. **토지정보시스템에 있어 객체(Object)와 관련이 먼 것은?**

① 도로나 시설물 등도 해당된다.
② 공간정보를 근간으로 구성된다.
③ 정보의 생성, 저장, 관리기능 일체를 의미한다.
④ 공간상에 존재하는 일정 사물이나 특정 현상을 발생시키는 존재이다.

| 해설 |

객체(Object)는 임의의 시점에서 주어진 객체에 대한 정적인 속성들의 집합인 상태와 객체 내 동적인 연산에 해당하는 기능을 갖는 데 수치를 이용한 정량화된 지리정보의 표현, 도형정보, 속성정보, 위상정보를 소유하며 각 객체는 유일한 식별자를 갖는다.

정답 ③

13. **데이터베이스 디자인 단계의 순서로 옳은 것은?**

① DB 목적 정의	② DB 테이블 정의
③ DB 필드 정의	④ 테이블 간의 관계 정의

① ①-②-③-④　　② ①-③-②-④
③ ①-④-②-③　　④ ①-④-③-②

| 해설 |

데이터베이스 디자인 단계의 순서는 DB 목적 정의 → DB 테이블 정의 → DB 필드 정의 → 테이블 간의 관계 정의이다.

정답 ①

14. **공간데이터베이스를 구축하기 위한 자료취득 방법으로 옳지 않은 것은?**

① 기존 지형도를 이용하는 방법
② 지상측량에 의한 방법
③ 항공사진측량에 의한 방법
④ 통신장비를 이용하는 방법

| 해설 |

공간데이터베이스를 구축하기 위한 자료 취득방법은 지상측량에 의한 방법, 기존 지형도를 이용하는 방법, 항공사진측량에 의한 방법과 위성영상에 의한 방법이 있다.

정답 ④

15. **토지정보체계에서 데이터베이스의 구축 시 발생하는 오차로 보기 어려운 것은?**

① 데이터의 좌표변환 시 사용하는 투영법에 따른 오차
② 원본 자료의 부정확성에 따른 오차
③ 자료의 논리적 일관성에 따른 오차
④ 데이터의 입력 과정에서 발생하는 오차

| 해설 |

자료의 논리적인 일관성에 따른 오차는 입력 자료의 질에 따른 오차에 해당된다.

정답 ③

16. **자료저장 방식 중 하나인 데이터베이스(DB) 방식이 갖는 특성으로 옳지 않은 것은?**

① 자료의 동시 공유 ② 실시간 접근
③ 데이터의 정적 유지 ④ 자료의 표준화

| 해설 |

데이터베이스(DB) 방식이 지니는 특성은 실시간 접근성, 계속적인 변화, 자료의 동시 공유, 내용에 의한 참조 등이다.

정답 ③

17. **DBMS 방식의 설명으로 옳지 않은 것은?**

① 데이터의 관리를 효율적으로 한다.
② 다수의 프로그램으로 이루어져 있다.
③ 데이터를 파일 단위로 처리하는 데이터 처리시스템이다.
④ 다수의 데이터 파일에 존재하는 공간 개체와 관련되는 정보를 관리한다.

| 해설 |

중앙제어장치로 운영되며, 다른 사용자와 함께 호환이 자유롭게 되므로 효율적이다.

정답 ③

18. **데이터베이스 방식의 장점에 대한 설명으로 틀린 것은?**

① 자료를 한 곳에 저장할 수 있다.
② DB는 전문가를 필요로 한다.
③ 자료의 검색과 정보 추출을 신속하고 편리하게 사용할 수 있다.
④ 자료를 표준화하고 구조적으로 저장할 수 있다.

| 해설 |

데이터베이스 방식의 단점으로는 전문가를 필요로 하며, 시스템의 구성이 복잡하다

정답 ②

19. **DBMS 방식의 자료관리 장점이 아닌 것은?**

① 중앙제어가 가능하다.
② 자료의 중복을 최대한 감소시킬 수 있다.
③ 시스템 구성이 파일 방식에 비해 단순하다.
④ 데이터베이스 내의 자료는 다른 사용자와의 호환이 가능하다.

| 해설 |

데이터베이스관리시스템(DBMS)의 장점
① 중앙제어장치로 운영되며, 다른 사용자와 함께 호환이 자유롭게 되므로 효율적이다.
② 저장된 자료의 형태와는 관계없이 자료에 독립성을 부여할 수 있다.
③ 데이터의 검색과 정보 추출을 신속하고 편리하게 사용할 수 있다.
④ 데이터베이스의 신뢰도를 보호하고 일관성을 유지할 수 있다.
⑤ 자료가 표준화되고 구조적으로 저장될 수 있다.
⑥ 데이터를 안정적으로 관리하고 데이트에 대한 효율적인 검색을 지원한다.
⑦ 각종 데이터베이스의 질의 언어를 지원한다.
⑧ 데이터베이스 자료의 효율적 관리 및 중복을 방지할 수 있다.
⑨ 중복된 자료를 최대한 감소시킴으로써 경제적이고 효율성 높은 수정 방안을 제시할 수 있다.

정답 ③

20. **토지정보체계에서도 점차 데이터베이스관리시스템(DBMS) 기반의 운용 방식이 증가하고 있다. 다음 중 데이터베이스관리시스템의 장점이 아닌 것은?**

① 자료의 중복을 최소화할 수 있다.
② 자료에 독립성을 부여할 수 있다.
③ 효율적인 자료 호환과 자료의 공유가 용이하다.
④ 시스템을 단순화할 수 있고 비용이 저렴하다.

| 해설 |

데이터베이스관리시스템은 파일처리 방식보다 시스템 구성이 복잡하고 초기 구축 비용 및 유지관리 비용이 비싸다.

정답 ④

21. **데이터베이스관리시스템(DBMS)의 단점이 아닌 것은?**

① 초기 구축 비용과 유지비용이 고가
② 시스템의 자료구조가 복잡
③ 통제의 집중화에 따른 위험 존재
④ 데이터의 중복성 발생

| 해설 |

데이터베이스관리시스템(DBMS)의 단점
① 전문가를 필요로 하며, 시스템의 구성이 복잡하다.
② 직접 사용자와의 연계를 위한 기능을 제공함으로써 복잡하고 높은 수준의 분석이 가능하다.
③ 구축 비용과 유지·관리 비용보다 제공되는 정보의 가격이 비싸다.
④ DB 구축을 위해서 자료의 흐름과 구성에 대한 기본적인 규칙을 정해야한다
⑤ 통제의 집중화에 따른 위험 존재이다.
⑥ 자료의 손상이나 분실을 위해서는 보안 조치가 필요하다는 것이다.

정답 ④

22. **지리정보체계의 데이터베이스관리에서 파일처리 방식의 문제점이 아닌 것은?**

① 시스템 구성이 복잡하고 비용이 많이 소요된다.
② 데이터의 독립성을 지원하지 못한다.
③ 사용자 접근을 제어하는 보안체계가 미흡하다.
④ 다수의 사용자 환경을 지원하지 못한다.

| 해설 |

파일처리 방식의 문제점
① 데이터의 독립성을 지원하지 못한다.
② 사용자 접근을 제어하는 보안체계가 미흡하다.
③ 다수의 사용자 환경을 지원하지 못한다.
④ 시스템 도입 및 운영비용이 많이 소요된다.
⑤ 데이터의 독립성을 지원하지 못하며 데이터의 중복성이 발생한다.
⑥ 데이터의 저장 및 관리가 중복적이고 종속적이며 처리 속도가 낮다.

정답 ①

23. **데이터베이스관리시스템이 파일시스템보다 불리한 점으로 옳은 것은?**

① 자료의 일관성이 확보되지 않는다.
② 자료의 중복성을 피할 수 없다.
③ 사용자별 자료접근에 대해 권한 부여를 할 수 없다.
④ 일반적으로 시스템 도입비용이 비싸다.

| 해설 |

시스템 도입 및 운영비용이 많이 소요된다.

정답 ④

24. **파일처리시스템보다 데이터베이스관리시스템(DBMS)이 갖는 특징으로 옳지 않은 것은?**

① 시스템의 구성이 단순하여 자료의 손실 가능성이 작다.
② DBMS에서 제공되는 서비스 기능을 이용하여 새로운 응용 프로그램의 개발이 용이하다.
③ 다른 사용자와 함께 자료 호환을 자유로이 할 수 있어 효율적이다.
④ 직접 사용자와의 연계를 위한 기능을 제공하여 복잡하고 높은 수준의 분석이 가능하다.

| 해설 |

기존의 여러 개의 데이터파일 간에 존재하는 무수한 공간객체와 관련되는 정보를 관리하고 공간 객체 간의 관계를 정의하는 기능으로 시스템이 복잡하다.

정답 ①

25. **기존의 파일시스템에 비하여 데이터베이스관리시스템(DBMS)이 갖는 장점이 아닌 것은?**

① 시스템의 단순성　　② 중앙제어 기능
③ 데이터의 독립성　　④ 효율적인 자료 호환

| 해설 |

전문가를 필요로 하며, 시스템의 구성이 복잡하다.

정답 ①

26. **데이터베이스시스템의 구성요소에 해당하지 않는 것은?**

① 사용자　　② 운영체제
③ 하드웨어　　④ 데이터베이스관리시스템

| 해설 |

데이터베이스관리시스템의 구성요소는 데이터베이스, 데이터베이스 관리시스템, 하드웨어, 사용자이다.

정답 ②

27. **데이터베이스관리시스템(DBMS)의 주요 기능에 대한 설명으로 틀린 것은?**

① 데이터를 안정적으로 관리한다.
② 하드디스크에 매체를 저장할 수 있다.
③ 데이터에 대한 효율적인 검색을 지원한다.
④ 각종 데이터베이스의 질의 언어를 지원한다.

| 해설 |

데이터의 관리 및 저장이 중앙 집중적으로 이루어지므로 응용프로그램을 사용함으로써 데이터의 손실이나 시스템의 작동이 어려워질 수도 있다.

정답 ②

28. **효율적인 자료관리와 중복방지를 위한 시스템으로 안정적이고 효율적으로 자료를 관리하고 검색 및 질의 언어를 지원하는 것을 주요기능으로 하는 것으로 옳은 것은?**

① LMIS　　② DBMS　　③ EPP　　④ MAJIS

| 해설 |

데이터베이스관리체계(DBMS)는 효율적인 자료관리와 중복방지를 위한 시스템으로 안정적이고 효율적으로 자료를 관리하고 검색 및 질의 언어를 지원하는 것을 주요 기능으로 하고 있다.

정답 ②

29. **토지정보시스템의 정보획득 과정 중에서 복잡한 현실세계를 이해할 수 있도록 해 주는 작업으로 기하학적 객체를 생생하게 묘사하는 과정은?**

① 자료의 입력　　② 자료의 출력
③ 자료의 모델링　　④ 자료의 변환

| 해설 |

자료의 모델링(Modeling)은 데이터 모델을 이용하여 필요한 자료를 추출하고 앞으로의 현상을 예측하거나 현실 세계를 이해할 수 있도록 객체를 생생하게 묘사하는 과정이다.

정답 ③

30. 다음 중 데이터베이스관리시스템(DBMS) 및 데이터베이스관리용 소프트웨어는?

① ArcView ② Oracle
③ Automap ④ Geomedia

| 해설 |

① ArcView는 ESRI 회사에서 개발한 GIS용 Software이다.
② Oracle은 유닉스 환경에서 데이터베이스관리시스템에 가장 많이 사용되는 제품이다.
③ Automap은 오토데스크 회사에서 개발, 캐드환경에서 매핑 정보를 작성, 유지 보수, 분석, 제작하기 위한 솔루션이다.

정답 ②

31. 데이터베이스관리시스템의 필수기능에 포함되지 않는 것은?

① 정의 ② 설계 ③ 조작 ④ 제어

| 해설 |

데이터베이스관리시스템의 기능에는 정의, 조작, 제어기능이 있다.

정답 ②

32. DBMS의 "정의" 기능에 대한 설명이 아닌 것은?

① 데이터의 물리적 구조를 명세한다.
② 데이터의 논리적 구조와 물리적 구조 사이의 변환이 가능하도록 한다.
③ 데이터베이스의 논리적 구조와 그 특성을 데이터 모델에 따라 명세한다.
④ 데이터베이스를 공용하는 사용자의 요구에 따라 체계적으로 접근하고 조작할 수 있다.

| 해설 |

정의기능
① 하나의 데이터베이스 형태로 여러 사용자들이 요구하는 대로 데이터를 기술해 줄 수 있도록 데이터를 조직하는 기능이다.
② DBMS에서 가장 중요한 기능으로 응용프로그램은 이 데이터 정의를 통해 데이터 요구사항을 DBMS에 표현한다.
③ 데이터의 논리적 구조와 물리적 구조 사이의 변환이 가능하도록 한다.
④ 데이터베이스의 논리적 구조와 그 특성을 데이터 모델에 따라 명세한다.

정답 ④

33. DBMS의 기능 중 하나의 데이터베이스 형태로 여러 사용자가 요구하는 대로 데이터를 기술해줄 수 있도록 데이터를 조직하는 기능은 무엇인가?

① 저장기능 ② 정의기능
③ 제어기능 ④ 조작기능

| 해설 |

DBMS의 정의기능은 하나의 데이터베이스 형태로 여러 사용자가 요구하는 대로 데이터를 기술해줄 수 있도록 데이터를 조직화한다.

정답 ②

34. 데이터베이스관리시스템의 조작기능이 갖추어야 할 요건 중 거리가 먼 것은?

① 데이터 연산은 무엇이든 명시할 수 있을 것
② 데이터와 데이터 간의 관계가 명확하고 완전할 것
③ 데이터 조작을 위한 처리절차가 용이할 것
④ 데이터의 무결성이 유지될 것

| 해설 |

조작기능
① 데이터베이스를 공용하는 사용자의 요구에 따라 체계적으로 액세스하고 조작하는 기능이다.
② 데이터의 검색, 삽입, 삭제, 갱신 등을 지원하기 위한 기능으로 처리절차의 용이성, 명확한 완전성 및 효율성이다.
③ 데이터 연산은 무엇이든 명시할 수 있으며, 데이터와 데이터 간의 관계가 명확하고 완전해야한다.

정답 ④

35. 효율적인 자료관리와 중복방지를 위해 도입된 데이터베이스관리시스템에 대한 설명으로 옳지 않은 것은?

① R-DBMS : 관계형 데이터베이스관리시스템
② OO-DBMS : 객체개방형 데이터베이스관리시스템
③ OR-DBMS : 객체 관계형 데이터베이스관리시스템
④ H-DBMS : 계층형 데이터베이스관리시스템

| 해설 |

객체지향형 데이터베이스관리체계(OODBMS)은 객체지향에 기반을 둔 논리적 구조를 가지고 개발된 관리시스템으로 자료를 다루는 방식을 하나로 묶어 객체라는 개념을 사용하여 실세계를 표현하고 모델링 하는 구조이다.

정답 ②

36. 데이터베이스의 일반적인 모형과 거리가 먼 것은?

① 입체형(Solid) ② 계급형(Hierarchical)
③ 관망형(Network) ④ 관계형(Relational)

| 해설 |

데이터베이스의 모형은 계층형(계급형), 관계형, 관망형, 객체지향형, 객체관계형이 있다.

정답 ①

37. 계급형(hierarchical) 데이터베이스 모델에 관한 설명으로 틀린 것은?

① 이해와 갱신이 용이하다.
② 각각의 객체는 여러 개의 부모 레코드를 갖는다.
③ 모든 레코드는 일 대 일 (1 : 1) 혹은 일 대다수 (1 : n)의 관계를 갖는다.
④ 키 필드가 아닌 필드에서는 검색이 불가능하다.

| 해설 |

계급형 데이터베이스 모형에서 각각의 객체는 한 개의 부모 레코드를 갖는다.

정답 ②

38. 나무줄기와 같은 구조를 가지고 있으며, 가장 상위의 계층을 뿌리라 할 때 뿌리를 제외한 모든 객체들은 부모-자녀의 관계를 갖는 데이터 모델은?

① 관계형 데이터 모델 ② 계층형 데이터 모델
③ 객체지향형 데이터 모델 ④ 네트워크형 데이터 모델

| 해설 |

계층형 데이터 모델은 가장 먼저 제안된 데이터베이스 모형으로 트리(Tree) 형태의 계층구조로 데이터들을 구성하며 가장 상위의 계층을 뿌리라 할 때 뿌리를 제외한 모든 객체들은 부모-자녀의 관계를 갖는 데이터 모델이다.

정답 ②

39. 아래와 같은 특징을 갖는 논리적인 데이터베이스 모델은?

- 다른 모델과 달리 각 객체는 각 레코드(Record)를 대표하는 기본 키(Primary Key)를 갖는다.
- 다른 모델에 비하여 관련 데이터 필드가 존재하는 한 필요한 정보를 추출하기 위한 질의 형태에 제한이 없다.
- 데이터의 갱신이 쉽고 융통성을 증대시킨다.

① 계층형 모델 ② 네트워크형 모델
③ 관계형 모델 ④ 객체지향형 모델

| 해설 |

관계형

① 관계형 데이터베이스(relational database)는 모든 데이터를 테이블의 형태로 나타내는 데이터베이스를 구축하는 가장 전형적인 모델이라고 볼 수 있다.
② 데이터를 단순화하고 각 구성요소를 솔직히 표현하면서 위계적 구조와 망상구조를 사용자의 관점에 따라 데이터의 형태를 정형화함으로써 복잡한 구조를 단순화하였다.
③ 속성의 집합인 키에는 테이블의 각 열을 정의하는 행들의 집합을 기본 키(PK; Primary Key)와 같은 테이블이나 다른 테이블의 기본 키를 참조하는 외부 키(FK; Foreign Key)로 구분할 수 있다.

정답 ③

40. 토지정보를 비롯한 공간정보를 관리하기 위한 데이터 모델로서 현재 가장 보편적으로 많이 쓰이며 데이터의 독립성이 높고 높은 수준의 데이터 조작언어를 사용하는 것은?

① 파일시스템 모델
② 계층형 데이터 모델
③ 관계형 데이터 모델
④ 네트워크형 데이터 모델

| 해설 |

관계형 데이터 모델은 2차원의 행과 열로서 자료를 조작하고 접근하는 체계로 공간정보를 관리하기 위한 데이터 모델로서 현재 가장 보편적으로 많이 쓰이며 데이터의 독립성이 높고 높은 수준의 데이터 조작언어를 사용하는 것이다.

정답 ③

41. DBMS 모형 중 기본 키를 통한 데이터 간의 관계를 표현하는 모형은?

① 계층형 ② 네트워크형
③ 객체지향형 ④ 관계형

| 해설 |

관계형 데이터베이스는 각 개체가 서로 관련성이 없으며 각 개체는 각 레코드를 대표하는 기본 키를 통해 관계를 맺는다.

정답 ④

42. 관계형 데이터베이스관리체계의 특징에 대한 설명으로 틀린 것은?

① 모든 데이터를 테이블의 형태로 나타낸다.
② 정의언어(DDL)와 데이터 조작언어(DML)가 있다.
③ SQL과 같은 표준적인 질의 언어를 사용한다.
④ 구조가 복잡하여 이해하기 불편하고 조직적인 측면에서 비논리적이다.

| 해설 |

관계형 데이터베이스관리체계의 특징은 SQL과 같은 표준적인 질의 언어사용으로 복잡한 질의도 간단하게 표현할 수 있다.

정답 ④

43. 다음 중 SQL 같은 표준 질의어를 사용하여 복잡한 질의를 간단하게 표현할 수 있게하는 데이터베이스 모형은?

① 관계형(relational) ② 계층형(hierarchical)
③ 네트워크형(netwokr) ④ 객체지향형(object-oriented)

| 해설 |

관계형 데이터베이스관리시스템(Relational DBMS)은 데이터 검색 시에 사용자들에게 융통성을 제공하며, SQL과 같은 표준적인 질의 언어사용으로 복잡한 질의도 간단하게 표현할 수 있다.

정답 ①

44. 관계형 데이터베이스를 위한 산업표준으로 사용되는 대표적인 질의 언어는?

① SQL ② DML ③ DCL ④ CQL

| 해설 |

SQL은 관계형 데이터베이스를 위한 산업표준으로 대표적으로 사용하고 있는 언어로 데이터 정의어, 데이터 조작어, 데이터 제어어를 모두 지원한다.

정답 ①

45. 관계형 데이터베이스 모델(relational database model)의 기본 구조요소로 옳지 않은 것은?

① 속성(attribute) ② 행(record)
③ 테이블(table) ④ 소트(sort)

| 해설 |

① 관계형 데이터베이스 모델의 기본 구조요소는 속성(Attribute), 행(Record), 테이블(Table)이다.
② 소트(Sort : 정렬)는 자료를 수의 크기나 알파벳 순서 등에 따라 체계적으로 배열하는 것, 정보의 레코드를 키 항목이나 필드 값에 따라 일정하게 배열하는 것, 각 레코드에 포함된 키에 따라 오름차순 내림차순으로 파일을 재배열하는 시스템 프로그램, 자료 항목의 모임을 새로운 순서로 다시 정렬하는 것으로 관계형 자료 모델의 기본구조 요소와는 관계가 없다.

정답 ④

46. 전문적인 자료관리를 위한 데이터 모델로서 현재 가장 보편적으로 많이 사용하는 것은?

① 파일시스템 모델 ② 네트워크형 데이터 모델
③ 계층형 데이터 모델 ④ 관계형 데이터 모델

| 해설 |

관계형 데이터는 모든 데이터를 테이블의 형태로 나타내는 데이터베이스를 구축하는 전형적인 모델이라고 볼 수 있다.

정답 ④

47. 관계형 데이터베이스관리체계의 특징에 대한 설명으로 옳은 것은?

① 트리구조와 같은 계층형 구조로 되어있다.
② 두 개 이상의 부모 레코드를 가진 데이터 모델이다.
③ 데이터를 2차원 테이블 형태로 저장한다.
④ 필요한 정보를 추출하기 위한 질의어 형태로 많은 제한을 받는 것이 단점이다.

| 해설 |

관계형 데이터베이스관리체계는 2차원의 행과 열로서 자료를 조작하고 접근하는 체계로 공간정보를 관리하기 위한 데이터 모델로서 현재 가장 보편적으로 많이 쓰이며 데이터의 독립성이 높고 높은 수준의 데이터 조작언어를 사용하는 것이다.

정답 ③

48. 토지대장의 데이터베이스 관리시스템은?

① C−ISAM
② Infor ISAM
③ Access Database
④ RDBMS(Relatonal DBMS)

| 해설 |

토지대장 데이터베이스관리시스템은 RDBMS(Relational DBMS)을 적용하고 있다.

정답 ④

49. 객체−관계형 데이터베이스관리체계(ORDBMS)의 특징에 대한 설명으로 틀린 것은?

① Internet의 발전으로 복합 데이터 유형을 편리하게 관리하는 기술개발에 역점을 두고 있다.
② 관계형 DBMS와 객체지향형 DBMS가 가지고 있는 특성을 추가한 모델이다.
③ 검색이 신속하고 용이하게 이루어질 수 있다.
④ 관계형 DBMS에서 사용하는 표준 질의어인 SQL을 사용할 수 없는 게 단점이다.

| 해설 |

① ORDBMS는 넓은 공간의 영역 내에서 분할된 작은 지역에 접근하여 검색할 수 있으므로 검색이 신속하고 용이하게 이루어질 수 있다.
② 관계형 DBMS에서 사용하는 표준 질의어인 SQL을 그대로 사용할 수 있다.

정답 ④

50. 다음 중 복잡하기는 하지만 동질성을 가지고 구성된 현실 세계의 객체들을 더욱 정확히 묘사함으로써 기존의 데이터베이스 모형이 가지는 문제점들의 극복이 가능하며 클래스의 주요한 특성으로 계승 또는 상속성의 구조를 갖는 것은?

① 계급형 데이터베이스
② 객체지향형 데이터베이스
③ 네트워크형 데이터베이스
④ 관계형 데이터베이스

| 해설 |

객체지향형 데이터베이스의 관리시스템은 관계형 데이터 모델의 단점을 보완하고 클래스의 주요한 특성은 계승 또는 상속성의 구조로 되어있다는 점이다.

정답 ②

51. 객체지향형 데이터베이스관리체계(OODBMS)의 특징으로 옳지 않은 것은?

① 데이터베이스의 관리와 수정이 불편하며 단순한 형태의 데이터만을 저장할 수 있다.
② 관계형 데이터 모델의 단점을 보완할 수 있는 것으로 등장하였다.
③ 객체지향 프로그래밍 언어를 데이터베이스 시스템에 적용한 것이다.
④ 특정 객체 간에는 데이터와 그 조작 방법을 공유할 수 있다.

| 해설 |

객체지향형 데이터베이스관리체계(OODBMS)는 DB의 관리와 수정이 편리하며 다양한 형태의 데이터를 저장할 수 있다. 객체지향형 데이터베이스는 모든 정보를 객체라는 형태로 표현하는 것이 특징이다.

정답 ①

52. 다음 중 공간데이터 모델링 과정에 포함되지 않는 것은?

① 개념적 모델링 ② 논리적 모델링
③ 물리적 모델링 ④ 위상적 모델링

| 해설 |

데이터베이스로 구축하는 과정은 논리적 모델 → 개념적 모델 → 물리적 모델로 낮은 수준부터 높은 수준으로 나열한 것이다.

정답 ④

53. 실세계를 GIS의 데이터베이스로 구축하는 과정을 추상화 수준에 따라 분류할 때 이에 해당하지 않는 것은?

① 개념적 모델 ② 논리적 모델
③ 물리적 모델 ④ 수리적 모델

| 해설 |

실세계의 지리 공간을 GIS의 데이터베이스로 구축하는 과정을 추상화 수준에 따라 논리적 모델 → 개념적 모델 → 물리적 모델로 낮은 수준부터 높은 수준으로 나열한 것이다.

정답 ④

54. 논리적 데이터 모델에 대한 설명으로 옳지 않은 것은?

① 네트워크형 모델–데이터베이스를 그래프구조로 표현한다.
② 관계형 모델–데이터베이스를 테이블의 집합으로 표현한다.
③ 계층형 모델–데이터베이스를 계층적 그래프구조로 표현한다.
④ 객체지향형 모델–데이터베이스를 객체/상속 구조로 표현한다.

| 해설 |

계층형 모델은 데이터들이 트리구조로 표현되기 때문에 하나의 루트(root) 레코드를 가지며 2개의 레코드 간에는 하나의 링크만 허용된다.

정답 ③

55.관계형 데이터베이스를 위한 산업표준으로 대표적으로 사용하고 있는 언어는?

① 쿼리어(SQL) ② 조작어(DML)
③ 제어어(DCL) ④ 검색어(CQL)

| 해설 |

SQL은 관계형 데이터베이스를 위한 산업표준으로 대표적으로 사용하고 있는 언어로 데이터 정의어, 데이터 조작어, 데이터 제어어를 모두 지원한다.

정답 ①

56. 주요 DBMS에서 채택하고 있는 표준데이터베이스 질의어는?

① SQL ② COBOL
③ DIGEST ④ DELPHI

| 해설 |

관계형 DBMS에서 자료의 검색과 관리, 데이터베이스 스키마 생성과 수정, 데이터베이스 객체 접근 조정 관리를 위해 고안된 언어는 SQL(Structured Query Language)이다.

정답 ①

57. 다음 중 관계형 데이터베이스에서 자료의 추출(검색)에 사용되는 언어는?

① SQL ② Visual Basic
③ Visual C++ ④ COBOL

| 해설 |

SQL(Structured Query Language)
① 관계형 DBMS에서 자료를 만들고 조회할 수 있는 도구로서 데이터 정의어, 데이터 조작어, 데이터 제어어를 모두 지원하는 비절차 언어라고 할 수 있다.
② 관계형 데이터베이스관리시스템에서 자료의 검색과 관리, 데이터베이스 스키마 생성과 수정, 데이터베이스 객체 접근 조정 관리를 위해 고안된 컴퓨터 언어이다.

정답 ①

58. 관계형 DBMS에서 자료를 만들고 조회할 수 있는 도구로서 처음 개발된 것으로, DBMS를 제어하고 DBMS와 대화할 수 있는 관계형 데이터베이스의 표준 질의 언어는?

① SQL ② ADT
③ HTML ④ COBOL

| 해설 |

SQL은 관계형 DBMS에서 채택하고 있는 대표적으로 사용하고 있는 언어이다.

정답 ①

59. **SQL(Structured Query Language)의 특징에 대한 설명으로 옳지 않은 것은?**

① 상호 대화식 언어이다.
② 집합단위로 연산하는 언어이다.
③ 관계형 DBMS에서 자료를 만들고 조회할 수 있는 도구이다.
④ ISO 8211에 근거한 정보처리체계와 코딩 규칙을 갖는다.

| 해설 |

SQL의 특징
① 표현력이 다양하고 구조가 간단하며 SQL에서 사용한다.
② 관계형 DBMS에서 자료를 만들고 조회할 수 있는 도구이다.
③ 레코드 단위의 집합 단위의 연산방식을 사용한다.
④ 온라인 터미널을 통하여 대화식으로 사용할 수 있다.

정답 ④

60. **데이터베이스의 스키마를 정의하거나 수정하는데 사용하는 데이터 언어는?**

① DDL ② DBL
③ DML ④ DCL

| 해설 |

데이터 정의문(DDL : Data Definition Language)은 데이터의 논리적 구조를 표현하는 언어이며, 데이터베이스 스키마를 정의하거나 수정하는 데 사용되며 관계형 모형의 기본 단위가 되는 테이블을 정의한다.

정답 ①

61. **다음 중 테이블을 삭제하는 SQL 명령어로 옳은 것은?**

① DROP TABLE ② DELETE TABLE
③ ALTER TABLE ④ ERASE TABLE

| 해설 |

데이터 정의문(Data Definition Language : DDL)은 데이터베이스 스키마를 정의하거나 수정하는 데 사용하며 명령어는 생성(CREATE), 주소변경(ALTER), 제거(DROP)가 있다.

정답 ①

62. **표준데이터베이스 질의 언어인 SQL의 데이터 정의어(DDL)에 해당하지 않는 것은?**

① DROP ② ALTER
③ CREATE ④ INSERT

| 해설 |

데이터 정의 언어(DDL)
① 데이터의 논리적 구조를 표현하는 언어이며, 관계형 모형의 기본 단위가 되는 테이블을 정의하는 데 사용된다.
② 테이블은 관계형 데이터베이스에서 말하는 관계로서 열과 행으로 구성되며 테이블의 생성(CREATE), 변경(ALTER), 삭제(DROP)가 있다.

정답 ④

63. **SQL의 테이블을 생성할 때 사용하는 명령어는?**

① DROP ② ALTER
③ CREATE ④ SELECT

| 해설 |

CREATE는 테이블을 생성할 때 사용하는 명령어이다.

정답 ③

64. **SQL 언어 중 데이터 조작어(DML)에 해당하지 않는 것은?**

① DROP ② INSERT
③ DELETE ④ UPDATE

| 해설 |

SQL 언어의 데이터 조작어는 SELECT, INSERT, UPDATE, DELETE가 있다.

정답 ①

65. **사용자가 데이터베이스에 접근하여 데이터를 처리할 수 있도록 하는 것으로 데이터의 검색, 삽입, 삭제 및 갱신 등과 같은 조작을 하는데 사용되는 데이터 언어는?**

① DLL(Data Link Language)
② DCL(Data Control Language)
③ DDL(Data Definition Language)
④ DML(Data Manipulation Language)

| 해설 |

데이터 조작문(DML : Data manipulation Language)은 사용자가 데이터베이스에 접근하여 데이터를 처리할 수 있도록 하는 것으로 데이터의 검색, 삽입, 삭제 및 갱신 등과 같은 조작을 하는 데 사용된다. 같은 표준적인 질의 언어사용으로 복잡한 질의도 간단하게 표현할 수 있다.

정답 ④

66. SQL 언어 중 SELECT 문은 어떤 기능을 수행하기 위한 언어인가?

① 데이터 정의 ② 데이터 조작
③ 데이터 제어 ④ 데이터 처리

| 해설 |
SELECT 문은 데이터조작어(DML)에 속하는데 검색에 사용되는 언어이다.

정답 ②

67. 데이터의 보안이나 회복, 무결성과 병행수행 제어를 명세할 수 있는 기능을 갖는 데이터 언어로 옳은 것은?

① DDL(Data Definition Language)
② DML(Data Manipulation Language)
③ DCL(Data Control Language)
④ DLL(Data Link Language)

| 해설 |
데이터 제어어(DCL : Data Control Language)는 데이터관리에 사용하는 언어로서 여러 사용자가 데이터베이스를 사용하고 유지하기 위해 내부적으로 규칙으로 통제하며 데이터의 보안이나 회복, 무결성과 병행수행 제어를 명세할 수 있는 기능을 갖는다.

정답 ③

68. 다음 중 데이터베이스 시스템의 기본적인 구성요소로서, 데이터의 구조와 제약조건에 대한 명세를 전반적으로 기술한 것을 일컫는 것은?

① 스키마 ② 메타데이터
③ 필지식별자 ④ 데이터 모델

| 해설 |
스키마는 데이터베이스 시스템의 기본적인 구성요소로 데이터의 구조와 제약조건에 대한 명세를 기술한 것으로 데이터베이스를 정의한 것이다.

정답 ①

CHAPTER

07 토지정보 관련 시스템

7.1. 지적 관련정보시스템

7.1.1. 필지중심토지정보시스템

① 필지중심토지정보시스템(PBLIS; Parcel Based Land Information System)은 토지의 모든 정보를 관리하는 시스템으로 지적도를 기반으로 각종 지적행정업무 수행과 관련부처 및 타 기관에 제공할 정책정보를 생산하는 시스템이다.

② 목적은 대민 행정서비스를 위하여 최신의 정보를 제공, 토지행정 및 토지정책 수립에서 정확한 의사결정을 지원하는 것이다.

③ 기본 구성요소는 필지로서 지번을 식별자로 하여 DB 구축 및 정보의 입·출력을 하고 있다.

④ 필지중심토지정보시스템은 지적공부관리, 지적측량성과작성, 지적측량시스템으로 구성되었다.

(1) PBLIS의 개발 목적

① 급속히 변화하는 환경에서 사용자들의 요구사항에 능동적으로 대처할 수 있다.

② 대민 행정서비스를 위하여 최신의 정보를 제공하는 것이다.

③ 토지행정 및 토지정책 수립에 있어서 정확한 의사결정을 지원하는 것이다.

④ 지적재조사사업을 위한 기반을 확보하고자 하였다.

⑤ 지적정보 및 각종 시설물 등의 부가정보를 효율적으로 통합 관리하고자 하였다.

⑥ 대장과 도면정보 시스템의 통합운영이다.

⑦ 소유권 보호와 다양한 토지관련 서비스를 제공한다.

(2) PBLIS의 추진과정

① 전국의 토지를 1980년부터 전산으로 입력하여 대장 D/B을 구축하고 토지대장 및 임야대장의 등본발급 및 열람과 변경정리의 전산처리 등을 위한 전산화사업을 추진하였다.

② 1978~1981년까지 시범사업으로 충청남북도 일부(150만 필지)의 대장 D/B를 구축하였다.

③ 1987~1990년까지는 행정자치부 주관으로 전국 시·도에 지역전산본부를 설치, 시·군·구간 On-line 통신망을 구축하였다.

④ 1994~1995년까지는 대장 전산 자료와 주민등록 전산 자료 및 공시지가전산자료를 통합하여 DB를 구축하였다.

⑤ 시범사업은 1996~1997년까지 대전광역시 유성구에서 도면 DB 구축을 시행하여 지적도와 임야도에 등록된 7만5천 필지에 대한 경계점을 디지타이징하여 대장 DB와 도면 DB의 연계활용 방안으로 도로, 상하수도의 효율적인 관리를 위한 Base map의 제공을 시행하였다.

⑥ 1998년부터 현재까지 전국의 PBLIS Tool 확보 및 응용 S/W을 개발하여 지적도 및 임야도를 전산으로 입력하고 내무부, 시·도, 시·군·구간 On-line 통신망을 구축하였다.

(3) PBLIS 구성내용

① 지적공부관리시스템

- 속성정보와 공간정보를 유기적으로 통합하여 상호 데이터의 연계성을 유지하였다.
- 변동자료를 실시간으로 수정하여 국민과 관련 기관에 필요한 정보를 제공하는 시스템이다.
- 지적소관청에서 지적공부정리 등 다양하게 사용할 수 있도록 하였다.
- 지적업무의 효율성과 정확도 향상 및 지적정보의 응용·가공으로 신속한 정책정보를 제공하는 시스템이다.

② 지적측량시스템

- 데이터베이스를 구축하여 지적업무의 효율성과 정확도 향상 및 지적정보의 응용, 가공으로 신속한 정책정보를 제공하는 시스템이다.
- 성과의 결정은 대부분 외업을 통해 얻은 자료를 근거로 복잡한 과정의 계산을 편리하게 할 수 있도록 하였다.

③ 지적측량성과작성시스템은 지적측량신청에서 지적공부정리까지 데이터베이스를 공동으로 사용하여 전산으로 처리할 수 있도록 작성된 시스템이다.

7.1.2. 토지관리정보시스템

① 토지관리정보체계(LMIS; Land Management Information System)는 지형도·용도지역지구도와 관련 대장 등의 속성자료는 GIS를 이용하여 DB로 구축하고, 토지거래·공시지가·개발부담금·용도지역지구 등 토지행정업무 수행을 응용시스템으로 구성하였다.

② 건설교통부(현, 국토교통부)에서는 토지와 관련한 각종 공간, 속성, 법률 자료를 체계적으로 통합, 관리하여 종합적인 정보시스템을 구축하고 전국망을 구성하는 토지종합정보망 구축사업을 국가지원사업으로 1998년부터 추진하였다.

③ LMIS 현황

- Arc SDE/ZEUS 서버시스템, 미들웨어 시스템, 클라이언트시스템으로 구성되었다.
- LMIS는 OGC의 CORBA 사양을 기본으로 시스템을 구현하였다.
- 건설교통부에서 주관하고 있는 시스템으로 3계층(3-Tier) 시스템 구조이다.
- ZEUS는 국산 GIS 엔진으로 외국산 대체 효과가 존재한다.

④ 토지종합정보망에서 구축하는 자료는 공간자료와 속성자료로 구성되며, 공간자료에는 지형도, 연속 및 편집지적도, 용도지역지구도 등 속성자료는 토지관리 6개 업무에서 생산, 활용, 관리하는 각종 대장 및 조서자료와 관련 법률자료 등이다.

7.1.3. 한국토지정보시스템

① 한국토지정보시스템(KLIS; Korea Land Information System)은 행정자치부에서 운영하는 PBLIS와 건설교통부의 LMIS를 통합하여 토지의 정보를 제공하는 시스템이다.

② 필지중심토지정보시스템(PBLIS)은 행정자치부의 지적 관련 행정업무인 일필지 단위의 도형정보와 속성정보를 기반으로 토지의 모든 정보를 전산화로 등록하고 제공하는 시스템이다.
③ 토지관리정보체계(LMIS)는 건설교통부의 토지 관련 행정업무를 다루는 시스템이다.
④ 한국토지정보시스템은 필지와 지번의 개념이 명확하고 등록된 토지경계 및 소유권을 중시하고 지적도를 기본도로 이용하여 구축한 시스템이다.

(1) 개발 목적

① 기존구축 완료된 토지(임야)대장의 속성정보를 연계 활용하여 데이터구축의 중복을 방지하고자 하였다.
② 지적도, 건물, 시설물 등 각종 정보를 통합하여 관리할 수 있다.
③ 토지소유권 보호 및 공평과세 실현을 위한 정확한 정보를 신속하게 제공할 수 있다.
④ 토지에 관련된 정보를 등록, 관리, 유지, 보수하여 토지정책과 토지행정 등의 토지와 관련된 모든 정보를 포함하고 있다.
⑤ 초고속 통신망을 활용하여 정보를 제공함으로써 행정처리 단계를 축소할 수 있다.
⑥ 예산 절감의 효과를 얻을 수 있고 사용자에게 신속하고 정확하게 정보를 제공할 수 있다.

(2) KLIS의 내용구성

① KLIS의 구성내용은 지적공부관리시스템, 측량성과작성시스템, DB 변환시스템, 연속/편집도 시스템, 토지민원발급시스템, 도로명 및 건물번호, 토지행정지원시스템, 용도지역·지구 관리시스템 등이다.
② 지적공부관리시스템
- 토지 및 임야의 이동사항을 관리하는 토지이동업무기능
- 측량 업무를 지원하기 위한 측량 업무 관리기능
- 데이터의 품질을 유지하기 위한 데이터검증 및 자료 정비기능
- 개인별 토지 소유현황을 조회하는 기능
- 소유권 연혁에 대한 오기정정 기능
- 토지의 이동사항 및 통계처리기능
- 정책정보를 제공하는 정책정보기능
- 토지이동에 따른 변동 내역을 조회하는 기능
- 기준점 관리기능

③ 측량성과작성시스템
- 지적측량신청에서 지적공부정리까지 데이터베이스를 공동으로 사용하여 전산으로 처리할 수 있도록 작성된 시스템이다.
- 파일은 도형데이터 추출 파일(*.cif), 측량관측 파일(*.svy), 측량계산 파일(*.ksp), 측량성과 파일(*.jsg), 토지이동정리 파일(*.dat) 등이 있다.

④ DB 변환시스템은 도형 DB를 관리하기 위한 단위시스템으로 초기 데이터 구축, DB자료 변환, 공통파일 백업, DB 일관성 검사기능으로 구분되어 있다.
⑤ 연속/편집도 시스템은 토지이동업무가 처리되면 연속/편집도에 자동 또는 수동으로 반영하고, 이를 기반으로 운영되는 토지 행정업무를 효율적이고 체계적인 방식으로 처리할 수 있도록 지원하는 시스템이다.

⑥ 토지 민원발급시스템은 전국 어디에서나 가까운 정부 기관, 시·군·구 또는 읍·면·동 사무소에서 즉시 민원열람 및 발급을 할 수 있도록 구성되었다.

⑦ 도로명 및 건물번호를 효율적으로 관리하기 위한 시스템으로 도로명 및 건물번호 부여, 신규 추진지역에서 도로명, 건물번호, 기초번호 등의 DB 구축과 변동사항의 유지관리를 보다 효율적으로 수행할 수 있도록 지원하는 시스템이다.

⑧ 토지 행정지원시스템은 공간자료 검색, 건축물대장/소유자 정보를 조회와 부동산 거래정보, 외국인토지취득관리, 부동산중개업 관리, 개발부담금 관리, 공시지가정보검색 등을 처리할 수 있는 시스템이다.

⑨ 용도지역·지구 관리시스템은 다양한 용도지역·지구 관련 자료를 일관성 있게 생산, 활용, 관리하여 최신 데이터를 활용할 수 있도록 개발한 시스템이다.

7.1.4. 부동산종합공부시스템

지적공부 및 부동산종합공부를 정보관리체계에 따라 처리하는 방법과 절차 등에 관하여 필요한 사항을 규정함을 목적으로 한다.

(1) 용어의 정의

① "정보관리체계"란 지적공부 및 부동산종합공부의 관리업무를 전자적으로 처리할 수 있도록 설치된 정보시스템으로서, 국토교통부가 운영하는 "국토정보시스템"과 지방자치단체가 운영하는 "부동산종합공부시스템"으로 구성된다.

② "국토정보시스템"이란 국토교통부장관이 지적공부 및 부동산종합공부 정보를 전국 단위로 통합하여 관리·운영하는 시스템을 말한다.

③ "부동산종합공부시스템"이란 지방자치단체가 지적공부 및 부동산종합공부 정보를 전자적으로 관리·운영하는 시스템을 말한다.

④ "운영기관"이란 부동산종합공부시스템이 설치되어 이를 운영하고 유지관리의 책임을 지는 지방자치단체를 말하며, 영문 표기는 "Korea Real estate Administration intelligence System"로 "KRAS"로 약칭한다.

⑤ "사용자"란 부동산종합공부시스템을 이용하여 업무를 처리하는 업무담당자로서 부동산종합공부시스템에 사용자로 등록된 자를 말한다.

⑥ "운영지침서"란 국토교통부장관이 부동산종합공부시스템을 통한 업무처리의 절차 및 방법에 대하여 체계적으로 정한 지침으로서 '운영자 전산처리지침서'와 '사용자 업무처리지침서'를 말한다.

(2) 부동산종합공부의 등록사항

① 토지의 표시와 소유자에 관한 사항 : 이 법에 따른 지적공부의 내용

② 건축물의 표시와 소유자에 관한 사항(토지에 건축물이 있는 경우만 해당) : 「건축법」 제38조에 따른 건축물대장의 내용

③ 토지의 이용 및 규제에 관한 사항 : 「토지이용규제 기본법」 제10조에 따른 토지이용계획확인서의 내용

④ 부동산의 가격에 관한 사항 : 「부동산 가격공시에 관한 법률」 제10조에 따른 개별공시지가, 개별주택가격 및 공동주택가격 공시내용

⑤ 그 밖에 부동산의 효율적 이용과 부동산과 관련된 정보의 종합적 관리·운영을 위하여 필요한 사항으로서 대통령령으로 정하는 사항

(3) 전산자료의 유지·관리

① 운영기관의 장은 전산자료가 멸실 또는 훼손되지 않도록 관계법령의 규정에 따라 전산자료를 유지·관리하여야 한다.

② 운영기관의 장은 전산자료의 유지·관리 업무를 원활히 수행하기 위하여 지적업무 담당부서의 장을 전산자료관리 책임관으로 지정한다.

(4) 전산자료의 제공

① 부동산종합공부 전산자료를 제공받으려는 자는 제공요청서를 작성하여 다음에 해당하는 운영기관의 장에게 제출하여야 한다.

- 기초자치단체(시·군·구)의 범위에 속하는 자료 : 시·군·구(자치구가 아닌 구를 포함)의 장
- 시·도 단위의 자료 또는 2개 이상의 기초자치단체에 걸친 범위에 속하는 자료 : 시·도지사
- 전국 단위의 자료 또는 2개 이상의 시·도에 걸친 범위에 속하는 자료 : 국토교통부장관

② 요청을 받은 운영기관의 장은 요청 내역, 요청목적, 근거법령 등을 검토하여 전산자료의 제공이 가능한 때에는 전산자료 제공 대장을 작성하여야 한다.

③ 전산자료를 제공받는 자는 보안각서 및 전산자료 수령증을 작성하여 운영기관의 장에게 제출하여야 한다.

④ 부동산종합정보시스템에서 제공할 수 있는 자료의 종류는 다음과 같다.

- 지적전산자료
- 용도지역·지구도, 건물통합정보 연속지적도 등의 공간자료
- 개별공시지가, 개별주택가격 등의 속성자료
- 지적전산자료를 포함하여 신청한 경우에는 「공간정보의 구축 및 관리 등에 관한 법률」에 따른 지적전산자료를 신청한 것으로 본다.

(5) 부동산종합공부시스템의 단위 업무

① 지적공부 관리
② 지적측량성과관리
③ 연속지적도 관리
④ 용도지역 지구관리
⑤ 개별공시지가관리
⑥ 개별주택가격관리
⑦ 통합민원발급관리
⑧ GIS 건물통합정보관리
⑨ 섬 관리
⑩ 통합정보열람 관리
⑪ 시·도 통합정보열람 관리
⑫ 일사편리포털 관리

(6) 백업 및 복구

① 운영기관의 장은 프로그램 및 전산자료의 멸실·훼손에 대비하여 정기적으로 관련 자료를 백업하여야 한다. 이 경우 백업주기·방법 및 범위는 '운영자 지침서'에 따르며, 백업주기 및 백업방법을 따를수 없는 경우에는 운영기관의 내부 규정 또는 방침에 따라 변경할 수 있다.

② 운영기관의 장은 프로그램 및 전산자료가 멸실·훼손된 경우에는 국토교통부장관에게 그 사유를 통보한 후 지체 없이 복구하여야 한다.

③ 운영기관의 장은 백업자료를 전산 매체에 기록하여 매년 2회 이상 다른 운영기관에 소산하여야 한다.

(7) 전산장비의 설치 및 관리

① 국토교통부장관은 부동산종합공부시스템을 운영하기 위하여 설치하는 전산장비의 표준을 정할 수 있다.

② 운영기관의 장은 부동산종합공부시스템의 전산장비를 수시로 점검·관리하되, 월1회 이상 정기점검을 하여야 한다.

(8) 지적통계 작성

① 지적소관청에서는 지적통계를 작성하기 위한 일일 마감, 월 마감, 년 마감을 하여야 한다.

② 국토교통부장관은 매년 시·군·구 자료를 취합하여 지적통계를 작성한다.

(9) 행정구역 코드의 구성

① 고유번호는 행정구역 코드 10자리(시·도 2, 시·군·구 3, 읍·면·동 3, 리 2), 대장구분 1자리, 본번 4자리, 부번 4자리를 합한 19자리로 구성한다.

② 행정구역의 명칭이 변경된 때에는 지적소관청은 시·도지사를 경유하여 국토교통부장관에게 행정구역변경일 10일 전까지 행정구역의 코드변경을 요청하여야 한다.

③ 행정구역의 코드변경 요청을 받은 국토교통부장관은 지체 없이 행정구역 코드를 변경하고, 그 변경 내용을 행정안전부, 국세청 등 관련 기관에 통지하여야 한다.

7.2. 국토지리정보체계

7.2.1. 국가지리정보체계

국가지리정보체계(NGIS; National Geographic Information System)는 지리정보를 생산·관리하는 국가기관, 지방자치단체 및 정부 투자기관이 구축·관리하는 지리정보체계를 말한다. 국가기관, 지방자치단체, 정부 투자기관 등 공공기관이 지리정보를 효율적으로 구축·관리하여 국민에 대한 다양한 지리정보를 제공함으로써 국토 및 자원의 합리적 이용과 국민경제의 발전에 이바지함을 목적으로 하고 있다.

(1) 기본계획

① 정부는 국가지리정보체계의 구축 및 활용을 촉진하기 위하여 5년 단위로 국가지리정보체계 기본계획을 수립·시행한다.

② 기본계획의 내용은 국가지리정보체계의 구축 및 활용의 촉진을 위한 기본방향의 설정, 구축 및 관리, 기술의 연구·개발, 전문인력의 양성, 유통에 관한 투자계획 및 재원조달, 지리정보체계의 표준화 및 관련된 산업의 육성이다.

③ 국토교통부장관이 기본계획을 수립할 때는 국가지리정보체계추진위원회와 정보화추진위원회의 심의를 거친 후 이를 확정한다.

(2) 국가지리정보체계 추진과정

① 국토개발사업의 사전 타당성 검토, 지하시설물의 안전관리 및 재난방지, 도시계획사항 등 도시 관련 정보 등을 전산화하여 일선 행정업무에 활용할 뿐만 아니라 국민에게 다양한 정보제공의 필요성에 의하여 NGIS 구축사업이 추진되었다.

② 1차 NGIS 구축

- 1995년 5월 국가지리정보체계 구축 기본계획(1995~2000년)을 수립하여 범정부 차원에서 국가 GIS 구축사업을 활발히 추진하였다.
- NGIS 구축사업은 지적도, 지형도, 주제도, 토지이용현황도, 지하시설물도 등의 각종 지도의 전산화 사업을 통해 국토 공간정보에 대한 데이터베이스를 구축하였다.
- 국가 GIS 구축사업의 10대 핵심사업계획과 추진현황으로는 지리정보분과에서 지형도와 주제도 전산화사업을 시행하였다.

③ 제2차 국가지리정보체계는 2001년부터 2005년까지 5년이며 육지와 바다를 포함하도록 확대하였다.

④ 제3차 국가 GIS 기본계획은 2006년부터 2010년까지 5년이며 목표는 Ubiquitous 세상을 향한 지능형 사이버 국토건설로 GIS 기반 전자정부를 구현할 수 있도록 하였다.

⑤ 제4차 국가 GIS 기본계획은 2010년부터 2015년까지 5년이며 공간을 매개로 하는 유비쿼터스 환경으로 패러다임이 급변함에 따라 국가공간정보체계의 효율적 구축, 활용 및 관리를 위한 새로운 정책과 전략이 요구되어 기본계획을 수립하였다.

⑥ 제5차 국가 GIS 기본계획은 2013~2017년까지 5년이며 스마트폰 등 ICT 융합기술의 급속한 발전, 창조경제와 정부 3.0으로의 국정 운영 패러다임 전환 등 변화된 정책환경에 적극적으로 대응하고 공간정보 융복합산업 활성화 및 정부 3.0을 실현을 위한 기본계획을 수립하였다.

⑦ 제6차 국가 GIS 기본계획은 2018~2022년까지 5년이며, 공간정보정책의 발전 방향을 제시하고, 국가공간정보체계의 구축 및 활용을 촉진하기 위해 국가공간정보정책 기본계획을 수립하였다.

7.2.2. 지리정보시스템

지리정보시스템(GIS; Geographic Information System)은 도형정보와 속성정보를 효율적으로 수집·저장·분석·축적하여 국토계획과 공사계획 등 각종 계획을 추진하기 위한 정책결정을 지원해 줄 수 있는 시스템으로 지도 및 관련 자료를 전산처리할 수 있도록 수치화하여 컴퓨터에 입력하고, 기타 지상과 지하의 시설물의 속성정보를 입력한 정보시스템을 말한다.

(1) GIS의 구성요소

① 하드웨어는 GIS를 운영하는데 필요한 컴퓨터와 각종 입출력장치 및 자료관리 장치를 포함하고 있다.

② 소프트웨어는 데이터와 함께 핵심요소로 GIS 데이터의 구축, 운영 등의 기능을 수행하고 있다.

③ 데이터는 공간데이터와 속성데이터로 구성되어 있다.

④ 인적자원은 시스템 구축, 유지관리, 활용할 수 있는 데이터 제작자, 시스템 관리자, 프로그래머, 시스템 엔지니어, 사용자 등 다양한 역할을 수행하는 인적자원이다.

(2) GIS의 특성

① 벡터(Vector) 자료는 점(Point), 선(Line), 면(Polygon) 자료구조로 단순화하여 좌표를 통해 실세계의 지형·지물을 표현한 자료로 수치지도가 이에 속한다.

② 래스터(Raster) 자료는 균등하게 분할된 격자 모델로 최소단위인 화소(pixel) 또는 셀(Cell)로 구성된 자료로 항공 영상, 위성영상이 대표적이다.

③ 속성정보는 지도상의 특성이나 질, 지형·지물의 관계 등을 문자나 숫자 형태로 나타낸 자료로 대장, 보고서 등이 이에 속한다.

④ 위치정보는 점, 선, 면(다각형)과 같은 공간의 개개 위치를 판별하는 것으로서 상대 위치정보와 절대 위치정보로 구분된다.

⑤ 정보의 수집 및 작성 단계에서 필요한 학문적 분야의 기술은 지리학, 원격탐사, 측지학, 측량 및 사진측량학, GNSS 등이 있다.

⑥ 구축된 데이터베이스는 계속적으로 정보의 검색과 수정, 보완 등의 관리 작업이 이루어지며 공간정보를 다루는 데이터베이스 관련 작업은 전산학 관련 지식이 필요하다.

⑦ 지리정보는 정보시스템에서 사용되는 정보의 형태와는 명백하게 다른 일련의 지리적 특성들을 지니고 있다.

(3) 지리정보시스템의 필요성

① 지리적 분포, 통계분석의 가시적 표시 및 변화추출을 할 수 있다.

② 자료중복조사 방지 및 분산관리를 위한 시스템이다.

③ 통계담당 부서와 각 전문부서 간의 업무의 유기적 관계를 갖기 위한 시스템이다.

④ 시간적, 공간적 자료의 부족을 해결하기 위한 시스템이다.

⑤ 개념 및 기준의 불일치로 인한 신뢰도 저하를 해소하기 위한 방법이다.

7.2.3. 개방형(Open) 지리정보체계

① 개방형 지리정보체계(Open GIS; The Open Geodata Interoperability Specification)는 지리자료 간 상호 운용성 문제에 대한 해결책의 개발과 광역통신망을 대상으로 분산처리 개발을 가능하게 할 수 있다.

② Open GIS의 목적은 서로 다른 기종 사이에 공간데이터의 분산처리를 위한 상호운용에 관한 표준을 개발되었다.

③ Open GIS 표준화에 따라 3Tier(DB, Server Application, Sever Client) 구조로 구현하여 사용하기 쉽고 유지·관리가 편하고 사용자가 원하는 애플리케이션을 개발하는데 그 의의가 있다.

(1) Open GIS의 특징

① Open GIS는 메타데이터 분산객체형 D/B, 인터페이스(Interface) 등 관련 하부구조를 이루고 있는 분야의 표준 및 규약의 연구를 바탕으로 하고 있다.

② Open GIS는 자료 상호 간의 운용성에 대한 개발 및 광역통신망을 대상으로 분산처리 개발을 가능하다.

③ 정보의 교환 및 시스템의 통합과 다양한 분야에서 공유할 수 있고, Network 상에서 사용자가 필요한 자료를 검색 및 처리가 제한된 범위에서 가능하다.

④ 웹브라우저를 이용한 지리정보의 접근과 검색을 위한 표준과 관련 기술의 등장하였다.

⑤ 개별시스템 간에는 client와 server의 기능을 갖고 운영할 수 있다.
⑥ 국가 공간정보 유통기구를 통해 유통하고자 하는 데는 개방형 구도를 가진 GIS 구축이 필수적이다.

(2) Open GIS의 필요성

① 시스템 상호 간의 접속에 대한 용이성과 분산 처리 기술을 확보하여야 한다.
② 국가 공간정보 유통기구를 통해 유통할 경우 개방형 GIS 구축이 필수적이다.
③ 객체 지향적 자료의 관리 및 저장과 서로 다른 GIS 데이터 상호 간의 호환이 필요하다.
④ 정보의 교환 및 시스템의 통합과 다양한 분야에서 공유할 수 있어야 한다.

7.2.4. 외국의 GIS

① 미국
- 1960년 후반부터 미국 대도시 계획의 수행과정에서 도시정보시스템의 개발이 본격적으로 시작되었다.
- 캘리포니아, 메릴랜드, 뉴욕 등지에서 정보시스템의 개발이 시작되었다.
- 1980년대는 ESRI를 비롯하여 Intergraph, Synercom, Computer vision과 같은 회사를 대표적으로 들 수 있다.

② 캐나다
- 1960년대 캐나다의 자원관리를 목적으로 CGIS (Canadian GIS)를 개발하여 각국에 보급하였다.
- 1960년 인구의 도시 집중화와 농업의 재생 및 발전에 관한 법률을 제정하였다.
- CGIS는 1971년부터 본격적으로 가동하기 시작하여 100개 이상의 주제에 대한 지도를 관리하고 있다.

③ 일본
- 1975년부터 일부 도시를 모형으로 시작되었고 1980년대부터 일부 도시에서 활발히 추진되었다.
- 건설성 국토지리원 내의 지도정보실 및 사진측량기술 개발실을 신설하여 컴퓨터를 이용한 지형도, 주제도 등의 자동도화에 착수하였다.
- 1985년부터 UISⅡ개발계획을 발족하여 시범사업을 위하여 선정된 도시 내에서 고정자산의 관리, 도시계획정보의 관리 등을 위한 시범시스템을 구축하고 있다.

④ 호주
- GIS의 시작은 주정부의 주도로 실행된 토지대장 작성을 위한 대축척 지도제작, 학문적 성격의 GIS 사업 추진 분야에서 시작되었다.
- 1982년에 광범위한 자연 및 사회적·경제적인 자료의 이용이 가능하게 되었다.

⑤ 스웨덴
- 토지정보센터에서 GIS 정보를 이용하여 각 지방정부의 자원을 활용하고자 설립된 것이다.
- 토지데이터뱅크 구성은 주등록부(Main Register), 좌표등기부(Coordinate Register), 계획 등록부(Planning Register), 가구등록부(Block Register), 주거표시등록부(Address Register)로 되어있다.
- 정확한 지형정보를 필요한 시기에 새로이 갱신된 자료로 사용할 수 있도록 훈련, 자문, 자료제공 등의 업무를 수행하고 있다.

7.2.5. 도시정보시스템

도시정보시스템(UIS : Urban Information System)은 도시계획 및 도시화 현상에서 발생하는 인구, 자원 및 교통관리, 건물면적, 지명, 환경변화 등에 관한 자료를 다루는 체계로 도시 현황파악 및 도시계획, 도시정비, 도시기반 시설을 효과적으로 관리할 수 있는 시스템이다.

(1) 도시정보시스템의 필요성

① 도시의 전반에 관한 사항을 관리·활용하는 시스템으로 종합적이고 체계적인 시스템이 요구된다.
② 도시정보와 밀접한 관계가 있으므로 공간정보의 체계적인 구축이 필요하다.
③ 도시에 관련된 환경, 교통, 구조물의 유지·관리에 필요하다.
④ 효율적이고 객관적인 의사결정 제공 및 공간정보의 활용에 따른 객관적인 데이터 제공이 필수적이다.
⑤ 지방자치단체의 행정은 중앙정부와는 다르게 다양한 분야를 포함하는 종합행정으로 GIS의 다양한 관련 기술들을 포함하여야 한다.

(2) UIS의 특징

① 관련 도면의 최신의 정보를 실시간으로 확보할 수 있다.
② 교통망, 공공 설비망을 기본적으로 지역 정보체계 자료기반 구축을 할 수 있다.
③ 사용자가 원하는 도형정보와 속성정보를 제공함으로써 고도의 정보 이용이 가능하다.
④ 신속한 행정 및 중첩과 같은 공간분석을 통한 다양한 결과가 필요하다.
⑤ 종합적이고 시각적인 의사결정을 할 수 있다.
⑥ 과학적인 의사결정 자료를 받을 수 있다.

(3) UIS의 기대효과

① 각 부서 간 구축데이터의 표준화 및 호환성 도모로 업무능률 향상된다.
② 행정정보 자체의 정확성 증대 및 일관성 유지가 가능하다.
③ 도면 및 대장발급과 인허가 업무 등을 신속하게 처리함으로써 대민 행정서비스가 향상된다.
④ 도시 행정을 총괄적으로 관리할 수 있고 각종 도시계획을 효율적이고 수립할 수 있다.
⑤ DB 구축으로 지하시설물의 정확한 관리와 재난관리에 신속하게 지원할 수 있다.
⑥ 신속하고 정확한 의사결정 지원 및 정보기반구축으로 시설물을 입체적으로 관리할 수 있다.
⑦ 지하시설물을 통합 D/B로 구축함으로써 예산 절감 및 효율적인 투자를 유도할 수 있다.
⑧ 전산화된 도면관리로 편리하게 필요한 정보에 접근할 수 있다.

7.2.6. 기타 정보시스템

① 시설물 관리체계(FM; Facility Management)는 시설물관리를 위한 수치지도를 바탕으로 건축, 전기, 설비, 통신, 가스, 도로 등의 위치정보 데이터베이스를 구축하고 공간데이터와 연관되는 속성자료를 입력하여 시설물에 대한 유지보수 활동을 효과적으로 지원할 수 있는 시스템이다.
② 지도정보체계(Map Information System)는 지도정보를 가공하는 기능이 강화되어 있고 토지와 관련된 정보를 취합하는 것이다.

7.2.7. 지형·지물 식별자

① 기본지리정보에 포함되는 지형·지물들에 대하여 유일번호를 부여하는 체계이다.

② 각 지형·지물은 공간적 데이터와 실세계에서 부여되는 의미를 표현하는 속성데이터로 구성되어 있다.

③ 유일식별자(UFID; Unique Feaure Identifier)는 공간데이터와 비 공간데이터를 연결하는 역할을 한다.

④ UFID의 구성은 관리기관, 도엽번호, 지형·지물, 일련번호로 구성되어 있다.

⑤ UFID의 활용

- 공간데이터와 비 공간데이터의 연결
- 외부데이터와 연계 시 외부참조자료로 사용
- 데이터 변동사항을 전달하는 목적으로 활용
- 복합지형·지물의 생성에 활용 등이다.

7.2.8. 유비쿼터스

① 유비쿼터스(Ubiquitous)란 언제 어디서나 원하는 정보에 접근할 수 있는 기술이나 환경을 의미하는 것으로 최근 지리정보시스템뿐만 아니라 여러 분야에서 이용되고 있는 신개념 정보화 환경이라 할 수 있다.

② 유비쿼터스는 정보 통신 관점에서 모든 사회 분야에 대한 새로운 패러다임을 창조하는 것으로 기존의 사회에 구성되어 있는 모든 분야를 포함한다.

7.2.9. 위치기반서비스

① 위치기반서비스(Location Based Services : LBS)는 휴대전화, PDA 등 이동통신 단말기의 위치에 따라 단말기 사용자에게 특화된 정보를 제공하는 서비스이다.

② 무선통신망을 기반으로 위치확인 기술을 이용해 이용자나 주요 대상물의 위치를 파악하고 이와 관련된 응용서비스를 제공하는 시스템 및 서비스를 통칭한다.

③ 위치기반서비스는 무선측위, 모바일 장비, LBS 플랫폼, 무선네트워크, LBS 응용서비스 기술이 기반기술로 요구된다.

핵 / 심 / 문 / 제

Chapter 07 토지정보 관련 시스템

1. 필지중심토지정보시스템(PBLIS)에 관한 설명으로 틀린 것은?

① 수치지형도를 도형데이터의 기반으로 하여 구축한 토지정보시스템이다.
② 지적공부관리, 지적측량, 지적측량성과작성 시스템으로 구성되어 있다.
③ PBLIS와 LMIS를 통합하여 제공하는 시스템이 한국토지정보시스템(KLIS)이다.
④ 다른 시스템과의 정보공유로 통합된 토지 관련 민원 서비스를 제공할 수 있다.

❙해설❙
필지중심토지정보시스템(PBLIS)은 지적도의 도형데이터를 기반으로 하여 구축한 시스템이다.

정답 ①

2. 다음 중 필지중심토지정보시스템을 나타내는 것은?

① CIS ② NGIS
③ PBLIS ④ GSIS

❙해설❙
필지중심토지정보시스템(PBLIS : Parcel Based Land Information System)이다.

정답 ③

3. 다음 중 과거 필지중심토지정보체계(PBLIS)의 개발 목적으로 옳지 않은 것은?

① 행정처리 단계 축소 및 비용 절감
② 지적정보 및 부가정보의 효율적 통합관리
③ 지적재조사 사업의 기반 확보
④ 대장과 도면정보 시스템의 분리 운영

❙해설❙
PBLIS의 개발 목적은 대장과 도면정보 시스템의 통합운영이다.

정답 ④

4. 필지중심토지정보시스템(PBLIS)의 표준화에 관한 설명 중 옳지 않은 것은?

① 통일된 하나의 표준 좌표계를 선정해야 한다.
② 다양한 사용자들이 다양한 자원을 공유할 수 있도록 데이터를 표준화하여야 한다.
③ 국가 차원에서 수치지도 작성규칙을 제정하여 표준화된 소축척 도면을 사용하여야 한다.
④ 시스템의 상호 운용성, 연동성 등 통신망에서 운용될 수 있게 네트워크가 설계되어야 한다.

❙해설❙
국가 차원에서 수치지적도는 「공간정보의 구축 및 관리 등에 관한 법률」에 따른 표준화된 대축척 도면을 사용하여야 한다.

정답 ③

5. 필지중심토지정보시스템의 데이터베이스 설계에 대한 설명으로 옳지 않은 것은?

① 데이터베이스설계는 기본 틀과 데이터의 관계를 논리적으로 연결해 주는 역할을 한다.
② 사용자 요구사항과 분야별 응용성, 다양한 데이터 간의 관계성 등을 고려하여 설계하여야 한다.
③ 데이터베이스 구조는 자료의 중복을 배제하고 자료의 공유 및 일관성을 유지할 수 있어야 한다.
④ 지적도면의 도곽은 필지 경계가 수치화될 경우 의미가 없어서 도곽의 개념을 적용하지 않았다.

❙해설❙
필지중심토지정보시스템의 데이터베이스 설계에서 필지 경계를 수치화할 때 지적도면의 도곽선 수치를 기준으로 등록하였다.

정답 ④

6. 필지중심토지정보시스템(PBLIS)의 업무 및 시스템개발 내용으로 옳지 않은 것은?

① 지적측량 업무
② 지적공부관리업무
③ 지적소유권관리업무
④ 지적측량성과작성업무

❙해설❙
필지중심토지정보시스템(PBLIS)은 지적업무 수행을 위한 지적공부관리, 지적측량성과작성, 지적측량시스템으로 구성되었다.

정답 ③

7. 필지중심토지정보시스템의 구성 체계 중 시·군·구 행정종합정보화시스템과 연계를 통한 통합데이터베이스를 구축하여 지적업무의 효율성과 정확도 향상 및 지적정보의 응용, 가공으로 신속한 정책정보를 제공하는 시스템으로 옳은 것은?

① 지적공부관리시스템
② 토지행정시스템
③ 지적측량시스템
④ 지적측량성과시스템

| 해설 |

필지중심토지정보시스템(PBLIS)의 업무에서 지적공부 관리시스템은 초기에 만들어진 시·군·구 행정종합정보화시스템과 연계를 통한 통합데이터베이스를 구축하여 지적업무의 효율성과 정확도 향상 및 지적정보의 응용, 가공으로 신속한 정책정보를 제공하는 시스템이다.

정답 ①

8. 필지중심토지정보시스템에서 도형정보와 속성정보를 연계하기 위하여 사용되는 가변성이 없는 고유번호는?

① 객체식별번호 ② 단일식별번호
③ 유일식별번호 ④ 필지식별번호

| 해설 |

필지식별번호는 각 필지의 등록사항의 저장과 수정 등을 용이하게 처리할 수 있는 가변성이 없는 고유번호를 말한다.

정답 ④

9. 필지중심토지정보시스템 중 지적소관청에서 일반적으로 많이 사용하는 시스템은?

① 지적측량시스템 ② 지적행정시스템
③ 지적공부관리시스템 ④ 지적측량성과작성시스템

| 해설 |

지적업무의 효율성과 정확도 향상 및 지적정보의 응용·가공으로 신속한 정책정보를 제공하는 시스템은 지적공부관리시스템이다.

정답 ③

10. 필지중심토지정보시스템의 구성 체계 중, 지적측량 업무를 지원하는 시스템으로서 지적측량 업무의 자동화를 통하여 생산성과 정확성을 높여주는 시스템은?

① 지적측량시스템 ② 지적행정시스템
③ 공간정보관리시스템 ④ 지적공부관리시스템

| 해설 |

지적측량 시스템은 데이터베이스를 구축하여 지적업무의 효율성과 정확도 향상 및 지적정보의 응용, 가공으로 신속한 정책정보를 제공하는 시스템이다.

정답 ①

11. PBLIS 구축의 직접적인 기대효과가 아닌 것은?

① 지적정보의 효율적 관리
② 지적정보 활용의 극대화
③ 지적재조사 사업의 비용 절감
④ 지적행정업무의 획기적인 개선

| 해설 |

필지중심토지정보시스템은 지적정보를 효율적으로 관리할 수 있고 지적행정업무를 획기적으로 개선하여 최신의 정보를 제공, 토지행정 및 토지정책 수립에서 정확한 의사결정을 지원함으로써 지적정보 활용을 극대화하는 것이다.

정답 ③

12. 토지종합정보망 소프트웨어 구성에 관한 설명으로 옳지 않은 것은?

① 미들웨어는 클라이언트에 탑재
② DB 서버–응용 서버–클라이언트로 구성
③ 미들웨어는 자료제공자와 도면 생성자로 구분
④ 자바(Java)로 구현하여 IT–플랫폼과 관계없이 운영 가능

| 해설 |

① 미들웨어는 분산 컴퓨팅 환경에서 서로 다른 기종의 하드웨어나 프로토콜과 통신환경 등을 연결하여, 응용프로그램과 그 프로그램이 운영되는 환경 간에 원만한 통신이 이루어질 수 있게 하는 소프트웨어를 말한다.
② ArcSDE/ZEUS 서버시스템, 미들웨어시스템, 클라이언트시스템으로 구성되었다.

정답 ①

13. 한국토지정보시스템에 대한 설명으로 옳은 것은?

① 한국토지정보시스템은 지적공부관리시스템과 지적측량과 작성시스템으로만 구성되어 있다.
② 한국토지정보시스템은 국토교통부의 토지관리정보시스템과 개별공시지가관리시스템을 통합한 시스템이다.
③ 한국토지정보시스템은 국토교통부의 토지관리정보시스템과 행정안전부의 시·군·구 지적행정시스템을 통합한 시스템이다.
④ 한국토지정보시스템은 필지중심토지정보시스템과 토지관리정보시스템을 통합·연계한 시스템이다.

| 해설 |

한국토지정보시스템(KLIS)은 이전에 존재하던 필지중심토지정보시스템(PBLIS)과 토지관리정보시스템(LMIS)을 통합 연계한 시스템이다.

정답 ④

14. **한국토지정보시스템(Korea Land Information System)에 대한 설명으로 옳지 않은 것은?**

① 일필지 단위의 도형정보와 속성정보를 기반으로 토지의 모든 정보를 전산으로 등록하고 제공하는 시스템이다.
② PBLIS와 LMIS를 통합한 토지의 정보를 전산으로 등록하여 제공하는 시스템이다.
③ 대축척의 지적도를 기본도로 이용하여 구축한 시스템으로서 정확한 위치 개념과 고밀도 데이터로 구성되었다.
④ 기본계획을 수립할 때는 국가지리정보체계추진위원회의 심의를 거친 후 이를 확정한다.

| 해설 |

④는 국가지리정보체계의 기본계획을 수립할 경우 해당 사항이다.

정답 ④

15. **한국토지정보시스템에 대한 설명으로 옳은 것은?**

① PBLIS와 LMIS를 통합하여 새로 구축한 시스템이다.
② 지하시설물 관리를 중심으로 각 지자체에서 구축한 것이다.
③ 한국토지정보시스템은 National Geographic Information Systems의 약자로 NGIS라 한다.
④ 한국토지정보시스템은 지적공부관리시스템과 지적측량성과시스템으로 구성되어 있다.

| 해설 |

한국토지정보시스템은 Korea Land Information System의 약자인 KLIS로 행정자치부에서 운영하고 있는 PBLIS와 LMIS를 통합한 토지의 정보를 전산화로 등록하여 제공하는 시스템이다.

정답 ①

16. **한국토지정보시스템(KLIS)에 대한 설명으로 옳은 것은?**

① 토지 관련 정보를 공동 활용하기 위해 구축한 것이다.
② PBLIS 와 LMIS를 통합하여 구축한 것이다.
③ 지하시설물 관리를 중심으로 구축한 것이다.
④ 과거 행정안전부에서 독자적으로 구축한 시스템이다.

| 해설 |

한국토지정보시스템(KLIS)은 과거 건설교통부의 토지 관련 업무와 행정자치부의 지적관련 업무가 분리되어 처리됨에 따라 발생하였던 자료의 이중관리 및 정확성 문제 등을 해결하기 위하여 구축된 통합정보시스템이다.

정답 ①

17. **한국토지정보시스템의 개발 배경에 대한 설명으로 옳지 않은 것은?**

① 필지중심토지정보시스템은 지적도를 기본도로 하였으며, 토지종합정보망은 지형도를 기본도로 하였다.
② 한국토지정보시스템은 구 행정자치부의 필지중심토지정보시스템과 구 건설교통부의 토지 종합정보망을 통합하여 개발한 시스템이다.
③ 기존 전산화사업을 통해 구축된 데이터의 중복을 방지하고 데이터 간 이질감을 방지하기 위해 필지중심토지정보시스템과 토지종합정보망을 연계 통합하였다.
④ 한국토지정보시스템은 구 행정자치부가 담당하는 다양한 지적관련 업무와 함께 구 건설교통부가 담당하는 토지행정업무 지원기능 및 공간자료 관리기능을 제공한다.

| 해설 |

토지종합정보망에서 구축하는 자료는 공간(도면)자료와 속성자료로 구성되며, 공간자료에는 지형도, 연속 및 편집 지적도, 용도지역 지구도 등이 포함되며, 속성자료는 토지관리 6개 업무에서 생산·활용·관리하는 각종 대장 및 조서 자료와 관련 법률자료 등을 포함한다.

정답 ①

18. **한국토지정보시스템의 약자로 맞는 것은?**

① LMIS ② KMIS ③ PBLIS ④ KLIS

| 해설 |

한국토지정보시스템(KLIS; Korea Land Information System)은 행정자치부에서 운영하는 PBLIS와 건설교통부의 LMIS를 통합하여 토지의 정보를 전산화로 등록하여 제공하는 시스템이다.

정답 ④

19. **한국토지정보체계의 개발 목적에 대한 설명으로 틀린 것은?**

① 다양한 토지 관련 정보를 제공
② 지적, 건물, 시설물 등 각종 정보의 통합관리가 가능
③ 공평 과세 실현을 위한 정확한 정보를 신속하게 제공
④ 대국민 서비스 강화 및 토지소유권 보호에 맞는 프로그램 개발

| 해설 |

KLIS의 개발 목적

① 기존구축 완료된 토지(임야)대장의 속성정보를 연계 활용하여 데이터구축의 중복을 방지하고자 하였다.
② 지적도, 건물, 시설물 등 각종 정보를 통합하여 관리할 수 있다.
③ 토지소유권 보호 및 공평과세 실현을 위한 정확한 정보를 신속하게 제공할 수 있다.
④ 토지에 관련된 정보를 등록, 관리, 유지, 보수하여 토지정책과 토지행정 등의 토지와 관련된 모든 정보를 포함하고 있다.
⑤ 초고속 통신망을 활용하여 정보를 제공함으로써 행정처리 단계를 축소할 수 있다.
⑥ 예산절감의 효과를 얻을 수 있고 사용자에게 신속하고 정확하게 정보를 제공할 수 있다.

정답 ④

20. 한국토지정보시스템 구축에 따른 기대효과로 옳지 않은 것은?

① 업무 능률성 향상 ② 데이터 무결성 확보
③ 지적도 DB 활용 확보 ④ 2계층으로 시스템 확장성

| 해설 |

PBLIS는 2계층 구조, LMIS는 3계층 구조를 채택하였으나 두 시스템을 3계층 구조의 통합시스템으로 재개발하고 명칭을 KLIS로 하여 통합시스템으로 하였다.

정답 ④

21. 한국토지정보시스템에서 사용할 수 있는 GIS 엔진이 아닌 것은?

① Java ② Zeus
③ Gothic ④ ArcSDE

| 해설 |

① PBLIS와 LMIS에서 사용했던 Gothic, ArcSDE, ZEUS 등의 프로그램을 전면 수용할 수 있도록 개발하였다.
② JAVA는 간단하고 객체 지향적이며 Platform-independent, Muti-threaded, dynamic한 특징을 갖고 있는 Programing 언어이다.

정답 ①

22. PBLIS와 NGIS의 연계로 인한 장점으로 가장 거리가 먼 것은?

① 토지 관련 자료의 원활한 교류와 공동활용
② 토지의 효율적인 이용 증진과 체계적 국토개발
③ 유사한 정보시스템의 개발로 인한 중복투자 방지
④ 지적측량과 일반측량의 업무통합에 따른 효율성 증대

| 해설 |

지적측량과 일반측량의 업무통합과는 무관하다.

정답 ④

23. 한국토지정보시스템(KLIS) 운영의 구성과 거리가 먼 것은?

① 지적공부의 정리 및 관리
② 지적측량성과 검사 지원
③ 지적기준점의 정리 및 관리
④ 지형도면의 정리 및 관리

| 해설 |

한국토지정보시스템(KLIS) 운영의 구성은 지적공부에 관한 내용으로 지형도면의 정리 및 관리는 무관하다.

정답 ④

24. 다음 중 한국토지정보시스템(KLIS)의 구성 시스템이 아닌 것은?

① DB 변환관리시스템
② 지적측량접수시스템
③ 지적공부 관리시스템
④ 토지 행정지원시스템

| 해설 |

KLIS의 구성 내용은 지적공부 관리시스템, 측량성과작성시스템, DB 변환시스템, 연속/편집도 시스템, 토지 민원발급시스템, 도로명 및 건물번호, 토지 행정지원시스템, 용도지역·지구 관리시스템 등이다. 그러나 지적측량접수시스템은 한국국토정보공사에서 구축한 시스템이다.

정답 ②

25. KLIS 중 토지의 등록사항을 관리하는 시스템으로 속성정보와 공간정보를 유기적으로 통합하여 상호 데이터의 연계성을 유지하며 변동자료를 실시간으로 수정하여 국민과 관련 기관에 필요한 정보를 제공하는 시스템은?

① 지적공부 관리시스템
② 측량성과작성시스템
③ 토지 민원발급시스템
④ 연속편집도 관리시스템

| 해설 |

지적공부관리시스템은 속성정보와 공간정보를 유기적으로 통합하여 상호 데이터의 연계성을 유지하며 변동자료를 실시간으로 수정하여 국민과 관련 기관에 필요한 정보를 제공하는 시스템이다.

정답 ①

26. 한국토지정보체계(KLIS)에서 지적공부 관리시스템의 기능에 해당하지 않는 것은?

① 지적공부 정리 파일(*.DAT)의 생성 기능
② 개인별 토지 소유현황을 조회하는 기능
③ 토지이동에 따른 변동 내역을 조회하는 기능
④ 소유권 연혁에 대한 오기정정 기능

| 해설 |

지적공부 정리 파일(*.DAT)의 생성은 지적측량성과작성시스템에서 실시할 수 있는 기능이다.

정답 ①

27. 다음 중 지적측량성과작성시스템의 목적으로 가장 거리가 먼 것은?

① 지적측량성과의 적부심사 기준 설립
② 수작업에 의한 오류방지
③ 신속하고 정확한 지적측량성과 제공
④ 측량준비도 등의 작성 자동화

| 해설 |

소관청에서 추출된 도면 데이터 파일을 이용하여 해당 필지를 측량하기 위한 지적 측량준비도를 작성하며 현장에서 측량된 자료를 지적측량시스템과 연계하여 지적측량성과를 작성하는 시스템이다.

정답 ①

28. 측량성과작성시스템에서의 해당 파일의 확장자가 잘못 연결된 것은?

① 도형데이터 추출 파일 : *.cif
② 토지이동정리 파일 : *.dat
③ 측량 관측 파일 : *.svy
④ 측량성과 파일 : *.ser

| 해설 |

측량성과작성시스템에서 사용하는 파일은 도형데이터 추출 파일(*.cif), 측량 관측 파일(*.svy), 측량계산 파일(*.ksp), 측량성과 파일(*.jsg), 토지이동정리 파일(*.dat) 등이 있다.

정답 ④

29. 지적측량성과작성시스템에서 지적측량접수프로그램을 이용하여 작성된 측량성과 검사요청서 파일 포맷 형식으로 옳은 것은?

① *.jsg ② *.srf ③ *.sif ④ *.cif

| 해설 |

측량성과작성시스템에서 사용하는 파일은 도형데이터 추출 파일(*.cif), 측량성과 파일(*.jsg), 토지이동정리 파일(*.dat) 등이 있다.

정답 ①

30. KLIS 연계시스템에 대한 설명으로 틀린 것은?

① 지적공사와 소관청 간의 연계시스템이다.
② 도면 및 대장 열람과 측량 관련 문서를 온라인으로 처리할 수 있다.
③ 지적측량과 관련된 파일을 송수신할 수 있는 시스템이다.
④ 토지 관련 정보를 신속하게 대국민에 제공하는 데 목적을 두고 있다.

| 해설 |

한국국토정보공사와 소관청 간의 도면 및 대장 열람과 측량 관련 문서를 온라인으로 처리하여 파일을 송수신하는 시스템이다.

정답 ④

31. 토지 행정에 있어서 토지정보시스템의 기본적인 활용 사항과 가장 거리가 먼 것은?

① 토지정책 수립의 기초자료로 활용
② 국방정책의 기초자료로 활용
③ 조세 효과분석의 자료로 활용
④ 대규모개발사업의 파급효과 분석자료로 활용

| 해설 |

토지 행정에 있어서 토지정보시스템은 환경자료, 농업자료, 행정자료, 교통자료, 조세 자료, 지적측량자료, 공공시설자료, 도로관리, 상하수도, 건축물 관리 등의 기초자료로 이용된다.

정답 ②

32. 한국토지정보시스템 운영기관의 장이 데이터를 백업해야 하는 주기는?

① 일 1회 ② 주 1회
③ 월 1회 ④ 연 1회

| 해설 |

「부동산종합공부시스템 운영 및 관리규정」 제15조 한국토지정보시스템 운영기관의 장은 운영기관의 장은 부동산종합공부시스템의 전산장비를 수시로 점검·관리하되, 월1회 이상 정기점검을 하여야 한다.

정답 ③

33. 부동산종합공부시스템의 전산장비 정기점검 주기로 옳은 것은?

① 일 1회 이상 ② 주 1회 이상
③ 월 1회 이상 ④ 연 1회 이상

| 해설 |

전산장비의 설치와 관리를 위한 운영기관의 장은 부동산종합공부시스템의 전산장비는 수시로 점검·관리하되, 월 1회 이상 정기점검을 하여야 한다.

정답 ③

34. 지방자치단체가 지적공부 및 부동산종합공부 정보를 전자적으로 관리·운영하는 시스템은?

① 한국토지정보시스템 ② 부동산종합정보시스템
③ 지적행정시스템 ④ 국가공간정보시스템

| 해설 |

「부동산종합공부시스템 운영 및 관리규정」 제2조 부동산종합공부시스템이란 지방자치단체가 지적공부 및 부동산종합공부 정보를 전자적으로 관리·운영하는 시스템을 말한다.

정답 ②

35. 지적소관청이 부동산종합공부에 공통으로 등록하여야 하는 사항으로 옳지 않은 것은?

① 소재지 ② 관련 지번
③ 건축물 명칭 ④ 토지이동사유

| 해설 |

부동산종합공부의 등록사항
① 토지의 표시와 소유자, 건축물의 표시와 소유자에 관한 사항
② 토지이용계획확인서의 내용, 개별공시지가, 개별주택가격 및 공동주택가격 공시내용

정답 ④

36. **부동산종합공부 운영기관의 장은 프로그램 및 전산자료가 멸실·훼손된 경우에는 누구에게 통보하고 이를 지체 없이 복구하여야 하는가?**

① 시·도지사 ② 국가정보원장
③ 국토교통부장관 ④ 행정안전부장관

| 해설 |

「부동산종합공부시스템 운영 및 관리규정」 제14조 운영기관의 장은 프로그램 및 전산자료가 멸실·훼손된 경우에는 국토교통부장관에게 그 사유를 통보한 후 지체 없이 복구하여야 한다.

정답 ③

37. **부동산종합공부시스템에 대한 정상적인 운용상태에 대한 지적소관청의 점검 시기로 옳은 것은?**

① 매월 ② 매주
③ 매일 ④ 수시

| 해설 |

「부동산종합공부시스템 운영 및 관리규정」 제15조 운영기관의 장은 부동산종합공부시스템의 전산장비를 수시로 점검·관리하되, 월 1회 이상 정기점검을 하여야 한다.

정답 ④

38. **우리나라가 사용하고 있는 지적공부관리시스템 중 가장 최신 시스템은?**

① PBLIS ② KLIS
③ LMIS ④ EIS

| 해설 |

KLIS는 2003년 6월부터 2004년까지 한국토지정보시스템 개발을 완료하여 2005년 전국에 확산하고 지적전산 정보에 대한 효율적인 활용과 지속해서 Update가 가능하고 유지·관리가 편리하며 정확한 자료를 제공할 수 있다.

정답 ②

39. **다음 중에서 가장 늦게 출현한 시스템은?**

① 지적행정시스템
② 부동산종합공부시스템
③ 한국토지정보시스템(KLIS)
④ 필지중심토지정보시스템(PBLIS)

| 해설 |

토지정보시스템의 구축 순서
① 지적행정시스템(1987~2000년)
② 필지중심토지정보시스템(PBLIS; 1995 ~2001년)
③ 토지관리정보시스템(LMIS; 1998 ~2001년)
④ 한국토지정보시스템(KLIS; 2005년 ~현재)
⑤ 부동산종합공부시스템(KRAS; 2010년 ~현재) 이다.

정답 ②

40. **토지 관련 정보시스템의 구축 순서를 올바르게 나열한 것은?**

① 지적행정시스템 → 필지중심토지정보시스템(PBLIS) → 토지관리정보체계(LMIS) → 한국토지정보시스템(KLIS)
② 필지중심토지정보시스템(PBLS) → 토지관리정보체계(LMIS) → 한국토지정보시스템(KLIS) → 지적행정시스템
③ 토지관리정보체계(LMIS) → 지적행정시스템 → 필지중심토지정보시스템(PBLIS) → 한국토지정보시스템(KLIS)
④ 한국토지정보시스템(KLIS) → 토지관리정보체계(LMIS) → 지적행정시스템 → 필지중심토지정보시스템(PBLIS)

| 해설 |

토지정보를 효율적으로 활용하기 위해 구축한 정보시스템의 구축 순서는 필지중심토지정보시스템(PBLIS) → 토지관리정보시스템(LMIS) → 한국토지정보시스템(KLIS) → 부동산종합공부시스템(KRAS) 이다.

정답 ①

41. **지적 관계 전산시스템을 나타내는 용어의 표기가 틀린 것은?**

① 토지관리정보체계 : LIMS
② 한국토지정보시스템 : KLIS
③ 필지중심토지정보시스템 : PBLIS
④ 지리정보시스템 : GIS

| 해설 |

토지관리정보체계는 LMIS(Land Management Information System)로 과거 건설교통부의 토지 관련 행정업무를 다루는 시스템이다.

정답 ①

42. **국가지리정보체계에 대한 설명으로 옳은 것은?**

① 국가지리정보체계의 주관부서는 행정자치부이다.
② 기본공간정보 데이터베이스의 기반구축을 포함한다.
③ 1995년부터 국가가 주도하여 추진해온 사업이다.
④ 정부에서 개발한 지리정보체계 소프트웨어의 명칭이다.

| 해설 |

국가지리정보체계는 1995년부터 국가 차원에서 사회간접자본에 해당하는 국가경쟁력 강화와 행정 생산성 제고 등에 기반이 되는 국가표준을 설정하여 기본공간정보 데이터베이스를 구축하며, GIS 관련 기술개발을 지원하여 GIS 활용기반과 여건을 조성하기 위한 사업을 수행하기 시작하였다.

정답 ③

43. 국가지리정보체계에 대한 약어로 맞는 것은?

① GIS ② UIS
③ NGIS ④ KLIS

| 해설 |

국가지리정보체계(NGIS; National Geographic Information System)는 지리정보를 생산·관리하는 국가기관, 지방자치단체 및 정부 투자기관이 구축·관리하는 지리정보체계를 말한다.

정답 ③

44. 국가지리정보체계의 시행계획은 몇 년 단위로 시행하는가?

① 5년 ② 10년
③ 15년 ④ 20년

| 해설 |

정부는 국가지리정보체계의 구축 및 활용을 촉진하기 위하여 5년 단위로 국가지리정보체계 기본계획을 수립·시행한다.

정답 ①

45. 국가 공간정보기반(NSDI)의 구성요소가 아닌 것은?

① 파트너쉽 ② 표준
③ 프레임워크 데이터 ④ 공간분석기법

| 해설 |

국가 공간정보기반(National Spatial Data Infrastructure : NSDI)구성요소는 클리어링하우, 메타데이터, 프레임워크데이터, 표준, 파트너십 등이다.

정답 ④

46. 국가 공간정보의 제공과 관련한 내용으로 옳지 않은 것은?

① 공간정보이용자에게 제공하기 위하여 국가 공간정보센터를 설치·운영하고 있다.
② 수집한 공간정보는 제공의 효율화를 위해 분석 또는 가공하지 않고 원자료 형태로 제공하여야 한다.
③ 관리기관이 공공기관일 경우는 자료를 제출하기 전에 주무 기관의 장과 미리 합의하여야 한다.
④ 국토교통부장관은 국가 공간정보센터의 운영에 필요한 공간정보를 생산 또는 관리하는 관리기관의 장에게 자료의 제출을 요구할 수 있다.

| 해설 |

국토교통부장관은 공간정보를 수집·가공하여 정보이용자에게 제공하기 위하여 국가 공간정보센터를 설치하고 운영하여야 한다.

정답 ②

47. 국가지리정보체계의 추진과정에 관한 내용으로 틀린 것은?

① 1995년부터 2000년까지 제1차 국가 GIS 사업수행
② 2006년부터 2010년에는 제2차 국가 GIS 기본계획 수립
③ 제1차 국가 GIS 사업에서는 지형도, 공통주제도, 지하시설물도의 DB 구축 추진
④ 제2차 국가 GIS 사업에서는 국가 공간정보기반 확충을 통한 디지털 국토 실현 추진

| 해설 |

제2차 국가지리정보체계의 대상 기간은 2001년부터 2005년까지 5년이며, 추진목표는 21세기 지식정보 시대를 대비하는 국가 공간정보기반을 확충하여 디지털 국토를 실현하는 데 목적을 두었다.

정답 ②

48. 국가지리정보체계사업(NGIS)의 단계별 주요 목표에 대한 설명으로 옳은 것은?

① 제1차 사업은 1995년 시작되었으며, 수치 지도의 표준화 활용방안을 주요 목표로 설정하였다.
② 제2차 사업은 2001년 시작되었으며, 지적도 전산화 구축을 주요 목표로 하였다.
③ 제3차 사업은 2006년부터 시작되었으며, 수치 지도의 작성을 주요 목표로 하였다.
④ 제4차 사업은 2010년부터 시작되었으며, 언제·어디서나·누구나 자유롭게 활용할 수 있는 그린(Green)공간정보 구축을 목표로 하였다.

| 해설 |

① 제1차 사업은 1995년 시작되었으며, 지형도와 주제도전산화사업(1995~2000년)을 주요 목표로 설정하였다.
② 제2차 사업은 2001년 시작되었으며, 21세기 지식정보시대를 대비하는 국가 공간정보기반을 확충하여 디지털 국토를 실현하는 데 목적을 두었다.
③ 제3차 사업은 2006년부터 시작되었으며, 질적 확산이 될 수 있도록 NGIS 기반을 지속적으로 발전시켜 고도화된 기술력으로 개발하는 것이 목적이다.
④ 제4차 사업은 2010년부터 시작되었으며, 언제·어디서나·누구나 자유롭게 활용할 수 있는 그린(Green)공간정보 구축을 목표로 하였다.

정답 ④

49. 제2차 NGIS(국가GIS) 사업의 주요 추진전략에 해당하지 않는 것은?

① 지리정보의 통합 ② 기존지리정보 구축
③ GIS 전문인력 양성 ④ 지리정보 유통체계 구축

| 해설 |

제2차 국가지리정보체계(NGIS)의 추진전략은 실행계획 수립 및 평가, 표준화로 통합 유지관리, 국제협력, 전문인력 양성, 지원연구 등 5개 분야를 중점적으로 추진하였다.

정답 ①

50. 제3차 국가지리정보체계의 목적에 해당하지 않는 것은?

① Ubiquitous 세상을 향한 지능형 사이버국토 건설
② GIS를 기반으로 질적인 확산보다는 양적인 확산
③ GIS Service를 통한 국민의 삶의 방식을 개선
④ GIS를 이용한 New Business를 창출

| 해설 |
제3차 국가지리정보체계의 목적은 Ubiquitous 세상을 향한 지능형 사이버국토 건설로 GIS 기반 전자정부를 구현할 수 있도록 하며 GIS Service를 통한 국민의 삶의 방식을 개선하고 GIS를 이용한 New Business를 창출하는 데 있다.

정답 ②

51. 다음 중 우리나라 국가지리정보체계(NGIS)의 제3차 사업 추진계획의 기간과 주요 내용으로 옳은 것은?

① 1996~2000년, GIS 초기 단계
② 2001~2005년, GIS 확장단계
③ 2001~2005년, GIS 운영 및 구축단계
④ 2006~2010년, GIS 정착단계

| 해설 |
국가지리정보체계 구축사업은 1995년부터 5년 단위로 2010년까지 1차, 2차, 3차 계획을 작성하여 추진하였는데 그중 3차 계획은 2006년부터 2010년까지 GIS 정착단계로 추진하였다.

정답 ④

52. 제5차 국가 공간정보정책 기본계획의 계획 기간으로 옳은 것은?

① 2005년~2010년 ② 2010년~2015년
③ 2013년~2017년 ④ 2014년~2019년

| 해설 |
제5차 국가 공간정보정책 기본계획은 변화된 정책환경에 적극적으로 대응하고 공간정보 융복합산업 활성화 및 정부 3.0을 실현을 위한 계획 기간은 2013~2017년이다.

정답 ③

53. 다음 NGIS의 데이터교환 표준포맷은?

① MOSS ② DX-90
③ TIGER ④ SDTS

| 해설 |
우리나라는 1995년 12월 국가지리정보체계 사업에 공간데이터교환 포맷으로 SDTS를 원칙으로 하고 있다.

정답 ④

54. 지리정보시스템(GIS)에 관한 설명이 틀린 것은?

① 효율적인 수치지도를 제작할 수 있다.
② 실세계의 공간 현상에 대한 공간모델링이 가능하다.
③ 입지분석을 위한 공간분석기능을 제공한다.
④ 다양한 자료 유형을 통합할 수 있지만 3차원적 표현은 불가능하다.

| 해설 |
지리정보시스템(GIS)은 지구상의 정보로 효율적인 수치지도를 제작할 수 있으며, 실세계의 공간 현상에 대한 공간모델링이 가능하다. 입지분석을 위한 공간분석기능을 제공할 수 있으며, GIS는 3차원 투시도를 제작하여 계획하거나 정책결정자에게 더욱 효율적인 정보를 제공한다.

정답 ④

55. 지리정보시스템(GIS)에 대한 설명으로 옳지 않은 것은?

① 지리정보의 전산화 도구
② 고품질의 공간정보 획득 도구
③ 합리적인 공간 의사결정을 위한 도구
④ CAD 및 그래픽 전용 도구

| 해설 |
지리정보시스템(GIS)은 지리정보를 전산화하고, 고품질의 공간정보 획득, 시·공간적 분석을 통하여 그 효용성을 극대화하기 위한 체계로 합리적인 공간 의사결정을 위한 정보시스템이다.

정답 ④

56. 지리정보시스템의 자료특성에 대한 설명으로 옳지 않은 것은?

① 벡터(Vector) 자료는 점(Point), 선(Line), 면(Polygon) 자료구조로 단순화하여 좌표를 통해 실세계의 지형·지물을 표현한 자료로 수치지도가 이에 속한다.
② 래스터(Raster) 자료는 균등하게 분할된 격자 모델로 최소단위인 화소(Pixel) 또는 셀(Cell)로 구성된 자료로 항공 영상, 위성영상이 대표적이다.
③ 속성정보는 지도상의 특성이나 질, 지형·지물의 관계 등을 문자나 숫자 형태로 나타낸 자료로 대장, 보고서 등이 이에 속한다.
④ 위치정보는 절대 위치정보만으로 구성되며 영상이나 지도 위의 점, 선, 면의 형상을 나타내는 자료이다.

| 해설 |
위치정보는 점, 선, 면(다각형)과 같은 공간의 개개 위치를 판별하는 것으로서 상대 위치정보와 절대 위치정보로 구분된다.

정답 ④

57. GIS가 다른 정보시스템과 비교하여 가장 기본적인 정보요소로 옳은 것은?

① 시간 ② 위치
③ 사람 ④ 지형·지물

| 해설 |

위치정보는 GIS에서 가장 우선적인 정보로 함으로써 다른 정보시스템과의 차이점이라 할 수 있다.

정답 ②

58. 지리정보시스템의 필요성에 대한 설명으로 옳지 않은 것은?

① 자료중복조사 방지 및 분산관리를 위한 측면
② 행정환경 변화의 수동적 대응을 하기 위한 측면
③ 통계담당 부서와 각 전문부서 간의 업무의 유기적 관계를 갖기 위한 측면
④ 시간적, 공간적 자료의 부족, 개념 및 기준의 불일치로 인한 신뢰도 저하를 해소하기 위한 측면

| 해설 |

지리정보시스템의 필요성
① 지리적 분포, 통계분석의 가시적 표시 및 변화추출을 할 수 있다.
② 자료중복조사 방지 및 분산관리를 위한 시스템이다.
③ 통계담당 부서와 각 전문부서 간의 업무의 유기적 관계를 갖기 위한 시스템이다.
④ 시간적, 공간적 자료의 부족을 해결하기 위한 시스템이다.
⑤ 개념 및 기준의 불일치로 인한 신뢰도 저하를 해소하기 위한 방법이다.

정답 ②

59. 지리정보시스템에서 입력된 공간자료와 속성자료를 동시에 이용한 연산을 통해 모델링을 실시하는 유형으로 가장 거리가 먼 것은?

① 화재 발생 시 소방차 출동을 위한 최단 거리계산
② 도로설계 시 신설도로망을 중심으로 한 유력 상권의 분석
③ 특정 지역을 기준으로 한 전망(Aspect)의 분석
④ 납골당 건설 예정지 선정을 위한 적지 분석

| 해설 |

연산을 통해 모델링을 실시하는 유형은 화재 발생 시 소방차 출동을 위한 최단 거리계산, 도로설계 시 신설도로망을 중심으로 한 유력 상권의 분석, 납골당 건설 예정지 선정을 위한 적지 분석 등이다.

정답 ③

60. GIS의 구축 및 활용을 위한 과정을 순서대로 올바르게 나열한 것은?

① ㉠-㉢-㉣-㉡	㉠ 자료수집 및 입력
② ㉣-㉠-㉢-㉡	㉡ 결과 출력
③ ㉡-㉠-㉣-㉢	㉢ 데이터베이스 구축 및 관리
④ ㉣-㉡-㉠-㉢	㉣ 데이터 분석

| 해설 |

GIS 구축 및 활용을 위한 과정은 자료수집 및 입력 → 데이터베이스 구축 및 관리 → 데이터 분석 → 결과 출력이다.

정답 ①

61. 다음 중 공간문제를 해결하기 위한 수단으로서 GIS의 역할로 틀린 것은?

① 효과적인 시설물 또는 자원의 관리 및 배분이 가능
② 관측된 공간적 속성의 분포를 모니터링하고 이해
③ 위치(장소) 간에 존재하는 유사성과 차별성 파악
④ 공간데이터와 속성데이터의 독립적 관리

| 해설 |

GIS는 공간데이터와 속성데이터를 연계 통합하여 관리하고 활용하는 시스템이다.

정답 ④

62. ( )안에 알맞은 단어로 짝지어진 것은?

> GIS는 ( )에 관련된 문제들을 해결하기 위해 ( )를 이용하고 관리하기 위한 컴퓨터 기반의 체계를 의미한다.

① 국토개발, 지형도 ② 공간, 지리자료
③ 지리정보, GPS ④ 지도제작, 토지정보

| 해설 |

GIS는 공간에 관련된 문제들을 해결하기 위해 지리자료를 이용하고 관리하기 위한 컴퓨터 기반의 체계를 의미한다.

정답 ②

63. 개방형 지리정보시스템(Open GIS)의 필요성에 대한 설명으로 틀린 것은?

① 시스템 상호 간의 접속에 대한 용이성과 분산처리 기술을 확보하여야 한다.
② 국가 공간정보 유통기구를 통해 유통할 경우 개방형 GIS 구축이 필수적이다.
③ 서로 다른 GIS 데이터의 표준화로 같은 종류의 데이터만 교환할 수 있도록 해야 한다.
④ 정보의 교환 및 시스템의 통합과 다양한 분야에서 공유할 수 있어야 한다.

| 해설 |

객체 지향적 자료의 관리 및 저장을 지향하는 것과 서로 다른 GIS 데이터 상호 간의 호환이 필요하다.

정답 ③

64. 다음 중 지리현상의 공간적 분석에서 시간의 개념을 도입하여, 시간의 변화에 따른 공간변화를 이해하려는 방법과 가장 밀접한 관련이 있는 것은?

① Temporal GIS ② Embedded SW
③ Target Platform ④ Terminating Node

| 해설 |

Temporal GIS란 지리 현상의 공간적 분석에서 시간의 개념을 도입하여, 시간의 변화에 따른 공간변화를 이해하기 위한 GIS이다.

정답 ①

65. 외국의 토지정보관리체계와 시작연도를 연결한 것이다. 틀린 것은?

① 프랑스－1978년 ② 대만－1990년
③ 독일－1975년 ④ 스웨덴－1972년

| 해설 |

독일은 부동산지적부의 전산화 사업으로 1975년 지적도 자동화 개발을 시작하였으며, 스웨덴의 지적전산화작업은 1972년 'Data Bank System I'로, 프랑스는 1978년 지적사무에 대한 전산화 1단계 사업을 추진하였다. 또한, 대만은 1981년 지적정보센터를 신설하여 전산화 체계를 확립하였다.

정답 ②

66. 스웨덴 토지데이터뱅크의 구성에 해당하지 않는 것은?

① 주등록부 ② 좌표등기부
③ 지번등록부 ④ 주거표시등록부

| 해설 |

스웨덴의 토지데이터뱅크 구성은 주등록부(Main Register), 좌표등기부(Coordinate Register), 계획 등록부(Planning Register), 가구등록부(Block Register), 주거표시등록부(Address Register)로 되어있다.

정답 ③

67. 지리정보체계를 최초로 개발한 국가로 옳은 것은?

① 미국 ② 캐나다
③ 호주 ④ 네덜란드

| 해설 |

1950년대 미국 워싱턴 대학에서 연구를 시작하여 1960년대 캐나다의 자원관리를 목적으로 CGIS (Canadian GIS)를 개발하여 각국에 보급하였다.

정답 ②

68. 도시정보시스템에 대한 설명으로 옳지 않은 것은?

① 토지와 건물의 속성만을 입력할 수 있는 시스템이다.
② UIS라고 하며 Urban Information System의 약어이다.
③ 도시 전반에 관한 사항을 관리·활용하는 종합적이고 체계적인 정보시스템이다.
④ 지적도 및 각종 지형도, 도시계획도, 토지이용계획도, 도로교통시설물 등의 지리정보를 데이터베이스화한다.

| 해설 |

도시정보체계(UIS : Urban Information System)는 도시계획 및 도시화 현상에서 발생하는 인구, 자원 및 교통관리, 건물면적, 지명, 환경변화 등에 관한 자료를 다루는 체계로 도시 현황파악 및 도시계획, 도시정비, 도시기반 시설을 효과적으로 관리할 수 있는 시스템이다.

정답 ①

69. 도시현황 파악 및 도시계획, 도시정비, 도시기반시설의 관리를 효과적으로 수행할 수 있는 시스템은?

① 교통정보시스템(TIS)
② 도시정보시스템(UIS)
③ 자원정보시스템(RIS)
④ 환경정보시스템(EIS)

| 해설 |

도시정보체계는 도시계획 및 도시화 현상에서 발생하는 인구, 자원 및 교통관리, 건물면적, 지명, 환경변화 등에 관한 자료를 다루는 체계로 도시 현황파악 및 도시계획, 도시정비, 도시기반 시설관리를 할 수 있는 도시정보체계가 필수적으로 필요하다.

정답 ②

70. 도시지역의 인구, 건물면적, 지명 등과 같이 숫자나 문자로 표시되는 속성정보와 지형, 행정구역경계, 도로 등과 같이 지도나 도면에 의해 표시되는 정보를 체계적으로 관리함으로써, 시정업무를 효율적으로 지원할 수 있는 기능과 소프트웨어를 갖춘 정보체계로 옳은 것은?

① LIS(Land Information System)
② UIS(Urban Information System)
③ MIS(Map Information System)
④ DIS(Disaster Information System)

| 해설 |

도시정보체계(UIS; Urban Information System)는 도시계획 및 도시화 현상에서 발생하는 인구, 자원 및 교통관리, 건물면적, 지명, 환경변화 등에 관한 자료를 다루는 체계로 도시 현황파악 및 도시계획, 도시 정비, 도시기반 시설을 효과적으로 할 수 있는 시스템이다.

정답 ②

71. **도시정보체계(UIS)의 특징에 대한 설명으로 옳지 않은 것은?**

① 자료의 접근성은 편리하나 검색과 수집시간이 많이 소요된다.
② 종합적이고 시각적인 의사결정을 할 수 있다.
③ 관련 도면의 최신의 정보를 실시간으로 확보할 수 있다.
④ 과학적인 의사결정 자료를 받을 수 있다.

| 해설 |

도시정보체계(UIS)는 자료의 접근성이 편리하므로 정확한 데이터를 활용할 수 있으며 정보에 대한 검색과 수집시간이 단축되고 관계기관과의 연계가 가능하다.

정답 ①

72. **도시정보체계(UIS)를 구축할 경우 기대효과에 대한 설명이다. 틀린 것은?**

① 도시 행정을 총괄적으로 관리할 수 있다.
② 각종 도시계획을 효율적이고 과학적으로 수립할 수 있다.
③ 정보기반구축으로 시설물을 입체적으로 관리할 수 있다.
④ 지상의 시설물은 정확하게 관리할 수 있으나 지하시설물의 관리는 불가능하다.

| 해설 |

지하시설물을 통합 D/B로 구축함으로써 예산 절감 및 효율적인 투자를 유도할 수 있다.

정답 ④

73. **시설물관리를 위한 수치 지도를 바탕으로 건축, 전기, 설비, 통신, 가스, 도로 등의 위치 정보를 데이터베이스로 구축하고 공간데이터와 연관되는 속성자료를 입력하여 시설물에 대한 유지보수 활동을 효과적으로 지원할 수 있는 체계는 무엇인가?**

① FM ② ITS ③ UGIS ④ Telematics

| 해설 |

FM(Facility Management)은 시설물관리를 위한 수치지도를 바탕으로 건축, 전기, 설비, 통신, 가스, 도로 등의 위치정보 데이터베이스를 구축하고 공간데이터와 연관되는 속성자료를 입력하여 시설물에 대한 유지보수 활동을 효과적으로 지원할 수 있는 시스템이다.

정답 ①

74. **도로, 상하수도, 전기시설 등의 자료를 수치 지도화하고 시설물의 속성을 입력하여 데이터베이스를 구축함으로써 시설물관리 활동을 효율적으로 지원하는 시스템은?**

① FM(Facility Management)
② LIS(Land Information System)
③ UIS(Urban Information System)
④ CAD(Computer-Aided Drafting)

| 해설 |

FM(Facility Management)은 도로, 상하수도, 전기시설 등의 자료를 수치 지도화하고 시설물의 속성을 입력하여 데이터베이스를 구축하여 시설물관리를 위한 정보체계이다.

정답 ①

75. **다음 용어의 정의 중 상호 관련이 틀린 것은?**

① AM-도면 자동화 ② FM-수치 모델
③ CAD-컴퓨터설계 ④ LBS-위치기반 정보시스템

| 해설 |

AM(Automated Mapping)은 도면작성의 자동화, FM(Facility Management)은 시설물관리, CAD(Computer Aided Design)은 컴퓨터설계, LBS(Location Based Service)는 위치기반 정보시스템이다.

정답 ②

76. **지도를 그리거나 생산해 내는 전산기 체계, 도면 자동화를 의미하는 용어로 옳은 것은?**

① AM(Automatic Mapping) System
② FM(Facility Management) System
③ UIS(Urban Information System)
④ DML(Data Management Language) System

| 해설 |

AM(Automatic Mapping)은 도형자료를 전산기와 소프트웨어를 이용하여 공간정보를 생성, 수정, 합성 등을 정리하는 시스템이다.

정답 ①

77. **항공사진, 위성사진 및 기타 이미 제작된 지도 등으로부터 지상 물에 대한 위치정보를 수치로 입력, 편집하고 데이터를 구성하여 여러 가지 형태의 지도를 만드는 컴퓨터 지도 제작시스템의 약자로 맞는 것은?**

① CAD ② CAM ③ CMS ④ FM

| 해설 |

CMS(Computer Mapping System)는 컴퓨터 지도제작시스템으로 위성사진, 항공사진 및 기존에 제작된 지도 등을 이용한다.

정답 ③

78. **언제 어디서나 원하는 정보에 접근할 수 있는 기술이나 환경을 의미하는 것으로 최근 지리정보시스템뿐만 아니라 여러 분야에서 이용되고 있는 신개념 정보화 환경으로 옳은 것은?**

① 위치기반서비스(LBS)
② 유비쿼터스(Ubiquitous)
③ 텔레매틱스(Telematics)
④ 지능형 교통체계(ITS)

| 해설 |

유비쿼터스(Ubiquitous)는 언제 어디서나 원하는 정보에 접근할 수 있는 기술이나 환경을 의미한다.

정답 ②

79. 지형·지물의 검색, 관리 및 재해방지, 물류, 부동산관리 등 지리정보의 다양한 활용을 위하여 지도상의 핵심 지형·지물에 부여하는 고유번호를 무엇이라 하는가?

① RFID ② UFID
③ 메타데이터 ④ 도엽번호

| 해설 |

UFID는 지형·지물의 검색, 관리 및 재해방지, 물류, 부동산관리 등 지리정보의 다양한 활용을 위하여 지도상의 핵심 지형·지물에 부여하는 고유번호를 말한다.

정답 ②

80. 위치기반서비스(Location Based Services)의 설명으로 옳지 않은 것은?

① 무선통신망을 기반으로 위치확인 기술을 이용해 이용자나 주요 대상물의 위치를 파악하고 이와 관련된 응용서비스를 제공하는 시스템 및 서비스를 통칭한다.
② 다양한 위치기반 콘텐츠의 개발과 무선통신 환경의 개선을 통해 유비쿼터스 시대의 핵심기술로 대두되고 있다.
③ 위치기반서비스는 무선측위, 모바일 장비, LBS 플랫폼, 무선네트워크, LBS 응용서비스 기술이 기반기술로 요구된다.
④ 위치기반서비스는 데스크톱 PC를 활용하여 고객관리 및 분석, 입지분석 등 다양한 공간분석을 제공하는 서비스이다.

| 해설 |

위치기반서비스(Location Based Services : LBS)는 휴대전화, PDA 등 이동통신 단말기의 위치에 따라 단말기 사용자에게 특화된 정보를 제공하는 서비스이다.

정답 ④

PART 04

지적학

CHAPTER

01 지적의 기초

1.1. 개요

1.1.1. 지적의 정의

지적은 국가가 국토를 관리하기 위해 작성한 토지의 단위를 구획하여 구체적으로 공적장부에 기록하는 것을 말한다. 지적은 국토의 지표·지하 및 공간을 막론하고 토지를 필지단위로 토지의 소유권리, 토지의 과세자료 및 재산적 가치에 필요한 다양한 자료를 조사하여 등록하고 유지·관리하며 사용자에게 실시간으로 제공하는 토지의 종합정보체계라고 할 수 있다.

① 미국의 퍼듀대학 맥엔트리(J. G. Mc Entyre) 교수는 "지적은 토지에 대한 법률적인 용어로서 세금을 부과하기 위한 부동산의 크기와 가치 그리고 소유권에 대한 국가적인 장부에 대한 등록이다."라고 정의하였다.

② 헨센(Henssen, J. L. G.) 교수는 "지적은 특정한 국가나 일정한 지역 안에 있는 일필지에 대한 법률관계(Legal Situation)에 대하여 별개의 재산권으로 행사할 수 있도록 대장과 대축척 지적도에 개별적으로 표시하여 체계적으로 정리한다."라고 정의하였다.

③ 영국의 해외개발부 심프슨(S. R. Simpson)은 "과세의 기초자료를 제공하기 위하여 한나라의 부동산에 대한 수량과 소유권 및 가격을 등록하는 제도"라고 정의하였다.

④ 대만의 국립중흥대학 래장(來長) 교수는 "지적이란 토지의 위치·경계·종류·면적·권리상태 및 사용상태 등을 기재한 공적장부를 말하는 것"이라고 정의하였다.

⑤ 국제측량사연맹(FIG)에서 발간한 지적에 관한 선언서에는 지적이란 통상적으로 토지에 대한 권리(Rights)와 제한사항(Restrictions) 및 의무사항(Responsibilities) 등 이해관계에 대한 기록을 포함한 필지중심의 현대적인 토지정보시스템이라고 정의하였다.

1.1.2. 지적의 어원

① 지적(地籍)이라는 용어는 근세에 이르러 나폴레옹(Napoleon) 1세가 제정한 지적법이 그 효시가 되었다.

② 프랑스의 어원연구가 브론드 하임(Blondheim)은 지적이라는 용어는 Notebook을 의미하며 그리스어 'Capitastrum'에서 유래한다고 주장하였다.

③ 스페인의 국립농업연구소 Ilmoor D. 교수는 그리스어의 접두사인 Kata는 '위에서 아래로'의 뜻이고 Stikhon은 "부과"라는 의미의 복합어로 Katastikhon은 "군주가 백성들에게 세금을 부과하는 제도"라는 의미[2]로 Cadastre가 유래하였다고 주장하였다.

④ 영국 P. F. Dale 교수는 Notebook 또는 상업기록(Business Record)이라는 뜻을 가진 그리스어에서 유래된 것이라고 주장하였다.[3]

2) 김종현, "지적의 어원에 대한 소고", 지적 Vol. I14, No.3, pp. 35-39
3) P.F.Dale, Cadastral Surveys Within the Commorwealth, HMSO. London 1976, p.1

⑤ 미국의 퍼듀(Purdue)대학교 John. G. Mc Entyre 교수는 지적이란 단어는 2,000여 년 전 라틴어에서 유래되었다고 주장하면서 로마인의 인두세등록부(Head Tax Register)를 의미하는 Capitastrum 또는 Catastrum에서 유래된 것이라고 주장하였다.

⑥ 지적의 어원에 관한 학자들의 주장은 그리스어인 Katastikhon과 라틴어인 Capitastrum은 그 내용에 있어서 모두 세금부과의 의미가 있다는 것을 알 수 있다.

1.1.3. 지적의 기원

① 토지에 관한 기록을 지적이라는 시각에서 살펴보면 인류문화의 발상과 더불어 시작된 것으로 B.C 3,400년경에 이미 토지 과세를 목적으로 측량이 시작되었다.

② B.C 3,000년경 이집트(Egypt) 나일(Nile)강 하류에서 매년 일어나는 대홍수에 의하여 강의 범람으로 농경지가 유실된 토지기록이 존재하고 있었다는 사실이 이집트 역사학자들에 의해 입증되었다.[4)]

③ 다른 기록으로는 B.C 3,000년경의 유프라테스(Euphrates)강의 농경지에서 경계, 가축 및 농작물을 표시한 바빌론(Babylon)의 토지소유권에 관한 기록으로 〈그림 4-1〉의 도면에서 찾아볼 수 있다.

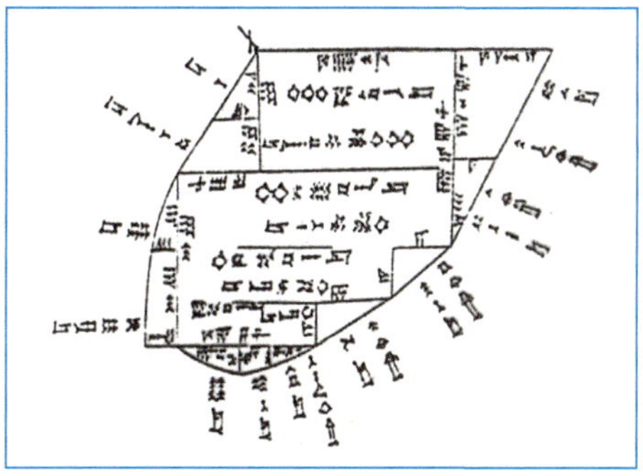
〈그림 4-1〉 바빌론 지적도

④ 초기의 이집트는 국왕 파라오와 성직자들의 재정을 주로 토지세에 의존하게 되어 과세목적으로 경계를 표시하고 토지를 측량하였다.

1.1.4. 법률의 변천 과정

① 우리나라 지적법의 체계는 1910년 8월 23일 법률 제7호로 제정된 토지조사법에서 그 골격을 찾아볼 수 있다.

② 토지조사령, 지세령, 조선임야조사령, 조선지세령을 거쳐 지적법이 제정되었고 각종 제도의 분산으로 순수하게 지적에 관련된 법으로만 제정되었다.

③ 지적법의 변천과정은 토지조사법(1910. 8. 23) → 토지조사령(1912. 8. 13) → 지세령(1914. 3. 6) → 조선임야조사령(1918. 5. 1) → 조선지세령(1943. 3. 31) → 지적법 제정(1950. 12. 1) → 측량·수로조사 및 지적에 관한 법률 제정(2009. 6. 9) → 공간정보의 구축 및 관리 등에 관한 법률(2014. 6. 3)로 명칭을 개정하여 사용하고 있다.

④ 1975년 제1차 전문개정 이후 수 차례의 부분 개정을 거쳐 제2차 전문개정된 것이다.

⑤ 지적법시행령은 1986년 11월 3일 제1차 전문개정 된 후 수 차례의 부분 개정을 거쳐 2002년 1월 26일 제2차 전문개정이 되었다.

⑥ 개정지적법(2003. 12. 31 법률 제7036호)에서는 제3조의 2에 "국가의 토지를 효율적으로 관리하기 위하여 지적재조사 사업을 시행할 수 있다."로 규정하여 국토를 새로이 조사하도록 하였다.

4) S.R.Simpson, Land Law and Registration, London : Surveyors Publication, 1984, p.111

1.1.5. 지적의 구성요소

① 지적제도의 구성요소 중에서 외부요소는 법률적 요소, 사회적 요소, 지리적 요소라 할 수 있다.

② 지적제도의 구성요소 중 내부요소는 학자에 따라 다소 차이는 있으며 소유자·권리·필지 또는 토지·등록·공부를 3대 요소로 주장하는 학자도 있다.

1.1.6. 지적의 발생설

지적의 발생설은 토지의 수확물에 대한 세금징수를 목적으로 하는 과세설, 홍수의 피해를 최소화하기 위해 실시한 치수설, 작게는 개개인의 토지를 관리하는 방법에서 크게는 국가의 영토를 관리하기 위한 지배설로 분류하고 있다.

(1) 과세설

① 인류가 공동생활과 집단생활을 형성하고 유지하기 위해 경제적 수단을 공동체에 제공한다는 인식 아래 토지소유권과 수확물 일부를 군주에게 귀속하였다.

② 과세설(課稅說)을 입증하는 증거는 영국의 둠즈데이북과 우리나라 신라장적이 있다.

③ 국가가 과세를 목적으로 토지에 대한 각종 현상을 기록, 관리하는 수단에서 출발하였다는 설이다.

④ 영국의 둠즈데이북

- 세계적으로 영국의 둠즈데이북(Domesday Book)은 겔드 북(Geld Book)이라고도 하였다.
- 1086년 윌리엄(William) 1세가 자원목록을 정리하기 전에 덴마크의 침입을 막기 위해 군비를 충당하기 위한 조세로 지불하는 보호금인 데인 겔드(Dane geld)를 모으기 위해 영국에서 사용되었다.
- 국토를 조직적으로 작성한 토지와 가축의 숫자까지 기록된 장부로 영국 런던의 공문서보관소에 2권의 책으로 보관되어 있다.
- 토지에 관한 주요 사항을 조사하여 등록한 지세 대장으로 실제 자료조사는 1085년부터 1086년까지 수행되었다.
- 북부의 4개 군(County)과 런던 및 윈체스터(Winchester)시를 제외한 모든 영국을 대상으로 하였다.[5)]

(2) 치수설

① 치수설(治水說)은 토지측량설이라고도 볼 수 있으며 과세설과 함께 등장한 이론이다.

② 이집트인들과 티그리스·유프라테스강 하류 지역의 메소포타미아 지방에서 제방·수로 등 토목공사나 홍수 뒤 경지정리의 필요에서 삼각법에 따른 측량방법을 이용하였다.

③ 중국의 황하 문명 이후 3세기경 정밀한 측량기구를 만들어 고차원의 수학 기술을 활용해 수로 시설에 의한 농업적 용도에서 물을 다스릴 수 있는 토목과 측량술을 발달시켰다.

(3) 지배설

① 지배설(Rule Theory)은 자국 영토의 국경을 상징하는 경계 표시를 만든 후 객관적으로 표시하여 기록하는 수단이다.

---

5) National Research Council, Need for a Multipurpose Cadastre, Washington : National Academy Press, 1980, pp. 5-6

② 지배설은 영토 보존의 수단과 통치권자인 지배자들은 자기 영토에서 생활하는 주민의 안전을 위해 통치 수단의 역할을 하였다.

1.2. 지적의 분류

1.2.1. 발전과정에 따른 분류

지적은 역사적이며 영구적인 특성이 있고 시대적 사회 여건의 변화 때문에 발전되어 왔으며, 발전과정은 세지적 → 법지적 → 정보지적(다목적지적)으로 변화되었다.

(1) 세지적

① 세지적(Fiscal Cadastre)은 국가재정에 필요한 세액을 결정하여 세금부과를 결정하는 것을 가장 큰 목적으로 개발된 제도이다.

② 부동산의 크기를 조사·측량하고 가격을 평가하여 과세자료로 이용하기 위한 제도로 과세지적이라고도 한다.

③ 세금을 결정하는 기준으로 면적과 토지 등급을 정확하게 측정하고 조사하는 것이 중요하다.

④ 대부분을 토지세에 의존하던 농경시대에 개발된 최초의 지적제도라 할 수 있다.

⑤ 토지에 대한 각 필지의 측지학적 위치보다는 재산적 가치를 판단할 수 있는 면적을 결정하여 등록함으로써 면적 본위로 운영되는 지적제도이다.

⑥ 초기의 면적 단위는 수확량을 위주로 시행하였기 때문에 정확하게 평가하는 기준이 어려웠다.

(2) 법지적

① 법지적(Legal Cadastre)은 세지적에서 발달한 제도로 토지 과세 및 토지거래의 안전을 도모하며, 토지 소유권 보호를 주요 목적으로 개발된 지적제도로 소유지적이라고도 한다.

② 토지에 대한 소유권을 인정한 지적제도로 각 필지의 경계점의 위치를 정확하게 측정하여 지적공부에 등록·공시함으로써 토지에 대한 소유권이 미치는 범위를 명확하게 함을 가장 큰 목적으로 한다.

③ 위치 본위로 운영되는 지적제도로 지적도에 등록된 경계 또는 좌표를 정확하게 등록한다.

④ 등록된 경계를 정확하게 복원시킴으로써 소유권의 한계를 밝히는 능력을 갖추고 있는 제도이다.

⑤ 토지의 등록사항이 정확하지 못하여 발생하는 손해에 대해 선의의 제삼자를 보호하는 데 목적을 두고 있다.

⑥ 경계는 소유하는 한계를 나타내며 인접하는 부동산 사이의 구분을 표시하는 상상의 선(Imaginary Line)으로 물리적 물건에 의하여 기술되는 소유권의 한계를 나타내고 있다.

(3) 정보지적

① 정보지적(Information Cadastre)은 다양한 토지정보를 수록한 실질적인 지적 전산화를 뜻하며 다목적지적이라고도 한다.

② 토지표시사항과 권리관계를 바탕으로 건물, 식생, 토양의 성질, 지하시설물, 지가 등 이용자의 욕구에 충족될 수 있는 자료를 저장하여 제공하도록 만들어진 제도로 토지정보시스템이라고도 한다.

③ 정보지적은 토지에 대한 세금의 징수나 토지소유권 보호와 토지이용의 효율화를 위한 제도이다.
④ 토지에 관한 물리적 현황은 물론 법률적·재정적·경제적 정보를 포괄하는 제도이다.
⑤ 체계적이고 과학적인 지적사무와 지적행정의 실현을 위해 전국적으로 통일된 시스템을 활용하고 있다.
⑥ 필지 단위로 토지와 관련된 기본적인 정보를 계속하여 종합적으로 등록하여 제공하는 제도이다.

1.2.2. 표시방법에 따른 분류

지적은 경계를 표시하는 방법 및 측량방법에 따라 그림으로 표시하는 도해지적과 좌표를 수치로 표시하는 수치지적으로 구분할 수 있다.

(1) 도해지적

① 도해지적(Graphical Cadastre)은 토지의 경계를 도면에 표시하는 지적제도로서 각 필지의 경계점을 일정한 축척의 도면에 폐합된 다각형 형태로 표시하여 등록하는 제도이다.
② 지적도 및 임야도에 일정한 축척의 그림으로 묘화하는 것으로서 도면에 등록된 경계에 의존하는 제도이다.
③ 도해지적의 특징
- 도해지적은 필지의 형태를 시각적으로 쉽게 파악할 수 있다.
- 측량결과도 및 도면의 작성이 간편하다.
- 축척의 크기에 따라 허용 오차가 다르다.
- 도면의 신축 방지와 보관 관리가 어렵다.
- 인위적, 기계적, 자연적인 오차가 많이 발생한다.
- 법지적 제도에서는 부적합하며 정확도가 낮다.

(2) 수치지적

① 수치지적(Numerical cadastre)은 수치 데이터로 작성된 것을 의미하며 국가 기준계에 의하여 굴곡점의 좌표로 표시된 것을 말한다.
② 필지의 경계점을 수학적인 평면직각종횡선 좌표(X, Y)의 형태로 등록 공시하는 제도이다.
③ 경계점좌표등록부의 좌표는 기준점 또는 경계점 위치를 평면직각종횡선 수치로 표시한 것으로 토지의 경계 굴곡점 번호, 종횡선 좌표, 약도와 점간거리 등이 표시되어 있다.
④ 수치지적의 특징
- 측량성과의 차이에 따른 토지의 경계분쟁 발생 사례가 적다.
- 지적측량 결과를 경계점이나 기타 측량점을 지상에 복원할 때 측량 당시의 정확도로 다시 재현할 수 있다.
- 도면작성 시 축척에 대한 제한을 받지 않고 원하는 축척으로 작성할 수 있다.
- 토지의 형태를 시각적으로 확인할 수 없으므로 토지의 위치를 파악하기 위해 별도의 도면을 작성하여야 한다.
- 정밀도가 필요한 측량이므로 고도의 숙련을 요구한다.
- 세지적보다는 법지적 제도와 3차원 지적으로 적합한 제도이다.

1.2.3. 등록방법에 따른 분류

지적도에 등록하는 방법에 따라 평면지적으로 등록하는 것을 2차원 지적, 입체 지적으로 등록하는 것을 3차원 지적이라 한다.

(1) 2차원 지적

① 2차원 지적(Two Dimensional Cadastre)은 토지의 경계 및 지목 등 지표면의 물리적 현상을 조사·측량하여 등록하는 것으로 선과 면으로 구성된다.

② 토지의 고저와 관계없이 수평면상의 투영만을 가상하여 각 필지의 경계를 등록·공시하는 제도로 평면지적이라고도 한다.

③ 2차원 지적은 도면에 X, Y 좌표값을 갖는 것으로 객체들의 지리적 위치를 방향성과 크기로 나타낸다.

④ 점과 선을 지적공부인 도면에 기하학적으로 폐쇄된 다각형의 형태로 등록하여 관리하고 있다.

⑤ 우리나라를 비롯하여 세계 각국에서 일반적으로 가장 많이 채택하고 있는 지적제도이다.

(2) 3차원 지적

① 3차원 지적(Three Dimensional Cadastre)은 현대 사회에서 정보의 활용이 다양화됨에 따라 지상과 지하에 설치된 시설물 등을 수치의 형태로 등록·공시 또는 관리를 지원하는 제도로 입체 지적이라고도 한다.

② 3차원 지적의 등록 요소는 지표 및 정당한 이익이 있는 지하와 공중에 관한 토지소유권이라 할 수 있다.

③ 3차원 지적은 토지소유권의 등록 및 공시, 지상 건축물 및 지하건축물 등을 효율적으로 등록·공시하여 공간적·시각적으로 편리하게 이용할 수 있도록 나타내는 것이다.

④ 등록 객체가 되는 입체 필지로 구분할 수 있는 권리로는 소유권, 구분소유권, 구분지상권으로 한정할 수 있다.

(3) 4차원 지적

① 4차원 지적은 3차원 지적에 시간적인 사항을 추가하여 토지를 등록 관리하는 형태의 지적제도를 말한다.

② 지적에서 4차원은 토지의 특성과 소유관계 등 토지와 관련된 모든 사항을 지적공부에 실시간으로 정리할 수 있다.

1.3. 지적의 기본이념

지적에 관한 법률은 국가의 모든 영토에 대한 물리적 현황과 법적 권리관계 등을 등록·공시하기 위한 5대 기본이념으로 지적국정주의, 지적형식주의, 지적공개주의, 실질적심사주의, 직권등록주의 등이 있다. 일반적으로 지적국정주의, 지적형식주의, 지적공개주의를 지적의 3대 기본이념이라 한다.

1.3.1. 지적국정주의

① 지적국정주의란 국가에서 공적 장부를 통일적이고 획일적으로 등록하여 공시한다는 이념이다.

② 국가기관의 장인 시장·군수·구청장이 등록, 관리, 행정처분을 결정하는 것은 토지의 표시방법이 통일성·획일성·일관성이 있어야 한다.
③ 지적공부에 등록하는 주체를 법률에서 국가로 규정하고 국가가 적극적이고 능동적으로 모든 토지를 조사 측량하여 의무적으로 등록하는 제도이다.
④ 국토의 모든 토지를 지적공부에 등록하여야 한다는 적극적 등록주의를 채택한다.
⑤ 미국, 캐나다, 호주를 제외한 모든 국가에서 채택하고 있다.

1.3.2. 지적형식주의

① 지적형식주의는 한 국가의 모든 영토를 필지 단위로 지번, 지목, 경계 또는 좌표와 면적 등을 결정하여 지적공부에 등록·공시해야만 공식적인 효력이 인정된다는 이념이다.
② 일정한 형식을 갖추어 지적공부에 등록·공시하여야만 제삼자로부터 보호를 받고 소유권을 인정받게 된다는 원칙이다.
③ 물권의 형상이 외부에서 인식될 수 있도록 일정한 형식에 등록하여 공시하는 것은 물권 거래의 안전을 위하여 꼭 필요하고 일정한 형식인 지적공부에 등록하여야만 효력이 인정된다.
④ 우리나라를 비롯하여 스위스, 오스트리아, 호주, 네덜란드, 대만 등이 채택하고 있다.

1.3.3. 지적공개주의

① 지적공부에 등록된 사항은 토지소유자나 인접 토지소유자와 국민에게 신속·정확하게 공개하여 정당하게 이용할 수 있도록 한다는 이념이다.
② 토지이동이나 물권의 변동은 반드시 외부에 알려야 한다는 이념으로 소유권, 기타 물권에 대하여도 제삼자로부터 보호를 받고 배타적인 소유권의 인정을 받으려면 공시하여야 한다는 것으로 공시의 원칙이라고도 한다.
③ 토지(임야)대장 등본, 지적(임야)도 등본을 이용하여 금융기관의 담보서류 제출과 건축물·개간·산림 훼손·토지형질 변경·농지전용허가 등 토지와 관련된 각종 인허가에 따른 민원서류로 첨부하고 있는 것도 공개주위에 포함된다.
④ 지적공부를 열람하거나 등본에 의하여 외부에서 알 방법으로 직접 등록내용을 그대로 인정하는 행위라 할 수 있다.

1.3.4. 실질적심사주의

① 새로이 지적공부에 등록하는 사항이나 기존에 등록된 사항의 변경등록은 국가기관의 장인 시장, 군수, 구청장이 법령에서 규정한 절차상의 적법성과 사실관계 부합 여부를 심사하여 지적공부에 등록한다는 이념으로 사실심사주의라고도 한다.
② 지적공부에 등록된 토지의 현황이 변경된 때에는 소유자의 신청이 없더라도 소관청이 이를 직권조사·측량하여 지적공부의 등록사항을 실제 현황과 부합되도록 변경 정리할 수 있다.

1.3.5. 직권등록주의

① 직권등록주의는 국가의 모든 영토를 필지 단위로 구획하여 국가기관의 장인 시장·군수·구청장이 강제적으로 지적공부에 등록·공시하여야 한다는 이념으로 등록강제주의 또는 적극적 등록주의라고도 한다.
② 신규등록할 토지가 생기거나 이미 등록된 지번·지목·경계·좌표·면적이 변경되는 토지이동은 소유자가 의무적으로 신청해야 하는 경우와 소유자의 의사에 따라 처리되는 경우로 구분한다.
③ 1960~1970년대에는 도로·구거·하천 등 미등록 토지를 일제히 조사하여 등록함으로써 직권등록주의 이념을 실행하였다고 할 수 있다.
④ 1980년대 초에는 미등록 도서를 일제 조사하여 등록함으로써 직권등록주의 이념을 실현하였다.

1.4. 지적의 역할과 현대 지적

1.4.1. 지적의 역할

지적의 역할은 지적이 하는 모든 역할과 활동을 의미하는 것으로 토지의 효율적인 관리와 국민의 토지소유권 보호 등을 위해 행정적·사회적 측면과 관련되어 중요한 역할을 담당하고 있다. 지적의 역할은 토지 등기, 토지평가, 세금부과, 토지거래, 토지이용계획, 주소 표기의 기준에 관한 역할을 하고 있다.

(1) 토지등기의 기준

① 지적공부에 등록한 후 토지대장과 임야대장의 등록사항을 기초로 토지에 대한 등기부를 개설하는 "선 등록 후 등기원칙"을 채택하고 있으므로 지적은 토지 등기의 기준이 되는 역할을 하는 것이다.
② 토지는 지리적 위치의 공간적 개념을 가지고 있으므로 사실 상태와 권리관계를 공시하지 않으면 토지에 대한 소유권 보호 및 거래 활동에 안전을 보장할 수 없다.

(2) 토지평가의 기준

① 토지평가제도는 지적공부에 등록한 사항을 기준으로 토지에 대해 평가를 하는 "선 등록(先 登錄) 후 평가 원칙(後 平價 原則)"을 적용한다.
② 토지평가는 지방세법에 필지별로 지적공부에 등록된 지목 또는 토지 등급을 설정하고 이를 토지대장과 임야대장에 등록하도록 규정되어 있다.

(3) 세금부과의 기준

① 토지 과세제도는 모든 토지를 지적공부에 등록한 사항을 기준으로 토지에 대해 과세를 하는 "선 등록 후 과세 원칙"이 적용된다.
② 토지의 세금을 효율적으로 관리하기 위한 과세기준이 공평하여야 하므로 지적공부에는 토지의 면적과 토지의 가치를 산정할 수 있는 토지 등급이 등록되어 있다.

(4) 토지거래의 기준

① 토지거래제도는 모든 토지를 먼저 지적공부에 등록한 후 그 등록사항을 토대로 토지에 대해 거래를 하는 "선 등록 후 거래 원칙"을 채택한다고 할 수 있다.

② 토지거래제도에서 토지표시사항은 지적공부에 등록된 사항을 기초자료로 이용하고 소유권에 관한 사항은 토지 등기를 기초자료로 활용하고 있다.

(5) 토지이용계획의 기준

① 토지이용계획제도는 모든 토지를 먼저 지적공부에 등록한 사항을 토대로 토지에 대한 이용계획을 입안 집행하는 "선 등록 후 이용계획"을 적용한다.

② 토지이용계획 확인서는 용도지역·지구, 토지거래규제지역, 도시계획시설 등을 표시한 것으로서 토지에 대한 여러 가지 정책적 규제 및 이용 사항을 확인하게 된다.

(6) 주소 표기의 기준

① 주민등록제도는 모든 토지를 지적공부에 등록한 사항을 토대로 주소를 설정하는 "선 등록 후 주소설정 원칙"을 적용한다.

② 법률 규정으로는 "민법 제18조에는 생활의 근거가 되는 곳을 주소로 한다."로 규정되어 있다.

1.4.2. 현대 지적

(1) 일반적 기능

① 지적의 일반적 기능으로는 사회적 기능, 법률적 기능, 행정적 기능으로 나눌 수 있다.

② 사회적 기능은 지적정보가 사회의 다른 자료들과 연계하여 활용할 수 있는 기능이다.

③ 법률적 기능은 토지거래의 안전을 위하여 모든 토지를 지적공부에 강제 등록하도록 법률로 정하고 있다.

④ 행정적 기능은 지적이 공공행정을 위한 자료의 기능을 하게 된다.

(2) 현대 지적의 원리

① 현대 지적의 원리는 공기능성의 원리, 민주성의 원리, 능률성의 원리, 정확성의 원리에 바탕을 둘 수 있다.

② 공기능성의 원리는 국가가 국토에 대한 상황을 기록·공시하는 국가의 공공업무이며 고유사무로 공기능의 원리이다.

③ 민주성의 원리는 행정을 수행하면서 인격을 존중하고 국민과의 관계에서 국민 의사의 우월적인 가치가 인정되며 정책 결정에서 국민의 참여, 국민에 대한 봉사, 국민에 대한 행정 책임 등이 확산하는 상태를 말한다.

④ 능률성의 원리는 최소한의 경비를 가지고 최대한의 효과를 얻는 것을 의미하는 것으로 대규모 지역의 지적측량에 부가하여 항공사진측량을 병용하는 것은 능률성의 원리라 할 수 있다.

핵/심/문/제

Chapter 01 지적의 기초

1. 지적에 관한 설명으로 옳지 않은 것은?

① 일필지 중심의 정보를 등록·관리한다.
② 토지표시사항의 이동사항을 결정한다.
③ 토지의 물리적 현황을 조사·측량·등록·관리·제공한다.
④ 토지와 관련한 모든 권리의 공시를 목적으로 한다.

| 해설 |
토지와 관련한 모든 권리의 공시를 목적으로 하는 것은 등기제도이다.

정답 ④

2. 지적을 다음과 같이 정의한 학자는?

"토지의 일필지에 대한 크기(size)와 본질(nature), 이용상태(state) 및 법률관계(legal situation) 등을 상세히 기록하여 별개의 재산권으로 행사할 수 있도록 지적측량으로 대장과 대축척 지적도에 개별적으로 표시하여 체계적으로 정리한 것이다."

① 헨센(Henssen) ② 데일(Dale)
③ 심프슨(Simpson) ④ 멕로린(McLaughlin)

| 해설 |
네덜란드의 헨센은 지적은 국가나 지역의 모든 부동산에 관한 데이터를 체계적으로 정리하여 등록하는 제도라고 말한다.

정답 ①

3. "지적은 특정한 국가나 지역 내에 있는 재산을 지적측량에 의해서 체계적으로 정리해 놓은 공부이다." 라고 지적을 정의한 학자는?

① S. R. Simpson ② J. L. Henssen
③ A. Toffler ④ J. C. McEntyre

| 해설 |
네덜란드 국제항공측량 지구과학연구원(ITC)의 헨센(Henssen, J. L. G.) 교수는 "지적은 특정한 국가나 일정한 지역 안에 있는 일필지에 대한 법률관계에 대하여 별개의 재산권으로 행사할 수 있도록 대장과 대축척 지적도에 개별적으로 표시하여 체계적으로 정리한다." 라고 정의하였다.

정답 ②

4. "지적은 과세의 기초자료를 제공하기 위하여 한 나라의 부동산의 규모와 가치 및 소유권을 등록하는 제도이다." 라고 정의한 학자는?

① S. R. Simpson ② Henssen. J.L.G.
③ A. Toffler ④ G. McEntyre

| 해설 |
영국의 해외개발부 심프슨(S. R. Simpson)은 "과세의 기초자료를 제공하기 위하여 한나라의 부동산에 대한 수량과 소유권 및 가격을 등록한 공부이다"라고 정의하였다.

정답 ①

5. 지적의 어원과 관련이 없는 것은?

① capitastrum ② catastrum
③ capitalism ④ katastikhon

| 해설 |
프랑스 Blondheim은 Capitastrum, 스페인의 Ilmoor D. 교수는 Katastikhon, 미국의 John. G. Mc Entyre 교수는 Capitastrum 또는 Catastrum에서 유래된 것이라고 주장하였다.

정답 ③

6. 지적의 기원은 어디에 목적을 두었다고 할 수 있는가?

① 세금부과 ② 호적
③ 경계 ④ 면적분할

| 해설 |
지적의 기원은 세금을 부과하는 데 목적이 있었다.

정답 ①

7. 조세징수를 제도화하고 공평성을 도모하기 위해 시작된 지적조사로, 근대지적의 효시로 평가되는 것은?

① 둠즈데이 지적 ② 밀라노 지적
③ 니더작센 지적 ④ 나폴레옹 지적

| 해설 |
나폴레옹 1세가 1808~1850년까지 프랑스 전 국토를 대상으로 한 나폴레옹 지적이 근대지적의 기원으로 평가되고 있다.

정답 ④

8. 나폴레옹 지적에 대한 설명으로 틀린 것은?

① 1808년부터 1850년까지 작성했다.
② 근대지적의 기원으로 평가된다.
③ 프랑스의 나폴레옹 1세가 작성했다.
④ 밀라노 지역을 중심으로 2,000분의 1 지적도를 만들었다.

| 해설 |

이탈리아 밀라노 지역의 지적도는 각 토지의 생산 능력과 수입 및 소유자와 같은 내용을 체계적으로 기록했으며 1785~1789년에 축척 1/2,000로 제작하였다.

정답 ④

9. 다음 중 근대 세지적의 완성과 소유권 제도의 확립을 위한 지적제도 성립의 전환점으로 평가되는 역사적인 사건은?

① 윌리암 1세의 영국 둠즈데이 측량 시행
② 나폴레옹 1세의 프랑스 토지관리법 시행
③ 솔리만 1세의 오스만제국 토지법 시행
④ 디오클레시안 황제의 로마제국 토지 측량 시행

| 해설 |

나폴레옹 1세의 프랑스 토지관리법이 시행되면서 근대 세지적의 완성과 소유권 제도의 확립을 위한 지적제도 성립의 전환점이라 할 수 있다.

정답 ②

10. 다음 중 지적의 구성요소를 바르게 나열한 것은?

① 토지, 사람, 측량　② 토지, 등록, 지적공부
③ 국토, 권리, 지적공부　④ 지적공부, 조사, 측량

| 해설 |

지적의 구성요소는 소유자, 권리, 필지(학자에 따라서는 토지, 등록, 공부를 3대 요소로 보기도 한다.)이며 필지는 법적으로 물권이 미치는 권리의 객체이다.

정답 ②

11. 지적제도와 등기제도가 통합된 넓은 의미의 지적제도에서의 3요소이며, 네덜란드의 J.L.G Henssen 교수가 구분한 지적의 3요소로만 나열된 것은?

① 소유자, 권리, 필지　② 필지, 측량, 지적공부
③ 권리, 지적도, 토지대장　④ 측량, 필지, 지적 파일

| 해설 |

네덜란드의 J.L.G.Henssen 교수는 지적의 3요소는 소유자, 권리, 필지를 지적의 3요소로 주장하였다.

정답 ①

12. 물권설정 측면에서 지적의 3요소로 볼 수 없는 것은?

① 토지　② 등록
③ 공부　④ 국가

| 해설 |

물권설정 측면에서 지적의 3요소는 토지, 등록, 공부를 말한다.

정답 ④

13. 지적의 구성요소를 외부요소와 내부요소로 구분할 때 내부요소에 속하지 않는 것은?

① 지적공부　② 지형
③ 토지　④ 경계설정

| 해설 |

지적제도의 구성요소 중에서 외부요소는 법률적 요소, 사회적 요소, 지리적 요소라 할 수 있으며 내부요소는 지적공부, 토지, 경계설정, 소유자, 권리, 필지 등이다.

정답 ②

14. 법률체계를 갖춘 우리나라 최초의 지적법으로 이 법의 폐지 이후 내용 대부분이 토지조사령에 계승된 것은?

① 토지조사법　② 삼림법
③ 지세법　④ 조선임야조사령

| 해설 |

우리나라는 근대적인 지적제도를 창설하기 위하여 전 국토에 대한 토지조사사업을 시행할 목적으로 토지조사법을 제정·공포하였으나 조선총독부 임시토지조사국에 승계되어 토지조사령(1912. 8. 13)을 제정하여 토지조사법의 내용을 발전시켰다.

징답 ①

15. 다음 중 조선총독부에서 제정한 법령이 아닌 것은?

① 토지조사령　② 토지조사법
③ 토지대장 규칙　④ 토지측량표 규칙

| 해설 |

대한제국 임시재산정리국의 지시에 따라 탁지부에 토지조사국을 신설하는 토지조사국 관제를 3월에 반포하고 토지조사법은 1910년 8월 23일 제정하여 8월 24일 공포하였다.

정답 ②

16. 근대 지적제도의 창설은 토지조사사업으로부터 시작되었다. 최초로 제정 공포한 법령과 그 공포일은?

① 토지조사법 1910. 8. 24
② 토지조사령 1912. 8. 13
③ 임야조사령 1916. 5. 1
④ 임야조사령 1917. 5. 1

| 해설 |

토지조사사업을 시작하기 위해 최초로 제정 공포한 법령은 1910.08.24. 법률 제7호로 공포한 토지조사법이다.

정답 ①

17. **토지조사사업의 근거법령은 토지조사법과 토지조사령이다. 임야조사사업의 근거법령은?**

① 임야조사령 ② 조선조사령
③ 임야대장규칙 ④ 조선임야조사령

| 해설 |
임야조사사업은 1916년부터 1924년까지 실시하였으며 1918년 5월 1일 제정된 조선임야조사령에 의하여 임야도 작성 및 등록사항을 공식화하였다.

정답 ④

18. **지적법이 제정되기까지의 순서를 옳게 나열한 것은?**

① 토지조사법 → 토지조사령 → 지세령 → 조선지세령 → 조선임야조사령 → 지적법
② 토지조사법 → 지세령 → 토지조사령 → 조선지세령 → 조선임야조사령 → 지적법
③ 토지조사법 → 토지조사령 → 지세령 → 조선임야조사령 → 조선지세령 → 지적법
④ 토지조사법 → 지세령 → 조선임야조사령 → 토지조사령 → 조선지세령 → 지적법

| 해설 |
토지조사법(1910.08.24.) → 토지조사령(1912.08.13.) → 지세령(1914.03.16.) → 조선임야조사령(1918.05.01.) → 조선지세령(1943.03.31) → 지적법(1950.12.01)의 순서로 변천되었다.

정답 ③

19. **우리나라에서 지적이라는 용어가 법률상 처음 등장한 것은?**

① 1895년 내부관제
② 1898년 양지아문 직원급 처무규정
③ 1901년 지계아문 직원급 처무규정
④ 1910년 토지조사법

| 해설 |
1895년 3월 26일(고종 32년) '내부관제'에서 내무아문을 내부로 고치고 지적업무는 내무아문의 판적국(版籍局)에서 관장하였으며 우리나라 최초로 지적(地籍)이란 용어가 공식적으로 사용되었다.

정답 ①

20. **조선지세령(朝鮮地稅令)에 관한 내용으로 틀린 것은?**

① 1943년 공포되어 시행되었다.
② 전문 7장과 부칙을 포함한 95개 조문으로 되어있었다.
③ 토지대장, 지적도, 임야대장에 관한 모든 규칙을 통합하였다.
④ 우리나라 세금의 대부분인 지세에 관한 사항을 규정하는 것이 주목적이었다.

| 해설 |
조선지세령(조선총독부제령 제6호)은 1943. 3. 31. 제정하여 1943. 4. 1. 시행되었으며, 전문 7장과 부칙을 포함 95개 조문으로 되어있으며 지세를 부과하는 것을 목적으로 하였다.

정답 ③

21. **지세법에서 지적법이 분리 제정된 시기는?**

① 1912년 ② 1918년 ③ 1950년 ④ 1975년

| 해설 |
지적법을 최초로 제정한 것은 1950년 12월 1일 법률 제165호로 제정되었다.

정답 ③

22. **지적의 발생설에 해당하지 않는 것은?**

① 치수설 ② 상징설 ③ 지배설 ④ 과세설

| 해설 |
지적제도의 발생설로는 과세설, 치수설, 지배설이 있다.

정답 ②

23. **지적이론의 발생설 중 가장 지배적인 것으로 아래의 기록들이 근거가 되는 학설은?**

- 3세기 말 디오클레티안(Dioclention) 황제의 로마제국 토지측량
- 모세의 탈무드법에 규정된 십일조(Tithe)
- 영국의 둠즈데이북(Domesday Book)

① 과세설 ② 통치설 ③ 치수설 ④ 지배설

| 해설 |
과세설은 토지의 수확물에 대한 세금징수를 위해 각종 현상을 기록·관리하는 목적으로부터 출발했다는 설로 영국의 둠즈데이북, 신라의 장적문서가 그 근거이다.

정답 ①

24. **다음 중 국토에 대한 자원목록을 조직적으로 작성한 토지기록이자 토지대장인 둠즈데이북(Domesday Book)을 작성하였던 나라는?**

① 이탈리아 ② 프랑스 ③ 덴마크 ④ 영국

| 해설 |
둠즈데이북(Domesday Book)은 1085년에 작성된 중세의 대표적인 지세 대장으로 일종의 세금 장부이며 영국의 William 1세가 작성하였다.

정답 ④

25. 둠즈데이북(Domesday Book)은 영국의 전 영토를 대상으로 작성한 토지기록으로 최초의 국토자원에 관한 세금 장부이다. 누가 작성했는가?

① 프리드리히(Friedrich) 1세
② 나폴레옹(Napoleon) 1세
③ 윌리엄(William) 1세
④ 찰스(Charles) 1세

해설
영국의 윌리엄(William) 1세가 1085년과 1086년 사이에 전 영토를 대상으로 하여 작성한 Domesday Book으로 이 토지기록은 최초의 국토자원에 관한 목록으로 평가된다.

정답 ③

26. 지적의 발생설을 토지측량과 밀접하게 관련지어 이해할 수 있는 이론은?

① 과세설 ② 치수설 ③ 지배설 ④ 역사설

해설
치수설은 농경시대가 시작되면서 생산수단의 하나로 관개시설 등을 측량하고 기록, 유지, 관리하는 데서 비롯되었다고 보는 설이다.

정답 ②

27. 지적의 발생설 중 영토의 보존과 통치수단이라는 두 관점에 대한 이론은?

① 지배설 ② 치수설 ③ 침략설 ④ 과세설

해설
지배설은 국가가 토지를 다스리기 위한 통치수단으로 토지에 대한 각종 현황을 관리하는 데서 출발한다고 보는 설로서 영토보존의 수단과 통치의 수단으로 구분하고 있다.

정답 ①

28. 세지적 제도(Fiscal Cadastral System)의 설명 중 틀린 것은?

① 면적에 가장 중점을 둔다.
② 나폴레옹 1세가 시작하였다.
③ 경계 위치의 정확도가 가장 높다.
④ 우리나라도 이 지적제도를 채택하고 있다.

해설
① 세지적은 토지의 세액 결정을 목적으로 개발된 지적제도로 일명 과세지적이라고도 한다.
② 1807년에 프랑스의 나폴레옹 1세가 이룩한 지적제도로 면적 본위로 우리나라도 채택하였다.
③ 경계 위치의 정확도는 소유 지적으로 법지적 제도에 속한다.

정답 ③

29. 중세 봉건사회에서 군주나 영주의 재정확보를 목적으로 사용되었던 지적의 유형은?

① 세지적 ② 법지적
③ 경제지적 ④ 다목적지적

해설
중세시대의 경우에는 체계적으로 지적을 관리하지 않았으며 세금징수를 위해 작성된 장부로써 세지적이라 할 수 있다.

정답 ①

30. 국가의 재원을 확보하기 위한 지적제도로서 면적 본위 지적제도라고 하는 것은?

① 과세지적 ② 법지적
③ 다목적지적 ④ 경제지적

해설
세지적은 토지에 대한 각 필지의 측지학적 위치보다는 재산적 가치를 판단할 수 있는 면적을 정확하게 결정하여 등록하는 면적 본위로 운영되는 지적제도로 과세지적이라고도 한다.

정답 ①

31. 지적제도의 발전 과정상 제일 먼저 창설된 제도는?

① 법지적 ② 다목적지적
③ 세지적 ④ 수치지적

해설
지적을 발전단계별로 구분하면 세지적에서 법지적으로 다시 다목적지적으로 발전하고 있다.

정답 ③

32. 지적의 발전단계에 따른 분류 중 법지적 제도를 설명한 것으로 맞지 않는 것은?

① 법지적은 세지적 보다 발전된 지적제도이다.
② 토지거래의 안전과 국민의 토지소유권을 보호하기 위하여 만들어진 제도이다.
③ 소유 지적이라고도 한다.
④ 토지에 대한 면적을 중요시하는 제도이다.

해설
법지적은 세지적 보다 발전된 지적제도로 토지거래의 안전과 국민의 토지소유권을 보호하기 위하여 만들어진 제도로 소유 지적이라고도 한다.

정답 ④

33. 법지적 제도의 특성으로 틀린 것은?

① 토지의 상품화 ② 토지거래 안전
③ 소유권 중 처분권 제도 ④ 지적측량술 개발

| 해설 |

법지적 제도는 토지거래의 안전과 토지소유권 보호 등이 주요 목적인 지적제도로 각 필지의 경계점을 지표상에 정확하게 측정하여 지적공부에 등록 공시하여야 함으로서 지적측량술 개발에 중요한 역할을 하였다.

정답 ①

34. 토지경계점이 가장 정확히 유지되어야 하는 지적제도로 맞는 것은?

① 세지적 ② 경제지적 ③ 법지적 ④ 유사지적

| 해설 |

법지적은 토지소유권의 확보 및 재산의 가치형성으로 토지의 위치를 정확하게 표현하기 위한 제도이다.

정답 ③

35. 토지 과세 및 토지거래의 안전을 도모하며 토지소유권의 보호를 주요 목적으로 하는 지적제도는?

① 법지적 ② 경제지적 ③ 과세지적 ④ 유사지적

| 해설 |

법지적은 토지거래의 안전, 토지소유권 보호 등이 목적인 지적제도로 각 필지의 경계점에 대한 지표상의 위치를 정확하게 측정하여 지적공부에 등록 공시한다.

정답 ①

36. 토지소유권을 보호하는 데 주목적을 두고 토지의 등록사항이 정확하지 못할 경우 발생하는 손해에 대하여 선의의 제삼자를 보호하기 위한 지적제도는?

① 다목적지적 ② 토지정보시스템
③ 법지적 ④ 세지적

| 해설 |

법지적은 토지소유권을 보호하는 데 주요 목적이 있으며 소유권의 한계설정과 경계복원의 가능성을 강조하는 지적제도의 유형으로써 토지의 등록사항이 정확하지 못하여 발생하는 손해에 대해 선의의 제삼자를 보호하는 데 목적을 두고 있다.

정답 ③

37. 지적제도의 발달과정이 옳은 것은?

① 소유지적 → 과세지적 → 다목적지적
② 과세지적 → 소유지적 → 다목적지적
③ 소유지적 → 다목적지적 → 과세지적
④ 과세지적 → 다목적지적 → 소유지적

| 해설 |

지적제도는 과세지적, 법지적(소유지적), 다목적지적의 순으로 변화하고 있다.

정답 ②

38. 지적제도의 발전단계별 특징이 옳지 않은 것은?

① 세지적－생산량 ② 법지적－경계
③ 법지적－물권 ④ 다목적지적－지형지물

| 해설 |

다목적지적은 토지이용의 효율화를 위해 토지에 대한 모든 관련 자료인 일필지를 기초로 직접 관리하고 공급하는 제도로써 토지 관련 정보의 종합적인 기록유지와 공급의 종합토지정보시스템을 말한다.

정답 ④

39. 경계의 표시방법에 따른 지적제도의 분류가 옳은 것은?

① 세지적, 법지적, 다목적지적
② 2차원 지적, 3차원 지적
③ 수평지적, 입체 지적
④ 도해지적, 수치지적

| 해설 |

경계표시방법에 따른 분류방법은 그림으로 표시하는 도면(도해)지적과 좌표를 수치로 표시하는 수치지적으로 구분할 수 있다.

정답 ④

40. 다음 중 지적제도의 분류방법이 다른 하나는?

① 세지적 ② 법지적
③ 수치지적 ④ 다목적지적

| 해설 |

지적제도는 발전단계별로 세지적, 법지적, 다목적지적으로 구분되며 수치지적은 경계를 표시하는 방법 및 측량방법에 따라 분류하고 있다.

정답 ③

41. 다음 중 도해지적에 대한 설명으로 옳지 않은 것은?

① 경계를 표시하는 방법에 따른 분류에 해당한다.
② 토지경계의 효력을 도면에 등록된 경계에만 의존한다.
③ 토지경계가 지상보다 도상에 명백히 나타나 있어 경계분쟁의 소지가 적은 지역에 적합하다.
④ 토지형상에서 경계선이 비교적 직선이며 굴곡점이 적고 면적이 넓어 정밀도를 높이기 위한 경우에 적합하다.

| 해설 |

도해지적은 측량방법 및 경계표시방법에 따라 분류되며 토지의 경계점을 도면으로 결정하여 표시한다.

정답 ④

42. **지적제도를 경계표시방법에 따른 분류에 있어 도해지적에 대한 설명으로 맞는 것은?**

① 지적의 자동화가 용이하다.
② 지적의 정보화가 용이하다.
③ 측량성과의 정확성이 높다.
④ 위치나 형태를 파악하기 쉽다.

| 해설 |
토지의 경계를 도면 위에 표시하는 지적제도로서 각 필지의 경계점을 일정한 축척의 도면 위에 기하학적으로 폐합된 다각형의 형태로 표시하여 등록하는 제도이다.

정답 ④

43. **수치 지적제도의 설명으로 옳지 않은 것은?**

① 필지의 면적이 넓고 정방형의 토지에 적합
② 토지의 경계점 위치를 평면직각종횡선 좌표로 표시
③ 경계점좌표등록부 시행지역에서도 일반 지적도는 비치
④ 세지적 제도하에서 주로 의존

| 해설 |
수치 지적제도는 수학적인 좌표로 경계점을 표시하는 제도로 토지의 경계점 위치를 평면직각종횡선 좌표로 표시하고 경계점좌표등록부 시행지역에서도 일반 지적도는 비치할 수 있으며, 필지의 면적이 넓고 정방형의 토지에 적합하다고 볼 수 있으며 세지적은 도해지적에서 주로 사용한다

정답 ④

44. **지상측량에서 수치측량으로 얻은 데이터로 지적도를 제작하며 항공사진을 이용하여 해석 사진측량방법으로 얻은 좌표를 이용하는 지적은?**

① 도해지적　② 다목적지적
③ 법지적　④ 수치지적

| 해설 |
수치지적은 수학적인 좌표로 표시하는 지적제도로서 각 필지의 경계점을 평면직각종횡선 수치의 형태로 표시하며 등록하는 제도이다.

정답 ④

45. **토지의 등록대상에 따른 지적제도의 분류에 해당하지 않는 것은?**

① 2차원 지적　② 3차원 지적
③ 수치지적　④ 입체 지적

| 해설 |
지적도에 등록하는 방법에 따라 분류하는 것으로 평면지적으로 등록하는 것을 2차원 지적, 입체 지적으로 등록하는 것을 3차원 지적이라 한다.

정답 ③

46. **지적의 등록방법 중 토지의 고저와 관계없이 수평면상의 투영면만을 가상하여 각 필지의 경계를 지적공부에 등록하는 것은?**

① 2차원 지적　② 3차원 지적
③ 1차원 지적　④ 입체 지적

| 해설 |
2차원 지적은 토지의 고저와 관계없이 수평면상의 투영면만을 가상하여 각 필지의 경계를 등록 공시하는 제도로 평면 지적이라고도 한다.

정답 ①

47. **다음 중 지적제도를 등록사항에 따라 분류할 때 3차원 지적에 해당하는 것은?**

① 수치지적　② 세지적
③ 도해지적　④ 입체 지적

| 해설 |
3차원 지적은 토지이용의 다양화로 지상과 지하에 설치된 시설물 등을 수치의 형태(X, Y, Z)로 등록공시 또는 관리를 지원하는 제도로 입체 지적이라고도 한다.

정답 ④

48. **다음 지적의 기본이념에 대한 설명으로 옳지 않은 것은?**

① 지적공개주의 : 지적공부에 등록하여야만 효력이 발생한다는 이념
② 지적국정주의 : 지적공부의 등록사항은 국가만이 결정할 수 있다는 이념
③ 직권등록주의 : 모든 필지는 강제적으로 지적공부에 등록·공시해야 한다는 이념
④ 실질적심사주의 : 지적공부의 등록사항이나 변경등록은 지적 관련 법률상 적법성과 사실관계 부합 여부를 심사하여 지적공부에 등록한다는 이념

| 해설 |
지적형식주의는 한 국가의 모든 영토를 필지 단위로 지번, 지목, 경계 또는 좌표와 면적 등을 결정하여 지적공부에 등록·공시해야만 공식적인 효력이 인정된다는 이념이다.

정답 ①

49. **우리나라 지적제도 기본이념이 아닌 것은?**

① 지적국정주의　② 형식적심사주의
③ 지적공개주의　④ 지적형식주의

| 해설 |
지적의 이념은 지적국정주의, 지적형식주의, 지적공개주의, 실질적심사주의, 직권등록주의이다.

정답 ②

50. 지적법의 3대 이념으로 옳은 것은?

① 지적공부주의 ② 직권등록주의
③ 지적형식주의 ④ 실질적심사주의

| 해설 |

지적법의 3대 이념은 지적국정주의, 지적형식주의, 지적공개주의이다.

정답 ③

51. 지적국정주의에 대한 설명으로 옳지 않은 것은?

① 모든 토지를 지적공부에 등록해야 하는 적극적 등록주의를 택하고 있다.
② 지적공부에 등록된 사항을 토지소유자나 일반 국민에게 신속·정확하게 공개하여 정당하게 이용할 수 있도록 한다.
③ 지적공부의 등록사항 결정방법과 운영방법에 통일성을 기하여야 한다.
④ 토지에 이동사항이 있으면 신청이 없더라도 이를 직권으로 조사·정리할 수 있다.

| 해설 |

지적공부에 등록된 사항을 토지소유자나 일반 국민에게 신속·정확하게 공개하여 정당하게 이용할 수 있도록 한다는 것은 공개주의이다.

정답 ②

52. 지적국정주의를 처음 채택한 때는?

① 해방 이후 ② 일제 말엽
③ 토지조사 당시 ④ 5.16 이후

| 해설 |

지적국정주의는 지적공부의 등록사항을 국가만이 결정할 수 있는 권한을 가진다는 이념으로 전 국토에 통일성, 획일성, 일관성이 있어야 하므로 토지조사사업 당시부터 채택하였다.

정답 ③

53. 지적국정주의는 토지표시사항의 결정 권한은 국가만이 가진다는 이념으로 그 취지와 가장 거리가 먼 것은?

① 처분성 ② 통일성
③ 획일성 ④ 일관성

| 해설 |

지적국정주의는 지적공부의 등록사항인 토지의 소재, 지번, 지목, 면적, 경계 또는 좌표 등을 국가만이 결정할 수 있는 권한을 가진다는 이념으로 전 국토에 통일성, 획일성, 일관성이 있어야 한다.

정답 ①

54. 지적공부에 등록하는 토지의 일정 사항을 국가가 결정하여 등록하는 가장 중요한 이유는?

① 소유권 보호기여 ② 지역 특징 고려
③ 토지의 경제성 고려 ④ 손실보상

| 해설 |

지적공부에 등록하는 토지의 일정 사항을 국가가 결정하여 등록하는 가장 중요한 이유는 전 국토에 통일성, 획일성, 일관성이 있어야 하며 이에 의해 소유권 보호에도 기여할 수 있는 것이다.

정답 ①

55. 다음 중 지적형식주의에 대한 설명으로 옳은 것은?

① 지적공부에 등록할 사항은 국가의 공권력에 의하여 국가만이 이를 결정할 수 있다.
② 지적공부에 등록된 사항을 일반 국민에게 공개하여 정당하게 이용할 수 있도록 하여야 한다.
③ 지적공부에 새로이 등록하거나 변경된 사항은 사실관계의 부합여부를 심사하여 등록하여야 한다.
④ 국가의 통치권이 미치는 모든 영토를 필지 단위로 구획하여 지적공부에 등록·공시하여야만 배타적인 소유권이 인정된다.

| 해설 |

지적형식주의는 국가의 통치권이 미치는 모든 영토를 필지단위로 구획하여 지적공부에 등록·공시하여야만 배타적인 소유권이 인정된다.

정답 ④

56. 지적형식주의에 대한 다음 사항 중 옳지 않은 것은?

① 모든 토지는 지번, 지목, 경계, 면적 등을 지적공부에 등록·공시하여야만 공식적인 효력이 인정된다.
② 지적공부는 지적법에 정하여진 일정한 형식과 절차에 따라야만 제삼자로부터 보호를 받는다.
③ 지적공부에 공시의 효력을 인정하는 것은 지적형식주의에 근거한다.
④ 지적형식주의는 실질적심사주의와는 반대되는 개념이다.

| 해설 |

지적형식주의는 지적공부에 등록·공시하여야만 공식적인 효력이 인정된다는 이념으로 실질적심사에 의해 등록하고 있다.

정답 ④

57. 토지표시사항은 지적공부에 등록하여야만 효력이 발생한다는 이념은?

① 공개주의 ② 국정주의
③ 직권주의 ④ 형식주의

| 해설 |

지적형식주의는 모든 영토를 필지 단위로 구획하여 지번, 지목, 경계 또는 좌표와 면적 등을 정하여 국가기관의 장인 시장, 군수, 구청장이 비치하고 있는 공식 장부를 지적공부에 등록·공시하여야만 공식적인 효력이 인정된다는 이념이다.

정답 ④

PART 04 지적학

58. 다음 중 지적형식주의와 가장 관계있는 사항은?

① 공시의 원칙 ② 등록의 원칙
③ 특정화의 원칙 ④ 인적 편성의 원칙

| 해설 |

국가의 통치권이 미치는 모든 토지를 필지 단위로 구획하여 토지표시사항을 정하여 국가기관인 소관청이 비치하고 있는 지적공부에 등록·공시함으로써 공식적인 효력이 인정된다.

정답 ②

59. 형식적심사에 의하여 개설하는 토지등기부의 보존등기를 위하여 일반적으로 권원증명이 되는 서류는?

① 공인인증서 ② 인감증명서
③ 인우보증서 ④ 토지대장 등본

| 해설 |

등기는 토지의 표시에 관하여 토지대장을 기초로 하는 것은 등록기관의 사실 조사권에 바탕을 두고 등기기관의 형식적 서면심사권밖에 없는 데 기인한다.

정답 ④

60. 지적형식주의를 채택하고 있는 지적제도에 있어서 토지표시사항의 등록에 대한 효력적 근거가 되는 것은?

① 지적공부 ② 등기부
③ 토지이동결의서 ④ 측량성과도

| 해설 |

지적제도에서 토지표시사항의 등록에 대한 효력적 근거가 되는 것은 지적공부에 등록·공시하여야만 공식적인 효력이 인정되는 것으로 지적형식주의이다.

정답 ①

61. 토지등록원리 중에서 지적공개주의에 대한 설명으로 틀린 것은?

① 지적공부를 직접 열람하거나 등본에 의하여 외부에서 알 수 있다.
② 일정한 절차만 거치면 지적공부를 열람하거나 등본을 청구할 수 없다.
③ 공부에 등록된 사항과 실지 상황이 맞지 않을 때 실지 상황에 따라 변경 등기한다.
④ 공부에 등록된 사항을 실지에 복원하여 등록된 결정사항을 실지로 알아낸다.

| 해설 |

모든 토지소유자는 일정한 절차만 거치면 누구에게나 제한 없이 지적공부를 열람하거나 등본을 청구할 수 있다.

정답 ②

62. 지적공개주의를 실현하는 방법에 해당하지 않은 것은?

① 지적공부에 등록된 사항을 실지에 복원하여 등록된 결정사항을 파악하는 방법
② 지적공부에 등록된 사항과 실지 상황이 불일치할 경우 실지 상황에 따라 변경 등록하는 방법
③ 지적공부를 직접 열람하거나 등본에 의하여 외부에서 알 수 있도록 하는 방법
④ 등록사항에 대하여 소유자의 신청이 없는 경우 국가가 직권으로 이를 조사 또는 측량하여 결정하는 방법

| 해설 |

④는 직권등록주의에 해당한다.

정답 ④

63. 토지에 대한 등록사항을 토지소유자, 이해관계인 및 기타 일반 국민에게 신속하고 공정하며 정당하게 이용할 수 있게 하는 지적의 이념은?

① 공시주의 ② 공신주의
③ 민원주의 ④ 공개주의

| 해설 |

지적공개주의는 지적공부에 등록된 사항을 토지소유자나 일반 국민에게 신속·정확하게 공개하여 정당하게 이용할 수 있도록 한다는 이념이다.

정답 ④

64. 지적공부를 비치하여 항시 누구나 볼 수 있게 하는 공개주의를 채택하는 형식의 근거가 되는 것은?

① 신청의 원칙 ② 공시의 원칙
③ 공증의 원칙 ④ 직권등록주의

| 해설 |

공시의 원칙으로 지적공부에 등록된 사항은 토지소유자나 이해관계인 등 국민에게 신속 정확하게 공개하여 정당하게 이용할 수 있도록 한다는 원칙으로 물권의 변동은 반드시 외부에 알려야 한다는 공개주의 원칙이다.

정답 ②

65. 다음 중 지적공개주의 이념과 관련이 없는 것은?

① 토지경계와 면적 결정 ② 토지이동신고 및 신청
③ 토지경계복원측량 ④ 지적공부등본 발급

| 해설 |

②, ③, ④는 지적공개주의 이념에 해당하지만, 토지경계와 면적 결정은 지적국정주의 이념과 관계된다.

정답 ①

66. 지적소관청에서 지적공부등본을 발급하는 것과 관계 있는 지적의 기본이념은?

① 지적형식주의
② 지적공개주의
③ 지적국정주의
④ 지적신청주의

| 해설 |

지적공개주의는 지적공부에 등록된 사항은 국민 누구나 열람하고 이용할 수가 있다.

정답 ②

67. "토지를 지적공부에 등록해서 일반인에게 공개하여 이용할 수 있도록 한다." 라는 것은?

① 지적국정주의
② 지적형식주의
③ 지적공개주의
④ 지적심사주의

| 해설 |

지적공부에 등록된 내용을 일반인에게 열람 및 등본교부로 공개하는 것을 공시제도라 하며 이를 지적공개주의라 한다.

정답 ③

68. 토지등록의 원리 중 공시(公示)의 원칙과 관련 있는 것은?

① 국정주의
② 물적 편성주의
③ 형식주의
④ 공개주의

| 해설 |

지적공부에 등록된 모든 사항은 정확하게 공개하여 제삼자로부터 보호를 받고 배타적인 소유권의 인정을 받으려면 공시하여야 한다는 공시의 원칙은 지적공개주의라고도 한다.

정답 ④

69. 실질적심사주의에 대한 다음 사항 중 옳지 않은 것은?

① 지적공부의 등록사항은 사실관계의 부합 여부를 심사하여야 한다.
② 등록된 토지의 현황이 변경된 때에는 토지소유자의 신청이 있어야 변경 정리할 수 있다.
③ 부분적으로는 불법 형질변경, 불법 농지전용 등으로 지적공부에 등록된 사항과 부합되지 않는 토지가 발생할 때는 토지이동조사를 하여야 한다.
④ 토지의 이동신청이 있는 때에는 지적소관청이 토지이동조사를 시행하여야 한다.

| 해설 |

지적공부에 등록된 토지의 현황이 변경된 때에는 토지소유자의 신청이 없더라도 지적소관청이 직권으로 이를 조사 또는 측량하여 지적공부의 등록사항을 실제 현황과 부합되도록 변경정리를 하여야 한다.

정답 ②

70. 새로이 지적공부에 등록하는 사항이나 기존에 등록된 사항의 변경등록은 시장, 군수, 구청장이 관련 법률에서 규정한 절차상의 적법성과 사실관계 부합 여부를 심사하여 지적공부에 등록한다는 이념을 무엇이라 하는가?

① 형식적심사주의
② 일물일권주의
③ 실질적심사주의
④ 토지표시 공개주의

| 해설 |

실질적심사주의는 새로이 지적공부에 등록하는 사항이나 기존에 등록된 사항의 변경등록은 국가기관의 장인 시장·군수·구청장이 법률에서 규정한 절차상의 적법성과 사실관계 부합 여부를 심사하여 지적공부에 등록한다는 이념이다.

정답 ③

71. "지적공부에 등록된 토지표시 사항은 항상 실지와 일치하게 유지해야 한다."는 지적제도의 이상을 실현하는데 가장 합당한 것은?

① 형식적심사주의
② 일물일권주의
③ 실질적심사주의
④ 토지표시공개주의

| 해설 |

지적공부에 새로이 등록하는 사항이나 이미 등록된 사항의 변경등록은 국가기관인 소관청이 법률에서 정한 절차상의 적법성뿐만 아니라 실체법상 사실관계의 부합 여부를 심사하여 지적공부에 등록하여야 한다는 이념을 실질적심사주의라 한다.

정답 ③

72. 부동산등기에서 최초의 토지소유자를 인정할 수 있도록 신규등록 토지의 소유자를 지적소관청이 조사·결정하도록 하는 지적의 주요 역할은?

① 실질적심사주의
② 적극적 등록주의
③ 신청 의무주의
④ 지적형식주의

| 해설 |

신규등록 토지 등 최초로 소유자를 등록할 때는 실질적심사주의에 의거 지적소관청이 직접 조사하여 소유자를 등록한다.

정답 ①

73. 1950년 지적법제정 당시 처음으로 채택되었으며 미등록도서를 일제 조사하여 등록함으로써 실현한 이념으로 옳은 것은?

① 지적국정주의
② 지적형식주의
③ 직권등록주의
④ 실질적심사주의

| 해설 |

1950년 지적법제정 당시에 처음으로 채택되었으며, 도로·구거·하천 등 미등록 토지를 일제 조사하여 등록함으로써 직권등록주의를 철저히 실현하였다고 할 수 있다.

정답 ③

74. 토지표시사항의 결정에 있어서 원칙적으로 직권주의를 채택하는 직접적인 이유는?

① 거래의 국가적 책임
② 소유권의 배타성 유지
③ 법 규정 적용의 일률성 확보
④ 등기 비행 예방

| 해설 |
지적법의 기본이념인 직권등록주의는 "모든 필지는 필지 단위로 구획하여 국가기관인 소관청이 직권으로 지적공부에 등록·공시하여야 한다는 이념"으로 법 적용의 일관성과 통일성을 확보하고 지적의 공신력을 실현하기 위함이다.

정답 ③

75. 지적의 기능 및 역할로 틀린 것은?

① 토지이용계획의 기초
② 토지등기의 기초
③ 주소표시의 기준
④ 부동산거래 질서의 확립

| 해설 |
지적의 역할은 지적이 하는 모든 역할과 활동을 의미하는 것으로 토지등기의 기초자료, 토지평가의 기초자료, 세금부과의 기초자료, 토지거래의 기초자료, 토지이용계획의 기초자료, 주소 표기의 기초자료 등이다.

정답 ④

76. 현대 지적의 일반적 기능이 아닌 것은?

① 사회적 기능　② 경제적 기능
③ 법률적 기능　④ 행정적 기능

| 해설 |
현대 지적의 일반적 기능에는 사회적, 법률적, 행정적 기능이 있다.

정답 ②

77. 현대 지적의 원리 중 지적행정을 수행하면서 국민 의사의 우월적 가치가 인정되며, 국민에 대한 충실한 봉사, 국민에 대한 행정 책임 등의 확보를 목적으로 하는 것은?

① 민주성의 원리　② 공기능의 원칙
③ 정확성의 원리　④ 능률성의 원리

| 해설 |
민주성의 원리는 행정을 수행하면서 인격을 존중하고 국민과의 관계에서 국민 의사의 우월적인 가치가 인정되며 정책 결정에서 국민의 참여, 국민에 대한 봉사, 국민에 대한 행정 책임 등이 확산하는 상태를 말한다.

정답 ①

78. 대규모 지역의 지적측량에 부가하여 항공사진측량을 병용하는 것과 가장 관계 깊은 지적원리는?

① 공기능의 원리　② 능률성의 원리
③ 민주성의 원리　④ 정확성의 원리

| 해설 |
능률성의 원리
① 모든 합리적인 활동에 있어서 공통으로 강조되는 하나의 경제적 원리라 할 수 있다.
② 보통 최소한의 경비를 가지고 최대한의 효과를 얻는 것을 의미하는 것으로 대규모 지역의 지적측량에 부가하여 항공사진측량을 병용하는 것은 능률성의 원리라 할 수 있다.

정답 ②

79. 현대 지적의 기능에 해당하지 않는 것은?

① 지방행정의 자료　② 토지관리의 지침
③ 토지거래의 기준　④ 토지 소유제한의 지침

| 해설 |
현대 지적의 기능으로는 토지등록의 법적 효력과 공시, 도시 및 국토계획의 원천, 지방행정의 자료, 토지 감정평가의 기초, 토지유통의 매개체, 토지관리의 지침 등이 있다.

정답 ④

80. 현대 지적의 의미에 해당하지 않는 것은?

① 과세의 기초　② 토지정보의 구축
③ 소유권 이외의 관계　④ 표시사항, 실지 사항

| 해설 |
지적은 토지에 대한 표시사항을 등록하는 지적공부에 대한 등록사항이며, 소유권과 관련된 사항은 부동산등기에 해당한다.

정답 ③

81. 다음 중 현대 지적의 성격과 거리가 먼 것은?

① 역사성과 영구성　② 전문성과 기술성
③ 가변성과 비밀성　④ 서비스성과 윤리성

| 해설 |
현대 지적의 성격은 역사성, 영구성, 전문성, 기술성, 서비스성, 윤리성이 필요하며 가변성이 있어서는 안 되며 비밀성보다는 공개성을 가지고 있다.

정답 ③

CHAPTER

02 지적제도

2.1. 개요

2.1.1. 지적제도의 특성

영국에서 소유권 등기를 만드는 데 주도적 역할을 한 브릭데일(C.F. Brickdale)경은 소유권 등록에 있어서 연결되는 6가지의 특징으로 안전성(Security), 간편성(Simplicity), 정확성(Accuracy), 신속성(Expedition), 저렴성(Cheapness), 적합성(Suitability)을 들었으며 Dowson과 Sheppard는 여기에 등록의 완전성(Completeness)을 추가하고 있다.

① 안전성은 토지소유자로부터 매수자나 임대자, 토지를 담보로 돈을 빌려준 자, 인접토지소유자 모두가 안전하다.

② 간편성은 소유권등록은 단순한 형태로 사용되어야 하며 절차는 명확하고 확실해야 한다.

③ 정확성과 신속성은 부정확한 등록은 유용하지 않으며 등록의 지연은 그 자체가 중요하지 않다.

④ 저렴성은 상대적인 것으로 비교되어야만 평가할 수 있지만 효율적인 소유권 등록으로 소유권을 인증하는 것이 가장 저렴한 방법이라 할 수 있다.

⑤ 적합성은 현재와 미래에 존재할 것에 기초를 두고 결정적인 요소를 이용하여 비용, 인력, 전문적인 기술이 유용하게 활용될 수 있어야 한다.

⑥ 등록의 완전성은 토지의 등록은 완전해야 하며 등록되지 않은 토지는 등록된 토지와 동일하게 충족될 수 있도록 하여야 할 것이다.

2.1.2. 지적업무의 성격

① 지적업무의 공공성은 사회적 기능으로 자연스럽게 표출되면서 다양한 기능의 대표적인 것으로 토지과세, 토지 등기, 토지감정평가, 토지거래, 토지이용계획, 주소표기, 각종 토지정보 제공 등의 역할을 말한다.

② 지적은 전통성·영속성이라는 특성으로 인류와 더불어 존속하고 있다는 점에서 지적은 전통성을 지닌다고 할 수 있다.

③ 기술성과 전문성은 토지에 관한 자료를 조사·기록하고 측량하여 그 결과를 국가의 공적장부인 지적공부에 등록 공시하는 제도이다.

④ 지적의 공개성은 지적업무가 국가사무로서 지적공부의 열람 및 등본발급과 지적공부에 포함되지 아니한 측량기준점성과와 경계복원측량 등을 실시하여 공시하는 특성을 말한다.

⑤ 전국적으로 표준화하여 통일성과 획일성을 유지할 수 있도록 하고 지적공부는 동일한 방법에 의하여 측량·작성되어 그 분쟁해결의 통일성을 기하려는 것으로 볼 수 있다.

2.2. 시대별 지적제도

2.2.1. 고조선

① 고조선의 지적제도의 특징은 정전제(井田制)에 의한 경계의 설정과 관리라고 할 수 있다.

② 정전법은 단기고사의 고불(古佛)8년에 "전토와 산야를 측량하야 조세율(租稅律)을 改하다."라고 기록되어 있다.

③ 단군조선 매륵왕 25년(B.C 680년)에 "오경박사 우문충(宇文忠)이 토지를 측량하고 지도를 제하며 유성설(游星說)을 저상(著上)하다." [6]에서 우문충이 최초의 측량사라고 할 수 있다.

④ 부여는 수렵, 목축과 농업이 크게 성행하였으며 행정구역제도로 국도(國都)를 중심으로 토지의 크기에 따라 전국을 4구역으로 나누어 영토를 사방으로 구획하는 사출도(四出道; 부여의 지방 관할 구역)란 토지구획방법을 시행하였다.

2.2.2. 삼국시대

(1) 고구려

① 토지제도는 왕토사상(王土思想)에 의한 토지의 국유원칙을 전제로 하였다.

② 왕명에 의하여 출납을 담당하는 주부(主簿)라는 직책을 두어 전부(田簿)에 관한 사항을 관장하고 국가체계가 정비되면서 울절(鬱折)·오졸(烏拙)이라고도 하였다.

③ 고구려에는 국토를 조사 수록한 봉역도는 토지관리를 위한 국방 또는 행정적 목적에 의하여 작성되었다.

④ 면적 단위는 경무법(頃畝法)을 사용하고 구장산술에 의한 방전(方田), 직전(直田), 규전(圭田), 제전(梯田), 호전(弧田), 환전(環田) 등으로 토지형태를 구획하여 면적을 산출하였다.

⑤ 경무법이란 전지의 면적을 측량할 경우 1경(硬)은 100무, 1무(畝)는 100보, 1보(步)는 6척(尺)으로 하는 것이었다.

(2) 백제

① 백제는 국가 체제를 갖춘 후 율령(律令)에 의하여 경제적 질서를 확립하면서 토지 관리를 체계화하였으며 토지는 국유원칙을 전제로 하였다.

② 내두좌평(內頭佐平)은 국가의 재정을 맡도록 하고 내두좌평 관할 하에 지적과 측량을 관리하는 산학박사(算學博士)가 전문적인 기술사무에 종사하였다.

③ 백제에는 당시 측량술로 지형을 여러 형태로 구획하는 측량법을 시행한 산사(算師)와 회화적으로 도면을 만들었을 화사(畵師)가 있었다.

④ 결부법은 전지(田地)의 면적을 결부의 단위로 측량하는 것으로 신라의 결부법과 같이 1파를 최소의 면적단위로 10파를 1속, 10속을 1부, 10부를 1결로 하는 10진법의 면적계량 방식을 사용하였다.

(3) 신라

① 신라시대 초기의 토지제도는 공동체 부족장들의 권력을 토대로 국왕과 귀족들에게 집중된 토지에 대한 지배형태인 국유원칙으로 출발하였다.

---
6) 김해암, 이화사 역, 문화, 1949, p.15, p.23

② 신라는 조부(調府)에서 토지의 세수를 파악하고, 창부(倉部)는 조세 및 창고에 관한 사무를 담당하였다.

③ 구장산술은 삼국시대의 토지측량방식으로 지형을 당시 측량술로 측량하기 쉬운 형태로 구별하여 측량하는 방법이다.

④ 토지측량에 사용된 구장산술의 방전(方田), 직전(直田), 규전(圭田), 제전(梯田), 원전(院田), 호전(弧田), 환전(環田), 구고전(句股田) 등의 형태로 구분하여 측량하였다.

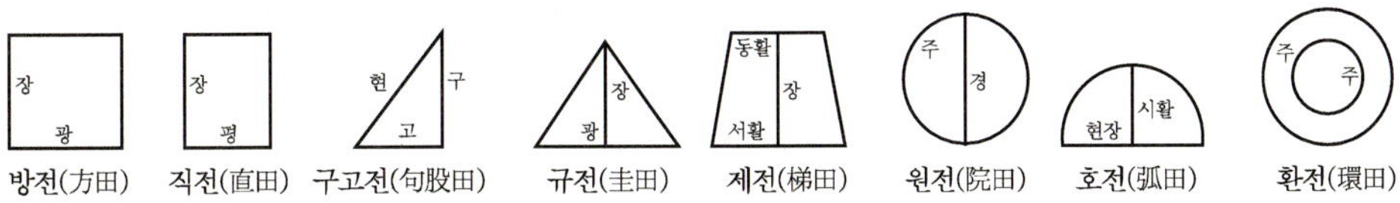

〈그림 4-2〉 전의 형태

⑤ 토지의 형태에 따라 장(長)과 광(廣)을 재고 직전(直田)은 장(長)과 평(平)을 측정하여 토지면적을 산출하였으며 계산단위는 필지별로 보(步)의 1/10인 척(尺) 단위까지 측정하였다.

⑥ 토지측량에는 지폭(指幅)을 기준으로 한 지척(指尺)을 기준척으로 사용하였다.

⑦ 사방 1보(步)가 되는 넓이를 1파(把), 10파(把)를 1속(束), 10속(束)을 1부(負), 10부(負)를 1총(摠), 10총(摠)을 1결(結)로 하는 10진법을 사용하였다.

2.2.3. 고려시대

① 고려는 신라시대 말부터 문란한 토지제도를 정비하기 위해 집권과 동시에 당나라의 균전 제도를 모방하여 집권적 공전제(公田制)로서의 국유제도를 확립하였다.

② 토지면적 산출방식은 토지수확량을 고려하여 결부제를 선택하였다.

③ 토지 등급에 따라 척수를 각각 다르게 계산하는 수등이척제(隨等異尺制)가 사용되었다.

④ 전의 일결(一結)은 33보(步)로 하고 보(步), 척(尺), 푼(分), 촌(寸)의 순서로 단위를 정하여 1보의 길이를 6척으로 하였으며 1척의 길이를 10푼, 1푼의 길이를 6촌으로 하였다.

⑤ 토지의 정확한 파악을 위하여 자호(字號)제도를 창설하였으며 단위는 정(丁)을 사용하고 조선시대 일자오결제도(一字五結制度)의 계기가 되었다.

⑥ 중앙의 지적사무를 담당한 기구는 호부(戶部)이며 지적관리의 중앙 중추기구로서 측량을 담당하였다.

⑦ 임시로 양전을 담당한 관서로써 급전도감, 정치도감, 절급도감, 찰리변위도감, 전민변정도감 등을 특별관서로 두었다.

⑧ 956년 양전사 전수창부경의 예언, 하전 봉휴, 산사 천달 등이 송량경의 도행을 기초로 작(作)이라는 토지대장을 작성하였다.

⑨ 지방은 관찰사(觀察使), 목사(牧使), 현령(縣令) 등의 지방수령관이 집행하였다.

⑩ 토지측량 실무관계는 그 지방에 거주하는 명망 있고 수리(數理)에 밝은 향리(鄕吏) 및 지심사, 임도대감, 촌주 등이 담당하였다.

2.2.4. 조선시대

① 초기에는 양전제도가 구체화되어 토지를 등록하는 제도가 공식화되었으며 토지장부로는 양안이 있었다.

② 경국대전에 양안은 20년마다 한번씩 양전을 실시하여 새로운 양안을 작성하였으며 소유자 권리 확인은 양안에 의한 경향이 많았다.

③ 판적사는 호구(戶口), 전지(田地), 조세, 부역, 공납, 농사, 잠업의 권장, 흉풍의 조사 및 진대감산(賑貸□散), 양전에 관한 일을 담당하였다.

④ 지방은 중앙에서 양전사를 파견하지 않을 경우에는 감사(監司)의 감찰아래 지방수령이 양전에 종사하였다.

⑤ 1444년(세종26년) 전제상정소(田制詳定所)를 설치하고 양전에 관한 기본규정을 법제화 하였으며 조선시대 말기에는 문란한 양전제(量田制)로 양전 개정론이 활발하였다.

⑥ 1653년(효종 4년)에는 전제상정소에서 양전에 관한 준수책인 전제상정소준수조화(田制詳定所遵守條畫)를 반포하였다.

(1) 양전

① 양전를 담당한 중앙부서는 호조가 하였으며 소속으로는 판적사(版籍司), 회계사, 경비사(經費司)의 3사가 있었다.

② 척수(尺數)는 수등이척제(水等異尺制)를 사용하였는데 상등전(上等田)의 척도는 농부수(農夫手)의 20지(指), 중등전(中等田)은 25지(指), 하등전(下等田)은 30지(指)로 등급에 따라 타량하였다.

③ 토지의 형태를 방전(方田), 직전(直田), 구고전(句股田), 제전(梯田), 규전(圭田) 등 5가지로 타량(打量)하여 기록하였다.

④ 면적은 결부제를 사용하여 전의 1척을 파(把)로 10파를 1속(束), 10속을 1부(負), 100부(負)를 1결로 하였다.

⑤ 지번은 자호(字號)를 붙이되 천자문의 차제(次第)를 사용하고 사표(四標)와 토지소유주를 양안에 기록하였다.

(2) 양전 개정론

① 정약용은 "경세유표"에서 결부제에 의한 양전의 원칙은 형태가 없는 비척(肥瘠)으로 지품(地品)을 규정하게 되어 객관성이 없고 양전 관리의 주관적 판단에 의해 결정되므로 면적을 정확하게 제시할 수 없어 지품과 면적이 사실대로 파악될 수 없었다고 주장하였다.

② 유형원은 "반계수록"에서 경무법과 같이 땅이 넓고 좁고 모두 같고 그 땅의 척박에 따라 조세에 차등이 있어야 하나 결부법은 조세가 모두 같다고 주장하였다.

③ 서유구는 "의상경계책"에서 결부제를 폐지하고 경무법실시를 주장하였으며 양전법을 방량법으로 개정하여야 한다고 하였다.

④ 이기(李沂)

- "해학유서"에서 종래의 양전방법인 주척에 의한 수등이척제(隨等異尺制)에 대한 개선방법으로 망척제를 주장하였다.
- 결부법을 사용하고 경무법을 사용하지 않았으나 경무법의 주척(周尺) 6척을 1보(步)라고 하고 100보를 1무(畝), 100무를 1경(頃)이라고 하였다.
- 망척제(網尺制)는 전지(田地)를 측량할 때에 정방형의 눈들을 가진 그물을 사용하여 그물 속에 들어온 정방형의 눈을 계산하여 면적을 산출하는 양전 방법이다.

2.2.5. 대한제국

대한제국의 토지제도는 재래의 양전 방식에서 1893년부터 1905년까지 새로운 토지등록제도인 지계제도가 시행되어 근대적 토지 공시제도의 과도기가 형성되었다.

(1) 내부

① 구한말의 지적제도는 1895년에는 국가적으로 토지정리 사업에 착수하여 호조를 폐지하고 내무아문의 판적국(版籍局)에서 호수와 인구를 조사하여 장부를 관리하였다.

② 1895년 지적업무는 내무아문의 판적국(版籍局)에서 관장하기 시작하였다.

③ 판적국 산하에는 호적과와 지적과를 두고 지적과에서는 지적에 관한 사항, 무세관유지의 처분 및 관리에 관한 사항, 관유지 지목변환에 관한 사항 등을 담당하였다.

④ 우리나라 최초로 지적(地籍)이란 용어가 공식적으로 사용되었다.

(2) 양지아문

① 1898년 6월 23일 내부대신 박정양, 농공부 대신 이도재가 토지측량에 관한 청의서를 제출하여 국왕이 양전사업 실시를 결정하였다.

② 1898년 7월 6일 제정된 양지아문직원 및 처무규정을 공포하면서 양전사업의 담당기관인 양지아문을 설치하고 전국의 양전사무를 정리하였다.

③ 양지아문에서 양전사업에 종사하는 실무진으로는 양무감리, 양무위원, 조사위원 및 기술진이 있었다.

④ 전국 토지측량은 외국인 기사가 인솔하는 측량 견습생이 실시할 계획이었으나 신속하게 사업을 마무리하기 위해 각 도마다 양무감리를 두고 양전을 감독하였다.

⑤ 1902년 3월 양지아문이 지계아문에 흡수됨으로써 양전사무가 지계아문에 이관되었다.

(3) 지계아문

① 1901년 10월 칙령 제21호로 지계아문직원 및 처무규정이 공포되어 지계발행 및 양전사업의 전담기구인 지계아문이 설치되었다.

② 지계감리는 각도에 1명씩 파견되어 관찰사와 대등 조회하고 각 군의 지방관에게 지령, 훈령 등을 내리면서 양전을 실시하여 지계를 발행하는 모든 업무를 실질적으로 관장하고 있었다.

③ 1905년 2월 탁지부 양지국이 탁지부 양지과로 기구가 축소되었다.

④ 1906년 "토지가옥증명규칙"에 의거 토지가옥의 매매, 교환, 증여 시에 "토지가옥증명대장"에 기재하여 공시하는 실질적심사주의를 채택하였다.

(4) 탁지부

① 1904년 4월 19일 탁지부 양지국관제가 공포되면서 양지국은 지계아문의 양전 기능과 기구를 계승하여 상설기구로 설치되었다.

② 1907년 탁지부사세국 양지과의 대구출장소는 대구시내, 1908년 서울출장소는 용산시가지, 평양출장소는 평양시가지, 전주출장소는 전주시가지를 측량하였다.

(5) 토지조사국

① 대한제국에서는 개화의 물결에 따라 관제의 개혁과 법령의 공포 및 토지조사를 실시하기 위해 1895년 판적국으로부터 1898년 양지아문, 1901년 지계아문을 설치하였다.

② 1909년 5월에서 8월까지 토지에 관한 관습을 조사하여 토지조사의 기초로 토지조사 및 측량에 관한 사무를 취급하도록 하였다.

③ 1910년 3월 15일 구 한국정부에서 칙령 제23호로 토지조사국 관제를 8월 23일 토지조사법을 제정 공포하여 토지조사국을 설치하고 전국의 토지조사업무를 전담하였다.

2.2.6. 근대지적

(1) 재무부

① 1948년 11월 4일 재무부에 사세국이 설치되고 그 아래 징수과, 직세과, 간세과, 국유재산과를 두었으며 지적업무는 직세과에서 담당하였다.

② 정부 수립 후 지적행정은 토지세와 관련하여 재무부와 사세청의 지도 감독하에 세무서에서 1961년 12월 31일까지 관장하였다.

③ 1960년 1월 1일부터 민법과 부동산등기법을 제정·시행하면서 근대화된 토지소유권의 내용과 범위가 결정되었다.

④ 1961년 12월 2일 국세와 지방세의 조정에 관한 법률에 의거 농지세의 지방세 이관과 함께 1961년 12월 8일 개정지적법에 따라 지적업무가 내무부 소관으로 이관될 때까지 주로 토지수득세과에서 지적업무를 관장하였다.

⑤ 1962년 1월 1일부터 재무부 산하 서울·대전·광주·부산 사세청과 81개 세무서의 인력, 지적공부 및 기구는 시·도와 시·군에 이관되었다.

(2) 내무부

① 지적업무가 재무부에서 내무부 지방국 지방세과로 이관되었으나 본부나 시·도에 지적계가 없이 업무를 수행하였다.

② 1964년 내무부 지방세과에서 지적관리에 관한 사항을 담당하도록 규정하고 1966년 12월 토지과세의 기준조사에 관한 사항을 신설하였다.

③ 1975년 12월 31일 지적법을 전면 개정하고 1976년 5월 7일 시행령과 시행규칙을 제정 공포하여 지적제도 및 기술의 개선과 지적사무의 전산화를 추진하는 등 현대적인 지적제도의 기틀을 마련하였다.

④ 1995년 4월 6일부터 집합건물의 대지권 등록 공유지연명부는 대지권등록부로 명칭을 변경하였다.

2.3. 지적과 등기제도

① 토지조사사업으로 설립된 우리나라의 지적제도와 등기제도는 초기부터 다른 체계를 이룩하면서 발전되었다.

② 지적제도는 국가기관의 통치권이 미치는 모든 영토를 필지 단위로 구획하여 토지에 대한 물리적 현황과 권리관계 등을 지적공부에 등록·공시하는 국가의 사무이다.

③ 각국의 지적과 토지 등기제도

- 창설 당시부터 이원화 체제로 운영하는 국가 : 한국과 독일
- 이원화로 출발하였으나 현재는 일원화 체제로 운영된 국가 : 일본, 대만, 터키, 인도네시아
- 창설 당시부터 현재까지 일원화 체제로 운영된 국가국가 : 네덜란드와 미얀마
- 지적제도 없이 토지 등기제도만 창설하여 운영하는 국가 : 영국이다.

2.3.1. 등기제도

① 등기제도는 물권의 공시에 관한 제도로서 국가공무원인 등기관이 등기부라고 불리는 공적장부에 부동산의 표시 또는 일정한 권리관계를 기재하는 것을 말한다.

② 등기는 처음부터 토지등기부와 건물등기부로 구분하였고 그 소관청을 지방법원의 지원이나 등기소로 하였다.

③ 1912년 3월 조선부동산증명령을 제정하여 종래의 토지가옥증명규칙과 토지가옥소유권증명규칙에 의거 처리하였다.

④ 1914년 토지대장규칙을 제정하여 조사·사정의 결과를 바탕으로 토지대장이 작성되고 토지조사에 의하여 작성된 토지대장의 기재내용에 따라 각 지방 등기소의 토지 등기부에 등기하도록 하였다.

⑤ 조선민사령의 공포에 의하여 토지대장을 기초로 등기부를 작성하고 당사자 신청주의, 성립요건주의(형식주의)를 채택하고 있기 때문에 공신력은 인정되지 않고 추정력만 인정된다.

⑥ 등기

- 공시의 원칙에 따라 등기부를 작성하고 소극적등록주의를 채택하고 있다.
- 형식적심사주의에 따라 서면심사를 원칙으로 하고 있다.
- 권리관계에 있어서는 제3자에게 대하여는 대항할 수 있는 대항요건으로의 효력을 가진다.
- 등기의 전후와 선후에 의하여 순위확정적 효력을 가진다.
- 등기의 추정적효력 이외에 공신력을 인정하지 않고 있다.

⑦ 편제방법

- 등기접수순에서 지번 순으로 개편하고 물적편성주의에 의한다.
- 등기부의 구성은 표제부, 갑구, 을구로 분류하고 있다.
- 신청방법은 공동신청주의에 의한다.

2.3.2. 지적과 등기의 관계

구분	지적	등기
공시	토지에 대한 물리적 현황의 등록·공시	토지에 대한 권리관계 공시
공부	지적공부	토지등기부와 건물등기부로 구분
담당	지적소관청	지방법원의 지원이나 등기소
심사방법	실질적심사주의	형식적심사주의
공시제도	토지의 표시	권리상태
등록방법	단독신청주의	공동신청주의
편성방법	물적 편성주의	연대적 편성주의

Chapter 02 지적제도

핵/심/문/제

1. 지적제도에 대한 설명으로 가장 거리가 먼 것은?

① 효율적인 토지관리와 소유권 보호를 목적으로 한다.
② 국가의 행·재정적 필요에 의한 제도이다.
③ 토지에 대한 물리적 현황의 등록·공시제도이다.
④ 소유권 이외의 권리를 보호하기 위한 제도이다.

| 해설 |
소유권 이외의 권리는 저당권, 전세권 등으로 지적제도에서는 관여하지 않는다.

정답 ④

2. 지적제도의 필요성에 대한 사항으로 가장 거리가 먼 것은?

① 세수확보 ② 소유권 보호
③ 거래의 신속 ④ 토지 분배

| 해설 |
지적제도는 토지 과세 및 토지거래의 안전, 토지소유권 보호 등이 주요 목적이다.

정답 ④

3. 우리나라 지적제도의 가장 우수한 점은?

① 도해적이고 지방적인 점
② 토지가격을 중요시 한 점
③ 경제적이고 간편한 점
④ 정책적이고 통일적인 점

| 해설 |
지적제도를 지적국정주의 이념으로 채택하는 것은 지적공부의 등록 관리를 통일적이고 획일적으로 하기 위함이다.

정답 ④

4. 역사적으로 초기의 지적제도가 개인에게 인정한 권리는?

① 토지 이용권(利用權)
② 토지소유권(所有權)
③ 토지관리처분권(管理處分權)
④ 토지 물권 공시권(物權 公示權)

| 해설 |
고대나 중세의 농경사회에서 토지에 대한 소유는 국유가 원칙이었고 국민은 국가로부터 토지를 받아 경작하고 수확 일부를 세금으로 냈다. 따라서 지적제도가 발생한 초기의 개인은 토지에 대한 이용권만 있었다고 보아야 한다.

정답 ①

5. 우리나라 지적제도의 체계가 확립된 시기는?

① 1900년대 ② 1600년대
③ 1700년대 ④ 1800년대

| 해설 |
1910년 토지조사법을 공포하면서 지적제도의 시초로 체계를 정립하기 시작하였다.

정답 ①

6. 토지에 대한 물권을 설정하기 위하여 지적제도가 기여해야 할 가장 중요한 역할은?

① 소유권 심사 ② 필지 확정
③ 지목의 결정 ④ 지번의 설정

| 해설 |
필지는 토지에 대한 물권의 효력이 미치는 범위를 정하고 거래 단위로서 개별화시키기 위하여 인위적으로 구획한 법적 등록 단위이다.

정답 ②

7. 다음 중 지적제도의 특성으로 가장 거리가 먼 것은?

① 지역성 ② 안전성
③ 정확성 ④ 저렴성

| 해설 |
지적제도의 특징에는 안전성, 간편성, 정확성, 신속성, 저렴성, 적합성, 등록의 완전성이 있다.

정답 ①

8. 지적의 토지표시사항의 특성으로 볼 수 없는 것은?

① 정확성 ② 다양성
③ 통일성 ④ 검색성

| 해설 |
지적공부에 기록하는 행위로 공정성과 통일성, 정확성, 일관성이 보장되어야 하며 전산화로 정립되면서 검색을 실시간으로 실시할 수 있는 특성이 있다고 할 수 있다.

정답 ②

9. 다음 중 지적의 요건으로 볼 수 없는 것은?

① 안전성 ② 정확성
③ 창조성 ④ 효율성

| 해설 |
지적의 요건으로는 안전성, 간편성, 정확성, 신속성, 저렴성, 적합성, 등록의 완전성에 따라 효율적이어야 한다.

정답 ③

10. 다음 중 고조선시대의 토지제도로 옳은 것은?

① 과전법(科田法)
② 두락제(斗落制)
③ 정전제(井田制)
④ 수등이척제(隨等異尺制)

| 해설 |
정전제(井田制)는 고조선시대의 토지구획 방법으로 균형 있는 촌락의 설치와 토지의 분급 및 수확량을 파악하기 위하여 시행되었던 지적제도이다.

정답 ③

11. 균형 있는 촌락의 설치와 토지 분급 및 수확량의 파악을 위해 실시한 고대 한조선시대의 지적제도로 옳은 것은?

① 정전제 ② 경무법 ③ 결부제 ④ 과전법

| 해설 |
정전제는 고조선시대의 토지구획 방법으로 균형 있는 촌락의 설치와 토지 분급 및 수확량의 파악을 위하여 실시하였으며, 이에 따르면 소득의 1/9을 세금으로 하였다.

정답 ①

12. 정전제(井田制)를 주장한 학자가 아닌 것은?

① 한백겸(韓百謙) ② 서명응(徐命膺)
③ 이기(李沂) ④ 세키야(關野 貞)

| 해설 |
한백겸, 이익, 세키야, 서명응, 정약용 등이 정전제(井田制)를 주장하였다.

정답 ③

13. 부여의 행정구역 제도로서 국도를 중심으로 영토를 사방으로 구획하는 토지구획방법은 무엇인가?

① 사출도 ② 사표도 ③ 계면도 ④ 휴도

| 해설 |
부여는 행정구역 제도로 국도(國都)를 중심으로 토지의 크기에 따라 대가(大加), 소가(小加)로 구분하고 전국을 4구역으로 나누어 영토를 사방으로 구획하는 사출도(四出道 : 부여의 지방 관할 구역)란 토지구획방법을 시행하였다.

정답 ①

14. 삼국시대의 지적제도에 관한 설명으로 틀린 것은?

① 고구려에서는 길이 단위로 척(尺), 면적 단위로 경묘법(頃畝法)을 사용했다.
② 백제는 토지도면으로 봉역도와 요동성총도가 있었다.
③ 고구려는 측량방식으로 구장산술에 따랐다.
④ 신라는 토지의 면적, 그 토지의 수확량을 이중으로 표시하는 결부제를 사용하였다.

| 해설 |
봉역도나 요동성총도는 고구려의 토지에 관한 도면이다.

정답 ②

15. 삼국시대의 지적제도에 관한 설명이 아닌 것은?

① 신라에서는 호부에서 토지세를 파악하도록 하였다.
② 백제에서는 지적을 담당한 관제로 내두좌평을 두었다.
③ 고구려에서는 토지의 면적 단위로 경무법을 사용하였다.
④ 고구려에서는 지적에 관련된 행정조직으로 주부라는 직책을 두었다.

| 해설 |
신라에서는 조부(調部)에서 관장하였고 토지세를 파악하는 관제의 역할을 하였으며 고려에서는 호부(戶部)에서 지적을 관리하였다.

정답 ①

16. 지적에 관련된 행정조직으로 중앙에 주부(主簿)라는 직책을 두어 전부(田簿)에 관한 사항을 관장하게 하고 토지 측량 단위로 경무법을 사용한 국가는?

① 백제 ② 신라
③ 고구려 ④ 고려

| 해설 |
고구려는 토지의 국유원칙을 전제로 하고 왕명에 의하여 출납을 담당하는 주부(主簿)라는 직책을 두어 전부(田簿)에 관한 사항을 관장하였다.

정답 ③

17. 다음 중 백제에서 측량을 전담하였던 직책은?

① 산학박사(山學博士) ② 급전도감(給田都監)
③ 주부(主溥) ④ 풍백(風伯)

| 해설 |
백제는 내두좌평 관할 하에 지적과 측량을 관리하는 산학박사(算學博士)가 전문적인 기술사무에 종사하였다.

정답 ①

18. 조세, 토지관리 및 지적사무를 담당하였던 백제의 지적 담당기관은?

① 공부 ② 조부
③ 호조 ④ 내두좌평

| 해설 |
백제의 내두좌평(內頭佐平)은 국가의 재정을 맡도록 하고 내두좌평 관할 하에 지적과 측량을 관리하는 산학박사(算學博士)가 전문적인 기술사무에 종사하였다.

정답 ④

19. 신라의 지적과 관련이 없는 것은?

① 결부제에 의하여 토지면적을 측정하였다.
② 토지 등급은 6개 등급으로 구분하여 설정하였다.
③ 6부 중 조부(調部)에서 토지세를 파악하도록 하였다.
④ 양전의 장적은 오늘날의 토지대장과 같은 것이 있었다.

| 해설 |

신라의 전품제는 토지등급을 상, 중, 하의 3개 등급에 다시 상, 중, 하를 첨가하여 9개(上上, 上中, 上下, 中上, 中中, 中下, 下上, 下中, 下下) 등급으로 구분하여 설정하였다.

정답 ②

20. 신라의 토지제도에 해당하지 않는 것은?

① 사전(賜田)　② 관료전(官僚田)
③ 과전(科田)　④ 정전(丁田)

| 해설 |

신라 토지제도는 전품제에 해당하는 사전, 관료전, 사원전, 정전, 구분전 등이 있으며, 과전(科田)은 고려시대 관료에게 지급한 토지이다.

정답 ③

21. 신라의 토지측량에 사용된 구장산술 방전장의 내용에 속하지 않는 토지형태는?

① 직전　② 양전
③ 환전　④ 구고전

| 해설 |

토지측량에 사용된 구장산술의 내용은 방전, 직전, 구고전, 규전, 제전, 원전, 호전, 환전 등의 형태로 구분하여 측량하였다.

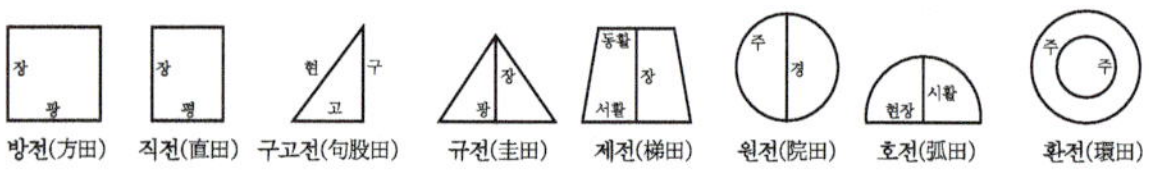

정답 ②

22. 다음 중 신라시대 구장산술에 따른 전(田)의 형태별 측량 내용으로 옳지 않은 것은?

① 방전(方田)－정사각형의 토지로, 장(長)과 광(廣)을 측량한다.
② 규전(圭田)－이등변삼각형의 토지로, 장(長)과 광(廣)을 측량한다.
③ 제전(梯田)－사다리꼴의 토지로, 장(長)과 동활(東闊)·서활(西闊)을 측량한다.
④ 환전(環田)－원형의 토지로, 주(周)와 경(經)을 측량한다.

| 해설 |

환전(環田)은 안쪽이 빈 도너츠형의 토지로 주(周)와 주(周)를 측량한다.

정답 ④

23. 삼국시대에 시행한 토지측량방식으로서 지형을 여러 형태로 구별하여 측량하기 쉽게 한 것은?

① 경무법　② 산학박사
③ 구장산술　④ 결부제

| 해설 |

구장산술은 삼국시대의 토지측량방식으로 지형을 당시 측량술로 측량하기 쉬운 형태로 구별하여 측량하는 방법이다.

정답 ③

24. 삼국시대의 지적 담당 부서에 대한 설명으로 틀린 것은?

① 고구려－주부(主簿)　② 백제－내두좌평(內頭佐平)
③ 신라－조부(調府)　④ 통일신라－예부(禮部)

| 해설 |

통일신라는 조부, 창부에서 지적 관련 업무를 담당하였다.

정답 ④

25. 고려시대의 지적과 관련이 없는 것은?

① 형식은 당나라의 균전 제도를 모방하였다.
② 신라 밀기의 문란해졌던 토지제도를 바로잡기 위해 역분전을 시행하였다.
③ 토지제도의 형태는 신라의 결부제와 전품제를 본받았다.
④ 토지 소유제도는 사유를 원칙으로 하였다.

| 해설 |

토지 소유는 국유를 원칙으로 하고, 전시과(田柴科) 제도를 시행하였다.

정답 ④

26. 아래와 같은 특징을 갖는 지적제도를 시행한 시대는?

- 토지대장은 양전도장, 양전장적, 전적 등 다양한 명칭으로 호칭되었다.
- 과전법의 시행과 함께 자호제도가 창설되어 정단위로 자호를 붙여 대장에 기록하였다.
- 수등이척제를 측량의 척도로 사용하였다.

① 고구려　② 백제　③ 조선　④ 고려

| 해설 |

고려시대에는 토지대장은 양전도장, 양전장적, 전적 등 다양한 명칭으로 과전법의 시행과 함께 자호제도가 창설되어 정단위로 자호를 붙여 대장에 기록하였다.

정답 ④

27. 고려시대에 지적을 관장하는 부서로 맞는 것은?

① 호부　② 조부　③ 이부　④ 예부

| 해설 |

고려 전기에는 호부, 고려 후기에는 판도사, 지방은 향리가 담당하였다.

정답 ①

28. 고려시대에 양전을 담당한 중앙기구로서의 특별관서가 아닌 것은?

① 급전도감　② 정치도감
③ 절급도감　④ 사출도감

| 해설 |

고려는 중앙기구로 양전을 담당한 관서로 급전도감, 정치도감, 절급도감, 찰리변위도감, 전민변정도감 등을 특별관서로 두었다.

정답 ④

29. 고려 초기의 기록상으로 남아있는 우리나라 최초의 토지조사 측량자는?

① 송량경　② 봉휴　③ 산사　④ 판도사

| 해설 |

고려 초기의 토지측량에 관한 내용은 955년(광종 6년) 송량경이 조사를 하여 도행이라는 장부를 만들고 실제 토지조사와 측량에 참여하였으며, 기록상으로 우리나라 최초의 토지조사 측량자이다.

정답 ①

30. 고려시대에 토지업무를 담당하던 기관과 관리에 관한 설명으로 틀린 것은?

① 정치도감은 전지를 개량하기 위하여 설치된 임시관청이었다.
② 토지측량 업무는 이조에서 관장하였으며 이를 관리하는 사람을 양인·전민계정사(田民計定使)라 하였다.
③ 찰리변위도감은 전국의 토지 분급에 따른 공부 등에 관한 불법을 규찰하는 기구이었다.
④ 급전도감은 고려 초 전시과를 시행할 때 전지 분급과 이에 따른 토지 측량을 담당하는 기관이었다.

| 해설 |

고려시대에는 임시적으로 양전을 담당한 관서로써 급전도감, 정치도감, 절급도감, 찰리변위도감, 전민변정도감 등을 특별관서로 두었다.

정답 ②

31. 고려시대 토지의 면적과 측량척에 관한 양전보수규정을 공포한 왕으로 옳은 것은?

① 광종　② 성종　③ 문종　④ 공양왕

| 해설 |

1069년(문종 23년)에는 경묘제를 폐지하고 결부제를 사용하기 위하여 토지의 면적과 측량척에 관한 양전보수 규정을 공포하였다.

정답 ③

32. 조선시대 호조의 소속 기관에 해당하는 판적사가 담당한 업무에 해당하지 않는 것은?

① 양지(量地)　② 잠업의 권장
③ 무세관유지 처분　④ 풍흉의 조사

| 해설 |

판적사(版籍司)는 호구, 양지(量地), 조세, 부역, 공납, 농사, 잠업의 권장, 풍흉의 조사 및 진대, 염산 등에 관한 일을 맡아보았다.

정답 ③

33. 조선시대의 토지제도에 대한 설명 중 옳지 않은 것은?

① 사표(四標)는 토지의 위치로서 동·서·남·북의 경계를 표시한 것이다.
② 조선시대의 양전은 원칙적으로 20년마다 한 번씩 실시하여 새로이 양안을 작성하게 되어있다.
③ 양안의 내용 중 시주(試走)는 토지의 소유자이고, 시작(時作)은 소작인을 나타낸다.
④ 조선시대의 지번설정 제도에는 부번제도가 없었다.

| 해설 |

조선시대의 자번호는 양안에 기재한 자번호를 그대로 사용하고 변경하지 않는 것을 원칙으로 하였으며 양전 후 새로 개간된 토지는 인접지의 자번호에 지번(枝番)을 붙였으니 조선시대의 지번설정 제도에는 지번과 부번제도를 사용하였으며 현재의 지번(地番)을 자호(字號), 부번(附番)은 지번(枝番)이라하였다.

정답 ④

34. 조선시대의 양전법에 따른 전의 형태에서 직각삼각형의 전을 지칭하는 것은?

① 방전(方田)　② 사전(邪田)
③ 구고전(句股田)　④ 규전(圭田)

| 해설 |

조선시대 전의 형태
① 방전 : 정사각형의 토지로 장과 광을 측량
② 직전 : 직사각형의 토지로 장과 평을 측량
③ 구고전 : 직삼각형의 토지로 구와 고를 측량
④ 규전 : 이등변삼각형의 토지로 장과 광을 측량
⑤ 사전 : 사다리꼴의 토지로 장과 동활, 서활을 측량

정답 ③

35. 조선시대의 양전법은 토지의 등급에 따라 상등전·중등전·하등전의 척도를 다르게 하는 수등이척제(水等異尺制)를 사용하였는데 이에 대한 설명으로 옳은 것은?

① 상등전은 농부 수의 20지(指)
② 상등전은 농부 수의 25지(指)
③ 중등전은 농부 수의 20지(指)
④ 중등전은 농부 수의 30지(指)

| 해설 |

양전법은 전품을 상·중·하 3등급으로 나누었으며 척수도 수등이척제를 사용하였는데 상등전의 척도는 농부수의 20지(指), 중등전은 25지(指), 하등전은 30지(指)로 등급에 따라 타량하였다.

정답 ①

36. 다음 시대별 지적 관련 부서의 연결이 잘못된 것은?

① 삼국시대에는 주부(主簿), 내두좌평(內頭佐平) 등에서 담당하였다.
② 고려시대에는 호부(戶部)에서 담당하고 지적 관련 임시 부서는 없었다.
③ 조선시대에는 호조(戶曹), 한성부 내에는 5부에서 담당하였다.
④ 구한말에는 양지아문과 지계아문에서 담당하였다.

| 해설 |

고려시대에 임시부서로는 급전도감, 정치도감 등이 존재하였지만 일시적이고 수시로 설치·폐지되었다.

정답 ②

37. 각 시대별 지적제도의 연결이 옳지 않은 것은?

① 고려－수등이척제　② 조선－수등이척제
③ 구한말－지계아문　④ 고구려－두락제

| 해설 |

두락제는 백제의 면적 단위이며 고구려는 경무법을 사용하였다.

정답 ④

38. 조선시대에 양전개정론을 주장하지 아니한 사람은?

① 정약용　② 서유구
③ 이기　④ 김정호

| 해설 |

조선시대에는 여러 가지 토지제도의 폐단을 시정하기 위한 양전법의 개정을 제기한 대표적인 사람으로 정약용, 서유구, 이기, 유길준 등이 있다.

정답 ④

39. 양전개정론을 주장한 학자와 그 저서의 연결이 옳은 것은?

① 서유구－목민심서　② 이기－해학유서
③ 정약용－경국대전　④ 김정호－속대전

| 해설 |

양전개정론은 이기－해학유서, 정약용－목민심서, 서유구－의상경계책에서 주장하였다.

정답 ②

40. 조선시대에 다산 정약용의 양전개정론과 관계가 없는 것은?

① 어린도법　② 경무법
③ 망척제　④ 방량법

| 해설 |

19세기 조선의 대표적이 실학자인 다산 정약용은 합리적인 양전법의 개정방안으로 종래의 경무법을 개혁하고, 새롭고 객관적인 양전방안으로 정전제(井田制)의 시행을 전제로 하는 방량법(方量法)을 행하며, 일자오결법이나 사표법의 부정확성을 바로잡기 위한 어린도법의 시행을 주장하였다.

정답 ③

41. 수등이척제에 대한 개선으로 망척제를 주장한 학자는?

① 이기　② 서유구
③ 정약용　④ 정약전

| 해설 |

이기(李沂)는 "해학유서"에서 종래의 양전 방법과 측량에 사용하는 주척을 이용한 수등이척법에 대한 개선으로서 망척제를 주장하였다.

정답 ①

42. 이기가 해학유서에서 수등이척제에 대한 개선으로 주장한 제도로서 전지(田地)를 측량할 때 정방형의 눈들을 가진 그물을 사용하여 면적을 산출하는 방법은?

① 일자오결제　② 망척제
③ 결부제　④ 방전제

| 해설 |

이기는 해학유서에서 수등이척제의 개선방안으로 전지의 형태와 관계없이 전지(田地)를 측량할 때에 정방형의 눈들을 가진 그물을 사용하여 그물 속에 들어온 정방형의 눈을 계산하여 면적을 산출할 수 있는 망척제를 주장하였다.

정답 ②

43. 다음의 설명에 해당하는 학자는?

> 해학유서에서 망척제를 주장하였다. 전안을 작성하는 데는 반드시 도면과 지적이 있어야 비로소 자세하게 갖추어진 것이다

① 정약용　② 유진억
③ 이기　④ 서유구

| 해설 |

이기는 해학유서에서 수등이척제의 개선방안으로 전지의 형태와 관계없이 그물 형태의 정방향 모양으로 면적을 계산할 수 있는 망척제를 주장하였다.

정답 ③

44. 의상경계책을 통하여 양전법이 방량법과 어린도법으로 개정되어야 한다고 주장한 조선시대 학자는?

① 서유구 ② 정약용 ③ 이기 ④ 유길준

| 해설 |

서유구는 의상경계책이라는 저서를 통하여 양전개정을 주장하였다.

정답 ①

45. 근대 지적제도가 창설되기 이전에 문란한 토지제도를 바로잡기 위하여 대한제국에서 과도기적으로 시행한 제도는?

① 양안제도 ② 입안제도
③ 지계제도 ④ 사정제도

| 해설 |

입안은 오늘날의 부동산등기 권리증과 같은 것이며 소유권 이전을 국가가 통제할 수 있는 입안을 대체할 수 있는 지계 제도를 채택하였다.

정답 ③

46. 1898년 양전사업을 담당하기 위하여 최초로 설치된 기관은?

① 양지아문(量地衙門)
② 지계아문(地契衙門)
③ 양지과(量地課)
④ 임시토지조사국(臨時土地調查局)

| 해설 |

1898년 7월 6일 전문 24조로 제정된 양지아문직원 및 처무규정을 공포함으로써 양전 사업의 담당기관인 독립관청으로 양전 사업의 총본산인 양지아문을 설치하게 되었다.

정답 ①

47. 우리나라의 양지아문이 설치된 시기는?

① 1717년 ② 1898년 ③ 1905년 ④ 1910년

| 해설 |

양지아문 직원 및 처무규정은 1898년 7월 6일 칙령 제25호로 제정 공포하여 양지아문을 설치하고 전 국토의 측량에 착수하였다.

정답 ②

48. 양지아문에서 양전 사업에 종사하는 실무진에 해당하지 않는 것은?

① 양무감리 ② 양무위원
③ 조사위원 ④ 총재관

| 해설 |

양지아문에서 양전 사업에 종사하는 실무진으로는 양무감리, 양무위원, 조사위원 및 기술진이 있었다.

정답 ④

49. 양지아문을 폐지하고 지계아문에 그 사무를 관장시킨 것은 어느 때인가?

① 1901년 ② 1801년
③ 1701년 ④ 1601년

| 해설 |

1901년 10월 20일 지계아문 직원급처무규정을 반포하고 지계아문을 창설하였다.

정답 ①

50. 다음 중 광무양전(光武量田)에 대한 설명으로 옳지 않은 것은?

① 등급별 결부 산출 등의 개선은 있었으나 면적을 척수로 표준화하지 않았다.
② 양무위원을 두는 외에 조사위원을 두었다.
③ 정확한 측량을 위하여 외국인 기사를 고용하였다.
④ 양안의 기재는 전답의 도형을 기입하게 하였다.

| 해설 |

광무양전 사업은 토지제도와 지세제도를 수립하고자 전국적 차원에서 지계아문과 양지아문에서 실시였으며 등급별 결부 산출 등은 토지조사사업 당시에 실시하였다.

정답 ①

51. 탁지부 양지국에 관한 설명으로 틀린 것은?

① 1904년 탁지부 양지국 관제가 공포되면서 상설기구로 설치되었다.
② 공문 서류의 편찬 및 조사에 관한 사항을 담당하였다.
③ 관습조사 사항을 담당하였다.
④ 토지측량에 관한 사항을 담당하였다.

| 해설 |

1904년 4월 19일 탁지부 양지국 관제가 공포되면서 양지국은 지계아문의 양전 기능과 기구를 계승하여 상설기구로 설치되었다. 관습조사 사항은 임시토지조사국의 분쟁지계에서 담당하였다.

정답 ③

52. 대한제국 시대의 행정조직이 아닌 것은?

① 사세청 ② 탁지부
③ 양지아문 ④ 지계아문

| 해설 |

사세청은 대한민국 정부 수립 후의 지적업무를 담당했던 행정조직이다.

정답 ①

53. 다음 중 구한말에 운영된 지적업무 부서의 설치 순서가 옳은 것은?

① 탁지부 양지국 → 탁지부 양지과 → 양지아문 → 지계아문
② 양지아문 → 탁지부 양지국 → 탁지부 양지과 → 지계아문
③ 양지아문 → 지계아문 → 탁지부 양지국 → 탁지부 양지과
④ 지계아문 → 양지아문 → 탁지부 양지국 → 탁지부 양지과

해설
내부 판적국 지적과(1895. 3) → 양지아문(1898. 7) → 지계아문(1901. 10) → 탁지부 양지국(1904. 4) → 탁지부 양지과(1905. 2) → 임시 토지조사국(1910. 9) 등의 순서이다.

정답 ③

54. 지적행정을 재무부와 사세청의 지도·감독하에 세무서에서 담당한 연도로 옳은 것은?

① 1949년 12월 31일 ② 1960년 12월 31일
③ 1961년 12월 31일 ④ 1975년 12월 31일

해설
지적행정은 토지세와 관련하여 재무부와 사세청의 지도 감독하에 세무서에서 1961년 12월 31일까지 관장하였다.

정답 ③

55. 지적업무가 재무부에서 내무부로 이관되었던 년도로 옳은 것은?

① 1950년 ② 1960년 ③ 1962년 ④ 1975년

해설
1962년 1월 1일부터 지적업무가 재무부에서 내무부 지방국 지방세과로 이관되었으나 본부나 시·도에 지적계가 없이 업무를 수행하였다.

정답 ③

56. 1909년 2월 대한측량총관회를 설립한 사람은?

① 유길준 ② 정약용 ③ 구마타 ④ 이기

해설
1909년 2월 유길준은 대한측량총관회를 창립하고 검사부와 교육부를 두고 기술을 검정하여 합격자에게는 검열증을 지급한 것이 한국 최초의 측량자격증제도라 할 수 있다.

정답 ①

57. 각 도에 지정측량사를 두어 광대지 측량 업무를 대행함으로써 사실상의 지적측량 일부 대행제도가 시작된 시기는?

① 1910년 ② 1918년 ③ 1923년 ④ 1938년

해설
1923년부터 각 도에 1명 정도의 지정측량사를 두어 광대지의 측량 업무를 대행함으로써 사실상의 지적측량 일부 대행제도가 시작되었다.

정답 ③

58. 1970년에 공포된 지적측량사규정 시행 당시 국가공무원으로서 그 소속 관서의 지적측량 사무에 종사하는 자에 대한 명칭은?

① 대행측량사 ② 상치측량사
③ 감정측량사 ④ 지정측량사

해설
국가공무원으로 지적측량 업무에 종사하는 자를 상치측량사, 지적측량을 위탁받아 행하는 자를 대행측량사로 구분하였다.

정답 ②

59. 지적과 등기에 관한 설명이 틀린 것은?

① 지적공부는 필지별 토지의 특성을 기록한 공적 장부다.
② 등기부의 표제부는 지적공부의 기록을 토대로 작성된다.
③ 등기부 갑구의 정보는 지적공부 작성의 토대가 된다.
④ 등기부 을구의 내용은 지적공부 작성의 토대가 된다.

해설
④는 지적공부 작성과는 무관하다. 등기기록에는 부동산의 표시에 관한 사항을 기록하는 표제부와 소유권에 관한 사항을 기록하는 갑구(甲區) 및 소유권 외의 권리에 관한 사항을 기록하는 을구(乙區)를 둔다.

정답 ④

60. 다음 중 지적과 등기의 관계에 대한 설명으로 옳지 않은 것은?

① 등기는 토지의 표시에 관하여는 지적을 기초로 한다.
② 지적과 등기는 목적물의 표시 또는 소유권의 표시에 관한 한 항상 부합되어야 한다.
③ 지적은 권리의 주체를, 등기는 권리의 객체를 다룬다.
④ 지적은 토지에 대한 사실관계를 공시하고 등기는 토지에 대한 권리관계를 공시한다.

해설
지적은 권리의 객체, 등기는 권리의 주체라 할 수 있다.

정답 ③

61. 우리나라의 지적제도와 등기제도에 대한 설명으로 옳지 않은 것은?

① 지적과 등기 모두 형식주의를 기본이념으로 한다.
② 지적은 토지에 대한 사실관계를 공시하고 등기는 토지에 대한 권리관계를 공시한다.
③ 지적과 등기 모두 실질적심사주의를 원칙으로 한다.
④ 지적은 공신력을 인정하고 등기는 공신력을 인정하지 않는다.

해설
지적은 실질적심사주의를 채택하며 등기는 형식적심사주의를 채택하고 있으나 지적은 등록을 위한 지적형식주의를 채택하고 있다.

정답 ③

62. **지적제도와 등기제도의 설명으로 틀린 것은?**

① 지적제도의 기능은 토지에 대한 물리적 현황의 등록·공시이고, 등기제도는 토지에 대한 법적 권리관계의 공시이다.
② 등록방법으로 지적은 단독신청주의를, 등기는 공동신청주의로 한다.
③ 편제방법으로 지적은 물적 편성주의를, 등기는 인적 편성주의로 한다.
④ 심사방법으로 지적은 실질적심사주의를, 등기는 형식적 심사주의로 한다.

| 해설 |

지적제도는 동·리별 지번 순으로 물적 편성주의를, 등기제도는 접수 순서에 따른 연대적 편성주의를 채택하고 있다.

정답 ③

63. **지적과 부동산등기와의 관계에 있어서 지적이 담당하고 있는 가장 특징적 역할은?**

① 소유권과 실지권리와의 일치
② 토지표시와 실지 현황과의 일치
③ 지적공부와 등기부와의 일치
④ 권리주체와 객체와의 일치

| 해설 |

지적공부의 토지표시사항과 실지 현황과의 일치가 가장 큰 특징이라 할 수 있다.

정답 ②

64. **지적과 등기제도의 특징을 연결하였다. 관계가 옳지 않은 것은?**

① 토지의 물체적 상황－지적
② 제한물권의 설정－등기
③ 최초 소유권의 등재－등기
④ 토지의 물체적 동일성－지적

| 해설 |

지적과 등기의 관계에 있어서 토지의 소유권에 대해서는 등기를 기초로 하여야 하지만 미등기 토지의 소유권에 관한 사항은 지적공부인 토지대장을 기초로 한다.

정답 ③

65. **지적과 등기의 역할로 틀린 것은?**

① 토지 등록단위 결정－지적
② 토지 위치결정－지적
③ 제한물권 설정－등기
④ 신규등록지의 소유자 조사－등기

| 해설 |

신규등록 토지의 소유자 조사는 소관청이 직접 조사하여 등록한다.

정답 ④

66. **지적공부 등록사항 중 부동산등기부의 등기(登記)사항이 아닌 것은?**

① 토지 소재
② 지번
③ 지목
④ 좌표

| 해설 |

지적공부 중 경계점좌표등록부에 등록되는 평면직각종횡선 수치인 좌표는 부동산등기부에 기재될 수 없다.

정답 ④

67. **지적공부의 등록사항이 부동산등기부에 기재된 부분과의 관계로 틀린 것은?**

① 대장소유자－갑구
② 소유자 주민등록번호－갑구
③ 지목－표제부
④ 경계－표제부

| 해설 |

경계는 부동산등기부에 등록하는 사항이 아니다.

정답 ④

68. **토지등기부와 토지대장과의 관계를 바르게 설명한 것은?**

① 토지등기부의 표제부에는 토지대장의 토지표시사항을 기재한다.
② 토지등기부의 을구에는 토지대장 상의 소유자를 기재한다.
③ 토지등기부의 갑구에 표시되는 소유권 이외의 권리관계도 토지대장에 기재한다.
④ 토지대장 상의 개별공시지가 사항은 토지등기부의 표제부에 기재한다.

| 해설 |

등기관은 토지 등기기록의 표제부에 표시번호, 접수연월일, 소재와 지번, 지목, 면적, 등기원인에 관한 사항을 기록하며 토지대장에서는 소재와 지번, 지목, 면적을 우선하여 정리한다.

정답 ①

69. 우리나라의 지적제도와 등기제도에 대한 내용이 모두 옳은 것은?

구분	지적제도	등기제도
㉠ 편제방법	물적편성주의	인적편성주의
㉡ 심사방법	형식적심사주의	실질적심사주의
㉢ 공신력	불인정	인정
㉣ 토지제도의 기능	토지에 대한 물리적 현황의 등록공시	토지에 대한 법적 권리관계의 공시

① ㉠ ② ㉡ ③ ㉢ ④ ㉣

| 해설 |

편제방법은 지적제도에서 물적편성주의 등기제도에서 연대적 편성주의, 심사방법은 지적제도에서 실질적심사주의 등기제도에서 형식적심사주의, 공신력은 지적제도에서 인정, 등기제도에서 불인정하고 있다.

정답 ④

70. 우리나라의 등기제도에 관한 내용으로 옳지 않은 것은?

① 법적 권리관계를 공시한다.
② 단독신청주의를 채택하고 있다.
③ 형식적심사주의를 기본이념으로 한다.
④ 공신력을 인정하지 않고 확정력만을 인정하고 있다.

| 해설 |

등록방법으로 지적은 단독신청주의를 등기는 공동신청주의를 채택하고 있다.

정답 ②

71. 최초로 부동산(토지)등기부를 작성할 때 등기 내용을 확인하는 기초장부로 사용했던 것은?

① 토지조사부 ② 재결 조서
③ 토지가옥증명부 ④ 토지대장

| 해설 |

등기제도는 토지대장을 기초로 등기부가 작성되었으며 1918년 전국에 등기령이 실시되었다.

정답 ④

72. 부동산의 증명제도에 대한 설명으로 틀린 것은?

① 근대적 등기제도에 해당한다.
② 일본인이 우리나라에서 제한 거리를 넘어서도 토지를 소유할 수 있는 근거가 되었다.
③ 증명은 구한국에서 일제 초기에 이르는 부동산등기의 일종이다.
④ 소유권에 한하여 그 계약 내용을 인증해 주는 제도였다.

| 해설 |

부동산의 증명제도는 근대적 등기제도로 일본인이 우리나라에서 제한 거리를 넘어서도 토지를 소유할 수 있는 근거가 되었으며, 증명은 구한국에서 일제 초기에 이르는 부동산등기의 일종으로 과세지 증명이다.

정답 ④

73. 다음 중 등기가 토지에 기여하는 기능으로 맞는 것은?

① 법적 권리관계 공시기능
② 지적공부의 이동정리 기능
③ 토지경계의 복원 기능
④ 토지의 효율적인 관리기능

| 해설 |

등기제도는 토지에 대한 법적 권리관계의 공시, 부동산물권의 공시수단 및 권리변동의 효력 발생요건으로 거래의 안전을 위한 공시기능을 한다.

정답 ①

74. 부동산등기에서 최초의 토지소유자를 인정할 수 있도록 신규등록 토지의 소유자를 지적소관청이 조사·결정하도록 하는 지적의 주요 역할은?

① 실질적심사주의 ② 적극적 등록주의
③ 신청의무주의 ④ 지적형식주의

| 해설 |

신규등록 토지는 지적의 실질적심사주의에 의거 지적소관청이 직접 조사하여 소유자를 등록한다.

정답 ①

75. 토지등기를 위하여 지적제도가 해야 할 가장 중요한 역할은?

① 필지 확정 ② 소유권 심사
③ 지목의 결정 ④ 지번의 설정

| 해설 |

필지는 토지에 대한 물권의 효력이 미치는 범위를 정하고 거래단위로서 개별화시키기 위하여 인위적으로 구획한 법적 등록단위이다.

정답 ①

76. 토지표시사항이 변경된 경우 등기촉탁 규정을 최초로 규정한 연도는?

① 1950년 ② 1975년 ③ 1991년 ④ 1995년

| 해설 |

등기촉탁 제도는 1975년 특수이동의 사유로 토지 표시사항이 변경된 경우 등기촉탁을 할 수 있도록 하는 규정을 신설하였다.

정답 ②

77. 우리나라의 등기부가 채택하고 있는 제도는?

① 물적 편성주의　② 인적 편성주의
③ 연대적 편성주의　④ 혼합주의

해설

우리나라 등기부가 채택하고 있는 제도는 연대적 편성주의를 채택하고 있지만, 물적 편성주의에 우선한다고 할 수 있다.

정답 ①

78. 부동산등기법에서 "법률행위로 인한 물권변동은 등기하여야 물권변동의 효력이 발생한다." 라는 것은 지적에서 어느 이념과 유사한 것인가?

① 실질적심사주의　② 지적형식주의
③ 지적공개주의　④ 직권등록주의

해설

지적형식주의는 지적공부에 등록함으로써 효력을 발생하는 것과 물권변동에 의한 등기효력은 유사하다고 할 수 있다.

정답 ②

79. 부동산등기는 원칙적으로 임의 신청주의를 채택하고 있으나 표제부의 토지표시 변경등기에 관하여는 직권주의, 신청 의무주의를 채택하고 있다. 그 이유로 관계가 없는 것은?

① 등기공무원의 실질적 심사권 인정
② 표제부 등기는 지적의 토지표시 결정에 의존
③ 지적공부와 등기부의 표제부 일치 유지
④ 물권 주체와 물권객체의 부합유지

해설

등기공무원이 아니라 지적공무원의 실질적 심사권 인정이다.

정답 ①

80. 근대적인 지적제도의 공시기능이 다른 물권 공시제도를 창설할 수 있게 하였는데 이와 관련되는 제도는?

① 주민등록제도　② 국토이용통지제도
③ 부동산 조세제도　④ 부동산등기제도

해설

물권 공시제도는 부동산 등기제도이다.

정답 ④

81. 다음 중 토지조사사업에서의 사정 결과를 바탕으로 작성한 토지대장을 기초로 등기부가 작성되어 최초로 전국에 등기령을 시행하게 된 시기는?

① 1910년　② 1918년
③ 1924년　④ 1930년

해설

1914년 토지대장규칙을 제정하여 조사·사정의 결과를 바탕으로 토지대장이 작성되고 토지조사에 의하여 작성된 토지대장의 기재 내용에 따라 각 지방 등기소의 토지등기부에 등기하도록 하였다. 이를 기초로 등기부가 작성되어 1918년에는 전 한반도에 등기령을 시행하게 되었다.

정답 ②

82. 우리나라 지적제도에서 권리의 공시 대상으로 하고 있는 물건은?

① 토지
② 복합부동산(토지와 건물)
③ 광의의 부동산
④ 토지와 그 외 정착물

해설

우리나라는 토지와 건물 및 선박 등을 등록 고시하는 등기제도와는 달리 지적제도는 토지만을 권리의 공시 대상으로 하고 있다.

정답 ①

83. 다음 중 지적제도와 등기제도를 처음부터 일원화하여 운영한 국가는?

① 독일　② 네덜란드
③ 일본　④ 대만

해설

지적제도와 토지 등기제도가 창설 당시부터 현재까지 일원화 체제로 운영된 국가는 네덜란드와 미얀마이다.

정답 ②

84. 지적과 등기를 일원화된 조직의 행정업무로 처리하지 않은 국가는?

① 독일　② 네덜란드
③ 일본　④ 대만

해설

독일의 지적제도는 행정부에서 등기제도는 사법부에서 관리 운영하는 이원화 체제로 운영되고 있다.

정답 ①

85. 지적측량 대행제도를 운영하고 있지 않는 국가는?

① 독일　② 스위스
③ 프랑스　④ 네덜란드

해설

지적측량제도는 국가직영체제의 경우 네덜란드, 대만, 미얀마, 인도네시아, 일부 대행체제는 프랑스, 독일, 스위스이며, 완전대행체제는 우리나라와 일본이 시행하고 있다.

정답 ④

86. 독일의 지적제도에 관한 설명으로 틀린 것은?

① 등기제도와 지적제도는 행정부에서 통합하여 운영하고 있다.
② 각주마다 주 측량사무소와 지적사무소를 설치하여 운영하고 있다.
③ 연방정부는 내무부에서 측량 관련 업무를 담당하고 있으나 주정부에 대한 통제가 미비한 상태로 운영되고 있다.
④ 지적 관련 법령으로 민법, 지적법, 토지측량법, 지적 및 측량법, 부동산등기법 등으로 각주마다 다르다.

| 해설 |
독일의 지적제도는 행정부에서 등기제도는 사법부에서 관리 운영하는 이원화 체제로 운영되고 있다.

정답 ①

87. 다음 중 근세 유럽 지적제도의 효시로서, 근대적 지적제도가 가장 빨리 도입된 나라는?

① 네덜란드 ② 독일
③ 스위스 ④ 프랑스

| 해설 |
1808~1850년 프랑스의 나폴레옹 1세의 영토 확장과 더불어 유럽 전역에 영향을 끼치게 되면서 유럽 지적제도의 효시라 할 수 있으며, 근대 지적제도가 가장 빨리 도입된 나라라고 할 수 있다.

정답 ④

88. 토지등록제도 중 모든 토지를 공부에 강제등록시키는 제도를 취하지 않는 나라는?

① 스위스 ② 프랑스
③ 네덜란드 ④ 오스트리아

| 해설 |
소극적 등록제도는 영국, 프랑스, 이탈리아, 캐나다 등에서 채택하고 있다.

정답 ②

89. 일본의 지적 관련 법령으로 옳은 것은?

① 지적법 ② 부동산등기법
③ 국토기본법 ④ 지가공시법

| 해설 |
일본의 지적 관련 법령은 부동산등기법, 국토조사법, 국토조사촉진 특별조치법 및 측량법으로 구분되어있다.

정답 ②

90. 일본의 지적 관련 제도와 거리가 먼 것은?

① 법무성 ② 부동산등기법
③ 부동산등기부 ④ 지가공시법

| 해설 |
① 일본의 지적측량 운영방식은 지적공부와 등기가 일원화되어 있으며 부동산등기법에 따른 지적사무 외에 국토조사법에 의한 특수한 지적사무가 별도로 존재한다.
② 지적공부와 부동산등기부가 일원화되어 있어 지적측량의 성과를 지적공부에 반영하여 정리하는 것은 물론 등기부 기재 사항의 변동까지 정리한다.

정답 ④

91. 일본의 국토에 대한 기초조사로 시행한 국토조사사업에 해당하지 않는 것은?

① 임야 수종조사 ② 토지분류조사
③ 지적조사 ④ 수조사(水調査)

| 해설 |
일본의 국토조사사업은 국토에 대한 기초조사로 국토 기본조사, 지적조사, 토지분류조사, 수조사의 4가지로 구분하여 실시하였다.

정답 ①

92. 다음 나라 중에서 지적측량 업무를 국가에서 위탁받아 대행하는 대행제도가 시행되고 있지 않은 나라는?

① 한국 ② 일본
③ 프랑스 ④ 대만

| 해설 |
네덜란드, 대만, 미얀마, 인도네시아는 지적측량제도를 국가직영체제로 운영하고 있다.

정답 ④

93. 다음 중 각국의 지적 대행제도의 연결이 옳은 것은?

① 일본은 국가직영체제이고 대만은 대행체제로 운영
② 프랑스는 국가직영체제이고 대만은 대행체제로 운영
③ 스위스는 국가직영체제이고 네덜란드는 대행체제로 운영
④ 네덜란드는 국가직영체제이고 한국은 대행체제로 운영

| 해설 |
각국의 지적측량제도 유형은 국가직영체제(네덜란드, 대만, 미얀마, 인도네시아), 일부대행체제(프랑스, 독일, 스위스), 완전대행체제(한국, 일본)로 시행하고 있다.

정답 ④

CHAPTER

03 토지등록제도

3.1. 토지제도

3.1.1. 고려 시대

① 고려시대의 토지제도는 신라제도를 계승하고 형식은 당나라 제도를 채택하여 전국의 토지를 모두 공전으로 하였다.

② 고려는 공신과 관직에 있는 사람에게 토지의 수조권 또는 소유권을 주어 생계를 유지할 수 있게 하였는데, 시기에 따라 역분전과 전시과로 나누었다.

③ 사전은 오늘날의 사유지로 공신전·과전·녹과전·구분전·군전 등으로 공전의 수조권을 사인에게 할당한 토지를 사전이라 하였지만 사실상 공전으로 전주(田主), 전객(佃客) 모두 그 토지를 임의로 처분할 수 없는 토지이다.

④ 관료전(官僚田)은 신라시대의 중앙과 지방의 관리들에게 지급한 전지(田地)의 명칭으로 토지로부터 조세만 수취하고 사람들은 지배할 권한이 없었으며, 고려의 전시과와 조선의 과전법 및 직전법의 효시가 되었다.

⑤ 전시과는 문무백관에서 한인(閑人)과 잡류(雜類)까지 국가의 관직에 복무하거나 부병 등 직역을 부담한 사람에게 직위와 역할에 따라 전토(田土)와 시지(柴地)를 차등 있게 지급한 토지제도이다.

⑥ 역분전(役分田)은 고려 태조 때 공신에게 그 공훈의 차등에 따라 일정한 면적의 토지를 나누어주던 토지제도이다.

⑦ 한인전(閑人田)은 관인(官人)의 신분을 가지고 있으면서도 아직 관리의 길에 오르지 못한 사람에게 지급된 토지이다.

⑧ 사원전(寺院田)은 고려시대 전시과의 제정(制定)과 더불어 사찰에 분급된 토지이다.

⑨ 투화전(投化田)은 외국인이 고려에 내투귀화(來投歸化)한 자에게 지급한 토지를 말하며 귀화한 자의 신분과 지위에 따라 지급되었다.

⑩ 구분전(口分田)은 고려 때 군역을 이을 자손이 없거나 전쟁미망인 등 생계를 유지할 수 없는 관리나 군인의 유족에게 준 토지이다.

3.1.2. 조선시대

조선시대에는 고려제도를 답습하여 공전제도를 만들어 사전을 공인하고 그 매매와 증여, 상속, 전당(典當) 등을 허용하였다.

(1) 직전법

① 조선시대 세조 때 실시한 토지제도로 현직 관리에게만 수조지(收租地)를 분급한 토지제도로 관료 수의 증가와 과전의 세습에 의한 한정된 토지이다.

② 양반 관료층의 대립이 격화되면서 토지 경작자인 전객(佃客)과 수조권자인 전주에 대한 분쟁이 지속적으

로 발생하였다.

③ 직전법에서 관료들이 퇴직 후, 사망 후의 생활 보장이 없어지자 직전세를 함부로 거두었다.

④ 가장 대표적 사전이라 할 직전마저도 공전과 수조 관계가 같게 되었다.

(2) 과전법

① 과전법은 토지국유제를 확립하여 국가재정의 기초를 확고히 하고 전제개혁을 위한 것으로 가장 중요한 위치를 차지한 것이 과전(科田)이다.

② 과전법은 신진사대부의 경제적 기반을 마련해 주기 위해 전·현직 관리에게 경기도의 토지를 지급하였다.

③ 1391년 5월에 사전개혁을 단행하여 새로운 전제의 기준이 되는 과전법을 공포하였다.

④ 과전법 개혁의 원래 취지는 전시과를 기본원칙으로 관료 지배체제를 확립하려는 것이었다.

⑤ 관료 중심의 토지 분급으로 전국의 토지를 국유제로 규정하고 관료의 등급에 따라 수조권을 분급한 것이다.

⑥ 과전법은 토지국유제에서 토지수수(收受)를 국가가 직접 수조하는 공전을 제외한 국가수전(授田)의 급여(給與)와 관리에 대한 규정으로 국유제를 유지하기 위한 것이다.

⑦ 과전법은 문무 관료와 한량품관(閑良品官), 유역인(有役人) 등에 대한 수조권을 양여한 토지의 사유화를 방지하기 위한 것이었다.

(3) 공전과 사전

① 토지국유제의 원칙에서는 토지에 부과하는 조(組)의 귀속을 기준으로 국가 또는 공공기관이 수조하는 토지는 공전(公田), 개인 또는 사적인 기관에서 수조하는 토지는 사전으로 구분하였다.

② 공전은 국가가 일반 농민에게 나누어 주어 일정한 조를 바치게 하고 특정한 사인에게 수조권을 나누어 주어 국가 또는 국가기관에서 수조하여 공공경비에 사용하는 토지를 공전이라 한다.

③ 사전(私田)은 왕실에 특별한 공훈을 세운 사람에게 지급한 토지인 공신전(功臣田)과 승직이나 지리업에 종사하는 사람에게 나라에서 특별히 내려 주던 논밭인 별사전(別賜田)이 있으며 조(組)를 개인에게 바치고 사적경비로 사용하는 토지를 사전이라 하였다.

(4) 공신전

① 공신전(功臣田)은 공훈의 등급에 의해 지급하는 것으로 자손에게 세습할 수 있는 재산이다.

② 피급자가 사망하면 미망인에게 지급하고 미망인이 사망했을 때는 자손에게 지급하되 본처의 자손이 없는 경우 양첩(良妾)의 자손에게 양첩의 자손이 없을 경우 천첩(賤妾)의 자손에게 상속한다.

3.1.3. 역둔토

(1) 역토

① 역토는 역참(驛站)에 부속된 토지의 총칭이며 역은 신라시대부터 조선시대까지 존재한 것으로 관리의 봉급, 관사 숙박의 비용, 양마의 비용을 마련하기 위하여 설치한 토지이다.

② 역토의 종류에는 공수전, 장전, 부장전, 급주전, 마전, 원주전, 참아녹전, 역시(驛柴), 지전(紙田) 등 9종이다.

③ 역토는 1894년 공무아문 → 1895년 농상공부 → 1897년 군부 → 1898년 탁지부 → 1900년 궁내부 내장원에서 관할하였다.

(2) 둔토

① 둔전은 둔토(屯土)라고도 하며 둔토의 기원은 국경지대의 군수품에 충당하기 위하여 그 부근의 미간지(未墾地)를 주둔군에 부속시켜 놓고 항상 주둔 병졸에게 경작시키면서 시작된 토지제도이다.

② 개간 경작하는 군인을 둔전병, 이를 감독하는 자를 둔전관이라고 하였으며 설치목적은 변방의 요새에 방비의 병력을 배치하고 국방을 공고하게 하고 황지(荒地)를 개간해서 군량을 모으고 운영 비용를 절약하기 위해서 실시한 제도이다.

(3) 역둔토

① 역둔토(驛屯土)는 역토와 둔토를 총칭하였으며 궁내부의 내장원에서 관리할 당시의 역둔토의 종목은 둔토·역토·목장·제언답·죽전·제전·송전·노전·초평·시장·봉대기지·공해기지 등이다.

② 역둔토는 일제가 구한국 정부로부터 인계받은 토지를 통칭하는 개념으로 제실유토지와 국유토지를 구분하는 과정에서 대부분의 역둔토를 국유로 인정하였다.

③ 역둔토의 관리는 구한국 정부에서 현지조사 및 측량한 실측도를 근거로 작성한 역둔토대장 등 2가지로 정리하였다.

3.1.4. 궁장토

① 궁방이란 왕실의 일부인 궁실 및 왕실과 관계가 깊은 궁가를 말하며 궁실은 명례·어의·용동·수진의 4궁을 말하고, 왕실은 대군·공주·왕자·옹주·군주 등의 궁가를 말한다.

② 궁방전(宮房田)은 사궁장토라 하며 왕실과 궁가에 지급하는 전토로 궁중 회계기관인 내수사(內需司)의 전토도 포함된다.

③ 대군·공주·왕자·옹주·군주·국왕사친·세자사친(世子私親)·후궁 등의 왕실과 궁가에 속한 토지와 명례궁·어의궁·용동궁·수진궁 소속의 전토를 궁방전 또는 궁장토라고 하였다.

④ 궁장토는 조선시대 초기에는 없었으나 임진왜란 후에 설치되었으며 1사 7궁은 국세를 면제하고 경작자도 부역을 면제하는 특전이 있었다.

(1) 궁장토의 종류

① 1사 7궁은 내수사 및 7궁을 총괄하는 명칭으로 1사는 내수사를 말하며 7궁은 명례궁·어의궁·용동궁·수진궁과 왕실과 궁가에 종속되는 육상궁·선희궁·경우궁으로 왕실의 사고라고 할 수 있다.

② 내수사의 장토는 죄인에게 몰수한 토지, 개인이 투탁한 토지, 상속자가 없는 노비, 다른 궁방에서 이속된 토지, 민전투탁지, 민전수세지, 둑을 쌓아 개간한 토지, 원결면세라고 해서 징조권(徵租權)만을 나누어 준 토지로 성종 이후에 설정된 것이다

(2) 궁장토의 설정

① 한광지의 개간

② 죄인에게 몰수한 토지

③ 후손이 없는 노비의 토지

④ 각 영아문의 둔토 및 기타 공전의 이속(移屬)

⑤ 사유지의 매수 등

(3) 도장

① 도장(導掌)은 궁장토의 수조와 관리를 관장하는 자를 말하며 도(導)는 안내, 장(掌)은 임(任)으로 도장이란 궁장토의 안내역 및 관리의 임무를 겸한 사궁 직원으로 궁방에 대하여 일정한 세미(稅米)를 납부하여 궁장토를 관리하고 기타의 수익권을 갖는 자를 말한다.

② 조선시대 말에는 궁방전의 경작에 따라 작(作)도장, 역가(役價)도장, 납가(納價)도장, 투탁도장으로 4종류로 구분되었다.

3.2. 토지등록제도

토지의 등록(Land Registration)은 법 규정에 따라 모든 토지의 표시 사항을 지적공부에 등록하여 비치하고 그 변동사항을 계속적으로 수정하여 유지·관리하며 토지소유자 및 이해관계자에게 필요한 정보를 제공하기 위한 행정행위라 할 수 있다.

3.2.1. 토지등록의 제원칙

토지등록의 원칙은 등록의 원칙, 신청의 원칙, 특정화의 원칙, 국정주의 및 직권주의, 공시의 원칙, 공신의 원칙으로 구분할 수 있다.

① 등록의 원칙은 토지에 관한 모든 표시사항을 지적공부에 등록하여야 하고 토지의 이동이 발생하면 그 변동사항을 정리 등록해야 한다는 원칙을 나타내며 토지표시사항을 의무적으로 등록하는 등록주의라고도 한다.

② 신청의 원칙은 국가나 공공단체에 대하여 어떤 사항을 희망하거나 청구하는 의사표시를 말하며 행정 주체라 할 수 있는 소관청의 일방적 의사에 따라 결정되므로 신청은 지적정리를 위한 행정행위의 효력을 발생하는 원칙이다.

③ 특정화의 원칙

- 토지등록제도에서 권리의 객체로 모든 토지는 특정적이면서 단순하고 명확한 방법에 의하여 인식될 수 있도록 개별화하는 것을 특정화의 원칙이라 한다.
- 토지를 특정하게 표시하는 방법은 지번, 경계 및 소유자 등이 있으나 지번을 제외한 것은 중복성이 있다.
- 토지를 식별할 수 있는 표시사항 중에서 지번은 가장 짧고 단순하며 명확한 방법으로 모든 토지관련 자료를 연결할 수 있으며 정보화시스템에서는 식별인자의 역할을 하고 있다.

④ 국정주의 원칙은 지적에 관한 사항인 토지의 지번, 지목, 경계 또는 좌표, 면적의 결정은 개인이나 법인의 자격으로는 결정할 권한이 없고 국가만이 결정할 수 있다는 원칙이다.

⑤ 공시원칙

- 지적공부를 직접 열람 및 등본과 지적공부에 등록된 경계를 지상에 복원하며 지적공부에 등록된 사항과 현장이 불일치할 경우 변경하여 등록하는 형식을 갖추고 있다.
- 토지등록은 법률적으로 토지이동이나 물권의 변동은 반드시 외부에 알려야 한다는 공개주의의 원칙으로 공시의 원칙이라고 한다.

⑥ 공신의 원칙

- 선의의 거래자를 보호하여 진실로 등기 내용과 같은 권리 관계가 존재한 것처럼 법률효과를 인정하려는 법률 원칙을 말한다.
- 공시방법을 신뢰해서 거래한 자가 있는 경우 진실한 권리관계에 일치하고 있지 않더라도 공시된 대로의 권리가 존재하는 것처럼 다루어서 제3자의 신뢰를 보호하여야 한다는 원칙이다.

3.2.2. 토지등록제도의 유형

토지등록의 유형에는 날인증서등록제도, 권원등록제도, 소극적 등록제도, 적극적 등록제도와 적극적 등록제도의 발달된 형태로 유명한 것은 토렌스시스템(Torrens System)으로 구분할 수 있다.

① 날인증서등록(Registration of Deed)제도

- 토지의 이익에 영향을 미치는 문서의 공적등기를 보전하는 것을 말한다.
- 등기가 보전되는 방법에 따라 다양한 효과를 갖는 것이며 가장 기본적인 원칙은 등록된 문서가 등록되지 않은 문서 또는 뒤늦게 등록된 서류보다 우선권을 갖는다는 제도이다.

② 권원등록(Registration of Title)제도

- 공적기관에서 보존되는 특정한 사람에게 귀속된 명확히 한정된 단위의 토지에 대한 권리를 등록한 이후에 이루어지는 거래의 유효성에 대해 정부가 책임을 진다는 제도이다.
- 날인증서등록제도의 결점을 보완한 것으로 정부가 보증하는 안전성과 문서에 의한 양도증서 작성으로 확고한 안전성을 부여한다.
- 소유자 이외의 다른 사람이 보유하는 일필지에 영향을 미치는 특정한 이익이 있으며, 이러한 확인사항을 위하여 토지표시부, 소유권 및 저당권과 기타권리로 구분한다.

③ 소극적 등록제도

- 기본적으로 거래와 그에 관한 거래증서의 변경 기록을 수행하는 제도이다.
- 일필지의 소유권이 거래되면서 발생되는 거래증서를 변경등록 하는 것으로 거래행위에 따른 토지 등록은 사유재산의 양도증서 작성과 거래증서의 등록으로 구분한다.
- 양도증서의 작성은 사인간의 계약에 의하여 발생하고 거래증서의 등록은 법률가에 의해 취급한다.
- 거래증서의 등록은 정부에 의해서 수행되지만 서류의 합법성 또는 유용성에 대해 사실조사가 이루어지는 것은 아니다.
- 일반적으로 지적측량과 측량도를 필요로 하고 있으며, 양도증서의 작성, 거래증서의 등록이다.
- 네덜란드, 영국, 프랑스, 이탈리아, 미국의 일부 주 및 캐나다 등에서 채택하고 있다.

④ 적극적 등록제도

- 등록은 일필지의 개념으로 법적인 권리보장이 인증되고 정부에 의해서 그러한 합법성과 효력이 발생한다.
- 기본원칙은 지적공부에 등록되지 않는 토지는 어떠한 권리도 인정될 수 없고 등록은 강제되고 의무적이며 공적인 지적측량이 시행되지 않는 한 토지등기도 허가되지 않는다는 제도이다.
- 토지등록 효력이 정부에 의해 보장되기 때문에 선의의 제3자에 대하여 토지 등록상의 문제로 인한 피해는 법적으로 보호되고 있다.
- 적극적 등록제도(Positive System)에 의한 피해자는 정부에 대하여 소송을 제기할 수 있고 부당성에 대한 보상을 받을 수 있다.

- 적극적 등록제도의 발달된 형태로 유명한 것은 토렌스시스템(Torrens System)이 있으며 우리나라를 비롯하여 대만, 일본, 호주, 뉴질랜드, 스위스, 미국의 일부 주와 캐나다 등에서 채택하고 있다.

3.2.3. 토렌스시스템

① 토렌스시스템(Torrens System)은 오스트리아 Richard Robert Torrens경에 의해 창안되었고 토지에 대한 증명 제도를 연구한 결과를 바탕으로 한 토지권리등록법안을 기초하게 되었다.

② 이 제도의 기본원리는 영국 런던 왕립등기사무소장인 Theodore B. Ruoff에 의하여 주장되었고 캐나다의 Magwood에 의하여 구체화된 이론으로 거울이론, 커튼이론, 보험이론을 들 수 있다.

③ 거울이론(Mirror Principle)
- 소유권증서와 관련된 모든 현재의 사실이 소유권의 원본에 확실히 반영된다는 원칙을 가지고 있다.
- 토지권리증서의 등록은 토지의 거래 사실을 이론의 여지 없이 완벽하게 반영하는 거울과 같다는 이론이다.

④ 커튼이론(Curtain Principle)
- 현재의 소유권 증서는 완전한 것이며 이전의 증서나 왕실증여를 추적할 필요가 없다는 것이다.
- 토지 등록업무가 커튼 뒤에 놓인 공정성과 신빙성에 관여할 필요도 없고 관여해서도 안 된다는 매입신청자를 위한 유일한 정보의 기초이다.

⑤ 보험이론(Insurance Principle)
- 토지 등록이 토지의 권리를 아주 정확하게 반영하는 것이다.
- 인간의 과실로 착오가 발생하는 경우에 피해를 입은 사람은 누구나 피해보상에 관한 한 법률적으로 선의의 제3자와 동등한 입장에 놓여야만 된다는 이론이다.

3.2.4. 토지등록의 효력

① 법률적 효력은 일반적으로 행정처분에 의한 구속력·공정력·확정력·강제력이 있다.
- 구속력은 행정처분이 그 내용에 따라 처분 행정 자신이나 행정처분의 상대방 및 관계인을 구속하는 효력을 말한다.
- 공정력은 토지 등록에서의 행정처분이 유효하게 성립하기 위한 요건을 완전히 갖추지 못한 경우에도 절대 무효인 경우를 제외하고 소관청, 감독청, 법원 등 권한 있는 기관에 의하여 쟁송 또는 직권으로 취소할 때까지 법적으로 제한을 받지 않고 그 효력을 부인할 수 없는 것으로 적법성이 추정된다.
- 확정력은 토지에 등록된 표시 사항은 일정한 기간이 경과한 뒤에 등록이 유효하며 이해관계인 및 소관청도 그 효력을 다툴 수 없는 것을 형식적 확정력이라 한다.
- 강제력은 지적측량이나 토지 등록사항에 대하여 사법권과 관계없이 소관청 명의로 집행할 수 있는 강력한 효력을 말한다.

핵 / 심 / 문 / 제

Chapter 03 토지등록제도

1. 고려시대의 토지제도에 관한 설명으로 옳지 않은 것은?

① 당나라의 토지제도를 모방하였다.
② 광무개혁(光武改革)을 실시하였다.
③ '도행'이나 '작'이라는 토지 장부가 있었다.
④ 고려 말에는 전제가 극도로 문란해져서 이에 대한 개혁으로 과전법이 실시되었다.

| 해설 |

고려시대의 토지제도는 당나라 제도를 채택하여 전국의 토지를 모두 공전으로 하였으며 토지를 측량하여 "도행" 또는"작"이라는 토지대장을 작성하였으며 고려 말에는 전제가 극도로 문란해져서 이에 대한 개혁으로 과전법이 실시되었다.

정답 ②

2. 고려의 전시과(田柴科)와 조선의 과전법 및 직전법의 효시가 된 신라의 토지제도는?

① 정전제 ② 결부제
③ 역분전 ④ 관료전

| 해설 |

통일신라시대에 문무 관료에게 토지를 주어 신분을 유지할 수 있는 제도를 마련한 것으로 관료전은 고려의 전시과와 조선의 과전법 및 직전법의 효시가 되었으며 수조권만 가지게 되어있다.

정답 ④

3. 공훈의 차등에 따라 공신들에게 일정한 면적의 토지를 나누어 준 것으로 고려시대 토지제도 정비의 효시가 된 것은?

① 관료전 ② 공신전
③ 역분전 ④ 정전

| 해설 |

고려 초기 공전제를 지향하는 전제 개혁에 착수하여 역분전을 설정하고 고려창건 당시에 공이 있는 자와 군사들에게 공로를 기준으로 공훈의 차등에 따라 토지를 나누어 준 것으로 토지제도 정비의 효시가 되었다.

정답 ③

4. 고려시대의 토지제도에 관한 설명으로 옳지 못한 것은?

① 학전(學田)은 각 학교 운영경비 조달을 위한 토지를 말한다.
② 사원전(寺院田)은 불교사원에 소속되는 전장 기타의 토지를 말한다.
③ 한인전(閑人田)은 자손이 없는 하급 관리와 군인 유가족에 지급한 토지를 말한다.
④ 투화전은 귀화한 외국인에게 지급하였던 토지를 말한다.

| 해설 |

한인전은 육품 이하 하급 관리의 자손을 위한 토지를 말한다.

정답 ③

5. 고려 말 장부 정리의 미비와 권문세가의 토지 겸병으로 전제가 극도로 문란해지자 토지개혁의 목적으로 시행한 토지제도는?

① 과전법 ② 결부제
③ 전품제 ④ 경무법

| 해설 |

과전법은 오늘날의 지번제도와 같은 자호 제도를 창설하였으며 고려 말에 실시, 본래의 목적은 토지의 겸병 및 사유화를 방지하고 토지 질서를 유지하는 것이 목적이었다.

정답 ①

6. 조선시대 초기 토지제도의 특징으로 맞지 않는 것은?

① 고려 말의 과전법에 기반을 두었다.
② 토지등록 장부로 양안(量案)이 있었다.
③ 지적관리기구로 호조(戶曹)가 있었다.
④ 실제 양전에 관계한 실무자는 중앙에서 파견한 절급도감이었다.

| 해설 |

양전사(量田使)는 조선시대의 실제 양전에 관계한 실무자이며 절급도감은 고려시대의 양전사업과 관련이 있다.

정답 ④

7. 조선 초기에 현직 관리에게만 수조지(收租地)를 분급한 토지제도로 옳은 것은?

① 직전법 ② 과전법
③ 녹읍전 ④ 세습전

| 해설 |

직전법은 현직 관리에게만 수조지(收租地)를 분급한 토지제도로 과전은 경기도의 토지에 한하여 지급하였기 때문에 관료 수의 증가와 과전의 세습에 의한 한정된 토지이다.

정답 ①

8. **조선시대 이성계와 그를 지지하는 신진세력들에 의하여 추진된 제도로서, 토지의 국유화에 의한 사전(私田)의 재분배와 수확량의 10분의 5가 일반화되었던 수조율(收租率)을 대폭 경감하여 국고와 경작자 사이에 개재하는 중간 착취를 배제하고자 하는 목적으로 시행된 제도는?**

① 과전법 ② 역분전 ③ 전시과 ④ 정전제

| 해설 |

조선시대 과전법의 목적은 당시 신진사대부 세력이 권문세족의 토지를 몰수, 관료에게 수조권을 재분배하여 관료들의 경제 자립권을 보장하고 관료 국가의 틀을 온건적으로 정비하는 데 있었으며, 수확의 5/10가 일반화되었던 수조율을 대폭 경감하여 국고와 경작자 사이에 개재하는 중간 착취를 배제하는 일이었다.

정답 ①

9. **경국대전에 의한 공전, 사전의 구분 중 사전에 속하는 것은?**

① 적전 ② 직전 ③ 관둔전 ④ 목장토

| 해설 |

경국대전에 의한 사전은 직전이다.

정답 ②

10. **다음에서 사전이 아닌 것은?**

① 직전 ② 공신전 ③ 수부전 ④ 궁장토

| 해설 |

사전은 직전, 공신전, 어록전, 사전, 공수전, 장전, 부장전, 급주전, 승의전전, 수부전, 도전, 사전, 학전 등으로 분류하며, 궁장토는 왕실의 토지이다.

정답 ④

11. **다음 중 역토(驛土)에 대한 설명으로 옳지 않은 것은?**

① 역토는 주로 군수 비용을 충당하기 위한 토지이다.
② 역토의 수입은 국고 수입으로 하였다.
③ 역토는 역참에 부속된 토지의 명칭이다.
④ 조선시대 초기에 역토에는 관둔전, 공수전 등이 있다.

| 해설 |

역토는 역참과 역참 부지, 역에 부속된 토지를 말하며 역 운영에 필요한 경비, 재정조달이 목적이다.

정답 ①

12. **역토의 종류에 해당하지 않는 것은?**

① 장전 ② 급주전 ③ 마전 ④ 국둔전

| 해설 |

역토의 종류에는 공수전, 장전, 부장전, 급주전, 마전, 원주전, 참아녹전, 역시(驛柴), 지전(紙田) 등 9종이다.

정답 ④

13. **둔전에 대한 근본적인 목적은?**

① 포도청의 경비조달
② 왕실의 경비조달
③ 국경지대의 군수품에 충당
④ 향교의 경비조달

| 해설 |

둔전은 둔토라고도 하며 그 기원은 국경지대의 군수품에 충당하기 위하여 그 부근에 있는 미간지를 주둔군에 부속시켜 놓고 항상 주둔 병정에게 이를 개간, 경작시킨 데에서부터 시작된 토지제도이다.

정답 ③

14. **역둔토 실지조사를 시행할 경우 조사 내용에 해당하지 않는 것은?**

① 지번·지목 ② 면적·사표
③ 등급 및 결정 소작료 ④ 경계 및 조사자 성명

| 해설 |

역둔토 실지조사 내용은 필지별로 소재·지번·지목·면적·사표·구명칭·등급 및 결정 소작료, 소작인의 주소성명 등을 조사하였다.

정답 ④

15. **조선시대 초기에는 없었으나 임진왜란 후에 설치된 것으로, 내수사와 왕실의 일부 또는 왕실의 경비를 충당하기 위하여 설정한 토지는?**

① 역토 ② 궁장토 ③ 둔토 ④ 마토

| 해설 |

궁장토는 조선시대 초기에는 없었으나 임진왜란 후에 설치되었으며 1사 7궁은 국세를 면제하고 경작자도 부역을 면제하는 특전이 있었다. 조선시대에는 후궁, 대군, 공주, 옹주 등을 총칭하여 궁방이라 하였으며 각 궁방에 소속되어 있는 전토를 궁방전 또는 궁장토라 하였다.

정답 ②

16. **궁장토에 해당하지 않는 것은?**

① 궁방전 ② 대군의 소유 토지
③ 국유의 토지 ④ 1사 7궁의 소유토지

| 해설 |

궁장토는 국유의 성격을 가지고는 있지만, 임금을 중심으로 한 황실의 토지, 즉 후궁, 대군, 공주, 옹주 등의 각 궁방 소속의 토지를 말한다.

정답 ③

17. **궁장토의 설정 토지에 해당하지 않는 것은?**

① 죄인에게 몰수한 토지
② 영문과 아문의 둔토
③ 후손이 없는 노비의 토지
④ 공훈을 세운 사람에게 지급한 토지

| 해설 |

궁장토 설정은 토지의 설정과 징조권 설정으로 구분할 수 있으며 토지의 설정은 한광지의 개간, 죄인에게 몰수한 토지, 후손이 없는 노비의 토지, 각 영아문의 둔토 및 기타 공전의 이속, 사유지의 매수 등 5종류로 유토면세지 또는 영작궁둔이라 하였다.

정답 ④

18. 궁장토 관리조직의 변천 과정으로 옳은 것은?

① 제실제도국 → 제실재정회의 → 임시재산정리국 → 제실재산정리국
② 제실재정회의 → 제실제도국 → 제실재산정리국 → 임시재산정리국
③ 제실제도국 → 임시재산정리국 → 제실재산정리국 → 제실재정회의
④ 임시재산정리국 → 제실재정회의 → 제실제도국 → 제실재산정리국

| 해설 |

궁장토의 관리는 제실재정회의(1905.12) → 제실제도국(1906.2) → 제실재산정리국(1907.12) → 임시재산정리국(1908.7)의 순서로 관리하였다.

정답 ②

19. 조선시대 궁방전의 경작에 따라 구분되었던 도장의 종류에 해당하지 않는 것은?

① 작 도장 ② 궁방도장
③ 역가도장 ④ 투탁도장

| 해설 |

조선시대 말에는 궁방전의 경작에 따라 작도장, 역가도장, 납가도장, 투탁도장으로 4종류로 구분되었다.

정답 ②

20. 토지등록에 대한 설명으로 가장 거리가 먼 것은?

① 토지거래를 안전하고 신속하게 해 준다.
② 지적소관청이 토지등록사항을 공적 장부에 기록 공시하는 행정행위이다.
③ 국가가 공적 장부에 기록된 토지의 이동 및 수정사항을 규제하는 법률적 행위이다.
④ 토지의 공개념을 실현하는 데에 활용될 수 있다.

| 해설 |

토지의 이동이 있는 때에 토지소유자의 신청에 따라 소관청이 결정하는 행정적 행위라고 할 수 있다.

정답 ③

21. 토지의 등록주의에 관한 내용으로 틀린 것은?

① 등록할 가치가 있는 토지만을 등록한다.
② 지적공부에 미등록된 토지는 토지 등록주의의 미비다.
③ 전 국토는 지적공부에 등록되어야 한다.
④ 토지의 이동이 지적공부에 등록되지 않으면 공시의 효력이 없다.

| 해설 |

우리나라는 토지는 등록할 가치와 관계없이 모두 등록하고 있다.

정답 ①

22. 다음 토지등록제도에 대한 장점을 설명한 것으로 맞지 않는 것은?

① 토지의 평가나 토지 과세자료의 확인 기능을 가질 수 있다.
② 여러 가지 유형의 지도를 제작하는 데 기초가 된다.
③ 토지 필지와 관련시킬 수 있으므로 주민 생활이나 활동에 대한 유용한 기초 정보가 된다.
④ 아직은 각종 공공계획, 즉 도시계획이나 주택 및 교통계획 등에 많이 이용될 수 없다.

| 해설 |

여러 가지 유형의 지도를 제작하는 데 기초가 되는 것은 지리정보에 관련된 사항이다.

정답 ②

23. 토지등록의 제 원칙과 관계가 없는 것은?

① 형식적 심사의 원칙 ② 특정화의 원칙
③ 신청의 원칙 ④ 공시의 원칙

| 해설 |

토지등록의 제 원칙은 등록의 원칙, 신청의 원칙, 특정화의 원칙, 국정주의 및 직권주의, 공시의 원칙(공개주의), 공신의 원칙이 있으며, 형식적심사주의는 부동산 등기제도에서 채택하고 있다.

정답 ①

24. 토지등록제도에 있어서 권리의 객체로서 모든 토지를 반드시 특정적이면서도 단순하고 명확한 방법에 따라 인식될 수 있도록 개별화함을 의미하는 토지등록원칙은?

① 공신의 원칙 ② 특정화의 원칙
③ 신청의 원칙 ④ 등록의 원칙

| 해설 |

토지등록제도에서 권리의 객체로 모든 토지는 특정적이면서 단순하고 명확한 방법에 따라 인식될 수 있도록 개별화하는 것을 특정화의 원칙이라 한다.

정답 ②

25. 토지의 등록사항을 지적공부에 의하여 제3자가 인식할 수 있도록 공개하는 이론적 근거는?

① 공신의 원칙(公信의 原則)
② 신의칙의 원칙(信義則의 原則)
③ 공시의 원칙(公示의 原則)
④ 물권등기주의(物權登記主義)

| 해설 |

지적공부에 등록된 사항은 이를 토지소유자나 이해관계인 등 국민에게 신속 정확하게 공개하여 정당하게 이용할 수 있도록 한다는 원칙을 공시의 원칙이라 한다.

정답 ③

26. "토지의 등록사항을 토지소유자는 물론 이해관계자 및 기타 누구나 이용할 수 있도록 외부에서 인식하고 활용할 수 있도록 한다."가 설명하고 있는 원칙은?

① 공신(公信)의 원칙 ② 공시(公示)의 원칙
③ 인도(引渡)의 원칙 ④ 공증(公證)의 원칙

| 해설 |

공시의 원칙
① 공시원칙은 지적공부를 직접 열람 및 등본과 지적공부에 등록된 경계를 지상에 복원하며 지적공부에 등록된 사항과 현장이 불일치할 경우 변경하여 등록하는 형식을 갖추고 있다.
② 토지등록은 법률적으로 토지이동이나 물권의 변동은 반드시 외부에 알려야 한다는 공개주의의 원칙으로 공시의 원칙이라고 한다.

정답 ②

27. 다음 중 토지등록의 원칙에 대한 설명으로 옳지 않은 것은?

① 지적국정주의 : 지적공부의 등록사항인 토지표시사항을 국가가 결정하는 원칙이다.
② 물적 편성주의 : 권리의 주체인 토지소유자를 중심으로 지적공부를 편성한다는 원칙이다.
③ 의무 등록주의 : 토지의 표시를 새로이 정하거나 변경 또는 말소하는 경우 의무적으로 소관청에 토지이동을 신청하여야 한다.
④ 직권등록주의 : 지적공부에 등록할 토지표시사항은 소관청이 직권으로 조사·측량하여 지적공부에 등록한다는 원칙이다.

| 해설 |

토지등록부의 편성방법에서 물적 편성주의는 개개의 토지를 중심으로 편성하며 지번 순으로 등록하는 것을 말한다.

정답 ②

28. 지적의 원칙과 이념의 연결이 옳은 것은?

① 공시의 원칙 – 공개주의
② 공신의 원칙– 국정주의
③ 신의성실의 원칙 – 실질적심사주의
④ 임의 신청의 원칙 – 적극적 등록주의

| 해설 |

지적공개주의는 소유권, 기타 물권에 대하여도 제삼자로부터 보호를 받고 배타적인 소유권의 인정을 받으려면 공시하여야 한다는 공시의 원칙이라고도 한다.

정답 ①

29. 토지등록제도의 유형에 포함되지 않는 것은?

① 날인증서등록제도 ② 적극적 등록제도
③ 소극적 등록제도 ④ 임시등록제도

| 해설 |

토지등록제도의 유형은 날인증서등록제도, 권원등록제도, 소극적 등록제도, 적극적 등록제도가 있다.

정답 ④

30. 토지의 이익에 영향을 미치는 문서의 공적 등기를 보전하는 것을 주된 목적으로 하는 등록제도는?

① 날인증서등록제도 ② 권원 등록제도
③ 토렌스 시스템 ④ 적극적 등록제도

| 해설 |

날인증서 등록제도는 토지의 이익에 영향을 미치는 문서의 공적 등기를 보전하는 것을 주된 목적으로 하는 등록제도이다.

정답 ①

31. 다음 중 권원등록제도(registration of title)에 대한 설명으로 옳은 것은?

① 토지의 이익에 영향을 미치는 문서의 공적 등기를 보전하는 제도이다.
② 보험회사의 토지중개 거래제도이다.
③ 소유권 등록 이후에 이루어지는 거래의 유효성에 대하여 정부가 책임을 진다.
④ 토지소유권의 공시보호제도다.

| 해설 |

권원 등록제도(Registration of Title)는 공적 기관에서 보존되는 특정한 사람에게 귀속된 명확히 한정된 단위의 토지에 대한 권리를 등록한 이후에 이루어지는 거래의 유효성에 대해 정부가 책임을 진다는 제도이다.

정답 ③

32. 소극적 지적제도의 설명으로서 맞지 않는 것은?

① 등기공무원은 거래증서의 내용심사권이 없다.
② 영국에서 채택되고 있는 지적제도이다.
③ 등기부는 거래증서를 복사하여 편철한다.
④ 토렌스시스템은 이 제도의 발전된 형태이다.

| 해설 |

토렌스시스템은 적극적 등록제도의 발전된 형태이다.

정답 ④

33. 토지를 지적공부에 등록하기 위하여 우리나라에서 적용하고 있는 지적의 원리에 해당하지 않는 것은?

① 지적국정주의　② 소극적 등록주의
③ 실질적심사주의　④ 지적형식주의

| 해설 |

우리나라는 적극적 등록제도를 채택하고 있다.

정답 ②

34. 토지의 등록을 의무화하지 않는 지적제도의 형식은?

① 적극적 등록주의　② 소극적 등록주의
③ 당사자 신청주의　④ 형식적심사주의

| 해설 |

소극적 지적제도는 토지의 등록을 의무화하지 않는 것이 가장 큰 특징이다.

정답 ②

35. 다음 중 소극적 토지등록제도를 채택하고 있는 국가는?

① 영국　② 호주
③ 한국　④ 일본

| 해설 |

소극적 등록제도는 네덜란드, 영국, 프랑스, 이탈리아, 캐나다 등에서 채택하고 있다.

정답 ①

36. 다음 중 적극적 등록제도에 대한 설명으로 옳지 않은 것은?

① 토지등록 상의 문제로 인한 피해로부터 선의의 제삼자를 보호하기 위한 제도는 마련되어 있지 않다.
② 지적공부에 등록되지 아니한 토지는 어떠한 권리도 인정받지 못한다.
③ 적극적 등록제도의 발달한 형태로 토렌스시스템(Torrens System)이 유명하다.
④ 등록은 일필지의 개념으로 법적 권리가 인증된다.

| 해설 |

적극적 등록주의에서는 토지의 등록에 대한 효력이 국가에 의해 보장되기 때문에 선의의 제삼자에 대해서도 토지 등록상의 문제로 인한 피해는 법적으로 보호한다.

정답 ①

37. 다음은 적극적 지적제도에 관한 설명이다. 틀린 것은?

① 국가가 토지의 등록의무를 진다.
② 포지티브시스템(Positive System)이라고도 한다.
③ 토지등록을 위한 신고사항은 법 규정에 따른 합법성 여부에 대하여 적극적으로 심사하는 것이다.
④ 토지등록은 일필지의 개념으로 법적인 권리보장이 인정되지 않는다.

| 해설 |

적극적 지적에서의 토지등록은 일필지의 개념으로 법적인 권리보장이 인정된다.

정답 ④

38. 다음 중 적극적 등록제도와 거리가 먼 것은?

① 토렌스시스템은 이 제도의 발달된 형태이다.
② 영국, 프랑스, 네덜란드
③ 토지등록의 효력은 정부에 의해 보장된다.
④ 지적공부에 등록된 토지만이 권리가 인정된다.

| 해설 |

소극적 등록제도는 네덜란드, 영국, 프랑스, 이탈리아, 캐나다 등에서 시행되고 있다.

정답 ②

39. 다음 중 적극적 토지등록제도의 기본원칙이라고 할 수 없는 것은?

① 토지등록은 국가공권력에 의해 성립된다.
② 토지에 대한 권리는 등록에 의해서만 인정된다.
③ 등록내용의 유효성은 법률적으로 보장된다.
④ 토지등록은 형식적 심사에 의해 이루어진다.

| 해설 |

적극적 토지등록 제도는 실질적 심사에 의해 이루어진다.

정답 ④

40. 아래의 설명에 해당하는 토지등록의 유형은?

> • 모든 토지는 지적공부에 등록하여야 한다.
> • 지적공부에 등록되지 않은 토지는 어떠한 권리도 인정될 수 없다.

① 적극적 등록제도　② 실질적 심사제도
③ 권원등록제도　④ 날인증서등록제도

| 해설 |

적극적 등록제도는 지적공부에 등록되지 않는 토지는 어떠한 권리도 인정될 수 없고 등록은 강제되고 의무적이며 공적인 지적측량이 시행되지 않는 한 토지등기도 허가되지 않는다는 제도이다.

정답 ①

41. "모든 토지는 지적공부에 등록해야 하고 등록 전 토지 표시 사항은 항상 실제와 일치하게 유지해야 한다." 가 의미하는 토지등록 제도는?

① 권원등록제도 ② 소극적 등록제도
③ 적극적 등록제도 ④ 날인증서등록제도

| 해설 |

적극적 등록주의는 새로이 지적공부에 등록하는 사항이나 기존에 등록된 사항의 변경등록은 국가기관의 장인 시장, 군수, 구청장이 지적법령에서 규정한 절차상의 적법성과 사실관계 부합 여부를 심사하여 지적공부에 등록한다는 제도이다.

정답 ③

42. 모든 토지를 지적공부에 등록하고 등록된 토지표시사항을 항상 실제와 일치하도록 유지하는 지적제도의 원칙은?

① 적극적 등록주의 ② 형식적 심사주의
③ 당사자 신청주의 ④ 소극적 등록주의

| 해설 |

적극적 등록제도는 새로이 등록할 토지가 발생하거나 등록된 토지에 이동사항이 있을 때는 소유권, 기타 신청권자의 신청이 없더라도 지적소관청이 직권으로 등록한다는 것이다.

정답 ①

43. 토지에 대한 권리를 인정하기 위하여 지적측량을 시행하지 아니하고는 등록을 할 수 없도록 하였다면 다음 중 어느 등록제도에 해당하는가?

① 소극적 등록제도 ② 적극적 등록제도
③ 처분적 등록제도 ④ 직권적 등록제도

| 해설 |

적극적 등록제도는 모든 토지를 공부에 강제등록 시키는 제도이며 반드시 지적측량이 수반되어야 하고 등록되지 않은 토지는 어떠한 권리도 인정될 수 없고 강제적, 의무적으로 등록하는 제도이다.

정답 ②

44. 우리나라와 같이 일정한 규정에 따라 토지의 일정한 사항을 지적공부에 등록함으로써 권리 및 공시의 효력을 인정하는 지적제도의 유형은?

① 적극적 지적 ② 소극적 지적
③ 상대적 지적 ④ 이원적 지적

| 해설 |

적극적 지적제도의 토지등록은 일필지의 개념으로 법적 권리보장이 인증되고 국가에 의한 합법성과 효력이 발생한다.

정답 ①

45. 적극적 등록주의를 채택하는 지적제도에서 소유자의 토지이동신청서는 어떤 의미가 있는가?

① 등록촉진을 위한 단순자료
② 등록 결정을 위한 증빙자료
③ 등록처리를 위한 필수자료
④ 등록변경을 위한 근거자료

| 해설 |

적극적 등록주의를 채택하는 지적제도에서 소유자의 토지이동신청서는 등록사항을 결정하기 위한 증빙자료라 할 수 있다.

정답 ②

46. 적극적 등록제도를 채택하고 있는 국가는?

① 영국 ② 프랑스
③ 일본 ④ 이탈리아

| 해설 |

적극적 등록제도를 채택하고 있는 국가는 대만, 일본, 호주, 뉴질랜드, 스위스, 미국의 일부 주에서 채택하고 있다.

정답 ③

47. 다음 중 토렌스시스템에 대한 설명으로 옳은 것은?

① 미국의 토렌스 지방에서 처음 시행되었다.
② 실질적 심사에 의한 권원 조사를 하지만 공신력은 없다.
③ 기본 이론으로 거울이론, 커튼이론, 보험이론이 있다.
④ 피해자가 발생하여도 국가가 보상할 책임이 없다.

| 해설 |

토렌스시스템의 기본 이론은 거울이론, 보험이론, 커튼이론이다.

정답 ③

48. 토지의 권원을 명확히 하고 토지거래에 따른 변동사항 정리를 용이하게 하여 권리증서의 발행을 손쉽게 하고자 창안된 토지등록제도는?

① 날인 등록제도 ② 소극적 등록제도
③ 토렌스시스템 ④ 토지정보시스템

| 해설 |

토렌스시스템은 토지의 권원(title)을 명확히 하고 토지거래에 따른 변동사항 정리를 쉽게 하여 권리증서의 발행을 손쉽게 행하기 위한 제도이다.

정답 ③

49. 다음 중 토렌스시스템과 가장 밀접한 관계가 있는 것은?

① 적극적 등록주의 ② 인본적 등록주의
③ 소극적 등록주의 ④ 도해적 등록주의

| 해설 |

토지의 등록은 강제되고 의무적이며 사실심사주의에 의하며 적극적 등록제도의 발달한 형태로 토렌스시스템이라 할 수 있다.

정답 ①

50. 다음 중 토렌스시스템(Torrens System)을 창안한 국가는?

① 영국 ② 프랑스
③ 네덜란드 ④ 오스트레일리아

| 해설 |

토렌스시스템은 적극적 등록제도의 발전된 형태로서 오스트레일리아의 Robert Torrens경에 의하여 창안되었다.

정답 ④

51. 다음 중 토렌스시스템(Torrens system)의 이론적 내용이 아닌 것은?

① 거울이론(Mirror principle)
② 지가이론(Land value principle)
③ 커튼이론(Curtain principle)
④ 보험이론(Insurance principle)

| 해설 |

거울이론, 커튼이론, 보험이론은 토렌스시스템의 3대 기본원리이다.

정답 ②

52. 다음 중 토렌스시스템의 기본이론인 거울이론에 대한 설명으로 옳은 것은?

① 토지권리증서의 등록은 토지의 거래 사실을 완벽하게 반영한다.
② 토지등록부는 매입 신청자를 위한 유일한 정보의 기초이다.
③ 선의의 제삼자는 토지의 권리자와 동등한 입장에 놓여야 한다.
④ 토지권리에 대한 사실 심사 시 권리의 진실성에 직접 관여하여야 한다.

| 해설 |

거울이론(Mirror Principle)
① 소유권증서와 관련된 모든 현재의 사실이 소유권의 원본에 확실히 반영된다는 원칙을 가지고 있다.
② 토지권리증서의 등록은 토지의 거래 사실을 이론의 여지 없이 완벽하게 반영하는 거울과 같다는 이론이다.

정답 ①

53. 토렌스시스템의 기본원리 중 "토지권리증서의 등록은 토지의 거래 사실을 이론의 여지 없이 완벽하게 반영한다." 라는 원리는?

① 정확성 이론 ② 커튼이론
③ 보험이론 ④ 거울이론

| 해설 |

거울이론은 토지권리증서의 등록은 토지의 거래 사실을 이론의 여지 없이 완벽하게 반영하는 거울과 같다는 뜻이다.

정답 ④

54. 토렌스시스템의 커튼이론(curtain principle)에 대한 설명으로 가장 옳은 것은?

① 선의의 제3자에게는 보험 효과를 갖는다.
② 사실심사 시 권리의 진실성에 직접 관여하여야 한다.
③ 토지등록이 토지의 권리관계를 완전하게 반영한다.
④ 토지등록 업무는 매입 신청자를 위한 유일한 정보의 기초다.

| 해설 |

커튼이론은 현재의 소유권 증서는 완전한 것이며 매입 신청자를 위한 유일한 정보의 기초이다.

정답 ④

55. 다음 중 토지등록업무가 공정성과 신빙성에 관여할 필요도 없고 관여해서 안 되는 구매자를 위한 유일한 정보의 기초라고 하는 토렌스시스템의 기본 이론은?

① 거울이론 ② 커튼이론
③ 보험이론 ④ 공신이론

| 해설 |

커튼이론은 토지등록업무가 커튼 뒤에 놓인 공정성과 신빙성에 관여할 필요도 없고 관여해서도 안 된다는 매입 신청자를 위한 유일한 정보의 기초이다.

정답 ②

56. 현재의 등록사항만 논의되어야 한다는 의미로서 현행 권리 증명서에 기재된 권리가 실제의 권리관계와 일치하여야 한다는 토렌스시스템의 기본 이론은?

① 거울이론 ② 보험이론
③ 지가이론 ④ 커튼이론

| 해설 |

커튼이론
① 현재의 소유권 증서는 완전한 것이며 이전의 증서나 왕실증여를 추적할 필요가 없다는 것이다.
② 토지등록업무가 커튼 뒤에 놓인 공정성과 신빙성에 관여할 필요도 없고 관여해서도 안 된다는 매입 신청자를 위한 유일한 정보의 기초이다.

정답 ④

57. **"토지등록이 토지의 권리를 아주 정확하게 반영하나 인간의 과실로 착오가 발생하는 경우에 피해보상에 관한 한 법률적으로 선의의 제삼자와 동등한 입장에 놓여야만 된다." 는 토렌스시스템의 기본 이론은?**

① 공개이론　　② 커튼이론
③ 거울이론　　④ 보험이론

| 해설 |

보험이론은 토지등록이 토지의 권리를 아주 정확하게 반영하는 것으로 인간의 과실로 착오가 발생할 때 피해를 본 사람은 누구나 피해보상에 관한 한 법률적으로 선의의 제삼자와 동등한 입장에 놓여야만 한다는 이론이다.

정답 ④

58. **토렌스시스템(Torrens System)에 있어서 공신력(公信力)을 인정하는 근거는?**

① 형식적 심사, 배상보험제도
② 실질적 심사, 국가배상제도
③ 실질적 심사, 공증제도
④ 권위증서 심사, 보험공제제도

| 해설 |

토렌스시스템은 최초의 등록 시에 실질적심사주의의 원칙에 따라 철저한 권원심사를 하고 있어 정확성이 보장된다. 또한, 진정한 권리자가 권리를 잃게 될 때는 국가가 그 피해를 보상하게 된다.

정답 ②

59. **토지등록과 그 공시내용의 법률적 효력으로 볼 수 없는 것은?**

① 행정처분의 구속력　　② 토지등록의 공정력
③ 토지등록의 확정력　　④ 공신의 원칙 인정력

| 해설 |

토지등록 및 지적의 효력에는 구속력, 공정력, 확정력(불가쟁력, 불가변력), 강제력(자력집행력)이 있으며 공신의 원칙은 거래의 안전과 제삼자를 보호하기 위한 법률 원칙이다.

정답 ④

CHAPTER

04 토지등록 사항

4.1. 토지의 등록

4.1.1. 일필지의 등록기준

① 토지의 등록기준은 필지별로 구획하여 지적공부에 등록하도록 되어있다.

② 양입지(量入地)는 주된 지목의 토지에 둘러싸여 있거나 또는 인접하여 있는 지목이 다른 토지로 그 면적이 적은 것은 주된 지목의 토지에 합병한다.

③ 양입지의 합병에 관한 것과 처리방법은 오늘날 지적의 지목설정 원칙과 동일하다고 볼 수 있다.

④ 토지의 사용 용도가 동일하고 지반이 연속된 토지와 지번 부여지역이 동일한 토지는 1필지로 할 수 있다.

⑤ 소유자가 동일하고 지반이 연속된 경우에 주된 지목과 토지의 편의를 위하여 설치된 도로·구거 등의 부지와 주된 지목의 토지에 접속되거나 둘러싸인 다른 지목의 협소한 토지는 주된 토지에 편입하여 1필지로 할 수 있다.

⑥ 종된 용도의 토지 지목이 "대"인 경우이거나 종된 토지의 면적이 주된 토지면적의 10%를 초과하거나 330제곱미터를 초과하는 경우에는 별필로 한다.

4.1.2. 일필지의 성립 요건

① 지번 부여지역이 같아야 한다.

② 소유자가 같아야 한다.

③ 지목이 동일하여야 한다.

④ 지반의 연속되어야 한다.

⑤ 소유권 이외의 권리가 같아야 한다.

⑥ 지적공부의 축척과 등기 여부가 같아야 한다.

4.2. 경계

4.2.1. 경계의 역사

① 사표(四標)는 일필지마다 경계를 명확히 하기 위하여 사위(四圍)에 있는 접속지의 지목, 자번호 및 지주의 씨명을 양안의 해당란에 기재하는 것을 말한다.

② 금표는 왕이나 왕족의 사냥터 보호, 군사훈련지역 출입금지, 산림 보호, 유배지의 임의 출입금지, 사찰이나 태봉(胎封) 등 신성하고 권위 있는 지역의 접근금지, 산림의 채취금지 등을 위해서 일정한 지역을 금표 구역으로 설정한 것이다.

4.2.2. 경계의 분류

(1) 특성에 따른 경계

① 영국의 토지등록제도에 있어서 경계의 구분은 일반경계(General Boundary)와 보증경계(Guaranteed Boundary), 고정경계(Fixed Boundary) 등으로 표현한다.

② 일반경계는 삼림지역의 끝이나 해안지역의 최고 만조수위선과 같이 변화되고 불확실한 경계의 완곡한 표현이며 담장이나 울타리의 한쪽 면이나 다른 면 또는 중간과 하단으로 인식될 수 있다.

③ 고정경계는 특정경계로 인정되고 있으며 특별히 정밀측량에 의해서 경계가 결정되며 일반경계와 법률적 효력은 유사하나 그 정확도가 높다.

④ 보증경계는 정밀지적측량이 수행되고 소관청으로부터 사정의 행정처리가 완료되어 확정된 토지경계를 말한다.

(2) 표시방법에 따른 경계

① 지상경계는 지상에서 지형·지물·구조물·경계석·경계말목·경계표지 등에 의하여 경계로 인식할 수 있는 경계이며, 도상경계는 도면 또는 지도상에서 인식할 수 있는 경계를 의미한다.

② 지상경계는 소유자가 수목을 식재하거나 자연적으로 존치된 지형·지물에 의하여 구획된 경계와 인공표지인 구조물을 설치하고 관리하는 것으로 실지경계, 일반경계 또는 현지경계라고도 한다.

③ 도상경계는 도면에 등록된 경계로 고정경계 또는 보증경계라고 하며 도해지적의 경우 경계굴곡점을 연결하는 선으로 표시하였다.

(3) 강계선

① 강계선(疆界線)은 토지조사령에 따라 임시토지국장의 사정을 거친 경계선을 말하며 사정선이라고도 한다.

② 토지조사 당시 확정된 소유자가 다른 토지 간의 사정된 경계선을 가리킨다.

③ 지적도에 등록된 토지의 경계선인 강계선이 대상이었다.

④ 지주를 달리하는 토지와의 한계선이다.

(4) 지역선

① 지역선은 토지조사사업 당시 사정을 하지 않는 경계선을 말한다.

② 같은 토지의 소유지라도 지반의 고저가 심하여 별필로 하는 경우의 경계선을 말한다.

③ 토지조사측량 당시 소유자는 같으나 지목이 다른 관계로 별필로 한 토지 간의 경계선이다.

④ 소유자를 알 수 없는 토지와의 구획선이다.

⑤ 토지조사 시행지와 미 시행지와의 경계선을 말한다.

⑥ 조선임야조사령에 따라 도장관(道長官)의 사정에 의한 임야 도면상의 강계선과 지역선 모두를 경계선이라 하였다.

4.2.3. 경계설정 원칙

경계설정의 원칙은 경계 불가분의 원칙, 축척 종대의 원칙, 선등록(先登錄) 우선의 원칙, 직선주의 원칙을 적용하고 있다.

(1) 경계 불가분의 원칙

① 경계 불가분의 원칙은 토지경계가 유일무이한 것으로 어느 한쪽에 소속되지 않는다.

② 필지 사이의 경계는 2개 이상이 있을 수 없다.

③ 경계선을 분리할 수도 없다는 원칙으로 현실적인 경계는 너비가 있으나 도면상 선의 크기에 따른 측량 오차가 발생한다고 보아야 할 것이다.

(2) 축척종대의 원칙

① 동일한 경계가 축척이 다른 도면에 각각 등록된 때에는 축척이 큰 것에 따른다는 원칙이다.

② 일반적으로 축척이 큰 도면은 축척이 작은 도면보다 정밀도가 높다고 인정되어 그 경계는 축척이 큰 도면에 따라야 한다는 것이다.

③ 경계 등록에 잘못이 있는 경우에는 축척의 크기와 관계없이 정확한 축척에 따른다.

4.2.4. 지상경계 결정방법

① 현지경계의 결정에서는 토지경계가 불분명할 때는 지적공부에 의한 경계복원을 원칙으로 한다.

② 경계는 지상에 객관적으로는 존재하고 있지만, 주관적으로 경계파악이 불분명할 경우에 분쟁이 발생하며 대부분이 지상경계에 대한 분쟁으로 민법이나 기타 법령에서도 경계라고 하면 대부분은 지상경계를 의미하고 있다.

③ 경계의 불부합으로 분쟁이 발생하였을 경우에는 점유설, 평분설, 보완설에 의한다.

④ 점유설
- 점유자는 소유 의사로 선의 평온 및 공연하게 점유한 것으로 추정한다.
- 토지의 점유 취득시효 완성으로 인한 소유권 취득과도 관계가 있다.
- 지적공부에 의한 경계복원이 불가능한 경우의 지상경계 결정방법의 중요한 원칙으로 삼아야 한다.

⑤ 평분설은 경계가 불분명하고 점유상태를 확정할 수 없을 경우에는 분쟁지를 물리적으로 균등하게 배분하는 것이다.

⑥ 보완설은 현 점유선 또는 평분하여 경계를 결정할 경우에는 새로 결정되는 경계가 이미 조사된 신뢰할 만한 다른 자료와 일치하지 않을 경우에는 공평한 방법에 따라 그 경계를 보완하여야 한다.

4.3. 지번

지번(Parcel Number)은 토지의 특정화를 위하여 지번부여 지역별로 필지마다 하나씩 부여하여 지적공부에 등록한 번호를 말한다.

4.3.1. 지번의 특성과 역할

(1) 지번의 특성

① 지번은 토지의 위치를 나타내는 것으로 고정성, 개별성, 정확성, 통일성, 특정성, 종속성을 가지고 있다.

② 토지의 특정화를 위하여 지번 지역별로 부여하여 필지마다 하나씩 붙이고 있다.

③ 필지마다 지번 부여지역에 따라 각기 다른 고유번호를 부여함으로써 정확성이 있어야 한다.
④ 특정화의 원칙은 모든 토지를 식별할 수 있으며, 도면에 등록된 지번을 통하여 토지의 위치를 추측할 수 있다.

(2) 지번의 역할

① 토지를 필지별로 개별화하고 특정화하는데 있다.
② 물리적으로 연속되는 토지를 구획한 필지를 각각 다른 필지와의 구분을 위하여 중복되지 않는 고유의 번호를 부여한 것이다.
③ 지번은 토지 위치의 고정성과 개별성을 확보하고 토지의 최소 등록단위이다.

4.3.2. 자호제도

① 고려에서는 지번을 천자문의 순서에 의하여 "천자정(千字丁)", "지자정(地字丁)"으로부터 천자문의 최종자인 "야자정(也字丁)"까지 1천정이 되면 1정(丁)을 만들고 "○○읍 ○○丁"이라 표시하였다.
② 조선시대에는 고려시대 말의 자번호를 사용하고 '자(字)'는 천자문(千字文)에서 오결이 되면 일자(一字)를 선택하여 붙인 것으로 일자오결제도라 하였다.
③ 자(字)는 토지의 구역으로 오늘날의 지번(地番)을 나타내고, 번호는 지번(枝番)이라 하여 오늘날의 부번(附番)에 해당된다.

4.3.3. 지번의 부여방법

① 지번 부여지역(Parcel Number Area)은 지번을 부여하는 단위 지역으로서 동·리 또는 이에 준하는 지역을 말하며 행정적인 동·리가 아니고 법적인 동·리를 의미한다.
② 지번 부여지역의 용어변천은 토지조사사업 당시에서 제정 지적법까지는 기번지역, 1975년 개정지적법에서는 지번지역, 1995년 개정지적법에서는 지번설정지역, 2001년 개정 지적법에서는 지번 부여지역으로 개정하여 현재에 이르고 있다.
③ 지번의 부여방법에는 진행방향, 부여단위, 지번부여 위치에 따라 부여하는 방법이 다르다.

(1) 진행방향에 따른 부여

① 진행 방향에 따라 부여하는 방법은 사행식, 기우식, 단지식 등이 있다.
② 사행식
- 농촌 지역에서 주로 사용하였으며 토지조사사업 당시에 지번 부여방식이다.
- 필지의 배열이 불규칙한 지역에서 지번을 부여하는 가장 대표적인 방식이다.
- 뱀이 기어가는 모습과 같다는 뜻으로 우리나라 지번의 대부분이 이 방식으로 부여하였다.

③ 기우식은 도로를 중심으로 한쪽은 홀수(奇數)로 그 반대는 짝수(偶數)로 지번을 부여하는 방법으로 경지정리 및 구획정리지구의 지번 부여방식으로 많이 사용되고 있다.
③ 단지식은 매 단지마다 하나의 본번(本番)을 부여하고 단지 내 다른 필지들은 본번에 부번(副番)을 부여하는 방법으로 Block식이라고도 한다.

(2) 단위에 따른 부여

① 부여단위에 따라 지번 부여방법은 지역단위법, 도엽단위법, 단지단위법이 있다.

② 지역단위법은 1개의 지번 부여지역 전체를 대상으로 지역이 넓지 않거나 지적도 또는 임야도의 장수가 적은 지역에 적합한 부여방법이다.

③ 도엽단위법은 1개의 지번 부여지역을 지적도 또는 임야도의 도엽 단위로 세분화하여 도엽의 순서에 따라 부여하는 방법으로 지역이 넓거나 도면의 장수가 많은 지역의 지번부여에 적합한 방법이다.

④ 단지단위법은 1개의 지번 부여지역을 단지 단위로 세분하여 단지의 순서에 따라 부여하는 방법으로 도시개발사업지구나 경지정리지구 토지의 위치를 쉽고 편리하게 이용한다.

(3) 위치에 따른 지번부여

① 지번부여 위치에 따라 부여하는 방법은 북동부여법, 북서부여법이 있다.

② 북동부여 방법은 북동쪽에서 시작하여 남서쪽으로 진행하면서 부여하는 방법으로 토지조사사업 당시 한자로 지번을 부여하는 지역에 많이 사용한 방법이다.

③ 북서부여 방법은 현재 사용하고 있는 방법으로 북서쪽에서 시작하여 남동쪽으로 진행하면서 부여하는 방법이다.

(4) 일반적인 지번부여

① 분수식(分數式)은 본번을 분자로 부번을 분모로 한 분수 형태의 지번을 부여하는 제도를 말하며 본번을 변경하지 않고 부여하는 방법이다.

② 기번식(岐番式)은 인접 지번 또는 지번의 자릿수와 함께 본번의 번호로 구성되어 지번의 발생근거를 쉽게 파악할 수 있으며 사정 지번이 본번지로 편철 보존될 수 있다.

③ 자유식

- 새로운 경계를 부여하기까지의 모든 절차상의 번호가 영원히 소멸되고 토지 등록구역에서 사용되지 않는 최종 지번 다음 번호로 부여하되 분할 후에 기존 지번을 사용하지 아니하고 지번부여 구역 내 최종 지번의 다음 지번으로 부여하는 제도이다.
- 부번이 없기 때문에 지번을 표기하는데 용이하고 분할 유래를 파악하기 위해서는 별도의 보조장부나 전산화가 필요하다.
- 분수식 지번 부여제도와 동일하게 지번을 주소로 사용할 수 없는 단점이 있다.
- 스위스·네덜란드·호주·뉴질랜드·이란 등의 국가에서 채택하고 있으며 지번이 600번지, 601번지, 602번지로 표시된다.

(5) 필지식별번호

① 필지식별번호는 토지등록의 기본단위가 되고 있는 필지에 대한 등록사항의 저장과 수정 등을 용이하게 처리할 수 있는 가변성이 없는 고유번호를 말한다.

② 필지식별번호는 토지평가, 토지과세, 토지거래, 토지이용계획 및 기타 토지 관련 정보를 등록하고 있는 각종 대장과 파일 간의 정보를 연결하거나 검색하는 기능을 크게 향상시켜 주고 있다.

③ 필지는 지번이 붙는 토지등록 기본단위로 단일성, 연속성, 통일성, 동질성, 검색성을 갖는 권리와 물권이

인정될 수 있다.

④ 필지식별자는 매 필지의 등록사항을 저장, 검색, 수정을 편리하게 처리할 수 있고 영구히 불변하는 필지의 고유번호라고 하며 또한 토지필지와 관련된 표준참조번호라고도 한다.

⑤ 지적정보는 필지식별자를 매개체로 대장정보와 도면정보를 연계할 수 있는 역할을 한다.

4.4. 지목

4.4.1. 지목의 변천 과정

① 토지조사법(1910. 8. 24 법률 제7호)에 규정된 지목 : 18개 지목

② 토지조사령(1912. 8. 13 제령 제2호)에 규정된 지목 : 18개 지목

③ 지세령(1914. 3. 6 제령 제1호)에 규정된 지목 : 19개 지목

④ 조선지세령(1943. 3. 31 제령 제6호)에 규정된 지목 : 21개 지목

⑤ 제정지적법(1950. 12. 1 법률 제165호)에 규정된 지목 : 21개 지목

⑥ 제2차 전문개정 지적법(1975. 12. 31 법률 제2801호)에 규정된 지목 : 24개 지목

⑦ 제10차 전문개정 지적법(2002. 02. 26 법률 제6389호)에 규정된 지목 : 28개 지목

4.4.2. 지목의 유형

지목은 크게 토지의 현황에 따라 지형지목, 토성지목, 용도지목으로 구분할 수 있다.

(1) 지형지목

① 토지의 고저와 수륙의 분포상태 등 땅의 생긴 모양에 따라 결정한 지목을 말한다.

② 지형은 주로 형성된 상태에 따라 해안지, 분지, 단층지, 화산지 등으로 구분할 수 있으므로 지목을 현실화하는 데 필요하다.

(2) 토성지목

① 토지의 성질에 따른 구분으로 지층이나 암석, 토양의 종류 등에 따라 결정한 지목을 말한다.

② 일반적으로 암석지, 조사지(祖砂地), 세사지(細沙地), 점토지(粘土地), 사토지(砂土地), 식양토지(植壤土地), 식토지(植土地) 등으로 구분할 수 있다.

③ 지층이나 암석, 토양의 종류를 표시하기 때문에 이용하기 편리하다.

(3) 용도지목

① 토지의 주된 사용 목적에 따라 토지의 종류를 구분하고 표시하는 지목을 말한다.

② 현재 대부분 국가에서는 용도 지목을 채택하고 있으며 우리나라도 채택하고 있다.

③ 용도 지목은 일필지마다 구체적으로 용도를 표시하기 위하여 필지별로 관리하는데 효율적이다.

4.4.3. 지목의 설정 원칙

지목의 설정 원칙은 일필 일지목의 원칙, 주지목 추종의 원칙, 등록 선후의 원칙, 용도 경중의 원칙, 일시변경 불변의 원칙, 사용 목적 추종의 원칙이 있다.

(1) 일필일지목의 원칙

① 필지마다 하나의 지목만을 부여하는 것을 "일필일지목의 원칙(1筆 1地目 原則)"이라고 한다.

② 일필지의 토지에 2개 이상 지목의 설정이 불가능하므로 2개의 지목이 된 때는 이를 분할하여 지목을 변경하여야 한다.

③ 토지의 이용이 고도화 또는 입체화되고 고층건물과 지하시설물 등을 설치함으로써 수직적으로 복합이 되고 있다.

(2) 주지목추종의 원칙

① 주지목추종의 원칙은 토지의 편의를 위하여 설치한 작은 면적의 도로, 구거 등의 지목은 이를 따로 정하지 아니하고 주된 토지의 사용 목적 또는 용도에 따라 지목을 정하여야 한다는 원칙이다.

② 주된 토지에 편입하여 일필지로 획정하여야 하는데 이를 "주지목 추종의 원칙" 또는 "양입의 원칙"이라고 한다.

③ 다음의 경우에는 주지목 추종의 원칙을 적용하지 아니하고 별개의 필지로 획정하여야 한다.

- 지목이 대인 경우
- 종된 토지의 면적이 주된 토지면적의 10%를 초과하는 경우
- 종된 토지의 면적이 330m²를 초과하는 경우

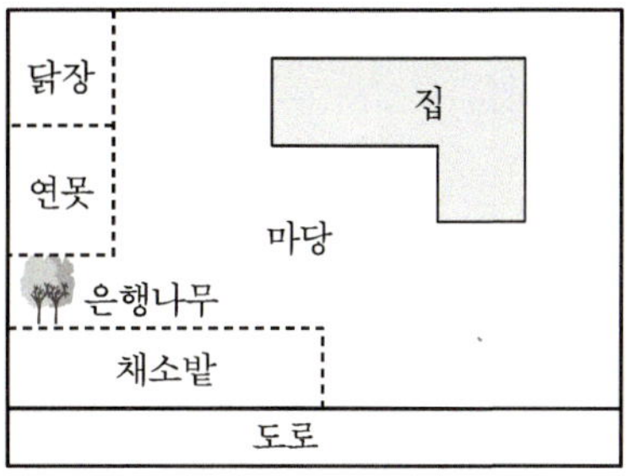

④ 그림과 같이 집(대), 연못(지소), 도로(도로), 채소밭(전), 닭장(목장용지), 마당(잡종지)과 같이 구분할 때는 토지가 세분되어 소유권 행사에 지장을 초래하므로 주요용도에 적합하게 설정하는 방법이다.

(3) 등록선후의 원칙

① 도로·철도·하천·제방·구거·수도용지 등의 지목이 서로 중복될 때는 먼저 등록된 토지의 사용 목적에 따라 지목을 결정하는 것을 "등록 선후의 원칙(登錄 先後 原則)"이라고 한다.

② 등록 선후의 원칙에 따라 하천 위에 교량을 개설하거나 하천을 덮개를 씌워 도로로 사용하여도 지목을 변경하지 않고 지적공부에 먼저 등록된 지목을 그대로 사용한다.

(4) 용도경중의 원칙

① 도로·철도용지·하천·제방·구거·수도 용지 등의 지목이 서로 중복될 때는 용도가 중요한 토지의 사용 목적에 따라 지목을 부여한 것을 "용도경중의 원칙(用途輕重原則)"이라고 한다.

② 주로 동일 토지에 2개 이상의 지목이 중복되는 상황에 해당하는 것으로 용도가 가장 중요한 지목을 당해 지목으로 한다는 의미이다.

③ 용도 경중의 원칙은 도로를 가로질러 철도를 개설하였을 때 당해 부분을 분할하여 철도용지로 지목을 부여하여야 하나 철도를 도로의 지하에 개설하거나 지상에 고가를 설치하여 개설할 때는 그러하지 아니하다.

(5) 일시변경불변의 원칙

① 다른 지목에 해당하는 용도로 변경시킬 목적이 아닌 일시적인 용도의 변경은 이를 등록전환 하거나 지목변경을 할 수 없는 것을 "일시변경불변의 원칙(一時變更 不變原則)"이라 한다.

② 일시변경불변의 원칙에 따라 농경지의 지력을 증진하기 위하여 일시 휴경(休耕)하는 경우와 건축물을 개축 또는 증축하기 위하여 일시 철거하는 경우는 일시적으로 사용하는 것은 목적을 변경하는 것으로 보지 않아 지목변경으로 볼 수 없다.

(6) 사용목적추종의 원칙

① 도시개발사업 등의 공사가 준공된 토지는 그 사용 목적에 따라 지목을 설정하는 것을 "사용목적추종의 원칙(使用目的追從의 原則)"이라 한다.

② 사용목적추종의 원칙에 따라 도시개발사업으로 공원·학교용지·대 등으로 준공된 토지에 일시적으로 농사를 짓는 토지는 도시개발사업 등의 사용 목적이 공원·학교용지·대로 지정 고시되었으므로 사용목적추종의 원칙에 따라 공원·학교용지·대로 하여야 한다.

4.4.4. 과세지성과 비과세지성

(1) 과세지성

① 과세지성(課稅地成)은 지세 관계 법령에 따른 토지에 지세를 부과(賦課)하지 않았던 토지가 지세를 부과하는 토지로 변경된 것을 말한다.

② 과세 대상 토지

- 전, 답, 대, 염전, 광천지, 지소, 잡종지, 사사지(社寺地), 분묘지(墳墓地), 공원지, 철도용지, 수도용지 및 국가, 도, 읍, 면, 기타 공공단체가 이용하는 공공용지의 토지로써 유료차지(有料借地)의 경우에도 과세지로 규정하였다.
- 구거가 답으로 되었거나 임야가 대로 된 것 등을 과세지성이라 하였다.

(2) 비과세지성

① 비과세지성은 과세지성과는 상반되는 것으로 지세를 부과하던 토지가 공공용지나 국유지로 되어 비과세지가 된 토지를 말한다.

② 비과세 대상 토지

- 국유지
- 국가, 도, 읍, 면, 기타 공공단체가 공용 또는 공공용에 공(供)하는 토지로써 유료차지(有料借地)가 아닌 것
- 사사지(社寺地), 분묘지(墳墓地), 공원지, 철도용지, 수도용지로써 유료차지(有料借地)가 아닌 것
- 임야, 도로, 하천, 구거, 유지, 제방, 성첩, 철도선로, 수도선로 등

4.5. 면적

지적에서 면적이란 지적측량으로 지적공부에 등록된 토지의 경계선을 기준면에 투영시켰을 때 그 경계선 내의 넓이를 말하며 평균해수면(Mean Sea Level)에 의한 수평면적을 말한다. 토지조사사업 이후부터 1975년까지의 구 지적법에서는 척관법에 따라 평(坪)과 보(步)를 단위로 하였다.

4.5.1. 변천 과정

① 고구려는 토지면적 단위를 경무(頃畝)로 사용하였으며 길이 단위는 척(尺)을 사용하고 6척이 1보(步), 300보가 1리(里), 다시 240보가 1무(畝), 100무가 1경(頃)이라고 하였다.

② 신라는 토지의 형태에 따라 면적은 경무와 결부를 혼용하여 사용하였으며 표시의 순서는 속(束)을 최하단위로 10속(束)을 1부(負), 10부를 1총(總), 10총을 1결(結)로 계산하는 10진법을 사용하였다.

③ 백제는 신라의 결부제와 같이 1파(把)를 최소의 면적단위로 10파를 1속(束), 10속을 1부(負), 10부를 1총(總), 10총을 1결(結)로 하는 10진법의 면적계량 방식을 사용하였다.

④ 고려의 결부제는 중국의 경무제와 유사하여 1결의 면적과 1경의 면적이 같아서 경무와 결부가 혼용되어 사용되었으며, 고려 후기부터 결부가 면적단위에서 생산량의 수량단위로 변화되므로 결부제가 정착되었다.

4.5.2. 조선시대

① 실제 토지형태의 사방1척을 파(把), 10파를 속(束), 10속을 부(負), 100부를 결(結)이라 한다.

② 결부제

- 결부제는 조선시대에 널리 사용된 면적 단위였으나 1결의 면적을 명확하게 결정하는 것은 불가능하였다.
- 전답의 비옥도에 따라 결부의 수를 증감하는 법을 세워 결부를 과세기준으로 하였다.

③ 수등이척제

- 상전척은 농부수(農夫手)의 20지(指), 중전척은 농부수(農夫手)의 25지(指), 하전척은 농부수(農夫手)의 30지(指)이다.
- 산출하는 양전의 척도를 수지척(手指尺; 농부의 손가락 폭)을 근거로 상·중·하등전에 각기 20:25:30의 차등을 둔 각기 다른 양전척을 사용하게 되었다.

4.5.3. 척관법

① 지적공부에 등록된 척관법에 따른 평(坪) 또는 보(步)를 미터법에 따른 m^2로 환산 등록하는 계산방법은 다음과 같다.

- 1m=0.55간
- 2m=2.1간
- 20m=11간
- 20m×20m=400m^2
- 11간×11간=121평
- 1m^2=1m×1m=0.55^2=0.3025평(坪)
- 1평(坪)=6척(尺)×6척(尺)=1간(間)×1간(間)이 된다.

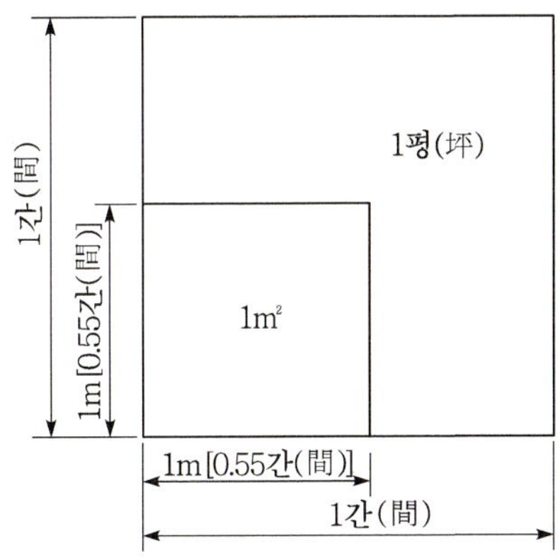

〈그림 4-3〉 미터와 간(間)

② 정리하면 $m^2 = \frac{400}{121} \times$ 평$=3.3057851m^2$

- 1평$=\frac{121}{400} \times m^2 = 0.3025$평으로 $400m^2 = 121$평이다.

③ 구 지적법에서의 면적등록 단위는 토지조사 당시와 임야조사 당시에는 척관법에 의하여 토지대장에는 평(坪)으로, 임야대장에는 정(町)·단(段)·묘(畝)·보(步)로 등록하였다.

④ 토지대장 등록지는 평의 10분의 1을 홉(合)이라고 하여 1평 미만일 때 등록하는 최소단위로 하였고, 임야대장 등록지는 1묘(畝) 미만일 때 보(步)를 최소단위로 하여 등록하였다.

⑤ 임야대장 상의 등록단위인 척관법에서 정, 단, 무, 보를 평으로 환산하면 1정(3,000평)$=9917m^2$, 1단(300평)$=992m^2$, 1무(30평)$=99m^2$, 1보(1평)$=3.3m^2$이다.

핵/심/문/제

Chapter 04

토지등록 사항

1. 일필지에 대한 설명으로 옳지 않은 것은?

① 지형·지물에 의한 지리학적 등록단위이다.
② 하나의 지번을 붙이는 토지등록 단위이다.
③ 물권이 미치는 법적인 토지등록 단위이다.
④ 굴곡점을 직선으로 연결한 폐합 다각형으로 구성된다.

| 해설 |

지형·지물에 의한 지리학적 등록단위는 법률에서 규정한 일필지라고 할 수 없다.

정답 ①

2. 1필지로 정할 수 있는 기준에 해당하지 않는 것은?

① 지번 부여지역 안의 토지로 소유자가 동일한 토지
② 지번 부여지역 안의 토지로 용도가 동일한 토지
③ 지번 부여지역 안의 토지로 지가가 동일한 토지
④ 지번 부여지역 안의 토지로 지반이 연속된 토지

| 해설 |

일필지는 법적으로 물권이 미치는 권리의 객체로서 토지소유자와 용도가 동일하고 지반이 연속된 토지로 물권의 효력이 미치는 범위를 정하고 인위적으로 구획한 법적 등록 단위이다.

정답 ③

3. 일필지의 특징으로 옳지 않은 것은?

① 법률적인 단위 구역이다.
② 폐합 다각형으로 구성한다.
③ 토지등록의 기본단위다.
④ 자연적 구획인 단위 토지다.

| 해설 |

일필지는 자연적인 지형과는 개념에 있어 차이가 크다.

정답 ④

4. 다음 중 일필지의 성립 요건에 해당하지 않은 것은?

① 지번설정 지역이 같을 것 ② 지목이 같을 것
③ 소유자가 같을 것 ④ 기등기된 토지일 것

| 해설 |

일필지의 성립 요건은 지번 부여지역, 소유자, 지목의 동일, 지반의 연속, 소유권 이외의 권리, 지적공부의 축척 및 등기 여부가 같아야 한다.

정답 ④

5. 지적은 지형, 지질 또는 국유, 민유 등 소유관계에 구애됨이 없이 어떤 객체를 대상으로 하는가?

① 공부 ② 등록 ③ 지물 ④ 필지

| 해설 |

필지란 법률에 의해 구획되는 토지의 등록단위를 말하며 지번 부여지역의 토지로서 소유자와 용도가 같고 지반이 연속된 토지는 1필지로 할 수 있다.

정답 ④

6. 양입지에 대한 설명으로 틀린 것은?

① 주된 용도의 토지에 접속되거나 주된 용도의 토지로 둘러싸인 다른 용도로 사용되고 있는 토지는 양입지로 할 수 있다.
② 종된 용도의 토지면적이 주된 용도의 토지면적의 33%를 초과하는 경우에는 양입지로 할 수 있다.
③ 주된 용도의 토지의 편의를 위하여 설치된 도로·구거 부지는 양입지로 할 수 있다.
④ 주된 용도의 토지에 편입되어 1필지로 확정되는 종된 토지를 양입지라고 한다.

| 해설 |

종된 용도의 토지 지목이 "대"(垈)인 경우와 종된 용도의 토지면적이 주된 용도의 토지면적의 10%를 초과하거나 330m²를 초과하는 경우에는 별필로 할 수 있다.

정답 ②

7. 다음 중 주된 용도의 토지에 편입하여 1필지로 할 수 있는 종된 토지의 기준으로 옳은 것은?

① 주된 지목의 토지면적이 1148m² 인 토지로 종된 지목의 토지면적이 112m² 인 토지
② 주된 지목의 토지면적이 2300m² 인 토지로 종된 지목의 토지면적이 231m² 인 토지
③ 주된 지목의 토지면적이 3125m² 인 토지로 종된 지목의 토지면적이 228m² 인 토지
④ 주된 지목의 토지면적이 3350m² 인 토지로 종된 지목의 토지면적이 233m² 인 토지

| 해설 |

종된 용도의 토지 지목이 "대"인 경우와 종된 용도의 토지면적이 주된 용도의 토지면적의 10%를 초과하거나 330m²를 초과하는 경우에는 일필지로 할 수 있으므로 ①, ③, ④는 10%를 초과하지 않는 경우이다.

정답 ②

8. 다음 중 양입지의 대상이 아닌 것은?

① 본지에 설치된 통로
② 본지에 접속된 수로
③ 본지에 접속된 소지류
④ 과수원 내 주거용 건축물

PART 04 지적학

| 해설 |

본지에 설치된 통로, 본지에 접속된 수로, 본지에 접속된 소지류는 주된 용도의 토지의 편의를 위하여 설치된 도로·구거 등의 부지, 주된 용도의 토지에 접속되거나 주된 용도의 토지로 둘러싸인 토지로서 다른 용도로 사용되고 있는 토지에 해당하므로 양입지의 대상이다. 그러나 과수원 내 주거용 건축물은 종된 용도의 토지 지목이 "대"인 경우에 해당하므로 양입지 대상이 아니다.

정답 ④

9. 우리나라에서 법률상 토지와 건물의 개념 중 맞는 것은?

① 토지는 건물에 종속되어 등록된다.
② 건물은 토지에 종속되어 등록된다.
③ 토지와 건물은 별개의 등록단위이다.
④ 건물 등록제도는 시행되지 않고 있다.

| 해설 |

우리나라는 부동산등기법의 규정에 의하여 토지는 토지등기부에 등록하며, 건물은 건물등기부에 각각 등록하고 있다.

정답 ③

10. 다음 중 경계의 설명이 틀린 것은?

① 지적공부에 등록된 1필지의 구획선이다.
② 지적도나 임야도에 등록된 선이다.
③ 경계점좌표등록부에 등록된 좌표의 연결이다.
④ 경계는 축척에 따라 그 폭이 다르다.

| 해설 |

경계란 지적도나 임야도 위에 지적측량에 의하여 지번 단위로 획정하여 등록한 선 또는 경계점좌표등록부에 등록된 좌표의 연결을 말한다.

정답 ④

11. 토지경계에 대한 설명으로 옳지 않은 것은?

① 지역선이란 사정선과 같다.
② 강계선이란 사정선을 말한다.
③ 원칙적으로 지적(임야)도상의 경계를 말한다.
④ 지적공부상에 등록하는 단위 토지인 일필지의 구획선을 말한다.

| 해설 |

강계선(사정선)은 토지의 소유자가 다른 경우를 말하며 지역선은 소유자가 같은 토지와의 구획선 또는 소유자를 알 수 없는 토지와의 구획선을 말한다.

정답 ①

12. 「공간정보의 구축 및 관리 등에 관한 법률」 상의 경계에 대한 올바른 설명은?

① 지상경계　② 도상경계
③ 현실경계　④ 점유경계

| 해설 |

「공간정보의 구축 및 관리 등에 관한 법률」에서 경계는 소유권이 미치는 범위와 면적을 결정하는 기준이 되는 지적도 또는 임야도에 등록한 선 또는 경계점좌표등록부에 등록된 좌표의 연결을 말하며 도상 경계라 한다.

정답 ②

13. 「공간정보의 구축 및 관리 등에 관한 법률」 상 경계의 설정, 등록에 관한 기본원칙과 관계없는 것은?

① 연속성의 원칙　② 경계국정주의
③ 경계불가분의 원칙　④ 경계직선주의

| 해설 |

현행 공간정보의 구축 및 관리 등에 관한 법률상 경계의 설정, 등록에 관한 기본원칙은 경계불가분의 원칙, 경계직선주의 원칙, 경계등록은 국정주의 이념에 의한다.

정답 ①

14. 조선시대의 속대전(續大典)에 따르면 양안(量案)에서 토지의 위치로서 동, 서, 남, 북의 경계를 표시한 것을 무엇이라고 하였는가?

① 자번호　② 사주(四柱)
③ 사표(四標)　④ 주명(主名)

| 해설 |

사표(四標)는 조선시대의 토지대장인 양안에 수록된 사항으로서 토지의 경계로 그 위치를 동, 서, 남, 북의 인접지에 대한 지목, 자호, 주명(소유자)을 표시하였고 양안에 기록하거나 도면을 작성하여 놓은 것이다.

정답 ③

15. 왕이나 왕족의 사냥터 보호, 군사훈련지역 등 일정한 지역을 보호할 목적으로 자연 암석·나무·비석 등에 경계를 표시하여 세운 것은?

① 금표(禁標)　② 장생표(長牲標)
③ 사표(四標)　④ 이정표(里程標)

| 해설 |

금표(禁標)는 왕이나 왕족의 사냥터 보호, 군사훈련지역 출입금지, 산림 보호, 유배지의 임의 출입금지, 사찰이나 태봉(胎封) 등 신성하고 권위 있는 지역의 접근금지, 산림의 채취금지 등을 위해서 일정한 지역을 금표 구역으로 설정한 것이다.

정답 ①

16. 영국의 토지등록제도에 있어서 경계의 구분이 아닌 것은?

① 고정경계　② 보증경계
③ 일반경계　④ 특별경계

| 해설 |

영국의 토지등록제도에 있어서 경계의 구분은 일반경계와 보증경계 그리고 고정경계로 표현되며 이는 일반적인 경계의 구분에 해당한다.

정답 ④

17. **토지의 경계가 도로, 벽, 담장, 울타리, 도랑, 개천, 해안선 등으로 이루어진 경우를 의미하며 영국 토지거래법 등에서 사례를 찾아볼 수 있는 경계의 유형은?**

① 고정경계 ② 일반경계
③ 보증경계 ④ 인정경계

| 해설 |

일반경계는 삼림지역의 끝이나 해안지역의 최고 만조수위선과 같이 변화되고 불확실한 경계의 완곡한 표현이며 담장, 도로, 벽, 울타리의 한쪽 면이나 다른 면 또는 중간과 하단으로 인식될 수 있다.

정답 ②

18.

다음 경계 중 정밀 지적측량이 수행되고 지적소관청으로부터 사정의 행정처리가 완료된 것은?

① 고정경계 ② 보증경계
③ 일반경계 ④ 특정경계

| 해설 |

보증경계는 정밀 지적측량이 수행되고 소관청으로부터 사정의 행정처리가 완료되어 확정된 토지경계를 말한다.

정답 ②

18. **토지조사사업 당시 일필지의 강계(疆界)를 결정하기 위한 직접적인 목적과 조건을 설명한 것으로 옳지 않은 것은?**

① 소유권 분계(分界)를 확정하기 위한 목적이 있었다.
② 분쟁지를 해결하기 위한 목적이 있었다.
③ 토지소유자가 동일해야 한다.
④ 지목이 동일하고 연속된 토지이어야 한다.

| 해설 |

강계선 지목의 구별 및 소유권 경계를 확정하기 위한 것으로 소유자 및 지목이 동일하고 지반이 연속되는 토지를 일필지로 함을 원칙으로 하였으며 분쟁지 해결을 위한 목적과는 관련이 없다.

정답 ②

19. **토지 사정선의 설명 중 가장 옳은 것은?**

① 시장, 군수가 측량한 모든 경계선이다.
② 임시토지조사국에서 측량한 모든 경계선이다.
③ 강계선(疆界線)은 모두 사정선이다.
④ 토지의 분할선 또는 경계 감정선이다.

| 해설 |

사정선은 토지조사 당시 확정된 소유자가 다른 토지 간의 사정된 경계선을 가리키며 토지조사령에 따라 임시토지조사국장의 사정을 거친 경계선으로 강계선이라고도 한다.

정답 ③

20. **토지조사사업 당시 확정된 소유자가 다른 토지 간의 사정된 경계선의 명칭으로 옳은 것은?**

① 강계선 ② 지역선 ③ 지계선 ④ 구역선

| 해설 |

강계선
① 강계선(疆界線)은 토지조사령에 따라 임시토지국장의 사정을 거친 경계선을 말하며 사정선이라고도 한다.
② 토지조사 당시 확정된 소유자가 다른 토지 간의 사정된 경계선을 가리킨다.
③ 지적도에 등록된 토지의 경계선인 강계선이 대상이었다.
④ 지주를 달리하는 토지와의 한계선이다.

정답 ①

21. **토지조사 당시 동, 리의 강계선이 도로, 구거 또는 하천에 접하여 있을 경우 결정방법은?**

① 도로, 구거 또는 하천의 북방(北方) 경계와 일치시켰다.
② 도로, 구거 또는 하천의 남방경계와 일치시켰다.
③ 도로, 구거 또는 하천의 중앙으로 하였다.
④ 도로, 구거 또는 하천 속에는 강계를 정하지 않았다.

| 해설 |

면, 동, 리의 강계가 도로, 구거, 하천, 산악 또는 해안에 접하여 있을 때 그 강계선을 도로, 구거, 하천은 중앙부에 산악은 분수선, 해안은 만조된 경우의 수륙분계선으로 한다.

정답 ③

22. **토지조사 시 행정처분으로서 사정한 경계의 행정적 의미는?**

① 경계분쟁 해결 ② 등록단위로서 필지 획정
③ 소유권 영적 범위 결정 ④ 기초행정 확정

| 해설 |

토지조사 당시 등록 단위로서 필지 획정을 위해 사정한 경계는 행정처분으로서 의미가 있다.

정답 ②

23. **지역선에 대한 설명으로 옳지 않은 것은?**

① 임야조사사업 당시의 사정선
② 시행지와 미시행지와의 지계선
③ 소유자가 동일한 토지와의 구획선
④ 소유자를 알 수 없는 토지와의 구획선

| 해설 |

지역선
① 지역선은 토지조사사업 당시 사정을 하지 않는 경계선을 말한다.
② 같은 토지의 소유자라도 지반의 고저가 심하여 별필로 하는 경우의 경계선을 말한다.
③ 토지조사측량 당시 소유자는 같으나 지목이 다른 관계로 별필로 한 토지 간의 경계선이다.
④ 소유자를 알 수 없는 토지와의 구획선이다.
⑤ 토지조사 시행지와 미 시행지와의 경계선을 말한다.

정답 ①

24. 토지조사사업 당시 소유자는 같으나 지목이 상이하여 별필(別筆)로 해야 하는 토지들의 경계선과 소유자를 알 수 없는 토지와의 구획선으로 옳은 것은?

① 강계선(疆界線) ② 경계선(境界線)
③ 지세선(地勢線) ④ 지역선(地域線)

| 해설 |

지역선은 토지조사측량 당시 소유자는 같으나 지목이 다른 관계로 별필로 한 토지 간의 경계선을 말하며소유자를 알 수 없는 토지와의 구획선이다.

정답 ④

25. 다음의 설명에서 (　　)에 들어갈 알맞은 명칭은?

> 지역선은 토지조사사업 당시 소유자는 같으나 지목이 다른 관계로 별필의 토지경계선과 소유자를 알 수 없는 토지와의 구획선, 토지조사 시행지와 미시행지와의 경계선을 말하나, 토지조사 시행지와 미시행지와의 경계선은 별도로 (　　)이라고도 불렸다.

① 지계선 ② 강계선 ③ 지구선 ④ 구역선

| 해설 |

지역선은 소유자가 같고 지목이 다른 경우의 연접된 토지경계선 또는 소유자를 알 수 없는 토지와의 구획선으로 지계선이라고도 하였다.

정답 ①

26. 토지조사사업 당시 토지의 사정된 경계선과 임야조사사업 당시 임야의 사정선을 표현한 명칭이 모두 옳은 것은?

① 토지조사사업-경계, 임야조사사업-강계
② 토지조사사업-강계, 임야조사사업-경계
③ 토지조사사업-경계, 임야조사사업-지계
④ 토지조사사업-강계, 임야조사사업-강계

| 해설 |

토지조사사업 당시 토지의 사정은 토지의 소유자와 그 강계를 확정하는 행정처분으로 사정된 토지의 경계를 사정선 또는 강계선이라 하였으며, 임야조사사업 당시의 사정선은 강계선이라 하지 않고 경계선이라 하였다.

정답 ②

27. 경계의 설정 원칙에 해당하지 않는 것은?

① 경계불가분의 원칙 ② 축척종대의 원칙
③ 곡선주의 원칙 ④ 선등록 우선의 원칙

| 해설 |

경계설정의 원칙은 경계불가분의 원칙, 축척종대의 원칙, 선등록(先登錄) 우선의 원칙, 직선주의 원칙을 적용하고 있다.

정답 ③

28. 경계불가분의 원칙에 관한 설명으로 옳은 것은?

① 3개의 단위 토지 간을 구획하는 선이다.
② 토지의 경계에는 위치, 길이, 넓이가 있다.
③ 같은 토지에 2개 이상의 경계가 있을 수 있다.
④ 토지의 경계는 인접 토지에 공통으로 작용한다.

| 해설 |

경계 불가분의 원칙
① 경계 불가분의 원칙은 토지경계가 유일무이한 것으로 어느 한쪽에 소속되지 않는다.
② 필지 사이의 경계는 2개 이상이 있을 수 없다.
③ 경계선을 분리할 수도 없다는 원칙으로 현실적인 경계는 너비가 있으나 도면상 선의 크기에 따른 측량 오차가 발생한다고 보아야 할 것이다.

정답 ④

29. 경계불가분의 원칙에 대한 설명과 가장 거리가 먼 것은?

① 필지 사이의 경계는 분리할 수 없다.
② 경계는 인접 토지에 공통으로 작용된다.
③ 경계는 위치와 길이만 있고 너비는 없다.
④ 동일한 경계가 축척이 다른 도면에 각각 등록된 경우 둘 중 하나의 경계만을 최종경계로 결정한다.

| 해설 |

동일한 경계가 축척이 다른 도면에 각각 등록된 경우 둘 중 대축척 도면의 경계로 결정한다.

정답 ④

30. 다음 중 지적공부에 등록하는 경계의 특성으로서 경계불가분의 원칙이 적용되는 가장 적합한 이유는?

① 경계는 경계점을 직선으로 연결한 선이기 때문이다.
② 경계는 위치만 존재하기 때문이다.
③ 각 필지의 면적이 다르기 때문이다.
④ 경계를 설치한 사람의 소속이 다르기 때문이다.

| 해설 |

경계는 연접한 토지에 공동으로 작용하므로 분리할 수 없고 위치와 길이가 존재하나 너비는 없다는 원칙이다.

정답 ②

31. 축척종대의 원칙에 대한 설명으로 맞는 것은?

① 동일한 경계가 축척이 다른 도면에 각각 등록되어 있을 때는 그 경계는 축척이 큰 도면에 따라야 한다는 것
② 지적공부에 등록된 경계는 차후에 절대로 분리할 수 없다는 것
③ 경계는 도면상의 분리는 되나 지상의 경계는 분리할 수 없다는 것
④ 경계물이 큰 경우 경계물의 중앙분계선에서 경계가 이루어진다는 것

| 해설 |

축척 종대의 원칙
① 동일한 경계가 축척이 다른 도면에 각각 등록된 때에는 축척이 큰 것에 따른다는 원칙이다.
② 일반적으로 축척이 큰 도면은 축척이 작은 도면보다 정밀도가 높다고 인정되어 그 경계는 축척이 큰 도면에 따라야 한다는 것이다.
③ 경계 등록에 잘못이 있는 경우에는 축척의 크기와 관계없이 정확한 축척에 따른다.

정답 ①

32. 축척이 다른 도면에 동일한 토지의 경계가 각각 등록되어 있을 때 그 경계는 어느 축척을 따르는 것이 원칙인가?

① 대축척 경계에 따른다.
② 소축척 경계에 따른다.
③ 평균하여 사용한다.
④ 토지소유자 의사에 따른다.

| 해설 |

축척이 큰 도면은 축척이 작은 도면보다 정밀도가 높다고 인정되어 그 경계는 축척이 큰 도면에 따라야 한다는 것이 축척종대의 원칙이다.

정답 ①

33. "지적도에 등록된 경계와 임야도에 등록된 경계가 서로 다를 때에는 축척 1/1,200인 지적도에 등록된 경계에 따라 축척 1/6,000인 임야도의 경계를 정정하여야 한다." 라는 기준은 어느 원칙에 따른 것인가?

① 경계불가분의 법칙　② 등록선후의 원칙
③ 용도경중의 원칙　④ 축척종대의 원칙

| 해설 |

축척종대의 원칙은 동일한 경계가 축척이 서로 다른 도면에 등록 되어 있을 때 축척이 큰 도면에 따른다는 원칙으로 도해지적에서만 존재하는 원칙이다.

정답 ④

34. 다음 중 지적도 및 임야도에 등록된 경계선과 가장 관계가 깊은 것은?

① 토지소유권의 범위　② 지적통계
③ 토지의 이용　④ 토지의 지목

| 해설 |

지적도 및 임야도에 등록된 경계선은 토지소유권의 범위를 나타내는 것이다.

정답 ①

35. 지상경계를 결정하기 곤란한 경우에 경계 결정의 방법에 대한 일반적인 원칙(이론)이 아닌 것은?

① 지배설　② 점유설　③ 평분설　④ 보완설

| 해설 |

경계의 불부합으로 분쟁이 발생하였을 경우에는 점유설, 평분설, 보완설에 의한다.

정답 ①

36. 아래의 설명과 관계있는 경계의 결정방법은?

- 점유자는 소유 의사로 선의 평온 및 공연하게 점유한 것으로 추정한다.
- 지적공부에 의한 경계복원이 불가능한 경우의 지상경계 결정방법의 중요한 원칙으로 삼아야 한다.

① 구분설　② 평분설　③ 점유설　④ 보완설

| 해설 |

점유설
① 점유자는 소유 의사로 선의 평온 및 공연하게 점유한 것으로 추정한다.
② 토지의 점유 취득시효 완성으로 인한 소유권 취득과도 관계가 있다.
③ 지적공부에 의한 경계복원이 불가능한 경우의 지상경계 결정방법의 중요한 원칙으로 삼아야 한다.

정답 ③

37. 분쟁지에 대한 현지경계의 결정이론에서 점유상태를 확정할 수 없는 경우에는 분쟁지를 나누어 양 토지에 귀속시켜야 한다는 이론은?

① 평분론　② 점유론　③ 보완론　④ 복원론

| 해설 |

평분설은 경계가 불분명하고 점유상태를 확정할 수 없을 경우에는 분쟁지를 물리적으로 균등하게 배분하는 것이다.

정답 ①

38. 경계복원측량의 법률적 효력 중 소관청 자신이나 토지소유자와 이해관계인에게 정당한 변경절차가 없는 한 유효한 행정처분에 복종하도록 하는 것은?

① 구속력　② 공정력　③ 확정력　④ 강제력

| 해설 |

행정처분의 구속력은 토지등록이 있는 경우 소관청이나 토지소유자 또는 이해관계인에게 토지등록의 행정처분이 유효하게 존재하는 한 그것을 존중하고 그에 복종하게 하여야 한다.

정답 ①

39. 지번의 특성에 해당되지 않는 것은?

① 토지의 식별 ② 토지의 가격화
③ 토지의 특정화 ④ 토지의 위치 추측

| 해설 |

지번의 특성
① 토지의 위치는 고정성, 개별성, 정확성, 통일성, 특정성, 종속성을 가지고 한다.
② 토지의 특정화를 위하여 지번 지역별로 부여하여 필지마다 하나씩 붙이고 있다.
③ 필지마다 지번 부여지역에 따라 각기 다른 고유번호를 부여함으로써 정확성이 있어야 한다.
④ 특정화의 원칙은 모든 토지를 식별할 수 있으며, 도면에 등록된 지번을 통하여 토지의 위치를 추측할 수 있다.

정답 ②

40. 다음 중 지번의 특성에 해당하지 않는 것은?

① 연속성 ② 종속성 ③ 특정성 ④ 형평성

| 해설 |

지번은 토지의 위치를 나타내는 것으로 고정성, 개별성, 정확성, 통일성, 특정성, 종속성을 가지고 있다.

정답 ④

41. 토지의 등록을 위하여 토지를 필지별로 개별화하고 특정화시키는 역할을 하는 토지표시 사항은?

① 토지 소재 ② 지번 ③ 지목 ④ 좌표

| 해설 |

① 지번은 토지의 특정화를 위하여 지번 지역별로 부여하여 필지마다 하나씩 붙이고 있다.
② 필지마다 지번 부여지역에 따라 각기 다른 고유번호를 부여함으로써 정확성이 있어야 한다.

정답 ②

42. 1필지에 하나의 지번을 붙이는 이유로서 가장 관계없는 것은?

① 물권객체 표시 ② 제한물권 설정
③ 토지의 개별화 ④ 토지의 독립화

| 해설 |

1필지에 하나의 지번을 붙이는 이유는 토지의 특정화, 토지의 개별화, 토지의 고정화, 토지의 식별, 위치의 확인 등에 있으며 제한물권의 설정은 토지등기에 있다.

정답 ②

43. 필지마다 지번을 붙여 구분하는 이유와 가장 거리가 먼 것은?

① 독립성 ② 특정성
③ 위치 파악의 기준 ④ 가치성

| 해설 |

지번을 붙이는 가장 큰 이유는 토지에 이름을 부여함으로써 그 토지의 특정성을 살려 다른 토지와 분명히 구별할 수 있게 하는 것이다.

정답 ④

44. 지번의 설정 이유(역할)와 가장 거리가 먼 것은?

① 토지의 개별화 ② 토지이용의 효율화
③ 토지의 특정화 ④ 토지의 위치 확인

| 해설 |

토지등록을 위해서는 토지를 필지별로 개별화하고 특정화하는데 물리적으로 연속되는 토지를 구획한 필지를 각각 다른 필지와의 구분을 위하여 중복되지 않는 고유의 번호를 부여한 것이다.

정답 ②

45. 지번의 설정 사유로 맞지 않는 것은?

① 다른 토지와의 식별 용이
② 당해 토지의 개별성 및 특별성 부여
③ 위치의 추측 용이
④ 토지이용의 효율화 및 토지이용 목적의 표상

| 해설 |

지번의 설정 사유는 다른 토지와의 식별이 편리하도록 하고 토지의 개별성 및 특별화로 토지의 위치를 파악하는데 편리하도록 하였다.

정답 ④

46. 토지표시 중 지번의 설정과 관계가 없는 것은?

① 물권 객체의 구분 ② 등록공시 단위
③ 토지 위치 구분 ④ 물권적 가치추정

| 해설 |

지번은 토지 위치를 구분하고 등록공시의 단위라고 할 수 있으며 물권의 객체로서 구분한다.

정답 ④

47. 토지의 지번, 지목, 경계 및 면적을 등록하는 주체는?

① 지적소관청 ② 등기소
③ 토지소유자 ④ 지적직 공무원

| 해설 |

지적공부에 등록하는 지번·지목·면적·경계 또는 좌표는 토지의 이동이 있을 때 토지소유자의 신청을 받아 지적소관청이 결정하므로 토지의 등록에 대한 주체가 된다.

정답 ①

48. 우리나라에서 자호 제도가 처음 사용된 시기는?

① 고려 ② 백제 ③ 신라 ④ 조선

| 해설 |

고려시대 말기에는 과전법이 시행되어 토지의 정확한 파악을 위하여 자호제도를 창설하였으며 단위는 정(丁)을 사용하고 조선시대 일자오결제도의 계기가 되었다.

정답 ①

49. 토지의 정확한 파악을 위하여 지번제도를 창설시킨 고려 말기 토지제도는 무엇인가?

① 과전법 ② 직전법 ③ 경무법 ④ 정전법

| 해설 |

고려 말 공양왕 때 전제 개혁에 따라 과전법이 시행되면서 함께 지번제도가 창설되어 정(丁) 단위로 자호를 붙여 대장에 기록했다.

정답 ①

50. 양전의 순서에 따라 1필지마다 천자문(千字文)의 자(字) 번호를 부여하였던 제도는?

① 경묘법 ② 결부법
③ 일자오결제 ④ 집결제

| 해설 |

고려 말 지번은 정(丁)을 기준으로 정(丁)내에 있는 모든 토지를 천자문(千字文)의 글자순서에 의해 천자정(千字丁)에서부터 야자정(也字丁)까지 지번을 부여하여 1천 정에 이르게 했는데 이는 조선시대 일자오결제도의 기초가 되었다.

정답 ③

51. 고려 말기 토지대장의 편제를 인적 편성주의에서 물적 편성주의로 바꾸게 된 주요 제도는?

① 자호제도 ② 결부제도
③ 전시과제도 ④ 일자오결제도

| 해설 |

자호제도는 1391년(공양왕 3년) 고려 말기에 전국의 토지를 측량하여 정(丁)을 만들고 정에는 각각 자호(字號)를 붙여 토지대장에 기재하게 되면서 물적 편성주의의 시작이라 할 수 있다.

정답 ①

52. 용어의 변천 과정에 대한 설명으로 옳지 않은 것은?

① 기번 지역－제정 당시 지적법
② 지번 단위 지역－1975년 전문개정 지적법
③ 지번설정지역－1995년 일부 개정 지적법
④ 지번 부여지역－2001년 전문개정 지적법

| 해설 |

지번 부여지역의 용어변천은 토지조사사업 당시에서 제정 지적법까지는 기번지역, 1975년 개정지적법에서는 지번지역, 1995년 개정지적법에서는 지번설정지역, 2001년 개정지적법에서는 지번 부여지역으로 개정하여 현재에 이르고 있다.

정답 ②

53. 지적에서 지번의 부번 진행 방법 중 옳지 않은 것은?

① 고저식(高底式) ② 기우식(奇偶式)
③ 사행식(蛇行式) ④ 절충식(折衷式)

| 해설 |

지번의 부여방법 중에서 진행 방향에 따라 부여하는 방법은 사행식, 기우식, 단지식 등이 있다. 절충식은 사행식과 기우식을 혼용하여 사용하는 방법을 말한다.

정답 ①

54. 사행식 지번의 부여 방식에 대한 설명으로 잘못된 것은?

① 기번은 북서에서 남동, 서에서 동으로 부여하는 방법이다.
② 지형이 불규칙한 지역에 적합한 부여 방식이다.
③ 진행 방향은 상하좌우 어느 쪽으로든 연속되는 장점이 있다.
④ 우리나라 지번의 부번은 대부분 이 방식을 따랐다.

| 해설 |

최근에는 북서에서 남동쪽으로 부여하는 방식으로 북에서 남으로, 서에서 동으로 부여하고 있다.

정답 ③

55. 지번설정에서 사행식 방법이 가장 적합한 지역은?

① 택지조성지역 ② 경지정리지역
③ 도로변의 주택지역 ④ 지형이 불규칙한 농경지

| 해설 |

사행식은 농촌 지역의 필지와 같이 배열이 불규칙한 지역에서 지번을 부여하는 가장 대표적인 방식이다.

정답 ④

56. 대부분의 일반 농촌 지역에서 주로 사용되며, 토지의 배열이 불규칙한 경우 인접해 있는 필지로 진행 방향에 따라 연속적으로 지번을 부여하는 방식은?

① 사행식(蛇行式) ② 기우식(奇偶式)
③ 교호식(交互式) ④ 단지식(團地式)

| 해설 |

사행식은 필지의 배열이 불규칙한 지역에서 뱀이 기어가는 모습과 같이 지번을 부여하는 방식으로 과거 우리나라에서 지번 부여방법으로 가장 많이 사용되었다.

정답 ①

57. 토지조사사업 당시 지번의 부번 방식으로 가장 많이 사용된 것은?

① 기우식 ② 사행식 ③ 단지식 ④ 절충식

| 해설 |

사행식은 지번을 붙이는데 가장 널리 쓰이는 방식으로 농촌 지역에 적합한 지번 부여 방식이다. 우리나라는 토지조사사업 당시 대부분 지역에서 사행식을 사용하였다.

정답 ②

58. 도로를 중심으로 한쪽은 홀수, 한쪽은 짝수로 지번을 부여하는 방법으로 교호식이라고도 하며, 시가지 지역의 지번설정에 적합한 방법은?

① 단지식 ② 사행식 ③ 기우식 ④ 블록식

| 해설 |

기우식은 도로를 중심으로 한쪽은 홀수(奇數)로 그 반대는 짝수(偶數)로 지번을 부여하는 방법으로 경지정리 및 구획정리지구의 지번 부여 방식으로 많이 사용되고 있으며 교호식이라고도 하였다.

정답 ③

59. 다음 중 1단지마다 하나의 본번을 부여하고 단지 내 필지마다 부번을 부여하는 방법으로, 토지구획 및 농지개량사업 시행지역 등의 지번설정에 적합한 것은?

① 선별식 ② 사행식 ③ 단지식 ④ 기우식

| 해설 |

단지식은 매 단지마다 하나의 본번(本番)을 부여하고 단지 내 다른 필지들은 본번에 부번(副番)을 부여하는 방법으로 Block식이라고도 한다.

정답 ③

60. 지번의 부여단위에 따른 분류 중 해당 지번설정 지역의 면적이 비교적 넓고 지적도의 매수가 많을 때 흔히 채택하는 방법은?

① 지역단위법 ② 도엽단위법
③ 단지단위법 ④ 기우단위법

| 해설 |

도엽단위법은 1개의 지번 부여지역을 지적도 또는 임야도의 도엽단위로 세분화하여 도엽의 순서에 따라 부여하는 방법으로 지역이 넓거나 도면의 장수가 많은 지역의 지번 부여에 적합한 방법이다.

정답 ②

61. 부번 방법 중 도시개발사업지구나 경지정리지구에 적합한 방법으로 토지의 색출을 용이하게 하려는 데 가장 큰 목적이 있는 방식은?

① 지역단위법 ② 단지단위법
③ 기우법 ④ 사행법

| 해설 |

단지단위법은 지적도의 배열과 관계없이 몇 필의 토지가 1개의 집단을 형성하고 있는 시가지계획지구나 경지정리지구 등에 적합한 방법으로 토지의 색출을 편리하게 하려는 데 가장 큰 목적이 있다.

정답 ②

62. 우리나라에서 사용되고 있는 지번 부여방법이 아닌 것은?

① 분수식 지번제도(分數式 地番制度) ② 사행식(蛇行式)
③ 기우식(奇偶式) ④ 단지식(團地式)

| 해설 |

분수식 지번제도(分數式 地番制度)는 본번을 분자로 부번을 분모로 한 분수 형태의 지번을 부여하는 제도를 말하며 본번을 변경하지 않고 부여하는 방법이다. 분수식 지번제도는 독일, 오스트리아, 핀란드, 불가리아 등의 국가에서 채택하고 있다.

정답 ①

63. 아래의 설명에 해당하는 지번 부여제도는?

인접 지번 또는 자릿수와 함께 본번의 번호로 구성되어 지번의 발생 근거를 쉽게 파악할 수 있으며 사정 지번이 본번지로 편철 보존될 수 있다. 지번의 이동 연혁을 파악하기 용이하나, 여러 차례 분할될 경우 반복정리로 인하여 지번의 배열이 복잡하다.

① 분수식(分數式) 지번 부여제도
② 자유식 지번 부여제도
③ 기번식(岐番式) 지번 부여제도
④ 블록식 지번 부여제도

| 해설 |

① 기번식 지번 부여방법은 인접 지번 또는 자릿수와 함께 본번의 번호로 구성되어 지번의 발생 근거를 쉽게 파악할 수 있으며 사정 지번이 본번지로 편철 보존될 수 있다.
② 지번의 이동 연혁을 파악하기 용이하나, 여러 차례 분할될 경우 반복정리로 인하여 지번의 배열이 복잡하다.

정답 ③

64. 동일한 지번설정지역 내에서 최종 지번이 1075일 때 지번 545가 분할되어 1076, 1077로 표시되었다면 이러한 부번 방식은?

① 분수식 부번제도 ② 자유식 부번제도
③ 사행식 부번제도 ④ 기번(岐番)식 부번제도

| 해설 |

자유식 지번제도는 기존 지번을 사용하지 않고 최종 지번의 다음 지번을 사용하며, 스위스, 네덜란드, 호주, 뉴질랜드, 이란 등에서 사용하고 있다.

정답 ②

65. 우리나라의 현행 지번설정에 대한 원칙으로 틀린 것은?

① 북서 기번의 원칙
② 아라비아숫자 지번의 원칙
③ 부번(副番)의 원칙
④ 종서(從書)의 원칙

| 해설 |

지번은 아라비아숫자를 가로로 본번에 부번을 붙여 구성하였으며 북서에서 남동으로 차례대로 설정하도록 하였다.

정답 ④

66. 우리나라 지번 기번 방법의 변화를 바르게 설명한 것은?

① 남동 기번법에서 남서 기번법으로 바뀌었다.
② 남서 기번법에서 남동 기번법으로 바뀌었다.
③ 북서 기번법에서 북동 기번법으로 바뀌었다.
④ 북동 기번법에서 북서 기번법으로 바뀌었다.

| 해설 |

1976년부터 북서기번법과 아라비아숫자로 지번을 부여하고 있다.

정답 ④

67. 1980년 이후 현재 지번 부여원칙으로 옳은 것은?

① 북서에서 남동으로 순차적으로 부여
② 남서에서 북동으로 순차적으로 부여
③ 북동에서 남서로 순차적으로 부여
④ 남동에서 북서로 순차적으로 부여

| 해설 |

1980년대 이후 지번 부여방법은 북동에서 남동 방향으로 부여하던 방법을 수정하여 북서에서 남동 방향으로 순차적으로 지번을 부여하도록 개정하였다.

정답 ①

68. 스위스, 네덜란드에서 채택하고 있는 지번 표기의 유형으로 지번의 완전한 변경 내용을 알 수 있는 보조장부의 보존이 필요한 것은?

① 순차식 지번제도 ② 자유식 지번제도
③ 분수식 지번제도 ④ 복합식 지번제도

| 해설 |

자유식 지번제도는 지번 부여 구역 내 최종 지번의 다음 지번으로 부여하는 제도로 부번이 없으므로 지번을 표기하는데 쉽고 분할에 관한 유래를 파악하기 위해서는 별도의 보조장부나 전산화가 필요하며 스위스·네덜란드·호주·뉴질랜드·이란 등의 국가에서 채택하고 있다.

정답 ②

69. 다음 중 일반적으로 지번을 부여하는 방법이 아닌 것은?

① 분수식 ② 기번식
③ 자유부번식 ④ 문장식

| 해설 |

지번은 국가마다 서로 다른 방법으로 부여하고 있는데, 일반적으로 분수식, 기번식, 자유식 지번 부여 방식으로 구분할 수 있다.

정답 ④

70. 지번을 부여하는 단위 지역으로 가장 옳은 것은?

① 자연부락은 모두 지번 부여지역이다.
② 읍, 면은 모두 지번 부여지역으로 한다.
③ 동, 리 및 이에 준할 만한 지역은 지번 부여지역으로 한다.
④ 자연부락 단위로 한다.

| 해설 |

지번 부여지역은 지번을 부여하는 단위지역으로서 동·리 또는 이에 준하는 지역을 말하는데 행정의 편의상 구획한 행정적인 동·리가 아니고 법적인 동·리를 의미한다.

정답 ③

71. 토지의 표시사항 중 토지를 특정화시킬 수 있는 가장 단순하고 명확한 토지식별자는?

① 경계 ② 지목 ③ 소유자 ④ 지번

| 해설 |

토지식별자는 영구히 불변하는 필지의 고유번호 또는 필지와 관련된 표준참조 번호라고도 하며 지번을 말한다.

정답 ④

72. 토지에 고유번호를 부여하는 이유 중 옳지 않은 것은?

① 토지의 소재파악을 용이하게 한다.
② 토지의 분류와 색출을 신속 정확하게 한다.
③ 토지의 사용을 효율화한다.
④ 토지의 소재와 지번을 공부에 등록할 경우 코드화하기 위함이다.

| 해설 |

토지를 효율적으로 사용하기 위한 것은 지목의 설정 방식이다.

정답 ③

73. 지목설정에 대한 설명으로 옳지 않은 것은?

① 지목설정은 토지소유자의 신청이 있어야만 한다.
② 지목은 주된 사용 목적 또는 용도에 따라 설정한다.
③ 지목은 하나의 필지에 하나의 지목만을 설정하여야 한다.
④ 지목설정은 행정기관인 지적소관청에서만 할 수 있다.

| 해설 |

지목설정은 토지소유자의 신청과 지적소관청의 직권으로 할 수 있으며, 지목의 구분 및 설정 방법 등에 필요한 사항은 대통령령으로 정한다.

정답 ①

74. **지목의 성격에 대한 설명으로 틀린 것은?**

① 토지의 주된 사용 목적에 따라 토지의 종류를 표시하는 법률상의 명칭이다.
② 용도에 따라 종목을 구분하여 필지 단위로 지적공부에 등록된 것이다.
③ 지목의 명칭을 이용하여 토지의 사용 목적을 판단할 수 있다.
④ 지목은 토지의 사용 목적에 따라 표시하므로 도면에만 기재한다.

| 해설 |
지목은 토지의 사용 목적에 따라 표시하므로 도면 및 대장에 기재한다.

정답 ④

75. **다음 중 지목의 변천에 관한 설명으로 옳은 것은?**

① 2000년의 지목의 수는 28개이었다.
② 토지조사사업 당시 지목의 수는 21개이었다.
③ 최초 지적법이 개정된 후 지목의 수는 24이었다.
④ 지목 수의 증가는 경제발전에 따른 토지이용의 세분화를 반영하는 것이다.

| 해설 |
지목은 토지의 주된 사용 목적에 따라 토지의 종류를 표시하는 것으로 경제발전에 따른 토지이용의 세분화를 반영한다.

정답 ④

76. **지표면의 형태, 지형의 고저, 수륙의 분포상태 등 땅이 생긴 모양에 따라 결정하는 지목은?**

① 토성지목 ② 지형지목
③ 용도지목 ④ 복식지목

| 해설 |
① 토성지목은 토지의 성질, 지질, 토질, 종류에 따라 분류하는 지목이다.
② 지형지목은 표면의 형태, 지형의 고저, 수륙의 분포상태 등 땅이 생긴 모양에 따라 결정하는 지목을 말한다.
③ 용도지목은 토지의 용도, 사용 목적에 따라 분류하는 지목을 말한다.

정답 ②

77. **우리나라 지적제도에서 채택하고 있는 현행 지목설정 기준은?**

① 토성(土性) 지목
② 용도(用途) 지목
③ 지형(地形) 지목
④ 신청(申請) 지목

| 해설 |
우리나라에서 채택하고 있는 지목은 실제로 사용하고 있는 용도에 따라 결정하며 지목은 토지의 주된 용도에 따라 토지의 종류를 구분하여 지적공부에 등록한 것을 말한다.

정답 ②

78. **토지현황에 의한 지목 분류에 해당하지 않는 것은?**

① 지형지목 ② 단식지목
③ 용도지목 ④ 토성지목

| 해설 |
토지현황에 의한 지목 분류는 지형지목, 토성지목, 용도지목으로 구분할 수 있으며 구성내용에 따라 단식지목과 복식지목으로 분류하고 있다.

정답 ②

79. **우리나라 지목의 구분 및 결정 기준은?**

① 토지의 주된 사용 목적 ② 토지의 모양
③ 토양의 성질 ④ 토지의 크기

| 해설 |
지목은 토지의 주된 용도에 따라 토지의 종류를 구분하여 지적공부에 등록하고 우리나라에서는 토지의 주된 용도에 따라 지목을 정하는 용도 지목을 사용하고 있다.

정답 ①

80. **지목의 결정원칙으로 옳은 것은?**

① 1필지에 2지목을 설정할 수 있다.
② 1필지에 2 이상의 지목이 중복될 때에는 해당 필지의 지목은 설정하지 않는다.
③ 지목은 주된 사용 목적과 용도에 따라 정한다.
④ 양어장의 지목은 '지소'이다.

| 해설 |
우리나라에서 지목을 설정하는 방법은 주된 사용목적과 용도에 따라 결정하고 있다.

정답 ③

81. **지목을 설정할 때 토지이용 형태로서 착안해야 할 사항이 아닌 것은?**

① 토지의 주된 사용 목적
② 용도의 경중
③ 일시적, 임시적 토지이용
④ 토지이용계획

| 해설 |
일시적이고 임시적인 토지이용은 지목설정의 고려 사항이 아니다.

정답 ③

82. 철도용지와 하천 지목이 중복되는 토지의 지목설정 방법은?

① 등록 선후의 원칙에 따른다.
② 필지 규모와 면적에 따른다.
③ 경제적 고부가 가치의 용도에 따른다.
④ 소관청 담당자의 주관적 직권으로 결정한다.

| 해설 |
등록선후의 원칙(登錄先後의 原則)은 도로·철도용지·하천·제방·구거·수도용지 등의 지목이 서로 중복되는 때에는 먼저 등록된 토지의 사용 목적에 따라 지목을 결정하는 것을 말한다.

정답 ①

83. 토지대장 및 지적도에 등록한 지번·지목·면적 및 경계의 결정권자는?

① 토지소유자 ② 도지사
③ 지적측량사 ④ 시장·군수

| 해설 |
토지대장 및 지적도에 등록사항인 지번·지목·지적 및 경계의 결정은 시장·군수·구청장이 한다.

정답 ④

84. 토지조사사업 당시의 지목 중 과세지가 아닌 것은?

① 전 ② 답 ③ 하천 ④ 잡종지

| 해설 |
토지조사사업 당시의 지목은 과세지 6종(전, 답, 대, 지소, 임야, 잡종지), 면세지 5종(사사지, 분묘지, 공원지, 철도용지, 수도용지), 비과세지 7종(도로, 하천, 구거, 제방, 성첩, 철도선로, 수도선로)으로 구분하였다.

정답 ③

85. 다음 중 토지조사사업 당시 비과세지에 해당하지 않는 것은?

① 도로 ② 구거 ③ 성첩 ④ 분묘지

| 해설 |
토지조사사업 당시의 비과세지목은 세금을 징수하지 않았던 토지로 도로, 하천, 구거, 제방, 성첩, 철도선로, 수도선로로 구분하였다.

정답 ④

86. 토지조사사업에서 지목은 모두 몇 종류로 구분하였는가?

① 18종 ② 21종 ③ 24종 ④ 28종

| 해설 |
토지조사법 제3조 토지의 지목은(전, 답, 대, 지소, 임야, 잡종지, 사사지, 분묘지, 공원지, 철도용지, 수도용지, 도로, 하천, 구거, 제방, 성첩, 철도선로, 수도선로) 18종류이다.

정답 ①

87. 토지조사사업 당시 지번의 설정을 생략한 지목은?

① 성첩 ② 임야 ③ 지소 ④ 잡종지

| 해설 |
토지조사령(1912.8.13.) 제2호에 의거 도로, 구거, 하천, 제방, 성첩, 철도선로, 수도선로는 지번을 붙이지 아니하고 생략하였다.

정답 ①

88. 토지조사사업 당시 일부 지목에 대하여 지번을 부여하지 않았던 이유로 옳은 것은?

① 소유자 확인 불명 ② 과세적 가치의 희소
③ 경제선의 구분 곤란 ④ 측량조사작업의 어려움

| 해설 |
토지조사사업 당시 일부 지목에 대하여 지번을 부여하지 않았던 이유는 과세적 가치의 희소성 때문이다.

정답 ②

89. 토지조사사업 당시 도로, 하천, 구거, 제방, 성첩, 철도선로, 수도선로를 조사대상에서 제외한 주된 이유는?

① 측량작업의 난이 ② 소유자의 확인 불명
③ 경계선 구분 불가능 ④ 경제적 가치의 희소

| 해설 |
토지조사사업 당시 비과세지목은 사사지, 분묘지, 공원지, 철도용지, 수도용지, 도로, 하천, 구거, 제방, 성첩, 철도선로, 수도선로 등으로 세금을 징수하지 않았던 토지로 경제적 가치가 없는 지목이다.

정답 ④

90. 토지조사사업 당시 임야를 개간하여 전으로 하였을 경우로 맞는 것은?

① 지목변환 ② 비과세 지목변환
③ 과세지성 ④ 비과세지성

| 해설 |
임야는 비과세지성에 해당하지만, 전으로 지목변경이 되면 과세지성으로 변한다.

정답 ③

91. 지목 '임야'의 명칭이 변천된 과정으로 옳은 것은?

① 산림산야－삼림임야－임야
② 산림임야－산림산야－임야
③ 삼림산야－산림임야－임야
④ 산림임야－삼림산야－임야

| 해설 |
1907년 이전에는 무주공산이라 하였으며 1907년부터는 산림임야, 1908년 삼림 산야, 1910년 토지조사사업 당시부터 임야라는 명칭을 사용하였다.

정답 ④

92. 토지조사사업에서 지목을 설정할 때 소유자 조사를 시행한 것은?

① 구거 ② 성첩 ③ 지소 ④ 철도선로

| 해설 |

토지조사사업에서 과세지는 전, 답, 대, 지소, 임야, 잡종지로 이들은 지목을 설정할 때 소유자조사를 시행하였다.

정답 ③

93. 토지조사사업 당시 간주지적도에 등록된 지목이 아닌 것은?

① 전 ② 유지 ③ 답 ④ 대

| 해설 |

토지조사사업 당시 간주지적도에 등록된 지목은 전, 답, 대이다.

정답 ②

94. 다음 지목 중 잡종지에서 분리된 지목에 해당하는 것은?

① 지소 ② 유지 ③ 염전 ④ 공원

| 해설 |

제정 지적법에서 잡종지를 염전과 광천지로 분리하였다.

정답 ③

95. 초기에 부여된 지목 명칭의 변경을 잘못 연결한 것은?

① 공원지 → 공원
② 사사지 → 사적지
③ 분묘지 → 묘지
④ 운동장 → 체육용지

| 해설 |

문화재로 지정된 역사적인 유적·고적·기념물 등을 보존하기 위하여 구획된 토지는 "사적지"로 한다.

정답 ②

96. 현행 지목 중 차문자(次文字) 표기를 따르지 않는 것은?

① 주차장 ② 유원지 ③ 공장용지 ④ 종교용지

| 해설 |

지목의 두 번째 문자를 도면에 부호로 표기하는 지목은 공장용지(장), 주차장(차), 하천(천), 유원지(원)이다.

정답 ④

97. 고구려의 토지면적 측정에 관한 설명으로 틀린 것은?

① 토지의 면적 단위는 경무법을 사용하였다.
② 면적의 단위로 '정, 단, 무, 보'를 사용하였다.
③ 구고장은 측량에 따른 계산에 관한 문제를 다루었다.
④ 방전장은 주로 논이나 밭의 넓이를 계산하였다.

| 해설 |

임야조사사업 당시 임야대장 상의 등록단위인 척관법에서 정, 단, 무, 보를 사용하였다.

정답 ②

98. 고구려에서 토지면적 단위체계로 사용된 것은?

① 경무법 ② 두락법 ③ 결부법 ④ 수등이척법

| 해설 |

고구려는 지적에 관련된 행정조직으로 중앙에 주부(主簿)라는 직책을 두어 전부(田簿)에 관한 사항을 관장하게 하고 토지측량 단위로 경무법을 사용하였다.

정답 ①

99. 조선시대 결부제에 의한 면적 단위에 대하여 잘못 설명한 것은?

① 1결은 100부이다.
② 1부는 1,000파이다.
③ 1속은 10파이다.
④ 1파는 1줌에서 유래한다.

| 해설 |

결부법, 결복법 등으로 불리는 결은 본래 토지의 수확량을 의미하였으나 토지의 면적으로도 사용되었다. 1줌(1尺제곱)을 1파(把), 10파를 1속(束), 10속을 1부(負), 100부를 1결(結)이라 하였다. 따라서 1부는 100파이다.

정답 ②

100. 다음 중 수등이척제(隨等異尺制)의 설명이 옳은 것은?

① 토지의 등급이 높을수록 양척의 길이가 길어진다.
② 토지의 등급과 양척의 길이는 상관이 없다.
③ 토지의 등급과 관계없이 양척의 길이는 일정하다.
④ 토지의 등급이 낮을수록 양척의 길이가 길어진다.

| 해설 |

수등이척제(隨等異尺制)는 상등전(上等田)의 척도는 농부수(農夫手) 의 20지(指), 중등전(中等田)은 농부수의 25지(指), 하등전(下等田)은 30지(指)로 등급에 따라 타량하였다.

정답 ④

101. 토지의 표시사항 중 면적을 결정하기 위하여 먼저 결정되어야 할 사항은?

① 토지 소재 ② 지번 ③ 지목 ④ 경계

| 해설 |

면적을 결정하기 위해서는 지적공부에 등록하는 토지의 법률적인 단위 구역으로서 측량을 통한 경계가 먼저 결정되어야 한다.

정답 ④

102. 토지조사사업 당시 면적이 10평 이하인 협소한 토지의 면적측정 방법으로 옳은 것은?

① 푸라니미터법
② 계적기법
③ 전자면적측정기법
④ 삼사법

| 해설 |

토지조사사업 당시 면적산정은 푸라니미터와 계적기를 사용하는 것을 원칙으로 하고 협소한 면적의 토지는 삼사법을 선택하였으며 10평 이하로 면적이 협소한 것은 모두 삼사법으로 면적을 측정하였다.

정답 ④

103. 1평의 크기에 대한 설명으로 맞는 것은?

① 1변의 길이 1m의 정사각형(정방형)의 면적
② 1변의 길이 1간(間)의 정사각형의 면적
③ 1변의 길이 1척(尺)의 정사각형의 면적
④ 1변의 길이 0.1간(間)의 정사각형의 면적

| 해설 |

1평의 크기는 1변의 길이가 1간(間)인 정사각형의 면적이다.

정답 ②

104. 척관법에 따라 등록된 면적 단위인 평(坪)을 제곱미터(m^2)로 환산하는 공식으로 맞는 것은?

① 평$\times\frac{400}{121}$ ② 평$\times\frac{121}{400}$ ③ 평$+\frac{121}{400}$ ④ 평$+\frac{400}{121}$

| 해설 |

척관법을 제곱미터법으로 면적 환산 방법은 $m^2=\frac{400}{121}\times$평, 평 $=\frac{121}{400}\times m^2$이다.

정답 ①

105. 지적(地積) 1단(段)을 평으로 환산하였을 경우로 맞는 것은?

① 3평 ② 30평 ③ 300평 ④ 3,000평

| 해설 |

1보=1평, 30보=1묘, 10묘=1단, 10단=1정이며, 1정=3000평, 1단=300평, 1묘=30평, 1보=1평이다.

정답 ③

106. 임야조사사업 당시 임야대장에 등록된 정(町), 단(段), 무(畝), 보(步)의 면적을 평으로 환산한 것으로 값이 틀린 것은?

① 1정(町)=3,000평 ② 1단(段)=300평
③ 1무(畝)=30평 ④ 1보(步=3평

| 해설 |

임야조사사업 당시 임야대장에 등록된 면적은 1정(町)=3,000평, 1단(段)=300평, 1무(畝)=30평, 1보(步)=1평(坪)으로 등록하였다.

정답 ④

107. 1975년 지적법 제2차 전면개정 이전에 임야대장에 등록하는 면적의 최소단위는?

① 1홉(合) ② 1단(段) ③ 1무(畝) ④ 1보(步)

| 해설 |

제정 지적법 제26조3항 토지의 면적은 보(步)위를 존치하여 홉(合)위 이하는 절사하고 면적의 1보(步) 미만인 때에는 1보(步)로 한다.

정답 ④

108. 축척 1/1,200 지적도 1도곽의 면적은 축척 1/600 지적도 몇 도곽의 면적과 동일한가?

① 1도곽 ② 2도곽 ③ 3도곽 ④ 4도곽

| 해설 |

가로가 2배, 세로가 2배로 4배가 된다.

정답 ④

109. 지적공부에 등록하는 면적에 관한 내용으로 틀린 것은?

① 국가만이 결정한다.
② 1제곱미터 단위로만 등록한다.
③ 계산은 오사오입법에 의한다.
④ 지적측량에 의하여 결정한다.

| 해설 |

지적도의 축척이 600분의 1인 지역과 경계점좌표등록부에 등록하는 지역의 토지면적은 1필지의 면적이 0.1제곱미터 미만일 때에는 0.1제곱미터로 한다.

정답 ②

110. 고려의 토지 소유제도에 해당하지 않는 것은?

① 과전 ② 정전 ③ 공해전 ④ 공음전

| 해설 |

과전은 고려의 관료에게 지급하는 토지이며 공음전은 공훈자에게 지급한 토지이고, 공해전은 각 관청에 지급한 토지이며 사원전은 각 사원에 지급한 토지이다.

정답 ②

111. 징발된 토지의 소유권은 누구에게 있는가?

① 국가 ② 국방부 ③ 지방자치단체 ④ 토지소유자

| 해설 |

징발된 토지의 소유자는 매매 및 증여 등 별도의 서류상 조치가 없는 한 소유자는 그대로이다.

정답 ④

112. 우리나라에서의 토지소유권에 대한 설명으로 가장 적합한 것은?

① 절대적이다.
② 무제한 사용, 수익할 수 있다.
③ 존속기간이 있다.
④ 법률의 범위 내에서 사용, 수익, 처분할 수 있다.

| 해설 |

소유자란 토지를 소유할 수 있는 권리의 주체를 말하며 법적으로 당해 토지를 자유로이 사용, 수익, 처분할 수 있는 권리와 소유권 이외의 권리를 갖는 자를 말한다.

정답 ④

CHAPTER
05 토지등록 장부

5.1. 토지등록 대장

5.1.1. 신라 장적문서

① 신라장적은 촌락 단위의 토지관리를 위한 장부로서 조세의 징수와 요역(□役; 노동)징발을 위한 기초자료로 활용하기 위한 문서이다.

② 755년경 서소원경(西小原京; 현, 청주)부근의 4개 촌락(村落)을 대상으로 작성된 것이다.

③ 거리의 단위는 보(步), 면적의 단위는 결부법(結負法)에 의한 면적과 수확량을 동시에 표시한 계량법을 사용하고 국가 세금징수를 목적으로 작성된 장부이다.

④ 토지대장의 성격을 가지고 있는 현존하는 가장 오래된 문서이다.

⑤ 문서에 기재된 내용

- 촌명(村名) 및 촌락(村落)의 영역(領域)
- 토지의 지목 : 전(田), 답(沓), 마전(麻田)
- 전답(田畓)의 면적 : 결(結)·부(負)·속(束)
- 촌락의 호구수(戶口數)·우(牛)·마(馬) 등의 가축수
- 상자목(桑子木; 뽕나무), 백자목(柏子木; 잣나무), 추자목(秋子木; 호두나무) 등의 수량 기재

5.1.2. 고려의 양안

① 956년에는 양전사 전수창부경 예언, 하전 봉휴, 산사 천달 등이 토지의 측량에 참여하였으며, 도행을 사용하여 작(作)이라고 하는 장부를 만들었다.

② 기록상으로는 송량경이 우리나라 최초의 토지조사 측량자이다.

③ 고려시대 양안의 명칭은 도전장(都田帳), 양전도장(量田都帳), 양전장적(量田帳籍), 도전정(導田丁), 도행(導行), 전적(田積), 적(籍), 전부(田簿), 안(案), 원적(元籍) 등이다.

④ 고려시대에 사용된 토지 등록부인 도행장은 타량성책의 초안 또는 각 관아에 비치된 결세대장이다.

5.1.3. 문기

(1) 문기의 종류

① 문기의 종류는 토지매매문기, 매려(買□)특약 문기, 패지(牌旨), 증여문기, 전세문기, 국유지사매문기(國有地私賣文記), 불망기(不忘記), 배탈문기(背□文記), 전당문기, 도지권(賭地權)에 관한 문기와 소작권에 관한 문기 등 11종류로 구분할 수 있으며 궁방(宮房) 제출 건은 전답매매문기, 도장(導掌)제출 건은 도장권매매문기가 많았다.

② 매려약관부 문기는 매도한 주인이 다시 매수할 경우 기간을 정하여 기간 내 또는 그 기간 만료 때까지의 기간으로 기간이 정해지지 않는 것은 매도인이 그 부동산을 다시 매수할 수 있는 금전상의 여유가 생길

때까지 기다린다는 의미를 기재한 것으로 언제라도 본래의 가격을 반환하고 문기를 되돌려 받을 수 있다.

③ 패지(牌旨)는 중류층 이상의 상당한 지위에 있는 자가 본인의 이름으로 부동산매도 행위를 하는 것을 싫어하여 노비의 이름을 빌려 부동산 처분을 하기 위하여 작성한 문서이다.

④ 화회문기(和會文記)는 가장(家長)이 은퇴 또는 사망으로 소유재산을 자손 또는 친족에게 증여하고자 할 때 증인 입회하에서 작성되는 증여문기를 말한다.

⑤ 전세(傳貰)문기는 임대차의 일종으로 경성 내의 가옥에 한하여 실시되는 관습으로 가옥의 소유주는 대차 때 차주(借主 ; 세입자)로부터 일정한 금액을 받고 일정한 기간 동안 그 가옥을 차주의 거주에 제공하며 가옥의 명도와 함께 그 금액을 차주에게 환부(還付)하는 것이다.

⑥ 불망기(不忘記)는 구문기가 없는 부동산을 매도하는 경우에 매도주가 구문기가 없는 사유를 증명하기 위해 작성한 문서로 신문기에 첨부하여 매수인에게 교부하는 것이다.

⑦ 배탈(背頉)문기는 이면(裏面)에 기록한 문기를 말하며 구문기 중에 기재된 토지 일부를 매도·교환 또는 증여한 문기 중 그 매도부분에 해당하는 기사를 말소한 후 그 이면에 그 사유를 기재하고 잔여토지의 증거문기로 매도자가 보존하는 것이다.

⑧ 전당문기(典當文記)는 금전을 차용할 경우에 채무자가 본인 또는 타인의 소유 부동산을 채권자에게 저당(抵當)할 경우에 토지의 매매와 전당(典當)이 이루어질 때마다 작성된 문서로 문기를 첨부한 차용증서를 말하며 저당수표(典當手票)라고도 한다.

⑨ 소작권에 관한 문기는 대부분 소작 계약을 구두로 행하지만, 특별히 서면으로 계약하는 자가 없지 않다.

(2) 문기의 작성

① 매수인, 매도인 쌍방의 합의 외에 대가의 수수목적물의 인도 시에 서면으로 계약서를 작성한다.

② 문기의 작성은 당사자와 증인 그리고 집필인(執筆人)이 작성한다.

③ 구두계약일 경우에도 후에 문기를 작성한다.

④ 구문기(舊文記)를 분실, 오손(汚損)한 경우에는 그 사실을 증명하는 관의 입안, 또는 입지(立志)를 성급(成給) 받아서 문기를 작성한다.

⑤ 구문기가 없는 토지를 매매할 때는 그 사유를 갖추어 해당 관청에 신청하여 입지 또는 입안의 발급을 받은 자가 없지 않지만, 일반적으로 신문기에 그 사유를 기재하였다.

(3) 매매 문기의 내용

① 매매 연월일, 매수인, 매매의 이유

② 매매대상 전답의 소재지, 결부수·두락수, 도장권(導掌權) 등

③ 증빙문기, 사표

④ 매매대금의 수취 여부, 담보문헌(擔保文獻)

⑤ 전답주·재주(財主)·증인·필집인(筆執人) 성명을 기재

(4) 백문매매

① 백문매매(白文賣買)는 관청에서 허가한 입안을 받지 않은 토지의 매매계약서로 부동산을 사사로이 매매하는 관인이 찍히지 않은 문서를 말한다.

② 백문매매는 매매계약의 성립 요건이며 매매 사실의 사적 공시 수단임과 동시에 증명 수단으로 볼 수 있다.
③ 문기는 입안을 청구할 경우는 물론 소송에서도 유일한 증거로 제출되었다.

5.1.4. 입안

① 입안(立案)은 오늘날의 등기권리증과 같은 것으로 토지매매를 증명하는 제도이며 지적에서 소유자를 확인할 수 있는 명의변경 절차라 할 수 있다.
② 입안이란 매매계약이 성립하고 소유권이 이전되면 매수인이 매매문기나 구문기 등을 첨부하여 입안청구의 소지(所志, 소송의 형식)를 매도인의 소재관(所在官)에게 제출하는 것으로 토지매매 후에 하는 명의변경 절차이다.
③ 경국대전(經國大典) 권2의 호전(戶典) 매매한(賣買限)에는 토지와 가옥의 매매는 15일을 기한으로 하되 100일 이내에 관청에 보고하고 입안을 받도록 의무사항으로 규정하고 있다.
④ 매수한 자는 100일 안에 그 매매 사실을 관에 신청해서 입안을 받는 것으로 하고 그 입안 용지는 신청자가 제출해야 한다.
⑤ 입안을 받지 않으면 그 토지를 몰관(沒官; 재산을 빼앗아감)하였다.
⑥ 매도인과 매수인 사이의 계약이 성립되면 구문기와 매매문기를 매도인의 소재관에게 제출하여야 한다.
⑦ 입안은 자율적으로 작성하는 것보다는 소지(所志)의 신청이 한성부인 경우에는 당하관(堂下官; 당상관 이하의 모든 직책을 일컫는 직책), 판관(判官; 현 서기관), 서윤(庶尹)이 화압(花押)하고 당상관(현 관리관) 중 1인이 화압(花押)[7]한다.

5.1.5. 가계와 지계

(1) 가계

① 토지가옥 증명규칙에는 토지가옥을 매매, 증여, 교환 시 그 계약서에 발급 건수, 동장의 인증을 거친 후 군수 또는 부윤의 증명을 받을 수 있다
② 가옥의 신축·매매·상속·전당의 경우에는 구문권을 첨부해서 관할 관청에 신청하면 신계를 발급하거나 구권에 배서(背書)해서 발급하였다.
③ 1906년 가계발급규칙을 제정하여 경성·개성·인천·수원·평양·대구·전주 등에서 시행하였다.
④ 토지가옥증명 대장에 기재하여 중요시함으로써 실질적심사주의를 채택하였다.
⑤ 가옥의 소유에 대한 관의 인증이었으므로 매매 등으로 가옥을 양도할 때 발급되었다.
⑥ 가계는 건물의 소유권을 증명하는 관문서로써 가옥의 매매, 전세, 전당 등의 경우에 당사자로부터 해당 관청에 신청하여 그 취지를 등록함으로 제삼자에게 대항할 수 있는 효력을 갖는다.

(2) 지계

① 조선시대에 말기에는 부동산거래질서가 문란하여 소유권 이전을 국가가 통제할 수 있는 입안을 대체할 수 있는 지계 제도를 채택하였다.

7) 각종 문서에 본인의 직책과 성명 뒤에 본인을 확인하는 문자 모양의 표식(標識)으로 서명(sign)

② 지계는 전답의 소유에 대한 관의 인증으로 본질에서 입안과 같은 것으로 충남, 강원도 일부에서 시행되었으며 백성들의 인식 부족으로 중지되었다.
③ 전질(典質)할 경우 인허가를 받아야 하며 전답 소유자는 반드시 관계를 소유하여야 한다.
④ 지계 발급은 양안을 토대로 관에서 지계를 마련한 후 일정한 기간 내에 구권과 교환해 주었다.
⑤ 발급 대상은 전답, 산림, 천택(하천과 연못), 가사의 소유권자는 반드시 관계를 발급받도록 의무사항으로 정하였다.
⑥ 외국인은 규정된 지역 이외에서 산림, 토지, 전, 답, 가사의 소유주가 될 수 없도록 하였다.

5.1.6. 관계

① 1901년 지계아문을 설치하고 강원도, 충청남도, 경기도 일부에서 지계감리를 두어 "대한제국전답관계"라는 지계를 발급하였으며 전답의 소유주가 매매, 양여한 경우 관계를 받아야 했다.
② 토지측량과 관계의 발급기관은 지계아문으로 정립되었다.
③ 관계의 발행은 매매 또는 양도 시에 해당하며 전질(典質)의 경우에도 관의 허가를 받도록 하였다.
④ 관계는 부동산의 국가 관리라는 측면을 강조하여 계권(契券) 발급대상을 전체 부동산에 확대하면서 계권(契券)도 관계라는 명칭을 부여하였다.
⑤ 관계는 3편으로 작성하여 제1편은 본아문, 제2편은 소유자, 제3편은 지방관청에 보존하였다.
⑥ 토지의 소유자가 변경될 때는 새로운 관계로 바꾸고 전답을 담보에 제공하고자 할 때는 관청의 인허가가 있어야 한다.
⑦ 종래의 토지소유권을 그대로 인정하되 기주(起主), 진주(陳主), 시주(施主) 등의 토지소유자에게만 발행하였다.
⑧ 관계 발급의 3단계
- 제1단계는 토지소유자가 누구인가를 조사하는 양전사업의 과정이다.
- 제2단계는 양전 당시 양안에 게재된 소유자가 현실의 실소유자와 일치하는가를 확인하는 사정의 과정이다.
- 제3단계는 사정(査定)의 내용에 기초해서 관계(官契)를 발급하는 과정이다.

5.1.7. 양안

양안(量案)은 양전에 의해 작성된 토지대장으로서 전세(田稅) 징수의 기본 장부이며 토지의 이동에 따라 정리되지는 않았으나 토지의 성격 및 연혁 등을 알 수 있는 중요한 장부의 역할을 하였다. 양안은 토지를 측량하여 등록하는 공부로써 오늘날의 토지대장을 의미이다.

(1) 양안의 종류

① 양안은 지역과 시대, 사용처 및 보관기관에 따라 양안·양안등서책·전안(田案)·전답안·성책(成冊)·양명등서차·전답결대장·전답결타량정안·전답타량책·전답타량안·전답결정안·전답양안·전답행심·양전도행장 등 다양하다.
② 작성 시기에 따라 신·구양안으로 구분하고 국왕이 열람하면 어람(御覽)양안이라고 하였다.
③ 군현단위에 따라 군(郡)양안·목(牧)양안·면(面)양안·리(里)양안 등이 있다.

(2) 작성 근거 및 내용

① 경국대전에는 20년마다 한번씩 양전을 실시하도록 규정하였으나 실제는 규정대로 시행되지 못하고 수십 년 내지 백여년이 지난 뒤에야 다시 양전을 실시할 수 있게 되었다.

② 경국대전 양전조에 양안의 소재지, 지번, 토지 등급, 지목, 면적, 토지형태, 사표, 소유자 등 모든 토지에 대한 사항을 기록하여 3부를 작성하여 호조·본도·본읍에 각각 비치하도록 하였다.

③ 기재내용은 자호(字號), 지번(枝番), 양전방향, 토지 등급, 지형, 장광척(長廣尺), 결부수, 사표(四標), 진기(陳起), 주(主) 등이 표시되어 있다.

(3) 작성방법

① 야초책 양안은 1필지마다 토지측량을 행한 결과를 최초로 기록하는 장부이며, 각 면 단위로 실제로 측량해서 작성하는 가장 기초적인 장부이다.

② 중초책 양안은 야초책 작업이 끝난 후 만든 양안의 초안이며, 야초책을 면의 순서에 따라 자호(字號)와 지번(枝番)을 부여하였다. 면적과 결부, 시주와 시작의 기재 정확성 여부, 사표와 시주(詩主)의 일치 여부 등을 중점적으로 확인하면서 작성한 장부이다.

③ 정서책 양안은 중초책(中草冊)을 만든 양안의 최종 성과이며, 양지아문에서 취급하여 기재형식을 통일하여 완성하였다.

(4) 깃기

① 깃기(衿記)는 조선시대 때에는 면 단위로 작성된 세금징수 대장으로 지조명기장 또는 잡부라고도 하였다.

② 지방 향리층이 작성하였고 국가의 공부라고 할 수는 없으나 실제 지조 징수의 기초 대장으로 사용되었다.

③ 깃기는 세금을 거두기 위하여 이서층이 별도의 기준과 기재방식에 따라 만든 장부였다.

5.1.8. 지세명기장

① 지세명기장은 이동정리가 완료된 토지대장 중에서 민유과세지에 대해서만 면마다 각 지번에다 소유자별로 연기하여 합계하는 것이다.

② 과세지에 대한 인적 편성주의에 따라 작성된 성명별 목록부라고 할 수 있다.

③ 면별로 작성하였는데, 납세자별로 납세자의 주소와 성명을 기재하고, 그가 납부할 토지의 동·리명, 지번, 지목, 지적(地積), 지가, 결수 및 납기별 세액을 기록한 것이다.

④ 지세명기장을 기재하는 순서는 소유자 이름자의 첫글자를 50음순으로 하여 인별구좌의 상부란외에 번호를 기재한 다음 약 200매를 1책으로 하였다.

⑤ 시가지세의 시가지 지세명기장에는 결수나 결가를 기록하지 않았으며, 부과를 위해 부면(府面)에는 시가지 지세명기장을 비치하도록 하였다.

5.1.9. 결수연명부

① 결수연명부는 개별납세자와 납세액을 국가가 직접 파악하기 위해 개별납세자를 대상으로 조사하여 작성한 징세 대장이다.

② 부·군 및 면에는 결수연명부를 비치하고 내용은 토지소재지, 자번호, 지목, 두락수, 결수, 납세자의 주

소, 성명, 지주의 주소, 성명 등을 납세자별로 기재한 결수신고서를 동리별로 동리장이 작성하여 면에 제출하였다.

③ 토지소유자의 신고에 의해 토지소유자별로 그의 소유 필지의 납세액을 기록한 장부로 결부제에 기초한 장부였다.

④ 결수연명부는 과세지견취도를 기초로 하여 토지신고서가 작성되고 마지막으로 토지대장이 만들어졌다.

5.1.10. 토지조사부

① 토지조사부는 토지에 대한 소유권의 사정원부가 된 것으로 지목별로 지적(地積)과 필수를 집계하고 국유지와 민유지를 구분하여 합계한 것을 기재하였다.

② 토지조사부에 의하여 토지소유자와 그 강계를 확정하는 사정으로 토지분쟁을 해결하여 지적제도를 확립하였다.

③ 토지신고서와 토지대장의 지목이 불일치한 경우에는 토지대장의 지목을 우선으로 하였다.

④ 토지조사부는 토지조사사업이 완료되어 토지대장을 작성함으로써 그 기능은 상실되었다.

5.1.11. 산토지대장

① 임야도를 지적도로 간주하는 것을 간주지적도라 하였으며, 간주지적도에 등록하는 토지에 관한 대장은 별도로 작성하여 별책 토지대장, 을호 토지대장, 산 토지대장이라 하였다.

② 산 토지대장에 등록하는 면적의 단위는 30평(99m^2) 단위로 등록하였다.

③ 산 토지대장은 1975년 토지대장 카드화 작업으로 제곱미터(m^2) 단위로 환산하여 등록하면서 일반 토지대장으로 교체하였으며 현재는 보관만 하고 있다.

5.1.12. 토지대장의 편성

① 토지대장의 편성은 물적 편성주의, 인적 편성주의, 연대적 편성주의와 물적, 인적인 관계를 혼용하여 사용하는 방법이 있다.

② 물적 편성주의는 토지를 중심으로 등록부를 편성하는 것으로 1토지에 1등기용지를 두는 경우로 우리나라 지적에서 사용하고 있다.

③ 인적 편성주의는 토지소유자를 중심으로 해서 편성하는 것으로 토지대장이나 등기부를 소유자별로 작성한 방식이다.

④ 연대적 편성주의는 당사자 신청의 시간적 순서에 따라서 순차로 기록해 가는 것으로 프랑스, 미국에서 아직도 사용되는 리코딩시스템(Recording System)이 이에 속한다.

⑤ 물적·인적 편성주의는 토지의 등록에 있어서 물적 편성주의를 기본으로 하여 운영하되 인적 편성주의 요소를 가미한 것이다.

5.1.13. 토지대장의 형식

① 토지대장의 형식은 장부식 대장, 편철식 대장, 편철식 바인더, 카드식 대장 등 4가지의 형식으로 구분할 수 있다.

② 장부식 대장은 열람이나 이동정리시 취급하기가 불편하고 말소된 필지를 제거 또는 새로운 페이지를 추

가할 수도 없었으며, 연대적 편성주의를 채택하는 경우이다.

③ 부책식 대장은 우리나라 구 토지대장과 같이 최초의 사정 필지를 기준으로 하여 200필지를 한 책으로 편철하였다.

④ 카드식 대장은 장부식 대장이나 편철식 대장을 보완한 것으로 스위스에서는 카드 속에 얇은 플라스틱 합성수지 제품을 넣어 탄력을 좋게 하고 기록 시 편리하게 되어있다.

⑤ 편철식 바인더는 토지대장을 카드화할 경우 분실 또는 다른 카드와 혼합되는 것을 방지하기 위한 카드식 대장을 보완한 것으로 대장을 이용하기가 쉽고 관리하기가 편리하다.

5.2. 토지등록도면

5.2.1. 삼국시대

① 고구려는 토지를 측량하여 오늘날 지적도의 성격을 가진 도면으로 전 국토를 조사 수록한 봉역도와 1953년 평안남도 순천군(順天郡)에서 발견한 벽서고분(壁書古墳)인 요동성총도가 삼국사기에 기록되어 있다.

② 요동성총도

- 고분벽화에는 요동성의 지형, 성시(城市)의 구조와 시설, 도로, 성벽과 그 시설, 건축물, 산, 하천, 도로 등이 그려져 있다.
- 적·청·보라·백색 등의 색상을 사용한 우리나라에서 실존한 가장 오래된 도시 평면도로서 회화적으로 표현하였다.

③ 백제의 지적도는 삼국유사에 "도적(圖籍)"으로 지도와 문적을 의미하며 지도를 수반한 대장을 기록한 것이다.

5.2.2. 대한제국

(1) 민유산야약도

① 우리나라 최초로 임야측량이 실시되었다는 점에서 중요한 의미가 있다.

② 민유임야측량은 조직과 계획 없이 개인별로 시행되었고 일정한 수수료도 없었다.

③ 대한제국은 1908년 1월 21일 삼림법 제19조의 규정으로 면적과 약도를 첨부하여 농공상부대신에게 기간 내에 제출하지 않으면 국유지로 처리함을 명시하고 있다.

④ 측량연도는 일반적으로 융희(隆熙)를 기재하였고, 1910년과 1911년은 명치(明治)연호를 사용했으며 민유산야약도의 경우에는 지번을 기재하지 않았다.

⑤ 민유산야(임야)도면에 기재된 내용은 임야의 소재·면적·소유자·축척·사표·측량연월일·방위·측량자 성명과 날인되었으며 범례와 등고선이 그려져 있고 채색되어 있다.

⑥ 축척은 1/200, 1/300, 1/600, 1/1000, 1/1200, 1/2400, 1/3000, 1/6000 등 8종이 있었으나 일정한 기준이 있는 것은 아니었고 측량자가 임야의 크기에 따라 축척을 정하였다.

(2) 기타

① 율림기지원도(栗林基地原圖)는 밤나무 숲을 측량한 지적도로 탁지부 임시재산정리국 측량과에서 1908년도에 세부측량을 실시한 측량원도이다.

② 산록도(山麓圖)는 구한말 동(洞)의 뒷산을 실측한 지도로 1908년(융희2년) 3월에서 6월까지 토지조사국 정리국 측량과에서 제작한 도면으로 규장각에 보존되어 있다.

③ 대경성정도(大京城精圖)는 서울시 주요건물의 건물배치 및 위치가 표시된 가치 있는 지번도로 1936년에 작성되었다.

④ 궁채전도(宮菜田圖)는 내수사(內需司) 등 7궁 소속의 토지 가운데 채소밭을 실측한 지도로 사표식으로 주기되고 지목과 지번은 기재되어 있지 않으며 면적은 삼사법으로 구적하였다.

⑤ 전원도(田原圖)는 농경지만을 나타낸 지적도로 등록된 내용에는 우물을 나타낸 정(井)자와 필지 소유자의 이름이 지목과 함께 주기되어 있다.

5.2.3. 지적도면

① 조선토지조사사업이 시작된 1년 뒤인 1911년 3월부터 지적도의 작성이 최초로 시작되었다.

② 지적도면은 지적도와 임야도로 구분하고 있으며, 토지에 대한 지번, 위치, 경계, 소유권의 범위와 그 이용을 보장할 수 있는 가장 기본적인 기능을 가지고 있다.

③ 지적도면 등록사항은 색인도, 도면의 제명 및 축척, 도곽선 및 도곽선 수치, 지적측량기준점, 소관청의 직인을 날인하여야 한다.

(1) 초기의 지적도

① 지적도 도곽 내의 산림에는 등고선을 표시하여 구별이 용이하도록 하였다.

② 당시 제작된 지적도면에 필지의 경계를 결정하고 있다.

③ 임시토지조사국에서 조제하여 부·군·도(島)에 인계한 것으로 등록된 것은 토지지역 내의 것이며 산림지대의 토지는 등록되지 않았다.

④ 토지분할의 경우에는 지적도 정리시 신강계선을 양홍선으로 정리하였으나 그 후에는 흑색으로 변경하였다.

⑤ 지적도에는 토지경계와 지번, 지목이 등록되었다.

⑥ 조사지역 외의 토지에 대한 물건의 부호는 활자로서 산(山)·해(海)·호(湖)·도(道)·천(川)·구(構) 등으로 표기하였다.

(2) 간주지적도

① 지적도는 임시토지조사국에서 전국토를 대상으로 하였지만 산림지대의 토지는 등록되지 않았다.

② 산림지대에도 지목이 전·답·대 등으로 지적도에 등록할 토지가 생긴 경우 새로이 측량하여 지적도에 등록하고자 하였다.

③ 기존의 지적도에는 등록이 불가능하여 임야도에 등록된 상태로 두고 지목만 수정하여 임야도를 지적도로 간주하는 것을 간주지적도(看做地籍圖)라고 하였다.

④ 200간 이내의 과세지성(課稅地成) 토지가 다른 원인으로 이미 지적도에 등록된 경우에는 그 등록된 토지로부터 약 200간 이내는 지적도 등록지역으로 편입하고, 그 밖의 지역을 간주지적도 지역으로 하였다.

⑤ 간주지적도는 임야도의 축척인 1/3,000, 1/6,000으로 측량하여 임야도에 전·답·대지 등을 등록하였다.

⑥ 간주지적도에 등록한 토지대장은 일반적인 토지대장과는 별도로 작성하여 이를 산 토지대장(山土地臺帳), 별책 토지대장(別冊土地臺帳), 을호 토지대장(乙號土地臺帳) 이라 하였다.

(3) 임야도

① 토지조사사업 당시 등록하지 않은 임야를 대상으로 조선임야조사령을 공포하여 전국의 임야를 조사하였다.

② 임야조사사업 기간은 1916년부터 1924년까지 실시하였으며 1918년 5월 1일 제정된 조선임야조사령에 의하여 임야도 작성 및 등록사항을 공식화하였다.

③ 임야도의 크기는 남북이 1척3촌2리(40cm), 동서가 1척6촌5리(50cm)이며, 등록사항은 임야경계와 토지소재·지번·지목이며, 지적도 시행지역은 담홍색으로 채색하고 하천은 청색, 임야 내의 미등록 도로는 양홍색으로 묘화하였다.

④ 토지조사사업 당시의 지적도 또는 측량원도를 기초로 하여 축도기기를 이용하여 일정한 도지(圖紙)에 1/3,000 또는 1/6,000로 축도하여 임야도를 작성하였다.

⑤ 임야도의 작성은 토지의 위치와 용도 등에 의한 정밀도가 높은 시가지 지역은 축척을 1/3,000으로 하고 정밀도가 낮아도 되는 지역은 1/6,000으로 하였지만, 우리나라 대부분의 임야도는 1/6,000으로 작성되었다.

⑥ 임야도의 지번은 산(山)자를 붙이고 지번을 부여하였으며 면적 계산은 계적기로 3회 반복 측정하여 평균값을 선택하는 방법과 5무보(五畝步) 미만의 토지는 삼사법으로 계산하였다.

(4) 간주임야도

① 간주임야도의 시행지역은 지리적 위치 및 형상이 고산지대로 조사측량이 곤란하거나 정확도와 관계없는 대단위의 광대한 국유임야지역은 임야도를 작성하지 않고 1/50,000 또는 1/25,000 지형도에 임야경계선을 조사, 등록하고 임야도로 간주한 것을 간주임야도(看做林野圖)라 한다.

② 간주임야도에는 행정구역의 경계(도계, 군계, 면계, 리계)가 불확실하였으며 지번 부여지역 단위가 없었다.

③ 임야도에 제도하는 경우 하천은 청색, 임야 내 미등록 도로는 양홍색으로 그렸으며 1/50,000 지형도를 임야도로 간주하여 시행하는 지역은 면적이 아주 넓은 국유임야 등에 대하여 적용하였다.

④ 간주임야도 시행지역 현황은 전라북도 남원군, 장수군, 무주군 덕유산 일대, 경상북도 영양군 일원산 일대, 경상남도 함양군, 산청군, 하동군 지리산 일대로 1/6,000 임야도에 등록하였다.

핵 / 심 / 문 / 제

Chapter 05 토지등록 장부

1. 지적공부에 대한 설명으로 옳은 것은?

① 토지대장은 국가가 작성하여 비치하는 공적 장부를 말한다.
② 지적공부 중 대장에 해당되는 것은 토지대장 임야대장만을 말한다.
③ 지적공부 중 도면에 해당되는 것은 지적도, 임야도, 도시계획도를 말한다.
④ 경계점좌표등록부는 지적공부에 해당되지 않는다.

| 해설 |

대장(Cadastral Book)은 토지대장·임야대장·공유지연명부 및 대지권등록부를 말하며 국가가 작성하여 비치하는 공적 장부를 말한다.

정답 ①

2. 지적공부의 등록사항을 공시하는 방법으로 적절하지 않은 것은?

① 지적공부에 등록된 경계를 지상에 복원하는 것
② 지적공부를 직접 열람하거나 등본에 의하여 외부에서 알 수 있는 것
③ 지적공부에 등록된 토지표시 사항을 등기부에 기록된 내용에 의하여 정정하는 것
④ 지적공부에 등록된 사항과 현장 상황이 맞지 않을 때 현장 상황에 따라 변경 등록하는 것

| 해설 |

등기부에 기록된 내용은 지적공부에 등록된 토지표시 사항을 기준으로 정정하는 것이다.

정답 ③

3. 지적공부의 효력으로 옳지 않은 것은?

① 공적인 기록이다.
② 등록정보에 대한 공시력이 있다.
③ 토지에 대한 사실관계의 등록이다.
④ 등록된 정보는 모두 공신력이 있다.

| 해설 |

우리나라의 지적제도와 등기제도에서는 모든 공부에 공신력을 인정하는 것은 아니다.

정답 ④

4. 지적공부에 등록하는 토지의 일정 사항을 국가가 결정하여 등록하는 가장 중요한 이유는?

① 소유권 보호기여 ② 지역 특징 고려
③ 토지의 경제성 고려 ④ 손실보상

| 해설 |

지적국정주의는 지적공부의 등록사항인 토지의 소재, 지번, 지목, 면적, 경계 또는 좌표 등을 국가만이 결정할 수 있는 권한을 가진다는 이념으로 전 국토에 통일성, 획일성, 일관성이 있어야 하며 이에 의해 소유권 보호에도 이바지할 수 있다.

정답 ①

5. 다음 중 지적공부에 등록하는 토지의 물리적 현황과 거리가 먼 것은?

① 지번과 지목 ② 등급과 소유자
③ 경계와 좌표 ④ 토지 소재와 면적

| 해설 |

지적공부에 등록하는 토지의 물리적 현황은 토지의 소재, 지번, 지목, 경계, 면적, 등급 등이 해당하며 소유자는 해당하지 않는다.

정답 ②

6. 토지조사사업에 의하여 작성된 지적공부는?

① 토지대장, 지적도
② 임야대장, 임야도
③ 토지대장, 수치지적부
④ 임야대장, 수치지적부

| 해설 |

토지조사사업 당시에 작성된 지적공부는 토지대장과 지적도이며 임야조사사업 당시에 작성한 지적공부는 임야대장과 임야도이다.

정답 ①

7. 「지적법」 제정 당시의 지적공부가 아닌 것은?

① 경계점좌표등록부 ② 토지대장
③ 임야대장 ④ 지적도

| 해설 |

제정 지적법(1950.12.1.) 제1조 지적공부란 토지대장, 지적도, 임야대장 및 임야도를 말한다.

정답 ①

8. 「공간정보의 구축 및 관리 등에 관한 법률」 상 지적공부에 해당하지 않는 것은?

① 토지대장 ② 임야도
③ 경계점좌표등록부 ④ 지적측량원도

| 해설 |

지적공부란 토지대장·임야대장·공유지연명부·대지권등록부, 지적도·임야도 및 경계점좌표등록부 및 지적공부에 등록할 사항을 이 법이 정하는 바에 따라 전산 정보처리조직에 의하여 자기디스크·자기테이프 그 밖에 이와 유사한 매체에 기록·저장 및 관리하는 집합물을 말한다.

정답 ④

9. 지적공부를 관리하는 시장·군수에 대한 설명으로 맞는 것은?

① 행정관청이다.
② 지방자치단체의 장이다.
③ 지방공무원이다.
④ 국가공무원에 따르는 신분을 가진다.

| 해설 |

지적공부를 관리하는 시장·군수는 국가의 고유업무인 지적공부를 등록관리하는 행정관청이다.

정답 ①

10. 통일신라시대 촌락 단위의 토지관리를 위한 장부로 조세의 징수와 부역(賦役) 징발을 위한 기초자료로 활용하기 위한 문서로 옳은 것은?

① 결수연명부 ② 장적문서
③ 지세명기장 ④ 양안

| 해설 |

장적문서는 통일신라시대의 토지문서로 촌락 단위의 토지관리를 위한 장부로 조세의 징수와 부역 징발을 위한 기초자료로 활용하기 위한 문서였다.

정답 ②

11. 현존하는 지적기록 중에서 가장 오래된 것으로 알려진 것은?

① 장적문서 ② 매향비
③ 경국대전 ④ 해학유서

| 해설 |

장적문서는 통일신라시대에 작성된 것으로 촌락 단위의 토지관리를 위한 장부로 조세의 징수와 부역 징발을 위한 기초자료로 활용하기 위한 문서로 우리나라에서 가장 오래된 현존하는 문서이다.

정답 ①

12. 통일신라시대의 신라장적에 기록된 지목과 관계없는 것은?

① 전 ② 수전 ③ 답 ④ 마전

| 해설 |

신라장적에는 촌명 및 촌락의 영역과 전, 답, 마전 등으로 구분하였다.

정답 ②

13. 오늘날 지적과 유사한 토지에 관하여 기록한 장부가 아닌 것은?

① 도적 ② 판적 ③ 장적 ④ 전적

| 해설 |

삼국시대부터 백제의 도적(圖籍), 신라의 장적(帳籍), 고려의 전적(田籍) 등 오늘날의 지적과 유사한 토지에 관한 기록을 한 장부가 있었다는 것을 '삼국유사'에서 찾아볼 수 있다.

정답 ②

14. 고려시대 토지 장부의 명칭으로 옳지 않은 것은?

① 양안(量案) ② 원적(元籍)
③ 전적(田積) ④ 양전도장(量田都帳)

| 해설 |

고려시대 양안의 명칭은 도전장(都田帳), 양전도장(量田都帳), 양전장적(量田帳籍), 도전정(導田丁), 도행(導行), 전적(田積), 적(籍), 전부(田簿), 안(案), 원적(元籍) 등이다.

정답 ①

15. 우리나라 지적제도사 중 토지대장을 양전도장이라 명칭 하였던 시대는?

① 고구려 ② 백제 ③ 신라 ④ 고려

| 해설 |

고려시대 양안의 명칭은 도전장(都田帳), 양전도장(量田都帳), 양전장적(量田帳籍), 도전정(導田丁), 도행(導行), 전적(田積), 적(籍), 전부(田簿), 안(案), 원적(元籍) 등이다.

정답 ④

16. 고려시대의 토지대장 중 타량성책 초안 또는 각 관아에 비치된 결세대장에 해당하는 것은?

① 도전장 ② 전적
③ 양전장적 ④ 도행장

| 해설 |

고려시대에 사용된 토지등록부인 도행장은 타량성책의 초안 또는 각 관아에 비치된 결세대장이다.

정답 ④

17. 문기의 설명으로 틀린 것은?

① 매매계약서로 명문·문권이라고도 한다.
② 토지가옥 매매 문기의 형식은 매도 연월일, 매수인 등록, 매매 사유, 토지가옥의 소재처와 사표 등이 있다.
③ 토지매매 시 토지의 권리 전승의 유래를 증명하는 구 문기도 함께 인도하였다.
④ 구 문기를 분실, 오손, 소실한 경우에는 구 문기를 인도할 의무가 없었다.

| 해설 |

구 문기를 분실, 오손, 소실한 경우에는 그 사실을 증명하는 관의 입안 또는 입지를 성급 받아서 구 문기에 대신하였으며, 구두계약으로 매매하여도 후에 문기를 작성하여 인도를 받아야 했다.

정답 ④

18. 조선시대의 문기(文記)에 관한 설명으로 옳지 않은 것은?

① 현재의 부동산 매매계약서와 같은 것이다.
② 3부 작성하여 매수인, 집필인, 관에 비치하였다.
③ 문기는 입안청구 시는 물론 소송의 유일한 증거다.
④ 상속, 증여, 임대차의 경우는 작성하지 않았다.

| 해설 |

문기는 토지가옥의 매매계약이 성립하기 위하여 작성되는 계약서를 의미한다. 모든 거래에 있어서 문기 작성은 토지매매의 경우뿐만이 아니라 상속, 유증, 증여의 경우는 물론 임대차의 경우에도 집필인이 있는 문기를 작성하였다.

정답 ④

19. 조선시대의 문기는 오늘날 무엇에 해당하는가?

① 일반 공문서 ② 토지의 매도증서
③ 소송서류 ④ 기밀문서

| 해설 |

조선시대에 사용했던 문기는 오늘날의 토지거래계약서와 동일하다고 할 수 있다.

정답 ②

20. 매매계약이 성립하기 위하여 매수인과 매도인 쌍방의 합의 외에 대가의 수수목적물 인도 시에 서면으로 작성한 계약서는?

① 문기 ② 입안 ③ 전안 ④ 양전

| 해설 |

문기는 매매계약이 성립되기 위해서는 매수인, 매도인 쌍방의 합의 외에 대가의 수수목적물의 인도 시에 양 당사자와 증인 그리고 집필인이 서면으로 계약서를 작성하였다.

정답 ①

21. 조선시대 토지매매 시에 작성한 문서로 오늘날 매매계약서와 동일한 기능을 한 것은?

① 입안 ② 양안 ③ 문기 ④ 지권

| 해설 |

조선시대 토지나 가옥의 매매계약이 성립하기 위하여 매수인, 매도인 쌍방의 합의하에 목적물을 인도할 경우 작성한 계약서를 문기 또는 명문문권이라 했다.

정답 ③

22. 부동산 매매를 하면 매도인이 다시 매수하기 위해 권리를 유보하는 특약을 붙이는 문기의 명칭으로 옳은 것은?

① 매려약관부 문기 ② 패지
③ 회화문기 ④ 전세문기

| 해설 |

매려약관부 문기는 부동산 매매를 할 경우 매도인이 다시 매수하기 위해 권리를 유보하는 특약을 붙이는 것을 말한다.

정답 ①

23. 노비의 이름을 빌려 부동산을 처분하기 위해 작성한 문서로 옳은 것은?

① 패지 ② 불망기
③ 전세문기 ④ 매려약관부 문기

| 해설 |

패지(牌旨)는 중류층 이상의 상당한 지위에 있는 자가 본인의 이름으로 부동산매도 행위를 하는 것을 싫어하여 노비의 이름을 빌려 부동산 처분을 하기 위하여 작성하였다.

정답 ①

24. 백문매매(白文賣買)에 대한 설명으로 올바른 것은?

① 입안을 받지 않은 매매계약서를 말하며, 임진왜란 이후 더욱더 성행하였다.
② 백문매매로 인하여 소유자를 보호할 수 있게 되었다.
③ 백문매매로 인하여 소유권에 대한 확정적 효력을 부여받게 되었다.
④ 토지거래에서 백문매매란 매도자, 매수자, 해당 관서 등이 각각 서명함으로써 이루어지는 거래를 말한다.

| 해설 |

백문매매(白文賣買)는 관청에서 허가한 입안을 받지 않은 토지의 매매계약서로 부동산을 사사로이 매매하는 관인이 찍히지 않은 문서를 말한다.

정답 ①

25. 우리나라의 토지에 관한 권리등록 공시문서가 아닌 것은?

① 입안 ② 양안
③ 토지증명부 ④ 문기

| 해설 |

문기는 토지 및 가옥을 매수, 매도할 때 작성하는 매매계약서이며 입안하여야만 공적 문서의 효력을 가진다.

정답 ④

26. 다음 중 오늘날의 토지대장과 유사한 것이 아닌 것은?

① 문기(文記) ② 양안(量案)
③ 도전장(都田帳) ④ 타량성책(打量成册)

| 해설 |

문기는 현대의 토지거래계약서의 역할로 권원 증서라고 할 수 있다. 토지 및 가옥을 매수 또는 매도할 때에 작성한 매매계약서를 말한다.

정답 ①

27. 경국대전 내용에 토지를 매매할 때 소유권 이전에 관하여 관(官)에서 증명한 소유권 증서와 같은 문서는?

① 양안(量案) ② 입안(立案)
③ 명문(明文) ④ 문기(文記)

| 해설 |

입안은 매매계약이 성립하고 소유권이 이전되면 매수인이 매매 문기나 구문기 등을 첨부하여 입안청구의 소지(소송의 형식)를 매도인의 소재관에게 제출하는 것으로 토지매매 후에 하는 명의변경 절차로 현재의 부동산등기의 역할을 하였다.

정답 ②

28. 입안제도(立案制度)에 대한 설명으로 옳지 않은 것은?

① 입안은 매수인의 소재관에게 제출하였다.
② 토지매매 후 100일 이내에 하는 명의변경 절차이다.
③ 입안 받지 못한 문기는 효력을 인정받지 못하였다.
④ 조선시대에 토지거래를 관에 신고하고 증명을 받는 것이다.

| 해설 |

입안제도란 매매계약이 성립하고 소유권이 이전되면 매수인이 매매 문기나 구문기 등을 첨부하여 입안청구의 소지(소송의 형식)를 매도인의 소재관에게 제출하는 것이다.

정답 ①

29. 오늘날의 등기권리증과 같은 것으로 토지매매를 증명 제도인 입안의 내용이 아닌 것은?

① 입안 일자 ② 입안 관청명
③ 당하관의 서명을 기록 ④ 양전의 방향

| 해설 |

입안의 내용에는 입안 일자, 입안 관청명, 당하관의 서명을 기록, 입안 사유를 기재하였다.

정답 ④

30. 조선시대에 토지를 매매할 때에 신 소유자가 소지하는 소유권 공증증서로 볼 수 있는 것은?

① 문기 ② 명문
③ 문권 ④ 입안

| 해설 |

입안은 토지나 가옥에 대한 관의 인증서이며 명문 또는 문권 등의 이름으로 불리는 문기는 토지나 가옥의 매매계약서이다.

정답 ④

31. 경국대전의 매매기한에 따르면 토지와 가옥의 매매 시 며칠 이내에 입안을 받아야 한다고 규정하고 있는가?

① 1개월 ② 3개월 ③ 100일 ④ 150일

| 해설 |

경국대전 권2의 호전(戶典) 매매한(賣買限)에는 토지와 가옥의 매매는 15일을 기한으로 하되 100일 이내에 관청에 보고하고 입안을 받도록 의무사항으로 규정하고 있다.

정답 ③

32. 다음 중 오늘날의 등기와 동일한 효력을 가진 증서가 아닌 것은?

① 입안(立案) ② 문기(文記)
③ 지계(地契) ④ 토지가옥증명

| 해설 |

입안은 오늘날의 부동산등기 권리증과 같은 효력을 가진다.

정답 ②

33. 가계에 대한 설명으로 틀린 것은?

① 본질적으로 입안과 같은 것이었으나 입안보다 근대화된 것이다.
② 매매 등으로 가옥을 양도할 때에 발급되었다.
③ 가옥의 소유에 대한 관의 인증이다.
④ 1910년 한성부에서 처음으로 발급되었다.

| 해설 |

가계는 가옥의 소유권을 증명하는 관문서로 1893년 한성부에서 처음으로 발급된 후 점차 다른 도시에 영향을 미치고, 가옥을 매매할 경우에는 구계를 반납하고 다시 신계를 발급하였다.

정답 ④

34. 1893년부터 관의 인증으로서 가옥을 양도할 때 발급하였던 가옥에 대한 소유권을 무엇이라 하는가?

① 가계 ② 관계 ③ 지계 ④ 옥계

| 해설 |

가옥에 대한 인증을 발급한 서류를 가계라고 한다.

정답 ①

35. 대한제국시대에 부동산 거래질서가 문란하여 토지소유권 이전을 국가가 통제할 수 있도록 입안 대신 채택한 것은?

① 양안제도 ② 문기제도
③ 지계제도 ④ 가계제도

| 해설 |

조선시대에 토지소유권 통제수단으로 입안제도가 시행되었으나 말기에는 부동산거래질서가 매매 문기의 취득만으로 소유권이 이전되었으며 문란한 소유권 이전을 국가가 통제할 수 있는 입안을 대체할 수 있는 지계제도를 채택하였다.

정답 ③

36. 다음 중 가계제도와 지계제도에 대한 설명이 틀린 것은?

① 지계제도에서 전답을 매매하는 경우는 관계(官契)를 받아야 한다.
② 지계는 외국인의 토지 소유를 장려하는 조항을 삽입하고 있다.
③ 지계는 본질에서 입안과 같은 것으로 근대화된 것이다.
④ 가계제도는 지계제도보다 10년 앞서 시행되었다.

| 해설 |

가계와 지계제도는 대도시에서는 외국인 거주자가 발생하면서 외국인이 토지소유권을 취득한 경우 종래의 입안제도 보완이 필요한 제도이다.

정답 ②

37. 가계·지계 제도에 대한 설명으로 옳지 않은 것은?

① 가계·지계는 본질적으로 입안과 같은 것이다.
② 구제도에서 근대적 공시제도로 발전하는 과도기라 할 수 있다.
③ 가계는 가옥의 소유에 대한 관의 인증이며 매매 등으로 가옥을 양도할 때에 발급되었다.
④ 가계·지계 제도는 전국의 토지에 대하여 행하여졌다.

| 해설 |

가계·지계제도는 일부 토지에서만 시행되었고 소유권의 증명을 위한 근대적 제도였다.

정답 ④

38. 토지조사사업 당시 지권을 발행한 이유로 가장 거리가 먼 것은?

① 토지의 소유권 보호를 위해서
② 토지로부터 수확량을 측정하기 위해서
③ 토지를 매매할 때 소유권 이전에 관하여 공적 소유권 증서로 이용하기 위해서
④ 토지의 상품화가 이루어지면서 발생하는 토지거래의 문란을 방지하기 위해서

| 해설 |

지권은 전답의 소유에 대한 관의 인증으로 지계의 근대화된 것으로 토지의 상품화가 이루어지면서 발생하는 토지거래의 문란을 방지하기 위한 근대적인 토지 소유 관계를 수립하였다.

정답 ②

39. 대한제국 정부에서 문란한 토지제도를 바로잡기 위하여 시행하였던 근대적 공시제도의 과도기적 제도는?

① 등기제도 ② 양안제도
③ 입안제도 ④ 지권제도

| 해설 |

대한제국 정부에서 문란한 토지제도를 바로잡기 위하여 입안을 대체할 수 있는 지계 제도를 채택하였으며 지계는 전답의 소유에 대한 관의 인증으로 본질적으로 입안과 같은 것이나 근대화된 것을 말하며 지권이라고도 한다.

정답 ④

40. 관계에 대한 설명이 옳은 것은?

① 민유지만 조사하여 관계를 발급하였다.
② 발급대상은 산천, 전답, 천택(川澤), 가사(家舍) 등 모든 부동산이었다.
③ 외국인에게도 토지소유권을 인정하였다.
④ 관계 발급의 신청은 소유자의 의무사항은 아니다.

| 해설 |

관계의 발급은 양전 당시 양안에 게재된 소유자가 현실의 실소유자와 일치하는가를 확인하는 사정의 과정이다. 지계는 외국인 토지 소유를 금지하는 조항을 삽입하였다.

정답 ③

41. 대한제국 시대에는 관계(官契)를 3편으로 발급하였다. 보존방법으로 틀린 것은?

① 제1편(片)은 본아문에서 보존하였다.
② 제2편(片)은 소유자가 보존하였다.
③ 제3편(片)은 지방관청에서 보존하였다.
④ 제2편(片)은 탁지부에서 보존하였다.

| 해설 |

관계는 3편으로 되어있으며 제1편은 본아문, 제2편은 소유자, 제3편은 지방관청에 보존한다.

정답 ④

42. 우리나라 토지소유권 보장제도의 변천순서를 올바르게 나열한 것은?

① 입안제도 → 지계제도 → 증명제도
② 입안제도 → 증명제도 → 지계제도
③ 증명제도 → 지계제도 → 입안제도
④ 지계제도 → 증명제도 → 입안제도

| 해설 |

토지소유권 보장제도의 변천순서는 입안제도 → 지계제도 → 증명제도이다.

정답 ①

43. 조선시대의 토지대장인 양안에 대한 설명으로 틀린 것은?

① 지적과 측량을 관리하는 산학박사를 두어 양안을 관리하였다.
② 일명 전적(田籍)이라고도 하는 양안의 명칭은 시대와 사용처, 비치처에 따라 달랐다.
③ 양안의 기록사항은 소재지, 지번, 토지등급, 지목, 면적, 토지형태, 사표, 소유자 등이다.
④ 양안에 토지를 표시함에 있어서 양정의 순서에 의하여 1필지마다 천자문의 자번호(字番戶)를 부여하였다.

| 해설 |
지적과 측량을 관리하는 산학박사는 백제에 있었던 관직이다.

정답 ①

44. 다음 중 조선시대 양안의 명칭이 아닌 것은?

① 도적　② 성책
③ 전답타량안　④ 양전도행장

| 해설 |
조선시대의 양안 명칭은 양안, 양안등서책, 전안, 전답안, 성책, 양명등서차, 전답결대장, 전답결타량정안, 전답타량책, 전답타량안, 전답결정안, 전답양안, 전답행번, 양전도행장 등이 있었다.

정답 ①

45. 경국대전에 규정한 사항으로서 토지를 20년마다 다시 측량하여 작성 비치한 장부는?

① 입안　② 문권　③ 양안　④ 지권

| 해설 |
경국대전에는 20년마다 한 번씩 양전을 실시하여 새로이 양안을 작성하게 규정하였다.

정답 ③

46. 다음 중 조선시대의 경국대전에서 20년마다 새로이 측량하여 공부를 작성한 후 이를 보관하지 않았던 곳은?

① 호조(戶曹)　② 본도(本道)
③ 이조(吏曹)　④ 본읍(本邑)

| 해설 |
경국대전 양전조에 양안의 소재지, 지번, 토지등급, 지목, 면적, 토지형태, 사표, 소유자 등 모든 토지에 대한 사항을 기록하여 3부를 작성하여 호조·본도·본읍에 각각 비치하도록 하였다.

정답 ③

47. 조선시대의 토지등록 장부인 양안을 새로이 작성하기 위해 양전을 실시한 원칙적인 주기는?

① 10년　② 15년　③ 20년　④ 25년

| 해설 |
경국대전에 양안은 20년마다 한 번씩 양전을 실시하여 새로운 양안을 작성하도록 규정하였으나 실제로는 규정대로 시행되지 못하고 수십 년에서 백여 년이 지난 뒤에야 다시 양전을 실시할 수 있게 되었다.

정답 ③

48. 다음 중 조선시대의 양안에 관한 설명으로 틀린 것은?

① 호조, 본도, 본읍에 보관하게 하였다.
② 토지의 소재, 등급, 면적을 기록하였다.
③ 양안의 소유자는 10년마다 측량하여 등재하였다.
④ 오늘날의 토지대장과 같은 조선시대의 토지등록 장부이다.

| 해설 |
경국대전에 양안은 20년마다 한 번씩 양전을 실시하여 새로운 양안을 작성하였으며 현재의 토지대장이라 할 수 있다. 양안은 토지를 측량하여 토지의 소재, 등급, 면적을 기록하고 호조, 본도, 본읍에 보관하게 하였다.

정답 ③

49. 경국대전에 기록된 조선시대의 토지대장은?

① 문기　② 백문　③ 정전　④ 양안

| 해설 |
경국대전에 양안은 20년마다 한 번씩 양전을 실시하여 새로운 양안을 작성하였으며 현재의 토지대장이라 할 수 있다.

정답 ④

50. 경국대전에서 매 20년마다 토지를 개량하여 작성했던 양안의 역할은?

① 가옥규모 파악　② 세금징수
③ 상시 소유자변경 등재　④ 토지거래

| 해설 |
경국대전에 양안은 20년마다 한 번씩 양전을 실시하여 새로운 양안을 작성하였으며 국가재정을 안정적으로 운영하기 위해 조세를 부과하기 위한 역할을 하였다.

정답 ②

51. 다음 중 양안에 기재된 사항에 해당하지 않는 것은?

① 신구 토지소유자
② 토지 소재, 지번, 면적
③ 측량 순서, 토지등급
④ 토지 모양(지형), 사표(四標)

| 해설 |
양안에 기재된 사항은 자호(字號), 지번(枝番), 양전(측량)방향, 토지등급, 지형(토지 모양), 장광척(長廣尺), 결부수, 사표(四標), 진기(陳起), 주(主) 등이 표시되어 있다. 신구 토지소유자는 문기에 기재하였다.

정답 ①

52. 토지측량을 시행한 결과를 최초로 기록하는 장부로 각 면 단위로 실제로 측량하여 작성하는 가장 기초적인 장부로 옳은 것은?

① 정초책 ② 중초책
③ 어람양안 ④ 야초책

| 해설 |
야초책 양안은 광무 양안 때 1필지마다 토지측량을 시행한 결과를 최초로 기록하는 장부로 각 면 단위로 실제로 측량해서 작성하는 가장 기초적인 장부이다.

정답 ④

53. 양지아문의 양안 작성 과정 중 1단계로서 현지에 나가 실제 측량을 하여 전답과 가옥의 구별, 배미, 양전 방향, 전답 도형과 사표, 전답주 등을 기록한 기초장부를 무엇이라 하는가?

① 종초책 ② 정서책
③ 중초책 ④ 야초책

| 해설 |
양안 작성 과정은 1단계(야초책) → 2단계(중초책) → 3단계(정서책) 등이다.

정답 ④

54. 깃기(衿記)의 설명으로 맞는 것은?

① 신분증명서 ② 토지 등의 증여서 따위
③ 토지의 매도증서 ④ 토지의 매매 확인서

| 해설 |
깃기(衿記)는 면 단위로 작성된 세금징수 대장으로 토지의 증여서의 역할도 하였다.

정답 ②

55. 오늘날 토지대장에 해당되는 문서의 이름을 시대별로 바르게 나타낸 것은?

① 도적 → 도전장 → 양안 ② 도전장 → 양안 → 도적
③ 도적 → 양안 → 도전장 ④ 양안 → 도적 → 도전장

| 해설 |
고구려는 도부, 백제는 도적, 신라는 양전장적, 고려는 도전장, 조선시대에는 양안이다.

정답 ①

56. 다음 중 현재의 토지대장과 같은 것은?

① 문기 ② 양안 ③ 사표 ④ 입안

| 해설 |
양안은 토지를 측량하여 등록하는 공부로써 오늘날의 토지대장을 의미하지만, 당시에는 지적도가 없었으므로 공통등록부라고 할 수 있다.

정답 ②

57. 조선시대의 양안은 다음 중 오늘날의 무엇과 같은가?

① 지적도 ② 임야도
③ 토지대장 ④ 부동산등기부

| 해설 |
양안은 양전에 의해 작성된 전세 징수를 목적으로 작성된 장부이지만 오늘날의 토지대장과 같은 것이다.

정답 ③

58. 토지세를 징수하기 위하여 이동정리가 완료된 토지대장 중에서 민유과세지만을 뽑아 면마다 소유자별로 기록한 장부로 과세지에 대한 인적 편성주의에 따라 작성된 성명별 목록부라고 할 수 있는 것을 무엇이라 하는가?

① 간주지적도 ② 지세명기장
③ 토지대장 집계부 ④ 임야대장 집계부

| 해설 |
지세명기장은 이동정리가 완료된 토지대장 중에서 민유과세지에 대해서만 면마다 각 지번에다 소유자별로 연기하여 합계하는 것이며, 과세지에 대한 인적 편성주의에 따라 작성된 성명별 목록부라고 할 수 있다.

정답 ②

59. 결수연명부에 관한 설명으로 옳은 것은?

① 소유권의 분계(分界)를 확정하는 대장
② 지반의 고저가 있는 토지를 정리한 장부
③ 강계(疆界) 지역을 조사하여 등록한 장부
④ 지세대장을 겸하여 토지조사준비를 위해 만든 과세부

| 해설 |
결수연명부는 지세대장을 겸한 토지조사준비를 위하여 대한제국 관리들이 사용하던 지세징수 대장인 깃기를 각 지방 재무감독국별로 정리하여 사용하다가 이를 기초로 지세징수 대장을 작성하고 이들을 기초자료로 징세를 위한 결수연명부를 작성하였다.

정답 ④

60. 토지조사부(土地調査簿)에 대한 설명으로 옳은 것은?

① 결수연명부로 사용된 장부이다.
② 입안과 양안을 통합한 장부이다.
③ 별책 토지대장으로 사용된 장부이다.
④ 토지소유권의 사정 원부로 사용된 장부이다.

| 해설 |
토지조사부는 토지에 대한 소유권의 사정원부가 된 것으로 지목별로 지적(地積)과 필수를 집계하고 국유지와 민유지를 구분하여 합계한 것을 기재하였다.

정답 ④

PART 04 지적학

61. 우리나라 토지조사사업 당시 토지소유권의 사정 원부로 사용하기 위하여 작성한 공부는?

① 지세명기장 ② 토지조사부
③ 역둔토대장 ④ 결수연명부

| 해설 |

토지조사부는 토지소유권의 사정 원부로 1동, 리마다 지번의 순서에 따라 지번, 가지번, 지목, 지적(地積), 신고 연월일, 소유자의 주소, 성명을 등사하고 분쟁 기타 특수한 사고가 있는 토지는 적요란에 그 요점을 기재하며, 책 끝부분에 지목별로 지적(地積) 및 필수를 집계하고 다시 이를 국유지와 민유지로 구분하여 합계한 것을 기재하였다.

정답 ②

62. 토지조사부의 설명으로 틀린 것은?

① 토지조사부는 토지대장 완성과 함께 그 기능을 발휘하였다.
② 토지소유권의 사정 원부로 사용되었다.
③ 동·리마다 지번 순에 따라 지번, 가지번, 지목, 지적, 신고 연월일 및 소유자의 주소, 성명을 등재하였다.
④ 국유지와 민유지로 구분하여 정리하였고 공유지는 이름을 연기하여 적요란에 표시하였다.

| 해설 |

토지조사부는 토지조사사업이 완료되어 토지대장을 작성함으로써 그 기능은 상실되었다.

정답 ①

63. 간주지적도에 등록한 토지의 토지대장을 일반적으로 토지대장과 별도로 작성하였던 것을 무엇이라 하였는가?

① 산토지대장 ② 간주대장
③ 임야대장 ④ 역둔토대장

| 해설 |

임야도를 지적도로 간주하는 것을 간주지적도라 하였으며 간주지적도에 등록하는 토지에 관한 대장은 별도로 작성하여 산토지대장이라 하였다.

정답 ①

64. 간주지적도에 등록하는 토지대장의 명칭이 아닌 것은?

① 산 토지대장 ② 을호 토지대장
③ 민유 토지대장 ④ 별책 토지대장

| 해설 |

간주지적도에 등록한 대장은 산토지대장, 별책토지대장, 을호토지대장이라 하였으며 면적의 단위는 30평이다.

정답 ③

65. 근대적인 지적제도의 토지대장이 처음 만들어진 시기는?

① 1910년대 ② 1920년대
③ 1950년대 ④ 1970년대

| 해설 |

토지조사사업(1910~1918)에 의하여 토지대장과 지적도가 만들어졌다.

정답 ①

66. 우리나라 현행 토지대장의 특성으로 거리가 먼 것은?

① 물권객체의 공시기능을 갖는다.
② 물적 편성주의를 채택하고 있다.
③ 등록내용은 법률적 효력을 갖지는 않는다.
④ 전산 파일로도 등록·처리한다.

| 해설 |

우리나라 토지대장의 등록내용은 법률적 효력을 갖는다.

정답 ③

67. 토지대장에 등록되어 있는 토지의 속성자료를 가지고 판단하기 어려운 것은?

① 토지의 소재
② 토지의 크기
③ 토지의 형태
④ 토지의 용도

| 해설 |

③의 경우는 도형정보를 이용하여 판단할 수 있다.

정답 ③

68. 우리나라 지적제도에 토지대장과 임야대장이 2원적(二元的)으로 있게 된 가장 큰 이유는?

① 측량기술이 보급되지 않았기 때문이다.
② 삼각측량에 시일이 너무 많이 소요되었기 때문이다.
③ 토지나 임야의 소유권 제도가 확립되지 않았기 때문이다.
④ 우리나라의 지적제도가 조사사업별 구분에 의하여 하였기 때문이다.

| 해설 |

토지조사사업 당시 지적제도는 세금을 징수하기 위한 목적으로 세금을 징수할 가치가 없는 임야 지역은 등록하지 않았으나 1916년 임야조사사업을 시작하여 임야 지역의 토지를 등록하게 되면서 자연스럽게 2원적인 등록이 되었다.

정답 ④

69. 최초로 임야대장에 등록된 토지는?

① 토지조사국장의 사정지이다.
② 전부 도지사의 사정지이다.
③ 전부 임야조사위원회의 재결지이다.
④ 도지사의 사정지와 임야조사위원회의 재결지들이다.

| 해설 |
최초로 임야대장에 등록된 토지는 도지사가 사정한 사정지와 임야조사위원회의 재결을 거친 사항인 재결지들을 등록하도록 규정하고 있다.

정답 ④

70. 임야대장에 등록하는 지목 임야는?

① 토지대장에 등록되지 아니한 임야
② 우리나라 임야의 전부
③ 개간할 수 없는 임야
④ 개간할 수 있는 임야

| 해설 |
제정 지적법 제22조 임야대장 및 임야도에 등록할 토지는 토지대장 및 지적도에 등록되지 아니한 임야 또는 정부가 임야대장에 등록할 필요가 있다고 인정한 토지로 한다.

정답 ①

71. 우리나라의 지적 창설 당시 도로, 하천, 구거 및 소도서는 토지(임야)대장 등록에서 제외하였는데 가장 주요한 이유는?

① 측량하기 어려워서
② 소유자를 알 수가 없어서
③ 경계선이 명확하지 않아서
④ 과세적 가치가 없어서

| 해설 |
「토지조사법」제3조 제3호 도로, 하천, 구거, 제방, 성첩, 철도선로, 수도선로의 토지에 대하여는 지번을 부여하지 않을 수 있다. 토지조사사업 당시 토지의 등록은 과세를 주목적으로 시행하였으므로 경제적인 가치성이 없는 구거, 도로, 하천 등은 등록에서 제외되었다.

정답 ④

72. 토지를 등록하는 지적공부를 크게 토지대장 등록지와 임야대장 등록지로 구분하고 있는 직접적인 원인은?

① 조사사업별 구분 ② 토지 지목별 구분
③ 과세 세목별 구분 ④ 도면 축척별 구분

| 해설 |
우리나라에 토지대장과 지적도 및 임야대장과 임야도가 존재한 것은 1910~1918년 토지조사사업의 실시와 1916~1924년 임야조사사업의 실시가 분리 시행된 까닭이다.

정답 ①

73. 다음 중 토지대장의 일반적인 편성방법이 아닌 것은?

① 인적 편성주의 ② 물적 편성주의
③ 구역별 편성주의 ④ 연대적 편성주의

| 해설 |
토지대장의 편성은 물적 편성주의, 인적 편성주의, 연대적 편성주의와 물적, 인적인 관계를 혼용하여 사용하는 방법이 있다.

정답 ③

74. 토지대장의 편성방법 중 현행 우리나라에서 채택하고 있는 방법은?

① 물적 편성주의
② 인적 편성주의
③ 연대적편성주의
④ 인적·물적 편성주의

| 해설 |
우리나라에서 채택하고 있는 토지대장의 편성방법은 물적 편성주의로 하고 있다.

정답 ①

75. 우리나라 토지대장과 같이 토지를 지번 순서에 따라 등록하고 분할되더라도 본번과 관련하여 편철하고 소유자의 변동이 있을 때에 이를 계속 수정하여 관리하는 토지등록부 편성방법은?

① 물적 편성주의
② 인적편성주의
③ 연대적 편성주의
④ 인적·물적 편성주의

| 해설 |
물적 편성주의는 토지를 중심으로 등록부를 편성하는 것으로 1토지에 1등기용지를 두는 경우로 우리나라 지적에서 사용하고 있다.

정답 ①

76. 개개의 토지를 중심으로 토지등록부를 편성하는 것으로 우리나라 토지대장에서 사용하는 등기의 편성유형은?

① 물적 편성주의
② 인적 편성주의
③ 연대적 편성주의
④ 물적·인적 편성주의

| 해설 |
물적 편성주의는 토지를 중심으로 편성하며, 1토지 1등기용지 및 지번 순으로 등록하고 있다.

정답 ①

PART 04 지적학

77. 토지등록부의 편성방법 중 인적 편성주의에 대한 설명으로 옳은 것은?

① 토지등록의 신청순서에 따라 순차적으로 등록부를 편성하는 방법이다.
② 토지의 소유자를 중심으로 등록부를 편성하는 방법이다.
③ 소유자별 토지등록카드와 토지대장을 동시에 설치하는 방법이다.
④ 개별 토지를 중심으로 등록부를 편성하는 방법이다.

| 해설 |
인적 편성주의는 토지소유자를 중심으로 해서 편성하는 것으로 토지대장이나 등기부를 소유자별로 작성한 방식이다.

정답 ②

78. 토지등록부의 편성방법 중 연대적 편성주의에 대한 설명으로 옳은 것은?

① 토지의 등록에 있어 개개의 토지를 중심으로 토지등록부를 편성하는 것으로 우리나라도 이 제도를 따르고 있다.
② 토지소유자별로 토지를 등록하여 동일 소유자에 속하는 모든 토지는 당해 소유권자의 대장에 기록하는 방식이다.
③ 어떠한 특별한 기준을 두지 않고 당사자의 신청순서에 따라 순차적으로 기록해가는 것으로 리코딩시스템이 이에 속한다.
④ 토지대장에 있어서 소유자별 토지등록카드와 지번별 목록, 성명별 목록을 동시에 등록하는 방식이다.

| 해설 |
연대적 편성주의는 당사자 신청의 시간적 순서에 따라서 순차로 기록해 가는 것으로 프랑스, 미국에서 아직도 사용되는 리코딩시스템(Recording System)이 이에 속한다.

정답 ③

79. 토지대장의 편성방법 중 리코딩시스템(Recording system)이 해당하는 것은?

① 물적 편성주의　② 연대적 편성주의
③ 인적 편성주의　④ 면적별 편성주의

| 해설 |
연대적 편성주의는 당사자 신청의 시간적 순서에 따라서 순차로 기록해 가는 것으로 프랑스, 미국에서 아직도 사용되는 리코딩시스템(Recording System)이 이에 속한다.

정답 ②

80. 특별한 기준을 두지 않고 당사자가 신청하는 시간적 순서에 따라 차례로 기록해가는 토지대장의 편성방법은?

① 물적 편성주의　② 인적 편성주의
③ 연대적 편성주의　④ 물적·인적 편성주의

| 해설 |
연대적 편성주의는 어떤 특별한 기준을 두지 않고서 당사자 신청의 시간적 순서에 따라서 차례로 기록해가는 것이다.

정답 ③

81. 부여의 행정구역 제도로서 국도를 중심으로 영토를 사방으로 구획하는 토지구획방법은 무엇인가?

① 사출도　② 사표도
③ 계면도　④ 휴도

| 해설 |
사출도는 부여에서 행정구역 제도로 국도(國都)를 중심으로 토지의 크기에 따라 대가(大加), 소가(小加)로 구분하고 전국을 4구역으로 나누어 영토를 사방으로 구획하는 사출도(四出道 : 부여의 지방 관할 구역)란 토지구획방법을 시행하였다.

정답 ①

82. 고구려에서 작성된 평면도로서 도로, 하천, 건축물 등이 그려진 도면이며 우리나라에 실물로 현존하는 도시 평면도로서 가장 오래된 것은?

① 요동성총도　② 방위도
③ 지안도　④ 어린도

| 해설 |
요동성총도
① 고분벽화에는 요동성의 지형과 성시(城市)의 구조와 시설, 도로, 성벽과 그 시설, 건축물, 산, 하천, 도로 등이 그려져 있다.
② 적·청·보라·백색 등의 색상을 사용한 우리나라에서 실존한 가장 오래된 도시 평면도로서 회화적으로 표현하였다.

정답 ①

83. 대한제국 시대에 삼림법에 의거하여 작성한 민유산야약도에 대한 설명이 틀린 것은?

① 최초로 임야측량이 시행되었다는 점에서 중요한 의미가 있다.
② 민유임야측량은 조직과 계획 없이 개인별로 시행되었고 일정한 수수료도 없었다.
③ 토지등급을 상세하게 정리하여 세금을 공평하게 징수할 수 있도록 작성된 도면이다.
④ 민유산야약도의 경우에는 지번을 기재하지 않았다.

| 해설 |
③은 토지대장 작성에 관한 내용이다.

정답 ③

84. **내수사 등 7궁 소속의 토지 가운데 채소밭을 실측한 지도에 대한 설명으로 옳지 않은 것은?**

① 궁채전도(宮菜田圖)라 한다.
② 사표식으로 주기되어 있다.
③ 지목과 지번이 기재되어 있다.
④ 면적은 삼사법으로 구적하였다.

| 해설 |

내수사(內需司) 등 7궁 소속의 토지 가운데 채소밭을 실측한 지도는 궁채전도로 사표식으로 주기되고 지목과 지번은 기재되어 있지 않으며 면적은 삼사법으로 구적하였다.

정답 ③

85. **밤나무 숲을 측량한 지적도로 탁지부 임시재산정리국 측량과에서 실시한 측량원도의 명칭으로 옳은 것은?**

① 관저원도 ② 율림기지원도
③ 산록도 ④ 궁채전도

| 해설 |

① 관저원도(官邸原圖)는 대한제국시대 고위관리의 관저를 실측한 원도이다.
② 율림기지원도(栗林基地原圖)는 밤나무 숲을 측량한 지적도로 탁지부 임시재산정리국 측량과에서 1908년도에 세부측량을 실시한 측량원도이다.
③ 산록도는 구한말 동(洞)의 뒷산을 실측한 지도로 1908년(융희2년) 3월에서 6월까지 토지조사국 정리국 측량과에서 제작한 도면으로 규장각에 보존되어 있다.
④ 궁채전도(宮菜田圖)는 내수사(內需司) 등 7궁 소속의 토지 가운데 채소밭을 실측한 지도이다.

정답 ②

86. **토지조사사업 당시 일필지 측량의 결과로 작성한 도부(개황도)의 축척에 해당하지 않은 것은**

① 1/600 ② 1/1,200
③ 1/2,400 ④ 1/3,000

| 해설 |

개황도의 크기는 길이 1척6촌, 폭 1척2촌이며 방안지를 사용하여 축척 1/600, 1/1,200, 1/2,400의 도면을 1개 동리마다 작성한 것이다.

정답 ④

87. **평판측량방법으로 세부측량을 하고자 할 경우 미리 기존의 도면에 의하여 등록사항을 기재한 도면의 명칭으로 옳은 것은?**

① 측량원도 ② 측량결과도
③ 측량준비도 ④ 일람도

| 해설 |

① 측량원도는 세부측량을 실시한 결과를 작성한 측량도면을 말하며, 현재 측량결과도의 이전 명칭이다.
② 측량결과도는 세부측량을 실시한 결과를 작성한 측량도면을 말하며 최근에는 세부측량성과를 기록 및 전산화된 정보로 측량원도에 기재하여 출력한 도면을 말한다.

정답 ③

88. **기본도로서 지적도가 갖추어야 할 요건으로 타당하지 않은 것은?**

① 기본적으로 필요한 정보가 수록되어야 한다.
② 일정한 축척의 도면 위에 등록해야 한다.
③ 특정 자료를 추가하여 수록할 수 있어야 한다.
④ 기본정보는 변동 없이 항상 일정해야 한다.

| 해설 |

지적도가 갖추어야 할 요건으로 기본정보는 실시간으로 변동 정리를 하여 정확한 정보를 제공하여야 한다.

정답 ④

89. **초기의 지적도에 대한 설명으로 틀린 것은?**

① 지적도에는 토지경계와 지번, 지목이 등록되었다.
② 지적도 도곽 내의 산림에는 등고선을 표시하여 표고에 의한 지형구별이 용이하도록 하였다.
③ 토지분할의 경우에는 지적도 정리 시 신강계선을 흑색으로 정리하였으나 그 후 양홍색으로 변경하였다.
④ 조사지역 외의 토지에 대해서는 이용 현황에 따라 활자로 산(山), 해(海), 호(湖), 도(道), 천(川), 구(溝) 등으로 표기하였다.

| 해설 |

초기의 지적도에는 지적도 도곽 내의 산림에는 등고선을 표시하여 구별이 쉽게 하였고, 토지분할의 경우에는 지적도 정리 시에는 신 강계선을 양홍선으로 정리하였으나 그 후에는 흑색으로 변경하였다.

정답 ③

90. **지적도의 축척에 관한 설명으로 틀린 것은?**

① 축척이 분수로 표현될 때에 분자가 같으면 분모가 큰 것이 축척이 크다.
② 일반적으로 축척이 크면 정밀도가 높다.
③ 지도상에서의 거리와 지표상에서의 거리의 관계를 나타내는 것이다.
④ 지적도의 축척 표시는 분수식 방법을 사용하고 있다.

| 해설 |

축척이 분수로 표현될 때에 분자가 같으면 분모가 큰 것이 축척이 작다.

정답 ①

91. **지적공부로서 지적도가 담당하는 가장 큰 역할은?**

① 토지용도 구분　② 토지 위치결정
③ 토지이용 현황　④ 토지이동 연혁

| 해설 |

지적도에 등록된 것을 법률적으로 유효한 경계로 보며 경계의 특징은 위치를 결정하는 역할을 한다. 측량으로 토지의 위치가 결정되면 지적(임야)도에 등록하여야만 그 효력이 발생한다.

정답 ②

92. **지적도의 도곽선이 갖는 역할로 옳지 않은 것은?**

① 면적의 통계 산출에 이용된다.
② 도면 신축량 측정의 기준선이다.
③ 도북 방위선의 표시에 해당한다.
④ 인접 도면과의 접합 기준선이 된다.

| 해설 |

도곽선의 역할은 기초점 전개의 기준, 도면 신축량 측정의 기준, 인접 도면과 접합의 기준 및 도북방향의 기준이 된다.

정답 ①

93. **다음 중 지적도와 임야도의 등록사항이 아닌 것은?**

① 면적　② 지번　③ 경계　④ 지목

| 해설 |

면적은 대장에 등록한다.

정답 ①

94. **다음 중 간주지적도에 관한 설명으로 틀린 것은?**

① 임야도로서 지적도로 간주하게 된 것을 말한다.
② 간주지적도인 임야도에는 적색 1호선으로써 구역을 표시하였다.
③ 지적도 축척이 아닌 임야도 축척으로 측량하였다.
④ 대상은 토지조사 시행지역에서 약 200간(間) 이상 떨어진 지역으로 하였다.

| 해설 |

최종 지역선으로부터 거리 약 200간과 200간 이외의 한계는 지상에서 인식할 수 있는 분수령, 산로(山路), 산계(山界), 삼각점, 임야의 1지번 경계, 부동지물 또는 행정구역을 근거로 하여 결정하고 임야도상에 그 지역선을 그려서 표시한다. 그러나 적색에 대한 구역의 표시는 규정되지 않았다.

정답 ②

95. **토지조사 당시에 시행지역에서 멀리 떨어진 산림지대의 토지를 임야도에 그 지목만을 수정하여 등록한 것을 무엇이라 하는가?**

① 간주지적도　② 간주임야도
③ 별책지적도　④ 산지적도

| 해설 |

토지조사 당시에 기존의 지적도에는 등록할 수 없어 임야도에 등록된 상태로 두고 지목만 수정하여 임야도를 지적도로 간주하는 것으로 산림지대에 포함된 토지에 대하여 별도로 지적도를 작성하기가 어려워 임야대장 규칙에 따라 작성한 도면을 간주지적도라고 하였다.

정답 ①

96. **임야도로서 지적도로 보는 지역 안의 임야도(간주지적도)는?**

① 지적도이다.　② 임야도 그대로이다.
③ 지적도의 일부이다.　④ 지적도의 부분품이다.

| 해설 |

임야도를 지적도로 간주하는 지역 안에 있는 과세지성(전, 답, 대)은 지적도에 신규로 등록하지 않고 그 지목만을 수정하여 임야도에 그대로 존치하였다.

정답 ②

97. **임야도로서 지적도로 간주하는 지역은 토지조사를 한 최종 지역선에서 거리한계는?**

① 10간을 넘는 지역　② 100간을 넘는 지역
③ 200간을 넘는 지역　④ 500간을 넘는 지역

| 해설 |

토지조사령에 의하여 토지조사를 한 최종 지역선에서 200간을 넘는 지역으로 하였으며 200간 이내의 지역은 지적도 등록지역으로 편입하였다.

정답 ③

98. **토지조사사업 초기의 임야도 표기 방식에 대한 설명으로 틀린 것은?**

① 임야 내 미등록 도로는 양홍색으로 표시하였다.
② 임야경계와 토지 소재, 지번, 지목을 등록하였다.
③ 모든 국유임야는 1/6000 지형도를 임야도로 간주하여 적용하였다.
④ 임야도의 크기는 남북 1척 3촌 2리(40cm), 동서 1척 6촌 5리(50cm) 이었다.

| 해설 |

임야도의 크기는 남북이 1척 3촌 2리(40cm), 동서가 1척 6촌 5리(50cm)이며, 등록사항은 임야경계와 토지 소재, 지번, 지목이며, 지적도 시행지역은 담홍색으로 채색하고 하천은 청색, 임야 내의 미등록 도로는 양홍색으로 묘화하였다.

정답 ③

99. **간주임야도에 대한 설명으로 옳지 않은 것은?**

① 고산지대로 조사측량이 곤란하거나 정확도와 관계없는 대단위의 광대한 국유임야 지역을 대상으로 시행하였다.
② 간주임야도에 등록된 소유자는 국가였다.
③ 임야도를 작성하지 않고 1/50,000 또는 1/25,000 지형도에 작성되었다.
④ 충청북도 청원군, 제천군, 괴산군 속리산 지역을 대상으로 시행되었다.

| 해설 |

간주임야도 시행지역은 전라북도 남원군, 장수군, 무주군 덕유산 일대, 경상북도 영양군 일월산 일대, 경상남도 함양군, 산청군, 하동군 지리산 일대로 1/6,000 임야도에 등록하였다.

정답 ④

100. **다음 중 지적도에 건물이 등록되어 있는 국가는?**

① 한국　② 일본　③ 독일　④ 대만

| 해설 |

독일의 지적도에는 도로의 명칭과 건물번호, 가로등, 가로수 등을 등록하고 있으며 지번은 등록되고 지목의 표시는 하지 않고 있음을 알 수 있다.

정답 ③

101. **자한도(字限圖)에 대한 설명으로 옳은 것은?**

① 고려시대에 작성된 지적도이다.
② 대만의 구지적도이다.
③ 조선시대에 작성된 지적도이다.
④ 일본의 구지적도이다.

| 해설 |

자한도(字限圖)는 일본의 국토조사 이전의 지적도를 말한다.

정답 ④

PART 04 지적학

CHAPTER

06 토지조사사업

6.1. 개요

① 토지조사사업은 우리나라의 봉건적 토지 소유제도를 자본적 소유제도로 전환하여 국유재산을 정리하고 조세제도를 확립하였다.

② 토지조사사업은 사법적인 성격의 업무를 수행하고 연속성과 통일성이 있도록 하였다.

③ 토지조사사업으로 토지제도가 전국적으로 체계적이고 획일적으로 확립되면서 근대적인 등기제도가 도입되었다.

6.1.1. 토지조사사업의 목적

① 등기제도, 지적제도에 대한 체계적인 증명제도를 확립하기 위한 것

② 지세수입을 증대하기 위한 조세수입 체계를 확립하기 위한 것

③ 국유지(관유지와 궁장토)를 조사하여 조선총독부의 소유지를 확보하기 위한 것

④ 토지조사사업 이전에 진출한 일본 상업 고리대 자본을 합법화하여 보장하는 법률적 제도를 확립하기 위한 것.

⑤ 토지 지형·지모를 조사하여 식량 수출 증대정책에 대응하는 토지조사를 실시하기 위한 것

⑥ 일본인에게 토지를 저렴한 가격으로 불하시켜 주기 위한 제도적 보장조치를 확립하기 위한 것

⑦ 개간 가능한 미개간지를 조사하여 일본인에게 불하하고 지대(地代)수입을 증가시키기 위한 것

⑧ 우리나라 소작농을 임금노동자로 흡수할 수 있는 구조적 기초를 확립하기 위한 것

⑨ 토지에 대한 정량성을 지닌 면적 단위의 통일성 확립하기 위한 것

6.1.2. 토지조사사업의 특징

① 토지수탈과 조세정책에 직접 관련된 것으로 사법적인 성격을 갖고 업무를 수행하였으며 연속성과 통일성을 확립하려고 하였다.

② 일본인의 토지점유와 매입에 장애요인이 된 소작농의 관습상의 경작권, 도지권 등 소작농의 모든 권리를 소멸시켰다.

③ 우리나라의 근대적 토지 소유제도가 확립되었다.

④ 토지소유권을 확정하고 지세부과 원칙을 설정해 새로운 지세제도를 확립하였다.

⑤ 토지대장에 등록하여 토지소유권을 확정하는 등기제도를 도입하였다.

⑥ 토지조사사업 결과 새로운 행정조직의 관할 구역이 분명하게 구분하였다.

⑦ 역둔토 등은 국유지로 편입하고, 사업의 조사, 준비, 홍보에 철저를 기하였다.

⑧ 도로, 하천, 구거 등을 토지조사사업에서 제외하였다.

6.1.3. 토지조사사업의 내용

① 토지소유권조사는 임야를 제외한 전국 토지의 종류와 소유자를 조사하고 토지조사부 및 지적도를 작성하여 토지의 소유자 및 강계를 사정함으로서 토지분쟁을 해결하고 지적제도를 확립하기 위해 준비조사, 일필지조사, 분쟁지조사, 지반측량, 사정으로 구분하여 실시하였다.

② 토지가격조사는 지위등급조사, 지위등급의 결정, 지가의 산정에 대한 업무로 구분하여 실시하였다.

③ 토지의 지형·지모조사는 지형측량에 의하여 지형도를 작성하고 지상에 표시되는 자연적인 지형과 인위적인 지물을 도화(圖畵)한 후 지형의 높고 낮음과 각각의 분포를 지형도에 명확하고 체계적으로 표시하였다.

6.2. 행정업무

행정업무를 구체적으로 정리하면 준비조사, 일필지조사, 분쟁지조사, 지위등급조사, 장부작성, 지방 토지조사위원회, 고등토지조사위원회, 사정, 이동지정리업무를 하였다.

6.2.1. 준비조사

① 준비조사는 군별로 면장·동리장·지주총대 및 주요한 지주를 일정 장소에 소집하고, 당국자·경찰·관헌 및 그 지방을 담당할 준비조사원이 참석하여 토지조사의 취지와 방법, 지주의 의무, 토지조사 및 측량작업순서에 대한 설명과 토지조사사업설명서, 토지신고심득, 지주총대심득, 지주에 대한 주의사항 등을 배분하였다.

② 준비조사는 행정구역인 리(里)·동(洞)의 명칭과 구역·경계의 혼선을 정리하고, 지명의 통일과 강계(疆界)의 조사, 신고서류의 수합, 지방경제 사정과 토지의 관행을 명확히 하였다.

③ 특별조사에는 시가지, 섬지역, 서북선(西北鮮)지방의 특별조사로 구분하였다.

6.2.2. 일필지조사

① 일필지조사는 리동별 집단조사에 의하여 토지신고서를 받아 동리별로 묶은 후 그 토지신고서의 내용에 따라 필지별로 지주조사, 강계조사, 지목조사, 지번조사로 분류하여 시행하였다.

② 지주조사는 임야의 지주조사, 하천, 도로 등의 소유자 조사와 제언의 소유권 조사는 면, 동리 또는 개인의 소유로 신고된 것은 명칭, 내역, 소유권 취득원인을 조사 결정하였다.

③ 강계 및 지역의 조사는 지주총대 등을 입회시켜 해당 토지의 주위에 설치된 표항 및 토지신고서에 기재된 사표에 의하여 인접지와 관계를 조사하였다.

④ 지목조사는 모두 18종으로 크게 3가지로 구별하여 조사하고 조사당시의 형상에 따라 적절하게 결정하였으며, 과세지성과 비과세지성으로 분류하여 시행하였다.

⑤ 지번조사는 토지조사에서 지번은 1동을 통하여 일필지마다 순차로 붙이기로 하고 동북에서 순차적으로 지번을 붙이되 도로, 구거, 하천 등에 대하여는 지번을 부여하지 아니하였다.

⑥ 특별조사는 행정운영이나 토지에 대한 과세의 기술상 필요에 따라 시가지는 특별한 방법으로 조사하고 도서 지방 및 서북지방은 특별히 조사하였다.

⑦ 도부 작성은 개황도, 실지조사부, 토지신고서 및 각종 조서를 말한다.

6.2.3. 임시토지조사국

(1) 임시토지조사국

① 1910년 1월 대한제국 임시재산정리국의 지시에 의거 수립한 계획안을 기초로 3월 탁지부에 토지조사국을 신설하는 토지조사국 관제를 반포하고 8월 23일 토지조사법을 제정하였다.

② 임시토지조사국은 분쟁 사건을 조사·처리하기 위하여 분쟁지조사 규정을 제정하여 고등관으로 조직된 분쟁지 심사위원회를 설치하였다.

(2) 특별조사기관

① 임시토지조사국의 특별 조사기관에서는 특별세부측도 성과검사, 분쟁지조사, 급여 및 장려(壯麗)제도의 조사, 고원(현, 서기관)의 고사(考査), 외업특별검사, 지지자료조사 등의 업무를 수행하였다.

② 특별세부측도 성적검사는 당초 일필지 조사의 방법으로 우선 지압조사반에서 현지를 답사하여 지역적으로 개황도(概況圖)를 작성하였다.

6.2.4. 토지조사위원회

(1) 지방토지조사위원회

① 지방토지조사위원회는 토지조사령의 규정에 의하여 설치된 기관으로 토지조사국장의 토지 사정에 있어서 매 필지의 소유자 및 강계의 조사에 관해 자문하는 기관이다.

② 지방토지조사위원회는 각도에 설치되었으며 위원장 1인, 상임위원 5인, 모두 6인으로 구성하였고 필요할 때에는 정원 외에 3인 이내의 임시위원을 두었다.

③ 위원장은 도장관이 당연직으로 겸임하고 상임위원(5명) 중에서 3명은 도참여관(道參與官) 및 도부장급(道部長級)으로 하고 2명은 도 내의 명망 있는 자 중에서 조선총독이 직접 임명하였다.

(2) 고등토지조사위원회

① 임시토지조사국의 사정에 불만이 있는 자는 고등토지조사위원회에 이의를 신청할 수 있으며 사정 공시기간 만료 후 60일 이내에 불복 신립할 수 있도록 하였다.

② 고등토지조사위원회는 사정에 대한 불복 및 재심의 신청에 대해 재결을 결정하는 기관으로 토지소유권 확정에 관한 최고의 심사기관이었다.

③ 위원회의 구성

- 토지소유권의 확정에 관한 최고의 의결기관이다.
- 위원회의 구성은 1912년 8월 12일 칙령 제3호 조선총독부 고등토지조사위원회 관제에 의하여 설치되었다.
- 직원은 위원장(1인), 위원(9인), 간사(1인), 서기 및 통역생(약간명)으로 구성되었다.
- 총독부정무통감을 위원장으로 하고 위원은 조선총독의 요청에 의하여 3인은 조선총독부 판사를 임명하고 조선총독부 고등관 및 임시토지조사국 고등관 중에서 6인을 임명하였다.
- 서기와 통역생은 조선총독부 고등관 또는 임시토지조사국 판임관 중에서 조선 총독이 임명하였다.

(3) 재결

① 사정에 불만이 있는 경우는 공시 기간 만료 후 60일 이내에 고등토지조사위원회에 불복을 신청하여 재결(裁決)을 하도록 하였다.

② 재결은 토지조사부 및 지적도에 의거 토지소유자 및 그 강계를 확정하는 행정처분인 사정 사항에 대하여 불복할 때 고등토지조사위원회에 요청하는 행위를 말한다.

③ 사정에 불복(不服)이 있는 자는 불복 신립기간을 단축하여 토지소유권의 확정에 관한 재심을 신청할 수 있는 최고 심의기관인 고등토지조사위원회에 재결(裁決)을 청구할 수 있도록 하였다.

④ 사정의 확정 또는 재결이 서류위조 및 불법으로 이루어진 경우에는 3년 이내에 고등토지조사위원회에 재심을 청구할 수 있도록 하였다.

6.2.5. 토지의 사정

① 토지의 사정은 토지조사부 및 지적도에 의하여 토지의 소유자와 강계를 확정하는 강력한 행정처분이었다.

② 토지조사사업 당시 토지경계와 소유권은 임시토지조사국장이 사정하였으며 원시취득의 효력이 있었다.

③ 사정(查定)권자는 임시토지조사국장이 되고 지방토지조사위원회의 자문을 받도록 하였다.

④ 일필지의 지주·강계·지목·지번 조사가 끝난 후에는 최종적으로 사정을 하였다.

⑤ 사정의 확정 또는 재결에 의하여 토지소유권은 절대적으로 확립되었다.

⑥ 토지소유자의 권리는 사정의 확정 또는 재결에 의해 확정되는 것으로 하였다.

⑦ 토지조사 사정은 신고주의 방법에 의하여 신고된 그대로 사정되어 토지의 소유자 및 강계를 확정하는 행정처분이 확정되었다.

(1) 사정방법

① 사정은 토지신고 또는 통지가 있는 날 현재의 토지소유자 및 강계를 기초로 하였다.

② 사정은 토지조사부 및 지적도를 기준으로 하였다.

③ 토지소유자는 자연인과 법인으로 하고 지주가 사망하고 상속자가 결정되지 않은 경우에는 사망자의 명의로 사정하였다.

④ 토지의 실지를 조사한 날의 토지소유자 및 강계를 사정 당일로 하여 사정하도록 하였다.

(2) 사정의 공시

① 사정의 공시이유는 토지소유자 및 이해관계인에 대하여 사정의 결과를 종람(縱覽)시키는데 그 내용을 30일간 공시하도록 하였다.

② 토지조사부 및 지적도는 토지소재의 부, 군청에 비치하여 30일간 종람하도록 하였다.

③ 사정 내용이 이전의 증명 또는 등기와 저촉될 경우 증명 또는 등기를 말소하면서 사정의 효력은 법률적인 결정보다 상위에 있었다.

6.3. 측량 업무

측량 업무는 삼각측량, 도근측량, 일필지측량, 면적계산, 제도, 이동지측량, 지형측량 등 7종류로 분류하였으며 내업과 외업으로 구분하고 내업은 사무실에서 외업에 대한 검사 및 정리 등의 작업이고 외업은 현지에서 조사와 측량에 관한 작업이다.

6.3.1. 험조측량

① 험조장 설치목적은 해안의 여러 곳에 중등조위를 결정하여 수준측량의 기초로 하였다.

② 청진, 원산, 목포, 진남포, 인천 등의 5개 지역에 험조장을 설치하고 자동기록 험조의를 설치하여 1년 이상 관측한 결과로 평균중등수위를 산출하였다.

③ 위치 선정은 그 지점의 최저 및 최고조위의 변화를 조사하고 해안선의 형상, 해저의 깊이, 조류의 속도, 유수 및 풍향 등을 고려하여 결정하였다.

④ 청진과 원산으로부터 시작하여 목포, 진남포 및 인천의 순서로 착수하였다.

6.3.2. 일필지측량

① 일필지측량은 조사를 마친 토지의 경계를 측정해서 원도를 작성하여 지적도 작성의 기본으로 하고 도면상에서 면적을 산정하여 토지대장 작성의 자료를 제공하는 업무이다.

② 일필지측량은 삼각점과 도근점에 기초하여 소유권의 조사를 끝낸 토지의 강계를 도해법이라고 하는 평판측량에 의하여 측정하는 업무를 말한다.

③ 일필지 측량의 축척은 일반적으로 1/1,200을 사용하고 시가지는 1/600, 서북선 지방 또는 섬 지역은 1/2,400을 채택하였다.

④ 일필지경계 및 기타측량에는 지형·지물의 상황에 따라 도선법·교회법·광선법 또는 종횡법 중에서 측량방법을 선정하였다.

⑤ 지적도 축척은 1/600, 1/1,200, 1/2,400으로 작성하였으며 측량에 사용하는 기구는 평판, 삼각, 조준의, 방광나침, 표간, 권척, 제도 기구, 측량원도 용지이다.

⑥ 특별측량은 시가지, 섬 지역 및 서북선 지역에서 실시하였다.

6.4. 임야조사사업

6.4.1. 개요

(1) 사업의 목적

① 위치와 형상을 도면에 표시하여 경계를 명확히 하기 위한 것이다.

② 애매모호한 권리관계로 분쟁이 심한 임야의 소유권을 법적으로 확정하기 위한 것이다.

③ 임야에 대한 토지의 이용과 거래에 필요한 기본 자료로 제공하기 위한 것이다.

④ 토지조사와 함께 지세부담의 균형을 조정하여 국가재정의 기초를 확립하기 위한 것이다.

⑤ 임야조사사업의 목적은 임야 및 임야 내에 개재하는 임야 이외의 토지의 소유자와 그 경계를 결정하였다.

(2) 사업의 특징

① 토지조사사업에 비해 숙련된 기술자를 활용함으로써 적은 인원으로 업무를 수행하였다.
② 토지조사사업을 시행하면서 축적된 기술을 이용하여 사업을 완성하였다.
③ 토지조사사업에 비해 면적은 넓지만 적은 예산으로 사업을 완성하였다.
④ 임야는 토지에 비하여 경제적 가치가 낮아 정확도가 낮은 소축척을 사용하였다.

6.4.2. 사정

① 조선임야조사령에 의한 사정은 임야와 임야 안에 개재한 임야 이외의 토지에 대하여 실시한 행정처분이다.
② 사정권자인 도지사는 조사·측량한 사항을 심사하고 일필지마다 그 토지의 소유자와 경계를 임야조사서와 임야도에 의하여 사정하였다.
③ 30일간 토지 소재의 부·군청에 공시하여 일반인에게 종람(縱覽)하도록 하였다.
④ 권리의 확정은 사정 또는 재결에 의하여 확정하는 것으로 사정에 대하여 불복이 있는 자는 공시기간 만료 후 60일 이내에 임야조사위원회에 재결을 구할 수 있었다.
⑤ 임야의 소유권은 임야조사령이 규정한 바에 의한 행정처분으로 사정의 확정 또는 재결은 사유의 여하를 불문하고 소송을 할 수 없었다.
⑥ 임야조사 이전의 모든 사유는 사정으로 단절되고 사정은 부윤, 면장으로부터 송부된 조사도서, 분쟁지조서, 의문이 있는 토지조서를 심사하였다.

6.5. 토지검사와 지압조사

6.5.1. 토지검사

① 지세 관계법령의 규정에 따라 세무관리(稅務官吏)는 토지의 검사를 할 수 있게 되었는데 토지검사는 토지검사(土地檢査)와 지압조사(地壓調査)로 분류된다.
② 토지검사는 과세의 징수를 목적으로 하는 검사이며 지압조사는 토지의 이동을 검사하는 데 목적을 두고 있다.
③ 토지검사와 지압검사 모두 소관청에 신고하여 검사를 받게 되어있으나 사실대로 신고하지 않을 경우와 신고가 이행되지 않을 때는 지적소관청이 직권으로 조사하기도 하였다.
④ 일반적인 토지검사와 구별하고 있으나 지압조사와 토지검사는 넓은 의미에서는 토지검사라고 할 수 있다.
⑤ 토지검사는 매년 6월에서 9월 사이에 실시함을 원칙으로 하였으나 필요한 때에는 수시로 할 수 있게 하였다.
⑥ 토지검사는 비과세지성과 지적(地籍)오류정정 등이 있을 경우에 시행하였다.
⑦ 검사 대상

- 비과세지성(국유지성 제외)
- 분할지의 지위품 등이 동일하지 않는 경우
- 지목 및 임대가격의 설정 또는 수정
- 각종 면세년기, 감세년기 또는 연기연장
- 재해지 면세 및 사립학교 용지 면세
- 지적오류정정 등이 있을 때

6.5.2. 지압조사

① 지압조사(地押調査)는 토지검사와는 달리 토지의 이동사실 여부를 확인하고 지적공부에 등록하기 위하여 조사하는 것이다.

② 토지의 이동이 있을 경우는 토지소유자가 지적소관청에 신고하도록 되어 있으나 신고가 이행되지 않을 경우에 이동지를 조사 발견할 목적으로 국가가 직접 현지조사를 하는 경우를 말한다.

③ 지압조사는 무신고 이동지를 발견하기 위하여 실지와 도면을 대조하여 그 이동의 유무를 검사하는 방법이다.

④ 신고와 신청을 전제로 하지 않는다는 특징이 있다.

⑤ 지압조사에서 발견된 무신고 이동지는 소관청의 직권으로 지적공부를 정리하였다.

⑥ 지압조사는 지적약도 또는 임야약도를 실지에 휴대하고, 정(町), 리(里), 동(洞) 단위로 시행하였다.

⑦ 지압조사를 시행할 구역 내의 지적약도 및 임야약도에 대해서는 미리 이동정리의 적부(適否)를 조사하여 누락(漏落)된 부분은 보완(補完)조치 하였다.

핵 / 심 / 문 / 제

Chapter 06

토지조사사업

1. 토지조사사업에 대한 설명으로 틀린 것은?

① 지적제도와 등기제도 등 증명제도를 제도적으로 보장하기 위한 것이다.
② 토지에 대한 정량성과 통일성을 확립하지 못하였다.
③ 지세 수입의 증대를 위하여 은결(隱缺) 등을 찾아내어 세원을 확보하기 위한 것이다.
④ 일본 이민자에게 토지를 불하하여 일본 식민에 대한 제도적 지원대책을 확립하기 위한 것이다.

| 해설 |
토지조사사업은 사법적인 성격을 갖고 업무를 수행하였으며 연속성과 통일성을 확립하려고 하였다.

정답 ②

2. 토지조사사업에 대한 설명으로 틀린 것은?

① 토지조사사업은 일제가 식민지정책의 일환으로 실시하였다.
② 토지조사사업의 내용은 토지소유권 조사, 토지가격조사, 지형지모조사가 있다.
③ 토지조사사업은 사법적인 성격을 갖고 업무를 수행하였으며 연속성과 통일성이 있도록 하였다.
④ 축척 2만5천분의 1 지형도를 작성하기 위해 축척 3천분의 1과 6천분의 1을 사용하여 세부측량을 함께 실시하였다.

| 해설 |
축척은 전국적으로 5만분의 1 지형도를 작성할 지형측량도의 세부측량을 토지조사국에서 함께 실시하게 되어 1913년 4월 토지조사사업의 실시계획을 수정하였다.

정답 ④

3. 토지조사사업에 대한 설명으로 틀린 것은?

① 사정권자는 임시 토지조사국장이었다.
② 조사측량기관은 임시 토지조사국이었다.
③ 도면 축척은 1/1,200, 1/2,400, 1/3,000이었다.
④ 조사 대상은 전국 평야부의 토지 및 낙산임야이다.

| 해설 |
토지조사사업 당시 지적도의 축척은 시가지(1/600), 평야지(1/1,200), 산간지(1/2,400)이며 임야도의 축척은 시가지(1/3,000), 기타 지역(1/6,000)이다.

정답 ③

4. 토지조사에 따른 지적제도 확립에 대한 설명이 틀린 것은?

① 측량성과에 의거 토지의 소재, 지번, 지목, 면적과 소유권을 조사하여 토지대장에 등록하였다.
② 토지의 경계와 소유권은 고등토지조사위원회에서 사정하였다.
③ 토지의 일필지에 대한 위치 및 형상과 경계를 측정하여 지적도에 등록하였다.
④ 사정은 강력한 행정처분을 확정하는 원시취득의 효력이 있었다.

| 해설 |
토지의 경계와 소유권은 임시토지조사국장이 사정하였으며 사정에 대하여 불복이 있는 자는 고등토지조사위원회에 그 재결을 얻었다.

정답 ②

5. 다음 중 토지조사의 목적이 아닌 것은?

① 국내 산업자본가의 토지점유 보장
② 토지 소유의 증명제도를 확립
③ 세원을 확보하기 위한 조세 수입체계를 확립
④ 토지에 대한 정량성을 지닌 면적 단위의 통일성 확립

| 해설 |
토지조사사업의 목적
① 등기제도, 지적제도에 대한 체계적인 증명제도를 확립하기 위한 것
② 지세 수입을 증대하기 위한 조세수입 체제를 확립하기 위한 것
③ 국유지(관유지와 궁장토)를 조사하여 조선총독부의 소유지를 확보하기 위한 것
④ 토지조사사업 이전에 진출한 일본 상업 고리대 자본을 합법화하여 보장하는 법률적 제도를 확립하기 위한 것.
⑤ 토지 지형·지모를 조사하여 식량 수출 증대정책에 대응하는 토지조사를 실시하기 위한 것
⑥ 일본인에게 토지를 저렴한 가격으로 불하시켜 주기 위한 제도적 보장조치를 확립하기 위한 것
⑦ 개간 가능한 미개간지를 조사하여 일본인에게 불하하고 지대(地代)수입을 증가시키기 위한 것
⑧ 우리나라 소작농을 임금노동자로 흡수할 수 있는 구조적 기초를 확립하기 위한 것
⑨ 토지에 대한 정량성을 지닌 면적 단위의 통일성 확립하기 위한 것

정답 ①

6. 토지조사사업의 목적과 가장 거리가 먼 것은?

① 토지 소유의 증명제도 확립
② 토지 소유의 합리화
③ 국토개발계획의 수립
④ 토지의 면적 단위 통일

| 해설 |
토지조사사업의 목적은 소유권증명제도 및 조세 수입체제 확립, 총독부 소유지의 확보, 소작농의 노동 인력 흡수로 토지 소유 형태의 합리화, 면적 단위의 통일성 확보 등이다.

정답 ③

7. 토지조사사업의 특징으로 틀린 것은?

① 근대적 토지제도가 확립되었다.
② 사업의 조사, 준비, 홍보에 철저를 기하였다.
③ 역둔토 등을 사유화하여 토지소유권을 인정하였다.
④ 도로, 하천, 구거 등을 토지조사사업에서 제외하였다.

| 해설 |

토지조사사업의 특징
① 토지수탈과 조세정책에 직접 관련된 것으로 사법적인 성격을 갖고 업무를 수행하였으며 연속성과 통일성을 확립하려고 하였다.
② 일본인의 토지점유와 매입에 장애요인이 된 소작농의 관습상의 경작권, 도지권 등 소작농의 모든 권리를 소멸시켰다.
③ 우리나라의 근대적 토지 소유제도가 확립되었다.
④ 토지소유권을 확정하고 지세부과 원칙을 설정해 새로운 지세제도를 확립하였다.
⑤ 토지대장에 등록하여 토지소유권을 확정하는 등기제도를 도입하였다.
⑥ 토지조사사업 결과 새로운 행정조직의 관할 구역이 분명하게 구분하였다.
⑦ 역둔토 등은 국유지로 편입하고, 사업의 조사, 준비, 홍보에 철저를 기하였다.
⑧ 도로, 하천, 구거 등을 토지조사사업에서 제외하였다.

정답 ③

8. 토지조사사업의 내용이 아닌 것은?

① 지적제도와 부동산 등기제도의 확립을 위한 토지소유권 조사
② 지세제도의 확립을 위한 토지의 가격조사
③ 체계적인 토지관리를 위한 행정구역 조사
④ 국토의 지리를 밝히는 토지의 외모 조사

| 해설 |

토지조사사업의 내용
① 지적제도와 등기제도의 확립을 위한 토지소유권조사
② 지세제도의 확립을 위한 토지가격조사
③ 국토를 체계적으로 정리하기 위한 지형지모조사

정답 ③

9. 다음 중 토지조사사업의 조사내용에 해당하지 않는 것은?

① 지가의 조사
② 토지소유권의 조사
③ 지압조사
④ 지형·지모의 조사

| 해설 |

토지조사사업의 내용은 지적제도와 부동산 등기제도의 확립을 위한 토지소유권 조사, 지세제도의 확립을 위한 토지의 가격조사, 국토의 지리를 밝히는 토지의 외모 조사 등이다.

정답 ③

10. 「토지조사령」은 그 본래의 목적이 일제가 우리나라의 민심 수습과 토지 수탈의 목적으로 제정되었다고 볼 수 있다. 토지조사령은 토지에 대한 과세에 큰 비중을 두었으며, 토지조사는 세 가지 분야에 걸쳐 시행되었다. 다음 중 토지조사에 해당하지 않는 것은?

① 지가조사 ② 소유권조사
③ 지(형)모조사 ④ 측량성과조사

| 해설 |

토지조사는 지적제도와 부동산 등기제도의 확립을 위한 토지소유권조사, 지세제도의 확립을 위한 토지의 가격조사, 국토의 지리를 밝히는 토지의 외모 조사 등이다.

정답 ④

11. 토지조사사업의 내용으로 볼 수 없는 것은?

① 행정구역 명칭 ② 경지의 경계
③ 질권 및 저당권 ④ 개인의 재물조사

| 해설 |

토지조사사업의 예비 모범조사 내용은 행정구역의 명칭, 경지의 경계, 산림 원야의 경계, 토지의 명칭 및 사용특징, 토지표시 부호, 결수 등급별 구분, 토지소유권, 질권 및 저당권, 소작인과 지주와의 관계 등을 조사 등이다.

정답 ④

12. 토지조사사업의 부대 업무에 해당하는 것은?

① 토지의 명칭 및 사용 목적
② 과세지와 비과세지
③ 인사
④ 역둔토 조사

| 해설 |

토지조사사업의 부대 업무는 지적조사, 역둔토 조사, 지적약도의 작성, 지형도의 작성, 지지자료의 조사 및 편찬사무 등이다.

정답 ④

13. 다음 중 토지조사사업의 일필지 조사내용에 해당하지 않는 것은?

① 임차인 조사
② 지목의 조사
③ 경계 및 지역의 조사
④ 증명 및 등기필 토지의 조사

| 해설 |

일필지 조사업무는 지주의 조사, 강계 및 지역(地域)의 조사, 지목의 조사, 지번의 조사, 증명 및 등기지(登記地)의 조사가 있다.

정답 ①

14. 토지조사사업 당시 별필(別筆)로 하였던 경우가 아닌 것은?

① 분쟁지로서 명확한 경계나 권리 한계가 불분명한 것
② 도로, 하천, 구거 등에 의하여 자연으로 구획된 것
③ 전당권 설정의 증명이 있는 경우 그 증명마다 별필로 취급한 것
④ 조선총독부가 지정한 공공단체 소유의 공공 토지

| 해설 |
분쟁에 관계되는 토지 및 시가지에서는 벽돌담, 돌담 등 영구적인 지물로 구획된 토지

정답 ①

15. 임시토지조사국의 성격에 대한 설명으로 옳은 것은?

① 사법기관 ② 공공단체
③ 국가 행정기관 ④ 지방자치단체

| 해설 |
1910년 10월 조선총독부 안에 임시토지조사국을 설치하여 본격적인 토지조사사업을 시행한 국가 행정기관이다.

정답 ③

16. 임시토지조사국의 특별 조사기관에서 수행한 업무가 아닌 것은?

① 외업 특별검사 ② 증명 및 등기 필지 조사
③ 분쟁지 조사 ④ 지지(地誌)자료조사

| 해설 |
임시토지조사국의 특별 조사기관에서는 특별세부 측도 성과검사, 분쟁지 조사, 급여 및 장려(壯麗)제도의 조사, 고원(현, 서기관)의 고사(考査), 외업 특별검사, 지지자료조사 등의 업무를 수행하였다.

정답 ②

17. 우리나라 토지조사사업 당시 조사·측량 기관은?

① 부와 면 ② 임야조사위원회
③ 임시토지조사국 ④ 토지조사위원회

| 해설 |
조사측량기관으로 토지조사사업 당시에는 임시토지조사국에서 실시하고 임야조사사업 당시에는 부와 면에서 실시하였다.

정답 ③

18. 지방토지조사위원회에 대한 설명으로 옳지 않은 것은?

① 위원장 1인과 상임위원 5인으로 구성되었다.
② 토지 사정의 자문기관이다.
③ 위원장은 조선총독부 정무총감이 맡았다.
④ 각 도에 설치하였다.

| 해설 |
지방토지조사위원회는 각 도에 설치하였으며 위원장(1명)은 도지사가 되고 상임위원(5명) 중에서 3명은 도참여관, 도의 부장급, 2명은 도 내의 명망 있는 자 중에서 추천하였다.

정답 ③

19. 1910년대 토지조사사업 당시 "고등토지조사위원회"의 기능에 해당하는 것은?

① 사정 ② 재결
③ 조사 ④ 심의

| 해설 |
토지조사사업 당시 불복 신립 및 재결을 행하는 토지소유권의 확정에 관한 최고의 심의기관이다.

정답 ②

20. 토지조사사업 당시 토지의 사정에 대하여 불복이 있는 경우 이의 재결 기관은?

① 도지사
② 임시토지조사국장
③ 고등토지조사위원회
④ 지방토지조사위원회

| 해설 |
사정에 불복(不服)이 있는 자는 불복 신립기간을 단축하여 토지소유권의 확정에 관한 재심을 신청할 수 있는 최고 심의기관인 고등토지조사위원회에 재결(裁決)을 청구할 수 있도록 하였다.

정답 ③

21. 토지조사사업의 사정에 불복하는 자는 공시 기간 만료 후 며칠 이내에 고등토지조사위원회에 재결을 신청하여야 하는가?

① 10일 ② 30일
③ 60일 ④ 90일

| 해설 |
임시토지조사국의 사정에 불만이 있는 경우는 공시기간 만료 후 60일 이내에 고등토지조사위원회에 불복을 신청하여 재결(裁決)을 하도록 하였다.

정답 ③

22. 토지조사 때 사정한 경계에 불복하여 고등토지조사위원회에서 재결한 결과 사정한 경계가 변경되는 경우 그 변경의 효력이 발생되는 시기는?

① 재결일 ② 재결서 통지일
③ 재결서 접수일 ④ 사정일에 소급

| 해설 |

토지의 사정은 이를 30일간 공시하고 불복하는 자는 60일 이내 고등토지조사위원회에 재결을 요청하였다. 이때 사정 사항에 불복하여 재결을 받은 때의 효력 발생은 사정 일로 소급하였다.

정답 ④

23. 사정(査定)에 관한 설명으로 틀린 것은?

① 토지의 사정은 소유자와 그 강계를 확정하는 행정처분이다.
② 토지의 사정은 행정관청인 임시토지조사국장에게 전속된 권한이었다.
③ 사정된 토지의 경계는 강계선이라 하였다.
④ 모든 토지의 등록지는 임시토지조사국장이 소유자와 강계를 사정하였다.

| 해설 |

토지대장 등록지는 임시토지조사국장이 소유자와 강계를 사정하고, 임야대장 등록지는 도지사가 소유자와 강계를 사정하는 제도를 채택하였다.

정답 ④

24. 토지조사사업 시의 사정(査定)에 대한 설명으로 옳지 않은 것은?

① 사정권자는 당시 고등토지위원회의 장이었다.
② 토지소유자 및 그 강계를 확정하는 행정처분이다.
③ 시정권자는 사정을 하기 전 지방토지위원회의 자문을 받았다.
④ 토지의 강계는 지적도에 등록된 토지의 경계선인 강계선이 대상이었다.

| 해설 |

사정(査定)권자는 임시토지조사국장이 되고 지방토지조사위원회의 자문을 받도록 하였다.

정답 ①

25. 우리나라 토지조사사업 당시 사정의 확정에 대한 설명으로 틀린 것은?

① 사정의 효력은 법률적인 결정보다 상위에 있었다.
② 사정은 토지의 소유자 및 경계를 확정하는 행정처분이다.
③ 사정의 확정에 의한 토지소유권은 절대적으로 확립된 것이었다.
④ 토지조사 이전의 모든 사항은 연계된 것으로 보아야 한다.

| 해설 |

사정은 토지의 소유자 및 경계를 확정하는 행정처분으로 토지조사사업 이전의 사항과는 별개로 하였으며 만약에 이의가 있으면 고등토지조사위원회에 불복을 신청하여 재결하도록 하였다.

정답 ④

26. 토지조사사업 당시 사정(査定)의 처분 행위는?

① 행정처분 ② 사법행위
③ 등기공시 ④ 재결행위

| 해설 |

사정은 토지조사부와 지적도에 의하여 토지의 소유자와 그 강계를 확정하는 행정처분이다.

정답 ①

27. 토지조사사업 당시의 사정 사항으로 옳은 것은?

① 지번과 경계 ② 지번과 지목
③ 지번과 소유자 ④ 소유자와 경계

| 해설 |

사정은 토지의 소유자와 그 강계를 확정하는 행정처분이다.

정답 ④

28. 토지조사사업 당시 토지에 관한 사정(査定)권자는?

① 토지조사국장 ② 임시토지조사국장
③ 시장, 군수 ④ 도지사

| 해설 |

토지조사사업 당시 사정(査定)권자는 임시토지조사국장이 하였다.

정답 ②

29. 토지조사에 따른 경계와 소유자의 사정 기관으로 맞는 것은?

① 고등법원장 ② 조선총독부 정무총감
③ 지방법원장 ④ 임시토지조사국장

| 해설 |

토지조사사업에서 토지소유자와 강계를 법적으로 확정하기 위해서는 사정을 하였고 사정권자는 임시토지조사국장이다.

정답 ④

30. 토지조사사업 시에 소유자에 관하여는 사정(査定)을 하였는데 이때 사정(査定)의 뜻으로 볼 수 있는 것은?

① 원래의 소유권을 재확인
② 원래의 소유권을 공증
③ 원래의 소유권과 무주 토지소유권을 확정
④ 원래의 소유권을 소멸하고 새로이 소유권 취득

| 해설 |

사정의 확정은 토지에 대한 새로운 소유관계가 발생한 것으로 모든 토지소유주는 사정을 통해 소유권을 처음으로 취득한 것으로 원시취득의 효력을 가졌다.

정답 ④

31. **토지조사사업 결과로 토지대장에 사정(査定)하여 등록한 소유자의 물권적 의미는?**

① 기존소유권의 확인 ② 원시취득
③ 승계취득 ④ 소유권 공증

| 해설 |
사정은 토지조사부와 지적도를 기준으로 실시하였는데 사정의 효력은 원시취득과 같은 효력을 발생하도록 하였다.

정답 ②

32. **토지조사사업 당시 분쟁의 원인에 해당하지 않은 것은?**

① 미개간지
② 토지소속의 불분명
③ 역둔토의 정리 미비
④ 토지점유권 증명의 미비

| 해설 |
분쟁의 원인은 토지소속의 불분명, 역둔토 등의 정리 미비, 세제의 결함, 미간지, 제언의 모경, 토지소유권 정리의 불비, 권리 서식의 불비 등이다.

정답 ④

33. **토지소유권의 사정 결과 이의 내용에 불복하는 사람이 공시 기간 만료 후 신청할 수 있는 기간은?**

① 150일 이내 ② 60일 이내
③ 90일 이내 ④ 120일 이내

| 해설 |
사정에 대한 불복(不服)은 공시기간 만료(滿了)후 60일 이내에 고등토지조사위원회에 이의를 제출하여 그 재결을 구할 수 있었다.

정답 ②

34. **토지조사사업에서 측량에 관계되는 사항을 구분한 7가지 항목에 해당하지 않은 것은?**

① 삼각측량 ② 천문측량
③ 지형측량 ④ 이동지측량

| 해설 |
토지조사사업에서 측량 업무는 삼각측량, 도근측량, 세부측량, 면적계산, 지적도 작성, 이동지측량, 지형측량으로 구분하여 시행하였다.

정답 ②

35. **토지조사령에 따른 세부 측도에서 가장 많이 쓰인 지적 측량기준점은?**

① 대삼각점 ② 소삼각점
③ 지적보조삼각점 ④ 지적도근점

| 해설 |
토지조사사업 당시 세부측도에 가장 많이 사용된 지적측량기준점은 지적도근점이다.

정답 ④

36. **토지조사사업 당시 험조장의 위치를 선정할 때 고려사항이 아닌 것은?**

① 조류의 속도 ② 해저의 깊이
③ 유수 및 풍향 ④ 선착장의 편리성

| 해설 |
험조장의 위치 선정은 그 지점의 최저 및 최고조위의 변화를 조사하고 해안선의 형상, 해저의 깊이, 조류의 속도, 유수 및 풍향 등을 고려하여 결정하였다.

정답 ④

37. **토지조사사업 당시 일필지 측량에서 특별측량을 시행하였던 지역이 아닌 곳은?**

① 시가지 지역 ② 섬지역
③ 서북선 지방 ④ 농경 지역

| 해설 |
특별측량은 시가지, 섬 지역 및 서북선 지방에서 실시하였다.

정답 ④

38. **임시토지조사국에서 지형측량을 시행하게 된 가장 큰 이유는?**

① 측량지역이 넓기 때문에
② 측량 장비가 갖추어져 있기 때문에
③ 측량기술자가 남아돌기 때문에
④ 지형측량에 쓰는 소도는 지적도를 축도하여 만들기 때문에

| 해설 |
지형측량은 기준점(삼각점, 도근점)과 토지의 경계점 등을 기초로 세밀한 지형측량을 시행하는 것 보다는 지적도를 축도하여 지형도를 작성하였다.

정답 ④

39. **임시토지조사국에서 시행한 역둔토 조사의 가장 큰 목적은?**

① 역둔토를 합병하는 것
② 역둔토의 지목을 변환하는 것
③ 토지대장에 등록된 역둔토를 소작인별로 분할하는 것
④ 잘못 사정된 역둔토의 시정을 하는 것

| 해설 |

역둔토 조사의 주요 목적은 토지대장에 등록된 1필지의 역둔토를 소작인별로 분할하고 미등록토지에 대해서는 새로 조사하여 소작인을 밝히고 면적을 측정하여 역둔토 대장을 만드는 데 있었다.

정답 ③

40. 지주총대의 사무에 해당하지 않는 것은?

① 동리의 경계 및 일필지 조사의 안내
② 신고서류 취급 처리
③ 소유자 및 경계 사정
④ 경계표에 기재된 성명 및 지목 등의 조사

| 해설 |

지주총대의 사무
① 임야조사의 취지를 주지하고 동리의 경계 및 일필지 조사의 안내
② 신고서류 취급 처리와 경계표 설치 및 보존
③ 신고서와 경계표에 기재된 성명 및 지목 등의 조사
④ 임야소유자 또는 국유임야 연고자 및 이해관계자의 실지입회와 소환에 관한 것
⑤ 임야의 이동에 관한 것 및 부윤(시장) 또는 면장이 필요로 한 사무 등

정답 ③

41. 임시토지조사국에서 실시한 이동지 정리의 대상이 되지 않는 것은?

① 소유권 이전
② 지목변경
③ 분할
④ 경작자의 변동

| 해설 |

이동지 정리의 대상은 소유권 이전, 민유지와 국유지의 구별, 주소·성명의 변경, 지목변경, 분할, 합병 등이다.

정답 ④

42. 임야조사사업에 대한 설명으로 틀린 것은?

① 조사 및 측량기관은 부 또는 면이다.
② 임야조사사업 당시 사정의 대상은 소유자 및 경계이다.
③ 토지조사에서 제외된 임야 등의 토지에 대한 행정처분이다.
④ 사정권자는 지방토지조사위원회의 자문을 받아 당시 토지조사국장이 실시하였다.

| 해설 |

토지조사사업에서 토지소유자와 강계를 법적으로 확정하기 위해서는 사정을 하였고 사정권자는 임시토지조사국장이 되고 지방토지조사위원회의 자문을 받도록 하였다.

정답 ④

43. 임야조사사업에 대한 설명으로 옳지 않은 것은?

① 토지조사사업에 제외된 임야를 대상으로 하였다.
② 1916년 시험 조사로부터 1924년까지 시행하였다.
③ 임야 내에 개재된 임야 이외의 토지를 대상으로 하였다.
④ 농경지 사이에 있는 5만평 이하의 낙산임야를 대상으로 하였다.

| 해설 |

농경지 사이에 있는 5만평 이하의 낙산임야의 등록은 토지조사사업 당시에 시행하였다.

정답 ④

44. 임야조사사업에 대한 설명으로 옳은 것은?

① 1912년 토지조사령, 조선민사령을 공포하여 시작하였다.
② 1916년부터 1924년에 사업을 완료하였다.
③ 궁장토를 조사하여 조선총독부의 소유지를 확보하기 위한 것이다.
④ 고등토지조사위원회는 임야조사사업의 최고 심의기관이었다.

| 해설 |

임야조사사업은 1916~1924년 시행되었으며 조사측량기관은 부(府)나 면(面)이다.

정답 ②

45. 임야조사사업의 목적에 해당하지 않는 것은?

① 소유권을 법적으로 확정
② 임야정책 및 산업건설의 기초자료 제공
③ 지세 부담의 균형 조정
④ 지방재정의 기초 확립

| 해설 |

임야조사사업의 목적
① 사업의 목적은 부동산 표시에 반드시 필요한 지번을 창설하였다.
② 위치와 형상을 도면에 표시하여 경계를 명확히 하기 위한 것이다.
③ 애매모호한 권리관계로 분쟁이 심한 임야의 소유권을 법적으로 확정하기 위한 것이다.
④ 임야에 대한 토지의 이용과 거래에 필요한 기본 자료로 제공하기 위한 것이다.
⑤ 토지조사와 함께 지세부담의 균형을 조정하여 국가재정의 기초를 확립하기 위한 것이다.
⑥ 임야조사사업의 목적은 임야 및 임야 내에 개재하는 임야 이외의 토지의 소유자와 그 경계를 결정하였다.

정답 ④

46. 임야조사사업의 특징에 대한 설명으로 옳지 않은 것은?

① 토지조사사업에 비해 적은 인원으로 업무를 수행하였다.
② 토지조사사업을 시행하면서 축적된 기술을 이용하여 사업을 완성하였다.
③ 면적이 넓어 토지조사사업에 비해 많은 예산을 투입하여 사업을 완성하였다.
④ 임야는 토지에 비하여 경제적 가치가 낮아 정확도가 낮은 소축척을 사용하였다.

| 해설 |
사업의 특징
① 토지조사사업에 비해 숙련된 기술자를 활용함으로써 적은 인원으로 업무를 수행하였다.
② 토지조사사업을 시행하면서 축적된 기술을 이용하여 사업을 완성하였다.
③ 토지조사사업에 비해 면적은 넓지만 적은 예산으로 사업을 완성하였다.
④ 임야는 토지에 비하여 경제적 가치가 낮아 정확도가 낮은 소축척을 사용하였다.

정답 ③

47. 임야조사사업의 실시 연대는?

① 1910~1924년 ② 1916~1924년
③ 1913~1919년 ④ 1910~1918년

| 해설 |
1916~1924년 시행된 임야조사사업의 조사측량기관은 부나 면이며 소유자와 경계에 대한 사정권자는 도지사이다.

정답 ②

48. 임야조사사업의 조사와 측량기관은?

① 임시토지조사국 ② 도지사
③ 부, 면 ④ 임야심사위원회

| 해설 |
임야조사사업에서 사정 기관은 도지사, 재결기관은 임야조사위원회, 측량기관은 부와 면에서 실시하였다.

정답 ③

49. 임야조사사업에서 실시한 일필지의 경계측량에서 그 경계를 측정하는 방법으로 사용되지 않았던 것은?

① 도선법 ② 지거법
③ 교회법 ④ 광선법

| 해설 |
임야도 작성에 필요한 일필지 측량은 평판측량으로 지역별로 교회법, 도선법, 광선법, 종횡법 등에 의해서 일필지 측량을 시행하였다.

정답 ②

50. 임야조사사업 당시의 사정(査定) 기관으로 옳은 것은?

① 도지사 ② 읍·면장
③ 임야조사위원회 ④ 임시토지조사국장

| 해설 |
임야조사사업 당시 사정은 도지사가 하고 재결은 임야조사위원회가 하였다.

정답 ①

51. 임야조사위원회에 대한 설명으로 옳지 않은 것은?

① 위원장과 위원으로 조직된 합의체의 부제(部制)로 운영한다.
② 위원장은 조선총독부 정무총감으로 하였다.
③ 재결에 대한 특수한 재판기관으로 종심이라 할 수 있다.
④ 위원장은 내무부장인 사무관을 도지사가 임명하였다.

| 해설 |
④는 임야심사위원회는 위원장과 위원 6명으로 편성하고, 위원장은 내무부장인 사무관을, 위원은 도의 고등관 중에서 도지사가 임명하였다.

정답 ④

52. 우리나라 임야조사사업 당시의 재결기관으로 옳은 것은?

① 고등토지조사위원회 ② 세부측량검사위원회
③ 임야조사위원회 ④ 도지사

| 해설 |
임야조사사업은 1916~1924에 시행되었으며 사정은 도지사, 재결기관은 임야조사위원회, 측량기관은 부와 면에서 실시하였다.

정답 ③

53. 다음 중 임야조사사업 당시 도지사가 사정한 경계 및 소유자에 대해 불복이 있을 경우 사정 내용을 번복하기 위해 필요하였던 처분은?

① 임시토지조사국장의 재사정
② 임야조사위원회의 재결
③ 관할 고등법원의 확정판결
④ 고등토지조사위원회의 재결

| 해설 |
임야조사사업 당시 도지사가 사정한 경계 및 소유자에 대해 불복이 있을 경우 사정 내용을 번복하기 위해서는 임야조사위원회의 재결을 받았다.

정답 ②

54. 임야조사사업 당시 토지의 소유자와 강계를 사정한 후 이의 내용에 불복하는 사람이 공시 기간 만료 후 신청할 수 있는 기간은?

① 100일 ② 120일 ③ 90일 ④ 60일

| 해설 |

임야조사사업 당시 토지의 소유자와 강계를 사정한 후 이의 내용에 불복이 있는 자는 공시기간 만료 후 60일 이내에 임야조사위원회에 재결을 구할 수 있었다.

정답 ④

55. 임야조사사업 당시 소유자 사정에 대한 불복이 있어 임야조사위원회에서의 사정과 다르게 재결을 한 경우 그 변경의 효력 발생 시기는?

① 사정 일에 소급 ② 재결서 접수일
③ 재결일 ④ 재결서 통지일

| 해설 |

사정 사항에 불복하여 재결을 받은 때의 효력 발생은 사정 일로 소급하였다.

정답 ①

56. 토지조사 및 임야조사사업 시에 사정 사항으로서 소유자를 사정하였다. 물권객체로서의 소유자 사정의 본질이라 할 수 있는 것은?

① 기존 소유자의 확인
② 소유권의 이전
③ 기존소유권의 승계
④ 기존소유권의 공증

| 해설 |

토지조사사업 당시에 실시한 소유권에 대한 사정은 기존의 소유권을 확인하고 인정하는 절차로 파악할 수 있다.

정답 ①

57. 토지조사사업 및 임야조사사업에 대한 설명으로 옳은 것은?

① 임야조사사업의 사정 기관은 도지사였다.
② 토지조사사업의 사정 기관은 시장, 군수였다.
③ 토지조사사업 당시 사정의 공시는 60일간 하였다.
④ 토지조사사업의 재결 기관은 지방토지조사위원회였다.

| 해설 |

1916~1924년 시행된 임야조사사업의 조사측량기관은 부(府)나 면(面)이며 소유자와 경계에 대한 사정권자는 도지사였다.

정답 ①

58. 토지조사사업과 임야조사사업에 관한 사항으로 옳지 않은 것은?

	토지조사사업	임야조사사업
① 기 간	1910－1918년	1916－1924년
② 사정기관	임시토지조사국장	도지사
③ 재결기관	고등토지조사위원회	임야조사위원회
④ 측량기관	임시토지조사국	임야조사국

| 해설 |

조사측량기관으로 토지조사사업 당시에는 임시토지조사국에서 실시하고 임야조사사업 당시에는 부와 면에서 실시하였다.

구분	기간	측량기관	사정 기관	재결기관
토지조사 사업	1910~ 1918년	임시토지 조사국	임시토지 조사국장	고등토지조사 위원회
임야조사 사업	1916~ 1924년	부, 면	도지사	임야조사위원회

정답 ④

59. 다음 중 토지조사사업과 임야조사사업 당시에 작성하였던 지적도 또는 임야도의 축척에 해당하지 않는 것은?

① 1/1,000 ② 1/1,200
③ 1/2,400 ④ 1/3,000

| 해설 |

토지조사사업과 임야조사사업 당시의 지적도와 임야도의 축척은 1/600, 1/1200, 1/2400, 1/3000, 1/6000이다.

정답 ①

60. 토지검사에 관한 설명으로 틀린 것은?

① 토지검사는 토지측량에 관한 사항을 포함한 순수한 토지의 현황검사만을 포함한다.
② 토지검사란 이동 신고·신청의 확인을 말한다.
③ 지압조사란 무신고 이동지의 발견을 말한다.
④ 일반적으로 토지검사는 토지검사와 지압조사 양자를 말한다.

| 해설 |

토지검사는 토지측량에 관한 사항을 제외하고 순수한 토지의 현황검사만을 가리킨다.

정답 ①

61. 지압조사에 대한 설명으로 다음 중 옳은 것은?

① 무신고 이동지를 발견하기 위하여 실시하는 토지조사이다.
② 신고, 신청에 의하여 실시하는 토지조사이다.
③ 임야를 직권 정리하는 것을 말한다.
④ 지압조사는 직권으로 정리하고 토지소유자 또는 이해관계인에게 통지하는 것을 말한다.

| 해설 |

지압조사는 무신고 이동지를 발견하기 위하여 실시하는 토지검사로 신고와 신청을 전제로 하지 않는다는 특징이 있다.

정답 ①

62. 지압(地押)조사에 대한 설명으로 옳은 것은?

① 신고, 신청에 의하여 실시하는 토지조사이다.
② 토지의 이동측량 성과를 검사하는 성과검사이다.
③ 분쟁지의 경계와 소유자를 확정하는 토지조사이다.
④ 무신고 이동지를 발견하기 위하여 실시하는 토지검사이다.

| 해설 |

지압조사는 무신고 이동지를 발견하기 위하여 실시하는 토지검사로 신고와 신청을 전제로 하지 않는다는 특징이 있다.

정답 ④

63. 지적불부합지 발생 원인으로 볼 수 없는 것은?

① 측량 기초점들의 통일성 결여
② 도시개발사업 등으로 인한 오류
③ 이동지 정리로 누적되는 오류
④ 무신고 이동지 정리 소홀

| 해설 |

지적불부합지의 발생 원인은 이동지 정리로 누적되는 오류, 측량 기초점들의 통일성 결여, 측량 상의 오류 초래, 무신고 이동지 정리 소홀, 지적복구와 지적도의 재작성 과정에서 오는 제도오차 등이 있다.

정답 ②

64. 지적불부합지로 인해 야기될 수 있는 사회적 문제점으로 보기 어려운 것은?

① 빈번한 토지분쟁
② 주민의 권리행사 지장
③ 토지거래 질서의 문란
④ 확정측량의 불가피한 급속 진행

| 해설 |

④는 지적불부합지로 인한 사회적 문제점이 아니다. 지적불부합지는 토지분쟁과 토지거래질서의 문란, 주민의 권리행사 지장, 지적행정의 불신 초래, 토지이동정리의 정지, 부동산등기의 지장 초래, 공공사업 수행의 지장, 소송수행의 지장 등 많은 영향을 주고 있다.

정답 ④

65. 지적불부합지의 유형에 대한 설명으로 틀린 것은?

① 중복형은 등록전환측량의 착오로 인한 토지와 임야의 중복등록으로 발생
② 불규칙형은 신규등록측량이나 등록전환측량 시 오류 발생
③ 편위형은 대단위 지역의 이동측량 시 발생한 평판점 위치결정 착오로 발생
④ 위치 오류형은 산림 속 경작지 등에서 많이 발생

| 해설 |

신규등록측량이나 등록전환측량 시 오류로 발생하는 것은 공백형이다. 즉, 접합지역에서의 벌어지는 형상. 불규칙형은 다양한 형태의 불일치한 경우를 말한다.

정답 ②

66. 다음 중 일반적인 지적불부합지의 유형이 아닌 것은?

① 공백형　　② 불규칙형
③ 중복형　　④ 단순형

| 해설 |

지적불부합지의 유형에는 불규칙형, 중복형, 공백형, 위치오류형, 편위형 등이 있다.

정답 ④

67. 지적불부합지의 유형 중에서 비교적 규모가 크고 집단적이어서 행정 처리상 큰 어려움을 초래하는 유형은?

① 중복형　　② 공백형
③ 편위형　　④ 불규칙형

| 해설 |

편위형은 어느 한쪽으로 치우치거나 회전되는 현상을 말하며 평판점의 위치결정의 오류로 인해 주로 발생되며 정정에 따른 행정처리가 어렵다.

정답 ③

68. 다음 지적불부합지의 유형 중 아래의 설명에 해당하는 것은?

> 지적도근점의 위치가 부정확하거나 지적도근점의 사용이 어려운 지역에서 현황측량 방식으로 대단위 지역의 이동측량을 할 경우에 일필지의 단위 면적에는 큰 차이가 없으나 토지경계선이 인접한 토지를 침범해 있는 형태이다.

① 중복형　　② 편위형　　③ 공백형　　④ 불규칙형

| 해설 |

편위형은 일필지의 단위 면적에는 큰 차이가 없으나 토지경계선이 인접한 토지를 침범해 있는 형태로 어느 한쪽으로 치우치거나 회전되는 현상을 말한다.

정답 ②

69. 삼각점 또는 도근점 계열과 도선의 배열이 다른 경우에 신규등록, 등록전환과 같은 이동지정리에 나타나는 지적불부합의 유형은?

① 공백형 ② 편위형
③ 중복형 ④ 불규칙형

해설

공백형은 도근점측량 당시 도선의 배열이 상이한 경우에 신규등록, 등록전환, 이동지정리 측량에서 많이 발생한 형태를 말한다.

정답 ①

70. 지적불부합 토지가 우리에게 주는 영향이 아닌 것은?

① 토지에 대한 권리행사에 지장을 초래한다.
② 지적행정의 불신을 초래한다.
③ 정확한 토지이용계획을 수립할 수 있게 한다.
④ 공공사업의 수행에 지장을 초래한다.

해설

지적불부합지는 토지분쟁과 토지거래 질서의 문란, 주민의 권리행사 지장, 지적행정의 불신 초래, 토지이동정리의 정지, 부동산등기의 지장 초래, 공공사업 수행의 지장, 소송수행의 지장 등 많은 영향을 주고 있다. ③은 지적불부합지가 주는 영향이 아니다.

정답 ③

71. 다음 중 지적재조사 사업의 목적으로 가장 거리가 먼 것은?

① 지적불부합지 문제 해소
② 토지의 경계복원능력 향상
③ 지하시설물 관리체계 개선
④ 능률적인 지적관리체제 개선

해설

지적재조사에 관한 특별법은 토지의 실제 현황과 일치하지 아니하는 지적공부의 등록사항을 바로 잡고 종이에 구현된 지적을 디지털 지적으로 전환함으로써 국토를 효율적으로 관리함과 아울러 국민의 재산권 보호에 기여함을 목적으로 한다.

정답 ③

72. 지적재조사 사업의 필요성으로 옳지 않은 것은?

① 지적불부합지의 과다
② 경계복원능력의 향상
③ 노후화된 지적도면
④ 지적관리 인력 확장

해설

지적재조사의 필요성은 능률적인 지적관리체제로의 개선, 지적도면의 노후화, 지적불부합지 과다 문제를 해소하기 위함, 통일원점의 본원적 문제, 토지의 경계복원 능력 향상이다.

정답 ④

73. 다음 지적재조사 사업에 관한 설명으로 옳은 것은?

① 지적재조사 사업은 지적소관청이 시행한다.
② 지적소관청은 지적재조사 사업에 관한 기본계획을 수립하여야 한다.
③ 지적재조사 사업에 관한 주요 정책을 심의 의결하기 위하여 지적소관청 소속으로 중앙지적재조사위원회를 둔다.
④ 시·군·구의 지적재조사 사업에 관한 주요 정책을 심의·의결하기 위하여 국토교통부 장관 소속으로 시·군·구 지적 재조사위원회를 둘 수 있다.

해설

① 지적재조사 사업은 지적소관청이 시행한다.
② 국토교통부장관은 지적재조사 사업을 효율적으로 시행하기 위하여 지적재조사 사업에 관한 기본계획을 수립하여야 한다.
③ 지적재조사 사업에 관한 주요 정책을 심의·의결하기 위하여 국토교통부장관 소속으로 중앙지적재조사위원회를 둔다.
④ 시·군·구의 지적재조사 사업에 관한 주요 정책을 심의·의결하기 위하여 지적소관청 소속으로 시·군·구 지적재조사 위원회를 둘 수 있다.

정답 ①

74. 지적재조사 사업 시스템의 구축과 관련한 내용으로 옳지 않은 것은?

① 공개시스템으로 구축한다.
② 토지현황조사, 새로운 지적공부 및 등기촉탁, 건축물 위치 및 건물 표시 등의 정보를 시스템에 입력한다.
③ 토지소유자 등이 지적재조사 사업과 관련한 정보를 인터넷 등을 통하여 실시간 열람할 수 있도록 구축한다.
④ 취득된 필지 경계정보의 안정적인 관리를 위하여 관련 행정정보와의 연계활용이 발생하지 않도록 보안 시스템으로 구축한다.

해설

국토교통부장관은 공개시스템을 「전자정부법」 제36조 제1항에 따른 행정정보의 공동이용과 연계하거나 정보의 공동활용체계를 구축할 수 있다.

정답 ④

75. 지적재조사 사업 측량대행자의 전산시스템 등록업무와 관련이 없는 것은?

① 경계점표지등록부 전산등록
② 해당 지적재조사지구 사용자 전산등록 및 승인요청
③ 지적재조사지구 등 실시계획에 관한 사항 전산등록
④ 일필지 측량 완료 후 지적확정 조서에 관한 사항 전산등록

해설

지적재조사지구 등 실시계획에 관한 사항 전산등록은 지적소관청에서 실시하는 업무이다.

정답 ③

76. **지적재조사 사업추진을 위한 구체적인 기본계획이 최초로 수립된 시기는?**

① 1992년　　② 1995년
③ 1997년　　④ 2000년

| 해설 |
1995년 행정쇄신위원회 「지적재조사 사업추진 기본방안」 확정 및 계획을 수립한 것이 지적재조사 사업추진을 위한 구체적인 기본계획이 최초로라고 할 수 있다.

정답 ②

77. **대만에서 지적재조사를 의미하는 것은?**

① 국토조사　　② 지적도 중축
③ 지도작제　　④ 토지가옥조사

| 해설 |
대만은 1975년도부터 지적재조사 사업을 실시하였는데 이를 지적도 중측 사업이라는 명칭으로 시작하였다.

정답 ②

78. **지적재조사를 가장 빨리 실시한 나라는?**

① 프랑스　　② 스위스
③ 네덜란드　　④ 일본

| 해설 |
지적재조사 실시 기간은 프랑스(1930~1950), 스위스(1923~2000), 네덜란드(1811~1832, 창설 시기), 일본(1951~현재), 대만(1975~현재)이다.

정답 ③

79. **다음 중 지적재조사의 효과로 볼 수 없는 것은?**

① 지적과 등기의 책임 부서 명백화
② 국토개발과 토지이용의 정확한 자료제공
③ 행정구역의 합리적 조정을 위한 기초자료
④ 토지소유권의 공시에 대한 국민의 신뢰확보

| 해설 |
지적재조사의 효과
① 국토개발과 토지이용의 정확한 자료제공
② 미 등록지의 정리
③ 현실에 부합되는 지목, 경계, 지번제도 확립
④ 지적전산화 작업의 성공적인 기반조성
⑤ 행정구역의 합리적 조정을 위한 기초자료
⑥ 토지소유권의 공시에 대한 국민의 신뢰
⑦ 정확한 과세자료의 획득

정답 ①

PART 05 지적관계법규

CHAPTER

01 공간정보구축 및 관리 등에 관한 법률

1.1. 총칙

1.1.1. 법률의 개념

「공간정보의 구축 및 관리 등에 관한 법률」은 국가기관이 통치권이 미치는 모든 영토를 필지단위로 구획하여 토지에 관련된 정보를 조사·측량하여 지적공부에 등록·관리하고, 등록된 정보의 제공에 관한 사항을 규정함으로써 효율적인 토지의 관리와 소유권의 보호에 기여함을 목적으로 제정된 법률을 말한다. 지적관리를 위한 모든 지적업무의 처리는 법률에 규정된 대로 이루어져야만 법적인 효력이 인정되며, 모든 토지에 대하여 통일적인 관리와 최대한의 소유권 보호를 달성할 수 있게 된다.

1.1.2. 법률의 목적

① 「공간정보의 구축 및 관리 등에 관한 법률」은 측량의 기준 및 절차와 지적공부·부동산종합공부의 작성 및 관리 등에 관한 사항을 규정함으로써 국토의 효율적 관리 및 국민의 소유권 보호에 기여함을 목적으로 제정된 법률을 말한다.

② 지적은 모든 토지의 이용 현황 및 권리관계를 지적공부에 등록함으로써 토지를 효율적으로 관리하는 데 그 목적을 두고 있으며 지적공부의 관리를 수행한다.

③ 지적공부의 관리는 국가기관의 통치권이 미치는 모든 영토를 필지 단위로 구획하여 토지에 대한 물리적 현황과 법적 권리관계 등을 등록·공시하고 그 변경사항을 지속적으로 등록·관리하는 것을 의미한다.

1.1.3. 용어 정의

① "지적측량"이란 토지를 지적공부에 등록하거나 지적공부에 등록된 경계점을 지상에 복원하기 위하여 필지의 경계 또는 좌표와 면적을 정하는 측량을 말하며, 지적확정측량 및 지적재조사측량을 포함한다.

② "지적확정측량"이란 제86조제1항에 따른 사업이 끝나 토지의 표시를 새로 정하기 위하여 실시하는 지적측량을 말한다.

③ "지적재조사측량"이란 「지적재조사에 관한 특별법」에 따른 지적재조사사업에 따라 토지의 표시를 새로 정하기 위하여 실시하는 지적측량을 말한다.

④ "측량기준점"이란 측량의 정확도를 확보하고 효율성을 높이기 위하여 특정 지점을 제6조에 따른 측량기준에 따라 측정하고 좌표 등으로 표시하여 측량 시에 기준으로 사용되는 점을 말한다.

⑤ "지적소관청"이란 지적공부를 관리하는 특별자치시장, 시장·군수 또는 구청장(자치구가 아닌 구의 구청장을 포함)을 말한다.

⑥ "연속지적도"란 지적측량을 하지 아니하고 전산화된 지적도 및 임야도 파일을 이용하여, 도면상 경계점들을 연결하여 작성한 도면으로서 측량에 활용할 수 없는 도면을 말한다.

⑦ "지적공부"란 토지대장, 임야대장, 공유지연명부, 대지권등록부, 지적도, 임야도 및 경계점좌표등록부 등

지적측량 등을 통하여 조사된 토지의 표시와 해당 토지의 소유자 등을 기록한 대장 및 도면(정보처리시스템을 통하여 기록·저장된 것을 포함)을 말한다.

⑧ "부동산종합공부"란 토지의 표시와 소유자에 관한 사항, 건축물의 표시와 소유자에 관한 사항, 토지의 이용 및 규제에 관한 사항, 부동산의 가격에 관한 사항 등 부동산에 관한 종합정보를 정보관리체계를 통하여 기록·저장한 것을 말한다.

⑨ "토지의 표시"란 지적공부에 토지의 소재·지번·지목·면적·경계 또는 좌표를 등록한 것을 말한다.

⑩ "필지"란 대통령령으로 정하는 바에 따라 구획되는 토지의 등록단위를 말한다.

⑪ "지번 부여지역"이란 지번을 부여하는 단위 지역으로서 동·리 또는 이에 준하는 지역을 말한다.

⑫ "지번"이란 필지에 부여하여 지적공부에 등록한 번호를 말한다.

⑬ "지목"이란 토지의 주된 용도에 따라 토지의 종류를 구분하여 지적공부에 등록한 것을 말한다.

⑭ "경계"란 필지별로 경계점들을 직선으로 연결하여 지적공부에 등록한 선을 말한다.

⑮ "경계점"이란 필지를 구획하는 선의 굴곡점으로서 지적도나 임야도에 도해(圖解) 형태로 등록하거나 경계점좌표등록부에 좌표 형태로 등록하는 점을 말한다.

⑯ "면적"이란 지적공부에 등록한 필지의 수평면상 넓이를 말한다.

⑰ "토지의 이동(異動)"이란 토지의 표시를 새로 정하거나 변경 또는 말소하는 것을 말한다.

⑱ "신규등록"이란 새로 조성된 토지와 지적공부에 등록되어 있지 아니한 토지를 지적공부에 등록하는 것을 말한다.

⑲ "등록전환"이란 임야대장 및 임야도에 등록된 토지를 토지대장 및 지적도에 옮겨 등록하는 것을 말한다.

⑳ "분할"이란 지적공부에 등록된 1필지를 2필지 이상으로 나누어 등록하는 것을 말한다.

㉑ "합병"이란 지적공부에 등록된 2필지 이상을 1필지로 합하여 등록하는 것을 말한다.

㉒ "지목변경"이란 지적공부에 등록된 지목을 다른 지목으로 바꾸어 등록하는 것을 말한다.

㉓ "축척변경"이란 지적도에 등록된 경계점의 정밀도를 높이기 위하여 작은 축척을 큰 축척 으로 변경하여 등록하는 것을 말한다.

1.1.4. 1필지로 정할 수 있는 기준

① 지번 부여지역의 토지로서 소유자와 용도가 같고 지반이 연속된 토지는 1필지로 할 수 있다.

② 다음의 토지는 주된 용도의 토지에 편입하여 1필지로 할 수 있다.
- 주된 용도의 토지의 편의를 위하여 설치된 도로·구거(溝渠 : 도랑) 등의 부지
- 주된 용도의 토지에 접속되거나 주된 용도의 토지로 둘러싸인 토지로서 다른 용도로 사용되고 있는 토지

③ 종된 용도의 토지 지목이 "대"인 경우와 종된 용도의 토지면적이 주된 용도의 토지면적의 10%를 초과하거나 330m^2를 초과하는 경우에는 그러하지 아니하다.

1.1.5. 중앙지적위원회

(1) 중앙지적위원회의 구성

① 중앙지적위원회는 위원장 1명과 부위원장 1명을 포함하여 5명 이상 10명 이하의 위원으로 구성한다.

② 위원장은 국토교통부의 지적업무 담당 국장이, 부위원장은 국토교통부의 지적업무 담당 과장이 된다.

③ 위원은 지적에 관한 학식과 경험이 풍부한 사람 중에서 국토교통부장관이 임명하거나 위촉한다.
④ 위원장 및 부위원장을 제외한 위원의 임기는 2년으로 한다.
⑤ 중앙지적위원회의 간사는 국토교통부의 지적업무 담당 공무원 중에서 국토교통부장관이 임명한다.

(2) 중앙지적위원회의 심의·의결사항

① 심의·의결하기 위하여 국토교통부에 중앙지적위원회를 둔다.
② 지적 관련 정책개발 및 업무개선 등에 관한 사항
③ 지적측량기술의 연구·개발 및 보급에 관한 사항
④ 지적측량 적부심사에 대한 재심사
⑤ 측량기술자 중 지적 분야 측량기술자의 양성에 관한 사항
⑥ 지적기술자의 업무정지처분 및 징계 요구에 관한 사항

1.1.6. 지방지적위원회

(1) 지방지적위원회의 구성

① 지방지적위원회는 위원장 1명과 부위원장 1명을 포함하여 5명 이상 10명 이하의 위원으로 구성한다.
② 위원장은 시·도의 지적업무 담당 국장이, 부위원장은 시·도의 지적업무 담당 과장이 된다.
③ 위원은 지적에 관한 학식과 경험이 풍부한 사람 중에서 특별시장·광역시장·특별자치시장·도지사 또는 특별자치도지사가 임명하거나 위촉한다.
④ 위원장 및 부위원장을 제외한 위원의 임기는 2년으로 한다.

(2) 지적측량의 적부심사 청구

① 지적측량 적부심사를 청구하려는 토지소유자, 이해관계인 또는 지적측량수행자는 지적측량을 신청하여 측량을 실시한 후 심사청구서에 그 측량성과와 심사청구 경위서를 첨부하여 특별시장·광역시장·특별자치시장·도지사 또는 특별자치도지사(시·도지사)에게 제출하여야 한다.
② 시·도지사는 조사측량성과를 작성하기 위하여 필요한 경우에는 관계 공무원을 지정하여 지적측량을 하게 할 수 있으며, 필요하면 지적측량수행자에게 그 소속 지적기술자를 참여시키도록 요청할 수 있다.

(3) 지적측량의 적부심사

① 토지소유자, 이해관계인 또는 지적측량수행자는 지적측량성과에 대하여 다툼이 있는 경우에는 관할 시·도지사에게 지적측량 적부심사를 청구할 수 있다.
② 지적측량 적부심사 청구를 받은 시·도지사는 30일 이내에 다툼이 되는 지적측량의 경위 및 그 성과, 해당 토지에 대한 토지이동 및 소유권변동 연혁, 해당 토지 주변의 측량기준점, 경계, 주요 구조물 등 현황실측도의 사항을 조사하여 지방지적위원회에 회부하여야 한다.
③ 지적측량 적부심사청구를 회부받은 지방지적위원회는 그 심사청구를 회부받은 날부터 60일 이내에 심의·의결하여야 한다.
④ 부득이한 경우에는 그 심의 기간을 해당 지적위원회의 의결을 거쳐 30일 이내에서 한 번만 연장할 수 있다.

⑤ 지방지적위원회는 지적측량 적부심사를 의결하였으면 의결서를 작성하여 시·도지사에게 송부하여야 한다.

⑥ 시·도지사는 지적측량 적부심사 의결서를 받은 날부터 7일 이내에 지적측량 적부심사 청구인 또는 이해관계인에게 그 의결서를 통지하여야 한다.

⑦ 의결서를 받은 자가 지방지적위원회의 의결에 불복하는 경우에는 그 의결서를 받은 날부터 90일 이내에 국토교통부장관에게 재심사를 청구할 수 있다.

⑧ 중앙지적위원회로부터 의결서를 받은 국토교통부장관은 그 의결서를 관할 시·도지사에게 송부하여야 한다.

⑨ 시·도지사는 지방지적위원회의 의결서를 받은 후 해당 지적측량 적부심사 청구인 및 이해관계인이 90일 이내에 재심사를 청구하지 아니하면 그 의결서 사본을 지적소관청에 보내야 하며, 중앙지적위원회의 의결서를 받은 경우에는 그 의결서 사본에 지방지적위원회의 의결서 사본을 첨부하여 지적소관청에 보내야 한다.

⑩ 지방지적위원회 또는 중앙지적위원회의 의결서 사본을 받은 지적소관청은 그 내용에 따라 지적공부의 등록사항을 정정하거나 측량성과를 수정하여야 한다.

⑪ 특별자치시장은 지방지적위원회의 의결서를 받은 후 해당 지적측량 적부심사 청구인 및 이해관계인이 90일 이내에 재심사를 청구하지 아니하거나 중앙지적위원회의 의결서를 받은 경우에는 직접 그 내용에 따라 지적공부의 등록사항을 정정하거나 측량성과를 수정하여야 한다.

⑫ 지방지적위원회의 의결이 있은 후 기간에 재심사를 청구하지 아니하거나 중앙지적위원회의 의결이 있는 경우에는 해당 지적측량성과에 대하여 다시 지적측량 적부심사청구를 할 수 없다.

(4) 지적측량의 적부심사에 관한 재심사청구

① 지적측량 적부심사의 재심사청구를 하려는 자는 재심사청구서에 지방지적위원회의 지적측량 적부심사 의결서 사본, 재심사청구 사유에 관한 서류를 첨부하여 국토교통부장관에게 제출하여야 한다.

② 중앙지적위원회가 재심사를 의결하였을 때에는 위원장과 참석위원 전원이 서명 및 날인한 의결서를 지체 없이 국토교통부장관에게 송부하여야 한다.

1.1.7. 측량기술자

(1) 지적측량수행자의 성실의무

① 지적측량수행자(소속 지적기술자를 포함)는 신의와 성실로써 공정하게 지적측량을 하여야 하며, 정당한 사유 없이 지적측량 신청을 거부하여서는 아니 된다.

② 지적측량수행자는 본인, 배우자 또는 직계 존속·비속이 소유한 토지에 대한 지적측량을 하여서는 아니 된다.

③ 지적측량수행자는 지적측량수수료 외에는 어떠한 명목으로도 그 업무와 관련된 대가를 받으면 아니 된다.

(2) 측량업의 등록신청

① 측량업의 등록을 하려는 자는 신청서에 서류를 첨부하여 국토교통부장관 또는 시·도지사에게 제출하여야 한다.

- 기술능력을 갖춘 사실을 증명하기 위한 보유하고 있는 측량기술자의 명단, 인력에 대한 측량기술 경력증명서의 서류
- 장비를 갖춘 사실을 증명하기 위한 보유하고 있는 장비의 명세서, 장비의 성능검사서 사본

구분	기술인력	장비
지적 측량업	1. 특급기술인 1명 또는 고급기술인 2명 이상 2. 중급기술인 2명 이상 3. 초급기술인 1명 이상 4. 지적 분야의 초급기능사 1명 이상	1. 토털스테이션 1대 이상 2. 출력장치 1대 이상 • 해상도 : 2400DPI×1200DPI • 출력범위 : 600mm×1060mm 이상

② 등록신청을 받은 국토교통부장관 또는 시·도지사는 「전자정부법」에 따른 행정정보의 공동이용을 통하여 다음의 행정정보를 확인하여야 한다.

- 사업자등록증 또는 법인등기부 등본(법인인 경우만 해당)
- 「국가기술자격법」에 따른 국가기술자격(정보처리기사의 경우만 해당)

③ 측량업의 등록신청을 받은 국토교통부장관 또는 시·도지사는 신청받은 날부터 14일 이내에 등록기준에 적합한지와 결격사유가 없는지를 심사한 후 적합하다고 인정할 때에는 측량업등록부에 기록하고, 측량업등록증과 측량업등록 수첩을 발급하여야 한다.

④ 국토교통부장관 또는 시·도지사는 측량업의 등록 신청이 등록기준에 적합하지 아니하다고 인정할 때에는 신청인에게 그 뜻을 통지하여야 한다.

⑤ 국토교통부장관, 시·도지사 또는 대도시 시장은 등록을 했을 때에는 이를 해당 기관의 게시판이나 인터넷 홈페이지에 10일 이상 공고해야 한다.

(3) 측량업자의 지위승계 신고서

① 측량업자의 지위를 승계한 자가 측량업자 지위승계의 신고를 하려는 경우에는 다음의 구분에 따라 신고서에 해당 서류(전자문서로 된 신고서와 서류를 포함)를 첨부하여 등록한 기관에 제출해야 한다.

② 측량업 양도·양수 신고 및 측량업 상속 신고, 측량업 법인 합병 신고의 경우는 아래 표와 같다.

유형	양도·양수 신고	측량업 상속 신고	측량업 법인 합병 신고
제출 서류	• 양도·양수 계약서 사본	• 상속인임을 증명할 수 있는 서류	• 합병계약서 사본 • 합병공고문 • 합병에 관한 사항을 의결한 총회 또는 창립총회의 결의서 사본
공통	• 보유하고 있는 측량기술자의 명단 • 보유하고 있는 장비의 명세서 • 소유권 또는 사용권을 보유한 사실을 증명할 수 있는 서류 • 인력에 대한 측량기술 경력증명서 • 장비의 성능검사서 사본		

③ 신고서(상속신고서는 제외)를 제출받은 기관은 「전자정부법」에 따른 행정정보의 공동이용을 통하여 사업자등록증 또는 법인 등기사항증명서(신고인이 법인인 경우만 해당)를 확인하여야 한다.

(4) 측량업등록의 결격사유

① 피성년후견인 또는 피한정후견인

② 이 법이나 「국가보안법」 또는 「형법」 제87조부터 제104조까지의 규정을 위반하여 금고 이상의 실형을 선고받고 그 집행이 끝나거나(집행이 끝난 것으로 보는 경우를 포함한다) 집행이 면제된 날부터 2년이 지나지 아니한 자

③ 이 법이나 「국가보안법」 또는 「형법」 제87조부터 제104조까지의 규정을 위반하여 금고 이상의 형의 집행유예를 선고받고 그 집행유예 기간 중에 있는 자
④ 측량업의 등록이 취소된 후 2년이 지나지 아니한 자
⑤ 임원 중에 ①부터 ④까지에 해당하는 자가 있는 법인

(5) 1년 이내의 기간을 영업정지할 수 있는 경우

① 국토교통부장관 또는 시·도지사는 측량업자가 다음에 해당하는 경우는 1년 이내의 기간을 영업정지할 수 있다.
② 고의 또는 과실로 측량을 부정확하게 한 경우
③ 정당한 사유 없이 측량업의 등록한 날부터 1년 이내에 영업을 시작하지 아니하거나 계속하여 1년 이상 휴업한 경우
④ 지적측량업자가 업무 범위를 위반하여 지적측량을 한 경우
⑤ 다른 사람에게 자기의 측량업등록증 또는 측량업등록수첩을 빌려주거나 자기의 성명 또는 상호를 사용하여 측량업무를 하게 한 경우
⑥ 지적측량수행자의 성실의무를 위반한 경우
⑦ 보험가입 등 필요한 조치를 하지 아니한 경우
⑧ 측량업 등록사항의 변경신고를 하지 아니한 경우
⑨ 임원의 직무정지 명령을 이행하지 아니한 경우
⑩ 지적측량업자가 지적측량수수료를 고시한 금액보다 과다 또는 과소하게 받은 경우
⑪ 다른 행정기관이 관계 법령에 따라 등록취소 또는 영업정지를 요구한 경우

(6) 측량업의 등록을 취소할 수 있는 경우

① 거짓이나 그 밖의 부정한 방법으로 측량업의 등록을 한 경우
② 등록기준에 미달하게 된 경우
③ 피성년후견인 또는 피한정후견인
④ 이 법이나 「국가보안법」 또는 「형법」의 규정을 위반하여 금고 이상의 실형을 선고받고 그 집행이 끝나거나(집행이 끝난 것으로 보는 경우를 포함) 집행이 면제된 날부터 2년이 지나지 아니한 자
⑤ 이 법이나 「국가보안법」 또는 「형법」의 규정을 위반하여 금고 이상의 형의 집행유예를 선고받고 그 집행유예 기간 중에 있는 자
⑥ 측량업의 등록이 취소된 후 2년이 지나지 아니한 자
⑦ 영업정지 기간 중에 계속하여 영업을 한 경우
⑧ 측량업자가 측량기술자의 국가기술자격증을 대여 받은 사실이 확인된 경우

(7) 지적측량업자의 업무 범위

① 경계점좌표등록부가 있는 지역에서의 지적측량
② 「지적재조사에 관한 특별법」에 따른 지적재조사지구에서 실시하는 지적재조사측량
③ 도시개발사업 등이 끝남에 따라 하는 지적확정측량

(8) 손해배상책임의 보장

① 지적측량수행자가 타인의 의뢰에 의하여 지적측량을 하는 경우 고의 또는 과실로 지적측량을 부실하게 함으로써 지적측량의뢰인이나 제3자에게 재산상의 손해를 발생하게 한 때에는 지적측량수행자는 그 손해를 배상할 책임이 있다.

② 지적측량수행자는 손해배상책임을 보장하기 위하여 대통령령으로 정하는 바에 따라 보험가입 등 필요한 조치를 하여야 한다.

③ 지적측량수행자가 손해배상책임을 보장하기 위하여 다음에 따라 보증보험에 가입하거나 공간정보산업협회가 운영하는 보증 또는 공제에 가입하는 방법으로 보증설정을 하여야 한다.

- 지적측량업자 : 보장 기간 10년 이상 및 보증금액 1억원 이상
- 「국가공간정보 기본법」에 따라 설립된 한국국토정보공사 : 보증금액 20억원 이상

④ 지적측량업자는 지적측량업 등록증을 발급받은 날부터 10일 이내에 보증설정을 해야 하며, 보증설정을 했을 때는 이를 증명하는 서류를 등록한 시·도지사 또는 대도시 시장에게 제출해야 한다.

(9) 보험금 등의 지급

① 지적측량의뢰인은 손해배상으로 보험금·보증금 또는 공제금을 지급받으려면 다음의 서류를 첨부하여 보험회사 또는 공간정보산업협회에 손해배상금 지급을 청구하여야 한다.

- 지적측량의뢰인과 지적측량수행자 간의 손해배상합의서 또는 화해조서
- 확정된 법원의 판결문 사본
- 손해배상합의서 또는 화해조서, 확정된 법원의 판결문 사본에 준하는 효력이 있는 서류

② 지적측량수행자는 보험금·보증금 또는 공제금으로 손해배상을 했을 때에는 지체 없이 다시 보증설정을 하고 그 사실을 증명하는 서류를 등록한 시·도지사 또는 대도시 시장에게 제출해야 한다.

③ 지적소관청은 지적측량수행자가 지급하는 손해배상금의 일부를 지적소관청의 지적측량성과 검사 과실로 인하여 지급하여야 하는 경우에 대비하여 공제에 가입할 수 있다.

핵/심/문/제

Chapter 1.1 총칙

1. 「공간정보의 구축 및 관리 등에 관한 법률」에 관한 내용 중 옳지 않은 것은?

① 공간정보의 구축 및 관리 등에 관한 법률은 강행 규범이다.
② 공간정보의 구축 및 관리 등에 관한 법률은 국민 전체가 이를 준수해야 한다.
③ 내부규정은 지적공무원에게만 적용된다.
④ 내부규정은 지적공무원은 물론 국민도 반드시 지켜야 한다.

| 해설 |
내부규정은 지적공무원에게만 적용되고 국민은 반드시 지켜야 할 구속력은 없다.

정답 ④

2. 「공간정보의 구축 및 관리 등에 관한 법률」에 규정된 내용이 아닌 것은?

① 토지의 등록에 관한 사항
② 지적측량의 기준 및 절차에 관한 사항
③ 부동산등기에 관한 사항
④ 지적공부의 작성 및 관리에 관한 사항

| 해설 |
부동산등기에 관한 사항은 부동산등기법에 따른다.

정답 ③

3. 다음 중 「공간정보의 구축 및 관리 등에 관한 법률」의 목적으로 볼 수 없는 것은?

① 해상교통의 안전　② 토지개발의 촉진
③ 국토의 효율적 관리　④ 국민의 소유권 보호에 기여

| 해설 |
「공간정보의 구축 및 관리 등에 관한 법률」의 제정은 측량의 기준 및 절차와 지적공부·부동산종합공부의 작성 및 관리 등에 관한 사항을 규정함으로써 국토의 효율적 관리 및 국민의 소유권 보호에 기여함을 목적으로 한다.

정답 ②

4. 「공간정보의 구축 및 관리 등에 관한 법률」상 기본원칙이 아닌 것은?

① 토지 등록사항을 국가가 결정한다.
② 토지표시를 공시한다.
③ 토지 등록사항을 사실 심사한다.
④ 토지이동은 소관청이 신청한다.

| 해설 |
토지의 소유자가 해당 토지의 이동을 원할 때는 해당 사업의 시행자에게 그 토지의 이동을 신청하도록 요청하여야 하며, 요청을 받은 시행자는 해당 사업에 지장이 없다고 판단되면 지적소관청에 그 이동을 신청하여야 한다.

정답 ④

5. 「공간정보의 구축 및 관리 등에 관한 법률」에서 규정하고 있는 사항 중 옳지 않은 것은?

① 지적도에는 소유자의 주소, 지번, 지목, 경계 등을 등록하여야 한다.
② 국토의 효율적인 관리와 해상교통의 안전 및 국민의 소유권 보호에 기여함을 목적으로 한다.
③ 시·도지사나 지적소관청은 지적기준점 성과와 그 측량기록을 보관하고 일반인이 열람할 수 있도록 하여야 한다.
④ 토지소유자는 지목변경을 60일 이내에 지적소관청에 지목변경을 신청하여야 한다.

| 해설 |
도면의 등록사항은 토지의 소재, 지번, 지목, 경계, 도면의 색인도, 도면의 제명 및 축척, 도곽선과 그 수치, 좌표에 의하여 계산된 경계점 간의 거리, 삼각점 및 지적측량기준점의 위치, 건축물 및 구조물 등의 위치이다. ①의 소유자의 주소에 관한 사항은 토지대장에 등록한다.

정답 ①

7. 우리나라 지적법을 최초로 제정·공포한 연도는?

① 1912년　② 1918년　③ 1950년　④ 1975년

| 해설 |
1950년 12월 1일 지적법 제165호로 제정·공포되었으며 그 이전에 지적 관계 법령의 제정순서는 토지조사령 → 조선임야조사령 → 지세령 → 조선지세령 → 지적법 순이다.

정답 ③

8. 지적법 제정(1950년 12월 1일 법률 제165호) 당시 새로 이 채택된 지적법의 이념은?

① 지적공개주의　② 직권등록주의
③ 지적형식주의　④ 실질적심사주의

| 해설 |
지적법제정 시 추가로 채택된 이념은 직권등록주의이다.

정답 ②

9. 「공간정보의 구축 및 관리 등에 관한 법률」의 성격으로 옳지 않은 것은?

① 토지 등록 공시에 관한 기본법
② 실체법적 성격을 지닌 절차법
③ 사법적 성격을 갖는 토지공법
④ 토지 물권을 다루는 토지공법

| 해설 |

「공간정보의 구축 및 관리 등에 관한 법률」의 성격은 토지등록 및 공시에 관한 기본법적 성격, 사법적 성격을 지닌 토지 공법적인 성격, 절차와 방법을 규정한 절차법적인 성격, 지적공부에 등록, 공시해야 하는 강행법적인 성격, 공법, 사법, 절차법, 실체법 등 혼합 법적인 성격으로 구분한다.

정답 ④

10. 다음 중 「공간정보의 구축 및 관리 등에 관한 법률」에 따른 토지등록의 주체는?

① 지적직 공무원　② 도지사
③ 국토교통부장관　④ 국가

| 해설 |

국가는 "모든 토지를 필지마다 토지의 소재·지번·지목·면적·경계 또는 좌표 등을 조사·측량하여 지적공부에 등록하여야 한다." 와 같이 국가가 토지 등록의 주체가 된다.

정답 ④

11. 토지등록에 있어서 등록의 주체와 객체가 가장 올바르게 짝지어진 것은?

① 권리－필지　② 소유자－토지
③ 지적소관청－토지　④ 행전안전부장관－필지

| 해설 |

토지 등록에 있어서 등록의 주체와 객체가 가장 올바르게 짝지어진 것은 지적소관청－토지이다.

정답 ③

12. 「공간정보의 구축 및 관리 등에 관한 법률」에서 규정된 용어의 정의로 틀린 것은?

① "경계"란 필지별로 경계점들을 곡선으로 연결하여 지적공부에 등록한 선을 말한다.
② "면적"이란 지적공부에 등록한 필지의 수평면상 넓이를 말한다.
③ "신규등록"이란 새로 조성된 토지와 지적공부에 등록되어 있지 아니한 토지를 지적공부에 등록하는 것을 말한다.
④ "축척변경"이란 지적도에 등록된 경계점의 정밀도를 높이기 위하여 작은 축척을 큰 축척으로 변경하여 등록하는 것을 말한다.

| 해설 |

① "경계"란 필지별로 경계점들을 직선으로 연결하여 지적공부에 등록한 선을 말한다.
② "면적"이란 지적공부에 등록한 필지의 수평면상 넓이를 말한다.
③ "신규등록"이란 새로 조성된 토지와 지적공부에 등록되어 있지 아니한 토지를 지적공부에 등록하는 것을 말한다.
④ "축척변경"이란 지적도에 등록된 경계점의 정밀도를 높이기 위하여 작은 축척을 큰 축척으로 변경하여 등록하는 것을 말한다.

정답 ①

13. 「공간정보의 구축 및 관리 등에 관한 법률」에서 정의한 용어의 설명으로 옳지 않은 것은?

① "필지"란 대통령령으로 정하는 바에 따라 구획되는 토지의 등록단위를 말한다.
② "경계"란 필지별로 경계점들을 직선으로 연결하여 지적공부에 등록한 선을 말한다.
③ "토지의 표시"란 지적공부에 토지의 소재·지번(地番)·지목(地目)·면적·경계 또는 좌표를 등록한 것을 말한다.
④ "측량기준점"이란 지적삼각점, 지적삼각보조점, 지적수준점을 말한다.

| 해설 |

① "필지"란 대통령령으로 정하는 바에 따라 구획되는 토지의 등록단위를 말한다.
② "경계"란 필지별로 경계점들을 직선으로 연결하여 지적공부에 등록한 선을 말한다.
③ "토지의 표시"란 지적공부에 토지의 소재·지번·지목·면적·경계 또는 좌표를 등록한 것을 말한다.
④ "측량기준점"이란 측량의 정확도를 확보하고 효율성을 높이기 위하여 특정 지점을 측량기준에 따라 측정하고 좌표 등으로 표시하여 측량 시에 기준으로 사용되는 점을 말한다.

정답 ④

14. 「공간정보의 구축 및 관리 등에 관한 법률」상 용어의 정의에서 지적공부로 볼 수 없는 것은?

① 토지·임야대장　② 지적도와 임야도
③ 대지권등록부　④ 면적측정부

| 해설 |

"지적공부"란 토지대장, 임야대장, 공유지연명부, 대지권등록부, 지적도, 임야도 및 경계점좌표등록부 등 지적측량 등을 통하여 조사된 토지의 표시와 해당 토지의 소유자 등을 기록한 대장 및 도면(정보처리시스템을 통하여 기록·저장된 것을 포함)을 말한다.

정답 ④

15. 「공간정보의 구축 및 관리 등에 관한 법률」에 따른 "토지의 표시" 에 관한 정의에 포함되지 않는 사항은?

① 지번　② 지목　③ 지가　④ 면적

| 해설 |

"토지의 표시"란 지적공부에 토지의 소재·지번·지목·면적·경계 또는 좌표를 등록한 것을 말한다.

정답 ③

16. **일필지의 정의에 대한 설명이다. 틀린 것은?**

① 지적공부에 등록하는 토지의 단위
② 법률에 의해 정해지는 토지의 단위
③ 토지를 권리영역별로 개별화하기 위함이다.
④ 자연적인 지형·지물에 의해 정해지는 토지의 단위

| 해설 |

일필지란 지적공부에 등록하는 토지의 단위 구역, 법률로 정해지는 토지의 단위, 토지를 필지 단위로 구분하는 가장 큰 목적은 연속적이고 집단으로 전개되는 토지를 권리영역별로 개별화하기 위함이다.

정답 ④

17. **공간정보의 구축 및 관리 등에 관한 법령상 1필지로 정할 수 있는 기준에 해당하지 않는 것은?**

① 지반이 연속된 토지
② 토지의 용도가 동일
③ 토지의 소유자가 동일
④ 동일한 지적측량방법에 의한 토지

| 해설 |

일필지는 법적으로 물권이 미치는 권리의 객체로서 토지소유자와 용도가 동일하고 지반이 연속된 토지의 등록단위이다.

정답 ④

18. **필지마다 토지의 구역(區域)을 정하는 가장 큰 이유는?**

① 지목을 구별하고 소유권의 한계를 확정함에 있다.
② 토지의 고저(高低)를 알기 위한 것이다.
③ 토질의 종류를 알기 위한 것이다.
④ 재배작물에 대한 자료를 수집함에 있다.

| 해설 |

일필지의 토지 구역을 정하는 이유는 지목을 구별하고 소유권의 한계를 확정하는 데 목적이 있다.

정답 ①

19. **「공간정보의 구축 및 관리 등에 관한 법률」 상 일필지로 정할 수 있는 기준에 해당하지 않는 것은?**

① 지번 부여지역 안의 토지로서 소유자와 용도가 동일하고 지반이 연속된 토지
② 주된 용도의 토지의 편의를 위하여 설치된 도로·구거 등의 부지를 주된 용도의 토지에 편입하는 경우
③ 주된 용도의 토지로 둘러싸인 토지로서 다른 용도로 사용되고 있는 지목이 '대'인 토지를 주된 용도의 토지에 편입한 경우
④ 주된 용도의 토지에 접속된 토지로서 다른 용도로 사용되고 있는 토지를 주된 용도의 토지에 편입한 경우

| 해설 |

1필지로 정할 수 있는 기준은 지번 부여지역 안의 토지로서 소유자와 용도가 동일하고 지반이 연속된 토지는 이를 1필지로 할 수 있다.

정답 ③

20. **주된 용도의 토지에 편입하여 1필지로 할 수 없는 경우는?**

① 주된 용도의 토지에 접속되어 있으며 다른 용도로 사용되고 있는 토지
② 주된 용도의 토지로 둘러싸인 토지로서 다른 용도로 사용되고 있는 토지
③ 주된 용도의 토지의 편의를 위하여 설치된 도로·구거 등의 부지
④ 주된 용도의 토지 지목이 "대"이거나 종된 용도의 토지 면적이 주된 용도의 토지면적의 10%를 초과하는 경우

| 해설 |

① 주된 용도의 토지의 편의를 위하여 설치된 도로·구거(도랑) 등의 부지, 주된 용도의 토지에 접속되거나 주된 용도의 토지로 둘러싸인 토지로서 다른 용도로 사용되고 있는 토지는 주된 용도의 토지에 편입하여 1필지로 할 수 있다.
② 종된 용도의 토지 지목이 "대"인 경우와 종된 용도의 토지면적이 주된 용도의 토지면적의 10%를 초과하거나 330m^{2}를 초과하는 경우에는 그러하지 아니하다.

정답 ④

21. **다음 중 일필지를 정함에 있어 주된 용도의 토지에 편입하여 일필지를 할 수 없는 종된 용도의 토지 지목은?**

① 도로 ② 구거 ③ 전 ④ 대

| 해설 |

종된 토지의 지목이 '대'인 경우는 주된 용도의 토지에 편입하여 일필지로 할 수 없다.

정답 ④

22. **다음 중 중앙지적위원회에 대한 설명으로 옳지 않은 것은?**

① 위원장과 부위원장을 포함하여 5명 이상 10명 이하의 위원으로 구성한다.
② 위원장은 국토해양부의 지적업무 담당국장이 된다.
③ 위원장과 부위원장을 포함한 임원의 임기는 2년이다.
④ 지적측량에 대한 적부심사 청구사항을 심의·의결하기 위해 국토해양부에 마련된 기구다.

| 해설 |

중앙지적위원회의 위원장과 부위원장을 제외한 위원의 임기는 2년으로 한다.

정답 ③

23. **중앙지적위원회 위원의 임기는?(단, 위원장과 부위원장을 제외한 위원)**

① 1년 ② 2년 ③ 3년 ④ 4년

| 해설 |

위원장과 부위원장을 제외한 위원의 임기는 2년으로 한다.

정답 ②

24. **중앙지적위원회의 심의·의결 사항이 아닌 것은?**

① 지적측량기술의 연구·개발 및 보급에 관한 사항
② 지적 관련 정책개발 및 업무개선 등에 관한 사항
③ 지적소관청이 회부 하는 청산금의 이의신청에 관한 사항
④ 지적측량 적부심사에 대한 재심사

| 해설 |

중앙지적위원회의 심의·의결사항
① 심의·의결하기 위하여 국토교통부에 중앙지적위원회를 둔다.
② 지적 관련 정책개발 및 업무개선 등에 관한 사항
③ 지적측량기술의 연구·개발 및 보급에 관한 사항
④ 지적측량 적부심사에 대한 재심사
⑤ 측량기술자 중 지적분야 측량기술자의 양성에 관한 사항
⑥ 지적기술자의 업무정지처분 및 징계요구에 관한 사항

정답 ③

25. **「공간정보의 구축 및 관리 등에 관한 법률」 상 지적측량의 적부심사에 관한 내용으로 옳은 것은?**

① 지적측량업자가 중앙지적위원회에 지적측량적부심사를 청구하여, 지적소관청이 이를 심의·의결한다.
② 지적소관청이 지방지적위원회에 지적측량적부심사를 청구하여, 관할 시·도지사가 이를 심의·의결한다.
③ 지적소관청이 중앙지적위원회에 지적측량적부심사를 청구하여, 국토교통부장관이 이를 심의·의결한다.
④ 토지소유자가 관할 시·도지사를 거쳐 지방지적위원회에 지적측량적부심사를 청구하고, 지방지적위원회가 이를 심의·의결한다.

| 해설 |

토지소유자, 이해관계인 또는 지적측량수행자는 지적측량성과에 대하여 다툼이 있는 경우에는 관할 시·도지사를 거쳐 지방지적위원회에 지적측량 적부심사를 청구할 수 있다.

정답 ④

26. **「공간정보의 구축 및 관리 등에 관한 법률」 상 지적측량 적부심사청구 사안에 대한 시·도지사의 조사사항이 아닌 것은?**

① 지적측량 기준점 설치 연혁
② 다툼이 되는 지적측량의 경위 및 그 성과
③ 해당 토지에 대한 토지이동 및 소유권변동 연혁
④ 해당 토지 주변의 측량기준점, 경계, 주요 구조물 등 현황실측도

| 해설 |

지적측량 적부심사청구를 받은 시·도지사는 30일 이내에 다음 사항을 조사하여 지방지적위원회에 회부하여야 한다.
① 다툼이 되는 지적측량의 경위 및 그 성과
② 해당 토지에 대한 토지이동 및 소유권변동 연혁
③ 해당 토지 주변의 측량기준점, 경계, 주요 구조물 등 현황 실측도

정답 ①

27. **지방지적위원회의 의결에 불복하는 때에는 의결서를 통지받은 날부터 며칠 이내에 중앙지적위원회에 재심사를 청구할 수 있는가?**

① 30일 ② 60일 ③ 90일 ④ 120일

| 해설 |

지적측량적부심사 의결서를 받은 자가 지방지적위원회의 의결에 불복하는 경우에는 그 의결서를 받은 날부터 90일 이내에 국토교통부장관을 거쳐 중앙지적위원회에 재심사를 청구할 수 있다.

정답 ③

28. **중앙지적위원회와 지방지적위원회의 위원구성 및 운영에 필요한 사항은 무엇으로 정하는가?**

① 대통령령 ② 국토교통부령
③ 행정안전부령 ④ 한국국토정보공사령

| 해설 |

중앙지적위원회와 지방지적위원회의 위원구성 및 운영에 필요한 사항은 대통령령으로 정한다.

정답 ①

29. **「공간정보의 구축 및 관리 등에 관한 법률」 에서 규정한 지적측량수행자의 성실의무 등에 관한 내용으로 옳지 않은 것은?**

① 지적측량수행자는 업무상 알게 된 비밀을 누설하여서는 아니 된다.
② 지적측량수행자는 지적측량수수료 외에는 어떠한 명목으로도 그 업무와 관련된 대가를 받으면 아니 된다.
③ 지적측량수행자는 본인, 배우자 또는 직계 존속·비속이 소유한 토지에 대한 지적측량을 하여서는 아니 된다.
④ 지적측량수행자는 신의와 성실로써 공정하게 지적측량을 하여야 하며, 정당한 사유없이 지적측량 신청을 거부하여서는 아니 된다.

| 해설 |

측량기술자는 정당한 사유 없이 그 업무상 알게 된 비밀을 누설하여서는 아니 된다.의 내용은 벌칙에 해당된다.

정답 ①

30. 지적측량업의 등록에 필요한 기술능력의 등급별 인원 기준으로 옳은 것은?(단, 상위 등급의 기술능력으로 하위 등급의 기술능력을 대체하는 경우는 고려하지 않는다.)

① 고급기술인 1명 이상
② 중급기술인 1명 이상
③ 초급기술인 1명 이상
④ 지적 분야의 초급기능사 2명 이상

| 해설 |

지적측량업의 등록 기준에서 기술능력은 특급기술인 1명 또는 고급기술인 2명 이상, 중급기술인 2명 이상, 초급기술인 1명 이상 및 지적 분야의 초급기능사 1명 이상이다.

정답 ③

31. 지적측량업을 등록할 경우 등록기준에 적합하지 않은 것은?

① 토털스테이션 1대 이상의 측량 장비를 확보
② 자동제도장치 1대 이상의 측량 장비를 확보
③ 5인 이상의 지적기술자를 (지적기술사 2명 지적기사 3명 포함) 확보
④ 지적기사 자격을 취득한 자로 10년 이상의 지적측량경력이 있는 자 확보

| 해설 |

지적측량업의 등록기준

기술인력	장비
1. 특급기술인 1명 또는 고급기술인 2명 이상 2. 중급기술인 2명 이상 3. 초급기술인 1명 이상 4. 지적 분야의 초급기능사 1명 이상	1. 토털 스테이션 1대 이상 2. 출력장치 1대 이상 • 해상도 : 2400dpi×1200dpi • 출력범위 : 600mm×1060mm 이상

정답 ③

32. 지적측량업의 등록을 하려는 자가 신청서에 첨부하여 제출하여야 할 서류가 아닌 것은?

① 보유하고 있는 인력에 대한 측량기술 경력 증명서
② 등록하려는 자의 은행 잔액 증명서
③ 보유하고 있는 장비의 명세서
④ 보유하고 있는 측량기술자의 명단

| 해설 |

측량업의 등록을 하려는 자는 신청서 첨부서류

① 기술능력을 갖춘 사실을 증명하기 위한 보유하고 있는 측량기술자의 명단, 인력에 대한 측량기술 경력증명서의 서류
② 장비를 갖춘 사실을 증명하기 위한 보유하고 있는 장비의 명세서, 장비의 성능검사서 사본

정답 ②

33. 「공간정보의 구축 및 관리 등에 관한 법률」 상 측량업자의 지위승계 신고서에 첨부하여야 할 서류로 옳지 않은 것은?

① 합병공고문
② 지적측량업등록증
③ 양도·양수계약서 사본
④ 상속인임을 증명할 수 있는 서류

| 해설 |

측량업자의 지위승계 신고서에 첨부 서류(전자문서로 된 신고서와 서류를 포함)

유형	양도·양수 신고	측량업 상속 신고	측량업 법인 합병 신고
제출 서류	• 양도·양수 계약서 사본	• 상속인임을 증명할 수 있는 서류	• 합병계약서 사본 • 합병공고문 • 합병에 관한 사항을 의결한 총회 또는 창립총회의 결의서 사본
공통	• 보유하고 있는 측량기술자의 명단 • 인력에 대한 측량기술 경력증명서 • 보유하고 있는 장비의 명세서 • 장비의 성능검사서 사본 • 소유권 또는 사용권을 보유한 사실을 증명할 수 있는 서류		

정답 ②

34. 다음 중 지적측량업 등록의 결격사유에 해당하지 않은 것은?

① 피성년후견인 또는 피한정후견인
② 국가보안법 또는 형법의 관련 규정을 위반하여 금고 이상의 실형을 선고받고 그 집행이 끝나거나 집행이 면제된 날부터 2년이 지나지 아니한 자
③ 지적측량업의 등록이 취소된 후 2년이 지나지 아니한 자
④ 파산자로서 복권되지 아니한 자

| 해설 |

지적측량업 등록의 결격사유

① 피성년후견인 또는 피한정후견인
② 「국가보안법」 또는 「형법」의 규정을 위반하여 금고 이상의 실형을 선고받고 그 집행이 끝나거나 집행이 면제된 날부터 2년이 지나지 아니한 자
③ 「국가보안법」 또는 「형법」의 규정을 위반하여 금고 이상의 형의 집행유예를 선고받고 그 집행유예기간 중에 있는 자
④ 측량업의 등록이 취소된 후 2년이 지나지 아니한 자
⑤ 임원 중에 위의 어느 하나에 해당하는 자가 있는 법인

정답 ④

35. 측량업의 등록취소 및 영업정지에 관한 설명으로 옳지 않은 것은?

① 다른 사람에게 자기의 측량업 등록증을 빌려준 경우 등록취소 사유가 된다.
② 거짓이나 그 밖의 부정한 방법으로 측량업을 등록한 경우 등록을 취소하여야 한다.
③ 영업정지 기간 중에 측량업을 영위한 경우일지라도 등록취소가 아닌 재차의 영업정지 명령이 내려질 수 있다.
④ 지적측량업자가 법 규정에 의한 지적측량수수료보다 과소하게 받은 경우도 등록취소 및 영업정지 처분의 대상이 된다.

| 해설 |

영업정지기간 중에 계속하여 영업을 한 경우는 측량업의 등록을 취소한다.

정답 ③

36. 국토교통부장관 또는 시·도지사가 측량업자에게 측량업의 등록을 취소하거나 1년 이내의 기간을 정하여 영업의 정지를 명할 수 있는 경우에 해당하지 않는 것은?

① 고의 또는 과실로 측량을 부정확하게 한 경우
② 거짓이나 그 밖의 부정한 방법으로 측량업의 등록을 한 경우
③ 지적측량업자가 업무 범위를 위반하여 지적측량을 한 경우
④ 정당한 사유 없이 측량업의 등록을 한 날부터 1년 이내에 영업을 시작하지 아니한 경우

| 해설 |

거짓이나 그 밖의 부정한 방법으로 측량업의 등록을 한 경우는 측량업의 등록취소에 해당한다.

정답 ②

37. 지적측량업자의 업무 범위에 해당하지 않은 것은?

① 경계점좌표등록부가 있는 지역에서의 지적측량
② 도시개발사업 등이 끝남에 따라 하는 지적확정측량
③ 지적재조사에 관한 특별법에 따른 지적재조사지구에서 실시하는 지적재조사측량
④ 도해 세부측량지역의 등록전환측량에 대한 성과검사측량

| 해설 |

지적측량업자의 업무 범위
① 경계점좌표등록부가 있는 지역에서의 지적측량
② 「지적재조사에 관한 특별법」에 따른 지적재조사지구에서 실시하는 지적재조사측량
③ 도시개발사업 등이 끝남에 따라 하는 지적확정측량

정답 ④

38. 지적측량수행자가 손해배상책임을 보장하기 위하여 보증보험에 가입하여야 하는 금액으로 옳은 것은?

① 지적측량업자 1억 원 이상, 한국국토정보공사 20억 원 이상
② 지적측량업자 1억 원 이상, 한국국토정보공사 10억 원 이상
③ 지적측량업자 2억 원 이상, 한국국토정보공사 20억 원 이상
④ 지적측량업자 2억 원 이상, 한국국토정보공사 10억 원 이상

| 해설 |

손해배상책임의 보장
① 지적측량업자 : 보장 기간 10년 이상 및 보증금액 1억 원 이상
② 한국국토정보공사 : 보증금액 20억 원 이상

정답 ①

39. 지적측량수행자가 과실로 지적측량을 부실하게 하여 지적측량의뢰인에게 재산상의 손해를 발생하게 한 경우, 지적측량의뢰인이 손해배상으로 보험금을 지급받기 위해 보험회사에 첨부하여 제출하는 서류가 아닌 것은?

① 지적측량의뢰인과 지적 측량수행자 간의 손해배상합의서
② 지적측량의뢰인과 지적 측량수행자 간의 화해조서
③ 지적위원회에서 손해 사실에 대하여 결정한 서류
④ 확정된 법원의 판결문 사본 또는 이에 준하는 효력이 있는 서류

| 해설 |

지적측량의뢰인은 손해배상으로 보험금·보증금 또는 공제금을 지급받으려면 다음의 서류를 첨부하여 보험회사 또는 공간정보산업협회에 손해배상금 지급을 청구하여야 한다.
① 지적측량의뢰인과 지적측량수행자 간의 손해배상합의서 또는 화해조서
② 확정된 법원의 판결문 사본
③ 손해배상합의서 또는 화해조서, 확정된 법원의 판결문 사본에 준하는 효력이 있는 서류

정답 ③

1.2. 경계와 지번

1.2.1. 경계

(1) 지상경계 결정 기준

① 연접되는 토지 간에 높낮이 차이가 없는 경우 : 그 구조물 등의 중앙

② 연접되는 토지 간에 높낮이 차이가 있는 경우 : 그 구조물 등의 하단부

③ 도로·구거 등의 토지에 절토된 부분이 있는 경우 : 그 경사면의 상단부

④ 토지가 해면 또는 수면에 접하는 경우 : 최대만조위 또는 최대만수위가 되는 선

⑤ 공유수면 매립지의 토지 중 제방 등을 토지에 편입하여 등록하는 경우 : 바깥쪽 어깨부분

⑥ 지상경계의 구획을 형성하는 구조물 등의 소유자가 다른 경우에는 그 소유권에 따라 지상경계를 결정한다.

(2) 지상경계점에 경계점표지를 설치하여 측량할 수 있는 경우

① 도시개발사업 등의 사업시행자가 사업지구의 경계를 결정하기 위하여 토지를 분할하려는 경우

② 사업시행자와 행정기관의 장 또는 지방자치단체의 장이 토지를 취득하기 위하여 분할하려는 경우

③ 「국토의 계획 및 이용에 관한 법률」에 따른 도시·군관리계획 결정고시와 지형도면 고시가 된 지역의 도시·군관리계획선에 따라 토지를 분할하려는 경우

④ 소유권 이전, 매매와 토지이용상 불합리한 지상경계를 시정하기 위하여 토지를 분할하려는 경우

⑤ 관계 법령에 따라 인가·허가 등을 받아 토지를 분할하려는 경우

(3) 지상건축물을 걸리게 분할 할 수 있는 경우

① 법원의 확정판결이 있는 경우

② 공공사업 등에 따라 학교용지·도로·철도용지·제방·하천·구거·유지·수도용지 등의 지목으로 되는 토지를 분할하는 경우

③ 「국토의 계획 및 이용에 관한 법률」에 따른 도시·군관리계획 결정고시와 지형도면 고시가 된 지역의 도시·군관리계획선에 따라 토지를 분할하는 경우

④ 지적확정측량의 경계는 공사가 완료된 현황대로 결정하되, 공사가 완료된 현황이 사업계획도와 다를 때에는 미리 사업시행자에게 그 사실을 통지하여야 한다.

1.2.2. 지번

(1) 지번 구성 및 표기

① 지번은 지적소관청이 지번 부여지역별로 차례대로 부여한다.

② 지적소관청은 지적공부에 등록된 지번을 변경할 필요가 있다고 인정하면 시·도지사나 대도시 시장의 승인을 받아 지번 부여지역의 전부 또는 일부에 대하여 지번을 새로 부여할 수 있다.

③ 지번은 아라비아숫자로 표기하되, 임야대장 및 임야도에 등록하는 토지의 지번은 숫자 앞에 "산"자를 붙인다.

④ 지번은 본번과 부번으로 구성하되, 본번과 부번 사이에 "–" 표시로 연결한다. 이 경우 "–"표시는"의"라고 읽는다.

⑤ 지번은 북서에서 남동으로 순차적으로 부여하여야 한다.

⑥ 지번의 부여방법 및 부여절차 등에 필요한 사항은 대통령령으로 정한다.

(2) 신규등록 및 등록전환의 지번 부여

① 그 지번 부여지역에서 인접 토지의 본번에 부번을 붙여서 지번을 부여한다.

② 다음의 경우에는 그 지번 부여지역의 최종 본번의 다음 순번부터 본번으로 하여 순차적으로 지번을 부여할 수 있다.

- 대상토지가 그 지번 부여지역의 최종 지번의 토지에 인접하여 있는 경우
- 대상토지가 이미 등록된 토지와 멀리 떨어져 있어서 등록된 토지의 본번에 부번을 부여하는 것이 불합리한 경우
- 대상토지가 여러 필지로 되어 있는 경우

(3) 분할의 지번 부여

① 분할 후의 필지 중 1필지의 지번은 분할 전의 지번으로 하고, 나머지 필지의 지번은 본번의 최종 부번 다음 순번으로 부번을 부여한다.

② 이 경우 주거·사무실 등의 건축물이 있는 필지에 대해서는 분할 전의 지번을 우선하여 부여하여야 한다.

(4) 합병의 지번 부여

① 합병 대상 지번 중 선순위의 지번을 그 지번으로 하되, 본번으로 된 지번이 있을 때에는 본번 중 선순위의 지번을 합병 후의 지번으로 한다.

② 이 경우 토지소유자가 합병 전의 필지에 주거·사무실 등의 건축물이 있어서 그 건축물이 위치한 지번을 합병 후의 지번으로 신청할 때에는 그 지번을 합병 후의 지번으로 부여하여야 한다.

(5) 지적확정측량 지역의 지번 부여

① 다음의 지번을 제외한 본번으로 부여할 것

- 지적확정측량을 실시한 지역의 종전 지번과 지적확정측량을 실시한 지역 밖에 있는 본번이 같은 지번이 있을 때에는 그 지번
- 지적확정측량을 실시한 지역의 경계에 걸쳐 있는 지번

② 부여할 수 있는 종전 지번의 수가 새로 부여할 지번의 수보다 적을 때에는 블록 단위로 하나의 본번을 부여한 후 필지별로 부번을 부여하거나, 그 지번 부여지역의 최종 본번 다음 순번부터 본번으로 하여 차례로 지번을 부여할 수 있다.

③ 행정구역 개편에 따라 새로 지번을 부여할 때, 축척변경 시행지역의 필지에 지번을 부여할 때에는 지적확정측량을 시행한 지역의 각 필지에 지번을 새로 부여하는 경우를 준용하여 지번을 부여한다.

④ 도시개발사업 등이 준공되기 전에 사업시행자가 지번부여 신청을 하면 지번을 부여할 수 있다.

(6) 지번변경

① 지번변경(Parcel Number Change)은 지적공부에 등록된 지번을 변경할 필요가 있다고 인정하는 때는 지번 부여지역에 있는 지번의 전부 또는 일부가 순차적으로 부여되어 있지 아니하여 지번을 새로이 부여

하는 것을 말한다.

② 지번변경 사유

- 행정구역의 통·폐합 등으로 동일 지번 부여지역 내에 같은 지번이 2개 이상 있게 된 경우
- 행정구역의 변경 등으로 지번 부여지역 내의 지번의 부여가 연속되지 않은 경우
- 분할·합병 등 빈번한 토지의 이동으로 지번이 무질서하게 부여된 경우

③ 지번변경 승인신청

- 지적소관청은 지번을 변경하려면 지번변경 사유를 적은 승인신청서에 지번변경 대상지역의 지번·지목·면적·소유자에 대한 상세한 내용(지번 등 명세)을 기재하여 시·도지사 또는 대도시 시장에게 제출하여야 한다.
- 이 경우 시·도지사 또는 대도시 시장은 「전자정부법」에 따른 행정정보의 공동이용을 통하여 지번변경 대상 지역의 지적도 및 임야도를 확인하여야 한다.
- 신청을 받은 시·도지사 또는 대도시 시장은 지번변경 사유 등을 심사한 후 그 결과를 지적소관청에 통지하여야 한다.

(7) 결 번

① 결번(Missing Parcel Number)은 지번 부여지역인 리, 동 단위로 아라비아 숫자 1, 2, 3 등 순차적으로 연속하여 지번을 부여하여야 하나 행정구역변경, 도시개발사업, 지번변경, 축척변경, 지번정정 등의 사유로 지번의 순서에 지적공부에 등록되지 않은 번호가 발생하게 된 것을 말한다.

② 발생한 결번의 본번은 도시개발사업에 의한 도시지역의 구획정리지역이나 농촌지역의 경지정리사업 지역의 확정측량에서 지번을 부여할 경우에 단지식의 본번으로 재사용하기도 한다.

③ 지적소관청은 지번에 결번이 생긴 때에는 지체 없이 그 사유를 결번 대장에 적어 영구히 보존하여야 한다.

④ 전산 정보처리조직에 의한 경우에는 별도로 결번 대장을 작성하지 않아도 된다.

(8) 도로명 및 건물번호

① 소관청은 지번으로 위치를 찾기 어려운 지역의 도로와 건물에 도로명과 건물번호를 부여하여 관리할 수 있다. 도로명과 건물번호를 부여하는 때에는 이를 지적도·지형도 등을 기초로 도로명·건물번호도면을 작성·관리하여야 한다.

② 도로명 및 건물번호 부여사업은 토지의 분할·합병 등으로 지번의 배열이 무질서하여 위치를 찾기가 어려운 지역에 도로명과 건물번호를 부여하여 국민 생활에 편의를 도모하기 위한 것이다.

③ 새주소 제도는 전국에 도로명주소가 부여되고 정확도를 위한 정비 완료 후 인터넷·포탈·모바일 등 IT분야와 범죄·우정·소방 등 공공 위치관련 시스템에서 활용이 되도록 제공되고 있다.

④ 도로구획은 주요 간선도로인 주간선도로와 보조간선도로에 의해 구획되는 일정지역으로 소로 이하 도로구간 설정 및 도로명 부여의 기초가 되며 기본축, 외부 순환축, 동서 간선축, 남북 간선축과 내부연결도로 및 보조간선도로에 의해 도로구획을 설정한다.

⑤ 도로명 및 건물번호 관리시스템은 각종 행정관서, 공공 및 민간서비스 기관, 일반 시민, 외부방문객들이 새주소와 관련하여 필요한 내용들을 검색 및 조회할 안내시스템의 기초가 되는 시스템이다.

⑥ 안내시스템은 새주소 안내기능과 관광, 생활·지리정보 제공기능, 부가기능으로 구분된다.

핵 / 심 / 문 / 제

Chapter 1.2 경계와 지번

1. 「공간정보의 구축 및 관리 등에 관한 법률」 상 토지의 등록에 관한 설명으로 틀린 것은?

① 토지의 소재와 지번은 토지대장과 임야대장에 공통적으로 등록되는 사항이다.

② 국토교통부장관은 모든 토지에 대하여 필지별로 소재·지번·지목·면적·경계 또는 좌표 등을 조사·측량하여 지적공부에 등록하여야 한다.

③ 지적공부에 등록하는 지번·지목·면적·경계 또는 좌표는 이동이 있을 때 토지소유자(법인이 아닌 사단이나 재단의 경우에는 그 대표자나 관리인)의 신청을 받아 지적소관청이 결정한다.

④ 지적소관청은 지적공부에 등록된 지번을 변경할 필요가 있다고 인정하면 국토교통부장관의 승인을 받아 지번부여지역의 전부 또는 일부에 대하여 지번을 새로 부여할 수 있다.

| 해설 |

지적소관청은 지적공부에 등록된 지번을 변경할 필요가 있다고 인정하면 시·도지사나 대도시 시장의 승인을 받아 지번 부여지역의 전부 또는 일부에 대하여 지번을 새로 부여할 수 있다.

정답 ④

2. 다음 중 「공간정보의 구축 및 관리 등에 관한 법률」에 따른 '경계'에 대한 정의로 옳은 것은?

① 토지 위에 설치된 담장

② 필지별로 경계점 간을 직선으로 연결하여 지적공부에 등록한 선

③ 주요 지형·지물에 의하여 구획된 지표상의 경계

④ 전·답 등에 구획된 둑

| 해설 |

"경계"란 필지별로 경계점들을 직선으로 연결하여 지적공부에 등록한 선을 말한다.

정답 ②

3. 지상경계를 새로이 결정하고자 하는 경우, 경계 결정 기준으로 옳지 않은 것은?

① 연접되는 토지 간에 높낮이 차이가 없는 경우에는 그 구조물 등의 중앙

② 연접되는 토지 간에 높낮이 차이가 있는 경우에는 그 구조물 등의 하단부

③ 토지가 해면 또는 수면에 접하는 경우에는 최대만조위 또는 최대만수위가 되는 선

④ 공유수면매립지의 토지 중 제방 등을 토지에 편입하여 등록하는 경우에는 제방의 안쪽 어깨 부분

| 해설 |

공유수면매립지의 토지 중 제방 등을 토지에 편입하여 등록하는 경우 : 바깥쪽 어깨부분이다.

정답 ④

4. 지상경계점에 경계점표시를 설치한 후 측량할 수 있는 경우가 아닌 것은?

① 도시개발사업의 사업시행자가 사업지구의 경계를 결정하기 위하여 토지를 분할하려는 경우

② 관계 법령에 따라 인가·허가 등을 받아 토지를 분할하려는 경우

③ 토지 일부에 대한 지상권 설정을 목적으로 분할하고자 하려는 경우

④ 토지 이용상 불합리한 지상경계를 시정하기 위하여 토지를 분할하려는 경우

| 해설 |

지상경계점에 경계점표지를 설치하여 측량할 수 있는 경우는 소유권이전, 매매와 토지이용상 불합리한 지상경계를 시정하기 위하여 토지를 분할하려는 경우이다.

정답 ③

5. 「공간정보의 구축 및 관리 등에 관한 법률 시행령」 상 지상경계의 결정 기준에서 분할에 따른 지상경계를 지상 건축물에 걸리게 결정할 수 있는 경우로 틀린 것은?

① 공공사업 등에 따라 지목이 학교용지로 되는 토지를 분할하는 경우

② 토지를 토지소유자의 필요에 의해 분할하는 경우

③ 도시개발사업 등의 사업시행자가 사업지구의 경계를 결정하기 위하여 토지를 분할하려는 경우

④ 법원의 확정판결이 있는 경우

| 해설 |

지상경계의 결정 기준에서 관계 법령에 따라 인가·허가 등을 받아 토지를 분할하려는 경우는 경계점표지를 설치한 후 측량할 수 있다.

정답 ②

6. 공유수면매립지의 토지 중 제방 등을 편입하여 등록하는 경우 지상경계를 결정하는 경우 기준으로 옳은 것은?

① 최대만조위가 되는 선
② 바깥쪽 어깨 부분
③ 안쪽 어깨 부분
④ 최대만수위가 되는 선

| 해설 |

공유수면매립지의 토지 중 제방 등을 토지에 편입하여 등록하는 경우는 바깥쪽 어깨 부분이다.

정답 ②

7. 토지가 해면에 접하는 경우 경계설정 기준으로 맞는 것은?

① 최저만수위 ② 최대만수위
③ 평균해수면수위 ④ 측정 당시 수위

| 해설 |

토지가 해면 또는 수면에 접하는 경우 최대만조위 또는 최대만수위가 되는 선을 기준으로 경계를 결정한다.

정답 ②

8. 경계점좌표등록부에 등재되는 좌표는?

① 구면직각좌표 ② 경위도좌표
③ 평면직각좌표 ④ UTM좌표

| 해설 |

좌표는 지적측량기준점 또는 경계점의 위치를 평면직각좌표로 등록한 것을 말한다.

정답 ③

9. 다음 지번에 대한 것은?

① 국토교통부 장관은 모든 토지에 대하여 필지별로 소재·지번·지목·면적·경계 또는 좌표 등을 조사·측량하여 지적공부에 등록하여야 한다.
② 지적공부에 등록하는 지번·지목·면적·경계 또는 좌표는 토지의 이동이 있을 때 토지소유자(법인이 아닌 사단이나 재단의 경우에는 그 대표자나 관리인)의 신청을 받아 지적소관청이 결정한다.
③ 토지의 소재와 지번은 토지대장과 임야대장에 공통으로 등록되는 사항이다.
④ 지적소관청은 지적공부에 등록된 지번을 변경할 필요가 있다고 인정하면 시·도지사나 대도시 시장의 승인을 받아 지번 부여지역의 전부 또는 일부에 대하여 지번을 새로 부여할 수 있다.

| 해설 |

지적소관청은 지적공부에 등록된 지번을 변경할 필요가 있다고 인정하면 시·도지사나 대도시 시장의 승인을 받아 지번 부여지역의 전부 또는 일부에 대하여 지번을 새로 부여할 수 있다.

정답 ④

10. 지번에 대한 설명으로 틀린 것은?

① 지번이란 필지에 부여하여 지적공부에 등록한 번호를 말한다.
② 지번을 부여하는 단위 지역은 동·리 또는 이에 준하는 지역을 말한다.
③ 지번은 소관청이 지번 부여지역별로 순차적으로 부여한다.
④ 지번은 소관청이 특별시장·광역시장 또는 도지사의 승인을 얻어 순차적으로 부여한다.

| 해설 |

지적소관청은 지적공부에 등록된 지번을 변경할 필요가 있다고 인정하면 시·도지사나 대도시 시장의 승인을 받아 지번 부여지역의 전부 또는 일부에 대하여 지번을 새로 부여할 수 있다.

정답 ④

11. 지번을 부여하는 이유로 적당하지 않은 것은?

① 토지의 개별화 ② 토지의 특정화
③ 토지이용의 효율화 ④ 주거표시제도화

| 해설 |

지번은 토지의 특정화 및 개별화, 토지 등록단위를 위하여 지번 지역별로 기번하여 필지마다 하나씩 붙이는 번호를 말한다.

정답 ③

12. 다음 중 지번을 새로이 부여할 필요가 없는 것은?

① 임야분할 ② 지목변경
③ 등록전환 ④ 신규등록

| 해설 |

지목변경은 지적공부에 등록된 지목을 다른 지목으로 바꾸어 등록하는 것으로 지번과는 관련이 없다.

정답 ②

13. 토지표시사항 중 지번의 역할과 가장 거리가 먼 것은?

① 토지 위치 추측 ② 물권객체의 구분
③ 등록, 공시단위의 표상 ④ 토지의 규모 추측

| 해설 |

지번으로 토지의 규모를 추측할 수는 없다.

정답 ④

14. 토지의 등록공시단위 구분으로서 가장 중요한 역할을 하는 토지표시사항은?

① 토지 소재　② 지번
③ 지목　④ 경계 또는 좌표

| 해설 |

지번은 모든 토지를 개별화되어 있어 토지의 등록공시단위에 매우 중요한 역할을 한다.

정답 ②

15. 하나의 지번이 붙는 토지의 등록단위 및 법률적인 단위로서 국가의 권력에 의해 인위적으로 정해지는 토지의 등록단위인 것은?

① 1평　② 1보　③ 1필지　④ 1정

| 해설 |

일필지는 하나의 지번이 붙는 토지의 법률적인 단위로서 국가의 권력에 의해 인위적으로 정해지는 토지의 등록단위라고 할 수 있다.

정답 ③

16. 「공간정보의 구축 및 관리 등에 관한 법률 시행령」 상 지번 부여방법 기준으로 틀린 것은?

① 분할 시의 지번은 최종 본번을 부여한다.
② 합병 시의 지번은 합병대상 지번 중 선 순위 본번으로 부여할 수 있다.
③ 북서에서 남동으로 순차적으로 부여한다.
④ 신규등록 시 인접 토지의 본번에 부번을 붙여 부여한다.

| 해설 |

분할 후의 필지 중 1필지의 지번은 분할 전의 지번으로 하고, 나머지 필지의 지번은 본번의 최종 부번 다음 순번으로 부번을 부여한다.

정답 ①

17. 지적정리에서 2필지 이상의 토지를 합병처리 할 때 지번 결정의 원칙은?

① 신규 지번으로 한다.
② 각 토지의 지번 중 수위의 지번으로 한다.
③ 각 토지의 지번 중 말위의 지번으로 한다.
④ 각 토지의 지번 중 인접된 지번으로 한다.

| 해설 |

합병대상 지번 중 선순위의 지번을 그 지번으로 하되, 본번으로 된 지번이 있을 때는 본번 중 선 순위의 지번을 합병 후의 지번으로 한다.

정답 ②

18. 「공간정보의 구축 및 관리 등에 관한 법률」에 규정된 지번의 부여방법에 대한 설명으로 틀린 것은?

① 지번은 북서에서 남동으로 순차적으로 부여한다.
② 등록전환의 경우에는 그 지번 부여지역에서 인접 토지의 본번에 부번을 붙여서 설정한다.
③ 분할의 경우에는 분할 전 필지의 지번은 말소하고 분할 후의 필지는 분할 전 지번의 본번에 부번을 붙여 부여한다.
④ 합병의 경우에는 합병 전 지번 중 선 순위의 것을 그 지번으로 하되, 합병 전 지번 중 본번만으로 된 지번이 있는 때에는 본번 중 선 순위의 것을 그 지번으로 한다.

| 해설 |

분할의 경우에는 분할 후의 필지 중 1필지의 지번은 분할 전의 지번으로 하고, 나머지 필지의 지번은 본번의 최종 부번 다음 순번으로 부번을 부여한다.

정답 ③

19. 공유수면매립으로 신규등록을 할 경우 지번 부여방법으로 틀린 것은?

① 인접 토지의 본번에 부번을 붙여서 지번을 부여한다.
② 최종 지번의 토지에 인접되어 있는 경우는 최종 본번 다음 번호로 부여한다.
③ 신규등록 토지가 여러 필지로 되어있는 경우는 최종 본번 다음 번호로 부여한다.
④ 종전 지번의 수에서 결번을 찾아서 새로이 부여한다.

| 해설 |

신규등록을 할 경우 지번 부여는 그 지번 부여지역에서 인접 토지의 본번에 부번을 붙여서 지번을 부여하되, 다음의 경우에는 그 지번 부여지역의 최종 본번의 다음 순번부터 본번으로 하여 순차적으로 지번을 부여할 수 있다.

- 대상토지가 그 지번 부여지역의 최종 지번의 토지에 인접하여 있는 경우
- 대상토지가 이미 등록된 토지와 멀리 떨어져 있어서 등록된 토지의 본번에 부번을 부여하는 것이 불합리한 경우
- 대상 토지가 여러 필지로 되어 있는 경우

정답 ④

20. 합병 조건이 갖추어진 4필지(99-1, 100-10, 111, 125)를 합병할 경우 새로이 설정하여야 하는 지번은?(단, 합병 전의 필지에 건축물이 없는 경우이다.)

① 99-1　② 100-10　③ 111　④ 125

| 해설 |

합병대상 지번 중 선 순위의 지번을 그 지번으로 하되, 본번으로 된 지번이 있는 때에는 본번 중 선 순위의 지번을 합병 후의 지번으로 한다. 99-1, 100-10, 111, 125 지번의 경우 본번으로 된 지번이 225, 325번지 중에서 선 순위의 지번은 111이므로 합병 후의 지번으로 한다.

정답 ③

21. **지번변경에 관한 설명 중 옳은 것은?**

① 소관청이 임의 결정한다.
② 국토교통부 장관의 승인을 얻어 소관청이 행한다.
③ 소관청이 도지사의 승인을 얻어 시행한다.
④ 소관청이 국토교통부 장관에게 보고 후 시행한다.

| 해설 |

지적소관청은 지번을 변경하려면 지번변경 사유를 적은 승인신청서에 지번변경 대상 지역의 지번·지목·면적·소유자에 대한 상세한 내용을 기재하여 시·도지사 또는 대도시 시장에게 제출하여야 한다.

정답 ③

22. **공간정보의 구축 및 관리 등에 관한 법령상 지적소관청은 지번을 변경하고자 할 때 누구에게 승인신청서를 제출하여야 하는가?**

① 국토교통부장관 ② 중앙지적위원회 위원장
③ 토지수용위원회 위원장 ④ 시·도지사 또는 대도시 시장

| 해설 |

지적소관청은 지번을 변경하려면 지번변경 사유를 적은 승인신청서에 지번변경 대상 지역의 지번·지목·면적·소유자에 대한 상세한 내용("지번등 명세")을 기재하여 시·도지사 또는 대도시 시장에게 제출하여야 한다.

정답 ④

23. **지적공부에 등록된 지번을 변경하여 새로이 부여할 경우 승인을 받아야 하는 자로 옳은 것은?**

① 행정안전부 장관 ② 군수·구청장
③ 중앙지적위원회 위원장 ④ 특별시장·광역시장·도지사

| 해설 |

지적소관청은 지적공부에 등록된 지번을 변경할 필요가 있다고 인정하면 시·도지사나 대도시 시장의 승인을 받아 지번 부여지역의 전부 또는 일부에 대하여 지번을 새로 부여할 수 있다.

정답 ④

24. **지번변경 승인신청 시 필요한 서류가 아닌 것은?**

① 지번변경 대상 지역의 지번 등 명세
② 지번변경 사유를 적은 승인신청서
③ 지번변경 대상 지역의 일람도 사본
④ 지번변경 대상 지역의 지적도 및 임야도의 사본

| 해설 |

① 지적소관청은 지번을 변경하려면 지번변경 사유를 적은 승인신청서에 지번변경 대상지역의 지번·지목·면적·소유자에 대한 상세한 내용("지번 등 명세")을 기재하여 시·도지사 또는 대도시 시장에게 제출하여야 한다.
② 이 경우 시·도지사 또는 대도시 시장은 「전자정부법」에 따른 행정정보의 공동이용을 통하여 지번변경 대상지역의 지적도 및 임야도를 확인하여야 한다.

정답 ③

25. **지번 표기 방법 중 가장 옳은 것은?**

① 10의 1번지 ② 10번지의 1
③ 10−1 ④ 10의 1

| 해설 |

지번은 본번과 부번으로 구성하되, 본번과 부번 사이에 "−" 표시로 연결한다. 이 경우 "−" 표시는 "의"라고 읽는다.

정답 ③

26. **우리나라에서 토지를 토지대장에 등록하는 절차상 순서로 옳은 것은?**

① 지목별 순으로 한다.
② 소유자명의 "가, 나, 다" 순으로 한다.
③ 지번 순으로 한다.
④ 토지 등급순으로 한다.

| 해설 |

토지를 토지대장에 등록하는 절차상 순서는 지번 순으로 등록한다.

정답 ③

27. **토지의 지번이 결번되는 사유에 해당되지 않는 것은?**

① 지번의 변경 ② 토지의 분할
③ 행정구역의 변경 ④ 도시개발사업의 시행

| 해설 |

결번은 행정구역의 변경, 도시개발사업의 시행, 지번변경, 축척변경, 지번 정정, 등록전환, 합병 등의 사유로 인하여 지적공부에 발생하는 등록되지 않은 지번과 토지조사 당시 지번 누락으로 인한 결번을 말한다.

정답 ②

28. **토지의 등록전환으로 인하여 임야대장에 결번이 생겼을 때의 일반적인 처리 방법은?**

① 지번설정 지역을 변경한다.
② 결번에 해당하는 토지대장을 빼내어 폐기한다.
③ 결번에 해당하는 지번을 다른 토지에 붙인다.
④ 결번을 그대로 둔다.

| 해설 |

등록전환이란 임야대장 및 임야도에 등록된 토지를 토지대장 및 지적도에 옮겨 등록하는 것으로서 이때 등록전환되는 토지의 지번을 해당 지적도의 인접 지번을 사용하는 것이 일반적이며 등록전환 후 임야대장 및 임야도의 종전 지번은 결번으로 두어야 한다.

정답 ④

29. 지번 부여지역의 일부가 행정구역의 개편으로 다른 지번 부여지역에 속하게 될 때 지번 정리 방법은?

① 토지소재만 변경 정리한다.
② 종전 지번에 부호를 붙여 정한다.
③ 지적소관청이 새로 그 지번을 부여하여야 한다.
④ 변경된 지번 부여지역의 최종본번에 부번을 붙여 정리한다.

| 해설 |
지번 부여지역의 일부가 행정구역의 개편으로 다른 지번 부여지역에 속하게 된 때에는 소관청은 새로이 그 지번을 부여하여야 한다.

정답 ③

30. 행정구역의 변경, 도시개발사업의 시행, 지번변경, 축척변경, 지번 정정 등의 사유로 지번에 결번이 생긴 때의 지적소관청 결번 처리 방법으로 옳은 것은?

① 결번된 지번은 새로이 토지이동이 발생하면 지번을 부여한다.
② 지체없이 그 사유를 결번 대장에 적어 영구히 보존한다.
③ 결번된 지번은 토지대장에서 말소하고 토지대장을 폐기한다.
④ 행정구역의 변경으로 결번된 지번은 새로이 지번을 부여할 경우에 지번을 부여한다.

| 해설 |
지적소관청은 행정구역의 변경, 도시개발사업의 시행, 지번변경, 축척변경, 지번 정정 등의 사유로 지번에 결번이 생긴 때에는 지체없이 그 사유를 결번 대장에 적어 영구히 보존하여야 한다.

정답 ②

31. 도로명주소법상 "도로명주소안내시설"에 해당하지 않는 것은?

① 도로명판 ② 건물번호판
③ 지역번호판 ④ 지역안내판

| 해설 |
현행법 이전의 도로명주소법에서는 "도로명주소 안내시설"이란 명칭을 사용하였지만, 현행법에서는 "주소정보시설"로 도로명판, 기초번호판, 건물번호판, 국가지점번호판, 사물주소판 및 주소정보안내판을 말한다.

정답 ③

32. 다음 중 주거표시를 위하여 건물번호를 사용하는 나라는?

① 일본 ② 한국 ③ 독일 ④ 대만

| 해설 |
독일의 부동산 지적도는 측량용과 열람용의 2가지로 작성하여 도로의 명칭, 건물의 위치 및 건물번호, 토양의 종류 등을 등록, 관리하고 있다.

정답 ③

1.3. 지목, 면적

1.3.1. 지목

(1) 지목의 종류

법률상 지목은 전·답·과수원·목장용지·임야·광천지·염전·대·공장용지·학교용지·주차장·주유소용지·창고용지·도로·철도용지·제방·하천·구거·유지·양어장·수도용지·공원·체육용지·유원지·종교용지·사적지·묘지·잡종지로 28개로 구분하여 정한다.

① 전은 물을 상시적으로 이용하지 않고 곡물·원예작물(과수류는 제외한다)·약초·뽕나무·닥나무·묘목·관상수 등의 식물을 주로 재배하는 토지와 식용(食用)으로 죽순을 재배하는 토지

② 답은 물을 상시적으로 직접 이용하여 벼·연(蓮)·미나리·왕골 등의 식물을 주로 재배하는 토지

③ 과수원은 사과·배·밤·호두·귤나무 등 과수류를 집단적으로 재배하는 토지와 이에 접속된 저장고 등 부속시설물의 부지. 다만, 주거용 건축물의 부지는 "대"로 한다.

④ 목장용지

- 축산업 및 낙농업을 하기 위하여 초지를 조성한 토지
- 「축산법」에 따른 가축을 사육하는 축사 등의 부지
- 토지와 접속된 부속시설물의 부지
- 주거용 건축물의 부지는 "대"로 한다.

⑤ 임야는 산림 및 원야(原野)를 이루고 있는 수림지(樹林地)·죽림지·암석지·자갈땅·모래땅·습지·황무지 등의 토지

⑥ 광천지는 지하에서 온수·약수·석유류 등이 용출되는 용출구(湧出口)와 그 유지(維持)에 사용되는 부지. 다만, 온수·약수·석유류 등을 일정한 장소로 운송하는 송수관·송유관 및 저장시설의 부지는 제외한다.

⑦ 염전은 바닷물을 끌어들여 소금을 채취하기 위하여 조성된 토지와 이에 접속된 제염장(製鹽場) 등 부속시설물의 부지이며, 천일제염 방식으로 하지 아니하고 동력으로 바닷물을 끌어들여 소금을 제조하는 공장시설물의 부지는 제외한다.

⑧ 대

- 영구적 건축물 중 주거·사무실·점포와 박물관·극장·미술관 등 문화시설과 이에 접속된 정원 및 부속시설물의 부지
- 「국토의 계획 및 이용에 관한 법률」 등 관계 법령에 따른 택지조성공사가 준공된 토지

⑨ 공장용지

- 제조업을 하고 있는 공장시설물의 부지
- 「산업집적활성화 및 공장설립에 관한 법률」 등 관계 법령에 따른 공장부지 조성공사가 준공된 토지
- 같은 구역에 있는 의료시설 등 부속시설물의 부지

⑩ 학교용지는 학교의 교사(校舍)와 이에 접속된 체육장 등 부속시설물의 부지

⑪ 주차장

- 자동차 등의 주차에 필요한 독립적인 시설을 갖춘 부지와 주차전용 건축물 및 이에 접속된 부속시설물의 부지
- 다음의 시설의 부지는 제외한다.

－. 「주차장법」에 따른 노상주차장 및 부설주차장
－. 자동차 등의 판매 목적으로 설치된 물류장 및 야외전시장

⑫ 주유소용지

- 석유·석유제품 또는 액화석유가스 등의 판매를 위하여 일정한 설비를 갖춘 시설물의 부지
- 저유소(貯油所) 및 원유저장소의 부지와 이에 접속된 부속시설물의 부지의 토지
- 자동차·선박·기차 등의 제작 또는 정비공장 안에 설치된 급유·송유시설 등의 부지는 제외한다.

⑬ 창고용지는 물건 등을 보관하거나 저장하기 위하여 독립적으로 설치된 보관시설물의 부지와 이에 접속된 부속시설물의 부지

⑭ 도로

- 일반 공중의 교통 운수를 위하여 보행이나 차량운행에 필요한 일정한 설비 또는 형태를 갖추어 이용되는 토지
- 「도로법」 등 관계 법령에 따라 도로로 개설된 토지
- 고속도로의 휴게소 부지, 2필지 이상에 진입하는 통로로 이용되는 토지
- 다만, 아파트·공장 등 단일용도의 일정한 단지 안에 설치된 통로 등은 제외한다.

⑮ 철도용지는 교통 운수를 위하여 일정한 궤도 등의 설비와 형태를 갖추어 이용되는 토지와 이에 접속된 역사·차고·발전시설 및 공작창(工作廠) 등 부속시설물의 부지

⑯ 제방은 조수·자연유·모래·바람 등을 막기 위하여 설치된 방조제·방수제·방사제·방파제 등의 부지

⑰ 하천은 자연의 유수(流水)가 있거나 있을 것으로 예상되는 토지

⑱ 구거는 용수 또는 배수를 위하여 일정한 형태를 갖춘 인공적인 수로·둑 및 그 부속시설물의 부지와 자연의 유수가 있거나 있을 것으로 예상되는 소규모 수로부지

⑲ 유지(溜池)는 물이 고이거나 상시적으로 물을 저장하고 있는 댐·저수지·소류지(沼溜地)·호수·연못 등의 토지와 연·왕골 등이 자생하는 배수가 잘 되지 아니하는 토지

⑳ 양어장은 육상에 인공으로 조성된 수산생물의 번식 또는 양식을 위한 시설을 갖춘 부지와 이에 접속된 부속시설물의 부지

㉑ 수도용지는 물을 정수하여 공급하기 위한 취수·저수·도수(導水)·정수·송수 및 배수 시설의 부지 및 이에 접속된 부속시설물의 부지

㉒ 공원은 일반 공중의 보건·휴양 및 정서생활에 이용하기 위한 시설을 갖춘 토지로서 「국토의 계획 및 이용에 관한 법률」에 따라 공원 또는 녹지로 결정·고시된 토지

㉓ 체육용지

- 국민의 건강증진 등을 위한 체육활동에 적합한 시설과 형태를 갖춘 종합운동장·실내체육관·야구장·골프장·스키장·승마장·경륜장 등 체육시설의 토지
- 이에 접속된 부속시설물의 부지
- 체육시설로서의 영속성과 독립성이 미흡한 정구장·골프연습장·실내수영장 및 체육도장, 유수(流水)를 이용한 요트장 및 카누장, 산림 안의 야영장 등의 토지는 제외한다.

㉔ 유원지

- 일반 공중의 위락·휴양 등에 적합한 시설물을 종합적으로 갖춘 수영장·유선장(遊船場)·낚시터·어린이놀이터·동물원·식물원·민속촌·경마장 등의 토지, 이에 접속된 부속시설물의 부지
- 다만, 이들 시설과의 거리 등으로 보아 독립적인 것으로 인정되는 숙식시설 및 유기장(遊技場)의 부지

와 하천·구거 또는 유지(공유(公有)인 것으로 한정)로 분류되는 것은 제외한다.

㉕ 종교용지는 일반 공중의 종교의식을 위하여 예배·법요·설교·제사 등을 하기 위한 교회·사찰·향교 등 건축물의 부지와 이에 접속된 부속시설물의 부지

㉖ 사적지는 문화재로 지정된 역사적인 유적·고적·기념물 등을 보존하기 위하여 구획된 토지. 다만, 학교용지·공원·종교용지 등 다른 지목으로 된 토지에 있는 유적·고적·기념물 등을 보호하기 위하여 구획된 토지는 제외한다

㉗ 묘지는 사람의 시체나 유골이 매장된 토지, 「도시공원 및 녹지 등에 관한 법률」에 따른 묘지공원으로 결정·고시된 토지 및 「장사 등에 관한 법률」에 따른 봉안시설과 이에 접속된 부속시설물의 부지. 다만, 묘지의 관리를 위한 건축물의 부지는 "대"로 한다.

㉘ 잡종지

- 갈대밭, 실외에 물건을 쌓아두는 곳, 돌을 캐내는 곳, 흙을 파내는 곳
- 야외시장 및 공동우물, 변전소, 송신소, 수신소 및 송유시설 등의 부지
- 여객자동차터미널, 자동차운전학원 및 폐차장 등 자동차와 관련된 독립적인 시설물을 갖춘 부지
- 공항시설 및 항만시설 부지, 도축장, 쓰레기처리장 및 오물처리장 등의 부지
- 그 밖에 다른 지목에 속하지 않는 토지
- 원상회복을 조건으로 돌을 캐내는 곳 또는 흙을 파내는 곳으로 허가된 토지는 제외한다.

(2) 지목의 설정 방법

① 필지마다 하나의 지목을 설정한다.

② 1필지가 둘 이상의 용도로 활용되는 경우에는 주된 용도에 따라 지목을 설정한다.

③ 토지가 일시적 또는 임시적인 용도로 사용될 때에는 지목을 변경하지 아니한다.

1.3.2. 면적

지적에서 면적이란 지적측량으로 지적공부에 등록된 토지의 경계선을 기준면에 투영시켰을 때 그 경계선 내의 넓이를 말하며 평균해수면(Mean Sea Level)에 의한 수평면적을 말한다. 토지조사사업 이후부터 1975년까지의 구 지적법에서는 척관법에 따라 평(坪)과 보(步)를 단위로 하였다. 토지조사사업 당시에는 지적(地積)이라 하였으나 지적(地籍)과 혼동되어 제2차 지적법 전면 개정 시 면적(面積)으로 개정하여 현재까지 사용하고 있다. 지적도 또는 경계점좌표로부터 측정 또는 계산하고 제곱미터(m^2)를 사용하고 있으나 나라마다 다르게 사용하는 경우도 있다.

(1) 면적측정대상

① 세부측량을 하는 경우 다음에 해당하면 필지마다 면적을 측정하여야 한다.

- 지적공부의 복구·신규등록·등록전환·분할 및 축척변경을 하는 경우
- 면적 또는 경계를 정정하는 경우
- 도시개발사업 등으로 인한 토지의 이동에 따라 토지의 표시를 새로 결정하는 경우
- 경계복원측량 및 지적현황측량에 면적측정이 수반되는 경우

② 경계복원측량과 지적현황측량을 하는 경우에는 필지마다 면적을 측정하지 아니한다.

(2) 면적측정 기준

① 좌표면적계산법에 따른 면적측정 기준

- 경위의 측량방법으로 세부측량을 한 지역의 필지별 면적측정은 경계점좌표에 따른다.
- 산출면적은 1천분의 $1m^2$까지 계산하여 10분의 $1m^2$ 단위로 정한다.

② 전자면적측정기에 따른 면적측정 기준

- 도상에서 2회 측정하여 그 교차가 $A=0.023^2M\sqrt{F}$ 식에 따른 허용면적 이하일 때에는 그 평균치를 측정면적으로 한다.(A는 허용면적, M은 축척분모, F는 2회 측정한 면적의 합계를 2로 나눈 수)
- 측정면적은 1천분의 $1m^2$까지 계산하여 10분의 $1m^2$ 단위로 정한다.

③ 도해지역의 경우에는 도곽선의 신축량이 발생하므로 도곽선 신축량계산, 도곽선의 보정계수, 지적측량기준점을 전개하여 측량의 정확도를 높이고자 하였다.

④ 면적을 측정하는 경우 도곽선의 길이에 0.5mm 이상의 신축이 있을 때에는 이를 보정하여야 한다. 이 경우 도곽선의 신축량 및 보정계수의 계산은 다음의 계산식에 따른다.

- 도곽선의 신축량계산 : $S=\dfrac{\Delta X_1+\Delta X_2+\Delta Y_1+\Delta Y_2}{4}$

  여기서, S : 신축량, ΔX_1 : 왼쪽 종선의 신축된 차, ΔX_2 : 오른쪽 종선의 신축된 차, ΔY_1 : 위쪽 횡선의 신축된 차, ΔY_2 : 아래쪽 횡선의 신축된 차이다.

- 이 경우 신축된 차(mm)$=\dfrac{1{,}000(L-L_0)}{M}$

  여기서, L : 신축된 도곽선 지상길이, L_0 : 도곽선의 지상길이, M : 축척분모이다.

⑤ 도곽선의 보정계수는 도곽의 신축량이 0.5mm 이상 발생할 때만 계산하여 보정하기 위한 계수이다.

- 도곽선의 보정계수계산 : $Z=\dfrac{X\cdot Y}{\Delta X\cdot\Delta Y}$

  여기서, Z : 보정계수, X : 도곽선 종선길이, Y : 도곽선 횡선길이, ΔX : 신축된 도곽선 종선길이의 합/2, ΔY : 신축된 도곽선 횡선길이의 합/2을 말한다.

⑥ 면적이 5천m^2 이상인 필지를 분할하는 경우 분할 후의 면적이 분할 전 면적의 80% 이상이 되는 필지의 면적을 측정할 때에는 분할 전 면적의 20% 미만이 되는 필지의 면적을 먼저 측정한 후, 분할 전 면적에서 그 측정된 면적을 빼는 방법으로 할 수 있다. 다만, 동일한 측량결과도에서 측정할 수 있는 경우와 좌표면적계산법에 따라 면적을 측정하는 경우에는 그러하지 아니하다.

(3) 면적 오차의 허용범위 및 배분

① 등록전환을 하는 경우

- 임야대장의 면적과 등록전환될 면적의 오차 허용범위는 $A=0.026^2M\sqrt{F}$ 식에 따르며, 오차의 허용범위를 계산할 때 축척이 3천분의 1인 지역의 축척분모는 6천으로 한다.(A : 오차 허용면적, M : 임야도 축척분모, F : 등록전환될 면적)
- 임야대장의 면적과 등록전환될 면적의 차이가 $A=0.026^2M\sqrt{F}$ 식에 따른 허용범위 이내인 경우에는 등록전환될 면적을 등록전환 면적으로 결정하고, 허용범위를 초과하는 경우에는 임야대장의 면적 또는 임야도의 경계를 지적소관청이 직권으로 정정하여야 한다.

② 토지를 분할하는 경우

- 분할 후의 각 필지의 면적의 합계와 분할 전 면적과의 오차의 허용범위는 $A=0.026^2M\sqrt{F}$ 이며 A : 오차 허용면적, M : 축척분모, F : 원면적, 축척이 3천분의 1인 지역의 축척분모는 6천으로 한다.
- 분할 전후 면적의 차이가 $A=0.026^2M\sqrt{F}$ 식에 따른 허용범위 이내인 경우 그 오차를 분할 후의 각 필지의 면적에 따라 나누고, 허용범위를 초과하는 경우 지적공부상의 면적 또는 경계를 정정하여야 한다.
- 분할 전후 면적의 차이를 배분한 산출면적은 $r=\frac{F}{A}\times a$ 식에 따라 필요한 자리까지 계산한다.
  여기서, r : 각 필지의 산출면적, F : 원면적, A : 측정면적 합계 또는 보정면적 합계, a : 각 필지의 측정면적 또는 보정면적
- 결정면적은 원면적과 일치하도록 산출면적의 구하려는 끝자리의 다음 숫자가 큰 것부터 순차로 올려서 정한다.
- 구하려는 끝자리의 다음 숫자가 서로 같을 때에는 산출면적이 큰 것을 올려서 정한다.

③ 경계점좌표등록부가 있는 지역의 토지분할을 위하여 면적을 정할 때는 다음의 기준에 따른다.

- 분할 전후 면적의 차이가 $A=0.026^2M\sqrt{F}$ 식에 따른 허용범위 이내인 경우 그 오차를 분할 후의 각 필지의 면적에 따라 나누고, 허용범위를 초과하는 경우 지적공부상의 면적 또는 경계를 정정하여야 한다.
- 분할 후 각 필지의 면적합계가 분할 전 면적보다 많은 경우에는 구하려는 끝자리의 다음 숫자가 작은 것부터 순차적으로 버려서 정하되, 분할전 면적에 증감이 없도록 할 것
- 분할 후 각 필지의 면적합계가 분할 전 면적보다 적은 경우에는 구하려는 끝자리의 다음 숫자가 큰 것부터 순차적으로 올려서 정하되, 분할 전 면적에 증감이 없도록 할 것

④ 축척변경에 따라 면적을 새로 정하는 때에는 축척변경 측량결과도에 따라야 한다.

- 축척변경측량 결과도에 따라 면적을 측정한 결과 축척변경 전의 면적과 축척변경 후의 면적의 오차가 $A=0.026^2M\sqrt{F}$ 식에 따른 허용범위 이내인 경우에는 축척변경 전의 면적을 결정면적으로 한다.
- 허용면적을 초과하는 경우에는 축척변경 후의 면적을 결정면적으로 한다.
  여기서, A : 오차 허용면적, M : 축척이 변경될 지적도의 축척분모, F : 축척변경 전의 면적을 말한다.

(4) 면적 결정

① 면적의 단위는 제곱미터로 한다.

② 면적의 결정방법 등에 필요한 사항은 대통령령으로 정한다.

③ 지적도의 축척이 1/1000, 1/1200, 1/3000, 1/6000에 등록하는 지역

- 토지의 면적에 $1m^2$ 미만의 끝수가 있는 경우 $0.5m^2$ 미만일 때에는 버리고 $0.5m^2$를 초과하는 때에는 올린다.
- $0.5m^2$일 때에는 구하려는 끝자리의 숫자가 0 또는 짝수이면 버리고 홀수이면 올린다.
- 1필지의 면적이 $1m^2$ 미만일 때에는 $1m^2$ 로 한다.

④ 지적도의 축척이 600분의 1인 지역과 경계점좌표등록부에 등록하는 지역

- 토지면적은 제곱미터(m^2) 이하 한자리 단위로 한다.
- $0.1m^2$ 미만의 끝수가 있는 경우 $0.05m^2$ 미만일 때에는 버리고 $0.05m^2$를 초과할 때에는 올린다.

- $0.05m^2$일 때는 구하려는 끝자리의 숫자가 0 또는 짝수이면 버리고 홀수이면 올린다.
- 1필지의 면적이 $0.1m^2$ 미만일 때에는 $0.1m^2$로 한다.

⑤ 합병에 따른 경계·좌표 또는 면적은 따로 지적측량을 하지 아니하고 다음에 따라 결정한다.

- 합병 후 필지의 경계 또는 좌표 : 합병 전 각 필지의 경계 또는 좌표 중 합병으로 필요 없게 된 부분을 말소하여 결정
- 합병 후 필지의 면적 : 합병 전 각 필지의 면적을 합산하여 결정

⑥ 등록전환이나 분할에 따른 면적을 정할 때 오차가 발생하는 경우 그 오차의 허용 범위 및 처리방법 등에 필요한 사항은 대통령령으로 정한다.

⑦ 경계점좌표등록부를 갖춰 두지 아니하는 지역을 경계점좌표등록부를 갖춰 두는 지역으로 축척변경을 하는 경우 그 필지의 경계점을 평판 측량방법이나 전자평판 측량방법으로 지상에 복원시킨 후 경위의 측량방법 등으로 경계점좌표를 구하여야 한다. 이 경우 면적은 경계점좌표에 따라 결정하여야 한다.

(5) 끝수 처리

① 끝수 처리 대상은 방위각의 각치(角値), 종횡선의 수치 또는 거리를 계산하는 경우이다.

② 구하려는 끝자리의 다음 숫자가 5 미만일 때에는 버리고 5를 초과할 때에는 올린다.

③ 5일 때에는 구하려는 끝자리의 숫자가 0 또는 짝수이면 버리고 홀수이면 올린다.

④ 전자계산조직을 이용하여 연산할 때에는 최종수치에만 이를 적용한다.

Chapter 1.3 핵/심/문/제

지목, 면적

1. 지목의 변천 과정과 법률관계를 나타낸 것으로 틀린 것은?

① 토지조사령 : 18개 지목
② 지세령 : 19개 지목
③ 제정 지적법 : 24개 지목
④ 현행 지적법 : 28개 지목

| 해설 |
제정 지적법(1950. 12. 1. 법률 제165호)에 규정된 지목은 21개 지목이며 지적법 제2차 전면개정 당시에 지목은 24개 지목으로 추가되었다.

정답 ③

2. 「공간정보의 구축 및 관리 등에 관한 법률」 상 규정된 지목의 종류가 옳지 않은 것은?

① 운동장 ② 유원지 ③ 잡종지 ④ 철도용지

| 해설 |
「공간정보의 구축 및 관리 등에 관한 법률」상 지목은 전, 답, 과수원, 목장용지, 임야, 광천지, 염전, 대, 공장용지, 학교용지, 주차장, 주유소용지, 창고용지, 도로, 철도용지, 제방, 하천, 구거, 유지, 양어장, 수도용지, 공원, 체육용지, 유원지, 종교용지, 사적지, 묘지, 잡종지로 구분하여 정한다.

정답 ①

3. 지목 중 전과 답의 결정은 무엇을 기준으로 하는가?

① 주변 지형 ② 경작방법
③ 작물의 이용가치 ④ 경작 위치, 방향

| 해설 |
전과 답의 결정방법은 경작방법이 물을 이용하여 경작하느냐 하지 않느냐에 따라 결정된다고 볼 수 있다.

정답 ②

4. 묘목, 약초를 재배하는 토지의 지목은 어느 것인가?

① 전 ② 답 ③ 잡종지 ④ 임야

| 해설 |
전은 물을 상시로 이용하지 않고 곡물·원예작물(과수류는 제외)·약초·뽕나무·닥나무·묘목·관상수 등의 식물을 주로 재배하는 토지와 식용으로 죽순을 재배하는 토지를 말한다.

정답 ①

5. 전이 하천으로 지목 변경될 경우 토지대장 상의 그 소유자정리는 어떻게 하는가?

① 소유자를 말소한다.
② 소유권에 대한 별도의 조치가 없는 한 소유자는 변동이 없다.
③ 국유로 고친다.
④ 지방자치단체의 소유로 고친다.

| 해설 |
지목변경을 하여도 소유권은 별도의 조치가 없는 한 그대로 유지된다.

정답 ②

6. '과수원'안에 주거하고 있는 건축물 부지의 지목의 이름은?

① 전 ② 임야 ③ 과수원 ④ 대

| 해설 |
과수원은 사과·배·밤·호두·귤나무 등 과수류를 집단으로 재배하는 토지와 이에 접속된 저장고 등 부속시설물의 부지. 다만, 주거용 건축물의 부지는 "대"로 한다.

정답 ④

7. 지적공부에 지목을 "임야"로 등록할 수 없는 것은?

① 수림지
② 자갈땅
③ 소류지
④ 산림 및 원야를 이루고 있는 습지

| 해설 |
① 임야는 산림 및 원야(原野)를 이루고 있는 수림지(樹林地)·죽림지·암석지·자갈땅·모래땅·습지·황무지 등의 토지이다.
② 댐·저수지·소류지(沼溜地)·호수·연못 등의 토지와 연·왕골 등이 자생하는 배수가 잘되지 아니하는 토지는 유지이다.

정답 ③

8. 다음 중 지목이 임야에 해당하지 않는 것은?

① 죽림지 ② 암석지 ③ 자갈땅 ④ 갈대밭

| 해설 |
임야는 산림 및 원야(原野)를 이루고 있는 수림지(樹林地)·죽림지·암석지·자갈땅·모래땅·습지·황무지 등의 토지이다.

정답 ④

9. 대나무가 집단으로 자생하는 부지의 지목은 다음 중 어느 것으로 설정해야 하는가?

① 임야 ② 공원 ② 잡종지 ④ 유원지

| 해설 |
대나무가 집단으로 자생하는 부지는 죽림지로 지목은 임야이다.

정답 ①

10. 토지의 지목을 구분하는 경우 "임야"에 대한 설명 중 (　)안에 해당하지 않는 것은?

산림 및 원야(原野)를 이루고 있는 (　) 등의 토지

① 수림지(樹林地)　② 죽림지
③ 간석지　④ 모래땅

| 해설 |
임야는 산림 및 원야(原野)를 이루고 있는 수림지(樹林地)·죽림지·암석지·자갈땅·모래땅·습지·황무지 등의 토지를 말한다.
정답 ③

11. 염전은 다음 중 어느 지목에서 분리되었는가?

① 전　② 답
③ 잡종지　④ 사사지

| 해설 |
1950년 12월 1일 지적법제정 당시 분리된 것으로 잡종지에서 잡종지, 광천지, 염전으로 분리하여 세분화하였다.
정답 ③

12. 지목을 '대'로 구분할 수 없는 것은?

① 목장용지 내 주거용 건축물의 부지
② 영구적 건축물 중 변전소 시설의 부지
③ 과수원에 접속된 주거용 건축물의 부지
④ 국토의 계획 및 이용에 관한 법률 등 관계 법령에 따른 택지조성공사가 준공된 토지

| 해설 |
변전소, 송신소, 수신소 및 송유시설 등의 부지는 잡종지이다.
정답 ②

13. 공간정보의 구축 및 관리 등에 관한 법령상 지적공부에 등록할 때 지목을 '대'로 설정할 수 없는 것은?

① 택지조성공사가 준공된 토지
② 목장용지 내의 주거용 건축물의 부지
③ 과수원 내에 있는 주거용 건축물의 부지
④ 제조업 공장시설물 부지 내의 의료시설 부지

| 해설 |
종된 용도의 토지 지목이 "대"인 경우로 ①, ②, ③은 지목을 '대'로 설정할 수 있다.
정답 ④

14. 다음에서 지목의 용도가 다른 것은?

① 명동성당　② 종합병원
③ 백화점　④ 아파트

| 해설 |
지목은 용도에 따라 분류된 것으로 종합병원, 백화점, 아파트는 "대", 명동성당은 종교용지가 된다.
정답 ①

15. 서울시 강남구 100번지에 위치한 건물은 실내 수영장의 지목으로 옳은 것은?

① 체육용지　② 대
③ 유원지　④ 잡종지

| 해설 |
체육시설로서의 영속성과 독립성이 미흡한 정구장·골프연습장·실내수영장 및 체육도장, 유수(流水)를 이용한 요트장 및 카누장, 산림 안의 야영장 등의 토지는 체육 용지로 보지 않는다.
정답 ②

16. 영구적인 건축물의 부지 중 "대"로 지목을 설정할 수 있는 건축물은?

① 변전소　② 납골당
③ 박물관　④ 주차시설

| 해설 |
변전소는 잡종지, 납골당은 묘지, 주차시설은 주차장이다.
정답 ③

17. 다음 지목 중 주유소 용지에 해당하지 않는 것은?

① 액화석유가스의 판매를 위하여 일정한 설비를 갖춘 시설물의 부지
② 석유·석유제품의 판매를 위하여 일정한 설비를 갖춘 시설물의 부지
③ 저유소·원유 저장소의 부지
④ 자동차 정비공장 내의 송유시설의 부지

| 해설 |
주유소용지
① 석유·석유제품 또는 액화석유가스 등의 판매를 위하여 일정한 설비를 갖춘 시설물의 부지
② 저유소(貯油所) 및 원유저장소의 부지와 이에 접속된 부속시설물의 부지의 토지
③ 자동차·선박·기차 등의 제작 또는 정비공장 안에 설치된 급유·송유시설 등의 부지는 제외한다.
정답 ④

18. 다음 중 고속도로 휴게소 부지의 지목으로 옳은 것은?

① 도로　② 공원　③ 주차장　④ 잡종지

| 해설 |
고속도로의 휴게소 부지는 도로이다.
정답 ①

19. 지목을 '도로'로 구분할 수 있는 토지가 아닌 것은?

① 고속도로의 휴게소 토지
② 1필지에 진입하는 통로로 이용되는 토지
③ 「도로법」 등 관계 법령에 따라 도로로 개설된 토지
④ 일반 공중의 교통 운수를 위해 차량운행에 필요한 설비를 갖추어 이용되는 토지

| 해설 |

2필지 이상에 진입하는 통로로 이용되는 토지는 도로로 하며 아파트·공장 등 단일용도의 일정한 단지 안에 설치된 통로 등은 제외한다.

정답 ②

20. 공간정보의 구축 및 관리 등에 관한 법령상 지목의 구분에 따라, 한강을 이용한 경정장의 지목으로 옳은 것은?

① 하천　② 유원지
③ 잡종지　④ 체육용지

| 해설 |

하천은 자연의 유수(流水)가 있거나 있을 것으로 예상하는 토지로 한강을 이용한 경정장의 지목은 하천이라 할 수 있다.

정답 ①

21. 자연의 유수(流水)가 있거나 있을 것으로 예상하는 약 1m의 폭을 가진 수로부지의 지목은?

① 하천　② 유지
③ 수도용지　④ 구거

| 해설 |

구거는 용수(用水) 또는 배수(排水)를 위하여 일정한 형태를 갖춘 인공적인 수로·둑 및 그 부속시설물의 부지와 자연의 유수(流水)가 있거나 있을 것으로 예상되는 소규모 수로부지이다.

정답 ④

22. 물이 고이거나 상시로 물을 저장하고 있는 댐, 저수지, 소류지, 호수 등의 토지 지목으로 옳은 것은?

① 구거　② 유지
③ 양어장　④ 수도용지

| 해설 |

유지(溜池)는 물이 고이거나 상시적으로 물을 저장하고 있는 댐·저수지·소류지(沼溜地)·호수·연못 등의 토지와 연·왕골 등이 자생하는 배수가 잘 되지 아니하는 토지이다.

정답 ②

23. 지목에 대한 설명이다. 맞지 않는 것은?

① 자연의 유수가 있거나 있을 것으로 예상되는 토지는 "하천"으로 한다.
② 용수·배수를 위하여 일정한 형태를 갖춘 인공적인 수로는 "구거"라 한다.
③ 자연의 유수가 있거나 있을 것으로 예상되는 소규모 수로는 "구거"로 한다.
④ 물이 고이거나 상시로 물을 저장할 수 있는 토지를 "저수지"라 한다.

| 해설 |

물이 고이거나 상시로 물을 저장하고 있는 토지는 "유지"로 한다.

정답 ④

24. 다음 중 지목을 체육용지로 할 수 없는 것은?

① 야구장　② 스키장
③ 실내체육관　④ 실내수영장

| 해설 |

체육용지는 국민의 건강증진 등을 위한 체육활동에 적합한 시설과 형태를 갖춘 종합운동장·실내체육관·야구장·골프장·스키장·승마장·경륜장 등 체육시설의 토지와 이에 접속된 부속시설물의 부지이다.

정답 ④

25. 공간정보의 구축 및 관리 등에 관한 법령상 지목이 다른 하나는?

① 골프장　② 수영장　③ 스키장　④ 승마장

| 해설 |

수영장, 유선장, 낚시터, 어린이 놀이터, 동물원, 식물원, 민속촌, 경마장의 지목은 유원지이다.

정답 ②

26. 다음 지목에 대한 설명 중 옳지 않은 것은?

① 채석 전용철도 : 철도용지　② 원유저장소 : 잡종지
③ 장충체육관 : 운동장　④ 민속촌 : 유원지

| 해설 |

장충체육관은 건물 전체를 체육활동으로 사용하고 있으므로 체육용지이다.

정답 ③

27. 지적법 전문개정(1975. 12. 31) 당시에 신설된 지목이 아닌 것은?

① 과수원　② 목장용지
③ 체육용지　④ 유원지

| 해설 |

1975년 지적법 전문개정 당시에 신설된 지목은 "과수원, 목장용지, 공장용지, 학교용지, 유원지, 종교용지"의 6개 지목이다.

정답 ③

28. 공간정보의 구축 및 관리 등에 관한 법령에 따른 지목에 관한 내용으로 틀린 것은?

① 산림 안에 야영장으로 활용하는 부지는 체육용지로 한다.
② 공장용지를 지적도면에 등록할 때에는 '장'으로 표기한다.
③ 토지의 주된 용도에 따라 토지의 종류를 구분하여 지적공부에 등록한 것을 말한다.
④ 1필지가 둘 이상의 용도로 활용되는 경우에는 주된 용도에 따라 지목을 설정한다.

| 해설 |

유원지는 일반 공중의 위락·휴양 등에 적합한 시설물을 종합적으로 갖춘 수영장·유선장(遊船場)·낚시터·어린이놀이터·동물원·식물원·민속촌·경마장·야영장 등의 토지와 이에 접속된 부속시설물의 부지이다.

정답 ①

29. 지목설정이 옳지 않은 것은?

① 황무지－임야
② 박물관－대
③ 경마장－체육용지
④ 쓰레기 및 오물처리장－잡종지

| 해설 |

수영장, 유선장, 낚시터, 어린이 놀이터, 동물원, 식물원, 민속촌, 경마장의 지목은 유원지이다.

정답 ③

30. 공간정보의 구축 및 관리 등에 관한 법령상 지목설정이 올바르게 연결된 것은?

① 체육용지－실내체육관, 승마장
② 유원지－스키장, 어린이 놀이터
③ 잡종지－원상회복을 조건으로 돌을 캐내는 곳
④ 염전－동력을 이용하여 소금을 제조하는 공장시설물의 부지

| 해설 |

체육용지는 국민의 건강증진 등을 위한 체육활동에 적합한 시설과 형태를 갖춘 종합운동장·실내체육관·야구장·골프장·스키장·승마장·경륜장 등 체육시설의 토지와 이에 접속된 부속시설물의 부지이다.

정답 ①

31. 지적공부에 등록된 지목 중 종교용지에 해당하지 않는 것은?

① 예배를 보기 위한 교회
② 교회 소유의 주차장
③ 법요를 하기 위한 사찰
④ 제사를 지내기 위한 향교

| 해설 |

종교용지는 일반 공중의 종교의식을 위하여 예배·법요·설교·제사 등을 하기 위한 교회·사찰·향교 등 건축물의 부지와 이에 접속된 부속시설물의 부지이다.

정답 ②

32. 공간정보의 구축 및 관리 등에 관한 법령상 잡종지로 지목을 설정 할 수 없는 것은?

① 야외시장
② 돌을 캐내는 곳
③ 자동차운전학원의 부지
④ 원상회복을 조건으로 흙을 파내는 곳으로 허가된 토지

| 해설 |

잡종지

① 갈대밭, 실외에 물건을 쌓아두는 곳, 돌을 캐내는 곳, 흙을 파내는 곳
② 야외시장 및 공동우물
③ 변전소, 송신소, 수신소 및 송유시설 등의 부지
④ 여객자동차터미널, 자동차운전학원 및 폐차장 등 자동차와 관련된 독립적인 시설물을 갖춘 부지
⑤ 공항시설 및 항만시설 부지
⑥ 도축장, 쓰레기처리장 및 오물처리장 등의 부지
⑦ 그 밖에 다른 지목에 속하지 않는 토지
⑧ 원상회복을 조건으로 돌을 캐내는 곳 또는 흙을 파내는 곳으로 허가된 토지는 제외한다.

정답 ④

33. 지목의 설정 방법에 대한 설명으로 틀린 것은?

① 일시적 또는 임시적 용도로 사용하는 것은 지목을 변경할 수 없다.
② 도시개발사업이 완료된 토지는 현황대로 지목을 설정한다.
③ 1필지의 용도가 2 이상의 지목에 해당되면 주된 용도에 따라 설정한다.
④ 도로, 철도용지 등의 지목이 중복되면 용도 경중의 원칙에 따라 설정한다.

| 해설 |

도시개발사업 등의 공사가 준공된 토지는 용도에 따라 지목을 설정한다.

정답 ②

34. 지적공부에 등록하는 지목의 설정 기준으로 옳은 것은?

① 토지의 공시지가
② 토지의 주된 용도
③ 토지의 지형 지세
④ 토지의 토성 분포

| 해설 |

지목은 토지의 주된 용도에 따라 토지의 종류를 구분하여 지적공부에 등록한 것을 말한다.

정답 ②

35. 지적공부에 등록하기 위한 지목 결정으로 옳지 않은 것은?

① 소관청에서 결정한다.
② 1필지에 1지목을 설정한다.
③ 토지의 주된 용도에 따라 결정한다.
④ 토지소유자가 신청하는 지목으로 설정한다.

| 해설 |

지목의 설정방법
① 필지마다 하나의 지목을 설정한다.
② 1필지가 둘 이상의 용도로 활용되는 경우에는 주된 용도에 따라 지목을 설정한다.
③ 토지가 일시적 또는 임시적인 용도로 사용될 때에는 지목을 변경하지 아니한다.

정답 ④

36. 지목을 설정할 때 심사의 근거가 되는 것은?

① 필지의 토지이용　② 입체적 토지이용
③ 지질구조　④ 토양 유형

| 해설 |

지목의 설정은 주된 용도에 따라 설정하므로 토지의 이용 상황을 확인하여야 한다.

정답 ①

37. 지목의 설정 원칙이 아닌 것은?

① 일시변경 불변의 원칙
② 지목변경불변의 원칙
③ 사용 목적 추종의 원칙
④ 주 지목 추종의 원칙

| 해설 |

지목설정의 원칙에는 일필 일지목의 원칙, 주지목 추종의 원칙, 등록 선후의 원칙, 용도 경중의 원칙, 일시변경 불변의 원칙, 사용 목적 추종의 원칙이 있다.

정답 ②

38. 다음 중 1필 1지목 원칙의 설명으로 가장 올바른 것은?

① 1필지는 다양한 토지이용 목적으로 사용할 수 있다는 원칙
② 1필지에는 하나의 지목만이 존재한다는 원칙
③ 1필지에서 지목을 가장 중요한 등록사항으로 한다는 원칙
④ 여러 형태의 지목 중 대표적인 지목으로 결정하는 원칙

| 해설 |

1필 1지목의 원칙은 1필지의 토지에는 1개의 지목만을 설정한다는 원칙이다.

정답 ②

39. 다음 중 지목의 결정에 있어서 비슷한 규모의 도로와 철로가 교차하는 지점의 지목설정으로 가장 관련이 있는 것은?

① 주지목 추종의 원칙　② 용도 경중의 원칙
③ 일필일목의 원칙　④ 등록선후의 원칙

| 해설 |

등록 선후의 원칙은 도로·철도용지·하천·제방·구거·수도용지 등의 지목이 서로 중복되는 때에는 먼저 등록된 토지의 사용 목적에 따라 지목을 결정하는 것을 말한다.

정답 ④

40. 지목의 설정에서 우리나라가 채택하지 않는 원칙은?

① 지목 법정주의　② 복식 지목주의
③ 주지목 추종주의　④ 일필 일목주의

| 해설 |

지목설정의 원칙은 일필 일지목의 원칙, 주지목 추종의 원칙, 용도 경중의 원칙, 등록 선후의 원칙, 사용 목적 추종의 원칙 등이 있다.

정답 ②

41. 철도용지와 하천 지목이 중복되는 토지의 지목설정 방법은?

① 등록 선후의 원칙에 따른다.
② 필지 규모와 면적에 따른다.
③ 경제적 고부가 가치의 용도에 따른다.
④ 소관청 담당자의 주관적 직권으로 결정한다.

| 해설 |

등록선후의 원칙(登錄先後의 原則)은 도로·철도용지·하천·제방·구거·수도용지 등의 지목이 서로 중복되는 때에는 먼저 등록된 토지의 사용 목적에 따라 지목을 결정하는 것을 말한다.

정답 ①

42. **토지조사사업 당시 지적도에서 '산'으로 표시된 부분은?**

① 산으로 등록되었음을 의미한다.
② 단순히 산을 의미했을 뿐 등록된 것은 아니다.
③ 임야대장 등록에서 제외된 토지를 의미한다.
④ 수목이 자라고 있지 않은 임야를 표시한 것이다.

| 해설 |
산은 임야조사사업 당시에 등록되었으므로 토지조사사업 당시에는 등록이 되지 않았음을 의미한다.

정답 ②

43. **지목 부호는 다음 중 어느 공부에 표기하는가?**

① 토지대장　② 지적도
③ 임야대장　④ 경계점좌표등록부

| 해설 |
지목의 부호는 전체 지목에 관한 내용이 아니라 약자를 표기하는 것으로 지적도에는 약자를 사용한다.

정답 ②

44. **지목을 지적도면에 등록하는 때 표기하는 지목부호가 옳지 않은 것은?**

① 주차장 → 차　② 공장용지 → 장
③ 유원지 → 원　④ 주유소용지 → 유

| 해설 |
지목의 두 번째 문자를 도면에 부호로 표기하는 지목은 공장용지(장), 주차장(차), 하천(천), 유원지(원)이다.

정답 ④

45. **지적도 및 임야도에 등록하는 지목의 부호가 모두 옳은 것은?**

① 하천-하, 제방-제, 구거-구, 공원-공
② 하천-하, 제방-제, 구거-구, 공원-원
③ 하천-천, 제방-제, 구거-구, 공원-원
④ 하천-천, 제방-제, 구거-구, 공원-공

| 해설 |
지적도 및 임야도에 등록하는 지목의 부호는 하천(천), 제방(제), 구거(구), 공원(공)으로 표기한다.

정답 ④

46. **다음 중 지목변경에 해당하는 것은?**

① 밭을 집터로 만드는 행위
② 밭의 흙을 파서 논으로 만드는 행위
③ 산을 절토(切土)하여 대(垈)로 만드는 행위
④ 지적공부상의 전(田)을 대(垈)로 변경하는 행위

| 해설 |
지목변경이란 지적공부에 등록된 지목을 다른 지목으로 바꾸어 등록하는 것을 말한다.

정답 ④

47. **지적에서 사용하는 면적에 관한 용어의 설명으로 틀린 것은?**

① 지적측량에 의하여 지적공부에 등록된 토지의 수평면상 넓이를 말한다.
② 1975년 이전의 구 지적법에서는 척관법에 따라 평(坪)과 보(步)를 단위를 사용하였다.
③ 1975년 이전에는 면적을 지적(地籍)이라고 하였다.
④ 제2차 지적법 전면개정 시 '면적(面積)'으로 개정하여 현재까지 사용하고 있다.

| 해설 |
1975년 이전에는 면적을 지적(地積)이라고 하였다.

정답 ③

48. **지적공부에 등록된 면적으로 맞는 것은?**

① 수평면적　② 경사면적
③ 구면상의 면적　④ 기준면상의 면적

| 해설 |
면적은 지적공부에 등록하는 필지의 수평면적을 말한다.

정답 ①

49. **공간정보의 구축 및 관리 등에 관한 법령상 토지의 표시사항에 해당하지 않는 것은?**

① 경계　② 면적
③ 지번　④ 소유자의 주소

| 해설 |
토지의 표시사항에는 토지의 소재·지번·지목·면적·경계 또는 좌표를 등록한 것으로 소유자의 주소는 해당하지 않는다.

정답 ④

50. **다음 중 면적측정을 하여야 할 대상이 아닌 것은?**

① 지적공부를 복구하는 경우
② 분할을 하는 경우
③ 축척변경을 하는 경우
④ 경계복원을 하는 경우

| 해설 |

면적측정대상

① 세부측량을 하는 경우 다음에 해당하면 필지마다 면적을 측정하여야 한다.

- 지적공부의 복구·신규등록·등록전환·분할 및 축척변경을 하는 경우
- 면적 또는 경계를 정정하는 경우
- 도시개발사업 등으로 인한 토지의 이동에 따라 토지의 표시를 새로 결정하는 경우
- 경계복원측량 및 지적현황측량에 면적측정이 수반되는 경우

② 경계복원측량과 지적현황측량을 하는 경우에는 필지마다 면적을 측정하지 아니한다.

정답 ④

51. 좌표면적계산법으로 면적측정을 하는 경우 산출면적은 얼마까지 계산하는가?

① $\frac{1}{10}m^2$ ② $\frac{1}{100}m^2$ ③ $\frac{1}{1000}m^2$ ④ $\frac{1}{10000}m^2$

| 해설 |

좌표면적계산법으로 면적측정을 하는 경우 산출면적은 1천분의 $1m^2$까지 계산하여 10분의 $1m^2$ 단위로 정한다.

정답 ③

52. 축척 1/1,200 지역에서 전자면적계로 면적을 2회 측정하여 $984.7m^2$, $968.1m^2$를 얻었을 때 교차 제한은?

① $25m^2$ 이하 ② $23m^2$ 이하
③ $21m^2$ 이하 ④ $19m^2$ 이하

| 해설 |

$F = \frac{984.7+968.1}{2} = 976.4m^2$에서

면적교차제한$(A) = 0.023^2M\sqrt{F} = 0.023^2 \times 1,200 \times \sqrt{976.4} = 19.83m^2$이다.

정답 ④

53. 지적도의 축척이 1200분의 1 지역에서 원면적 $2,020m^2$의 토지를 분할하여 측정면적 $860m^2$와 $1155m^2$를 얻었다. 분할 후 산출면적은 각각 얼마인가?

① $860m^2$, $1160m^2$ ② $861m^2$, $1159m^2$
③ $862m^2$, $1158m^2$ ④ $863m^2$, $1157m^2$

| 해설 |

면적오차 배분 $r_1 = \frac{F}{A} \times a = \frac{2020}{2015} \times 860 = 862.1m^2$,

$r_2 = \frac{F}{A} \times a = \frac{2020}{2015} \times 1155 = 1157.9m^2$이다.

(r=각 필지의 산출면적, F=원면적, A=측정면적의 합계, a=각 필지의 측정면적)

정답 ③

54. 다음 중 면적의 최소 등록 단위가 다른 하나는?(단, 경계점좌표등록부에 등록하는 지역의 경우는 고려하지 않는다.)

① 1/600 ② 1/1,000
③ 1/2,400 ④ 1/6,000

| 해설 |

① 축척이 1/1000, 1/1200, 1/2400, 1/3000, 1/6000인 경우에 대장에 등록하는 1필지의 면적은 $1m^2$ 단위까지 표시한다.

② 축척이 1/600인 지역과 경계점좌표등록부에 등록, 관리하는 지역의 1필지의 면적은 $0.1m^2$ 단위까지 표시한다.

정답 ①

55. 「공간정보의 구축 및 관리 등에 관한 법률」 상 임야대장에 등록하는 1필지 최소면적 단위는?(단, 지적도의 축척이 600분의 1인 지역과 경계점좌표등록부에 등록하는 지역의 토지면적은 제외한다.)

① $0.1m^2$ ② $1m^2$ ③ $10m^2$ ④ $100m^2$

| 해설 |

축척이 1/500, 1/600 지역 및 경계점좌표등록부 시행지역을 제외하고 도해측량지역의 최소등록면적은 $1m^2$이다.

정답 ②

56. 임야대장에 등록하는 면적의 최소단위는 몇 m^2 인가?

① $0.01m^2$ ② $0.1m^2$ ③ $1m^2$ ④ $10m^2$

| 해설 |

지적도의 축척이 1/1,000, 1/1,200, 1/3,000, 1/6,000에 등록하는 지역 1필지의 면적이 $1m^2$ 미만일 때에는 $1m^2$로 한다.

정답 ③

57. 경계점좌표등록부에 등록하는 지역의 토지의 면적을 결정하는 방법 기준으로 옳은 것은?

① $0.001m^2$ ② $0.01m^2$ ③ $0.1m^2$ ④ $1m^2$

| 해설 |

경계점좌표등록부에 등록하는 지역의 토지면적은 m^2 이하 한자리 단위로 하되, 1필지의 면적이 $0.1m^2$ 미만일 때에는 $0.1m^2$로 한다.

정답 ③

58. 축척 1/1,200 도해측량지역에서 지적도에 등록할 일필지의 면적을 측정한 결과가 $0.45m^2$ 이였다면 토지대장에 등록할 면적은?

① $0.1m^2$ ② $0.4m^2$ ③ $0.5m^2$ ④ $1m^2$

| 해설 |

축척 1/1,200 도해측량지역에서 일필지의 면적이 $1m^2$ 미만인 때에는 $1m^2$로 한다.

정답 ④

59. 축척 600분의 1 지역의 면적 결정방법으로 적당하지 않은 것은?

① 산출면적이 $150.14m^2$ 일 때는 $150.1m^2$ 로 한다.
② 산출면적이 $150.15m^2$ 일 때는 $150.2m^2$ 로 한다.
③ 산출면적이 $150.25m^2$ 일 때는 $150.3m^2$ 로 한다.
④ 산출면적이 $150.345m^2$ 일 때는 $150.3m^2$ 로 한다.

| 해설 |

축척 600분의 1 지역에서 면적 결정방법에서 구하려는 끝자리의 숫자가 0 또는 짝수이면 버리므로 $150.25m^2 \rightarrow 150.2m^2$ 이다.

정답 ③

60. 경계점좌표등록부에 등록, 관리하는 지역에서 산출한 면적이 $100.55m^2$ 일 때 결정면적은?

① $100.0m^2$ ② $100.5m^2$ ③ $100.6m^2$ ④ $100.55m^2$

| 해설 |

경계점좌표등록부에 등록하는 지역의 토지면적은 $0.1m^2$ 미만의 끝수가 있는 경우 $0.05m^2$ 일 때는 구하려는 끝자리의 숫자가 0 또는 짝수이면 버리고 홀수이면 올린다. 다만, 1필지의 면적이 $0.1m^2$ 미만일 때에는 $0.1m^2$ 로 하기 때문에 $100.6m^2$ 이다.

정답 ③

61. 합병에 따른 경계·좌표 또는 면적은 따로 지적측량을 하지 아니하고 별도의 구분에 따라 결정한다. 다음 중 합병 후 필지의 면적 결정방법으로 옳은 것은?

① 소관청의 직권으로 결정한다.
② 면적은 삼사법으로 계산한다.
③ 합병한 후에는 새로이 측량하여 면적을 결정한다.
④ 합병 전 각 필지의 면적을 합산하여 결정한다.

| 해설 |

합병에 따른 경계·좌표 또는 면적은 따로 지적측량을 하지 아니하고 합병 후 필지의 면적은 합병 전 각 필지의 면적을 합산하여 결정한다.

정답 ④

62. 다음 설명의 (　)안에 공통으로 들어갈 알맞은 용어는?

토지의 이동에 따른 면적 결정방법 (　)에 따른 경계·좌표 또는 면적은 따로 지적측량을 하지 아니하고 (　) 후 경계 또는 좌표와 (　) 후 필지의 면적의 구분에 따라 결정한다.

① 등록 ② 분할 ③ 전환 ④ 합병

| 해설 |

토지의 이동에 따른 면적 결정방법 합병에 따른 경계·좌표 또는 면적은 따로 지적측량을 하지 아니하고 합병 후 경계 또는 좌표와 합병 후 필지의 면적의 구분에 따라 결정한다.

정답 ④

63. 지적측량에서 계산할 때 오사오입법의 원칙이 적용되지 않는 것은?

① 방위각의 결정 ② 종횡선수치의 결정
③ 면적의 결정 ④ 연속교차의 결정

| 해설 |

지적측량에서 오사오입의 결정은 "거리, 방위각, 종횡선, 면적"의 결정 시에 적용한다.

정답 ④

64. 도면의 축척이 600분의 1 지역에서 척관법에 의한 100평을 m^2 로 환산하여 등록하고자 한다. 맞는 것은?

① $330m^2$ ② $331m^2$ ③ $330.6m^2$ ④ $330.5m^2$

| 해설 |

100평 $\times \frac{400}{121} = 330.58m^2$에서 축척이 600분의 1 지역으로 지적공부에 등록할 면적은 $330.6m^2$ 이다.

정답 ③

65. 토지의 실제면적이 $900m^2$ 인 토지를 축척 1/600인 지적도에 등록하는 경우 지적도상의 도상 면적은?

① $13cm^2$ ② $25cm^2$ ③ $29cm^2$ ④ $30cm^2$

| 해설 |

한 변의 길이(a) $= \sqrt{A} = \sqrt{900} = 30m$이므로 $\frac{30}{600} = 5cm$에서 $5 \times 5 = 25cm^2$ 이다.

정답 ②

66. 축척 1/1,200 지적도상의 30cm는 지상의 실제거리 몇 m에 해당하는가?

① 90m ② 180m ③ 360m ④ 720m

| 해설 |

실제거리는 30cm×1,200=36,000cm=360m이다.

정답 ③

1.4. 지적공부

지적공부(Cadastral Record)란 토지대장·임야대장·공유지연명부·대지권등록부, 지적도·임야도(도면) 및 경계점좌표등록부 그리고 지적공부에 등록할 사항을 전산정보처리조직에 의하여 자기디스크·자기테이프 그 밖에 이와 유사한 매체에 기록·저장 및 관리하는 집합물을 말한다.

지적공부는 국가의 공적장부로서 소관청(시장, 군수, 구청장)에서 관리하며 전산처리조직에 의한 지적공부의 관리·운영은 지역전산본부(특별시·광역시·도 또는 시·군·자치구별 조직)에서 보관하고 관리한다. 현재는 모든 지적공부는 전산처리조직에 의한 파일 형태의 지적공부로 공시는 지적공부의 열람과 등본의 교부, 지적전산자료의 이용·활용 및 그 사용료 등, 지적공부의 비치·보존과 반출에 관한 사항을 규정하고 있다.

1.4.1. 지적공부 등록

(1) 토지·임야대장의 등록사항

① 토지의 소재·지번·지목·면적

② 소유자의 성명 또는 명칭, 주소 및 주민등록번호

③ 토지의 고유번호(각 필지를 서로 구별하기 위하여 필지마다 붙이는 고유한 번호)

④ 도면번호와 필지별 대장의 장번호 및 축척

⑤ 토지의 이동 사유 및 토지소유자가 변경된 날과 그 원인

⑥ 토지 등급 또는 기준수확량 등급과 그 설정·수정 연월일

⑦ 개별공시지가와 그 기준일

(2) 공유지연명부

① 공유지연명부란 1필지를 2인 이상이 소유하는 경우에 소유자별 내용을 기록하는 장부로서, 토지대장 및 임야대장의 소유권란에는 '○○○외 ○인'이라 등록한다.

② 소관청은 대장에 등록하는 1필지의 토지소유자가 2인 이상인 때에는 공유지연명부를 비치하고 다음 사항을 등록한다.

- 토지의 소재·지번 및 소유권 지분
- 소유자의 성명 또는 명칭, 주소 및 주민등록번호
- 토지의 고유번호
- 필지별 공유지연명부의 장번호
- 토지소유자가 변경된 날과 그 원인

(3) 대지권등록부

① 소관청은 토지대장 또는 임야대장에 등록하는 토지에 대하여 토지대장 및 임야대장의 소유권변동 원인란에 '○○년 ○○월 ○○일 대지권 설정' 또는 '○○년 ○○월 ○○일 일부 대지권 설정'이라 등록한다.

② 대지권등록부의 등록사항

- 토지의 소재, 지번, 대지권 비율
- 소유자의 성명 또는 명칭, 주소 및 주민등록번호

- 토지의 고유번호, 전유부분의 건물표시
- 건물명칭, 집합건물별 대지권등록부의 장 번호
- 토지소유자의 변경된 날과 그 원인
- 소유권 지분

(4) 도면의 등록사항

① 도면(Cadastral Map)은 지적도와 임야도를 말하는데, 주로 토지에 대한 소유권 등 물권이 미치는 범위와 모양 등을 나타내는 경계를 등록, 공시하는 지적공부를 말한다.

② 도면의 등록사항

- 토지의 소재·지번·지목 및 경계
- 도면의 색인도 및 도곽선과 그 수치
- 도면의 제명 및 축척
- 좌표에 의하여 계산된 경계점 간의 거리(경계점좌표등록부 비치 지역)
- 삼각점 및 지적측량기준점의 위치
- 건축물 및 구조물 등의 위치

③ 지적도와 임야도의 축척은 다음과 같으며 분모의 숫자가 작은 것을 대축척이라 하고, 분모의 숫자가 큰 것을 소축척이라고 한다.

- 지적도 : 1/500, 1/600, 1/1000, 1/1200, 1/2400, 1/3000, 1/6000
- 임야도 : 1/3000, 1/6000

(5) 경계점좌표등록부

① 경계점좌표등록부는 각 필지 단위로 경계점의 위치를 좌표로 등록, 공시하는 지적공부를 말한다.

② 1995년부터는 농업생산기반정비사업 지구의 지적확정측량도 경위의 측량으로 하여 경계점좌표등록부를 비치하게 되어 있다.

③ 경계점좌표등록부의 등록사항

- 토지의 소재, 지번, 좌표
- 토지의 고유번호, 도면번호
- 필지별 경계점좌표등록부의 장 번호
- 부호 및 부호도

1.4.2. 지적공부의 보존

(1) 지적공부의 보존

① 지적소관청은 해당 청사에 지적서고를 설치하고 그 곳에 지적공부(정보처리시스템을 통하여 기록·저장한 경우는 제외)를 영구히 보존하여야 한다.

② 다음 경우 외에는 해당 청사 밖으로 지적공부를 반출할 수 없다.

- 천재지변이나 그 밖에 이에 준하는 재난을 피하기 위하여 필요한 경우
- 관할 시·도지사 또는 대도시 시장의 승인을 받은 경우

③ 지적공부를 정보처리시스템을 통하여 기록·저장한 경우 관할 시·도지사, 시장·군수 또는 구청장은 그 지적공부를 지적정보관리체계에 영구히 보존하여야 한다.

④ 국토교통부장관은 보존하여야 하는 지적공부가 멸실되거나 훼손될 경우를 대비하여 지적공부를 복제하여 관리하는 정보관리체계를 구축하여야 한다.

⑤ 지적서고의 설치기준, 지적공부의 보관 방법 및 반출승인 절차 등에 필요한 사항은 국토교통부령으로 정한다.

(2) 지적공부의 보관 방법

① 부책(簿冊)으로 된 토지대장·임야대장 및 공유지연명부는 지적공부 보관 상자에 넣어 보관한다.

② 카드로 된 토지대장·임야대장·공유지연명부·대지권등록부 및 경계점좌표등록부는 100장 단위로 바인더(binder)에 넣어 보관하여야 한다.

③ 일람도·지번색인표 및 지적도면은 지번 부여지역별로 도면번호 순으로 보관하되, 각 장별로 보호대에 넣어야 한다.

④ 지적공부를 정보처리시스템을 통하여 기록·보존하는 때에는 그 지적공부를 「공공기관의 기록물 관리에 관한 법률」에 따라 기록물 관리기관에 이관할 수 있다.

1.4.3. 지적서고의 설치기준

① 지적서고는 지적사무를 처리하는 사무실과 연접(連接)하여 설치하여야 한다.

② 지적서고의 구조

- 골조는 철근콘크리트 이상의 강질로 한다.
- 지적서고의 면적은 아래 표의 기준면적에 따른다.

지적공부 등록 필수	기준면적	지적공부 등록 필수	기준면적
10만 필지 이하	$80m^2$	30만 필지 초과 40만 필지 이하	$150m^2$
10만 필지 초과 20만 필지 이하	$110m^2$	40만 필지 초과 50만 필지 이하	$165m^2$
20만 필지 초과 30만 필지 이하	$130m^2$	50만 필지 초과	$180m^2$
60만 필지를 초과하는 10만 필지마다 $10m^2$를 가산한 면적			

- 바닥과 벽은 2중으로 하고 영구적인 방수설비를 할 것
- 창문과 출입문은 2중으로 하되, 바깥쪽 문은 반드시 철제로 하고 안쪽 문은 곤충·쥐 등의 침입을 막을 수 있도록 철망 등을 설치할 것
- 온도 및 습도 자동조절 장치를 설치하고, 연중 평균온도는 섭씨 20±5도, 연중 평균습도는 65±5%를 유지할 것
- 전기시설을 설치하는 때에는 단독퓨즈를 설치하고 소화 장비를 갖춰 둘 것
- 열과 습도의 영향을 받지 아니하도록 내부 공간을 넓게 하고 천장을 높게 설치할 것

③ 지적공부 보관 상자는 벽으로부터 15cm 이상 띄워야 하며, 높이 10cm 이상의 깔판 위에 올려놓아야 한다.

1.4.4. 지적공부의 정리

(1) 지적공부의 정리 대상

① 지번을 변경하는 경우
② 지적공부를 복구하는 경우
③ 신규등록·등록전환·분할·합병·지목변경 등 토지의 이동이 있는 경우
④ 이 경우 이미 작성된 지적공부에 정리할 수 없을 때에는 새로 작성하여야 한다.
⑤ 지적소관청은 토지의 이동이 있는 경우에는 토지이동정리 결의서를 작성하여야 하고, 토지소유자의 변동 등에 따라 지적공부를 정리하려는 경우에는 소유자정리 결의서를 작성하여야 한다.
⑥ 지적공부의 정리 방법, 토지이동정리 결의서 및 소유자정리 결의서 작성 방법 등에 관하여 필요한 사항은 국토교통부령으로 정한다.

(2) 지적소관청이 토지소유자에게 지적정리 등을 통지하는 시기

① 토지의 표시에 관한 변경등기가 필요한 경우 : 그 등기 완료의 통지서를 접수한 날부터 15일 이내
② 토지의 표시에 관한 변경등기가 필요하지 아니한 경우 : 지적공부에 등록한 날부터 7일 이내

(3) 지적정리 등의 통지

① 직권으로 조사·측량하여 결정, 지번을 변경, 지적공부의 복구, 등록말소 신청, 등록사항의 정정 직권, 행정구역의 개편, 도시개발사업 등 시행지역의 토지이동, 신청의 대위 또는 등기촉탁에 따라 지적소관청이 지적공부에 등록하거나 지적공부를 복구 또는 말소하거나 등기촉탁을 하였으면 대통령령으로 정하는 바에 따라 해당 토지소유자에게 통지하여야 한다.
② 통지받을 자의 주소나 거소를 알 수 없는 경우에는 국토교통부령으로 정하는 바에 따라 일간신문, 해당 시·군·구의 공보 또는 인터넷홈페이지에 공고하여야 한다.

(4) 지적공부의 정리 방법

① 토지이동정리 결의서의 작성은 토지대장·임야대장 또는 경계점좌표등록부별로 구분하여 작성한다.
② 토지이동정리 결의서에는 토지이동신청서 또는 도시개발사업 등의 완료 신고서 등을 첨부하여야 한다.
③ 소유자정리 결의서의 작성은 등기필증, 등기부 등본 또는 그 밖에 토지소유자가 변경되었음을 증명하는 서류를 첨부하여야 한다.
④ 「전자정부법」에 따른 행정정보의 공동이용을 통하여 첨부서류에 대한 정보를 확인할 수 있는 경우에는 그 확인으로 첨부서류를 갈음할 수 있다.
⑤ 대장 외에 지적공부의 정리와 토지이동정리 결의서 및 소유자정리 결의서의 작성에 필요한 사항은 국토교통부장관이 정한다.

(5) 토지소유자의 정리

① 지적공부에 등록된 토지소유자의 변경 사항은 등기 관서에서 등기한 것을 증명하는 등기필증, 등기완료통지서, 등기사항증명서 또는 등기 관서에서 제공한 등기전산정보자료에 따라 정리한다.
② 신규등록의 경우에는 토지의 소유자는 지적소관청이 직접 조사하여 등록한다.

③ 「국유재산법」에 따른 총괄청이나 중앙관서의 장이 소유자 없는 부동산에 대한 소유자 등록을 신청하는 경우 지적소관청은 지적공부에 해당 토지의 소유자가 등록되지 아니한 경우에만 등록할 수 있다.

④ 등기부에 적혀 있는 토지의 표시가 지적공부와 일치하지 아니하면 토지소유자를 정리할 수 없다. 이 경우 토지의 표시와 지적공부가 일치하지 아니하다는 사실을 관할 등기 관서에 통지하여야 한다.

⑤ 지적소관청은 필요하다고 인정하는 경우에는 관할 등기 관서의 등기부를 열람하여 지적공부와 부동산등기부가 일치하는지 여부를 조사·확인하여야 한다.

⑥ 일치하지 아니하는 사항을 발견하면 등기사항증명서 또는 등기 관서에서 제공한 등기전산정보자료에 따라 지적공부를 직권으로 정리하거나, 토지소유자나 그 밖의 이해관계인에게 그 지적공부와 부동산등기부가 일치하게 하는 데에 필요한 신청 등을 하도록 요구할 수 있다.

⑦ 지적소관청 소속 공무원이 지적공부와 부동산등기부의 부합 여부를 확인하기 위하여 등기부를 열람하거나, 등기사항증명서의 발급을 신청하거나, 등기전산정보자료의 제공을 요청하는 경우 그 수수료는 무료로 한다.

⑧ 대장의 소유자변동 일자 정리

- 등기필통지서, 등기필증, 등기부 등본·초본 또는 등기 관서에서 제공한 등기전산정보자료의 경우에는 등기접수 일자로 정리한다.
- 미등기토지 소유자에 관한 정정 신청의 경우와 소유자등록 신청의 경우에는 소유자정리결의 일자
- 공유수면 매립준공에 따른 신규등록의 경우에는 매립준공 일자로 정리한다.

⑨ 주소·성명·명칭의 변경 또는 경정 및 소유권이전 등이 같은 날짜에 등기가 된 경우의 지적공부정리는 등기접수 순서에 따라 모두 정리하여야 한다.

⑩ 소유자의 주소가 토지소재지가 같은 경우에도 등기부와 일치하게 정리한다.

⑪ 등기 관서에서 제공한 등기전산정보자료에 따라 정리하는 경우에는 등기전산정보자료에 따른다.

(6) 지적공부의 열람 및 등본

① 지적공부를 열람하거나 그 등본을 발급받으려는 자는 해당 지적소관청에 그 열람 또는 발급을 신청하여야 한다.

② 정보처리시스템을 통하여 기록·저장된 지적공부(지적도 및 임야도 제외)를 열람하거나 그 등본을 발급받으려는 경우에는 특별자치시장, 시장·군수 또는 구청장이나 읍·면·동의 장에게 신청할 수 있다.

③ 지적공부의 열람 및 등본 발급의 절차 등에 필요한 사항은 국토교통부령으로 정한다.

④ 지적소관청은 지적공부의 열람 신청이 있을 때는 신청 필지 수와 수수료 금액을 확인하여 신청서에 첨부된 수입증지를 소인한 후 컴퓨터 화면 등에 따라 담당공무원의 참여하에 지적공부를 열람시킨다.

⑤ 지적공부의 등본은 지적공부를 복사·제도하여 작성하거나 부동산종합공부시스템으로 작성한다.

⑥ 부동산종합공부시스템으로 지적공부를 열람하는 경우 열람용 등본을 발급할 수 있으며, 이때에는 아랫부분에 "본토지(임야)대장은 열람용이므로 출력하신 토지(임야)대장은 법적인 효력이 없습니다."라고 기재한다.

1.4.5. 지적공부의 복구

① 지적소관청은 지적공부의 전부 또는 일부가 멸실되거나 훼손된 경우에는 지체 없이 복구하여야 한다.

② 지적소관청이 지적공부를 복구할 때에는 멸실·훼손 당시의 지적공부와 가장 부합된다고 인정되는 관계 자료에 따라 토지의 표시에 관한 사항을 복구하여야 한다. 다만, 소유자에 관한 사항은 부동산등기부나 법원의 확정판결에 따라 복구하여야 한다.

③ 지적공부의 복구에 관한 관계 자료 및 복구절차 등에 관하여 필요한 사항은 국토교통부령으로 정한다.

(1) 지적공부의 복구자료

① 지적공부의 등본 및 측량결과도

② 토지이동정리 결의서

③ 부동산등기부 등본 등 등기사실을 증명하는 서류

④ 지적소관청이 작성하거나 발행한 지적공부의 등록내용을 증명하는 서류

⑤ 복제된 지적공부

⑥ 법원의 확정판결서 정본 또는 사본

(2) 지적공부의 복구절차

① 지적소관청은 지적공부를 복구하려는 경우에는 복구자료를 조사하여야 한다.

② 지적소관청은 조사된 복구자료 중 토지대장·임야대장 및 공유지연명부의 등록내용을 증명하는 서류를 이용하여 지적복구자료 조사서를 작성하고, 지적도면의 등록내용을 증명하는 서류에 따라 복구자료도를 작성하여야 한다.

③ 작성된 복구자료도에 따라 측정한 면적과 지적복구자료 조사서의 조사된 면적의 증감이 $A=0.026^2M\sqrt{F}$ 식에 따른 허용범위를 초과하거나 복구자료도를 작성할 복구자료가 없는 경우에는 복구측량을 하여야 한다.(A : 오차허용면적, M : 축척분모, F : 조사된 면적)

④ 작성된 지적복구자료 조사서의 조사된 면적이 $A=0.026^2M\sqrt{F}$ 식에 따른 허용범위 이내인 경우 그 면적을 복구면적으로 결정하여야 한다.

⑤ 복구측량을 한 결과가 복구자료와 부합되지 않는 경우 토지소유자와 이해관계인의 동의를 받아 경계 또는 면적 등을 조정할 수 있으며 경계를 조정한 때에는 경계점표지를 설치하여야 한다.

⑥ 지적소관청은 복구자료의 조사 또는 복구측량 등이 완료되어 지적공부를 복구하려는 경우에는 복구하려는 토지의 표시 등을 시·군·구 게시판 및 인터넷 홈페이지에 15일 이상 게시하여야 한다.

⑦ 복구하려는 토지의 표시 등에 이의가 있는 자는 게시 기간 내에 지적소관청에 이의신청할 수 있다.

⑧ 지적소관청은 지적복구자료 조사서, 복구자료도 또는 복구측량 결과도 등에 따라 토지대장·임야대장·공유지연명부 또는 지적도면을 복구하여야 한다.

⑨ 토지대장·임야대장 또는 공유지연명부는 복구되고 지적도면이 복구되지 아니한 토지가 축척변경 시행지역이나 도시개발사업 등의 시행지역에 편입된 때에는 지적도면을 복구하지 아니할 수 있다.

Chapter 1.4 핵 / 심 / 문 / 제

지적공부

1. 지적공부에 대한 설명으로 잘못된 것은?

① 지적법의 규정에 따라 작성하여 비치하는 공적인 장부
② 토지거래, 과세 및 토지정보를 위한 기초자료
③ 토지를 필지 단위로 등록해서 비치·관리하는 공적 장부
④ 토지이동에 관련된 모든 토지는 국가가 직권으로 조사 및 측량하여 작성하는 공적 장부

해설

지적공부는 법률에 따라 작성하여 비치하는 공적인 장부이며 토지거래, 과세 및 토지정보를 위한 기초자료이며 지적측량을 통하여 구획된 토지를 필지 단위로 등록해서 비치·관리하는 국가의 중요한 공적 장부를 말한다.

정답 ④

2. 지적공부에 대한 설명으로 틀린 것은?

① 지적공부는 대장과 도면으로 분류한다.
② 1975년 지적법 개정 시 공유지연명부를 지적공부로 규정
③ 2001년 지적법 개정 시 대지권등록부를 지적공부로 규정
④ 2001년 지적법 개정 시 수치지적부를 경계점좌표등록부로 용어 변경

해설

2001년 지적법 개정 시 공유지연명부와 대지권등록부를 지적공부로 규정하였다.

정답 ②

3. 「공간정보의 구축 및 관리 등에 관한 법률」에서 정의하는 지적공부에 해당하지 않는 것은?

① 지적도 ② 일람도
③ 공유지연명부 ④ 대지권등록부

해설

「공간정보의 구축 및 관리 등에 관한 법률」에서 지적공부는 토지대장, 임야대장, 공유지연명부, 대지권등록부, 지적도, 임야도 및 경계점좌표등록부 등으로 지적측량을 통하여 조사된 토지의 표시와 해당 토지의 소유자 등을 기록한 대장 및 도면(정보처리시스템을 통하여 기록·저장된 것을 포함)을 말한다.

정답 ②

4. 1950년 제정 지적법에서 규정된 지적공부는?

① 간주지적도, 간주임야도, 지적도, 임야도
② 산토지대장, 지적도, 간주지적도, 임야대장, 임야도
③ 토지대장, 지적도, 임야도, 임야대장, 수치지적부
④ 토지대장, 지적도, 임야대장, 임야도

해설

1950년 제정 지적법(법률 제165호 내무부)에서는 지적공부를 토지대장, 지적도, 임야대장, 임야도라 규정하고 있다.

정답 ④

5. 1950년 지적법제정 당시 지적공부의 관리를 담당하던 기관은?

① 도청 ② 시청 ③ 읍, 면사무소 ④ 세무서

해설

1950년 제정 지적법에서는 세무서에 지적공부를 비치하고 등록하도록 규정하고 있다.

정답 ④

6. 지적공부의 관리자로서 시장·군수는?

① 의사기관이다 ② 지방자치단체장이다
③ 행정청이다 ④ 행정관청이다.

해설

지적공부의 관리하는 시장·군수는 지적소관청으로 행정청이다.

정답 ③

7. 토지를 지적공부에 등록함에 따라 발생하는 효력에 속하지 않는 것은?

① 공시력 ② 창설력
③ 대항력 ④ 추정력

해설

추정력은 등기에서 적용된다.

정답 ④

8. 지적은 토지의 일정한 사항을 지적공부에 등록 공시하여야 효력을 발생한다. 지적공부에 등록공시를 위한 결정 권한은?

① 국가 공권 ② 측량사 사권
③ 지방자치권 ④ 지방공무원 직권

해설

지적은 「공간정보의 구축 및 관리 등에 관한 법률」이 정하는 바에 의하여 모든 토지를 필지마다 토지의 소재, 지번, 지목, 면적, 경계 또는 좌표 등을 조사, 측량하여 지적공부에 등록하여야 하는 지적국정주의 원칙에 따라 지적공부에 등록공시를 위한 결정 권한은 국가에 있다.

정답 ①

9. 토지의 어떤 단위(일번지)에 필요한 조건(지번, 지목, 면적 및 토지소유자, 주소, 성명 등)을 지적공부에 등록한 것이다. 그 단위에 관한 설명 중 옳지 않은 것은?

① 자연적인 단위 ② 행정적인 단위
③ 사법적인 단위 ④ 인위적인 단위

해설
필지는 하나의 지번이 부여되는 토지의 등록 단위이고 거래단위이며, 인위적인 구획 단위로 지적공부에 등록·공시하는 단위이다.

정답 ①

10. 토지의 이동이 있을 때 지적공부에 등록하는 지번·지목·면적·경계 또는 좌표를 결정하는 자는?

① 지적소관청 ② 시·도지사
③ 국토교통부장관 ④ 지적측량업자

해설
지적소관청은 토지의 이동이 있을 때 지적공부에 등록하는 지번·지목·면적·경계 또는 좌표를 새로 결정하도록 하고 있다.

정답 ①

11. 다음 중 지적공부 등록사항을 변경할 수 있는 기관으로 맞는 것은?

① 도지사 ② 소관청
③ 토지소유자 ④ 지적위원회

해설
지적공부의 등록사항을 등록 또는 변경할 수 있는 기관은 지적소관청이다.

정답 ②

12. 지적공부의 "대장"으로만 나열된 것은?

① 토지대장, 임야도
② 대지권등록부, 지적도
③ 공유지연명부, 토지대장
④ 경계점좌표등록부, 일람도

해설
지적공부의 "대장"은 토지대장, 임야대장, 공유지연명부, 대지권등록부이다.

정답 ③

13. 토지대장 및 임야대장에 등록할 사항이 아닌 것은?

① 토지소유자가 변경된 날
② 토지의 고유번호
③ 소유권의 지분과 그 원인
④ 개별공시지가

해설
토지·임야대장의 등록사항
① 토지의 소재·지번·지목·면적
② 소유자의 성명 또는 명칭, 주소 및 주민등록번호
③ 토지의 고유번호(각 필지를 서로 구별하기 위하여 필지마다 붙이는 고유한 번호)
④ 도면번호와 필지별 대장의 장번호 및 축척
⑤ 토지의 이동 사유 및 토지소유자가 변경된 날과 그 원인
⑥ 토지 등급 또는 기준수확량 등급과 그 설정·수정 연월일
⑦ 개별공시지가와 그 기준일
⑧ 대지권 비율은 대지권등록부의 등록사항이다.

정답 ③

14. 「공간정보의 구축 및 관리 등에 관한 법률」 상 토지대장과 임야대장에 등록하여야 하는 사항으로 옳지 않은 것은?

① 지번 ② 면적
③ 좌표 ④ 토지의 소재

해설
좌표는 경계점좌표등록부에만 등록되는 사항이다.

정답 ③

15. 임야대장의 등록사항표시로 틀린 것은?

① 지번-124 ② 지목-목장용지
③ 면적-1제곱미터 ④ 소유자-홍길동

해설
지번은 아라비아숫자로 표기하되, 임야대장 및 임야도에 등록하는 토지의 지번은 숫자 앞에 '산'자를 붙인다.

정답 ①

16. 토지대장에 토지를 등록하는 순서로 맞는 것은?

① 지적법의 지목 나열 순서
② 소유자의 가, 나, 다 순서
③ 면적이 큰 순서
④ 지번의 순서

해설
토지대장에 등록하는 순서는 물적 편성주의에 따라 지번의 순서에 따라 등록한다.

정답 ④

17. 토지대장 등록사항 중에서 지적측량을 시행하여야만 정리할 수 있는 것은?

① 토지합병 ② 지목변경
③ 축척변경 ④ 등록말소

해설
축척변경은 측량을 시행하여 토지대장에 등록한다.

정답 ③

18. 임야대장에 등록된 임야를 개간하여 뽕밭으로 만드는 경우 토지이동 처리로 옳은 것은?

① 등록전환 ② 지목변경
③ 토지분할 ④ 합병

| 해설 |

"등록전환"이란 임야대장 및 임야도에 등록된 토지를 토지대장 및 지적도에 옮겨 등록하는 것을 말한다.

정답 ①

19. 공유지연명부의 설명 중 맞는 것은?

① 지적공부와 관계없다.
② 토지대장과 관계없다.
③ 지적공부이다.
④ 지적도의 일부이다.

| 해설 |

공유지연명부란 1필지를 2인 이상이 소유하는 경우에 소유자별 내용을 기록하는 장부로서, 토지대장 및 임야대장의 소유권란에는 '○○○외 ○인'이라 등록하는 지적공부이다.

정답 ③

20. 1필지의 토지소유자가 몇 명 이상인 경우 공유지연명부를 작성·비치하여야 하는가?

① 1명 ② 2명 ③ 3명 ④ 4명

| 해설 |

지적소관청은 대장에 등록하는 1필지의 토지소유자가 2인 이상인 때에는 공유지연명부를 비치한다.

정답 ②

21. 공유지연명부의 등록사항이 아닌 것은?

① 소유자의 성명 또는 명칭 ② 토지의 면적
③ 토지의 소재 ④ 소유권 지분

| 해설 |

공유지연명부의 등록사항
① 토지의 소재·지번 및 소유권 지분
② 소유자의 성명 또는 명칭, 주소 및 주민등록번호
③ 토지의 고유번호
④ 필지별 공유지연명부의 장번호
⑤ 토지소유자가 변경된 날과 그 원인

정답 ②

22. 다음 중 대지권등록부의 등록사항에 해당하지 않는 것은?

① 면적 ② 지번
③ 대지권 비율 ④ 토지의 고유번호

| 해설 |

대지권등록부의 등록사항
① 토지의 소재, 지번, 대지권 비율
② 소유자의 성명 또는 명칭, 주소 및 주민등록번호
③ 토지의 고유번호, 전유부분의 건물표시
④ 건물명칭, 집합건물별 대지권등록부의 장 번호
⑤ 토지소유자의 변경된 날과 그 원인
⑥ 소유권 지분

정답 ①

23. 토지대장에 등록하는 토지가 「부동산등기법」에 따라 대지권 등기가 되어 있는 경우 대지권등록부에 등록하여야 할 사항에 해당하지 않는 것은?

① 토지의 소재 ② 지번
③ 대지권 비율 ④ 도곽선 수치

| 해설 |

도곽선 수치는 지적도에 등록할 사항이다.

정답 ④

24. 공유지연명부와 대지권등록부에 공통으로 등록하여야 하는 사항에 해당하는 것으로만 나열된 것은?

① 토지의 소재, 소유권 지분
② 소유권 지분, 대지권 비율
③ 대지권 비율, 건물의 명칭
④ 건물의 명칭, 토지의 소재

| 해설 |

공유지연명부 등록사항
• 토지의 소재·지번 및 소유권 지분 • 소유자의 성명 또는 명칭, 주소 및 주민등록번호 • 토지의 고유번호 • 필지별 공유지연명부의 장번호 • 토지소유자가 변경된 날과 그 원인
대지권등록부 등록사항
• 토지의 소재, 지번, 소유권 지분, 대지권 비율 • 소유자의 성명 또는 명칭, 주소 및 주민등록번호 • 토지의 고유번호, 전유부분의 건물표시 • 건물명칭, 집합건물별 대지권등록부의 장 번호 • 토지소유자의 변경된 날과 그 원인

정답 ①

25. 도면의 등록사항이 아닌 것은?

① 토지의 소재 ② 지번 및 지목
③ 도곽선 및 도곽선 수치 ④ 부호 및 부호도

| 해설 |

도면의 등록사항
① 토지의 소재·지번·지목 및 경계
② 도면의 색인도 및 도곽선과 그 수치
③ 도면의 제명 및 축척
④ 좌표에 의하여 계산된 경계점 간의 거리(경계점좌표등록부 비치지역)
⑤ 삼각점 및 지적측량기준점의 위치
⑥ 건축물 및 구조물 등의 위치

정답 ④

26. **지적도와 임야도의 등록사항으로 옳지 않은 것은?**

① 도곽선 수　② 토지의 소재
③ 지번과 지목　④ 경계점 좌표

| 해설 |

경계점좌표는 경계점좌표등록부에 등록사항이다.

정답 ④

27. **다음은 지적공부 중 지적도에 등록할 사항을 설명한 것이다. 틀린 것은?**

① 좌표에 의한 계산된 경계점 간 거리(경계점좌표등록부 시행지역)
② 영구표지가 설치된 지적측량 기준점
③ 토지경계와 토지 소재, 지번, 지목, 면적
④ 도면에는 소관청의 직인을 날인하여야 한다.

| 해설 |

지적도 및 임야도에는 토지의 소재, 지번, 지목, 경계의 사항을 등록하는 것으로 면적은 해당되지 않는다.

정답 ③

28. **다음 중 지적도의 축척에 해당하지 않는 것은?**

① 1/1000　② 1/2500
③ 1/3000　④ 1/6000

| 해설 |

지적도와 임야도의 축척은 다음과 같으며 분모의 숫자가 작은 것을 대축척이라 하고, 분모의 숫자가 큰 것을 소축척이라고 한다.
① 지적도 : 1/500, 1/600, 1/1000, 1/1200, 1/2400, 1/3000, 1/6000
② 임야도 : 1/3000, 1/6000

정답 ②

29. **지상경계점등록부의 등록사항이 아닌 것은?**

① 경계점의 사진 파일　② 경계점 위치 설명도
③ 토지의 소재와 지번　④ 경계점 등록자의 정보

| 해설 |

지상경계점등록부의 등록사항
① 토지의 소재, 지번
② 경계점 좌표(경계점좌표등록부 시행지역에 한정한다)
③ 경계점 위치 설명도
④ 그 밖에 국토교통부령으로 정하는 사항
- 공부상 지목과 실제 토지이용 지목
- 경계점의 사진 파일
- 경계점표지의 종류 및 경계점 위치

정답 ④

30. **다음 중 지적도면과 경계점좌표등록부에 공통으로 등록하는 사항은?**

① 토지의 소재, 지번　② 지번, 지목
③ 경계, 좌표　④ 토지의 고유번호, 경계

| 해설 |

지적도면과 경계점좌표등록부에 공통으로 등록하는 사항은 토지의 소재, 지번이다.

정답 ①

31. **지적공부의 보존 등에 관한 설명으로 틀린 것은?**

① 지적공부를 정보처리시스템을 통하여 기록·저장한 경우 그 지적공부를 지적전산 정보시스템에 영구히 보존하여야 한다.
② 지적공부를 정보처리시스템을 통하여 기록·보존하는 때에는 그 지적공부를 관련 법률에 따라 기록물 관계기관에 이관할 수 있다.
③ 지적공부를 시·군·구의 청사 밖으로 반출하고자 하는 경우, 지적소관청은 국토교통부 장관에게 승인 신청을 하여야 한다.
④ 국토교통부장관은 지적공부가 멸실되거나 훼손될 경우를 대비하여 지적공부를 복제하여 관리하는 시스템을 구축하여야 한다.

| 해설 |

지적소관청이 지적공부를 시·군·구 청사 밖으로 반출하려는 경우에는 시·도지사 또는 대도시 시장에게 반출승인을 받아야 한다.

정답 ③

32. **지적공부의 보관 방법에 관한 설명으로 옳은 것은?**

① 카드로 된 대장은 지적공부 보관 상자에 넣어 보관한다.
② 부책으로 된 대장은 100장 단위로 바인더에 넣어 보관하여야 한다.
③ 일람도·지번색인표와 도면은 지번 부여지역별로 도면번호 순으로 보관하되 각 장별로 보호대에 넣어야 한다.
④ 지적공부 보관 상자는 벽과 바닥에 밀착시켜 놓아야 한다.

| 해설 |

일람도·지번색인표 및 지적도면은 지번 부여지역별로 도면번호 순으로 보관하되, 장별로 보호대에 넣어야 한다.

정답 ③

33. **지적공부의 비치·보존을 위한 지적서고의 설치기준 등에 대한 설명이 틀린 것은?**

① 지적공부 등록 필지 수가 10만 필지 이하인 때에 지적서고의 기준면적은 80m²이다.
② 지적서고에는 지적공부, 지적 관계 서류 및 지적측량 장비를 보관할 수 있다.
③ 지적서고에는 온도 및 습도의 자동조절 장치를 설치하고, 연중 평균온도는 섭씨 20±5도, 연중 평균습도는 65±5%를 유지하여야 한다.
④ 지적서고의 구조는 창문과 출입문은 2중으로 하되, 안쪽 문은 반드시 철제로 하고, 바깥쪽 문은 곤충·쥐 등의 침입을 막을 수 있도록 철망 등을 설치하여야 한다.

| 해설 |

지적서고의 구조는 창문과 출입문은 2중으로 하되, 바깥쪽 문은 반드시 철제로 하고 안쪽 문은 곤충·쥐 등의 침입을 막을 수 있도록 철망 등을 설치하여야 한다.

정답 ④

34. 지적서고의 설치기준이 틀린 것은?

① 골조는 철근콘크리트 이상의 강질로 할 것
② 창문과 출입문은 2중으로 하되, 안쪽문은 철제로, 바깥쪽 문은 철망 등을 설치할 것
③ 바닥과 벽은 2중으로 하고, 영구적인 방수설비를 할 것
④ 전기시설을 설치하는 때에는 단독퓨즈를 설치하고, 소화 장비를 갖춰 둘 것

| 해설 |

창문과 출입문은 2중으로 하되, 바깥쪽 문은 반드시 철제로 하고 안쪽 문은 곤충·쥐 등의 침입을 막을 수 있도록 철망 등을 설치하도록 규정하고 있다.

정답 ②

35. 지적서고의 연중 평균습도 기준으로 옳은 것은?

① 20±5 퍼센트 ② 30±5 퍼센트
③ 50±5 퍼센트 ④ 65±5 퍼센트

| 해설 |

지적서고에는 온도 및 습도 자동조절장치를 설치하고, 연중 평균온도는 섭씨 20±5°, 연중 평균습도는 65±5%를 유지하도록 규정하고 있다.

정답 ④

36. 지적서고의 기준면적이 잘못된 것은?

① 10만 필지 이하 : 90㎡
② 10만 필지 초과 20만 필지 이하 : 110㎡
③ 20만 필지 초과 30만 필지 이하 : 130㎡
④ 30만 필지 초과 40만 필지 이하 : 150㎡

| 해설 |

지적서고의 기준면적

지적공부 등록 필수	기준면적	지적공부 등록 필수	기준면적
10만 필지 이하	80㎡	30만 필지 초과 40만 필지 이하	150㎡
10만 필지 초과 20만 필지 이하	110㎡	40만 필지 초과 50만 필지 이하	165㎡
20만 필지 초과 30만 필지 이하	130㎡	50만 필지 초과	180㎡
60만 필지를 초과하는 10만 필지마다 10㎡를 가산한 면적			

정답 ①

37. 지적공부의 정리 대상에 해당하지 않는 것은?

① 지적공부의 열람 및 교부가 있는 경우
② 지적공부를 복구하는 경우
③ 지번을 변경하는 경우
④ 분할·합병·지목변경 등 토지의 이동이 있는 경우

| 해설 |

지적공부의 정리 대상
① 지번을 변경하는 경우
② 지적공부를 복구하는 경우
③ 신규등록·등록전환·분할·합병·지목변경 등 토지의 이동이 있는 경우
④ 지적공부의 열람 및 교부는 지적공부 정리대상이 아니다.

정답 ①

38. 공간정보의 구축 및 관리 등에 관한 법령상 지적소관청이 토지소유자에게 지적정리 등을 통지하여야 하는 시기로 옳은 것은?

① 토지의 표시에 관한 변경등기가 필요한 경우 : 그 등기완료의 통지서를 접수한 날부터 15일 이내
② 토지의 표시에 관한 변경등기가 필요한 경우 : 그 등기완료의 통지서를 접수한 날부터 30일 이내
③ 토지의 표시에 관한 변경등기가 필요하지 아니한 경우 : 지적공부에 등록한 날부터 15일 이내
④ 토지의 표시에 관한 변경등기가 필요하지 아니한 경우 : 지적공부에 등록한 날부터 30일 이내

| 해설 |

지적소관청이 토지소유자에게 지적정리 등을 통지하는 시기
① 토지의 표시에 관한 변경등기가 필요한 경우 : 그 등기완료의 통지서를 접수한 날부터 15일 이내
② 토지의 표시에 관한 변경등기가 필요하지 아니한 경우 : 지적공부에 등록한 날부터 7일 이내

정답 ①

39. 토지의 이동에 따른 지적공부의 정리 방법 등에 관한 설명으로 틀린 것은?

① 토지이동정리 결의서는 토지대장·임야대장 또는 경계점좌표등록부별로 구분하여 작성한다.
② 토지이동정리 결의서에는 토지이동신청서 또는 도시개발사업 등의 완료 신고서 등을 첨부하여야 한다.
③ 소유자 정리결의서에는 등기필증, 등기부 등본 또는 그 밖에 토지소유자가 변경되었음을 증명하는 서류를 첨부하여야 한다.
④ 토지이동정리 결의서 및 소유자 정리결의서의 작성에 필요한 사항은 대통령령으로 정한다.

| 해설 |

대장 외에 지적공부의 정리와 토지이동정리 결의서 및 소유자 정리 결의서의 작성에 필요한 사항은 국토교통부장관이 정한다.

정답 ④

40. 지적공부에 등록된 일필지의 토지를 분할하기 위한 [보기]의 지적정리 절차를 순서대로 올바르게 나열한 것은?

ㄱ. 토지의 이동신청	ㄴ. 등기촉탁 및 지적정리의 통지
ㄷ. 지적측량의뢰	ㄹ. 지적공부 정리

① ㄷ → ㄱ → ㄹ → ㄴ　② ㄱ → ㄷ → ㄹ → ㄴ
③ ㄷ → ㄱ → ㄴ → ㄹ　④ ㄱ → ㄷ → ㄴ → ㄹ

| 해설 |

지적공부에 등록된 일필지의 토지를 분할하기 위한 지적정리 절차는 지적측량 의뢰 → 토지의 이동신청 → 지적공부 정리 → 등기촉탁 및 지적정리의 통지 등의 순서에 의한다.

정답 ①

41. 지적공부 정리 방법 중 토지이동정리결의서를 작성할 경우에 해당하지 않는 것은?

① 토지대장　② 임야대장
③ 지적도　④ 경계점좌표등록부

| 해설 |

지적공부 정리 방법 중 토지이동정리 결의서의 작성은 토지대장·임야대장 또는 경계점좌표등록부별로 구분하여 작성한다.

정답 ③

42. 토지대장의 소유권 정리 시 소유권변동 일자는 무엇을 근거로 하는가?

① 등기접수 일자　② 등기신청 일자
③ 등기필 통지 일자　④ 소유권 정리결의 일자

| 해설 |

대장의 소유자변동 일자 정리
① 등기필통지서, 등기필증, 등기부 등본·초본 또는 등기 관서에서 제공한 등기전산정보자료의 경우에는 등기접수 일자로 정리한다.
② 미등기 토지소유자에 관한 정정 신청의 경우와 소유자등록 신청의 경우에는 소유자정리결의 일자로 정리한다.
③ 공유수면 매립준공에 따른 신규등록의 경우에는 매립준공 일자로 정리한다.

정답 ①

43. 지적공부에 토지소유자의 변경 사항을 정리할 때 근거 서류로 틀린 것은?

① 등기 완료통지서　② 토지대장 등본
③ 등기사항증명서　④ 등기필증

| 해설 |

지적공부에 등록된 토지소유자의 변경 사항 정리는 등기필통지서, 등기필증, 등기부 등본·초본 또는 등기 관서에서 제공한 등기전산정보자료의 경우에는 등기접수 일자로 정리한다.

정답 ②

44. 지적공부의 열람 및 등본교부에 대한 설명으로 틀린 것은?

① 전산 파일로 된 경우에는 당해 지적소관청이 아닌 다른 지적소관청에 신청할 수 있다.
② 지방자치단체의 수입증지 또는 현금으로 지적소관청에 납부하여야 한다.
③ 지적기술자격을 취득한 자가 지적공부를 열람하는 경우에는 수수료를 면제한다.
④ 도면 등본을 발급할 경우 크기의 기본단위는 가로 21cm, 세로 30cm를 말한다.

| 해설 |

지적공부의 열람 및 등본 발급 신청자가 국가, 지방자치단체 또는 지적측량수행자인 경우에는 수수료를 면제한다.

정답 ③

45. 다음 중 일람도를 작성하는 축척 기준으로 옳은 것은?(단, 도면의 장수가 많아서 1장에 작성할 수 없는 경우는 고려하지 않는다.)

① 도면 축척의 2분의 1　② 도면 축척의 5분의 1
③ 도면 축척의 10분의 1　④ 도면 축척의 20분의 1

| 해설 |

일람도를 작성할 경우 그 도면 축척의 10분의 1로 한다.

정답 ③

46. 다음 중 일람도를 제도하는 경우 붉은색 0.2mm 폭의 2선으로 제도하여야 하는 것은?

① 지방도로　② 수도용지 중 선로
③ 하천·구거　④ 철도용지

| 해설 |

일람도 제도
① 지방도로 이상은 검은색 0.2mm 폭의 2선으로, 그 밖의 도로는 0.1mm의 폭으로 제도한다.
② 수도용지 중 선로는 남색 0.1mm 폭의 2선으로 제도한다.
③ 하천·구거(溝渠)·유지(溜池)는 남색 0.1mm의 폭의 2선으로 제도하고, 그 내부를 남색으로 엷게 채색한다. 다만, 적은 양의 물이 흐르는 하천 및 구거는 0.1mm의 남색 선으로 제도한다.
④ 철도용지는 붉은색 0.2mm 폭의 2선으로 제도한다.

정답 ④

47. 「지적업무처리규정」상 일람도 및 지번색인표의 등재사항 중 일람도에 등재하여야 하는 사항으로 옳지 않은 것은?

① 도곽선과 그 수치
② 도면의 제명 및 축척
③ 지번·도면번호 및 결번
④ 지번 부여지역의 경계 및 인접 지역의 행정구역명칭

| 해설 |

일람도 등재사항	지번색인표 등재사항
① 지번 부여지역의 경계 및 인접지역의 행정구역명칭 ② 도면의 제명 및 축척 ③ 도곽선과 그 수치 ④ 도면번호 ⑤ 도로·철도·하천·구거·유지·취락 등 주요 지형·지물의 표시	① 제명 ② 지번·도면번호 및 결번

정답 ③

48. 직경 2mm 및 3mm의 2중 원 안에 십자선을 표시하여 제도하는 측량기준점은?

① 위성기준점 ② 지적도근점
③ 지적삼각점 ④ 지적삼각보조점

| 해설 |

측량기준점 제도
① 위성기준점은 직경 2mm 및 3mm의 2중 원 안에 십자선을 표시하여 제도한다.
② 지적도근점은 직경 2mm의 원으로 제도한다.
③ 지적삼각점 및 지적삼각보조점은 직경 3mm의 원으로 제도한다. 이 경우 지적삼각점은 원안에 십자선을 표시하고, 지적삼각보조점은 원안에 검은색으로 엷게 채색한다.

정답 ①

49. 지적공부의 복구에 대한 설명으로 틀린 것은?

① 지적소관청은 지적공부의 전부 또는 일부가 멸실되거나 훼손된 경우에는 국토교통부령으로 정하는 바에 따라 지체없이 이를 복구하여야 한다.
② 지적소관청이 지적공부를 복구할 때에는 멸실·훼손 당시의 지적공부와 가장 부합된다고 인정되는 관계 자료에 따라 토지의 표시에 관한 사항을 복구하여야 한다.
③ 지적공부를 복구할 때 소유자에 관한 사항은 부동산등기부나 법원의 확정판결에 따라 복구하여야 한다.
④ 지적공부의 복구에 관한 관계 자료 및 복구절차 등에 관하여 필요한 사항은 국토교통부령으로 정한다.

| 해설 |

지적소관청은 지적공부의 전부 또는 일부가 멸실되거나 훼손된 경우에는 대통령령으로 정하는 바에 따라 지체없이 이를 복구하여야 한다.

정답 ①

50. 지적공부의 복구에 대한 설명으로 옳지 않은 것은?

① 소도에 의하여 측량을 한 경우 토지소유자 주소와 성명을 기재하였다.
② 소유자에 관한 사항을 부동산등기부나 법원의 확정판결에 의하여 복구하도록 하였다.
③ 대장 또는 도면만을 복구하는 경우와 대장과 도면을 모두 복구하는 경우가 있다.
④ 소유자에 관한 사항은 부동산등기부에만 의하여 복구하도록 하였다.

| 해설 |

소유자에 관한 사항은 부동산등기부나 법원의 확정판결에 따라 복구하여야 한다.

정답 ④

51. 지적복구측량 대상으로 옳지 않은 것은?

① 수해 지역 복구를 위한 측량
② 축척변경 복구를 위한 측량
③ 지적공부 멸실 지역에 대한 측량
④ 임야대장 등록지를 토지대장에 옮기는 측량

| 해설 |

임야대장 등록지를 토지대장에 옮기는 측량은 등록전환 측량이다.

정답 ④

52. 「공간정보의 구축 및 관리 등에 관한 법률」상 지적공부의 복구자료가 아닌 것은?

① 측량결과도
② 토지이동정리 결의서
③ 토지이용계획확인서
④ 법원의 확정판결서 정본 또는 사본

| 해설 |

지적공부의 복구자료
① 지적공부의 등본 및 측량 결과도
② 토지이동정리 결의서
③ 부동산등기부 등본 등 등기사실을 증명하는 서류
④ 지적소관청이 작성하거나 발행한 지적공부의 등록내용을 증명하는 서류
⑤ 복제된 지적공부
⑥ 법원의 확정판결서 정본 또는 사본

정답 ③

53. **공간정보의 구축 및 관리 등에 관한 법령상 지적공부의 복구 및 복구절차 등에 관한 내용으로 옳지 않은 것은?**

① 소유자에 관한 사항은 부동산등기부나 법원의 확정판결에 따라 복구하여야만 한다.
② 지적소관청은 지적공부의 전부 또는 일부가 멸실되거나 훼손된 경우에는 지체없이 이를 복구하여야 한다.
③ 지적공부를 복구할 때에는 멸실·훼손 당시의 지적공부와 가장 부합된다고 인정되는 관계 자료에 따라 토지의 표시에 관한 사항을 복구하여야 한다.
④ 지적소관청은 지적공부를 복구하려는 경우에는 복구하려는 토지의 표시 등을 시·군·구 게시판 및 인터넷홈페이지에 7일 이상 게시하여야 한다.

| 해설 |

지적소관청은 지적공부를 복구하려는 토지의 표시 등을 시·군·구 게시판 및 인터넷홈페이지에 15일 이상 게시하여야 한다.

정답 ④

54. **지적공부를 복구하고자 하는 때에는 복구하고자 하는 토지의 표시 등을 시·군·구의 게시판에 게시하여야 하는데 그 기간은 최소 몇일 이상인가?**

① 10일 이상 ② 15일 이상
③ 20일 이상 ④ 30일 이상

| 해설 |

지적소관청은 복구자료의 조사 또는 복구측량 등이 완료되어 지적공부를 복구하려는 경우에는 복구하려는 토지의 표시 등을 시·군·구 게시판 및 인터넷홈페이지에 15일 이상 게시하여야 한다.

정답 ②

55. **지적소관청이 지적공부를 복구, 말소하거나 등기 촉탁한 경우에는 해당 토지소유자에게 통지해야 하며 통지받을 자의 주소나 거소를 알 수 없는 경우에 공고하는 곳으로 옳지 않은 것은?**

① 일간신문 ② 읍·면·동의 관보
③ 시·군·구의 공보 ④ 시·군·구의 홈페이지

| 해설 |

통지받을 자의 주소나 거소를 알 수 없는 경우에는 일간신문, 해당 시·군·구의 공보 또는 홈페이지에 공고해야 한다.

정답 ②

56. **「공간정보의 구축 및 관리 등에 관한 법률」상 지적공부의 복구자료이면서 신규등록 신청 시 첨부하여야 할 공통적인 서류에 해당하는 것은?**

① 측량결과도
② 토지이동정리결의서
③ 법원의 확정판결서 정본 또는 사본
④ 부동산등기부등본 등 등기 사실을 증명하는 서류

| 해설 |

지적공부의 복구자료
• 법원의 확정판결서 정본 또는 사본 • 지적공부의 등본 및 측량 결과도 • 토지이동정리 결의서 • 부동산등기부 등본 등 등기사실을 증명하는 서류 • 지적소관청이 작성하거나 발행한 지적공부의 등록내용을 증명하는 서류 • 복제된 지적공부
신규등록 신청 시 첨부서류
• 법원의 확정판결서 정본 또는 사본 • 「공유수면 관리 및 매립에 관한 법률」에 따른 준공검사확인증 사본 • 도시계획구역의 토지를 그 지방자치단체의 명의로 등록하는 때에는 기획재정부장관과 협의한 문서의 사본 • 그 밖에 소유권을 증명할 수 있는 서류의 사본

정답 ③

1.5. 토지의 이동

① 토지의 이동은 지적공부에 등록할 토지의 표시사항인 토지의 소재·지번·지목·면적·경계 또는 좌표를 새로이 등록하거나 변경 또는 말소하는 것을 말한다.

② 토지의 이동이 발생한 때에는 토지소유자의 신청에 따라 결정한다.

③ 토지의 이동이 발생하게 된 경우에는 토지소유자가 신청하여야 할 의무를 규정하고 있으며, 축척변경, 행정구역의 명칭 변경, 토지소유자 정리, 등록사항의 정정, 지적정리 통지와 등기촉탁에 관한 사항을 규정하고 있다.

④ 지적에 관한 법률에서의 신청사항은 원래의 신고사항과 같은 뜻으로 의무사항이며, 신청할 사항을 위반한 때에는 벌칙 규정이 적용된다.

⑤ 현행 법률에서는 도시개발사업 시행지역의 경우만 신고사항이 있고 모두 신청사항으로 취급하고 있다.

⑥ 토지소유권 변동이나 소유자의 주소변경 등은 토지이동으로 보지 않는다.

1.5.1. 신규등록

① 지적공부에 등록되지 않은 토지가 생기거나 발견된 때에는 토지의 소재, 지번, 지목, 경계 또는 좌표와 면적, 소유자 등을 조사 결정하여 새로이 지적공부에 등록하는 것이다.

② 신규등록 대상 토지

- 공유수면매립으로 준공된 토지
- 미등록된 공공용 토지(도로·구거·하천 등)
- 기타 미등록토지 등

③ 토지소유자는 신규등록 할 토지가 있으면 그 사유가 발생한 날부터 60일 이내에 지적소관청에 신청하여야 한다.

④ 신규등록 신청서에 첨부할 서류

- 법원의 확정판결서 정본 또는 사본
- 「공유수면 관리 및 매립에 관한 법률」에 따른 준공검사확인증 사본
- 도시계획구역의 토지를 그 지방자치단체의 명의로 등록하는 때에는 기획재정부장관과 협의한 문서의 사본
- 그 밖에 소유권을 증명할 수 있는 서류의 사본
- 해당 지적소관청이 관리하는 경우에는 지적소관청의 확인으로 그 서류의 제출을 갈음할 수 있다.

⑤ 신규등록하는 토지의 소유자는 지적소관청이 직접 조사하여 등록한다.

1.5.2. 등록전환

등록전환은 임야대장 및 임야도에 등록된 토지를 토지대장 및 지적도에 옮겨 등록하는 행정처분을 말한다. 즉, 축척이 1/3,000 또는 1/6,000인 임야도에 등록된 토지를 축척 1/600 또는 1/1,200의 지적도에 옮겨 등록하는 것을 말한다. 과거에는 등록전환을 신규등록으로 취급하였으나, 1975. 12. 31 지적법전문개정 시 신규등록과 구별하여 등록전환이란 명칭을 신설하였다.

(1) 등록전환 대상 토지

① 등록전환을 신청할 수 있는 토지는 산림법·건축법 등 관계 법령에 따른 토지의 형질변경 또는 건축물의 사용승인 등으로 인하여 지목을 변경하여야 할 토지

② 지목변경 없이 등록전환 신청할 수 있는 토지

- 「산지관리법」에 따른 산지전용허가·신고, 산지일시사용허가·신고, 「건축법」에 따른 건축허가·신고 또는 그 밖의 관계 법령에 따른 개발행위 허가 등을 받은 경우
- 대부분의 토지가 등록전환되어 나머지 토지를 임야도에 계속 존치하는 것이 불합리한 경우
- 임야도에 등록된 토지가 사실상 형질변경되었으나 지목변경을 할 수 없는 경우
- 도시·군관리계획선에 따라 토지를 분할하는 경우

(2) 등록전환신청

① 토지소유자는 등록전환 사유가 발생한 날로부터 60일 이내 소관청에 신청하여야 한다.

② 등록전환 신청서에 첨부할 서류

- 등록전환을 신청할 때에는 등록전환 사유를 적은 신청서
- 관계 법령에 따른 개발행위 허가 등을 증명하는 서류의 사본
- 지적소관청이 관리하는 경우에는 지적소관청의 확인으로 그 서류의 제출을 갈음할 수 있다.

1.5.3. 분할

분할은 지적공부에 등록된 일필지를 2필지 이상으로 나누어 등록하는 것으로 일필지 토지의 일부가 다른 지목으로 변경된 경우와 소유자가 다르게 된 경우에 시행한다.

(1) 분할측량 대상

① 소유권이전, 매매 등을 위하여 필요한 경우

② 토지이용상 불합리한 지상 경계를 시정하기 위한 경우

③ 1필지의 일부가 형질변경으로 용도가 다르게 되는 경우

④ 관계 법령에 따라 해당 토지에 대한 분할이 개발행위 허가 등의 대상인 경우에는 개발행위 허가 등을 받은 이후에 분할을 신청할 수 있다.

(2) 분할신청

① 토지소유자는 지적공부에 등록된 1필지의 일부가 형질변경 등으로 용도가 변경된 경우에는 용도가 변경된 날부터 60일 이내에 지적소관청에 토지의 분할을 신청하여야 한다.

② 분할신청서는 소유자가 신청하는 것을 원칙으로 하지만 대위 신청할 수 있다.

③ 분할신청서에 첨부 서류

- 분할 허가 대상인 토지의 경우에는 그 허가서 사본
- 법원의 확정판결에 의하여 분할하는 경우에는 확정판결서 정본 또는 사본
- 서류를 당해 소관청이 관리하는 경우에는 소관청의 확인으로써 서류의 제출에 갈음
- 1필지의 일부가 형질변경 등으로 용도가 변경되어 분할을 신청할 때에는 지목변경 신청서를 함께 제출하여야 한다.

1.5.4. 합병

합병은 지적공부에 등록된 2필지 이상의 인접한 토지를 소유자의 신청에 의하여 1필지로 합하여 등록하는 것을 말한다.

(1) 합병 대상

토지소유자는 「주택법」에 따른 공동주택의 부지, 도로, 제방, 하천, 구거, 유지, 그 밖에 대통령령으로 정하는 토지(공장용지·학교용지·철도용지·수도용지·공원·체육용지 등 다른 지목의 토지)로서 합병하여야 할 토지가 있으면 그 사유가 발생한 날부터 60일 이내에 지적소관청에 합병을 신청하여야 한다.

(2) 합병 요건

① 합병하고자 하는 각 필지의 지번 부여지역·지목·소유자가 동일한 경우
② 합병하고자 하는 각 필지의 지적도 및 임야도의 축척이 동일한 경우
③ 합병하고자 하는 각 필지의 지반이 연속되어 있는 경우
④ 합병하고자 하는 토지에 등기된 토지와 등기되지 아니한 토지가 혼합되어 있지 않은 경우
⑤ 합병신청과 동시에 토지의 용도에 따라 분할신청을 하는 경우
⑥ 합병하고자 하는 각 필지에 소유권·지상권·전세권·임차권 및 승역지에 관하여 하는 지역권의 등기 외의 저당권·가압류·가등기·가처분 등이 설정되어 있지 않은 경우
⑦ 합병하고자 하는 토지의 소유자별 공유지분이 같고 소유자의 주소가 동일한 경우
⑧ 합병하고자 하는 토지가 구획정리·경지정리 시행지역 안의 토지와 지역 밖의 토지가 아닌 경우

(3) 합병신청을 할 수 없는 경우

① 합병하려는 토지의 지번 부여지역, 지목 또는 소유자가 서로 다른 경우
② 합병하려는 토지에 다음의 등기 외의 등기가 있는 경우
- 소유권·지상권·전세권 또는 임차권의 등기
- 승역지(承役地)에 대한 지역권의 등기
- 합병하려는 토지 전부에 대한 등기원인 및 그 연월일과 접수번호가 같은 저당권의 등기
- 합병하려는 토지 전부에 대한 「부동산등기법」의 등기사항이 동일한 신탁등기

③ 그 밖에 합병하려는 토지의 지적도 및 임야도의 축척이 서로 다른 경우 등 대통령령으로 정하는 경우
- 합병하려는 토지의 지적도 및 임야도의 축척이 서로 다른 경우
- 합병하려는 각 필지가 서로 연접하지 않은 경우
- 합병하려는 토지가 등기된 토지와 등기되지 아니한 토지인 경우
- 합병하려는 각 필지의 지목은 같으나 일부 토지의 용도가 다르게 되어 분할대상 토지인 경우. 다만, 합병 신청과 동시에 토지의 용도에 따라 분할 신청을 하는 경우는 제외한다.
- 합병하려는 토지의 소유자별 공유지분이 다른 경우
- 합병하려는 토지가 구획정리, 경지정리 또는 축척변경을 시행하고 있는 지역의 토지와 그 지역 밖의 토지인 경우
- 합병하려는 토지소유자의 주소가 서로 다른 경우

- 신청을 접수받은 지적소관청이 「전자정부법」에 따른 행정정보의 공동이용을 통하여 다음 사항을 확인한 결과 토지 소유자가 동일인임을 확인할 수 있는 경우는 제외한다.
  - –. 토지 등기사항증명서
  - –. 법인등기사항증명서(신청인이 법인인 경우만 해당)
  - –. 주민등록표 초본(신청인이 개인인 경우만 해당)

④ 토지소유자는 토지의 합병을 신청할 때에는 합병 사유를 적은 신청서를 지적소관청에 제출하여야 한다.

⑤ 지목변경 및 합병을 하여야 하는 토지가 있을 때와 등록전환에 따라 지목이 바뀔 때에는 다음 사항을 확인·조사하여 현지조사서를 작성하여야 한다.

- 토지의 이용현황
- 관계 법령의 저촉 여부
- 조사자의 의견, 조사연월일 및 조사자 직·성명

1.5.5. 지목변경

① 지목변경이란 지적공부에 등록된 지목을 다른 지목으로 바꾸어 등록하는 것을 말한다.

② 토지소유자는 지목변경할 토지가 있으면 사유가 발생한 날부터 60일 이내에 지적소관청에 지목변경을 신청하여야 한다.

③ 지목변경을 신청할 수 있는 경우

- 「국토의 계획 및 이용에 관한 법률」 등 관계 법령에 따른 토지의 형질변경 등의 공사가 준공된 경우
- 토지나 건축물의 용도가 변경된 경우
- 도시개발사업 등의 원활한 추진을 위하여 사업시행자가 공사 준공 전에 토지의 합병을 신청하는 경우

④ 지목변경을 신청 서류

- 지목변경 사유를 적은 신청서
- 국유지·공유지의 경우에는 용도폐지 되었거나 사실상 공공용으로 사용되고 있지 아니함을 증명하는 서류의 사본
- 토지 또는 건축물의 용도가 변경되었음을 증명하는 서류의 사본
- 관계 법령에 따라 토지의 형질변경 등의 공사가 준공되었음을 증명하는 서류의 사본
- 개발행위허가·농지전용허가·보전산지전용허가 등 지목변경과 관련된 규제를 받지 아니하는 토지의 지목변경이나 전·답·과수원 상호 간의 지목변경인 경우에는 서류의 첨부를 생략할 수 있다.
- 해당하는 서류를 해당 지적소관청이 관리하는 경우에는 지적소관청의 확인으로 그 서류의 제출을 갈음할 수 있다.

1.5.6. 바다로 된 토지의 등록말소 및 회복

① 지적소관청은 지적공부에 등록된 토지가 지형의 변화 등으로 바다로 된 경우로서 원상으로 회복될 수 없거나 다른 지목의 토지로 될 가능성이 없는 경우에는 지적공부에 등록된 토지소유자에게 지적공부의 등록말소 신청을 하도록 통지하여야 한다.

② 지적소관청은 토지소유자가 통지를 받은 날부터 90일 이내에 등록말소 신청을 하지 아니하면 직권으로 등록을 말소한다.

③ 지적소관청은 말소한 토지가 지형의 변화 등으로 다시 토지가 된 경우에는 토지로 회복등록을 할 수 있다.
④ 토지소유자가 등록말소 신청을 하지 아니하면 지적소관청이 직권으로 그 지적공부의 등록사항을 말소하여야 한다.
⑤ 지적소관청은 회복등록을 하려면 그 지적측량성과 및 등록말소 당시의 지적공부 등 관계 자료에 따라야 한다.
⑥ 지적공부의 등록사항을 말소하거나 회복등록하였을 때에는 그 정리 결과를 토지소유자 및 해당 공유수면의 관리청에 통지하여야 한다.

1.5.7. 축척변경

① 축척변경에 관한 사항을 심의·의결하기 위하여 지적소관청에 축척변경위원회를 둔다.
② 축척변경의 절차, 축척변경으로 면적 증감의 처리, 축척변경 결과에 대한 이의신청 및 축척변경위원회의 구성·운영 등에 필요한 사항은 대통령령으로 정한다.

(1) 축척변경 대상

다음의 경우에는 토지소유자의 신청 또는 지적소관청의 직권으로 일정한 지역을 정하여 그 지역의 축척을 변경할 수 있다.
① 잦은 토지의 이동으로 1필지의 규모가 작아서 소축척으로는 지적측량성과의 결정이나 토지의 이동에 따른 정리를 하기가 곤란한 경우
② 하나의 지번 부여지역에 서로 다른 축척의 지적도가 있는 경우
③ 그 밖에 지적공부를 관리하기 위하여 필요하다고 인정되는 경우

(2) 축척변경 승인신청

① 지적소관청은 축척변경을 하려면 축척변경 시행지역의 토지소유자 2/3 이상의 동의를 받아 축척변경위원회의 의결을 거친 후 시·도지사 또는 대도시 시장의 승인을 받아야 한다.
② 축척변경 승인신청 서류
- 축척변경 사유를 적은 승인신청서, 축척변경의 사유
- 지번 등 명세, 토지소유자의 동의서
- 축척변경위원회의 의결서 사본
- 그 밖에 축척변경 승인을 위하여 시·도지사 또는 대도시 시장이 필요하다고 인정하는 서류는 시·도지사 또는 대도시 시장에게 제출하여야 한다.
- 시·도지사 또는 대도시 시장은 「전자정부법」에 따른 행정정보의 공동이용을 통하여 축척변경 대상지역의 지적도를 확인하여야 한다.

② 신청을 받은 시·도지사 또는 대도시 시장은 축척변경 사유 등을 심사한 후 그 승인 여부를 지적소관청에 통지하여야 한다.
④ 축척변경위원회의 의결 및 시·도지사 또는 대도시 시장의 승인 없이 축척변경을 할 수 있는 경우
- 합병하려는 토지가 축척이 다른 지적도에 각각 등록되어 있어 축척변경을 하는 경우
- 도시개발사업 등의 시행지역에 있는 토지로서 그 사업 시행에서 제외된 토지의 축척변경을 하는 경우

(3) 축척변경 시행공고

① 지적소관청은 시·도지사 또는 대도시 시장으로부터 축척변경 승인을 받았을 때는 지체 없이 다음 사항을 20일 이상 공고하여야 한다.

- 축척변경의 목적, 시행지역 및 시행 기간
- 축척변경의 시행에 관한 세부계획
- 축척변경의 시행에 따른 청산방법
- 축척변경의 시행에 따른 토지소유자 등의 협조에 관한 사항

② 시행공고는 시·군·구(자치구가 아닌 구 포함) 및 축척변경 시행지역 동·리의 게시판에 주민이 볼 수 있도록 게시하여야 한다.

③ 축척변경 시행지역의 토지소유자 또는 점유자는 시행공고가 된 날(시행공고일)부터 30일 이내에 시행공고일 현재 점유하고 있는 경계에 경계점표지를 설치하여야 한다.

(4) 축척변경위원회의 구성

① 축척변경위원회는 5명 이상 10명 이하의 위원으로 구성하되, 위원의 1/2 이상을 토지소유자로 하여야 한다.

② 축척변경 시행지역의 토지소유자가 5명 이하일 때에는 토지소유자 전원을 위원으로 위촉하여야 한다.

③ 위원장은 위원 중에서 지적소관청이 지명한다.

④ 위원은 다음의 사람 중에서 지적소관청이 위촉한다.

- 해당 축척변경 시행지역의 토지소유자로서 지역 사정에 정통한 사람
- 지적에 관하여 전문지식을 가진 사람

(5) 축척변경위원회의 심의·의결

① 축척변경 시행계획에 관한 사항

② 지번별 제곱미터당 금액의 결정과 청산금의 산정에 관한 사항

③ 청산금의 이의신청에 관한 사항

④ 그 밖에 축척변경과 관련하여 지적소관청이 회의에 부치는 사항

(6) 축척변경위원회의 회의

① 축척변경위원회의 회의는 지적소관청이 다음에 해당하는 사항을 축척변경위원회에 회부하거나 위원장이 필요하다고 인정할 때에 위원장이 소집한다.

- 축척변경 시행계획에 관한 사항
- 지번별 제곱미터당 금액의 결정과 청산금의 산정에 관한 사항
- 청산금의 이의신청에 관한 사항
- 그 밖에 축척변경과 관련하여 지적소관청이 회의에 부치는 사항

② 축척변경위원회의 회의는 위원장을 포함한 재적위원 과반수의 출석으로 개의하고, 출석위원 과반수의 찬성으로 의결한다.

③ 위원장은 축척변경위원회의 회의를 소집할 때에는 회의일시·장소 및 심의안건을 회의 개최 5일 전까지 각 위원에게 서면으로 통지하여야 한다.

(7) 축척변경절차 및 면적 결정

① 면적을 새로 정하는 때에는 축척변경측량 결과도에 따라야 한다.

② 축척변경측량 결과도에 따라 면적을 측정한 결과 축척변경 전의 면적과 축척변경 후의 면적의 오차가 $A = 0.026^2 M \sqrt{F}$ 식에 따른 허용범위 이내인 경우 축척변경 전의 면적을 결정면적으로 하고, 허용면적을 초과하는 경우 축척변경 후의 면적을 결정면적으로 한다.(A : 오차 허용면적, M : 축척이 변경될 지적도의 축척 분모, F : 축척변경 전의 면적)

③ 경계점좌표등록부를 갖춰 두지 아니하는 지역을 경계점좌표등록부를 갖춰 두는 지역으로 축척변경을 하는 경우 그 필지의 경계점을 평판 측량방법이나 전자평판 측량방법으로 지상에 복원시킨 후 경위의 측량방법 등으로 경계점좌표를 구하여야 한다. 이 경우 면적은 경계점좌표에 따라 결정하여야 한다.

④ 지적소관청은 축척변경에 관한 측량을 완료하였을 때에는 시행공고일 현재의 지적공부상의 면적과 측량 후의 면적을 비교하여 그 변동사항을 표시한 축척변경 지번별 조서를 작성하여야 한다.

(8) 지적공부 정리 등의 정지

① 지적소관청은 축척변경 시행 기간 중에는 축척변경 시행지역의 지적공부 정리와 경계복원측량(경계점표지의 설치를 위한 경계복원측량은 제외)을 축척변경 확정 공고일까지 정지하여야 한다.

② 축척변경위원회의 의결이 있는 경우에는 그러하지 아니하다.

(9) 토지의 표시

① 지적소관청은 축척변경 시행지역의 각 필지별 지번·지목·면적·경계 또는 좌표를 새로 정하여야 한다.

② 지적소관청이 축척변경을 위한 측량을 할 때는 토지소유자 또는 점유자가 설치한 경계점표지를 기준으로 새로운 축척에 따라 면적·경계 또는 좌표를 정하여야 한다.

③ 축척을 변경할 때에는 각 필지별 지번·지목 및 경계는 종전의 지적공부에 따르고 면적만 새로 정하여야 한다.

④ 축척변경절차 및 면적 결정방법 등에 관하여 필요한 사항은 국토교통부령으로 정한다.

(10) 청산금의 산정

① 지적소관청은 축척변경에 관한 측량을 한 결과 측량 전에 비하여 면적의 증감이 있는 경우에는 그 증감면적에 대하여 청산을 하여야 하지만, 다음에 해당하는 경우에는 그러하지 아니하다.
  - 필지별 증감면적이 $A = 0.026^2 M \sqrt{F}$ 에 따른 허용범위 이내인 경우(축척변경위원회의 의결이 있는 경우는 제외)
  - 다만, 토지소유자 전원이 청산하지 아니하기로 합의하여 서면으로 제출한 경우

② 청산할 때는 축척변경위원회의 의결을 거쳐 지번별로 제곱미터(m^2)당 금액을 정하여야 한다.

③ 지적소관청은 시행공고일 현재를 기준으로 그 축척변경 시행지역의 토지에 대하여 지번별 제곱미터(m^2)당 금액을 미리 조사하여 축척변경위원회에 제출하여야 한다.

④ 청산금은 작성된 축척변경 지번별 조서의 필지별 증감면적에 결정된 지번별 제곱미터(m^2)당 금액을 곱하여 산정한다.

⑤ 지적소관청은 청산금을 산정하였을 때에는 청산금 조서(축척변경 지번별 조서에 필지별 청산금 명세를

적은 것)를 작성한다.

⑥ 청산금이 결정되었다는 뜻을 15일 이상 공고하여 일반인이 열람할 수 있게 하여야 한다.

⑦ 청산금을 산정한 결과 증가된 면적에 대한 청산금의 합계와 감소된 면적에 대한 청산금의 합계에 차액이 생긴 경우 초과액은 그 지방자치단체의 수입으로 하고, 부족액은 그 지방자치단체가 부담한다.

(11) 청산금의 납부고지

① 지적소관청은 청산금의 결정을 공고한 날부터 20일 이내에 토지소유자에게 청산금의 납부고지 또는 수령통지를 하여야 한다.

② 납부고지를 받은 자는 그 고지를 받은 날부터 6개월 이내에 청산금을 지적소관청에 내야 한다.

③ 지적소관청은 수령통지를 한 날부터 6개월 이내에 청산금을 지급하여야 한다.

④ 지적소관청은 청산금을 지급받을 자가 행방불명 등으로 받을 수 없거나 받기를 거부할 때에는 그 청산금을 공탁할 수 있다.

⑤ 지적소관청은 청산금을 내야 하는 자가 1개월 이내에 청산금에 관한 이의신청을 하지 아니하고 1개월 이내에 청산금을 납부하지 아니하면 지방세 체납처분의 예에 따라 징수할 수 있다.

(12) 청산금에 관한 이의신청

① 납부 고지되거나 수령 통지된 청산금에 관하여 이의가 있는 자는 납부 고지 또는 수령통지를 받은 날부터 1개월 이내에 지적소관청에 이의신청할 수 있다.

② 이의신청을 받은 지적소관청은 1개월 이내에 축척변경위원회의 심의·의결을 거쳐 그 인용(認容) 여부를 결정한 후 지체 없이 그 내용을 이의신청인에게 통지하여야 한다.

(13) 축척변경의 확정 공고

① 청산금의 납부 및 지급이 완료되었을 때에는 지적소관청은 지체 없이 축척변경의 확정 공고를 하여야 한다.

② 지적소관청은 확정 공고를 하였을 때는 지체 없이 축척변경에 따라 확정된 사항을 지적공부에 등록하여야 한다.

③ 축척변경 시행지역의 토지는 확정 공고일에 토지의 이동이 있는 것으로 본다.

④ 축척변경의 확정 공고 사항

- 토지의 소재 및 지역명
- 축척변경 지번별 조서
- 청산금 조서
- 지적도의 축척

⑤ 지적공부에 등록하는 때에는 토지대장은 확정 공고된 축척변경 지번별 조서에 따르고 지적도는 확정측량 결과도 또는 경계점좌표의 기준에 따라야 한다.

⑥ 지적공부에 등록하는 때의 기준

- 토지대장은 확정 공고된 축척변경 지번별 조서에 따를 것
- 지적도는 확정측량 결과도 또는 경계점좌표에 따를 것

1.5.8. 등록사항의 정정

① 토지소유자는 지적공부의 등록사항에 잘못이 있음을 발견하면 지적소관청에 그 정정을 신청할 수 있다.

② 지적소관청은 지적공부의 등록사항에 잘못이 있음을 발견하면 직권으로 조사·측량하여 정정할 수 있다.

③ 정정으로 인접 토지의 경계가 변경되는 경우 지적소관청에 제출해야 할 서류

- 인접 토지소유자의 승낙서
- 인접 토지소유자가 승낙하지 아니하는 경우 이에 대항할 수 있는 확정판결서 정본

④ 지적소관청이 등록사항을 정정할 때

- 정정 사항이 토지소유자에 관한 사항인 경우 : 등기필증, 등기 완료통지서, 등기사항증명서 또는 등기관서에서 제공한 등기전산정보자료에 따라 정정하여야 한다.
- 미등기토지의 경우 : 토지소유자의 성명 또는 명칭, 주민등록번호, 주소 등에 관한 사항의 정정을 신청한 경우로서 그 등록사항이 명백히 잘못된 경우에는 가족관계 기록사항에 관한 증명서에 따라 정정하여야 한다.

(1) 등록사항의 정정 신청

① 토지소유자는 지적공부의 등록사항에 대한 정정을 신청할 때에는 정정 사유를 적은 신청서에 다음의 서류를 첨부하여 지적소관청에 제출하여야 한다.

- 경계 또는 면적의 변경을 가져오는 경우 : 등록사항 정정 측량성과도
- 그 밖의 등록사항을 정정하는 경우 : 변경사항을 확인할 수 있는 서류

② 해당 지적소관청이 관리하는 경우에는 지적소관청의 확인으로 해당 서류의 제출을 갈음할 수 있다.

(2) 등록사항의 직권정정

① 직권으로 조사·측량하여 정정할 수 있는 경우

- 토지이동정리 결의서의 내용과 다르게 정리된 경우
- 지적도 및 임야도에 등록된 필지가 면적의 증감 없이 경계의 위치만 잘못된 경우
- 1필지가 각각 다른 지적도나 임야도에 등록되어 있는 경우로서 지적공부에 등록된 면적과 측량한 실제면적은 일치하지만 지적도나 임야도에 등록된 경계가 서로 접합되지 않아 지적도나 임야도에 등록된 경계를 지상의 경계에 맞추어 정정하여야 하는 토지가 발견된 경우
- 지적공부의 작성 또는 재작성 당시 잘못 정리된 경우
- 지적측량성과와 다르게 정리된 경우
- 지적공부의 등록사항을 정정하여야 하는 경우
- 지적공부의 등록사항이 잘못 입력된 경우
- 「부동산등기법」에 따른 통지가 있는 경우(지적소관청의 착오로 잘못 합병한 경우만 해당)
- 법률 제2801호 지적법개정법률 부칙 제3조에 따른 면적 환산이 잘못된 경우

② 지적소관청은 ①에 해당하는 토지가 있을 때는 지체 없이 관계 서류에 따라 지적공부의 등록사항을 정정하여야 한다.

③ 지적공부의 등록사항 중 경계나 면적 등 측량을 수반하는 토지의 표시가 잘못된 경우에는 지적소관청은 그 정정이 완료될 때까지 지적측량을 정지시킬 수 있다. 다만, 잘못 표시된 사항의 정정을 위한 지적측량은 그러하지 아니하다.

1.5.9. 도시개발사업 등 시행지역

① 「도시개발법」에 따른 도시개발사업, 「농어촌정비법」에 따른 농어촌정비사업, 그 밖에 대통령령으로 정하는 토지개발사업의 시행자는 그 사업의 착수·변경 및 완료 사실을 지적소관청에 신고하여야 한다.

② 사업과 관련하여 토지의 이동이 필요한 경우에는 해당 사업의 시행자가 지적소관청에 토지의 이동을 신청하여야 한다.

③ 토지의 이동은 토지의 형질변경 등의 공사가 준공된 때에 이루어진 것으로 본다.

④ 사업의 착수 또는 변경의 신고가 된 토지의 소유자가 해당 토지의 이동을 원하는 경우에는 해당 사업의 시행자에게 그 토지의 이동을 신청하도록 요청하여야 한다.

⑤ 요청을 받은 시행자는 해당 사업에 지장이 없다고 판단되면 지적소관청에 그 이동을 신청하여야 한다.

(1) 도시개발사업 등의 신고

① 도시개발사업 등의 착수 또는 변경의 신고를 하려는 자는 도시개발사업 등의 착수·변경·완료 신고서에 사업인가서, 지번별 조서, 사업계획도를 첨부하여야 한다.

② 도시개발사업 등의 완료신고를 하려는 자는 신청서에 다음의 서류를 첨부하여야 한다.

- 확정될 토지의 지번별 조서 및 종전 토지의 지번별 조서
- 환지처분과 같은 효력이 있는 고시된 환지계획서
- 다만, 환지를 수반하지 아니하는 사업인 경우에는 사업의 완료를 증명하는 서류를 말한다.

③ 이 경우 지적측량수행자가 지적소관청에 측량검사를 의뢰하면서 미리 제출한 서류는 첨부하지 아니할 수 있다.

④ 도시개발사업 등의 착수·변경 또는 완료 사실의 신고는 그 사유가 발생한 날부터 15일 이내에 하여야 한다.

⑤ 토지의 이동 신청은 그 신청대상지역이 환지(換地)를 수반하는 경우에는 사업완료 신고로써 이를 갈음할 수 있다.

⑥ 「주택법」에 따른 주택건설사업의 시행자가 파산 등의 이유로 토지의 이동 신청을 할 수 없을 때에는 그 주택의 시공을 보증한 자 또는 입주예정자 등이 신청할 수 있다.

⑦ 지적소관청은 도시개발사업 등의 착수 또는 변경 신고가 있는 때에는 다음의 확인 사항에 따라 처리한다.

- 지번별 조서와 지적공부 등록사항과의 부합 여부
- 지번별 조서·지적(임야)도와 사업계획도와의 부합 여부
- 착수 전 각종 집계의 정확 여부
- 서류의 확인이 완료된 때에는 지체 없이 지적공부에 그 사유를 정리하여야 한다.

⑧ 지적소관청은 도시개발사업 등의 완료 신고가 있는 때는 다음의 확인 사항에 따라 처리한다.

- 확정될 토지의 지번별 조서와 면적측정부 및 환지계획서의 부합 여부
- 종전 토지의 지번별 조서와 지적공부 등록사항 및 환지계획서의 부합 여부
- 측량결과도 또는 경계점좌표와 새로이 작성된 지적도와의 부합 여부
- 종전 토지 소유명의인 동일 여부 및 종전 토지등기부에 소유권등기 이외의 다른 등기사항이 없는지 여부

- 그 밖에 필요한 사항
- 서류의 확인이 완료된 때에는 확정될 토지의 지번별 조서에 따라 토지대장을, 측량성과에 따라 경계점좌표등록부 등을 작성한다.

⑨ 토지대장에 등록하는 소유자의 성명 또는 명칭과 등록번호 및 주소는 환지계획서에 따르되, 소유자의 변동 일자와 변동 원인은 다음에 따라 정리한다.
- 소유자변동 일자 : 환지처분 또는 사업준공 인가 일자(환지처분을 아니할 경우에만 해당)
- 소유자변동원인 : 환지 또는 지적확정(환지처분을 아니하는 경우에만 해당한다)

⑩ 지적공부의 작성이 완료된 때에는 새로 지적공부가 확정 시행됨을 7일 이상 시·군·구 게시판 또는 홈페이지 등에 게시한다.

⑪ 도시개발사업 등의 완료로 인하여 폐쇄되는 지적공부는 폐쇄사유를 그 지적공부에 정리하고 별도로 영구 보관한다.

(2) 도시개발사업 등의 정리

① 지적소관청은 도시개발사업 등의 착수(시행) 또는 변경신고서를 접수할 때에는 사업시행지별로 등록하고, 접수순으로 사업시행지 번호를 부여받아야 한다.

② 사업시행지 번호를 부여받은 때에는 지체 없이 사업시행지 번호별로 도시개발사업 등의 임시파일을 생성한 후 지번별 조서를 출력하여 임시파일이 정확하게 생성되었는지 여부를 확인하여야 한다.

③ 지구계분할을 하고자 하는 경우에는 부동산종합공부시스템에 시행지 번호와 지구계 구분코드(지구내 0, 지구외 1)를 입력하여야 한다.

(3) 도시개발사업 등 준공 전 지번부여

① 지적소관청은 도시개발사업 등이 준공되기 전에 사업시행자가 지번부여 신청을 하면 지번을 부여할 수 있다.

② 지번을 부여하는 때에는 사업계획도에 따라 부여하여야 한다.

③ 지적확정측량을 실시한 지역의 각 필지에 지번을 새로 부여하는 경우에는 다음의 지번을 제외한 본번으로 부여한다.
- 지적확정측량을 실시한 지역의 종전의 지번과 지적확정측량을 실시한 지역 밖에 있는 본번이 같은 지번이 있을 때에는 그 지번
- 지적확정측량을 실시한 지역의 경계에 걸쳐 있는 지번

④ 부여할 수 있는 종전 지번의 수가 새로 부여할 지번의 수보다 적을 때에는 블록 단위로 하나의 본번을 부여한 후 필지별로 부번을 부여하거나, 그 지번 부여지역의 최종 본번 다음 순번부터 본번으로 하여 차례로 지번을 부여할 수 있다.

(4) 신청의 대위

① 토지소유자가 대신 신청할 수 있는 경우
- 공공사업 등에 따라 학교용지·도로·철도용지·제방·하천·구거·유지·수도용지 등의 지목으로 되는 토지인 경우 : 해당 사업의 시행자

- 국가나 지방자치단체가 취득하는 토지인 경우 : 해당 토지를 관리하는 행정기관의 장 또는 지방자치단체의 장
- 「주택법」에 따른 공동주택의 부지인 경우 : 「집합건물의 소유 및 관리에 관한 법률」에 따른 관리인(관리인이 없는 경우에는 공유자가 선임한 대표자) 또는 해당 사업의 시행자
- 「민법」 제404조에 따른 채권자

② 등록사항 정정 대상토지는 신청을 대신할 수 없다.

종목별	토지이동 사항의 신청 기간
신규등록, 등록전환, 지목변경, 분할, 합병	그 사유가 발생한 날부터 60일 이내
도시개발사업 등의 착수·변경 또는 완료 사실의 신고	그 사유가 발생한 날부터 15일 이내
바다로 된 토지의 등록말소신청	그 사유가 발생한 날부터 90일 이내

1.5.10. 손실보상 및 토지의 수용

(1) 토지 등의 출입 등에 따른 손실보상

① 토지 등의 출입 등에 따른 행위로 손실을 받은 자가 있으면 그 행위를 한 자는 그 손실을 보상하여야 한다.

② 손실보상에 관하여는 손실을 보상할 자와 손실을 받은 자가 협의하여야 한다.

③ 손실을 보상할 자 또는 손실을 받은 자는 협의가 성립되지 아니하거나 협의를 할 수 없는 경우에는 관할 토지수용위원회에 재결(裁決)을 신청할 수 있다.

④ 관할 토지수용위원회의 재결에 관하여는 「공익사업을 위한 토지 등의 취득 및 보상에 관한 법률」의 규정을 준용한다.

⑤ 손실보상은 토지, 건물, 나무, 그 밖의 공작물 등의 임대료·거래가격·수익성 등을 고려한 적정가격으로 하여야 한다.

⑥ 재결을 신청하려는 자는 다음 사항을 적은 재결신청서를 관할 토지수용위원회에 제출하여야 한다.

- 재결의 신청자와 상대방의 성명 및 주소
- 측량의 종류, 손실 발생 사실
- 보상받으려는 손실액과 그 명세
- 협의의 내용

⑦ 재결에 불복하는 자는 재결서 정본을 송달받은 날부터 30일 이내에 중앙토지수용위원회에 이의를 신청할 수 있다. 이 경우 그 이의신청은 해당 지방토지수용위원회를 거쳐야 한다.

(2) 토지의 수용 또는 사용

① 국토교통부장관은 기본측량을 실시하기 위하여 필요하다고 인정하는 경우에는 토지, 건물, 나무, 그 밖의 공작물을 수용하거나 사용할 수 있다.

② 수용 또는 사용 및 이에 따른 손실보상에 관하여는 「공익사업을 위한 토지 등의 취득 및 보상에 관한 법률」을 적용한다.

핵/심/문/제

Chapter 1.5 토지의 이동

1. 토지이동에 관한 설명 중 틀린 것은?

① 신규등록은 토지이동에 속한다.
② 등록전환, 지목변경의 신청기한은 60일 이내이다.
③ 소유자변경, 토지 등급 및 수확량등급 수정도 토지이동에 속한다.
④ 토지이동이란 토지의 표시를 새로 정하거나 변경 또는 말소하는 것을 말한다.

| 해설 |

토지의 이동이란 토지의 표시(토지의 소재·지번·지목·면적·경계 또는 좌표를 등록한 것) 사항을 새로 정하거나 변경 또는 말소하는 것을 말한다.

정답 ③

2. 「공간정보의 구축 및 관리 등에 관한 법률」 상 토지의 이동에 해당하는 것은?

① 경계복원 ② 토지합병
③ 지적도 작성 ④ 소유권이전등기

| 해설 |

「공간정보의 구축 및 관리 등에 관한 법률」상 토지의 이동이란 지적공부에 등록된 토지표시사항인 토지의 소재, 지번, 경계, 좌표 또는 면적이 변경된 것으로 경계의 정정은 해당되며 토지의 소유권과 지상권 등 권리와 관련된 사항은 토지이동으로 보지 않는다.

정답 ②

3. 「공간정보의 구축 및 관리 등에 관한 법률」 상 토지의 이동으로 볼 수 없는 것은?

① 지적도에 등록된 경계변경
② 지적공부에 등록된 지목변경
③ 토지대장에 등록된 소유권 변경
④ 경계점좌표등록부에 등록된 좌표 변경

| 해설 |

"토지의 이동"이란 토지의 표시(지적공부에 토지의 소재·지번·지목·면적·경계 또는 좌표를 등록한 것)를 새로 정하거나 변경 또는 말소하는 것을 말하며 토지대장에 등록된 소유권변경과는 관련이 없다.

정답 ③

4. 토지의 이동사항 중 신청 기간이 다른 하나는?

① 등록전환 신청
② 지목변경 신청
③ 신규등록 신청
④ 바다로 된 토지의 등록말소 신청

| 해설 |

신규등록, 등록전환, 지목변경은 토지소유자가 사유가 발생한 날부터 60일 이내에 신청하여야 하며 바다로 된 토지의 등록말소신청은 90일 이내에 신청하여야 한다.

정답 ④

5. 다음 중 토지의 이동신청·신고 기간이 잘못 연결된 것은?

① 등록전환 : 그 사유가 발생한 날부터 60일 이내
② 지목변경 : 그 사유가 발생한 날부터 60일 이내
③ 합병 : 그 사유가 발생한 날부터 60일 이내
④ 도시개발사업 착수 신고 : 그 사유가 발생한 날부터 60일 이내

| 해설 |

토지이동 사항의 신청 기간

종목별	토지이동 사항의 신청 기간
신규등록, 등록전환, 지목변경, 분할, 합병	그 사유가 발생한 날부터 60일 이내
도시개발사업 등의 착수·변경 또는 완료 사실의 신고	그 사유가 발생한 날부터 15일 이내
바다로 된 토지의 등록말소신청	그 사유가 발생한 날부터 90일 이내

정답 ④

6. 60일 이내에 토지의 이동신청을 하지 않아도 되는 것은?

① 경계정정 신청 ② 신규등록 신청
③ 지목변경 신청 ④ 형질변경에 따른 분할 신청

| 해설 |

경계정정측량은 현지의 경계가 확고한데도 지적공부에 잘못 등록된 것이 확실한 때에만 실시하는 것이다.

정답 ①

7. 토지의 이동이 있을 때 지적공부에 등록하는 지번·지목·면적·경계 또는 좌표를 결정하는 자는?

① 시·도지사 ② 지적소관청
③ 지적측량업자 ④ 행정안전부장관

| 해설 |

지적소관청은 토지의 이동이 있을 때 지적공부에 등록하는 지번·지목·면적·경계 또는 좌표를 새로 결정하도록 하고 있다.

정답 ②

8. 다음 중 지적측량이 수반되지 않는 토지이동 사항은?

① 등록전환　　② 토지분할
③ 토지합병　　④ 신규등록

| 해설 |

지목변경과 합병은 지적측량이 필요 없다. 합병에 따른 경계·좌표 또는 면적은 따로 지적측량을 하지 아니하고 결정한다.

정답 ③

9. 다음 중 신규등록의 대상 토지가 아닌 것은?

① 미등록도서
② 미등록 도로, 하천, 구거
③ 공유수면매립지
④ 개간한 임야

| 해설 |

신규등록 대상 토지
① 공유수면매립으로 준공된 토지
② 미등록된 공공용 토지(도로·구거·하천 등)
③ 기타 미등록토지 등
④ 개간한 임야는 이미 임야대장에 등록되어 있는 토지로서 신규등록 대상에 포함되지 않으며 등록전환 대상 토지이다.

정답 ④

10. 신규등록에 대한 용어의 설명으로 옳은 것은?

① 임야대장 및 임야도에 등록된 토지를 토지대장 및 지적도에 옮겨 등록하는 것을 말한다.
② 새로이 조성된 토지 및 등록이 누락되어 있는 토지를 지적공부에 등록하는 것을 말한다.
③ 지적공부에 등록된 1필지를 2필지 이상으로 나누어 등록하는 것을 말한다.
④ 지적공부에 등록하는 필지의 굴곡점을 등록하는 평면직각종횡선 수치의 교차점을 말한다.

| 해설 |

신규등록은 새로이 조성된 토지 및 등록이 누락되어 있는 토지를 지적공부에 등록하는 것을 말한다.

정답 ②

11. 자연적인 현상에 의하여 해안 빈지가 생겼다면 이를 지적공부에 등록하는 토지이동의 종류는?

① 신규등록　　② 등록전환
③ 분할　　④ 등록사항 정정(경계 및 면적)

| 해설 |

토지의 이동이란 토지의 표시를 새로이 정하거나 변경 또는 말소하는 것을 말하며, 해안에 자연적 또는 인위적으로 생성된 새로운 토지를 등록하는 것은 신규등록에 해당한다.

정답 ①

12. 신규등록 신청서류에 해당하지 않는 것은?

① 법원의 확정판결서 사본
② 소유권을 증명할 수 있는 서류의 사본
③ 등기부등본
④ 법원의 확정판결서 정본.

| 해설 |

신규등록 신청서에 첨부할 서류
① 법원의 확정판결서 정본 또는 사본
② 「공유수면 관리 및 매립에 관한 법률」에 따른 준공검사확인증 사본
③ 도시계획구역의 토지를 그 지방자치단체의 명의로 등록하는 때에는 기획재정부장관과 협의한 문서의 사본
④ 그 밖에 소유권을 증명할 수 있는 서류의 사본
⑤ 해당 지적소관청이 관리하는 경우에는 지적소관청의 확인으로 그 서류의 제출을 갈음할 수 있다.

정답 ③

13. 신규등록할 경우에 토지소유자의 등록에 대한 설명으로 맞는 것은?

① 등기부 등본에 의하여 등록한다.
② 등기필통지서에 의하여 등록한다.
③ 소관청이 조사하여 등록한다.
④ 국유재산법에 의해 토지 총괄청이 조사하여 등록한다.

| 해설 |

신규등록하는 토지의 소유자는 지적소관청이 직접 조사하여 등록한다.

정답 ③

14. 도시계획구역 내에 미등록 토지가 발견된 경우 지적공부에 신규등록하는 소유자 결정은?

① 소관청이 직권 조사하여 결정한다.
② 등기부의 등본이나 확정판결에 의한다.
③ 점유자의 소유로 한다.
④ 무조건 국유지로 한다.

| 해설 |

지적공부에 새로이 등록하는 토지의 소유자는 지적소관청이 직접 조사하여 등록한다.

정답 ①

15. 등록전환에 대한 설명으로 옳은 것은?

① 미등록된 토지를 토지대장에 등록하는 것
② 임야대장에 등록된 토지를 토지대장으로 옮겨 등록하는 것
③ 축척 1200분의 1을 축척 600분의 1로 바꾸어 등록하는 것
④ 지적도에 등록된 토지가 형질변경으로 인하여 다른 지목으로 변경되는 것

| 해설 |

등록전환이란 축척이 1/3,000 또는 1/6,000인 임야대장 및 임야도에 등록된 토지를 축척 1/600 또는 1/1,200의 토지대장 및 지적도에 옮겨 등록하는 것을 말한다.

정답 ②

16. 등록전환에 대한 용어의 설명으로 옳은 것은?

① 임야대장 및 임야도에 등록된 토지를 토지대장 및 지적도에 옮겨 등록하는 행정처분을 말한다.
② 새로이 조성된 토지 및 등록이 누락되어 있는 토지를 지적공부에 등록하는 것을 말한다.
③ 지적공부에 등록된 1필지를 2필지 이상으로 나누어 등록하는 것을 말한다.
④ 지적공부에 등록하는 필지의 굴곡점을 등록하는 평면직각종횡선 수치의 교차점을 말한다.

| 해설 |

등록전환은 임야대장 및 임야도에 등록된 토지를 토지대장 및 지적도에 옮겨 등록하는 행정처분을 말한다.

정답 ①

17. 1/3,000 또는 1/6,000인 임야도에 등록된 토지를 1/600 또는 1/1,200의 지적도에 옮겨 등록하는 행정처분은?

① 축척변경 ② 등록전환
③ 신규등록 ④ 등록사항 정정

| 해설 |

등록전환은 임야대장 및 임야도에 등록된 토지를 토지대장 및 지적도에 옮겨 등록하는 행정처분으로 축척이 1/3,000 또는 1/6,000인 임야도에 등록된 토지를 축척 1/600 또는 1/1,200의 지적도에 옮겨 등록하는 측량을 말한다.

정답 ②

18. 등록전환대상에 해당하지 않는 것은?

① 대부분 토지가 등록전환 되고 나머지 토지를 임야도에 계속 존치하는 것이 불합리한 경우
② 임야도에 등록된 토지가 사실상 형질변경 되었으나 지목변경을 할 수 없는 경우
③ 도시·군관리계획선에 따라 토지를 분할하는 경우
④ 새로이 지적공부에 등록할 토지

| 해설 |

등록전환을 신청할 수 있는 토지는 산림법·건축법 등 관계 법령에 따른 토지의 형질변경 또는 건축물의 사용승인 등으로 인하여 지목을 변경하여야 할 토지

정답 ④

19. 공간정보의 구축 및 관리 등에 관한 법령상 지목변경 없이 등록전환을 신청할 수 없는 경우는?

① 도시·군관리계획선에 따라 토지를 분할하는 경우
② 관계 법령에 따른 토지의 형질변경 또는 건축물의 사용승인하는 경우
③ 임야도에 등록된 토지가 사실상 형질변경 되었으나 지목변경을 할 수 없는 경우
④ 대부분의 토지가 등록 전환되어 나머지 토지를 임야도에 계속 존치하는 것이 불합리한 경우

| 해설 |

지목변경 없이 등록전환 신청할 수 있는 토지

① 「산지관리법」에 따른 산지전용허가·신고, 산지일시사용허가·신고, 「건축법」에 따른 건축허가·신고 또는 그 밖의 관계 법령에 따른 개발행위 허가 등을 받은 경우
② 대부분의 토지가 등록전환되어 나머지 토지를 임야도에 계속 존치하는 것이 불합리한 경우
③ 임야도에 등록된 토지가 사실상 형질변경되었으나 지목변경을 할 수 없는 경우
④ 도시·군관리계획선에 따라 토지를 분할하는 경우

정답 ②

20. 축척 1/6,000 임야도 시행지역의 임야를 인접 농촌지역 지적도로 등록전환할 때 적합한 지적도의 축척은?

① 1/500 ② 1/600
③ 1/1,200 ④ 1/2,400

| 해설 |

등록전환은 임야대장 및 임야도에 등록된 토지를 토지대장 및 지적도에 옮겨 등록하는 것으로 대부분 농촌 지역의 지적도 축척은 1/1,200로 등록되어 있으므로 인접된 토지의 축척인 1/1,200로 한다.

정답 ③

21. 등록전환할 토지의 경우, 토지소유자는 대통령령이 정하는 바에 따라 며칠 이내에 소관청에 등록전환 신청을 해야 하는가?

① 60일 ② 90일
③ 120일 ④ 150일

| 해설 |

토지소유자는 등록전환할 토지가 있으면 그 사유가 발생한 날부터 60일 이내에 지적소관청에 등록전환을 신청하여야 한다.

정답 ①

22. **등록전환을 실시할 경우 지번 부여지역의 최종 본번의 다음 번호부터 본번으로 지번을 부여할 수 있는 경우가 아닌 것은?**

① 등록전환 될 토지가 당해 지번 부여지역 안의 최종 지번의 토지에 인접되어 있는 경우
② 등록전환 될 토지가 이미 등록된 토지와 멀리 떨어져 있는 경우
③ 등록전환 될 토지가 여러 필지 또는 큰 면적으로 되어 있는 경우
④ 등록전환 될 토지가 최종 지번과 멀리 떨어져 있으며 다른 토지에 인접되어 있는 경우

| 해설 |

등록전환 될 토지가 최종 지번과 멀리 떨어져 있으며 다른 토지에 인접된 경우에는 인접된 토지의 최종번지의 부번으로 부여하여야 한다.

정답 ④

23. **다음 중 토지의 분할이 속하는 것은?**

① 등록전환 ② 사법처분
③ 행정처분 ④ 형질변경

| 해설 |

토지이동에 해당하는 토지의 분할은 행정처분이다.

정답 ③

24. **토지의 분할을 신청할 수 있는 경우에 대한 설명으로 틀린 것은?**

① 토지 이용상 불합리한 지상경계를 시정하기 위한 경우
② 일필지의 일부 용도가 다르게 된 경우
③ 토지소유자가 매매를 위하여 필요로 하는 경우
④ 토지의 소유자가 변경된 경우

| 해설 |

분할을 신청할 수 있는 경우
① 소유권이전, 매매 등을 위하여 필요한 경우
② 토지이용상 불합리한 지상 경계를 시정하기 위한 경우
③ 1필지의 일부가 형질변경으로 용도가 다르게 되는 경우
④ 관계 법령에 따라 해당 토지에 대한 분할이 개발행위 허가 등의 대상인 경우에는 개발행위 허가 등을 받은 이후에 분할을 신청할 수 있다.

정답 ④

25. **일필지의 일부가 형질변경 등으로 용도가 다르게 되어 분할신청을 할 경우에 대한 설명으로 맞는 것은?**

① 토지분할 신청서 및 지목변경 신청서를 동시에 제출한다.
② 토지분할 신청서만 제출한다.
③ 지목변경 신청서는 분할된 후에 제출한다.
④ 토지분할 신청서로 분할 및 지목변경을 동시에 한다.

| 해설 |

일필지의 일부가 형질변경 등으로 용도가 변경되어 분할을 신청할 때에는 지목변경 신청서를 함께 제출하여야 한다.

정답 ①

26. **「공간정보의 구축 및 관리 등에 관한 법률」에 따라 토지 이용상 불합리한 지상경계를 시정하기 위해 토지이동 신청을 할 수 있는 경우로 옳은 것은?**

① 분할신청 ② 등록전환 신청
③ 지목변경 신청 ④ 등록사항 정정 신청

| 해설 |

분할신청은 지적공부에 등록된 일필지를 2필지 이상으로 나누어 등록하는 것으로 일필지 토지의 일부가 다른 지목으로 변경된 경우와 소유자가 다르게 된 경우에 시행한다.

정답 ①

27. **분할신청 시 제출서류로 거리가 가장 먼 것은?**

① 분할측량성과도
② 확정판결서 사본
③ 확정판결서 정본
④ 분할 허가 대상인 토지의 경우 그 허가서 사본

| 해설 |

분할신청서에 첨부 서류
① 분할 허가 대상인 토지의 경우에는 그 허가서 사본
② 법원의 확정판결에 의하여 분할하는 경우에는 확정판결서 정본 또는 사본
③ 서류를 당해 소관청이 관리하는 경우에는 소관청의 확인으로써 서류의 제출에 갈음
④ 1필지의 일부가 형질변경 등으로 용도가 변경되어 분할을 신청할 때에는 지목변경 신청서를 함께 제출하여야 한다.

정답 ①

28. **다음 중 토지의 합병을 신청할 수 있는 경우는?**

① 합병하려는 토지의 지적도 및 임야도의 축척이 서로 다른 경우
② 합병하려는 토지가 등기된 토지와 등기되지 아니한 토지인 경우
③ 합병하려는 토지의 소유자별 공유지분이 다르거나 소유자의 주소가 서로 다른 경우
④ 합병하려는 각 필지의 지목은 같으나 일부 토지의 용도가 다르게 되어 합병신청과 동시에 토지의 용도에 따라 분할신청을 하는 경우

| 해설 |

합병하려는 각 필지의 지목은 같으나 일부 토지의 용도가 다르게 되어 분할대상 토지인 경우. 다만, 합병 신청과 동시에 토지의 용도에 따라 분할 신청을 하는 경우는 제외한다.

정답 ④

29. 다음 중 토지의 합병을 신청할 수 있는 조건이 아닌 것은?

① 합병하려는 토지의 지번 부여지역이 같은 경우
② 합병하려는 토지의 지목이 같은 경우
③ 합병하려는 토지의 소유자가 서로 같은 경우
④ 합병하려는 토지가 등기된 토지와 등기되지 아니한 토지인 경우

| 해설 |

합병 요건
① 합병하고자 하는 각 필지의 지번 부여지역·지목·소유자가 동일한 경우
② 합병하고자 하는 각 필지의 지적도 및 임야도의 축척이 동일한 경우
③ 합병하고자 하는 각 필지의 지반이 연속되어 있는 경우
④ 합병하고자 하는 토지에 등기된 토지와 등기되지 아니한 토지가 혼합되어 있지 않은 경우
⑤ 합병신청과 동시에 토지의 용도에 따라 분할신청을 하는 경우
⑥ 합병하고자 하는 각 필지에 소유권·지상권·전세권·임차권 및 승역지에 관하여 하는 지역권의 등기 외의 저당권·가압류·가등기·가처분 등이 설정되어 있지 않은 경우
⑦ 합병하고자 하는 토지의 소유자별 공유지분이 같고 소유자의 주소가 동일한 경우
⑧ 합병하고자 하는 토지가 구획정리·경지정리 시행지역 안의 토지와 지역 밖의 토지가 아닌 경우

정답 ④

30. 토지에 대한 합병 신청을 할 수 없는 경우에 해당하는 것은?

① 합병하고자 하는 각 필지의 지반이 연속되어 있는 경우
② 합병하고자 하는 각 필지의 지적도 및 임야도의 축척이 서로 다른 경우
③ 합병하고자 하는 토지의 소유자가 동일한 경우
④ 합병하고자 하는 각 필지의 지목이 동일한 경우

| 해설 |

합병하려는 토지의 지적도 및 임야도의 축척이 서로 다른 경우에는 합병 신청을 할 수 없다.

정답 ②

31. 토지소유자는 「주택법」에 따른 공동주택의 부지, 도로, 제방, 하천, 구거, 유지, 그 밖에 대통령령으로 정하는 토지로서 합병하여야 할 토지가 있으면 그 사유가 발생한 날로부터 최대 얼마 이내에 지적소관청에 합병을 신청하여야 하는가?

① 30일 ② 50일 ③ 60일 ④ 90일

| 해설 |

합병하여야 할 토지가 있으면 그 사유가 발생한 날부터 60일 이내에 지적소관청에 합병을 신청하여야 한다.

정답 ③

32. 지목변경 및 합병을 하여야 하는 토지가 있을 때 작성하는 현지조사서에 포함되어야 하는 사항에 해당되지 않는 것은?

① 조사자의 의견 ② 소유자변동 이력
③ 토지의 이용현황 ④ 관계 법령의 저촉 여부

| 해설 |

지목변경 및 합병을 하여야 하는 토지가 있을 때와 등록전환에 따라 지목이 바뀔 때는 다음 사항을 확인·조사하여 현지조사서를 작성하여야 한다.
① 토지의 이용현황
② 관계 법령의 저촉 여부
③ 조사자의 의견, 조사연월일 및 조사자 직·성명

정답 ②

33. 지적측량을 수행하여야 할 경우에 해당하지 않는 것은?

① 토지를 신규등록하는 경우
② 축척변경을 하고자 하는 경우
③ 경계점을 지상에 복원하는 경우
④ 필지를 분할하거나 합병하고자 할 경우

| 해설 |

필지를 분할할 경우에는 지적측량을 수행해야 하지만 합병하고자 할 때는 지적측량을 수행하지 않는다.

정답 ④

34. 토지소유자는 지목변경할 토지가 있으면 대통령령으로 정하는 바에 따라 그 사유가 발생한 날부터 몇 일 이내에 지적소관청에 지목변경을 신청하여야 하는가?

① 60일 ② 90일
③ 120일 ④ 150일

| 해설 |

토지소유자는 지목변경할 토지가 있으면 그 사유가 발생한 날부터 60일 이내에 지적소관청에 지목변경을 신청하여야 한다.

정답 ①

35. 다음 중에서 경계나 면적을 새로 결정하지 않아도 되는 것은?

① 토지를 신규로 등록하는 때
② 등록전환을 하는 때
③ 경계를 정정하는 때
④ 지목변경을 하는 때

| 해설 |

지목변경은 지적공부에 등록된 지목을 다른 지목으로 바꾸어 등록하는 것으로 면적이나 경계와는 관계없다.

정답 ④

36. 토지의 이동신청서에 측량성과도의 첨부를 하지 않아도 되는 것은?

① 지목변경 ② 등록사항 정정
③ 등록전환 ④ 분할

| 해설 |
① 지목변경은 측량성과도 첨부가 필요 없다.
② 등록사항 정정, 등록전환, 분할은 측량성과도를 첨부하여야 하지만 당해 소관청이 관리하는 경우로 소관청의 확인으로써 서류의 제출에 갈음한다.

정답 ①

37. 바다로 된 토지의 등록말소 및 회복에 대한 설명으로 틀린 것은?

① 등록말소 및 회복에 관한 사항은 토지소유자의 동의 없이는 불가능하다.
② 등록사항을 말소 또는 회복 등록한 때에는 정리결과를 토지소유자 및 공유수면의 관리청에 통지한다.
③ 회복등록을 할 경우에는 등록말소 당시의 지적공부 등 관계 자료에 의한다.
④ 토지소유자가 등록말소신청을 하지 않는 때에는 소관청이 직권으로 등록사항을 말소한다.

| 해설 |
토지소유자가 등록말소 신청을 하지 아니하면 지적소관청이 직권으로 그 지적공부의 등록사항을 말소하여야 한다.

정답 ①

38. 지적공부에 등록된 토지가 지형의 변화 등으로 바다로 된 경우로서 원상으로 회복할 수 없는 경우 행정처분은?

① 지적공부의 등록전환신청
② 지적공부의 공유수면매립신청
③ 지적공부의 등록말소신청
④ 지적공부의 등록회복신청

| 해설 |
지적소관청은 지적공부에 등록된 토지가 지형의 변화 등으로 바다로 된 경우로서 원상으로 회복될 수 없거나 다른 지목의 토지로 될 가능성이 없는 경우에는 지적공부에 등록된 토지소유자에게 지적공부의 등록말소 신청을 하도록 통지하여야 한다.

정답 ③

39. 다음 중 토지 등록의 말소를 하여야 할 경우는?

① 임야의 등록전환 ② 해면성 토지
③ 토지합병 ④ 공유수면매립지

| 해설 |
지적소관청은 지적공부에 등록된 토지가 지형의 변화 등으로 바다로 된 경우로서 원상으로 회복될 수 없거나 다른 지목의 토지로 될 가능성이 없는 경우에는 지적공부에 등록된 토지소유자에게 지적공부의 등록말소 신청을 하도록 통지하여야 한다.

정답 ②

40. 토지멸실에 의한 등록말소에 속하는 것은?

① 등록전환에 의한 말소
② 등록변경에 따른 말소
③ 토지합병에 따른 말소
④ 바다로 된 토지의 말소

| 해설 |
토지의 멸실에 따른 등록말소는 물권의 대상인 토지가 자연적 또는 인위적 원인으로 사실상 소멸되고 또는 등록요건을 갖춘 토지가 그 요건을 상실하게 되었을 때 그에 대한 법률상의 등록내용과 등록효력을 해제하는 행정처분 행위이다.

정답 ④

41. 확정판결서 정본 또는 사본을 필요로 하는 업무가 아닌 것은?

① 지적공부의 복구자료
② 토지의 등록말소신청 첨부 자료
③ 신규등록 신청 첨부 자료
④ 확정판결에 의한 분할 신청 첨부 자료

| 해설 |
소관청은 지적공부에 등록된 토지가 지형의 변화 등으로 바다로 된 경우로서 원상으로 회복할 수 없거나 다른 지목의 토지로 될 가능성이 없는 때에는 지적공부에 등록된 토지소유자에게 지적공부의 등록말소신청을 하도록 통지하지만, 첨부서류는 없다.

정답 ②

42. 다음 중 축척변경에 대한 설명으로 틀린 것은?

① 축척변경위원회는 청산금의 이의신청에 관한 사항 등을 심의 의결한다.
② 작은 축척을 큰 축척으로 변경하여 등록하는 것을 말한다.
③ 임야도 축척에서 지적도 축척으로 옮겨 등록하는 것을 말한다.
④ 축척변경을 시행하고자 할 경우에는 시·도지사의 승인을 받아서 시행한다.

| 해설 |
임야도 축척에서 지적도 축척으로 옮겨 등록하는 것은 등록전환이다.

정답 ③

43. 축척변경에 관한 내용으로 옳지 않은 것은?

① 축척변경 승인을 받았을 때에는 지체없이 관한 사항들을 20일 이상 공고하여야 한다.
② 시행공고가 된 날부터 30일 이내에 시행공고일 현재 점유하고 있는 경계에 경계점표지를 설치하여야 한다.
③ 청산금을 산정하였을 때에는 청산금 조서를 작성하고 15일 이상 공고하여야 한다.
④ 청산금의 결정을 공고한 날부터 60일 이내에 토지소유자에게 청산금의 납부 고지를 하여야 한다.

| 해설 |

청산금의 결정을 공고한 날부터 20일 이내에 토지소유자에게 청산금의 납부 고지를 하여야 한다.

정답 ④

44. 공간정보의 구축 및 관리 등에 관한 법령상 축척변경에 관한 설명으로 옳지 않은 것은?

① 지적소관청이 축척변경의 확정 공고를 하였을 때에는 지체없이 축척변경에 따라 확정된 사항을 지적공부에 등록하여야 한다.
② 청산금의 납부 및 지급이 완료되었을 때에는 지적소관청은 7일 이내에 축척변경의 확정 공고를 하여야 한다.
③ 축척변경의 확정 공고에 따라 해당 사항을 지적공부에 등록하는 때에 지적도는 확정측량 결과도 또는 경계점좌표에 따른다.
④ 축척변경위원회는 5명 이상 10명 이하의 위원으로 구성하되, 위원의 2분의 1 이상을 토지소유자로 하여야 한다.

| 해설 |

청산금의 납부 및 지급이 완료되었을 때에는 지적소관청은 지체없이 축척변경의 확정 공고를 하여야 한다.

정답 ②

45. 축척변경 목적에 대한 설명으로 가장 적당한 것은?

① 지적도의 정밀도를 높이기 위하여 다른 축척으로 변경한 것
② 토지구획 정리지구 확정측량으로 축척이 달라진 것
③ 임야도에 등록된 토지를 지적도에 옮겨 등록한 것
④ 공유수면매립지를 대축척으로 등록하는 것

| 해설 |

축척변경의 목적은 지적도에 등록한 경계점의 정밀도를 높이기 위하여 작은 축척을 큰 축척으로 변경하여 등록하는 것을 말한다.

정답 ①

46. 축척변경측량 대상 지역으로 맞는 것은?

① 소관청에서 축척변경이 필요하다고 인정되는 지역
② 시·도지사가 등록전환할 때의 축척변경이 필요하다고 하는 지역
③ 지목이 변경된 지역
④ 소관청에서 지번변경이 필요하다고 인정되는 지역

| 해설 |

축척변경측량 대상 지역
① 잦은 토지의 이동으로 1필지의 규모가 작아서 소축척으로는 지적측량성과의 결정이나 토지의 이동에 따른 정리를 하기가 곤란한 경우
② 하나의 지번 부여지역에 서로 다른 축척의 지적도가 있는 경우
③ 그 밖에 지적공부를 관리하기 위하여 필요하다고 인정되는 경우

정답 ①

47. 다음 중 소관청이 시·도지사에게 신청하는 축척변경승인신청 서류에 해당하지 않는 것은?

① 지번 등 명세　　② 지적도 사본
③ 토지소유자의 인적사항　　④ 축척변경 사유

| 해설 |

축척변경 승인신청 서류
① 축척변경 사유를 적은 승인신청서, 축척변경의 사유
② 지번 등 명세, 토지소유자의 동의서
③ 축척변경위원회의 의결서 사본

정답 ③

48. 소관청이 축척변경을 시행하고자 할 때 누구의 승인을 얻어야 하는가?

① 시·도지사　　② 국토교통부장관
③ 축척변경위원회　　④ 중앙지적위원회

| 해설 |

지적소관청은 축척변경을 하려면 축척변경 시행지역의 토지소유자 2/3 이상의 동의를 받아 축척변경위원회의 의결을 거친 후 시·도지사 또는 대도시 시장의 승인을 받아야 한다.

정답 ①

49. 축척변경 시행공고에 관한 사항에 해당하지 않는 것은?

① 축척변경의 시행지역
② 축척변경의 시행에 관한 세부계획
③ 축척변경의 시행에 관한 사업시행자
④ 축척변경의 시행에 따른 청산방법

| 해설 |

축척변경 시행공고에 관한 사항
① 축척변경의 목적, 시행지역 및 시행기간
② 축척변경의 시행에 관한 세부계획
③ 축척변경의 시행에 따른 청산방법
④ 축척변경의 시행에 따른 토지소유자 등의 협조에 관한 사항

정답 ③

50. **소관청이 축척변경을 하고자 할 때는 축척변경위원회의 의결을 거치기 전에 시행지역 내 토지소유자 얼마 이상의 동의를 얻어야 하는지 그 기준으로 옳은 것은?**

① 3분의 1 이상　② 4분의 1 이상
③ 3분의 2 이상　④ 4분의 2 이상

| 해설 |

지적소관청은 축척변경을 하려면 축척변경 시행지역의 토지소유자 2/3 이상의 동의를 받아 축척변경위원회의 의결을 거친 후 시·도지사 또는 대도시 시장의 승인을 받아야 한다.

정답 ③

51. **축척변경에 대한 설명으로 옳지 않은 것은?**

① 축척변경을 하려면 시행지역의 토지소유자 2/3 이상의 동의를 받아야 한다.
② 도시개발사업 시행에서 제외된 토지의 축척변경을 하는 경우 시·도지사의 승인을 받아야 한다.
③ 축척변경위원회는 5명 이상 10명 이하의 위원으로 구성한다.
④ 축척변경위원회는 위원의 1/2 이상을 토지소유자로 하여야 한다.

| 해설 |

축척변경위원회의 의결 및 시·도지사 또는 대도시 시장의 승인 없이 축척변경을 할 수 있는 경우
① 합병하려는 토지가 축척이 다른 지적도에 각각 등록되어 있어 축척변경을 하는 경우
② 도시개발사업 등의 시행지역에 있는 토지로서 그 사업 시행에서 제외된 토지의 축척변경을 하는 경우

정답 ②

52. **다음 중 축척변경위원회에 대한 설명에 해당하는 것은?**

① 축척변경 시행계획에 관하여 소관청이 회부하는 사항에 대한 심의·의결하는 기구이다.
② 토지 관련 자료의 효율적인 관리를 위하여 설치된 기구이다.
③ 지적측량의 적부심사 청구사항에 대한 심의 기구이다.
④ 축척변경에 관한 연구를 수행하는 주민자치 기구이다.

| 해설 |

축척변경에 관한 사항을 심의·의결하기 위하여 지적소관청에 축척변경위원회를 둔다.

정답 ①

53. **다음 중 축척변경위원회의 구성에 대한 설명으로 옳은 것은?**

① 위원은 지적소관청이 위촉한다.
② 축척변경 시행지역의 토지소유자가 7명 이하일 때 토지소유자 전원을 위원으로 위촉하여야 한다.
③ 10명 이상 15명 이하의 위원으로 구성하되, 위원의 3분의 2 이상을 축척변경 시행지역의 토지소유자로 하여야 한다.
④ 위원장은 위원 중에서 지적에 관하여 전문지식을 가지고 해당 지역의 사정에 정통한 사람 중에서 국토교통부장관이 지명한다.

| 해설 |

축척변경위원회의 구성
① 축척변경위원회는 5명 이상 10명 이하의 위원으로 구성하되, 위원의 1/2 이상을 토지소유자로 하여야 한다.
② 축척변경 시행지역의 토지소유자가 5명 이하일 때에는 토지소유자 전원을 위원으로 위촉하여야 한다.
③ 위원장은 위원 중에서 지적소관청이 지명한다.
④ 위원은 다음의 사람 중에서 지적소관청이 위촉한다.
- 해당 축척변경 시행지역의 토지소유자로서 지역 사정에 정통한 사람
- 지적에 관하여 전문지식을 가진 사람

정답 ①

54. **축척변경 시행지역의 토지소유자가 5명 이하인 경우, 토지소유자 중 위원으로 위촉하여야 하는 기준은?**

① 0명　② 무작위 선정
③ 토지소유자 전원　④ 토지소유자 대표1명

| 해설 |

축척변경 시행지역의 토지소유자가 5명 이하일 때에는 토지소유자 전원을 위원으로 위촉하여야 한다.

정답 ③

55. **축척변경위원회에 대한 설명이 틀린 것은?**

① 위원장은 위원 중에서 지적소관청이 지명한다.
② 위원회는 10명 이상 20명 이하의 위원으로 구성하되, 위원의 2분의 1 이상을 토지소유자로 하여야 한다.
③ 위원은 해당 축척변경 시행지역의 토지소유자로서 지역사 정에 정통한 사람, 지적에 관하여 전문지식을 가진 사람 중에서 지적소관청이 위촉한다.
④ 축척변경 시행지역의 토지소유자가 5명 이하일 때에는 토지소유자 전원을 위원으로 위촉하여야 한다.

| 해설 |

축척변경위원회는 5명 이상 10명 이하의 위원으로 구성하되, 위원의 1/2 이상을 토지소유자로 하여야 한다.

정답 ②

56. 축척변경위원회의 심의·의결 사항이 아닌 것은?

① 청산금의 이의신청에 관한 사항
② 지번별 제곱미터(m^2)당 금액의 결정과 청산금의 산정에 관한 사항
③ 도시개발사업의 시행지역에 있는 토지로서 그 사업 시행에서 제외된 토지의 축척변경에 관한 사항
④ 축척변경 시행계획에 관한 사항

| 해설 |

축척변경위원회의 심의·의결 사항
① 축척변경 시행계획에 관한 사항
② 지번별 제곱미터당 금액의 결정과 청산금의 산정에 관한 사항
③ 청산금의 이의신청에 관한 사항
④ 그 밖에 축척변경과 관련하여 지적소관청이 회의에 부치는 사항

정답 ③

57. 축척변경을 한 결과 변경 전 면적과 변경 후의 면적이 차이가 있는 경우 그 차이에 대한 증감면적의 청산 결정에 관한 산출 식은?

① $A = 0.026^2 \cdot M\sqrt{F}$
② $A = 0.023^2 \cdot M\sqrt{F}$
③ $A = 0.026^2 \cdot F\sqrt{M}$
④ $A = 0.023^2 \cdot F\sqrt{M}$

| 해설 |

축척변경 측량결과도에 따라 면적을 측정한 결과 축척변경 전의 면적과 축척변경 후의 면적의 오차가 $A = 0.026^2 \cdot M\sqrt{F}$ 식에 따른 허용범위 이내인 경우에는 축척변경 전의 면적을 결정면적으로 하고, 허용면적을 초과하는 경우에는 축척변경 후의 면적을 결정면적으로 한다. (A; 오차 허용면적, M; 축척이 변경될 지적도의 축척분모, F; 축척변경 전의 면적)

정답 ①

58. 지적소관청이 축척변경에 관한 측량을 완료하였을 때 시행공고일 현재의 지적공부상의 면적과 측량 후의 면적을 비교하여 그 변동사항을 표시하여 작성하는 것은?

① 축척변경 지번별 조서
② 확정측량 조서
③ 등록전환 조서
④ 지적공부 조서

| 해설 |

지적소관청은 축척변경에 관한 측량을 완료하였을 때에는 시행공고일 현재의 지적공부상의 면적과 측량 후의 면적을 비교하여 그 변동사항을 표시한 축척변경 지번별 조서를 작성하여야 한다.

정답 ①

59. 다음 중 축척변경에 관한 측량에 따른 청산금의 산정에 대한 설명으로 옳지 않은 것은?

① 지적소관청은 축척변경에 관한 측량을 한 결과 측량 전에 비하여 면적의 증감이 있는 경우 그 증감면적에 대하여 청산을 하여야 한다.
② 청산할 때는 축척변경위원회의 의결을 거쳐 지번별 제곱미터당 금액을 정하여야 한다.
③ 청산금의 결정을 공고한 날부터 20일 이내에 토지소유자에게 청산금의 납부 고지 또는 수령통지를 하여야 한다.
④ 지적소관청은 청산금을 지급받을 자가 청산금을 받기를 거부할 때에는 그 청산금을 공탁할 수 없다.

| 해설 |

지적소관청은 청산금을 지급받을 자가 행방불명 등으로 받을 수 없거나 받기를 거부할 때에는 그 청산금을 공탁할 수 있다.

정답 ④

60. 축척변경에 따른 청산금에 관한 설명으로 옳은 것은?

① 청산금의 결정을 공고한 날부터 30일 이내에 청산금 수령통지를 하여야 한다.
② 납부 고지를 받은 날부터 3개월 이내에 청산금을 소관청에 납부하여야 한다.
③ 청산금을 받을 자가 행방불명되었을 때는 청산금을 공탁할 수 있다.
④ 토지소유자의 3분의 2 이상의 동의를 얻어 지번별로 제곱미터당 금액을 결정한다.

| 해설 |

축척변경에 따른 청산금
① 지적소관청은 청산금의 결정을 공고한 날부터 20일 이내에 토지소유자에게 청산금의 납부고지 또는 수령통지를 하여야 한다.
② 납부고지를 받은 자는 그 고지를 받은 날부터 6개월 이내에 청산금을 지적소관청에 내야 한다.
③ 지적소관청은 청산금을 지급받을 자가 행방불명 등으로 받을 수 없거나 받기를 거부할 때에는 그 청산금을 공탁할 수 있다.
④ 청산할 때는 축척변경위원회의 의결을 거쳐 지번별로 제곱미터(m^2)당 금액을 정하여야 한다.

정답 ③

61. 축척변경 시 청산금에 대한 설명으로 틀린 것은?

① 측량결과 측량 전에 비하여 면적의 증감이 있는 경우에는 청산을 하여야 한다.
② 측량결과 종전 면적과 측량 후의 면적에 차이가 허용면적 이하인 때에는 청산하지 않는다.
③ 증감된 청산 면적에 대하여는 지번별로 제곱미터당 가격을 정하여야 한다.
④ 면적의 증감에 대하여 소유자 전원이 청산하지 아니하기로 합의하여 서면으로 제출하여도 축척변경위원회의 의결을 거쳐야 청산하지 아니한다.

| 해설 |

지적소관청은 축척변경에 관한 측량을 한 결과 측량 전에 비하여 면적의 증감이 있는 경우에는 그 증감면적에 대하여 청산을 하여야 하지만, 토지소유자 전원이 청산하지 아니하기로 합의하여 서면으로 제출한 경우에는 그러하지 아니한다.

정답 ④

62. 지적소관청이 청산금을 산정한 결과 증가된 면적에 대한 청산금의 합계와 감소된 면적에 대한 청산금의 합계에 차액이 생긴 경우 처리 방법으로 옳은 것은?

① 초과액은 토지소유자의 수입으로 하고 부족액은 토지소유자가 부담한다.
② 초과액은 토지소유자의 수입으로 하고 부족액은 그 지방자치단체가 부담한다.
③ 초과액은 그 지방자치단체의 수입으로 하고 부족액은 토지소유자가 부담한다.
④ 초과액은 그 지방자치단체의 수입으로 하고 부족액은 그 지방자치단체가 부담한다.

| 해설 |

청산금을 산정한 결과 증가된 면적에 대한 청산금의 합계와 감소된 면적에 대한 청산금의 합계에 차액이 생긴 경우 초과액은 그 지방자치단체의 수입으로 하고, 부족액은 그 지방자치단체가 부담한다.

정답 ④

63. 축척변경에 따른 청산금을 산정한 결과 증가된 면적에 대한 청산금의 합계와 감소된 면적에 대한 청산금의 합계에 차액이 생긴 경우 부족액은 누가 부담하는가?

① 지적소관청 ② 지방자치단체
③ 국토교통부장관 ④ 증가된 면적의 토지소유자

| 해설 |

청산금을 산정한 결과 증가된 면적에 대한 청산금의 합계와 감소된 면적에 대한 청산금의 합계에 차액이 생긴 경우 초과액은 그 지방자치단체의 수입으로 하고, 부족액은 그 지방자치단체가 부담한다.

정답 ②

64. 축척변경에 따른 청산금의 산정 및 납부 고지 등에 관한 설명이 틀린 것은?

① 청산금을 산정한 결과 차액이 생긴 경우 초과액은 그 지방자치 단체의 수입으로 한다.
② 지적소관청은 청산금의 수령통지를 한 날부터 6개월 이내에 청산금을 지급하여야 한다.
③ 납부 고지를 받은 날부터 6개월 이내에 청산금을 지적소관청에 내야 한다.
④ 청산금은 필지별 등록면적에 제곱미터당 금액을 곱하여 산출한다.

| 해설 |

청산금은 작성된 축척변경 지번별 조서의 필지별 증감면적에 결정된 지번별 제곱미터(m^2)당 금액을 곱하여 산정한다.

정답 ④

65. 축척변경사업 시 청산금의 납부 고지 또는 수령통지는 언제 하는가?

① 청산금 조서를 작성한 날부터 30일 이내
② 청산금 조서를 작성한 날부터 20일 이내
③ 청산금의 결정을 공고한 날부터 30일 이내
④ 청산금의 결정을 공고한 날부터 20일 이내

| 해설 |

지적소관청은 청산금의 결정을 공고한 날부터 20일 이내에 토지소유자에게 청산금의 납부고지 또는 수령통지를 하여야 한다.

정답 ④

66. 공간정보의 구축 및 관리 등에 관한 법령상 청산금의 납부고지 및 이의신청 기준으로 틀린 것은?

① 지적소관청은 수령통지를 한 날부터 6개월 이내에 청산금을 지급하여야 한다.
② 납부고지를 받은 자는 그 고지를 받은 날부터 6개월 이내에 청산금을 지적소관청에 내야 한다.
③ 지적소관청은 청산금의 결정을 공고한 날부터 1개월 이내에 토지소유자에게 청산금의 납부고지 또는 수령통지를 하여야 한다.
④ 납부 고지되거나 수령 통지된 청산금에 관하여 이의가 있는 자는 납부 고지 또는 수령통지를 받은 날부터 1개월 이내에 지적소관청에 이의신청할 수 있다.

| 해설 |

지적소관청은 청산금의 결정을 공고한 날부터 20일 이내에 토지소유자에게 청산금의 납부 고지 또는 수령통지를 하여야 한다.

정답 ③

67. 축척변경에 따른 청산금 이의신청 기간은?

① 1개월 이내 ② 3개월 이내
③ 6개월 이내 ④ 9개월 이내

| 해설 |

납부 고지되거나 수령 통지된 청산금에 관하여 이의가 있는 자는 납부 고지 또는 수령통지를 받은 날부터 1개월 이내에 지적소관청에 이의신청할 수 있다.

정답 ①

68. 축척변경의 확정 공고일로 맞는 것은?

① 청산금 납부 및 지급이 완료된 때
② 촉탁등기가 완료된 때
③ 청산금이 결정된 때
④ 수령통지일로부터 3개월 이내

| 해설 |

청산금의 납부 및 지급이 완료되었을 때에는 지적소관청은 지체 없이 축척변경의 확정 공고를 하여야 한다.

정답 ①

69. 축척변경의 확정 공고 내용에 포함되지 아니한 것은?

① 지번별 조서 ② 지적도의 축척
③ 청산금 조서 ④ 토지소유자명

| 해설 |

축척변경 확정 공고 사항은 토지의 소재 및 지역명, 축척변경 지번별 조서, 청산금 조서, 지적도의 축척 등이다.

정답 ④

70. 축척변경 시행지역의 토지는 언제 토지의 이동이 있는 것으로 보는가?

① 축척변경 승인신청일 ② 축척변경 시행공고일
③ 축척변경 확정 공고일 ④ 축척변경 청산금 교부일

| 해설 |

축척변경 시행지역의 토지는 확정 공고일에 토지의 이동이 있는 것으로 본다.

정답 ③

71. 축척변경으로 확정된 사항을 지적공부에 등록할 경우에 대한 설명으로 틀린 것은?

① 토지대장은 확정 공고된 지번별 조서에 의하여 등록한다.
② 준공 일자에 토지의 이동이 있는 것으로 본다.
③ 지적도는 경계점좌표에 의하여 등록한다.
④ 확정 공고일에 토지의 이동이 있는 것으로 본다.

| 해설 |

축척변경 시행지역의 토지는 확정 공고일에 토지의 이동이 있는 것으로 본다

정답 ②

72. 등록사항의 정정에 관한 설명으로 틀린 것은?

① 지적소관청은 지적공부의 등록사항에 잘못이 있음을 발견하면 직권으로 조사·측량하여 정정할 수 있다.
② 토지소유자는 지적공부의 등록사항에 잘못이 있음을 발견하면 지적소관청에 그 정정을 신청할 수 있다.
③ 등록사항 정정으로 인접 토지의 경계가 변경되는 경우 법원의 확정판결에 의해서만 정정할 수 있다.
④ 토지소유자에 관한 사항은 등기필증, 등기 완료통지서, 등기사항증명서 또는 등기 관서에서 제공한 등기전산정보자료에 따라 정정하여야 한다.

| 해설 |

정정으로 인접 토지의 경계가 변경되는 경우 지적소관청에 제출해야 할 서류

① 인접 토지소유자의 승낙서
② 인접 토지소유자가 승낙하지 아니하는 경우에는 이에 대항할 수 있는 확정판결서 정본

정답 ③

73. 「공간정보의 구축 및 관리 등에 관한 법률」 상 지적소관청이 직권으로 지적공부에 등록된 사항을 정정할 수 없는 경우는?

① 지적측량성과와 다르게 정리된 경우
② 지적공부의 등록사항이 잘못 입력된 경우
③ 토지이동정리 결의서의 내용과 다르게 정리된 경우
④ 지적도에 등록된 필지가 면적증감이 있고 경계의 위치가 잘못된 경우

| 해설 |

정정으로 인접 토지의 경계가 변경되는 경우에는 인접 토지소유자의 승낙서, 인접 토지소유자가 승낙하지 아니하는 경우에는 이에 대항할 수 있는 확정판결서 정본에 의거 정정할 수 있다.

정답 ④

74. 「공간정보의 구축 및 관리 등에 관한 법률」 상 지적공부 등록사항의 정정에 대한 내용으로 옳지 않은 것은?

① 등록사항의 정정이 토지소유자에 관한 사항일 경우 지적공부 등본에 의하여야 한다.
② 토지소유자는 지적공부의 등록사항에 잘못이 있음을 발견하면 지적소관청에 그 정정을 신청할 수 있다.
③ 지적소관청은 지적공부의 등록사항에 잘못이 있음을 발견하면 대통령령으로 정하는 바에 따라 직권으로 조사·측량하여 정정할 수 있다.
④ 등록사항의 정정으로 인접 토지의 경계가 변경되는 경우 그 정정은 인접 토지소유자의 승낙서가 제출되어야 한다. (토지소유자가 승낙하지 아니하는 경우는 이에 대항할 수 있는 확정판결서 정본을 제출한다.)

| 해설 |

지적소관청이 등록사항을 정정할 때 그 정정 사항이 토지소유자에 관한 사항인 경우는 등기필증, 등기 완료통지서, 등기사항증명서 또는 등기 관서에서 제공한 등기전산정보자료에 따라 정정하여야 한다.

정답 ①

75. 지적소관청이 등록사항을 정정할 때 그 정정 사항이 토지소유자에 관한 사항인 경우 정정을 위한 관련 서류가 아닌 것은?

① 등기필증　② 등기 완료통지서
③ 등기사항증명서　④ 인접 토지소유자의 승낙서

| 해설 |

지적소관청이 등록사항을 정정할 때 그 정정 사항이 토지소유자에 관한 사항인 경우는 등기필증, 등기 완료통지서, 등기사항증명서 또는 등기 관서에서 제공한 등기전산정보자료에 따라 정정하여야 한다.

정답 ④

76. 토지이동이 있을 경우 토지소유자 또는 이해관계자의 동의나 법원의 확정판결을 필요로 하는 사항은?

① 경계오류 정정　② 위치 오류정정
③ 지번 오류정정　④ 지목 오류정정

| 해설 |

등록사항 정정으로 인접 토지의 경계가 변경되는 경우 지적소관청에 제출해야 할 서류
① 인접 토지소유자의 승낙서
② 인접 토지소유자가 승낙하지 아니하는 경우에는 이에 대항할 수 있는 확정판결서 정본

정답 ①

77. 지적공부의 등록사항에 대한 정정 신청 시 경계 또는 면적의 변경을 가져오는 경우 반드시 첨부해야 할 서류는?

① 등록사항 정정측량성과도
② 확정판결서 사본
③ 이해관계인의 승낙서
④ 신청 당시의 부동산등기부등본

| 해설 |

① 토지소유자는 지적공부의 등록사항에 대한 정정을 신청할 때에는 정정 사유를 적은 신청서에 다음의 서류를 첨부하여 지적소관청에 제출하여야 한다.
- 경계 또는 면적의 변경을 가져오는 경우 : 등록사항 정정 측량성과도
- 그 밖의 등록사항을 정정하는 경우 : 변경사항을 확인할 수 있는 서류

② 해당 지적소관청이 관리하는 경우에는 지적소관청의 확인으로 해당 서류의 제출을 갈음할 수 있다.

정답 ①

78. 지적측량성과와 다르게 정리된 경우 정정방법으로 옳은 것은?

① 소관청이 직권으로 조사·측량하여 정정
② 확정판결서 사본에 의거 정정
③ 지적공부등본에 의거 정정
④ 등기부 등·초본에 의거 정정

| 해설 |

지적측량성과와 다르게 정리된 경우에는 지적소관청이 직권으로 조사·측량하여 정정할 수 있다.

정답 ①

79. 해당 소관청이 관리하는 경우 소관청의 확인으로써 첨부서류로 갈음할 수 있는 토지이동 신청이 아닌 것은?

① 신규등록　② 등록전환
③ 지목변경　④ 등록사항 정정

| 해설 |

해당 소관청이 관리하는 경우 소관청의 확인으로써 첨부서류로 갈음할 수 없는 경우는 경계 또는 면적의 변경을 가져오는 경우로 등록사항 정정측량성과도를 첨부하여야 한다.

정답 ④

80. 도시개발사업 등의 신고에 관한 설명 중 옳지 않은 것은?

① 시행자는 사업의 착수·변경 및 완료 사실을 지적소관청에 신고하여야 한다.
② 사업의 착수 신고는 그 신고 사유가 발생한 날로부터 15일 이내에 하여야 한다.
③ 사업의 완료신고는 그 신고 사유가 발생한 날로부터 30일 이내에 하여야 한다.
④ 사업의 착수신고서에는 반드시 사업계획도가 첨부되어야 한다.

| 해설 |

도시개발사업 등의 착수·변경 또는 완료 사실의 신고는 그 사유가 발생한 날부터 15일 이내에 하여야 한다.

정답 ③

81. 도시개발사업의 착수신고서에 첨부해야 할 서류가 아닌 것은?

① 사업인가서　② 환지계획서
③ 지번별 조서　④ 사업계획도

| 해설 |

도시개발사업 등의 착수·변경·완료 신고서에 첨부서류는 사업인가서, 지번별 조서, 사업계획도이다.

정답 ②

82. 도시개발사업 등의 착수·변경 또는 완료 사실의 신고는 그 사유가 발생한 날부터 몇 일 이내에 하여야 하는가?

① 15일 ② 20일
③ 25일 ④ 30일

| 해설 |
도시개발사업 등의 착수·변경 또는 완료 사실의 신고는 그 사유가 발생한 날부터 15일 이내에 하여야 한다.

정답 ①

83. 도시개발법에 따른 도시개발사업으로 인하여 토지의 이동이 필요한 경우, 토지의 이동은 언제 이루어진 것으로 보는가?

① 토지의 형질변경 등의 공사가 허가된 때
② 토지의 형질변경 등의 공사가 착수된 때
③ 토지의 형질변경 등의 공사가 준공된 때
④ 토지의 형질변경 등의 공사가 완료된 때

| 해설 |
토지의 이동은 토지의 형질변경 등의 공사가 준공된 때에 이루어진 것으로 본다.

정답 ③

84. 사업시행자가 지적소관청에 토지이동에 대한 신청을 할 수 없는 사업은?

① 도시개발사업
② 주택건설사업
③ 축척변경사업
④ 산업단지개발사업

| 해설 |
사업시행자가 지적소관청에 토지이동에 대한 신청을 할 수 없는 사업은 축척변경사업이다.

정답 ③

85. 도시개발사업 등의 완료 신고가 있는 때의 처리사항으로 틀린 것은?

① 첨부서류인 종전 토지의 지번별 조서와 면적측정부 및 환지계획서의 부합 여부를 확인하여야 한다.
② 완료신고에 대한 서류의 확인이 완료된 때에는 확정될 토지의 지번별 조서에 의하여 토지대장을 작성하여야 한다.
③ 완료신고에 대한 서류의 확인이 완료된 때에는 토지대장에 등록하는 소유자의 성명 또는 명칭과 등록번호 및 주소는 환지계획서에 의하여야 한다.
④ 첨부서류인 측량결과도 또는 경계점좌표와 새로이 작성된 지적도와의 부합 여부를 확인하여야 한다.

| 해설 |
지적소관청은 도시개발사업 등의 완료신고가 있는 때는 다음의 확인 사항에 따라 처리한다.
① 확정될 토지의 지번별 조서와 면적측정부 및 환지계획서의 부합 여부
② 종전 토지의 지번별 조서와 지적공부 등록사항 및 환지계획서의 부합 여부
③ 측량결과도 또는 경계점좌표와 새로이 작성된 지적도와의 부합 여부
④ 종전 토지 소유명의인 동일 여부 및 종전 토지 등기부에 소유권 등기 이외의 다른 등기사항이 없는지 여부

정답 ①

86. 도시개발사업 등이 준공되기 전에 사업시행자가 지번 부여신청을 하는 경우 처리방법으로 옳은 것은?

① 지번을 부여할 수 없다.
② 지번을 부여할 수 있다.
③ 가지번을 부여할 수 있다.
④ 행정안전부장관의 승인을 받아 지번을 부여할 수 있다.

| 해설 |
지적소관청은 도시개발사업 등이 준공되기 전에 사업시행자가 지번 부여 신청을 하면 국토교통부령으로 정하는 바에 따라 지번을 부여할 수 있다.

정답 ②

87. 도시개발사업 등이 준공되기 전에 사업시행자가 지번 부여신청을 할 경우 지적소관청은 무엇을 기준으로 지번을 부여하여야 하는가?

① 측량준비도 ② 지번별 조서
③ 사업계획도 ④ 확정측량 결과도

| 해설 |
지적소관청은 도시개발사업 등이 준공되기 전에 지번을 부여하는 때에는 사업계획도에 따라 부여하여야 한다.

정답 ③

88. 공간정보의 구축 및 관리 등에 관한 법률상 토지소유자가 하여야 하는 신청을 대신할 수 없는 자는?(단, 등록사항 정정대상 토지는 제외한다.)

① 토지점유자
② 채권을 보전하기 위한 채권자
③ 학교용지, 도로, 수도용지 등의 지목으로 될 토지의 경우 그 해당사업의 시행자
④ 지방자치단체가 취득하는 토지의 경우 그 토지를 관리하는 지방자치단체의 장

| 해설 |

토지소유자가 대신 신청할 수 있는 경우
① 공공사업 등에 따라 학교용지·도로·철도용지·제방·하천·구거·유지·수도용지 등의 지목으로 되는 토지인 경우 : 해당 사업의 시행자
② 국가나 지방자치단체가 취득하는 토지인 경우 : 해당 토지를 관리하는 행정기관의 장 또는 지방자치단체의 장
③ 「주택법」에 따른 공동주택의 부지인 경우 : 「집합건물의 소유 및 관리에 관한 법률」에 따른 관리인(관리인이 없는 경우에는 공유자가 선임한 대표자) 또는 해당 사업의 시행자
④ 「민법」 제404조에 따른 채권자
⑤ 등록사항 정정 대상토지는 신청을 대신할 수 없다.

정답 ①

89. 토지의 이동이 있는 경우에 신청할 수 없는 자는?

① 미등기토지의 대장상 소유자
② 공유수면매립권자
③ 소유권의 상속자
④ 무주토지의 점유자

| 해설 |

미등기토지의 대장상 소유자는 토지소유자로서, 공유수면매립권자는 법령에 따른 사업시행자로서, 소유권의 상속자는 신청의무의 승계자로서 신청할 수 있다.

정답 ④

90. 「주택법」에 따른 주택건설사업의 시행자가 파산 등의 이유로 토지의 이동 신청을 할 수 없을 때는 누가 이를 신청할 수 있는가?

① 주택의 시공을 보증한 자 또는 입주예정자
② 해당 토지를 관리하는 지방자치 단체의 장
③ 공유자가 선임한 대표자
④ 채권자

| 해설 |

주택법에 따른 주택건설사업의 시행자가 파산 등의 이유로 토지의 이동신청을 할 수 없을 때는 그 주택의 시공을 보증한 자 또는 입주예정자 등이 신청할 수 있다.

정답 ①

91. 토지소유자를 대신하여 신청할 수 없는 지목은?

① 제방
② 학교용지
③ 과수원
④ 수도용지

| 해설 |

공공사업 등으로 인하여 학교용지·도로·철도용지·제방·하천·구거·유지·수도용지 등의 지목으로 되는 토지의 경우에는 그 사업시행자가 토지소유자가 하여야 하는 신청을 대신할 수 있다.

정답 ③

92. 「공간정보의 구축 및 관리 등에 관한 법률」에 따른 지적측량을 수행시 타인의 토지 등의 출입에 관한 설명으로 옳은 것은?

① 급한 경우에는 소유자에게 통지 없이 출입할 수 있다.
② 토지 등의 점유자는 정당한 사유 없이 업무집행을 거부하지 못한다.
③ 토지 등의 소유자·관리자를 알 수 없을 경우에도 관리인에게 미리 통지하여야 한다.
④ 타인의 토지 등의 출입 시 권한을 표시하는 허가증을 지니고 있으면 통지없이 출입할 수 있다.

| 해설 |

토지 등의 출입
① 출입하려는 날의 3일 전까지 해당 토지 등의 소유자·점유자 또는 관리인에게 그 일시와 장소를 통지하여야 한다.
② 토지 등의 점유자는 정당한 사유 없이 행위를 방해하거나 거부하지 못한다.
③ 토지 등의 소유자·점유자 또는 관리인이 현장에 없거나 주소 또는 거소가 분명하지 아니할 때는 관할 특별자치시장, 특별자치도지사, 시장·군수 또는 구청장에게 통지하여야 한다.
④ 타인의 토지 등의 출입 시는 그 권한을 표시하는 허가증을 지니고 관계인에게 이를 내보여야 한다.

정답 ②

93. 토지이동을 조사한 자가 측량 또는 조사 등에 필요하여 토지 등에 출입하거나 일시 사용함으로 인해 손실을 받은 자가 있는 경우의 손실 배상에 대한 설명이 틀린 것은?

① 손실을 받은 자가 있으며 그 행위를 한 자는 그 손실을 보상하여야 한다.
② 손실보상에 관하여는 손실을 보상할 자와 손실을 받은 자가 협의하여야 한다.
③ 손실을 보상할 자 또는 손실을 받은 자는 손실보상에 관한 협의가 성립되지 아니하는 경우 관할 토지수용위원회의 재결을 신청할 수 있다.
④ 재결에 불복하는 자는 재결서 정본을 송달받은 날부터 3개월 이내에 중앙토지수용위원회에 이의를 신청할 수 있다.

| 해설 |

재결에 불복하는 자는 재결서 정본을 송달받은 날부터 30일 이내에 중앙토지수용위원회에 이의를 신청할 수 있다. 이 경우 그 이의신청은 해당 지방토지수용위원회를 거쳐야 한다.

정답 ④

94. 토지 등의 출입 등에 따른 손실보상에 관하여, 손실을 보상할 자와 손실을 받은 자의 협의가 성립되지 않거나 협의를 할 수 없는 경우 재결을 신청할 수 있는 곳은?

① 지적소관청 ② 중앙지적위원회
③ 지방지적위원회 ④ 관할 토지수용위원회

| 해설 |

토지 등의 출입 등에 따른 손실보상에 관하여 손실을 보상할 자 또는 손실을 받은 자는 협의가 성립되지 아니하거나 협의를 할 수 없는 경우에는 관할 토지수용위원회에 재결을 신청할 수 있다.

정답 ④

95. 「공간정보의 구축 및 관리 등에 관한 법률」 상 토지를 수용하거나 사용할 수 있는 경우는?

① 타인의 토지를 출입할 경우
② 장애물의 형상을 변경할 경우
③ 기본측량 시 필요하다고 인정하는 경우
④ 축척변경측량 시 경계표지를 설치할 경우

| 해설 |

측량을 하거나, 측량기준점을 설치하거나, 토지의 이동을 조사하는 자는 그 측량 또는 조사 등에 필요한 경우에는 타인의 토지·건물·공유수면 등("토지 등")에 출입하거나 일시 사용할 수 있다.

정답 ③

PART 05 지적관계법규

1.6. 지적정보, 측량기기, 벌칙

1.6.1. 지적정보

(1) 지적정보 전담 관리기구의 설치

① 국토교통부장관은 지적공부의 효율적인 관리 및 활용을 위하여 지적정보 전담 관리기구를 설치·운영한다.

② 국토교통부장관은 지적공부를 과세나 부동산정책자료 등으로 활용하기 위하여 주민등록 전산자료, 가족관계등록 전산자료, 부동산등기 전산자료 또는 공시지가전산자료 등을 관리하는 기관에 그 자료를 요청할 수 있다.

③ 요청을 받은 관리기관의 장은 특별한 사정이 없으면 그 요청을 따라야 한다.

④ 지적정보 전담 관리기구의 설치·운영에 관한 세부사항은 대통령령으로 정한다.

⑤ 지적정보관리체계의 운영방법 등에서 지적전산업무의 처리, 지적 전산프로그램의 관리 등 지적정보관리체계의 관리·운영 등에 필요한 사항은 국토교통부장관이 정한다.

(2) 지적전산자료의 이용

① 지적공부에 관한 전산자료(연속지적도를 포함하며, 지적전산자료)를 이용하거나 활용하려는 자는 다음의 구분에 따라 국토교통부장관, 시·도지사 또는 지적소관청에 지적전산자료를 신청하여야 한다.

- 전국 단위의 지적전산자료 : 국토교통부장관, 시·도지사 또는 지적소관청
- 시·도 단위의 지적전산자료 : 시·도지사 또는 지적소관청
- 시·군·구(자치구가 아닌 구를 포함) 단위의 지적전산자료 : 지적소관청

② 지적전산자료를 신청하려는 자는 지적전산자료의 이용 또는 활용 목적 등에 관하여 미리 관계 중앙행정기관의 심사를 받아야 한다.

③ 중앙행정기관의 장, 그 소속 기관의 장 또는 지방자치단체의 장이 신청하는 경우에는 그러하지 아니하다.

④ 관계 중앙행정기관의 심사를 받지 아니할 수 있는 경우

- 토지소유자가 자기 토지에 대한 지적전산자료를 신청하는 경우
- 토지소유자가 사망하여 그 상속인이 피상속인의 토지에 대한 지적전산자료를 신청하는 경우
- 「개인정보 보호법」에 따른 개인정보를 제외한 지적전산자료를 신청하는 경우

⑤ 지적전산자료의 이용 또는 활용에 필요한 사항은 대통령령으로 정한다.

(3) 지적전산자료 이용 또는 활용의 승인

① 지적공부에 관한 전산자료(지적전산자료)를 이용하거나 활용하려는 자는 다음 사항을 적은 신청서를 관계 중앙행정기관의 장에게 제출하여 심사를 신청하여야 한다.

- 자료의 이용 또는 활용목적 및 근거
- 자료의 범위 및 내용
- 자료의 제공 방식, 보관기관 및 안전관리대책 등

② 심사 신청을 받은 관계 중앙행정기관의 장은 다음 사항을 심사한 후 그 결과를 신청인에게 통지하여야 한다.

- 신청 내용의 타당성, 적합성 및 공익성
- 개인의 사생활 침해 여부

• 자료의 목적 외 사용 방지 및 안전관리대책

③ 지적전산자료의 이용 또는 활용에 관한 승인을 받으려는 자는 승인신청을 할 때 심사 결과를 제출하여야 한다. 다만, 중앙행정기관의 장이 승인을 신청하는 경우에는 심사 결과를 제출하지 아니할 수 있다.

④ 승인신청을 받은 국토교통부장관, 시·도지사 또는 지적소관청은 다음 사항을 심사하여야 한다.

• 신청 내용의 타당성, 적합성 및 공익성
• 개인의 사생활 침해 여부
• 자료의 목적 외 사용 방지 및 안전관리대책
• 신청한 사항의 처리가 전산정보처리조직으로 가능한지 여부
• 신청한 사항의 처리가 지적업무수행에 지장을 주지 않는지 여부

⑤ 국토교통부장관, 시·도지사 또는 지적소관청은 심사를 거쳐 지적전산자료의 이용 또는 활용을 승인하였을 때에는 지적전산자료 이용·활용 승인대장에 그 내용을 기록·관리하고 승인한 자료를 제공하여야 한다.

⑥ 지적전산자료의 이용 또는 활용에 관한 승인을 받은 자는 국토교통부령으로 정하는 사용료를 내야 한다. 다만, 국가나 지방자치단체에 대해서는 사용료를 면제한다.

1.6.2. 사용자 번호 및 비밀번호

① 사용자 권한등록 파일에 등록하는 사용자 번호는 사용자 권한등록관리청별로 일련번호로 부여하여야 하며, 한번 부여된 사용자 번호는 변경할 수 없다.

② 사용자 권한등록관리청은 사용자가 다른 사용자 권한등록관리청으로 소속이 변경되거나 퇴직 등을 한 경우에는 사용자 번호를 따로 관리하여 사용자의 책임을 명백히 할 수 있도록 하여야 한다.

③ 사용자의 비밀번호는 6자리부터 16자리까지의 범위에서 사용자가 정하여 사용한다.

④ 사용자의 비밀번호는 다른 사람에게 누설하여서는 아니 되며, 사용자는 비밀번호가 누설되거나 누설될 우려가 있는 때에는 즉시 이를 변경하여야 한다.

1.6.3. 등기촉탁

① 등기촉탁이란 토지의 이동이나 변경 등이 있을 때 토지소유자가 등기를 신청하지 않고 소관청이 소유자를 대신하여 관할 등기소에 등기를 신청하는 것으로서 등기를 촉탁할 수 있다.

② 등기촉탁 제도는 1975년 12월 31일 지적법 개정시 지번변경·축척변경·행정구역변경·직권에 의한 등록사항정정 등의 사유로 인하여 토지의 표시사항이 변경된 경우 등기촉탁 규정을 신설하였다.

③ 토지의 표시 변경에 관한 등기를 할 필요가 있는 경우에는 지체 없이 관할 등기 관서에 그 등기를 촉탁하여야 한다. 이 경우 등기촉탁은 국가가 국가를 위하여 하는 등기로 본다.(신규등록은 제외한다)

④ 등기촉탁 대상

• 지적공부에 등록할 토지의 이동이 있는 경우
• 지번을 변경할 필요가 있다고 인정하는 때
• 토지가 지형의 변화 등으로 바다로 된 경우
• 축척변경·등록사항에 잘못이 있음을 발견한 때
• 지번 부여지역의 일부가 행정구역의 개편으로 다른 지번 부여지역에 속하게 된 때

⑤ 등기촉탁에 필요한 사항은 국토교통부령으로 정한다.

⑥ 지적소관청은 등기 관서에 토지표시의 변경에 관한 등기를 촉탁하려는 때에는 토지표시변경등기 촉탁서에 그 취지를 적어야 한다.
⑦ 토지표시의 변경에 관한 등기를 촉탁한 때에는 토지표시변경등기 촉탁대장에 그 내용을 적어야 한다.

1.6.4. 측량기기의 검사

(1) 성능검사대행자의 등록

① 측량기기의 성능검사업무를 대행하려는 자는 측량기기별로 대통령령으로 정하는 기술능력과 시설 등의 등록기준을 갖추어 시·도지사에게 등록하여야 하며, 등록사항을 변경하려는 경우에는 시·도지사에게 신고하여야 한다.
② 시·도지사는 등록 신청을 받은 경우 등록기준에 적합하다고 인정되면 신청인에게 측량기기 성능검사대행자 등록증을 발급한 후 그 발급 사실을 공고하고 국토교통부장관에게 통지하여야 한다.
③ 성능검사대행자는 발급받은 등록증을 잃어버리거나 못쓰게 된 때에는 국토교통부령으로 정하는 바에 따라 재발급받을 수 있다.〈신설 2022. 6. 10.〉
④ 시·도지사는 신고를 받은 날부터 20일 이내에 신고 수리 여부를 신고인에게 통지하여야 한다.〈신설 2022. 6. 10.〉
⑤ 시·도지사가 기간 내에 신고 수리 여부 또는 민원 처리 관련 법령에 따른 처리 기간의 연장을 신고인에게 통지하지 아니하면 그 기간(민원 처리 관련 법령에 따라 처리 기간이 연장 또는 재연장된 경우에는 해당 처리 기간을 말한다)이 끝난 날의 다음 날에 신고를 수리한 것으로 본다.〈2022. 6. 10.〉
⑥ 성능검사대행자가 폐업을 한 경우에는 30일 이내에 국토교통부령으로 정하는 바에 따라 시·도지사에게 폐업 사실을 신고하여야 한다.〈개정 2022. 6. 10.〉
⑦ 성능검사대행자와 그 검사업무를 담당하는 임직원은 「형법」 제129조부터 제132조까지의 규정을 적용할 때에는 공무원으로 본다.〈개정 2022. 6. 10.〉
⑧ 성능검사대행자의 등록, 등록사항의 변경신고, 측량기기 성능검사대행자 등록증의 발급, 검사 수수료 등에 필요한 사항은 국토교통부령으로 정한다.〈개정 2022. 6. 10.〉

(2) 성능검사대행자의 등록 신청

① 성능검사대행자로 등록하려는 자는 측량기기 성능검사대행자 등록 신청서(전자문서로 된 신청서를 포함한다)에 다음의 서류(전자문서를 포함)를 첨부하여 관할 시·도지사에게 제출해야 한다.〈개정 2022. 5. 31.〉
- 성능검사용 시설 및 장비의 명세서
- 시설 및 장비의 소유권 또는 사용권을 증명하는 서류
- 보유 검사기술인력 명단 및 그 자격(국가기술자격의 경우는 제외한다)을 증명하는 서류
- 사업계획서

② 측량기기 성능검사대행자 등록 신청서를 제출받은 시·도지사는 「전자정부법」에 따라 행정정보의 공동이용을 통하여 다음의 정보를 확인하여야 한다.
- 사업자등록증(개인사업자인 경우만 해당)
- 법인 등기사항증명서(법인인 경우만 해당)
- 보유 검사기술인력의 국가기술자격증

③ 이 경우 사업자등록증 및 보유 검사기술인력의 국가기술자격증에 대하여는 신청인으로부터 확인에 대한 동의를 받고, 신청인이 확인에 동의하지 아니하는 경우에는 해당 서류의 사본을 첨부하게 하여야 한다.

④ 기술인력에 해당하는 사람은 상시 근무하는 사람이어야 하며, 「국가기술자격법」에 따라 그 자격이 정지된 사람과 이 법 또는 「건설기술 진흥법」에 따라 업무정지처분 중인 사람은 제외한다.

⑤ 상위등급의 기술인력으로 하위등급의 기술인력을 대체할 수 있다. 다만, 기술인력 중 기술인과 기능사는 상호 대체할 수 없다.

(3) 성능검사대행자 등록의 결격사유

① 피성년후견인 또는 피한정후견인

② 이 법을 위반하여 징역의 실형을 선고받고 그 집행이 종료(집행이 종료된 것으로 보는 경우를 포함한다)되거나 집행이 면제된 날부터 2년이 지나지 아니한 자

③ 이 법을 위반하여 징역형의 집행유예를 선고받고 그 유예기간 중에 있는 자

④ 등록이 취소된 후 2년이 지나지 아니한 자

⑤ 임원 중에 ①부터 ④까지의 어느 하나에 해당하는 자가 있는 법인

(4) 성능검사대행자의 등록취소

① 시·도지사는 성능검사대행자가 성능검사대행자의 등록을 취소하거나 1년 이내의 기간을 정하여 업무정지처분을 할 수 있다.

② 성능검사대행자의 등록을 취소

- 거짓이나 그 밖의 부정한 방법으로 등록을 한 경우
- 다른 사람에게 자기의 성능검사대행자 등록증을 빌려주거나 자기의 성명 또는 상호를 사용하여 성능검사대행업무를 수행하게 한 경우
- 거짓이나 부정한 방법으로 성능검사를 한 경우
- 업무정지 기간 중에 계속하여 성능검사대행업무를 한 경우

③ 1년 이내의 기간을 정하여 업무정지처분

- 시정명령을 따르지 아니한 경우
- 등록기준에 미달하게 된 경우
- 정당한 사유 없이 성능검사를 거부하거나 기피한 경우
- 다른 행정기관이 관계 법령에 따라 등록취소 또는 업무정지를 요구한 경우

④ 시·도지사는 성능검사대행자의 등록을 취소하였으면 취소 사실을 공고한 후 국토교통부장관에게 통지하여야 한다.

⑤ 시·도지사는 업무정지를 명하여야 하는 경우로서 그 업무정지가 해당 영업의 이용자에게 심한 불편을 주거나 공익을 해칠 우려가 있는 경우에는 업무정지처분을 갈음하여 4천만원 이하의 과징금을 부과할 수 있다.〈개정 2022. 11. 15.〉

⑥ 시·도지사는 과징금 부과처분을 받은 자가 납부기한까지 과징금을 내지 아니하면 「지방행정제재·부과금의 징수 등에 관한 법률」에 따라 징수한다.〈신설 2022. 11. 15.〉

⑦ 성능검사대행자의 등록취소 및 업무정지처분에 관한 세부 기준과 과징금의 부과기준 및 과징금의 징수에 관하여 필요한 사항은 대통령령으로 정한다.〈신설 2022. 11. 15.〉

(5) 성능검사의 대상 및 주기

① 성능검사를 받아야 하는 측량기기와 검사주기는 다음과 같다.

- 트랜싯(데오드라이트) : 3년
- 레벨 : 3년
- 거리측정기 : 3년
- 토털 스테이션(total station : 각도·거리 통합 측량기) : 3년
- 지피에스(GPS) 수신기 : 3년
- 금속 또는 비금속 관로 탐지기 : 3년

② 성능검사(신규 성능검사는 제외)는 성능검사 유효기간 만료일 전 1개월부터 성능검사 유효기간 만료일 후 1개월까지의 기간에 받아야 한다.〈개정 2022. 1. 18.〉

③ 성능검사의 유효기간은 종전 유효기간 만료 일의 다음 날부터 기산(起算)한다. 다만, 기간 외의 기간에 성능검사를 받은 경우에는 그 검사를 받은 날의 다음 날부터 기산한다.

1.6.5. 수수료

(1) 수수료 납부

① 다음에 해당하는 신청 등을 하는 자는 국토교통부령으로 정하는 바에 따라 수수료를 내야 한다.〈개정 2022. 6. 10.〉

- 측량성과 등의 복제 또는 사본의 발급 신청
- 기본측량성과·기본측량 기록 또는 간행한 지도 등의 활용 신청
- 지도 등 간행의 심사 신청
- 측량성과의 국외 반출 허가 신청
- 공공측량성과의 심사 요청
- 지적기준점성과의 열람 또는 그 등본의 발급 신청
- 측량업의 등록신청
- 측량업등록증 및 측량업등록 수첩의 재발급 신청
- 지적공부의 열람 및 등본발급 신청
- 지적전산자료의 이용 또는 활용 신청
- 부동산종합공부의 열람 및 부동산종합증명서 발급 신청
- 신규등록, 등록전환, 분할, 합병, 지목변경, 바다로 된 토지의 등록말소, 축척변경, 등록사항의 정정 또는 도시개발사업 등 시행지역의 토지이동 신청
- 측량기기의 성능검사 신청
- 성능검사대행자의 등록신청
- 성능검사대행자 등록증의 재발급 신청

② 지적측량을 의뢰하는 자는 지적측량수행자에게 지적측량수수료를 내야 한다.

③ 지적측량수수료는 국토교통부장관이 매년 12월 31일까지 고시하여야 한다.

④ 지적소관청이 직권으로 조사·측량하여 지적공부를 정리한 경우에는 그 조사·측량에 들어간 비용을 토지소유자로부터 징수한다. 다만, 지적공부를 등록 말소한 경우에는 그러하지 아니하다.

⑤ 수수료를 면제할 수 있는 경우

- 신청자가 공공측량시행자인 경우
- 신청자가 국가, 지방자치단체 또는 지적측량수행자인 경우
- 신청자가 국가 또는 지방자치단체인 경우

⑥ 수수료를 국토교통부령으로 정하는 기간 내에 내지 아니하면 국세 또는 지방세 체납처분의 예에 따라 징수한다.

(2) 지적측량수수료의 산정기준

① 지적측량수수료는 국토교통부장관이 고시하는 표준품셈 중 지적측량품에 지적기술자의 정부 임금 단가를 적용하여 산정한다.

② 지적측량 종목별 지적측량수수료의 세부 산정기준 등에 필요한 사항은 국토교통부장관이 정한다.

(3) 업무 종류에 따른 수수료 적용

① 지적공부 대장 및 도면의 열람 및 등본발급 수수료

해당 업무	방문 열람		인터넷 열람	방문 발급		인터넷 발급
	단위	수수료	수수료	단위	수수료	수수료
1) 토지대장	1필지당	300원	무료	1필지당	500원	무료
2) 임야대장	1필지당	300원	무료	1필지당	500원	무료
3) 지적도	1장당	400원	무료	가로21cm, 세로30cm	700원	무료
4) 임야도	1장당	400원	무료	가로21cm, 세로30cm	700원	무료
5) 경계점좌표등록부	1필지당	300원	무료	1필지당	500원	무료

② 지적전산자료의 이용 또는 활용 신청하는 경우

- 자료를 인쇄물로 제공하는 경우 : 1필지당 30원
- 자료를 자기디스크 등 전산 매체로 제공하는 경우 : 1필지당 20원

③ 부동산종합공부의 인터넷 열람 신청 : 무료

④ 부동산종합증명서 발급 신청

해당 업무	인터넷 열람		방문 발급		인터넷 발급	
	단위	수수료	단위	수수료	단위	수수료
1) 종합형	1필지당	무료	1필지당	1,500원	1필지당	1,000원
2) 맞춤형	1필지당	무료	1필지당	1,000원	1필지당	800원

⑤ 성능검사대행자의 등록 청 : 1건당 20,000원

⑥ 성능검사대행자 등록증의 재발급 신청 : 1건당 2,000원

(4) 수수료 가산 및 면제

① 국가 또는 지방자치단체의 지적공부정리 신청 수수료는 면제한다.

② 부동산종합증명서 방문 발급 시 1통에 대한 발급수수료는 20장까지는 기본수수료를 적용하고, 1통이 20장을 초과하는 때에는 초과 1장마다 50원의 수수료를 추가 적용한다.

③ 토지(임야)대장 및 경계점좌표등록부의 열람 및 등본발급 수수료는 1필지를 기준으로 하되, 1필지당 20장을 초과하는 경우에는 초과하는 매 1장당 100원을 가산하며, 지적(임야)도면 등본의 크기가 기본단위

(가로 21cm, 세로 30cm)의 4배를 초과하는 경우에는 기본단위당 700원을 가산한다.

④ 지적(임야)도면 등본을 제도 방법(연필로 하는 제도방법 제외)으로 작성·발급하는 경우 그 등본 발급수수료는 기본단위당 5필지를 기준하여 2,400원으로 하되, 5필지를 초과하는 경우에는 초과하는 매 1필지당 150원을 가산하며, 도면 등본의 크기가 기본단위를 초과하는 경우에는 기본단위당 500원을 가산한다.

⑤ 지적측량 업무에 종사하는 측량기술자가 그 업무와 관련하여 지적측량기준점성과 또는 그 측량부의 열람 및 등본발급을 신청하는 경우에는 수수료를 면제한다.

⑥ 국가 또는 지방자치단체가 업무수행에 필요하여 지적공부의 열람 및 등본발급을 신청하는 경우에는 수수료를 면제한다.

⑦ 지적측량 업무에 종사하는 측량기술자가 그 업무와 관련하여 지적공부를 열람(복사하기 위하여 열람하는 것을 포함한다)하는 경우에는 수수료를 면제한다.

1.6.6. 벌칙 및 과태료

(1) 벌칙

① 3년 이하의 징역 또는 3천만 원 이하의 벌금
- 측량업자로서 속임수, 위력(威力)
- 그 밖의 방법으로 측량업과 관련된 입찰의 공정성을 해친 자

② 2년 이하의 징역 또는 2천만 원 이하의 벌금
- 측량기준점표지를 이전 또는 파손하거나 그 효용을 해치는 행위를 한 자
- 고의로 측량성과를 사실과 다르게 한 자
- 측량성과를 국외로 반출한 자
- 측량업의 등록을 하지 아니하거나 거짓이나 그 밖의 부정한 방법으로 측량업의 등록을 하고 측량업을 한 자
- 성능검사를 부정하게 한 성능검사대행자
- 성능검사대행자의 등록을 하지 아니하거나 거짓이나 그 밖의 부정한 방법으로 성능검사대행자의 등록을 하고 성능검사업무를 한 자

③ 1년 이하의 징역 또는 1천만 원 이하의 벌금 〈개정 2022. 6. 10.〉
- 무단으로 측량성과 또는 측량기록을 복제한 자
- 심사를 받지 아니하고 지도 등을 간행하여 판매하거나 배포한 자
- 측량기술자가 아님에도 불구하고 측량을 한 자
- 업무상 알게 된 비밀을 누설한 측량기술자
- 다른 사람에게 측량업등록증 또는 측량업등록 수첩을 빌려주거나 자기의 성명 또는 상호를 사용하여 측량 업무를 하게 한 자
- 둘 이상의 측량업자에게 소속된 측량기술자
- 다른 사람의 측량업등록증 또는 측량업등록 수첩을 빌려서 사용하거나 다른 사람의 성명 또는 상호를 사용하여 측량 업무를 한 자
- 지적측량수수료 외의 대가를 받은 지적측량기술자
- 신규등록, 등록전환, 분할, 합병, 지목변경, 바다로 된 토지의 등록말소, 축척변경, 등록사항의 정정, 도시개발사업 등 시행지역의 토지이동 신청을 거짓으로 한 자

- 다른 사람에게 자기의 성능검사대행자 등록증을 빌려주거나 자기의 성명 또는 상호를 사용하여 성능검사대행업무를 수행하게 한 자
- 다른 사람의 성능검사대행자 등록증을 빌려서 사용하거나 다른 사람의 성명 또는 상호를 사용하여 성능검사대행업무를 수행한 자

(2) 과태료 부과

① 고시된 측량성과에 어긋나는 측량성과를 사용한 자에게는 300만 원 이하의 과태료를 부과한다.

② 200만 원 이하의 과태료를 부과

- 정당한 사유 없이 측량을 방해한 자
- 측량기기에 대한 성능검사를 받지 아니하거나 부정한 방법으로 성능검사를 받은 자
- 정당한 사유 없이 보고를 하지 아니하거나 거짓으로 보고를 한 자
- 정당한 사유 없이 조사를 거부·방해 또는 기피한 자
- 정당한 사유 없이 토지 등에의 출입 등을 방해하거나 거부한 자

③ 100만 원 이하의 과태료를 부과

- 거짓으로 측량기술자의 신고를 한 자
- 측량업 등록사항의 변경신고를 하지 아니한 자
- 측량업자의 지위 승계 신고를 하지 아니한 자
- 측량업의 휴업·폐업 등의 신고를 하지 아니하거나 거짓으로 신고한 자
- 성능검사대행자의 등록사항 변경을 신고하지 아니한 자
- 성능검사대행업무의 폐업신고를 하지 아니한 자
- 정당한 사유 없이 교육을 받지 아니한 자

④ 과태료는 대통령령으로 정하는 바에 따라 국토교통부장관, 시·도지사, 대도시 시장 또는 지적소관청이 부과·징수한다.[전문개정 2022. 11. 15.]

Chapter 1.6 지적정보

핵 / 심 / 문 / 제

1. 다음 중 지적공부의 효율적인 관리 및 활용을 위하여 지적정보 전담 관리기구를 설치·운영하는 자는?

① 행정자치부장관 ② 국토지리정보원장
③ 국가정보원장 ④ 국토교통부장관

| 해설 |

국토교통부장관은 지적공부의 효율적인 관리 및 활용을 위하여 지적정보 전담 관리기구를 설치·운영한다.

정답 ④

2. 지적전산자료의 이용에 관한 승인사항으로 틀린 것은?

① 전국 단위의 지적전산자료 : 국토교통부 장관
② 시·도단위의 지적전산자료 : 시·도지사
③ 시·군·구 단위의 지적전산자료 : 소관청
④ 지방자치단체의 장이 승인을 신청하는 경우 : 국토교통부 장관

| 해설 |

지적공부에 관한 전산자료(연속지적도를 포함하며, "지적전산자료")를 이용하거나 활용하려는 자는 다음의 구분에 따라 국토교통부장관, 시·도지사 또는 지적소관청에 지적전산자료를 신청하여야 한다.
① 전국 단위의 지적전산자료 : 국토교통부장관, 시·도지사 또는 지적소관청
② 시·도 단위의 지적전산자료 : 시·도지사 또는 지적소관청
③ 시·군·구(자치구가 아닌 구를 포함) 단위의 지적전산자료 : 지적소관청

정답 ④

3. 지적전산자료를 이용하거나 활용하려는 자로부터 심사신청을 받은 관계 중앙행정기관의 장이 심사하여야 할 사항에 해당하지 않는 것은?

① 신청인의 지적전산자료 활용능력
② 신청 내용의 타당성·적합성·공익성
③ 개인의 사생활 침해 여부
④ 자료의 목적 외 사용 방지 및 안전관리대책

| 해설 |

지적공부에 관한 전산자료(지적전산자료)를 이용하거나 활용하려는 자는 다음 사항을 적은 신청서를 관계 중앙행정기관의 장에게 제출하여 심사를 신청하여야 한다.
① 자료의 이용 또는 활용목적 및 근거
② 자료의 범위 및 내용
③ 자료의 제공 방식, 보관기관 및 안전관리대책 등

정답 ①

4. 지적공부에 관한 전산자료를 이용 또는 활용하고자 승인을 신청하려는 자는 다음 중 누구의 심사를 받아야 하는가?(단, 중앙행정기관의 장, 그 소속 기관의 장 또는 지방자치단체의 장이 승인을 신청하는 경우는 제외한다.)

① 국무총리 ② 시·도지사
③ 시장·군수·구청장 ④ 관계 중앙행정기관의 장

| 해설 |

지적전산자료를 신청하려는 자는 지적전산자료의 이용 또는 활용 목적 등에 관하여 미리 관계 중앙행정기관의 심사를 받아야 한다.

정답 ④

5. 사용자 권한등록 파일에 등록하는 사용자 번호 및 비밀번호에 대한 설명으로 틀린 것은?

① 사용자의 비밀번호는 6자리부터 16자리까지의 범위에서 사용자가 정하여 사용한다.
② 사용자 번호는 사용자 권한 등록관리청별로 일련번호로 부여하여야 하며, 수시로 사용자 번호를 변경하며 관리하여야 한다.
③ 사용자의 비밀번호는 다른 사람에게 누설하여서는 아니 되며, 사용자는 비밀번호가 누설되거나 누설될 우려가 있는 때에는 즉시 이를 변경하여야 한다.
④ 사용자 권한 등록관리청은 사용자가 다른 사용자권한 등록관리청으로 소속이 변경되거나 퇴직 등을 한 경우에는 사용자 번호를 따로 관리하여 사용자의 책임을 명백히 할 수 있도록 하여야 한다.

| 해설 |

사용자 권한등록 파일에 등록하는 사용자 번호는 사용자 권한등록 관리청별로 일련번호로 부여하여야 하며, 한번 부여된 사용자 번호는 변경할 수 없다.

정답 ②

6. 「공간정보의 구축 및 관리 등에 관한 법률」 상 지적정보 관리시스템 사용자의 권한 구분으로 옳지 않은 것은?

① 지적측량업 등록
② 토지이동의 정리
③ 사용자의 신규등록
④ 사용자 등록의 변경 및 삭제

| 해설 |

①은 지적측량업의 등록은 지적정보관리시스템 사용자의 권한 구분과 관계없이 지적측량업을 수행하기 위해 국토교통부장관 또는 시·도지사에게 신청하는 방법이다.

정답 ①

7. **국토교통부장관의 권한을 시·도지사에게 위임한 사항이 아닌 것은?**

① 지적측량업의 등록
② 지적정보센터의 토지 관련 자료 유지
③ 과태료의 부과·징수
④ 지적측량업의 휴·폐업 등의 신고

| 해설 |

지적정보센터의 토지 관련 자료 유지·관리 및 세부운영 등에 관하여 필요한 사항은 국토교통부장관이 정한다.

정답 ②

8. **공간정보의 구축 및 관리 등에 관한 법령상 등기촉탁에 대한 설명으로 옳지 않은 것은?**

① 지번변경으로 인한 지적공부를 정리할 때는 등기촉탁을 할 수 없다.
② 신규등록은 등기촉탁을 제외한다.
③ 축척변경에 의한 등기촉탁 시 이해관계가 있는 제삼자의 승낙은 축척변경위원회의 의결서 정본으로 할 수 있다.
④ 등기촉탁에 관하여 필요한 사항은 행정자치부령으로 정한다.

| 해설 |

지번변경, 바다로 된 토지의 등록말소, 축척변경, 등록사항 정정, 행정구역의 명칭변경 등은 등기를 촉탁하여야 한다.

정답 ①

9. **다음 중 지적소관청이 관할 등기 관서에 등기를 촉탁하여야 하는 경우가 아닌 것은?**

① 토지의 신규등록을 하는 경우
② 토지가 지형의 변화 등으로 바다로 된 경우
③ 지번을 변경할 필요가 있다고 인정되는 경우
④ 하나의 지번 부여지역에 서로 다른 축척의 지적도가 있는 경우

| 해설 |

등기 촉탁 대상
① 지적공부에 등록할 토지의 이동이 있는 경우
② 지번을 변경할 필요가 있다고 인정하는 때
③ 토지가 지형의 변화 등으로 바다로 된 경우
④ 축척변경·등록사항에 잘못이 있음을 발견한 때
⑤ 지번 부여지역의 일부가 행정구역의 개편으로 다른 지번 부여지역에 속하게 된 때
⑥ 신규등록의 경우는 등기부를 새로이 작성하여야 하기 때문에 등기를 촉탁할 수 없다.

정답 ①

10. **지적소관청이 관할 등기 관서에 등기촉탁을 하여 국가가 국가를 위하여 하는 등기로 보지 않는 경우(사유)는?**

① 행정구역개편에 따른 지번변경
② 등록사항의 오류정정
③ 축척변경
④ 공유수면매립에 따른 신규등록

| 해설 |

등기촉탁에서 국가가 국가를 위하여 하는 등기로 보는 경우
① 지적공부에 등록할 토지의 이동이 있는 경우
② 지번을 변경할 필요가 있다고 인정하는 때
③ 토지가 지형의 변화 등으로 바다로 된 경우
④ 축척변경·등록사항에 잘못이 있음을 발견한 때
⑤ 지번 부여지역의 일부가 행정구역의 개편으로 다른 지번 부여지역에 속하게 된 때
⑥ 신규등록은 제외한다.

정답 ④

11. **토지의 표시 변경에 관한 등기를 할 필요가 있는 경우에는 지적소관청은 지체 없이 관할등기 관서에 그 등기를 촉탁하여야 하는데, 다음 중 등기촉탁이 가능하지 않은 것은?**

① 등록전환　② 신규등록
③ 지번변경　④ 축척변경

| 해설 |

신규등록의 경우는 등기부를 새로이 작성하여야 하기 때문에 등기를 촉탁할 수 없다.

정답 ②

12. **다음 중 지적소관청이 관할 등기 관서에 등기촉탁을 하는 사유에 해당되지 않는 것은?**

① 축척변경
② 신규등록
③ 등록사항의 직권정정
④ 행정구역 개편에 따른 지번부여

| 해설 |

토지표시의 변경에 관한 등기를 할 필요가 있는 경우에는 소관청은 지체없이 관할 등기 관서에 그 등기를 촉탁하여야 하지만 신규등록은 제외한다.

정답 ②

13. 「공간정보의 구축 및 관리 등에 관한 법률」에 따른 성능검사대행자의 등록기준으로 옳은 것은?

① 기술인력 중 기술인과 기능사는 상호 대체할 수 있다.
② 기술인력에 해당하는 사람은 상시 근무하는 사람이 아니어도 된다.
③ 외국인이 측량기기 성능검사대행자 등록을 신청하는 경우 영업소를 설치하지 않아도 된다.
④ 일반성능검사대행자와 금속 관로 탐지기 성능검사대행자를 중복해서 신청하는 경우에는 기술인력을 50% 감면할 수 있다.

| 해설 |

성능검사대행자의 등록기준
① 상위등급의 기술인력으로 하위등급의 기술인력을 대체할 수 있다.
② 기술인력 중 기술인과 기능사는 상호 대체할 수 없다.
③ 외국인이 측량기기 성능검사대행자 등록을 신청하는 경우에는 「상법」 제614조에 따라 영업소를 설치하고 등기하여야 한다.
④ 일반성능검사대행자와 관로 탐지기 성능검사대행자를 중복해서 신청하는 경우에는 기술인력을 50% 감면할 수 있다.

정답 ④

14. 「공간정보의 구축 및 관리 등에 관한 법률」 상 성능검사대행자 등록의 결격사유가 아닌 것은?

① 피성년후견인 또는 피한정후견인
② 성능검사대행자 등록이 취소된 후 2년이 경과되지 아니한 자
③ 이 법을 위반하여 징역형의 집행유예를 선고받고 그 유예기간에 있는 자
④ 이 법을 위반하여 징역의 실형을 선고받고 그 집행이 종료(집행이 종료된 것으로 보는 경우를 포함한다)되거나 집행이 면제된 날부터 3년이 경과한 자

| 해설 |

성능검사대행자 등록의 결격사유
① 피성년후견인 또는 피한정후견인
② 이 법을 위반하여 징역의 실형을 선고받고 그 집행이 종료(집행이 종료된 것으로 보는 경우를 포함)되거나 집행이 면제된 날부터 2년이 지나지 아니한 자
③ 이 법을 위반하여 징역형의 집행유예를 선고받고 그 유예기간 중에 있는 자
④ 등록이 취소된 후 2년이 지나지 아니한 자
⑤ 임원 중에 ①부터 ④까지의 어느 하나에 해당하는 자가 있는 법인

정답 ④

15. 성능검사대행자의 등록을 취소하여야 하는 경우가 아닌 것은?

① 거짓이나 부정한 방법으로 성능검사를 한 경우
② 업무정지 기간 중에 계속하여 성능검사대행 업무를 한 경우
③ 다른 행정기관이 관계 법령에 따라 등록취소 또는 업무정지를 요구한 경우
④ 다른 사람에게 자기의 성명 또는 상호를 사용하여 성능검사대행업무를 수행하게 한 경우

| 해설 |

성능검사대행자의 등록을 취소
① 거짓이나 그 밖의 부정한 방법으로 등록을 한 경우
② 다른 사람에게 자기의 성능검사대행자 등록증을 빌려주거나 자기의 성명 또는 상호를 사용하여 성능검사대행업무를 수행하게 한 경우
③ 거짓이나 부정한 방법으로 성능검사를 한 경우
④ 업무정지 기간 중에 계속하여 성능검사대행업무를 한 경우

정답 ③

16. 성능검사대행자의 등록을 1년 이내의 기간을 정하여 업무정지처분을 할 수 있는 경우가 아닌 것은?

① 등록사항 변경신고를 하지 아니한 경우
② 정당한 사유 없이 성능검사를 거부하거나 기피한 경우
③ 업무정지 기간 중에 계속하여 성능검사대행 업무를 한 경우
④ 다른 행정기관이 관계 법령에 따라 등록취소 또는 업무정지를 요구한 경우

| 해설 |

1년 이내의 기간을 정하여 업무정지처분
① 시정명령을 따르지 아니한 경우
② 등록기준에 미달하게 된 경우
③ 정당한 사유 없이 성능검사를 거부하거나 기피한 경우
④ 다른 행정기관이 관계 법령에 따라 등록취소 또는 업무정지를 요구한 경우

정답 ③

17. 「공간정보의 구축 및 관리 등에 관한 법률」 상 지적측량수수료에 관한 설명으로 틀린 것은?

① 지적측량 종목별 세부 산정기준은 국토교통부장관이 정한다.
② 지적측량수수료는 국토교통부장관이 매년 12월 말일까지 고시하여야 한다.
③ 국토교통부장관이 고시하는 표준품셈 중 지적측량품에 지적기술자의 정부 노임단가를 적용하여 산정한다.
④ 지적소관청이 직권으로 조사·측량하여 지적공부를 정리한 경우, 조사·측량에 들어간 비용을 면제한다.

| 해설 |

지적소관청이 직권으로 조사·측량하여 지적공부를 정리한 경우에는 그 조사·측량에 들어간 비용을 토지소유자로부터 징수한다.

정답 ④

18. 지적측량수수료를 결정하여 고시하는 자는?

① 기획재정부장관 ② 국토교통부장관
③ 안전행정부장관 ④ 한국국토정보공사장

| 해설 |

지적측량수수료는 국토교통부장관이 매년 12월 31일까지 고시하여야 한다.

정답 ②

19. 국가나 지방자치단체가 지적전산자료를 이용하는 경우 사용료의 납부방법으로 옳은 것은?

① 사용료를 면제한다.
② 사용료를 수입증지로 납부한다.
③ 사용료를 수입인지로 납부한다.
④ 규정된 사용료의 절반을 현금으로 납부한다.

| 해설 |

수수료를 면제할 수 있는 경우
① 신청자가 공공측량시행자인 경우
② 신청자가 국가, 지방자치단체 또는 지적측량수행자인 경우
③ 신청자가 국가 또는 지방자치단체인 경우

정답 ①

20. 지적소관청을 직접 방문하여 1필지를 기준으로 토지대장 또는 임야대장에 대한 열람신청을 하거나 등본발급신청을 할 경우 납부해야 하는 수수료는?

① 열람 : 200원, 등본발급 : 300원
② 열람 : 300원, 등본발급 : 500원
③ 열람 : 500원, 등본발급 : 700원
④ 열람 : 700원, 등본발급 : 1000원

| 해설 |

지적공부인 대장 및 도면의 열람 및 등본발급 수수료

해당 업무	방문 열람		인터넷 열람	방문 발급		인터넷 발급
	단위	수수료	수수료	단위	수수료	수수료
1) 토지대장	1필지당	300원	무료	1필지당	500원	무료
2) 임야대장	1필지당	300원	무료	1필지당	500원	무료
3) 지적도	1장당	400원	무료	가로21cm, 세로30cm	700원	무료
4) 임야도	1장당	400원	무료	가로21cm, 세로30cm	700원	무료
5) 경계점좌표등록부	1필지당	300원	무료	1필지당	500원	무료

정답 ②

21. 「공간정보의 구축 및 관리 등에 관한 법률」 상 지적전산자료의 이용 또는 활용 신청 시 자료를 인쇄물로 제공할 때 수수료로 옳은 것은?

① 1필지당 10원 ② 1필지당 20원
③ 1필지당 30원 ④ 1필지당 40원

| 해설 |

지적전산자료의 이용 또는 활용 신청하는 경우
① 자료를 인쇄물로 제공하는 경우 : 1필지당 30원
② 자료를 자기디스크 등 전산매체로 제공하는 경우 : 1필지당 20원

정답 ③

22. 지적공부의 열람, 등본발급 및 수수료에 대한 설명으로 옳지 않은 것은?

① 성능검사대행자가 하는 성능검사 수수료는 현금으로 내야 한다.
② 인터넷으로 지적도면을 발급할 경우 그 크기는 가로 21cm, 세로 30cm이다.
③ 지적기술자격을 취득한 자가 지적공부를 열람하는 경우에는 수수료를 면제한다.
④ 전산 파일로 된 경우에는 당해 지적소관청이 아닌 다른 지적소관청에 신청할 수 있다.

| 해설 |

지적측량 업무에 종사하는 측량기술자가 그 업무와 관련하여 지적측량기준점성과 또는 그 측량부의 열람 및 등본 발급을 신청하는 경우에는 수수료를 면제한다.

정답 ③

23. 소관청 소속 공무원이 지적공부와 부동산등기부의 부합 여부를 확인하기 위해 등기부등본의 교부를 신청하는 경우 수수료 납부는?

① 무료 ② 수입증지
③ 수입인지 ④ 현금

| 해설 |

소관청 소속공무원이 지적공부와 부동산등기부의 부합 여부를 확인하기 위하여 등기부를 열람하거나 등기부등본 또는 초본의 교부를 신청하는 경우 수수료는 무료로 한다.

정답 ①

24. 측량업자로서 속임수, 위력(威力), 그 밖의 방법으로 측량업과 관련된 입찰의 공정성을 해친 자에 대한 벌칙 기준은?

① 300만 원 이하의 과태료
② 1년 이하의 징역 또는 1천만 원 이하의 벌금
③ 2년 이하의 징역 또는 2천만 원 이하의 벌금
④ 3년 이하의 징역 또는 3천만 원 이하의 벌금

| 해설 |

측량업자로서 속임수, 위력, 그 밖의 방법으로 측량업과 관련된 입찰의 공정성을 해친 자는 3년 이하의 징역 또는 3천만 원 이하의 벌금에 처한다.

정답 ④

25. **다음 중 2년 이하의 징역 또는 2천만원 이하의 벌금에 처하는 벌칙 기준을 적용받는 자는?**

① 정당한 자유 없이 측량을 방해한 자
② 측량기술자가 아님에도 불구하고 측량을 한 자
③ 측량업의 등록을 하지 아니하고 측량업을 한 자
④ 측량업자로서 속임수로 측량업과 관련된 입찰의 공정성을 해친 자

| 해설 |

2년 이하의 징역 또는 2천만 원 이하의 벌금
① 측량기준점표지를 이전 또는 파손하거나 그 효용을 해치는 행위를 한 자
② 고의로 측량성과를 사실과 다르게 한 자
③ 측량성과를 국외로 반출한 자
④ 측량업의 등록을 하지 아니하거나 거짓이나 그 밖의 부정한 방법으로 측량업의 등록을 하고 측량업을 한 자
⑤ 성능검사를 부정하게 한 성능검사대행자
⑥ 성능검사대행자의 등록을 하지 아니하거나 거짓이나 그 밖의 부정한 방법으로 성능검사대행자의 등록을 하고 성능검사업무를 한 자

정답 ③

26. **「공간정보의 구축 및 관리 등에 관한 법률」 상 2년 이하의 징역 또는 2천만 원 이하의 벌금에 처하는 자로 옳지 않은 것은?**

① 측량성과를 국외로 반출한 자
② 고의로 측량성과 또는 수로 조사성과를 사실과 다르게 한 자
③ 측량기준점 표지를 이전 또는 파손하거나 그 효용을 해치는 행위를 한 자
④ 측량업자로서 속임수, 위력, 그 밖의 방법으로 측량업과 관련된 입찰의 공정성을 해친 자

| 해설 |

측량업자로서 속임수, 위력(威力), 그 밖의 방법으로 측량업과 관련된 입찰의 공정성을 해친 자는 3년 이하의 징역 또는 3천만 원 이하의 벌금에 처한다.

정답 ④

27. **고의로 측량성과를 사실과 다르게 한 자에 대한 벌칙 기준으로 옳은 것은?**

① 300만 원 이하의 과태료
② 1년 이하의 징역 또는 1천만 원 이하의 벌금
③ 2년 이하의 징역 또는 2천만 원 이하의 벌금
④ 3년 이하의 징역 또는 3천만 원 이하의 벌금

| 해설 |

고의로 측량성과를 사실과 다르게 한 자는 2년 이하의 징역 또는 2천만 원 이하의 벌금에 처한다.

정답 ③

28. **「공간정보의 구축 및 관리 등에 관한 법률」 상 벌칙규정으로서 1년 이하의 징역 또는 1천만원 이하의 벌금에 해당되는 자는?**

① 측량성과를 국외로 반출한 자
② 무단으로 측량성과 또는 측량기록을 복제한 자
③ 본인, 배우자 또는 직계 존속·비속이 소유한 토지에 대한 지적측량을 한 자
④ 측량업자가 속임수, 위력(威力), 그 밖의 방법으로 측량업과 관련된 입찰의 공정성을 해친 자

| 해설 |

①은 2년 이하의 징역 또는 2천만 원 이하의 벌금
② 무단으로 측량성과 또는 측량기록을 복제한 자는 1년 이하의 징역 또는 1천만 원 이하의 벌금
③은 과태료, ④는 3년 이하의 징역 또는 3천만 원 이하의 벌금에 해당한다.

정답 ②

29. **「공간정보의 구축 및 관리 등에 관한 법률」 상 1년 이하의 징역 또는 1천만원 이하의 벌금대상으로 옳은 것은?**

① 정당한 사유 없이 측량을 방해한 자
② 측량업 등록사항의 변경신고를 하지 아니한 자
③ 무단으로 측량성과 또는 측량기록을 복제한 자
④ 고시된 측량성과에 어긋나는 측량성과를 사용한 자

| 해설 |

①, ②, ④는 300만원 이하의 과태료를 부과에 해당된다.

정답 ③

30. **거짓으로 분할신청을 한 경우 벌칙 기준으로 옳은 것은?**

① 300만 원 이하의 과태료
② 1년 이하의 징역 또는 1천만 원 이하의 벌금
③ 2년 이하의 징역 또는 1천만 원 이하의 벌금
④ 3년 이하의 징역 또는 3천만 원 이하의 벌금

| 해설 |

거짓으로 다음의 신청을 한 자는 1년 이하의 징역 또는 1,000만 원 이하의 벌금에 처한다.

① 신규등록, 등록전환, 분할, 합병, 지목변경신청
② 바다로 된 토지의 등록말소 신청, 축척변경 신청, 등록사항의 정정 신청
③ 도시개발사업 등 시행지역의 토지이동 신청

정답 ②

31. **「공간정보의 구축 및 관리 등에 관한 법률」에서 규정하고 있는 벌칙에 해당하지 않는 것은?**

① 자격 취소, 자격정지, 견책, 훈계
② 1년 이하의 징역 또는 1천만 원 이하의 벌금
③ 2년 이하의 징역 또는 2천만 원 이하의 벌금
④ 3년 이하의 징역 또는 3천만 원 이하의 벌금

| 해설 |

「공간정보의 구축 및 관리 등에 관한 법률」에서 규정하고 있는 벌칙은 3년 이하의 징역 또는 3천만원 이하의 벌금, 2년 이하의 징역 또는 2천만 원 이하의 벌금, 1년 이하의 징역 또는 1천만 원 이하의 벌금이 있으며 과태료를 부과가 있다.

정답 ①

32. **정당한 사유 없이 지적측량 및 토지이동 조사에 필요한 토지 등에의 출입 등을 방해하거나 거부한 자에 대한 조치로 옳은 것은?**

① 200만 원의 이하의 과태료
② 1년 이하의 징역 또는 1천만 원 이하의 벌금
③ 2년 이하의 징역 또는 2천만 원 이하의 벌금
④ 3년 이하의 징역 또는 3천만 원 이하의 벌금

| 해설 |

200만원 이하의 과태료를 부과(전문개정 2022. 11. 15.)

① 정당한 사유 없이 측량을 방해한 자
② 측량기기에 대한 성능검사를 받지 아니하거나 부정한 방법으로 성능검사를 받은 자
③ 정당한 사유 없이 보고를 하지 아니하거나 거짓으로 보고를 한 자
④ 정당한 사유 없이 조사를 거부·방해 또는 기피한 자
⑤ 정당한 사유 없이 토지 등에의 출입 등을 방해하거나 거부한 자

정답 ①

CHAPTER

02 지적재조사에 관한 특별법

2.1. 개요

2.1.1. 목적

이 법은 토지의 실제 현황과 일치하지 아니하는 지적공부의 등록사항을 바로 잡고 종이에 구현된 지적을 디지털 지적으로 전환함으로써 국토를 효율적으로 관리함과 아울러 국민의 재산권 보호에 기여함을 목적으로 한다.

2.1.2 용어의 정의

① "지적공부"란 「공간정보의 구축 및 관리 등에 관한 법률」에 따른 지적공부를 말한다.

② "지적재조사사업"이란 「공간정보의 구축 및 관리 등에 관한 법률」의 규정에 따른 지적공부의 등록사항을 조사·측량하여 기존의 지적공부를 디지털에 의한 새로운 지적공부로 대체함과 동시에 지적공부의 등록사항이 토지의 실제 현황과 일치하지 아니하는 경우 이를 바로 잡기 위하여 실시하는 국가사업을 말한다.

③ "지적재조사지구"란 지적재조사사업을 시행하기 위하여 지정·고시된 지구를 말한다.

④ "토지현황조사"란 지적재조사사업을 시행하기 위하여 필지별로 소유자, 지번, 지목, 면적, 경계 또는 좌표, 지상건축물 및 지하건축물의 위치, 개별공시지가 등을 조사하는 것을 말한다.

⑤ "지적소관청"이란 「공간정보의 구축 및 관리 등에 관한 법률」에 따른 지적소관청을 말한다.

2.2. 계획수립

2.2.1. 기본계획의 수립

① 국토교통부장관은 지적재조사사업을 효율적으로 시행하기 위하여 다음 사항이 포함된 지적재조사사업에 관한 기본계획을 수립하여야 한다.

- 지적재조사 사업에 관한 기본방향
- 지적재조사 사업의 시행 기간 및 규모
- 지적재조사 사업비의 연도별 집행계획
- 지적재조사 사업비의 특별시·광역시·도·특별자치도·특별자치시 및 「지방자치법」 제198조에 따른 대도시로서 구(區)를 둔 시("시·도")별 배분 계획
- 지적재조사 사업에 필요한 인력의 확보에 관한 계획
- 그 밖에 지적재조사 사업의 효율적 시행을 위하여 필요한 사항으로서 대통령령으로 정하는 사항

② 국토교통부장관은 기본계획을 수립할 때에는 미리 공청회를 개최하여 관계 전문가 등의 의견을 들어 기본계획안을 작성한다.

③ 특별시장·광역시장·도지사·특별자치도지사·특별자치시장 및 「지방자치법」 제198조에 따른 대도시로서

구를 둔 시의 시장("시·도지사")에게 그 안을 송부하여 의견을 들은 후 중앙지적재조사위원회의 심의를 거쳐야 한다.

④ 시·도지사는 기본계획안을 송부받았을 때에는 이를 지체 없이 지적소관청에 송부하여 그 의견을 들어야 한다.

⑤ 지적소관청은 기본계획안을 송부받은 날부터 20일 이내에 시·도지사에게 의견을 제출하여야 한다.

⑥ 시·도지사는 기본계획안을 송부받은 날부터 30일 이내에 지적소관청의 의견에 자신의 의견을 첨부하여 국토교통부장관에게 제출하여야 한다.

⑦ ②~⑥은 기본계획을 변경할 때에도 적용한다.

⑧ 국토교통부장관은 기본계획을 수립하거나 변경하였을 때에는 이를 관보에 고시하고 시·도지사에게 통지하여야 하며, 시·도지사는 이를 지체 없이 지적소관청에 통지하여야 한다.

⑨ 국토교통부장관은 기본계획이 수립된 날부터 5년이 지나면 그 타당성을 다시 검토하고 필요하면 이를 변경하여야 한다.

2.2.2. 시·도종합계획의 수립

① 시·도지사는 기본계획을 토대로 다음 사항이 포함된 지적재조사 사업에 관한 종합계획("시·도종합계획")을 수립하여야 한다.

- 지적재조사지구 지정의 세부 기준
- 지적재조사 사업의 연도별·지적소관청별 사업량
- 지적재조사 사업비의 연도별 추산액
- 지적재조사 사업비의 지적소관청별 배분 계획
- 지적재조사 사업에 필요한 인력의 확보에 관한 계획
- 지적재조사 사업의 교육과 홍보에 관한 사항
- 그 밖에 시·도의 지적재조사 사업을 위하여 필요한 사항

② 시·도지사는 시·도종합계획을 수립할 때에는 시·도종합계획안을 지적소관청에 송부하여 의견을 들은 후 시·도 지적재조사위원회의 심의를 거쳐야 한다.

③ 지적소관청은 시·도종합계획안을 송부받았을 때에는 송부받은 날부터 14일 이내에 의견을 제출하여야 한다. 이 경우 기간 내에 의견을 제출하지 아니하면 의견이 없는 것으로 본다.

④ 시·도지사는 시·도종합계획을 확정한 때에는 지체 없이 국토교통부장관에게 제출하여야 한다.

⑤ 국토교통부장관은 제출된 시·도종합계획이 기본계획과 부합되지 아니할 때에는 그 사유를 명시하여 시·도지사에게 시·도종합계획의 변경을 요구할 수 있다.

⑥ 시·도지사는 시·도종합계획이 수립된 날부터 5년이 지나면 그 타당성을 다시 검토하고 필요하면 변경하여야 한다.

⑦ 시·도종합계획을 변경할 때에도 적용한다.

⑧ 시·도지사는 시·도종합계획을 수립하거나 변경하였을 때에는 시·도의 공보에 고시하고 지적소관청에 통지하여야 한다.

⑨ 시·도종합계획의 작성 기준, 작성 방법, 그 밖에 시·도종합계획의 수립에 관한 세부적인 사항은 국토교통부장관이 정한다.

2.2.3. 실시계획의 수립

① 지적소관청은 시·도종합계획을 통지받았을 때에는 다음 사항이 포함된 지적재조사 사업에 관한 실시계획을 수립하여야 한다.

- 지적재조사 사업의 시행자
- 지적재조사 지구의 명칭
- 지적재조사 지구의 위치 및 면적
- 지적재조사 사업의 시행시기 및 기간
- 지적재조사 사업비의 추산액
- 토지현황조사에 관한 사항
- 그 밖에 지적재조사사업의 시행을 위하여 필요한 사항으로서 대통령령으로 정하는 사항

② 지적소관청은 실시계획 수립내용을 30일 이상 주민에게 공람하여야 한다.

③ 지적재조사지구에 있는 토지소유자와 이해관계인은 주민 공람 기간에 지적소관청에 의견을 제출할 수 있으며, 지적소관청은 제출된 의견이 타당하다고 인정할 때에는 이를 반영하여야 한다.

④ 지적소관청은 실시계획에 포함된 필지는 지적재조사 예정지구임을 지적공부에 등록하여야 한다.

⑤ 실시계획의 작성 기준 및 방법은 국토교통부장관이 정한다.

2.3. 사업 시행기관

2.3.1. 지적재조사사업의 시행자

① 지적재조사사업은 지적소관청이 시행한다.

② 지적소관청은 지적재조사사업의 측량·조사 등을 책임수행기관에 위탁할 수 있다.

③ 지적소관청이 지적재조사사업의 측량·조사 등을 책임수행기관에 위탁한 때에는 대통령령으로 정하는 바에 따라 이를 고시하여야 한다.

2.3.2. 책임수행기관의 지정

① 국토교통부장관은 지적재조사사업의 측량·조사 등의 업무를 전문적으로 수행하는 책임수행기관을 지정할 수 있다.

② 국토교통부장관은 지정된 책임수행기관이 거짓 또는 부정한 방법으로 지정을 받거나 업무를 게을리 하는 등 대통령령으로 정하는 사유가 있는 때에는 그 지정을 취소할 수 있다.

③ 국토교통부장관은 책임수행기관을 지정·지정 취소할 때에는 대통령령으로 정하는 바에 따라 이를 고시하여야 한다.

④ 그 밖에 책임수행기관의 지정·지정취소 및 운영 등에 필요한 사항은 대통령령으로 정한다.

(1) 측량·조사 위탁에 관한 고시

① 지적소관청은 책임수행기관에 지적재조사사업의 측량·조사 등을 위탁한 때에는 다음 사항을 공보에 고시해야 한다.

- 책임수행기관의 명칭
- 지적재조사지구의 명칭
- 지적재조사지구의 위치 및 면적
- 책임수행기관에 위탁할 측량·조사에 관한 사항

② 지적소관청은 토지소유자와 책임수행기관에 ①의 사항을 통지해야 한다.

③ 책임수행기관은 위탁받은 지적재조사사업의 측량·조사 등의 업무 중 다음의 업무를 지적측량업의 등록을 한 자에게 대행하게 할 수 있다.

- 토지현황조사 및 토지현황조사서 작성
- 지적재조사측량 중 경계점 측량 및 필지별 면적산정
- 임시경계점표지 설치
- 경계점표지 설치

④ 책임수행기관은 ③의 업무를 대행하게 한 경우에는 지적소관청에 대행업무를 수행하는 자(지적재조사대행자)의 성명(법인인 경우에는 명칭 및 대표자의 성명을 말한다)과 소재지를 알려야 한다.

⑤ 대행을 위한 계약의 체결방법·절차 등에 관하여 필요한 사항은 국토교통부장관이 정하여 고시한다.

(2) 책임수행기관의 지정 요건

① 국토교통부장관은 사업 범위를 전국으로 하는 책임수행기관을 지정하거나 인접한 2개 이상의 특별시·광역시·도·특별자치도·특별자치시를 묶은 권역별로 책임수행기관을 지정할 수 있다.

② 책임수행기관의 지정대상

- 한국국토정보공사
- 「민법」 또는 「상법」에 따라 설립된 법인일 것
- 지적재조사사업을 전담하기 위한 조직과 측량 장비를 갖추고 있을 것
- 측량기술자(지적 분야로 한정) 1,000명(권역별로 책임수행기관을 지정하는 경우에는 권역별로 200명) 이상이 상시 근무할 것

③ 책임수행기관의 지정 기간은 5년으로 한다.

(3) 책임수행기관의 운영

① 책임수행기관은 매년 다음 연도의 지적재조사사업에 관한 운영계획을 수립하여 11월 30일까지 국토교통부장관에게 제출해야 한다.

② 책임수행기관은 지적재조사사업의 효율적 수행을 위하여 다음의 업무를 수행해야 한다.

- 지적재조사사업의 일부를 대행하게 한 경우 지적재조사대행자에 대한 다음의 업무 지원
  - –. 지적재조사사업을 수행하기 위한 행정지원반 설치·운영
  - –. 경계설정 및 현지조사 등 업무 자문
  - –. 측량소프트웨어 지원
  - –. 지적재조사사업 수행에 필요한 기술 지원
- 지적재조사사업에 관한 연구개발
- 지적재조사사업 홍보

③ 국토교통부장관은 책임수행기관에 지적재조사사업 추진실적을 보고하게 할 수 있다.
④ 책임수행기관의 지적재조사사업 수행에 관한 구체적 내용 및 절차 등에 관하여 필요한 사항은 국토교통부장관이 정하여 고시한다.

2.3.3. 지적재조사지구의 지정

① 지적소관청은 실시계획을 수립하여 시·도지사에게 지적재조사지구 지정신청을 하여야 한다.
② 지적소관청이 시·도지사에게 지적재조사지구 지정을 신청하고자 할 때에는 다음 사항을 고려하여 지적재조사지구 토지소유자(국유지·공유지의 경우에는 그 재산관리청을 말한다.) 총수의 3분의 2 이상과 토지면적 3분의 2 이상에 해당하는 토지소유자의 동의를 받아야 한다.
- 지적공부의 등록사항과 토지의 실제 현황이 다른 정도가 심하여 주민의 불편이 많은 지역인지 여부
- 사업 시행이 용이한지 여부
- 사업 시행의 효과 여부

③ 지적소관청은 지적재조사지구에 토지소유자협의회가 구성되어 있고 토지소유자 총수의 4분의 3 이상의 동의가 있는 지구에 대하여는 우선하여 지적재조사지구로 지정을 신청할 수 있다.
④ 시·도지사는 지적재조사지구를 지정할 때에는 시·도 지적재조사위원회의 심의를 거쳐야 한다.
⑤ 지적재조사지구를 변경할 때에도 적용한다.
⑥ 동의자 수의 산정방법, 동의절차, 그 밖에 필요한 사항은 대통령령으로 정한다.

(1) 지적재조사지구 지정 고시

① 시·도지사는 지적재조사지구를 지정하거나 변경한 경우에 시·도 공보에 고시하고 그 지정내용 또는 변경내용을 국토교통부장관에게 보고하여야 하며, 관계 서류를 일반인이 열람할 수 있도록 하여야 한다.
② 지적재조사지구의 지정 또는 변경에 대한 고시가 있을 때에는 지적공부에 지적재조사지구로 지정된 사실을 기재하여야 한다.

(2) 지적재조사지구 지정의 효력상실

① 지적소관청은 지적재조사지구 지정 고시를 한 날부터 2년 이내에 토지현황조사 및 지적재조사를 위한 지적측량(지적재조사측량)을 시행하여야 한다.
② 2년 이내에 토지현황조사 및 지적재조사측량을 시행하지 아니할 때에는 그 기간의 만료로 지적재조사지구의 지정은 효력이 상실된다.
③ 시·도지사는 지적재조사지구 지정의 효력이 상실되었을 때에는 이를 시·도 공보에 고시하고 국토교통부장관에게 보고하여야 한다.

2.3.4. 토지현황조사

① 지적소관청은 실시계획을 수립한 때에는 지적재조사 예정지구임이 지적공부에 등록된 토지를 대상으로 토지현황조사를 하여야 한다.
② 토지현황조사는 지적재조사 측량과 병행하여 실시할 수 있다.
③ 토지현황조사를 할 때에는 소유자, 지번, 지목, 경계 또는 좌표, 지상건축물 및 지하건축물의 위치, 개별

공시지가 등을 기재한 토지현황조사서를 작성하여야 한다.

④ 토지현황조사에 따른 조사 범위·대상·항목과 토지현황조사서 기재·작성 방법에 관련된 사항은 국토교통부령으로 정한다.

⑤ 토지현황조사는 지적재조사지구의 필지별 조사사항

- 토지에 관한 사항
- 건축물에 관한 사항
- 토지이용계획에 관한 사항
- 토지이용 현황 및 건축물 현황
- 지하시설물(지하구조물) 등에 관한 사항
- 그 밖에 국토교통부장관이 토지현황조사와 관련하여 필요하다고 인정하는 사항

⑥ 토지현황조사는 사전 조사와 현지 조사로 구분하여 실시하며, 현지 조사는 지적재조사를 위한 지적측량("지적재조사측량")과 함께할 수 있다.

⑦ 토지현황조사서 작성에 필요한 사항은 국토교통부장관이 정하여 고시한다.

2.3.5. 경계복원측량 및 지적공부 정리의 정지

① 지적재조사지구 지정 고시가 있으면 해당 지적재조사지구 내의 토지에 대해서는 사업 완료 공고 전까지 다음의 행위를 할 수 없다.

- 경계점을 지상에 복원하기 위하여 하는 지적측량(경계복원측량)
- 지적공부의 정리

② 경계복원측량 또는 지적공부정리를 할 수 있는 경우

- 지적재조사사업의 시행을 위하여 경계복원측량을 하는 경우
- 법원의 판결 또는 결정에 따라 경계복원측량 또는 지적공부정리를 하는 경우
- 토지소유자의 신청에 따라 시·군·구 지적재조사위원회가 경계복원측량 또는 지적공부정리가 필요하다고 결정하는 경우

2.3.6. 토지소유자협의회

(1) 토지소유자협의회의 구성

① 지적재조사지구의 토지소유자는 토지소유자 총수의 2분의 1 이상과 토지면적 2분의 1 이상에 해당하는 토지소유자의 동의를 받아 토지소유자협의회를 구성할 수 있다.

② 토지소유자협의회는 위원장을 포함한 5명 이상 20명 이하의 위원으로 구성한다.

③ 토지소유자협의회의 위원은 그 지적재조사지구에 있는 토지의 소유자이어야 하며, 위원장은 위원 중에서 호선한다.

④ 동의자 수의 산정방법 및 동의절차, 토지소유자협의회의 구성 및 운영, 그 밖에 필요한 사항은 대통령령으로 정한다.

(2) 토지소유자협의회를 구성할 때 토지소유자 수 및 동의자 수 산정기준

① 토지소유자협의회를 구성할 때 토지소유자 수 및 동의자 수 산정기준

- 1필지의 토지가 수인의 공유에 속할 때는 그 수인을 대표하는 1인을 토지소유자로 산정할 것
- 1인이 다수 필지의 토지를 소유하고 있는 경우에는 필지 수에 관계 없이 토지소유자를 1인으로 산정할 것
- 토지 등기부 및 토지대장·임야대장에 소유자로 등재될 당시 주민등록번호의 기재가 없거나 기재된 주소가 현재 주소와 다른 경우 또는 소재가 확인되지 아니한 자는 토지소유자의 수에서 제외할 것

② 토지소유자가 협의회 구성에 동의하거나 그 동의를 철회하려는 경우에는 국토교통부령으로 정하는 협의회 구성 동의서 또는 동의철회서에 본인임을 확인한 후 서명 또는 날인하여 지적소관청에 제출하여야 한다.

③ 협의회의 위원장은 협의회를 대표하고, 협의회의 업무를 총괄한다.

④ 협의회의 회의는 재적위원 과반수의 출석으로 개의하고, 출석위원 과반수의 찬성으로 의결한다.

⑤ ①부터 ④까지 사항 외에 협의회의 운영 등에 필요한 사항은 협의회의 의결을 거쳐 위원장이 정한다.

⑥ 지적소관청은 협의회 운영에 필요한 사항을 지원할 수 있다.

(3) 토지소유자협의회의 기능

① 지적소관청에 대한 지적재조사지구의 신청

② 토지현황조사에 대한 참관

③ 임시경계점표지 및 경계점표지의 설치에 대한 참관

④ 조정금 산정기준에 대한 의견 제출

⑤ 경계결정위원회 위원의 추천

2.4. 경계설정

2.4.1. 경계설정의 기준

① 지적재조사를 위한 경계를 설정 순위

- 지상경계에 대하여 다툼이 없는 경우 토지소유자가 점유하는 토지의 현실경계
- 지상경계에 대하여 다툼이 있는 경우 등록할 때의 측량기록을 조사한 경계
- 지방관습에 의한 경계

② 지적소관청은 지적재조사를 위한 경계설정을 하는 것이 불합리하다고 인정하는 경우에는 토지소유자들이 합의한 경계를 기준으로 지적재조사를 위한 경계를 설정할 수 있다.

③ 지적소관청은 지적재조사를 위한 경계를 설정할 때에는 「도로법」, 「하천법」 등 관계 법령에 따라 고시되어 설치된 공공용지의 경계가 변경되지 아니하도록 하여야 한다. 다만, 해당 토지소유자들 간에 합의한 경우에는 그러하지 아니하다.

2.4.2. 경계점표지 설치 및 지적확정예정 조서 작성

① 지적소관청은 경계를 설정하면 지체 없이 임시경계점표지를 설치하고 지적재조사 측량을 실시하여야 한다.

② 지적소관청은 지적재조사 측량을 완료하였을 때에는 기존 지적공부상의 종전 토지면적과 지적재조사를 통하여 산정된 토지면적에 대한 지번별 내역 등을 표시한 지적확정예정 조서를 작성하여야 한다.

③ 지적소관청은 지적확정예정 조서를 작성하였을 때에는 토지소유자나 이해관계인에게 그 내용을 통보하여야 하며, 통보를 받은 토지소유자나 이해관계인은 지적소관청에 의견을 제출할 수 있다.
④ 이 경우 지적소관청은 제출된 의견이 타당하다고 인정할 때에는 경계를 다시 설정하고, 임시경계점표지를 다시 설치하는 등의 조치를 하여야 한다.
⑤ 누구든지 임시경계점표지를 이전 또는 파손하거나 그 효용을 해치는 행위를 하여서는 아니 된다.
⑥ 그 밖에 지적확정예정 조서의 작성에 필요한 사항은 국토교통부령으로 정한다.

2.4.3. 경계의 결정

① 지적재조사에 따른 경계 결정은 경계결정위원회의 의결을 거쳐 결정한다.
② 지적소관청은 경계에 관한 결정을 신청하고자 할 때는 지적확정예정 조서에 토지소유자나 이해관계인의 의견을 첨부하여 경계결정위원회에 제출하여야 한다.
③ 신청을 받은 경계결정위원회는 지적확정예정 조서를 제출받은 날부터 30일 이내에 경계에 관한 결정을 하고 이를 지적소관청에 통지하여야 한다.
④ 이 기간 안에 경계에 관한 결정을 할 수 없는 부득이한 사유가 있을 때에는 경계결정위원회는 의결을 거쳐 30일의 범위에서 그 기간을 연장할 수 있다.
⑤ 토지소유자나 이해관계인은 경계결정위원회에 참석하여 의견을 진술할 수 있다.
⑥ 경계결정위원회는 토지소유자나 이해관계인이 의견 진술을 신청하는 경우에는 특별한 사정이 없으면 이에 따라야 한다.
⑦ 경계결정위원회는 경계에 관한 결정을 하기에 앞서 토지소유자들로 하여금 경계에 관한 합의를 하도록 권고할 수 있다.
⑧ 지적소관청은 경계결정위원회로부터 경계에 관한 결정을 통지받았을 때에는 지체 없이 이를 토지소유자나 이해관계인에게 통지하여야 한다.
⑨ 이 경우 60일 이내에 이의신청이 없으면 경계결정위원회의 결정대로 경계가 확정된다는 취지를 명시하여야 한다.

2.4.4. 경계의 확정

① 지적재조사사업에 따른 경계 확정시기
- 이의신청 기간에 이의를 신청하지 아니하였을 때
- 이의신청에 대한 결정에 대하여 60일 이내에 불복의사를 표명하지 아니하였을 때
- 경계에 관한 결정이나 이의신청에 대한 결정에 불복하여 행정소송을 제기한 경우에는 그 판결이 확정되었을 때

② 경계가 확정되었을 때에는 지적소관청은 지체 없이 경계점표지를 설치하여야 하며, 국토교통부령으로 정하는 바에 따라 지상경계점등록부를 작성하고 관리하여야 한다.
③ 누구든지 경계점표지를 이전 또는 파손하거나 그 효용을 해치는 행위를 하여서는 아니 된다.

2.4.5. 경계 결정에 대한 이의신청

① 경계에 관한 결정을 통지받은 토지소유자나 이해관계인이 이에 대하여 불복하는 경우에는 통지를 받은 날부터 60일 이내에 지적소관청에 이의신청할 수 있다.

② 이의신청을 하고자 하는 토지소유자나 이해관계인은 지적소관청에 이의신청서를 제출하여야 한다. 이 경우 이의신청서에는 증빙서류를 첨부하여야 한다.

③ 지적소관청은 이의신청서가 접수된 날부터 14일 이내에 이의신청서에 의견서를 첨부하여 경계결정위원회에 송부하여야 한다.

④ 이의신청서를 송부받은 경계결정위원회는 이의신청서를 송부받은 날부터 30일 이내에 이의신청에 관해 결정하여야 한다. 다만, 부득이한 경우에는 30일의 범위에서 처리 기간을 연장할 수 있다.

⑤ 경계결정위원회는 이의신청에 관해 결정하였을 때는 그 내용을 지적소관청에 통지하여야 한다.

⑥ 지적소관청은 결정내용을 통지받은 날부터 7일 이내에 결정서를 작성하여 이의신청인에게는 그 정본을, 그 밖의 토지소유자나 이해관계인에게는 그 부본을 송달하여야 한다.

⑦ 이 경우 토지소유자는 결정서를 송부받은 날부터 60일 이내에 경계결정위원회의 결정에 대하여 행정심판이나 행정소송을 통하여 불복할 지 여부를 지적소관청에 알려야 한다.

2.4.6. 지상경계점등록부 및 경계점표지등록부 등록사항

지상경계점등록부 등록사항	경계점표지등록부 포함사항
① 토지의 소재, 지번, 지목	① 토지의 소재 및 지번
② 작성일, 위치도	② 공부상 지목과 실제 토지이용 현황
③ 경계점 번호 및 표지 종류	③ 면적 및 위치도
④ 경계설정 기준 및 경계형태	④ 토지이용계획 및 개별공시지가
⑤ 경계 위치	⑤ 작성일과 작성자 및 검사자
⑥ 경계점 세부설명 및 관련 자료	⑥ 부호도 또는 경계점부호가 표시된 실측도
⑦ 작성자의 소속·직급(직위)·성명	⑦ 경계점표지의 규격과 재질
⑧ 확인자의 직급·성명	⑧ 경계점부호, 표지 종류 및 경계점위치
	⑨ 경계점좌표및 경계점위치 설명도
	⑩ 경계점의 사진 파일 및 건물 현황

2.5. 조정금 산정

2.5.1. 조정금의 산정

① 지적소관청은 경계 확정으로 지적공부상의 면적이 증감된 경우에는 필지별 면적 증감내역을 기준으로 조정금을 산정하여 징수하거나 지급한다.

② 국가 또는 지방자치단체 소유의 국유지·공유지 행정재산의 조정금은 징수하거나 지급하지 아니한다.

③ 조정금은 경계가 확정된 시점을 기준으로 「감정평가 및 감정평가사에 관한 법률」에 따른 감정평가법인 등이 평가한 감정평가액으로 산정한다.

④ 토지소유자협의회가 요청하는 경우에는 시·군·구 지적재조사위원회의 심의를 거쳐 「부동산 가격공시에 관한 법률」에 따른 개별공시지가로 산정할 수 있다.

⑤ 지적소관청은 조정금을 산정하고자 할 때에는 시·군·구 지적재조사위원회의 심의를 거쳐야 한다.

⑥ 조정금의 산정에 필요한 사항은 대통령령으로 정한다.

2.5.2. 조정금의 지급·징수 또는 공탁

① 조정금은 현금으로 지급하거나 납부하여야 한다.

② 지적소관청은 조정금을 산정하였을 때에는 지체 없이 조정금 조서를 작성하고, 토지소유자에게 개별적으로 조정금액을 통보하여야 한다.

③ 지적소관청은 조정금액을 통지한 날부터 10일 이내에 토지소유자에게 조정금의 수령통지 또는 납부고지를 하여야 한다.

④ 지적소관청은 수령통지를 한 날부터 6개월 이내에 조정금을 지급하여야 한다.

⑤ 납부고지를 받은 자는 그 부과일부터 6개월 이내에 조정금을 납부하여야 한다.

⑥ 지적소관청은 조정금을 납부하여야 할 자가 기한까지 납부하지 아니할 때에는 「지방행정제재·부과금의 징수 등에 관한 법률」에 따라 징수할 수 있다.

⑦ 지적소관청은 조정금을 지급하여야 하는 경우로서 다음에 해당하는 때에는 조정금을 지급받을 자의 토지 소재지 공탁소에 그 조정금을 공탁할 수 있다.

- 조정금을 받을 자가 그 수령을 거부하거나 주소 불분명 등의 이유로 조정금을 수령할 수 없을 때
- 지적소관청이 과실 없이 조정금을 받을 자를 알 수 없을 때
- 압류 또는 가압류에 따라 조정금의 지급이 금지되었을 때

⑧ 지적재조사지구 지정이 있은 후 권리의 변동이 있을 때에는 그 권리를 승계한 자가 조정금 또는 공탁금을 수령하거나 납부한다.

2.5.3. 조정금에 관한 이의신청

① 수령통지 또는 납부고지된 조정금에 이의가 있는 토지소유자는 수령통지 또는 납부고지를 받은 날부터 60일 이내에 지적소관청에 이의신청을 할 수 있다.

② 지적소관청은 이의신청을 받은 날부터 30일 이내에 시·군·구 지적재조사위원회의 심의·의결을 거쳐 이의신청에 대한 결과를 신청인에게 서면으로 알려야 한다.

③ 조정금을 받을 권리나 징수할 권리는 5년간 행사하지 아니하면 시효의 완성으로 소멸한다.

2.6. 새로운 지적공부의 작성

2.6.1. 사업완료 공고 및 공람

① 지적소관청은 지적재조사지구에 있는 모든 토지에 대하여 경계 확정이 있었을 때에는 지체 없이 대통령령으로 정하는 바에 따라 사업완료 공고를 하고 관계 서류를 일반인이 공람하게 하여야 한다.

② 경계결정위원회의 결정에 불복하여 경계가 확정되지 아니한 토지가 있는 경우 그 면적이 지적재조사지구 전체 토지면적의 10분의 1 이하이거나, 토지소유자의 수가 지적재조사지구 전체 토지소유자 수의 10분의 1 이하인 경우에는 사업완료 공고를 할 수 있다.

③ 지적소관청은 사업완료 공고를 하려는 때에는 다음 사항을 공보에 고시해야 한다.

- 지적재조사지구의 명칭
- 토지의 소재지
- 종전 토지의 지번, 지목 및 면적
- 산정된 토지의 지번, 지목 및 면적
- 토지소유자의 성명 또는 명칭 및 주소
- 그 밖에 국토교통부장관이 지적확정예정 조서 작성에 필요하다고 인정하여 고시하는 사항

④ 지적소관청은 공고를 한 때에는 다음의 서류를 14일 이상 일반인이 공람할 수 있도록 하여야 한다.

- 새로 작성한 지적공부
- 지상경계점등록부
- 측량성과 결정을 위하여 취득한 측량기록물

2.6.2. 새로운 지적공부의 작성

① 지적소관청은 사업완료 공고가 있었을 때에는 기존의 지적공부를 폐쇄하고 새로운 지적공부를 작성하여야 한다.

② 이 경우 그 토지는 사업완료 공고일에 토지의 이동이 있는 것으로 본다.

③ 새로이 작성하는 지적공부 등록사항

- 토지의 소재, 지번, 지목, 면적
- 경계점좌표
- 소유자의 성명 또는 명칭, 주소 및 주민등록번호
- 소유권지분, 대지권 비율
- 지상건축물 및 지하건축물의 위치
- 그 밖에 국토교통부령으로 정하는 사항

④ 경계가 확정되지 아니하고 사업 완료 공고가 된 토지에 대하여는 대통령령으로 정하는 바에 따라 "경계 미확정 토지"라고 기재하고 지적공부를 정리할 수 있으며, 경계가 확정될 때까지 지적측량을 정지시킬 수 있다.

2.6.3. 등기촉탁

① 지적소관청은 새로이 지적공부를 작성하였을 때에는 지체 없이 관할등기소에 그 등기를 촉탁하여야 한다. 이 경우 그 등기촉탁은 국가가 자기를 위하여 하는 등기로 본다.

② 토지소유자나 이해관계인은 지적소관청이 등기촉탁을 지연하고 있는 경우에는 등기를 신청할 수 있다.

③ 등기에 관하여 필요한 사항은 대법원규칙으로 정한다.

2.6.4. 폐쇄된 지적공부의 관리

① 폐쇄된 지적공부는 영구히 보존하여야 한다.

② 폐쇄된 지적공부의 열람이나 그 등본의 발급에 관하여는 「공간정보의 구축 및 관리 등에 관한 법률」를 준용한다.

2.7. 지적재조사위원회

2.7.1. 중앙지적재조사위원회

지적재조사사업에 관한 주요 정책을 심의·의결하기 위하여 국토교통부장관 소속으로 중앙지적재조사위원회를 둔다.

(1) 중앙위원회 구성

① 위원장 및 부위원장 각 1명을 포함한 15명 이상 20명 이하의 위원으로 구성한다.
② 중앙위원회의 위원장은 국토교통부장관이 되며, 부위원장은 위원 중에서 위원장이 지명한다.
③ 중앙위원회의 위원은 다음에 해당하는 사람 중에서 위원장이 임명 또는 위촉한다.

- 기획재정부·법무부·행정안전부 또는 국토교통부의 1급부터 3급까지 상당의 공무원 또는 고위공무원단에 속하는 공무원
- 판사·검사 또는 변호사
- 법학이나 지적 또는 측량 분야의 교수로 재직하고 있거나 있었던 사람
- 그 밖에 지적재조사사업에 관하여 전문성을 갖춘 사람

④ 중앙위원회의 위원 중 공무원이 아닌 위원의 임기는 2년으로 한다.
⑤ 중앙위원회는 재적위원 과반수의 출석과 출석위원 과반수의 찬성으로 의결한다.
⑥ 그 밖에 중앙위원회의 조직 및 운영 등에 관하여 필요한 사항은 대통령령으로 정한다.

(2) 중앙위원회 심의·의결 사항

① 기본계획의 수립 및 변경
② 관계 법령의 제정·개정 및 제도의 개선에 관한 사항
③ 그 밖에 지적재조사사업에 필요하여 중앙위원회의 위원장이 회의에 부치는 사항

2.7.2. 시·도 지적재조사위원회

시·도의 지적재조사사업에 관한 주요 정책을 심의·의결하기 위하여 시·도지사 소속으로 시·도 지적재조사위원회를 둘 수 있다.

(1) 시·도 위원회 구성

① 위원장 및 부위원장 각 1명을 포함한 10명 이내의 위원으로 구성한다.
② 시·도 위원회의 위원장은 시·도지사가 되며, 부위원장은 위원 중에서 위원장이 지명한다.
③ 시·도 위원회의 위원은 다음에 해당하는 사람 중에서 위원장이 임명 또는 위촉한다.

- 해당 시·도의 3급 이상 공무원
- 판사·검사 또는 변호사
- 법학이나 지적 또는 측량 분야의 교수로 재직하고 있거나 있었던 사람
- 그 밖에 지적재조사사업에 관하여 전문성을 갖춘 사람

④ 시·도 위원회의 위원 중 공무원이 아닌 위원의 임기는 2년으로 한다.

⑤ 시·도 위원회는 재적위원 과반수의 출석과 출석위원 과반수의 찬성으로 의결한다.
⑥ 그 밖에 시·도 위원회의 조직 및 운영 등에 관하여 필요한 사항은 해당 시·도의 조례로 정한다.

(2) 시·도 위원회 심의·의결 사항

① 지적소관청이 수립한 실시계획
② 시·도종합계획의 수립 및 변경
③ 지적재조사지구의 지정 및 변경
④ 시·군·구별 지적재조사사업의 우선순위 조정
⑤ 그 밖에 지적재조사사업에 필요하여 시·도 위원회의 위원장이 회의에 부치는 사항

2.7.3. 시·군·구 지적재조사위원회

시·군·구의 지적재조사사업에 관한 주요 정책을 심의·의결하기 위하여 지적소관청 소속으로 시·군·구 지적재조사위원회를 둘 수 있다.

(1) 시·군·구 위원회 구성

① 위원장 및 부위원장 각 1명을 포함한 10명 이내의 위원으로 구성한다.
② 시·군·구 위원회의 위원장은 시장·군수 또는 구청장이 되며, 부위원장은 위원 중에서 위원장이 지명한다.
③ 시·군·구 위원회의 위원은 다음에 해당하는 사람 중에서 위원장이 임명 또는 위촉한다.
- 해당 시·군·구의 5급 이상 공무원
- 해당 지적재조사지구의 읍장·면장·동장
- 판사·검사 또는 변호사
- 법학이나 지적 또는 측량 분야의 교수로 재직하고 있거나 있었던 사람
- 그 밖에 지적재조사사업에 관하여 전문성을 갖춘 사람

④ 시·군·구 위원회의 위원 중 공무원이 아닌 위원의 임기는 2년으로 한다.
⑤ 시·군·구 위원회는 재적위원 과반수의 출석과 출석위원 과반수의 찬성으로 의결한다.
⑥ 그 밖에 시·군·구 위원회의 조직 및 운영 등에 관하여 필요한 사항은 해당 시·군·구의 조례로 정한다.

(2) 시·군·구 위원회 심의·의결 사항

① 경계복원측량 또는 지적공부정리의 허용 여부
② 목의 변경
③ 조정금의 산정
④ 조정금 이의신청에 관한 결정
⑤ 그 밖에 지적재조사사업에 필요하여 시·군·구 위원회의 위원장이 회의에 부치는 사항

2.7.4. 경계결정위원회

지적소관청 소속으로 경계결정위원회를 둔다.

(1) 경계결정위원회 구성

① 위원장 및 부위원장 각 1명을 포함한 11명 이내의 위원으로 구성한다.

② 경계결정위원회의 위원장은 위원인 판사가 되며, 부위원장은 위원 중에서 지적소관청이 지정한다.

③ 경계결정위원회의 위원은 다음에서 정하는 사람이 된다.

- 관할 지방법원장이 지명하는 판사
- 다음에 해당하는 사람으로서 지적소관청이 임명 또는 위촉하는 사람
  - –. 지적소관청 소속 5급 이상 공무원
  - –. 변호사, 법학교수, 그 밖에 법률지식이 풍부한 사람
  - –. 지적측량기술자, 감정평가사, 그 밖에 지적재조사사업에 관한 전문성을 갖춘 사람
- 각 지적재조사지구의 토지소유자(토지소유자협의회가 구성된 경우에는 토지소유자협의회가 추천하는 사람을 말한다)
- 각 지적재조사지구의 읍장·면장·동장
- 지적재조사지구의 토지소유자 및 각 지적재조사지구의 읍장·면장·동장의 위원은 해당 지적재조사지구에 관한 안건인 경우에 위원으로 참석할 수 있

④ 경계결정위원회의 위원에는 지적재조사지구의 토지소유자에 해당하는 위원이 반드시 포함되어야 한다.

⑤ 경계결정위원회의 위원 중 공무원이 아닌 위원의 임기는 2년으로 한다.

⑥ 경계결정위원회는 직권 또는 토지소유자나 이해관계인의 신청에 따라 사실조사를 하거나 신청인 또는 토지소유자나 이해관계인에게 필요한 서류의 제출을 요청할 수 있다.

⑦ 지적소관청의 소속 공무원으로 하여금 사실조사를 하게 할 수 있다.

⑧ 토지소유자나 이해관계인은 경계결정위원회에 출석하여 의견을 진술하거나 필요한 증빙서류를 제출할 수 있다.

⑨ 경계결정위원회의 결정 또는 의결은 문서로써 재적위원 과반수의 찬성이 있어야 한다.

⑩ 결정서 또는 의결서에는 주문, 결정 또는 의결 이유, 결정 또는 의결 일자 및 결정 또는 의결에 참여한 위원의 성명을 기재하고, 결정 또는 의결에 참여한 위원 전원이 서명날인하여야 한다.

⑪ 서명날인을 거부하거나 서명날인을 할 수 없는 부득이한 사유가 있는 위원의 경우 해당 위원의 서명날인을 생략하고 그 사유만을 기재할 수 있다.

⑫ 경계결정위원회의 조직 및 운영 등에 관하여 필요한 사항은 해당 시·군·구의 조례로 정한다.

(2) 의결사항

① 경계설정에 관한 결정

② 경계설정에 따른 이의신청에 관한 결정

2.8. 벌칙 및 공개시스템

2.8.1. 벌칙

(1) 벌금

① 지적재조사사업을 위한 지적측량을 고의로 진실에 반하게 측량하거나 지적재조사사업 성과를 거짓으로 등록을 한 자는 2년 이하의 징역 또는 2천만 원 이하의 벌금에 처한다.

② 지적재조사사업 중에 알게 된 타인의 비밀을 누설하거나 사용한 자는 1년 이하의 징역 또는 1천만 원 이하의 벌금에 처한다.

(2) 과태료

① 300만원 이하의 과태료 부과

- 임시경계점표지 또는 경계점표지를 이전 또는 파손하거나 그 효용을 해치는 행위를 한 자
- 지적재조사사업을 정당한 이유 없이 방해한 자

② 과태료는 대통령령으로 정하는 바에 따라 국토교통부장관, 시·도지사 또는 지적소관청이 부과·징수한다.

2.8.2. 공개시스템

(1) 공개시스템의 구축·운영

① 국토교통부장관은 공개시스템을 개발하여 시·도지사 및 지적소관청에 보급하여야 한다.

② 국토교통부장관은 공개시스템을 「전자정부법」에 따른 행정정보의 공동이용과 연계하거나 정보의 공동활용체계를 구축할 수 있다.

③ 공개시스템의 구축 및 운영에 필요한 사항은 국토교통부장관이 정하여 고시한다.

(2) 공개시스템 입력 정보

시·도지사 및 지적소관청은 토지소유자 등이 지적재조사 사업과 관련한 정보를 인터넷 등을 통하여 실시간 열람할 수 있도록 다음 사항을 공개시스템에 입력하여야 한다.

① 실시계획 및 사업지구

② 일필지조사

③ 지적재조사측량 및 경계의 확정

④ 조정금의 산정, 징수 및 지급

⑤ 새로운 지적공부 및 등기촉탁

⑥ 건축물 위치 및 건물 표시

⑦ 토지와 건물에 대한 개별공시지가, 개별주택가격, 공동주택가격 및 부동산 실거래가격

⑧ 「토지이용규제 기본법」에 따른 토지이용규제

⑨ 그 밖에 국토교통부장관이 필요하다고 인정하는 사항

핵 / 심 / 문 / 제

Chapter 02 지적재조사에 관한 특별법

1. 지적재조사 사업에 관한 사항이 규정된 법으로 옳은 것은?

① 1950년 제정 지적법
② 1975년 제1차 전문개정 지적법
③ 2001년 제2차 전문개정 지적법
④ 2003년 일부 개정 지적법

| 해설 |

2003년 12월 31일 법률 제7036호로 일부 개정된 지적법 제3조의 2 "국가는 토지의 효율적인 관리를 위하여 지적재조사 사업을 시행할 수 있다."라고 규정하고 있다.

정답 ④

2. 지적재조사 사업을 하고자 하는 목적으로 가장 적합한 것은?

① 정확한 과세부과 ② 행정구역의 조정
③ 합리적인 토지개발 ④ 효율적인 토지관리

| 해설 |

토지의 실제 현황과 일치하지 아니하는 지적공부의 등록사항을 바로 잡고 종이에 구현된 지적을 디지털 지적으로 전환함으로써 국토를 효율적으로 관리함과 아울러 국민의 재산권 보호에 기여함을 목적으로 한다.

정답 ④

3. 지적재조사 사업에 관한 기본계획 수립 시 포함하여야 하는 사항으로 옳지 않은 것은?

① 지적재조사 사업의 시행 기간
② 지적재조사 사업에 관한 기본방향
③ 지적재조사 사업비의 시·군별 배분 계획
④ 지적재조사 사업에 필요한 인력 확보계획

| 해설 |

다음 사항이 포함된 지적재조사사업에 관한 기본계획을 수립하여야 한다.

① 지적재조사 사업에 관한 기본방향
② 지적재조사 사업의 시행기간 및 규모
③ 지적재조사 사업비의 연도별 집행계획
④ 지적재조사사업비의 특별시·광역시·도·특별자치도·특별자치시 및 「지방자치법」에 따른 대도시로서 구(區)를 둔 시("시·도")별 배분 계획
⑤ 지적재조사 사업에 필요한 인력의 확보에 관한 계획
⑥ 그 밖에 지적재조사사업의 효율적 시행을 위하여 필요한 사항으로서 대통령령으로 정하는 사항

정답 ③

4. 기본계획의 수립에 관한 내용 중 옳지 않은 것은?

① 시·도지사는 기본계획안을 송부받았을 때는 지체없이 지적소관청에 송부하여 그 의견을 들어야 한다.
② 지적소관청은 기본계획안을 송부받은 날부터 60일 이내에 시·도지사에게 의견을 제출하여야 한다.
③ 시·도지사는 기본계획안을 송부받은 날부터 30일 이내에 지적소관청의 의견에 자신의 의견을 첨부하여 국토교통부장관에게 제출해야 한다.
④ 국토교통부장관은 기본계획이 수립된 날부터 5년이 지나면 그 타당성을 다시 검토해야 한다.

| 해설 |

① 지적소관청은 기본계획안을 송부받은 날부터 20일 이내에 시·도지사에게 의견을 제출하여야 한다.
② 시·도지사는 기본계획안을 송부받은 날부터 30일 이내에 지적소관청의 의견에 자신의 의견을 첨부하여 국토교통부장관에게 제출하여야 한다.

정답 ②

5. 국토교통부장관은 지적재조사 사업의 기본계획 수립 후 몇 년 뒤에 그 타당성을 검토해야 하는가?

① 2년 ② 3년 ③ 5년 ④ 10년

| 해설 |

국토교통부장관은 기본계획이 수립된 날부터 5년이 지나면 그 타당성을 다시 검토하고 필요하면 이를 변경하여야 한다.

정답 ③

6. 지적소관청은 기본계획안을 송부받은 날부터 며칠 이내에 시·도지사에게 의견을 제출하여야 하는가?

① 20일 이내 ② 30일 이내
③ 15일 이내 ④ 60일 이내

| 해설 |

지적소관청은 기본계획안을 송부받은 날부터 20일 이내에 시·도지사에게 의견을 제출하여야 한다.

정답 ①

7. 시·도지사는 기본계획을 토대로 지적재조사 사업에 관한 시·도종합계획을 수립할 경우 포함되어야 하는 사항으로 틀린 것은?

① 지적재조사지구 지정의 세부 기준
② 지적재조사 사업의 연도별·지적소관청별 사업량
③ 지적재조사 사업비의 분기별 추산액
④ 지적재조사 사업의 교육과 홍보에 관한 사항

| 해설 |

시·도지사는 기본계획을 토대로 다음 사항이 포함된 지적재조사사업에 관한 종합계획을 수립하여야 한다.

① 지적재조사지구 지정의 세부 기준
② 지적재조사 사업의 연도별·지적소관청별 사업량
③ 지적재조사 사업비의 연도별 추산액
④ 지적재조사 사업비의 지적소관청별 배분 계획
⑤ 지적재조사 사업에 필요한 인력의 확보에 관한 계획
⑥ 지적재조사 사업의 교육과 홍보에 관한 사항
⑦ 그 밖에 시·도의 지적재조사사업을 위하여 필요한 사항

정답 ③

8. 지적소관청은 시·도종합계획을 통지받아 지적재조사 사업에 관한 실시계획을 수립할 경우 포함되어야 할 사항으로 틀린 것은?

① 지적재조사 사업의 시행자
② 지적재조사지구의 명칭
③ 지적재조사지구의 소유자
④ 토지현황조사에 관한 사항

| 해설 |

지적소관청은 시·도종합계획을 통지받았을 때에는 다음 사항이 포함된 지적재조사사업에 관한 실시계획을 수립하여야 한다.

① 지적재조사사업의 시행자
② 지적재조사지구의 명칭
③ 지적재조사지구의 위치 및 면적
④ 지적재조사사업의 시행시기 및 기간
⑤ 지적재조사사업비의 추산액
⑥ 토지현황조사에 관한 사항
⑦ 그 밖에 지적재조사사업의 시행을 위하여 필요한 사항으로서 대통령령으로 정하는 사항

정답 ③

9. 지적재조사 사업의 시행자로 옳은 것은?

① 한국국토정보공사 ② 지적소관청
③ 국토교통부장관 ④ 지적측량수행자

| 해설 |

지적재조사사업의 시행자

① 지적재조사사업은 지적소관청이 시행한다.
② 지적소관청은 지적재조사사업의 측량·조사 등을 책임수행기관에 위탁할 수 있다.
③ 지적소관청이 지적재조사사업의 측량·조사 등을 책임수행기관에 위탁한 때에는 대통령령으로 정하는 바에 따라 이를 고시하여야 한다.

정답 ②

10. 지적재조사 사업의 책임수행기관에 지적재조사사업의 측량·조사 등을 위탁한 때에는 공보에 고시할 사항으로 옳지 않은 것은?

① 책임수행기관의 명칭
② 지적재조사지구의 위치 및 면적
③ 지적재조사지구의 필지별 면적
④ 책임수행기관에 위탁할 측량·조사에 관한 사항

| 해설 |

지적소관청은 책임수행기관에 지적재조사사업의 측량·조사 등을 위탁한 때에는 다음 사항을 공보에 고시해야 한다.

① 책임수행기관의 명칭
② 지적재조사지구의 명칭
③ 지적재조사지구의 위치 및 면적
④ 책임수행기관에 위탁할 측량·조사에 관한 사항

정답 ③

11. 지적재조사지구의 지정에 관한 내용으로 옳지 않은 것은?

① 지적소관청은 실시계획을 수립하여 시·도지사에게 신청하여야 한다.
② 지적재조사지구의 토지소유자 총수 3분의 2 이상과 면적 3분의 2 이상에 동의해야 한다.
③ 토지소유자협의회나 토지소유자 총수의 3분의 2 이상 동의가 있는 지적재조사지구는 우선하여 지정한다.
④ 지적소관청은 실시계획을 30일 이상 주민에게 공람하여야 한다.

| 해설 |

지적재조사지구의 지정

① 지적소관청은 실시계획을 수립하여 시·도지사에게 지적재조사지구 지정신청을 하여야 한다.
② 지적소관청이 시·도지사에게 지적재조사지구 지정을 신청하고자 할 때에는 다음 사항을 고려하여 지적재조사지구 토지소유자(국유지·공유지의 경우에는 그 재산관리청을 말한다.) 총수의 3분의 2 이상과 토지면적 3분의 2 이상에 해당하는 토지소유자의 동의를 받아야 한다.
③ 지적소관청은 지적재조사지구에 토지소유자협의회가 구성되어 있고 토지소유자 총수의 4분의 3 이상의 동의가 있는 지구에 대하여는 우선하여 지적재조사지구로 지정을 신청할 수 있다.
④ 시·도지사는 지적재조사지구를 지정할 때에는 시·도 지적재조사위원회의 심의를 거쳐야 한다.

정답 ③

12. 「지적재조사에 관한 특별법」상 지적소관청이 지적재조사지구의 지정을 신청하고자 할 때, 그에 대한 설명으로 옳지 않은 것은?

① 시·도지사는 사업지구를 지정할 때에는 시·도 지적재조사 위원회의 심의를 거쳐야 한다.
② 사업지구 토지소유자 총수의 3/5 이상의 동의가 있는 지구에 대하여는 우선하여 사업지구로의 지정을 신청할 수 있다.
③ 사업지구 토지소유자 총수의 2/3 이상과 토지면적의 2/3 이상에 해당하는 토지소유자의 동의를 받아야 한다.
④ 실시계획 수립내용을 주민에게 서면으로 통보한 후 주민설명회를 개최하고 실시계획을 30일 이상 주민에게 공람하여야 한다.

| 해설 |

지적소관청이 시·도지사에게 지적재조사지구 지정을 신청하고자 할 때에는 다음 사항을 고려하여 지적재조사지구 토지소유자(국유지·공유지의 경우에는 그 재산관리청을 말한다.) 총수의 3분의 2 이상과 토지면적 3분의 2 이상에 해당하는 토지소유자의 동의를 받아야 한다.

정답 ②

13. 지적소관청은 지적재조사지구 지정·고시를 한 날부터 토지현황조사 및 지적재조사측량을 몇 년 이내에 시행해야 하는가?

① 1년 ② 2년 ③ 3년 ④ 5년

| 해설 |

지적소관청은 지적재조사지구 지정고시를 한 날부터 2년 이내에 토지현황조사 및 지적재조사를 위한 지적측량("지적재조사측량")을 시행하여야 한다.

정답 ②

14. 지적재조사 사업에 따른 토지현황조사에 대한 설명으로 옳지 않은 것은?

① 지적재조사지구 지정·고시가 있으면 그 지적재조사지구의 토지를 대상으로 토지현황조사를 하여야 한다.
② 토지현황조사는 지적재조사측량과 동시에 시행할 수 있다.
③ 토지현황조사를 할 때는 소유자, 지번, 지목, 경계 또는 좌표, 지상 건축물 및 지하건축물의 위치, 개별공시지가 등을 기재한 토지현황조사서를 작성하여야 한다.
④ 토지현황조사는 사전 조사와 현지 조사로 구분하여 실시할 수 있다.

| 해설 |

지적소관청은 실시계획을 수립한 때에는 지적재조사 예정지구임이 지적공부에 등록된 토지를 대상으로 토지현황조사를 하여야 한다.

정답 ①

15. 지적소관청이 토지의 이동현황을 직권으로 조사·측량하여 토지의 지번·지목·면적·경계 또는 좌표를 결정하고자 하는 때에 토지이동현황조사계획 수립기준으로 옳은 것은?

① 시·도별로 수립한다.
② 시·군·구별로 수립한다.
③ 한국국토정보공사의 지사별로 수립한다.
④ 측량수행자가 수립하여 지적소관청에 보고한다.

| 해설 |

지적소관청은 토지의 이동현황을 직권으로 조사·측량하여 토지의 지번·지목·면적·경계 또는 좌표를 결정하려는 때에는 토지이동현황 조사계획을 수립하여야 한다. 이 경우 토지이동현황 조사계획은 시·군·구별로 수립하되, 부득이한 사유가 있는 때는 읍·면·동별로 수립할 수 있다.

정답 ②

16. 지적소관청이 토지이동현황 조사계획을 수립하는 단위는?

① 도 단위 ② 시 단위
③ 시·도 단위 ④ 시·군·구 단위

| 해설 |

토지이동현황 조사계획은 시·군·구별로 수립하되, 부득이한 사유가 있는 때에는 읍·면·동별로 수립할 수 있다.

정답 ④

17. 지적재조사 사업을 시행하기 위하여 필지별로 소유자, 지번, 지목, 면적, 경계 또는 좌표, 지상건축물 및 지하건축물의 위치, 개별공시지가 등을 조사하는 것으로 옳은 것은?

① 지적재조사 사업 ② 지적공부
③ 토지현황조사 ④ 지적소관청

| 해설 |

토지현황조사란 지적재조사 사업을 시행하기 위하여 필지별로 소유자, 지번, 지목, 면적, 경계 또는 좌표, 지상건축물 및 지하건축물의 위치, 개별공시지가 등을 조사하는 것을 말한다.

정답 ③

18. 토지현황조사를 지적재조사지구의 필지별로 조사할 경우 조사사항에 해당하지 않는 것은?

① 토지이용계획에 관한 사항
② 토지의 지목에 관한 사항
③ 토지이용 현황 및 건축물 현황
④ 지하시설물(지하구조물) 등에 관한 사항

| 해설 |

토지현황조사는 지적재조사지구의 필지별 조사사항
① 토지에 관한 사항, 건축물에 관한 사항
② 토지이용계획에 관한 사항, 토지이용 현황 및 건축물 현황
③ 지하시설물(지하구조물) 등에 관한 사항
④ 그 밖에 국토교통부장관이 토지현황조사와 관련하여 필요하다고 인정하는 사항

정답 ②

19. 지적재조사지구 지정·고시가 있으면 경계복원측량 또는 지적공부 정리를 할 수 있는 것이 아닌 것은?

① 지적재조사 사업의 시행을 위하여 경계복원측량을 하는 경우
② 법원의 판결 또는 결정에 따라 경계복원측량 또는 지적공부 정리를 하는 경우
③ 토지소유자의 신청에 따라 시·군·구 지적재조사위원회가 경계복원측량 또는 지적공부 정리가 필요하다고 결정하는 경우
④ 「공간정보의 구축 및 관리 등에 관한 법률」에 따라 경계점을 지상에 복원하기 위하여 시행하는 경계복원측량

| 해설 |

지적재조사지구 지정 고시가 있으면 해당 지적재조사지구 내의 토지에 대해서는 사업완료 공고 전까지 다음의 행위를 할 수 없다.
① 경계점을 지상에 복원하기 위하여 하는 지적측량(경계복원측량)
② 지적공부의 정리

정답 ④

20. 토지소유자협의회에 대한 설명으로 옳지 않은 것은?

① 토지소유자협의회는 위원장을 포함한 5명 이상 20명 이하의 위원으로 구성한다.
② 토지소유자협의회의 위원은 그 지적재조사지구에 있는 토지소유자가 아니어도 된다.
③ 토지소유자협의회의 위원장은 위원 중에서 호선한다.
④ 토지면적 2분의 1 이상에 해당하는 토지소유자의 동의를 받아 토지소유자협의회를 구성할 수 있다.

| 해설 |

토지소유자협의회의 위원은 그 지적재조사지구에 있는 토지의 소유자이어야 하며, 위원장은 위원 중에서 호선한다.

정답 ②

21. 토지소유자협회 구성의 요건으로 옳은 것은?

① 토지소유자 총수의 1/3 이상과 토지면적 2/3 이상에 해당하는 토지소유자의 동의
② 토지소유자 총수의 2/3 이상과 토지면적 1/3 이상에 해당하는 토지소유자의 동의
③ 토지소유자 총수의 1/2 이상과 토지면적 1/2 이상에 해당하는 토지소유자의 동의
④ 토지소유자 총수의 2/3 이상과 토지면적 2/3 이상에 해당하는 토지소유자의 동의

| 해설 |

지적재조사지구의 토지소유자는 토지소유자 총수의 2분의 1 이상과 토지면적 2분의 1 이상에 해당하는 토지소유자의 동의를 받아 토지소유자협의회를 구성할 수 있다.

정답 ③

22. 토지소유자협의회를 구성할 때 토지소유자 수 및 동의자 수 산정기준에 대한 설명으로 옳지 않은 것은?

① 1필지의 토지가 수인의 공유에 속할 때에는 그 수인을 대표하는 1인을 토지소유자로 산정할 것
② 1인이 다수 필지의 토지를 소유하고 있는 경우에는 필지 수와 관계없이 토지소유자를 1인으로 산정할 것
③ 1필지의 토지가 3인의 공유에 속할 때는 그 3인을 대표자로 산정할 것
④ 토지 등기부 및 토지대장·임야대장에 소유자로 등재될 당시 주민등록번호의 기재가 없거나 기재된 주소가 현재 주소와 다른 경우 또는 소재가 확인되지 아니한 자는 토지소유자의 수에서 제외할 것

| 해설 |

토지소유자협의회를 구성할 때 토지소유자 수 및 동의자 수 산정기준
① 1필지의 토지가 수인의 공유에 속할 때에는 그 수인을 대표하는 1인을 토지소유자로 산정한다.
② 1인이 다수 필지의 토지를 소유하고 있는 경우에는 필지 수에 관계없이 토지소유자를 1인으로 산정한다.
③ 토지등기부 및 토지대장·임야대장에 소유자로 등재될 당시 주민등록번호의 기재가 없거나 기재된 주소가 현재 주소와 다른 경우 또는 소재가 확인되지 아니한 자는 토지소유자의 수에서 제외한다.

정답 ③

23. 토지소유자협의회의 기능으로 옳지 않은 것은?

① 지적소관청에 대한 우선 지적재조사지구의 신청
② 토지현황조사에 대한 입회
③ 임시경계점 표지 및 경계점표지의 설치에 대한 입회
④ 지적소관청이 수립한 실시계획 심사

| 해설 |

토지소유자협의회의 기능
① 지적소관청에 대한 지적재조사지구의 신청
② 토지현황조사에 대한 참관
③ 임시경계점표지 및 경계점표지의 설치에 대한 참관
④ 조정금 산정기준에 대한 의견 제출
⑤ 경계결정위원회 위원의 추천

정답 ④

24. 경계설정의 기준에 대한 설명으로 틀린 것은?

① 지상경계에 대하여 다툼이 없는 경우 토지소유자가 점유하는 토지의 현실경계
② 지상경계에 대하여 다툼이 있는 경우 등록할 때의 측량기록을 조사한 경계
③ 지방관습에 의한 경계
④ 경계결정위원회에서 결정한 경계

| 해설 |

지적재조사를 위한 경계설정 순위
① 지상경계에 대하여 다툼이 없는 경우 토지소유자가 점유하는 토지의 현실경계
② 지상경계에 대하여 다툼이 있는 경우 등록할 때의 측량기록을 조사한 경계
③ 지방관습에 의한 경계

정답 ④

25. 경계의 결정에 대한 설명으로 옳지 않은 것은?

① 지적재조사에 따른 경계설정은 경계결정위원회의 의결을 거쳐 결정한다.
② 경계결정위원회는 지적확정예정 조서를 제출받은 날부터 30일 이내에 경계에 관한 결정을 하고 이를 지적소관청에 통지하여야 한다.
③ 토지소유자나 이해관계인은 경계결정위원회에 참석하여 의견을 진술할 수 있다.
④ 경계결정위원회는 경계에 관한 결정을 하기에 앞서 경계에 관한 합의를 권고할 수 없다.

| 해설 |

경계결정위원회는 경계에 관한 결정을 하기에 앞서 토지소유자들로 하여금 경계에 관한 합의를 하도록 권고할 수 있다.

정답 ④

26. 지적재조사 사업에서 경계에 관한 결정을 통지받은 토지소유자나 이해관계인이 이에 대하여 불복하는 경우 지적소관청에 이의신청 기간으로 옳은 것은?

① 30일 이내 ② 60일 이내
③ 90일 이내 ④ 120일 이내

| 해설 |

경계에 관한 결정을 통지받은 토지소유자나 이해관계인이 이에 대하여 불복하는 경우에는 통지를 받은 날부터 60일 이내에 지적소관청에 이의신청할 수 있다.

정답 ②

27. 지적재조사 사업에 따른 경계 확정시기로 옳지 않은 것은?

① 이의신청 기간에 이의를 신청하지 아니하였을 때
② 경계결정위원회의 의결을 거쳐 결정되었을 때
③ 이의신청에 대한 결정에 대하여 30일 이내에 불복의사를 표명하지 아니하였을 때
④ 이의신청에 대한 결정에 불복하여 행정소송을 제기한 경우 그 판결이 확정되었을 때

| 해설 |

지적재조사사업에 따른 경계 확정시기
① 이의신청 기간에 이의를 신청하지 아니하였을 때
② 이의신청에 관한 결정에 대하여 60일 이내에 불복의사를 표명하지 아니하였을 때
③ 경계에 관한 결정이나 이의신청에 관한 결정에 불복하여 행정소송을 제기한 경우에는 그 판결이 확정되었을 때

정답 ③

28. 지적재조사에 관한 특별법상 납부 고지된 조정금에 이의가 있는 토지소유자는 납부 고지를 받은 날부터 며칠 이내에 지적소관청에 이의신청할 수 있는가?

① 7일 ② 15일
③ 30일 ④ 60일

| 해설 |

수령통지 또는 납부 고지된 조정금에 이의가 있는 토지소유자는 수령통지 또는 납부 고지를 받은 날부터 60일 이내에 지적소관청에 이의신청할 수 있다.

정답 ④

29. 경계점표지등록부의 등록사항으로 옳지 않은 것은?

① 토지의 소재, 지번, 지목
② 작성자의 소속·직급(직위)·성명
③ 경계설정기준 및 경계형태
④ 건물 현황

| 해설 |

지상경계점등록부 등록사항
① 토지의 소재, 지번, 지목, 작성일, 위치도
② 경계점 번호 및 표지 종류, 경계설정 기준 및 경계형태
③ 경계 위치, 경계점 세부설명 및 관련 자료
④ 작성자의 소속·직급(직위)·성명, 확인자의 직급·성명

정답 ④

30. 지적소관청은 지적재조사 사업 완료 공고를 한때에는 다음의 서류를 14일 이상 일반인이 공람할 수 있도록 하여야 한다. 해당하지 않는 것은?

① 새로 작성한 지적공부
② 경계점좌표등록부
③ 지상경계점등록부
④ 측량성과 결정을 위하여 취득한 측량기록물

| 해설 |

지적소관청은 공고를 한 때에는 다음의 서류를 14일 이상 일반인이 공람할 수 있도록 하여야 한다.
① 새로 작성한 지적공부
② 지상경계점등록부
③ 측량성과 결정을 위하여 취득한 측량기록물

정답 ②

31. 새로이 작성하는 지적공부의 등록사항에 해당하지 않은 것은?

① 토지의 소재　② 경계점좌표
③ 소유권지분　④ 등록연월일

| 해설 |

새로이 작성하는 지적공부 등록사항
① 토지의 소재, 지번, 지목, 면적, 경계점좌표
② 소유자의 성명 또는 명칭, 주소 및 주민등록번호
③ 소유권지분, 대지권비율
④ 지상건축물 및 지하건축물의 위치

정답 ④

32. 지적재조사 사업을 완료한 경우 새로운 지적공부를 작성하여야 한다. 이 경우 토지의 이동이 있는 것으로 보는 기준으로 옳은 것은?

① 경계결정위원회의 결정일
② 등기 완료통지서 접수일
③ 지적공부 정리일
④ 사업 완료 공고일

| 해설 |

지적소관청은 사업 완료 공고가 있었을 때는 기존의 지적공부를 폐쇄하고 새로운 지적공부를 작성하여야 한다. 이 경우 그 토지는 사업 완료 공고일에 토지의 이동이 있는 것으로 본다.

정답 ④

33. 중앙지적재조사위원회의 구성에 대한 설명으로 틀린 것은?

① 중앙위원회는 위원장 및 부위원장 각 1명을 포함한 15명 이상 20명 이하의 위원으로 구성한다.
② 중앙위원회의 위원장은 국토교통부장관이 되며, 부위원장은 위원 중에서 국토교통부 장관이 지명한다.
③ 중앙위원회의 위원은 판사·검사 또는 변호사 중에서 위원장이 임명 또는 위촉한다.
④ 중앙위원회는 법학이나 지적 또는 측량 분야의 교수로 재직하고 있거나 있었던 사람을 위원으로 구성한다.

| 해설 |

중앙위원회의 위원장은 국토교통부장관이 되며, 부위원장은 위원 중에서 위원장이 지명한다.

정답 ②

34. 중앙지적재조사위원회의 심의·의결사항으로 틀린 것은?

① 기본계획의 수립 및 변경
② 관계 법령의 제정·개정 및 제도의 개선에 관한 사항
③ 새로운 지적공부 등 등기신청에 필요한 지적 관련 서류
④ 지적재조사 사업에 필요하여 중앙위원회의 위원장이 부의하는 사항.

| 해설 |

중앙위원회 심의·의결 사항.
① 기본계획의 수립 및 변경
② 관계 법령의 제정·개정 및 제도의 개선에 관한 사항
③ 그 밖에 지적재조사사업에 필요하여 중앙위원회의 위원장이 회의에 부치는 사항

정답 ③

35. 지적재조사위원회에 관한 내용으로 옳지 않은 것은?(단 위원의 임기는 공무원이 아닌 위원의 임기이다.)

	중앙지적재조사위원회	시·도 지적재조사위원회	시·군·구 지적재조사위원회
① 위원장	국토교통부장관	시·도지사	시장·군수·구청장
② 위원	10명 이상 15명 이하	15명 이내	15명 이내
③ 위원의 임기	2년	2년	2년
④ 심의·의결	기본계획의 수립 및 변경	지적소관청이 수립한 실시계획	조정금 이의신청에 관한 결정

| 해설 |

중앙지적재조사위원회는 15명 이상 20명 이하, 시·도 지적재조사위원회는 10명 이내, 시·군·구 지적재조사위원회는 10명 이내이다.

정답 ②

36. 시·군·구 지적재조사위원회의 위원 중 공무원이 아닌 위원의 임기는?

① 2년 ② 3년 ③ 4년 ④ 5년

| 해설 |

시·군·구 위원회의 위원 중 공무원이 아닌 위원의 임기는 2년으로 한다.

정답 ①

37. 지적재조사 사업에 따른 경계결정위원회의 구성에 대한 설명으로 틀린 것은?

① 경계결정위원회는 위원장과 부위원장 각 1명을 포함한 11명 이내의 위원으로 구성한다.

② 경계결정위원회의 위원장은 위원인 판사가 되며, 부위원장은 위원 중에서 지적소관청이 지정한다.

③ 경계결정위원회의 위원에는 각 지적재조사지구의 토지소유자가 반드시 포함되어야 한다.

④ 위원 중 공무원이 아닌 위원의 임기는 3년으로 한다.

| 해설 |

경계결정위원회의 위원 중 공무원이 아닌 위원의 임기는 2년으로 한다.

정답 ④

38. 경계결정위원회의 위원 중 반드시 포함되어야 하는 자는?

① 관할 지방법원장이 지명하는 판사

② 각 지적재조사지구의 토지소유자

③ 지적소관청 소속 5급 이상 공무원

④ 각 지적재조사지구의 읍장, 면장, 동장

| 해설 |

경계결정위원회의 위원에는 지적재조사지구의 토지소유자에 해당하는 위원이 반드시 포함되어야 한다.

정답 ②

39. 2년 이하의 징역 또는 2천만 원 이하의 벌칙으로 옳은 것은?

① 지적재조사 사업을 위한 지적측량을 고의로 진실에 반하게 측량하거나 지적재조사 사업성과를 거짓으로 등록을 한 자

② 지적재조사 사업 중에 알게 된 타인의 비밀을 누설하거나 사용한 자

③ 지적재조사 사업을 정당한 이유 없이 방해한 자

④ 임시경계점 표지 또는 경계점표지를 이전 또는 파손하거나 그 효용을 해치는 행위를 한 자

| 해설 |

지적재조사사업을 위한 지적측량을 고의로 진실에 반하게 측량하거나 지적재조사사업 성과를 거짓으로 등록을 한 자는 2년 이하의 징역 또는 2천만 원 이하의 벌금에 처한다.

정답 ①

40. 임시경계점표지 또는 경계점표지를 이전 또는 파손하거나 그 효용을 해치는 행위를 한 자에 대한 처분으로 옳은 것은?

① 3년 이하의 징역 또는 3천만 원 이하의 벌금

② 2년 이하의 징역 또는 2천만 원 이하의 벌금

③ 1년 이하의 징역 또는 1천만 원 이하의 벌금

④ 300만 원 이하의 과태료

| 해설 |

300만 원 이하의 과태료 부과

① 임시경계점표지 또는 경계점표지를 이전 또는 파손하거나 그 효용을 해치는 행위를 한 자

② 지적재조사사업을 정당한 이유 없이 방해한 자

정답 ④

41. 국토교통부장관이 지적재조사에 관한 권한의 전부·일부를 위임할 수 있는 기관이 아닌 것은?

① 중앙지적재조사위원회　② 소속 기관의 장
③ 시·도지사　④ 지적소관청

| 해설 |

국토교통부장관은 법에 따른 권한의 전부 또는 일부를 소속 기관의 장, 시·도지사 또는 지적소관청에 위임할 수 있다.

정답 ①

42. 지적재조사측량에 대한 설명으로 틀린 것은?

① 기초측량과 세부측량은 국가기준점 및 지적기준점을 기준으로 측정하여야 한다.
② 기초측량은 위성측량 및 토털스테이션 측량의 방법으로 한다.
③ 세부측량은 위성측량, 토털스테이션 측량 및 항공사진 측량 등의 방법으로 한다.
④ 세부측량은 위성측량, 토털스테이션 측량 및 전자평판 측량 등의 방법으로 한다.

| 해설 |

세부측량은 위성측량, 토털스테이션측량 및 항공사진측량 등의 방법으로 한다.

정답 ④

43. 지적재조사 측량성과와 지적재조사측량 성과검사의 연결교차로 옳은 것은?

① 지적기준점 : ±0.03cm, 경계점 : ±0.07cm
② 지적기준점 : ±0.07cm, 경계점 : ±0.03cm
③ 지적기준점 : ±0.03m, 경계점 : ±0.07m
④ 지적기준점 : ±0.07m, 경계점 : ±0.03m

| 해설 |

연결 교차가 지적기준점 ±0.03m, 경계점 ±0.07m 이내일 때는 지적재조사측량성과를 최종측량성과로 결정한다.

정답 ③

CHAPTER

03 국토의 계획 및 이용에 관한 법률

3.1. 개요

3.1.1. 목적

이 법은 국토의 이용·개발과 보전을 위한 계획의 수립 및 집행 등에 필요한 사항을 정하여 공공복리를 증진시키고 국민의 삶의 질을 향상시키는 것을 목적으로 한다.

3.1.2. 용어의 정의

① "광역도시계획"이란 지정된 광역계획권의 장기발전 방향을 제시하는 계획을 말한다.

② "도시·군 계획"이란 특별시·광역시·특별자치시·특별자치도·시 또는 군(광역시의 관할 구역에 있는 군은 제외)의 관할 구역에 대하여 수립하는 공간구조와 발전 방향에 대한 계획으로서 도시·군 기본계획과 도시·군 관리계획으로 구분한다.

③ "도시·군 기본계획"이란 특별시·광역시·특별자치시·특별자치도·시 또는 군의 관할 구역에 대하여 기본적인 공간구조와 장기발전 방향을 제시하는 종합계획으로서 도시·군 관리계획 수립의 지침이 되는 계획을 말한다.

④ "도시·군 관리계획"이란 특별시·광역시·특별자치시·특별자치도·시 또는 군의 개발·정비 및 보전을 위하여 수립하는 토지이용, 교통, 환경, 경관, 안전, 산업, 정보통신, 보건, 복지, 안보, 문화 등에 관한 다음의 계획을 말한다.

- 용도지역·용도지구의 지정 또는 변경에 관한 계획
- 개발제한구역, 도시자연공원구역, 시가화조정구역(市街化調整區域), 수산자원보호구역의 지정 또는 변경에 관한 계획
- 기반 시설의 설치·정비 또는 개량에 관한 계획
- 도시개발사업이나 정비사업에 관한 계획
- 지구단위계획구역의 지정 또는 변경에 관한 계획과 지구단위계획
- 입지규제최소구역의 지정 또는 변경에 관한 계획과 입지규제최소구역계획

⑤ "지구단위계획"이란 도시·군 계획수립 대상 지역의 일부에 대하여 토지이용을 합리화하고 그 기능을 증진시키며 미관을 개선하고 양호한 환경을 확보하며, 그 지역을 체계적·계획적으로 관리하기 위하여 수립하는 도시·군 관리계획을 말한다.

⑥ "입지규제최소구역계획"이란 입지규제최소구역에서의 토지의 이용 및 건축물의 용도·건폐율·용적률·높이 등의 제한에 관한 사항 등 입지규제최소구역의 관리에 필요한 사항을 정하기 위하여 수립하는 도시·군 관리계획을 말한다.

⑦ "도시·군 계획시설"이란 기반 시설 중 도시·군 관리계획으로 결정된 시설을 말한다.

⑧ "광역시설"이란 기반 시설 중 광역적인 정비체계가 필요한 다음의 시설로서 대통령령으로 정하는 시설을 말한다.

- 둘 이상의 특별시·광역시·특별자치시·특별자치도·시 또는 군의 관할 구역에 걸쳐 있는 시설
- 둘 이상의 특별시·광역시·특별자치시·특별자치도·시 또는 군이 공동으로 이용하는 시설

⑨ "공동구"란 전기·가스·수도 등의 공급설비, 통신시설, 하수도시설 등 지하매설물을 공동 수용함으로써 미관의 개선, 도로구조의 보전 및 교통의 원활한 소통을 위하여 지하에 설치하는 시설물을 말한다.

⑩ "도시·군 계획시설사업"이란 도시·군 계획시설을 설치·정비 또는 개량하는 사업을 말한다.

⑪ "도시·군 계획사업"이란 도시·군 관리계획을 시행하기 위한 다음의 사업을 말한다.

- 도시·군 계획시설사업
- 「도시개발법」에 따른 도시개발사업
- 「도시 및 주거환경정비법」에 따른 정비사업

⑫ "용도지역"이란 토지의 이용 및 건축물의 용도, 건폐율, 용적률, 높이 등을 제한함으로써 토지를 경제적·효율적으로 이용하고 공공복리의 증진을 도모하기 위하여 서로 중복되지 아니하게 도시·군 관리계획으로 결정하는 지역을 말한다.

⑬ "용도지구"란 토지의 이용 및 건축물의 용도·건폐율·용적률·높이 등에 대한 용도지역의 제한을 강화하거나 완화하여 적용함으로써 용도지역의 기능을 증진시키고 경관·안전 등을 도모하기 위하여 도시·군 관리계획으로 결정하는 지역을 말한다.

⑭ "용도구역"이란 토지의 이용 및 건축물의 용도·건폐율·용적률·높이 등에 대한 용도지역 및 용도지구의 제한을 강화하거나 완화하여 따로 정함으로써 시가지의 무질서한 확산방지, 계획적이고 단계적인 토지이용의 도모, 토지이용의 종합적 조정·관리 등을 위하여 도시·군 관리계획으로 결정하는 지역을 말한다.

3.1.3. 국토이용 및 관리의 기본원칙

국토는 자연환경의 보전과 자원의 효율적 활용을 통하여 환경적으로 건전하고 지속 가능한 발전을 이루기 위하여 다음의 목적을 이룰 수 있도록 이용되고 관리되어야 한다.

① 국민 생활과 경제활동에 필요한 토지 및 각종 시설물의 효율적 이용과 원활한 공급
② 자연환경 및 경관의 보전과 훼손된 자연환경 및 경관의 개선 및 복원
③ 교통·수자원·에너지 등 국민 생활에 필요한 각종 기초 서비스 제공
④ 주거 등 생활환경 개선을 통한 국민의 삶의 질 향상
⑤ 지역의 정체성과 문화유산의 보전
⑥ 지역 간 협력 및 균형발전을 통한 공동번영의 추구
⑦ 지역경제의 발전과 지역 및 지역 내 적절한 기능 배분을 통한 사회적 비용의 최소화
⑧ 기후변화에 대한 대응 및 풍수해 저감을 통한 국민의 생명과 재산의 보호
⑨ 저출산·인구의 고령화에 따른 대응과 새로운 기술변화를 적용한 최적의 생활환경 제공

3.1.4. 국가계획, 광역도시계획 및 도시·군 계획

① 도시·군 계획은 특별시·광역시·특별자치시·특별자치도·시 또는 군의 관할 구역에서 수립되는 다른 법률에 따른 토지의 이용·개발 및 보전에 관한 계획의 기본이 된다.

② 광역도시계획 및 도시·군 계획은 국가계획에 부합되어야 하며, 광역도시계획 또는 도시·군 계획의 내용이 국가계획의 내용과 다를 때에는 국가계획의 내용이 우선한다.

③ 광역도시계획이 수립된 지역에 대하여 수립하는 도시·군 기본계획은 그 광역도시계획에 부합되어야 하며, 도시·군 기본계획의 내용이 광역도시계획의 내용과 다를 때에는 광역도시계획의 내용이 우선한다.

④ 특별시장·광역시장·특별자치시장·특별자치도지사·시장 또는 군수가 관할 구역에 대하여 다른 법률에 따른 환경·교통·수도·하수도·주택 등에 관한 부문별 계획을 수립할 때에는 도시·군 기본계획의 내용에 부합되게 하여야 한다.

3.2. 광역도시계획

3.2.1. 광역계획권의 지정

① 국토교통부장관 또는 도지사는 둘 이상의 특별시·광역시·특별자치시·특별자치도·시 또는 군의 공간구조 및 기능을 상호 연계시키고 환경을 보전한다.

② 광역시설을 체계적으로 정비하기 위하여 필요한 경우에는 다음의 구분에 따라 인접한 둘 이상의 특별시·광역시·특별자치시·특별자치도·시 또는 군의 관할 구역 전부 또는 일부를 광역계획권으로 지정할 수 있다.

- 광역계획권이 둘 이상의 특별시·광역시·특별자치시·도 또는 특별자치도("시·도")의 관할 구역에 걸쳐 있는 경우 : 국토교통부장관이 지정
- 광역계획권이 도의 관할 구역에 속하여 있는 경우 : 도지사가 지정

③ 중앙행정기관의 장, 시·도지사, 시장 또는 군수는 국토교통부장관이나 도지사에게 광역계획권의 지정 또는 변경을 요청할 수 있다.

④ 국토교통부장관은 광역계획권을 지정하거나 변경하려면 관계 시·도지사, 시장 또는 군수의 의견을 들은 후 중앙도시계획위원회의 심의를 거쳐야 한다.

⑤ 도지사가 광역계획권을 지정하거나 변경하려면 관계 중앙행정기관의 장, 관계 시·도지사, 시장 또는 군수의 의견을 들은 후 지방도시계획위원회의 심의를 거쳐야 한다.

⑥ 국토교통부장관 또는 도지사는 광역계획권을 지정하거나 변경하면 지체 없이 관계 시·도지사, 시장 또는 군수에게 그 사실을 통보하여야 한다.

(1) 광역도시계획의 수립권자

① 국토교통부장관, 시·도지사, 시장 또는 군수는 다음에 따라 광역도시계획을 수립하여야 한다.

- 광역계획권이 같은 도의 관할 구역에 속하여 있는 경우 : 관할 시장 또는 군수가 공동으로 수립
- 광역계획권이 둘 이상의 시·도의 관할 구역에 걸쳐 있는 경우 : 관할 시·도지사가 공동으로 수립
- 광역계획권을 지정한 날부터 3년이 지날 때까지 관할 시장 또는 군수로부터 광역도시계획의 승인신청이 없는 경우 : 관할 도지사가 수립
- 국가계획과 관련된 광역도시계획의 수립이 필요한 경우나 광역계획권을 지정한 날부터 3년이 지날 때까지 관할 시·도지사로부터 광역도시계획의 승인신청이 없는 경우 : 국토교통부장관이 수립

② 국토교통부장관은 시·도지사가 요청하는 경우와 그 밖에 필요하다고 인정되는 경우에는 관할 시·도지사와 공동으로 광역도시계획을 수립할 수 있다.

③ 도지사는 시장 또는 군수가 요청하는 경우와 그 밖에 필요하다고 인정하는 경우에는 관할 시장 또는 군수와 공동으로 광역도시계획을 수립할 수 있으며, 시장 또는 군수가 협의를 거쳐 요청하는 경우에는 단독으로 광역도시계획을 수립할 수 있다.

(2) 광역도시계획의 내용

① 광역도시계획에는 다음 사항 중 그 광역계획권의 지정목적을 이루는 데 필요한 사항에 대한 정책 방향이 포함되어야 한다.
- 광역계획권의 공간구조와 기능 분담에 관한 사항
- 광역계획권의 녹지관리체계와 환경 보전에 관한 사항
- 광역시설의 배치·규모·설치에 관한 사항
- 경관계획에 관한 사항
- 그 밖에 광역계획권에 속하는 특별시·광역시·특별자치시·특별자치도·시 또는 군 상호 간의 기능 연계에 관한 사항으로서 대통령령으로 정하는 사항

② 광역도시계획의 수립기준 등은 대통령령으로 정하는 바에 따라 국토교통부장관이 정한다.

3.2.2. 도시·군 기본계획

(1) 도시·군 기본계획의 수립권자

① 특별시장·광역시장·특별자치시장·특별자치도지사·시장 또는 군수는 관할 구역에 대하여 도시·군 기본계획을 수립하여야 한다.

② 시 또는 군의 위치, 인구의 규모, 인구감소율 등을 고려하여 대통령령으로 정하는 시 또는 군은 도시·군 기본계획을 수립하지 아니할 수 있다.

③ 특별시장·광역시장·특별자치시장·특별자치도지사·시장 또는 군수는 지역 여건상 필요하다고 인정되면 인접한 특별시·광역시·특별자치시·특별자치도·시 또는 군의 관할 구역 전부 또는 일부를 포함하여 도시·군 기본계획을 수립할 수 있다.

④ 특별시장·광역시장·특별자치시장·특별자치도지사·시장 또는 군수는 인접한 특별시·광역시·특별자치시·특별자치도·시 또는 군의 관할 구역을 포함하여 도시·군 기본계획을 수립하려면 미리 그 특별시장·광역시장·특별자치시장·특별자치도지사·시장 또는 군수와 협의하여야 한다.

(2) 도시·군 기본계획의 내용

① 도시·군 기본계획의 정책 방향 포함사항
- 지역적 특성 및 계획의 방향·목표에 관한 사항
- 공간구조, 생활권의 설정 및 인구의 배분에 관한 사항
- 토지의 이용 및 개발에 관한 사항
- 토지의 용도별 수요 및 공급에 관한 사항
- 환경의 보전 및 관리에 관한 사항
- 기반 시설에 관한 사항
- 공원·녹지에 관한 사항

- 경관에 관한 사항
- 기후변화 대응 및 에너지 절약에 관한 사항
- 방재·방범 등 안전에 관한 사항
- 그 밖에 대통령령으로 정하는 사항

② 도시·군 기본계획의 수립기준 등은 대통령령으로 정하는 바에 따라 국토교통부장관이 정한다.

3.2.3. 도시·군 관리계획

(1) 도시·군 관리계획의 입안권자

① 특별시장·광역시장·특별자치시장·특별자치도지사·시장 또는 군수는 관할 구역에 대하여 도시·군 관리계획을 입안하여야 한다.

② 특별시장·광역시장·특별자치시장·특별자치도지사·시장 또는 군수는 다음에 해당하면 인접한 특별시·광역시·특별자치시·특별자치도·시 또는 군의 관할 구역 전부 또는 일부를 포함하여 도시·군 관리계획을 입안할 수 있다.

- 지역 여건상 필요하다고 인정하여 미리 인접한 특별시장·광역시장·특별자치시장·특별자치도지사·시장 또는 군수와 협의한 경우
- 인접한 특별시·광역시·특별자치시·특별자치도·시 또는 군의 관할 구역을 포함하여 도시·군 기본계획을 수립한 경우

③ 인접한 특별시·광역시·특별자치시·특별자치도·시 또는 군의 관할 구역에 대한 도시·군 관리계획은 관계 특별시장·광역시장·특별자치시장·특별자치도지사·시장 또는 군수가 협의하여 공동으로 입안하거나 입안할 자를 정한다.

④ 협의가 성립되지 아니하는 경우 도시·군 관리계획을 입안하려는 구역이 같은 도의 관할 구역에 속할 때에는 관할 도지사가, 둘 이상의 시·도의 관할 구역에 걸쳐 있을 때에는 국토교통부장관이 입안할 자를 지정하고 그 사실을 고시하여야 한다.

⑤ 국토교통부장관은 다음의 경우에는 직접 또는 관계 중앙행정기관의 장의 요청에 의하여 도시·군 관리계획을 입안할 수 있다.

- 국가계획과 관련된 경우
- 둘 이상의 시·도에 걸쳐 지정되는 용도지역·용도지구 또는 용도구역과 둘 이상의 시·도에 걸쳐 이루어지는 사업의 계획 중 도시·군 관리계획으로 결정하여야 할 사항이 있는 경우
- 특별시장·광역시장·특별자치시장·특별자치도지사·시장 또는 군수가 국토교통부장관의 도시·군 관리계획 조정 요구에 따라 도시·군 관리계획을 정비하지 아니하는 경우

⑥ 도지사는 다음의 경우에는 직접 또는 시장이나 군수의 요청에 의하여 도시·군 관리계획을 입안할 수 있다. 이 경우 도지사는 관계 시장 또는 군수의 의견을 들어야 한다.

- 둘 이상의 시·군에 걸쳐 지정되는 용도지역·용도지구 또는 용도구역과 둘 이상의 시·군에 걸쳐 이루어지는 사업의 계획 중 도시·군 관리계획으로 결정하여야 할 사항이 포함되어 있는 경우
- 도지사가 직접 수립하는 사업의 계획으로서 도시·군 관리계획으로 결정하여야 할 사항이 포함되어 있는 경우

(2) 도시·군 관리계획의 결정권자

① 도시·군 관리계획은 시·도지사가 직접 또는 시장·군수의 신청에 따라 결정한다.

- 시장 또는 군수가 입안한 지구단위계획구역의 지정·변경과 지구단위계획의 수립·변경에 관한 도시·군 관리계획
- 지구단위계획으로 대체하는 용도지구 폐지에 관한 도시·군 관리계획[해당 시장(대도시 시장은 제외한다) 또는 군수가 도지사와 미리 협의한 경우에 한정한다]

② 다음의 도시·군 관리계획은 국토교통부장관이 결정한다.

- 국토교통부장관이 입안한 도시·군 관리계획
- 개발제한구역의 지정 및 변경에 관한 도시·군 관리계획
- 시가화조정구역의 지정 및 변경에 관한 도시·군 관리계획
- 수산자원보호구역의 지정 및 변경에 관한 도시·군 관리계획(해양수산부장관이 결정)

(3) 도시·군 기본계획 수립을 위한 기초조사

① 특별시장·광역시장·특별자치시장·특별자치도지사·시장 또는 군수는 도시·군 기본계획을 수립하거나 변경하려면 미리 인구, 경제, 사회, 문화, 토지이용, 환경, 교통, 주택, 그 밖에 대통령령으로 정하는 사항 중 그 도시·군 기본계획의 수립 또는 변경에 필요한 사항을 조사하거나 측량("기초조사")하여야 한다.

② 대통령령으로 정하는 사항

- 기후·지형·자원·생태 등 자연적 여건
- 기반 시설 및 주거수준의 현황과 전망
- 풍수해·지진 그 밖의 재해의 발생 현황 및 추이
- 광역도시계획과 관련된 다른 계획 및 사업의 내용
- 그 밖에 광역도시계획의 수립에 필요한 사항

② 시·도지사, 시장 또는 군수는 기초조사의 내용에 국토교통부장관이 정하는 바에 따라 실시하는 토지의 토양, 입지, 활용 가능성 등 토지의 적성에 대한 평가("토지적성평가")와 재해 취약성에 관한 분석("재해취약성분석")을 포함하여야 한다.

③ 도시·군 기본계획 입안일부터 5년 이내에 토지적성평가를 실시한 경우 등 대통령령으로 정하는 경우에는 토지적성평가 또는 재해취약성분석을 하지 아니할 수 있다.

(4) 도시·군 관리계획 결정의 효력

① 도시·군 관리계획 결정의 효력은 지형도면을 고시한 날부터 발생한다.

② 도시·군 관리계획 결정 당시 이미 사업이나 공사에 착수한 자는 그 도시·군 관리계획 결정과 관계없이 그 사업이나 공사를 계속할 수 있다.

③ 시가화조정구역이나 수산자원보호구역의 지정에 관한 도시·군 관리계획 결정이 있는 경우에는 대통령령으로 정하는 바에 따라 특별시장·광역시장·특별자치시장·특별자치도지사·시장 또는 군수에게 신고하고 그 사업이나 공사를 계속할 수 있다.

3.3. 용도지역

3.3.1. 국토의 용도 구분

국토는 토지의 이용실태 및 특성, 장래의 토지 이용 방향, 지역 간 균형발전 등을 고려하여 다음과 같은 용도지역으로 구분한다.

① 도시지역 : 인구와 산업이 밀집되어 있거나 밀집이 예상되어 그 지역에 대하여 체계적인 개발·정비·관리·보전 등이 필요한 지역

② 관리지역 : 도시지역의 인구와 산업을 수용하기 위하여 도시지역에 준하여 체계적으로 관리하거나 농림업의 진흥, 자연환경 또는 산림의 보전을 위하여 농림지역 또는 자연환경보전지역에 준하여 관리할 필요가 있는 지역

③ 농림지역 : 도시지역에 속하지 아니하는 「농지법」에 따른 농업진흥지역 또는 「산지관리법」에 따른 보전산지 등으로서 농림업을 진흥시키고 산림을 보전하기 위하여 필요한 지역

④ 자연환경보전지역 : 자연환경·수자원·해안·생태계·상수원 및 문화재의 보전과 수산자원의 보호·육성 등을 위하여 필요한 지역

3.3.2. 용도지역별 관리 의무

국가나 지방자치단체는 용도지역의 효율적인 이용 및 관리를 위하여 다음에서 정하는 바에 따라 그 용도지역에 관한 개발·정비 및 보전에 필요한 조치를 마련하여야 한다.

① 도시지역 : 그 지역이 체계적이고 효율적으로 개발·정비·보전될 수 있도록 미리 계획을 수립하고 그 계획을 시행하여야 한다.

② 관리지역 : 법률에서 정하는 바에 따라 필요한 보전조치를 취하고 개발이 필요한 지역에 대하여는 계획적인 이용과 개발을 도모하여야 한다.

③ 농림지역 : 농림업의 진흥과 산림의 보전·육성에 필요한 조사와 대책을 마련하여야 한다.

④ 자연환경보전지역 : 환경오염 방지, 자연환경·수질·수자원·해안·생태계 및 문화재의 보전과 수산자원의 보호·육성을 위하여 필요한 조사와 대책을 마련하여야 한다.

3.3.3. 용도지역의 지정

① 국토교통부장관, 시·도지사 또는 대도시 시장은 다음에 해당하는 용도지역의 지정 또는 변경을 도시·군 관리계획으로 결정한다.

② 도시지역

- 주거지역 : 거주의 안녕과 건전한 생활환경의 보호를 위하여 필요한 지역
- 상업지역 : 상업이나 그 밖의 업무의 편익을 증진하기 위하여 필요한 지역
- 공업지역 : 공업의 편익을 증진하기 위하여 필요한 지역
- 녹지지역 : 자연환경·농지 및 산림의 보호, 보건위생, 보안과 도시의 무질서한 확산을 방지하기 위하여 녹지의 보전이 필요한 지역

③ 관리지역

- 보전관리지역 : 자연환경 보호, 산림 보호, 수질오염 방지, 녹지공간 확보 및 생태계 보전 등을 위하

여 보전이 필요하나, 주변 용도지역과의 관계 등을 고려할 때 자연환경보전지역으로 지정하여 관리하기가 곤란한 지역

- 생산관리지역 : 농업·임업·어업 생산 등을 위하여 관리가 필요하나, 주변 용도지역과의 관계 등을 고려할 때 농림지역으로 지정하여 관리하기가 곤란한 지역
- 계획관리지역 : 도시지역으로의 편입이 예상되는 지역이나 자연환경을 고려하여 제한적인 이용·개발을 하려는 지역으로서 계획적·체계적인 관리가 필요한 지역

④ 농림지역

⑤ 자연환경보전지역

⑥ 국토교통부장관, 시·도지사 또는 대도시 시장은 용도지역을 도시·군 관리계획 결정으로 다시 세분하여 지정하거나 변경할 수 있다.

3.3.4. 용도지역의 세분

① 국토교통부장관, 시·도지사 또는 대도시의 시장("대도시 시장")은 도시·군 관리계획 결정으로 주거지역·상업지역·공업지역 및 녹지지역을 세분하여 지정할 수 있다.

② 주거지역

- 전용주거지역 : 양호한 주거환경을 보호하기 위하여 필요한 지역
  -. 제1종전용주거지역 : 단독주택 중심의 양호한 주거환경을 보호하기 위하여 필요한 지역
  -. 제2종전용주거지역 : 공동주택 중심의 양호한 주거환경을 보호하기 위하여 필요한 지역
- 일반주거지역 : 편리한 주거환경을 조성하기 위하여 필요한 지역
  -. 제1종일반주거지역 : 저층주택을 중심으로 편리한 주거환경을 조성하기 위하여 필요한 지역
  -. 제2종일반주거지역 : 중층주택을 중심으로 편리한 주거환경을 조성하기 위하여 필요한 지역
  -. 제3종일반주거지역 : 중고층주택을 중심으로 편리한 주거환경을 조성하기 위하여 필요한 지역
- 준주거지역 : 주거기능을 위주로 이를 지원하는 일부 상업기능 및 업무기능을 보완하기 위하여 필요한 지역

③ 상업지역

- 중심상업지역 : 도심·부도심의 상업기능 및 업무기능의 확충을 위하여 필요한 지역
- 일반상업지역 : 일반적인 상업기능 및 업무기능을 담당하게 하기 위하여 필요한 지역
- 근린상업지역 : 근린지역에서의 일용품 및 서비스의 공급을 위하여 필요한 지역
- 유통상업지역 : 도시 내 및 지역 간 유통기능의 증진을 위하여 필요한 지역

④ 공업지역

- 전용공업지역 : 주로 중화학공업, 공해성 공업 등을 수용하기 위하여 필요한 지역
- 일반공업지역 : 환경을 저해하지 아니하는 공업의 배치를 위하여 필요한 지역
- 준공업지역 : 경공업 그 밖의 공업을 수용하되, 주거기능·상업기능 및 업무기능의 보완이 필요한 지역

⑤ 녹지지역

- 보전녹지지역 : 도시의 자연환경·경관·산림 및 녹지공간을 보전할 필요가 있는 지역
- 생산녹지지역 : 주로 농업적 생산을 위하여 개발을 유보할 필요가 있는 지역
- 자연녹지지역 : 도시의 녹지공간의 확보, 도시확산의 방지, 장래 도시용지의 공급 등을 위하여 보전할

필요가 있는 지역으로서 불가피한 경우에 한하여 제한적인 개발이 허용되는 지역

⑥ 시·도지사 또는 대도시 시장은 해당 시·도 또는 대도시의 도시·군 계획조례로 정하는 바에 따라 도시·군 관리계획 결정으로 세분된 주거지역·상업지역·공업지역·녹지지역을 추가적으로 세분하여 지정할 수 있다.

3.3.5. 용도지역의 건폐율과 용적률

(1) 건폐율

① 용도지역에서 건폐율의 최대한도는 관할 구역의 면적과 인구 규모, 용도지역의 특성 등을 고려하여 다음의 범위에서 특별시·광역시·특별자치시·특별자치도·시 또는 군의 조례로 정한다.

용도지역		건폐율	용적률
도시지역	주거지역	70% 이하	500% 이하
	상업지역	90% 이하	1,500% 이하
	공업지역	70% 이하	400% 이하
	녹지지역	20% 이하	100% 이하
관리지역	보전관리지역	20% 이하	80% 이하
	생산관리지역	20% 이하	80% 이하
	계획관리지역	40% 이하	100% 이하
농림지역		20% 이하	80% 이하
자연환경보전지역		20% 이하	80% 이하

② 다음 지역에서의 건폐율에 관한 기준은 80% 이하의 범위에서 특별시·광역시·특별자치시·특별자치도·시 또는 군의 조례로 따로 정한다.

- 취락지구 및 수산자원보호구역
- 개발진흥지구(도시지역 외의 지역만 해당)
- 자연공원 및 농공단지
- 공업지역에 있는 국가산업단지, 일반산업단지 및 도시첨단산업단지와 준산업단지

(2) 용적률

① 용도지역에서 용적률의 최대한도는 관할 구역의 면적과 인구 규모, 용도지역의 특성 등을 고려하여 특별시·광역시·특별자치시·특별자치도·시 또는 군의 조례로 정한다.

② 세분된 용도지역에서의 용적률에 관한 기준은 대통령령으로 따로 정한다.

③ 용적률에 대한 기준은 200% 이하의 범위에서 특별시·광역시·특별자치시·특별자치도·시 또는 군의 조례로 따로 정한다.

④ 건축물의 주위에 공원·광장·도로·하천 등의 공지가 있거나 이를 설치하는 경우에는 특별시·광역시·특별자치시·특별자치도·시 또는 군의 조례로 용적률을 따로 정할 수 있다.

⑤ 도시지역(녹지지역만 해당), 관리지역에서는 창고 등 대통령령으로 정하는 용도의 건축물 또는 시설물은 특별시·광역시·특별자치시·특별자치도·시 또는 군의 조례로 정하는 높이로 규모 등을 제한할 수 있다.

3.4. 용도지구의 지정

3.4.1. 용도지구의 지정

① 국토교통부장관, 시·도지사 또는 대도시 시장은 다음에 해당하는 용도지구의 지정 또는 변경을 도시·군 관리계획으로 결정한다.

- 경관지구 : 경관의 보전·관리 및 형성을 위하여 필요한 지구
- 고도지구 : 쾌적한 환경 조성 및 토지의 효율적 이용을 위하여 건축물 높이의 최고한도를 규제할 필요가 있는 지구
- 방화지구 : 화재의 위험을 예방하기 위하여 필요한 지구
- 방재지구 : 풍수해, 산사태, 지반의 붕괴, 그 밖의 재해를 예방하기 위하여 필요한 지구
- 보호지구 : 문화재, 중요 시설물(항만, 공항, 공용시설, 교정시설·군사시설) 및 문화적·생태적으로 보존가치가 큰 지역의 보호와 보존을 위하여 필요한 지구
- 취락지구 : 녹지지역·관리지역·농림지역·자연환경보전지역·개발제한구역 또는 도시자연공원구역의 취락을 정비하기 위한 지구
- 개발진흥지구 : 주거기능·상업기능·공업기능·유통물류기능·관광기능·휴양기능 등을 집중적으로 개발·정비할 필요가 있는 지구
- 특정용도제한지구 : 주거 및 교육 환경 보호나 청소년 보호 등의 목적으로 오염물질 배출시설, 청소년 유해시설 등 특정시설의 입지를 제한할 필요가 있는 지구
- 복합용도지구 : 지역의 토지이용 상황, 개발 수요 및 주변 여건 등을 고려하여 효율적이고 복합적인 토지이용을 도모하기 위하여 특정시설의 입지를 완화할 필요가 있는 지구
- 그 밖에 대통령령으로 정하는 지구

② 국토교통부장관, 시·도지사 또는 대도시 시장은 필요하다고 인정되면 용도지구를 도시·군 관리계획 결정으로 다시 세분하여 지정하거나 변경할 수 있다.

3.4.2. 개발제한구역

(1) 개발제한구역의 지정

① 국토교통부장관은 도시의 무질서한 확산을 방지하고 도시주변의 자연환경을 보전하여 도시민의 건전한 생활환경을 확보하기 위하여 도시의 개발을 제한할 필요가 있거나 국방부장관의 요청이 있어 보안상 도시의 개발을 제한할 필요가 있다고 인정되면 개발제한구역의 지정 또는 변경을 도시·군 관리계획으로 결정할 수 있다.

② 개발제한구역의 지정 또는 변경에 필요한 사항은 따로 법률로 정한다.

(2) 개발행위허가의 대상

① 건축물의 건축 : 「건축법」에 따른 건축물의 건축

② 공작물의 설치 : 인공을 가하여 제작한 시설물의 설치

③ 토지의 형질변경 : 절토(땅깎기)·성토(흙쌓기)·정지(땅고르기)·포장 등의 방법으로 토지의 형상을 변경하는 행위와 공유수면의 매립(경작을 위한 토지의 형질변경을 제외)

④ 토석채취 : 흙·모래·자갈·바위 등의 토석을 채취하는 행위

⑤ 토지분할 : 다음에 해당하는 토지의 분할

- 녹지지역·관리지역·농림지역 및 자연환경보전지역 안에서 관계 법령에 따른 허가·인가 등을 받지 아니하고 행하는 토지의 분할
- 「건축법」에 따른 분할제한면적 미만으로의 토지의 분할
- 관계 법령에 의한 허가·인가 등을 받지 아니하고 행하는 너비 5m 이하로의 토지의 분할

⑥ 물건을 쌓아놓는 행위 : 녹지지역·관리지역 또는 자연환경보전지역 안에서 건축물의 울타리안(적법한 절차에 의하여 조성된 대지에 한한다)에 위치하지 아니한 토지에 물건을 1월 이상 쌓아놓는 행위

(3) 개발행위허가의 제한

① 국토교통부장관, 시·도지사, 시장 또는 군수는 다음에 해당되는 지역으로서 도시·군 관리계획상 특히 필요하다고 인정되는 지역에 대해서는 중앙도시계획위원회나 지방도시계획위원회의 심의를 거쳐 한 차례만 3년 이내의 기간 동안 개발행위허가를 제한할 수 있다.

② 다만, ㉢부터 ㉤의 지역에 대해서는 중앙도시계획위원회나 지방도시계획위원회의 심의를 거치지 아니하고 한 차례만 2년 이내의 기간 동안 개발행위허가의 제한을 연장할 수 있다.

㉠ 녹지지역이나 계획관리지역으로서 수목이 집단적으로 자라고 있거나 조수류 등이 집단적으로 서식하고 있는 지역 또는 우량 농지 등으로 보전할 필요가 있는 지역

㉡ 개발행위로 인하여 주변의 환경·경관·미관·문화재 등이 크게 오염되거나 손상될 우려가 있는 지역

㉢ 도시·군 기본계획이나 도시·군 관리계획을 수립하고 있는 지역으로서 그 도시·군 기본계획이나 도시·군 관리계획이 결정될 경우 용도지역·용도지구 또는 용도구역의 변경이 예상되고 그에 따라 개발행위허가의 기준이 크게 달라질 것으로 예상되는 지역

㉣ 지구단위계획구역으로 지정된 지역

㉤ 기반 시설부담구역으로 지정된 지역

③ 국토교통부장관, 시·도지사, 시장 또는 군수는 개발행위허가를 제한하려면 제한지역·제한 사유·제한 대상행위 및 제한 기간을 미리 고시하여야 한다.

④ 개발행위허가를 제한하기 위하여 개발행위허가 제한지역 등을 고시한 국토교통부장관, 시·도지사, 시장 또는 군수는 해당 지역에서 개발행위를 제한할 사유가 없어진 경우에는 그 제한 기간이 끝나기 전이라도 지체 없이 개발행위허가의 제한을 해제하여야 한다.

3.4.3. 시가화조정구역의 지정

① 시·도지사는 직접 또는 관계 행정기관의 장의 요청을 받아 도시지역과 그 주변 지역의 무질서한 시가화를 방지하고 계획적·단계적인 개발을 도모하기 위하여 대통령령으로 정하는 기간 동안 시가화를 유보할 필요가 있다고 인정되면 시가화조정구역의 지정 또는 변경을 도시·군 관리계획으로 결정할 수 있다.

② 국가계획과 연계하여 시가화조정구역의 지정 또는 변경이 필요한 경우에는 국토교통부장관이 직접 시가화조정구역의 지정 또는 변경을 도시·군 관리계획으로 결정할 수 있다.

③ 시가화조정구역의 지정에 관한 도시·군 관리계획의 결정은 시가화 유보 기간이 끝난 날의 다음날부터 그 효력을 잃는다.

④ "대통령령으로 정하는 기간"이란 5년 이상 20년 이내의 기간을 말한다.

⑤ 국토교통부장관 또는 시·도지사는 시가화조정구역을 지정 또는 변경하고자 하는 때에는 당해 도시지역과 그 주변 지역의 인구의 동태, 토지의 이용 상황, 산업발전상황 등을 고려하여 도시·군 관리계획으로 시가화 유보 기간을 정하여야 한다.

⑥ 시가화조정구역 지정의 실효 고시는 국토교통부장관이 하는 경우에는 관보와 국토교통부의 인터넷홈페이지에, 시·도지사가 하는 경우에는 해당 시·도의 공보와 인터넷홈페이지에 다음 사항을 게재하는 방법으로 한다.

- 실효 일자
- 실효 사유
- 실효된 도시·군 관리계획의 내용

3.4.4. 입지규제 최소구역의 지정

① 도시·군 관리계획의 결정권자는 도시지역에서 복합적인 토지이용을 증진시켜 도시 정비를 촉진하고 지역 거점을 육성할 필요가 있다고 인정되면 다음에 해당하는 지역과 그 주변 지역의 전부 또는 일부를 입지규제최소구역으로 지정할 수 있다.

- 도시·군 기본계획에 따른 도심·부도심 또는 생활권의 중심지역
- 철도역사, 터미널, 항만, 공공청사, 문화시설 등의 기반 시설 중 지역의 거점 역할을 수행하는 시설을 중심으로 주변 지역을 집중적으로 정비할 필요가 있는 지역
- 세 개 이상의 노선이 교차하는 대중교통 결절지로부터 1km 이내에 위치한 지역
- 「도시 및 주거환경정비법」에 따른 노후·불량건축물이 밀집한 주거지역 또는 공업지역으로 정비가 시급한 지역
- 「도시재생 활성화 및 지원에 관한 특별법」에 따른 도시재생활성화지역 중 도시경제기반형 활성화 계획을 수립하는 지역
- 그 밖에 창의적인 지역개발이 필요한 지역으로 대통령령으로 정하는 지역

② 입지규제최소구역 계획에는 입지규제최소구역의 지정목적을 이루기 위하여 다음 사항이 포함되어야 한다.

- 건축물의 용도·종류 및 규모 등에 관한 사항
- 건축물의 건폐율·용적률·높이에 관한 사항
- 간선도로 등 주요 기반 시설의 확보에 관한 사항
- 용도지역·용도지구, 도시·군 계획시설 및 지구단위계획의 결정에 관한 사항
- 다른 법률 규정 적용의 완화 또는 배제에 관한 사항
- 그 밖에 입지규제최소구역의 체계적 개발과 관리에 필요한 사항

③ 입지규제최소구역의 지정 및 변경과 입지규제최소구역 계획은 다음 사항을 종합적으로 고려하여 도시·군 관리계획으로 결정한다.

- 입지규제최소구역의 지정목적
- 해당 지역의 용도지역·기반 시설 등 토지이용 현황
- 도시·군 기본계획과의 부합성
- 주변 지역의 기반 시설, 경관, 환경 등에 미치는 영향 및 도시환경 개선·정비 효과

- 도시의 개발 수요 및 지역에 미치는 사회적·경제적 파급효과

④ 입지규제최소구역 계획수립 시 용도, 건폐율, 용적률 등의 건축 제한 완화는 기반 시설의 확보 현황 등을 고려하여 적용할 수 있도록 계획하고, 시·도지사, 시장, 군수 또는 구청장은 입지규제최소구역에서의 개발사업 또는 개발행위에 대하여 입지규제최소구역 계획에 따른 기반 시설 확보를 위하여 필요한 부지 또는 설치비용의 전부 또는 일부를 부담시킬 수 있다.

⑤ 입지규제최소구역에 대하여는 다음의 법률 규정을 적용하지 아니할 수 있다.

- 「주택법」 제35조에 따른 주택의 배치, 부대시설·복리시설의 설치기준 및 대지조성 기준
- 「주차장법」 제19조에 따른 부설주차장의 설치
- 「문화예술진흥법」 제9조에 따른 건축물에 대한 미술작품의 설치
- 「건축법」 제43조에 따른 공개 공지 등의 확보

3.5. 지구단위계획

3.5.1. 지구단위계획의 수립

① 지구단위계획의 수립 시 고려 사항

- 도시의 정비·관리·보전·개발 등 지구단위계획구역의 지정목적
- 주거·산업·유통·관광휴양·복합 등 지구단위계획구역의 중심 기능
- 해당 용도지역의 특성
- 그 밖에 대통령령으로 정하는 사항

② 지구단위계획의 수립기준 등은 대통령령으로 정하는 바에 따라 국토교통부장관이 정한다.

③ 지구단위계획구역 및 지구단위계획은 도시·군 관리계획으로 결정한다.

3.5.2. 지구단위계획구역의 지정

① 국토교통부장관, 시·도지사, 시장 또는 군수는 다음에 해당하는 지역의 전부 또는 일부에 대하여 지구단위계획구역을 지정할 수 있다.

- 제37조에 따라 지정된 용도지구
- 「도시개발법」 제3조에 따라 지정된 도시개발구역
- 「도시 및 주거환경정비법」 제8조에 따라 지정된 정비구역
- 「택지개발촉진법」 제3조에 따라 지정된 택지개발지구
- 「주택법」 제15조에 따른 대지조성 사업지구
- 「산업입지 및 개발에 관한 법률」 제2조제8호의 산업단지와 준산업단지
- 「관광진흥법」 제52조에 따라 지정된 관광단지와 관광특구
- 개발제한구역·도시자연공원구역·시가화조정구역 또는 공원에서 해제되는 구역, 녹지지역에서 주거·상업·공업지역으로 변경되는 구역과 새로 도시지역으로 편입되는 구역 중 계획적인 개발 또는 관리가 필요한 지역
- 도시지역 내 주거·상업·업무 등의 기능을 결합하는 등 복합적인 토지이용을 증진시킬 필요가 있는 지

역으로서 대통령령으로 정하는 요건에 해당하는 지역

- 도시지역 내 유휴토지를 효율적으로 개발하거나 교정시설, 군사시설, 그 밖에 대통령령으로 정하는 시설을 이전 또는 재배치하여 토지이용을 합리화하고, 그 기능을 증진시키기 위하여 집중적으로 정비가 필요한 지역으로서 대통령령으로 정하는 요건에 해당하는 지역
- 도시지역의 체계적·계획적인 관리 또는 개발이 필요한 지역
- 그 밖에 양호한 환경의 확보나 기능 및 미관의 증진 등을 위하여 필요한 지역으로서 대통령령으로 정하는 지역

② 국토교통부장관, 시·도지사, 시장 또는 군수는 다음에 해당하는 지역은 지구단위계획구역으로 지정하여야 한다.

- 지역에서 시행되는 사업이 끝난 후 10년이 지난 지역
- 체계적·계획적인 개발 또는 관리가 필요한 지역으로서 대통령령으로 정하는 지역

③ 도시지역 외의 지역을 지구단위계획구역으로 지정하려는 경우 다음에 해당하여야 한다.

- 지정하려는 구역 면적의 100분의 50 이상이 제36조에 따라 지정된 계획관리지역으로서 대통령령으로 정하는 요건에 해당하는 지역
- 지정된 개발진흥지구로서 대통령령으로 정하는 요건에 해당하는 지역
- 지정된 용도지구를 폐지하고 그 용도지구에서의 행위 제한 등을 지구단위계획으로 대체하려는 지역

3.5.3. 지구단위계획의 내용

① 지구단위계획구역의 지정목적을 이루기 위하여 지구단위계획에는 다음 사항 중 ㉢와 ㉤의 사항을 포함한 둘 이상의 사항이 포함되어야 한다.

㉠ 용도지역이나 용도지구를 대통령령으로 정하는 범위에서 세분하거나 변경하는 사항

㉡ 기존의 용도지구를 폐지하고 그 용도지구에서의 건축물이나 그 밖의 시설의 용도·종류 및 규모 등의 제한을 대체하는 사항

㉢ 대통령령으로 정하는 기반 시설의 배치와 규모

㉣ 도로로 둘러싸인 일단의 지역 또는 계획적인 개발·정비를 위하여 구획된 일단의 토지의 규모와 조성계획

㉤ 건축물의 용도제한, 건축물의 건폐율 또는 용적률, 건축물 높이의 최고한도 또는 최저한도

㉥ 건축물의 배치·형태·색채 또는 건축선에 관한 계획

㉦ 환경관리계획 또는 경관계획

㉧ 보행안전 등을 고려한 교통처리계획

㉨ 그 밖에 토지이용의 합리화, 도시나 농·산·어촌의 기능 증진 등에 필요한 사항으로서 대통령령으로 정하는 사항

② 지구단위계획은 도로, 상하수도 등 대통령령으로 정하는 도시·군 계획시설의 처리·공급 및 수용능력이 지구단위계획구역에 있는 건축물의 연면적, 수용인구 등 개발밀도와 적절한 조화를 이룰 수 있도록 하여야 한다.

핵 / 심 / 문 / 제

Chapter 03 국토의 계획 및 이용에 관한 법률

1. 「국토의 계획 및 이용에 관한 법률」의 목적으로 가장 옳은 것은?

① 공공복리의 증진과 국민의 삶의 질 향상
② 환경 보전 및 중앙집권체제의 강화
③ 국토 및 해양의 이용질서 확립
④ 고도의 경제 성장 유지

| 해설 |

이 법은 국토의 이용·개발과 보전을 위한 계획의 수립 및 집행 등에 필요한 사항을 정하여 공공복리를 증진시키고 국민의 삶의 질을 향상시키는 것을 목적으로 한다.

정답 ①

2. 다음 중 「국토의 계획 및 이용에 관한 법률」의 목적에 해당하지 아니하는 것은?

① 공공복리의 증진
② 토지의 과대 소유금지
③ 국민의 삶의 질을 향상
④ 국토의 이용·개발 및 보전을 위한 계획의 수립 및 집행 등에 관하여 필요한 사항을 정함

| 해설 |

국토의 계획 및 이용에 관한 법률 제1조 이 법은 국토의 이용·개발 및 보전을 위한 계획의 수립 및 집행 등에 관하여 필요한 사항을 정함으로써 공공복리의 증진과 국민의 삶의 질을 향상하게 함을 목적으로 한다.

정답 ②

3. 「국토의 계획 및 이용에 관한 법률」에 따른 용어의 정의가 옳지 않은 것은?

① "용도구역"이란 토지의 이용 및 건축물의 용도·건폐율·용적률·높이 등에 대한 용도지역 및 용도지구의 제한을 강화하거나 완화하여 따로 정함으로써 시가지의 무질서한 확산방지, 계획적이고 단계적인 토지이용의 도모, 토지이용의 종합적 조정·관리 등을 위하여 도시·군 관리계획으로 결정하는 지역을 말한다.
② "용도지역"이란 토지의 이용 및 건축물의 용도·건폐율·용적률·높이 등에 대한 용도지역의 제한을 강화하거나 완화하여 적용함으로써 용도지역의 기능을 증진시키고 경관·안전 등을 도모하기 위하여 도시·군 관리계획으로 결정하는 지역을 말한다.
③ "지구단위계획"이란 도시·군 계획수립 대상 지역의 일부에 대하여 토지이용을 합리화하고 그 기능을 증진시키며 미관을 개선하고 양호한 환경을 확보하며, 그 지역을 체계적·계획적으로 관리하기 위하여 수립하는 도시·군 관리계획을 말한다.
④ "개발밀도관리구역"이란 개발로 인하여 기반 시설이 부족할 것으로 예상되나 기반 시설을 설치하기 곤란한 지역을 대상으로 건폐율이나 용적률을 강화하여 적용하기 위하여 지정하는 구역을 말한다.

| 해설 |

"용도지역"이란 토지의 이용 및 건축물의 용도, 건폐율, 용적률, 높이 등을 제한함으로써 토지를 경제적·효율적으로 이용하고 공공복리의 증진을 도모하기 위하여 서로 중복되지 아니하게 도시·군 관리계획으로 결정하는 지역을 말한다.

정답 ②

4. 광역계획권의 장기발전 방향을 제시하는 계획은?

① 광역도시계획 ② 도시관리계획
③ 도시기본계획 ④ 지구단위계획

| 해설 |

"광역도시계획"이란 광역계획권의 장기발전 방향을 제시하는 계획을 말한다.

정답 ①

5. 「국토의 계획 및 이용에 관한 법률」의 정의에 따른 도시·군 관리계획에 대한 사항으로 옳은 것은?

① 기반 시설의 설치·정비 또는 개량에 관한 계획
② 관할 구역의 기본적인 공간구조와 장기발전 방향을 제시하는 종합계획
③ 광역계획권으로 지정하여 수립하는 계획
④ 2 이상의 특별시·광역시·시 또는 군의 공간구조 및 기능을 상호 연계

해설

②는 도시·군 기본계획에 관한 사항, ③은 광역계획권의 수립에 관한 사항, ④는 광역계획권의 지정에 관한 사항이다.

정답 ①

6. 「국토의 계획 및 이용에 관한 법률」에 따른 도시·군 관리계획에 포함되지 않는 것은?

① 지적불부합지역의 지적재조사에 관한 계획
② 기반 시설의 설치·정비 또는 개량에 관한 계획
③ 용도지역·용도지구의 지정 또는 변경에 관한 계획
④ 지구단위계획구역의 지정 또는 변경에 관한 계획과 지구단위계획

해설

도시·군 관리계획이란 특별시·광역시·특별자치시·특별자치도·시 또는 군의 개발·정비 및 보전을 위하여 수립하는 토지이용, 교통, 환경, 경관, 안전, 산업, 정보통신, 보건, 복지, 안보, 문화 등에 관한 다음의 계획을 말한다.
① 용도지역·용도지구의 지정 또는 변경에 관한 계획
② 개발제한구역, 도시자연공원구역, 시가화조정구역, 수산자원보호구역의 지정 또는 변경에 관한 계획
③ 기반 시설의 설치·정비 또는 개량에 관한 계획
④ 도시개발사업이나 정비사업에 관한 계획
⑤ 지구단위계획구역의 지정 또는 변경에 관한 계획과 지구단위계획
⑥ 입지규제최소구역의 지정 또는 변경에 관한 계획과 입지규제최소구역계획

정답 ①

7. 국토이용 및 관리의 기본원칙에 포함되지 않는 것은?

① 지역 간 협력 및 균형발전을 통한 공동번영의 추구
② 교통, 수자원·에너지 등 국민 생활에 필요한 각종 기초 서비스의 제공
③ 자연환경 및 경관의 보전과 훼손된 자연환경 및 경관의 개선 및 복원
④ 지역경제의 발전 및 지역 간·지역 내 적절한 기능 배분을 통한 사회적 비용의 최대화

해설

지역경제의 발전과 지역 및 지역 내 적절한 기능 배분을 통한 사회적 비용의 최소화이다.

정답 ④

8. 국토의 계획 및 이용에 관한 법령상 광역도시계획에 관한 설명으로 옳지 않은 것은?

① 광역계획권의 지정은 국토교통부장관만이 할 수 있다.
② 광역도시계획에는 경관계획에 관한 사항이 포함되어야 한다.
③ 국토교통부 장관은 시·도지사가 요청하는 경우 관할 시·도지사와 공동으로 광역도시계획을 수립할 수 있다.
④ 인접한 둘 이상의 특별시·광역시·특별자치시·특별자치도·시 또는 군의 관할 구역 전부 또는 일부를 광역계획권으로 지정할 수 있다.

해설

광역시설을 체계적으로 정비하기 위하여 필요한 경우에는 다음의 구분에 따라 인접한 둘 이상의 특별시·광역시·특별자치시·특별자치도·시 또는 군의 관할 구역 전부 또는 일부를 광역계획권으로 지정할 수 있다.
① 광역계획권이 둘 이상의 특별시·광역시·특별자치시·도 또는 특별자치도("시·도")의 관할 구역에 걸쳐 있는 경우 : 국토교통부장관이 지정
② 광역계획권이 도의 관할 구역에 속하여 있는 경우 : 도지사가 지정

정답 ①

9. 광역도시계획에 관한 내용으로 틀린 것은?

① 광역계획권이 같은 도의 관할 구역에 속하여 있는 경우에는 관할 시장 또는 군수가 공동으로 광역도시계획을 수립한다.
② 광역계획권이 둘 이상의 시·도의 관할 구역에 걸쳐 있는 경우에는 관할 시·도지사가 공동으로 광역도시계획을 수립한다.
③ 국가계획과 관련된 광역도시계획의 수립이 필요한 경우나 광역계획권을 지정한 날부터 3년이 지날 때까지 관할 시·도지사로부터 광역도시계획의 승인신청이 없는 경우에는 국토교통부장관이 수립한다.
④ 국토교통부장관은 시·도지사의 요청이 없는 경우는 광역도시계획을 수립할 수 없다.

해설

국토교통부장관, 시·도지사, 시장 또는 군수는 다음에 따라 광역도시계획을 수립하여야 한다.
① 광역계획권이 같은 도의 관할 구역에 속하여 있는 경우 : 관할 시장 또는 군수가 공동으로 수립
② 광역계획권이 둘 이상의 시·도의 관할 구역에 걸쳐 있는 경우 : 관할 시·도지사가 공동으로 수립
③ 광역계획권을 지정한 날부터 3년이 지날 때까지 관할 시장 또는 군수로부터 광역도시계획의 승인신청이 없는 경우 : 관할 도지사가 수립
④ 국가계획과 관련된 광역도시계획의 수립이 필요한 경우나 광역계획권을 지정한 날부터 3년이 지날 때까지 관할 시·도지사로부터 광역도시계획의 승인신청이 없는 경우 : 국토교통부장관이 수립

정답 ④

10. 광역계획권의 지정목적을 이루는 데 필요한 사항에 대한 정책 방향이 포함되어야 할 사항이 아닌 것은?

① 광역시설의 배치·규모·설치에 관한 사항
② 광역계획권의 공간구조와 기능 분담에 관한 사항
③ 광역계획권의 녹지관리체계와 환경 보전에 관한 사항
④ 광역도시계획의 수립기준에 관한 사항

| 해설 |

광역계획권의 지정목적을 이루는 데 필요한 사항에 대한 정책 방향이 포함되어야 한다.
① 광역계획권의 공간구조와 기능 분담에 관한 사항
② 광역계획권의 녹지관리체계와 환경 보전에 관한 사항
③ 광역시설의 배치·규모·설치에 관한 사항
④ 경관계획에 관한 사항
⑤ 그 밖에 광역계획권에 속하는 특별시·광역시·특별자치시·특별자치도·시 또는 군 상호 간의 기능 연계에 관한 사항으로서 대통령령으로 정하는 사항

정답 ④

11. 「국토의 계획 및 이용에 관한 법률」 상 광역계획권을 지정한 날부터 3년이 지날 때까지 관할 시장 또는 군수로부터 광역도시계획의 승인신청이 없는 경우 광역도시계획의 수립권자는?

① 관할 도지사　② 국토교통부장관
③ 국무총리　④ 대통령

| 해설 |

광역계획권을 지정한 날부터 3년이 지날 때까지 관할 시장 또는 군수로부터 광역도시계획의 승인신청이 없는 경우에는 관할 도지사가 수립한다.

정답 ①

12. 광역계획권을 지정하였으나 관할 시·도지사의 승인신청이 없는 경우 관할 도지사가 광역도시계획을 수립할 수 있는 기간은?

① 1년이 지날 때까지
② 2년이 지날 때까지
③ 3년이 지날 때까지
④ 6개월이 지날 때까지

| 해설 |

광역계획권을 지정한 날부터 3년이 지날 때까지 관할 시장 또는 군수로부터 광역도시계획의 승인신청이 없는 경우에는 관할 도지사가 수립한다.

정답 ③

13. 「국토의 계획 및 이용에 관한 법률」 상 도시기본계획을 수립할 수 없는 자는?

① 시장·군수　② 도지사
③ 광역시장　④ 특별시장

| 해설 |

특별시장·광역시장·특별자치시장·특별자치도지사·시장 또는 군수는 지역여건 상 필요하다고 인정되면 인접한 특별시·광역시·특별자치시·특별자치도·시 또는 군의 관할 구역 전부 또는 일부를 포함하여 도시·군 기본계획을 수립할 수 있다.

정답 ②

14. 도시·군 기본계획에 포함되어야 할 사항으로 옳은 것은?

① 도시개발사업이나 정비사업의 계획에 관한 사항
② 지구단위계획구역의 지정 또는 변경에 관한 사항
③ 공간구조, 생활권의 설정 및 인구의 배분에 관한 사항
④ 도시자연공원구역의 지정 또는 변경 계획에 관한 사항

| 해설 |

도시·군 기본계획의 정책 방향 포함사항
① 지역적 특성 및 계획의 방향·목표에 관한 사항
② 공간구조, 생활권의 설정 및 인구의 배분에 관한 사항
③ 토지의 이용 및 개발에 관한 사항
④ 토지의 용도별 수요 및 공급에 관한 사항
⑤ 환경의 보전 및 관리에 관한 사항
⑥ 기반 시설 및 공원·녹지에 관한 사항
⑦ 경관에 관한 사항과 기후변화 대응 및 에너지 절약에 관한 사항
⑧ 방재·방범 등 안전에 관한 사항

정답 ③

15. 다음 중 도시·군 관리계획의 입안권자가 아닌 자는?

① 군수　② 구청장
③ 광역시장　④ 특별시장

| 해설 |

도시·군 관리계획의 입안권자는 특별시장·광역시장·특별자치시장·특별자치도지사·시장 또는 군수는 관할 구역에 대하여 도시·군 관리계획을 입안하여야 한다.

정답 ②

16. 시장, 군수가 도시·군 관리계획을 수립하고자 할 때 기초조사 사항이 아닌 것은?

① 재해의 발생 현황 및 추이
② 토지이용상황 및 지가 변동 상황
③ 기반 시설 및 주거수준의 현황과 전망
④ 기후·지형·자원·생태 등 자연적 여건

| 해설 |

도시·군 기본계획의 수립 또는 변경에 필요한 사항을 조사하거나 측량("기초조사")하여야 할 사항
① 기후·지형·자원·생태 등 자연적 여건
② 기반 시설 및 주거수준의 현황과 전망
③ 풍수해·지진 그 밖의 재해의 발생현황 및 추이
④ 광역도시계획과 관련된 다른 계획 및 사업의 내용
⑤ 그 밖에 광역도시계획의 수립에 필요한 사항

정답 ②

17. 「국토의 계획 및 이용에 관한 법률」 상 도시·군 관리계획 결정의 효력은 언제를 기준으로 그 효력이 발생하는가?

① 지형도면을 고시한 날부터
② 지형도면 고시가 된 날의 다음 날부터
③ 지형도면 고시가 된 날부터 3일 후부터
④ 지형도면 고시가 된 날부터 5일 후부터

| 해설 |

도시·군 관리계획 결정의 효력은 지형도면을 고시한 날부터 발생한다.

정답 ①

18. 「국토의 계획 및 이용에 관한 법률」 에 따른 국토의 용도 구분 4가지에 해당하지 않는 것은?

① 관리지역 ② 농림지역
③ 도시지역 ④ 보존지역

| 해설 |

국토는 토지의 이용실태 및 특성, 장래의 토지이용 방향, 지역 간 균형발전 등을 고려하여 도시지역, 관리지역, 농림지역, 자연환경보전지역으로 구분한다.

정답 ④

19. 「국토의 계획 및 이용에 관한 법률」 상의 용도지역 중 행위제한 시 자연공원법, 수도법 또는 문화재보호법의 규정이 적용되는 지역은?

① 녹지지역 ② 계획관리지역
③ 보전관리지역 ④ 자연환경보전지역

| 해설 |

자연환경보전지역은 환경오염 방지, 자연환경·수질·수자원·해안·생태계 및 문화재의 보전과 수산자원의 보호·육성을 위하여 필요한 조사와 대책을 마련하여야 한다.

정답 ④

20. 농림업의 진흥, 자연환경 또는 산림의 보전을 위하여 농림지역 또는 자연환경보전지역에 따라 관리가 필요한 지역으로 옳은 것은?

① 도시지역 ② 관리지역
③ 농림지역 ④ 자연환경보전지역

| 해설 |

관리지역은 도시지역의 인구와 산업을 수용하기 위하여 도시지역에 준하여 체계적으로 관리하거나 농림업의 진흥, 자연환경 또는 산림의 보전을 위하여 농림지역 또는 자연환경보전지역에 준하여 관리할 필요가 있는 지역이다.

정답 ②

21. 「국토의 계획 및 이용에 관한 법률」 상 용도지역의 지정목적으로 옳은 것은?

① 도시기능을 증진시키고 미관·경관·안전 등을 도모
② 시가지의 무질서한 확산방지로 계획적·단계적인 토지이용의 도모
③ 산업과 인구의 과대한 도시 집중을 방지하여 기반 시설의 설치에 필요한 용지 확보
④ 토지의 이용 및 건축물의 용도, 건폐율, 용적률, 높이 등을 제한함으로써 토지의 경제적·효율적 이용 도모

| 해설 |

용도지역은 토지의 이용 및 건축물의 용도, 건폐율, 용적률, 높이 등을 제한함으로써 토지를 경제적·효율적으로 이용하고 공공복리의 증진을 도모하기 위하여 서로 중복되지 아니하게 도시·군 관리계획으로 결정하는 지역을 목적으로 하고 있다.

정답 ④

22. 「국토의 계획 및 이용에 관한 법률」 에서 정한 용도지역 중 도시지역에 해당하지 않는 것은?

① 주거지역 ② 상업지역
③ 공업지역 ④ 산림지역

| 해설 |

도시지역은 주거지역, 상업지역, 공업지역, 녹지지역으로 구분한다.

정답 ④

23. 「국토의 계획 및 이용에 관한 법률」 에서 정한 용도지역 중 관리지역에 해당하지 않는 것은?

① 보전관리지역 ② 생산관리지역
③ 계획관리지역 ④ 환경관리지역

| 해설 |

관리지역은 보전관리지역, 생산관리지역, 계획관리지역으로 구분한다.

정답 ④

24. 「국토의 계획 및 이용에 관한 법률」의 용도지역에 관한 설명 중 옳지 않은 것은?

① 주거지역은 전용주거지역, 일반주거지역, 준주거지역으로 세분된다.
② 상업지역은 중심상업지역, 일반상업지역, 근린상업지역, 유통상업지역으로 세분된다.
③ 녹지지역은 자연녹지지역과 생산녹지 지역으로 세분된다.
④ 공업지역은 전용공업지역, 준공업지역, 일반공업지역으로 세분된다.

해설

① 주거지역 : 전용주거지역, 일반주거지역, 준주거지역
② 상업지역 : 중심상업지역, 일반상업지역, 근린상업지역, 유통상업지역
③ 공업지역 : 전용공업지역, 일반공업지역, 준공업지역
④ 녹지지역 : 보전녹지지역, 생산녹지지역, 자연녹지지역

정답 ③

25. 「국토의 계획 및 이용에 관한 법률」에 따른 용도지역을 지정한 것으로 옳지 않은 것은?

① 도시지역 : 주거지역, 상업지역, 공업지역, 녹지지역
② 공업지역 : 전용공업지역, 일반공업지역, 준공업지역
③ 관리지역 : 보전관리지역, 생산관리지역, 자연환경관리지역
④ 녹지지역 : 보전녹지지역, 생산녹지지역, 자연녹지지역

해설

관리지역은 보전관리지역, 생산관리지역, 계획관리지역으로 구분된다.

정답 ③

26. 도시지역으로 편입이 예상되는 지역 또는 자연환경을 고려하여 제한적인 이용, 개발하려는 지역으로 체계적인 관리가 필요한 지역은?

① 보전관리지역 ② 생산관리지역
③ 계획관리지역 ④ 환경관리지역

해설

계획관리지역은 도시지역으로의 편입이 예상되는 지역이나 자연환경을 고려하여 제한적인 이용·개발을 하려는 지역으로서 계획적·체계적인 관리가 필요한 지역이다.

정답 ③

27. 관리지역 주변의 용도지역과 관계를 고려할 경우 농림지역으로 지정하여 관리가 곤란한 지역에 지정하는 지역은?

① 보전관리지역 ② 생산관리지역
③ 계획관리지역 ④ 자연환경보전지역

해설

생산관리지역은 농업·임업·어업 생산 등을 위하여 관리가 필요하나, 주변 용도지역과의 관계 등을 고려할 때 농림지역으로 지정하여 관리하기가 곤란한 지역이다.

정답 ②

28. 도시·군 관리계획으로 결정하는 주거지역의 분류 및 설명으로 옳은 것은?

① 준주거지역 : 편리한 주거환경을 조성하기 위하여 필요한 지역
② 전용주거지역 : 양호한 주거환경을 보호하기 위하여 필요한 지역
③ 일반준주거지역 : 근린지역에서의 일용품 및 서비스의 공급을 위하여 필요한 지역
④ 일반주거지역 : 주거기능을 위주로 일부 상업기능 및 업무기능을 보완하기 위하여 필요한 지역

해설

① 전용주거지역 : 양호한 주거환경을 보호하기 위하여 필요한 지역
② 일반주거지역 : 편리한 주거환경을 조성하기 위하여 필요한 지역
③ 준주거지역 : 주거기능을 위주로 이를 지원하는 일부 상업기능 및 업무기능을 보완하기 위하여 필요한 지역

정답 ②

29. 「국토의 계획 및 이용에 관한 법률」상 중층주택을 중심으로 편리한 주거환경을 조성하는 데 필요할 때 지정하는 용도지역은?

① 제1종 전용주거지역 ② 제2종 전용주거지역
③ 제1종 일반주거지역 ④ 제2종 일반주거지역

해설

제2종 일반주거지역은 중층주택을 중심으로 편리한 주거환경을 조성하기 위하여 필요한 지역이다.

정답 ④

30. 「국토의 계획 및 이용에 관한 법률」에 따른 상업지역의 세분에 해당하지 않는 것은?

① 전용상업지역 ② 중심상업지역
③ 일반상업지역 ④ 근린상업지역

해설

상업지역은 중심상업지역, 일반상업지역, 근린상업지역, 유통상업지역으로 세분된다.

정답 ①

31. 「국토의 계획 및 이용에 관한 법률」에 의해 녹지지역에 대하여 도시·군 관리계획 결정으로 세분하여 지정할 수 있는 지역으로 틀린 것은?

① 보전녹지지역 ② 자연녹지지역
③ 일반녹지지역 ④ 생산녹지지역

| 해설 |

녹지지역은 보전녹지지역, 생산녹지지역, 자연녹지지역으로 세분된다.

정답 ③

32. 용도지역에서의 건폐율의 최대한도를 나타낸 것으로 틀린 것은?

① 주거지역 : 70% 이하
② 상업지역 : 80% 이하
③ 공업지역 : 70% 이하
④ 녹지지역 : 20% 이하

| 해설 |

지정된 용도지역에서 건폐율의 최대한도는 주거지역 : 70% 이하, 상업지역 : 90% 이하, 공업지역 : 70% 이하, 녹지지역 : 20% 이하이다.

정답 ②

33. 용도지역 안에서 건폐율의 최대한도를 20% 이하로 규정하고 있는 지역에 해당되지 않는 것은?

① 녹지지역 ② 보전관리지역
③ 계획관리지역 ④ 자연환경보전지역

| 해설 |

용도지역에서 건폐율의 최대한도를 20% 이하로 규정하고 있는 지역은 녹지지역, 보전관리지역, 생산관리지역, 농림지역, 자연환경보전지역이며, 계획관리지역은 40% 이하이다.

정답 ③

34. 「국토의 계획 및 이용에 관한 법률」상 용도지역 중 농림지역의 건폐율은?

① 20% 이하 ② 30% 이하
③ 50% 이하 ④ 70% 이하

| 해설 |

용도지역에서 건폐율의 최대한도를 20% 이하로 규정하고 있는 지역은 녹지지역, 보전관리지역, 생산관리지역, 농림지역, 자연환경보전지역이며, 계획관리지역은 40% 이하이다.

정답 ①

35. 시가지의 무질서한 확산방지와 계획적이고 토지이용의 종합적인 조정·관리 등을 위하여 도시·군 관리계획으로 결정하는 것은?

① 용도지역 ② 용도지구
③ 용도구역 ④ 용도시설

| 해설 |

"용도구역"이란 토지의 이용 및 건축물의 용도·건폐율·용적률·높이 등에 대한 용도지역 및 용도지구의 제한을 강화하거나 완화하여 따로 정함으로써 시가지의 무질서한 확산방지, 계획적이고 단계적인 토지이용의 도모, 토지이용의 종합적 조정·관리 등을 위하여 도시·군 관리계획으로 결정하는 지역을 말한다.

정답 ③

36. 「국토의 계획 및 이용에 관한 법률」에 따른 용도지구가 아닌 것은?

① 경관지구 ② 고도지구
③ 문화지구 ④ 보호지구

| 해설 |

국토교통부장관, 시·도지사 또는 대도시 시장은 경관지구, 고도지구, 방화지구, 방재지구, 보호지구, 취락지구, 개발진흥지구, 특정용도제한지구, 복합용도지구의 지정 또는 변경을 도시·군 관리계획으로 결정한다.

정답 ③

37. 「국토의 계획 및 이용에 관한 법률」상 보호지구로 지정하여 보호하는 시설로 옳지 않은 것은?

① 공항 ② 항만
③ 문화재 ④ 녹지지역

| 해설 |

보호지구는 문화재, 중요 시설물(항만, 공항, 공용시설, 교정시설·군사시설) 및 문화적·생태적으로 보존가치가 큰 지역의 보호와 보존을 위하여 필요한 지구를 말한다.

정답 ④

38. 다음 중 쾌적한 환경 조성 및 토지의 효율적 이용을 위하여 건축물 높이의 최고한도를 규제할 필요가 있는 용도지구는?

① 미관지구 ② 방화지구
③ 취락지구 ④ 고도지구

| 해설 |

고도지구는 쾌적한 환경 조성 및 토지의 효율적 이용을 위하여 건축물 높이의 최고한도를 규제할 필요가 있는 용도지구이다.

정답 ④

39. 「국토의 계획 및 이용에 관한 법률」에 따른 용도지구에 대한 설명으로 옳지 않은 것은?

① 경관지구 : 경관을 보호·형성하기 위하여 필요한 지구
② 방재지구 : 화재 위험을 예방하기 위하여 필요한 지구
③ 보호지구 : 문화재, 중요 시설물(항만, 공항, 공용시설, 교정시설·군사시설) 및 문화적·생태적으로 보존가치가 큰 지역의 보호와 보존을 위하여 필요한 지구
④ 고도지구 : 쾌적한 조성 및 토지의 효율적 이용을 위하여 건축물 높이의 최저한도 또는 최고한도를 규제할 필요가 있는 지구

해설

방재지구는 풍수해, 산사태, 지반의 붕괴, 그 밖의 재해를 예방하기 위하여 필요한 지구이다.

정답 ②

40. 개발제한구역의 지정목적으로 가장 거리가 먼 것은?

① 도시의 무질서한 확산방지
② 도시 주변의 자연환경 보전
③ 도시민의 건전한 생활환경 확보
④ 도시의 무질서한 시가화의 방지

해설

국토교통부장관은 도시의 무질서한 확산을 방지하고 도시 주변의 자연환경을 보전하여 도시민의 건전한 생활환경을 확보하기 위하여 도시의 개발을 제한할 필요가 있거나 국방부장관의 요청이 있어 보안상 도시의 개발을 제한할 필요가 있다고 인정되면 개발제한구역의 지정 또는 변경을 도시·군 관리계획으로 결정할 수 있다.

정답 ④

41. 「국토의 계획 및 이용에 관한 법률」에 따라 개발행위허가를 받아야 하는 행위에 해당하지 않는 것은?(단, 도시계획사업에 의하는 경우는 고려하지 않음)

① 토석의 채취
② 건축물의 건축 또는 공작물의 설치
③ 토지분할(건축물이 있는 대지의 분할은 제외)
④ 재해복구나 재난수습을 위한 응급조치

해설

개발행위허가의 대상
① 건축물의 건축 : 「건축법」에 따른 건축물의 건축
② 공작물의 설치 : 인공을 가하여 제작한 시설물의 설치
③ 토지의 형질변경 : 절토(땅깎기)·성토(흙쌓기)·정지(땅고르기)·포장 등의 방법으로 토지의 형상을 변경하는 행위와 공유수면의 매립(경작을 위한 토지의 형질변경을 제외)
④ 토석채취 : 흙·모래·자갈·바위 등의 토석을 채취하는 행위. 다만, 토지의 형질변경을 목적으로 하는 것을 제외한다.
⑤ 토지의 분할
- 녹지지역·관리지역·농림지역 및 자연환경보전지역 안에서 관계 법령에 따른 허가·인가 등을 받지 아니하고 행하는 토지의 분할
- 「건축법」에 따른 분할제한면적 미만으로의 토지의 분할
- 관계 법령에 의한 허가·인가 등을 받지 아니하고 행하는 너비 5m 이하로의 토지의 분할

⑥ 물건을 쌓아놓는 행위 : 녹지지역·관리지역 또는 자연환경보전지역 안에서 건축물의 울타리 안에 위치하지 아니한 토지에 물건을 1월 이상 쌓아놓는 행위

정답 ④

42. 「국토의 계획 및 이용에 관한 법률」상 심의를 거치지 아니하고 한 차례만 2년 이내의 기간 동안 개발행위허가의 제한을 연장할 수 있는 지역이 아닌 곳은?

① 기반 시설 부담구역으로 지정된 지역
② 지구단위계획구역으로 지정된 지역
③ 개발행위로 인하여 주변의 환경·경관·미관·문화재 등이 크게 오염되거나 손상될 우려가 있는 지역
④ 도시·군 관리계획을 수립하고 있는 지역으로서 그 도시·군 관리계획이 결정될 경우 용도지역의 변경이 예상되고 그에 따라 개발행위허가의 기준이 크게 달라질 것으로 예상되는 지역

해설

개발행위로 인하여 주변의 환경·경관·미관·문화재 등이 크게 오염되거나 손상될 우려가 있는 지역은 개발행위허가의 제한에 해당되며 3년 이내의 기간 동안 개발행위허가를 제한할 수 있다.

정답 ③

43. 도시지역과 그 주변 지역의 무질서한 시가화를 방지하고 계획적·단계적인 개발을 도모하기 위하여 일정 기간 시가화를 유보할 목적으로 지정하는 것은?

① 지구단위계획구역　② 시가화조정구역
③ 개발제한구역　④ 보존지구

해설

시·도지사는 직접 또는 관계 행정기관의 장의 요청을 받아 도시지역과 그 주변 지역의 무질서한 시가화를 방지하고 계획적·단계적인 개발을 도모하기 위하여 대통령령으로 정하는 기간 동안 시가화를 유보할 필요가 있다고 인정되면 시가화조정구역의 지정 또는 변경을 도시·군 관리계획으로 결정할 수 있다.

정답 ②

44. 「국토의 계획 및 이용에 관한 법률」상 입지규제최소구역에서의 다른 법률 규정을 적용하지 아니할 수 있는 사항으로 옳지 않은 것은?

① 「도로법」 제40조에 따른 접도구역
② 「주차장법」 제19조에 따른 부설주차장의 설치
③ 「문화예술진흥법」 제9조에 따른 건축물에 대한 미술작품의 설치
④ 「주택법」 제35조에 따른 주택의 배치, 부대시설·복리시설의 설치기준 및 대지조성기준

| 해설 |

입지규제 최소구역에서는 다음의 법률 규정을 적용하지 아니할 수 있다.
① 「주택법」 제35조에 따른 주택의 배치, 부대시설·복리시설의 설치기준 및 대지조성기준
② 「주차장법」 제19조에 따른 부설주차장의 설치
③ 「문화예술진흥법」 제9조에 따른 건축물에 대한 미술작품의 설치
④ 「건축법」 제43조에 따른 공개 공지 등의 확보

정답 ①

45. 다음 중 지구단위계획에 포함되어야 할 사항으로 가장 거리가 먼 것은?

① 대통령령이 정하는 기반 시설의 배치와 규모
② 건축물의 용도 제한
③ 환경관리계획 또는 경관계획
④ 인구 또는 산업기능의 배분계획

| 해설 |

지구단위계획구역의 지정목적을 이루기 위하여 지구단위계획에는 다음 사항 중 ③과 ⑤의 사항을 포함한 둘 이상의 사항이 포함되어야 한다.
① 용도지역이나 용도지구를 대통령령으로 정하는 범위에서 세분하거나 변경하는 사항
② 기존의 용도지구를 폐지하고 그 용도지구에서의 건축물이나 그 밖의 시설의 용도·종류 및 규모 등의 제한을 대체하는 사항
③ 대통령령으로 정하는 기반 시설의 배치와 규모
④ 도로로 둘러싸인 일단의 지역 또는 계획적인 개발·정비를 위하여 구획된 일단의 토지의 규모와 조성계획
⑤ 건축물의 용도제한, 건축물의 건폐율 또는 용적률, 건축물 높이의 최고한도 또는 최저한도
⑥ 건축물의 배치·형태·색채 또는 건축선에 관한 계획
⑦ 환경관리계획 또는 경관계획, 보행안전 등을 고려한 교통처리계획
⑧ 그 밖에 토지이용의 합리화, 도시나 농·산·어촌의 기능 증진 등에 필요한 사항으로서 대통령령으로 정하는 사항

정답 ④

46. 「국토의 계획 및 이용에 관한 법률」 상 공동구 관리자로 옳은 것은?

① 구청장
② 특별시장
③ 국토교통부장관
④ 행정안전부장관

| 해설 |

공동구는 특별시장·광역시장·특별자치시장·특별자치도지사·시장 또는 군수가 관리한다.

정답 ②

47. 「국토의 계획 및 이용에 관한 법률」 에서 허가를 받지 않고 공동구를 점용하거나 사용했을 때 과태료를 부과할 수 있는 자는?

① 국토교통부장관
② 안전행정부장관
③ 기획재정부장관
④ 특별시장

| 해설 |

허가를 받지 아니하고 공동구를 점용하거나 사용한 자의 경우에는 특별시장·광역시장·특별자치시장·특별자치도지사·시장 또는 군수가 각각 부과·징수한다.

정답 ④

CHAPTER

04 부동산등기법

4.1. 개요

부동산등기란 국가기관으로서의 등기관이 공적 장부인 등기부에 법정절차에 따라 부동산의 표시 또는 권리관계를 기재하는 것을 말한다. 등기를 필요로 하는 물건은 토지와 건물인 부동산과 입목·선박·공장·광업권 등 특별법상의 물건, 부동산 환매권 등 물권 이외의 권리가 있다.

4.1.1. 부동산등기제도의 특징

① 부동산등기부의 편성은 물적편성주의

② 부동산등기신청 절차는 공동신청주의·서면신청주의·출석주의

③ 등기관의 등기신청서 조사에서는 형식적심사주의

④ 등기의 효력에서는 성립요건주의(형식주의)

⑤ 부동산등기부와 토지대대장의 이원화

⑥ 등기의 공신력은 인정하지 않고 있다.

4.1.2. 용어의 정의

① "등기부"란 전산 정보처리조직에 의하여 입력·처리된 등기정보자료를 대법원규칙으로 정하는 바에 따라 편성한 것을 말한다.

② "등기부부본자료"란 등기부와 동일한 내용으로 보조기억장치에 기록된 자료를 말한다.

③ "등기기록"이란 1필의 토지 또는 1개의 건물에 관한 등기정보자료를 말한다.

④ "등기필정보"란 등기부에 새로운 권리자가 기록되는 경우에 그 권리자를 확인하기 위하여 등기관이 작성한 정보를 말한다.

4.1.3. 등기할 수 있는 권리

① 등기는 부동산의 표시와 권리의 보존, 이전, 설정, 변경, 처분의 제한 또는 소멸에 대하여 하며 권리는 다음에 해당한다.

- 소유권, 지상권
- 지역권, 전세권
- 저당권, 권리질권
- 채권담보권, 임차권

4.1.4. 등기권리의 순위

① 같은 부동산에 관하여 등기한 권리의 순위는 법률에 다른 규정이 없으면 등기한 순서에 따른다.

② 등기의 순서는 등기기록 중 같은 구(區)에서 한 등기 상호 간에는 순위번호에 따르고, 다른 구에서 한 등기 상호 간에는 접수번호에 따른다.

③ 부기등기(附記登記)의 순위는 주등기(主登記)의 순위에 따르되 같은 주등기에 관한 부기등기 상호 간의 순위는 그 등기 순서에 따른다.
④ 등기관이 부기등기를 할 때에는 그 부기등기가 어느 등기에 기초한 것인지 알 수 있도록 주등기 또는 부기등기의 순위번호에 가지번호를 붙여서 하여야 한다.

4.1.5. 접수 시기와 효력 발생 시기

① 등기신청은 대법원규칙으로 정하는 등기신청정보가 전산 정보처리조직에 저장된 때 접수된 것으로 본다.
② 등기관이 등기를 마친 경우 그 등기는 접수한 때부터 효력을 발생한다.

4.2. 등기소와 등기관

4.2.1. 관할 등기소

① 등기사무는 부동산의 소재지를 관할하는 지방법원, 그 지원(支院) 또는 등기소("등기소")에서 담당한다.
② 부동산이 여러 등기소의 관할 구역에 걸쳐 있을 때에는 대법원규칙으로 정하는 바에 따라 각 등기소를 관할하는 상급법원의 장이 관할 등기소를 지정한다.
③ 대법원장은 어느 등기소의 관할에 속하는 사무를 다른 등기소에 위임하게 할 수 있다.
④ 어느 부동산의 소재지가 다른 등기소의 관할로 바뀌었을 때에는 종전의 관할 등기소는 전산 정보처리조직을 이용하여 그 부동산에 관한 등기기록의 처리 권한을 다른 등기소로 넘겨주는 조치를 하여야 한다.
⑤ 대법원장은 등기소에서 등기사무를 정지하여야 하는 사유가 발생하면 기간을 정하여 등기사무의 정지를 명령할 수 있다.
⑥ 등기사무의 처리
- 등기사무는 등기소에 근무하는 법원서기관·등기사무관·등기주사 또는 등기주사보 중에서 지방법원장이 지정하는 자("등기관")가 처리한다.
- 등기관은 등기사무를 전산 정보처리조직을 이용하여 등기부에 등기사항을 기록하는 방식으로 처리하여야 한다.
- 등기관은 접수번호의 순서에 따라 등기사무를 처리하여야 한다.
- 등기관이 등기사무를 처리한 때에는 등기사무를 처리한 등기관이 누구인지 알 수 있는 조치를 하여야 한다.

4.2.2. 등기의 효력

① 등기의 효력은 권리변동의 효력, 권리추정의 효력, 대항적 효력, 순위 확정적 효력, 가등기의 효력, 예고등기의 효력이 있다.
② 권리변동의 효력
- 물권의 득실변경은 물권적 법률행위만으로는 효력을 발생하지 않고 등기라는 일정한 형식을 갖추어야 효력이 발생하는 것이다.
- 물권변동에서의 형식주의 또는 성립요건주의라고 하며 등기의 효력 중에서 가장 중요한 것이다.

③ 권리추정의 효력

- 어떠한 등기가 형식적으로 존재한다는 사실로부터 그에 대응하는 실체적 권리관계가 존재하는 것으로 추정을 받는 것을 등기의 추정력이라고 한다.

④ 대항적 효력

- 등기를 함으로써 제3자에게 대항력이 생기는 경우로 부동산 임차권의 등기, 환매권 또는 신탁의 등기나 지상권·전세권·저당권 등에서의 그 존속기간이나 지료
- 이자와 그 지급 시기에 관한 사항에 관하여 등기를 하면 제3자에게 대항할 수 있는 경우이다.

⑤ 순위확정적 효력

- 형식적인 의미로 이해되는 것으로 2개의 저당권이 있을 때 선 순위의 저당권이 소멸하여 말소되어도 후순위저당권은 형식적으로는 원래의 순위를 가지고 있다.
- 실질적으로는 그 순위가 말소된 저당권의 선 순위로 소급한다.

4.3. 등기부

4.3.1. 등기부의 종류

① 등기부는 토지 등기부와 건물등기부로 구분한다.

② 등기부는 영구히 보존하여야 한다.

③ 등기부는 대법원규칙으로 정하는 장소에 보관·관리하여야 하며, 전쟁·천재지변이나 그 밖에 이에 준하는 사태를 피하기 위한 경우 외에는 그 장소 밖으로 옮기지 못한다.

④ 등기부의 부속서류는 전쟁·천재지변이나 그 밖에 이에 준하는 사태를 피하기 위한 경우 외에는 등기소 밖으로 옮기지 못한다.

⑤ 등기기록의 폐쇄

- 등기관이 등기기록에 등기된 사항을 새로운 등기기록에 옮겨 기록한 때에는 종전 등기기록을 폐쇄(閉鎖)하여야 한다.
- 폐쇄한 등기기록은 영구히 보존하여야 한다.

4.3.2. 물적 편성주의

① 등기부를 편성할 때에는 1필의 토지 또는 1개의 건물에 대하여 1개의 등기기록을 둔다.

② 1동의 건물을 구분한 건물에 있어서는 1동의 건물에 속하는 전부에 대하여 1개의 등기기록을 사용한다.

③ 등기기록에는 표제부, 갑구(甲區), 을구(乙區)를 둔다.

- 부동산의 표시에 관한 사항을 기록하는 표제부
- 소유권에 관한 사항을 기록하는 갑구(甲區)
- 소유권 외의 권리에 관한 사항을 기록하는 을구(乙區)

4.3.3. 등기기록의 양식

① 등기관은 토지 등기기록의 표제부에 기록 사항

- 표시번호, 접수연월일
- 소재와 지번(地番), 지목(地目)
- 면적, 등기원인

② 등기관이 갑구 또는 을구에 기록 사항

- 순위번호, 등기목적
- 접수연월일 및 접수번호
- 등기원인 및 그 연월일, 권리자
- 권리자에 관한 사항을 기록할 때에는 권리자의 성명 또는 명칭 외에 주민등록번호 또는 부동산등기용 등록번호와 주소 또는 사무소 소재지를 함께 기록하여야 한다.
- 법인 아닌 사단이나 재단 명의의 등기를 할 때에는 그 대표자나 관리인의 성명, 주소 및 주민등록번호를 함께 기록하여야 한다.
- 권리자가 2인 이상인 경우에는 권리자별 지분을 기록하여야 하고 등기할 권리가 합유(合有)인 때에는 그 뜻을 기록하여야 한다.

4.3.4. 등기절차

(1) 신청주의

① 등기는 당사자의 신청 또는 관공서의 촉탁에 따라 한다.

② 촉탁에 따른 등기절차는 법률에 다른 규정이 없는 경우에는 신청에 따른 등기에 관한 규정을 준용한다.

③ 등기를 하려고 하는 자는 대법원규칙으로 정하는 바에 따라 수수료를 내야 한다.

(2) 등기신청인

① 등기는 법률에 다른 규정이 없는 경우에는 등기권리자와 등기의무자가 공동으로 신청한다.

② 소유권보존등기 또는 소유권보존등기의 말소등기는 등기명의인으로 될 자 또는 등기명의인이 단독으로 신청한다.

③ 상속, 법인의 합병, 그 밖에 대법원규칙으로 정하는 포괄승계에 따른 등기는 등기권리자가 단독으로 신청한다.

④ 등기절차의 이행 또는 인수를 명하는 판결에 의한 등기는 승소한 등기권리자 또는 등기의무자가 단독으로 신청하고, 공유물을 분할하는 판결에 의한 등기는 등기권리자 또는 등기의무자가 단독으로 신청한다.

⑤ 부동산표시의 변경이나 경정의 등기는 소유권의 등기명의인이 단독으로 신청한다.

⑥ 등기명의인표시의 변경이나 경정의 등기는 해당 권리의 등기명의인이 단독으로 신청한다.

⑦ 신탁재산에 속하는 부동산의 신탁등기는 수탁자(受託者)가 단독으로 신청한다.

⑧ 수탁자가 「신탁법」에 따라 타인에게 신탁재산에 대하여 신탁을 설정하는 경우 해당 신탁재산에 속하는 부동산에 관한 권리이전 등기에 대하여는 새로운 신탁의 수탁자를 등기권리자로 하고 원래 신탁의 수탁자를 등기의무자로 한다.

(3) 등기신청의 방법

① 신청인 또는 그 대리인(代理人)이 등기소에 출석하여 신청정보 및 첨부정보를 적은 서면을 제출하는 방법.

② 대리인이 변호사나 법무사인 경우에는 대법원규칙으로 정하는 사무원을 등기소에 출석하게 하여 그 서면을 제출할 수 있다.

③ 대법원규칙으로 정하는 바에 따라 전산 정보처리조직을 이용하여 신청정보 및 첨부정보를 보내는 방법(법원행정처장이 지정하는 등기유형으로 한정)

④ 신청인이 제공하여야 하는 신청정보 및 첨부정보는 대법원규칙으로 정한다.

(4) 신청정보의 제공 방법

① 등기의 신청은 1건당 1개의 부동산에 관한 신청정보를 제공하는 방법으로 하여야 한다.

② 등기목적과 등기원인이 동일하거나 그 밖에 대법원규칙으로 정하는 경우에는 같은 등기소의 관할 내에 있는 여러 개의 부동산에 관한 신청정보를 일괄하여 제공하는 방법으로 할 수 있다.

③ 종중, 문중, 그 밖에 대표자나 관리인이 있는 법인 아닌 사단이나 재단에 속하는 부동산의 등기에 관하여는 그 사단이나 재단을 등기권리자 또는 등기의무자로 한다.

④ 등기원인이 발생한 후에 등기권리자 또는 등기의무자에 대하여 상속이나 그 밖의 포괄승계가 있는 경우에는 상속인이나 그 밖의 포괄승계인이 그 등기를 신청할 수 있다.

⑤ 채권자는 「민법」 제404조에 따라 채무자를 대위(代位)하여 등기를 신청할 수 있다.

⑥ 등기관이 대위신청에 의하여 등기를 할 때에는 대위자의 성명 또는 명칭, 주소 또는 사무소 소재지 및 대위원인을 기록하여야 한다.

(5) 부동산등기용 등록번호 부여

① 국가·지방자치단체·국제기관 및 외국 정부의 등록번호는 국토교통부장관이 지정·고시한다.

② 주민등록번호가 없는 재외국민의 등록번호는 대법원 소재지 관할 등기소의 등기관이 부여한다.

③ 법인의 등록번호는 주된 사무소 소재지 관할 등기소의 등기관이 부여한다.

④ 법인 아닌 사단이나 재단 및 국내에 영업소나 사무소의 설치 등기를 하지 아니한 외국법인의 등록번호는 시장, 군수 또는 구청장(자치구가 아닌 구의 구청장을 포함)이 부여한다.

⑤ 외국인의 등록번호는 체류지(국내에 체류지가 없는 경우에는 대법원 소재지에 체류지가 있는 것으로 본다)를 관할하는 지방출입국·외국인 관서의 장이 부여한다.

(6) 등기필 정보

① 등기관이 새로운 권리에 관한 등기를 마쳤을 때에는 등기필 정보를 작성하여 등기권리자에게 통지하여야 한다. 다만, 다음의 경우에는 그러하지 아니하다.

- 등기권리자가 등기필 정보의 통지를 원하지 아니하는 경우
- 국가 또는 지방자치단체가 등기권리자인 경우
- 대법원규칙으로 정하는 경우

② 등기권리자와 등기의무자가 공동으로 권리에 관한 등기를 신청하는 경우에 신청인은 그 신청정보와 함께 통지받은 등기의무자의 등기필정보를 등기소에 제공하여야 한다.

③ 승소한 등기의무자가 단독으로 권리에 관한 등기를 신청하는 경우에도 또한 같다.

4.4. 등기신청

4.4.1. 등기의 경정

① 등기관이 등기를 마친 후 그 등기에 착오(錯誤)나 빠진 부분이 있음을 발견하였을 때에는 지체 없이 그 사실을 등기권리자와 등기의무자에게 알려야 한다.

② 등기권리자와 등기의무자가 없는 경우에는 등기명의인에게 알려야 한다.

③ 등기권리자, 등기의무자 또는 등기명의인이 각 2인 이상인 경우에는 그 중 1인에게 통지하면 된다.

④ 등기관이 등기의 착오나 빠진 부분이 등기관의 잘못으로 인한 것임을 발견한 경우에는 지체 없이 그 등기를 직권으로 경정하여야 한다. 다만, 등기상 이해관계 있는 제3자가 있는 경우에는 제3자의 승낙이 있어야 한다.

⑤ 등기관이 경정등기를 하였을 때에는 그 사실을 등기권리자, 등기의무자 또는 등기명의인에게 알려야 한다.

⑥ 채권자대위권에 의하여 등기가 마쳐진 때에는 통지를 그 채권자에게도 하여야 한다.

4.4.2. 변경등기의 신청

토지의 분할, 합병이 있는 경우와 토지 등기기록의 표제부에 표시번호, 접수연월일, 소재와 지번, 지목, 면적, 등기원인의 등기사항이 변경된 경우에는 그 토지소유권의 등기명의인은 그 사실이 있는 때부터 1개월 이내에 그 등기를 신청하여야 한다.

4.4.3. 합필등기

① 합필하려는 토지에 다음의 등기 외의 권리에 관한 등기가 있는 경우에는 합필의 등기를 할 수 없다.

- 소유권·지상권·전세권·임차권 및 승역지(편익제공지)에 하는 지역권의 등기
- 합필하려는 모든 토지에 있는 등기원인 및 그 연월일과 접수번호가 동일한 저당권에 관한 등기
- 합필하려는 모든 토지에 있는 등기사항이 동일한 신탁등기

② 등기관이 위반한 등기의 신청을 각하하면 지체 없이 그 사유를 지적소관청에 알려야 한다.

③ 「공간정보의 구축 및 관리 등에 관한 법률」에 따른 토지합병 절차를 마친 후 합필등기를 하기 전에 합병된 토지 중 어느 토지에 관하여 소유권이전등기가 된 경우라 하더라도 이해관계인의 승낙이 있으면 해당 토지의 소유권의 등기명의인들은 합필 후의 토지를 공유로 하는 합필등기를 신청할 수 있다.

④ 「공간정보의 구축 및 관리 등에 관한 법률」에 따른 토지합병 절차를 마친 후 합필등기를 하기 전에 합병된 토지 중 어느 토지에 관하여 합필등기의 제한 사유에 해당하는 권리에 관한 등기가 된 경우라 하더라도 이해관계인의 승낙이 있으면 해당 토지의 소유권의 등기명의인은 그 권리의 목적물을 합필 후의 토지에 관한 지분으로 하는 합필등기를 신청할 수 있다.

⑤ 요역지(편익필요지)에 하는 지역권의 등기가 있는 경우에는 합필 후의 토지 전체를 위한 지역권으로 하는 합필등기를 신청하여야 한다.

4.4.4. 멸실등기의 신청

① 토지가 멸실된 경우에는 그 토지 소유권의 등기명의인은 그 사실이 있는 때부터 1개월 이내에 그 등기를 신청하여야 한다.

② 토지멸실등기를 신청하는 경우에는 그 멸실을 증명하는 토지대장 정보나 임야대장 정보를 첨부정보로서 등기소에 제공하여야 한다.

4.4.5. 소유권보존등기의 신청

① 미등기의 토지 또는 건물에 관한 소유권보존등기는 다음에 해당하는 자가 신청할 수 있다.

- 토지대장, 임야대장 또는 건축물대장에 최초의 소유자로 등록되어 있는 자 또는 그 상속인, 그 밖의 포괄승계인
- 확정판결에 의하여 자기의 소유권을 증명하는 자
- 수용(收用)으로 인하여 소유권을 취득하였음을 증명하는 자
- 특별자치도지사, 시장, 군수 또는 구청장(자치구의 구청장을 말한다)의 확인에 의하여 자기의 소유권을 증명하는 자(건물의 경우로 한정한다)

② 소유권보존등기를 신청하는 경우에는 등기를 신청한다는 뜻을 신청정보의 내용으로 등기소에 제공하여야 한다.

③ 이 경우 등기원인과 그 연월일은 신청정보의 내용으로 등기소에 제공할 필요가 없다.

④ 토지의 표시를 증명하는 토지대장 정보나 임야대장 정보 또는 건물의 표시를 증명하는 건축물대장 정보나 그 밖의 정보를 첨부정보로서 등기소에 제공하여야 한다.

⑤ 건물의 소유권보존등기를 신청하는 경우에 그 대지 위에 여러 개의 건물이 있을 때에는 그 대지 위에 있는 건물의 소재도를 첨부정보로서 등기소에 제공하여야 한다.

⑥ 구분건물에 대한 소유권보존등기를 신청하는 경우에는 1동의 건물의 소재도, 각 층의 평면도와 전유부분의 평면도를 첨부정보로서 등기소에 제공하여야 한다.

⑦ 등기관이 소유권보존등기를 할 때에는 등기원인과 그 연월일을 기록하지 아니한다.

4.4.6. 토지표시 변경등기의 신청

① 토지의 표시 변경등기를 신청하는 경우에는 그 토지의 변경 전과 변경 후의 표시에 관한 정보를 신청정보의 내용으로 등기소에 제공하여야 한다.

② 그 변경을 증명하는 토지대장 정보나 임야대장 정보를 첨부정보로서 등기소에 제공하여야 한다.

③ 등기신청서에 첨부하는 인감증명, 법인등기사항증명서, 주민등록표 등본·초본, 가족관계등록사항별 증명서 및 건축물대장·토지대장·임야대장 등본은 발행일부터 3개월 이내의 것이어야 한다.

4.4.7. 가등기

① 가등기는 권리의 설정, 이전, 변경 또는 소멸의 청구권(請求權)을 보전(保全)하려는 때에 한다.

② 그 청구권이 시기부(始期附) 또는 정지조건부(停止條件附)일 경우나 그 밖에 장래에 확정될 것인 경우에도 같다.

③ 가등기 권리자는 가등기 의무자의 승낙이 있거나 가등기를 명하는 법원의 가처분명령(假處分命令)이 있을 때에는 단독으로 가등기를 신청할 수 있다.

④ 가등기에 의한 본등기를 한 경우 본등기의 순위는 가등기의 순위에 따른다.

⑤ 가등기 명의인은 단독으로 가등기의 말소를 신청할 수 있다.

⑥ 가등기 의무자 또는 가등기에 관하여 등기상 이해관계 있는 자는 가등기 명의인의 승낙을 받아 단독으로 가등기의 말소를 신청할 수 있다.

4.4.8. 수용으로 인한 등기

① 수용으로 인한 소유권이전등기는 등기권리자가 단독으로 신청할 수 있다.
② 등기권리자는 신청을 하는 경우에 등기명의인이나 상속인, 그 밖의 포괄승계인을 갈음하여 부동산의 표시 또는 등기명의인의 표시의 변경, 경정 또는 상속, 그 밖의 포괄승계로 인한 소유권이전의 등기를 신청할 수 있다.
③ 국가 또는 지방자치단체가 등기권리자인 경우에는 국가 또는 지방자치단체는 지체 없이 등기를 등기소에 촉탁하여야 한다.
④ 등기관이 수용으로 인한 소유권이전등기를 하는 경우 그 부동산의 등기기록 중 소유권, 소유권 외의 권리, 그 밖의 처분제한에 관한 등기가 있으면 그 등기를 직권으로 말소하여야 한다. 다만, 그 부동산을 위하여 존재하는 지역권의 등기 또는 토지수용위원회의 재결(裁決)로써 존속(存續)이 인정된 권리의 등기는 그러하지 아니하다.
⑤ 부동산에 관한 소유권 외의 권리의 수용으로 인한 권리이전 등기에 관하여는 ①부터 ④까지를 준용한다.

4.4.9. 소유권변경 사실의 통지

등기관이 다음의 등기를 하였을 때에는 지체 없이 그 사실을 토지의 경우에는 지적소관청에, 건물의 경우에는 건축물대장 소관청에 각각 알려야 한다.

① 소유권의 보존 또는 이전
② 소유권의 등기명의인표시의 변경 또는 경정
③ 소유권의 변경 또는 경정
④ 소유권의 말소 또는 말소회복

4.4.10. 등기정보자료의 제공

① 행정기관 등의 장은 소관 업무의 처리를 위하여 필요한 경우에 관계 중앙행정기관의 장의 심사를 거치고 법원행정처장의 승인을 받아 등기정보자료의 제공을 요청할 수 있다.
② 중앙행정기관의 장은 법원행정처장과 협의를 하여 협의가 성립되는 때에 등기정보자료의 제공을 요청할 수 있다.
③ 행정기관 등의 장이 아닌 자는 수수료를 내고 대법원규칙으로 정하는 바에 따라 등기정보자료를 제공받을 수 있다.
④ 등기명의인별로 작성되어 있거나 그 밖에 등기명의인을 알아볼 수 있는 사항을 담고 있는 등기정보자료는 다른 법률에 특별한 규정이 있는 경우를 제외하고는 해당 등기명의인이나 그 포괄승계인만이 제공받을 수 있다.
⑤ 등기정보자료의 제공 절차, 수수료의 금액 및 그 면제 범위는 대법원규칙으로 정한다.

Chapter 04

부동산등기법

핵/심/문/제

1. 다음 중 등기의 대상이 되는 것은?

① 상속 ② 공용징수
③ 판결 ④ 매매

| 해설 |

민법 제187조 상속, 공용징수, 판결, 경매 기타 법률의 규정에 따른 부동산에 관한 물권의 취득은 등기를 요하지 아니한다. 그러나 등기를 하지 아니하면 이를 처분하지 못한다.

정답 ④

2. 「부동산등기법」에 따른 용어의 정의가 틀린 것은?

① "등기부"란 전산 정보처리조직에 의하여 입력·처리된 등기정보자료를 대법원규칙으로 정하는 바에 따라 편성한 것을 말한다.
② "등기부 부본 자료"란 등기부의 멸실 방지를 위하여 전산으로 출력하여 별도의 장소에 보관한 자료를 말한다.
③ "등기기록" 이란 일필지의 토지 또는 1개의 건물에 관한 등기정보자료를 말한다.
④ "등기필 정보"란 등기부에 새로운 권리자가 기록되는 경우에 그 권리자를 확인하기 위하여 등기관이 작성한 정보를 말한다.

| 해설 |

"등기부 부본 자료"란 등기부와 같은 내용으로 보조기억장치에 기록된 자료를 말한다.

정답 ②

3. 「부동산등기법」에 따라 등기할 수 있는 권리가 아닌 것은?

① 유치권 ② 임차권
③ 저당권 ④ 권리질권

| 해설 |

등기는 부동산의 표시와 권리의 보존, 이전, 설정, 변경, 처분의 제한 또는 소멸에 대하여 하며 권리는 다음에 해당한다.
① 소유권, 지상권, 지역권, 전세권
② 저당권, 권리질권, 채권담보권, 임차권

정답 ①

4. 등기부에 등기한 권리의 순위에 관한 기술 중 옳지 않은 것은?

① 등기기록 중 같은 구(區)에서 한 등기 상호 간에는 순위번호에 따른다.
② 같은 부동산에 관하여 등기한 권리의 순위는 법률에 다른 규정이 없으면 등기한 순서에 따른다.
③ 같은 구(區)에서 한 등기 상호 간에는 등기는 접수번호에 따른다.
④ 부기등기의 순위는 주등기의 순위에 따른다.

| 해설 |

등기권리의 순위
① 같은 부동산에 관하여 등기한 권리의 순위는 법률에 다른 규정이 없으면 등기한 순서에 따른다.
② 등기의 순서는 등기기록 중 같은 구(區)에서 한 등기 상호 간에는 순위번호에 따르고, 다른 구에서 한 등기 상호 간에는 접수번호에 따른다.
③ 부기등기(附記登記)의 순위는 주등기(主登記)의 순위에 따르되 같은 주등기에 관한 부기등기 상호 간의 순위는 그 등기 순서에 따른다.
④ 등기관이 부기등기를 할 때에는 그 부기등기가 어느 등기에 기초한 것인지 알 수 있도록 주등기 또는 부기등기의 순위번호에 가지번호를 붙여서 하여야 한다.

정답 ③

5. 다음 중 등기 순서에 대한 설명으로 틀린 것은?

① 등기기록 중 같은 구(區)에서 한 등기 상호 간에는 순위번호에 따른다.
② 같은 주등기에 관한 부기등기 상호 간의 순위는 그 등기 순서에 따른다.
③ 다른 구에서 한 등기 상호 간에는 접수번호에 따른다.
④ 부기등기(附記登記)의 순위는 주등기(主登記)의 접수번호에 따른다.

| 해설 |

부기등기(附記登記)의 순위는 주등기(主登記)의 순위에 따른다.

정답 ④

6. 다음 중 등기의 효력이 발생하는 시기는?

① 등기필증을 교부한 때
② 등기신청서를 접수한 때
③ 관련 기관에 등기필 통지를 한때
④ 등기사항을 등기부에 기재한 때

| 해설 |

등기관이 등기를 마친 경우 그 등기는 접수한 때부터 효력을 발생한다.

정답 ②

7. 다음 중 관할등기소의 정의로 옳은 것은?

① 상급법원의 장이 위임하는 등기소
② 매도인의 소재지를 관할하는 지방법원, 그 지원(支援) 또는 등기소
③ 부동산의 소재지를 관할하는 지방법원, 그 지원(支援) 또는 등기소
④ 소유자의 소재지를 관할하는 지방법원, 그 지원(支援) 또는 등기소

| 해설 |

관할 등기소
① 등기사무는 부동산의 소재지를 관할하는 지방법원, 그 지원(支院) 또는 등기소에서 담당한다.
② 부동산이 여러 등기소의 관할 구역에 걸쳐 있을 때에는 대법원규칙으로 정하는 바에 따라 각 등기소를 관할하는 상급법원의 장이 관할 등기소를 지정한다.
③ 대법원장은 어느 등기소의 관할에 속하는 사무를 다른 등기소에 위임하게 할 수 있다.

정답 ③

8. 다음 중 원칙적으로 등기관을 지정하는 자는?

① 대법원장 ② 고등법원장
③ 지적소관청 ④ 지방법원장

| 해설 |

등기사무는 등기소에 근무하는 법원 서기관·등기사무관·등기주사 또는 등기주사보 중에서 지방법원장이 지정하는 자("등기관")가 처리한다.

정답 ④

9. 부동산이 여러 등기소 관할 구역에 걸쳐 있을 때 관할 등기소를 결정하는 방법으로 맞는 것은?

① 각 등기소를 관할하는 상급법원의 장이 관할 등기소를 지정한다.
② 토지의 면적이 많은 관할 지역의 등기소를 관할 등기소로 지정한다.
③ 관할 등기소 간의 합의에 따라 관할 등기소를 지정한다.
④ 세금부과가 많은 행정구역을 관할하는 등기소를 관할 등기소로 지정한다.

| 해설 |

부동산이 여러 등기소의 관할 구역에 걸쳐 있을 때에는 대법원규칙으로 정하는 바에 따라 각 등기소를 관할하는 상급법원의 장이 관할 등기소를 지정한다.

정답 ①

10. 부동산등기의 효력에 해당하지 않는 것은?

① 권리변동의 효력 ② 대항적 효력
③ 가등기의 효력 ④ 본등기의 효력

| 해설 |

등기의 효력은 권리변동의 효력, 권리추정의 효력, 대항적 효력, 순위 확정적 효력, 가등기의 효력, 예고등기의 효력이 있다.

정답 ④

11. 「부등산등기법」 상 등기부에 관한 설명으로 옳지 않은 것은?

① 등기부는 영구히 보존하여야 한다.
② 공동인명부와 도면은 영구히 보존하여야 한다.
③ 등기부는 토지 등기부와 건물등기부로 구분한다.
④ 등기부란 전산 정보처리조직에 의하여 입력·처리된 등기 정보자료를 대법원규칙으로 정하는 바에 따라 편성한 것을 말한다.

| 해설 |

① 등기부는 영구히 보존하여야 한다.
② 등기부는 토지 등기부와 건물등기부로 구분한다.
③ 등기부란 전산 정보처리조직에 의하여 입력·처리된 등기정보자료를 대법원규칙으로 정하는 바에 따라 편성한 것을 말한다.

정답 ②

12. 우리나라 등기부의 편성 방법으로 맞는 것은?

① 물적 편성주의 ② 연대적 편성주의
③ 인적 편성주의 ④ 분류적 편성주의

| 해설 |

등기부를 편성할 때는 1필의 토지 또는 1개의 건물에 대하여 1개의 등기기록을 둔다. 다만, 1동의 건물을 구분한 건물에서는 1동의 건물에 속하는 전부에 대하여 1개의 등기기록을 사용한다. 고 규정되어 물적 편성주의를 채택하고 있다.

정답 ①

13. 부동산등기부의 편성 방법과 심사 방법의 연결 방법이 옳은 것은?

① 물적 편성주의-실질적심사주의
② 인적 편성주의-형식적심사주의
③ 물적 편성주의-형식적심사주의
④ 인적 편성주의-실질적심사주의

| 해설 |

부동산등기부의 편성 방법은 물적 편성주의에 따라 실시하며, 심사 방법은 형식적심사주의를 채택하고 있다.

정답 ③

14. 다음 중 토지 등기기록의 양식에 해당하지 않은 것은?

① 접수부 ② 갑구 ③ 을구 ④ 표제부

| 해설 |

등기기록에는 부동산의 표시에 관한 사항을 기록하는 표제부와 소유권에 관한 사항을 기록하는 갑구(甲區) 및 소유권 외의 권리에 관한 사항을 기록하는 을구(乙區)를 둔다.

정답 ①

15. 등기기록의 양식에 기재할 사항으로 틀린 것은?

① 저당권의 변경등기는 을(乙)구란에 기재 되어있다.

② 소유권에 관계되는 환매권의 등기는 갑(甲)구란에 기재되어 있다.

③ 지상권에 관계되는 등기명의인표시 변경등기는 갑(甲)구란에 기재되어 있다.

④ 소유권등기의 말소등기는 갑(甲)구란에 기재되어 있다.

| 해설 |

등기기록에는 표제부, 갑구(甲區), 을구(乙區)를 둔다.

① 부동산의 표시에 관한 사항을 기록하는 표제부

② 소유권에 관한 사항을 기록하는 갑구(甲區)

③ 소유권 외의 권리에 관한 사항을 기록하는 을구(乙區)

정답 ③

16. 「부등산등기법」 상 등기관이 토지 등기기록의 표제부에 기록하여야 하는 사항으로 옳지 않은 것은?

① 경계 ② 면적 ③ 지목 ④ 지번

| 해설 |

등기관은 토지 등기기록의 표제부에 기록할 사항은 표시번호, 접수연월일, 소재와 지번, 지목, 면적, 등기원인이다.

정답 ①

17. 「부등산등기법」 상 등기기록의 갑구(甲區)에 기록하여야 할 사항은?

① 부동산의 소재지

② 소유권에 관한 사항

③ 소유권 이외의 권리에 관한 사항

④ 토지의 지목, 지번, 면적에 관한 사항

| 해설 |

등기기록에는 부동산의 표시에 관한 사항을 기록하는 표제부와 소유권에 관한 사항을 기록하는 갑구(甲區) 및 소유권 외의 권리에 관한 사항을 기록하는 을구(乙區)를 둔다.

정답 ②

18. 등기기록의 을구란에 대한 설명으로 맞는 것은?

① 표시란과 표시번호란을 둔다.

② 소유권에 관한 사항을 기재한다.

③ 토지 또는 건물의 지번을 표시한다.

④ 소유권 이외의 권리에 관한 사항을 기재한다.

| 해설 |

을구란에는 소유권 이외의 권리에 관한 사항을 기재한다.

정답 ④

19. 등기부의 을(乙)구사항란에 등기할 권리가 아닌 것은?

① 저당권 또는 권리질권 ② 전세권 또는 임차권

③ 지상권 ④ 소유권

| 해설 |

을구란은 소유권 이외의 권리에 관한 사항을 기재하므로 소유권은 해당하지 않는다.

정답 ④

20. 등기부의 등기용지를 폐쇄하는 경우에 해당하지 않는 것은?

① 구 등기부를 신등기부에 이기하는 경우

② 토지를 신규등록하는 경우

③ 토지를 합병하는 경우

④ 도시개발사업으로 지적공부가 멸실된 경우

| 해설 |

등기관이 등기기록에 등기된 사항을 새로운 등기기록에 옮겨 기록한 때에는 종전 등기기록을 폐쇄하여야 하며 토지합병, 도시개발사업으로 지적공부가 멸실되어 폐쇄한 등기기록은 영구히 보존하여야 한다.

정답 ②

21. 등기권리자나 등기의무자가 될 수 없는 자는?

① 종중 문중의 대표자

② 자연인이나 법인

③ 관리인이 있는 법인 아닌 사단

④ 관리인이 없는 법인 아닌 재단

| 해설 |

종중, 문중, 그 밖에 대표자나 관리인이 있는 법인 아닌 사단이나 재단에 속하는 부동산의 등기에 관하여는 그 사단이나 재단을 등기권리자 또는 등기의무자로 한다.

정답 ④

22. 다음 중 등기명의인이 될 수 없는 것은?

① 서초구
② ○○주식회사
③ 권리능력 없는 사단 ○○종중 △△공파
④ 재단법인 ○○학원에서 운영하는 △△고등학교

| 해설 |

등기명의인은 토지와 가옥에 관한 권리관계를 표시하는 부동산등기부상에 그 물권의 권리자로서 기재되어 있는 자를 말한다. 등기부상 소유자 또는 소유권 이외 권리자(저당권자, 전세권자, 임차권자 등)를 말하며, 재단법인의 경우 법인명을 등기명의인이 될 수 없다.

정답 ④

23. 다음 중 등기의무자가 아닌 등기권리자만이 단독으로 등기신청을 할 수 있는 것은?

① 전세 등기
② 상속에 의한 등기
③ 등기명의인표시의 변경등기
④ 미등기부동산의 소유권보존등기

| 해설 |

상속, 법인의 합병, 그 밖에 대법원규칙으로 정하는 포괄승계에 따른 등기는 등기권리자가 단독으로 신청한다.

정답 ②

24. 「부등산등기법」 상 부동산등기용 등록번호의 부여절차가 틀린 것은?

① 국가·지방자치단체·국제기관 및 외국 정부의 등록번호는 기획재정부장관이 지정·고시한다.
② 주민등록번호가 없는 재외국민의 등록번호는 대법원 소재지 관할 등기소의 등기관이 부여한다.
③ 법인의 등록번호는 주된 사무소 소재지 관할 등기소의 등기관이 부여한다.
④ 법인 아닌 사단이나 재단의 등록번호는 시장, 군수 또는 구청장이 부여한다.

| 해설 |

국가·지방자치단체·국제기관 및 외국 정부의 등록번호는 국토교통부장관이 지정·고시한다.

정답 ①

25. 국제기관 및 외국 정부의 부동산등기용 등록번호를 지정·고시하는 자는?

① 안전행정부장관
② 출입국관리사무소장
③ 외교통상부장관
④ 국토교통부장관

| 해설 |

국가·지방자치단체·국제기관 및 외국 정부의 등록번호는 국토교통부장관이 지정·고시한다.

정답 ④

26. 대장에 등록하는 소유권에 관한 사항 중 부동산등기법에 따른 부동산등기용 등록번호를 사용하는 것이 아닌 것은?

① 외국인　② 지방자치단체
③ 국가　④ 자연인

| 해설 |

국가·지방자치단체·국제기관 및 외국 정부의 등록번호는 국토교통부장관이 지정·고시한다.

정답 ④

27. 다음 중 등기신청서의 기재 사항에 해당하지 않은 것은?(단, 대법원규칙으로 정하는 등기의 경우는 고려하지 않는다.)

① 부동산의 소재와 지번
② 부동산의 면적과 경계
③ 등기소의 표시
④ 신청인의 성명 또는 명칭과 주소

| 해설 |

등기를 신청하는 경우에는 부동산의 표시에 관한 사항에서 토지는 소재와 지번, 지목, 면적, 신청인의 성명(명칭), 주소(사무소 소재지) 및 주민등록번호(부동산등기용 등록번호), 대리인에 의하여 등기를 신청하는 경우에는 그 성명과 주소, 등기원인과 그 연월일, 등기의 목적, 등기필 정보, 등기소의 표시, 신청연월일을 신청정보의 내용으로 등기소에 제공하여야 한다.

정답 ②

28. 새로운 권리에 관한 등기를 마쳤을 때, 작성한 등기필 정보를 등기권리자에게 통지하지 아니하는 경우로 옳지 않은 것은?

① 등기권리자를 대위하여 등기신청을 한 경우
② 국가 또는 지방자치단체가 등기권리자인 경우
③ 등기권리자가 등기필 정보의 통지를 원하지 아니하는 경우
④ 등기필 정보통지서를 수령할 자가 등기를 마친 때부터 1개월 이내에 그 서면을 수령하지 않은 경우

| 해설 |

등기관이 새로운 권리에 관한 등기를 마쳤을 때는 등기필 정보를 작성하여 등기권리자에게 통지하여야 한다. 다만, 다음의 경우에는 그러하지 아니하다.
① 등기권리자가 등기필 정보의 통지를 원하지 아니하는 경우
② 국가 또는 지방자치단체가 등기권리자인 경우
③ ①, ②에서 규정한 경우 외에 대법원규칙으로 정하는 경우

정답 ④

29. 등기절차에 착오나 빠진 부분이 있어 원시적인 등기와 실체관계가 불일치하여 이를 시정하기 위한 등기는?

① 변경등기 ② 말소등기
③ 주등기 ④ 경정등기

| 해설 |

등기관이 등기의 착오나 빠진 부분이 등기관의 잘못으로 인한 것임을 발견한 경우에는 지체 없이 그 등기를 직권으로 경정하여야 한다. 다만, 등기상 이해관계 있는 제3자가 있는 경우에는 제3자의 승낙이 있어야 한다.

정답 ④

30. 이미 완료된 등기에 대해 등기 절차상에 착오 또는 유루(遺漏; 빠진부분)가 발생하여 원시적으로 등기사항과 실제사항과의 불일치가 발생되었을 때 이를 시정하기 위해 행하여지는 등기는?

① 경정등기 ② 기입등기
③ 부기등기 ④ 회복등기

| 해설 |

경정등기는 이미 완료된 등기에 대해 등기 절차상에 착오 또는 유루(遺漏)가 발생하여 원시적으로 등기사항과 실제사항과의 불일치가 발생되었을 때 이를 시정하기 위해 행하여지는 등기이다.

정답 ①

31. 「부동산등기법」 상 토지의 분할, 멸실, 면적의 증감 또는 지목의 변경이 있는 때 그 토지의 소유권의 등기명의인은 얼마의 기간 이내에 그 등기를 신청하여야 하는가?

① 14일 이내 ② 15일 이내
③ 1월 이내 ④ 3월 이내

| 해설 |

토지의 분할, 합병이 있는 경우와 토지 등기기록의 표제부에 표시번호, 접수연월일, 소재와 지번, 지목, 면적, 등기원인의 등기사항이 변경된 경우에는 그 토지소유권의 등기명의인은 그 사실이 있는 때부터 1개월 이내에 그 등기를 신청하여야 한다.

정답 ③

32. 소유권의 등기명의인이 1월 이내에 등기를 신청하여야 할 사항 중 틀린 것은?

① 토지의 분할 ② 면적의 증감
③ 주소의 변경 ④ 지목의 변경

| 해설 |

토지의 분할, 합병이 있는 경우와 등기사항에 변경이 있는 경우에는 그 토지소유권의 등기명의인은 그 사실이 있는 때부터 1개월 이내에 그 등기를 신청하여야 한다.

정답 ③

33. 「부동산등기법」 상 합필의 등기를 할 수 없는 것은?

① 소유권 등기가 있는 토지
② 전세권 등기가 있는 토지
③ 승역지에 하는 지역권의 등기가 있는 토지
④ 합필하려는 모든 토지에 있는 등기원인 및 그 연월일과 접수번호가 상이한 저당권에 관한 등기가 있는 토지

| 해설 |

합필하려는 토지에 등기 외의 권리에 관한 등기가 있어 합필의 등기를 할 수 없는 경우
① 소유권·지상권·전세권·임차권 및 승역지(편익제공지)에 하는 지역권의 등기
② 합필하려는 모든 토지에 있는 등기원인 및 그 연월일과 접수번호가 동일한 저당권에 관한 등기
③ 합필하려는 모든 토지에 있는 등기사항이 동일한 신탁등기

정답 ④

34. 부동산소유권의 이전등기를 신청하는 경우에 필요한 서류가 아닌 것은?

① 토지대장 ② 건축물대장
③ 경계점좌표등록부 ④ 임야대장

| 해설 |

소유권이전등기를 신청하는 경우에는 그 토지의 표시를 증명하는 토지대장 정보나 임야대장 정보 또는 건물의 표시를 증명하는 건축물대장 정보나 그 밖의 정보를 첨부정보로서 등기소에 제공하여야 한다.

정답 ③

35. 「부동산등기규칙」 상 토지의 분할, 합병 및 등기사항의 변경이 있어 토지의 표시변경등기를 신청하는 경우에 그 변경을 증명하는 첨부정보로써 옳은 것은?

① 지적도나 임야도
② 멸실 및 증감확인서
③ 이해관계인의 승낙서
④ 토지대장 정보나 임야대장 정보

| 해설 |

토지표시 변경등기의 신청
① 토지의 표시 변경등기를 신청하는 경우에는 그 토지의 변경 전과 변경 후의 표시에 관한 정보를 신청정보의 내용으로 등기소에 제공하여야 한다.
② 그 변경을 증명하는 토지대장 정보나 임야대장 정보를 첨부정보로서 등기소에 제공하여야 한다.

정답 ④

36. 등기신청서에 첨부하는 토지대장 등본의 발행일로부터 유효기간은?

① 1월 ② 3월 ③ 6월 ④ 12월

| 해설 |

등기신청서에 첨부하는 인감증명, 법인등기사항증명서, 주민등록표 등본·초본, 가족관계등록사항별 증명서와 건축물대장·토지대장·임야대장 등본은 발행일부터 3개월 이내의 것이어야 한다.

정답 ②

37. 「부동산등기법」 상 인감증명의 유효기간으로 맞는 것은?

① 발행일로부터 3월 이내
② 발행일로부터 6월 이내
③ 발행일로부터 9월 이내
④ 발행일로부터 2월 이내

| 해설 |

등기신청서에 첨부하는 인감증명, 법인등기사항증명서, 주민등록표 등본·초본, 가족관계등록사항별 증명서 및 건축물대장·토지대장·임야대장 등본은 발행일부터 3개월 이내의 것이어야 한다.

정답 ①

38. 「부동산등기법」에 따라 미등기의 토지에 관한 소유권 보존등기를 신청할 수 없는 자는?

① 토지대장에 최초의 소유자로 등록되어 있는 자
② 확정판결에 의하여 자기의 소유권을 증명하는 자
③ 수용으로 인하여 소유권을 취득하였음을 증명하는 자
④ 토지에 대하여 지적소관청의 확인에 의하여 자기의 소유권을 증명하는자

| 해설 |

미등기의 토지에 관한 소유권보존등기를 신청할 수 있는 자
① 토지대장, 임야대장 또는 건축물대장에 최초의 소유자로 등록되어 있는 자 또는 그 상속인, 그 밖의 포괄승계인
② 확정판결에 의하여 자기의 소유권을 증명하는 자
③ 수용으로 인하여 소유권을 취득하였음을 증명하는 자
④ 특별자치도지사, 시장, 군수 또는 구청장(자치구의 구청장)의 확인에 의하여 자기의 소유권을 증명하는 자(건물의 경우로 한정)

정답 ④

39. 부동산물권의 변동을 목적으로 하는 청구권을 보전하기 위해 행하는 등기는?

① 가등기(假登記)
② 변경등기(變更登記)
③ 말소등기(抹消登記)
④ 멸실회복등기(滅失回復登記)

| 해설 |

가등기는 권리의 설정, 이전, 변경 또는 소멸의 청구권(請求權)을 보전(保全)하려는 때에 한다.

정답 ①

40. 「부동산등기법」의 수용으로 인한 등기에 관한 내용이다. (　)안에 들어갈 내용으로 옳은 것은?

> 수용으로 인한 소유권이전등기를 하는 경우 그 부동산의 등기기록 중 소유권, 소유권 외의 권리, 그 밖의 처분제한에 관한 등기가 있으면 그 등기를 직권으로 말소하여야 한다. 다만, 그 부동산을 위하여 존재하는 (　)의 등기 또는 토지수용위원회의 재결(裁決)로써 존속(存續)이 인정된 권리의 등기는 그러하지 아니하다.

① 소유권　② 지역권
③ 지상권　④ 저당권

| 해설 |

등기관이 수용으로 인한 소유권이전등기를 하는 경우 그 부동산의 등기기록 중 소유권, 소유권 외의 권리, 그 밖의 처분제한에 관한 등기가 있으면 그 등기를 직권으로 말소하여야 한다. 다만, 그 부동산을 위하여 존재하는 지역권의 등기 또는 토지수용위원회의 재결(裁決)로써 존속(存續)이 인정된 권리의 등기는 그러하지 아니하다.

정답 ②

41. 등기관이 토지에 관한 등기를 하였을 때 지적소관청에 지체 없이 그 사실을 알려야 하는 대상에 해당하지 않는 것은?

① 소유권의 변경 또는 경정
② 소유권의 보존 또는 이전
③ 소유권의 등록 또는 등록정정
④ 소유권의 말소 또는 말소회복

| 해설 |

등기관이 다음의 등기를 하였을 때에는 지체 없이 그 사실을 토지의 경우에는 지적소관청에, 건물의 경우에는 건축물대장 소관청에 각각 알려야 한다.
① 소유권의 보존 또는 이전
② 소유권 등기명의인표시의 변경 또는 경정
③ 소유권의 변경 또는 경정
④ 소유권의 말소 또는 말소회복

정답 ③

42. 토지소유권에 대한 소유권의 말소등기를 한 경우 등기관은 등기필 통지를 하여야 할 곳으로 옳은 것은?

① 이해관계인
② 관할 등기소
③ 지적공부 소관청
④ 국토교통부장관

| 해설 |

등기관이 다음의 등기를 하였을 때에는 지체 없이 그 사실을 토지의 경우에는 지적소관청에, 건물의 경우에는 건축물대장 소관청에 각각 알려야 한다.

① 소유권의 보존 또는 이전, 소유권 등기명의인표시의 변경 또는 경정
② 소유권의 변경 또는 경정, 소유권의 말소 또는 말소회복

정답 ③

43. 「부동산등기법」 상 등기부에 기록된 등기정보자료를 이용하거나 활용하려는 자는 누구의 승인을 받아야 하는가?

① 법원행정처장 ② 관할 등기소장
③ 지방법원장 ④ 지적소관청

| 해설 |

등기부에 기록된 등기정보자료를 이용하거나 활용하려는 자는 관계 중앙행정기관의 장의 심사를 거치고 법원행정처장의 승인을 받아 등기정보자료의 제공을 요청할 수 있다.

정답 ①

저자 소개

■ 최한영

조선대학교 토목공학 공학박사
국토개발 분야 지적기술사
토목 분야 측량 및 지형공간정보기술사

현) 서울시립대학교 공간정보학과 겸임교수
현) 한국산업인력관리공단 자문, 출제, 검토, 채점위원
현) 국토지리정보원 심사위원 및 평가위원
한국국토정보공사 국토정보교육원 교수(전)
한양사이버대학교 지적과 겸임교수(전)
국립목포대학교 지적과 겸임교수(전)
전주비전대학교 지적부동산학과 겸임교수(전)
한국지적정보학회 상임이사(전)
한국국토정보공사 FIG 추진기획단 근무(전)
서울특별시 지방지적위원회 위원(전)
용인시 지적재조사위원회(전)
의왕시지적재조사위원 및 경계결정위원(전)
서울특별시 관악구 지명위원(전)

저서 및 논문
지방직 9급 지적측량 지적전산학 개론 기출해설(구미서관)
최종점검 지적기사(구미서관)
최종점검 지적산업기사(구미서관)
지적공간정보론(구미서관)
9급 공무원 기출 총정리 지적전산학개론(구미서관)
9급 공무원 기출 총정리 지적측량(구미서관)
3초 완성 지적기사(구미서관)
3초 완성 지적산업기사(구미서관)
지적원론(구미서관)-2012년 대한민국학술원 우수학술도서
지적측량원론(구미서관), 지적학 일반(구미서관)
항공사진측량(구미서관), 지적특론 시리즈(1-6권),
핵심지적(구미서관)
지적공간정보론(도서출판 우리)
지적기술사(예문사), 지적특론 I, II(예문사)
기본지적측량(예문사), 지적실기해설(예문사)

지적특론 정가 33,000원

저자 : 최한영

발행인 : 임해진
발행처 : 도서출판 구미서관

인쇄 : 2023년 4월 14일
발행 : 2023년 4월 21일

등록 : 1979년 6월 29일 No.9-6호
주소 : 서울시 마포구 신촌로 2길 5-15 구미빌딩
전화 : 02-333-1101
팩스 : 02-335-2201
http://www.goomibook.com
ISBN 979-11-6257-260-3 (93530)